ファジィ集合最適化
Fuzzy Set Optimization

金　正道

まえがき

　ファジィ理論は，1965 年にカリフォルニア大学の L. A. Zadeh 教授により，人間の主観的な思考判断の曖昧性を定量的に扱うためにファジィ集合の概念が提唱され始まった．1980 年代にはファジィブームとなり，理論が発展し産業界への応用が広まった．オペレーションズ・リサーチの分野においても，意思決定論や数理計画法などにファジィ理論が導入された．

　工学や社会科学の分野において「最適化」の概念は非常に重要な位置を占めており，現実の様々な意思決定の場において広く用いられている．典型的な最適化問題（数理計画問題）は目的関数を制約条件の下で最適化（最大化または最小化）する問題として定式化される．そのとき，目的関数の変数の取る値は具体的な意思決定を表し，目的関数の取る値は実数であり利益や費用などを表している．すなわち，目的関数を最大化または最小化する変数の値を求めることは，利益を最大にする意思決定や費用を最小にする意思決定を求めることを意味する．一方，現実の様々な問題においては，何をもって最適とするかという評価基準が多様で競合的である場合や，何らかの意思決定の結果得られる利益や費用は不確実性を含み 1 つの値に定めることが難しい場合が多い．評価基準が多様で競合的である場合を考慮するために，目的関数をベクトル値関数として扱う最適化が研究され，意思決定の結果得られる利益や費用の不確実性を考慮するために，目的関数を確率変数値または集合値として扱う最適化が研究されてきた．このとき，確率変数はある意思決定に対する目的関数の不確実な値が何らかの確率分布に従うと想定されていて，集合はある意思決定に対する目的関数の不確実な値が取り得る範囲を表している．しかし，目的関数を確率変数値としたときの確率分布を決定するための情報（データ）が十分ではない場合や，目的関数を集合値としたとき集合の境界が曖昧な場合が現実には多い．さらに，利益の解釈を広げて，目的関数の取る値が意思決定者の満足度を表しているとみなすと，その満足度には人間の判断の曖昧性も含まれ，このような曖昧性の表現として確率変数は適さない．以上のことを考慮すると，意思決定者の主観や経験または十分ではないかもしれない情報から，境界が曖昧な集合を表す概念であるファジィ集合を値に取る目的関数を考えたほうがより現実的で重要になる．ファジィ集合は集合の境界の曖昧性を適切かつ厳密に表現す

る概念であり，ファジィ集合自体が曖昧であるわけではない．ファジィ集合値目的関数を何らかの意味で最大化または最小化する問題を「ファジィ集合値最適化問題」という．そのような重要性も古くから認識されており，ファジィ集合値最適化問題について多くの研究がなされてきた．ただし，その多くはファジィ集合値として実数の拡張概念であるファジィ数値を用いている．これは一般のファジィ集合と比較しての解析の容易さのためである．そのため，重要性が認識されていたにもかかわらず，一般のファジィ集合値の研究は少なかった．しかし，集合値解析に関する研究が近年非常に発展している．そこで，それを応用して「ファジィ集合値解析」の研究を発展させ，一般のファジィ集合値を扱う「ファジィ集合最適化」を解析的に調べることができ，さらにそれを応用することでより現実的な意思決定を行うことが可能になるだろう．

ファジィ理論を数理計画法へ導入したファジィ数理計画法は，ファジィ線形計画法に代表されるように，取る値がファジィ数であるようなファジィ写像を目的写像（目的関数）としてもつものが当初から多くの研究がなされてきた．本書では，一般のファジィ集合を扱える問題に拡張する足がかりを作ることが目的である．このような目的をもって本書の作成にあたったが，著者の能力で，どれだけ達成できたかは読者の判断に委ねたい．

本書は，9 章からなるが，各章の概要は次の通りである．数学に関する基本的な事項として，第 1 章では集合と写像について述べ，第 2 章ではユークリッド空間について述べ，第 3 章では数列と点列の極限について述べ，第 4 章では関数の連続性について述べる．第 5 章では凸解析における分離定理や凸関数などについて述べる．第 6 章では，集合値解析に関して，集合の演算や順序などや集合値写像の連続性や凸性などについて述べる．第 7 章では，ファジィ理論における基本事項について述べる．第 8 章では，ファジィ集合値解析に関して，第 6 章における集合値解析の内容のファジィ化について述べる．第 9 章では，ファジィ集合最適化問題を考え，その解などについて考察する．

また，本書を作成するにあたり，多数の方々のお世話になった．特に，久志本茂教授（金沢大学名誉教授）には，著者が金沢大学の学部から大学院修士課程・博士課程に在学中の指導教授として，および今日に至るまで公私にわたり厳しい御指導と温かい御鞭撻を賜り，本書の執筆も勧めていただき，深甚の謝意を表したい．また，前田隆教授（金沢大学），阪井節子教授（広島修道大学），そして桑野裕昭教授（金沢学院大学）には機会あるごとに御助言ならびに激励の御言葉をいただき，特に田中環教授（新潟大学）には細部にわたり御助言をいただき，池浩一郎氏（新潟大学大学院生）には有益なコメントをいただき，感謝の意を表したい．なお，これまで支えてくれた妻文栄，そしていつも笑顔で元気づけてくれた子さやかにこの書を捧げたい．

2019 年 1 月　弘前にて

金 正道

目次

第1章	集合と写像	1
1.1	集合	1
1.2	写像	8
1.3	関係	15
1.4	集合の濃度	23

第2章	ユークリッド空間	29
2.1	ベクトル空間	29
2.2	内積・ノルム・距離・順序	33
2.3	開集合と閉集合	38

第3章	数列と点列の極限	43
3.1	上限と下限	43
3.2	数列の極限	50
3.3	数列の上極限と下極限	58
3.4	点列の極限	63
3.5	完備性	69

第4章	関数の連続性	71
4.1	関数の極限	71
4.2	関数の連続性	75
4.3	関数の右極限と左極限	83
4.4	関数の右連続性と左連続性	86
4.5	関数の上極限と下極限	89

第5章	凸解析	99
5.1	凸集合	99
5.2	超平面と分離定理	114

iv

5.3	凸関数	122
5.4	錐	129
5.5	方向微分と凸関数	137

第6章 集合値解析 145

6.1	集合の演算と順序	145
6.2	集合の内積と直積	155
6.3	集合のノルムと距離	161
6.4	集合列の極限	165
6.5	集合値写像の連続性	174
6.6	集合値写像の右連続性と左連続性	184
6.7	集合値写像の導写像と集合値凸写像	192

第7章 ファジィ理論 199

7.1	ファジィ集合	199
7.2	ファジィ集合の生成元	209
7.3	Zadeh の拡張原理	213
7.4	閉ファジィ集合と頑健的ファジィ集合	222

第8章 ファジィ集合値解析 225

8.1	ファジィ集合の演算	225
8.2	ファジィ集合の順序づけ	235
8.3	ファジィ内積	240
8.4	ファジィ直積空間	246
8.5	ファジィノルムとファジィ距離	253
8.6	ファジィ集合の閉包・凸包・閉凸包	261
8.7	ファジィ集合列の極限	267
8.8	ファジィ集合値写像の連続性	279
8.9	ファジィ集合値写像の導写像	294
8.10	ファジィ集合値凸写像	307

第9章 ファジィ集合最適化 315

9.1	ファジィ集合最適化問題	315
9.2	順序保存性	329
9.3	順序保存性をもつクラス	335

解答	345
参考文献	385
定理の索引	388
系の索引	391
補題の索引	392
定義の索引	393
例の索引	394
図の索引	395
式の索引	397
記号の索引	400
用語の索引	404

第 1 章

集合と写像

1.1 集合

互いに区別できるものの集まりであって，どの対象をもってきても，それがその集まりに属しているか否かが明確に判断できるとき，その集まりを**集合** (set) とよぶ．集合を構成しているものをその集合の**要素**または**元** (element) とよぶ．A を集合とする．a が A の要素であることを $a \in A$ または $A \ni a$ と表し，a は A に**属する** (belong)，または a は A に**含まれる**などという．a が A の要素ではないことを $a \notin A$ または $A \not\ni a$ と表す．また，要素を 1 つも含まない集合を**空集合** (empty set) とよび，$\emptyset$ と表す．

$a, b, c, d, \cdots$ から成る集合を

$$\{a, b, c, d, \cdots\} \tag{1.1}$$

と表し，これを集合の**外延的記法** (extensional definition) という．外延的記法は集合の要素を列挙して表しているが，列挙する順番は問題にせず異なる順番で列挙されていても同じ集合とみなし，同じ要素が繰り返し列挙されていても 1 つの要素とみなす．また，x に関する何らかの条件 $P(x)$ をみたす x すべての集合を

$$\{x : P(x)\} \tag{1.2}$$

と表し，これを集合の**内包的記法** (intensional definition) という．(1.2) は $\{x \,|\, P(x)\}$ とも表される．

例 1.1

(i) $\{1, 2, 3, 4, 5\} = \{x : 1 \le x \le 5, x$ は自然数 $\}$

(ii) $\{x : x^2 = -1, x$ は実数 $\} = \emptyset$

(iii) $\{x : x$ は十分大きい自然数である $\}$ は集合の内包的記法の形で何かの集まりのように書かれてはいるが，ある 1 つの自然数をもってきたときその自然数が十分大きいかどう

2

か判断できない，すなわちその自然数がその集まりに属しているかどうか否かが明確に判断できない．よって，$\{x : x$ は十分大きい自然数である $\}$ は集合ではない．しかし，そのような集まりは第 7 章において導入されるファジィ集合として扱うことができる．　　□

本書を通して用いられる以下の記号を定義しておく．

- $\mathbb{N}$ をすべての自然数の集合とする．すなわち，$\mathbb{N} = \{1, 2, 3, \cdots\}$ である．
- $\mathbb{Z}$ をすべての整数の集合とする．すなわち，$\mathbb{Z} = \{\cdots, -2, -1, 0, 1, 2, \cdots\}$ である．
- $\mathbb{Q}$ をすべての有理数の集合とする．すなわち，$\mathbb{Q} = \left\{ \frac{p}{q} : p, q \in \mathbb{Z},\ q \neq 0 \right\}$ である．
- $\mathbb{R}$ をすべての実数の集合とする．
- $\overline{\mathbb{R}}$ を $-\infty, \infty$ とすべての実数の集合とする．

A, B を集合とする．
$$x \in A \Rightarrow x \in B \tag{1.3}$$

であるとき，A は B の**部分集合** (subset) であるといい，$A \subset B$ または $B \supset A$ と表す．$A \subset B$ のとき，A は B に含まれる，または B は A を含むという．集合の含むおよび含まれるという関係を**包含関係** (inclusion relation) という．空集合は任意の集合に含まれる．また
$$x \in A \Leftrightarrow x \in B \tag{1.4}$$

であるとき，A と B は**等しい** (equal) といい，$A = B$ と表す．

A, B, C を集合とする．集合の $\subset$ は次の性質をもつ．

(i) $A \subset A$

(ii) $A \subset B, B \subset A \Rightarrow A = B$

(iii) $A \subset B, B \subset C \Rightarrow A \subset C$

A, B, C を集合とする．集合の $=$ は次の性質をもつ．

(i) $A = A$

(ii) $A = B \Rightarrow B = A$

(iii) $A = B, B = C \Rightarrow A = C$

A, B を集合とする．
$$A \cup B = \{x : x \in A \text{ または } x \in B\} \tag{1.5}$$

とし，$A \cup B$ を A と B の**和集合** (union), **合併集合**または**結び**などとよぶ．

$$A \cap B = \{x : x \in A \text{ かつ } x \in B\} \tag{1.6}$$

とし，$A \cap B$ を A と B の共通集合 (intersection), 共通部分または交わりなどとよぶ.

$$A \setminus B = \{x : x \in A \text{ かつ } x \notin B\} \tag{1.7}$$

とし，$A \setminus B$ を A から B を引いた差集合 (difference) とよぶ.

1 つの集合 X を固定して，X の部分集合を論じる場合について考える．このとき，X を全体集合 (universal set) とよぶ．$A \subset X$ とする.

$$A^c = X \setminus A = \{x \in X : x \notin A\} = \{x : x \in X \text{ かつ } x \notin A\} \tag{1.8}$$

とし，A^c を A の補集合 (complement) とよぶ．集合の補集合を考えるときは，全体集合が明示されていなくても全体集合があると解釈する．

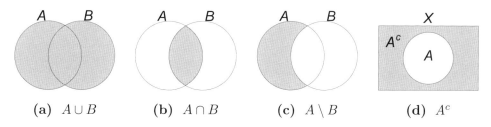

図 1.1 和集合・共通集合・差集合・補集合

定理 1.1 集合 A, B, C に対して，次が成り立つ.

(i) $A \cup B = B \cup A$, $A \cap B = B \cap A$ （交換法則）

(ii) $(A \cup B) \cup C = A \cup (B \cup C)$, $(A \cap B) \cap C = A \cap (B \cap C)$ （結合法則）

(iii) $(A \cup B) \cap C = (A \cap C) \cup (B \cap C)$, $(A \cap B) \cup C = (A \cup C) \cap (B \cup C)$ （分配法則）

(iv) $(A \cup B)^c = A^c \cap B^c$, $(A \cap B)^c = A^c \cup B^c$ （ド・モルガンの法則 (de Morgan's law)）

(v) $(A^c)^c = A$

(vi) $A \subset B \Leftrightarrow A^c \supset B^c$

証明 (i), (ii) および (v) は容易である．

まず，(iii) の第 1 式を示す.

$$\begin{aligned}
x \in (A \cup B) \cap C &\Leftrightarrow x \in A \cup B \text{ かつ } x \in C \\
&\Leftrightarrow (x \in A \text{ または } x \in B) \text{ かつ } x \in C \\
&\Leftrightarrow (x \in A \text{ かつ } x \in C) \text{ または } (x \in B \text{ かつ } x \in C) \\
&\Leftrightarrow x \in A \cap C \text{ または } x \in B \cap C \\
&\Leftrightarrow x \in (A \cap C) \cup (B \cap C)
\end{aligned}$$

(iii) の第 2 式は問題として残しておく（問題 1.1.1）.

次に，(iv) の第 1 式を示す．X を全体集合とする.

$$
\begin{aligned}
x \in (A \cup B)^c &\Leftrightarrow x \in X \text{ かつ } x \notin A \cup B \\
&\Leftrightarrow x \in X \text{ かつ } (x \notin A \text{ かつ } x \notin B) \\
&\Leftrightarrow (x \in X \text{ かつ } x \notin A) \text{ かつ } (x \in X \text{ かつ } x \notin B) \\
&\Leftrightarrow x \in A^c \text{ かつ } x \in B^c \\
&\Leftrightarrow x \in A^c \cap B^c
\end{aligned}
$$

(iv) の第 2 式は問題として残しておく（問題 1.1.1）.

最後に，(vi) を示す．X を全体集合とする.

$$
\begin{aligned}
A \subset B &\Leftrightarrow (x \in A \Rightarrow x \in B) \\
&\Leftrightarrow (x \in X \text{ かつ } x \notin B \Rightarrow x \in X \text{ かつ } x \notin A) \\
&\Leftrightarrow (x \in B^c \Rightarrow x \in A^c) \\
&\Leftrightarrow B^c \subset A^c
\end{aligned}
$$

$\square$

定理 1.1 (ii) における結合法則 $(A \cup B) \cup C = A \cup (B \cup C)$ より，これらの両辺を $A \cup B \cup C$ と表す．共通集合についても同様である.

X を全体集合とし，Λ を任意の集合とする．また各 $\lambda \in \Lambda$ に対して，集合 A_λ が対応しているとする.

$$
\bigcup_{\lambda \in \Lambda} A_\lambda = \{x : \text{ある } \lambda \in \Lambda \text{ が存在して } x \in A_\lambda\} \tag{1.9}
$$

とし，$\bigcup_{\lambda \in \Lambda} A_\lambda$ を $A_\lambda, \lambda \in \Lambda$ の**和集合**，**合併集合**または**結び**などとよぶ.

$$
\bigcap_{\lambda \in \Lambda} A_\lambda = \{x : \text{任意の } \lambda \in \Lambda \text{ に対して } x \in A_\lambda\} \tag{1.10}
$$

とし，$\bigcap_{\lambda \in \Lambda} A_\lambda$ を $A_\lambda, \lambda \in \Lambda$ の**共通集合**，**共通部分**または**交わり**などとよぶ．Λ を**添字集合** (index set) とよぶ．$\Lambda = \emptyset$ の場合を考え，$x \in X$ とする．$x \in A_\lambda$ となる $\lambda \in \Lambda$ は存在しない．よって，$x \notin \bigcup_{\lambda \in \Lambda} A_\lambda$ となる．また，$\lambda \in \Lambda$ ならば $x \in A_\lambda$ となる（もし $\lambda \in \Lambda$ があれば $x \in A_\lambda$ となる）．よって，$x \in \bigcap_{\lambda \in \Lambda} A_\lambda$ となる．したがって，$\Lambda = \emptyset$ のときは，次が成り立つ.

$$
\bigcup_{\lambda \in \Lambda} A_\lambda = \emptyset, \quad \bigcap_{\lambda \in \Lambda} A_\lambda = X \tag{1.11}
$$

定理 1.2 Λ を添字集合とし，集合 $A_\lambda, \lambda \in \Lambda$ および B に対して，次が成り立つ．ただし，(i) に対しては $\Lambda \neq \emptyset$ であるとする.

(i) $\left(\bigcup_{\lambda \in \Lambda} A_\lambda\right) \cup B = \bigcup_{\lambda \in \Lambda}(A_\lambda \cup B)$, $\left(\bigcap_{\lambda \in \Lambda} A_\lambda\right) \cap B = \bigcap_{\lambda \in \Lambda}(A_\lambda \cap B)$ 　　　（結合法則）

(ii) $\left(\bigcup_{\lambda \in \Lambda} A_\lambda\right) \cap B = \bigcup_{\lambda \in \Lambda}(A_\lambda \cap B)$, $\left(\bigcap_{\lambda \in \Lambda} A_\lambda\right) \cup B = \bigcap_{\lambda \in \Lambda}(A_\lambda \cup B)$ 　　　（分配法則）

(iii) $\left(\bigcup_{\lambda \in \Lambda} A_\lambda\right)^c = \bigcap_{\lambda \in \Lambda} A_\lambda^c$, $\left(\bigcap_{\lambda \in \Lambda} A_\lambda\right)^c = \bigcup_{\lambda \in \Lambda} A_\lambda^c$ 　　　（ド・モルガンの法則）

証明 (i), (ii) および (iii) それぞれの第 1 式のみを証明し，あとは問題として残しておく（問題 1.1.4）.

(i) $x \in \left(\bigcup_{\lambda \in \Lambda} A_\lambda\right) \cup B \Leftrightarrow x \in \bigcup_{\lambda \in \Lambda} A_\lambda$ または $x \in B$

$\Leftrightarrow$（ある $\lambda \in \Lambda$ が存在して $x \in A_\lambda$）または $x \in B$

$\Leftrightarrow$ ある $\lambda \in \Lambda$ が存在して $x \in A_\lambda \cup B$

$\Leftrightarrow x \in \bigcup_{\lambda \in \Lambda}(A_\lambda \cup B)$

(ii) $x \in \left(\bigcup_{\lambda \in \Lambda} A_\lambda\right) \cap B \Leftrightarrow x \in \bigcup_{\lambda \in \Lambda} A_\lambda$ かつ $x \in B$

$\Leftrightarrow$（ある $\lambda \in \Lambda$ が存在して $x \in A_\lambda$）かつ $x \in B$

$\Leftrightarrow$ ある $\lambda \in \Lambda$ が存在して $x \in A_\lambda \cap B$

$\Leftrightarrow x \in \bigcup_{\lambda \in \Lambda}(A_\lambda \cap B)$

(iii) $x \in \left(\bigcup_{\lambda \in \Lambda} A_\lambda\right)^c \Leftrightarrow x \notin \bigcup_{\lambda \in \Lambda} A_\lambda$

$\Leftrightarrow$ 任意の $\lambda \in \Lambda$ に対して $x \notin A_\lambda$

$\Leftrightarrow$ 任意の $\lambda \in \Lambda$ に対して $x \in A_\lambda^c$

$\Leftrightarrow x \in \bigcap_{\lambda \in \Lambda} A_\lambda^c$ 　　　□

　(a, b) を a と b の順序対とよぶ. 2 つの順序対 (a, b), (c, d) に対して，$a = c$, $b = d$ のとき，$(a, b) = (c, d)$ と定める. 集合 A, B に対して

$$A \times B = \{(a, b) : a \in A, b \in B\} \tag{1.12}$$

とし，$A \times B$ を A と B の**直積** (product) または**直積集合** (product set) とよぶ.

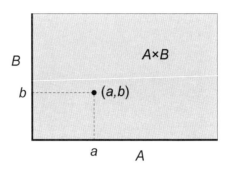

図 **1.2** 直積 $A \times B$

n 個の集合 $A_1, A_2, \cdots, A_n$ の直積 $A_1 \times A_2 \times \cdots \times A_n$ も同様に

$$A_1 \times A_2 \times \cdots \times A_n = \{(a_1, a_2, \cdots, a_n) : a_1 \in A_1, a_2 \in A_2, \cdots, a_n \in A_n\} \quad (1.13)$$

と定義され，$A_1 \times A_2 \times \cdots \times A_n$ を $\prod_{i=1}^{n} A_i$ とも表す．$(a_1, a_2, \cdots, a_n), (b_1, b_2, \cdots, b_n)$ $\in \prod_{i=1}^{n} A_i$ に対して，$a_i = b_i, i = 1, 2, \cdots, n$ のとき，$(a_1, a_2, \cdots, a_n) = (b_1, b_2, \cdots, b_n)$ と定める．また，$A = A_1 = A_2 = \cdots = A_n$ のときは，$\prod_{i=1}^{n} A_i = A_1 \times A_2 \times \cdots \times A_n$ を A^n とも表す．

問題 **1.1**

1. 集合 A, B, C に対して，次が成り立つことを示せ．

$$(A \cap B) \cup C = (A \cup C) \cap (B \cup C), \quad (A \cap B)^c = A^c \cup B^c$$

2. 集合 A, B に対して，次が成り立つことを示せ．

$$A \subset B \Leftrightarrow A = A \cap B \Leftrightarrow B = A \cup B$$

3. 集合 A, B, C に対して，次が成り立つことを示せ．

(i) $A \setminus (B \setminus C) = (A \setminus B) \cup (A \cap C)$

(ii) $(A \cup B) \setminus C = (A \setminus C) \cup (B \setminus C)$

(iii) $A \setminus (B \cap C) = (A \setminus B) \cup (A \setminus C)$

4. Λ を添字集合とし，集合 $A_\lambda, \lambda \in \Lambda$ および B に対して，次が成り立つことを示せ．ただし，(i) おいては $\Lambda \neq \emptyset$ であるとする．

(i) $\left(\bigcap_{\lambda \in \Lambda} A_\lambda \right) \cap B = \bigcap_{\lambda \in \Lambda} (A_\lambda \cap B)$

(ii) $\left(\bigcap_{\lambda \in \Lambda} A_\lambda \right) \cup B = \bigcap_{\lambda \in \Lambda} (A_\lambda \cup B)$

(iii) $\left(\bigcap_{\lambda \in \Lambda} A_\lambda \right)^c = \bigcup_{\lambda \in \Lambda} A_\lambda^c$

5. X, Y を集合し，$A, C \subset X$ および $B, D \subset Y$ とする．このとき，次が成り立つことを示せ．

(i) $(A \times B) \cap (C \times D) = (A \cap C) \times (B \cap D)$

(ii) $(A \times B) \setminus (C \times D) = ((A \setminus C) \times (B \setminus D)) \cup ((A \setminus C) \times (B \cap D)) \cup ((A \cap C) \times (B \setminus D))$

1.2 写像

X, Y を集合とする.X の各要素に Y の 1 つの要素を対応させる法則 f を X から Y への**写像** (mapping) といい,$f : X \to Y$ と表す.$x \in X$ に f によって対応する $y \in Y$ を x の f による**像** (image) または x における f の**値** (value) といい,$f(x)$ と表す.X を f の**定義域** (domain) とよぶ.$A \subset X$ に対して

$$f(A) = \{f(x) : x \in A\} = \{y : y = f(x), x \in A\} \tag{1.14}$$

を A の f による**像**という.$f(X)$ を f の**値域** (range) とよぶ.$B \subset Y$ に対して

$$f^{-1}(B) = \{x \in X : f(x) \in B\} = \{x : f(x) \in B, x \in X\} \tag{1.15}$$

を B の f による**逆像**または**原像** (inverse image) とよぶ.また,$b \in Y$ に対して,$f^{-1}(b) = f^{-1}(\{b\})$ とし,$f^{-1}(b)$ を b の f による**逆像**または**原像**とよぶ.

X を集合とする.$f : X \to X$ が任意の $x \in X$ に対して $f(x) = x$ であるとき,f を X 上の**恒等写像** (identity mapping) とよぶ.X 上の恒等写像を id_X と表す.

例 1.2 $X = \{x_1, x_2, x_3, x_4\}, Y = \{y_1, y_2, y_3, y_4\}$ とし,$f : X \to Y$ を

$$f(x_1) = y_2, \quad f(x_2) = y_2, \quad f(x_3) = y_3, \quad f(x_4) = y_1$$

とする.このとき,$A = \{x_1, x_2, x_3\}$ に対して $f(A) = \{y_2, y_3\}$ となり,$B = \{y_2, y_3, y_4\}$ に対して $f^{-1}(B) = \{x_1, x_2, x_3\}$ となる.また,y_2 に対して $f^{-1}(y_2) = f^{-1}(\{y_2\}) = \{x_1, x_2\}$ となる.

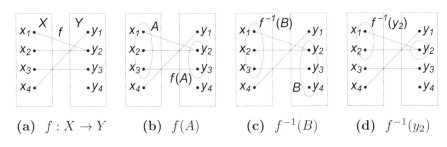

図 **1.3** 像と逆像

□

定理 1.3 X, Y を集合とし,$f : X \to Y$ とする.また,$A, B \subset X$ とし,$C, D \subset Y$ とする.さらに,Λ を添字集合とし,$A_\lambda \subset X, C_\lambda \subset Y, \lambda \in \Lambda$ とする.このとき,次が成り立つ.

(i) $A \subset B \Rightarrow f(A) \subset f(B), \ C \subset D \Rightarrow f^{-1}(C) \subset f^{-1}(D)$

(ii) $f\left(\bigcup_{\lambda \in \Lambda} A_\lambda\right) = \bigcup_{\lambda \in \Lambda} f(A_\lambda), \ f\left(\bigcap_{\lambda \in \Lambda} A_\lambda\right) \subset \bigcap_{\lambda \in \Lambda} f(A_\lambda)$

(iii) $f^{-1}\left(\bigcup_{\lambda \in \Lambda} C_\lambda\right) = \bigcup_{\lambda \in \Lambda} f^{-1}(C_\lambda), \ f^{-1}\left(\bigcap_{\lambda \in \Lambda} C_\lambda\right) = \bigcap_{\lambda \in \Lambda} f^{-1}(C_\lambda)$

証明 (i) は明らかである. (ii) および (iii) の第 2 式を証明する. (iii) の第 1 式は問題として残しておく (問題 1.2.1).

(ii) $y \in f\left(\bigcup_{\lambda \in \Lambda} A_\lambda\right) \Leftrightarrow$ ある $x \in \bigcup_{\lambda \in \Lambda} A_\lambda$ が存在して $f(x) = y$

$\Leftrightarrow$ ある $\lambda \in \Lambda$ およびある $x \in A_\lambda$ が存在して $f(x) = y$

$\Leftrightarrow$ ある $\lambda \in \Lambda$ が存在して $y \in f(A_\lambda)$

$\Leftrightarrow y \in \bigcup_{\lambda \in \Lambda} f(A_\lambda)$

$y \in f\left(\bigcap_{\lambda \in \Lambda} A_\lambda\right) \Leftrightarrow$ ある $x \in \bigcap_{\lambda \in \Lambda} A_\lambda$ が存在して $f(x) = y$

$\Rightarrow$ (任意の $\lambda \in \Lambda$ に対して $x \in A_\lambda$) かつ $f(x) = y$

$\Rightarrow$ 任意の $\lambda \in \Lambda$ に対して $y \in f(A_\lambda)$

$\Leftrightarrow y \in \bigcap_{\lambda \in \Lambda} f(A_\lambda)$

(iii) $x \in f^{-1}\left(\bigcap_{\lambda \in \Lambda} C_\lambda\right) \Leftrightarrow f(x) \in \bigcap_{\lambda \in \Lambda} C_\lambda$

$\Leftrightarrow$ 任意の $\lambda \in \Lambda$ に対して $f(x) \in C_\lambda$

$\Leftrightarrow$ 任意の $\lambda \in \Lambda$ に対して $x \in f^{-1}(C_\lambda)$

$\Leftrightarrow x \in \bigcap_{\lambda \in \Lambda} f^{-1}(C_\lambda)$ □

写像 $f : X \to Y$ に対して

$$\mathrm{Graph}(f) = \{(x,y) \in X \times Y : y = f(x)\} \tag{1.16}$$

とし, $\mathrm{Graph}(f)$ を f の**グラフ** (graph) とよぶ.

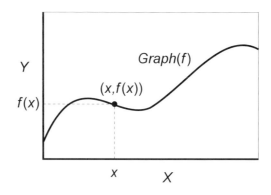

図 1.4 グラフ Graph(f)

定理 1.4 X, Y を集合とする．$G \subset X \times Y$ がある写像 $f : X \to Y$ のグラフになるための必要十分条件は，任意の $x \in X$ に対して $(x, y) \in G$ となる $y \in Y$ がただ 1 つ存在することである．

証明 必要性：写像 $f : X \to Y$ に対して，$G = \mathrm{Graph}(f)$ であるとする．$x \in X$ を任意に固定し，$y = f(x) \in Y$ とする．このとき，$(x, y) \in G$ となる．また，$(x, y), (x, y') \in G$ とすると，$y = f(x), y' = f(x)$ となるので，$y = y'$ となる．

十分性：$G \subset X \times Y$ とし，任意の $x \in X$ に対して $(x, y) \in G$ となる $y \in Y$ がただ 1 つ存在すると仮定する．このとき，各 $x \in X$ に対して，$(x, y) \in G$ となるただ 1 つの y を $f(x)$ とおくと，f は X から Y への写像で $G = \mathrm{Graph}(f)$ となる． □

X, Y を集合とし，$f : X \to Y$ とする．

$$f(X) = Y \tag{1.17}$$

であるとき，f は X から Y への**上への写像** (onto mapping) または**全射** (surjection) であるという．$f(X) = Y$ となるための必要十分条件は，任意の $y \in Y$ に対して，ある $x \in X$ が存在して $f(x) = y$ となることである．また，任意の $x_1, x_2 \in X$ に対して

$$x_1 \neq x_2 \Rightarrow f(x_1) \neq f(x_2) \tag{1.18}$$

または，同値な

$$f(x_1) = f(x_2) \Rightarrow x_1 = x_2 \tag{1.19}$$

が成り立つとき，f は X から Y への **1 対 1 の写像** (one-to-one mapping) または**単射** (injection) であるという．f が全射かつ単射であるとき，f は X から Y への**全単射** (bijection) であるという．

写像 $f : X \to Y$ は全単射であるとする．このとき，各 $y \in Y$ に対して，$f(x) = y$ となる $x \in X$ がただ 1 つだけ存在し，y にそのような x を対応させる Y から X への写像を f の**逆写像** (inverse mapping) とよび，f^{-1} と表す．任意の $x \in X$ および任意の $y \in Y$ に対して

$$f^{-1}(y) = x \Leftrightarrow f(x) = y \tag{1.20}$$

が成り立つ．

f, g を X から Y への写像とする．任意の $x \in X$ に対して $f(x) = g(x)$ であるとき，$f = g$ と表す．

写像 $f : X \to Y$ および $g : Y \to Z$ が与えられているとする．このとき，各 $x \in X$ に対して，x の f による像として Y の要素 $f(x)$ が対応し，$f(x)$ の g による像として $g(f(x))$ が対応する．このように，各 $x \in X$ に $g(f(x))$ を対応させる X から Z への写像を f と g の**合成**または**合成写像** (composite mapping) とよび，$g \circ f$ と表す．

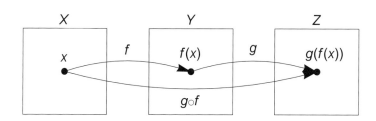

図 1.5 合成写像 $g \circ f$

定理 1.5 X, Y, Z, W を集合とし，$f : X \to Y$, $g : Y \to Z$, $h : Z \to W$ とする．このとき，次が成り立つ．
$$(h \circ g) \circ f = h \circ (g \circ f)$$

証明 $(h \circ g) \circ f$ および $h \circ (g \circ f)$ は X から W への写像である．任意の $x \in X$ に対して

$$(h \circ g) \circ f(x) = h \circ g(f(x)) = h(g(f(x))) = h(g \circ f(x)) = h \circ (g \circ f)(x)$$

となる． $\square$

定理 1.6 写像 $f : X \to Y$ に対して，次が成り立つ．

(i) f が単射であるための必要十分条件は，ある写像 $g : Y \to X$ が存在して $g \circ f = \mathrm{id}_X$ となることである．

(ii) f が全射であるための必要十分条件は，ある写像 $g : Y \to X$ が存在して $f \circ g = \mathrm{id}_Y$ となることである．

(iii) f が全単射であるための必要十分条件は，ある写像 $g : Y \to X$ が存在して $g \circ f = \mathrm{id}_X$, $f \circ g = \mathrm{id}_Y$ となることである．このとき，$g = f^{-1}$ となる．

証明

(i) 必要性：f は単射であるとする．$g : Y \to X$ を次のように定義する．各 $y \in f(X)$ に対して，$f(x) = y$ となる $x \in X$ はただ 1 つ存在し，$g(y) = x$ とする．$a \in X$ を任意に固定し，各 $y \in f(X)^c$ に対して，$g(y) = a$ とする．このとき，任意の $x \in X$ に対して，$f(x) \in f(X)$ であるので，$g \circ f(x) = g(f(x)) = x = \mathrm{id}_X(x)$ となる．よって，$g \circ f = \mathrm{id}_X$ となる．

十分性：写像 $g : Y \to X$ に対して，$g \circ f = \mathrm{id}_X$ であるとする．また，$x_1, x_2 \in X$ とする．このとき，各 $i \in \{1, 2\}$ に対して，$g(f(x_i)) = g \circ f(x_i) = \mathrm{id}_X(x_i) = x_i$ となる．よって，$f(x_1) = f(x_2)$ ならば $x_1 = x_2$ となる．したがって，f は単射になる．

(ii) 必要性：f は全射であるとする．$g : Y \to X$ を次のように定義する．各 $y \in Y$ に対して，$f(x) = y$ となる $x \in X$ を任意に 1 つ選び，$g(y) = x$ とする．このとき，任意の $y \in Y$ に対して，$g(y) \in f^{-1}(y)$ であるので，$f \circ g(y) = f(g(y)) = y = \mathrm{id}_Y(y)$ となる．よって，$f \circ g = \mathrm{id}_Y$ となる．

十分性：写像 $g : Y \to X$ に対して，$f \circ g = \mathrm{id}_Y$ であるとする．このとき，任意の $y \in Y$ に対して，$x = g(y) \in X$ とおくと，$f(x) = f(g(y)) = f \circ g(y) = \mathrm{id}_Y(y) = y$ となる．よって，任意の $y \in Y$ に対して，ある $x \in X$ が存在して $f(x) = y$ となる．したがって，f は全射になる．

(iii) 必要性：f は全単射であるとする．(i) より，ある写像 $g_1 : Y \to X$ が存在して $g_1 \circ f = \mathrm{id}_X$ となる．(ii) より，ある写像 $g_2 : Y \to X$ が存在して $f \circ g_2 = \mathrm{id}_Y$ となる．このとき，$g_1 = f^{-1}$, $g_2 = f^{-1}$ となることを示す．任意の $y \in Y$ に対して，$x = f^{-1}(y) \in X$ とすると

$$g_1(y) = g_1(f(x)) = g_1 \circ f(x) = \mathrm{id}_X(x) = x = f^{-1}(y)$$

$$f^{-1}(y) = f^{-1}(\mathrm{id}_Y(y)) = f^{-1}(f \circ g_2(y)) = f^{-1}(f(g_2(y))) = g_2(y)$$

となる．よって，$g_1 = f^{-1}$, $g_2 = f^{-1}$ となる．

十分性：ある写像 $g : Y \to X$ が存在して $g \circ f = \mathrm{id}_X$, $f \circ g = \mathrm{id}_Y$ であるとする．このとき，(i) および (ii) より，f は全単射になる． $\square$

X を全体集合とし，$A \subset X$ とする．各 $x \in X$ に対して

$$c_A(x) = \begin{cases} 1 & x \in A \\ 0 & x \notin A \end{cases} \tag{1.21}$$

と定義される $c_A : X \to \{0,1\}$ を A の**特性関数** (characteristic function) とよぶ．特に，任意の $x \in X$ に対して $c_X(x) = 1$, $c_\emptyset(x) = 0$ となる．

集合 X のすべての部分集合の集合を X の**巾集合** (power set) とよび，2^X と表す．集合 X, Y に対して，X から Y への写像すべての集合を Y^X と表す．集合 X の部分集合の特性関数すべての集合は，X から $\{0,1\}$ への写像すべての集合になり，$\{0,1\}^X$ と表される．

X を全体集合とする．写像 $\Phi : 2^X \to \{0,1\}^X$ を各 $A \in 2^X$ に対して

$$\Phi(A) = c_A$$

と定義する．任意の $A, B \in 2^X$ に対して，$A \neq B$ ならば $c_A \neq c_B$ となる．また，任意の $f \in \{0,1\}^X$ に対して，$A = f^{-1}(1) = \{x \in X : f(x) = 1\}$ とすると，$\Phi(A) = c_A = f$ となる．よって，Φ は 2^X から $\{0,1\}^X$ への全単射になる．このことより，X の部分集合を定めることは，X から $\{0,1\}$ への写像を定めることと同じことを意味する．すなわち，$A \subset X$ と c_A を同一視できるということである．

問題 1.2

1. X, Y を集合とし，$f : X \to Y$ とする．また，Λ を添字集合とし，$C_\lambda \subset Y, \lambda \in \Lambda$ とする．このとき，次が成り立つことを示せ．

$$f^{-1}\left(\bigcup_{\lambda \in \Lambda} C_\lambda\right) = \bigcup_{\lambda \in \Lambda} f^{-1}(C_\lambda)$$

2. 定理 1.3 (ii) の第 2 式

$$f\left(\bigcap_{\lambda \in \Lambda} A_\lambda\right) \subset \bigcap_{\lambda \in \Lambda} f(A_\lambda)$$

で等号が成り立たない例を示せ．

14

3. 写像 $f : X \to Y$ は全単射であるとする．このとき，次が成り立つことを示せ．

$$f^{-1} \circ f = \mathrm{id}_X, \quad f \circ f^{-1} = \mathrm{id}_Y$$

4. 写像 $f : X \to Y$ および $g : Y \to Z$ に対して，次が成り立つことを示せ．

(i) f が全単射であるならば，f の逆写像 f^{-1} も全単射になる．

(ii) f および g が全単射であるならば，$g \circ f$ も全単射になる．

(iii) $g \circ f$ が全射であるならば，g は全射になる．

(iv) $g \circ f$ が単射であるならば，f は単射になる．

5. X を全体集合とし，$A, B \subset X$ とする．このとき，任意の $x \in X$ に対して $c_A(x) \leq c_B(x)$ となることと，$A \subset B$ であることは，同値になることを示せ．また，任意の $x \in X$ に対して，次が成り立つことを示せ．

(i) $c_{A \cap B}(x) = c_A(x) c_B(x) = \min\{c_A(x), c_B(x)\}$

(ii) $c_{A \cup B}(x) = c_A(x) + c_B(x) - c_{A \cap B}(x) = \max\{c_A(x), c_B(x)\}$

(iii) $c_{A^c}(x) = 1 - c_A(x)$

(iv) $c_{A \setminus B}(x) = c_A(x)(1 - c_B(x))$

1.3 関係

集合 X, Y に対して，$R \subset X \times Y$ を X から Y への**関係** (relation) とよぶ．$(x, y) \in X \times Y$ とする．$(x, y) \in R$ のとき，x は y と R の関係にあるといい，xRy と表す．$(x, y) \notin R$ のとき，x は y と R の関係にないといい，$x\not{R}y$ と表す．任意の $(x, y) \in X \times Y$ に対して条件 $P(x, y)$ をみたすとき xRy と定められている場合は，X から Y への関係 $R = \{(x, y) \in X \times Y : P(x, y)\}$ が定められていることになる．例えば，写像 $f : X \to Y$ のグラフ $\mathrm{Graph}(f)$ は X から Y への関係である．

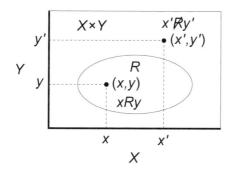

図 **1.6** 関係 R

集合 X に対して，X から X への関係を X 上の**二項関係** (binary relation) といい，よく用いられる．以下では，このような関係のみを扱う．

定義 1.1 集合 X 上の関係 R が任意の $x, y, z \in X$ に対して次の条件 (i), (ii) および (iii) をみたすとき，R を X 上の**同値関係** (equivalence relation) とよぶ．

(i) xRx （反射律）

(ii) $xRy \Rightarrow yRx$ （対称律）

(iii) $xRy, yRz \Rightarrow xRz$ （推移律）

例 1.3 $X = \{(p, q) : p, q \in \mathbb{Z}, q \neq 0\}$ とする．任意の $(p, q), (s, t) \in X$ に対して，$pt = qs$ であるとき $(p, q)R(s, t)$ であると定める．このとき，R は X 上の同値関係になる．$(p, q) \in X$ は有理数 $\frac{p}{q}$ を表していると解釈できる．しかし，X と有理数の集合 $\mathbb{Q}$ は同じではない．例えば，$(1, 2), (2, 4) \in X$ および $\frac{1}{2}, \frac{2}{4} \in \mathbb{Q}$ に対して

$$(1, 2) \longleftrightarrow \frac{1}{2}$$

$$(2,4) \longleftrightarrow \frac{2}{4}$$

のように対応しているが，X においては $(1,2)$ と $(2,4)$ を区別して異なる要素になり，$\mathbb{Q}$ においては $\frac{1}{2}$ と $\frac{2}{4}$ は区別せず同一の要素になる．

証明 R が X 上の同値関係になることを示す．$(p,q), (s,t), (u,v) \in X$ とする．$pq = qp$ であるので，$(p,q)R(p,q)$ となる．

$$(p,q)R(s,t) \Rightarrow pt = qs \Rightarrow sq = tp \Rightarrow (s,t)R(p,q)$$

$$\begin{aligned}
(p,q)R(s,t), (s,t)R(u,v) &\Rightarrow pt = qs, sv = tu \\
&\Rightarrow vpt = vqs, qsv = qtu \\
&\Rightarrow pvt = qut \\
&\Rightarrow pv = qu \ (\because t \neq 0) \\
&\Rightarrow (p,q)R(u,v)
\end{aligned}$$

以上より，R は X 上の同値関係になる． $\square$

集合を要素とする集合を集合族とよぶ．以下では，集合 X の部分集合族を考える．$\emptyset \subset X$ であるので，$\emptyset$ も X の 1 つの部分集合である．$\{\emptyset\}$ は X の 1 つの部分集合族であるが，$\{\emptyset\}$ は 1 つの要素 $\emptyset$ からなる集合であり，$\{\emptyset\} = \emptyset$ ではないので注意．

定義 1.2 空でない集合 X の部分集合族 $\mathbb{P}$ が次の条件 (i), (ii) および (iii) をみたすとき，$\mathbb{P}$ を X の**分割** (partition) とよぶ．

(i) $A \in \mathbb{P} \Rightarrow A \neq \emptyset$

(ii) $\displaystyle\bigcup_{A \in \mathbb{P}} A = X$ $\left(\displaystyle\bigcup_{A \in \mathbb{P}} A \text{ は，} A \in \mathbb{P} \text{ であるすべての } A \text{ の和集合を意味する．}\right)$

(iii) $A, B \in \mathbb{P}, A \neq B \Rightarrow A \cap B = \emptyset$

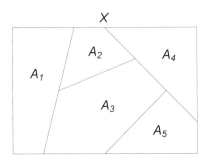

図 **1.7** X の分割 $\mathbb{P} = \{A_1, A_2, A_3, A_4, A_5\}$
(境界上の点は A_1, A_2, A_3, A_4, A_5 のどれか 1 つだけに属しているとする．)

例 1.4 $\mathbb{R}$ を考える. 各 $n \in \mathbb{Z}$ に対して $A_n = \{x \in \mathbb{R} : n \le x < n+1\}$ とすると, $\mathbb{P} = \{A_n : n \in \mathbb{Z}\}$ は $\mathbb{R}$ の分割になる. □

空でない集合 X に同値関係 R が定義されているとする. このとき, 各 $x \in X$ に対して

$$[x]^R = \{y \in X : xRy\} \tag{1.22}$$

とし, $[x]^R$ を R による x の**同値類** (equivalence class) とよぶ. $[x]^R$ を略して $[x]$ とも表す.

定理 1.7 X を空でない集合とする.

(i) X 上に同値関係 R が定義されているとする. このとき

$$\mathbb{P} = \{[x] : x \in X\}$$

とおくと, $\mathbb{P}$ は X の分割になる.

(ii) $\mathbb{P}$ を X の分割とする. このとき

$$R = \{(x,y) \in X \times X : \text{ある } A \in \mathbb{P} \text{ が存在して } x,y \in A\}$$

とおくと, R は X 上の同値関係になる. さらに, R より (i) の方法で得られる分割は $\mathbb{P}$ と一致する.

証明

(i) $A \in \mathbb{P}$ とする. このとき, ある $x \in X$ が存在して $A = [x]$ となる. xRx であるので $x \in [x] = A$ となり, $A \ne \emptyset$ となる.

$\bigcup_{A \in \mathbb{P}} A \subset X$ は明らかである. $x \in X$ とする. xRx であるので, $x \in [x] \in \mathbb{P}$ となる. よって, $x \in [x] \subset \bigcup_{A \in \mathbb{P}} A$ となる. したがって, $X \subset \bigcup_{A \in \mathbb{P}} A$ となる.

$A, B \in \mathbb{P}$, $A \ne B$ とする. ある $x, y \in X$ が存在して $A = [x], B = [y]$ となる. このとき, $z \in A \cap B$ が存在すると仮定して矛盾を導く. $z \in A = [x]$ であるので xRz となり, $z \in B = [y]$ であるので yRz となる. xRz であるので zRx となる. yRz, zRx であるので yRx となり, xRy となる.

$$v \in A = [x] \Rightarrow xRv \Rightarrow yRv \ (\because yRx) \Rightarrow v \in [y] = B$$

よって, $A \subset B$ となる.

$$w \in B = [y] \Rightarrow yRw \Rightarrow xRw \ (\because xRy) \Rightarrow w \in [x] = A$$

よって, $A \supset B$ となる. したがって, $A = B$ となるが, これは $A \ne B$ であることに矛盾する. 以上より, $\mathbb{P}$ は X の分割になる.

(ii) まず, R が X 上の同値関係になることを示す. $x \in X$ とする. $x \in X = \bigcup_{A \in \mathbb{P}} A$ であるので, ある $A \in \mathbb{P}$ が存在して $x \in A$ となる. よって, $(x, x) \in R$ となり, xRx となる.

$x, y \in X$ とし, xRy であるとする. $(x, y) \in R$ であるので, ある $A \in \mathbb{P}$ が存在して $x, y \in A$ となる. よって, $(y, x) \in R$ となり, yRx となる.

$x, y, z \in X$ とし, xRy, yRz であるとする. $(x, y) \in R$ であるので, ある $A \in \mathbb{P}$ が存在して $x, y \in A$ となる. $(y, z) \in R$ であるので, ある $B \in \mathbb{P}$ が存在して $y, z \in B$ となる. $y \in A \cap B$ であるので, $A \cap B \neq \emptyset$ となり, $A = B$ となる. よって, $x, z \in A = B$ となるので, $(x, z) \in R$ となり, xRz となる. 以上より, R は X 上の同値関係になる.

次に, $\mathbb{P}' = \{[x] : x \in X\}$ とし, $\mathbb{P}' = \mathbb{P}$ となることを示す. $A \in \mathbb{P}'$ とする. このとき, ある $x \in X$ が存在して $A = [x]$ となる. $\mathbb{P}$ は X の分割であるので, ある $B \in \mathbb{P}$ が存在して $x \in B$ となる.

$$\begin{aligned} A &= \{y \in X : xRy\} \\ &= \{y \in X : (x, y) \in X \times X \ \text{かつ (ある $C \in \mathbb{P}$ が存在して $x, y \in C$)}\} \\ &= \{y \in X : (x, y) \in X \times X, \ x, y \in B\} = B \in \mathbb{P} \end{aligned}$$

となるので, $\mathbb{P}' \subset \mathbb{P}$ となる.

$B \in \mathbb{P}$ とする. $x \in B$ を任意に固定すると

$$\begin{aligned} B &= \{y \in X : y \in B\} = \{y \in X : (x, y) \in X \times X, \ x, y \in B\} \\ &= \{y \in X : (x, y) \in X \times X \ \text{かつ (ある $C \in \mathbb{P}$ が存在して $x, y \in C$)}\} \\ &= \{y \in X : xRy\} = [x] \in \mathbb{P}' \end{aligned}$$

となるので, $\mathbb{P}' \supset \mathbb{P}$ となる. □

空でない集合 X 上に同値関係 R が定義されているとき, 定理 1.7 (i) における X の分割 $\mathbb{P}$ を X の R による**商集合** (quotient set) とよび, X/R と表す.

X を空でない集合とする. Y を X 上の同値関係すべての集合とし, Z を X の分割すべての集合とする. このとき, 各 $R \in Y$ に対して, $\{[x]^R : x \in X\} \in Z$ となる. また, 各 $\mathbb{P} \in Z$ に対して, $\{(x, y) \in X \times X : \text{ある $A \in \mathbb{P}$ が存在して $x, y \in A$}\} \in Y$ となる. よって, $\Phi : Y \to Z$ を各 $R \in Y$ に対して

$$\Phi(R) = \{[x]^R : x \in X\}$$

と定義し, $\Psi : Z \to Y$ を各 $\mathbb{P} \in Z$ に対して

$$\Psi(\mathbb{P}) = \{(x, y) \in X \times X : \text{ある $A \in \mathbb{P}$ が存在して $x, y \in A$}\}$$

と定義する．ここで，$R \in Y$ とし

$$R = \Psi \circ \Phi(R)$$

となることを示す．

$$\Psi \circ \Phi(R) = \{(x,y) \in X \times X : ある A \in \Phi(R) が存在して x, y \in A\}$$

となる．まず，$(x,y) \in R$ とする．このとき，xRy であるので $y \in [x]^R$ となる．$x \in [x]^R$ でもあるので，$x, y \in [x]^R \in \Phi(R)$ となり，$(x,y) \in \Psi \circ \Phi(R)$ となる．よって，$R \subset \Psi \circ \Phi(R)$ となる．次に，$(x',y') \in \Psi \circ \Phi(R)$ とする．このとき，ある $A \in \Phi(R)$ が存在して $x', y' \in A$ となる．$A \in \Phi(R)$ であるので，ある $z \in X$ が存在して $A = [z]^R$ となる．$x', y' \in [z]^R$ であるので，zRx', zRy' となる．$x'Rz, zRy'$ であるので，$x'Ry'$ となり，$(x',y') \in R$ となる．よって，$R \supset \Psi \circ \Phi(R)$ となる．したがって，$\Psi \circ \Phi = \mathrm{id}_Y$ となる．また，定理 1.7 (ii) より，$\Phi \circ \Psi = \mathrm{id}_Z$ となる．定理 1.6 (iii) より，Φ および Ψ は全単射になる．これは，X 上の同値関係と X の分割の間に 1 対 1 の対応があることを意味している．

例 1.5 $X = \{(p,q) : p, q \in \mathbb{Z}, \ q \neq 0\}$ とする．任意の $(p,q), (s,t) \in X$ に対して，$pt = qs$ であるとき $(p,q)R(s,t)$ であると定める．例 1.3 より，R は X 上の同値関係になる．また，$(p,q) \in X$ は有理数 $\frac{p}{q}$ を表していると解釈する．X の R による商集合は $X/R = \{[x] : x \in X\}$ であり，$[(p,q)] \in X/R$ は $\frac{p}{q} \in \mathbb{Q}$ と同一視できる．例えば，$[(1,2)] \in X/R$ は

$$[(1,2)] = \left\{ \cdots, \frac{-3}{-6}, \frac{-2}{-4}, \frac{-1}{-2}, \frac{1}{2}, \frac{2}{4}, \frac{3}{6}, \cdots \right\}$$

であり

$$\cdots = \frac{-3}{-6} = \frac{-2}{-4} = \frac{-1}{-2} = \frac{1}{2} = \frac{2}{4} = \frac{3}{6} = \cdots$$

であるので，$[(1,2)]$ は $\frac{1}{2} \in \mathbb{Q}$ と同一視できる．よって，X/R は $\mathbb{Q}$ を表している． $\square$

定義 1.3 R を空でない集合 X 上の関係とする．R が任意の $x, y, z \in X$ に対して次の条件 (i), (ii) および (iii) をみたすとき，R を X 上の**順序関係** (order relation) または**半順序関係** (partial order relation) とよぶ．R が任意の $x, y, z \in X$ に対して次の条件 (i) および (iii) をみたすとき，R を X 上の**擬順序関係** (pseudo-order relation) または**前順序関係** (preorder relation) とよぶ．

(i) xRx （反射律）

(ii) $xRy, yRx \Rightarrow x = y$ （反対称律）

(iii) $xRy,\, yRz \Rightarrow xRz$　　　　　　　　　　　　　　　　　　　　　（推移律）

さらに，X 上の順序関係 R が次の条件 (iv) をみたすとき，R を X 上の**全順序関係** (total order relation) とよぶ.

(iv) $x, y \in X \Rightarrow xRy$ または yRx

　空でない集合 X 上の順序関係, 擬順序関係または全順序関係 R は，それぞれ単に順序, 擬順序または全順序ともよばれ，$\leq$ などとも表される. $\leq$ が X 上の順序関係, 擬順序関係または全順序関係それぞれであるとき，$(X, \leq)$ を**順序集合** (ordered set), **擬順序集合** (pseudo-ordered set) または**全順序集合** (totally ordered set) とよぶ. また，$(X, \leq)$ は略して単に X と表されることもある.

例 1.6

(i) $\leq$ を $\mathbb{R}$ における通常の大小関係とする. このとき，$\leq$ は $\mathbb{R}$ 上の全順序関係になり，$(\mathbb{R}, \leq)$ は全順序集合になる.

(ii) X を集合とし，2^X を考える. このとき，$\subset$ は 2^X 上の順序関係になり，$(2^X, \subset)$ は順序集合になる. また，任意の $A, B \in 2^X$ に対して $A \subset B$ または $B \subset A$ になるとは限らないので，$\subset$ は 2^X 上の全順序関係になるとは限らない.　　　　□

　$(X, \leq)$ を順序集合とし，$A \subset X$ とする. ある $a \in A$ が存在し，任意の $x \in A$ に対して $x \leq a$ となるとき，a を A の**最大要素** (maximum element) とよぶ. A の最大要素があればそれはただ 1 つであるので，それを $\max A$ と表す. ある $a \in A$ が存在し，任意の $x \in A$ に対して $a \leq x$ となるとき，a を A の**最小要素** (minimum element) とよぶ. A の最小要素があればそれはただ 1 つであるので，それを $\min A$ と表す. ある $a \in A$ が存在して

$$x \in A,\, a \leq x \Rightarrow x = a \tag{1.23}$$

が成り立つとき，a を A の**極大要素** (maximal element) とよぶ. ある $a \in A$ が存在して

$$x \in A,\, x \leq a \Rightarrow x = a \tag{1.24}$$

が成り立つとき，a を A の**極小要素** (minimal element) とよぶ. ある $u \in X$ が存在し，任意の $x \in A$ に対して $x \leq u$ となるとき，A は**上に有界** (bounded from above) であるといい，そのような u を A の**上界** (upper bound) とよぶ. ある $\ell \in X$ が存在し，任意の $x \in A$ に対して $\ell \leq x$ となるとき，A は**下に有界** (bounded from below) であるといい，そのような ℓ を A の**下界** (lower bound) とよぶ.

次の Zorn の補題は現代数学において重要な基礎命題で，証明なしに公理として用いられている．

定理 1.8（Zorn の補題 (Zorn's lemma)）順序集合 $(X, \leq)$ の任意の全順序部分集合 $(A, \leq)$ が上界（下界）をもつならば，$(X, \leq)$ は少なくとも 1 つの極大（極小）要素をもつ．

例 1.7 $X = \{a, b, c, d, e, f, g, h\}$ とし，X 上の順序関係 $\leq_1, \leq_2$ および $\leq_3$ をそれぞれ図 1.8 (a), (b) および (c) のように定義する．$\leq_2$ について詳しく説明する．$x \in X$ に対しては $x \leq_2 x$ とする．$x, y \in X$ に対して，x から y へ図 1.8 (b) の辺（線分）を上方にのみたどって到達できるとき $x \leq_2 y$ とする．例えば，h から辺を上方にのみたどって c へ到達できるので $h \leq_2 c$ である．しかし，h から e へ到達するためには，h から辺を上方にたどって c まで行き，c から下方にたどって e に到達する．このような場合は $h \not\leq_2 e, e \not\leq_2 h$ である．$\leq_1$ は全順序関係であるが，$\leq_2$ および $\leq_3$ は全順序関係ではない．$(X, \leq_1)$ において，a は X の最大要素かつ極大要素であり，h は X の最小要素かつ極小要素である．$(X, \leq_2)$ において，a は X の最大要素かつ極大要素であり，e, g, h は X の極小要素であり，X の最小要素は存在しない．$(X, \leq_3)$ において，a, b は X の極大要素であり，e, g, h は X の極小要素であり，X の最大要素も最小要素も存在しない．

$(X, \leq_3)$ において，$A = \{c, d, f, h\}$ とする．$(A, \leq_3)$ は $(X, \leq_3)$ の全順序部分集合である．A は上に有界であり A の上界は a, b, c である．A は下に有界であり A の下界は h である．$(X, \leq_3)$ の任意の全順序部分集合はこのように上界（下界）をもつので，Zorn の補題より X の極大要素（極小要素）が存在する．

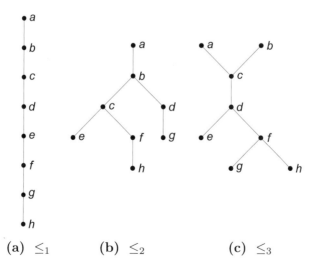

図 1.8 順序関係の例

□

問題 1.3

1. 任意の $x, y \in \mathbb{R}$ に対して，$x - y \in \mathbb{Z}$ であるとき xRy と定める．

(i) R は $\mathbb{R}$ 上の同値関係になることを示せ．

(ii) $\mathbb{R}/R$ はどんな集合を表すか（例 1.5 参照）．

2. X を $\mathbb{R}$ 上の実数値関数（$\mathbb{R}$ から $\mathbb{R}$ への写像）すべての集合とする．任意の $f, g \in X$ に対して，任意の $x \in \mathbb{R}$ に対して $f(x) \leq g(x)$ であるとき $f \leq g$ と定義する．このとき，X 上の関係 $\leq$ は順序関係であるが，全順序関係ではないことを示せ．

3. X, Y を空でない集合とし，写像 $f : X \to Y$ は全射であるとする．任意の $x, y \in X$ に対して，$f(x) = f(y)$ であるとき xRy と定める．

(i) R は X 上の同値関係であることを示せ．

(ii) Y から X/R への全単射が存在することを示せ．

1.4 集合の濃度

集合 X, Y に対して，ある写像 $f : X \to Y$ が存在して f が全単射になるとき，X は Y と**対等** (equipotent) であるといい，$X \simeq Y$ と表す．ただし，$\emptyset$ はそれ自身とのみ対等であるとする．

例 1.8 $\mathbb{E} = \{2k : k \in \mathbb{N}\}$ とする．$f : \mathbb{E} \to \mathbb{N}$ を各 $n \in \mathbb{E}$ に対して，$f(n) = \frac{n}{2}$ と定義すると．f は全単射になるので，$\mathbb{E} \simeq \mathbb{N}$ となる． □

定理 1.9 集合 X, Y, Z に対して，次が成り立つ．

(i) $X \simeq X$

(ii) $X \simeq Y \Rightarrow Y \simeq X$

(iii) $X \simeq Y, Y \simeq Z \Rightarrow X \simeq Z$

証明 $X = \emptyset, Y = \emptyset$ または $Z = \emptyset$ のときは明らかであるので，$X \neq \emptyset, Y \neq \emptyset, Z \neq \emptyset$ とする．

(i) X 上の恒等写像 id_X は全単射であるので，$X \simeq X$ となる．

(ii) $X \simeq Y$ であるので，ある写像 $f : X \to Y$ が存在して f は全単射になる．このとき，f の逆写像 $f^{-1} : Y \to X$ は全単射になる（問題 1.2.4 (i)）ので，$Y \simeq X$ となる．

(iii) $X \simeq Y, Y \simeq Z$ であるので，ある写像 $f : X \to Y$ および $g : Y \to Z$ が存在して f および g は全単射になる．このとき，それらの合成写像 $g \circ f : X \to Z$ は全単射になる（問題 1.2.4 (ii)）ので，$X \simeq Z$ となる． □

定理 1.9 より，集合の間の対等関係 $\simeq$ は同値関係になる．実は，「すべての集合の集まり」は集合とはいえない（例えば，[26, あとがき] 参照）．しかし，同値関係や同値類などの概念の適用範囲を少し広めて同様に用いることにする．「すべての集合の集まり」における，対等関係 $\simeq$ による各同値類を**濃度** (power, potency, cardinality) といい，集合 A の属する同値類を A の濃度とよぶ．

$\emptyset$ の濃度を 0 と定め，$\{1, 2, \cdots, n\}$ の濃度を n と定める．これは，$\emptyset$ が属する同値類に 0 と名前をつけ，$\{1, 2, \cdots, n\}$ の属する同値類に n と名前をつけたことになる．集合 A の濃度が n であるとは，A の要素の個数が n であることを意味する．また，$\mathbb{N}$ の濃度を $\aleph_0$（アレフ・ゼロ）と表し，$\mathbb{R}$ の濃度を $\aleph$（アレフ）と表す．$\mathbb{N} \not\simeq \mathbb{R}$ であること，すなわち $\aleph_0 \neq \aleph$ であることが後に示される（定理 1.11）．

濃度が 0 または $n \in \mathbb{N}$ である集合を**有限集合** (finite set) とよび，有限集合でない集合を**無限集合** (infinite set) とよぶ．$\mathbb{N}$ と対等な集合を**可算集合**または**可付番集合** (countably infinite set) とよび，有限集合または可算集合である集合を**高々可算集合** (countable set) とよぶ．無限集合に対して要素の個数という言い方は適当ではないため濃度という言い方をするのであるが，可算集合または高々可算集合それぞれの濃度の表現として，要素の個数のような言い方で可算個または高々可算個という場合もある．同様に，有限集合または無限集合それぞれの濃度の表現として，有限個または無限個という場合もある．

2 つの集合 X と Y に対して，X が Y と対等であることを示すためには X から Y への全単射が存在することを示せばよい．次の定理は，その保証を与える便利な定理である．

定理 1.10（Bernstein の定理 (Bernstein's theorem)）2 つの集合 X, Y に対して，ある $Y' \subset Y$ が存在して $X \simeq Y'$ となり，ある $X' \subset X$ が存在して $Y \simeq X'$ となるならば，$X \simeq Y$ となる．

証明 $Y' = Y$ または $X' = X$ ならば，$X \simeq Y$ となる．よって，$Y' \neq Y$, $X' \neq X$ とする．$X \simeq Y'$ であるので，ある写像 $f \colon X \to Y'$ が存在して f は全単射になる．$Y \simeq X'$ であるので，ある写像 $g \colon Y \to X'$ が存在して g は全単射になる．

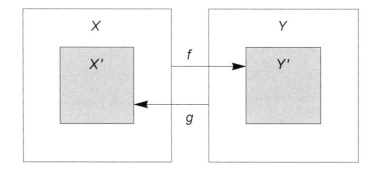

図 1.9　$f \colon X \to Y'$（全単射）と $g \colon Y \to X'$（全単射）

$x \in X$ とする．x 自身を x の第 0 代先祖とよぶ．$g^{-1}(x)$ が存在するとき（すなわち，$x \in X'$ であるとき），$g^{-1}(x)$ を x の第 1 代先祖とよぶ．さらに，$f^{-1}(g^{-1}(x))$ が存在するとき（すなわち，$g^{-1}(x) \in Y'$ であるとき），$f^{-1}(g^{-1}(x))$ を x の第 2 代先祖とよぶ．さらに，$g^{-1}(f^{-1}(g^{-1}(x)))$ が存在するとき（すなわち，$f^{-1}(g^{-1}(x)) \in X'$ であるとき），$g^{-1}(f^{-1}(g^{-1}(x)))$ を x の第 3 代先祖とよぶ．以下同様に，x の第 n 代先祖を定義する．

$y \in Y$ とする. y 自身を y の第 0 代先祖とよぶ. $f^{-1}(y)$ が存在するとき, $f^{-1}(y)$ を y の第 1 代先祖とよぶ. さらに, $g^{-1}(f^{-1}(y))$ が存在するとき, $g^{-1}(f^{-1}(y))$ を y の第 2 代先祖とよぶ. さらに, $f^{-1}(g^{-1}(f^{-1}(y)))$ が存在するとき, $f^{-1}(g^{-1}(f^{-1}(y)))$ を y の第 3 代先祖とよぶ. 以下同様に, y の第 n 代先祖を定義する.

ここで

$$X_i = \{x \in X : x \text{ は無限個の先祖をもつ} \}$$
$$X_o = \{x \in X : x \text{ は奇数代目までの先祖をもつ} \}$$
$$X_e = \{x \in X : x \text{ は偶数代目までの先祖をもつ} \}$$
$$Y_i = \{y \in Y : y \text{ は無限個の先祖をもつ} \}$$
$$Y_o = \{y \in Y : y \text{ は奇数代目までの先祖をもつ} \}$$
$$Y_e = \{y \in Y : y \text{ は偶数代目までの先祖をもつ} \}$$

とする. このとき

$$X = X_i \cup X_o \cup X_e, \quad X_i \cap X_o = X_i \cap X_e = X_o \cap X_e = \emptyset$$

$$Y = Y_i \cup Y_o \cup Y_e, \quad Y_i \cap Y_o = Y_i \cap Y_e = Y_o \cap Y_e = \emptyset$$

となる.

$$f(X_i) = Y_i, \quad f(X_e) = Y_o, \quad g^{-1}(X_o) = Y_e \tag{1.25}$$

が成り立つことを後で示す. もし, (1.25) が成り立つならば, $h : X \to Y$ を各 $x \in X$ に対して

$$h(x) = \begin{cases} f(x) & x \in X_i \cup X_e \\ g^{-1}(x) & x \in X_o \end{cases}$$

と定義すると, h は全単射になり, $X \simeq Y$ となる. よって, (1.25) が示されれば定理が示せたことになる.

まず, $f(X_i) = Y_i$ となることを示す. $y \in f(X_i)$ とする. このとき, ある $x \in X_i$ が存在して $y = f(x)$ となる. $f^{-1}(y) = x$ となるので, x は y の第 1 代先祖になる. $x \in X_i$ である (x は無限個の先祖をもつ) ので, $y \in Y_i$ となる (y は無限個の先祖をもつ). よって, $f(X_i) \subset Y_i$ となる. $y' \in Y_i$ とする. $x' = f^{-1}(y')$ とおくと, x' は y' の第 1 代先祖になる. $y' \in Y_i$ である (y' は無限個の先祖をもつ) ので, $x' \in X_i$ となる (x' は無限個の先祖をもつ). よって, $y' = f(x') \in f(X_i)$ となる. したがって, $Y_i \subset f(X_i)$ となる.

次に, $f(X_e) = Y_o$ となることを示す. $y \in f(X_e)$ とする. このとき, ある $x \in X_e$ が存在して $y = f(x)$ となる. $f^{-1}(y) = x$ となるので, x は y の第 1 代先祖になる. $x \in X_e$ である (x は偶数代目までの先祖をもつ) ので, $y \in Y_o$ となる (y は奇数代目までの先祖をもつ). よって, $f(X_e) \subset Y_o$ となる. $y' \in Y_o$ とする. $x' = f^{-1}(y')$ とおく

と，x' は y' の第 1 代先祖になる．$y' \in Y_o$ である（y' は奇数代目までの先祖をもつ）ので，$x' \in X_e$ となる（x' は偶数代目までの先祖をもつ）．よって，$y' = f(x') \in f(X_e)$ となる．したがって，$Y_o \subset f(X_e)$ となる．

最後に，$g^{-1}(X_o) = Y_e$ となることを示す．$y \in g^{-1}(X_o)$ とする．このとき，ある $x \in X_o$ が存在して $y = g^{-1}(x)$ となる．y は x の第 1 代先祖であり $x \in X_o$ である（x は奇数代目までの先祖をもつ）ので，$y \in Y_e$ となる（y は偶数代目までの先祖をもつ）．よって，$g^{-1}(X_o) \subset Y_e$ となる．$y' \in Y_e$ とする．$x' = g(y')$ とおくと，$g^{-1}(x') = y'$ となり，y' は x' の第 1 代先祖になる．$y' \in Y_e$ である（y' は偶数代目までの先祖をもつ）ので，$x' \in X_o$ となる（x' は奇数代目までの先祖をもつ）．よって，$y' = g^{-1}(x') \in g^{-1}(X_o)$ となる．したがって，$Y_e \subset g^{-1}(X_o)$ となる． $\square$

例 1.9 $X = \{x \in \mathbb{R} : 0 < x < 1\}$ とし，$Y = \{x \in \mathbb{R} : 0 \le x < 1\}$ とする．このとき，$X \simeq Y$ となる．

証明 定理 1.10 を用いて示そう．まず，$Y' = X \subset Y$ とする．$f : X \to Y'$ を各 $x \in X$ に対して $f(x) = x$ と定めると，f は全単射になる．よって，$X \simeq Y'$ となる．次に，$X' = \{x \in \mathbb{R} : \frac{1}{2} \le x < 1\} \subset X$ とする．$g : Y \to X'$ を各 $y \in Y$ に対して $g(y) = \frac{1}{2}y + \frac{1}{2}$ と定めると，g は全単射になる．よって，$Y \simeq X'$ となる．したがって，定理 1.10 より $X \simeq Y$ となる． $\square$

定理 1.11 $\mathbb{R}$ は可算集合ではない．

証明 $X = \{x \in \mathbb{R} : 0 < x < 1\}$ とする．このとき，$f : X \to \mathbb{R}$ を各 $x \in X$ に対して $f(x) = \tan\left(x - \frac{1}{2}\right)\pi$ とすると，f は全単射になるので，$X \simeq \mathbb{R}$ となる．よって，$\mathbb{R}$ が可算集合でないことを示すためには，X が可算集合でないことを示せばよい．

X の要素である実数は無限小数で表されているとする．例えば，有限小数の 0.237 は $0.236999\cdots$ と表されているとする．このとき，X の各要素の表し方は一意的である．ここで，X が可算集合であるとして矛盾を導く．X は可算集合であると仮定したので，$X = \{a_1, a_2, a_3, \cdots\}$ とおける．このとき

$$a_1 = 0.a_{11}a_{12}\cdots a_{1j}\cdots$$
$$a_2 = 0.a_{21}a_{22}\cdots a_{2j}\cdots$$
$$\vdots$$
$$a_i = 0.a_{i1}a_{i2}\cdots a_{ij}\cdots$$
$$\vdots$$

とする．ここで，a_{ij} は a_i の小数第 j 位の数であり，$0, 1, 2, \cdots, 9$ のうちのどれかであ

る．このとき，各 $j \in \mathbb{N}$ に対して

$$b_j = \begin{cases} 1 & a_{jj} \text{ が偶数のとき} \\ 2 & a_{jj} \text{ が奇数のとき} \end{cases}$$

とし，小数

$$b = 0.b_1 b_2 \cdots b_j \cdots \in X$$

を考える．ここで，b_j は b の小数第 j 位の数である．$b \in X$ であるので，ある $k \in \mathbb{N}$ が存在して $b = a_k$ となる．無限小数表現の一意性より $b_k = a_{kk}$ となるが，これは b_k の決め方より $b_k \neq a_{kk}$ となることに矛盾する． $\square$

　定理 1.11 は Cantor によって証明されたものであり，その証明法を**対角線論法** (diagonal argument) という．

　次の 3 つの定理は，可算集合に関する性質を与える．

定理 1.12 $\mathbb{N} \times \mathbb{N}$ は可算集合である．

証明 $\mathbb{N}$ から $\mathbb{N} \times \mathbb{N}$ への全単射を次のように定義できる．

$$
\begin{array}{ccccccccc}
\mathbb{N} & : & 1 & 2 & 3 & 4 & 5 & 6 & 7 \\
 & & \downarrow & \downarrow & \downarrow & \downarrow & \downarrow & \downarrow & \downarrow \\
\mathbb{N} \times \mathbb{N} & : & (1,1) & (1,2) & (2,1) & (1,3) & (2,2) & (3,1) & (1,4)
\end{array}
$$

$$
\begin{array}{cccccc}
8 & 9 & 10 & 11 & 12 & \cdots \\
\downarrow & \downarrow & \downarrow & \downarrow & \downarrow & \\
(2,3) & (3,2) & (4,1) & (1,5) & (2,4) & \cdots
\end{array}
$$

$\square$

定理 1.13 無限集合はその部分集合として可算集合を含む．

証明 A を無限集合とする．まず，$A \neq \emptyset$ であるので，$a_1 \in A$ を選ぶことができる．次に，$A \neq \{a_1\}$ であるので，$a_2 \in A \setminus \{a_1\}$ を選ぶことができる．次に，$A \neq \{a_1, a_2\}$ であるので，$a_3 \in A \setminus \{a_1, a_2\}$ を選ぶことができる．このように順次 $a_1, a_2, a_3, \cdots$ を選べるが，その選び方より $a_k, k = 1, 2, \cdots$ はすべて互いに異なる A の要素であり，$\{a_1, a_2, \cdots\}$ は A の可算部分集合になる． $\square$

定理 1.14 添字集合 Λ は高々可算集合であるとし，各 $\lambda \in \Lambda$ に対して A_λ を高々可算集合とする．このとき，$\bigcup_{\lambda \in \Lambda} A_\lambda$ も高々可算集合になる．

証明 $A = \bigcup_{\lambda \in \Lambda} A_\lambda$ とする．A が無限集合ならば，A が可算集合になることを示せば十分である．

Λ は高々可算集合であるので，単射 $f : \Lambda \to \mathbb{N}$ が存在する．また，各 $\lambda \in \Lambda$ に対して，A_λ は高々可算集合であるので，単射 $f_\lambda : A_\lambda \to \mathbb{N}$ が存在する．$\varphi : A \to \mathbb{N} \times \mathbb{N}$ を次のように定義する．$a \in A$ とする．このとき，ある $\lambda \in \Lambda$ が存在して $a \in A_\lambda$ となる．そのような λ を任意に 1 つ選び

$$\varphi(a) = (f(\lambda), f_\lambda(a))$$

とする．φ の定義より，φ は単射になる．$\psi : A \to \varphi(A)$ を各 $a \in A$ に対して，$\psi(a) = \varphi(a)$ とする．ψ は全単射になるので

$$A \simeq \varphi(A), \quad \varphi(A) \subset \mathbb{N} \times \mathbb{N} \tag{1.26}$$

となる．

A は無限集合であるので，定理 1.13 より，可算集合 $B \subset A$ が存在する．B は可算集合であるので，全単射 $g : \mathbb{N} \to B$ が存在する．定理 1.12 より $\mathbb{N} \times \mathbb{N}$ は可算集合であるので，全単射 $h : \mathbb{N} \times \mathbb{N} \to \mathbb{N}$ が存在する．このとき，$g \circ h : \mathbb{N} \times \mathbb{N} \to B$ は全単射になるので

$$\mathbb{N} \times \mathbb{N} \simeq B, \quad B \subset A \tag{1.27}$$

となる．

(1.26) と (1.27) および定理 1.10 と 1.12 より，$A \simeq \mathbb{N}$ となる．したがって，A は可算集合になる． □

問題 1.4

1. $\mathbb{Z}$ は可算集合であることを示せ．

2. X, Y は高々可算集合であるとする．このとき，$X \cup Y$ および $X \times Y$ は高々可算集合になることを示せ．

3. 写像 $f : X \to Y$ に対して，X は高々可算集合であるとする．このとき，$f(X)$ は高々可算集合になることを示せ．

4. 次が成り立つことを示せ．

$$\{x \in \mathbb{R} : 0 \le x \le 1\} \simeq \mathbb{R}$$

第 2 章

ユークリッド空間

2.1 ベクトル空間

$\mathbb{R}^n = \{(x_1, x_2, \cdots, x_n) : x_i \in \mathbb{R}, i = 1, 2, \cdots, n\}$ を考える. $\mathbb{R}^n$ の要素をベクトル (vector) または点 (point) とよぶ. ベクトル $\boldsymbol{x} = (x_1, x_2, \cdots, x_i, \cdots, x_n) \in \mathbb{R}^n$ に対して, x_i を $\boldsymbol{x}$ の第 i 座標, 第 i 成分または第 i 要素とよぶ. また, $\boldsymbol{0} = (0, 0, \cdots, 0) \in \mathbb{R}^n$ とし, $\boldsymbol{0}$ を $\mathbb{R}^n$ の原点とよぶ. さらに, $\boldsymbol{e}_1 = (1, 0, 0, \cdots, 0)$, $\boldsymbol{e}_2 = (0, 1, 0, \cdots, 0)$, $\cdots$, $\boldsymbol{e}_n = (0, 0, \cdots, 0, 1) \in \mathbb{R}^n$ とする. $\{\boldsymbol{e}_1, \boldsymbol{e}_2, \cdots, \boldsymbol{e}_n\}$ を $\mathbb{R}^n$ の**標準基底** (canonical basis) とよぶ.

任意の 2 つのベクトル $\boldsymbol{x} = (x_1, x_2, \cdots, x_n)$, $\boldsymbol{y} = (y_1, y_2, \cdots, y_n) \in \mathbb{R}^n$ および任意の $\lambda \in \mathbb{R}$ に対して, **和** (addition, sum) $\boldsymbol{x} + \boldsymbol{y}$ および**スカラー倍** (scalar multiplication) $\lambda \boldsymbol{x}$ を

$$\boldsymbol{x} + \boldsymbol{y} = (x_1 + y_1, x_2 + y_2, \cdots, x_n + y_n) \tag{2.1}$$

$$\lambda \boldsymbol{x} = (\lambda x_1, \lambda x_2, \cdots, \lambda x_n) \tag{2.2}$$

と定義し, **差** (difference) $\boldsymbol{x} - \boldsymbol{y}$ を

$$\boldsymbol{x} - \boldsymbol{y} = \boldsymbol{x} + (-1)\boldsymbol{y} = (x_1 - y_1, x_2 - y_2, \cdots, x_n - y_n) \tag{2.3}$$

と定義する. また, $-\boldsymbol{x} = (-1)\boldsymbol{x}$ とする.

このとき, $\mathbb{R}^n$ は上の和とスカラー倍に対して次の**ベクトル空間** (vector space) の公理をみたすことが容易に確かめられる.

(I) 任意の点 $\boldsymbol{x}, \boldsymbol{y}, \boldsymbol{z} \in \mathbb{R}^n$ に対して, 次が成り立つ.

(i) $\boldsymbol{x} + \boldsymbol{y} \in \mathbb{R}^n$

(ii) $(\boldsymbol{x} + \boldsymbol{y}) + \boldsymbol{z} = \boldsymbol{x} + (\boldsymbol{y} + \boldsymbol{z})$ （結合法則）

(iii) $\mathbf{0} \in \mathbb{R}^n$ が存在し，任意の $\boldsymbol{x}' \in \mathbb{R}^n$ に対して $\boldsymbol{x}' + \mathbf{0} = \boldsymbol{x}'$ が成り立つ．

(零元の存在)

(iv) $-\boldsymbol{x} \in \mathbb{R}^n$ が存在して $\boldsymbol{x} + (-\boldsymbol{x}) = \mathbf{0}$ が成り立つ． (逆元の存在)

(v) $\boldsymbol{x} + \boldsymbol{y} = \boldsymbol{y} + \boldsymbol{x}$ (交換法則)

(II) 任意の点 $\boldsymbol{x}, \boldsymbol{y} \in \mathbb{R}^n$ および任意の $\lambda, \mu \in \mathbb{R}$ に対して，次が成り立つ．

(i) $\lambda \boldsymbol{x} \in \mathbb{R}^n$

(ii) $(\lambda \mu) \boldsymbol{x} = \lambda(\mu \boldsymbol{x})$ (結合法則)

(iii) $\lambda(\boldsymbol{x} + \boldsymbol{y}) = \lambda \boldsymbol{x} + \lambda \boldsymbol{y}$ (ベクトルに関する分配法則)

(iv) $(\lambda + \mu) \boldsymbol{x} = \lambda \boldsymbol{x} + \mu \boldsymbol{x}$ (実数に関する分配法則)

(v) $0\boldsymbol{x} = \mathbf{0}, \ 1\boldsymbol{x} = \boldsymbol{x}$

ベクトル $\boldsymbol{x} = (x_1, x_2, \cdots, x_n) \in \mathbb{R}^n$ は，各第 i 座標が x_i である 1 つの点を表していて，原点 $\mathbf{0}$ を始点とし点 $\boldsymbol{x}$ を終点とする有向線分と同一視される．さらに，ベクトル $\boldsymbol{x}$ は，任意のベクトル $\boldsymbol{y} \in \mathbb{R}^n$ に対する点 $\boldsymbol{y}$ を始点とし点 $\boldsymbol{y} + \boldsymbol{x}$ を終点とする有向線分をも代表して表していると解釈される．よって，2 つのベクトル $\boldsymbol{x}, \boldsymbol{y} \in \mathbb{R}^n$ に対して，ベクトル $\boldsymbol{x} - \boldsymbol{y}$ は点 $\boldsymbol{y}$ を始点とし点 $\boldsymbol{x}$ を終点とする有向線分も原点 $\mathbf{0}$ を始点とし点 $\boldsymbol{x} - \boldsymbol{y}$ を終点とする有向線分も表している．

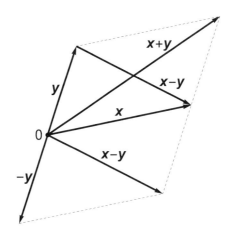

図 2.1 ベクトルの和 $\boldsymbol{x} + \boldsymbol{y}$ と差 $\boldsymbol{x} - \boldsymbol{y}$

有限個のベクトル $\boldsymbol{x}_1, \boldsymbol{x}_2, \cdots, \boldsymbol{x}_m \in \mathbb{R}^n$ および実数 $\lambda_1, \lambda_2, \cdots, \lambda_m \in \mathbb{R}$ に対して

$$\boldsymbol{x} = \sum_{i=1}^m \lambda_i \boldsymbol{x}_i = \lambda_1 \boldsymbol{x}_1 + \lambda_2 \boldsymbol{x}_2 + \cdots + \lambda_m \boldsymbol{x}_m \tag{2.4}$$

の形のベクトル $\boldsymbol{x} \in \mathbb{R}^n$ を $\boldsymbol{x}_1, \boldsymbol{x}_2, \cdots, \boldsymbol{x}_m$ の **1 次結合** (linear combination) とよぶ. この $\boldsymbol{x}_1, \boldsymbol{x}_2, \cdots, \boldsymbol{x}_m$ の 1 次結合 $\boldsymbol{x}$ に対して, $\lambda_i \geq 0, i = 1, 2, \cdots, m$ であるとき, $\boldsymbol{x}$ を $\boldsymbol{x}_1, \boldsymbol{x}_2, \cdots, \boldsymbol{x}_m$ の**非負 1 次結合** (non-negative linear combination) とよび, $\lambda_i \geq 0$, $i = 1, 2, \cdots, m$ かつ $\sum_{i=1}^m \lambda_i = 1$ であるとき, $\boldsymbol{x}$ を $\boldsymbol{x}_1, \boldsymbol{x}_2, \cdots, \boldsymbol{x}_m$ の**凸結合** (convex combination) とよぶ.

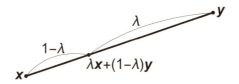

図 **2.2** 2 つのベクトルの凸結合 $\lambda \boldsymbol{x} + (1-\lambda)\boldsymbol{y}$ $(0 < \lambda < 1)$

任意の 2 つの集合 $A, B \subset \mathbb{R}^n$ および任意の $\lambda \in \mathbb{R}$ に対して, 和 $A + B$ およびスカラー倍 λA を

$$A + B = \{\boldsymbol{x} + \boldsymbol{y} : \boldsymbol{x} \in A, \boldsymbol{y} \in B\} \tag{2.5}$$

$$\lambda A = \{\lambda \boldsymbol{x} : \boldsymbol{x} \in A\} \tag{2.6}$$

と定義し, 差 $A - B$ を

$$A - B = \{\boldsymbol{x} - \boldsymbol{y} : \boldsymbol{x} \in A, \boldsymbol{y} \in B\} \tag{2.7}$$

と定義する. また, $-A = (-1)A$ とする. さらに, $\boldsymbol{x}_0 \in \mathbb{R}^n$ に対して, $\{\boldsymbol{x}_0\} + A$ や $A - \{\boldsymbol{x}_0\}$ などを単に $\boldsymbol{x}_0 + A$ や $A - \boldsymbol{x}_0$ などと表す.

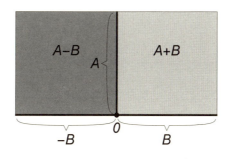

図 **2.3** 集合の和 $A + B$ と差 $A - B$

32

m 個の集合 $A_j \subset \mathbb{R}^n$, $j = 1, 2, \cdots, m$ の和 $A_1 + A_2 + \cdots + A_m$ を $\sum_{j=1}^{m} A_j$ とも表す.

問題 2.1

1. $A = \{(x, y) \in \mathbb{R}^2 : x = 0, 0 \leq y \leq 1\}$, $B = \{(x, y) \in \mathbb{R}^2 : 0 \leq x \leq 1, y = 1\}$ とし, $C = A \cup B$ とする. このとき, 次の集合を図示せよ.

(i) $A + B$

(ii) $A - B$

(iii) $2A$

(iv) $-2B$

(v) $C + C$

(vi) $2C$

(vii) $\{\lambda \boldsymbol{x} : \boldsymbol{x} \in A, \lambda \leq 0\}$

(viii) $\{\lambda \boldsymbol{x} : \boldsymbol{x} \in B, \lambda \geq 0\}$

(ix) $\{\lambda \boldsymbol{x} + (1 - \lambda)\boldsymbol{y} : \boldsymbol{x} \in A, \boldsymbol{y} \in B, 0 \leq \lambda \leq 1\}$

2. $\boldsymbol{x} = (1, 2)$, $\boldsymbol{y} = (2, 1)$, $\boldsymbol{z} = (2, 2) \in \mathbb{R}^2$ とする. このとき, 次の集合を図示せよ.

(i) $\{\lambda \boldsymbol{x} + \mu \boldsymbol{y} + \nu \boldsymbol{z} : \lambda, \mu, \nu \geq 0\}$

(ii) $\{\lambda \boldsymbol{x} + \mu \boldsymbol{y} + \nu \boldsymbol{z} : \lambda, \mu, \nu \geq 0,\ \lambda + \mu + \nu = 1\}$

2.2 内積・ノルム・距離・順序

任意の 2 つのベクトル $\boldsymbol{x} = (x_1, x_2, \cdots, x_n)$, $\boldsymbol{y} = (y_1, y_2, \cdots, y_n) \in \mathbb{R}^n$ に対して

$$\langle \boldsymbol{x}, \boldsymbol{y} \rangle = \sum_{i=1}^{n} x_i y_i \tag{2.8}$$

と定義する．このように定義された $\langle \cdot, \cdot \rangle : \mathbb{R}^n \times \mathbb{R}^n \to \mathbb{R}$ を**標準内積** (canonical inner product) といい，$\langle \boldsymbol{x}, \boldsymbol{y} \rangle$ を $\boldsymbol{x}$ と $\boldsymbol{y}$ の**内積** (inner product) という．標準内積 $\langle \cdot, \cdot \rangle$ は次の内積の公理をみたすことが容易に確かめられる．

任意の $\boldsymbol{x}, \boldsymbol{y}, \boldsymbol{z} \in \mathbb{R}^n$ および任意の $\lambda \in \mathbb{R}$ に対して，次が成り立つ．

(i) $\langle \boldsymbol{x}, \boldsymbol{x} \rangle \geq 0$ であり，$\langle \boldsymbol{x}, \boldsymbol{x} \rangle = 0$ と $\boldsymbol{x} = \boldsymbol{0}$ は同値である．

(ii) $\langle \boldsymbol{x}, \boldsymbol{y} \rangle = \langle \boldsymbol{y}, \boldsymbol{x} \rangle$

(iii) $\langle \boldsymbol{x}, \boldsymbol{y} + \boldsymbol{z} \rangle = \langle \boldsymbol{x}, \boldsymbol{y} \rangle + \langle \boldsymbol{x}, \boldsymbol{z} \rangle$

(iv) $\langle \lambda \boldsymbol{x}, \boldsymbol{y} \rangle = \lambda \langle \boldsymbol{x}, \boldsymbol{y} \rangle$

任意のベクトル $\boldsymbol{x} = (x_1, x_2, \cdots, x_n) \in \mathbb{R}^n$ に対して

$$\|\boldsymbol{x}\| = \sqrt{\langle \boldsymbol{x}, \boldsymbol{x} \rangle} = \sqrt{\sum_{i=1}^{n} x_i^2} \tag{2.9}$$

と定義する．このように定義された $\|\cdot\| : \mathbb{R}^n \to \mathbb{R}$ を**ユークリッド・ノルム** (Euclidean norm) といい，$\|\boldsymbol{x}\|$ を $\boldsymbol{x}$ の**ノルム** (norm) という．ユークリッド・ノルム $\|\cdot\|$ は次のノルムの公理をみたす．

任意の $\boldsymbol{x}, \boldsymbol{y} \in \mathbb{R}^n$ および任意の $\lambda \in \mathbb{R}$ に対して，次が成り立つ．

(i) $\|\boldsymbol{x}\| \geq 0$ であり，$\|\boldsymbol{x}\| = 0$ と $\boldsymbol{x} = \boldsymbol{0}$ は同値である．

(ii) $\|\boldsymbol{x} + \boldsymbol{y}\| \leq \|\boldsymbol{x}\| + \|\boldsymbol{y}\|$ （三角不等式）

(iii) $\|\lambda \boldsymbol{x}\| = |\lambda| \|\boldsymbol{x}\|$

上の (i) および (iii) については容易に確かめられる．(ii) を確かめるために，Schwarz の不等式を示す．

定理 2.1（Schwarz の不等式 (Schwarz inequality)）任意の $a_i, b_i \in \mathbb{R}$, $i = 1, 2, \cdots, n$ に対して，次の不等式が成り立つ．

$$\left(\sum_{i=1}^{n} a_i b_i \right)^2 \leq \left(\sum_{i=1}^{n} a_i^2 \right) \left(\sum_{i=1}^{n} b_i^2 \right)$$

等号は，$a_1 = a_2 = \cdots = a_n = 0$ であるか，またはある $c \in \mathbb{R}$ に対して $b_i = ca_i$, $i = 1,$ $2, \cdots, n$ であるときに限り成り立つ．

証明 $a_1 = a_2 = \cdots = a_n = 0$ であるならば，両辺とも 0 となり等号が成り立つ．$a_1 = a_2 = \cdots = a_n = 0$ ではないとする．このとき，任意の $t \in \mathbb{R}$ に対して

$$f(t) = \sum_{i=1}^{n} (a_i t - b_i)^2$$

とおくと

$$f(t) = \left(\sum_{i=1}^{n} a_i^2 \right) t^2 - 2 \left(\sum_{i=1}^{n} a_i b_i \right) t + \sum_{i=1}^{n} b_i^2 \geq 0$$

となる．$f(t)$ は t に関する非負の 2 次関数なので

$$\frac{\text{判別式}}{4} = \left(\sum_{i=1}^{n} a_i b_i \right)^2 - \left(\sum_{i=1}^{n} a_i^2 \right) \left(\sum_{i=1}^{n} b_i^2 \right) \leq 0$$

となる．よって

$$\left(\sum_{i=1}^{n} a_i b_i \right)^2 \leq \left(\sum_{i=1}^{n} a_i^2 \right) \left(\sum_{i=1}^{n} b_i^2 \right)$$

となる．

$a_1 = a_2 = \cdots = a_n = 0$ であるか，またはある $c \in \mathbb{R}$ に対して $b_i = ca_i$, $i = 1, 2, \cdots,$ n であるならば，明らかに等号が成り立つ．次に，等号が成り立っていて，$a_1 = a_2 = \cdots = a_n = 0$ ではないと仮定する．このとき，$\frac{\text{判別式}}{4} = 0$ となり，$f(t)$ は重根をもつ．その重根を $c \in \mathbb{R}$ とすると，$f(c) = \sum_{i=1}^{n}(a_i c - b_i)^2 = 0$ となり，$b_i = ca_i$, $i = 1, 2, \cdots, n$ となる． $\square$

定理 2.2 任意の $\boldsymbol{x}, \boldsymbol{y} \in \mathbb{R}^n$ に対して，次が成り立つ．

$$\|\boldsymbol{x} + \boldsymbol{y}\| \leq \|\boldsymbol{x}\| + \|\boldsymbol{y}\|$$

等号は，$\boldsymbol{x} = \boldsymbol{0}$ であるか，$\boldsymbol{y} = \boldsymbol{0}$ であるか，またはある $\lambda > 0$ に対して $\boldsymbol{y} = \lambda \boldsymbol{x}$ であるときに限り成り立つ．

証明 $\boldsymbol{x} = (x_1, x_2, \cdots, x_n)$, $\boldsymbol{y} = (y_1, y_2, \cdots, y_n) \in \mathbb{R}^n$ とする．$a_i = x_i$, $b_i = y_i$, $i = 1,$ $2, \cdots, n$ とおいて定理 2.1 を適用すると

$$(\langle \boldsymbol{x}, \boldsymbol{y} \rangle)^2 \leq \|\boldsymbol{x}\|^2 \|\boldsymbol{y}\|^2$$

となるので

$$|\langle \boldsymbol{x}, \boldsymbol{y} \rangle| \leq \|\boldsymbol{x}\| \|\boldsymbol{y}\|$$

となる. よって

$$\begin{aligned}
\|\boldsymbol{x}+\boldsymbol{y}\|^2 &= \langle \boldsymbol{x}+\boldsymbol{y}, \boldsymbol{x}+\boldsymbol{y}\rangle \\
&= \langle \boldsymbol{x}, \boldsymbol{x}\rangle + 2\langle \boldsymbol{x}, \boldsymbol{y}\rangle + \langle \boldsymbol{y}, \boldsymbol{y}\rangle \\
&\leq \|\boldsymbol{x}\|^2 + 2|\langle \boldsymbol{x}, \boldsymbol{y}\rangle| + \|\boldsymbol{y}\|^2 \\
&\leq \|\boldsymbol{x}\|^2 + 2\|\boldsymbol{x}\|\|\boldsymbol{y}\| + \|\boldsymbol{y}\|^2 \\
&= (\|\boldsymbol{x}\| + \|\boldsymbol{y}\|)^2
\end{aligned}$$

となる. したがって, $\|\boldsymbol{x}+\boldsymbol{y}\| \leq \|\boldsymbol{x}\| + \|\boldsymbol{y}\|$ となる.

$\boldsymbol{x} = \boldsymbol{0}$ であるか, $\boldsymbol{y} = \boldsymbol{0}$ であるか, またはある $\lambda > 0$ に対して $\boldsymbol{y} = \lambda \boldsymbol{x}$ であるならば, 明らかに等号が成り立つ. 次に, 等号が成り立っていて, $\boldsymbol{x} \neq \boldsymbol{0}$, $\boldsymbol{y} \neq \boldsymbol{0}$ であると仮定する. 等号が成り立っているので

$$\langle \boldsymbol{x}, \boldsymbol{y}\rangle = |\langle \boldsymbol{x}, \boldsymbol{y}\rangle| = \|\boldsymbol{x}\|\|\boldsymbol{y}\| \tag{2.10}$$

となる. 定理 2.1 の等号条件より, ある $\lambda \in \mathbb{R}$ に対して $\boldsymbol{y} = \lambda \boldsymbol{x}$ となる. $\boldsymbol{y} \neq \boldsymbol{0}$ であるので, $\lambda \neq 0$ である. ここで, $\lambda < 0$ と仮定して矛盾を導く. $\boldsymbol{x} \neq \boldsymbol{0}$ であるので, $\langle \boldsymbol{x}, \boldsymbol{y}\rangle = \langle \boldsymbol{x}, \lambda \boldsymbol{x}\rangle = \lambda\langle \boldsymbol{x}, \boldsymbol{x}\rangle < 0 \leq |\langle \boldsymbol{x}, \boldsymbol{y}\rangle|$ となるが, これは (2.10) に矛盾する. □

定理 2.3 任意の $\boldsymbol{x}, \boldsymbol{y} \in \mathbb{R}^n$ に対して, 次が成り立つ.

$$\|\boldsymbol{x}+\boldsymbol{y}\|^2 + \|\boldsymbol{x}-\boldsymbol{y}\|^2 = 2\|\boldsymbol{x}\|^2 + 2\|\boldsymbol{y}\|^2$$

証明

$$\begin{aligned}
\|\boldsymbol{x}+\boldsymbol{y}\|^2 + \|\boldsymbol{x}-\boldsymbol{y}\|^2 &= \langle \boldsymbol{x}+\boldsymbol{y}, \boldsymbol{x}+\boldsymbol{y}\rangle + \langle \boldsymbol{x}-\boldsymbol{y}, \boldsymbol{x}-\boldsymbol{y}\rangle \\
&= \|\boldsymbol{x}\|^2 + 2\langle \boldsymbol{x}, \boldsymbol{y}\rangle + \|\boldsymbol{y}\|^2 + \|\boldsymbol{x}\|^2 - 2\langle \boldsymbol{x}, \boldsymbol{y}\rangle + \|\boldsymbol{y}\|^2 \\
&= 2\|\boldsymbol{x}\|^2 + 2\|\boldsymbol{y}\|^2
\end{aligned}$$

□

任意の 2 つのベクトル $\boldsymbol{x} = (x_1, x_2, \cdots, x_n)$, $\boldsymbol{y} = (y_1, y_2, \cdots, y_n) \in \mathbb{R}^n$ に対して

$$d(\boldsymbol{x}, \boldsymbol{y}) = \|\boldsymbol{x}-\boldsymbol{y}\| = \sqrt{\sum_{i=1}^{n}(x_i - y_i)^2} \tag{2.11}$$

と定義する. このように定義された $d : \mathbb{R}^n \times \mathbb{R}^n \to \mathbb{R}$ を**ユークリッド距離** (Euclidean distance) といい, $d(\boldsymbol{x}, \boldsymbol{y})$ を $\boldsymbol{x}$ と $\boldsymbol{y}$ の間の**距離** (metric, distance) という. ユークリッド距離 d は次の距離の公理をみたす.

任意の $\boldsymbol{x}, \boldsymbol{y}, \boldsymbol{z} \in \mathbb{R}^n$ に対して, 次が成り立つ.

(i) $d(\boldsymbol{x}, \boldsymbol{y}) \geq 0$ であり，$d(\boldsymbol{x}, \boldsymbol{y}) = 0$ と $\boldsymbol{x} = \boldsymbol{y}$ は同値である．

(ii) $d(\boldsymbol{x}, \boldsymbol{y}) = d(\boldsymbol{y}, \boldsymbol{x})$

(iii) $d(\boldsymbol{x}, \boldsymbol{z}) \leq d(\boldsymbol{x}, \boldsymbol{y}) + d(\boldsymbol{y}, \boldsymbol{z})$ （三角不等式）

上の (i) および (ii) については容易に確かめられる．(iii) は次のように確かめられる．任意の $\boldsymbol{x}, \boldsymbol{y}, \boldsymbol{z} \in \mathbb{R}^n$ に対して，ノルムの三角不等式より

$$d(\boldsymbol{x}, \boldsymbol{z}) = \|\boldsymbol{x} - \boldsymbol{z}\| = \|(\boldsymbol{x} - \boldsymbol{y}) + (\boldsymbol{y} - \boldsymbol{z})\|$$
$$\leq \|\boldsymbol{x} - \boldsymbol{y}\| + \|\boldsymbol{y} - \boldsymbol{z}\| = d(\boldsymbol{x}, \boldsymbol{y}) + d(\boldsymbol{y}, \boldsymbol{z})$$

となる．$\mathbb{R}^n$ にユークリッド距離が与えられているとき，$\mathbb{R}^n$ を n 次元**ユークリッド空間** (Euclidean space) とよぶ．

d が**平行移動不変** (translation invariant) であるとは，任意の $\boldsymbol{x}, \boldsymbol{y}, \boldsymbol{z} \in \mathbb{R}^n$ に対して

$$d(\boldsymbol{x}, \boldsymbol{y}) = d(\boldsymbol{x} + \boldsymbol{z}, \boldsymbol{y} + \boldsymbol{z}) \tag{2.12}$$

となるときをいう．d が**斉次** (homogeneous) であるとは，任意の $\boldsymbol{x}, \boldsymbol{y} \in \mathbb{R}^n$ および任意の $\lambda \in \mathbb{R}$ に対して

$$d(\lambda\boldsymbol{x}, \lambda\boldsymbol{y}) = |\lambda| d(\boldsymbol{x}, \boldsymbol{y}) \tag{2.13}$$

となるときをいう．(2.11) で定義された d は，平行移動不変であり斉次である．

任意の 2 つのベクトル $\boldsymbol{x} = (x_1, x_2, \cdots, x_n)$, $\boldsymbol{y} = (y_1, y_2, \cdots, y_n) \in \mathbb{R}^n$ に対して，$x_i \leq y_i$, $i = 1, 2, \cdots, n$ であるとき $\boldsymbol{x} \leq \boldsymbol{y}$ または $\boldsymbol{y} \geq \boldsymbol{x}$ と表し，$x_i < y_i$, $i = 1, 2, \cdots, n$ であるとき $\boldsymbol{x} < \boldsymbol{y}$ または $\boldsymbol{y} > \boldsymbol{x}$ と表す．このように定義された関係 $\leq$ は $\mathbb{R}^n$ 上の順序関係になることが容易に確かめられる．すなわち，次の公理をみたす．

任意の $\boldsymbol{x}, \boldsymbol{y}, \boldsymbol{z} \in \mathbb{R}^n$ に対して，次が成り立つ．

(i) $\boldsymbol{x} \leq \boldsymbol{x}$ （反射律）

(ii) $\boldsymbol{x} \leq \boldsymbol{y}, \boldsymbol{y} \leq \boldsymbol{x} \Rightarrow \boldsymbol{x} = \boldsymbol{y}$ （反対称律）

(iii) $\boldsymbol{x} \leq \boldsymbol{y}, \boldsymbol{y} \leq \boldsymbol{z} \Rightarrow \boldsymbol{x} \leq \boldsymbol{z}$ （推移律）

$\mathbb{R}^n_+ = \{\boldsymbol{x} \in \mathbb{R}^n : \boldsymbol{x} \geq \boldsymbol{0}\}$, $\mathbb{R}^n_- = \{\boldsymbol{x} \in \mathbb{R}^n : \boldsymbol{x} \leq \boldsymbol{0}\}$ とする．$\mathbb{R}^n_+$ および $\mathbb{R}^n_-$ をそれぞれ $\mathbb{R}^n$ の**非負象限** (non-negative orthant) および**非正象限** (non-positive orthant) という．

問題 2.2

1. $\boldsymbol{a} = (2,1) \in \mathbb{R}^2$ とする．このとき，次の集合を図示せよ．

(i) $\{\boldsymbol{x} \in \mathbb{R}^2 : \langle \boldsymbol{a}, \boldsymbol{x} \rangle = 0\}$

(ii) $\{\boldsymbol{x} \in \mathbb{R}^2 : \langle \boldsymbol{a}, \boldsymbol{x} \rangle = 2\}$

(iii) $\{\boldsymbol{x} \in \mathbb{R}^2 : \langle \boldsymbol{a}, \boldsymbol{x} \rangle = -1\}$

(iv) $\{\boldsymbol{x} \in \mathbb{R}^2 : \langle \boldsymbol{a}, \boldsymbol{x} \rangle \geq 2\}$

(v) $\{\boldsymbol{x} \in \mathbb{R}^2 : \langle \boldsymbol{a}, \boldsymbol{x} \rangle < -1\}$

2. $\|\cdot\|_1, \|\cdot\|_\infty : \mathbb{R}^n \to \mathbb{R}$ を各 $\boldsymbol{x} = (x_1, x_2, \cdots, x_n) \in \mathbb{R}^n$ に対して

$$\|\boldsymbol{x}\|_1 = \sum_{i=1}^n |x_i|, \quad \|\boldsymbol{x}\|_\infty = \max_{i=1,2,\cdots,n} |x_i|$$

と定義する．このとき，$\|\cdot\|_1$ および $\|\cdot\|_\infty$ がノルムの公理をみたすことを示せ．また，$n = 2$ であるときの集合 $\{\boldsymbol{x} \in \mathbb{R}^2 : \|\boldsymbol{x}\|_1 \leq 1\}$ および $\{\boldsymbol{x} \in \mathbb{R}^2 : \|\boldsymbol{x}\|_\infty \leq 1\}$ を図示せよ．

3. 任意の $\boldsymbol{x}, \boldsymbol{y} \in \mathbb{R}^n$ に対して，次が成り立つことを示せ．

$$\big|\|\boldsymbol{x}\| - \|\boldsymbol{y}\|\big| \leq \|\boldsymbol{x} - \boldsymbol{y}\|$$

4. 距離の公理をみたす $d_0 : \mathbb{R}^n \times \mathbb{R}^n \to \mathbb{R}$ で，$\|\cdot\|_0 : \mathbb{R}^n \to \mathbb{R}$ を各 $\boldsymbol{x} \in \mathbb{R}^n$ に対して $\|\boldsymbol{x}\|_0 = d_0(\boldsymbol{x}, \boldsymbol{0})$ と定義したとき $\|\cdot\|_0$ がノルムの公理をみたさない例を 1 つ挙げよ．

5. $d_0 : \mathbb{R}^n \times \mathbb{R}^n \to \mathbb{R}$ は距離の公理をみたしているとする．このとき，d_0 が平行移動不変かつ斉次であるならば，$\|\cdot\|_0 : \mathbb{R}^n \to \mathbb{R}$ を各 $\boldsymbol{x} \in \mathbb{R}^n$ に対して $\|\boldsymbol{x}\|_0 = d_0(\boldsymbol{x}, \boldsymbol{0})$ と定義したとき $\|\cdot\|_0$ がノルムの公理をみたすことを示せ．

6. $\overline{d} : \mathbb{R}^n \times \mathbb{R}^n \to \mathbb{R}$ は距離の公理をみたすとする．このとき，任意の $\boldsymbol{x}, \boldsymbol{y}, \boldsymbol{z} \in \mathbb{R}^n$ に対して，次が成り立つことを示せ．

$$|\overline{d}(\boldsymbol{x}, \boldsymbol{y}) - \overline{d}(\boldsymbol{x}, \boldsymbol{z})| \leq \overline{d}(\boldsymbol{y}, \boldsymbol{z})$$

2.3 開集合と閉集合

$x \in \mathbb{R}^n$ および $\varepsilon > 0$ に対して

$$\mathbb{B}(x;\varepsilon) = \{y \in \mathbb{R}^n : \|y - x\| < \varepsilon\} \tag{2.14}$$

を x の ε-近傍 (ε-neighborhood) という.

$A \subset \mathbb{R}^n$ とし, $x \in \mathbb{R}^n$ とする. ある $\varepsilon > 0$ が存在して $\mathbb{B}(x;\varepsilon) \subset A$ となるとき, x を A の**内点** (interior point) という. A の内点すべての集合を A の**内部** (interior) といい, $\text{int}(A)$ と表す. 内部の定義より, $\text{int}(A) \subset A$ となる. $A = \text{int}(A)$ が成り立つとき, A を**開集合** (open set) という. 任意の $\varepsilon > 0$ に対して $A \cap \mathbb{B}(x;\varepsilon) \neq \emptyset$ となるとき, x を A の**触点** (adherent point) という. A の触点すべての集合を A の**閉包** (closure) といい, $\text{cl}(A)$ と表す. 閉包の定義より, $A \subset \text{cl}(A)$ となる. $A = \text{cl}(A)$ が成り立つとき, A を**閉集合** (closed set) という. $\emptyset$ および $\mathbb{R}^n$ は, 開集合であり, かつ閉集合でもある. 任意の $\varepsilon > 0$ に対して $A \cap \mathbb{B}(x;\varepsilon) \neq \emptyset$, $A^c \cap \mathbb{B}(x;\varepsilon) \neq \emptyset$ となるとき, x を A の**境界点** (boundary point) という. A の境界点すべての集合を A の**境界** (boundary) といい, $\text{bd}(A)$ と表す. 任意の $\varepsilon > 0$ に対して $A \cap (\mathbb{B}(x;\varepsilon) \setminus \{x\}) \neq \emptyset$ となるとき, x を A の**集積点** (accumulating point) という. A の集積点すべての集合を A の**導集合** (derived set) といい, A^d と表す.

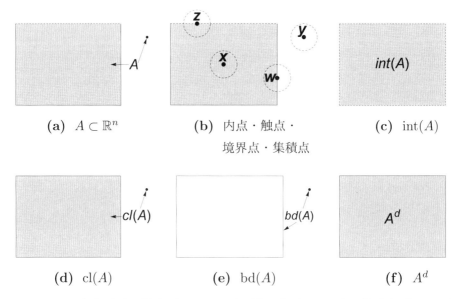

図 2.4 内点 (x)・触点 (w, x, y, z)・境界点 (w, y, z)・集積点 (w, x, z) および内部・閉包・境界・導集合

定理 2.4 $\boldsymbol{x} \in \mathbb{R}^n$ とし，$\varepsilon > 0$ とする．このとき，$\boldsymbol{x}$ の ε-近傍 $\mathbb{B}(\boldsymbol{x};\varepsilon)$ は開集合になる．

証明 $\boldsymbol{y} \in \mathbb{B}(\boldsymbol{x};\varepsilon)$ とする．このとき，$\|\boldsymbol{y} - \boldsymbol{x}\| < \varepsilon$ であり，$\eta = \varepsilon - \|\boldsymbol{y} - \boldsymbol{x}\| > 0$ とする．$\boldsymbol{z} \in \mathbb{B}(\boldsymbol{y};\eta)$ とする．このとき，$\|\boldsymbol{z} - \boldsymbol{y}\| < \eta$ であるので

$$
\begin{aligned}
\|\boldsymbol{z} - \boldsymbol{x}\| &= \|(\boldsymbol{z} - \boldsymbol{y}) + (\boldsymbol{y} - \boldsymbol{x})\| \leq \|\boldsymbol{z} - \boldsymbol{y}\| + \|\boldsymbol{y} - \boldsymbol{x}\| \\
&< \eta + \|\boldsymbol{y} - \boldsymbol{x}\| = (\varepsilon - \|\boldsymbol{y} - \boldsymbol{x}\|) + \|\boldsymbol{y} - \boldsymbol{x}\| = \varepsilon
\end{aligned}
$$

となり，$\boldsymbol{z} \in \mathbb{B}(\boldsymbol{x};\varepsilon)$ となる．よって，$\mathbb{B}(\boldsymbol{y};\eta) \subset \mathbb{B}(\boldsymbol{x};\varepsilon)$ となるので，$\boldsymbol{y} \in \mathrm{int}(\mathbb{B}(\boldsymbol{x};\varepsilon))$ となる．したがって，$\mathbb{B}(\boldsymbol{x};\varepsilon) \subset \mathrm{int}(\mathbb{B}(\boldsymbol{x};\varepsilon))$ となる．また，$\mathbb{B}(\boldsymbol{x};\varepsilon) \supset \mathrm{int}(\mathbb{B}(\boldsymbol{x};\varepsilon))$ でもあるので，$\mathbb{B}(\boldsymbol{x};\varepsilon) = \mathrm{int}(\mathbb{B}(\boldsymbol{x};\varepsilon))$ となる．以上より，$\mathbb{B}(\boldsymbol{x};\varepsilon)$ が開集合であることが示された． $\square$

定理 2.5 $A \subset \mathbb{R}^n$ とする．このとき，$\mathrm{int}(A)$ は開集合になる．

証明 $\mathrm{int}(A) = \mathrm{int}(\mathrm{int}(A))$ となることを示す．まず，$\mathrm{int}(A) \subset A$ であるので，$\mathrm{int}(\mathrm{int}(A)) \subset \mathrm{int}(A)$ となる．次に，$\boldsymbol{x} \in \mathrm{int}(A)$ とする．このとき，ある $\varepsilon > 0$ が存在して $\mathbb{B}(\boldsymbol{x};\varepsilon) \subset A$ となり，$\mathrm{int}(\mathbb{B}(\boldsymbol{x};\varepsilon)) \subset \mathrm{int}(A)$ となる．定理 2.4 より $\mathbb{B}(\boldsymbol{x};\varepsilon)$ は開集合であるので，$\mathbb{B}(\boldsymbol{x};\varepsilon) = \mathrm{int}(\mathbb{B}(\boldsymbol{x};\varepsilon))$ となる．よって，$\mathbb{B}(\boldsymbol{x};\varepsilon) = \mathrm{int}(\mathbb{B}(\boldsymbol{x};\varepsilon)) \subset \mathrm{int}(A)$ となるので，$\boldsymbol{x} \in \mathrm{int}(\mathrm{int}(A))$ となる．したがって，$\mathrm{int}(A) \subset \mathrm{int}(\mathrm{int}(A))$ となる． $\square$

定理 2.6 $A \subset \mathbb{R}^n$ とする．このとき，$\mathrm{cl}(A)$ は閉集合になる．

証明 $\mathrm{cl}(A) = \mathrm{cl}(\mathrm{cl}(A))$ となることを示す．まず，$A \subset \mathrm{cl}(A)$ なので，$\mathrm{cl}(A) \subset \mathrm{cl}(\mathrm{cl}(A))$ となる．次に，$\boldsymbol{x} \in \mathrm{cl}(\mathrm{cl}(A))$ とし，$\varepsilon > 0$ とする．このとき，$\mathrm{cl}(A) \cap \mathbb{B}(\boldsymbol{x};\varepsilon) \neq \emptyset$ であるので，$\boldsymbol{x}_0 \in \mathrm{cl}(A) \cap \mathbb{B}(\boldsymbol{x};\varepsilon)$ を任意に選び固定する．$\boldsymbol{x}_0 \in \mathbb{B}(\boldsymbol{x};\varepsilon) = \mathrm{int}(\mathbb{B}(\boldsymbol{x};\varepsilon))$ であるので，ある $\varepsilon_0 > 0$ が存在して $\mathbb{B}(\boldsymbol{x}_0;\varepsilon_0) \subset \mathbb{B}(\boldsymbol{x};\varepsilon)$ となる．$\boldsymbol{x}_0 \in \mathrm{cl}(A)$ であるので，$\emptyset \neq A \cap \mathbb{B}(\boldsymbol{x}_0;\varepsilon_0) \subset A \cap \mathbb{B}(\boldsymbol{x};\varepsilon)$ となる．$\varepsilon > 0$ の任意性より，$\boldsymbol{x} \in \mathrm{cl}(A)$ となる．したがって，$\mathrm{cl}(\mathrm{cl}(A)) \subset \mathrm{cl}(A)$ となる． $\square$

定理 2.7 $A \subset \mathbb{R}^n$ とする．

(i) A が閉集合になるための必要十分条件は，A^c が開集合になることである．

(ii) A が開集合になるための必要十分条件は，A^c が閉集合になることである．

証明 (i) を示す．(ii) は問題として残しておく（問題 2.3.4）．

必要性：A は閉集合であるとする．まず，$\mathrm{int}(A^c) \subset A^c$ である．次に，$\boldsymbol{x} \in A^c$ とする．このとき，$\boldsymbol{x} \notin A = \mathrm{cl}(A)$ であるので，ある $\varepsilon > 0$ が存在して $A \cap \mathbb{B}(\boldsymbol{x};\varepsilon) = \emptyset$ となる．よって，$\mathbb{B}(\boldsymbol{x};\varepsilon) \subset A^c$ となるので，$\boldsymbol{x} \in \mathrm{int}(A^c)$ となる．したがって，$A^c \subset \mathrm{int}(A^c)$ となる．

十分性：A^c は開集合であるとする．まず，$A \subset \mathrm{cl}(A)$ である．次に，$\boldsymbol{x} \in \mathrm{cl}(A)$ とする．このとき，$\boldsymbol{x} \notin A$ であると仮定して矛盾を導く．$\boldsymbol{x} \in A^c = \mathrm{int}(A^c)$ であるので，ある $\varepsilon > 0$ が存在し，$\mathbb{B}(\boldsymbol{x}; \varepsilon) \subset A^c$ となる．よって，$A \cap \mathbb{B}(\boldsymbol{x}; \varepsilon) = \emptyset$ となる．しかし，これは $\boldsymbol{x} \in \mathrm{cl}(A)$ であることより $A \cap \mathbb{B}(\boldsymbol{x}; \varepsilon) \neq \emptyset$ となることに矛盾する．よって，$\boldsymbol{x} \in A$ となる．したがって，$\mathrm{cl}(A) \subset A$ となる．$\qquad\square$

定理 2.8 $\mathbb{R}^n$ の部分集合について，次が成り立つ．

(i) 有限個の開集合の共通集合は開集合になる．また，任意個の開集合の和集合は開集合になる．

(ii) 有限個の閉集合の和集合は閉集合になる．また，任意個の閉集合の共通集合は閉集合になる．

証明 (i) を示す．(ii) は問題として残しておく (問題 2.3.5)．Λ を添字集合とし，$A_\lambda \subset \mathbb{R}^n$，$\lambda \in \Lambda$ とする．

$\Lambda = \emptyset$ のとき，$\bigcap_{\lambda \in \Lambda} A_\lambda = \mathbb{R}^n$ は開集合になる．$\Lambda \neq \emptyset$ とし，Λ は有限集合であるとする．一般性を失うことなく，$\Lambda = \{1, 2, \cdots, m\}$ とし，A_i, $i = 1, 2, \cdots, m$ は開集合であるとする．まず，$\mathrm{int}\left(\bigcap_{i=1}^m A_i\right) \subset \bigcap_{i=1}^m A_i$ である．次に，$\boldsymbol{x} \in \bigcap_{i=1}^m A_i$ とする．各 $i \in \{1, 2, \cdots, m\}$ に対して，$\boldsymbol{x} \in A_i = \mathrm{int}(A_i)$ であるので，ある $\varepsilon_i > 0$ が存在して $\mathbb{B}(\boldsymbol{x}; \varepsilon_i) \subset A_i$ となる．ここで，$\varepsilon = \min_{i=1,2,\cdots,m} \varepsilon_i > 0$ とおく．このとき，任意の $i \in \{1, 2, \cdots, m\}$ に対して $\mathbb{B}(\boldsymbol{x}; \varepsilon) \subset \mathbb{B}(\boldsymbol{x}; \varepsilon_i) \subset A_i$ となるので，$\mathbb{B}(\boldsymbol{x}; \varepsilon) \subset \bigcap_{i=1}^m A_i$ となる．よって，$\boldsymbol{x} \in \mathrm{int}\left(\bigcap_{i=1}^m A_i\right)$ となる．したがって，$\bigcap_{i=1}^m A_i \subset \mathrm{int}\left(\bigcap_{i=1}^m A_i\right)$ となる．

Λ を任意の添字集合とし，A_λ, $\lambda \in \Lambda$ は開集合であるとする．まず，$\mathrm{int}\left(\bigcup_{\lambda \in \Lambda} A_\lambda\right) \subset \bigcup_{\lambda \in \Lambda} A_\lambda$ である．次に，$\boldsymbol{x} \in \bigcup_{\lambda \in \Lambda} A_\lambda$ とする．このとき，ある $\lambda_0 \in \Lambda$ が存在して $\boldsymbol{x} \in A_{\lambda_0}$ となる．$\boldsymbol{x} \in A_{\lambda_0} = \mathrm{int}(A_{\lambda_0})$ であるので，ある $\varepsilon > 0$ が存在して $\mathbb{B}(\boldsymbol{x}; \varepsilon) \subset A_{\lambda_0}$ となる．$\mathbb{B}(\boldsymbol{x}; \varepsilon) \subset A_{\lambda_0} \subset \bigcup_{\lambda \in \Lambda} A_\lambda$ であるので，$\boldsymbol{x} \in \mathrm{int}\left(\bigcup_{\lambda \in \Lambda} A_\lambda\right)$ となる．よって，$\bigcup_{\lambda \in \Lambda} A_\lambda \subset \mathrm{int}\left(\bigcup_{\lambda \in \Lambda} A_\lambda\right)$ となる．$\qquad\square$

$A \subset \mathbb{R}^n$ とする．ある $K > 0$ が存在し，任意の $\boldsymbol{x} \in A$ に対して $\|\boldsymbol{x}\| \leq K$ となるとき，A は**有界** (bounded) であるという．また，A が有界閉集合であるとき，A を**コンパクト集合** (compact set) という．$\mathcal{C}(\mathbb{R}^n)$ および $\mathcal{BC}(\mathbb{R}^n)$ をそれぞれ $\mathbb{R}^n$ のすべての閉集合およびコンパクト集合の集合とする．

問題 2.3

1. $\boldsymbol{x} \in \mathbb{R}^n$ とし，$\varepsilon > 0$ とする．このとき，次が成り立つことを示せ．

(i) $\mathbb{B}(\boldsymbol{x}; \varepsilon) = \boldsymbol{x} + \mathbb{B}(\boldsymbol{0}; \varepsilon)$

(ii) $\mathbb{B}(\boldsymbol{0}; \varepsilon) = \varepsilon \mathbb{B}(\boldsymbol{0}; 1)$

(iii) $\mathrm{cl}(\mathbb{B}(\boldsymbol{x}; \varepsilon)) = \{\boldsymbol{y} \in \mathbb{R}^n : \|\boldsymbol{y} - \boldsymbol{x}\| \leq \varepsilon\}$

(iv) $\mathrm{bd}(\mathbb{B}(\boldsymbol{x}; \varepsilon)) = \{\boldsymbol{y} \in \mathbb{R}^n : \|\boldsymbol{y} - \boldsymbol{x}\| = \varepsilon\}$

2. $A \subset \mathbb{R}^n$ とする．

(i) $B \subset \mathbb{R}^n$ は開集合であり $B \subset A$ ならば，$B \subset \mathrm{int}(A)$ となることを示せ．

(ii) $\mathrm{int}(A)$ は A に含まれるすべての開集合の和集合であることを示せ．

3. $A \subset \mathbb{R}^n$ とする．

(i) $B \subset \mathbb{R}^n$ は閉集合であり $A \subset B$ ならば，$\mathrm{cl}(A) \subset B$ となることを示せ．

(ii) $\mathrm{cl}(A)$ は A を含むすべての閉集合の共通集合であることを示せ．

4. $A \subset \mathbb{R}^n$ とする．このとき，A が開集合になるための必要十分条件は，A^c が閉集合になることであることを示せ．

5. $\mathbb{R}^n$ の部分集合について，有限個の閉集合の和集合は閉集合になり，任意個の閉集合の共通集合は閉集合になることを示せ．

6. $\boldsymbol{a} \in \mathbb{R}^n$，$\boldsymbol{a} \neq \boldsymbol{0}$ とし，$b \in \mathbb{R}$ とする．また

$$A = \{\boldsymbol{x} \in \mathbb{R}^n : \langle \boldsymbol{a}, \boldsymbol{x} \rangle \leq b\}, \quad B = \{\boldsymbol{x} \in \mathbb{R}^n : \langle \boldsymbol{a}, \boldsymbol{x} \rangle < b\}$$

とする．このとき，次が成り立つことを示せ．

(i) $\mathrm{int}(A) = B$

(ii) $\mathrm{cl}(B) = A$

(iii) $\mathrm{bd}(A) = \mathrm{bd}(B) = \{\boldsymbol{x} \in \mathbb{R}^n : \langle \boldsymbol{a}, \boldsymbol{x} \rangle = b\}$

第3章

数列と点列の極限

3.1 上限と下限

$A \subset \mathbb{R}, A \neq \emptyset$ とする．ある $u \in \mathbb{R}$ が存在し，任意の $x \in A$ に対して $x \leq u$ となるときが，A は上に有界であるということであり，u は A の上界である．ある $\ell \in \mathbb{R}$ が存在し，任意の $x \in A$ に対して $\ell \leq x$ となるときが，A は下に有界であるということであり，ℓ は A の下界である．A が有界であるための必要十分条件は，A が上に有界かつ下に有界になることである．A が上に有界であるとき，A の上界全体の最小数 $\alpha \in \mathbb{R}$ を A の上限 (supremum) といい，$\sup A$ と表す．A が上に有界でないとき，$\sup A = \infty$ と定める．A が下に有界であるとき，A の下界全体の最大数 $\beta \in \mathbb{R}$ を A の下限 (infimum) といい，$\inf A$ と表す．A が下に有界でないとき，$\inf A = -\infty$ と定める．

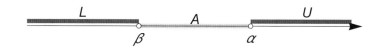

図 3.1 $\alpha = \sup A$（U：A の上界全体），$\beta = \inf A$（L：A の下界全体）

実数には次の重要な性質があり，公理とみなしてもよい．

定理 3.1 $A \subset \mathbb{R}, A \neq \emptyset$ とする．このとき，A が上に有界ならば，A の上限が存在する．また，A が下に有界ならば，A の下限が存在する．

上限および下限は次のように特徴づけることができる．

定理 3.2 $A \subset \mathbb{R}, A \neq \emptyset$ とし，$\alpha, \beta \in \mathbb{R}$ とする．
(i) $\alpha = \sup A$ であるための必要十分条件は，任意の $x \in A$ に対して $x \leq \alpha$ となり，かつ任意の $\varepsilon > 0$ に対して $\alpha - \varepsilon < x$ となる $x \in A$ が存在することである．

(ii) $\beta = \inf A$ であるための必要十分条件は，任意の $x \in A$ に対して $\beta \leq x$ となり，かつ任意の $\varepsilon > 0$ に対して $x < \beta + \varepsilon$ となる $x \in A$ が存在することである．

証明 (i) を示す．(ii) は問題として残しておく（問題 3.1.1）．

必要性：α は A の上界であるので，任意の $x \in A$ に対して $x \leq \alpha$ となる．ここで，ある $\varepsilon_0 > 0$ が存在し，任意の $x \in A$ に対して $\alpha - \varepsilon_0 \geq x$ となると仮定して矛盾を導く．このとき，$\alpha - \varepsilon_0$ は A の上界になる．α は A の上界の最小数であるので，$\alpha \leq \alpha - \varepsilon_0$ となり，$\varepsilon_0 \leq 0$ となるが，これは $\varepsilon_0 > 0$ であることに矛盾する．

十分性：任意の $x \in A$ に対して $x \leq \alpha$ であるので，α は A の上界になる．このとき，A のある上界 $u_0 \in \mathbb{R}$ が存在して $u_0 < \alpha$ であると仮定して矛盾を導く．$\varepsilon_0 = \alpha - u_0 > 0$ とすると，ある $x_0 \in A$ が存在し，$\alpha - \varepsilon_0 < x_0$ となる．よって，$u_0 = \alpha - (\alpha - u_0) = \alpha - \varepsilon_0 < x_0$ となる．一方，u_0 は A の上界であり，$x_0 \in A$ であるので，$x_0 \leq u_0$ となり，矛盾が導かれる． □

例 3.1

(i) $A = \left\{ 1 - \frac{1}{k} : k \in \mathbb{N} \right\}$ とする．任意の $k \in \mathbb{N}$ に対して，$0 \leq 1 - \frac{1}{k} < 1$ となる．任意の $\varepsilon > 0$ に対して，$k > \frac{1}{\varepsilon}$ となる $k \in \mathbb{N}$ を選ぶと，$1 - \varepsilon < 1 - \frac{1}{k}$ となる．よって，$\sup A = 1$ となる．また，$0 \in A$ であり，任意の $\varepsilon > 0$ に対して $0 < 0 + \varepsilon$ であるので，$\inf A = 0$ となる．

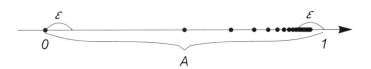

図 **3.2** $\sup A = 1, \inf A = 0$

(ii) $B = \left\{ \frac{1}{x} : 0 < x < 1 \right\}$ とする．$B = \{ x \in \mathbb{R} : x > 1 \}$ となるので，$\sup B = \infty$, $\inf B = 1$ となる．

図 **3.3** $\sup B = \infty, \inf B = 1$

□

定理 3.3 $A, B \subset \mathbb{R}$, $A \neq \emptyset$, $B \neq \emptyset$ とし，$A \subset B$ とする．このとき，次が成り立つ．

(i) $\sup A \leq \sup B$

(ii) $\inf A \geq \inf B$

証明 (i) を示す．(ii) は問題として残しておく（問題 3.1.2）．A が上に有界でなければ，B も上に有界ではなく，$\sup A = \sup B = \infty$ となる．B が上に有界でなければ，$\sup A \leq \infty = \sup B$ となる．A も B も上に有界であるとし，$\alpha = \sup A$, $\beta = \sup B$ とする．このとき，$\alpha > \beta$ と仮定して矛盾を導く．$\varepsilon = \alpha - \beta > 0$ とする．$\alpha = \sup A$ であるので，ある $x \in A$ が存在して $\alpha - \varepsilon < x$ となる．よって，$\beta = \alpha - (\alpha - \beta) = \alpha - \varepsilon < x$ となる．一方，$x \in A \subset B$ であり $\beta = \sup B$ であるので，$x \leq \beta$ となり，矛盾が導かれる． $\square$

定理 3.4 空でない集合 X に対して $f : X \to \mathbb{R}$ とし，$\mu \in \mathbb{R}$ とする．

(i) $\mu \geq 0$ ならば，次が成り立つ．

$$\sup_{x \in X} \mu f(x) = \mu \sup_{x \in X} f(x), \quad \inf_{x \in X} \mu f(x) = \mu \inf_{x \in X} f(x)$$

ただし，$0 \cdot \infty = \infty \cdot 0 = 0 \cdot (-\infty) = (-\infty) \cdot 0 = 0$ とする．

(ii) $\mu < 0$ ならば，次が成り立つ．

$$\sup_{x \in X} \mu f(x) = \mu \inf_{x \in X} f(x), \quad \inf_{x \in X} \mu f(x) = \mu \sup_{x \in X} f(x)$$

証明 (i) および (ii) それぞれの第 1 式を示す．(i) および (ii) それぞれの第 2 式は問題として残しておく（問題 3.1.3）．

(i) $\mu = 0$ のときは明らかに成り立つ．$\mu > 0$ とする．$\{f(x) : x \in X\}$ が上に有界でないならば，$\{\mu f(x) : x \in X\}$ も上に有界ではなく

$$\sup_{x \in X} \mu f(x) = \infty = \mu \cdot \infty = \mu \sup_{x \in X} f(x)$$

となる．$\{f(x) : x \in X\}$ は上に有界であるとし，$\alpha = \sup_{x \in X} f(x)$ とする．まず，任意の $x \in X$ に対して，$f(x) \leq \alpha$ であるので，$\mu f(x) \leq \mu\alpha$ となる．次に，任意の $\varepsilon > 0$ に対して，$\alpha - \frac{\varepsilon}{\mu} < f(x)$ となる $x \in X$ が存在し，$\mu\alpha - \varepsilon < \mu f(x)$ となる．よって

$$\sup_{x \in X} \mu f(x) = \mu\alpha = \mu \sup_{x \in X} f(x)$$

となる．

(ii) $\{f(x) : x \in X\}$ が下に有界でないならば，$\{\mu f(x) : x \in X\}$ は上に有界ではなく

$$\sup_{x \in X} \mu f(x) = \infty = \mu \cdot (-\infty) = \mu \inf_{x \in X} f(x)$$

となる．$\{f(x) : x \in X\}$ が下に有界であるとし，$\beta = \inf_{x \in X} f(x)$ とする．まず，任意の $x \in X$ に対して，$f(x) \geq \beta$ であるので，$\mu f(x) \leq \mu \beta$ となる．次に，任意の $\varepsilon > 0$ に対して，$\beta - \frac{\varepsilon}{\mu} > f(x)$ となる $x \in X$ が存在し，$\mu \beta - \varepsilon < \mu f(x)$ となる．よって

$$\sup_{x \in X} \mu f(x) = \mu \beta = \mu \inf_{x \in X} f(x)$$

となる． □

定理 3.5 空でない集合 X に対して $f, g : X \to \mathbb{R}$ とする．また，任意の $x \in X$ に対して $f(x) \leq g(x)$ であるとする．このとき，次が成り立つ．

(i) $\displaystyle \sup_{x \in X} f(x) \leq \sup_{x \in X} g(x)$

(ii) $\displaystyle \inf_{x \in X} f(x) \leq \inf_{x \in X} g(x)$

証明 (i) を示す．(ii) は問題として残しておく（問題 3.1.4）．$\{g(x) : x \in X\}$ が上に有界でないならば

$$\sup_{x \in X} f(x) \leq \infty = \sup_{x \in X} g(x)$$

となる．$\{g(x) : x \in X\}$ は上に有界であるとし，$\alpha = \sup_{x \in X} g(x)$ とする．任意の $x \in X$ に対して $f(x) \leq g(x) \leq \alpha$ となるので，α は $\{f(x) : x \in X\}$ の上界になる．よって

$$\sup_{x \in X} f(x) \leq \alpha = \sup_{x \in X} g(x)$$

となる． □

定理 3.6 空でない集合 X に対して $f, g : X \to \mathbb{R}$ とする．このとき，次が成り立つ．

(i) $\displaystyle \sup_{x \in X} (f(x) + g(x)) \leq \sup_{x \in X} f(x) + \sup_{x \in X} g(x)$

(ii) $\displaystyle \inf_{x \in X} (f(x) + g(x)) \geq \inf_{x \in X} f(x) + \inf_{x \in X} g(x)$

証明 (i) を示す．(ii) は問題として残しておく（問題 3.1.5）．$\{f(x) : x \in X\}$ が上に有界でないか，または $\{g(x) : x \in X\}$ が上に有界でないならば

$$\sup_{x \in X} (f(x) + g(x)) \leq \infty = \sup_{x \in X} f(x) + \sup_{x \in X} g(x)$$

となる．$\{f(x) : x \in X\}$ および $\{g(x) : x \in X\}$ は上に有界であるとする．そして，$\alpha = \sup_{x \in X} f(x),\ \beta = \sup_{x \in X} g(x)$ とする．このとき，任意の $x \in X$ に対して $f(x) + g(x) \leq \alpha + \beta$ となるので，$\alpha + \beta$ は $\{f(x) + g(x) : x \in X\}$ の上界になる．よって

$$\sup_{x \in X} (f(x) + g(x)) \leq \alpha + \beta = \sup_{x \in X} f(x) + \sup_{x \in X} g(x)$$

となる． $\qquad\qquad\qquad\qquad\qquad\qquad\qquad\qquad\qquad\qquad\qquad\qquad\qquad\quad\square$

定理 3.7 空でない集合 X, Y に対して $f : X \times Y \to \mathbb{R}$ とする．

(i) $\displaystyle\sup_{(x,y) \in X \times Y} f(x,y) < \infty$ ならば，次が成り立つ．

$$\sup_{(x,y) \in X \times Y} f(x,y) = \sup_{x \in X} \sup_{y \in Y} f(x,y) = \sup_{y \in Y} \sup_{x \in X} f(x,y)$$

(ii) $\displaystyle\inf_{(x,y) \in X \times Y} f(x,y) > -\infty$ ならば，次が成り立つ．

$$\inf_{(x,y) \in X \times Y} f(x,y) = \inf_{x \in X} \inf_{y \in Y} f(x,y) = \inf_{y \in Y} \inf_{x \in X} f(x,y)$$

証明 (i) を示す．(ii) は問題として残しておく（問題 3.1.6）．$\alpha = \sup_{(x,y) \in X \times Y} f(x,y)$ とする．このとき，任意の $(x,y) \in X \times Y$ に対して $f(x,y) \leq \alpha$ となる．よって，各 $x \in X$ に対して $\sup_{y \in Y} f(x,y) \leq \alpha$ となり，各 $y \in Y$ に対して $\sup_{x \in X} f(x,y) \leq \alpha$ となるので

$$\sup_{x \in X} \sup_{y \in Y} f(x,y) \leq \alpha, \quad \sup_{y \in Y} \sup_{x \in X} f(x,y) \leq \alpha$$

となる．$\sup_{x \in X} \sup_{y \in Y} f(x,y) < \alpha$ と仮定すると，ある $(x_0, y_0) \in X \times Y$ が存在して

$$\sup_{x \in X} \sup_{y \in Y} f(x,y) < f(x_0, y_0) \leq \sup_{y \in Y} f(x_0, y) \leq \sup_{x \in X} \sup_{y \in Y} f(x,y)$$

となり，矛盾が導かれる．同様に，$\sup_{y \in Y} \sup_{x \in X} f(x,y) < \alpha$ と仮定すると，ある $(x_0', y_0') \in X \times Y$ が存在して

$$\sup_{y \in Y} \sup_{x \in X} f(x,y) < f(x_0', y_0') \leq \sup_{x \in X} f(x, y_0') \leq \sup_{y \in Y} \sup_{x \in X} f(x,y)$$

となり，矛盾が導かれる． $\qquad\qquad\qquad\qquad\qquad\qquad\qquad\qquad\qquad\qquad\quad\square$

$a, b \in \overline{\mathbb{R}}$ に対して

$$\begin{aligned}
[a,b] &= \{x \in \mathbb{R} : a \leq x \leq b\} \\
[a,b[&= \{x \in \mathbb{R} : a \leq x < b\} \\
]a,b] &= \{x \in \mathbb{R} : a < x \leq b\} \\
]a,b[&= \{x \in \mathbb{R} : a < x < b\}
\end{aligned} \tag{3.1}$$

とし，$[a,b]$, $[a,b[$, $]a,b]$ および $]a,b[$ を $\mathbb{R}$ における**区間** (interval) とよぶ.

$a,b \in \mathbb{R}$ とし，$a < b$ とする．区間 $[a,b]$, $[a,b[$, $]a,b]$ または $]a,b[$ を全体集合として，その全体集合の部分集合を考えているときは，特に $\sup \emptyset = a$, $\inf \emptyset = b$ と定める．例えば，$[0,1]$, $[0,1[$, $]0,1]$ または $]0,1[$ を全体集合として考えているときは，$\sup \emptyset = 0$, $\inf \emptyset = 1$ となる.

任意の添字集合 Λ および $a_\lambda \in [0,1]$, $\lambda \in \Lambda$ に対して

$$\bigvee_{\lambda \in \Lambda} a_\lambda = \sup_{\lambda \in \Lambda} a_\lambda, \quad \bigwedge_{\lambda \in \Lambda} a_\lambda = \inf_{\lambda \in \Lambda} a_\lambda \tag{3.2}$$

とする．$\Lambda = \emptyset$ のときは，$\bigvee_{\lambda \in \Lambda} a_\lambda = 0$, $\bigwedge_{\lambda \in \Lambda} a_\lambda = 1$ である．$a,b \in [0,1]$ に対しては

$$a \vee b = \max\{a,b\}, \quad a \wedge b = \min\{a,b\} \tag{3.3}$$

であり，$a_i \in [0,1]$, $i = 1,2,\cdots,n$ に対しては

$$\bigvee_{i=1}^{n} a_i = \max_{i=1,2,\cdots,n} a_i, \quad \bigwedge_{i=1}^{n} a_i = \min_{i=1,2,\cdots,n} a_i \tag{3.4}$$

である.

問題 3.1

1. $A \subset \mathbb{R}$, $A \neq \emptyset$ とし，$\beta \in \mathbb{R}$ とする．このとき，$\beta = \inf A$ であるための必要十分条件は，任意の $x \in A$ に対して $\beta \leq x$ となり，かつ任意の $\varepsilon > 0$ に対して $x < \beta + \varepsilon$ となる $x \in A$ が存在することであることを示せ.

2. $A,B \subset \mathbb{R}$, $A \neq \emptyset$, $B \neq \emptyset$ とし，$A \subset B$ とする．このとき，次が成り立つことを示せ.

$$\inf A \geq \inf B$$

3. 空でない集合 X に対して $f : X \to \mathbb{R}$ とし，$\mu \in \mathbb{R}$ とする．このとき，次が成り立つことを示せ．ただし，$0 \cdot (-\infty) = (-\infty) \cdot 0 = 0$ とする.

(i) $\mu \geq 0 \Rightarrow \displaystyle\inf_{x \in X} \mu f(x) = \mu \inf_{x \in X} f(x)$

(ii) $\mu < 0 \Rightarrow \displaystyle\inf_{x \in X} \mu f(x) = \mu \sup_{x \in X} f(x)$

4. 空でない集合 X に対して $f, g : X \to \mathbb{R}$ とする．また，任意の $x \in X$ に対して $f(x) \leq g(x)$ であるとする．このとき，次が成り立つことを示せ．

$$\inf_{x \in X} f(x) \leq \inf_{x \in X} g(x)$$

5. 空でない集合 X に対して $f, g : X \to \mathbb{R}$ とする．このとき，次が成り立つことを示せ．

$$\inf_{x \in X} (f(x) + g(x)) \geq \inf_{x \in X} f(x) + \inf_{x \in X} g(x)$$

6. 空でない集合 X, Y に対して $f : X \times Y \to \mathbb{R}$ とし，$\inf_{(x,y) \in X \times Y} f(x, y) > -\infty$ であるとする．このとき，次が成り立つことを示せ．

$$\inf_{(x,y) \in X \times Y} f(x, y) = \inf_{x \in X} \inf_{y \in Y} f(x, y) = \inf_{y \in Y} \inf_{x \in X} f(x, y)$$

3.2 数列の極限

$\overline{\mathbb{R}}$ の要素の列 $x_1, x_2, x_3, \cdots$ を**数列**といい，$\{x_k\}_{k\in\mathbb{N}}$ または単に $\{x_k\}$ と表す．$x_1, x_2, x_3, \cdots$ が実数のときは**実数列**という．また，$\{x_k\}$ が $\overline{\mathbb{R}}$ または $\mathbb{R}$ の要素の列であることをそれぞれ $\{x_k\} \subset \overline{\mathbb{R}}$ または $\{x_k\} \subset \mathbb{R}$ と表す．

$\{x_k\}_{k\in\mathbb{N}} \subset \overline{\mathbb{R}}$ とし，$\alpha \in \mathbb{R}$ とする．任意の $\varepsilon > 0$ に対して，ある $k_0 \in \mathbb{N}$ が存在し，$k \geq k_0$ であるすべての $k \in \mathbb{N}$ に対して $|x_k - \alpha| < \varepsilon$ となるとき，$\{x_k\}$ は α に**収束する** (converge) という．このとき，α を $\{x_k\}$ の**極限** (limit) といい

$$\lim_{k\to\infty} x_k = \alpha \quad \text{または} \quad x_k \to \alpha \tag{3.5}$$

と表す．$x_k \to \alpha+$ によって，$x_k \to \alpha$ かつ $x_k \geq \alpha, k \in \mathbb{N}$ であることを表す．$x_k \to \alpha-$ によって，$x_k \to \alpha$ かつ $x_k \leq \alpha, k \in \mathbb{N}$ であることを表す．また，$\{x_k\}$ がある実数に収束するとき，$\{x_k\}$ の極限が**存在する**または $\lim_{k\to\infty} x_k$ が存在するという．$\{x_k\}$ の極限が存在するならば，その極限はただ 1 つである（問題 3.2.1）．

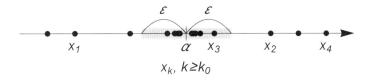

図 **3.4** $\lim_{k\to\infty} x_k = \alpha$

$\{x_k\}_{k\in\mathbb{N}} \subset \overline{\mathbb{R}}$ とする．任意の $\lambda \in \mathbb{R}$ に対して，ある $k_0 \in \mathbb{N}$ が存在し，$k \geq k_0$ であるすべての $k \in \mathbb{N}$ に対して $x_k > \lambda$ となるとき

$$\lim_{k\to\infty} x_k = \infty \quad \text{または} \quad x_k \to \infty \tag{3.6}$$

と表す．任意の $\lambda \in \mathbb{R}$ に対して，ある $k_0 \in \mathbb{N}$ が存在し，$k \geq k_0$ であるすべての $k \in \mathbb{N}$ に対して $x_k < \lambda$ となるとき，

$$\lim_{k\to\infty} x_k = -\infty \quad \text{または} \quad x_k \to -\infty \tag{3.7}$$

と表す．また，$\{x_k\}$ の極限が存在するか，$\lim_{k\to\infty} x_k = \infty$ であるか，または $\lim_{k\to\infty} x_k = -\infty$ であるとき，$\{x_k\}$ の極限が**広義に存在する**または $\lim_{k\to\infty} x_k$ が広義に存在するという．

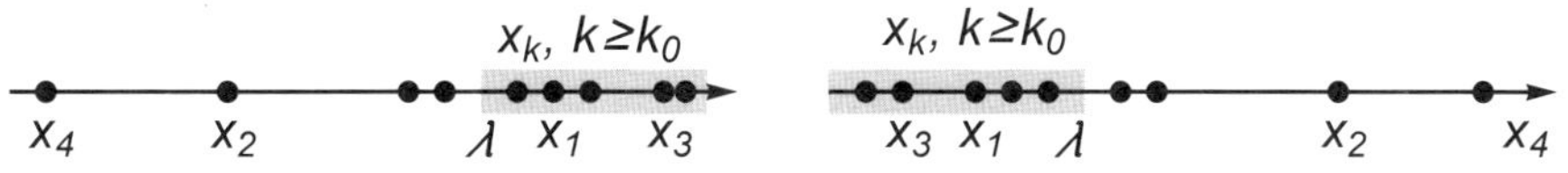

(a) $\displaystyle\lim_{k\to\infty} x_k = \infty$　　　　**(b)** $\displaystyle\lim_{k\to\infty} x_k = -\infty$

図 **3.5** $\displaystyle\lim_{k\to\infty} x_k = \infty$ と $\displaystyle\lim_{k\to\infty} x_k = -\infty$

例 3.2

(i) $x_k = \dfrac{(-1)^k}{k}$, $k \in \mathbb{N}$ とし, $\lim_{k\to\infty} x_k = 0$ となることを確かめる. $\varepsilon > 0$ を任意に固定する. $k_0 > \frac{1}{\varepsilon}$ となる $k_0 \in \mathbb{N}$ を任意に選ぶ. このとき, $k \geq k_0$ であるすべての $k \in \mathbb{N}$ に対して

$$|x_k - 0| = \left| \frac{(-1)^k}{k} - 0 \right| = \frac{1}{k} \leq \frac{1}{k_0} < \varepsilon$$

となる. よって, $\varepsilon > 0$ の任意性より, $\lim_{k\to\infty} x_k = 0$ となる.

(ii) $y_k = 2^k$, $k \in \mathbb{N}$ とし, $\lim_{k\to\infty} y_k = \infty$ となることを確かめる. $\lambda \in \mathbb{R}$ を任意に固定する. $\lambda < 2$ ならば, $k_0 = 1$ とすると, $k \geq k_0$ であるすべての $k \in \mathbb{N}$ に対して $y_k = 2^k \geq 2 > \lambda$ となる. $\lambda \geq 2$ ならば, $k_0 > \log_2 \lambda$ となる $k_0 \in \mathbb{N}$ を任意に選ぶと, $k \geq k_0$ であるすべての $k \in \mathbb{N}$ に対して

$$y_k = 2^k \geq 2^{k_0} > 2^{\log_2 \lambda} = \lambda$$

となる. よって, $\lambda \in \mathbb{R}$ の任意性より, $\lim_{k\to\infty} y_k = \infty$ となる.

(iii) $z_k = (-1)^k$, $k \in \mathbb{N}$ とする. このとき, $\{z_k\}$ の極限は広義に存在しない. 　　　　□

$\{x_k\}_{k\in\mathbb{N}} \subset \mathbb{R}$ とする. $\{x_k\}$ は, 任意の $k \in \mathbb{N}$ に対して $x_k \leq x_{k+1}$ であるとき**単調増加** (monotone increasing) であるといい, 任意の $k \in \mathbb{N}$ に対して $x_k < x_{k+1}$ であるとき**狭義単調増加** (strictly monotone increasing) であるという. $\{x_k\}$ は, 任意の $k \in \mathbb{N}$ に対して $x_k \geq x_{k+1}$ であるとき**単調減少** (monotone decreasing) であるといい, 任意の $k \in \mathbb{N}$ に対して $x_k > x_{k+1}$ であるとき**狭義単調減少** (strictly monotone decreasing) であるという. $\{x_k\}$ は, 単調増加または単調減少であるとき**単調** (monotone) であるといい, 狭義単調増加または狭義単調減少であるとき**狭義単調** (strictly monotone) であるという. $\alpha \in \mathbb{R}$ とする. $x_k \nearrow \alpha$ によって, $x_k \to \alpha$ かつ $\{x_k\}$ が単調増加であることを表す. $x_k \searrow \alpha$ によって, $x_k \to \alpha$ かつ $\{x_k\}$ が単調減少であることを表す. また, $\{x_k\}_{k\in\mathbb{N}}$ を集合とみなした $\{x_k : k \in \mathbb{N}\}$ が上に有界, 下に有界または有界それぞれであるとき, $\{x_k\}_{k\in\mathbb{N}}$ は**上に有界**, **下に有界**または**有界**であるという.

$\{x_k\}_{k\in\mathbb{N}} \subset \mathbb{R}$ とし, $\alpha \in \mathbb{R}$ とする. また, $\lim_{k\to\infty} x_k = \alpha$ であるとする. このとき, ある $k_0 \in \mathbb{N}$ が存在し, $k \geq k_0$ であるすべての $k \in \mathbb{N}$ に対して $|x_k - \alpha| < 1$ となる.

よって, $k \geq k_0$ であるすべての $k \in \mathbb{N}$ に対して, $|x_k| - |\alpha| \leq |x_k - \alpha| < 1$ となり, $|x_k|$ $< 1 + |\alpha|$ となる. ここで, $K = \max\{|x_1|, |x_2|, \cdots, |x_{k_0-1}|, 1 + |\alpha|\} > 0$ とすると, 任意の $k \in \mathbb{N}$ に対して $|x_k| \leq K$ となる. よって, $\{x_k\}$ は有界になる. したがって, 収束する実数列は有界になることがわかる.

定理 3.8 $\{x_k\}_{k \in \mathbb{N}} \subset \mathbb{R}$ とする.

(i) $\{x_k\}$ が単調増加ならば, 次が成り立つ.

$$\lim_{k \to \infty} x_k = \sup_{k \in \mathbb{N}} x_k$$

(ii) $\{x_k\}$ が単調減少ならば, 次が成り立つ.

$$\lim_{k \to \infty} x_k = \inf_{k \in \mathbb{N}} x_k$$

証明 (i) を示す. (ii) は問題として残しておく (問題 3.2.2). まず, $\{x_k\}$ が上に有界でないとし, $\lambda \in \mathbb{R}$ を任意に固定する. このとき, ある $k_0 \in \mathbb{N}$ が存在して $x_{k_0} > \lambda$ となる. $\{x_k\}$ は単調増加であるので, $k \geq k_0$ であるすべての $k \in \mathbb{N}$ に対して $x_k \geq x_{k_0} > \lambda$ となる. よって, λ の任意性より

$$\lim_{k \to \infty} x_k = \infty = \sup_{k \in \mathbb{N}} x_k$$

となる.

次に, $\{x_k\}$ は上に有界であるとし, $\alpha = \sup_{k \in \mathbb{N}} x_k$ とする. また, $\varepsilon > 0$ を任意に固定する. このとき, 任意の $k \in \mathbb{N}$ に対して $x_k \leq \alpha$ となり, ある $k_0 \in \mathbb{N}$ が存在して $\alpha - \varepsilon < x_{k_0}$ となる. $\{x_k\}$ は単調増加であるので, $k \geq k_0$ であるすべての $k \in \mathbb{N}$ に対して, $\alpha - \varepsilon < x_{k_0} \leq x_k \leq \alpha < \alpha + \varepsilon$, すなわち $|x_k - \alpha| < \varepsilon$ となる. よって, $\varepsilon > 0$ の任意性より

$$\lim_{k \to \infty} x_k = \alpha = \sup_{k \in \mathbb{N}} x_k$$

となる. □

定理 3.9 $\{x_k\}_{k \in \mathbb{N}}, \{y_k\}_{k \in \mathbb{N}}, \{z_k\}_{k \in \mathbb{N}} \subset \mathbb{R}$ であり, $\lim_{k \to \infty} x_k$ および $\lim_{k \to \infty} y_k$ が広義に存在するとする. このとき, 次が成り立つ.

(i) $x_k \leq y_k, k \in \mathbb{N}$ ならば, $\displaystyle\lim_{k \to \infty} x_k \leq \lim_{k \to \infty} y_k$ となる.

(ii) $x_k \leq z_k \leq y_k, k \in \mathbb{N}$ であり $\displaystyle\lim_{k \to \infty} x_k = \lim_{k \to \infty} y_k$ ならば, $\displaystyle\lim_{k \to \infty} z_k$ が広義に存在して $\displaystyle\lim_{k \to \infty} z_k = \lim_{k \to \infty} x_k = \lim_{k \to \infty} y_k$ となる.

証明

(i) $\alpha = \lim_{k\to\infty} x_k$, $\beta = \lim_{k\to\infty} y_k$ とする. $\alpha = \infty$ ならば, $\alpha = \infty = \beta$ となる. $\alpha = -\infty$ ならば, $\alpha = -\infty \leq \beta$ となる. $\beta = \infty$ ならば, $\alpha \leq \infty = \beta$ となる. $\beta = -\infty$ ならば, $\alpha = -\infty = \beta$ となる. $\alpha, \beta \in \mathbb{R}$ とする. このとき, $\alpha > \beta$ と仮定して矛盾を導く. $\varepsilon = \frac{1}{3}(\alpha - \beta) > 0$ とおくと, $\beta + \varepsilon < \alpha - \varepsilon$ となる. $\beta = \lim_{k\to\infty} y_k$ であるので, ある $k_1 \in \mathbb{N}$ が存在し, $k \geq k_1$ であるすべての $k \in \mathbb{N}$ に対して, $|y_k - \beta| < \varepsilon$ となり, $y_k < \beta + \varepsilon$ となる. $\alpha = \lim_{k\to\infty} x_k$ であるので, ある $k_2 \in \mathbb{N}$ が存在し, $k \geq k_2$ であるすべての $k \in \mathbb{N}$ に対して, $|x_k - \alpha| < \varepsilon$ となり, $\alpha - \varepsilon < x_k$ となる. よって, $k \geq \max\{k_1, k_2\}$ となる $k \in \mathbb{N}$ を任意に選ぶと, $y_k < \beta + \varepsilon < \alpha - \varepsilon < x_k$ となるが, これは $x_k \leq y_k$ であることに矛盾する.

(ii) $\alpha = \lim_{k\to\infty} x_k = \lim_{k\to\infty} y_k$ とする. $\alpha = \infty$ または $\alpha = -\infty$ ならば, $\lim_{k\to\infty} z_k = \alpha = \lim_{k\to\infty} x_k = \lim_{k\to\infty} y_k$ となる. $\alpha \in \mathbb{R}$ とし, $\varepsilon > 0$ を任意に固定する. $\alpha = \lim_{k\to\infty} x_k$ であるので, ある $k_1 \in \mathbb{N}$ が存在し, $k \geq k_1$ であるすべての $k \in \mathbb{N}$ に対して, $|x_k - \alpha| < \varepsilon$ となり, $\alpha - \varepsilon < x_k$ となる. $\alpha = \lim_{k\to\infty} y_k$ であるので, ある $k_2 \in \mathbb{N}$ が存在し, $k \geq k_2$ であるすべての $k \in \mathbb{N}$ に対して, $|y_k - \alpha| < \varepsilon$ となり, $y_k < \alpha + \varepsilon$ となる. $k_0 = \max\{k_1, k_2\}$ とすると, $k \geq k_0$ であるすべての $k \in \mathbb{N}$ に対して, $\alpha - \varepsilon < x_k \leq z_k \leq y_k < \alpha + \varepsilon$, すなわち $|z_k - \alpha| < \varepsilon$ となる. よって, $\varepsilon > 0$ の任意性より

$$\lim_{k\to\infty} z_k = \alpha = \lim_{k\to\infty} x_k = \lim_{k\to\infty} y_k$$

となる. $\qquad\qquad\square$

定理 3.10 $\{x_k\}_{k\in\mathbb{N}}, \{y_k\}_{k\in\mathbb{N}} \subset \mathbb{R}$ とし, $\lim_{k\to\infty} x_k$ および $\lim_{k\to\infty} y_k$ が存在するとする. このとき, 次が成り立つ.

(i) $\displaystyle \lim_{k\to\infty} (x_k + y_k) = \lim_{k\to\infty} x_k + \lim_{k\to\infty} y_k$

(ii) $\displaystyle \lim_{k\to\infty} x_k y_k = \left(\lim_{k\to\infty} x_k \right) \left(\lim_{k\to\infty} y_k \right)$

(iii) $\displaystyle \lim_{k\to\infty} \frac{x_k}{y_k} = \frac{\displaystyle \lim_{k\to\infty} x_k}{\displaystyle \lim_{k\to\infty} y_k}$ （ただし, $y_k \neq 0$, $k \in \mathbb{N}$ であり $\displaystyle \lim_{k\to\infty} y_k \neq 0$）

証明 $\alpha = \lim_{k\to\infty} x_k$, $\beta = \lim_{k\to\infty} y_k$ とする.

(i) $\varepsilon > 0$ を任意に固定する. $\alpha = \lim_{k\to\infty} x_k$ であるので, ある $k_1 \in \mathbb{N}$ が存在し, $k \geq k_1$ であるすべての $k \in \mathbb{N}$ に対して, $|x_k - \alpha| < \frac{\varepsilon}{2}$ となる. $\beta = \lim_{k\to\infty} y_k$ であるので, ある $k_2 \in \mathbb{N}$ が存在し, $k \geq k_2$ であるすべての $k \in \mathbb{N}$ に対して, $|y_k - \beta| < \frac{\varepsilon}{2}$ となる.

$k_0 = \max\{k_1, k_2\}$ とすると，$k \geq k_0$ であるすべての $k \in \mathbb{N}$ に対して

$$|(x_k + y_k) - (\alpha + \beta)| \leq |x_k - \alpha| + |y_k - \beta| < \frac{\varepsilon}{2} + \frac{\varepsilon}{2} = \varepsilon$$

となる．よって，$\varepsilon > 0$ の任意性より

$$\lim_{k \to \infty} (x_k + y_k) = \alpha + \beta = \lim_{k \to \infty} x_k + \lim_{k \to \infty} y_k$$

となる．

(ii) $\beta = \lim_{k \to \infty} y_k$ であるので，$\{y_k\}$ は有界になる．よって，ある $K > 0$ が存在し，任意の $k \in \mathbb{N}$ に対して $|y_k| \leq K$ となる．$\varepsilon > 0$ を任意に固定する．$\alpha = \lim_{k \to \infty} x_k$ であるので，ある $k_1 \in \mathbb{N}$ が存在し，$k \geq k_1$ であるすべての $k \in \mathbb{N}$ に対して，$|x_k - \alpha| < \frac{\varepsilon}{K + |\alpha|}$ となる．$\beta = \lim_{k \to \infty} y_k$ であるので，ある $k_2 \in \mathbb{N}$ が存在し，$k \geq k_2$ であるすべての $k \in \mathbb{N}$ に対して，$|y_k - \beta| < \frac{\varepsilon}{K + |\alpha|}$ となる．$k_0 = \max\{k_1, k_2\}$ とすると，$k \geq k_0$ であるすべての $k \in \mathbb{N}$ に対して

$$
\begin{aligned}
|x_k y_k - \alpha\beta| &= |x_k y_k - \alpha y_k + \alpha y_k - \alpha\beta| \\
&\leq |(x_k - \alpha) y_k| + |\alpha(y_k - \beta)| \\
&\leq |x_k - \alpha|K + |\alpha||y_k - \beta| \\
&< \frac{\varepsilon}{K + |\alpha|} \cdot K + |\alpha| \cdot \frac{\varepsilon}{K + |\alpha|} \\
&= \varepsilon
\end{aligned}
$$

となる．よって，$\varepsilon > 0$ の任意性より

$$\lim_{k \to \infty} x_k y_k = \alpha\beta = \left(\lim_{k \to \infty} x_k\right)\left(\lim_{k \to \infty} y_k\right)$$

となる．

(iii) もし，$\lim_{k \to \infty} \frac{1}{y_k} = \frac{1}{\beta}$ となることが示されれば，(ii) より

$$\lim_{k \to \infty} \frac{x_k}{y_k} = \lim_{k \to \infty} x_k \cdot \frac{1}{y_k} = \alpha \cdot \frac{1}{\beta} = \frac{\lim\limits_{k \to \infty} x_k}{\lim\limits_{k \to \infty} y_k}$$

となる．よって，$\lim_{k \to \infty} \frac{1}{y_k} = \frac{1}{\beta}$ となることを示す．$\varepsilon > 0$ を任意に固定する．$0 \neq \beta = \lim_{k \to \infty} y_k$ であるので，ある $k_0 \in \mathbb{N}$ が存在し，$k \geq k_0$ であるすべての $k \in \mathbb{N}$ に対して，$|y_k - \beta| < \min\left\{\frac{|\beta|}{2}, \frac{\varepsilon|\beta|^2}{2}\right\}$ となる．このとき，$k \geq k_0$ であるすべての $k \in \mathbb{N}$ に対して

$$|\beta| \leq |y_k| + |y_k - \beta| < |y_k| + \frac{|\beta|}{2}$$

となり，$|y_k| > \frac{|\beta|}{2}$ となるので

$$\left|\frac{1}{y_k} - \frac{1}{\beta}\right| = \frac{|\beta - y_k|}{|y_k||\beta|} < \frac{\dfrac{\varepsilon|\beta|^2}{2}}{\dfrac{|\beta|^2}{2}} = \varepsilon$$

となる．よって，$\varepsilon > 0$ の任意性より，$\lim_{k\to\infty} \frac{1}{y_k} = \frac{1}{\beta}$ となる． $\qquad\square$

$\{x_k\}_{k\in\mathbb{N}}, \{y_k\}_{k\in\mathbb{N}} \subset \mathbb{R}$ とし，$\lim_{k\to\infty} x_k$ および $\lim_{k\to\infty} y_k$ が存在するとする．また，$\lambda \in \mathbb{R}$ とする．このとき，定理 3.10 (ii) より

$$\lim_{k\to\infty} \lambda x_k = \lambda \lim_{k\to\infty} x_k \tag{3.8}$$

となる．さらに，定理 3.10 (i) より

$$\lim_{k\to\infty} (x_k - y_k) = \lim_{k\to\infty} (x_k + (-y_k)) = \lim_{k\to\infty} x_k + \lim_{k\to\infty} (-y_k) = \lim_{k\to\infty} x_k - \lim_{k\to\infty} y_k \tag{3.9}$$

となる．

数列 $x_1, x_2, x_3, \cdots$ は $\{x_k\}_{k\in\mathbb{N}}$ または単に $\{x_k\}$ と表されていた．$\{x_k\}$ から並べられている順番の前後関係を変えずに一部を抜き出した列 $x_{k_1}, x_{k_2}, x_{k_3}, \cdots$ を $\{x_k\}$ の **部分列** といい，$\{x_{k_i}\}_{i\in\mathbb{N}}$ または単に $\{x_{k_i}\}$ と表す．$\{x_{k_i}\}$ に対して，$k_1 < k_2 < k_3 < \cdots$ である．また，$\{x_{k_i}\}$ が $\{x_k\}$ の部分列であることを $\{x_{k_i}\} \subset \{x_k\}$ と表す．

定理 3.11（Bolzano-Weierstrass の定理 (Bolzano-Weierstrass theorem)）有界な実数列は，収束する部分列を含む．

証明 $\{x_k\}_{k\in\mathbb{N}} \subset \mathbb{R}$ が有界であるとする．このとき，ある $a, b \in \mathbb{R}$ が存在し，任意の $k \in \mathbb{N}$ に対して $a \le x_k \le b$ となる．$J = [a, b]$ とすると，$\{x_k\} \subset J$ となる．J を 2 等分して $\left[a, \frac{a+b}{2}\right], \left[\frac{a+b}{2}, b\right]$ に分け，$\left[a, \frac{a+b}{2}\right]$ が無限個の番号に対する $\{x_k\}$ の要素を含んでいるならば $J_1 = \left[a, \frac{a+b}{2}\right]$ とし，そうでなければ $J_1 = \left[\frac{a+b}{2}, b\right]$ とする．このように定めた J_1 は必ず無限個の番号に対する $\{x_k\}$ の要素を含む．J_1 に同様の操作を行って J_2 を定める．同様に，$J_3, J_4, \cdots$ を定める．明らかに

$$J \supset J_1 \supset J_2 \supset J_3 \supset \cdots$$

となる．各 $k \in \mathbb{N}$ に対して

$$\ell_k = \min J_k, \quad u_k = \max J_k$$

とする．ℓ_k および u_k はそれぞれ J_k の左端および右端の値である．$\{\ell_k\}_{k\in\mathbb{N}}$ は有界で単調増加になり，$\{u_k\}_{k\in\mathbb{N}}$ は有界で単調減少になる．よって，どちらも極限が存在し，$\alpha =$

$\lim_{k\to\infty} \ell_k$, $\beta = \lim_{k\to\infty} u_k$ とする. J_k の構成方法より

$$\lim_{k\to\infty}(u_k - \ell_k) = \lim_{k\to\infty} \frac{b-a}{2^k} = 0$$

となり

$$\beta = \lim_{k\to\infty} u_k = \lim_{k\to\infty}((u_k - \ell_k) + \ell_k) = \lim_{k\to\infty}(u_k - \ell_k) + \lim_{k\to\infty} \ell_k = 0 + \alpha = \alpha$$

となる.

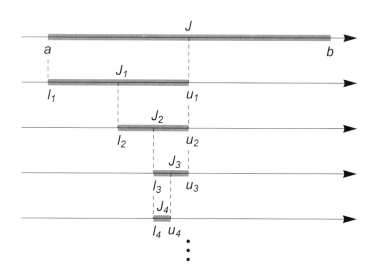

図 3.6 $J \to J_1 \to J_2 \to J_3 \to J_4 \to \cdots$

ここで,$\{x_k\}$ の部分列を次のように構成する.まず,J_1 に含まれる $\{x_k\}$ の要素のうちで添字の番号が最小のものを x_{k_1} とする.次に,J_2 に含まれる x_{k_1} を除く $\{x_k\}$ の要素のうちで添字の番号が最小のものを x_{k_2} とする.以下同様に,$x_{k_1}, x_{k_2}, \cdots, x_{k_i}$ まで定まったとき,J_{i+1} に含まれる $x_{k_1}, x_{k_2}, \cdots, x_{k_i}$ を除く $\{x_k\}$ の要素のうちで添字の番号が最小のものを $x_{k_{i+1}}$ とする.このように構成された $\{x_{k_i}\}$ は $\{x_k\}$ の部分列になる.任意の $i \in \mathbb{N}$ に対して $\ell_i \leq x_{k_i} \leq u_i$ であり,$\lim_{i\to\infty} \ell_i = \lim_{i\to\infty} u_i = \alpha$ であるので,$\lim_{i\to\infty} x_{k_i} = \alpha$ となる.よって,$\{x_{k_i}\}$ は $\{x_k\}$ の収束する部分列である. □

57

問題 **3.2**

1. $\{x_k\}_{k\in\mathbb{N}} \subset \overline{\mathbb{R}}$ とする．このとき，$\{x_k\}$ の極限が存在するならば，その極限はただ 1 つであることを示せ．

2. $\{x_k\}_{k\in\mathbb{N}} \subset \mathbb{R}$ とする．このとき，$\{x_k\}$ が単調減少ならば，次が成り立つことを示せ．

$$\lim_{k\to\infty} x_k = \inf_{k\in\mathbb{N}} x_k$$

3. $\{x_k\}_{k\in\mathbb{N}} \subset \overline{\mathbb{R}}$ とし，$\alpha \in \mathbb{R}$ とする．このとき，$\{x_k\}$ が α に収束するならば，$\{x_k\}$ の任意の部分列も α に収束することを示せ．

3.3 数列の上極限と下極限

$\{x_k\}_{k\in\mathbb{N}} \subset \mathbb{R}$ とする. $\overline{x}_k = \sup_{\ell\geq k} x_\ell$, $k \in \mathbb{N}$ によって $\{\overline{x}_k\}_{k\in\mathbb{N}} \subset \overline{\mathbb{R}}$ を定義し, $\underline{x}_k = \inf_{\ell\geq k} x_\ell$, $k \in \mathbb{N}$ によって $\{\underline{x}_k\}_{k\in\mathbb{N}} \subset \overline{\mathbb{R}}$ を定義する. このとき, $\{x_k\}$ の上極限 (upper limit) を

$$\limsup_{k\to\infty} x_k = \lim_{k\to\infty} \overline{x}_k = \lim_{k\to\infty} \sup_{\ell\geq k} x_\ell \tag{3.10}$$

と定義し, $\{x_k\}$ の下極限 (lower limit) を

$$\liminf_{k\to\infty} x_k = \lim_{k\to\infty} \underline{x}_k = \lim_{k\to\infty} \inf_{\ell\geq k} x_\ell \tag{3.11}$$

と定義する. $\{x_k\}$ が上に有界でないならば, $\overline{x}_k = \infty$, $k \in \mathbb{N}$ となり, $\limsup_{k\to\infty} x_k = \infty$ となる. $\{x_k\}$ が上に有界ならば, $\{\overline{x}_k\} \subset \mathbb{R}$ は単調減少になり, 定理 3.8 (ii) より

$$\limsup_{k\to\infty} x_k = \lim_{k\to\infty} \overline{x}_k = \inf_{k\in\mathbb{N}} \overline{x}_k = \inf_{k\in\mathbb{N}} \sup_{\ell\geq k} x_\ell \tag{3.12}$$

となる. $\{x_k\}$ が下に有界でないならば, $\underline{x}_k = -\infty$, $k \in \mathbb{N}$ となり, $\liminf_{k\to\infty} x_k = -\infty$ となる. $\{x_k\}$ が下に有界ならば, $\{\underline{x}_k\} \subset \mathbb{R}$ は単調増加になり, 定理 3.8 (i) より

$$\liminf_{k\to\infty} x_k = \lim_{k\to\infty} \underline{x}_k = \sup_{k\in\mathbb{N}} \underline{x}_k = \sup_{k\in\mathbb{N}} \inf_{\ell\geq k} x_\ell \tag{3.13}$$

となる.

例 3.3

(i) $x_k = (-1)^k$, $k \in \mathbb{N}$ とする. このとき, 各 $k \in \mathbb{N}$ に対して

$$\overline{x}_k = \sup_{\ell\geq k} x_\ell = \sup_{\ell\geq k} (-1)^\ell = 1, \quad \underline{x}_k = \inf_{\ell\geq k} x_\ell = \inf_{\ell\geq k} (-1)^\ell = -1$$

となる. よって

$$\limsup_{k\to\infty} x_k = 1, \quad \liminf_{k\to\infty} x_k = -1$$

となる.

(ii) $y_k = 2^k + (-2)^k$, $k \in \mathbb{N}$ とする. このとき, 各 $k \in \mathbb{N}$ に対して

$$\overline{y}_k = \sup_{\ell\geq k} y_\ell = \sup_{\ell\geq k} \left(2^\ell + (-2)^\ell\right) = \infty, \quad \underline{y}_k = \inf_{\ell\geq k} y_\ell = \inf_{\ell\geq k} \left(2^\ell + (-2)^\ell\right) = 0$$

となる. よって

$$\limsup_{k\to\infty} y_k = \infty, \quad \liminf_{k\to\infty} y_k = 0$$

となる. □

定理 3.12 $\{x_k\}_{k\in\mathbb{N}} \subset \mathbb{R}$ とする. このとき, 次が成り立つ.

(i) $\displaystyle\liminf_{k\to\infty} x_k \le \limsup_{k\to\infty} x_k$

(ii) $\displaystyle\lim_{k\to\infty} x_k$ が広義に存在するならば, 次が成り立つ.

$$\lim_{k\to\infty} x_k = \limsup_{k\to\infty} x_k = \liminf_{k\to\infty} x_k$$

(iii) $\displaystyle\limsup_{k\to\infty} x_k = \liminf_{k\to\infty} x_k$ ならば, $\displaystyle\lim_{k\to\infty} x_k$ が広義に存在し, 次が成り立つ.

$$\lim_{k\to\infty} x_k = \limsup_{k\to\infty} x_k = \liminf_{k\to\infty} x_k$$

証明 各 $k \in \mathbb{N}$ に対して, $\overline{x}_k = \sup_{\ell \ge k} x_\ell, \underline{x}_k = \inf_{\ell \ge k} x_\ell$ とする.

(i) $\{x_k\}$ が上に有界でないならば

$$\liminf_{k\to\infty} x_k \le \infty = \limsup_{k\to\infty} x_k$$

となる. $\{x_k\}$ が下に有界でないならば

$$\liminf_{k\to\infty} x_k = -\infty \le \limsup_{k\to\infty} x_k$$

となる. よって, $\{x_k\}$ は有界であるとする. このとき, $\{\overline{x}_k\} \subset \mathbb{R}$ は有界で単調減少になり, $\{\underline{x}_k\} \subset \mathbb{R}$ は有界で単調増加になる. よって, 定理 3.8 より, $\{\overline{x}_k\}$ および $\{\underline{x}_k\}$ の極限が存在する. 各 $k \in \mathbb{N}$ に対して

$$\underline{x}_k = \inf_{\ell \ge k} x_\ell \le \sup_{\ell \ge k} x_\ell = \overline{x}_k$$

となるので, 定理 3.9 (i) より

$$\liminf_{k\to\infty} x_k = \lim_{k\to\infty} \underline{x}_k \le \lim_{k\to\infty} \overline{x}_k = \limsup_{k\to\infty} x_k$$

となる.

(ii) まず, $\lim_{k\to\infty} x_k = \infty$ とする. $\{x_k\}$ は上に有界にならないので, $\limsup_{k\to\infty} x_k = \infty$ となる. $\{x_k\}$ は下に有界になるので, $\{\underline{x}_k\} \subset \mathbb{R}$ は単調増加になり

$$\liminf_{k\to\infty} x_k = \lim_{k\to\infty} \underline{x}_k = \sup_{k\in\mathbb{N}} \underline{x}_k$$

となる. もし, $\{\underline{x}_k\}$ が上に有界でなければ

$$\lim_{k\to\infty} x_k = \infty = \limsup_{k\to\infty} x_k = \liminf_{k\to\infty} x_k$$

となる．よって，$\{\underline{x}_k\}$ が上に有界であると仮定して矛盾を導く．このとき，ある $\lambda > 0$ が存在し，任意の $k \in \mathbb{N}$ に対して $\underline{x}_k \leq \lambda$ となる．$\lim_{k \to \infty} x_k = \infty$ であるので，ある $k_0 \in \mathbb{N}$ が存在し，$k \geq k_0$ であるすべての $k \in \mathbb{N}$ に対して $x_k > 2\lambda$ となる．したがって

$$\lambda < 2\lambda \leq \inf_{\ell \geq k_0} x_\ell = \underline{x}_{k_0} \leq \lambda$$

となり，矛盾が導かれる．

次に，$\lim_{k \to \infty} x_k = -\infty$ とする．$\{x_k\}$ は下に有界にならないので，$\liminf_{k \to \infty} x_k = -\infty$ となる．$\{x_k\}$ は上に有界になるので，$\{\overline{x}_k\} \subset \mathbb{R}$ は単調減少になり

$$\limsup_{k \to \infty} x_k = \lim_{k \to \infty} \overline{x}_k = \inf_{k \in \mathbb{N}} \overline{x}_k$$

となる．もし，$\{\overline{x}_k\}$ が下に有界でなければ

$$\lim_{k \to \infty} x_k = -\infty = \limsup_{k \to \infty} x_k = \liminf_{k \to \infty} x_k$$

となる．よって，$\{\overline{x}_k\}$ が下に有界であると仮定して矛盾を導く．このとき，ある $\mu < 0$ が存在し，任意の $k \in \mathbb{N}$ に対して $\mu \leq \overline{x}_k$ となる．$\lim_{k \to \infty} x_k = -\infty$ であるので，ある $k_1 \in \mathbb{N}$ が存在し，$k \geq k_1$ であるすべての $k \in \mathbb{N}$ に対して $x_k < 2\mu$ となる．したがって

$$\mu \leq \overline{x}_{k_1} = \sup_{\ell \geq k_1} x_\ell \leq 2\mu < \mu$$

となり，矛盾が導かれる．

次に，$\alpha \in \mathbb{R}$ とし，$\lim_{k \to \infty} x_k = \alpha$ とする．$\varepsilon > 0$ を任意に固定する．このとき，ある $k_2 \in \mathbb{N}$ が存在し，$k \geq k_2$ であるすべての $k \in \mathbb{N}$ に対して，$|x_k - \alpha| < \frac{\varepsilon}{2}$，すなわち $\alpha - \frac{\varepsilon}{2} < x_k < \alpha + \frac{\varepsilon}{2}$ となる．よって，$k \geq k_2$ であるすべての $k \in \mathbb{N}$ に対して，$\alpha - \frac{\varepsilon}{2} \leq \underline{x}_k \leq \overline{x}_k \leq \alpha + \frac{\varepsilon}{2}$ となり，$|\overline{x}_k - \alpha| \leq \frac{\varepsilon}{2} < \varepsilon$, $|\underline{x}_k - \alpha| \leq \frac{\varepsilon}{2} < \varepsilon$ となる．したがって，$\varepsilon > 0$ の任意性より

$$\limsup_{k \to \infty} x_k = \lim_{k \to \infty} \overline{x}_k = \alpha = \lim_{k \to \infty} x_k, \quad \liminf_{k \to \infty} x_k = \lim_{k \to \infty} \underline{x}_k = \alpha = \lim_{k \to \infty} x_k$$

となる．

(iii) まず，$\limsup_{k \to \infty} x_k = \liminf_{k \to \infty} x_k = \infty$ とし，$\lambda \in \mathbb{R}$ を任意に固定する．このとき，$\lim_{k \to \infty} \underline{x}_k = \infty$ であるので，ある $k_0 \in \mathbb{N}$ が存在して $\underline{x}_{k_0} = \inf_{\ell \geq k_0} x_\ell > \lambda$ となる．よって，$k \geq k_0$ であるすべての $k \in \mathbb{N}$ に対して，$x_k \geq \inf_{\ell \geq k_0} x_\ell > \lambda$ となる．したがって，$\lambda \in \mathbb{R}$ の任意性より

$$\lim_{k \to \infty} x_k = \infty = \limsup_{k \to \infty} x_k = \liminf_{k \to \infty} x_k$$

となる．

次に，$\limsup_{k\to\infty} x_k = \liminf_{k\to\infty} x_k = -\infty$ とし，$\mu \in \mathbb{R}$ を任意に固定する．このとき，$\lim_{k\to\infty} \overline{x}_k = -\infty$ であるので，ある $k_1 \in \mathbb{N}$ が存在して $\overline{x}_{k_1} = \sup_{\ell \geq k_1} x_\ell < \mu$ となる．よって，$k \geq k_1$ であるすべての $k \in \mathbb{N}$ に対して，$x_k \leq \sup_{\ell \geq k_1} x_\ell < \mu$ となる．したがって，$\mu \in \mathbb{R}$ の任意性より

$$\lim_{k\to\infty} x_k = -\infty = \limsup_{k\to\infty} x_k = \liminf_{k\to\infty} x_k$$

となる．

次に，$\alpha \in \mathbb{R}$ とし，$\limsup_{k\to\infty} x_k = \liminf_{k\to\infty} x_k = \alpha$ とする．また，$\varepsilon > 0$ を任意に固定する．$\limsup_{k\to\infty} x_k = \lim_{k\to\infty} \overline{x}_k = \alpha$, $\liminf_{k\to\infty} x_k = \lim_{k\to\infty} \underline{x}_k = \alpha$ であるので，ある $k_2 \in \mathbb{N}$ が存在して $\alpha - \varepsilon < \underline{x}_{k_2} \leq \overline{x}_{k_2} < \alpha + \varepsilon$ となる．よって，$k \geq k_2$ であるすべての $k \in \mathbb{N}$ に対して，$\alpha - \varepsilon < \underline{x}_{k_2} \leq x_k \leq \overline{x}_{k_2} < \alpha + \varepsilon$ となり，$|x_k - \alpha| < \varepsilon$ となる．したがって，$\varepsilon > 0$ の任意性より

$$\lim_{k\to\infty} x_k = \alpha = \limsup_{k\to\infty} x_k = \liminf_{k\to\infty} x_k$$

となる． $\square$

定理 3.13 $\{x_k\}_{k\in\mathbb{N}}, \{y_k\}_{k\in\mathbb{N}}, \{z_k\}_{k\in\mathbb{N}} \subset \mathbb{R}$ とする．このとき，次が成り立つ．

(i) $x_k \leq y_k$, $k \in \mathbb{N} \Rightarrow \limsup_{k\to\infty} x_k \leq \limsup_{k\to\infty} y_k$, $\liminf_{k\to\infty} x_k \leq \liminf_{k\to\infty} y_k$

(ii) $x_k \leq z_k \leq y_k$, $k \in \mathbb{N}$, $\limsup_{k\to\infty} x_k = \limsup_{k\to\infty} y_k$
$\Rightarrow \limsup_{k\to\infty} z_k = \limsup_{k\to\infty} x_k = \limsup_{k\to\infty} y_k$

(iii) $x_k \leq z_k \leq y_k$, $k \in \mathbb{N}$, $\liminf_{k\to\infty} x_k = \liminf_{k\to\infty} y_k$
$\Rightarrow \liminf_{k\to\infty} z_k = \liminf_{k\to\infty} x_k = \liminf_{k\to\infty} y_k$

証明 (i) の第 1 式が導かれることと (ii) を示す．あとは問題として残しておく（問題3.3.1）．各 $k \in \mathbb{N}$ に対して，$\overline{x}_k = \sup_{\ell \geq k} x_\ell$, $\overline{y}_k = \sup_{\ell \geq k} y_\ell$, $\overline{z}_k = \sup_{\ell \geq k} z_\ell$ とする．

(i) $\{y_k\}$ が上に有界でないならば

$$\limsup_{k\to\infty} x_k \leq \infty = \limsup_{k\to\infty} y_k$$

となる．$\{y_k\}$ は上に有界であるとする．このとき，$\{x_k\}$ も上に有界になる．よって，$\{\overline{x}_k\}, \{\overline{y}_k\} \subset \mathbb{R}$ は単調減少になり，定理 3.8 (ii) より，それらの極限が広義に存在する．また，定理 3.5 (i) より，任意の $k \in \mathbb{N}$ に対して，$\overline{x}_k = \sup_{\ell \geq k} x_\ell \leq \sup_{\ell \geq k} y_\ell = \overline{y}_k$ となる．よって，定理 3.9 (i) より

$$\limsup_{k\to\infty} x_k = \lim_{k\to\infty} \overline{x}_k \leq \lim_{k\to\infty} \overline{y}_k = \limsup_{k\to\infty} y_k$$

62

となる.

(ii) (i) より $\limsup_{k\to\infty} x_k \le \limsup_{k\to\infty} z_k \le \limsup_{k\to\infty} y_k$ となる. したがって, $\limsup_{k\to\infty} z_k = \limsup_{k\to\infty} x_k = \limsup_{k\to\infty} y_k$ となる. $\square$

問題 3.3

1. $\{x_k\}_{k\in\mathbb{N}}, \{y_k\}_{k\in\mathbb{N}}, \{z_k\}_{k\in\mathbb{N}} \subset \mathbb{R}$ とする. このとき, 次が成り立つことを示せ.

(i) $x_k \le y_k, \, k \in \mathbb{N} \Rightarrow \liminf_{k\to\infty} x_k \le \liminf_{k\to\infty} y_k$

(ii) $x_k \le z_k \le y_k, \, k \in \mathbb{N}, \ \liminf_{k\to\infty} x_k = \liminf_{k\to\infty} y_k$
$\Rightarrow \liminf_{k\to\infty} z_k = \liminf_{k\to\infty} x_k = \liminf_{k\to\infty} y_k$

2. $\{x_k\}_{k\in\mathbb{N}}, \{y_k\}_{k\in\mathbb{N}} \subset \mathbb{R}$ とする. このとき, 次が成り立つことを示せ.

(i) $\limsup_{k\to\infty} x_k > -\infty, \limsup_{k\to\infty} y_k > -\infty \Rightarrow \limsup_{k\to\infty} (x_k + y_k) \le \limsup_{k\to\infty} x_k + \limsup_{k\to\infty} y_k$

(ii) $\liminf_{k\to\infty} x_k < \infty, \liminf_{k\to\infty} y_k < \infty \Rightarrow \liminf_{k\to\infty} (x_k + y_k) \ge \liminf_{k\to\infty} x_k + \liminf_{k\to\infty} y_k$

3.4 点列の極限

$\mathbb{R}^n$ の点の列 $\boldsymbol{x}_1, \boldsymbol{x}_2, \boldsymbol{x}_3, \cdots$ を**点列**または**ベクトル列**といい，$\{\boldsymbol{x}_k\}_{k\in\mathbb{N}}$ または単に $\{\boldsymbol{x}_k\}$ と表す．また，$\{\boldsymbol{x}_k\}$ が $\mathbb{R}^n$ の点列であることを，$\{\boldsymbol{x}_k\} \subset \mathbb{R}^n$ と表す．

$\{\boldsymbol{x}_k\}_{k\in\mathbb{N}} \subset \mathbb{R}^n$ とし，$\boldsymbol{x}_0 \in \mathbb{R}^n$ とする．任意の $\varepsilon > 0$ に対して，ある $k_0 \in \mathbb{N}$ が存在し，$k \geq k_0$ であるすべての $k \in \mathbb{N}$ に対して $\|\boldsymbol{x}_k - \boldsymbol{x}_0\| < \varepsilon$ となるとき，$\{\boldsymbol{x}_k\}$ は $\boldsymbol{x}_0$ に**収束する**という．このとき，$\boldsymbol{x}_0$ を $\{\boldsymbol{x}_k\}$ の**極限**といい

$$\lim_{k\to\infty} \boldsymbol{x}_k = \boldsymbol{x}_0 \quad \text{または} \quad \boldsymbol{x}_k \to \boldsymbol{x}_0 \tag{3.14}$$

と表す．$\{\boldsymbol{x}_k\}$ が $\mathbb{R}^n$ のある点に収束するとき，$\{\boldsymbol{x}_k\}$ の極限が**存在する**または $\lim_{k\to\infty} \boldsymbol{x}_k$ が存在するという．$\{\boldsymbol{x}_k\}$ の極限が存在するならば，その極限はただ 1 つである（問題 3.4.1）．

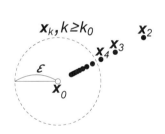

図 3.7 $\lim_{k\to\infty} \boldsymbol{x}_k = \boldsymbol{x}_0$

例 3.4 $\boldsymbol{x}_k = \left(\frac{1}{k}\cos k, \frac{1}{k}\sin k\right) \in \mathbb{R}^2, k \in \mathbb{N}$ とする．$\varepsilon > 0$ を任意に固定し，$k_0 > \frac{1}{\varepsilon}$ となる $k_0 \in \mathbb{N}$ を任意に選ぶ．このとき，$k \geq k_0$ であるすべての $k \in \mathbb{N}$ に対して

$$\|\boldsymbol{x}_k - \boldsymbol{0}\| = \sqrt{\left(\frac{1}{k}\cos k - 0\right)^2 + \left(\frac{1}{k}\sin k - 0\right)^2} = \frac{1}{k} \leq \frac{1}{k_0} < \varepsilon$$

となる．よって，$\varepsilon > 0$ の任意性より，$\lim_{k\to\infty} \boldsymbol{x}_k = \boldsymbol{0}$ となる． □

定理 3.14 $\{\boldsymbol{x}_k\}_{k\in\mathbb{N}} \subset \mathbb{R}^n$ とし，各 $k \in \mathbb{N}$ に対して $\boldsymbol{x}_k = (x_{k1}, x_{k2}, \cdots, x_{kn})$ とする．また，$\boldsymbol{x}_0 = (x_{01}, x_{02}, \cdots, x_{0n}) \in \mathbb{R}^n$ とする．このとき，次が成り立つ．

$$\lim_{k\to\infty} \boldsymbol{x}_k = \boldsymbol{x}_0 \Leftrightarrow \lim_{k\to\infty} x_{ki} = x_{0i}, i = 1, 2, \cdots, n$$

証明 必要性：$i \in \{1, 2, \cdots, n\}$ および $\varepsilon > 0$ を任意に固定する．このとき，ある $k_0 \in \mathbb{N}$ が存在し，$k \geq k_0$ であるすべての $k \in \mathbb{N}$ に対して，$\|\boldsymbol{x}_k - \boldsymbol{x}_0\| < \varepsilon$ となり

$$|x_{ki} - x_{0i}| \leq \sqrt{\sum_{j=1}^{n} (x_{kj} - x_{0j})^2} = \|\boldsymbol{x}_k - \boldsymbol{x}_0\| < \varepsilon$$

となる．よって，$i \in \{1, 2, \cdots, n\}$ および $\varepsilon > 0$ の任意性より，$\lim_{k \to \infty} x_{ki} = x_{0i}$, $i = 1, 2, \cdots, n$ となる．

十分性：$\varepsilon > 0$ を任意に固定する．各 $i \in \{1, 2, \cdots, n\}$ に対して，$\lim_{k \to \infty} x_{ki} = x_{0i}$ であるので，ある $k_i \in \mathbb{N}$ が存在し，$k \geq k_i$ であるすべての $k \in \mathbb{N}$ に対して $|x_{ki} - x_{0i}| < \frac{\varepsilon}{\sqrt{n}}$ となる．$k_0 = \max_{i=1, 2, \cdots, n} k_i$ とすると，$k \geq k_0$ であるすべての $k \in \mathbb{N}$ に対して

$$\|\boldsymbol{x}_k - \boldsymbol{x}_0\| = \sqrt{\sum_{i=1}^{n} (x_{ki} - x_{0i})^2} < \sqrt{\sum_{i=1}^{n} \left(\frac{\varepsilon}{\sqrt{n}} \right)^2} = \varepsilon$$

となる．よって，$\varepsilon > 0$ の任意性より，$\lim_{k \to \infty} \boldsymbol{x}_k = \boldsymbol{x}_0$ となる． $\square$

定理 3.15 $\{\boldsymbol{x}_k\}_{k \in \mathbb{N}}, \{\boldsymbol{y}_k\}_{k \in \mathbb{N}} \subset \mathbb{R}^n$ とし，$\lim_{k \to \infty} \boldsymbol{x}_k$ および $\lim_{k \to \infty} \boldsymbol{y}_k$ が存在するとする．また，$\lambda \in \mathbb{R}$ とする．このとき，次が成り立つ．

(i) $\displaystyle \lim_{k \to \infty} (\boldsymbol{x}_k + \boldsymbol{y}_k) = \lim_{k \to \infty} \boldsymbol{x}_k + \lim_{k \to \infty} \boldsymbol{y}_k$

(ii) $\displaystyle \lim_{k \to \infty} \lambda \boldsymbol{x}_k = \lambda \lim_{k \to \infty} \boldsymbol{x}_k$

証明 定理 3.10 および 3.14 より結論が導かれるが，証明は問題として残しておく（問題 3.4.2）． $\square$

$\{\boldsymbol{x}_k\}_{k \in \mathbb{N}}, \{\boldsymbol{y}_k\}_{k \in \mathbb{N}} \subset \mathbb{R}^n$ とし，$\lim_{k \to \infty} \boldsymbol{x}_k$ および $\lim_{k \to \infty} \boldsymbol{y}_k$ が存在するとする．このとき，定理 3.15 より

$$\lim_{k \to \infty} (\boldsymbol{x}_k - \boldsymbol{y}_k) = \lim_{k \to \infty} (\boldsymbol{x}_k + (-\boldsymbol{y}_k)) = \lim_{k \to \infty} \boldsymbol{x}_k + \lim_{k \to \infty} (-\boldsymbol{y}_k) = \lim_{k \to \infty} \boldsymbol{x}_k - \lim_{k \to \infty} \boldsymbol{y}_k \tag{3.15}$$

となる．

定理 3.16 $A \subset \mathbb{R}^n$ とする．$A \in \mathcal{C}(\mathbb{R}^n)$ であるための必要十分条件は，A の要素からなる任意の収束する点列の極限が A に含まれることである．

証明 必要性：$A \in \mathcal{C}(\mathbb{R}^n)$ とする．また，$\{\boldsymbol{x}_k\}_{k \in \mathbb{N}} \subset A$ を収束する任意の点列とし，$\boldsymbol{x} = \lim_{k \to \infty} \boldsymbol{x}_k$ とする．$\boldsymbol{x} \in A$ となることを示す．このとき，任意の $\varepsilon > 0$ に対して，あ

る $k_0 \in \mathbb{N}$ が存在して $\boldsymbol{x}_{k_0} \in A \cap \mathbb{B}(\boldsymbol{x}; \varepsilon)$ となるので, $A \cap \mathbb{B}(\boldsymbol{x}; \varepsilon) \neq \emptyset$ となる. よって, $\boldsymbol{x} \in \mathrm{cl}(A) = A$ となる.

十分性:A の要素からなる任意の収束する点列の極限が A に含まれることを仮定する. $A \subset \mathrm{cl}(A)$ は明らかであるので, $\mathrm{cl}(A) \subset A$ となることを示す. $\boldsymbol{x} \in \mathrm{cl}(A)$ とする. 各 $k \in \mathbb{N}$ に対して, $A \cap \mathbb{B}\left(\boldsymbol{x}; \frac{1}{k}\right) \neq \emptyset$ であるので, $\boldsymbol{x}_k \in A \cap \mathbb{B}\left(\boldsymbol{x}; \frac{1}{k}\right)$ を任意に選ぶ. このとき, 任意の $\varepsilon > 0$ に対して $k_0 > \frac{1}{\varepsilon}$ となる $k_0 \in \mathbb{N}$ を選ぶと, $k \geq k_0$ であるすべての $k \in \mathbb{N}$ に対して, $\|\boldsymbol{x}_k - \boldsymbol{x}\| < \frac{1}{k} \leq \frac{1}{k_0} < \varepsilon$ となる. よって, $\lim_{k \to \infty} \boldsymbol{x}_k = \boldsymbol{x}$ となり, $\{\boldsymbol{x}_k\} \subset A$ であるので, 仮定より $\boldsymbol{x} \in A$ となる. したがって, $\mathrm{cl}(A) \subset A$ となる. □

$\{\boldsymbol{x}_k\}_{k \in \mathbb{N}} \subset \mathbb{R}^n$ とする. $\{\boldsymbol{x}_k\}_{k \in \mathbb{N}}$ を集合とみなした $\{\boldsymbol{x}_k : k \in \mathbb{N}\}$ が有界であるとき, $\{\boldsymbol{x}_k\}_{k \in \mathbb{N}}$ は有界であるという. $\boldsymbol{x}_0 \in \mathbb{R}^n$ とし, $\lim_{k \to \infty} \boldsymbol{x}_k = \boldsymbol{x}_0$ であるとする. このとき, ある $k_0 \in \mathbb{N}$ が存在し, $k \geq k_0$ であるすべての $k \in \mathbb{N}$ に対して, $\|\boldsymbol{x}_k - \boldsymbol{x}_0\| < 1$ となる. よって, $k \geq k_0$ であるすべての $k \in \mathbb{N}$ に対して, $\|\boldsymbol{x}_k\| - \|\boldsymbol{x}_0\| \leq \|\boldsymbol{x}_k - \boldsymbol{x}_0\| < 1$ となり, $\|\boldsymbol{x}_k\| < 1 + \|\boldsymbol{x}_0\|$ となる. よって, $K = \max\{\|\boldsymbol{x}_1\|, \|\boldsymbol{x}_2\|, \cdots, \|\boldsymbol{x}_{k_0-1}\|, 1 + \|\boldsymbol{x}_0\|\} > 0$ とすると, 任意の $k \in \mathbb{N}$ に対して $\|\boldsymbol{x}_k\| \leq K$ となり, $\{\boldsymbol{x}_k\}$ は有界になる. したがって, 収束する点列は有界になることがわかる.

$\mathbb{N}$ はすべての自然数の集合であるが, 自然数の列 $1, 2, 3, \cdots$ であるともみなす. また, $\mathbb{N}$ の無限部分集合 N を $\mathbb{N}$ の部分列ともみなす. ここで

$$\mathcal{N}_\infty = \{N \subset \mathbb{N} : \mathbb{N} \setminus N \text{ は有限集合}\}$$
$$\mathcal{N}_\infty^\sharp = \{N \subset \mathbb{N} : N \text{ は無限集合}\}$$

(3.16)

とする. $\mathcal{N}_\infty$ はある番号 k_0 以降すべてを含む $\mathbb{N}$ の部分列すべての集合であり, $\mathcal{N}_\infty^\sharp$ は $\mathbb{N}$ の部分列すべての集合である.

何らかの列 $\{x_k\}_{k \in \mathbb{N}}$ の部分列 $\{x_{k_i}\}_{i \in \mathbb{N}}$ は数列の部分列と同様に定義される. その部分列 $\{x_{k_i}\}_{i \in \mathbb{N}}$ は添字集合 $N = \{k_i : i \in \mathbb{N}\} \in \mathcal{N}_\infty^\sharp$ に対して $\{x_k\}_{k \in N}$ の形でも表される. $\mathbb{N}$ における $k \to \infty$ のとき $\lim_k, \lim_{k \to \infty}$ または $\lim_{k \in \mathbb{N}}$ などと書くが, 添字集合 $N \in \mathcal{N}_\infty^\sharp$ に対しての場合は $\lim_{\substack{k \to \infty \\ N}}$ または $\lim_{k \in N}$ などと書く.

定理 3.17 $A \subset \mathbb{R}^n$ とする. $A \in \mathcal{BC}(\mathbb{R}^n)$ であるための必要十分条件は, A の任意の点列 $\{\boldsymbol{x}_k\}_{k \in \mathbb{N}}$ に対して A の要素に収束する $\{\boldsymbol{x}_k\}$ の部分列が存在することである.

証明 必要性:$\{\boldsymbol{x}_k\}_{k \in \mathbb{N}} \subset A$ とし, 各 $k \in \mathbb{N}$ に対して $\boldsymbol{x}_k = (x_{k1}, x_{k2}, \cdots, x_{kn})$ とする. A は有界であるので, $\{x_{ki}\}_{k \in \mathbb{N}} \subset \mathbb{R}, i = 1, 2, \cdots, n$ も有界になる. 定理 3.11 より, ある $N_1 \in \mathcal{N}_\infty^\sharp$ が存在し, $\{x_{k1}\}_{k \in N_1}$ がある $x_{01} \in \mathbb{R}$ に収束する. 再び定理 3.11 より, $N_2 \subset N_1$ となるある $N_2 \in \mathcal{N}_\infty^\sharp$ が存在し, $\{x_{k2}\}_{k \in N_2}$ がある $x_{02} \in \mathbb{R}$ に収束する. 同様

な操作を第 n 要素まで繰り返すことによって，$N_n \subset N_{n-1}$ となるある $N_n \in \mathcal{N}_\infty^\sharp$ が存在し，$\{x_{kn}\}_{k \in N_n}$ がある $x_{0n} \in \mathbb{R}$ に収束する．このとき，各 $i \in \{1, 2, \cdots, n\}$ に対して $\{x_{ki}\}_{k \in N_n}$ は x_{0i} に収束する．$\{\boldsymbol{x}_k\}_{k \in N_n}$ は $\{\boldsymbol{x}_k\}_{k \in \mathbb{N}}$ の部分列であり，$\boldsymbol{x}_0 = (x_{01}, x_{02}, \cdots, x_{0n}) \in \mathbb{R}^n$ とすると，定理 3.14 より $\{\boldsymbol{x}_k\}_{k \in N_n}$ は $\boldsymbol{x}_0$ に収束する．$A \in \mathcal{C}(\mathbb{R}^n)$ であるので，定理 3.16 より $\boldsymbol{x}_0 \in A$ となる．

十分性：A の任意の点列 $\{\boldsymbol{x}_k\}_{k \in \mathbb{N}}$ に対して A の要素に収束する $\{\boldsymbol{x}_k\}$ の部分列が存在することを仮定する．まず，A が有界ではないと仮定して矛盾を導く．このとき，各 $k \in \mathbb{N}$ に対して，ある $\boldsymbol{y}_k \in A$ が存在して $\|\boldsymbol{y}_k\| > k$ となる．$\{\boldsymbol{y}_k\}_{k \in \mathbb{N}} \subset A$ である．$\boldsymbol{y}_0 \in \mathbb{R}^n$ を任意に固定する．各 $k \in \mathbb{N}$ に対して，$k - \|\boldsymbol{y}_0\| < \|\boldsymbol{y}_k\| - \|\boldsymbol{y}_0\| \leq \|\boldsymbol{y}_k - \boldsymbol{y}_0\|$ となる．よって，任意の $N \in \mathcal{N}_\infty^\sharp$ に対して，$k - \|\boldsymbol{y}_0\| \underset{N}{\to} \infty$ となるので，$\|\boldsymbol{y}_k - \boldsymbol{y}_0\| \underset{N}{\to} \infty$ となる．したがって，$\{\boldsymbol{y}_k\}$ の任意の部分列は $\boldsymbol{y}_0$ に収束しない．$\boldsymbol{y}_0 \in \mathbb{R}^n$ の任意性より $\{\boldsymbol{y}_k\}$ の任意の部分列は収束しないので，A の要素に収束する $\{\boldsymbol{y}_k\}$ の部分列は存在しないが，これは仮定に矛盾する．次に，A が閉集合ではないと仮定して矛盾を導く．このとき，$A \subset \mathrm{cl}(A)$ であるので，$\mathrm{cl}(A) \not\subset A$ となり，ある $\boldsymbol{z}_0 \in \mathrm{cl}(A)$ が存在して $\boldsymbol{z}_0 \notin A$ となる．$\boldsymbol{z}_0 \in \mathrm{cl}(A)$ であるので，各 $k \in \mathbb{N}$ に対して $\boldsymbol{z}_k \in A \cap \mathbb{B}\left(\boldsymbol{z}_0; \frac{1}{k}\right)$ が存在する．このとき，$\{\boldsymbol{z}_k\}_{k \in \mathbb{N}} \subset A$ であり，$\boldsymbol{z}_k \to \boldsymbol{z}_0$ となる．よって，任意の $N \in \mathcal{N}_\infty^\sharp$ に対して，$\boldsymbol{z}_k \underset{N}{\to} \boldsymbol{z}_0 \notin A$ となる．したがって，A の要素に収束する $\{\boldsymbol{z}_k\}$ の部分列は存在しないが，これは仮定に矛盾する． $\square$

定理 3.17 より，実数列に関する定理 3.11 と同様に，有界な点列は収束する部分列を含むことがわかる．

定理 3.18 $A, B \subset \mathbb{R}^n$ および $\lambda \in \mathbb{R}$ に対して，次が成り立つ．

(i) $A, B \in \mathcal{BC}(\mathbb{R}^n) \Rightarrow A + B \in \mathcal{BC}(\mathbb{R}^n)$

(ii) $A \in \mathcal{BC}(\mathbb{R}^n), B \in \mathcal{C}(\mathbb{R}^n) \Rightarrow A + B \in \mathcal{C}(\mathbb{R}^n)$

(iii) $A \in \mathcal{C}(\mathbb{R}^n) \Rightarrow \lambda A \in \mathcal{C}(\mathbb{R}^n)$

(iv) $A \in \mathcal{BC}(\mathbb{R}^n) \Rightarrow \lambda A \in \mathcal{BC}(\mathbb{R}^n)$

証明

(i) $\{\boldsymbol{z}_k\}_{k \in \mathbb{N}} \subset A + B$ とする．このとき，定理 3.17 より，$A + B$ の要素に収束する $\{\boldsymbol{z}_k\}$ の部分列が存在することを示せばよい．各 $k \in \mathbb{N}$ に対して，$\boldsymbol{z}_k \in A + B$ であるので，ある $\boldsymbol{x}_k \in A$ およびある $\boldsymbol{y}_k \in B$ が存在して $\boldsymbol{z}_k = \boldsymbol{x}_k + \boldsymbol{y}_k$ となる．$\{\boldsymbol{x}_k\}_{k \in \mathbb{N}} \subset A \in \mathcal{BC}(\mathbb{R}^n)$ であるので，定理 3.17 より，ある $N_0 \in \mathcal{N}_\infty^\sharp$ およびある $\boldsymbol{x}_0 \in A$ が存在して $\boldsymbol{x}_k \underset{N_0}{\to} \boldsymbol{x}_0$ となる．$\{\boldsymbol{y}_k\}_{k \in N_0} \subset B \in \mathcal{BC}(\mathbb{R}^n)$ であるので，定理 3.17 より，$N \subset N_0$ となる

ある $N \in \mathcal{N}_\infty^\sharp$ およびある $\boldsymbol{y}_0 \in B$ が存在して $\boldsymbol{y}_k \underset{N}{\to} \boldsymbol{y}_0$ となる．このとき，$\boldsymbol{x}_k \underset{N}{\to} \boldsymbol{x}_0$ でもあるので，$\boldsymbol{z}_k = \boldsymbol{x}_k + \boldsymbol{y}_k \underset{N}{\to} \boldsymbol{x}_0 + \boldsymbol{y}_0 \in A + B$ となる．

(ii) $\{\boldsymbol{z}_k\}_{k \in \mathbb{N}} \subset A + B$ とし，$\boldsymbol{z}_0 \in \mathbb{R}^n$ とする．また，$\boldsymbol{z}_k \to \boldsymbol{z}_0$ であるとする．このとき，定理 3.16 より，$\boldsymbol{z}_0 \in A + B$ となることを示せばよい．各 $k \in \mathbb{N}$ に対して，ある $\boldsymbol{x}_k \in A$ および $\boldsymbol{y}_k \in B$ が存在して $\boldsymbol{z}_k = \boldsymbol{x}_k + \boldsymbol{y}_k$ となる．$\{\boldsymbol{x}_k\}_{k \in \mathbb{N}} \subset A \in \mathcal{BC}(\mathbb{R}^n)$ であるので，定理 3.17 より，ある $N \in \mathcal{N}_\infty^\sharp$ およびある $\boldsymbol{x}_0 \in A$ が存在して $\boldsymbol{x}_k \underset{N}{\to} \boldsymbol{x}_0$ となる．よって，$\boldsymbol{y}_k = \boldsymbol{z}_k - \boldsymbol{x}_k \underset{N}{\to} \boldsymbol{z}_0 - \boldsymbol{x}_0$ となる．$\{\boldsymbol{y}_k\}_{k \in \mathbb{N}} \subset B \in \mathcal{C}(\mathbb{R}^n)$ であるので，定理 3.16 より $\boldsymbol{z}_0 - \boldsymbol{x}_0 \in B$ となる．したがって，$\boldsymbol{z}_0 = \boldsymbol{x}_0 + (\boldsymbol{z}_0 - \boldsymbol{x}_0) \in A + B$ となる．

(iii) $A = \emptyset$ ならば，$\lambda A = \emptyset \in \mathcal{C}(\mathbb{R}^n)$ となる．よって，$A \neq \emptyset$ とする．$\lambda = 0$ ならば，$\lambda A = \{\boldsymbol{0}\} \in \mathcal{C}(\mathbb{R}^n)$ となる．よって，$\lambda \neq 0$ とする．$\{\boldsymbol{y}_k\}_{k \in \mathbb{N}} \subset \lambda A$ とし，$\boldsymbol{y}_0 \in \mathbb{R}^n$ とする．また，$\boldsymbol{y}_k \to \boldsymbol{y}_0$ であるとする．このとき，定理 3.16 より，$\boldsymbol{y}_0 \in \lambda A$ となることを示せばよい．各 $k \in \mathbb{N}$ に対して，$\boldsymbol{y}_k \in \lambda A$ であるので，ある $\boldsymbol{x}_k \in A$ が存在して $\boldsymbol{y}_k = \lambda \boldsymbol{x}_k$ となる．よって，$\boldsymbol{x}_k = \frac{1}{\lambda} \boldsymbol{y}_k \to \frac{1}{\lambda} \boldsymbol{y}_0$ となる．$\{\boldsymbol{x}_k\}_{k \in \mathbb{N}} \subset A \in \mathcal{C}(\mathbb{R}^n)$ であるので，定理 3.16 より $\frac{1}{\lambda} \boldsymbol{y}_0 \in A$ となる．したがって，$\boldsymbol{y}_0 = \lambda \left(\frac{1}{\lambda} \boldsymbol{y}_0 \right) \in \lambda A$ となる．

(iv) $\{\boldsymbol{y}_k\}_{k \in \mathbb{N}} \subset \lambda A$ とする．このとき，定理 3.17 より，λA の要素に収束する $\{\boldsymbol{y}_k\}$ の部分列が存在することを示せばよい．各 $k \in \mathbb{N}$ に対して，ある $\boldsymbol{x}_k \in A$ が存在して $\boldsymbol{y}_k = \lambda \boldsymbol{x}_k$ となる．$\{\boldsymbol{x}_k\}_{k \in \mathbb{N}} \subset A \in \mathcal{BC}(\mathbb{R}^n)$ であるので，定理 3.17 より，ある $N \in \mathcal{N}_\infty^\sharp$ およびある $\boldsymbol{x}_0 \in A$ が存在して $\boldsymbol{x}_k \underset{N}{\to} \boldsymbol{x}_0$ となる．よって，$\boldsymbol{y}_k = \lambda \boldsymbol{x}_k \underset{N}{\to} \lambda \boldsymbol{x}_0 \in \lambda A$ となる．□

例 3.5 $A, B \subset \mathbb{R}^2$ とする．$A, B \in \mathcal{C}(\mathbb{R}^2)$ であるが，$A + B \notin \mathcal{C}(\mathbb{R}^2)$ となる例を与える．

$$A = \{(x, y) \in \mathbb{R}^2 : y = 2^x\}, \quad B = \mathbb{R}_+^2$$

とする．このとき，$A, B \in \mathcal{C}(\mathbb{R}^2)$ であるが，

$$A + B = \{(x, y) \in \mathbb{R}^2 : y > 0\} \notin \mathcal{C}(\mathbb{R}^2)$$

となる．□

問題 3.4

1. $\{\boldsymbol{x}_k\}_{k \in \mathbb{N}} \subset \mathbb{R}^n$ とする．このとき，$\{\boldsymbol{x}_k\}$ の極限が存在するならば，その極限はただ 1 つであることを示せ．

68

2. 定理 3.15 を証明せよ.

3. $\{\boldsymbol{x}_k\}_{k\in\mathbb{N}} \subset \mathbb{R}^n$ とし, $\boldsymbol{x}_0 \in \mathbb{R}^n$ とする. このとき, $\{\boldsymbol{x}_k\}$ が $\boldsymbol{x}_0$ に収束するならば, $\{\boldsymbol{x}_k\}$ の任意の部分列も $\boldsymbol{x}_0$ に収束することを示せ.

4. $A \in \mathcal{BC}(\mathbb{R}^n)$, $A \neq \emptyset$ とし, $B \in \mathcal{C}(\mathbb{R}^n)$, $B \neq \emptyset$ とする. このとき, $A \cap B = \emptyset$ ならば, 次が成り立つことを示せ.
$$\inf_{\boldsymbol{x}\in A, \boldsymbol{y}\in B} \|\boldsymbol{x} - \boldsymbol{y}\| > 0$$

3.5 完備性

$\{\boldsymbol{x}_k\}_{k\in\mathbb{N}} \subset \mathbb{R}^n$ とする．任意の $\varepsilon > 0$ に対して，ある $k_0 \in \mathbb{N}$ が存在し，$k, \ell \geq k_0$ であるすべての $k, \ell \in \mathbb{N}$ に対して $\|\boldsymbol{x}_k - \boldsymbol{x}_\ell\| < \varepsilon$ となるとき，$\{\boldsymbol{x}_k\}$ を**コーシー列** (Cauchy sequence) という．

$\{\boldsymbol{x}_k\}_{k\in\mathbb{N}} \subset \mathbb{R}^n$ とし，$\boldsymbol{x}_0 \in \mathbb{R}^n$ とする．また，$\boldsymbol{x}_k \to \boldsymbol{x}_0$ であるとし，$\varepsilon > 0$ を任意に固定する．$\boldsymbol{x}_k \to \boldsymbol{x}_0$ であるので，ある $k_0 \in \mathbb{N}$ が存在し，$k \geq k_0$ であるすべての $k \in \mathbb{N}$ に対して $\|\boldsymbol{x}_k - \boldsymbol{x}_0\| < \frac{\varepsilon}{2}$ となる．このとき，すべての $k, \ell \geq k_0$ であるすべての $k, \ell \in \mathbb{N}$ に対して

$$\|\boldsymbol{x}_k - \boldsymbol{x}_\ell\| \leq \|\boldsymbol{x}_k - \boldsymbol{x}_0\| + \|\boldsymbol{x}_\ell - \boldsymbol{x}_0\| < \frac{\varepsilon}{2} + \frac{\varepsilon}{2} = \varepsilon$$

となる．よって，$\varepsilon > 0$ の任意性より，$\{\boldsymbol{x}_k\}$ はコーシー列になる．したがって，$\mathbb{R}^n$ の収束する点列はコーシー列になる．逆に，$\mathbb{R}^n$ のコーシー列が収束するとき，$\mathbb{R}^n$ は**完備** (complete) であるという．これは一般の抽象空間では成り立つとは限らないが，$\mathbb{R}^n$ においては成り立つ．本節の以下では，$\mathbb{R}^n$ が完備であることを確かめる．

定理 3.19 $\mathbb{R}^n$ の任意のコーシー列は有界である．

証明 $\{\boldsymbol{x}_k\}_{k\in\mathbb{N}} \subset \mathbb{R}^n$ をコーシー列とし，$\varepsilon > 0$ を任意に固定する．このとき，ある $k_0 \in \mathbb{N}$ が存在し，$k \geq k_0$ であるすべての $k \in \mathbb{N}$ に対して $\|\boldsymbol{x}_k - \boldsymbol{x}_{k_0}\| < \varepsilon$ となる．よって，$k \geq k_0$ であるすべての $k \in \mathbb{N}$ に対して

$$\|\boldsymbol{x}_k\| = \|(\boldsymbol{x}_k - \boldsymbol{x}_{k_0}) + \boldsymbol{x}_{k_0}\| \leq \|\boldsymbol{x}_k - \boldsymbol{x}_{k_0}\| + \|\boldsymbol{x}_{k_0}\| < \varepsilon + \|\boldsymbol{x}_{k_0}\|$$

となる．ここで，$K = \max\{\|\boldsymbol{x}_1\|, \|\boldsymbol{x}_2\|, \cdots, \|\boldsymbol{x}_{k_0-1}\|, \varepsilon + \|\boldsymbol{x}_{k_0}\|\} > 0$ とおくと，任意の $k \in \mathbb{N}$ に対して $\|\boldsymbol{x}_k\| \leq K$ となる．したがって，$\{\boldsymbol{x}_k\}$ は有界になる． $\square$

$\mathbb{R}^n$ の完備性を示す前に，$\mathbb{R}$ の完備性を示す．

定理 3.20 $\mathbb{R}$ は完備である．

証明 $\{x_k\}_{k\in\mathbb{N}} \subset \mathbb{R}$ をコーシー列とし，$\varepsilon > 0$ を任意に固定する．このとき，ある $k_0 \in \mathbb{N}$ が存在して，$k, \ell \geq k_0$ であるすべての $k, \ell \in \mathbb{N}$ に対して，$|x_k - x_\ell| < \varepsilon$ となり，$-\varepsilon < x_k - x_\ell < \varepsilon$ となり

$$x_k - \varepsilon < x_\ell$$

となる．$m \geq k_0$ となる $m \in \mathbb{N}$ を任意に固定する．定理 3.19 より $\{x_k\}$ は有界になり，(3.13) より

$$x_m - \varepsilon \leq \inf_{\ell \geq k_0} x_\ell \leq \sup_{k \in \mathbb{N}} \inf_{\ell \geq k} x_\ell = \liminf_{k \to \infty} x_k$$

となり

$$x_m \leq \liminf_{k \to \infty} x_k + \varepsilon$$

となる．よって，$m \geq k_0$ の任意性および (3.12) より

$$\limsup_{k \to \infty} x_k = \inf_{k \in \mathbb{N}} \sup_{m \geq k} x_m \leq \sup_{m \geq k_0} x_m \leq \liminf_{k \to \infty} x_k + \varepsilon$$

となる．$\varepsilon > 0$ の任意性より，$\limsup_{k \to \infty} x_k \leq \liminf_{k \to \infty} x_k$ となる．定理 3.12 (i) より $\limsup_{k \to \infty} x_k = \liminf_{k \to \infty} x_k$ となり，定理 3.12 (iii) より $\{x_k\}$ は $\limsup_{k \to \infty} x_k$ $= \liminf_{k \to \infty} x_k \in \mathbb{R}$ に収束する． $\square$

　次に，$\mathbb{R}^n$ が完備であることを示す．

定理 3.21 $\mathbb{R}^n$ は完備である．

証明 $\{\boldsymbol{x}_k\}_{k \in \mathbb{N}} \subset \mathbb{R}^n$ をコーシー列とし，各 $k \in \mathbb{N}$ に対して $\boldsymbol{x}_k = (x_{k1}, x_{k2}, \cdots, x_{kn})$ とする．また，$\varepsilon > 0$ を任意に固定する．このとき，ある $k_0 \in \mathbb{N}$ が存在し，$k, \ell \geq k_0$ であるすべての $k, \ell \in \mathbb{N}$ および各 $i \in \{1, 2, \cdots, n\}$ に対して

$$|x_{ki} - x_{\ell i}| \leq \|\boldsymbol{x}_k - \boldsymbol{x}_\ell\| < \varepsilon$$

となる．よって，$\{x_{ki}\}_{k \in \mathbb{N}} \subset \mathbb{R},\, i = 1, 2, \cdots, n$ はコーシー列になり，$\mathbb{R}$ の完備性より収束する．したがって，定理 3.14 より $\{\boldsymbol{x}_k\}$ は収束する． $\square$

問題 3.5

1. $\{\boldsymbol{x}_k\}_{k \in \mathbb{N}} \subset \mathbb{R}^n$ とし，$\alpha \in [0, 1[$ とする．このとき，$\|\boldsymbol{x}_{k+2} - \boldsymbol{x}_{k+1}\| \leq \alpha \|\boldsymbol{x}_{k+1} - \boldsymbol{x}_k\|$，$k \in \mathbb{N}$ ならば，$\{\boldsymbol{x}_k\}$ はコーシー列になることを示せ．

2. $A \subset \mathbb{R}^n$ とする．このとき，$A \in \mathcal{C}(\mathbb{R}^n)$ であるための必要十分条件が，A の任意のコーシー列 $\{\boldsymbol{x}_k\}_{k \in \mathbb{N}}$ に対して A の要素に収束する $\{\boldsymbol{x}_k\}$ の部分列が存在することを示せ．

第 4 章

関数の連続性

4.1 関数の極限

$X \subset \mathbb{R}^n$ とし，$f: X \to \overline{\mathbb{R}}$ とする．ここで，X^d は X の導集合であったことを思い出そう．また，$\boldsymbol{x}_0 \in X^d$ とし，$\alpha \in \mathbb{R}$ とする．任意の $\varepsilon > 0$ に対して，ある $\delta > 0$ が存在し，$0 < \|\boldsymbol{x} - \boldsymbol{x}_0\| < \delta$ であるすべての $\boldsymbol{x} \in X$ に対して $|f(\boldsymbol{x}) - \alpha| < \varepsilon$ となるとき，$\boldsymbol{x} \to \boldsymbol{x}_0$ のとき f は α に**収束する**といい

$$\lim_{\boldsymbol{x} \to \boldsymbol{x}_0} f(\boldsymbol{x}) = \alpha \quad \text{または} \quad \boldsymbol{x} \to \boldsymbol{x}_0 \text{ のとき } f(\boldsymbol{x}) \to \alpha \tag{4.1}$$

と表す．このとき，α を $\boldsymbol{x} \to \boldsymbol{x}_0$ のときの f の**極限**という．$\boldsymbol{x} \to \boldsymbol{x}_0$ のとき f がある実数に収束するとき，$\boldsymbol{x} \to \boldsymbol{x}_0$ のとき f の極限が**存在する**または $\lim_{\boldsymbol{x} \to \boldsymbol{x}_0} f(\boldsymbol{x})$ が存在するという．$\boldsymbol{x} \to \boldsymbol{x}_0$ のとき f の極限が存在するならば，その極限はただ 1 つである（問題 4.1.1）．

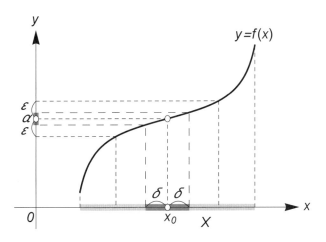

図 **4.1** $\lim_{x \to x_0} f(x) = \alpha$

$X \subset \mathbb{R}^n$ とし, $f : X \to \overline{\mathbb{R}}$ とする. また, $\boldsymbol{x}_0 \in X^d$ とする. 任意の $\lambda \in \mathbb{R}$ に対して, ある $\delta > 0$ が存在し, $0 < \|\boldsymbol{x} - \boldsymbol{x}_0\| < \delta$ であるすべての $\boldsymbol{x} \in X$ に対して $f(\boldsymbol{x}) > \lambda$ となるとき

$$\lim_{\boldsymbol{x} \to \boldsymbol{x}_0} f(\boldsymbol{x}) = \infty \quad \text{または} \quad \boldsymbol{x} \to \boldsymbol{x}_0 \text{ のとき } f(\boldsymbol{x}) \to \infty \tag{4.2}$$

と表す. 任意の $\lambda \in \mathbb{R}$ に対して, ある $\delta > 0$ が存在し, $0 < \|\boldsymbol{x} - \boldsymbol{x}_0\| < \delta$ であるすべての $\boldsymbol{x} \in X$ に対して $f(\boldsymbol{x}) < \lambda$ となるとき

$$\lim_{\boldsymbol{x} \to \boldsymbol{x}_0} f(\boldsymbol{x}) = -\infty \quad \text{または} \quad \boldsymbol{x} \to \boldsymbol{x}_0 \text{ のとき } f(\boldsymbol{x}) \to -\infty \tag{4.3}$$

と表す. また, $\boldsymbol{x} \to \boldsymbol{x}_0$ のとき f の極限が存在するか, $\lim_{\boldsymbol{x} \to \boldsymbol{x}_0} f(\boldsymbol{x}) = \infty$ であるか, または $\lim_{\boldsymbol{x} \to \boldsymbol{x}_0} f(\boldsymbol{x}) = -\infty$ であるとき, $\boldsymbol{x} \to \boldsymbol{x}_0$ のとき f の極限が**広義に存在する**という.

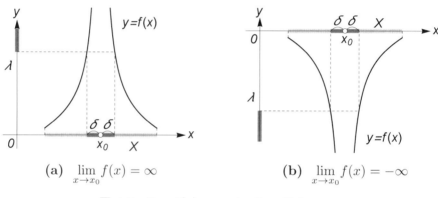

(a) $\lim_{x \to x_0} f(x) = \infty$ **(b)** $\lim_{x \to x_0} f(x) = -\infty$

図 **4.2** $\lim_{x \to x_0} f(x) = \infty$ と $\lim_{x \to x_0} f(x) = -\infty$

例 4.1

(i) $f : \mathbb{R} \setminus \{0\} \to \mathbb{R}$ を各 $x \in \mathbb{R} \setminus \{0\}$ に対して $f(x) = x \sin \frac{1}{x}$ とし, $\lim_{x \to 0} f(x) = 0$ となることを確かめる. $\varepsilon > 0$ を任意に固定し, $0 < \delta \leq \varepsilon$ となる δ を任意に選ぶ. このとき, $0 < |x - 0| < \delta$ である任意の $x \in \mathbb{R} \setminus \{0\}$ に対して

$$|f(x) - 0| = \left| x \sin \frac{1}{x} \right| \leq |x| < \delta \leq \varepsilon$$

となる. よって, $\varepsilon > 0$ の任意性より, $\lim_{x \to 0} f(x) = 0$ となる.

(ii) $g : \mathbb{R} \setminus \{0\} \to \mathbb{R}$ を各 $x \in \mathbb{R} \setminus \{0\}$ に対して $g(x) = \log_2 |x|$ とし, $\lim_{x \to 0} g(x) = -\infty$ となることを確かめる. $\lambda \in \mathbb{R}$ を任意に固定し, $0 < \delta \leq 2^\lambda$ となる δ を任意に選ぶ. このとき, $0 < |x - 0| < \delta$ である任意の $x \in \mathbb{R} \setminus \{0\}$ に対して

$$g(x) = \log_2 |x| < \log_2 \delta \leq \log_2 2^\lambda = \lambda$$

となる．よって，$\lambda \in \mathbb{R}$ の任意性より，$\lim_{x \to 0} g(x) = -\infty$ となる．

(iii) $h : \mathbb{R} \setminus \{0\} \to \mathbb{R}$ を各 $x \in \mathbb{R} \setminus \{0\}$ に対して

$$h(x) = \begin{cases} 1 & x > 0 \\ -1 & x < 0 \end{cases}$$

とする．このとき，$x \to 0$ のとき h の極限は広義に存在しない． $\qquad \square$

　実数列の場合と同様に，次の 2 つの定理が成り立つ．

定理 4.1 $X \subset \mathbb{R}^n$ とし，$f, g, h : X \to \mathbb{R}$ とする．また，$\boldsymbol{x}_0 \in X^d$ とし，$\lim_{\boldsymbol{x} \to \boldsymbol{x}_0} f(\boldsymbol{x})$ および $\lim_{\boldsymbol{x} \to \boldsymbol{x}_0} g(\boldsymbol{x})$ が広義に存在するとする．このとき，次が成り立つ．

(i) $f(\boldsymbol{x}) \leq g(\boldsymbol{x})$, $\boldsymbol{x} \in X$ ならば，$\displaystyle \lim_{\boldsymbol{x} \to \boldsymbol{x}_0} f(\boldsymbol{x}) \leq \lim_{\boldsymbol{x} \to \boldsymbol{x}_0} g(\boldsymbol{x})$ となる．

(ii) $f(\boldsymbol{x}) \leq h(\boldsymbol{x}) \leq g(\boldsymbol{x})$, $\boldsymbol{x} \in X$ であり $\displaystyle \lim_{\boldsymbol{x} \to \boldsymbol{x}_0} f(\boldsymbol{x}) = \lim_{\boldsymbol{x} \to \boldsymbol{x}_0} g(\boldsymbol{x})$ ならば，$\displaystyle \lim_{\boldsymbol{x} \to \boldsymbol{x}_0} h(\boldsymbol{x})$ が広義に存在して $\displaystyle \lim_{\boldsymbol{x} \to \boldsymbol{x}_0} h(\boldsymbol{x}) = \lim_{\boldsymbol{x} \to \boldsymbol{x}_0} f(\boldsymbol{x}) = \lim_{\boldsymbol{x} \to \boldsymbol{x}_0} g(\boldsymbol{x})$ となる．

定理 4.2 $X \subset \mathbb{R}^n$ とし，$f, g : X \to \mathbb{R}$ とする．また，$\boldsymbol{x}_0 \in X^d$ とし，$\lim_{\boldsymbol{x} \to \boldsymbol{x}_0} f(\boldsymbol{x})$ および $\lim_{\boldsymbol{x} \to \boldsymbol{x}_0} g(\boldsymbol{x})$ が存在するとする．

(i) $\displaystyle \lim_{\boldsymbol{x} \to \boldsymbol{x}_0} (f(\boldsymbol{x}) + g(\boldsymbol{x})) = \lim_{\boldsymbol{x} \to \boldsymbol{x}_0} f(\boldsymbol{x}) + \lim_{\boldsymbol{x} \to \boldsymbol{x}_0} g(\boldsymbol{x})$

(ii) $\displaystyle \lim_{\boldsymbol{x} \to \boldsymbol{x}_0} f(\boldsymbol{x})g(\boldsymbol{x}) = \left(\lim_{\boldsymbol{x} \to \boldsymbol{x}_0} f(\boldsymbol{x}) \right) \left(\lim_{\boldsymbol{x} \to \boldsymbol{x}_0} g(\boldsymbol{x}) \right)$

(iii) $\displaystyle \lim_{\boldsymbol{x} \to \boldsymbol{x}_0} \frac{f(\boldsymbol{x})}{g(\boldsymbol{x})} = \frac{\displaystyle \lim_{\boldsymbol{x} \to \boldsymbol{x}_0} f(\boldsymbol{x})}{\displaystyle \lim_{\boldsymbol{x} \to \boldsymbol{x}_0} g(\boldsymbol{x})}$ （ただし，$g(\boldsymbol{x}) \neq 0$, $\boldsymbol{x} \in X$ であり $\lim_{\boldsymbol{x} \to \boldsymbol{x}_0} g(\boldsymbol{x}) \neq 0$）

　$X \subset \mathbb{R}^n$ とし，$f, g : X \to \mathbb{R}$ とする．また，$\boldsymbol{x}_0 \in X^d$ とし，$\lim_{\boldsymbol{x} \to \boldsymbol{x}_0} f(\boldsymbol{x})$ および $\lim_{\boldsymbol{x} \to \boldsymbol{x}_0} g(\boldsymbol{x})$ が存在するとする．さらに，$\lambda \in \mathbb{R}$ とする．定理 4.2 (ii) より

$$\lim_{\boldsymbol{x} \to \boldsymbol{x}_0} \lambda f(\boldsymbol{x}) = \lambda \lim_{\boldsymbol{x} \to \boldsymbol{x}_0} f(\boldsymbol{x}) \tag{4.4}$$

となり，定理 4.2 (i) より

$$\lim_{\boldsymbol{x} \to \boldsymbol{x}_0} (f(\boldsymbol{x}) - g(\boldsymbol{x})) = \lim_{\boldsymbol{x} \to \boldsymbol{x}_0} f(\boldsymbol{x}) - \lim_{\boldsymbol{x} \to \boldsymbol{x}_0} g(\boldsymbol{x}) \tag{4.5}$$

となる．

問題 4.1

1. $X \subset \mathbb{R}^n$ とし，$f : X \to \mathbb{R}$ とする．また，$\boldsymbol{x}_0 \in X^d$ とする．このとき，$\boldsymbol{x} \to \boldsymbol{x}_0$ のとき f の極限が存在するならば，その極限はただ 1 つであることを示せ．

2. 定理 4.1 を証明せよ．

3. 定理 4.2 を証明せよ．

4. $X \subset \mathbb{R}^n$ とし，$f : X \to \mathbb{R}$ とする．また，$\boldsymbol{x}_0 \in X^d$ とし，$\lim_{\boldsymbol{x} \to \boldsymbol{x}_0} f(\boldsymbol{x})$ が広義に存在するとする．このとき，次が成り立つことを示せ．

$$\lim_{\boldsymbol{x} \to \boldsymbol{x}_0} |f(\boldsymbol{x})| = \left| \lim_{\boldsymbol{x} \to \boldsymbol{x}_0} f(\boldsymbol{x}) \right|$$

4.2 関数の連続性

$X \subset \mathbb{R}^n$ とし，$f : X \to \mathbb{R}$ とする．また，$\boldsymbol{x}_0 \in X$ とする．このとき，f が $\boldsymbol{x}_0$ において**連続** (continuous) であるとは，任意の $\varepsilon > 0$ に対して，ある $\delta > 0$ が存在し，$\|\boldsymbol{x} - \boldsymbol{x}_0\| < \delta$ であるすべての $\boldsymbol{x} \in X$ に対して $|f(\boldsymbol{x}) - f(\boldsymbol{x}_0)| < \varepsilon$ となるときをいう．f が $\boldsymbol{x}_0$ において**上半連続** (upper semicontinuous) であるとは，任意の $\varepsilon > 0$ に対して，ある $\delta > 0$ が存在し，$\|\boldsymbol{x} - \boldsymbol{x}_0\| < \delta$ であるすべての $\boldsymbol{x} \in X$ に対して $f(\boldsymbol{x}) - f(\boldsymbol{x}_0) < \varepsilon$ となるときをいう．f が $\boldsymbol{x}_0$ において**下半連続** (lower semicontinuous) であるとは，任意の $\varepsilon > 0$ に対して，ある $\delta > 0$ が存在し，$\|\boldsymbol{x} - \boldsymbol{x}_0\| < \delta$ であるすべての $\boldsymbol{x} \in X$ に対して $-\varepsilon < f(\boldsymbol{x}) - f(\boldsymbol{x}_0)$ となるときをいう．f が任意の $\boldsymbol{x} \in X$ において連続，上半連続または下半連続それぞれであるとき，f は X 上で連続，上半連続または下半連続であるという．上半連続性と下半連続性の定義より，次がわかる．

- f が $\boldsymbol{x}_0$ において上半連続になるための必要十分条件は，$-f$ が $\boldsymbol{x}_0$ において下半連続になることである．
- f が $\boldsymbol{x}_0$ において下半連続になるための必要十分条件は，$-f$ が $\boldsymbol{x}_0$ において上半連続になることである．

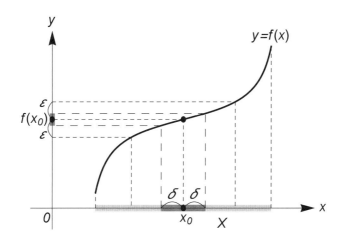

図 **4.3** f が x_0 において連続

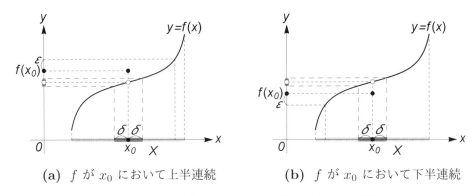

(a) f が x_0 において上半連続　　　**(b)** f が x_0 において下半連続

図 4.4　f が x_0 において上半連続と下半連続

例 4.2

(i) $f : \mathbb{R} \to \mathbb{R}$ を各 $x \in \mathbb{R}$ に対して

$$f(x) = \begin{cases} x \sin \frac{1}{x} & x \neq 0 \\ 0 & x = 0 \end{cases}$$

とし，f が 0 において連続になることを確かめる．$\varepsilon > 0$ を任意に固定し，$0 < \delta \leq \varepsilon$ となる δ を任意に選ぶ．このとき，$|x - 0| < \delta$ である任意の $x \in \mathbb{R}$ に対して，$x \neq 0$ ならば

$$|f(x) - f(0)| = \left| x \sin \frac{1}{x} \right| \leq |x| < \delta \leq \varepsilon$$

となり，$x = 0$ ならば $|f(x) - f(0)| = 0 < \varepsilon$ となる．よって，$\varepsilon > 0$ の任意性より，f は 0 において連続になる．

(ii) $g : \mathbb{R} \to \mathbb{R}$ を各 $x \in \mathbb{R}$ に対して

$$g(x) = \begin{cases} x^2 & x \neq 0 \\ 1 & x = 0 \end{cases}$$

とし，g が 0 において上半連続になることを確かめる．$\varepsilon > 0$ を任意に固定し，$0 < \delta \leq \sqrt{1+\varepsilon}$ となる δ を任意に選ぶ．このとき，$|x - 0| < \delta$ である任意の $x \in \mathbb{R}$ に対して，$x \neq 0$ ならば

$$g(x) - g(0) = x^2 - 1 < \delta^2 - 1 \leq \left(\sqrt{1+\varepsilon}\right)^2 - 1 = \varepsilon$$

となり，$x = 0$ ならば $g(x) - g(0) = 0 < \varepsilon$ となる．よって，$\varepsilon > 0$ の任意性より，g は 0 において上半連続になる．

次に，$\varepsilon_0 = \frac{1}{2}$ とし，$\delta > 0$ を任意に固定する．このとき，$0 < |x - 0| < \min\left\{\delta, \frac{1}{\sqrt{2}}\right\} \leq \delta$ となる $x \in \mathbb{R}$ に対して

$$g(x) - g(0) = x^2 - 1 < \left(\frac{1}{\sqrt{2}}\right)^2 - 1 = -\frac{1}{2} = -\varepsilon_0$$

となり，$-\varepsilon_0 \not< g(x) - g(0)$ となる．よって，$\delta > 0$ の任意性より，g は 0 において下半連続ではなく，連続でもない． $\square$

次の定理は，関数の連続性と同値ないくつかの条件を与える．

定理 4.3 $X \subset \mathbb{R}^n$ とし，$f : X \to \mathbb{R}$ とする．また，$\boldsymbol{x}_0 \in X$ とする．このとき，次の (i) –(iv) は同値になる．ただし，(iii) を考えるときは $\boldsymbol{x}_0 \in X^d$ でもあるとする．

(i) f は $\boldsymbol{x}_0$ において連続である．

(ii) f は $\boldsymbol{x}_0$ において上半連続かつ下半連続である．

(iii) $\boldsymbol{x} \to \boldsymbol{x}_0$ のとき $f(\boldsymbol{x}) \to f(\boldsymbol{x}_0)$ となる．

(iv) $\boldsymbol{x}_k \to \boldsymbol{x}_0$ である任意の点列 $\{\boldsymbol{x}_k\}_{k \in \mathbb{N}} \subset X$ に対して，$f(\boldsymbol{x}_k) \to f(\boldsymbol{x}_0)$ となる．

証明 (i), (ii) および (iii) が同値であることは容易であり，問題として残しておく（問題 4.2.1）．(i) と (iv) が同値であることを示す．

まず，f は $\boldsymbol{x}_0$ において連続であると仮定し，$\boldsymbol{x}_k \to \boldsymbol{x}_0$ となる点列 $\{\boldsymbol{x}_k\}_{k \in \mathbb{N}} \subset X$ および $\varepsilon > 0$ を任意に固定する．このとき，ある $\delta > 0$ が存在し，$\|\boldsymbol{x} - \boldsymbol{x}_0\| < \delta$ であるすべての $\boldsymbol{x} \in X$ に対して $|f(\boldsymbol{x}) - f(\boldsymbol{x}_0)| < \varepsilon$ となる．$\boldsymbol{x}_k \to \boldsymbol{x}_0$ であるので，ある $k_0 \in \mathbb{N}$ が存在し，$k \geq k_0$ であるすべての $k \in \mathbb{N}$ に対して $\|\boldsymbol{x}_k - \boldsymbol{x}_0\| < \delta$ となる．よって，$k \geq k_0$ であるすべての $k \in \mathbb{N}$ に対して，$\|\boldsymbol{x}_k - \boldsymbol{x}_0\| < \delta$ となり，$|f(\boldsymbol{x}_k) - f(\boldsymbol{x}_0)| < \varepsilon$ となる．したがって，$\varepsilon > 0$ の任意性より，$f(\boldsymbol{x}_k) \to f(\boldsymbol{x}_0)$ となる．

次に，$\boldsymbol{x}_k \to \boldsymbol{x}_0$ である任意の点列 $\{\boldsymbol{x}_k\}_{k \in \mathbb{N}} \subset X$ に対して，$f(\boldsymbol{x}_k) \to f(\boldsymbol{x}_0)$ となることを仮定する．ここで，f が $\boldsymbol{x}_0$ において連続でないと仮定して矛盾を導く．このとき，ある $\varepsilon_0 > 0$ が存在し，任意の $\delta > 0$ に対して $\|\boldsymbol{x}(\delta) - \boldsymbol{x}_0\| < \delta$ かつ $|f(\boldsymbol{x}(\delta)) - f(\boldsymbol{x}_0)| \geq \varepsilon_0$ をみたす $\boldsymbol{x}(\delta) \in X$ が存在する．そこで，各 $k \in \mathbb{N}$ に対して，$\boldsymbol{y}_k = \boldsymbol{x}\left(\frac{1}{k}\right)$ とする．このとき，$\{\boldsymbol{y}_k\}_{k \in \mathbb{N}} \subset X$，$\boldsymbol{y}_k \to \boldsymbol{x}_0$ かつ $f(\boldsymbol{y}_k) \not\to f(\boldsymbol{x}_0)$ となるが，これは仮定より $f(\boldsymbol{y}_k) \to f(\boldsymbol{x}_0)$ とならなければいけないことに矛盾する． $\square$

次の定理は，ユークリッド・ノルム $\|\cdot\| : \mathbb{R}^n \to \mathbb{R}$，ユークリッド距離 $d : \mathbb{R}^n \times \mathbb{R}^n \to \mathbb{R}$ および標準内積 $\langle \cdot, \cdot \rangle : \mathbb{R}^n \times \mathbb{R}^n \to \mathbb{R}$ が連続であることを示している．

定理 4.4

(i) $\{\boldsymbol{x}_k\}_{k \in \mathbb{N}} \subset \mathbb{R}^n$ とし，$\boldsymbol{x}_0 \in \mathbb{R}^n$ とする．このとき，次が成り立つ．

$$\boldsymbol{x}_k \to \boldsymbol{x}_0 \Rightarrow \|\boldsymbol{x}_k\| \to \|\boldsymbol{x}_0\|$$

(ii) $\{\boldsymbol{x}_k\}_{k\in\mathbb{N}}, \{\boldsymbol{y}_k\}_{k\in\mathbb{N}} \subset \mathbb{R}^n$ とし，$\boldsymbol{x}_0, \boldsymbol{y}_0 \in \mathbb{R}^n$ とする．このとき，次が成り立つ．

$$\boldsymbol{x}_k \to \boldsymbol{x}_0, \boldsymbol{y}_k \to \boldsymbol{y}_0 \Rightarrow d(\boldsymbol{x}_k, \boldsymbol{y}_k) \to d(\boldsymbol{x}_0, \boldsymbol{y}_0)$$

(iii) $\{\boldsymbol{x}_k\}_{k\in\mathbb{N}}, \{\boldsymbol{y}_k\}_{k\in\mathbb{N}} \subset \mathbb{R}^n$ とし，$\boldsymbol{x}_0, \boldsymbol{y}_0 \in \mathbb{R}^n$ とする．このとき，次が成り立つ．

$$\boldsymbol{x}_k \to \boldsymbol{x}_0, \boldsymbol{y}_k \to \boldsymbol{y}_0 \Rightarrow \langle \boldsymbol{x}_k, \boldsymbol{y}_k \rangle \to \langle \boldsymbol{x}_0, \boldsymbol{y}_0 \rangle$$

証明

(i) $\varepsilon > 0$ を任意に固定する．$\boldsymbol{x}_k \to \boldsymbol{x}_0$ であるので，ある $k_0 \in \mathbb{N}$ が存在し，$k \geq k_0$ であるすべての $k \in \mathbb{N}$ に対して $\|\boldsymbol{x}_k - \boldsymbol{x}_0\| < \varepsilon$ となる．よって，$k \geq k_0$ であるすべての $k \in \mathbb{N}$ に対して

$$\big| \|\boldsymbol{x}_k\| - \|\boldsymbol{x}_0\| \big| \leq \|\boldsymbol{x}_k - \boldsymbol{x}_0\| < \varepsilon$$

となる（第 1 の不等号は問題 2.2.3 参照）．したがって，$\varepsilon > 0$ の任意性より，$\|\boldsymbol{x}_k\| \to \|\boldsymbol{x}_0\|$ となる．

(ii) $\boldsymbol{x}_k \to \boldsymbol{x}_0, \boldsymbol{y}_k \to \boldsymbol{y}_0$ であるので，$\boldsymbol{x}_k - \boldsymbol{y}_k \to \boldsymbol{x}_0 - \boldsymbol{y}_0$ となる．よって，(i) より

$$d(\boldsymbol{x}_k, \boldsymbol{y}_k) = \|\boldsymbol{x}_k - \boldsymbol{y}_k\| \to \|\boldsymbol{x}_0 - \boldsymbol{y}_0\| = d(\boldsymbol{x}_0, \boldsymbol{y}_0)$$

となる．

(iii) $\varepsilon > 0$ を任意に固定する．$\boldsymbol{x}_k \to \boldsymbol{x}_0$ であるので，$\{\boldsymbol{x}_k\}$ は有界になる．よって，ある $K > 0$ が存在し，任意の $k \in \mathbb{N}$ に対して $\|\boldsymbol{x}_k\| \leq K$ となる．$\boldsymbol{x}_k \to \boldsymbol{x}_0, \boldsymbol{y}_k \to \boldsymbol{y}_0$ であるので，ある $k_0 \in \mathbb{N}$ が存在し，$k \geq k_0$ であるすべての $k \in \mathbb{N}$ に対して $\|\boldsymbol{x}_k - \boldsymbol{x}_0\| < \frac{\varepsilon}{K + \|\boldsymbol{y}_0\|}$, $\|\boldsymbol{y}_k - \boldsymbol{y}_0\| < \frac{\varepsilon}{K + \|\boldsymbol{y}_0\|}$ となる．このとき，$k \geq k_0$ であるすべての $k \in \mathbb{N}$ に対して

$$\begin{aligned}
|\langle \boldsymbol{x}_k, \boldsymbol{y}_k \rangle - \langle \boldsymbol{x}_0, \boldsymbol{y}_0 \rangle| &= |\langle \boldsymbol{x}_k, \boldsymbol{y}_k \rangle - \langle \boldsymbol{x}_k, \boldsymbol{y}_0 \rangle + \langle \boldsymbol{x}_k, \boldsymbol{y}_0 \rangle - \langle \boldsymbol{x}_0, \boldsymbol{y}_0 \rangle| \\
&\leq |\langle \boldsymbol{x}_k, \boldsymbol{y}_k - \boldsymbol{y}_0 \rangle| + |\langle \boldsymbol{x}_k - \boldsymbol{x}_0, \boldsymbol{y}_0 \rangle| \\
&\leq \|\boldsymbol{x}_k\| \|\boldsymbol{y}_k - \boldsymbol{y}_0\| + \|\boldsymbol{x}_k - \boldsymbol{x}_0\| \|\boldsymbol{y}_0\| \quad \text{（定理 2.1 より）} \\
&< K \cdot \frac{\varepsilon}{K + \|\boldsymbol{y}_0\|} + \frac{\varepsilon}{K + \|\boldsymbol{y}_0\|} \cdot \|\boldsymbol{y}_0\| = \varepsilon
\end{aligned}$$

となる．したがって，$\varepsilon > 0$ の任意性より，$\langle \boldsymbol{x}_k, \boldsymbol{y}_k \rangle \to \langle \boldsymbol{x}_0, \boldsymbol{y}_0 \rangle$ となる． $\square$

定理 4.5 $X \subset \mathbb{R}^n$ とし，$f : X \to \mathbb{R}$ とする．また，$\boldsymbol{x}_0 \in X$ とする．

(i) f が $\boldsymbol{x}_0$ において上半連続になるための必要十分条件は，$\boldsymbol{x}_k \to \boldsymbol{x}_0$ である任意の点列 $\{\boldsymbol{x}_k\}_{k\in\mathbb{N}} \subset X$ に対して次が成り立つことである．

$$\limsup_{k\to\infty} f(\boldsymbol{x}_k) \leq f(\boldsymbol{x}_0)$$

(ii) f が $\boldsymbol{x}_0$ において下半連続になるための必要十分条件は，$\boldsymbol{x}_k \to \boldsymbol{x}_0$ である任意の点列 $\{\boldsymbol{x}_k\}_{k\in\mathbb{N}} \subset X$ に対して次が成り立つことである．

$$\liminf_{k\to\infty} f(\boldsymbol{x}_k) \geq f(\boldsymbol{x}_0)$$

証明 (i) を示す．(ii) は問題として残しておく（問題 4.2.2）．

必要性：$\{\boldsymbol{x}_k\}_{k\in\mathbb{N}} \subset X$ とし，$\boldsymbol{x}_k \to \boldsymbol{x}_0$ であるとする．$\varepsilon > 0$ を任意に固定する．f は $\boldsymbol{x}_0$ において上半連続であるので，ある $\delta > 0$ が存在し，$\|\boldsymbol{x} - \boldsymbol{x}_0\| < \delta$ であるすべての $\boldsymbol{x} \in X$ に対して $f(\boldsymbol{x}) - f(\boldsymbol{x}_0) < \varepsilon$ となる．$\boldsymbol{x}_k \to \boldsymbol{x}_0$ であるので，ある $k_0 \in \mathbb{N}$ が存在し，$k \geq k_0$ であるすべての $k \in \mathbb{N}$ に対して，$\|\boldsymbol{x}_k - \boldsymbol{x}_0\| < \delta$ となり，$f(\boldsymbol{x}_k) < f(\boldsymbol{x}_0) + \varepsilon$ となる．よって

$$\limsup_{k\to\infty} f(\boldsymbol{x}_k) \leq f(\boldsymbol{x}_0) + \varepsilon$$

となる．したがって，$\varepsilon > 0$ の任意性より

$$\limsup_{k\to\infty} f(\boldsymbol{x}_k) \leq f(\boldsymbol{x}_0)$$

となる．

十分性：f が $\boldsymbol{x}_0$ において上半連続ではないと仮定して矛盾を導く．このとき，ある $\varepsilon_0 > 0$ が存在し，任意の $\delta > 0$ に対して $\|\boldsymbol{x}(\delta) - \boldsymbol{x}_0\| < \delta$ かつ $f(\boldsymbol{x}(\delta)) - f(\boldsymbol{x}_0) \geq \varepsilon_0$ をみたす $\boldsymbol{x}(\delta) \in X$ が存在する．そこで，各 $k \in \mathbb{N}$ に対して，$\boldsymbol{y}_k = \boldsymbol{x}\left(\frac{1}{k}\right)$ とする．このとき，$\{\boldsymbol{y}_k\}_{k\in\mathbb{N}} \subset X$, $\boldsymbol{y}_k \to \boldsymbol{x}_0$ かつ

$$\limsup_{k\to\infty} f(\boldsymbol{y}_k) \geq f(\boldsymbol{x}_0) + \varepsilon_0 > f(\boldsymbol{x}_0)$$

となるが，これは仮定より $\limsup_{k\to\infty} f(\boldsymbol{y}_k) \leq f(\boldsymbol{x}_0)$ とならなければいけないことに矛盾する． $\square$

$X \subset \mathbb{R}^n$ とし，$f : X \to \mathbb{R}$ とする．$\alpha \in \mathbb{R}$ に対して

$$\mathbb{U}(f; \alpha) = \{\boldsymbol{x} \in X : f(\boldsymbol{x}) \geq \alpha\} \tag{4.6}$$

を f の**上方 α-レベル集合** (upper α-level set) といい

$$\mathbb{L}(f; \alpha) = \{\boldsymbol{x} \in X : f(\boldsymbol{x}) \leq \alpha\} \tag{4.7}$$

を f の**下方 α-レベル集合** (lower α-level set) という．

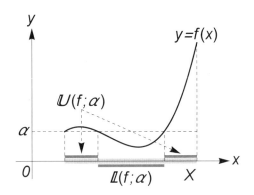

図 4.5 $\mathbb{U}(f;\alpha)$ と $\mathbb{L}(f;\alpha)$

定理 4.6 $X \in \mathcal{C}(\mathbb{R}^n)$ とし,$f : X \to \mathbb{R}$ とする.

(i) f が X 上で上半連続になるための必要十分条件は,任意の $\alpha \in \mathbb{R}$ に対して $\mathbb{U}(f;\alpha) \in \mathcal{C}(\mathbb{R}^n)$ となることである.

(ii) f が X 上で下半連続になるための必要十分条件は,任意の $\alpha \in \mathbb{R}$ に対して $\mathbb{L}(f;\alpha) \in \mathcal{C}(\mathbb{R}^n)$ となることである.

証明 (i) を示す.(ii) は問題として残しておく(問題 4.2.3).

必要性:$\alpha \in \mathbb{R}$ を任意に固定する.定理 3.16 より,$\{\bm{x}_k\}_{k \in \mathbb{N}} \subset \mathbb{U}(f;\alpha)$ を収束する点列とし,その極限を $\bm{x}_0 \in X$ としたとき,$\bm{x}_0 \in \mathbb{U}(f;\alpha)$ となることを示せばよい.このとき,各 $k \in \mathbb{N}$ に対して,$\bm{x}_k \in \mathbb{U}(f;\alpha)$ であるので,$f(\bm{x}_k) \geq \alpha$ となる.f は $\bm{x}_0$ において上半連続であるので,定理 4.5 (i) より

$$\alpha \leq \limsup_{k \to \infty} f(\bm{x}_k) \leq f(\bm{x}_0)$$

となる.よって,$\bm{x}_0 \in \mathbb{U}(f;\alpha)$ となる.

十分性:$\bm{x}_0 \in X$ とし,f が $\bm{x}_0$ において上半連続ではないと仮定して矛盾を導く.このとき,ある $\varepsilon_0 > 0$ が存在し,任意の $\delta > 0$ に対して,$\|\bm{x}(\delta) - \bm{x}_0\| < \delta$ かつ $f(\bm{x}(\delta)) \geq f(\bm{x}_0) + \varepsilon_0$ をみたす $\bm{x}(\delta) \in X$ が存在する.そこで,$\alpha = f(\bm{x}_0) + \varepsilon_0$ とし,各 $k \in \mathbb{N}$ に対して,$\bm{y}_k = \bm{x}\left(\frac{1}{k}\right)$ とする.このとき,$\{\bm{y}_k\}_{k \in \mathbb{N}} \subset \mathbb{U}(f;\alpha)$ となり,$\bm{y}_k \to \bm{x}_0$ となる.仮定より $\mathbb{U}(f;\alpha) \in \mathcal{C}(\mathbb{R}^n)$ となるので,定理 3.16 より $\bm{x}_0 \in \mathbb{U}(f;\alpha)$ となる.よって,$f(\bm{x}_0) \geq \alpha = f(\bm{x}_0) + \varepsilon_0 > f(\bm{x}_0)$ となり,矛盾が導かれる. □

定理 4.7 $X \in \mathcal{BC}(\mathbb{R}^n), X \neq \emptyset$ とし,$f : X \to \mathbb{R}$ とする.

(i) f が X 上で上半連続ならば，f は最大値をもつ，すなわち，ある $\boldsymbol{x}_0 \in X$ が存在して次が成り立つ．

$$f(\boldsymbol{x}_0) = \max_{\boldsymbol{x} \in X} f(\boldsymbol{x})$$

(ii) f が X 上で下半連続ならば，f は最小値をもつ，すなわち，ある $\boldsymbol{x}_0 \in X$ が存在して次が成り立つ．

$$f(\boldsymbol{x}_0) = \min_{\boldsymbol{x} \in X} f(\boldsymbol{x})$$

証明 (i) を示す．(ii) は問題として残しておく（問題 4.2.4）．$\alpha = \sup_{\boldsymbol{x} \in X} f(\boldsymbol{x})$ とする．このとき，ある $\{\boldsymbol{x}_k\}_{k \in \mathbb{N}} \subset X$ が存在して $f(\boldsymbol{x}_k) \to \alpha$ となる．$X \in \mathcal{BC}(\mathbb{R}^n)$ であるので，定理 3.17 より，ある $N \in \mathcal{N}_\infty^\sharp$ およびある $\boldsymbol{x}_0 \in X$ が存在し，$\boldsymbol{x}_k \underset{N}{\to} \boldsymbol{x}_0$ となる．$f(\boldsymbol{x}_k) \underset{N}{\to} \alpha$ であり，f は $\boldsymbol{x}_0$ において上半連続であるので

$$
\begin{aligned}
\alpha &\geq f(\boldsymbol{x}_0) \quad (\alpha \text{ の定義より}) \\
&\geq \limsup_{\substack{k \to \infty \\ N}} f(\boldsymbol{x}_k) \quad (\text{定理 4.5 (i) より}) \\
&= \lim_{\substack{k \to \infty \\ N}} f(\boldsymbol{x}_k) \quad (\text{定理 3.12 (ii) より}) \\
&= \alpha
\end{aligned}
$$

となる．よって，$f(\boldsymbol{x}_0) = \alpha = \sup_{\boldsymbol{x} \in X} f(\boldsymbol{x})$ となるので，$f(\boldsymbol{x}_0) = \max_{\boldsymbol{x} \in X} f(\boldsymbol{x})$ となる． $\square$

問題 4.2

1. $X \subset \mathbb{R}^n$ とし，$f : X \to \mathbb{R}$ とする．また，$\boldsymbol{x}_0 \in X$ とする．このとき，次の (i), (ii) および (iii) が同値になることを示せ．ただし，(iii) を考えるときは $\boldsymbol{x}_0 \in X^d$ でもあるとする．

(i) f は $\boldsymbol{x}_0$ において連続である．

(ii) f は $\boldsymbol{x}_0$ において上半連続かつ下半連続である．

(iii) $\boldsymbol{x} \to \boldsymbol{x}_0$ のとき $f(\boldsymbol{x}) \to f(\boldsymbol{x}_0)$ となる．

2. $X \subset \mathbb{R}^n$ とし，$f : X \to \mathbb{R}$ とする．また，$\boldsymbol{x}_0 \in X$ とする．このとき，f が $\boldsymbol{x}_0$ において下半連続になるための必要十分条件は，$\boldsymbol{x}_k \to \boldsymbol{x}_0$ である任意の点列 $\{\boldsymbol{x}_k\}_{k \in \mathbb{N}} \subset X$ に対して次が成り立つことであることを示せ．

$$\liminf_{k \to \infty} f(\boldsymbol{x}_k) \geq f(\boldsymbol{x}_0)$$

3. $X \in \mathcal{C}(\mathbb{R}^n)$ とし，$f : X \to \mathbb{R}$ とする．このとき，f が X 上で下半連続になるための必要十分条件は，任意の $\alpha \in \mathbb{R}$ に対して $\mathbb{L}(f; \alpha) \in \mathcal{C}(\mathbb{R}^n)$ となることであることを示せ．

4. $X \in \mathcal{BC}(\mathbb{R}^n)$, $X \neq \emptyset$ とし，$f : X \to \mathbb{R}$ とする．このとき，f が X 上で下半連続ならば，f は最小値をもつ，すなわち，ある $\boldsymbol{x}_0 \in X$ が存在して次が成り立つことを示せ．

$$f(\boldsymbol{x}_0) = \min_{\boldsymbol{x} \in X} f(\boldsymbol{x})$$

4.3 関数の右極限と左極限

$a < b$ である $a, b \in \overline{\mathbb{R}}$ に対して，$\mathbb{R}$ における区間 $[a,b]$, $]a,b]$, $[a,b[$ および $]a,b[$ を考える．$a = -\infty$ であってもよいし $b = \infty$ であってもよい．区間の記法 (3.1) より，例えば，$a = -\infty$, $b \in \mathbb{R}$ のときは，$[a,b] = [-\infty, b] =]-\infty, b]$ である．

$a < b$ である $a, b \in \overline{\mathbb{R}}$ に対して，X は $[a,b]$, $]a,b]$, $[a,b[$ または $]a,b[$ のいずれかであるとする．$f : X \to \overline{\mathbb{R}}$ とし，$x_0 \in [a,b[$ とする．また，$\alpha \in \mathbb{R}$ とする．任意の $\varepsilon > 0$ に対して，ある $\delta > 0$ が存在し，$0 < x - x_0 < \delta$ であるすべての $x \in X$ に対して $|f(x) - \alpha| < \varepsilon$ となるとき，$x \to x_0+$ のとき f は α に**収束する**といい

$$\lim_{x \to x_0+} f(x) = \alpha \quad \text{または} \quad x \to x_0 + \text{ のとき } f(x) \to \alpha \tag{4.8}$$

と表す．このとき，α を $x \to x_0+$ のときの f の**右極限** (right-limit) という．さらに

$$\lim_{x \to x_0+} f(x) = \infty \quad \text{または} \quad x \to x_0 + \text{ のとき } f(x) \to \infty \tag{4.9}$$

および

$$\lim_{x \to x_0+} f(x) = -\infty \quad \text{または} \quad x \to x_0 + \text{ のとき } f(x) \to -\infty \tag{4.10}$$

や右極限が存在することおよび広義に存在することも前節と同様に定義される．$x \to x_0+$ のとき f の右極限が存在するならば，その極限はただ 1 つであることも同様である．また，右極限に関して定理 4.1 および 4.2 と同様な結果も成り立つ．

$a < b$ である $a, b \in \overline{\mathbb{R}}$ に対して，X は $[a,b]$, $]a,b]$, $[a,b[$ または $]a,b[$ のいずれかであるとする．$f : X \to \overline{\mathbb{R}}$ とし，$x_0 \in]a,b]$ とする．また，$\alpha \in \mathbb{R}$ とする．任意の $\varepsilon > 0$ に対して，ある $\delta > 0$ が存在し，$-\delta < x - x_0 < 0$ であるすべての $x \in X$ に対して $|f(x) - \alpha| < \varepsilon$ となるとき，$x \to x_0-$ のとき f は α に**収束する**といい

$$\lim_{x \to x_0-} f(x) = \alpha \quad \text{または} \quad x \to x_0 - \text{ のとき } f(x) \to \alpha \tag{4.11}$$

と表す．このとき，α を $x \to x_0-$ のときの f の**左極限** (left-limit) という．さらに

$$\lim_{x \to x_0-} f(x) = \infty \quad \text{または} \quad x \to x_0 - \text{ のとき } f(x) \to \infty \tag{4.12}$$

および

$$\lim_{x \to x_0-} f(x) = -\infty \quad \text{または} \quad x \to x_0 - \text{ のとき } f(x) \to -\infty \tag{4.13}$$

や左極限が存在することおよび広義に存在することも前節と同様に定義される．$x \to x_0-$ のとき f の左極限が存在するならば，その極限はただ 1 つであることも同様である．また，左極限に関して定理 4.1 および 4.2 と同様な結果も成り立つ．

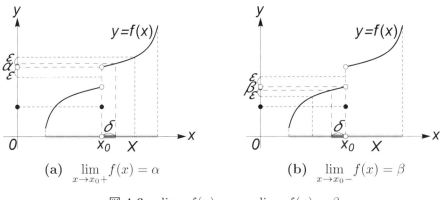

図 4.6 $\lim_{x \to x_0+} f(x) = \alpha$, $\lim_{x \to x_0-} f(x) = \beta$

例 4.3

(i) $f : \mathbb{R} \to \mathbb{R}$ を各 $x \in \mathbb{R}$ に対して

$$f(x) = \begin{cases} 1 & x > 0 \\ 0 & x = 0 \\ -1 & x < 0 \end{cases}$$

とする．このとき，$x \to 0$ のとき f の極限は広義に存在しないが，$\lim_{x \to 0+} f(x) = 1$, $\lim_{x \to 0-} f(x) = -1$ となる．

(ii) $g : \mathbb{R} \to \mathbb{R}$ を各 $x \in \mathbb{R}$ に対して

$$g(x) = \begin{cases} \frac{1}{x} & x \neq 0 \\ 0 & x = 0 \end{cases}$$

とする．このとき，$x \to 0$ のとき g の極限は広義に存在しないが，$\lim_{x \to 0+} g(x) = \infty$, $\lim_{x \to 0-} g(x) = -\infty$ となる．

(iii) $h : \mathbb{R} \to \mathbb{R}$ を各 $x \in \mathbb{R}$ に対して

$$h(x) = \begin{cases} 1 & x \in \mathbb{Q} \\ -1 & x \notin \mathbb{Q} \end{cases}$$

とする．また，$x_0 \in \mathbb{R}$ とする．このとき，$x \to x_0+$ のとき h の右極限は広義に存在せず，$x \to x_0-$ のとき h の左極限も広義に存在しない． □

$a < b$ である $a, b \in \overline{\mathbb{R}}$ に対して，X は $[a,b]$, $]a,b]$, $[a,b[$ または $]a,b[$ のいずれかであるとする．また，$f : X \to \mathbb{R}$ とする．f は，$x \leq y$ である任意の $x, y \in X$ に対して $f(x) \leq f(y)$ となるとき，X 上で**単調増加**であるといい，$x < y$ である任意の $x, y \in X$ に対して $f(x) < f(y)$ となるとき，X 上で**狭義単調増加**であるという．f は，$x \leq y$ で

ある任意の $x, y \in X$ に対して $f(x) \geq f(y)$ となるとき，X 上で**単調減少**であるといい，$x < y$ である任意の $x, y \in X$ に対して $f(x) > f(y)$ となるとき，X 上で**狭義単調減少**であるという．f は，X 上で単調増加または単調減少であるとき，X 上で**単調**であるといい，X 上で狭義単調増加または狭義単調減少であるとき，X 上で**狭義単調**であるという．

数列の場合と同様に，次の定理が成り立つ．

定理 4.8 $a < b$ である $a, b \in \overline{\mathbb{R}}$ に対して，X は $[a, b], \,]a, b], \,[a, b[$ または $]a, b[$ のいずれかであるとする．また，$f : X \to \mathbb{R}$ とする．

(i) $x_0 \in [a, b[$ とする．f が X 上で単調増加ならば，次が成り立つ．

$$\lim_{x \to x_0+} f(x) = \inf_{x \in X \cap \,]x_0, \infty[} f(x)$$

また，f が X 上で単調減少ならば，次が成り立つ．

$$\lim_{x \to x_0+} f(x) = \sup_{x \in X \cap \,]x_0, \infty[} f(x)$$

(ii) $x_0 \in \,]a, b]$ とする．f が X 上で単調増加ならば，次が成り立つ．

$$\lim_{x \to x_0-} f(x) = \sup_{x \in X \cap \,]-\infty, x_0[} f(x)$$

また，f が X 上で単調減少ならば，次が成り立つ．

$$\lim_{x \to x_0-} f(x) = \inf_{x \in X \cap \,]-\infty, x_0[} f(x)$$

問題 4.3

1. 定理 4.8 を証明せよ．

2. $f : \mathbb{R} \to \mathbb{R}$ とし，$x_0 \in \mathbb{R}$ とする．$x \to x_0+$ のときの f の右極限が広義に存在し，$x \to x_0-$ のときの f の左極限が広義に存在し，それらが一致するための必要十分条件が，$x \to x_0$ のときの f の極限が広義に存在することであり，このとき

$$\lim_{x \to x_0} f(x) = \lim_{x \to x_0+} f(x) = \lim_{x \to x_0-} f(x)$$

となることを示せ．

4.4 関数の右連続性と左連続性

$a<b$ である $a,b\in\overline{\mathbb{R}}$ に対して，X は $[a,b], \,]a,b], \, [a,b[$ または $]a,b[$ のいずれかであるとする．また，$f:X\to\mathbb{R}$ とし，$x_0\in X$ とする．f が x_0 において**右連続** (right-continuous) であるとは，任意の $\varepsilon>0$ に対して，ある $\delta>0$ が存在し，$0\leq x-x_0<\delta$ であるすべての $x\in X$ に対して $|f(x)-f(x_0)|<\varepsilon$ となるときをいう．$b\in X$ ならば，f は b において常に右連続になる．f が任意の $x\in X$ において右連続であるとき，f は X 上で右連続であるという．さらに，f が x_0 において**右上半連続** (right-upper semicontinuous) および**右下半連続** (right-lower semicontinuous) であることも前節と同様に定義される．f が x_0 において**左連続** (left-continuous) であるとは，任意の $\varepsilon>0$ に対して，ある $\delta>0$ が存在し，$-\delta<x-x_0\leq 0$ であるすべての $x\in X$ に対して $|f(x)-f(x_0)|<\varepsilon$ となるときをいう．$a\in X$ ならば，f は a において常に左連続になる．f が任意の $x\in X$ において左連続であるとき，f は X 上で左連続であるという．さらに，f が x_0 において**左上半連続** (left-upper semicontinuous) および**左下半連続** (left-lower semicontinuous) であることも前節と同様に定義される．

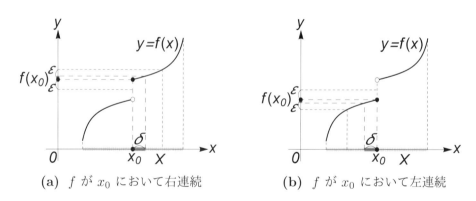

(a) f が x_0 において右連続 　　(b) f が x_0 において左連続

図 4.7 f が x_0 において右連続と左連続

例 4.4

(i) $f:\mathbb{R}\to\mathbb{R}$ を各 $x\in\mathbb{R}$ に対して

$$f(x)=\begin{cases} 1 & x\geq 0 \\ -1 & x<0 \end{cases}$$

とし，f が 0 において右連続であることを確かめる．$\varepsilon>0$ を任意に固定し，$\delta>0$ を任意に選ぶ．このとき，$0\leq x-0<\delta$ である任意の $x\in\mathbb{R}$ に対して，$|f(x)-f(0)|=0<\varepsilon$ となる．よって，$\varepsilon>0$ の任意性より，f は 0 において右連続になる．

次に，$\varepsilon_0 = 1$ とし，$\delta > 0$ を任意に固定する．このとき，$-\delta < x - 0 \leq 0$, $x \neq 0$ となる $x \in \mathbb{R}$ に対して，$|f(x) - f(0)| = 2 > 1 = \varepsilon_0$ となり，$|f(x) - f(0)| \not< \varepsilon_0$ となる．よって，$\delta > 0$ の任意性より，f は 0 において左連続ではなく，連続でもない．

(ii) $g : \mathbb{R} \to \mathbb{R}$ を各 $x \in \mathbb{R}$ に対して

$$g(x) = \left\{ \begin{array}{ll} 1 & x > 0 \\ 0 & x = 0 \\ -1 & x < 0 \end{array} \right.$$

とし，f が 0 において右下半連続かつ左上半連続であることを確かめる．$\varepsilon > 0$ を任意に固定し，$\delta > 0$ を任意に選ぶ．$0 \leq x - 0 < \delta$ である任意の $x \in \mathbb{R}$ に対して，$x \neq 0$ ならば $f(x) - f(0) = 1 > -\varepsilon$ となり，$x = 0$ ならば $f(x) - f(0) = 0 > -\varepsilon$ となる．$-\delta < x - 0 \leq 0$ である任意の $x \in \mathbb{R}$ に対して，$x \neq 0$ ならば $f(x) - f(0) = -1 < \varepsilon$ となり，$x = 0$ ならば $f(x) - f(0) = 0 < \varepsilon$ となる．よって，$\varepsilon > 0$ の任意性より，f は 0 において右下半連続かつ左上半連続になる．

また，$\varepsilon_0 = 1$ とし，$\delta > 0$ を任意に固定する．$0 \leq x - 0 < \delta$, $x \neq 0$ となる $x \in \mathbb{R}$ に対して，$f(x) - f(0) = 1 = \varepsilon_0$ となり，$f(x) - f(0) \not< \varepsilon_0$ となる．$-\delta < x - 0 \leq 0$, $x \neq 0$ となる $x \in \mathbb{R}$ に対して，$f(x) - f(0) = -1 = -\varepsilon_0$ となり，$-\varepsilon_0 \not< f(x) - f(0)$ となる．よって，$\delta > 0$ の任意性より，f は 0 において右上半連続ではなく左下半連続でもなく，右連続でも左連続でもない． $\square$

定理 4.3 と同様に，次の定理が成り立つ．

定理 4.9 $a < b$ である $a, b \in \overline{\mathbb{R}}$ に対して，X は $[a,b]$, $]a,b]$, $[a,b[$ または $]a,b[$ のいずれかであるとする．また，$f : X \to \mathbb{R}$ とし，$x_0 \in X$ とする．このとき，次の (i)–(iv) は同値になる．ただし，(iii) の $x \to x_0+$ を考えるときは $x_0 \in [a,b[$ でもあるとし，(iii) の $x \to x_0-$ を考えるときは $x_0 \in]a,b]$ でもあるとする．

(i) f は x_0 において右（左）連続である．

(ii) f は x_0 において右（左）上半連続かつ右（左）下半連続である．

(iii) $x \to x_0+$ （$x \to x_0-$）のとき $f(x) \to f(x_0)$ となる．

(iv) $x_k \to x_0+$ （$x_k \to x_0-$）である任意の実数列 $\{x_k\}_{k \in \mathbb{N}} \subset X \cap [x_0, \infty[$ （$\{x_k\}_{k \in \mathbb{N}} \subset X \cap]-\infty, x_0]$）に対して，$f(x_k) \to f(x_0)$ となる．

右連続性と左連続性の定義より次の定理が容易にわかる．

定理 4.10 $a < b$ である $a, b \in \overline{\mathbb{R}}$ に対して，X は $[a,b]$, $]a,b]$, $[a,b[$ または $]a,b[$ のいずれかであるとする．また，$f : X \to \mathbb{R}$ とし，$x_0 \in X$ とする．このとき，f が x_0 にお

いて連続になるための必要十分条件は，f が x_0 において右連続かつ左連続になることである．

定理 4.5 と同様に，次の定理が成り立つ．

定理 4.11 $a < b$ である $a, b \in \overline{\mathbb{R}}$ に対して，X は $[a, b]$, $]a, b]$, $[a, b[$ または $]a, b[$ のいずれかであるとする．また，$f : X \to \mathbb{R}$ とし，$x_0 \in X$ とする．

(i) f が x_0 において右（左）上半連続になるための必要十分条件は，$x_k \to x_0+$ （$x_k \to x_0-$）である任意の実数列 $\{x_k\}_{k \in \mathbb{N}} \subset X \cap [x_0, \infty[$ （$\{x_k\}_{k \in \mathbb{N}} \subset X \cap]-\infty, , x_0]$）に対して次が成り立つことである．
$$\limsup_{k \to \infty} f(x_k) \leq f(x_0)$$

(ii) f が x_0 において右（左）下半連続になるための必要十分条件は，$x_k \to x_0+$ （$x_k \to x_0-$）である任意の実数列 $\{x_k\}_{k \in \mathbb{N}} \subset X \cap [x_0, \infty[$ （$\{x_k\}_{k \in \mathbb{N}} \subset X \cap]-\infty, x_0]$）に対して次が成り立つことである．
$$\liminf_{k \to \infty} f(x_k) \geq f(x_0)$$

問題 4.4

1. 定理 4.9 を証明せよ．

2. 定理 4.10 を証明せよ．

3. 定理 4.11 を証明せよ．

4.5 関数の上極限と下極限

$X \subset \mathbb{R}^n$ とし, $f : X \to \mathbb{R}$ とする. また, $\boldsymbol{x}_0 \in \mathrm{cl}(X)$ とする. $\overline{f}_{\boldsymbol{x}_0}, \underline{f}_{\boldsymbol{x}_0} :]0, \infty[\to \overline{\mathbb{R}}$ を各 $\varepsilon \in]0, \infty[$ に対して

$$\overline{f}_{\boldsymbol{x}_0}(\varepsilon) = \sup_{\boldsymbol{y} \in X \cap \mathbb{B}(\boldsymbol{x}_0; \varepsilon)} f(\boldsymbol{y}), \quad \underline{f}_{\boldsymbol{x}_0}(\varepsilon) = \inf_{\boldsymbol{y} \in X \cap \mathbb{B}(\boldsymbol{x}_0; \varepsilon)} f(\boldsymbol{y})$$

と定義する. このとき, $\boldsymbol{x} \to \boldsymbol{x}_0$ のときの f の上極限を

$$\limsup_{\boldsymbol{x} \to \boldsymbol{x}_0} f(\boldsymbol{x}) = \lim_{\varepsilon \to 0+} \overline{f}_{\boldsymbol{x}_0}(\varepsilon) = \lim_{\varepsilon \to 0+} \left(\sup_{\boldsymbol{y} \in X \cap \mathbb{B}(\boldsymbol{x}_0; \varepsilon)} f(\boldsymbol{y}) \right) \tag{4.14}$$

と定義し[*1], $\boldsymbol{x} \to \boldsymbol{x}_0$ のときの f の下極限を

$$\liminf_{\boldsymbol{x} \to \boldsymbol{x}_0} f(\boldsymbol{x}) = \lim_{\varepsilon \to 0+} \underline{f}_{\boldsymbol{x}_0}(\varepsilon) = \lim_{\varepsilon \to 0+} \left(\inf_{\boldsymbol{y} \in X \cap \mathbb{B}(\boldsymbol{x}_0; \varepsilon)} f(\boldsymbol{y}) \right) \tag{4.15}$$

と定義する. 任意の $\varepsilon \in]0, \infty[$ に対して $\{f(\boldsymbol{y}) : \boldsymbol{y} \in X \cap \mathbb{B}(\boldsymbol{x}_0; \varepsilon)\}$ が上に有界でないならば, $\limsup_{\boldsymbol{x} \to \boldsymbol{x}_0} f(\boldsymbol{x}) = \infty$ となる. ある $\varepsilon_0 \in]0, \infty[$ に対して $\{f(\boldsymbol{y}) : \boldsymbol{y} \in X \cap \mathbb{B}(\boldsymbol{x}_0; \varepsilon_0)\}$ が上に有界ならば, 任意の $\varepsilon \in]0, \varepsilon_0]$ に対して $\overline{f}_{\boldsymbol{x}_0}(\varepsilon) \in \mathbb{R}$ となり, $\overline{f}_{\boldsymbol{x}_0}$ は $]0, \varepsilon_0]$ 上で単調増加になり, 定理 4.8 (i) より

$$\limsup_{\boldsymbol{x} \to \boldsymbol{x}_0} f(\boldsymbol{x}) = \lim_{\varepsilon \to 0+} \overline{f}_{\boldsymbol{x}_0}(\varepsilon) = \inf_{\varepsilon \in]0, \varepsilon_0]} \overline{f}_{\boldsymbol{x}_0}(\varepsilon) = \inf_{\varepsilon \in]0, \varepsilon_0]} \left(\sup_{\boldsymbol{y} \in X \cap \mathbb{B}(\boldsymbol{x}_0; \varepsilon)} f(\boldsymbol{y}) \right) \tag{4.16}$$

となる. 任意の $\varepsilon \in]0, \infty[$ に対して $\{f(\boldsymbol{y}) : \boldsymbol{y} \in X \cap \mathbb{B}(\boldsymbol{x}_0; \varepsilon)\}$ が下に有界でないならば, $\liminf_{\boldsymbol{x} \to \boldsymbol{x}_0} f(\boldsymbol{x}) = -\infty$ となる. ある $\varepsilon_0 \in]0, \infty[$ に対して $\{f(\boldsymbol{y}) : \boldsymbol{y} \in X \cap \mathbb{B}(\boldsymbol{x}_0; \varepsilon_0)\}$ が下に有界ならば, 任意の $\varepsilon \in]0, \varepsilon_0]$ に対して $\underline{f}_{\boldsymbol{x}_0}(\varepsilon) \in \mathbb{R}$ となり, $\underline{f}_{\boldsymbol{x}_0}$ は $]0, \varepsilon_0]$ 上で単調減少になり, 定理 4.8 (i) より

$$\liminf_{\boldsymbol{x} \to \boldsymbol{x}_0} f(\boldsymbol{x}) = \lim_{\varepsilon \to 0+} \underline{f}_{\boldsymbol{x}_0}(\varepsilon) = \sup_{\varepsilon \in]0, \varepsilon_0]} \underline{f}_{\boldsymbol{x}_0}(\varepsilon) = \sup_{\varepsilon \in]0, \varepsilon_0]} \left(\inf_{\boldsymbol{y} \in X \cap \mathbb{B}(\boldsymbol{x}_0; \varepsilon)} f(\boldsymbol{y}) \right) \tag{4.17}$$

となる.

$a < b$ である $a, b \in \overline{\mathbb{R}}$ に対して, X は $[a, b],]a, b], [a, b[$ または $]a, b[$ のいずれかであるとする. また, $f : X \to \mathbb{R}$ とする. $b \notin X$ ならば $x_0 \in [a, b[$ に対して, $b \in X$ ならば $x_0 \in$

[*1] 通常, $\boldsymbol{x} \to \boldsymbol{x}_0$ のときの f の上極限は

$$\limsup_{\boldsymbol{x} \to \boldsymbol{x}_0} f(\boldsymbol{x}) = \lim_{\varepsilon \to 0+} \left(\sup_{\boldsymbol{y} \in X \cap (\mathbb{B}(\boldsymbol{x}_0; \varepsilon) \setminus \{\boldsymbol{x}_0\})} f(\boldsymbol{y}) \right)$$

と定義されるが, 本書では (4.14) のように定義する. 下極限についても同様である.

$[a,b]$ に対して, $x \to x_0+$ のときの f の**右上極限** (right-upper limit) $\limsup_{x \to x_0+} f(x)$ と**右下極限** (right-lower limit) $\liminf_{x \to x_0+} f(x)$ も同様に定義される. $a \notin X$ ならば $x_0 \in {]a,b]}$ に対して, $a \in X$ ならば $x_0 \in [a,b]$ に対して, $x \to x_0-$ のときの f の**左上極限** (left-upper limit) $\limsup_{x \to x_0-} f(x)$ と**左下極限** (left-lower limit) $\liminf_{x \to x_0-} f(x)$ も同様に定義される.

例 **4.5**

(i) $f : \mathbb{R} \to \mathbb{R}$ を各 $x \in \mathbb{R}$ に対して

$$f(x) = \begin{cases} 1 & x \in [0,\infty[\, \cap \, \mathbb{Q} \\ -1 & x \in [0,\infty[\, \setminus \, \mathbb{Q} \\ 0 & x \in {]{-}\infty,0[} \end{cases}$$

とする. このとき, 任意の $\varepsilon \in {]0,\infty[}$ に対して

$$\overline{f}_0(\varepsilon) = \sup_{y \in \mathbb{R} \cap \mathbb{B}(0;\varepsilon)} f(y) = 1, \quad \underline{f}_0(\varepsilon) = \inf_{y \in \mathbb{R} \cap \mathbb{B}(0;\varepsilon)} f(y) = -1$$

$$\overline{f}_0^R(\varepsilon) = \sup_{y \in \mathbb{R} \cap \mathbb{B}(0;\varepsilon) \cap [0,\infty[} f(y) = 1, \quad \underline{f}_0^R(\varepsilon) = \inf_{y \in \mathbb{R} \cap \mathbb{B}(0;\varepsilon) \cap [0,\infty[} f(y) = -1$$

$$\overline{f}_0^L(\varepsilon) = \sup_{y \in \mathbb{R} \cap \mathbb{B}(0;\varepsilon) \cap]-\infty,0]} f(y) = 1, \quad \underline{f}_0^L(\varepsilon) = \inf_{y \in \mathbb{R} \cap \mathbb{B}(0;\varepsilon) \cap]-\infty,0]} f(y) = 0$$

となるので

$$\limsup_{x \to 0} f(x) = \lim_{\varepsilon \to 0+} \overline{f}_0(\varepsilon) = 1, \quad \liminf_{x \to 0} f(x) = \lim_{\varepsilon \to 0+} \underline{f}_0(\varepsilon) = -1$$

$$\limsup_{x \to 0+} f(x) = \lim_{\varepsilon \to 0+} \overline{f}_0^R(\varepsilon) = 1, \quad \liminf_{x \to 0+} f(x) = \lim_{\varepsilon \to 0+} \underline{f}_0^R(\varepsilon) = -1$$

$$\limsup_{x \to 0-} f(x) = \lim_{\varepsilon \to 0+} \overline{f}_0^L(\varepsilon) = 1, \quad \liminf_{x \to 0-} f(x) = \lim_{\varepsilon \to 0+} \underline{f}_0^L(\varepsilon) = 0$$

となる. このとき, $\lim_{x \to 0-} f(x) = 0$ であるが, $\limsup_{x \to 0-} f(x) \neq \liminf_{x \to 0-} f(x)$ となる.

(ii) $g : \mathbb{R} \setminus \{0\} \to \mathbb{R}$ を各 $x \in \mathbb{R} \setminus \{0\}$ に対して

$$g(x) = \begin{cases} \frac{1}{x} & x \in {]{-}\infty,0[} \cup (]0,\infty[\, \cap \, \mathbb{Q}) \\ -\frac{1}{x} & x \in {]0,\infty[} \, \setminus \, \mathbb{Q} \end{cases}$$

とする. このとき, 任意の $\varepsilon \in {]0,\infty[}$ に対して

$$\overline{g}_0(\varepsilon) = \sup_{y \in (\mathbb{R} \setminus \{0\}) \cap \mathbb{B}(0;\varepsilon)} g(y) = \infty, \quad \underline{g}_0(\varepsilon) = \inf_{y \in (\mathbb{R} \setminus \{0\}) \cap \mathbb{B}(0;\varepsilon)} g(y) = -\infty$$

$$\overline{g}_0^R(\varepsilon) = \sup_{y \in (\mathbb{R} \setminus \{0\}) \cap \mathbb{B}(0;\varepsilon) \cap [0,\infty[} g(y) = \infty, \quad \underline{g}_0^R(\varepsilon) = \inf_{y \in (\mathbb{R} \setminus \{0\}) \cap \mathbb{B}(0;\varepsilon) \cap [0,\infty[} g(y) = -\infty$$

$$\overline{g}_0^L(\varepsilon) = \sup_{y \in (\mathbb{R} \setminus \{0\}) \cap \mathbb{B}(0;\varepsilon) \cap]-\infty,0]} g(y) = -\frac{1}{\varepsilon}$$

$$\underline{g}_0^L(\varepsilon) = \inf_{y \in (\mathbb{R} \setminus \{0\}) \cap \mathbb{B}(0;\varepsilon) \cap]-\infty,0]} g(y) = -\infty$$

となるので

$$\limsup_{x \to 0} g(x) = \lim_{\varepsilon \to 0+} \overline{g}_0(\varepsilon) = \infty, \quad \liminf_{x \to 0} g(x) = \lim_{\varepsilon \to 0+} \underline{g}_0(\varepsilon) = -\infty$$

$$\limsup_{x \to 0+} g(x) = \lim_{\varepsilon \to 0+} \overline{g}_0^R(\varepsilon) = \infty, \quad \liminf_{x \to 0+} g(x) = \lim_{\varepsilon \to 0+} \underline{g}_0^R(\varepsilon) = -\infty$$

$$\limsup_{x \to 0-} g(x) = \lim_{\varepsilon \to 0+} \overline{g}_0^L(\varepsilon) = -\infty, \quad \liminf_{x \to 0-} g(x) = \lim_{\varepsilon \to 0+} \underline{g}_0^L(\varepsilon) = -\infty$$

となる. □

実数列の場合と同様に, 次の 2 つの定理が成り立つ.

定理 4.12 $X \subset \mathbb{R}^n$ とし, $f : X \to \mathbb{R}$ とする. また, $\boldsymbol{x}_0 \in \mathrm{cl}(X)$ とする. このとき, 次が成り立つ.

(i) $\displaystyle\liminf_{\boldsymbol{x} \to \boldsymbol{x}_0} f(\boldsymbol{x}) \le \limsup_{\boldsymbol{x} \to \boldsymbol{x}_0} f(\boldsymbol{x})$

(ii) $\boldsymbol{x}_0 \in X^d$ であり, $\displaystyle\limsup_{\boldsymbol{x} \to \boldsymbol{x}_0} f(\boldsymbol{x}) = \liminf_{\boldsymbol{x} \to \boldsymbol{x}_0} f(\boldsymbol{x})$ ならば, $\displaystyle\lim_{\boldsymbol{x} \to \boldsymbol{x}_0} f(\boldsymbol{x})$ が広義に存在し, 次が成り立つ.

$$\lim_{\boldsymbol{x} \to \boldsymbol{x}_0} f(\boldsymbol{x}) = \limsup_{\boldsymbol{x} \to \boldsymbol{x}_0} f(\boldsymbol{x}) = \liminf_{\boldsymbol{x} \to \boldsymbol{x}_0} f(\boldsymbol{x})$$

定理 4.13 $X \subset \mathbb{R}^n$ とし, $f, g, h : X \to \mathbb{R}$ とする. また, $\boldsymbol{x}_0 \in \mathrm{cl}(X)$ とする. このとき, 次が成り立つ.

(i) $f(\boldsymbol{x}) \le g(\boldsymbol{x}), \boldsymbol{x} \in X \Rightarrow \displaystyle\limsup_{\boldsymbol{x} \to \boldsymbol{x}_0} f(\boldsymbol{x}) \le \limsup_{\boldsymbol{x} \to \boldsymbol{x}_0} g(\boldsymbol{x}), \liminf_{\boldsymbol{x} \to \boldsymbol{x}_0} f(\boldsymbol{x}) \le \liminf_{\boldsymbol{x} \to \boldsymbol{x}_0} g(\boldsymbol{x})$

(ii) $f(\boldsymbol{x}) \le h(\boldsymbol{x}) \le g(\boldsymbol{x}), \boldsymbol{x} \in X, \displaystyle\limsup_{\boldsymbol{x} \to \boldsymbol{x}_0} f(\boldsymbol{x}) = \limsup_{\boldsymbol{x} \to \boldsymbol{x}_0} g(\boldsymbol{x})$
$\Rightarrow \displaystyle\limsup_{\boldsymbol{x} \to \boldsymbol{x}_0} h(\boldsymbol{x}) = \limsup_{\boldsymbol{x} \to \boldsymbol{x}_0} f(\boldsymbol{x}) = \limsup_{\boldsymbol{x} \to \boldsymbol{x}_0} g(\boldsymbol{x})$

(iii) $f(\boldsymbol{x}) \le h(\boldsymbol{x}) \le g(\boldsymbol{x}), \boldsymbol{x} \in X, \displaystyle\liminf_{\boldsymbol{x} \to \boldsymbol{x}_0} f(\boldsymbol{x}) = \liminf_{\boldsymbol{x} \to \boldsymbol{x}_0} g(\boldsymbol{x})$
$\Rightarrow \displaystyle\liminf_{\boldsymbol{x} \to \boldsymbol{x}_0} h(\boldsymbol{x}) = \liminf_{\boldsymbol{x} \to \boldsymbol{x}_0} f(\boldsymbol{x}) = \liminf_{\boldsymbol{x} \to \boldsymbol{x}_0} g(\boldsymbol{x})$

定理 4.14 $X \subset \mathbb{R}^n$ とし, $f : X \to \mathbb{R}$ とする. また, $\boldsymbol{x}_0 \in \mathrm{cl}(X)$ とする.

(i) $\boldsymbol{x}_k \to \boldsymbol{x}_0$ である任意の点列 $\{\boldsymbol{x}_k\}_{k\in\mathbb{N}} \subset X$ に対して，次が成り立つ．

$$\limsup_{k\to\infty} f(\boldsymbol{x}_k) \leq \limsup_{\boldsymbol{x}\to\boldsymbol{x}_0} f(\boldsymbol{x})$$

また，$\boldsymbol{y}_k \to \boldsymbol{x}_0$ となるある点列 $\{\boldsymbol{y}_k\}_{k\in\mathbb{N}} \subset X$ が存在し，次が成り立つ．

$$\lim_{k\to\infty} f(\boldsymbol{y}_k) = \limsup_{\boldsymbol{x}\to\boldsymbol{x}_0} f(\boldsymbol{x})$$

(ii) $\boldsymbol{x}_k \to \boldsymbol{x}_0$ である任意の点列 $\{\boldsymbol{x}_k\}_{k\in\mathbb{N}} \subset X$ に対して，次が成り立つ．

$$\liminf_{k\to\infty} f(\boldsymbol{x}_k) \geq \liminf_{\boldsymbol{x}\to\boldsymbol{x}_0} f(\boldsymbol{x})$$

また，$\boldsymbol{y}_k \to \boldsymbol{x}_0$ となるある点列 $\{\boldsymbol{y}_k\}_{k\in\mathbb{N}} \subset X$ が存在し，次が成り立つ．

$$\lim_{k\to\infty} f(\boldsymbol{y}_k) = \liminf_{\boldsymbol{x}\to\boldsymbol{x}_0} f(\boldsymbol{x})$$

証明 (i) を示す．(ii) は問題として残しておく（問題 4.5.3）．

まず，任意の $\varepsilon \in\,]0,\infty[$ に対して $\{f(\boldsymbol{y}) : \boldsymbol{y} \in X \cap \mathbb{B}(\boldsymbol{x}_0; \varepsilon)\}$ が上に有界でないとする．このとき，$\boldsymbol{x}_k \to \boldsymbol{x}_0$ である任意の点列 $\{\boldsymbol{x}_k\}_{k\in\mathbb{N}} \subset X$ に対して

$$\limsup_{k\to\infty} f(\boldsymbol{x}_k) \leq \infty = \limsup_{\boldsymbol{x}\to\boldsymbol{x}_0} f(\boldsymbol{x})$$

となる．また，各 $k \in \mathbb{N}$ に対して $f(\boldsymbol{y}_k) > k$ となる $\boldsymbol{y}_k \in X \cap \mathbb{B}\left(\boldsymbol{x}_0; \frac{1}{k}\right)$ が存在する．この $\{\boldsymbol{y}_k\}_{k\in\mathbb{N}}$ に対して，$\boldsymbol{y}_k \to \boldsymbol{x}_0$, $f(\boldsymbol{y}_k) \to \infty$ となり

$$\lim_{k\to\infty} f(\boldsymbol{y}_k) = \infty = \limsup_{\boldsymbol{x}\to\boldsymbol{x}_0} f(\boldsymbol{x})$$

となる．

次に，ある $\varepsilon_0 \in\,]0,\infty[$ に対して $\{f(\boldsymbol{y}) : \boldsymbol{y} \in X \cap \mathbb{B}(\boldsymbol{x}_0; \varepsilon_0)\}$ が上に有界であるとする．$\boldsymbol{x}_k \to \boldsymbol{x}_0$ となる $\{\boldsymbol{x}_k\}_{k\in\mathbb{N}} \subset X$ および $\varepsilon \in\,]0,\varepsilon_0]$ を任意に固定する．このとき，ある $k_0 \in \mathbb{N}$ が存在し，$k \geq k_0$ であるすべての $k \in \mathbb{N}$ に対して $\boldsymbol{x}_k \in \mathbb{B}(\boldsymbol{x}_0; \varepsilon)$ となる．$k \geq k_0$ であるすべての $k \in \mathbb{N}$ に対して

$$\sup_{\ell \geq k} f(\boldsymbol{x}_\ell) \leq \sup_{\boldsymbol{y}\in X\cap\mathbb{B}(\boldsymbol{x}_0;\varepsilon)} f(\boldsymbol{y})$$

となるので

$$\limsup_{k\to\infty} f(\boldsymbol{x}_k) = \lim_{k\to\infty} \left(\sup_{\ell \geq k} f(\boldsymbol{x}_\ell) \right) \leq \sup_{\boldsymbol{y}\in X\cap\mathbb{B}(\boldsymbol{x}_0;\varepsilon)} f(\boldsymbol{y})$$

となる．よって，$\varepsilon \in\,]0,\varepsilon_0]$ の任意性より

$$\limsup_{k\to\infty} f(\boldsymbol{x}_k) \leq \inf_{\varepsilon\in]0,\varepsilon_0]} \left(\sup_{\boldsymbol{y}\in X\cap\mathbb{B}(\boldsymbol{x}_0;\varepsilon)} f(\boldsymbol{y}) \right)$$

$$= \lim_{\varepsilon\to 0+} \left(\sup_{\boldsymbol{y}\in X\cap\mathbb{B}(\boldsymbol{x}_0;\varepsilon)} f(\boldsymbol{y}) \right) = \limsup_{\boldsymbol{x}\to\boldsymbol{x}_0} f(\boldsymbol{x})$$

となる.

$\limsup_{\boldsymbol{x}\to\boldsymbol{x}_0} f(\boldsymbol{x}) = -\infty$ とする. 各 $k \in \mathbb{N}$ に対して, ある $\varepsilon_k \in \,]0, \varepsilon_0]$ が存在して $\sup_{\boldsymbol{y}\in X\cap\mathbb{B}(\boldsymbol{x}_0;\varepsilon_k)} f(\boldsymbol{y}) < -k$ となる. よって, 各 $k \in \mathbb{N}$ に対して, $\eta_k = \min\left\{\varepsilon_k, \frac{1}{k}\right\}$ とすると, $\sup_{\boldsymbol{y}\in X\cap\mathbb{B}(\boldsymbol{x}_0;\eta_k)} f(\boldsymbol{y}) < -k$ となる. 各 $k \in \mathbb{N}$ に対して, $\boldsymbol{y}_k \in X\cap\mathbb{B}(\boldsymbol{x}_0;\eta_k)$ を選ぶと, $f(\boldsymbol{y}_k) < -k$ となる. このとき, $\boldsymbol{y}_k \to \boldsymbol{x}_0$ となり, $f(\boldsymbol{y}_k) \to -\infty$ となるので

$$\lim_{k\to\infty} f(\boldsymbol{y}_k) = -\infty = \limsup_{\boldsymbol{x}\to\boldsymbol{x}_0} f(\boldsymbol{x})$$

となる.

$\alpha = \limsup_{\boldsymbol{x}\to\boldsymbol{x}_0} f(\boldsymbol{x}) > -\infty$ とする. 各 $k \in \mathbb{N}$ に対して, ある $\varepsilon'_k \in \,]0, \varepsilon_0]$ が存在し

$$\alpha \le \sup_{\boldsymbol{y}\in X\cap\mathbb{B}(\boldsymbol{x}_0;\varepsilon'_k)} f(\boldsymbol{y}) < \alpha + \frac{1}{k}$$

となる. よって, 各 $k \in \mathbb{N}$ に対して, $\eta'_k = \min\left\{\varepsilon'_k, \frac{1}{k}\right\}$ とすると

$$\alpha \le \sup_{\boldsymbol{y}\in X\cap\mathbb{B}(\boldsymbol{x}_0;\eta'_k)} f(\boldsymbol{y}) < \alpha + \frac{1}{k}$$

となる. したがって, 各 $k \in \mathbb{N}$ に対して, $\boldsymbol{y}'_k \in X\cap\mathbb{B}(\boldsymbol{x}_0;\eta'_k)$ が存在して

$$\sup_{\boldsymbol{y}\in X\cap\mathbb{B}(\boldsymbol{x}_0;\eta'_k)} f(\boldsymbol{y}) - \frac{1}{k} < f(\boldsymbol{y}'_k)$$

となり

$$\alpha - \frac{1}{k} \le \sup_{\boldsymbol{y}\in X\cap\mathbb{B}(\boldsymbol{x}_0;\eta'_k)} f(\boldsymbol{y}) - \frac{1}{k} < f(\boldsymbol{y}'_k) \le \sup_{\boldsymbol{y}\in X\cap\mathbb{B}(\boldsymbol{x}_0;\eta'_k)} f(\boldsymbol{y}) < \alpha + \frac{1}{k}$$

となる. このとき, $\boldsymbol{y}'_k \to \boldsymbol{x}_0$ となり, $f(\boldsymbol{y}'_k) \to \alpha$ となるので

$$\lim_{k\to\infty} f(\boldsymbol{y}'_k) = \alpha = \limsup_{\boldsymbol{x}\to\boldsymbol{x}_0} f(\boldsymbol{x})$$

となる. $\qquad\square$

$a < b$ である $a, b \in \overline{\mathbb{R}}$ に対して, X は $[a, b]$, $\,]a, b]$, $[a, b[$ または $]a, b[$ のいずれかであるとする. $f : X \to \mathbb{R}$ とする. $x_0 \in [a, b[$ に対する $x \to x_0+$ のときの f の右上極限と右下極限, および $x_0 \in \,]a, b]$ に対する $x \to x_0-$ のときの f の左上極限と左下極限についても定理 4.12, 4.13 および 4.14 と同様の結果が導かれる.

定理 4.5 および 4.14 より次の定理が導かれる.

定理 4.15 $X \subset \mathbb{R}^n$ とし, $f : X \to \mathbb{R}$ とする. また, $\boldsymbol{x}_0 \in X$ とする. このとき, 次が成り立つ.

(i) 次の (i-1), (i-2) および (i-3) は同値になる.

(i-1) f は $\boldsymbol{x}_0$ において上半連続になる.

(i-2) $\displaystyle \limsup_{\boldsymbol{x} \to \boldsymbol{x}_0} f(\boldsymbol{x}) \le f(\boldsymbol{x}_0)$

(i-3) $\displaystyle \limsup_{\boldsymbol{x} \to \boldsymbol{x}_0} f(\boldsymbol{x}) = f(\boldsymbol{x}_0)$

(ii) 次の (ii-1), (ii-2) および (ii-3) は同値になる.

(ii-1) f は $\boldsymbol{x}_0$ において下半連続になる.

(ii-2) $\displaystyle \liminf_{\boldsymbol{x} \to \boldsymbol{x}_0} f(\boldsymbol{x}) \ge f(\boldsymbol{x}_0)$

(ii-3) $\displaystyle \liminf_{\boldsymbol{x} \to \boldsymbol{x}_0} f(\boldsymbol{x}) = f(\boldsymbol{x}_0)$

定理 4.11 および 4.14 より次の定理が導かれる.

定理 4.16 $a < b$ である $a, b \in \overline{\mathbb{R}}$ に対して, X は $[a,b]$, $]a,b]$, $[a,b[$ または $]a,b[$ のいずれかであるとする. また, $f : X \to \mathbb{R}$ とし, $x_0 \in X$ とする. このとき, 次が成り立つ.

(i) 次の (i-1), (i-2) および (i-3) は同値になる.

(i-1) f は x_0 において右（左）上半連続になる.

(i-2) $\displaystyle \limsup_{x \to x_0+} f(x) \le f(x)$ $\left(\displaystyle \limsup_{x \to x_0-} f(x) \le f(x) \right)$

(i-3) $\displaystyle \limsup_{x \to x_0+} f(x) = f(x_0)$ $\left(\displaystyle \limsup_{x \to x_0-} f(x) = f(x_0) \right)$

(ii) 次の (ii-1), (ii-2) および (ii-3) は同値になる.

(ii-1) f は x_0 において右（左）下半連続になる.

(ii-2) $\displaystyle \liminf_{x \to x_0+} f(x) \ge f(x_0)$ $\left(\displaystyle \liminf_{x \to x_0-} f(x) \ge f(x_0) \right)$

(ii-3) $\displaystyle \liminf_{x \to x_0+} f(x) = f(x_0)$ $\left(\displaystyle \liminf_{x \to x_0-} f(x) = f(x_0) \right)$

$X \subset \mathbb{R}^n$ とし, $f : X \to \mathbb{R}$ とする.

$$\mathrm{epi}(f) = \{ (\boldsymbol{x}, y) \in X \times \mathbb{R} : y \ge f(\boldsymbol{x}) \} \tag{4.18}$$

を f の**エピグラフ** (epigraph) といい（図 4.8 (b)）

$$\mathrm{hypo}(f) = \{ (\boldsymbol{x}, y) \in X \times \mathbb{R} : y \le f(\boldsymbol{x}) \} \tag{4.19}$$

を f の**ハイポグラフ** (hypograph) という（図 4.8 (c)).

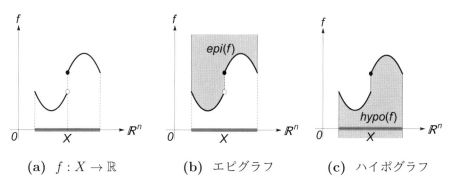

(a) $f : X \to \mathbb{R}$　　　(b) エピグラフ　　　(c) ハイポグラフ

図 4.8　エピグラフとハイポグラフ

定理 4.17 $X \in \mathcal{C}(\mathbb{R}^n)$ とし，$f : X \to \mathbb{R}$ とする．このとき，次が成り立つ．

(i) f が X 上で上半連続になるための必要十分条件は，$\mathrm{hypo}(f) \in \mathcal{C}(\mathbb{R}^{n+1})$ となることである．

(ii) f が X 上で下半連続になるための必要十分条件は，$\mathrm{epi}(f) \in \mathcal{C}(\mathbb{R}^{n+1})$ となることである．

証明　(i) を示す．(ii) は問題として残しておく (問題 4.5.4)．

必要性：$\{(\boldsymbol{y}_k, w_k)\}_{k \in \mathbb{N}} \subset \mathrm{hypo}(f)$ がある $(\boldsymbol{x}, z) \in \mathbb{R}^{n+1}$ に収束するとする．$\{\boldsymbol{y}_k\}_{k \in \mathbb{N}} \subset X \in \mathcal{C}(\mathbb{R}^n)$, $\boldsymbol{y}_k \to \boldsymbol{x}$ であるので，$\boldsymbol{x} \in X$ となる．f は $\boldsymbol{x}$ において上半連続であるので，定理 4.5 (i) より

$$z = \lim_{k \to \infty} w_k = \limsup_{k \to \infty} w_k \leq \limsup_{k \to \infty} f(\boldsymbol{y}_k) \leq f(\boldsymbol{x})$$

となり，$(\boldsymbol{x}, z) \in \mathrm{hypo}(f)$ となる．よって，$\mathrm{hypo}(f) \in \mathcal{C}(\mathbb{R}^{n+1})$ となる．

十分性：$\alpha \in \mathbb{R}$ を任意に固定する．定理 4.6 (i) より，$\mathbb{U}(f; \alpha) \in \mathcal{C}(\mathbb{R}^n)$ となることを示せばよい．$\{\boldsymbol{y}_k\}_{k \in \mathbb{N}} \subset \mathbb{U}(f; \alpha)$ がある $\boldsymbol{x} \in \mathbb{R}^n$ に収束するとする．このとき，各 $k \in \mathbb{N}$ に対して，$f(\boldsymbol{y}_k) \geq \alpha$ であるので，$(\boldsymbol{y}_k, \alpha) \in \mathrm{hypo}(f) \in \mathcal{C}(\mathbb{R}^{n+1})$ となる．よって，$(\boldsymbol{y}_k, \alpha) \to (\boldsymbol{x}, \alpha) \in \mathrm{hypo}(f)$ となるので，$\alpha \leq f(\boldsymbol{x})$ となり，$\boldsymbol{x} \in \mathbb{U}(f; \alpha)$ となる．したがって，$\mathbb{U}(f; \alpha) \in \mathcal{C}(\mathbb{R}^n)$ となる．　□

$f, g : \mathbb{R}^n \to \mathbb{R}$ とする．任意の $\boldsymbol{x} \in \mathbb{R}^n$ に対して $f(\boldsymbol{x}) \leq g(\boldsymbol{x})$ であるとき，$f \leq g$ と表す．

定理 4.18　$f : \mathbb{R}^n \to \mathbb{R}$ とする．このとき，次が成り立つ．

(i) 任意の $\boldsymbol{x} \in \mathbb{R}^n$ に対して $\limsup_{\boldsymbol{y} \to \boldsymbol{x}} f(\boldsymbol{y}) \in \mathbb{R}$ であると仮定し，f の上極限関数 $g^*:$ $\mathbb{R}^n \to \mathbb{R}$ を各 $\boldsymbol{x} \in \mathbb{R}^n$ に対して

$$g^*(\boldsymbol{x}) = \limsup_{\boldsymbol{y} \to \boldsymbol{x}} f(\boldsymbol{y}) \tag{4.20}$$

と定義する．このとき

$$\mathrm{hypo}(g^*) = \mathrm{cl}(\mathrm{hypo}(f)) \tag{4.21}$$

となり，g^* は $f \leq g$ となる $\mathbb{R}^n$ 上で上半連続である $g : \mathbb{R}^n \to \mathbb{R}$ のうちで最小になる．

(ii) 任意の $\boldsymbol{x} \in \mathbb{R}^n$ に対して $\liminf_{\boldsymbol{y} \to \boldsymbol{x}} f(\boldsymbol{y}) \in \mathbb{R}$ であると仮定し，f の下極限関数 $h^*:$ $\mathbb{R}^n \to \mathbb{R}$ を各 $\boldsymbol{x} \in \mathbb{R}^n$ に対して

$$h^*(\boldsymbol{x}) = \liminf_{\boldsymbol{y} \to \boldsymbol{x}} f(\boldsymbol{y}) \tag{4.22}$$

と定義する．このとき

$$\mathrm{epi}(h^*) = \mathrm{cl}(\mathrm{epi}(f)) \tag{4.23}$$

となり，h^* は $f \geq h$ となる $\mathbb{R}^n$ 上で下半連続である $h : \mathbb{R}^n \to \mathbb{R}$ のうちで最大になる．

証明 (i) を示す．(ii) は問題として残しておく (問題 4.5.5)．

(4.21) が成り立つことを示す．まず，$(\boldsymbol{x}, z) \in \mathrm{hypo}(g^*)$ とする．定理 4.14 (i) より，$\boldsymbol{y}_k \to \boldsymbol{x}$ となるある点列 $\{\boldsymbol{y}_k\}_{k \in \mathbb{N}} \subset \mathbb{R}^n$ が存在して

$$z \leq g^*(\boldsymbol{x}) = \limsup_{\boldsymbol{y} \to \boldsymbol{x}} f(\boldsymbol{y}) = \lim_{k \to \infty} f(\boldsymbol{y}_k)$$

となる．このとき，$\{(\boldsymbol{y}_k, \min\{z, f(\boldsymbol{y}_k)\})\}_{k \in \mathbb{N}} \subset \mathrm{hypo}(f)$ となり

$$(\boldsymbol{y}_k, \min\{z, f(\boldsymbol{y}_k)\}) \to (\boldsymbol{x}, z) \in \mathrm{cl}(\mathrm{hypo}(f))$$

となる．よって，$\mathrm{hypo}(g^*) \subset \mathrm{cl}(\mathrm{hypo}(f))$ となる．

次に，$(\boldsymbol{x}, z) \in \mathrm{cl}(\mathrm{hypo}(f))$ とする．このとき，ある $\{(\boldsymbol{y}_k, w_k)\}_{k \in \mathbb{N}} \subset \mathrm{hypo}(f)$ が存在して $(\boldsymbol{y}_k, w_k) \to (\boldsymbol{x}, z)$ となる．任意の $k \in \mathbb{N}$ に対して $w_k \leq f(\boldsymbol{y}_k)$ であるので，定理 4.14 (i) より

$$z = \lim_{k \to \infty} w_k = \limsup_{k \to \infty} w_k \leq \limsup_{k \to \infty} f(\boldsymbol{y}_k) \leq \limsup_{\boldsymbol{y} \to \boldsymbol{x}} f(\boldsymbol{y}) = g^*(\boldsymbol{x})$$

となり，$(\boldsymbol{x}, z) \in \mathrm{hypo}(g^*)$ となる．よって，$\mathrm{hypo}(g^*) \supset \mathrm{cl}(\mathrm{hypo}(f))$ となる．

最後に，(i) の後半部分を示す．$f \leq g^*$ であり，定理 4.17 (i) より，g^* は $\mathbb{R}^n$ 上で上半連続になる．$g : \mathbb{R}^n \to \mathbb{R}$ は $\mathbb{R}^n$ 上で上半連続であり，$f \leq g$ であるとする．このとき，定理 4.17 (i) より $\mathrm{hypo}(f) \subset \mathrm{hypo}(g) \in \mathcal{C}(\mathbb{R}^{n+1})$ となるので

$$\mathrm{hypo}(g^*) = \mathrm{cl}(\mathrm{hypo}(f)) \subset \mathrm{hypo}(g)$$

97

となる. よって, 任意の $\boldsymbol{x} \in \mathbb{R}^n$ に対して, $(\boldsymbol{x}, g^*(\boldsymbol{x})) \in \mathrm{hypo}(g^*) \subset \mathrm{hypo}(g)$ であるので, $g^*(\boldsymbol{x}) \leq g(\boldsymbol{x})$ となる. したがって, $g^* \leq g$ となる. □

問題 4.5

1. 定理 4.12 を証明せよ.

2. 定理 4.13 を証明せよ.

3. $X \subset \mathbb{R}^n$ とし, $f : X \to \mathbb{R}$ とする. また, $\boldsymbol{x}_0 \in \mathrm{cl}(X)$ とする.

(i) $\boldsymbol{x}_k \to \boldsymbol{x}_0$ である任意の点列 $\{\boldsymbol{x}_k\}_{k \in \mathbb{N}} \subset X$ に対して, 次が成り立つことを示せ.

$$\liminf_{k \to \infty} f(\boldsymbol{x}_k) \geq \liminf_{\boldsymbol{x} \to \boldsymbol{x}_0} f(\boldsymbol{x})$$

(ii) $\boldsymbol{y}_k \to \boldsymbol{x}_0$ となるある点列 $\{\boldsymbol{y}_k\}_{k \in \mathbb{N}} \subset X$ が存在し, 次が成り立つことを示せ.

$$\lim_{k \to \infty} f(\boldsymbol{y}_k) = \liminf_{\boldsymbol{x} \to \boldsymbol{x}_0} f(\boldsymbol{x})$$

4. $X \in \mathcal{C}(\mathbb{R}^n)$ とし, $f : X \to \mathbb{R}$ とする. このとき, f が X 上で下半連続になるための必要十分条件は, $\mathrm{epi}(f) \in \mathcal{C}(\mathbb{R}^{n+1})$ となることであることを示せ.

5. $f : \mathbb{R}^n \to \mathbb{R}$ とする. 任意の $\boldsymbol{x} \in \mathbb{R}^n$ に対して $\liminf_{\boldsymbol{y} \to \boldsymbol{x}} f(\boldsymbol{y}) \in \mathbb{R}$ であると仮定し, $h^* : \mathbb{R}^n \to \mathbb{R}$ を (4.22) において定義される f の下極限関数とする. このとき

$$\mathrm{epi}(h^*) = \mathrm{cl}(\mathrm{epi}(f))$$

となり, h^* は $f \geq h$ となる $\mathbb{R}^n$ 上で下半連続である $h : \mathbb{R}^n \to \mathbb{R}$ のうちで最大になることを示せ.

第 5 章

凸解析

5.1 凸集合

$A \subset \mathbb{R}^n$ とする．任意の 2 つの点 $\boldsymbol{x}, \boldsymbol{y} \in A$ および任意の $\lambda \in \,]0,1[\,$ に対して

$$\lambda \boldsymbol{x} + (1-\lambda)\boldsymbol{y} \in A \tag{5.1}$$

が成り立つとき，A を**凸集合** (convex set) という．$\mathbb{R}^n$ および $\emptyset$ は凸集合になる．

$\mathcal{K}(\mathbb{R}^n)$, $\mathcal{CK}(\mathbb{R}^n)$ および $\mathcal{BCK}(\mathbb{R}^n)$ をそれぞれ $\mathbb{R}^n$ のすべての凸集合, 閉凸集合およびコンパクト凸集合の集合とする．

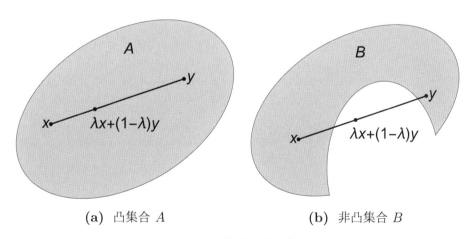

(a) 凸集合 A　　　　(b) 非凸集合 B

図 5.1 凸集合と非凸集合

例 5.1

(i) $\varepsilon > 0$ とし，$A = \{(x,y) \in \mathbb{R}^2 : |x| + |y| \leq \varepsilon\}$ とする．このとき，$A \in \mathcal{K}(\mathbb{R}^2)$ となることを確かめる．$(x_1, y_1), (x_2, y_2) \in A$ とし，$\lambda \in \,]0,1[\,$ とする．$(x_1, y_1), (x_2, y_2) \in A$

であるので
$$|x_1| + |y_1| \leq \varepsilon, \quad |x_2| + |y_2| \leq \varepsilon$$

となる．$A \in \mathcal{K}(\mathbb{R}^2)$ となることを確かめるためには，$\lambda(x_1, y_1) + (1 - \lambda)(x_2, y_2) = (\lambda x_1 + (1 - \lambda)x_2, \lambda y_1 + (1 - \lambda)y_2) \in A$ となることを示せばよい．このとき

$$|\lambda x_1 + (1 - \lambda)x_2| + |\lambda y_1 + (1 - \lambda)y_2| \leq \lambda(|x_1| + |y_1|) + (1 - \lambda)(|x_2| + |y_2|)$$
$$\leq \lambda \varepsilon + (1 - \lambda)\varepsilon = \varepsilon$$

となるので，$\lambda(x_1, y_1) + (1 - \lambda)(x_2, y_2) \in A$ となる．よって，$A \in \mathcal{K}(\mathbb{R}^2)$ となる．

(ii) $\boldsymbol{x}_0 \in \mathbb{R}^n$ とし，$\varepsilon > 0$ とする．このとき，$\mathbb{B}(\boldsymbol{x}_0; \varepsilon) \in \mathcal{K}(\mathbb{R}^n)$ となることを確かめる．$\boldsymbol{x}, \boldsymbol{y} \in \mathbb{B}(\boldsymbol{x}_0; \varepsilon)$ とし，$\lambda \in {]0, 1[}$ とする．$\boldsymbol{x}, \boldsymbol{y} \in \mathbb{B}(\boldsymbol{x}_0; \varepsilon)$ であるので

$$\|\boldsymbol{x} - \boldsymbol{x}_0\| < \varepsilon, \quad \|\boldsymbol{y} - \boldsymbol{x}_0\| < \varepsilon$$

となる．$\mathbb{B}(\boldsymbol{x}_0; \varepsilon) \in \mathcal{K}(\mathbb{R}^n)$ であることを確かめるためには，$\lambda \boldsymbol{x} + (1 - \lambda)\boldsymbol{y} \in \mathbb{B}(\boldsymbol{x}_0; \varepsilon)$ となることを示せばよい．このとき

$$\|(\lambda \boldsymbol{x} + (1 - \lambda)\boldsymbol{y}) - \boldsymbol{x}_0\| = \|\lambda(\boldsymbol{x} - \boldsymbol{x}_0) + (1 - \lambda)(\boldsymbol{y} - \boldsymbol{y}_0)\|$$
$$\leq \lambda\|\boldsymbol{x} - \boldsymbol{x}_0\| + (1 - \lambda)\|\boldsymbol{y} - \boldsymbol{y}_0\|$$
$$< \lambda \varepsilon + (1 - \lambda)\varepsilon = \varepsilon$$

となるので，$\lambda \boldsymbol{x} + (1 - \lambda)\boldsymbol{y} \in \mathbb{B}(\boldsymbol{x}_0; \varepsilon)$ となる．よって，$\mathbb{B}(\boldsymbol{x}_0; \varepsilon) \in \mathcal{K}(\mathbb{R}^n)$ となる．　□

定理 5.1 $A, B \subset \mathbb{R}^n$ および $\lambda \in \mathbb{R}$ に対して，次が成り立つ．

(i) $A, B \in \mathcal{K}(\mathbb{R}^n) \Rightarrow A + B \in \mathcal{K}(\mathbb{R}^n)$

(ii) $A \in \mathcal{K}(\mathbb{R}^n) \Rightarrow \lambda A \in \mathcal{K}(\mathbb{R}^n)$

証明 証明は問題として残しておく（問題 5.1.2）．　□

$A, B \subset \mathbb{R}^n$ に対して，$A - B = A + (-B)$ であるので，定理 5.1 より次が成り立つ．

$$A, B \in \mathcal{K}(\mathbb{R}^n) \Rightarrow A - B \in \mathcal{K}(\mathbb{R}^n) \tag{5.2}$$

定理 5.2 $A \in \mathcal{K}(\mathbb{R}^n)$ であるための必要十分条件は，A の任意の有限個のベクトルの凸結合が A に含まれることである．

証明 A の任意の 2 つのベクトルの凸結合が A に含まれるならば，凸集合の定義 (5.1) より，$A \in \mathcal{K}(\mathbb{R}^n)$ となるので十分性は明らかである．必要性を A のベクトルの個数 m に関する帰納法で示す．すなわち，任意の $m \in \mathbb{N}$ に対して

$$\boldsymbol{x}_j \in A, \lambda_j \geq 0, j = 1, 2, \cdots, m, \sum_{j=1}^{m} \lambda_j = 1 \Rightarrow \sum_{j=1}^{m} \lambda_j \boldsymbol{x}_j \in A \tag{5.3}$$

が成り立つことを示す．まず，$m = 1$ のときは，明らかに (5.3) は成り立つ．次に，$k \in \mathbb{N}$ に対して $m = k$ のとき，(5.3) が成り立つと仮定する．

$$\boldsymbol{y}_j \in A, \mu_j \geq 0, \ j = 1, 2, \cdots, k+1, \quad \sum_{j=1}^{k+1} \mu_j = 1$$

とする．$\mu_{k+1} = 0$ ならば，帰納法の仮定より，$\sum_{j=1}^{k+1} \mu_j \boldsymbol{y}_j = \sum_{j=1}^{k} \mu_j \boldsymbol{y}_j \in A$ となる．$\mu_{k+1} = 1$ ならば，$\mu_j = 0, \ j = 1, 2, \cdots, k$ となり，$\sum_{j=1}^{k+1} \mu_j \boldsymbol{y}_j = \boldsymbol{y}_{k+1} \in A$ となる．よって，$\mu_{k+1} \in \,]0, 1[$ と仮定する．このとき

$$\sum_{j=1}^{k+1} \mu_j \boldsymbol{y}_j = (1 - \mu_{k+1}) \sum_{j=1}^{k} \frac{\mu_j}{1 - \mu_{k+1}} \boldsymbol{y}_j + \mu_{k+1} \boldsymbol{y}_{k+1}$$

となる．ここで

$$\frac{\mu_j}{1 - \mu_{k+1}} \geq 0, \ j = 1, 2, \cdots, k, \quad \sum_{j=1}^{k} \frac{\mu_j}{1 - \mu_{k+1}} = \frac{\displaystyle\sum_{j=1}^{k} \mu_j}{\displaystyle\sum_{j=1}^{k} \mu_j} = 1$$

となるので，$\sum_{j=1}^{k} \frac{\mu_j}{1 - \mu_{k+1}} \boldsymbol{y}_j$ は k 個の $\boldsymbol{y}_j \in A, \ j = 1, 2, \cdots, k$ の凸結合になり，帰納法の仮定より，$\sum_{j=1}^{k} \frac{\mu_j}{1 - \mu_{k+1}} \boldsymbol{y}_j \in A$ となる．したがって

$$\sum_{j=1}^{k} \frac{\mu_j}{1 - \mu_{k+1}} \boldsymbol{y}_j, \boldsymbol{y}_{k+1} \in A, \quad \mu_{k+1} \in \,]0, 1[$$

であり，$A \in \mathcal{K}(\mathbb{R}^n)$ であるので

$$\sum_{j=1}^{k+1} \mu_j \boldsymbol{y}_j = (1 - \mu_{k+1}) \sum_{j=1}^{k} \frac{\mu_j}{1 - \mu_{k+1}} \boldsymbol{y}_j + \mu_{k+1} \boldsymbol{y}_{k+1} \in A$$

となり，$m = k+1$ のときも (5.3) が成り立つ． □

定理 5.3 Λ を任意の添字集合とする．このとき，次が成り立つ．

$$A_\lambda \in \mathcal{K}(\mathbb{R}^n), \lambda \in \Lambda \Rightarrow \bigcap_{\lambda \in \Lambda} A_\lambda \in \mathcal{K}(\mathbb{R}^n)$$

証明 $\boldsymbol{x}, \boldsymbol{y} \in \bigcap_{\lambda \in \Lambda} A_\lambda$ とし，$\mu \in \,]0, 1[$ とする．このとき，任意の $\lambda \in \Lambda$ に対して，$A_\lambda \in \mathcal{K}(\mathbb{R}^n)$ であるので，$\mu \boldsymbol{x} + (1 - \mu) \boldsymbol{y} \in A_\lambda$ となる．よって，$\mu \boldsymbol{x} + (1 - \mu) \boldsymbol{y} \in \bigcap_{\lambda \in \Lambda} A_\lambda$ となる． □

定理 5.4

(i) $A \in \mathcal{K}(\mathbb{R}^n) \Rightarrow \text{int}(A) \in \mathcal{K}(\mathbb{R}^n)$

(ii) $A \in \mathcal{K}(\mathbb{R}^n) \Rightarrow \text{cl}(A) \in \mathcal{K}(\mathbb{R}^n)$

証明

(i) $\boldsymbol{x}, \boldsymbol{y} \in \text{int}(A)$ とし, $\lambda \in {]}0, 1{[}$ とする. $\boldsymbol{z} = \lambda \boldsymbol{x} + (1-\lambda)\boldsymbol{y} \in \text{int}(A)$ となることを示す. このとき, ある $\varepsilon > 0$ が存在して $\mathbb{B}(\boldsymbol{x}; \varepsilon) \subset A, \mathbb{B}(\boldsymbol{y}; \varepsilon) \subset A$ となる. $\boldsymbol{z} \in \text{int}(A)$ となることを示すためには, $\mathbb{B}(\boldsymbol{z}; \varepsilon) \subset A$ となることを示せばよい. $\boldsymbol{w} \in \mathbb{B}(\boldsymbol{z}; \varepsilon)$ とする. $\|\boldsymbol{w} - \boldsymbol{z}\| < \varepsilon$ であるので, $\boldsymbol{x} + \boldsymbol{w} - \boldsymbol{z} \in \mathbb{B}(\boldsymbol{x}; \varepsilon) \subset A, \boldsymbol{y} + \boldsymbol{w} - \boldsymbol{z} \in \mathbb{B}(\boldsymbol{y}; \varepsilon) \subset A$ となる. よって, $\boldsymbol{w} = \lambda(\boldsymbol{x} + \boldsymbol{w} - \boldsymbol{z}) + (1-\lambda)(\boldsymbol{y} + \boldsymbol{w} - \boldsymbol{z}) \in A$ となる. したがって, $\mathbb{B}(\boldsymbol{z}; \varepsilon) \subset A$ となるので, $\boldsymbol{z} \in \text{int}(A)$ となる.

(ii) $\boldsymbol{x}, \boldsymbol{y} \in \text{cl}(A)$ とし, $\lambda \in {]}0, 1{[}$ とする. $\lambda \boldsymbol{x} + (1-\lambda)\boldsymbol{y} \in \text{cl}(A)$ となることを示す. $\varepsilon > 0$ を任意に固定する. このとき, $A \cap \mathbb{B}(\boldsymbol{x}; \varepsilon) \neq \emptyset, A \cap \mathbb{B}(\boldsymbol{y}; \varepsilon) \neq \emptyset$ となり, ある $\boldsymbol{x}_0, \boldsymbol{y}_0 \in A$ が存在して $\|\boldsymbol{x}_0 - \boldsymbol{x}\| < \varepsilon, \|\boldsymbol{y}_0 - \boldsymbol{y}\| < \varepsilon$ となる. よって, $\|\lambda \boldsymbol{x}_0 + (1-\lambda)\boldsymbol{y}_0 - (\lambda \boldsymbol{x} + (1-\lambda)\boldsymbol{y})\| \leq \lambda \|\boldsymbol{x}_0 - \boldsymbol{x}\| + (1-\lambda)\|\boldsymbol{y}_0 - \boldsymbol{y}\| < \varepsilon$ となる. また, $A \in \mathcal{K}(\mathbb{R}^n)$ であるので, $\lambda \boldsymbol{x}_0 + (1-\lambda)\boldsymbol{y}_0 \in A$ となる. したがって, $\lambda \boldsymbol{x}_0 + (1-\lambda)\boldsymbol{y}_0 \in A \cap \mathbb{B}(\lambda \boldsymbol{x} + (1-\lambda)\boldsymbol{y}; \varepsilon)$ となるので, $A \cap \mathbb{B}(\lambda \boldsymbol{x} + (1-\lambda)\boldsymbol{y}; \varepsilon) \neq \emptyset$ となる. $\varepsilon > 0$ の任意性より, $\lambda \boldsymbol{x} + (1-\lambda)\boldsymbol{y} \in \text{cl}(A)$ となる. □

$A \subset \mathbb{R}^n$ とする. A を含むすべての凸集合の共通集合を A の**凸包** (convex hull) といい, $\text{co}(A)$ と表す. すなわち, A の凸包は A を含む最小の凸集合である. A を含むすべての閉凸集合の共通集合を A の**閉凸包** (closed convex hull) といい, $\overline{\text{co}}(A)$ と表す. すなわち, A の閉凸包は A を含む最小の閉凸集合である.

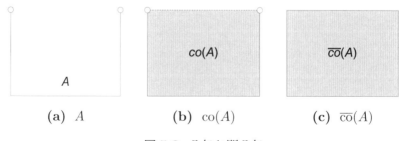

図 5.2 凸包と閉凸包

例 5.2 $A = \{(x, y) \in \mathbb{R}^2 : 0 \leq x < 1, y = 0\} \cup \{(x, y) \in \mathbb{R}^2 : x = 0, 0 \leq y < 1\}$ とする. このとき

$$\text{co}(A) = \{(x, y) \in \mathbb{R}^2 : 0 \leq x < 1, 0 \leq y < 1, x + y < 1\}$$

$$\overline{\mathrm{co}}(A) = \{(x,y) \in \mathbb{R}^2 : 0 \le x \le 1, 0 \le y \le 1, x+y \le 1\}$$

となることを確かめる.

まず，$\mathrm{co}(A) = \{(x,y) \in \mathbb{R}^2 : 0 \le x < 1, 0 \le y < 1, x+y < 1\}$ となることを確かめる．$B = \{(x,y) \in \mathbb{R}^2 : 0 \le x < 1, 0 \le y < 1, x+y < 1\}$ とする．$A \subset B$ となることは容易にわかる．$B \in \mathcal{K}(\mathbb{R}^2)$ となることを示す．$(x_1,y_1),(x_2,y_2) \in B$ とし，$\lambda \in {]}0,1{[}$ とする．このとき，$0 \le x_1 < 1, 0 \le y_1 < 1, x_1 + y_1 < 1, 0 \le x_2 < 1, 0 \le y_2 < 1, x_2 + y_2 < 1$ であるので

$$0 \le \lambda x_1 < \lambda, \ 0 \le \lambda y_1 < \lambda, \ \lambda(x_1 + y_1) < \lambda$$

$$0 \le (1-\lambda)x_2 < 1 - \lambda, \ 0 \le (1-\lambda)y_2 < 1 - \lambda, \ (1-\lambda)(x_2 + y_2) < 1 - \lambda$$

となり

$$0 \le \lambda x_1 + (1-\lambda)x_2 < 1, \ 0 \le \lambda y_1 + (1-\lambda)y_2 < 1$$

$$(\lambda x_1 + (1-\lambda)x_2) + (\lambda y_1 + (1-\lambda)y_2) < 1$$

となる．よって，$\lambda(x_1,y_1) + (1-\lambda)(x_2,y_2) = (\lambda x_1 + (1-\lambda)x_2, \lambda y_1 + (1-\lambda)y_2) \in B$ となる．したがって，$B \in \mathcal{K}(\mathbb{R}^2)$ となる．以上より，B は A を含む凸集合であることがわかった．

$A \subset C$ となる $C \in \mathcal{K}(\mathbb{R}^2)$ を任意に固定し，$B \subset C$ となることを示す．$(x_3,y_3) \in B$ とする．このとき，$0 \le x_3 < 1, 0 \le y_3 < 1, x_3 + y_3 < 1$ である．$x_3 = 0$ または $y_3 = 0$ ならば，$(x_3,y_3) \in A \subset C$ となる．$x_3 \ne 0, y_3 \ne 0$ とする．$(x_3 + y_3, 0), (0, x_3 + y_3) \in A \subset C$ となり，$C \in \mathcal{K}(\mathbb{R}^2)$ であるので

$$(x_3,y_3) = \frac{x_3}{x_3 + y_3}(x_3 + y_3, 0) + \frac{y_3}{x_3 + y_3}(0, x_3 + y_3) \in C$$

となる．よって，$B \subset C$ となる．$A \subset C$ となる $C \in \mathcal{K}(\mathbb{R}^2)$ の任意性より，B は A を含む最小の凸集合，すなわち，A を含むすべての凸集合の共通集合になる．したがって，$\mathrm{co}(A) = B$ となる．

次に，$\overline{\mathrm{co}}(A) = \{(x,y) \in \mathbb{R}^2 : 0 \le x \le 1, 0 \le y \le 1, x+y \le 1\}$ となることを確かめる．$B' = \{(x,y) \in \mathbb{R}^2 : 0 \le x \le 1, 0 \le y \le 1, x+y \le 1\}$ とする．$A \subset B', B' \in \mathcal{C}(\mathbb{R}^2)$ となることは容易にわかる．また，$B' \in \mathcal{K}(\mathbb{R}^2)$ となることも上記議論と同様に示せる．$A \subset C'$ となる $C' \in \mathcal{CK}(\mathbb{R}^2)$ を任意に固定し，$B' \subset C'$ となることを示す．$(x',y') \in B'$ とする．$A \subset C' \in \mathcal{K}(\mathbb{R}^2)$ であるので，$\mathrm{co}(A) \subset C'$ となる．$(x',y') \in B'$ であるので，$0 \le x' \le 1, 0 \le y' \le 1, x' + y' \le 1$ となる．$x' + y' < 1$ ならば，$(x',y') \in \mathrm{co}(A) \subset C'$ となる．$x' + y' = 1$ ならば，各 $k \in \mathbb{N}$ に対して

$$\left(1 - \frac{1}{k}\right)(x',y') \in \mathrm{co}(A) \subset C'$$

となり，$C' \in \mathcal{C}(\mathbb{R}^2)$ であるので

$$\left(1 - \frac{1}{k}\right)(x', y') \to (x', y') \in C'$$

となる．よって，$B' \subset C'$ となる．$A \subset C'$ となる $C' \in \mathcal{CK}(\mathbb{R}^2)$ の任意性より，B' は A を含む最小の閉凸集合，すなわち，A を含むすべての閉凸集合の共通集合になる．したがって，$\overline{\mathrm{co}}(A) = B'$ となる． $\square$

定理 5.5 $A \subset \mathbb{R}^n$ とする．このとき，$\mathrm{co}(A)$ は A の有限個のベクトルの凸結合全体になる．すなわち，次が成り立つ．

$$\mathrm{co}(A) = \left\{ \sum_{j=1}^{m} \lambda_j \boldsymbol{x}_j : m \in \mathbb{N},\ \boldsymbol{x}_j \in A, \lambda_j \geq 0, j = 1, 2, \cdots, m,\ \sum_{j=1}^{m} \lambda_j = 1 \right\}$$

証明 まず

$$B = \left\{ \sum_{j=1}^{m} \lambda_j \boldsymbol{x}_j : m \in \mathbb{N},\ \boldsymbol{x}_j \in A, \lambda_j \geq 0, j = 1, 2, \cdots, m,\ \sum_{j=1}^{m} \lambda_j = 1 \right\}$$

とし，$\mathrm{co}(A) \subset B$ となることを示す．明らかに $A \subset B$ である．$B \in \mathcal{K}(\mathbb{R}^n)$ となることが示されれば，$\mathrm{co}(A) \subset B$ となる．$\boldsymbol{y}, \boldsymbol{z} \in B$ とし，$\lambda \in\,]0, 1[$ とする．このとき，ある k, $\ell \in \mathbb{N}$, ある $\boldsymbol{y}_i \in A$, $i = 1, 2, \cdots, k$, ある $\boldsymbol{z}_j \in A$, $j = 1, 2, \cdots, \ell$, $\sum_{i=1}^{k} \mu_i = 1$ となるある $\mu_i \geq 0$, $i = 1, 2, \cdots, k$ および $\sum_{j=1}^{\ell} \nu_j = 1$ となるある $\nu_j \geq 0$, $j = 1, 2, \cdots, \ell$ が存在して

$$\boldsymbol{y} = \sum_{i=1}^{k} \mu_i \boldsymbol{y}_i, \quad \boldsymbol{z} = \sum_{j=1}^{\ell} \nu_j \boldsymbol{z}_j$$

となる．よって

$$\lambda \boldsymbol{y} + (1 - \lambda)\boldsymbol{z} = \lambda \sum_{i=1}^{k} \mu_i \boldsymbol{y}_i + (1 - \lambda) \sum_{j=1}^{\ell} \nu_j \boldsymbol{z}_j$$
$$= \sum_{i=1}^{k} \lambda \mu_i \boldsymbol{y}_i + \sum_{j=1}^{\ell} (1 - \lambda)\nu_j \boldsymbol{z}_j$$

となり

$$\lambda \mu_i \geq 0,\ i = 1, 2, \cdots, k, \quad (1 - \lambda)\nu_j \geq 0,\ j = 1, 2, \cdots, \ell$$

$$\sum_{i=1}^{k} \lambda \mu_i + \sum_{j=1}^{\ell} (1 - \lambda)\nu_j = \lambda \sum_{i=1}^{k} \mu_i + (1 - \lambda) \sum_{j=1}^{\ell} \nu_j = \lambda + (1 - \lambda) = 1$$

となる．$\lambda \boldsymbol{y}+(1-\lambda)\boldsymbol{z}$ は A の $(k+\ell)$ 個のベクトル $\boldsymbol{y}_i, i=1,2,\cdots,k$ および $\boldsymbol{z}_j, j=1,2,\cdots,\ell$ の凸結合になるので，$\lambda \boldsymbol{y}+(1-\lambda)\boldsymbol{z} \in B$ となる．したがって，$B \in \mathcal{K}(\mathbb{R}^n)$ となる．

次に，$\mathrm{co}(A) \supset B$ となることを示す．$\boldsymbol{x} \in B$ とすると，$\boldsymbol{x}$ は A の有限個のベクトルの凸結合であり，$A \subset \mathrm{co}(A) \in \mathcal{K}(\mathbb{R}^n)$ であるので，定理 5.2 より $\boldsymbol{x} \in \mathrm{co}(A)$ となる．よって，$\mathrm{co}(A) \supset B$ となる．　□

定理 5.6 $A \subset \mathbb{R}^n$ とする．このとき，次が成り立つ．

$$\overline{\mathrm{co}}(A) = \mathrm{cl}(\mathrm{co}(A))$$

証明 定理 5.4 (ii) より $A \subset \mathrm{cl}(\mathrm{co}(A)) \in \mathcal{CK}(\mathbb{R}^n)$ となるので，$\overline{\mathrm{co}}(A) \subset \mathrm{cl}(\mathrm{co}(A))$ となる．逆に，$A \subset \overline{\mathrm{co}}(A) \in \mathcal{CK}(\mathbb{R}^n)$ であるので，$\mathrm{co}(A) \subset \overline{\mathrm{co}}(A)$ となり，$\mathrm{cl}(\mathrm{co}(A)) \subset \overline{\mathrm{co}}(A)$ となる．　□

$\alpha > 0$ および $\boldsymbol{x} = (x_1, x_2, \cdots, x_n) \in \mathbb{R}^n$ に対して

$$\overline{\mathbb{B}}_r^{(n)}(\boldsymbol{x}; \alpha) = \{(y_1, y_2, \cdots, y_n) \in \mathbb{R}^n : |y_i - x_i| \leq \alpha, i = 1, 2, \cdots, n\} \tag{5.4}$$

とする（図 5.3）．また，$\overline{\mathbb{B}}_r^{(n)}(\boldsymbol{x}; \alpha)$ を単に $\overline{\mathbb{B}}_r(\boldsymbol{x}; \alpha)$ とも表す．

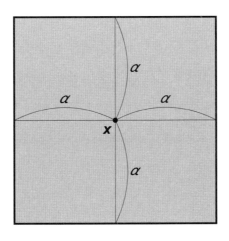

図 5.3　$\overline{\mathbb{B}}_r^{(2)}(\boldsymbol{x}; \alpha)$　$(\alpha > 0, \boldsymbol{x} \in \mathbb{R}^2)$

補題 5.1 $\alpha > 0$ とし，各 $(k_1, k_2, \cdots, k_n) \in \{1, 2\}^n$ に対して

$$\boldsymbol{x}_{(k_1, k_2, \cdots, k_n)}^{(n)} = \alpha \left((-1)^{k_1}, (-1)^{k_2}, \cdots, (-1)^{k_n}\right)$$

とする．このとき，次が成り立つ．
$$\mathrm{co}\left(\left\{\boldsymbol{x}_{(k_1,k_2,\cdots,k_n)}^{(n)}:(k_1,k_2,\cdots,k_n)\in\{1,2\}^n\right\}\right)=\overline{\mathbb{B}}_r^{(n)}(\boldsymbol{0};\alpha) \tag{5.5}$$

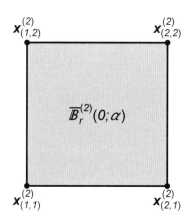

図 5.4 $\mathrm{co}\left(\left\{\boldsymbol{x}_{(1,1)}^{(2)},\boldsymbol{x}_{(1,2)}^{(2)},\boldsymbol{x}_{(2,1)}^{(2)},\boldsymbol{x}_{(2,2)}^{(2)}\right\}\right)=\overline{\mathbb{B}}_r^{(2)}(\boldsymbol{0};\alpha)$

補題 5.1 の証明 n に関する帰納法で示す．$n=1$ のときは
$$\mathrm{co}\left(\left\{\boldsymbol{x}_{(k_1)}^{(1)}:k_1\in\{1,2\}\right\}\right)=\mathrm{co}(\{-\alpha,\alpha\})=[-\alpha,\alpha]$$
$$=\{y_1\in\mathbb{R}:|y_1|\leq\alpha\}=\overline{\mathbb{B}}_r^{(1)}(0;\alpha)$$
となり，(5.5) が成り立つ．

$m\in\mathbb{N}$ に対して，$n=m$ のとき (5.5) が成り立つと仮定する．まず
$$\left\{\boldsymbol{x}_{(k_1,k_2,\cdots,k_{m+1})}^{(m+1)}:(k_1,k_2,\cdots,k_{m+1})\in\{1,2\}^{m+1}\right\}\subset\overline{\mathbb{B}}_r^{(m+1)}(\boldsymbol{0};\alpha)\in\mathcal{K}(\mathbb{R}^{m+1})$$
であるので
$$\mathrm{co}\left(\left\{\boldsymbol{x}_{(k_1,k_2,\cdots,k_{m+1})}^{(m+1)}:(k_1,k_2,\cdots,k_{m+1})\in\{1,2\}^{m+1}\right\}\right)\subset\overline{\mathbb{B}}_r^{(m+1)}(\boldsymbol{0};\alpha)$$
となる．次に
$$\boldsymbol{y}=(y_1,y_2,\cdots,y_m,y_{m+1})\in\overline{\mathbb{B}}_r^{(m+1)}(\boldsymbol{0};\alpha)$$
とし
$$\boldsymbol{z}=(y_1,y_2,\cdots,y_m)\in\overline{\mathbb{B}}_r^{(m)}(\boldsymbol{0};\alpha)$$

とする．帰納法の仮定より

$$z = \sum_{(k_1,k_2,\cdots,k_m)\in\{1,2\}^m} \lambda_{(k_1,k_2,\cdots,k_m)} \boldsymbol{x}^{(m)}_{(k_1,k_2,\cdots,k_m)}$$

$$\lambda_{(k_1,k_2,\cdots,k_m)} \geq 0, \quad (k_1,k_2,\cdots,k_m) \in \{1,2\}^m$$

$$\sum_{(k_1,k_2,\cdots,k_m)\in\{1,2\}^m} \lambda_{(k_1,k_2,\cdots,k_m)} = 1$$

と表せる．また，$y_{m+1} \in \overline{\mathbb{B}}^{(1)}_r(0;\alpha)$ であるので

$$y_{m+1} = \mu(-\alpha) + (1-\mu)\alpha, \quad \mu \in [0,1]$$

と表せる．よって

$$\begin{aligned}
\boldsymbol{y} &= (\boldsymbol{z}, y_{m+1}) \\
&= (\boldsymbol{z}, \mu(-\alpha) + (1-\mu)\alpha) \\
&= \mu(\boldsymbol{z}, -\alpha) + (1-\mu)(\boldsymbol{z}, \alpha) \\
&= \mu \sum_{(k_1,k_2,\cdots,k_m)\in\{1,2\}^m} \lambda_{(k_1,k_2,\cdots,k_m)} (\boldsymbol{x}^{(m)}_{(k_1,k_2,\cdots,k_m)}, -\alpha) \\
&\quad + (1-\mu) \sum_{(k_1,k_2,\cdots,k_m)\in\{1,2\}^m} \lambda_{(k_1,k_2,\cdots,k_m)} (\boldsymbol{x}^{(m)}_{(k_1,k_2,\cdots,k_m)}, \alpha) \\
&= \sum_{(k_1,k_2,\cdots,k_m)\in\{1,2\}^m} \mu\lambda_{(k_1,k_2,\cdots,k_m)} \boldsymbol{x}^{(m+1)}_{(k_1,k_2,\cdots,k_m,1)} \\
&\quad + \sum_{(k_1,k_2,\cdots,k_m)\in\{1,2\}^m} (1-\mu)\lambda_{(k_1,k_2,\cdots,k_m)} \boldsymbol{x}^{(m+1)}_{(k_1,k_2,\cdots,k_m,2)}
\end{aligned}$$

となり

$$\mu\lambda_{(k_1,k_2,\cdots,k_m)} \geq 0, \ (1-\mu)\lambda_{(k_1,k_2,\cdots,k_m)} \geq 0, \quad (k_1,k_2,\cdots,k_m) \in \{1,2\}^m$$

$$\sum_{(k_1,k_2,\cdots,k_m)\in\{1,2\}^m} \mu\lambda_{(k_1,k_2,\cdots,k_m)} \\ + \sum_{(k_1,k_2,\cdots,k_m)\in\{1,2\}^m} (1-\mu)\lambda_{(k_1,k_2,\cdots,k_m)} = 1$$

であるので

$$\boldsymbol{y} \in \mathrm{co}\left(\left\{\boldsymbol{x}^{(m+1)}_{(k_1,k_2,\cdots,k_{m+1})} : (k_1,k_2,\cdots,k_{m+1}) \in \{1,2\}^{m+1}\right\}\right)$$

となる．したがって

$$\overline{\mathbb{B}}^{(m+1)}_r(\boldsymbol{0};\alpha) \subset \mathrm{co}\left(\left\{\boldsymbol{x}^{(m+1)}_{(k_1,k_2,\cdots,k_{m+1})} : (k_1,k_2,\cdots,k_{m+1}) \in \{1,2\}^{m+1}\right\}\right)$$

となり，$n = m+1$ のときも (5.5) が成り立つ． □

補題 5.2 $\alpha > 0$ とし，各 $(k_1, k_2, \cdots, k_n) \in \{1, 2\}^n$ に対して

$$\boldsymbol{x}^{(n)}_{(k_1,k_2,\cdots,k_n)} = \alpha\left((-1)^{k_1}, (-1)^{k_2}, \cdots, (-1)^{k_n}\right)$$

$$\boldsymbol{y}^{(n)}_{(k_1,k_2,\cdots,k_n)} = \boldsymbol{x}^{(n)}_{(k_1,k_2,\cdots,k_n)} + \left(\lambda^{(n)}_{1,(k_1,k_2,\cdots,k_n)}(-1)^{k_1},\right.$$

$$\left.\lambda^{(n)}_{2,(k_1,k_2,\cdots,k_n)}(-1)^{k_2}, \cdots, \lambda^{(n)}_{n,(k_1,k_2,\cdots,k_n)}(-1)^{k_n}\right)$$

$$\lambda^{(n)}_{i,(k_1,k_2,\cdots,k_n)} \geq 0, \quad i = 1, 2, \cdots, n$$

とする．このとき，次が成り立つ．

$$\overline{\mathbb{B}}^{(n)}_r(\boldsymbol{0}; \alpha) \subset \mathrm{co}\left(\left\{\boldsymbol{y}^{(n)}_{(k_1,k_2,\cdots,k_n)} : (k_1, k_2, \cdots, k_n) \in \{1, 2\}^n\right\}\right) \tag{5.6}$$

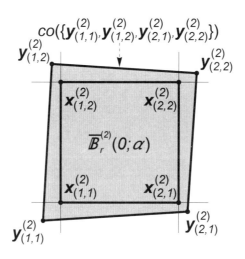

図 5.5 $\overline{\mathbb{B}}^{(2)}_r(\boldsymbol{0}; \alpha) \subset \mathrm{co}(\{\boldsymbol{y}^{(2)}_{(1,1)}, \boldsymbol{y}^{(2)}_{(1,2)}, \boldsymbol{y}^{(2)}_{(2,1)}, \boldsymbol{y}^{(2)}_{(2,2)}\})$

補題 5.2 の証明 n に関する帰納法で示す．$n = 1$ のときは

$$\boldsymbol{x}^{(1)}_{(1)} = -\alpha, \ \boldsymbol{x}^{(1)}_{(2)} = \alpha, \ \boldsymbol{y}^{(1)}_{(1)} = -\alpha - \lambda^{(1)}_{1,(1)}, \ \boldsymbol{y}^{(1)}_{(2)} = \alpha + \lambda^{(1)}_{1,(2)}, \ \lambda^{(1)}_{1,(1)} \geq 0, \ \lambda^{(1)}_{1,(2)} \geq 0$$

であるので

$$\overline{\mathbb{B}}^{(1)}_r(0; \alpha) = [-\alpha, \alpha] \subset \left[-\alpha - \lambda^{(1)}_{1,(1)}, \alpha + \lambda^{(1)}_{1,(2)}\right]$$

$$= \mathrm{co}\left(\left\{-\alpha - \lambda^{(1)}_{1,(1)}, \alpha + \lambda^{(1)}_{1,(2)}\right\}\right) = \mathrm{co}\left(\left\{\boldsymbol{y}^{(1)}_{(k_1)} : k_1 \in \{1, 2\}\right\}\right)$$

となり，(5.6) は成り立つ．

$m \in \mathbb{N}$ に対して，$n = m$ のとき (5.6) が成り立つと仮定する．

$$\boldsymbol{y} = (y_1, y_2, \cdots, y_m, y_{m+1}) \in \overline{\mathbb{B}}_r^{(m+1)}(\boldsymbol{0}; \alpha), \quad \boldsymbol{z} = (y_1, y_2, \cdots, y_m) \in \overline{\mathbb{B}}_r^{(m)}(\boldsymbol{0}; \alpha)$$

とする．各 $(k_1, k_2, \cdots, k_m, k_{m+1}) \in \{1, 2\}^{m+1}$ に対して

$$\begin{aligned}
\boldsymbol{z}_{(k_1, k_2, \cdots, k_m, k_{m+1})}^{(m)} &= \boldsymbol{x}_{(k_1, k_2, \cdots, k_m)}^{(m)} + \Big(\lambda_{1, (k_1, k_2, \cdots, k_m, k_{m+1})}^{(m+1)} (-1)^{k_1}, \\
&\qquad \lambda_{2, (k_1, k_2, \cdots, k_m, k_{m+1})}^{(m+1)} (-1)^{k_2}, \cdots, \lambda_{m, (k_1, k_2, \cdots, k_m, k_{m+1})}^{(m+1)} (-1)^{k_m} \Big)
\end{aligned}$$

とすると

$$\begin{aligned}
& \boldsymbol{y}_{(k_1, k_2, \cdots, k_m, k_{m+1})}^{(m+1)} \\
&= \Big(\boldsymbol{z}_{(k_1, k_2, \cdots, k_m, k_{m+1})}^{(m)}, \alpha(-1)^{k_{m+1}} + \lambda_{m+1, (k_1, k_2, \cdots, k_m, k_{m+1})}^{(m+1)} (-1)^{k_{m+1}} \Big)
\end{aligned}$$

となる．帰納法の仮定より，各 $k_{m+1} \in \{1, 2\}$ に対して

$$\boldsymbol{z} = \sum_{(k_1, k_2, \cdots, k_m) \in \{1, 2\}^m} \mu_{(k_1, k_2, \cdots, k_m, k_{m+1})} \boldsymbol{z}_{(k_1, k_2, \cdots, k_m, k_{m+1})}^{(m)}$$

$$\mu_{(k_1, k_2, \cdots, k_m, k_{m+1})} \geq 0, \quad (k_1, k_2, \cdots, k_m) \in \{1, 2\}^m$$

$$\sum_{(k_1, k_2, \cdots, k_m) \in \{1, 2\}^m} \mu_{(k_1, k_2, \cdots, k_m, k_{m+1})} = 1$$

と表せる．また，$y_{m+1} \in \overline{\mathbb{B}}_r^{(1)}(0; \alpha)$ であるので

$$y_{m+1} = \nu \left(-\alpha - \lambda_{m+1, (k_1, k_2, \cdots, k_m, 1)}^{(m+1)} \right) + (1 - \nu) \left(\alpha + \lambda_{m+1, (k_1, k_2, \cdots, k_m, 2)}^{(m+1)} \right), \nu \in [0, 1]$$

と表せる．よって

$$\begin{aligned}
\boldsymbol{y} &= (\boldsymbol{z}, y_{m+1}) \\
&= \left(\boldsymbol{z}, \nu \left(-\alpha - \lambda_{m+1, (k_1, k_2, \cdots, k_m, 1)}^{(m+1)} \right) + (1 - \nu) \left(\alpha + \lambda_{m+1, (k_1, k_2, \cdots, k_m, 2)}^{(m+1)} \right) \right) \\
&= \nu \left(\boldsymbol{z}, -\alpha - \lambda_{m+1, (k_1, k_2, \cdots, k_m, 1)}^{(m+1)} \right) + (1 - \nu) \left(\boldsymbol{z}, \alpha + \lambda_{m+1, (k_1, k_2, \cdots, k_m, 2)}^{(m+1)} \right) \\
&= \nu \left(\sum_{(k_1, k_2, \cdots, k_m) \in \{1, 2\}^m} \mu_{(k_1, k_2, \cdots, k_m, 1)} \boldsymbol{z}_{(k_1, k_2, \cdots, k_m, 1)}^{(m)}, -\alpha - \lambda_{m+1, (k_1, k_2, \cdots, k_m, 1)}^{(m+1)} \right) \\
&\quad + (1 - \nu) \Bigg(\sum_{(k_1, k_2, \cdots, k_m) \in \{1, 2\}^m} \mu_{(k_1, k_2, \cdots, k_m, 2)} \boldsymbol{z}_{(k_1, k_2, \cdots, k_m, 2)}^{(m)}, \\
&\qquad\qquad\qquad\qquad\qquad\qquad\qquad\qquad \alpha + \lambda_{m+1, (k_1, k_2, \cdots, k_m, 2)}^{(m+1)} \Bigg)
\end{aligned}$$

110

$$
= \nu \sum_{(k_1,k_2,\cdots,k_m)\in\{1,2\}^m} \mu_{(k_1,k_2,\cdots,k_m,1)}\Big(\boldsymbol{z}^{(m)}_{(k_1,k_2,\cdots,k_m,1)}, -\alpha - \lambda^{(m+1)}_{m+1,(k_1,k_2,\cdots,k_m,1)}\Big)
$$

$$
+ (1-\nu) \sum_{(k_1,k_2,\cdots,k_m)\in\{1,2\}^m} \mu_{(k_1,k_2,\cdots,k_m,2)}\Big(\boldsymbol{z}^{(m)}_{(k_1,k_2,\cdots,k_m,2)},
$$

$$
\alpha + \lambda^{(m+1)}_{m+1,(k_1,k_2,\cdots,k_m,2)}\Big)
$$

$$
= \sum_{(k_1,k_2,\cdots,k_m)\in\{1,2\}^m} \nu\mu_{(k_1,k_2,\cdots,k_m,1)}\boldsymbol{y}^{(m+1)}_{(k_1,k_2,\cdots,k_m,1)}
$$

$$
+ \sum_{(k_1,k_2,\cdots,k_m)\in\{1,2\}^m} (1-\nu)\mu_{(k_1,k_2,\cdots,k_m,2)}\boldsymbol{y}^{(m+1)}_{(k_1,k_2,\cdots,k_m,2)}
$$

となり

$$
\nu\mu_{(k_1,k_2,\cdots,k_m,1)} \geq 0,\ (1-\nu)\mu_{(k_1,k_2,\cdots,k_m,2)} \geq 0,\quad (k_1,k_2,\cdots,k_m)\in\{1,2\}^m
$$

$$
\sum_{(k_1,k_2,\cdots,k_m)\in\{1,2\}^m} \nu\mu_{(k_1,k_2,\cdots,k_m,1)} + \sum_{(k_1,k_2,\cdots,k_m)\in\{1,2\}^m} (1-\nu)\mu_{(k_1,k_2,\cdots,k_m,2)} = 1
$$

であるので

$$
\boldsymbol{y} \in \mathrm{co}\left(\Big\{\boldsymbol{y}^{(m+1)}_{(k_1,k_2,\cdots,k_{m+1})} : (k_1,k_2,\cdots,k_{m+1})\in\{1,2\}^{m+1}\Big\}\right)
$$

となる．したがって

$$
\overline{\mathbb{B}}^{(m+1)}_r(\boldsymbol{0};\alpha) \subset \mathrm{co}\left(\Big\{\boldsymbol{y}^{(m+1)}_{(k_1,k_2,\cdots,k_{m+1})} : (k_1,k_2,\cdots,k_{m+1})\in\{1,2\}^{m+1}\Big\}\right)
$$

となり，$n = m+1$ のときも (5.6) が成り立つ． $\qquad\qquad\square$

定理 5.7 $A \in \mathcal{K}(\mathbb{R}^n)$ とする．このとき，次が成り立つ．

$$
\mathrm{int}(\mathrm{cl}(A)) = \mathrm{int}(A)
$$

証明 $A \subset \mathrm{cl}(A)$ であるので，$\mathrm{int}(A) \subset \mathrm{int}(\mathrm{cl}(A))$ となる．$\mathrm{int}(\mathrm{cl}(A)) \subset \mathrm{int}(A)$ となることを示す．$\boldsymbol{x} = (x_1, x_2, \cdots, x_n) \in \mathrm{int}(\mathrm{cl}(A))$ とする．このとき，ある $\varepsilon > 0$ が存在して $\mathbb{B}(\boldsymbol{x}; (\sqrt{n}+1)\varepsilon) \subset \mathrm{cl}(A)$ となる（図 5.6）．$\boldsymbol{z} = (z_1, z_2, \cdots, z_n) \in \overline{\mathbb{B}}_r(\boldsymbol{x};\varepsilon)$ とすると，$|z_i - x_i| \leq \varepsilon, i = 1, 2, \cdots, n$ であるので

$$
\|\boldsymbol{z} - \boldsymbol{x}\| = \sqrt{\sum_{i=1}^{n}(z_i - x_i)^2} \leq \sqrt{n}\varepsilon < (\sqrt{n}+1)\varepsilon
$$

となり，$\boldsymbol{z} \in \mathbb{B}(\boldsymbol{x}; (\sqrt{n}+1)\varepsilon)$ となる．よって，$\overline{\mathbb{B}}_r(\boldsymbol{x};\varepsilon) \subset \mathbb{B}(\boldsymbol{x}; (\sqrt{n}+1)\varepsilon) \subset \mathrm{cl}(A)$ となる（図 5.6）．各 $(k_1, k_2, \cdots, k_n) \in \{1,2\}^n$ に対して

$$
\boldsymbol{x}_{(k_1,k_2,\cdots,k_n)} = \left((-1)^{k_1}, (-1)^{k_2}, \cdots, (-1)^{k_n}\right),\quad \boldsymbol{y}_{(k_1,k_2,\cdots,k_n)} = \varepsilon\boldsymbol{x}_{(k_1,k_2,\cdots,k_n)}
$$

とし，$\eta \in {]0, \varepsilon[}$ を任意に固定する．このとき，各 $(k_1, k_2, \cdots, k_n) \in \{1,2\}^n$ に対して $\boldsymbol{x}$ $+ \, \boldsymbol{y}_{(k_1, k_2, \cdots, k_n)} \in \overline{\mathbb{B}}_r(\boldsymbol{x}; \varepsilon) \subset \mathrm{cl}(A)$ であるので，$A \cap \mathbb{B}(\boldsymbol{x} + \boldsymbol{y}_{(k_1, k_2, \cdots, k_n)}; \eta) \neq \emptyset$ となり

$$\boldsymbol{z}_{(k_1, k_2, \cdots, k_n)} \in A \cap \mathbb{B}(\boldsymbol{x} + \boldsymbol{y}_{(k_1, k_2, \cdots, k_n)}; \eta)$$

を任意に選ぶ（図 5.6）．また，各 $(k_1, k_2, \cdots, k_n) \in \{1,2\}^n$ に対して

$$\boldsymbol{y}'_{(k_1, k_2, \cdots, k_n)} = (\varepsilon - \eta)\boldsymbol{x}_{(k_1, k_2, \cdots, k_n)}$$

とすると

$$\begin{aligned}
\boldsymbol{z}_{(k_1, k_2, \cdots, k_n)} &\in \mathbb{B}(\boldsymbol{x} + \boldsymbol{y}_{(k_1, k_2, \cdots, k_n)}; \eta) \subset \overline{\mathbb{B}}_r(\boldsymbol{x} + \boldsymbol{y}_{(k_1, k_2, \cdots, k_n)}; \eta) \\
&= \boldsymbol{x} + \boldsymbol{y}_{(k_1, k_2, \cdots, k_n)} + \overline{\mathbb{B}}_r(\boldsymbol{0}; \eta) = \boldsymbol{x} + \varepsilon \boldsymbol{x}_{(k_1, k_2, \cdots, k_n)} + \overline{\mathbb{B}}_r(\boldsymbol{0}; \eta)
\end{aligned}$$

となり

$$\boldsymbol{z}_{(k_1, k_2, \cdots, k_n)} = \boldsymbol{x} + \varepsilon \boldsymbol{x}_{(k_1, k_2, \cdots, k_n)} + \boldsymbol{z}'_{(k_1, k_2, \cdots, k_n)}$$

$$\boldsymbol{z}'_{(k_1, k_2, \cdots, k_n)} = \left(z'_{1, (k_1, k_2, \cdots, k_n)}, z'_{2, (k_1, k_2, \cdots, k_n)}, \cdots, z'_{n, (k_1, k_2, \cdots, k_n)} \right) \in \overline{\mathbb{B}}_r(\boldsymbol{0}; \eta)$$

と表せ

$$\begin{aligned}
\boldsymbol{z}_{(k_1, k_2, \cdots, k_n)} &= \boldsymbol{x} + (\varepsilon - \eta)\boldsymbol{x}_{(k_1, k_2, \cdots, k_n)} + \boldsymbol{z}'_{(k_1, k_2, \cdots, k_n)} + \eta \boldsymbol{x}_{(k_1, k_2, \cdots, k_n)} \\
&= \boldsymbol{x} + \boldsymbol{y}'_{(k_1, k_2, \cdots, k_n)} + \big(z'_{1, (k_1, k_2, \cdots, k_n)} + \eta(-1)^{k_1}, \\
&\qquad\qquad z'_{2, (k_1, k_2, \cdots, k_n)} + \eta(-1)^{k_2}, \cdots, z'_{n, (k_1, k_2, \cdots, k_n)} + \eta(-1)^{k_n} \big)
\end{aligned}$$

となる．各 $(k_1, k_2, \cdots, k_n) \in \{1,2\}^n$ および各 $i \in \{1, 2, \cdots, n\}$ に対して

$$z'_{i, (k_1, k_2, \cdots, k_n)} + \eta(-1)^{k_i} = \left(z'_{i, (k_1, k_2, \cdots, k_n)}(-1)^{k_i} + \eta \right)(-1)^{k_i}$$

となり

$$\left| z'_{i, (k_1, k_2, \cdots, k_n)}(-1)^{k_i} \right| = \left| z'_{i, (k_1, k_2, \cdots, k_n)} \right| \leq \eta$$

より

$$0 \leq z'_{i, (k_1, k_2, \cdots, k_n)}(-1)^{k_i} + \eta \leq 2\eta$$

となる．よって，補題 5.2 より

$$\begin{aligned}
\mathbb{B}(\boldsymbol{x}; \varepsilon - \eta) &= \boldsymbol{x} + \mathbb{B}(\boldsymbol{0}; \varepsilon - \eta) \subset \boldsymbol{x} + \overline{\mathbb{B}}_r(\boldsymbol{0}; \varepsilon - \eta) \\
&\subset \boldsymbol{x} + \mathrm{co}\left(\{ \boldsymbol{z}_{(k_1, k_2, \cdots, k_n)} - \boldsymbol{x} : (k_1, k_2, \cdots, k_n) \in \{1,2\}^n \} \right) \\
&= \mathrm{co}\left(\{ \boldsymbol{z}_{(k_1, k_2, \cdots, k_n)} : (k_1, k_2, \cdots, k_n) \in \{1,2\}^n \} \right) \subset A
\end{aligned}$$

となるので（図 5.6），$\boldsymbol{x} \in \mathrm{int}(A)$ となる．したがって，$\mathrm{int}(\mathrm{cl}(A)) \subset \mathrm{int}(A)$ となる．

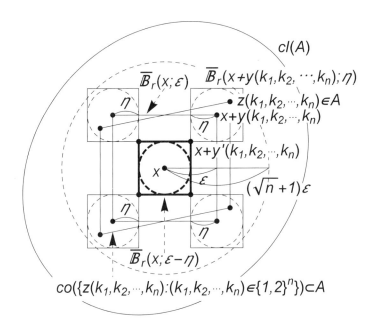

図 5.6 定理 5.7 の証明の図解

系 5.1 $A \in \mathcal{K}(\mathbb{R}^n)$ に対して，次が成り立つ．

$$\mathrm{bd}(\mathrm{cl}(A)) = \mathrm{bd}(A)$$

証明 定理 5.7 より，$\mathrm{bd}(\mathrm{cl}(A)) = \mathrm{cl}(\mathrm{cl}(A)) \setminus \mathrm{int}(\mathrm{cl}(A)) = \mathrm{cl}(A) \setminus \mathrm{int}(A) = \mathrm{bd}(A)$ となる． □

問題 5.1

1. 次の集合 $A \subset \mathbb{R}^2$, $B \subset \mathbb{R}^3$ および $C, D \subset \mathbb{R}^n$ が凸集合であることを示せ．ただし，$\boldsymbol{a} \in \mathbb{R}^n$, $\boldsymbol{a} \neq \boldsymbol{0}$ とし，$b \in \mathbb{R}$ とする．

(i) $A = \{(x, y) \in \mathbb{R}^2 : |x| < 1, |y| \leq 1\}$

(ii) $B = \{(x, y, z) \in \mathbb{R}^3 : |x| + |y| \le z\}$

(iii) $C = \{\boldsymbol{x} \in \mathbb{R}^n : \langle \boldsymbol{a}, \boldsymbol{x} \rangle \le b\}$

(iv) $D = \{\boldsymbol{x} \in \mathbb{R}^n : \langle \boldsymbol{a}, \boldsymbol{x} \rangle = b\}$

2. $A, B \subset \mathbb{R}^n$ および $\lambda \in \mathbb{R}$ に対して，次が成り立つことを示せ．

(i) $A, B \in \mathcal{K}(\mathbb{R}^n) \Rightarrow A + B \in \mathcal{K}(\mathbb{R}^n)$

(ii) $A \in \mathcal{K}(\mathbb{R}^n) \Rightarrow \lambda A \in \mathcal{K}(\mathbb{R}^n)$

3. $A \subset \mathbb{R}^n$ とする．

(i) $\mathrm{co}(\mathrm{cl}(A)) \subset \mathrm{cl}(\mathrm{co}(A))$ が成り立つことを示せ．

(ii) $\mathrm{co}(\mathrm{cl}(A)) \supset \mathrm{cl}(\mathrm{co}(A))$ が成り立たないような A の例を挙げよ．

5.2 超平面と分離定理

$H \subset \mathbb{R}^n$ とする.ある $\boldsymbol{a} \in \mathbb{R}^n, \boldsymbol{a} \neq \boldsymbol{0}$ およびある $b \in \mathbb{R}$ に対して

$$H = \{\boldsymbol{x} \in \mathbb{R}^n : \langle \boldsymbol{a}, \boldsymbol{x} \rangle = b\} \tag{5.7}$$

と表せるとき,H を**超平面** (hyperplane) とよぶ.このとき,$\boldsymbol{x}_0 \in H$ を任意に選び

$$H_0 = \{\boldsymbol{x} \in \mathbb{R}^n : \langle \boldsymbol{a}, \boldsymbol{x} \rangle = 0\}$$

とすると,$\langle \boldsymbol{a}, \boldsymbol{x}_0 \rangle = b$ であるので

$$\begin{aligned} H &= \{\boldsymbol{x} \in \mathbb{R}^n : \langle \boldsymbol{a}, \boldsymbol{x} \rangle = \langle \boldsymbol{a}, \boldsymbol{x}_0 \rangle\} = \{\boldsymbol{x} \in \mathbb{R}^n : \langle \boldsymbol{a}, \boldsymbol{x} - \boldsymbol{x}_0 \rangle = 0\} \\ &= \boldsymbol{x}_0 + \{\boldsymbol{x} \in \mathbb{R}^n : \langle \boldsymbol{a}, \boldsymbol{x} \rangle = 0\} = \boldsymbol{x}_0 + H_0 \end{aligned}$$

となる.よって,超平面 H は原点を通る超平面 H_0 を $\boldsymbol{x}_0$ だけ平行移動した集合になる(図 5.7).

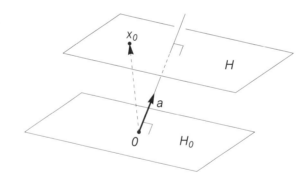

図 5.7 超平面 $H = \{\boldsymbol{x} \in \mathbb{R}^n : \langle \boldsymbol{a}, \boldsymbol{x} \rangle = b\}$

$\boldsymbol{a} \in \mathbb{R}^n, \boldsymbol{a} \neq \boldsymbol{0}$ とし,$b \in \mathbb{R}$ とする.超平面 $H = \{\boldsymbol{x} \in \mathbb{R}^n : \langle \boldsymbol{a}, \boldsymbol{x} \rangle = b\}$ に対して

$$H_+ = \{\boldsymbol{x} \in \mathbb{R}^n : \langle \boldsymbol{a}, \boldsymbol{x} \rangle \geq b\}, \quad H_- = \{\boldsymbol{x} \in \mathbb{R}^n : \langle \boldsymbol{a}, \boldsymbol{x} \rangle \leq b\} \tag{5.8}$$

を**閉半空間** (closed half space) とよび

$$\text{int}(H_+) = \{\boldsymbol{x} \in \mathbb{R}^n : \langle \boldsymbol{a}, \boldsymbol{x} \rangle > b\}, \quad \text{int}(H_-) = \{\boldsymbol{x} \in \mathbb{R}^n : \langle \boldsymbol{a}, \boldsymbol{x} \rangle < b\} \tag{5.9}$$

を**開半空間** (open half space) とよぶ(図 5.8).

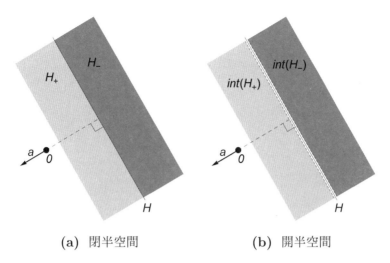

(a) 閉半空間   (b) 開半空間

図 **5.8** 閉半空間と開半空間 ($H = \{\boldsymbol{x} \in \mathbb{R}^n : \langle \boldsymbol{a}, \boldsymbol{x} \rangle = b\}$)

$A, B \subset \mathbb{R}^n$ とする．超平面 $H \subset \mathbb{R}^n$ に対して

$$A \subset H_+, B \subset H_- \quad \text{または} \quad A \subset H_-, B \subset H_+ \tag{5.10}$$

であるとき，H は A と B を**分離する** (separate) といい，H を A と B の**分離超平面** (separating hyperplane) とよぶ（図 5.9）．$\boldsymbol{a} \in \mathbb{R}^n$, $\boldsymbol{a} \neq \boldsymbol{0}$ および $b \in \mathbb{R}$ に対して $H = \{\boldsymbol{x} \in \mathbb{R}^n : \langle \boldsymbol{a}, \boldsymbol{x} \rangle = b\}$ であり $A \neq \emptyset, B \neq \emptyset$ であるとき，次が成り立つ．

$$\begin{aligned} & A \subset H_+, B \subset H_- \\ & \Leftrightarrow \text{任意の } \boldsymbol{x} \in A \text{ および任意の } \boldsymbol{y} \in B \text{ に対して } \langle \boldsymbol{a}, \boldsymbol{x} \rangle \geq b \geq \langle \boldsymbol{a}, \boldsymbol{y} \rangle \\ & \Leftrightarrow \inf_{\boldsymbol{x} \in A} \langle \boldsymbol{a}, \boldsymbol{x} \rangle \geq b \geq \sup_{\boldsymbol{y} \in B} \langle \boldsymbol{a}, \boldsymbol{y} \rangle \end{aligned} \tag{5.11}$$

$$\begin{aligned} & A \subset H_-, B \subset H_+ \\ & \Leftrightarrow \text{任意の } \boldsymbol{x} \in A \text{ および任意の } \boldsymbol{y} \in B \text{ に対して } \langle \boldsymbol{a}, \boldsymbol{x} \rangle \leq b \leq \langle \boldsymbol{a}, \boldsymbol{y} \rangle \\ & \Leftrightarrow \sup_{\boldsymbol{x} \in A} \langle \boldsymbol{a}, \boldsymbol{x} \rangle \leq b \leq \inf_{\boldsymbol{y} \in B} \langle \boldsymbol{a}, \boldsymbol{y} \rangle \end{aligned} \tag{5.12}$$

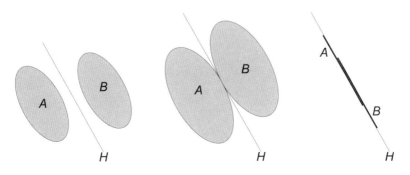

図 **5.9** A と B の分離超平面 H

$A \subset \mathbb{R}^n$ とし,$\boldsymbol{x}_0 \in \mathrm{bd}(A)$ とする.$\boldsymbol{x}_0 \in H$ である超平面 $H \subset \mathbb{R}^n$ に対して

$$A \subset H_+ \quad \text{または} \quad A \subset H_- \tag{5.13}$$

であるとき,H を $\boldsymbol{x}_0$ での A の**支持超平面** (supporting hyperplane) という.$\boldsymbol{x}_0 \in H$ である超平面 H は,ある $\boldsymbol{a} \in \mathbb{R}^n, \boldsymbol{a} \neq \boldsymbol{0}$ に対して

$$H = \{\boldsymbol{x} \in \mathbb{R}^n : \langle \boldsymbol{a}, \boldsymbol{x} - \boldsymbol{x}_0 \rangle = 0\}$$

と表すことができ,次が成り立つ(図 5.10 (a)).

$$A \subset H_+ \Leftrightarrow \text{任意の } \boldsymbol{x} \in A \text{ に対して } \langle \boldsymbol{a}, \boldsymbol{x} - \boldsymbol{x}_0 \rangle \geq 0 \tag{5.14}$$

$$A \subset H_- \Leftrightarrow \text{任意の } \boldsymbol{x} \in A \text{ に対して } \langle \boldsymbol{a}, \boldsymbol{x} - \boldsymbol{x}_0 \rangle \leq 0 \tag{5.15}$$

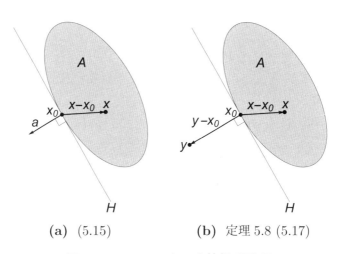

(a) (5.15)   (b) 定理 5.8 (5.17)

図 **5.10** $\boldsymbol{x}_0$ での A の支持超平面 H

本節の以下では,**分離定理** (separation theorem) とよばれる 2 つの凸集合の分離超平面の存在性を保証する定理を与える.

定理 5.8 $A \in \mathcal{CK}(\mathbb{R}^n), A \neq \emptyset$ とし,$\boldsymbol{y} \in \mathbb{R}^n \setminus A$ とする.このとき,次をみたす $\boldsymbol{x}_0 \in A$ がただ 1 つ存在する.

$$\|\boldsymbol{x}_0 - \boldsymbol{y}\| = \min_{\boldsymbol{x} \in A} \|\boldsymbol{x} - \boldsymbol{y}\| \tag{5.16}$$

さらに,$\boldsymbol{x}_0 \in A$ が (5.16) をみたすための必要十分条件は

$$\text{任意の } \boldsymbol{x} \in A \text{ に対して } \langle \boldsymbol{y} - \boldsymbol{x}_0, \boldsymbol{x} - \boldsymbol{x}_0 \rangle \leq 0 \tag{5.17}$$

となることである.

定理 5.8 の証明の前に，条件 (5.17) の説明を与える．いま，$\boldsymbol{x}_0 \in A$ が 条件 (5.17) をみたすことは，(5.15) より，超平面 $H = \{\boldsymbol{x} \in \mathbb{R}^n : \langle \boldsymbol{y} - \boldsymbol{x}_0, \boldsymbol{x} - \boldsymbol{x}_0 \rangle = 0\}$ が $\boldsymbol{x}_0$ での A の支持超平面になり $A \subset H_-$ となることと同値である（図 5.10 (b)）．

定理 5.8 の証明 まず，(5.16) をみたす $\boldsymbol{x}_0 \in A$ が存在することを示す．$\alpha = \inf_{\boldsymbol{x} \in A} \|\boldsymbol{x} - \boldsymbol{y}\|$ とする．$A \in \mathcal{C}(\mathbb{R}^n)$, $A \neq \emptyset$ であり，$\boldsymbol{y} \in \mathbb{R}^n \setminus A$ であるので，α は $\alpha > 0$ となる実数になる（読者に問題として残す）．α の定義より，ある $\{\boldsymbol{x}_k\}_{k \in \mathbb{N}} \subset A$ が存在して $\|\boldsymbol{x}_k - \boldsymbol{y}\| \to \alpha$ となる．よって，$\{\boldsymbol{x}_k\}$ が収束することが示されれば，$\boldsymbol{x}_0 = \lim_{k \to \infty} \boldsymbol{x}_k$ とおくと，定理 4.4 (i) より $\|\boldsymbol{x}_0 - \boldsymbol{y}\| = \alpha$ となり，$\boldsymbol{x}_0$ は (5.16) をみたす．$\{\boldsymbol{x}_k\}$ が収束することを示すためには，$\mathbb{R}^n$ の完備性より，$\{\boldsymbol{x}_k\}$ がコーシー列であることを示せばよい．$\varepsilon > 0$ を任意に固定する．$\|\boldsymbol{x}_k - \boldsymbol{y}\|^2 \to \alpha^2$ であるので，ある $k_0 \in \mathbb{N}$ が存在し，$k \geq k_0$ であるすべての $k \in \mathbb{N}$ に対して $\|\boldsymbol{x}_k - \boldsymbol{y}\|^2 < \alpha^2 + \frac{\varepsilon}{4}$ となる．よって，$k, \ell \geq k_0$ であるすべての $k, \ell \in \mathbb{N}$ に対して，$A \in \mathcal{K}(\mathbb{R}^n)$ であるので $\frac{1}{2}\boldsymbol{x}_k + \frac{1}{2}\boldsymbol{x}_\ell \in A$ となり，定理 2.3 より

$$
\begin{aligned}
\|\boldsymbol{x}_k - \boldsymbol{x}_\ell\|^2 &= \|(\boldsymbol{x}_k - \boldsymbol{y}) - (\boldsymbol{x}_\ell - \boldsymbol{y})\|^2 \\
&= 2\|\boldsymbol{x}_k - \boldsymbol{y}\|^2 + 2\|\boldsymbol{x}_\ell - \boldsymbol{y}\|^2 - \|\boldsymbol{x}_k + \boldsymbol{x}_\ell - 2\boldsymbol{y}\|^2 \\
&= 2\|\boldsymbol{x}_k - \boldsymbol{y}\|^2 + 2\|\boldsymbol{x}_\ell - \boldsymbol{y}\|^2 - 4\left\|\left(\frac{1}{2}\boldsymbol{x}_k + \frac{1}{2}\boldsymbol{x}_\ell\right) - \boldsymbol{y}\right\|^2 \\
&\leq 2\|\boldsymbol{x}_k - \boldsymbol{y}\|^2 + 2\|\boldsymbol{x}_\ell - \boldsymbol{y}\|^2 - 4\alpha^2 \quad (\alpha \text{ の定義より}) \\
&< 2\left(\alpha^2 + \frac{\varepsilon}{4}\right) + 2\left(\alpha^2 + \frac{\varepsilon}{4}\right) - 4\alpha^2 = \varepsilon
\end{aligned}
$$

となる．したがって，$\varepsilon > 0$ の任意性より，$\{\boldsymbol{x}_k\}$ はコーシー列になる．

次に，(5.16) をみたす $\boldsymbol{x}_0 \in A$ が一意であることを示す．$\boldsymbol{x}_0, \boldsymbol{y}_0 \in A$ に対して，$\|\boldsymbol{x}_0 - \boldsymbol{y}\| = \|\boldsymbol{y}_0 - \boldsymbol{y}\| = \min_{\boldsymbol{x} \in A} \|\boldsymbol{x} - \boldsymbol{y}\|$ であるとし，$\boldsymbol{x}_0 = \boldsymbol{y}_0$ となることを示す．このとき

$$
\begin{aligned}
\min_{\boldsymbol{x} \in A} \|\boldsymbol{x} - \boldsymbol{y}\| &\leq \left\|\left(\frac{1}{2}\boldsymbol{x}_0 + \frac{1}{2}\boldsymbol{y}_0\right) - \boldsymbol{y}\right\| = \frac{1}{2}\|(\boldsymbol{x}_0 - \boldsymbol{y}) + (\boldsymbol{y}_0 - \boldsymbol{y})\| \\
&\leq \frac{1}{2}\|\boldsymbol{x}_0 - \boldsymbol{y}\| + \frac{1}{2}\|\boldsymbol{y}_0 - \boldsymbol{y}\| = \min_{\boldsymbol{x} \in A} \|\boldsymbol{x} - \boldsymbol{y}\|
\end{aligned}
$$

となるので，$\|(\boldsymbol{x}_0 - \boldsymbol{y}) + (\boldsymbol{y}_0 - \boldsymbol{y})\| = \|\boldsymbol{x}_0 - \boldsymbol{y}\| + \|\boldsymbol{y}_0 - \boldsymbol{y}\|$ となる．$\boldsymbol{x}_0 - \boldsymbol{y} \neq \boldsymbol{0}$, $\boldsymbol{y}_0 - \boldsymbol{y} \neq \boldsymbol{0}$ であるので，定理 2.2 より，ある $\lambda > 0$ が存在して $\boldsymbol{x}_0 - \boldsymbol{y} = \lambda(\boldsymbol{y}_0 - \boldsymbol{y})$ となる．よって，$\|\boldsymbol{x}_0 - \boldsymbol{y}\| = \lambda\|\boldsymbol{y}_0 - \boldsymbol{y}\|$, $\|\boldsymbol{x}_0 - \boldsymbol{y}\| = \|\boldsymbol{y}_0 - \boldsymbol{y}\| \neq 0$ であるので，$\lambda = 1$ となり，$\boldsymbol{x}_0 = \boldsymbol{y}_0$ となる．

次に定理の後半を示す．$\boldsymbol{x}_0 \in A$ が (5.16) をみたしているとする．$\boldsymbol{x} \in A$ および $\lambda \in {]0, 1[}$ を任意に固定する．$A \in \mathcal{K}(\mathbb{R}^n)$ であるので，$\lambda \boldsymbol{x} + (1 - \lambda)\boldsymbol{x}_0 \in A$ となり

$$
\|\lambda \boldsymbol{x} + (1 - \lambda)\boldsymbol{x}_0 - \boldsymbol{y}\|^2 \geq \|\boldsymbol{x}_0 - \boldsymbol{y}\|^2
$$

となる．一方

$$\|\lambda \boldsymbol{x} + (1-\lambda)\boldsymbol{x}_0 - \boldsymbol{y}\|^2 = \|(\boldsymbol{x}_0 - \boldsymbol{y}) + \lambda(\boldsymbol{x} - \boldsymbol{x}_0)\|^2$$
$$= \|\boldsymbol{x}_0 - \boldsymbol{y}\|^2 + \lambda^2 \|\boldsymbol{x} - \boldsymbol{x}_0\|^2 + 2\lambda\langle \boldsymbol{x}_0 - \boldsymbol{y}, \boldsymbol{x} - \boldsymbol{x}_0\rangle$$

となる．よって

$$\lambda^2 \|\boldsymbol{x} - \boldsymbol{x}_0\|^2 + 2\lambda\langle \boldsymbol{x}_0 - \boldsymbol{y}, \boldsymbol{x} - \boldsymbol{x}_0\rangle = \|\lambda \boldsymbol{x} + (1-\lambda)\boldsymbol{x}_0 - \boldsymbol{y}\|^2 - \|\boldsymbol{x}_0 - \boldsymbol{y}\|^2 \geq 0$$

となり

$$\langle \boldsymbol{y} - \boldsymbol{x}_0, \boldsymbol{x} - \boldsymbol{x}_0\rangle \leq \frac{\lambda}{2}\|\boldsymbol{x} - \boldsymbol{x}_0\|^2$$

となる．よって，$\lambda \in {]0,1[}$ の任意性より

$$\langle \boldsymbol{y} - \boldsymbol{x}_0, \boldsymbol{x} - \boldsymbol{x}_0\rangle \leq 0$$

となる．したがって，$\boldsymbol{x} \in A$ の任意性より，$\boldsymbol{x}_0$ は (5.17) をみたす．

最後に，$\boldsymbol{x}_0 \in A$ が (5.17) をみたしているとする．このとき，任意の $\boldsymbol{x} \in A$ に対して，$\langle \boldsymbol{y} - \boldsymbol{x}_0, \boldsymbol{x} - \boldsymbol{x}_0\rangle \leq 0$ であるので

$$\|\boldsymbol{x} - \boldsymbol{y}\|^2 = \|(\boldsymbol{x} - \boldsymbol{x}_0) - (\boldsymbol{y} - \boldsymbol{x}_0)\|^2$$
$$= \|\boldsymbol{x} - \boldsymbol{x}_0\|^2 + \|\boldsymbol{y} - \boldsymbol{x}_0\|^2 - 2\langle \boldsymbol{y} - \boldsymbol{x}_0, \boldsymbol{x} - \boldsymbol{x}_0\rangle \geq \|\boldsymbol{y} - \boldsymbol{x}_0\|^2$$

となる．よって，$\boldsymbol{x}_0$ は (5.16) をみたす． $\square$

定理 5.9 $A \in \mathcal{CK}(\mathbb{R}^n)$ とし，$\boldsymbol{y} \in \mathbb{R}^n \setminus A$ とする．このとき，ある $\boldsymbol{a} \in \mathbb{R}^n$, $\boldsymbol{a} \neq \boldsymbol{0}$ およびある $b \in \mathbb{R}$ が存在し，$\langle \boldsymbol{a}, \boldsymbol{y}\rangle > b$ となり，任意の $\boldsymbol{x} \in A$ に対して $\langle \boldsymbol{a}, \boldsymbol{x}\rangle \leq b$ となる．

定理 5.9 は，ある超平面 $H = \{\boldsymbol{x} \in \mathbb{R}^n : \langle \boldsymbol{a}, \boldsymbol{x}\rangle = b\}$ が存在し，H は A と $\{\boldsymbol{y}\}$ の分離超平面になり，$\boldsymbol{y} \in \mathrm{int}(H_+)$, $A \subset H_-$ となることを示している．

定理 5.9 の証明 $A = \emptyset$ のときは成り立つので，$A \neq \emptyset$ とする．定理 5.8 より，ある $\boldsymbol{x}_0 \in A$ が存在し，任意の $\boldsymbol{x} \in A$ に対して $\langle \boldsymbol{y} - \boldsymbol{x}_0, \boldsymbol{x} - \boldsymbol{x}_0\rangle \leq 0$ となる．$\boldsymbol{x} \in A$ を任意に固定する．このとき

$$0 \geq \langle \boldsymbol{y} - \boldsymbol{x}_0, \boldsymbol{x} - \boldsymbol{x}_0\rangle = \langle \boldsymbol{y} - \boldsymbol{x}_0, \boldsymbol{x}\rangle - \langle \boldsymbol{y} - \boldsymbol{x}_0, \boldsymbol{x}_0\rangle$$

となり

$$\langle \boldsymbol{y} - \boldsymbol{x}_0, \boldsymbol{x}_0\rangle \geq \langle \boldsymbol{y} - \boldsymbol{x}_0, \boldsymbol{x}\rangle \tag{5.18}$$

となる．一方，$\boldsymbol{y} \notin A$ であり，$\boldsymbol{a} = \boldsymbol{y} - \boldsymbol{x}_0 \neq \boldsymbol{0}$ とおくと，(5.18) より

$$0 < \|\boldsymbol{a}\|^2 = \|\boldsymbol{y} - \boldsymbol{x}_0\|^2 = \langle \boldsymbol{y} - \boldsymbol{x}_0, \boldsymbol{y} - \boldsymbol{x}_0\rangle = \langle \boldsymbol{y} - \boldsymbol{x}_0, \boldsymbol{y}\rangle - \langle \boldsymbol{y} - \boldsymbol{x}_0, \boldsymbol{x}_0\rangle$$
$$\leq \langle \boldsymbol{y} - \boldsymbol{x}_0, \boldsymbol{y}\rangle - \langle \boldsymbol{y} - \boldsymbol{x}_0, \boldsymbol{x}\rangle = \langle \boldsymbol{a}, \boldsymbol{y}\rangle - \langle \boldsymbol{a}, \boldsymbol{x}\rangle$$

となり

$$\langle \boldsymbol{a}, \boldsymbol{y} \rangle \geq \|\boldsymbol{a}\|^2 + \langle \boldsymbol{a}, \boldsymbol{x} \rangle$$

となる．$\boldsymbol{x} \in A$ の任意性より，$b = \sup_{\boldsymbol{x} \in A} \langle \boldsymbol{a}, \boldsymbol{x} \rangle$ とおくと，$b \in \mathbb{R}$ となり，$\langle \boldsymbol{a}, \boldsymbol{y} \rangle \geq \|\boldsymbol{a}\|^2 + b > b$ となる．また，b の定義より，任意の $\boldsymbol{x} \in A$ に対して $\langle \boldsymbol{a}, \boldsymbol{x} \rangle \leq b$ となる． $\square$

定理 5.10 $A \in \mathcal{K}(\mathbb{R}^n)$ とし，$\boldsymbol{x}_0 \in \mathrm{bd}(A)$ とする．このとき，$\boldsymbol{x}_0$ での A の支持超平面が存在する．すなわち，ある $\boldsymbol{a} \in \mathbb{R}^n$, $\boldsymbol{a} \neq \boldsymbol{0}$ が存在し，任意の $\boldsymbol{x} \in \mathrm{cl}(A)$ に対して次が成り立つ．

$$\langle \boldsymbol{a}, \boldsymbol{x} - \boldsymbol{x}_0 \rangle \leq 0 \tag{5.19}$$

証明 系 5.1 より $\boldsymbol{x}_0 \in \mathrm{bd}(A) = \mathrm{bd}(\mathrm{cl}(A))$ であるので，ある $\{\boldsymbol{y}_k\}_{k \in \mathbb{N}} \subset \mathbb{R}^n \setminus \mathrm{cl}(A)$ が存在し，$\boldsymbol{y}_k \to \boldsymbol{x}_0$ となる．各 $k \in \mathbb{N}$ に対して，$\boldsymbol{y}_k \notin \mathrm{cl}(A)$ であるので，定理 5.9 より，ある $\boldsymbol{a}_k \in \mathbb{R}^n$, $\boldsymbol{a}_k \neq \boldsymbol{0}$ が存在し

$$\text{任意の } \boldsymbol{x} \in \mathrm{cl}(A) \text{ に対して } \langle \boldsymbol{a}_k, \boldsymbol{y}_k \rangle > \langle \boldsymbol{a}_k, \boldsymbol{x} \rangle \tag{5.20}$$

となる．各 $k \in \mathbb{N}$ に対して，$\frac{\boldsymbol{a}_k}{\|\boldsymbol{a}_k\|}$ を改めて $\boldsymbol{a}_k$ とおき直すと，おき直した $\boldsymbol{a}_k$ に対しても (5.20) が成り立ち，$\|\boldsymbol{a}_k\| = 1$ となる．このとき

$$\{\boldsymbol{a}_k\}_{k \in \mathbb{N}} \subset \{\boldsymbol{z} \in \mathbb{R}^n : \|\boldsymbol{z}\| = 1\} \in \mathcal{BC}(\mathbb{R}^n)$$

である．よって，定理 3.17 より，ある $N \in \mathcal{N}_\infty^\sharp$ および $\|\boldsymbol{a}\| = 1$ となるある $\boldsymbol{a} \in \mathbb{R}^n$ が存在し，$\boldsymbol{a}_k \underset{N}{\to} \boldsymbol{a}$ となる．したがって，任意の $\boldsymbol{x} \in \mathrm{cl}(A)$ に対して，定理 4.4 (iii) より

$$\langle \boldsymbol{a}, \boldsymbol{x}_0 \rangle = \lim_{\substack{k \to \infty \\ N}} \langle \boldsymbol{a}_k, \boldsymbol{y}_k \rangle \geq \lim_{\substack{k \to \infty \\ N}} \langle \boldsymbol{a}_k, \boldsymbol{x} \rangle = \langle \boldsymbol{a}, \boldsymbol{x} \rangle$$

となり，(5.19) が成り立つ． $\square$

定理 5.11（分離定理 (separation theorem)）$A, B \in \mathcal{K}(\mathbb{R}^n)$ とし，$A \cap B = \emptyset$ とする．このとき，ある $\boldsymbol{a} \in \mathbb{R}^n$, $\boldsymbol{a} \neq \boldsymbol{0}$ およびある $b \in \mathbb{R}$ が存在し，任意の $\boldsymbol{x} \in A$ および任意の $\boldsymbol{y} \in B$ に対して次が成り立つ．

$$\langle \boldsymbol{a}, \boldsymbol{x} \rangle \geq b \geq \langle \boldsymbol{a}, \boldsymbol{y} \rangle \tag{5.21}$$

証明 $A = \emptyset$ または $B = \emptyset$ ならば成り立つので，$A \neq \emptyset$, $B \neq \emptyset$ とする．ある $\boldsymbol{a} \in \mathbb{R}^n$, $\boldsymbol{a} \neq \boldsymbol{0}$ およびある $b \in \mathbb{R}$ が存在して

$$\inf_{\boldsymbol{x} \in A} \langle \boldsymbol{a}, \boldsymbol{x} \rangle \geq b \geq \sup_{\boldsymbol{y} \in B} \langle \boldsymbol{a}, \boldsymbol{y} \rangle$$

となることを示す. $C = A - B$ とおくと $C \in \mathcal{K}(\mathbb{R}^n)$ となる. $A \cap B = \emptyset$ であるので, $\mathbf{0} \notin C$ となり, $\mathbf{0} \notin \mathrm{cl}(C)$ または $\mathbf{0} \in \mathrm{bd}(C)$ となる. $\mathbf{0} \notin \mathrm{cl}(C)$ ならば定理 5.9 より, $\mathbf{0} \in \mathrm{bd}(C)$ ならば定理 5.10 より, ある $\boldsymbol{a} \in \mathbb{R}^n$, $\boldsymbol{a} \neq \mathbf{0}$ が存在し, 任意の $\boldsymbol{z} \in C$ に対して $\langle \boldsymbol{a}, \boldsymbol{z} \rangle \geq 0$ となる. よって, 任意の $\boldsymbol{x} \in A$ および任意の $\boldsymbol{y} \in B$ に対して, $\boldsymbol{x} - \boldsymbol{y} \in C$ となり

$$\langle \boldsymbol{a}, \boldsymbol{x} \rangle \geq \langle \boldsymbol{a}, \boldsymbol{y} \rangle$$

となる. したがって, 任意の $\boldsymbol{x} \in A$ に対して

$$\langle \boldsymbol{a}, \boldsymbol{x} \rangle \geq \sup_{\boldsymbol{y} \in B} \langle \boldsymbol{a}, \boldsymbol{y} \rangle$$

となり

$$\inf_{\boldsymbol{x} \in A} \langle \boldsymbol{a}, \boldsymbol{x} \rangle \geq \sup_{\boldsymbol{y} \in B} \langle \boldsymbol{a}, \boldsymbol{y} \rangle$$

となる. このとき

$$\inf_{\boldsymbol{x} \in A} \langle \boldsymbol{a}, \boldsymbol{x} \rangle \geq b \geq \sup_{\boldsymbol{y} \in B} \langle \boldsymbol{a}, \boldsymbol{y} \rangle$$

となる $b \in \mathbb{R}$ が存在する. $\qquad\qquad\qquad\qquad\qquad\qquad\qquad\qquad\qquad$ □

定理 5.12(強い分離定理 (strong separation theorem)) $A \in \mathcal{BCK}(\mathbb{R}^n)$ とし, $B \in \mathcal{CK}(\mathbb{R}^n)$ とする. また, $A \cap B = \emptyset$ とする. このとき, ある $\boldsymbol{a} \in \mathbb{R}^n$, $\boldsymbol{a} \neq \mathbf{0}$ およびある $\varepsilon > 0$ が存在し, 任意の $\boldsymbol{x} \in A$ および任意の $\boldsymbol{y} \in B$ に対して次が成り立つ.

$$\langle \boldsymbol{a}, \boldsymbol{x} \rangle > \varepsilon + \langle \boldsymbol{a}, \boldsymbol{y} \rangle \tag{5.22}$$

証明 $A = \emptyset$ または $B = \emptyset$ ならば成り立つので, $A \neq \emptyset$, $B \neq \emptyset$ とする. このとき, ある $\boldsymbol{a} \in \mathbb{R}^n$, $\boldsymbol{a} \neq \mathbf{0}$ およびある $\varepsilon > 0$ が存在して

$$\inf_{\boldsymbol{x} \in A} \langle \boldsymbol{a}, \boldsymbol{x} \rangle \geq 2\varepsilon + \sup_{\boldsymbol{y} \in B} \langle \boldsymbol{a}, \boldsymbol{y} \rangle$$

となることを示せばよい. $C = A - B$ とおくと $C \in \mathcal{K}(\mathbb{R}^n)$ となる. 定理 3.18 (ii), (iii) より, $C \in \mathcal{CK}(\mathbb{R}^n)$ となる. $A \cap B = \emptyset$ より $\mathbf{0} \notin C$ であるので, 定理 5.9 より, ある $\boldsymbol{a} \in \mathbb{R}^n$, $\boldsymbol{a} \neq \mathbf{0}$ およびある $\varepsilon > 0$ が存在し, 任意の $\boldsymbol{z} \in C$ に対して

$$\langle \boldsymbol{a}, \boldsymbol{z} \rangle - 2\varepsilon \geq 0$$

となる. よって, 任意の $\boldsymbol{x} \in A$ および任意の $\boldsymbol{y} \in B$ に対して

$$\langle \boldsymbol{a}, \boldsymbol{x} \rangle \geq 2\varepsilon + \langle \boldsymbol{a}, \boldsymbol{y} \rangle$$

となる. したがって, 任意の $\boldsymbol{x} \in A$ に対して

$$\langle \boldsymbol{a}, \boldsymbol{x} \rangle \geq 2\varepsilon + \sup_{\boldsymbol{y} \in B} \langle \boldsymbol{a}, \boldsymbol{y} \rangle$$

となり

$$\inf_{\boldsymbol{x} \in A} \langle \boldsymbol{a}, \boldsymbol{x} \rangle \geq 2\varepsilon + \sup_{\boldsymbol{y} \in B} \langle \boldsymbol{a}, \boldsymbol{y} \rangle$$

となる. □

問題 5.2

1. 次の $A \subset \mathbb{R}^n$ および $\boldsymbol{x}_0 \in \mathrm{bd}(A)$ それぞれに対して, $\boldsymbol{x}_0$ での A の支持超平面を 1 つ挙げよ.

(i) $A = \{(x, y) \in \mathbb{R}^2 : y \geq x^2\}$, $\boldsymbol{x}_0 = (2, 4) \in \mathrm{bd}(A)$

(ii) $A = \{(x, y, z) \in \mathbb{R}^3 : 0 \leq x \leq 1, 0 \leq y \leq 1, 0 \leq z \leq 1\}$, $\boldsymbol{x}_0 = (1, 1, 1) \in \mathrm{bd}(A)$

2. 次の $A, B \subset \mathbb{R}^n$ それぞれに対して, A と B の分離超平面を 1 つ挙げよ.

(i) $A = \{(x, y) \in \mathbb{R}^2 : x^2 + y^2 \leq 1\}$, $B = \{(x, y) \in \mathbb{R}^2 : (x-1)^2 + (y-2)^2 \leq 1\}$

(ii) $A = \{(x, y, z) \in \mathbb{R}^3 : 0 \leq x \leq 1, 0 \leq y \leq 1, 0 \leq z \leq 1\}$, $B = \{(x, y, z) \in \mathbb{R}^3 : 1 \leq x \leq 2, 1 \leq y \leq 2, 1 \leq z \leq 2\}$

5.3 凸関数

$X \subset \mathbb{R}^n$ とし,$f, g : X \to \mathbb{R}$ とする.また,$\lambda \in \mathbb{R}$ とする.このとき,$f + g, \lambda f : X \to \mathbb{R}$ を各 $\boldsymbol{x} \in X$ に対して

$$(f + g)(\boldsymbol{x}) = f(\boldsymbol{x}) + g(\boldsymbol{x}) \tag{5.23}$$

$$(\lambda f)(\boldsymbol{x}) = \lambda f(\boldsymbol{x}) \tag{5.24}$$

とする.また,$-f = (-1)f$ とする.

$X \in \mathcal{K}(\mathbb{R}^n)$ とし,$f : X \to \mathbb{R}$ とする.任意の $\boldsymbol{x}, \boldsymbol{y} \in X$ および任意の $\lambda \in {]0, 1[}$ に対して

$$f(\lambda \boldsymbol{x} + (1 - \lambda)\boldsymbol{y}) \leq \lambda f(\boldsymbol{x}) + (1 - \lambda)f(\boldsymbol{y}) \tag{5.25}$$

となるとき,f を X 上の**凸関数** (convex function) とよぶ(図 5.11 (a)).任意の $\boldsymbol{x}, \boldsymbol{y} \in X$,$\boldsymbol{x} \neq \boldsymbol{y}$ および任意の $\lambda \in {]0, 1[}$ に対して

$$f(\lambda \boldsymbol{x} + (1 - \lambda)\boldsymbol{y}) < \lambda f(\boldsymbol{x}) + (1 - \lambda)f(\boldsymbol{y}) \tag{5.26}$$

となるとき,f を X 上の**狭義凸関数** (strictly convex function) とよぶ(図 5.11 (b)).定義より,f が X 上の狭義凸関数ならば,f は X 上の凸関数になる.

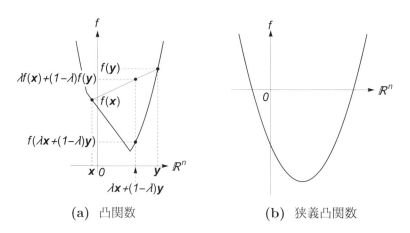

(a) 凸関数　　(b) 狭義凸関数

図 5.11 凸関数と狭義凸関数

$X \in \mathcal{K}(\mathbb{R}^n)$ とし,$f : X \to \mathbb{R}$ とする.任意の $\boldsymbol{x}, \boldsymbol{y} \in X$ および任意の $\lambda \in {]0, 1[}$ に対して

$$f(\lambda \boldsymbol{x} + (1 - \lambda)\boldsymbol{y}) \geq \lambda f(\boldsymbol{x}) + (1 - \lambda)f(\boldsymbol{y}) \tag{5.27}$$

となるとき，f を X 上の**凹関数** (concave function) とよぶ（図 5.12 (a)）．任意の $\boldsymbol{x}, \boldsymbol{y} \in X$, $\boldsymbol{x} \neq \boldsymbol{y}$ および任意の $\lambda \in]0,1[$ に対して

$$f(\lambda \boldsymbol{x} + (1-\lambda)\boldsymbol{y}) > \lambda f(\boldsymbol{x}) + (1-\lambda) f(\boldsymbol{y}) \tag{5.28}$$

となるとき，f を X 上の**狭義凹関数** (strictly concave function) とよぶ（図 5.12 (b)）．定義より，f が X 上の狭義凹関数ならば，f は X 上の凹関数になる．さらに，f が X 上の凸，狭義凸，凹または狭義凹関数それぞれであるための必要十分条件は，$-f$ が X 上の凹，狭義凹，凸または狭義凸関数になることである．

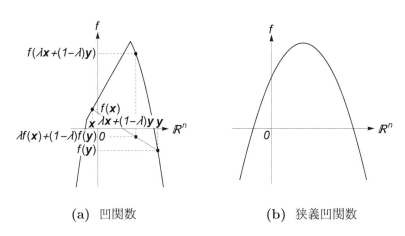

(a) 凹関数　　　　　　　　(b) 狭義凹関数

図 **5.12** 凹関数と狭義凹関数

例 5.3

(i) $\boldsymbol{a} \in \mathbb{R}^n$ とし，$b \in \mathbb{R}$ とする．$f : \mathbb{R}^n \to \mathbb{R}$ を各 $\boldsymbol{x} \in \mathbb{R}^n$ に対して

$$f(\boldsymbol{x}) = \langle \boldsymbol{a}, \boldsymbol{x} \rangle + b$$

とする．任意の $\boldsymbol{x}, \boldsymbol{y} \in \mathbb{R}^n$ および任意の $\lambda \in]0,1[$ に対して

$$\begin{aligned} f(\lambda \boldsymbol{x} + (1-\lambda)\boldsymbol{y}) &= \langle \boldsymbol{a}, \lambda \boldsymbol{x} + (1-\lambda)\boldsymbol{y} \rangle + b \\ &= \lambda(\langle \boldsymbol{a}, \boldsymbol{x} \rangle + b) + (1-\lambda)(\langle \boldsymbol{a}, \boldsymbol{y} \rangle + b) \\ &= \lambda f(\boldsymbol{x}) + (1-\lambda) f(\boldsymbol{y}) \end{aligned}$$

となるので，f は $\mathbb{R}^n$ 上の凸関数であり凹関数でもあるが，狭義凸関数ではなく狭義凹関数でもない．

(ii) $g : \mathbb{R}^n \to \mathbb{R}$ を各 $\boldsymbol{x} = (x_1, x_2, \cdots, x_n) \in \mathbb{R}^n$ に対して

$$g(\boldsymbol{x}) = \|\boldsymbol{x}\|^2 = \sum_{i=1}^n x_i^2$$

とする．任意の $\boldsymbol{x}, \boldsymbol{y} \in \mathbb{R}^n$, $\boldsymbol{x} \neq \boldsymbol{y}$ および任意の $\lambda \in {]0,1[}$ に対して

$$
\begin{aligned}
g(\lambda \boldsymbol{x} + (1-\lambda)\boldsymbol{y}) &= \|\lambda \boldsymbol{x} + (1-\lambda)\boldsymbol{y}\|^2 = \langle \lambda \boldsymbol{x} + (1-\lambda)\boldsymbol{y}, \lambda \boldsymbol{x} + (1-\lambda)\boldsymbol{y} \rangle \\
&= \lambda^2 \|\boldsymbol{x}\|^2 + 2\lambda(1-\lambda)\langle \boldsymbol{x}, \boldsymbol{y} \rangle + (1-\lambda)^2 \|\boldsymbol{y}\|^2 \\
&= -\lambda(1-\lambda)\|\boldsymbol{x}\|^2 + \lambda\|\boldsymbol{x}\|^2 + 2\lambda(1-\lambda)\langle \boldsymbol{x}, \boldsymbol{y} \rangle + (1-\lambda)\|\boldsymbol{y}\|^2 \\
&\quad -\lambda(1-\lambda)\|\boldsymbol{y}\|^2 \\
&= -\lambda(1-\lambda)\left(\|\boldsymbol{x}\|^2 - 2\langle \boldsymbol{x}, \boldsymbol{y} \rangle + \|\boldsymbol{y}\|^2\right) + \lambda\|\boldsymbol{x}\|^2 + (1-\lambda)\|\boldsymbol{y}\|^2 \\
&= -\lambda(1-\lambda)\langle \boldsymbol{x} - \boldsymbol{y}, \boldsymbol{x} - \boldsymbol{y} \rangle + \lambda\|\boldsymbol{x}\|^2 + (1-\lambda)\|\boldsymbol{y}\|^2 \\
&= -\lambda(1-\lambda)\|\boldsymbol{x} - \boldsymbol{y}\|^2 + \lambda\|\boldsymbol{x}\|^2 + (1-\lambda)\|\boldsymbol{y}\|^2 \\
&< \lambda\|\boldsymbol{x}\|^2 + (1-\lambda)\|\boldsymbol{y}\|^2 = \lambda g(\boldsymbol{x}) + (1-\lambda)g(\boldsymbol{y})
\end{aligned}
$$

となるので，g は $\mathbb{R}^n$ 上の狭義凸関数になる．

(iii) $h: \mathbb{R}^n \to \mathbb{R}$ を各 $\boldsymbol{x} = (x_1, x_2, \cdots, x_n) \in \mathbb{R}^n$ に対して

$$
h(\boldsymbol{x}) = -\|\boldsymbol{x}\|^2 = -\sum_{i=1}^n x_i^2
$$

とする．(ii) より，$-h$ は $\mathbb{R}^n$ 上の狭義凸関数になるので，h は $\mathbb{R}^n$ 上の狭義凹関数になる． $\qquad\square$

定理 5.13 $X \in \mathcal{K}(\mathbb{R}^n)$ とし，$f, g : X \to \mathbb{R}$ とする．このとき，次が成り立つ．

(i) f, g が X 上の凸（凹）関数ならば，$f + g$ も X 上の凸（凹）関数になる．

(ii) $\lambda \geq 0$ であり f が X 上の凸（凹）関数ならば，λf も X 上の凸（凹）関数になる．

(iii) f が X 上の凸（凹）関数であり g が X 上の狭義凸（凹）関数ならば，$f + g$ は X 上の狭義凸（凹）関数になる．

(iv) $\lambda > 0$ であり f が X 上の狭義凸（凹）関数ならば，λf も X 上の狭義凸（凹）関数になる．

証明 証明は問題として残しておく（問題 5.3.3）． $\qquad\square$

定理 5.14 $X \in \mathcal{K}(\mathbb{R}^n)$ とし，$f : X \to \mathbb{R}$ とする．このとき，次が成り立つ．

(i) f が X 上の凸関数になるための必要十分条件は，$\mathrm{epi}(f) \in \mathcal{K}(\mathbb{R}^{n+1})$ となることである．

(ii) f が X 上の凹関数になるための必要十分条件は，$\mathrm{hypo}(f) \in \mathcal{K}(\mathbb{R}^{n+1})$ となることである．

証明 (i) を示す. (ii) は問題として残しておく (問題 5.3.4). まず, f を X 上の凸関数であると仮定する. $(\boldsymbol{x}, z), (\boldsymbol{y}, w) \in \mathrm{epi}(f)$ とし, $\lambda \in \,]0, 1[$ とする. このとき, $z \geq f(\boldsymbol{x})$, $w \geq f(\boldsymbol{y})$, $\lambda \boldsymbol{x} + (1 - \lambda) \boldsymbol{y} \in X$ であるので

$$\lambda z + (1 - \lambda) w \geq \lambda f(\boldsymbol{x}) + (1 - \lambda) f(\boldsymbol{y}) \geq f(\lambda \boldsymbol{x} + (1 - \lambda) \boldsymbol{y})$$

となり, $\lambda(\boldsymbol{x}, z) + (1 - \lambda)(\boldsymbol{y}, w) = (\lambda \boldsymbol{x} + (1 - \lambda) \boldsymbol{y}, \lambda z + (1 - \lambda) w) \in \mathrm{epi}(f)$ となる. よって, $\mathrm{epi}(f) \in \mathcal{K}(\mathbb{R}^{n+1})$ となる.

次に, $\mathrm{epi}(f) \in \mathcal{K}(\mathbb{R}^{n+1})$ と仮定する. $\boldsymbol{x}, \boldsymbol{y} \in X$ とし, $\lambda \in \,]0, 1[$ とする. $(\boldsymbol{x}, f(\boldsymbol{x}))$, $(\boldsymbol{y}, f(\boldsymbol{y})) \in \mathrm{epi}(f) \in \mathcal{K}(\mathbb{R}^{n+1})$ であるので

$$(\lambda \boldsymbol{x} + (1 - \lambda) \boldsymbol{y}, \lambda f(\boldsymbol{x}) + (1 - \lambda) f(\boldsymbol{y})) = \lambda(\boldsymbol{x}, f(\boldsymbol{x})) + (1 - \lambda)(\boldsymbol{y}, f(\boldsymbol{y})) \in \mathrm{epi}(f)$$

となり

$$\lambda f(\boldsymbol{x}) + (1 - \lambda) f(\boldsymbol{y}) \geq f(\lambda \boldsymbol{x} + (1 - \lambda) \boldsymbol{y})$$

となる. よって, f は X 上の凸関数になる. $\qquad\square$

定理 5.15 $X \in \mathcal{K}(\mathbb{R}^n)$ とし, $f : X \to \mathbb{R}$ とする. このとき, 次が成り立つ.

(i) f が X 上の凸関数ならば, 任意の $\alpha \in \mathbb{R}$ に対して $\mathbb{L}(f; \alpha) \in \mathcal{K}(\mathbb{R}^n)$ となる.

(ii) f が X 上の凹関数ならば, 任意の $\alpha \in \mathbb{R}$ に対して $\mathbb{U}(f; \alpha) \in \mathcal{K}(\mathbb{R}^n)$ となる.

証明 (i) を示す. (ii) は問題として残しておく (問題 5.3.6). $\alpha \in \mathbb{R}$ とする. また, $\boldsymbol{x}, \boldsymbol{y} \in \mathbb{L}(f; \alpha)$ とし, $\lambda \in \,]0, 1[$ とする. このとき, $f(\boldsymbol{x}) \leq \alpha$, $f(\boldsymbol{y}) \leq \alpha$ であるので

$$f(\lambda \boldsymbol{x} + (1 - \lambda) \boldsymbol{y}) \leq \lambda f(\boldsymbol{x}) + (1 - \lambda) f(\boldsymbol{y}) \leq \lambda \alpha + (1 - \lambda) \alpha = \alpha$$

となり, $\lambda \boldsymbol{x} + (1 - \lambda) \boldsymbol{y} \in \mathbb{L}(f; \alpha)$ となる. よって, $\mathbb{L}(f; \alpha) \in \mathcal{K}(\mathbb{R}^n)$ となる. $\qquad\square$

$X \in \mathcal{K}(\mathbb{R}^n)$ とし, $f : X \to \mathbb{R}$ とする. 任意の $\boldsymbol{x}, \boldsymbol{y} \in X$ および任意の $\lambda \in \,]0, 1[$ に対して

$$f(\lambda \boldsymbol{x} + (1 - \lambda) \boldsymbol{y}) \leq \max \{ f(\boldsymbol{x}), f(\boldsymbol{y}) \} \tag{5.29}$$

となるとき, f を X 上の**準凸関数** (quasiconvex function) とよぶ (図 5.13 (a)). 任意の $\boldsymbol{x}, \boldsymbol{y} \in X$ および任意の $\lambda \in \,]0, 1[$ に対して

$$f(\lambda \boldsymbol{x} + (1 - \lambda) \boldsymbol{y}) \geq \min \{ f(\boldsymbol{x}), f(\boldsymbol{y}) \} \tag{5.30}$$

となるとき, f を X 上の**準凹関数** (quasiconcave function) とよぶ (図 5.13 (b)). f が X 上の準凸または準凹関数それぞれであるための必要十分条件は, $-f$ が X 上の準凹または準凸関数になることである. さらに, 定義より, f が X 上の凸または凹関数それぞれならば, f は X 上の準凸または準凹関数になる.

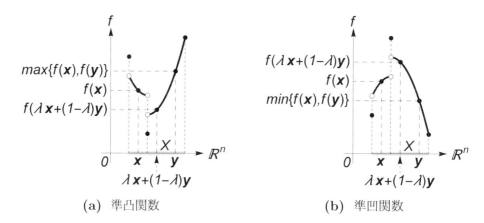

(a) 準凸関数   (b) 準凹関数

図 5.13 準凸関数と準凹関数

例 5.4 $a \in \mathbb{R}$ とする. $g_1, g_2 :]-\infty, a] \to \mathbb{R}$ とし，g_1 および g_2 は $]-\infty, a]$ 上でそれぞれ単調減少および単調増加とする. $h_1, h_2 :]a, \infty[\to \mathbb{R}$ とし，h_1 および h_2 は $]a, \infty[$ 上でそれぞれ単調増加および単調減少とする. また，$f_1, f_2 : \mathbb{R} \to \mathbb{R}$ を各 $x \in \mathbb{R}$ に対して

$$f_1(x) = \begin{cases} g_1(x) & x \in]-\infty, a] \\ h_1(x) & x \in]a, \infty[\end{cases}, \quad f_2(x) = \begin{cases} g_2(x) & x \in]-\infty, a] \\ h_2(x) & x \in]a, \infty[\end{cases}$$

とする. まず，f_1 が $\mathbb{R}$ 上の準凸関数になることを確かめる. $x, y \in \mathbb{R}$ とし，$\lambda \in]0, 1[$ とする. $x = y$ のときは，(5.29) が成り立つ. $x \neq y$ とし，一般性を失うことなく $x < y$ と仮定する. $a \in]-\infty, x[$ ならば

$$f_1(\lambda x + (1-\lambda)y) = h_1(\lambda x + (1-\lambda)y) \leq h_1(y)$$
$$= \max\{h_1(x), h_1(y)\} = \max\{f_1(x), f_1(y)\}$$

となる. $a \in [x, y[, \lambda x + (1-\lambda)y \in [x, a]$ ならば

$$f_1(\lambda x + (1-\lambda)y) = g_1(\lambda x + (1-\lambda)y) \leq g_1(x)$$
$$\leq \max\{g_1(x), f_1(y)\} = \max\{f_1(x), f_1(y)\}$$

となる. $a \in [x, y[, \lambda x + (1-\lambda)y \in]a, y[$ ならば

$$f_1(\lambda x + (1-\lambda)y) = h_1(\lambda x + (1-\lambda)y) \leq h_1(y)$$
$$\leq \max\{f_1(x), h_1(y)\} = \max\{f_1(x), f_1(y)\}$$

となる. $a \in [y, \infty[$ ならば

$$f_1(\lambda x + (1-\lambda)y) = g_1(\lambda x + (1-\lambda)y) \leq g_1(x)$$
$$= \max\{g_1(x), g_1(y)\} = \max\{f_1(x), f_1(y)\}$$

となる. よって, f_1 は $\mathbb{R}$ 上の準凸関数になる. 次に, 同様な議論により, $-f_2$ は $\mathbb{R}$ 上の準凸関数になるので, f_2 は $\mathbb{R}$ 上の準凹関数になる. □

定理 5.16 $X \in \mathcal{K}(\mathbb{R}^n)$ とし, $f : X \to \mathbb{R}$ とする. このとき, 次が成り立つ.

(i) f が X 上の準凸関数になるための必要十分条件は, 任意の $\alpha \in \mathbb{R}$ に対して $\mathbb{L}(f; \alpha) \in \mathcal{K}(\mathbb{R}^n)$ となることである.

(ii) f が X 上の準凹関数になるための必要十分条件は, 任意の $\alpha \in \mathbb{R}$ に対して $\mathbb{U}(f; \alpha) \in \mathcal{K}(\mathbb{R}^n)$ となることである.

証明 (i) を示す. (ii) は問題として残しておく (問題 5.3.7).

必要性: $\alpha \in \mathbb{R}$ とする. また, $\boldsymbol{x}, \boldsymbol{y} \in \mathbb{L}(f; \alpha)$ とし, $\lambda \in]0, 1[$ とする. $f(\boldsymbol{x}) \leq \alpha$, $f(\boldsymbol{y}) \leq \alpha$ であり, f は X 上の準凸関数であるので, $f(\lambda \boldsymbol{x} + (1 - \lambda)\boldsymbol{y}) \leq \max\{f(\boldsymbol{x}), f(\boldsymbol{y})\} \leq \alpha$ となる. よって, $\lambda \boldsymbol{x} + (1 - \lambda)\boldsymbol{y} \in \mathbb{L}(f; \alpha)$ となる. したがって, $\mathbb{L}(f; \alpha) \in \mathcal{K}(\mathbb{R}^n)$ となる.

十分性: $\boldsymbol{x}, \boldsymbol{y} \in X$ とし, $\lambda \in]0, 1[$ とする. また, $\alpha = \max\{f(\boldsymbol{x}), f(\boldsymbol{y})\}$ とする. このとき, $\boldsymbol{x}, \boldsymbol{y} \in \mathbb{L}(f; \alpha) \in \mathcal{K}(\mathbb{R}^n)$ であるので, $\lambda \boldsymbol{x} + (1 - \lambda)\boldsymbol{y} \in \mathbb{L}(f; \alpha)$ となる. よって, $f(\lambda \boldsymbol{x} + (1 - \lambda)\boldsymbol{y}) \leq \alpha = \max\{f(\boldsymbol{x}), f(\boldsymbol{y})\}$ となる. したがって, f は X 上の準凸関数になる. □

問題 5.3

1. $f : \mathbb{R} \to \mathbb{R}$ とする. f が $\mathbb{R}$ 上の凸関数であるための必要十分条件は, $x < y < z$ である任意の $x, y, z \in \mathbb{R}$ に対して次が成り立つことであることを示せ.

$$\frac{f(y) - f(x)}{y - x} \leq \frac{f(z) - f(y)}{z - y}$$

2. $f : \mathbb{R}^n \to \mathbb{R}$ を $\mathbb{R}^n$ 上の凸関数とし, $g : \mathbb{R} \to \mathbb{R}$ は $\mathbb{R}$ 上の単調増加凸関数であるとする. このとき, $g \circ f$ が $\mathbb{R}^n$ 上の凸関数になることを示せ.

3. $X \in \mathcal{K}(\mathbb{R}^n)$ とし, $f, g : X \to \mathbb{R}$ とする. このとき, 次が成り立つことを示せ.

(i) f, g が X 上の凸 (凹) 関数ならば, $f + g$ も X 上の凸 (凹) 関数になる.

(ii) $\lambda \geq 0$ であり f が X 上の凸（凹）関数ならば，λf も X 上の凸（凹）関数になる.

(iii) f が X 上の凸（凹）関数であり g が X 上の狭義凸（凹）関数ならば，$f + g$ は X 上の狭義凸（凹）関数になる.

(iv) $\lambda > 0$ であり f が X 上の狭義凸（凹）関数ならば，λf も X 上の狭義凸（凹）関数になる.

4. $X \in \mathcal{K}(\mathbb{R}^n)$ とし，$f : X \to \mathbb{R}$ とする．このとき，f が X 上の凹関数になるための必要十分条件は，$\mathrm{hypo}(f) \in \mathcal{K}(\mathbb{R}^{n+1})$ となることであることを示せ.

5. $f_i : \mathbb{R}^n \to \mathbb{R}, i = 1, 2, \cdots, m$ を $\mathbb{R}^n$ 上の凸関数とする．また，$f : \mathbb{R}^n \to \mathbb{R}$ を各 $\boldsymbol{x} \in \mathbb{R}^n$ に対して

$$f(\boldsymbol{x}) = \max\{f_1(\boldsymbol{x}), f_2(\boldsymbol{x}), \cdots, f_m(\boldsymbol{x})\}$$

とする．このとき，f は $\mathbb{R}^n$ 上の凸関数になることを示せ.

6. $X \in \mathcal{K}(\mathbb{R}^n)$ とし，$f : X \to \mathbb{R}$ とする．このとき，f が X 上の凹関数ならば，任意の $\alpha \in \mathbb{R}$ に対して $\mathbb{U}(f; \alpha) \in \mathcal{K}(\mathbb{R}^n)$ となることを示せ.

7. $X \in \mathcal{K}(\mathbb{R}^n)$ とし，$f : X \to \mathbb{R}$ とする．このとき，f が X 上の準凹関数になるための必要十分条件は，任意の $\alpha \in \mathbb{R}$ に対して $\mathbb{U}(f; \alpha) \in \mathcal{K}(\mathbb{R}^n)$ となることであることを示せ.

5.4 錐

集合 $C \subset \mathbb{R}^n$, $C \neq \emptyset$ が**錐** (cone) であるとは，任意の $\boldsymbol{x} \in C$ および任意の $\lambda \geq 0$ に対して $\lambda \boldsymbol{x} \in C$ となるときをいう．$C \subset \mathbb{R}^n$ が錐であるならば，$\boldsymbol{x} \in C$ および $\lambda = 0$ に対して $\boldsymbol{0} = \lambda \boldsymbol{x} \in C$ となるので，錐は常に原点 $\boldsymbol{0}$ を含んでいる．

$C \subset \mathbb{R}^n$ が錐であり $C \in \mathcal{K}(\mathbb{R}^n)$, $C \in \mathcal{C}(\mathbb{R}^n)$ または $C \in \mathcal{CK}(\mathbb{R}^n)$ それぞれであるとき，C を**凸錐** (convex cone), **閉錐** (closed cone) または**閉凸錐** (closed convex cone) という．

$A \subset \mathbb{R}^n$, $A \neq \emptyset$ に対して

$$\mathrm{cone}(A) = \{\lambda \boldsymbol{x} : \lambda \geq 0, \boldsymbol{x} \in A\} \tag{5.31}$$

とし，$\mathrm{cone}(A)$ を A によって**生成される錐**とよぶ．

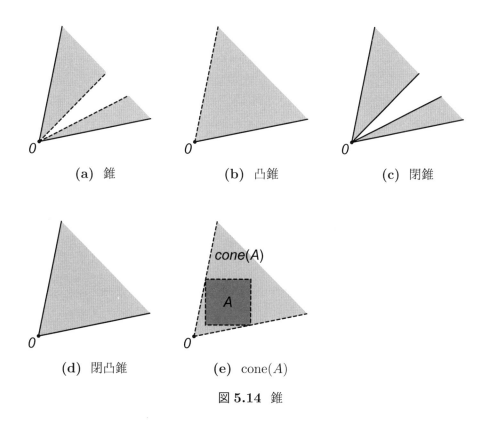

図 5.14 錐

定理 5.17 $C \subset \mathbb{R}^n$, $C \neq \emptyset$ が凸錐であるための必要十分条件は次の (i) および (ii) をみたすことである．

(i) $\boldsymbol{x}, \boldsymbol{y} \in C \Rightarrow \boldsymbol{x} + \boldsymbol{y} \in C$

(ii) $\boldsymbol{x} \in C, \lambda \geq 0 \Rightarrow \lambda \boldsymbol{x} \in C$

証明　必要性：C は錐であるので, (ii) が成り立つ. $\boldsymbol{x}, \boldsymbol{y} \in C$ とする. $C \in \mathcal{K}(\mathbb{R}^n)$ であるので $\frac{1}{2}\boldsymbol{x} + \frac{1}{2}\boldsymbol{y} \in C$ となり, C は錐であるので $\boldsymbol{x} + \boldsymbol{y} = 2\left(\frac{1}{2}\boldsymbol{x} + \frac{1}{2}\boldsymbol{y}\right) \in C$ となる. よって, (i) が成り立つ.

十分性：(ii) より, C は錐になる. $\boldsymbol{x}, \boldsymbol{y} \in C$ とし, $\lambda \in \,]0, 1[$ とする. (ii) より $\lambda \boldsymbol{x}, (1-\lambda)\boldsymbol{y} \in C$ となり, (i) より $\lambda \boldsymbol{x} + (1 - \lambda)\boldsymbol{y} \in C$ となる. よって, $C \in \mathcal{K}(\mathbb{R}^n)$ となる. □

定理 5.18　$A \subset \mathbb{R}^n, A \neq \emptyset$ とする. このとき, 次が成り立つ.

(i) $\mathrm{cone}(A)$ は A を含む最小の錐になる.

(ii) $A \in \mathcal{K}(\mathbb{R}^n)$ ならば, $\mathrm{cone}(A)$ は A を含む最小の凸錐になる.

証明

(i) $A \subset \mathrm{cone}(A)$ は明らかである. まず, $\mathrm{cone}(A)$ が錐になることを示す. $\boldsymbol{x} \in \mathrm{cone}(A)$ とし, $\lambda \geq 0$ とする. このとき, ある $\mu \geq 0$ およびある $\boldsymbol{y} \in A$ が存在して $\boldsymbol{x} = \mu \boldsymbol{y}$ となる. よって, $\lambda \boldsymbol{x} = \lambda(\mu \boldsymbol{y}) = (\lambda \mu)\boldsymbol{y}$ となる. $\lambda \mu \geq 0, \boldsymbol{y} \in A$ であるので, $\lambda \boldsymbol{x} = (\lambda \mu)\boldsymbol{y} \in \mathrm{cone}(A)$ となる. したがって, $\mathrm{cone}(A)$ は錐になる.

　次に, $C \subset \mathbb{R}^n$ を $A \subset C$ である錐とし, $\mathrm{cone}(A) \subset C$ となることを示す. $\boldsymbol{x} \in \mathrm{cone}(A)$ とする. このとき, ある $\lambda \geq 0$ およびある $\boldsymbol{y} \in A$ が存在して $\boldsymbol{x} = \lambda \boldsymbol{y}$ となる. $\boldsymbol{y} \in A \subset C, \lambda \geq 0$ で C は錐であるので, $\boldsymbol{x} = \lambda \boldsymbol{y} \in C$ となる. よって, $\mathrm{cone}(A) \subset C$ となる.

(ii) (i) より, $\mathrm{cone(A)}$ は A を含む最小の錐であるので, $\mathrm{cone}(A) \in \mathcal{K}(\mathbb{R}^n)$ となることを示せば十分である. そのためには, 定理 5.17 より, $\boldsymbol{x}, \boldsymbol{y} \in \mathrm{cone}(A)$ とし, $\boldsymbol{x} + \boldsymbol{y} \in \mathrm{cone}(A)$ となることを示せばよい. このとき, ある $\mu, \nu \geq 0$ およびある $\boldsymbol{z}, \boldsymbol{w} \in A$ が存在して $\boldsymbol{x} = \mu \boldsymbol{z}, \boldsymbol{y} = \nu \boldsymbol{w}$ となる. $\mu = \nu = 0$ ならば, $\boldsymbol{x} + \boldsymbol{y} = \boldsymbol{0} \in \mathrm{cone}(A)$ となる. $\mu = \nu = 0$ ではないとする. このとき

$$\boldsymbol{x} + \boldsymbol{y} = \mu \boldsymbol{z} + \nu \boldsymbol{w} = (\mu + \nu)\left(\frac{\mu}{\mu + \nu}\boldsymbol{z} + \frac{\nu}{\mu + \nu}\boldsymbol{w}\right)$$

となる.

$$\frac{\mu}{\mu + \nu} \geq 0, \quad \frac{\nu}{\mu + \nu} \geq 0, \quad \frac{\mu}{\mu + \nu} + \frac{\nu}{\mu + \nu} = 1, \quad A \in \mathcal{K}(\mathbb{R}^n)$$

であるので

$$\frac{\mu}{\mu + \nu}\boldsymbol{z} + \frac{\nu}{\mu + \nu}\boldsymbol{w} \in A$$

となり，$\mu + \nu \geq 0$ であるので

$$\boldsymbol{x} + \boldsymbol{y} = (\mu + \nu)\left(\frac{\mu}{\mu + \nu}\boldsymbol{z} + \frac{\nu}{\mu + \nu}\boldsymbol{w}\right) \in \mathrm{cone}(A)$$

となる． □

定理 5.19

(i) $C, D \subset \mathbb{R}^n$ が錐ならば，$C + D$ も錐になる．

(ii) Λ を任意の添字集合とする．このとき，$C_\lambda \subset \mathbb{R}^n, \lambda \in \Lambda$ が錐ならば，$\bigcap_{\lambda \in \Lambda} C_\lambda$ も錐になる．

(iii) $C \subset \mathbb{R}^n$ が錐ならば，$\mathrm{cl}(C)$ は閉錐になる．

証明

(i) $\boldsymbol{x} \in C + D$ とし，$\lambda \geq 0$ とする．$\boldsymbol{x} \in C + D$ であるので，ある $\boldsymbol{y} \in C$ およびある $\boldsymbol{z} \in D$ が存在して $\boldsymbol{x} = \boldsymbol{y} + \boldsymbol{z}$ となる．C, D は錐であるので $\lambda\boldsymbol{y} \in C, \lambda\boldsymbol{z} \in D$ となり，$\lambda\boldsymbol{x} = \lambda(\boldsymbol{y} + \boldsymbol{z}) = \lambda\boldsymbol{y} + \lambda\boldsymbol{z} \in C + D$ となる．

(ii) $\boldsymbol{x} \in \bigcap_{\lambda \in \Lambda} C_\lambda$ とし，$\mu \geq 0$ とする．任意の $\lambda \in \Lambda$ に対して，C_λ は錐であり $\boldsymbol{x} \in C_\lambda$, $\mu \geq 0$ であるので，$\mu\boldsymbol{x} \in C_\lambda$ となる．よって，$\mu\boldsymbol{x} \in \bigcap_{\lambda \in \Lambda} C_\lambda$ となる．

(iii) $\boldsymbol{x} \in \mathrm{cl}(C)$ とし，$\lambda \geq 0$ とする．このとき，ある $\{\boldsymbol{x}_k\}_{k \in \mathbb{N}} \subset C$ が存在して $\boldsymbol{x}_k \to \boldsymbol{x}$ となる．C は錐であるので $\{\lambda\boldsymbol{x}_k\}_{k \in \mathbb{N}} \subset C$ となり，$\lambda\boldsymbol{x}_k \to \lambda\boldsymbol{x} \in \mathrm{cl}(C)$ となる．よって，$\mathrm{cl}(C)$ は錐になり，$\mathrm{cl}(C) \in \mathcal{C}(\mathbb{R}^n)$ であるので，$\mathrm{cl}(C)$ は閉錐になる． □

$A \subset \mathbb{R}^n$ とし，$\boldsymbol{x}_0 \in \mathrm{cl}(A)$ とする．ベクトル $\boldsymbol{d} \in \mathbb{R}^n$ は，$\boldsymbol{x}_k \to \boldsymbol{x}_0$ となるある点列 $\{\boldsymbol{x}_k\}_{k \in \mathbb{N}} \subset A$ およびある正の実数列 $\{\lambda_k\}_{k \in \mathbb{N}} \subset \mathbb{R}$ が存在して

$$\boldsymbol{d} = \lim_{k \to \infty} \lambda_k(\boldsymbol{x}_k - \boldsymbol{x}_0) \tag{5.32}$$

が成立するとき，A の $\boldsymbol{x}_0$ における**接ベクトル** (tangent vector) とよばれる．A の $\boldsymbol{x}_0$ における接ベクトル全体からなる集合を A の $\boldsymbol{x}_0$ における**接錐** (tangent cone) といい，$\mathbb{T}(A; \boldsymbol{x}_0)$ とかく．接錐は**コンティンジェント錐** (contingent cone) ともよばれる．

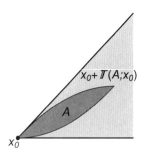

図 5.15 接錐

定理 5.20 $A \subset \mathbb{R}^n$ とし,$\bm{x}_0 \in \mathrm{cl}(A)$ とする.このとき,$\bm{d} \in \mathbb{T}(A; \bm{x}_0)$ であるための必要十分条件は,$\bm{d}_k \to \bm{d}$ となるある点列 $\{\bm{d}_k\}_{k \in \mathbb{N}} \subset \mathbb{R}^n$ および $\lambda_k \to 0$ となるある正の実数列 $\{\lambda_k\}_{k \in \mathbb{N}} \subset \mathbb{R}$ が存在し,任意の $k \in \mathbb{N}$ に対して $\bm{x}_0 + \lambda_k \bm{d}_k \in A$ となることである.

証明 必要性:$\bm{d} \in \mathbb{T}(A; \bm{x}_0)$ とする.

まず,$\bm{d} = \bm{0}$ とする.$\bm{x}_0 \in \mathrm{cl}(A)$ であるので,各 $k \in \mathbb{N}$ に対して,ある

$$\bm{x}_k \in A \cap \mathbb{B}\left(\bm{x}_0; \frac{1}{k^2}\right)$$

が存在し

$$\bm{d}_k = k(\bm{x}_k - \bm{x}_0)$$

とする.このとき,任意の $k \in \mathbb{N}$ に対して

$$\|\bm{d}_k\| = \|k(\bm{x}_k - \bm{x}_0)\| < k \cdot \frac{1}{k^2} = \frac{1}{k}$$

となるので,$\bm{d}_k \to \bm{0} = \bm{d}$ となる.各 $k \in \mathbb{N}$ に対して $\lambda_k = \frac{1}{k} > 0$ とすると,$\lambda_k \to 0$ となる.また,任意の $k \in \mathbb{N}$ に対して

$$\bm{x}_0 + \lambda_k \bm{d}_k = \bm{x}_0 + \frac{1}{k}\bm{d}_k = \bm{x}_k \in A$$

となる.

次に,$\bm{d} \neq \bm{0}$ とする.このとき,$\bm{x}_k \to \bm{x}_0$ となるある点列 $\{\bm{x}_k\}_{k \in \mathbb{N}} \subset A$ およびある正の実数列 $\{\mu_k\}_{k \in \mathbb{N}} \subset \mathbb{R}$ が存在して

$$\bm{d} = \lim_{k \to \infty} \mu_k (\bm{x}_k - \bm{x}_0)$$

となる.各 $k \in \mathbb{N}$ に対して

$$\bm{d}_k = \mu_k (\bm{x}_k - \bm{x}_0), \quad \lambda_k = \frac{1}{\mu_k} > 0$$

とすると

$$\boldsymbol{x}_0 + \lambda_k \boldsymbol{d}_k = \boldsymbol{x}_0 + \frac{1}{\mu_k} \boldsymbol{d}_k = \boldsymbol{x}_k \in A$$

となる．このとき，$\boldsymbol{d}_k \to \boldsymbol{d}$ となる．あとは $\mu_k \to \infty$ となることが示されれば，$\lambda_k \to 0$ となる．$\nu > 0$ を任意に固定し，$\delta \in \,]0, \|\boldsymbol{d}\|\,[$ を任意に選ぶ．$\boldsymbol{d}_k \to \boldsymbol{d}$ であるので，ある $k_1 \in \mathbb{N}$ が存在し，$k \geq k_1$ であるすべての $k \in \mathbb{N}$ に対して

$$\delta < \|\boldsymbol{d}_k\|$$

となる．$\varepsilon \in \,]0, \frac{\delta}{\nu}]$ を任意に選ぶ．$\boldsymbol{x}_k \to \boldsymbol{x}_0$ であるので

$$\frac{1}{\mu_k} \boldsymbol{d}_k = \boldsymbol{x}_k - \boldsymbol{x}_0 \to \boldsymbol{0}$$

となり，ある $k_2 \in \mathbb{N}$ が存在し，$k \geq k_2$ であるすべての $k \in \mathbb{N}$ に対して

$$\left\| \frac{1}{\mu_k} \boldsymbol{d}_k \right\| < \varepsilon$$

となり

$$\frac{\|\boldsymbol{d}_k\|}{\varepsilon} < \mu_k$$

となる．よって，$k_0 = \max\{k_1, k_2\}$ とすると，$k \geq k_0$ であるすべての $k \in \mathbb{N}$ に対して

$$\nu \leq \frac{\delta}{\varepsilon} < \frac{\|\boldsymbol{d}_k\|}{\varepsilon} < \mu_k$$

となる．したがって，$\nu > 0$ の任意性より，$\mu_k \to \infty$ となる．

十分性：$\boldsymbol{d} \in \mathbb{R}^n$ とし，$\boldsymbol{d}_k \to \boldsymbol{d}$ となるある点列 $\{\boldsymbol{d}_k\}_{k \in \mathbb{N}} \subset \mathbb{R}^n$ および $\mu_k \to 0$ となるある正の実数列 $\{\mu_k\}_{k \in \mathbb{N}} \subset \mathbb{R}$ が存在し，任意の $k \in \mathbb{N}$ に対して $\boldsymbol{x}_0 + \mu_k \boldsymbol{d}_k \in A$ となるとする．各 $k \in \mathbb{N}$ に対して

$$\boldsymbol{x}_k = \boldsymbol{x}_0 + \mu_k \boldsymbol{d}_k \in A, \quad \lambda_k = \frac{1}{\mu_k} > 0$$

とすると

$$\boldsymbol{d}_k = \frac{1}{\mu_k}(\boldsymbol{x}_k - \boldsymbol{x}_0) = \lambda_k (\boldsymbol{x}_k - \boldsymbol{x}_0)$$

となる．このとき

$$\|\mu_k \boldsymbol{d}_k\| = \mu_k \|\boldsymbol{d}_k\| \to 0 \cdot \|\boldsymbol{d}\| = 0$$

となるので，$\mu_k \boldsymbol{d}_k \to \boldsymbol{0}$ となり，$\boldsymbol{x}_k \to \boldsymbol{x}_0$ となる．また，$\lambda_k (\boldsymbol{x}_k - \boldsymbol{x}_0) = \boldsymbol{d}_k \to \boldsymbol{d}$ となる．よって，$\boldsymbol{d} \in \mathbb{T}(A; \boldsymbol{x}_0)$ となる． $\square$

定理 5.21 $A, B \subset \mathbb{R}^n$ とし，$\boldsymbol{x}_0 \in \mathrm{cl}(A)$ とする．このとき，次が成り立つ．

$$A \subset B \Rightarrow \mathbb{T}(A; \boldsymbol{x}_0) \subset \mathbb{T}(B; \boldsymbol{x}_0)$$

証明 定義より直ちに導かれる． $\square$

定理 5.22 $A \subset \mathbb{R}^n$ とし，$\boldsymbol{x}_0 \in \mathrm{cl}(A)$ とする．このとき，次が成り立つ．

$$\mathbb{T}(A; \boldsymbol{x}_0) = \bigcap_{\varepsilon > 0} \mathrm{cl}\left(\mathrm{cone}\left(A \cap \mathbb{B}(\boldsymbol{x}_0; \varepsilon) - \boldsymbol{x}_0\right)\right)$$

証明 まず，$\boldsymbol{d} \in \mathbb{T}(A; \boldsymbol{x}_0)$ とし，$\varepsilon > 0$ を任意に固定する．このとき，$\boldsymbol{x}_k \to \boldsymbol{x}_0$ となるある $\{\boldsymbol{x}_k\}_{k \in \mathbb{N}} \subset A$ およびある正の実数列 $\{\lambda_k\}_{k \in \mathbb{N}}$ が存在して

$$\boldsymbol{d} = \lim_{k \to \infty} \lambda_k (\boldsymbol{x}_k - \boldsymbol{x}_0)$$

となる．$\boldsymbol{x}_k \to \boldsymbol{x}_0$ であるので，ある $k_0 \in \mathbb{N}$ が存在し，$k \geq k_0$ であるすべての $k \in \mathbb{N}$ に対して $\boldsymbol{x}_k \in A \cap \mathbb{B}(\boldsymbol{x}_0; \varepsilon)$ となる．$k \geq k_0$ である任意の $k \in \mathbb{N}$ に対して $\lambda_k (\boldsymbol{x}_k - \boldsymbol{x}_0) \in \mathrm{cone}\left(A \cap \mathbb{B}(\boldsymbol{x}_0; \varepsilon) - \boldsymbol{x}_0\right)$ となるので

$$\boldsymbol{d} = \lim_{k \to \infty} \lambda_k (\boldsymbol{x}_k - \boldsymbol{x}_0) \in \mathrm{cl}\left(\mathrm{cone}\left(A \cap \mathbb{B}(\boldsymbol{x}_0; \varepsilon) - \boldsymbol{x}_0\right)\right)$$

となる．よって，$\mathbb{T}(A; \boldsymbol{x}_0) \subset \mathrm{cl}\left(\mathrm{cone}\left(A \cap \mathbb{B}(\boldsymbol{x}_0; \varepsilon) - \boldsymbol{x}_0\right)\right)$ となる．したがって，$\varepsilon > 0$ の任意性より

$$\mathbb{T}(A; \boldsymbol{x}_0) \subset \bigcap_{\varepsilon > 0} \mathrm{cl}\left(\mathrm{cone}\left(A \cap \mathbb{B}(\boldsymbol{x}_0; \varepsilon) - \boldsymbol{x}_0\right)\right)$$

となる．

次に，$\boldsymbol{d} \in \bigcap_{\varepsilon > 0} \mathrm{cl}\left(\mathrm{cone}\left(A \cap \mathbb{B}(\boldsymbol{x}_0; \varepsilon) - \boldsymbol{x}_0\right)\right)$ とする．各 $k \in \mathbb{N}$ に対して

$$\boldsymbol{d} \in \mathrm{cl}\left(\mathrm{cone}\left(A \cap \mathbb{B}\left(\boldsymbol{x}_0; \frac{1}{k}\right) - \boldsymbol{x}_0\right)\right)$$

であるので，ある $\{\boldsymbol{x}_{k\ell}\}_{\ell \in \mathbb{N}} \subset A \cap \mathbb{B}\left(\boldsymbol{x}_0; \frac{1}{k}\right)$ およびある非負の実数列 $\{\lambda_{k\ell}\}_{\ell \in \mathbb{N}}$ が存在して

$$\boldsymbol{d} = \lim_{\ell \to \infty} \lambda_{k\ell} (\boldsymbol{x}_{k\ell} - \boldsymbol{x}_0)$$

となる．よって，各 $k \in \mathbb{N}$ に対して

$$\|\lambda_{k\ell_k} (\boldsymbol{x}_{k\ell_k} - \boldsymbol{x}_0) - \boldsymbol{d}\| < \frac{1}{k}$$

となる $\ell_k \in \mathbb{N}$ が存在する．ここで

$$N = \{k \in \mathbb{N} : \lambda_{k\ell_k} > 0\}$$

とする. $N \notin \mathcal{N}_\infty^\sharp$ ならば

$$\boldsymbol{d} = \lim_{k \to \infty} \lambda_{k\ell_k}(\boldsymbol{x}_{k\ell_k} - \boldsymbol{x}_0) = \boldsymbol{0} \in \mathbb{T}(A; \boldsymbol{x}_0)$$

となる. $N \in \mathcal{N}_\infty^\sharp$ とする. このとき, $\{\lambda_{k\ell_k}\}_{k \in N}$ は正の実数列になり

$$\{\boldsymbol{x}_{k\ell_k}\}_{k \in N} \subset A, \quad \lim_{\substack{k \to \infty \\ N}} \boldsymbol{x}_{k\ell_k} = \boldsymbol{x}_0, \quad \boldsymbol{d} = \lim_{\substack{k \to \infty \\ N}} \lambda_{k\ell_k}(\boldsymbol{x}_{k\ell_k} - \boldsymbol{x}_0)$$

となるので, $\boldsymbol{d} \in \mathbb{T}(A; \boldsymbol{x}_0)$ となる. したがって

$$\mathbb{T}(A; \boldsymbol{x}_0) \supset \bigcap_{\varepsilon > 0} \mathrm{cl}\,(\mathrm{cone}\,(A \cap \mathbb{B}(\boldsymbol{x}_0; \varepsilon) - \boldsymbol{x}_0))$$

となる. □

例 5.5 $\alpha \in]0, 1]$ とし

$$A = \{(x, y) \in \mathbb{R}^2 : \min\{\alpha(x^3 - x), (2 - \alpha)(x^3 - x)\} \le y \\ \le \max\{\alpha(x^3 - x), (2 - \alpha)(x^3 - x)\}\}$$

とする. また, $\boldsymbol{x}_0 = (0, 0) \in A$ とする. このとき, 定理 5.22 より

$$\mathbb{T}(A; \boldsymbol{x}_0) = \{(x, y) \in \mathbb{R}^2 : \min\{-\alpha x, (\alpha - 2)x\} \le y \le \max\{-\alpha x, (\alpha - 2)x\}\}$$

となることがわかる(図 5.16).

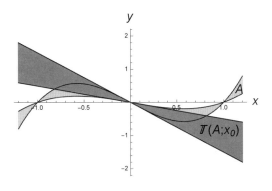

図 **5.16** 接錐 ($\alpha = 0.5$)

□

定理 5.23 $A \subset \mathbb{R}^n$ および $\boldsymbol{x}_0 \in \mathrm{cl}(A)$ に対して, 次が成り立つ.

(i) $\mathbb{T}(A; \boldsymbol{x}_0)$ は閉錐になる.

(ii) $A \in \mathcal{K}(\mathbb{R}^n)$ ならば, $\mathbb{T}(A; \boldsymbol{x}_0)$ は閉凸錐になる.

証明

(i) 各 $\varepsilon > 0$ に対して，定理 5.18 (i) および 5.19 (iii) より，$\mathrm{cl}\,(\mathrm{cone}\,(A \cap \mathbb{B}(\boldsymbol{x}_0; \varepsilon) - \boldsymbol{x}_0))$ は閉錐になる．定理 2.8 (ii), 5.19 (ii) および 5.22 より，$\mathbb{T}(A; \boldsymbol{x}_0)$ は閉錐になる．

(ii) 定理 5.3, 5.4 (ii), 5.18 (ii) および 5.22 より，$\mathbb{T}(A; \boldsymbol{x}_0) \in \mathcal{K}(\mathbb{R}^n)$ となる．よって，(i) より，$\mathbb{T}(A; \boldsymbol{x}_0)$ は閉凸錐になる． $\qquad\square$

問題 5.4

1. $A \subset \mathbb{R}^n,\, A \neq \emptyset$ とし

$$A^* = \{\boldsymbol{y} \in \mathbb{R}^n : \text{任意の } \boldsymbol{x} \in A \text{ に対して } \langle \boldsymbol{y}, \boldsymbol{x} \rangle \leq 0\}$$

とする．このとき，A^* は閉凸錐になることを示せ．

2. $\boldsymbol{a}_j \in \mathbb{R}^n,\, j = 1, 2, \cdots, m$ とする．このとき

$$C = \{\boldsymbol{x} \in \mathbb{R}^n : \langle \boldsymbol{a}_j, \boldsymbol{x} \rangle \leq 0, j = 1, 2, \cdots, m\}$$

は閉凸錐になることを示せ．

3. 次の各集合の $\boldsymbol{0} = (0, 0) \in \mathbb{R}^2$ における接錐を求めよ．

(i) $\{(x, y) \in \mathbb{R}^2 : y \geq x^3\}$

(ii) $\{(x, y) \in \mathbb{R}^2 : x, y \in \mathbb{Z}\}$

(iii) $\{(x, y) \in \mathbb{R}^2 : -1 \leq x \leq 1, -1 \leq y \leq 1\}$

5.5 方向微分と凸関数

$X \subset \mathbb{R}^n$ とし, $f : X \to \mathbb{R}$ とする. また, $\boldsymbol{x}_0 \in X$ とし, $\boldsymbol{d} \in \mathbb{R}^n$ とする. さらに, ある $\delta > 0$ が存在し, 任意の $t \in \,]0, \delta[$ に対して $\boldsymbol{x}_0 + t\boldsymbol{d} \in X$ とする. このとき

$$f'(\boldsymbol{x}_0; \boldsymbol{d}) = \lim_{t \to 0+} \frac{f(\boldsymbol{x}_0 + t\boldsymbol{d}) - f(\boldsymbol{x}_0)}{t} \tag{5.33}$$

が存在するとき, $f'(\boldsymbol{x}_0; \boldsymbol{d})$ を $\boldsymbol{x}_0$ における f の $\boldsymbol{d}$ 方向微分 (directional derivative) とよび, f は $\boldsymbol{x}_0$ において $\boldsymbol{d}$ 方向微分可能であるという.

定理 5.24 $X \subset \mathbb{R}^n$ とし, $f : X \to \mathbb{R}$ とする. また, $\boldsymbol{x}_0 \in X$ とし, $\boldsymbol{d} \in \mathbb{R}^n$ とする. さらに, ある $\delta > 0$ が存在し, 任意の $t \in \,]0, \delta[$ に対して $\boldsymbol{x}_0 + t\boldsymbol{d} \in X$ とする. このとき, f が $\boldsymbol{x}_0$ において $\boldsymbol{d}$ 方向微分可能であるならば, 任意の $\lambda \geq 0$ に対して次が成り立つ.

$$f'(\boldsymbol{x}_0; \lambda\boldsymbol{d}) = \lambda f'(\boldsymbol{x}_0; \boldsymbol{d})$$

証明 $\lambda = 0$ ならば, 明らかに成り立つ. $\lambda > 0$ ならば

$$\begin{aligned}
\lambda f'(\boldsymbol{x}_0; \boldsymbol{d}) &= \lambda \lim_{t \to 0+} \frac{f(\boldsymbol{x}_0 + (t\lambda)\boldsymbol{d}) - f(\boldsymbol{x}_0)}{t\lambda} \\
&= \lim_{t \to 0+} \frac{f(\boldsymbol{x}_0 + t(\lambda\boldsymbol{d})) - f(\boldsymbol{x}_0)}{t} = f'(\boldsymbol{x}_0; \lambda\boldsymbol{d})
\end{aligned}$$

となる. $\square$

$X \subset \mathbb{R}^n$ とし, $f : X \to \mathbb{R}$ とする. また, $\boldsymbol{x}_0 \in X$ とする. ある $\varepsilon > 0$ およびある $K > 0$ が存在し, 任意の $\boldsymbol{x}, \boldsymbol{y} \in X \cap \mathbb{B}(\boldsymbol{x}_0; \varepsilon)$ に対して

$$|f(\boldsymbol{x}) - f(\boldsymbol{y})| \leq K \|\boldsymbol{x} - \boldsymbol{y}\| \tag{5.34}$$

が成り立つとき, f は $\boldsymbol{x}_0$ において**局所リプシッツ条件** (locally Lipschitz condition) をみたす, または K-局所リプシッツ条件をみたすという. f が $\boldsymbol{x}_0$ で局所リプシッツ条件をみたすならば, f は $\boldsymbol{x}_0$ において連続になる.

例 5.6 $f : \mathbb{R} \to \mathbb{R}$ を各 $x \in \mathbb{R}$ に対して $f(x) = x^2$ とする. このとき, f は任意の $x_0 \in \mathbb{R}$ において局所リプシッツ条件をみたすことを確かめる. $\varepsilon > 0$ とする. $x, y \in \mathbb{B}(x_0; \varepsilon)$, $x \neq y$ に対して

$$\frac{|f(x) - f(y)|}{|x - y|} = \left| \frac{x^2 - y^2}{x - y} \right| = \left| \frac{(x + y)(x - y)}{x - y} \right| = |x + y|$$

となる. $x_0 = 0$ ならば $K = 2\varepsilon$ とし, $x_0 > 0$ ならば $K = 2(x_0 + \varepsilon)$ とし, $x_0 < 0$ ならば $K = 2(\varepsilon - x_0)$ とする. このとき, 任意の $x, y \in \mathbb{B}(x_0; \varepsilon)$ に対して, $|x + y| < K$ となり, $|f(x) - f(y)| \leq K|x - y|$ となる. $\qquad\square$

補題 5.3 $X \subset \mathbb{R}^n$ とし, $f : X \to \mathbb{R}$ とする. また, $\boldsymbol{x}_0 \in \mathrm{int}(X)$ とし, $K > 0$ に対して f は $\boldsymbol{x}_0$ において K-局所リプシッツ条件をみたすとする. さらに, $\boldsymbol{d} \in \mathbb{R}^n$ とし, f は $\boldsymbol{x}_0$ において $\boldsymbol{d}$ 方向微分可能であるとする. このとき, $\boldsymbol{d}_k \to \boldsymbol{d}$ である任意の $\{\boldsymbol{d}_k\}_{k \in \mathbb{N}} \subset \mathbb{R}^n$ および $\lambda_k \to 0$ である任意の正の実数列 $\{\lambda_k\}_{k \in \mathbb{N}} \subset \mathbb{R}$ に対して次が成り立つ.

$$f'(\boldsymbol{x}_0; \boldsymbol{d}) = \lim_{k \to \infty} \frac{f(\boldsymbol{x}_0 + \lambda_k \boldsymbol{d}_k) - f(\boldsymbol{x}_0)}{\lambda_k}$$

証明 $\boldsymbol{x}_0 + \lambda_k \boldsymbol{d}_k \to \boldsymbol{x}_0$, $\boldsymbol{x}_0 + \lambda_k \boldsymbol{d} \to \boldsymbol{x}_0$ であり, f は $\boldsymbol{x}_0 \in \mathrm{int}(X)$ において K-局所リプシッツ条件をみたすので, ある $\varepsilon > 0$ およびある $k_0 \in \mathbb{N}$ が存在し, $k \geq k_0$ であるすべての $k \in \mathbb{N}$ に対して $\boldsymbol{x}_0 + \lambda_k \boldsymbol{d}_k, \boldsymbol{x}_0 + \lambda_k \boldsymbol{d} \in \mathbb{B}(\boldsymbol{x}_0; \varepsilon) \subset X$ となり

$$\left| \frac{f(\boldsymbol{x}_0 + \lambda_k \boldsymbol{d}_k) - f(\boldsymbol{x}_0)}{\lambda_k} - \frac{f(\boldsymbol{x}_0 + \lambda_k \boldsymbol{d}) - f(\boldsymbol{x}_0)}{\lambda_k} \right|$$
$$= \frac{|f(\boldsymbol{x}_0 + \lambda_k \boldsymbol{d}_k) - f(\boldsymbol{x}_0 + \lambda_k \boldsymbol{d})|}{\lambda_k}$$
$$\leq \frac{K\|(\boldsymbol{x}_0 + \lambda_k \boldsymbol{d}_k) - (\boldsymbol{x}_0 + \lambda_k \boldsymbol{d})\|}{\lambda_k} = K\|\boldsymbol{d}_k - \boldsymbol{d}\|$$

となる. $K\|\boldsymbol{d}_k - \boldsymbol{d}\| \to 0$ となるので

$$\lim_{k \to \infty} \left(\frac{f(\boldsymbol{x}_0 + \lambda_k \boldsymbol{d}_k) - f(\boldsymbol{x}_0)}{\lambda_k} - \frac{f(\boldsymbol{x}_0 + \lambda_k \boldsymbol{d}) - f(\boldsymbol{x}_0)}{\lambda_k} \right) = 0$$

となり

$$\lim_{k \to \infty} \frac{f(\boldsymbol{x}_0 + \lambda_k \boldsymbol{d}_k) - f(\boldsymbol{x}_0)}{\lambda_k} = \lim_{k \to \infty} \left\{ \frac{f(\boldsymbol{x}_0 + \lambda_k \boldsymbol{d}) - f(\boldsymbol{x}_0)}{\lambda_k} \right.$$
$$+ \left. \left(\frac{f(\boldsymbol{x}_0 + \lambda_k \boldsymbol{d}_k) - f(\boldsymbol{x}_0)}{\lambda_k} - \frac{f(\boldsymbol{x}_0 + \lambda_k \boldsymbol{d}) - f(\boldsymbol{x}_0)}{\lambda_k} \right) \right\}$$
$$= \lim_{k \to \infty} \frac{f(\boldsymbol{x}_0 + \lambda_k \boldsymbol{d}) - f(\boldsymbol{x}_0)}{\lambda_k} + \lim_{k \to \infty} \left(\frac{f(\boldsymbol{x}_0 + \lambda_k \boldsymbol{d}_k) - f(\boldsymbol{x}_0)}{\lambda_k} \right.$$
$$\left. - \frac{f(\boldsymbol{x}_0 + \lambda_k \boldsymbol{d}) - f(\boldsymbol{x}_0)}{\lambda_k} \right) = f'(\boldsymbol{x}_0; \boldsymbol{d})$$

となる. $\qquad\square$

定理 5.25 $X \subset \mathbb{R}^n$ とし, $f : X \to \mathbb{R}$ とする. また, $\boldsymbol{x}_0 \in \mathrm{int}(X)$ とし, f は $\boldsymbol{x}_0$ において局所リプシッツ条件をみたすとする. さらに, 任意の $\boldsymbol{d} \in \mathbb{R}^n$ に対して f が $\boldsymbol{x}_0$ において $\boldsymbol{d}$ 方向微分可能であるとする. このとき, 次が成り立つ.

(i) $\mathrm{epi}(f'(\boldsymbol{x}_0;\cdot)) = \mathbb{T}(\mathrm{epi}(f);(\boldsymbol{x}_0,f(\boldsymbol{x}_0)))$

(ii) $\mathrm{hypo}(f'(\boldsymbol{x}_0;\cdot)) = \mathbb{T}(\mathrm{hypo}(f);(\boldsymbol{x}_0,f(\boldsymbol{x}_0)))$

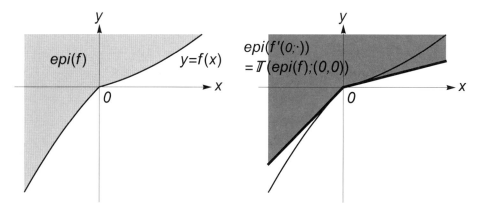

(a) $\mathrm{epi}(f)$ $(f:\mathbb{R}\to\mathbb{R})$　　(b) $\mathrm{epi}(f'(0;\cdot)) = \mathbb{T}(\mathrm{epi}(f);(0,0))$

図 5.17　エピグラフと方向微分

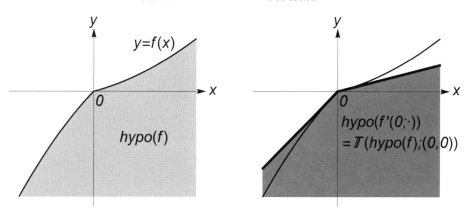

(a) $\mathrm{hypo}(f)$ $(f:\mathbb{R}\to\mathbb{R})$　　(b) $\mathrm{hypo}(f'(0;\cdot)) = \mathbb{T}(\mathrm{hypo}(f);(0,0))$

図 5.18　ハイポグラフと方向微分

定理 5.25 の証明 (i) を示す．(ii) は問題として残しておく (問題 5.5.1)．まず，$\mathbb{T}(\mathrm{epi}(f);(\boldsymbol{x}_0,f(\boldsymbol{x}_0))) \subset \mathrm{epi}(f'(\boldsymbol{x}_0;\cdot))$ となることを示す．$(\boldsymbol{d},r) \in \mathbb{T}(\mathrm{epi}(f);(\boldsymbol{x}_0,f(\boldsymbol{x}_0)))$ とする．定理 5.20 より，$(\boldsymbol{d}_k,r_k) \to (\boldsymbol{d},r)$ となるある点列 $\{(\boldsymbol{d}_k,r_k)\}_{k\in\mathbb{N}} \subset \mathbb{R}^{n+1}$ および $\lambda_k \to 0$ となるある正の実数列 $\{\lambda_k\}_{k\in\mathbb{N}} \subset \mathbb{R}$ が存在し，任意の $k \in \mathbb{N}$ に対して

$$(\boldsymbol{x}_0 + \lambda_k \boldsymbol{d}_k, f(\boldsymbol{x}_0) + \lambda_k r_k) = (\boldsymbol{x}_0, f(\boldsymbol{x}_0)) + \lambda_k(\boldsymbol{d}_k,r_k) \in \mathrm{epi}(f)$$

となり

$$f(\boldsymbol{x}_0 + \lambda_k \boldsymbol{d}_k) \le f(\boldsymbol{x}_0) + \lambda_k r_k$$

となる．よって，補題 5.3 より

$$f'(\boldsymbol{x}_0; \boldsymbol{d}) = \lim_{k \to \infty} \frac{f(\boldsymbol{x}_0 + \lambda_k \boldsymbol{d}_k) - f(\boldsymbol{x}_0)}{\lambda_k} \le \lim_{k \to \infty} r_k = r$$

となるので，$(\boldsymbol{d}, r) \in \mathrm{epi}(f'(\boldsymbol{x}_0; \cdot))$ となる．したがって，$\mathbb{T}(\mathrm{epi}(f); (\boldsymbol{x}_0, f(\boldsymbol{x}_0))) \subset \mathrm{epi}(f'(\boldsymbol{x}_0; \cdot))$ となる．

次に，$\mathrm{epi}(f'(\boldsymbol{x}_0; \cdot)) \subset \mathbb{T}(\mathrm{epi}(f); (\boldsymbol{x}_0, f(\boldsymbol{x}_0)))$ となることを示す．$(\boldsymbol{d}, r) \in \mathrm{epi}(f'(\boldsymbol{x}_0; \cdot))$ とする．

$$f'(\boldsymbol{x}_0; \boldsymbol{d}) = \lim_{t \to 0+} \frac{f(\boldsymbol{x}_0 + t\boldsymbol{d}) - f(\boldsymbol{x}_0)}{t} \le r$$

であるので，各 $k \in \mathbb{N}$ に対して，ある $\lambda_k \in \left]0, \frac{1}{k}\right[$ が存在し

$$\frac{f(\boldsymbol{x}_0 + \lambda_k \boldsymbol{d}) - f(\boldsymbol{x}_0)}{\lambda_k} < r + \frac{1}{k}$$

となる．このとき，$\{\lambda_k\}_{k \in \mathbb{N}} \subset \mathbb{R}$ は $\lambda_k \to 0$ となる正の実数列であり，任意の $k \in \mathbb{N}$ に対して

$$f(\boldsymbol{x}_0 + \lambda_k \boldsymbol{d}) < f(\boldsymbol{x}_0) + \lambda_k \left(r + \frac{1}{k}\right)$$

となり

$$(\boldsymbol{x}_0, f(\boldsymbol{x}_0)) + \lambda_k \left(\boldsymbol{d}, r + \frac{1}{k}\right) = \left(\boldsymbol{x}_0 + \lambda_k \boldsymbol{d}, f(\boldsymbol{x}_0) + \lambda_k \left(r + \frac{1}{k}\right)\right) \in \mathrm{epi}(f)$$

となる．$\left(\boldsymbol{d}, r + \frac{1}{k}\right) \to (\boldsymbol{d}, r)$ となるので，定理 5.20 より，$(\boldsymbol{d}, r) \in \mathbb{T}(\mathrm{epi}(f); (\boldsymbol{x}_0, f(\boldsymbol{x}_0)))$ となる．したがって，$\mathrm{epi}(f'(\boldsymbol{x}_0; \cdot)) \subset \mathbb{T}(\mathrm{epi}(f); (\boldsymbol{x}_0, f(\boldsymbol{x}_0)))$ となる． $\square$

$X \in \mathcal{K}(\mathbb{R}^n)$ とし，$f : X \to \mathbb{R}$ とする．また，$\boldsymbol{x}_0 \in \mathrm{int}(X)$ とする．このとき，f が凸関数ならば，任意の $\boldsymbol{d} \in \mathbb{R}^n$ に対して f は $\boldsymbol{x}_0$ において $\boldsymbol{d}$ 方向微分可能であることを示す．凹関数についても同様の結果が導かれるが，凸関数に関する結果のみ示す．そのために，いくつかの準備から始める．

定理 5.26（**Jensen の不等式** (Jensen's inequality)）$X \in \mathcal{K}(\mathbb{R}^n)$ とし，$f : X \to \mathbb{R}$ とする．このとき，f が X 上の凸関数であるための必要十分条件は，任意の $m \in \mathbb{N}$, 任意の $\boldsymbol{x}_j \in X, j = 1, 2, \cdots, m$ および $\sum_{j=1}^m \lambda_j = 1$ である任意の $\lambda_j \ge 0, j = 1, 2, \cdots, m$ に対して次が成り立つことである．

$$f\left(\sum_{j=1}^m \lambda_j \boldsymbol{x}_j\right) \le \sum_{j=1}^m \lambda_j f(\boldsymbol{x}_j)$$

証明 m に関する帰納法で示せるが，証明は問題として残しておく（問題 5.5.2）．　　□

$X \subset \mathbb{R}^n$ とし，$f : X \to \mathbb{R}$ とする．また，$\boldsymbol{x}_0 \in X$ とする．ある $K > 0$ およびある $\varepsilon > 0$ が存在し，任意の $\boldsymbol{x} \in X \cap \mathbb{B}(\boldsymbol{x}_0; \varepsilon)$ に対して

$$|f(\boldsymbol{x})| \le K \tag{5.35}$$

が成り立つとき，f は $\boldsymbol{x}_0$ において**局所有界** (locally bounded) であるという．

定理 5.27 $X \subset \mathcal{K}(\mathbb{R}^n)$ とし，$f : X \to \mathbb{R}$ は X 上の凸関数であるとする．また，$\boldsymbol{x}_0 \in \mathrm{int}(X)$ とする．このとき，f は $\boldsymbol{x}_0$ において局所有界になる．

証明 まず，ある $\varepsilon > 0$ が存在し，$\{f(\boldsymbol{y}) : \boldsymbol{y} \in \mathbb{B}(\boldsymbol{x}_0; \varepsilon)\}$ が上に有界になることを示す．$\boldsymbol{x}_0 \in \mathrm{int}(X)$ であるので，ある $\varepsilon > 0$ が存在して $\overline{\mathbb{B}}_r(\boldsymbol{x}_0; \varepsilon) \subset X$ となる．ここで，$\overline{\mathbb{B}}_r(\boldsymbol{x}_0; \varepsilon)$ は (5.4) において定義される集合である．各 $(k_1, k_2, \cdots, k_n) \in \{1, 2\}^n$ に対して

$$\boldsymbol{x}_{(k_1, k_2, \cdots, k_n)} = \boldsymbol{x}_0 + \varepsilon((-1)^{k_1}, (-1)^{k_2}, \cdots, (-1)^{k_n})$$

とする．$m = 2^n$ とし，$\boldsymbol{x}_{(k_1, k_2, \cdots, k_n)}, (k_1, k_2, \cdots, k_n) \in \{1, 2\}^n$ を $\boldsymbol{x}_j, j = 1, 2, \cdots, m$ とおき直し

$$K = \max_{j = 1, 2, \cdots, m} f(\boldsymbol{x}_j)$$

とおく．補題 5.1 より

$$\mathrm{co}(\{\boldsymbol{x}_1, \boldsymbol{x}_2, \cdots, \boldsymbol{x}_m\}) = \overline{\mathbb{B}}_r(\boldsymbol{x}_0; \varepsilon)$$

となる．よって，任意の $\boldsymbol{y} \in \mathbb{B}(\boldsymbol{x}_0; \varepsilon) \subset \overline{\mathbb{B}}_r(\boldsymbol{x}_0; \varepsilon)$ に対して，$\sum_{j=1}^m \lambda_j = 1$ となるある $\lambda_j \ge 0, j = 1, 2, \cdots, m$ が存在して $\boldsymbol{y} = \sum_{j=1}^m \lambda_j \boldsymbol{x}_j$ となるので，定理 5.26 より

$$f(\boldsymbol{y}) = f\left(\sum_{j=1}^m \lambda_j \boldsymbol{x}_j\right) \le \sum_{j=1}^m \lambda_j f(\boldsymbol{x}_j) \le K \sum_{j=1}^m \lambda_j = K$$

となる．よって，$\{f(\boldsymbol{y}) : \boldsymbol{y} \in \mathbb{B}(\boldsymbol{x}_0; \varepsilon)\}$ は上に有界である．

次に，$\{f(\boldsymbol{y}) : \boldsymbol{y} \in \mathbb{B}(\boldsymbol{x}_0; \varepsilon)\}$ は下に有界になることを示す．$\boldsymbol{y} \in \mathbb{B}(\boldsymbol{x}_0; \varepsilon)$ を任意に固定し，$\boldsymbol{z} = 2\boldsymbol{x}_0 - \boldsymbol{y}$ とおく．このとき

$$\|\boldsymbol{z} - \boldsymbol{x}_0\| = \|\boldsymbol{x}_0 - \boldsymbol{y}\| < \varepsilon$$

となるので，$\boldsymbol{z} \in \mathbb{B}(\boldsymbol{x}_0; \varepsilon)$ となり，$f(\boldsymbol{z}) \le K$ となる．よって，$\boldsymbol{x}_0 = \frac{1}{2}\boldsymbol{y} + \frac{1}{2}\boldsymbol{z}$ と f の凸性より

$$f(\boldsymbol{x}_0) = f\left(\frac{1}{2}\boldsymbol{y} + \frac{1}{2}\boldsymbol{z}\right) \le \frac{1}{2}f(\boldsymbol{y}) + \frac{1}{2}f(\boldsymbol{z})$$

となり

$$f(\boldsymbol{y}) \geq 2f(\boldsymbol{x}_0) - f(\boldsymbol{z}) \geq 2f(\boldsymbol{x}_0) - K$$

となる．よって，$\boldsymbol{y} \in \mathbb{B}(\boldsymbol{x}_0; \varepsilon)$ の任意性より，$\{f(\boldsymbol{y}) : \boldsymbol{y} \in \mathbb{B}(\boldsymbol{x}_0; \varepsilon)\}$ は下に有界になる．

$\square$

定理 5.28 $X \subset \mathcal{K}(\mathbb{R}^n)$ とし，$f : X \to \mathbb{R}$ は X 上の凸関数であるとする．また，$\boldsymbol{x}_0 \in \text{int}(X)$ とする．このとき，f は $\boldsymbol{x}_0$ において局所リプシッツ条件をみたす．

証明 定理 5.27 より，ある $K > 0$ およびある $\delta > 0$ が存在し，任意の $\boldsymbol{x} \in \mathbb{B}(\boldsymbol{x}_0; 2\delta) \subset X$ に対して $|f(\boldsymbol{x})| \leq K$ となる．$\boldsymbol{y}, \boldsymbol{z} \in \mathbb{B}(\boldsymbol{x}_0; \delta), \boldsymbol{y} \neq \boldsymbol{z}$ を任意に固定し，$\alpha = \|\boldsymbol{z} - \boldsymbol{y}\| > 0$ とする．このとき

$$\boldsymbol{w} = \boldsymbol{z} + \frac{\delta}{\alpha}(\boldsymbol{z} - \boldsymbol{y})$$

とすると

$$\|\boldsymbol{w} - \boldsymbol{x}_0\| = \left\|\boldsymbol{z} + \frac{\delta}{\alpha}(\boldsymbol{z} - \boldsymbol{y}) - \boldsymbol{x}_0\right\| \leq \|\boldsymbol{z} - \boldsymbol{x}_0\| + \frac{\delta}{\alpha}\|\boldsymbol{z} - \boldsymbol{y}\| < \delta + \frac{\delta}{\alpha} \cdot \alpha = 2\delta$$

となるので，$\boldsymbol{w} \in \mathbb{B}(\boldsymbol{x}_0; 2\delta)$ となる．

$$\boldsymbol{z} = \frac{\delta}{\alpha + \delta}\boldsymbol{y} + \frac{\alpha}{\alpha + \delta}\boldsymbol{w}$$

であるので，f の凸性より

$$f(\boldsymbol{z}) \leq \frac{\delta}{\alpha + \delta}f(\boldsymbol{y}) + \frac{\alpha}{\alpha + \delta}f(\boldsymbol{w})$$

となる．$|f(\boldsymbol{y})| \leq K, |f(\boldsymbol{w})| \leq K$ であるので

$$f(\boldsymbol{z}) - f(\boldsymbol{y}) \leq \frac{\alpha}{\alpha + \delta}(f(\boldsymbol{w}) - f(\boldsymbol{y})) \leq \frac{\alpha}{\delta}|f(\boldsymbol{w}) - f(\boldsymbol{y})|$$
$$\leq \frac{\alpha}{\delta}(|f(\boldsymbol{w})| + |f(\boldsymbol{y})|) \leq \frac{2K}{\delta} \cdot \alpha = \frac{2K}{\delta}\|\boldsymbol{z} - \boldsymbol{y}\|$$

となる．また，$\boldsymbol{y}$ と $\boldsymbol{z}$ の役割を入れ替えて同様な議論により

$$f(\boldsymbol{y}) - f(\boldsymbol{z}) \leq \frac{2K}{\delta}\|\boldsymbol{z} - \boldsymbol{y}\|$$

となる．以上より，任意の $\boldsymbol{y}, \boldsymbol{z} \in \mathbb{B}(\boldsymbol{x}_0; \delta)$ に対して

$$|f(\boldsymbol{y}) - f(\boldsymbol{z})| \leq \frac{2K}{\delta}\|\boldsymbol{y} - \boldsymbol{z}\|$$

となるので，f は $\boldsymbol{x}_0$ において $\frac{2K}{\delta}$-局所リプシッツ条件をみたす．

$\square$

定理 5.29 $X \subset \mathcal{K}(\mathbb{R}^n)$ とし，$f : X \to \mathbb{R}$ は X 上の凸関数であるとする．また，$\boldsymbol{x}_0 \in X$ とし，$\boldsymbol{d} \in \mathbb{R}^n$ とする．さらに，ある $\delta > 0$ が存在し，任意の $t \in {]0, \delta[}$ に対して $\boldsymbol{x}_0 + t\boldsymbol{d} \in X$ とする．このとき，次が成り立つ．

$$\lim_{t \to 0+} \frac{f(\boldsymbol{x}_0 + t\boldsymbol{d}) - f(\boldsymbol{x}_0)}{t} = \inf_{t \in {]0,\delta[}} \frac{f(\boldsymbol{x}_0 + t\boldsymbol{d}) - f(\boldsymbol{x}_0)}{t}$$

証明 $0 < s < r < \delta$ となる $s, r \in \mathbb{R}$ を任意に固定する．f は X 上の凸関数であるので

$$f(\boldsymbol{x}_0 + s\boldsymbol{d}) = f\left(\frac{s}{r}(\boldsymbol{x}_0 + r\boldsymbol{d}) + \left(1 - \frac{s}{r}\right)\boldsymbol{x}_0 \right) \le \frac{s}{r} f(\boldsymbol{x}_0 + r\boldsymbol{d}) + \left(1 - \frac{s}{r}\right) f(\boldsymbol{x}_0)$$

となり

$$\frac{f(\boldsymbol{x}_0 + s\boldsymbol{d}) - f(\boldsymbol{x}_0)}{s} \le \frac{f(\boldsymbol{x}_0 + r\boldsymbol{d}) - f(\boldsymbol{x}_0)}{r}$$

となる．よって

$$\frac{f(\boldsymbol{x}_0 + t\boldsymbol{d}) - f(\boldsymbol{x}_0)}{t}$$

は ${]0, \delta[}$ 上で単調増加になる．したがって，定理 4.8 (i) より

$$\lim_{t \to 0+} \frac{f(\boldsymbol{x}_0 + t\boldsymbol{d}) - f(\boldsymbol{x}_0)}{t} = \inf_{t \in {]0,\delta[}} \frac{f(\boldsymbol{x}_0 + t\boldsymbol{d}) - f(\boldsymbol{x}_0)}{t}$$

となる． $\qquad\square$

定理 5.30 $X \subset \mathcal{K}(\mathbb{R}^n)$ とし，$f : X \to \mathbb{R}$ は X 上の凸関数であるとする．また，$\boldsymbol{x}_0 \in \mathrm{int}(X)$ とし，$K > 0$ に対して f は $\boldsymbol{x}_0$ において K-局所リプシッツ条件をみたしているとする．このとき，任意の $\boldsymbol{d} \in \mathbb{R}^n$ に対して，次が成り立つ．

$$\left| \lim_{t \to 0+} \frac{f(\boldsymbol{x}_0 + t\boldsymbol{d}) - f(\boldsymbol{x}_0)}{t} \right| \le K \|\boldsymbol{d}\|$$

証明 $\boldsymbol{d} \in \mathbb{R}^n$ を任意に固定する．定理 5.29 より，$\lim_{t \to 0+} \frac{f(\boldsymbol{x}_0 + t\boldsymbol{d}) - f(\boldsymbol{x}_0)}{t}$ が広義に存在する．f は $\boldsymbol{x}_0$ において K-局所リプシッツ条件をみたしているので

$$
\begin{aligned}
\left| \lim_{t \to 0+} \frac{f(\boldsymbol{x}_0 + t\boldsymbol{d}) - f(\boldsymbol{x}_0)}{t} \right| &= \lim_{t \to 0+} \frac{|f(\boldsymbol{x}_0 + t\boldsymbol{d}) - f(\boldsymbol{x}_0)|}{t} \\
&\le \lim_{t \to 0+} \frac{K\|(\boldsymbol{x}_0 + t\boldsymbol{d}) - \boldsymbol{x}_0\|}{t} = K\|\boldsymbol{d}\|
\end{aligned}
$$

となる． $\qquad\square$

$X \subset \mathcal{K}(\mathbb{R}^n)$ とし，$f : X \to \mathbb{R}$ は X 上の凸関数であるとする．また，$\boldsymbol{x}_0 \in \mathrm{int}(X)$ とする．定理 5.28 より，f は $\boldsymbol{x}_0$ において局所リプシッツ条件をみたす．よって，定理 5.30 より，任意の $\boldsymbol{d} \in \mathbb{R}^n$ に対して f は $\boldsymbol{x}_0$ において $\boldsymbol{d}$ 方向微分可能になる．

問題 5.5

1. $X \subset \mathbb{R}^n$ とし，$f : X \to \mathbb{R}$ とする．また，$\boldsymbol{x}_0 \in \mathrm{int}(X)$ とし，f は $\boldsymbol{x}_0$ において局所リプシッツ条件をみたすとする．さらに，任意の $\boldsymbol{d} \in \mathbb{R}^n$ に対して f が $\boldsymbol{x}_0$ において $\boldsymbol{d}$ 方向微分可能であるとする．このとき，次が成り立つことを示せ．

$$\mathrm{hypo}(f'(\boldsymbol{x}_0; \cdot)) = \mathbb{T}(\mathrm{hypo}(f); (\boldsymbol{x}_0, f(\boldsymbol{x}_0)))$$

2. $X \in \mathcal{K}(\mathbb{R}^n)$ とし，$f : X \to \mathbb{R}$ とする．このとき，f が X 上の凸関数であるための必要十分条件は，任意の $m \in \mathbb{N}$, 任意の $\boldsymbol{x}_j \in X$, $j = 1, 2, \cdots, m$ および $\sum_{j=1}^m \lambda_j = 1$ である任意の $\lambda_j \geq 0$, $j = 1, 2, \cdots, m$ に対して次が成り立つことであることを示せ．

$$f\left(\sum_{j=1}^m \lambda_j \boldsymbol{x}_j\right) \leq \sum_{j=1}^m \lambda_j f(\boldsymbol{x}_j)$$

第 6 章

集合値解析

6.1 集合の演算と順序

任意の 2 つの集合 $A, B \subset \mathbb{R}^n$ および任意の $\lambda \in \mathbb{R}$ に対して，和 $A + B$，スカラー倍 λA および差 $A - B$ はそれぞれ (2.5), (2.6) および (2.7) によって定義されていた．

次の定理は，集合の演算（和とスカラー倍）に関する基本的な性質を与える．

定理 6.1 $A, B, C \subset \mathbb{R}^n$ および $\lambda, \mu \in \mathbb{R}$ に対して，次が成り立つ．

(i) $A + B = B + A$

(ii) $(A + B) + C = A + (B + C)$

(iii) $\{\mathbf{0}\} + A = A$

(iv) $\lambda, \mu \geq 0, A \in \mathcal{K}(\mathbb{R}^n) \Rightarrow (\lambda + \mu)A = \lambda A + \mu A$

(v) $\lambda(A + B) = \lambda A + \lambda B$

(vi) $(\lambda\mu)A = \lambda(\mu A)$

(vii) $1A = A$

証明 (iv) を示す．他は問題として残しておく（問題 6.1.1）．$A = \emptyset$ ならば，$(\lambda + \mu)A$ $= \emptyset = \lambda A + \mu A$ となる．$A \neq \emptyset$ とする．$\lambda = 0$ ならば，(iii) より，$(\lambda + \mu)A = \mu A =$ $\{\mathbf{0}\} + \mu A = \lambda A + \mu A$ となる．同様に，$\mu = 0$ ならば，$(\lambda + \mu)A = \lambda A + \mu A$ となる．$\lambda, \mu > 0$ とする．$\mathbf{x} \in (\lambda + \mu)A$ ならば，ある $\mathbf{y} \in A$ に対して $\mathbf{x} = (\lambda + \mu)\mathbf{y}$ となり，$\mathbf{x} = \lambda\mathbf{y} + \mu\mathbf{y} \in \lambda A + \mu A$ となる．よって，$(\lambda + \mu)A \subset \lambda A + \mu A$ となる．逆に，$\mathbf{x}' \in$ $\lambda A + \mu A$ とする．このとき，ある $\mathbf{y}', \mathbf{z}' \in A$ に対して $\mathbf{x}' = \lambda\mathbf{y}' + \mu\mathbf{z}'$ となる．$A \in$

$\mathcal{K}(\mathbb{R}^n)$ であるので，$\frac{\lambda}{\lambda+\mu}\boldsymbol{y}' + \frac{\mu}{\lambda+\mu}\boldsymbol{z}' \in A$ となり

$$\boldsymbol{x}' = (\lambda+\mu)\left(\frac{\lambda}{\lambda+\mu}\boldsymbol{y}' + \frac{\mu}{\lambda+\mu}\boldsymbol{z}'\right) \in (\lambda+\mu)A$$

となる．よって，$\lambda A + \mu A \subset (\lambda+\mu)A$ となる． □

例 6.1 $A \subset \mathbb{R}$ とし，$\lambda, \mu \in \mathbb{R}$ とする．

(i) $A+B=\{0\}$ となる $B \subset \mathbb{R}$ が存在しない例を与える．$A=\{-1,1\}$ とする．このとき，ある $B \subset \mathbb{R}$ が存在して $A+B=\{0\}$ であると仮定して矛盾を導く．$B=\emptyset$ ならば，$A+B=\emptyset \neq \{0\}$ となる．よって，$B \neq \emptyset$ である．$y \in B$ を任意に固定する．$A+B=\{0\}$ であるので，$-1+y=0$ となり，$y=1$ となる．このとき，$2=1+1=1+y \in (A+B)\setminus\{0\}$ となるが，これは $A+B=\{0\}$ であることに矛盾する．

(ii) $(\lambda+\mu)A = \lambda A + \mu A$ が成り立たない例を 2 つ与える．$\lambda=1, \mu=-1$ とし，$A=[1,2] \in \mathcal{K}(\mathbb{R})$ とすると $(\lambda+\mu)A = 0[1,2] = \{0\} \neq [-1,1] = [1,2]-[1,2] = \lambda A + \mu A$ となり，$\lambda = \mu = \frac{1}{2}$ とし，$A=\{-1,1\} \notin \mathcal{K}(\mathbb{R})$ とすると $(\lambda+\mu)A = A = \{-1,1\} \neq \{-1,0,1\} = \frac{1}{2}\{-1,1\} + \frac{1}{2}\{-1,1\} = \lambda A + \mu A$ となる． □

ここで，$\mathbb{R}^n_+ = \{\boldsymbol{x} \in \mathbb{R}^n : \boldsymbol{x} \geq \boldsymbol{0}\}$, $\mathbb{R}^n_- = \{\boldsymbol{x} \in \mathbb{R}^n : \boldsymbol{x} \leq \boldsymbol{0}\}$ であったことを思い出そう．また，$\mathrm{int}(\mathbb{R}^n_+) = \{\boldsymbol{x} \in \mathbb{R}^n : \boldsymbol{x} > \boldsymbol{0}\}$, $\mathrm{int}(\mathbb{R}^n_-) = \{\boldsymbol{x} \in \mathbb{R}^n : \boldsymbol{x} < \boldsymbol{0}\}$ となり，これらを用いて，$2^{\mathbb{R}^n}$ 上の順序の定義を与える．

定義 6.1 $A, B \subset \mathbb{R}^n$ とする．

(i) $B \subset A + \mathbb{R}^n_+$, $A \subset B + \mathbb{R}^n_-$ のとき，$A \leq B$ または $B \geq A$ と表す．

(ii) $B \subset A + \mathrm{int}(\mathbb{R}^n_+)$, $A \subset B + \mathrm{int}(\mathbb{R}^n_-)$ のとき，$A < B$ または $B > A$ と表す．

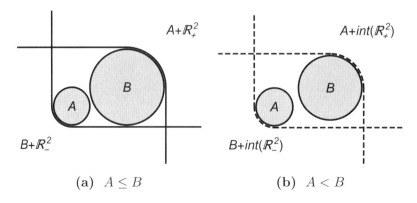

(a) $A \leq B$ (b) $A < B$

図 **6.1** 集合の順序

$A, B \subset \mathbb{R}^n$ とする．$B \subset A + \mathbb{R}_+^n$ となるための必要十分条件は，任意の $y \in B$ に対して，ある $x \in A$ が存在し，$x \leq y$ となることである．$A \subset B + \mathbb{R}_-^n$ となるための必要十分条件は，任意の $x \in A$ に対して，ある $y \in B$ が存在し，$x \leq y$ となることである．$B \subset A + \text{int}(\mathbb{R}_+^n)$ となるための必要十分条件は，任意の $y \in B$ に対して，ある $x \in A$ が存在し，$x < y$ となることである．$A \subset B + \text{int}(\mathbb{R}_-^n)$ となるための必要十分条件は，任意の $x \in A$ に対して，ある $y \in B$ が存在し，$x < y$ となることである．

次の定理は，集合の順序に関する基本的な性質を与える．

定理 6.2 $A, B, C \subset \mathbb{R}^n$ に対して，次が成り立つ．

(i) $A \leq A$

(ii) $A \leq B, B \leq C \Rightarrow A \leq C$

(iii) $A < B \Rightarrow A \leq B$

(iv) $A = \emptyset, B \neq \emptyset \Rightarrow A \not\leq B, B \not\leq A, A \not< B, B \not< A$

(v) $\emptyset \leq \emptyset, \emptyset < \emptyset, \mathbb{R}^n \leq \mathbb{R}^n, \mathbb{R}^n < \mathbb{R}^n$

(vi) $A < B, B \leq C \Rightarrow A < C$

(vii) $A \leq B, B < C \Rightarrow A < C$

証明 (ii) および (vi) を示す．他は問題として残しておく（問題 6.1.2）．

(ii) $B \subset A + \mathbb{R}_+^n, C \subset B + \mathbb{R}_+^n$ より $C \subset B + \mathbb{R}_+^n \subset A + \mathbb{R}_+^n + \mathbb{R}_+^n = A + \mathbb{R}_+^n$ となり，$A \subset B + \mathbb{R}_-^n, B \subset C + \mathbb{R}_-^n$ より $A \subset B + \mathbb{R}_-^n \subset C + \mathbb{R}_-^n + \mathbb{R}_-^n = C + \mathbb{R}_-^n$ となる．よって，$A \leq C$ となる．

(vi) $B \subset A + \text{int}(\mathbb{R}_+^n), C \subset B + \mathbb{R}_+^n$ より $C \subset B + \mathbb{R}_+^n \subset A + \text{int}(\mathbb{R}_+^n) + \mathbb{R}_+^n = A + \text{int}(\mathbb{R}_+^n)$ となり，$A \subset B + \text{int}(\mathbb{R}_-^n), B \subset C + \mathbb{R}_-^n$ より $A \subset B + \text{int}(\mathbb{R}_-^n) \subset C + \mathbb{R}_-^n + \text{int}(\mathbb{R}_-^n) = C + \text{int}(\mathbb{R}_-^n)$ となる．よって，$A < C$ となる． $\square$

定理 6.2 (i), (ii) は，定義 6.1 における関係 $\leq$ が擬順序関係になることを示している．

例 6.2 $A = {]0,1[}$ とし，$B = [0,1]$ とする．$A + \text{int}(\mathbb{R}_+) = B + \text{int}(\mathbb{R}_+) = {]0, \infty[}, A + \text{int}(\mathbb{R}_-) = B + \text{int}(\mathbb{R}_-) = {]-\infty, 1[}$ であるので，$A \subset A + \text{int}(\mathbb{R}_+), A \subset A + \text{int}(\mathbb{R}_-), B \not\subset B + \text{int}(\mathbb{R}_+), B \not\subset B + \text{int}(\mathbb{R}_-)$ となる．よって，$A < A$ となり，$B \not< B$ となる． $\square$

次の定理は，和集合に関する集合の順序の性質を与える．

定理 6.3 任意の添字集合 Λ および $A_\lambda, B_\lambda \subset \mathbb{R}^n, \lambda \in \Lambda$ に対して，次が成り立つ．

(i) $A_\lambda \le B_\lambda$, $\lambda \in \Lambda$ $\Rightarrow$ $\bigcup_{\lambda \in \Lambda} A_\lambda \le \bigcup_{\lambda \in \Lambda} B_\lambda$

(ii) $A_\lambda < B_\lambda$, $\lambda \in \Lambda$ $\Rightarrow$ $\bigcup_{\lambda \in \Lambda} A_\lambda < \bigcup_{\lambda \in \Lambda} B_\lambda$

証明 (i) を示す．(ii) は (i) と同様に示せるが，問題として残しておく（問題 6.1.3）．

まず，$\boldsymbol{y} \in \bigcup_{\lambda \in \Lambda} B_\lambda$ とする．このとき，ある $\lambda_0 \in \Lambda$ が存在して $\boldsymbol{y} \in B_{\lambda_0}$ となる．$A_{\lambda_0} \le B_{\lambda_0}$ であるので，ある $\boldsymbol{x} \in A_{\lambda_0} \subset \bigcup_{\lambda \in \Lambda} A_\lambda$ が存在して $\boldsymbol{x} \le \boldsymbol{y}$ となる．

次に，$\boldsymbol{x} \in \bigcup_{\lambda \in \Lambda} A_\lambda$ とする．このとき，ある $\lambda_0 \in \Lambda$ が存在して $\boldsymbol{x} \in A_{\lambda_0}$ となる．$A_{\lambda_0} \le B_{\lambda_0}$ であるので，ある $\boldsymbol{y} \in B_{\lambda_0} \subset \bigcup_{\lambda \in \Lambda} B_\lambda$ が存在して $\boldsymbol{x} \le \boldsymbol{y}$ となる． $\square$

次の定理は，閉包に関する集合の順序の性質を与える．

定理 6.4 $A, B \subset \mathbb{R}^n$ とする．このとき，$A \le B$ であり，A, B が有界ならば，$\mathrm{cl}(A) \le \mathrm{cl}(B)$ となる．

証明 $A \le B$ であるので，$B \subset A + \mathbb{R}^n_+$, $A \subset B + \mathbb{R}^n_-$ である．このとき，$B \subset A + \mathbb{R}^n_+ \subset \mathrm{cl}(A) + \mathbb{R}^n_+$, $A \subset B + \mathbb{R}^n_- \subset \mathrm{cl}(B) + \mathbb{R}^n_-$ となる．$\mathrm{cl}(A), \mathrm{cl}(B) \in \mathcal{BC}(\mathbb{R}^n)$ であり $\mathbb{R}^n_+$, $\mathbb{R}^n_- \in \mathcal{C}(\mathbb{R}^n)$ であるので，定理 3.18 (ii) より，$\mathrm{cl}(A) + \mathbb{R}^n_+$, $\mathrm{cl}(B) + \mathbb{R}^n_- \in \mathcal{C}(\mathbb{R}^n)$ となる．よって，$\mathrm{cl}(B) \subset \mathrm{cl}(A) + \mathbb{R}^n_+$, $\mathrm{cl}(A) \subset \mathrm{cl}(B) + \mathbb{R}^n_-$ となるので，$\mathrm{cl}(A) \le \mathrm{cl}(B)$ となる． $\square$

例 6.3 $A, B \subset \mathbb{R}^2$ とする．

(i) $A \le B$ であり A, B の少なくとも一方は非有界のとき，$\mathrm{cl}(A) \not\le \mathrm{cl}(B)$ となる例を与える．

$$A = \{(x,y) \in \mathbb{R}^2 : 2^x \le y \le 1\}, \quad B = \{(x,y) \in \mathbb{R}^2 : |x-1| < 1, |y-1| < 1\}$$

とする．このとき

$$A + \mathbb{R}^2_+ = \{(x,y) \in \mathbb{R}^2 : y > 0\}, \quad B + \mathbb{R}^2_- = \{(x,y) \in \mathbb{R}^2 : x < 2, y < 2\}$$

となり，$B \subset A + \mathbb{R}^2_+$, $A \subset B + \mathbb{R}^2_-$ となる．よって，$A \le B$ となる．一方

$$\mathrm{cl}(A) = \{(x,y) \in \mathbb{R}^2 : 2^x \le y \le 1\}, \; \mathrm{cl}(B) = \{(x,y) \in \mathbb{R}^2 : |x-1| \le 1, |y-1| \le 1\}$$

となり

$$\mathrm{cl}(A) + \mathbb{R}^2_+ = \{(x,y) \in \mathbb{R}^2 : y > 0\}$$

となるので，$\mathrm{cl}(B) \not\subset \mathrm{cl}(A) + \mathbb{R}^2_+$ となる．よって，$\mathrm{cl}(A) \not\le \mathrm{cl}(B)$ となる．

(ii) $A < B$ であり，A, B が有界であるとき，$\mathrm{cl}(A) \not< \mathrm{cl}(B)$ となる例を与える．

$$A = \{(x, y) \in \mathbb{R}^2 : |x + 1| < 1, |y - 1| < 1\}$$
$$B = \{(x, y) \in \mathbb{R}^2 : |x - 1| < 1, |y - 1| < 1\}$$

とする．このとき

$$A + \mathrm{int}(\mathbb{R}^2_+) = \{(x, y) \in \mathbb{R}^2 : x > -2, y > 0\}$$
$$B + \mathrm{int}(\mathbb{R}^2_-) = \{(x, y) \in \mathbb{R}^2 : x < 2, y < 2\}$$

となり，$B \subset A + \mathrm{int}(\mathbb{R}^2_+)$, $A \subset B + \mathrm{int}(\mathbb{R}^2_-)$ となる．よって，$A < B$ となる．一方

$$\mathrm{cl}(A) = \{(x, y) \in \mathbb{R}^2 : |x + 1| \le 1, |y - 1| \le 1\}$$
$$\mathrm{cl}(B) = \{(x, y) \in \mathbb{R}^2 : |x - 1| \le 1, |y - 1| \le 1\}$$

となり

$$\mathrm{cl}(A) + \mathrm{int}(\mathbb{R}^2_+) = \{(x, y) \in \mathbb{R}^2 : x > -2, y > 0\}$$
$$\mathrm{cl}(B) + \mathrm{int}(\mathbb{R}^2_-) = \{(x, y) \in \mathbb{R}^2 : x < 2, y < 2\}$$

となるので，$\mathrm{cl}(B) \not\subset \mathrm{cl}(A) + \mathrm{int}(\mathbb{R}^2_+)$, $\mathrm{cl}(A) \not\subset \mathrm{cl}(B) + \mathrm{int}(\mathbb{R}^2_-)$ となる．よって，$\mathrm{cl}(A) \not< \mathrm{cl}(B)$ となる． $\square$

実数 $a, b \in \mathbb{R}$ に対して，$a < b$ ならば $a \not\geq b$ となるが，同様な結果は集合に対しては一般に成り立たない．そこで，集合 $A, B \subset \mathbb{R}^n$ に対して，$A < B$ ならば $A \not\geq B$ となるための条件を考える．

集合のコンパクト性に関する定義を与える．

定義 6.2 $A \subset \mathbb{R}^n$ とする．

(i) A が $\mathbb{R}^n_+$-**コンパクト集合** ($\mathbb{R}^n_+$-compact set) であるとは，任意の $\boldsymbol{x} \in A$ に対して $A \cap (\boldsymbol{x} + \mathbb{R}^n_+)$ がコンパクト集合であるときをいう[*1]．

(ii) A が $\mathbb{R}^n_-$-**コンパクト集合** ($\mathbb{R}^n_-$-compact set) であるとは，任意の $\boldsymbol{x} \in A$ に対して $A \cap (\boldsymbol{x} + \mathbb{R}^n_-)$ がコンパクト集合であるときをいう．

定理 6.5 $A \subset \mathbb{R}^n$, $A \ne \emptyset$ とする．このとき，次が成り立つ．

[*1] 通常，A が $\mathbb{R}^n_-$-コンパクト集合であるとは，任意の $\boldsymbol{x} \in A$ に対して $A \cap (\boldsymbol{x} - \mathbb{R}^n_+)$ がコンパクト集合であるときと定義されるが，本書では定義 6.2 (i) のように定義する．$\mathbb{R}^n_-$-コンパクト集合についても同様である．

(i) A が $\mathbb{R}_+^n$-コンパクト集合ならば，ある $\boldsymbol{x}_0 \in A$ が存在して $A \cap (\boldsymbol{x}_0 + \mathbb{R}_+^n) = \{\boldsymbol{x}_0\}$ となる．

(ii) A が $\mathbb{R}_-^n$-コンパクト集合ならば，ある $\boldsymbol{x}_0 \in A$ が存在して $A \cap (\boldsymbol{x}_0 + \mathbb{R}_-^n) = \{\boldsymbol{x}_0\}$ となる．

証明 (i) を示す．(ii) は (i) と同様に示せるが，問題として残しておく（問題 6.1.4）．$\boldsymbol{y} \in A$ を任意に固定し，$Y = A \cap (\boldsymbol{y} + \mathbb{R}_+^n)$ とする．A は $\mathbb{R}_+^n$-コンパクト集合であるので，$Y \in \mathcal{BC}(\mathbb{R}^n)$ となる．このとき，次の方針で証明する．Y のコンパクト性を用いて，Y の任意の全順序部分集合は上界をもつことを示す．すると，定理 1.8 より，Y の極大要素 $\boldsymbol{x}_0$ が存在する．その $\boldsymbol{x}_0 \in Y$ に対して $A \cap (\boldsymbol{x}_0 + \mathbb{R}_+^n) = \{\boldsymbol{x}_0\}$ となることを示す．

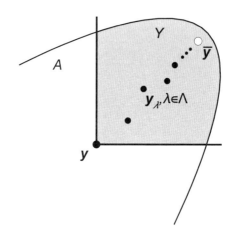

図 **6.2** 定理 6.5 の証明の図解

$Y^\Lambda = \{\boldsymbol{y}_\lambda \in Y : \lambda \in \Lambda\}$ を Y の任意の全順序部分集合として固定する．ここで，Λ は添字集合である．このとき

$$\boldsymbol{y}_\lambda = (y_{\lambda 1}, y_{\lambda 2}, \cdots, y_{\lambda n}), \quad \lambda \in \Lambda$$

$$\overline{y}_i = \sup_{\lambda \in \Lambda} y_{\lambda i} \in \mathbb{R}, \quad i = 1, 2, \cdots, n \quad (Y \text{ の有界性より})$$

$$\overline{\boldsymbol{y}} = (\overline{y}_1, \overline{y}_2, \cdots, \overline{y}_n) \in \mathbb{R}^n$$

とする（図 6.2）．このとき，$\overline{\boldsymbol{y}} \in Y$ となることが示されれば，$\overline{\boldsymbol{y}}$ の定義より $\overline{\boldsymbol{y}}$ は Y^Λ の上界になる．よって，$\overline{\boldsymbol{y}} \in Y$ となることを示す．各 $k \in \mathbb{N}$ および各 $i \in \{1, 2, \cdots, n\}$ に対して，$\overline{y}_i$ の定義より，ある $\lambda_{ki} \in \Lambda$ が存在して

$$\overline{y}_i - \frac{1}{\sqrt{n}k} < y_{\lambda_{ki} i} \leq \overline{y}_i$$

となる. 各 $k \in \mathbb{N}$ に対して, $\{\boldsymbol{y}_{\lambda_{k1}}, \boldsymbol{y}_{\lambda_{k2}}, \cdots, \boldsymbol{y}_{\lambda_{kn}}\} \subset Y^\Lambda$ は全順序集合であり

$$\boldsymbol{z}_k = (z_{k1}, z_{k2}, \cdots, z_{kn}) = \max\{\boldsymbol{y}_{\lambda_{k1}}, \boldsymbol{y}_{\lambda_{k2}}, \cdots, \boldsymbol{y}_{\lambda_{kn}}\} \in Y^\Lambda \subset Y$$

とすると

$$\overline{y}_i - \frac{1}{\sqrt{n}k} < y_{\lambda_{ki}i} \leq z_{ki} \leq \overline{y}_i, \quad i = 1, 2, \cdots, n$$

となり

$$\|\boldsymbol{z}_k - \overline{\boldsymbol{y}}\| = \sqrt{\sum_{i=1}^{n}(z_{ki} - \overline{y}_i)^2} < \sqrt{\sum_{i=1}^{n}\left\{\left(\overline{y}_i - \frac{1}{\sqrt{n}k}\right) - \overline{y}_i\right\}^2} = \frac{1}{k}$$

となるので, $\boldsymbol{z}_k \in \mathbb{B}\left(\overline{\boldsymbol{y}}, \frac{1}{k}\right)$ となる. このとき, $\boldsymbol{z}_k \to \overline{\boldsymbol{y}}$ であり, $\{\boldsymbol{z}_k\}_{k \in \mathbb{N}} \subset Y \in \mathcal{C}(\mathbb{R}^n)$ であるので, $\overline{\boldsymbol{y}} \in Y$ となる. よって, $\overline{\boldsymbol{y}}$ は Y^Λ の上界になる. Y の全順序部分集合 Y^Λ の任意性および定理 1.8 より, Y の極大要素 $\boldsymbol{x}_0$ が存在する.

次に, 上の $\boldsymbol{x}_0 \in Y$ に対して $A \cap (\boldsymbol{x}_0 + \mathbb{R}^n_+) = \{\boldsymbol{x}_0\}$ となることを示す. そのために, $A \cap (\boldsymbol{x}_0 + \mathbb{R}^n_+) \neq \{\boldsymbol{x}_0\}$ と仮定して矛盾を導く. $A \cap (\boldsymbol{x}_0 + \mathbb{R}^n_+) \supset \{\boldsymbol{x}_0\}$ であるので, $A \cap (\boldsymbol{x}_0 + \mathbb{R}^n_+) \not\subset \{\boldsymbol{x}_0\}$ であり, ある $\overline{\boldsymbol{x}} \in A \cap (\boldsymbol{x}_0 + \mathbb{R}^n_+)$ が存在して $\overline{\boldsymbol{x}} \neq \boldsymbol{x}_0$ となる. $\boldsymbol{x}_0 \in Y = A \cap (\boldsymbol{y} + \mathbb{R}^n_+)$ であるので, $\boldsymbol{x}_0 + \mathbb{R}^n_+ \subset \boldsymbol{y} + \mathbb{R}^n_+$ となり, $\overline{\boldsymbol{x}} \in A \cap (\boldsymbol{x}_0 + \mathbb{R}^n_+) \subset A \cap (\boldsymbol{y} + \mathbb{R}^n_+) = Y$ となる. よって, $\overline{\boldsymbol{x}} \in Y, \boldsymbol{x}_0 \leq \overline{\boldsymbol{x}}, \overline{\boldsymbol{x}} \neq \boldsymbol{x}_0$ となるが, これは $\boldsymbol{x}_0$ が Y の極大要素であることに矛盾する. $\square$

次の定理は, 集合 $A, B \subset \mathbb{R}^n$ に対して, $A < B$ ならば $A \not\geq B$ となるための十分条件を与える.

定理 6.6 $A, B \subset \mathbb{R}^n$ とする. A が空でない $\mathbb{R}^n_+$-コンパクト集合であるか, A が空でない $\mathbb{R}^n_-$-コンパクト集合であるか, B が空でない $\mathbb{R}^n_+$-コンパクト集合であるか, または B が空でない $\mathbb{R}^n_-$-コンパクト集合であるとする. このとき, 次が成り立つ.

$$A < B \Rightarrow A \not\geq B$$

証明 A が空でない $\mathbb{R}^n_+$-コンパクト集合である場合のみ示す. その他の場合も同様に示せるが, 問題として残しておく (問題 6.1.5). $A < B, A \geq B$ と仮定して矛盾を導く. このとき, $A \subset B + \mathrm{int}(\mathbb{R}^n_-), B \subset A + \mathbb{R}^n_-$ であるので, $A \subset B + \mathrm{int}(\mathbb{R}^n_-) \subset A + \mathbb{R}^n_- + \mathrm{int}(\mathbb{R}^n_-) = A + \mathrm{int}(\mathbb{R}^n_-)$ となる. A は空でない $\mathbb{R}^n_+$-コンパクト集合であるので, 定理 6.5 (i) より, ある $\boldsymbol{x}_0 \in A$ が存在して $A \cap (\boldsymbol{x}_0 + \mathbb{R}^n_+) = \{\boldsymbol{x}_0\}$ となる. $\boldsymbol{x}_0 \in A \subset A + \mathrm{int}(\mathbb{R}^n_-)$ であるので, ある $\boldsymbol{y}_0 \in A$ が存在して $\boldsymbol{x}_0 \in \boldsymbol{y}_0 + \mathrm{int}(\mathbb{R}^n_-)$ となる. 以上より, $\boldsymbol{x}_0 \neq \boldsymbol{y}_0, \boldsymbol{y}_0 \in A, \boldsymbol{y}_0 \in \boldsymbol{x}_0 - \mathrm{int}(\mathbb{R}^n_-) = \boldsymbol{x}_0 + \mathrm{int}(\mathbb{R}^n_+) \subset \boldsymbol{x}_0 + \mathbb{R}^n_+$ となるが, これは $A \cap (\boldsymbol{x}_0 + \mathbb{R}^n_+) = \{\boldsymbol{x}_0\}$ であることに矛盾する. $\square$

次の定理は，集合の演算と順序の関係を与える．

定理 6.7 $A, B, C, D \subset \mathbb{R}^n$ に対して，次が成り立つ．

(i) $A \leq B \Rightarrow A + C \leq B + C$

(ii) $A < B \Rightarrow A + C < B + C$

(iii) $A \leq B, C \leq D \Rightarrow A + C \leq B + D$

(iv) $A \leq B, C < D \Rightarrow A + C < B + D$

(v) $\lambda \geq 0, A \leq B \Rightarrow \lambda A \leq \lambda B$

(vi) $\lambda > 0, A < B \Rightarrow \lambda A < \lambda B$

(vii) $\lambda \leq 0, A \leq B \Rightarrow \lambda A \geq \lambda B$

(viii) $\lambda < 0, A < B \Rightarrow \lambda A > \lambda B$

(ix) $A \leq C, B \leq C, \lambda \in [0,1], C \in \mathcal{K}(\mathbb{R}^n) \Rightarrow \lambda A + (1-\lambda)B \leq C$

(x) $A \leq C, B < C, \lambda \in [0,1[, C \in \mathcal{K}(\mathbb{R}^n) \Rightarrow \lambda A + (1-\lambda)B < C$

(xi) $A < C, B < C, \lambda \in [0,1], C \in \mathcal{K}(\mathbb{R}^n) \Rightarrow \lambda A + (1-\lambda)B < C$

(xii) $C \leq A, C \leq B, \lambda \in [0,1], C \in \mathcal{K}(\mathbb{R}^n) \Rightarrow C \leq \lambda A + (1-\lambda)B$

(xiii) $C \leq A, C < B, \lambda \in [0,1[, C \in \mathcal{K}(\mathbb{R}^n) \Rightarrow C < \lambda A + (1-\lambda)B$

(xiv) $C < A, C < B, \lambda \in [0,1], C \in \mathcal{K}(\mathbb{R}^n) \Rightarrow C < \lambda A + (1-\lambda)B$

証明 (iii), (v) および (ix) を示す．残りは問題として残しておく（問題 6.1.6）．(iv) は，(iii) と同様に示せる．(i) は，(iii) と定理 6.2 (i) より導かれる．(ii) は，(iv) と定理 6.2 (i) より導かれる．(vi)–(viii) は，(v) と同様に示せる．(x)–(xiv) は，(ix) と同様に示せる．

(iii) $B \subset A + \mathbb{R}^n_+, D \subset C + \mathbb{R}^n_+$ であるので，$B + D \subset A + C + \mathbb{R}^n_+ + \mathbb{R}^n_+ = A + C + \mathbb{R}^n_+$ となる．また，$A \subset B + \mathbb{R}^n_-, C \subset D + \mathbb{R}^n_-$ であるので，$A + C \subset B + D + \mathbb{R}^n_- + \mathbb{R}^n_- = B + D + \mathbb{R}^n_-$ となる．よって，$A + C \leq B + D$ となる．

(v) $A = \emptyset$ または $B = \emptyset$ ならば，$A \leq B$ であるので，定理 6.2 (iv) より $A = B = \emptyset$ となり，定理 6.2 (v) より $\lambda A = \emptyset \leq \emptyset = \lambda B$ となる．よって，$A \neq \emptyset, B \neq \emptyset$ とする．まず，$\lambda = 0$ とする．このとき，定理 6.2 (i) より，$\lambda A = \{\mathbf{0}\} \leq \{\mathbf{0}\} = \lambda B$ となる．次に，$\lambda > 0$ とする．このとき，$B \subset A + \mathbb{R}^n_+, A \subset B + \mathbb{R}^n_-$ であるので，定理 6.1 (v) より，

$\lambda B \subset \lambda(A + \mathbb{R}^n_+) = \lambda A + \lambda \mathbb{R}^n_+ = \lambda A + \mathbb{R}^n_+$, $\lambda A \subset \lambda(B + \mathbb{R}^n_-) = \lambda B + \lambda \mathbb{R}^n_- = \lambda B + \mathbb{R}^n_-$ となる. よって, $\lambda A \le \lambda B$ となる.

(ix) (v) より, $\lambda A \le \lambda C$, $(1 - \lambda)B \le (1 - \lambda)C$ となる. よって, (iii) と定理 6.1 (iv), (vii) より, $\lambda A + (1 - \lambda)B \le \lambda C + (1 - \lambda)C = C$ となる. □

問題 6.1

1. $A, B, C \subset \mathbb{R}^n$ および $\lambda, \mu \in \mathbb{R}$ に対して, 次が成り立つことを示せ.

(i) $A + B = B + A$

(ii) $(A + B) + C = A + (B + C)$

(iii) $\{\mathbf{0}\} + A = A$

(iv) $\lambda(A + B) = \lambda A + \lambda B$

(v) $(\lambda\mu)A = \lambda(\mu A)$

(vi) $1A = A$

2. $A, B, C \subset \mathbb{R}^n$ に対して, 次が成り立つことを示せ.

(i) $A \le A$

(ii) $A < B \Rightarrow A \le B$

(iii) $A = \emptyset, B \ne \emptyset \Rightarrow A \not\le B, B \not\le A, A \not< B, B \not< A$

(iv) $\emptyset \le \emptyset, \emptyset < \emptyset, \mathbb{R}^n \le \mathbb{R}^n, \mathbb{R}^n < \mathbb{R}^n$

(v) $A \le B, B < C \Rightarrow A < C$

3. 任意の添字集合 Λ および $A_\lambda, B_\lambda \subset \mathbb{R}^n$, $\lambda \in \Lambda$ に対して, 次が成り立つことを示せ.

$$A_\lambda < B_\lambda, \lambda \in \Lambda \Rightarrow \bigcup_{\lambda \in \Lambda} A_\lambda < \bigcup_{\lambda \in \Lambda} B_\lambda$$

4. $A \subset \mathbb{R}^n$, $A \ne \emptyset$ とする. このとき, A が $\mathbb{R}^n_-$-コンパクト集合ならば, ある $\mathbf{x}_0 \in A$ が存在して $A \cap (\mathbf{x}_0 + \mathbb{R}^n_-) = \{\mathbf{x}_0\}$ となることを示せ.

154

5. $A, B \subset \mathbb{R}^n$ とする. A が空でない $\mathbb{R}^n_-$-コンパクト集合であるか, B が空でない $\mathbb{R}^n_+$-コンパクト集合であるか, または B が空でない $\mathbb{R}^n_-$-コンパクト集合であるとする. このとき, 次が成り立つことを示せ.

$$A < B \Rightarrow A \not\geq B$$

6. $A, B, C, D \subset \mathbb{R}^n$ に対して, 次が成り立つことを示せ.

(i) $A \leq B \Rightarrow A + C \leq B + C$

(ii) $A < B \Rightarrow A + C < B + C$

(iii) $A \leq B, C < D \Rightarrow A + C < B + D$

(iv) $\lambda > 0, A < B \Rightarrow \lambda A < \lambda B$

(v) $\lambda \leq 0, A \leq B \Rightarrow \lambda A \geq \lambda B$

(vi) $\lambda < 0, A < B \Rightarrow \lambda A > \lambda B$

(vii) $A \leq C, B < C, \lambda \in [0, 1[, C \in \mathcal{K}(\mathbb{R}^n) \Rightarrow \lambda A + (1 - \lambda)B < C$

(viii) $A < C, B < C, \lambda \in [0, 1], C \in \mathcal{K}(\mathbb{R}^n) \Rightarrow \lambda A + (1 - \lambda)B < C$

(ix) $C \leq A, C \leq B, \lambda \in [0, 1], C \in \mathcal{K}(\mathbb{R}^n) \Rightarrow C \leq \lambda A + (1 - \lambda)B$

(x) $C \leq A, C < B, \lambda \in [0, 1[, C \in \mathcal{K}(\mathbb{R}^n) \Rightarrow C < \lambda A + (1 - \lambda)B$

(xi) $C < A, C < B, \lambda \in [0, 1], C \in \mathcal{K}(\mathbb{R}^n) \Rightarrow C < \lambda A + (1 - \lambda)B$

6.2 集合の内積と直積

集合の内積の定義を与える.

定義 6.3

(i) $A, B \subset \mathbb{R}^n$ に対して

$$\langle A, B \rangle = \{ \langle \boldsymbol{x}, \boldsymbol{y} \rangle \in \mathbb{R} : \boldsymbol{x} \in A, \boldsymbol{y} \in B \} \tag{6.1}$$

と定義し, $\langle A, B \rangle$ を A と B の**内積**とよぶ.

(ii) $A \subset \mathbb{R}^n$ および $\boldsymbol{b} \in \mathbb{R}^n$ に対して

$$\langle A, \boldsymbol{b} \rangle = \langle A, \{\boldsymbol{b}\} \rangle = \{ \langle \boldsymbol{x}, \boldsymbol{b} \rangle \in \mathbb{R} : \boldsymbol{x} \in A \} \tag{6.2}$$

と定義し, $\langle A, \boldsymbol{b} \rangle$ を A と $\boldsymbol{b}$ の**内積**とよぶ. また, $\langle \boldsymbol{b}, A \rangle = \langle A, \boldsymbol{b} \rangle$ とし, $\langle \boldsymbol{b}, A \rangle$ を $\boldsymbol{b}$ と A の内積とよぶ.

定義 6.3 における $\langle A, B \rangle$ は, (2.8) で定義された標準内積 $\langle \cdot, \cdot \rangle : \mathbb{R}^n \times \mathbb{R}^n \to \mathbb{R}$ の下での $A \times B$ の像である.

次の定理は, 集合の内積に関する基本的な性質を与える.

定理 6.8 $A, B, C \subset \mathbb{R}^n$ および $\lambda \in \mathbb{R}$ に対して, 次が成り立つ.

(i) $\langle A, B \rangle = \langle B, A \rangle$

(ii) $\langle A + B, C \rangle \subset \langle A, C \rangle + \langle B, C \rangle$

(iii) $\langle \lambda A, B \rangle = \lambda \langle A, B \rangle$

(iv) $A = \{\boldsymbol{0}\} \Leftrightarrow \langle A, A \rangle = \{0\}$

(v) $A \neq \emptyset \Rightarrow \langle A, \{\boldsymbol{0}\} \rangle = \{0\}$

証明 (iv) を示す. 残りは問題として残しておく (問題 6.2.1). まず, $A = \{\boldsymbol{0}\}$ ならば, $\langle A, A \rangle = \{0\}$ となることが容易にわかる. 次に, $\langle A, A \rangle = \{0\}$ ならば $A = \{\boldsymbol{0}\}$ となることを示すために, その対偶を示す. $A \neq \{\boldsymbol{0}\}$ とする. $A = \emptyset$ ならば, $\langle A, A \rangle = \emptyset \neq \{0\}$ となる. $A \neq \emptyset$ とする. このとき, ある $\boldsymbol{x}_0 \in A$ が存在して $\boldsymbol{x}_0 \neq \boldsymbol{0}$ となる. $0 < \langle \boldsymbol{x}_0, \boldsymbol{x}_0 \rangle \in \langle A, A \rangle$ であり, $\langle \boldsymbol{x}_0, \boldsymbol{x}_0 \rangle \notin \{0\}$ であるので, $\langle A, A \rangle \neq \{0\}$ となる. □

例 6.4 $A, B, C \subset \mathbb{R}$ とする.

(i) $\langle A+B, C\rangle \not\supseteq \langle A, C\rangle + \langle B, C\rangle$ となる例を与える．$A=\{1\}$, $B=\{-1\}$ および $C=\{-1,1\}$ とする．このとき，$A+B=\{0\}$, $\langle A, C\rangle = \langle B, C\rangle = \{-1,1\}$ となり，$\langle A+B, C\rangle = \{0\} \not\supseteq \{-2,0,2\} = \langle A, C\rangle + \langle B, C\rangle$ となる．

(ii) $\langle A, A\rangle \not\geq \{0\}$ となる例を与える．$A=\{-1,1\}$ とする．このとき，$\langle A, A\rangle = \{-1,1\} \not\subseteq \{0\} + \mathbb{R}_+$ となるので，$\langle A, A\rangle \not\geq \{0\}$ となる． $\square$

次の定理は，集合の順序と内積の関係を与える．

定理 6.9 $A, B \subset \mathbb{R}^n$ に対して，次が成り立つ．

(i) $A \leq B$ ならば，任意の $\boldsymbol{d} \in \mathbb{R}_+^n$ に対して $\langle A, \boldsymbol{d}\rangle \leq \langle B, \boldsymbol{d}\rangle$ となる．

(ii) $A, B \in \mathcal{BCK}(\mathbb{R}^n)$ であり，任意の $\boldsymbol{d} \in \mathbb{R}_+^n$ に対して $\langle A, \boldsymbol{d}\rangle \leq \langle B, \boldsymbol{d}\rangle$ ならば，$A \leq B$ となる．

(iii) $A < B$ ならば，任意の $\boldsymbol{d} \in \mathbb{R}_+^n \setminus \{\boldsymbol{0}\}$ に対して $\langle A, \boldsymbol{d}\rangle < \langle B, \boldsymbol{d}\rangle$ となる．

(iv) $A, B \in \mathcal{K}(\mathbb{R}^n)$ であり，任意の $\boldsymbol{d} \in \mathbb{R}_+^n \setminus \{\boldsymbol{0}\}$ に対して $\langle A, \boldsymbol{d}\rangle < \langle B, \boldsymbol{d}\rangle$ ならば，$A < B$ となる．

証明

(i) $A \leq B$ とし，$\boldsymbol{d} \in \mathbb{R}_+^n$ とする．このとき，次の 2 つのことを示せばよい．

　(i-1) 任意の $x \in \langle A, \boldsymbol{d}\rangle$ に対して，ある $y \in \langle B, \boldsymbol{d}\rangle$ が存在し，$x \leq y$ となる．

　(i-2) 任意の $y \in \langle B, \boldsymbol{d}\rangle$ に対して，ある $x \in \langle A, \boldsymbol{d}\rangle$ が存在し，$x \leq y$ となる．

(i-1) のみ示す．(i-2) は, (i-1) と同様に示せる．$x \in \langle A, \boldsymbol{d}\rangle$ とする．このとき，ある $\boldsymbol{x}_0 \in A$ が存在して $x = \langle \boldsymbol{x}_0, \boldsymbol{d}\rangle$ となる．$A \leq B$ であるので，ある $\boldsymbol{y}_0 \in B$ が存在して $\boldsymbol{x}_0 \leq \boldsymbol{y}_0$ となる．$y = \langle \boldsymbol{y}_0, \boldsymbol{d}\rangle \in \langle B, \boldsymbol{d}\rangle$ とおく．$\boldsymbol{d} \in \mathbb{R}_+^n$ であるので，$x = \langle \boldsymbol{x}_0, \boldsymbol{d}\rangle \leq \langle \boldsymbol{y}_0, \boldsymbol{d}\rangle = y$ となる．

(ii) $A \not\leq B$ と仮定して矛盾を導く．このとき，次の 2 つの場合がある．

　(ii-1) ある $\boldsymbol{x} \in A$ が存在し，任意の $\boldsymbol{y} \in B$ に対して $\boldsymbol{x} \not\leq \boldsymbol{y}$ となる．

　(ii-2) ある $\boldsymbol{y} \in B$ が存在し，任意の $\boldsymbol{x} \in A$ に対して $\boldsymbol{x} \not\leq \boldsymbol{y}$ となる．

(ii-1) の場合のみ示す．(ii-2) の場合は，(ii-1) の場合と同様に示せる．任意の $\boldsymbol{y} \in B$ に対して $\boldsymbol{y} \notin \boldsymbol{x} + \mathbb{R}_+^n$ であるので，$B \cap (\boldsymbol{x} + \mathbb{R}_+^n) = \emptyset$ となる．$B \in \mathcal{BCK}(\mathbb{R}^n)$, $\boldsymbol{x} + \mathbb{R}_+^n \in \mathcal{CK}(\mathbb{R}^n)$ であるので，定理 5.12 より，ある $\boldsymbol{a} \in \mathbb{R}^n$, $\boldsymbol{a} \neq \boldsymbol{0}$ が存在し，任意の $\boldsymbol{y} \in B$ および任意の $\boldsymbol{d} \in \mathbb{R}_+^n$ に対して $\langle \boldsymbol{a}, \boldsymbol{y}\rangle < \langle \boldsymbol{a}, \boldsymbol{x}\rangle + \langle \boldsymbol{a}, \boldsymbol{d}\rangle$ となる．ここで，ある $\boldsymbol{d}_0 \in \mathbb{R}_+^n$ が

存在して $\langle \boldsymbol{a}, \boldsymbol{d}_0 \rangle < 0$ となると仮定すると，$\lambda \boldsymbol{d}_0 \in \mathbb{R}_+^n$, $\lambda \geq 0$ であり，十分大きい λ に対して $\langle \boldsymbol{a}, \boldsymbol{y} \rangle \not< \langle \boldsymbol{a}, \boldsymbol{x} \rangle + \langle \boldsymbol{a}, \lambda \boldsymbol{d}_0 \rangle = \langle \boldsymbol{a}, \boldsymbol{x} \rangle + \lambda \langle \boldsymbol{a}, \boldsymbol{d}_0 \rangle$ となり，任意の $\boldsymbol{y} \in B$ および任意の $\boldsymbol{d} \in \mathbb{R}_+^n$ に対して $\langle \boldsymbol{a}, \boldsymbol{y} \rangle < \langle \boldsymbol{a}, \boldsymbol{x} \rangle + \langle \boldsymbol{a}, \boldsymbol{d} \rangle$ となることに矛盾する．よって，任意の $\boldsymbol{d} \in \mathbb{R}_+^n$ に対して $\langle \boldsymbol{a}, \boldsymbol{d} \rangle \geq 0$ となるので，$\boldsymbol{a} \in \mathbb{R}_+^n \setminus \{\boldsymbol{0}\}$ となる．このとき，任意の $\boldsymbol{y} \in B$ と $\boldsymbol{0} \in \mathbb{R}_+^n$ に対して，$\langle \boldsymbol{a}, \boldsymbol{y} \rangle < \langle \boldsymbol{a}, \boldsymbol{x} \rangle + \langle \boldsymbol{a}, \boldsymbol{0} \rangle = \langle \boldsymbol{a}, \boldsymbol{x} \rangle$ となる．しかし，これは $\langle A, \boldsymbol{a} \rangle \leq \langle B, \boldsymbol{a} \rangle$ であることに矛盾する．

(iii) $A < B$ とし，$\boldsymbol{d} \in \mathbb{R}_+^n \setminus \{\boldsymbol{0}\}$ とする．このとき，次の 2 つのことを示せばよい．

(iii-1) 任意の $x \in \langle A, \boldsymbol{d} \rangle$ に対して，ある $y \in \langle B, \boldsymbol{d} \rangle$ が存在し，$x < y$ となる．

(iii-2) 任意の $y \in \langle B, \boldsymbol{d} \rangle$ に対して，ある $x \in \langle A, \boldsymbol{d} \rangle$ が存在し，$x < y$ となる．

(iii-1) のみ示す．(iii-2) は，(iii-1) と同様に示せる．$x \in \langle A, \boldsymbol{d} \rangle$ とする．このとき，ある $\boldsymbol{x}_0 \in A$ が存在して $x = \langle \boldsymbol{x}_0, \boldsymbol{d} \rangle$ となる．$A < B$ であるので，ある $\boldsymbol{y}_0 \in B$ が存在して $\boldsymbol{x}_0 < \boldsymbol{y}_0$ となる．$y = \langle \boldsymbol{y}_0, \boldsymbol{d} \rangle \in \langle B, \boldsymbol{d} \rangle$ とおく．$\boldsymbol{d} \in \mathbb{R}_+^n \setminus \{\boldsymbol{0}\}$ であるので，$x = \langle \boldsymbol{x}_0, \boldsymbol{d} \rangle < \langle \boldsymbol{y}_0, \boldsymbol{d} \rangle = y$ となる．

(iv) $A \not\leq B$ と仮定して矛盾を導く．このとき，次の 2 つの場合がある．

(iv-1) ある $\boldsymbol{x} \in A$ が存在し，任意の $\boldsymbol{y} \in B$ に対して $\boldsymbol{x} \not< \boldsymbol{y}$ となる．

(iv-2) ある $\boldsymbol{y} \in B$ が存在し，任意の $\boldsymbol{x} \in A$ に対して $\boldsymbol{x} \not< \boldsymbol{y}$ となる．

(iv-1) の場合のみ示す．(iv-2) の場合は，(iv-1) の場合と同様に示せる．任意の $\boldsymbol{y} \in B$ に対して $\boldsymbol{y} \notin \boldsymbol{x} + \mathrm{int}(\mathbb{R}_+^n)$ であるので，$B \cap (\boldsymbol{x} + \mathrm{int}(\mathbb{R}_+^n)) = \emptyset$ となる．$B, \boldsymbol{x} + \mathrm{int}(\mathbb{R}_+^n) \in \mathcal{K}(\mathbb{R}^n)$ であるので，定理 5.11 より，ある $\boldsymbol{a} \in \mathbb{R}^n$, $\boldsymbol{a} \neq \boldsymbol{0}$ が存在し，任意の $\boldsymbol{y} \in B$ および任意の $\boldsymbol{d} \in \mathrm{int}(\mathbb{R}_+^n)$ に対して $\langle \boldsymbol{a}, \boldsymbol{y} \rangle \leq \langle \boldsymbol{a}, \boldsymbol{x} \rangle + \langle \boldsymbol{a}, \boldsymbol{d} \rangle$ となる．ここで，ある $\boldsymbol{d}_0 \in \mathrm{int}(\mathbb{R}_+^n)$ が存在して $\langle \boldsymbol{a}, \boldsymbol{d}_0 \rangle < 0$ であると仮定すると，$\lambda \boldsymbol{d}_0 \in \mathrm{int}(\mathbb{R}_+^n)$, $\lambda > 0$ であり，十分大きい λ に対して $\langle \boldsymbol{a}, \boldsymbol{y} \rangle \not\leq \langle \boldsymbol{a}, \boldsymbol{x} \rangle + \langle \boldsymbol{a}, \lambda \boldsymbol{d}_0 \rangle = \langle \boldsymbol{a}, \boldsymbol{x} \rangle + \lambda \langle \boldsymbol{a}, \boldsymbol{d}_0 \rangle$ となり，任意の $\boldsymbol{y} \in B$ および任意の $\boldsymbol{d} \in \mathrm{int}(\mathbb{R}_+^n)$ に対して $\langle \boldsymbol{a}, \boldsymbol{y} \rangle \leq \langle \boldsymbol{a}, \boldsymbol{x} \rangle + \langle \boldsymbol{a}, \boldsymbol{d} \rangle$ となることに矛盾する．よって，任意の $\boldsymbol{d} \in \mathrm{int}(\mathbb{R}_+^n)$ に対して $\langle \boldsymbol{a}, \boldsymbol{d} \rangle \geq 0$ となるので，$\boldsymbol{a} \in \mathbb{R}_+^n \setminus \{\boldsymbol{0}\}$ となる．任意の $\boldsymbol{y} \in B$ に対して，$\langle \boldsymbol{a}, \boldsymbol{y} \rangle \leq \langle \boldsymbol{a}, \boldsymbol{x} \rangle + \langle \boldsymbol{a}, \boldsymbol{d} \rangle$ において $\boldsymbol{d} \to \boldsymbol{0}$, $\boldsymbol{d} \in \mathrm{int}(\mathbb{R}_+^n)$ とすると，$\langle \boldsymbol{a}, \boldsymbol{y} \rangle \leq \langle \boldsymbol{a}, \boldsymbol{x} \rangle$ となる．しかし，これは $\langle A, \boldsymbol{a} \rangle < \langle B, \boldsymbol{a} \rangle$ であることに矛盾する． $\square$

　次の定理は，集合の直積と順序の関係を与える．

定理 6.10 $A, C \subset \mathbb{R}^n$ および $B, D \subset \mathbb{R}^m$ に対して，次が成り立つ．

(i) $A \neq \emptyset$, $B \neq \emptyset$, $C \neq \emptyset$, $D \neq \emptyset$, $A \times B \leq C \times D \Rightarrow A \leq C$, $B \leq D$

(ii) $A \times B \leq C \times D \Leftarrow A \leq C$, $B \leq D$

(iii) $A \neq \emptyset,\ B \neq \emptyset,\ C \neq \emptyset,\ D \neq \emptyset,\ A \times B < C \times D \Rightarrow A < C,\ B < D$

(iv) $A \times B < C \times D \Leftarrow A < C,\ B < D$

証明 (i) および (ii) を示す. (iii) および (iv) はそれぞれ (i) および (ii) と同様に示せる が, 問題として残しておく (問題 6.2.2).

$$A \leq C, B \leq D \Leftrightarrow C \subset A + \mathbb{R}_+^n,\ A \subset C + \mathbb{R}_-^n,\ D \subset B + \mathbb{R}_+^m,\ B \subset D + \mathbb{R}_-^m$$
$$\Rightarrow C \times D \subset A \times B + \mathbb{R}_+^n \times \mathbb{R}_+^m,\ A \times B \subset C \times D + \mathbb{R}_-^n \times \mathbb{R}_-^m$$
$$\Leftrightarrow A \times B \leq C \times D$$

$A \neq \emptyset,\ B \neq \emptyset,\ C \neq \emptyset,\ D \neq \emptyset$ ならば, 上の $\Rightarrow$ の逆も成り立つ. □

次の定理は, 集合の直積に関する基本的な性質および集合の直積と演算, 内積, 順序の 関係を与える.

定理 6.11 $A_i, B_i \subset \mathbb{R},\ i = 1, 2, \cdots, n$ および $\lambda \in \mathbb{R}$ に対して, 次が成り立つ.

(i) $A_i \neq \emptyset,\ i = 1, 2, \cdots, n,\ \displaystyle\prod_{i=1}^{n} A_i \in \mathcal{K}(\mathbb{R}^n) \Rightarrow A_i \in \mathcal{K}(\mathbb{R}),\ i = 1, 2, \cdots, n$

(ii) $\displaystyle\prod_{i=1}^{n} A_i \in \mathcal{K}(\mathbb{R}^n) \Leftarrow A_i \in \mathcal{K}(\mathbb{R}),\ i = 1, 2, \cdots, n$

(iii) $A_i \neq \emptyset,\ i = 1, 2, \cdots, n,\ \displaystyle\prod_{i=1}^{n} A_i \in \mathcal{C}(\mathbb{R}^n) \Rightarrow A_i \in \mathcal{C}(\mathbb{R}),\ i = 1, 2, \cdots, n$

(iv) $\displaystyle\prod_{i=1}^{n} A_i \in \mathcal{C}(\mathbb{R}^n) \Leftarrow A_i \in \mathcal{C}(\mathbb{R}),\ i = 1, 2, \cdots, n$

(v) $A_i \neq \emptyset,\ i = 1, 2, \cdots, n,\ \displaystyle\prod_{i=1}^{n} A_i \in \mathcal{BC}(\mathbb{R}^n) \Rightarrow A_i \in \mathcal{BC}(\mathbb{R}),\ i = 1, 2, \cdots, n$

(vi) $\displaystyle\prod_{i=1}^{n} A_i \in \mathcal{BC}(\mathbb{R}^n) \Leftarrow A_i \in \mathcal{BC}(\mathbb{R}),\ i = 1, 2, \cdots, n$

(vii) $\displaystyle\prod_{i=1}^{n} A_i + \prod_{i=1}^{n} B_i = \prod_{i=1}^{n} (A_i + B_i)$

(viii) $\lambda \displaystyle\prod_{i=1}^{n} A_i = \prod_{i=1}^{n} \lambda A_i$

(ix) $\left\langle \displaystyle\prod_{i=1}^{n} A_i, \prod_{i=1}^{n} B_i \right\rangle = \sum_{i=1}^{n} \langle A_i, B_i \rangle$

(x) $A_i \neq \emptyset$, $B_i \neq \emptyset$, $i = 1, 2, \cdots, n$, $\displaystyle\prod_{i=1}^{n} A_i \leq \prod_{i=1}^{n} B_i \Rightarrow A_i \leq B_i$, $i = 1, 2, \cdots, n$

(xi) $\displaystyle\prod_{i=1}^{n} A_i \leq \prod_{i=1}^{n} B_i \Leftarrow A_i \leq B_i$, $i = 1, 2, \cdots, n$

(xii) $A_i \neq \emptyset$, $B_i \neq \emptyset$, $i = 1, 2, \cdots, n$, $\displaystyle\prod_{i=1}^{n} A_i < \prod_{i=1}^{n} B_i \Rightarrow A_i < B_i$, $i = 1, 2, \cdots, n$

(xiii) $\displaystyle\prod_{i=1}^{n} A_i < \prod_{i=1}^{n} B_i \Leftarrow A_i < B_i$, $i = 1, 2, \cdots, n$

証明 (x) および (xi) を示す. 残りは問題として残しておく (問題 6.2.3). (xii) および (xiii) は,それぞれ (x) および (xi) と同様に示せる.

(x) $i \in \{1, 2, \cdots, n\}$ を任意に固定する. まず,$x_i \in A_i$ とする. 各 $j \in \{1, 2, \cdots, n\} \setminus \{i\}$ に対して,$x_j \in A_j$ を任意に選ぶ. $(x_1, x_2, \cdots, x_n) \in \prod_{j=1}^{n} A_j$, $\prod_{j=1}^{n} A_j \leq \prod_{j=1}^{n} B_j$ であるので,ある $(y_1, y_2, \cdots, y_n) \in \prod_{j=1}^{n} B_j$ が存在して $(x_1, x_2, \cdots, x_n) \leq (y_1, y_2, \cdots, y_n)$ となる. このとき,$y_i \in B_i$, $x_i \leq y_i$ となる. 次に,$y_i' \in B_i$ とする. 各 $j \in \{1, 2, \cdots, n\} \setminus \{i\}$ に対して,$y_j' \in B_j$ を任意に選ぶ. $(y_1', y_2', \cdots, y_n') \in \prod_{j=1}^{n} B_j$, $\prod_{j=1}^{n} A_j \leq \prod_{j=1}^{n} B_j$ であるので,ある $(x_1', x_2', \cdots, x_n') \in \prod_{j=1}^{n} A_j$ が存在して $(x_1', x_2', \cdots, x_n') \leq (y_1', y_2', \cdots, y_n')$ となる. このとき,$x_i' \in A_i$, $x_i' \leq y_i'$ となる. 以上より,$A_i \leq B_i$ となる.

(xi) まず,$(x_1, x_2, \cdots, x_n) \in \prod_{i=1}^{n} A_i$ とする. 各 $i \in \{1, 2, \cdots, n\}$ に対して,$x_i \in A_i$, $A_i \leq B_i$ であるので,ある $y_i \in B_i$ が存在して $x_i \leq y_i$ となる. このとき,$(y_1, y_2, \cdots, y_n) \in \prod_{i=1}^{n} B_i$, $(x_1, x_2, \cdots, x_n) \leq (y_1, y_2, \cdots, y_n)$ である. 次に,$(y_1', y_2', \cdots, y_n') \in \prod_{i=1}^{n} B_i$ とする. 各 $i \in \{1, 2, \cdots, n\}$ に対して,$y_i' \in B_i$, $A_i \leq B_i$ であるので,ある $x_i' \in A_i$ が存在して $x_i' \leq y_i'$ となる. このとき,$(x_1', x_2', \cdots, x_n') \in \prod_{i=1}^{n} A_i$, $(x_1', x_2', \cdots, x_n') \leq (y_1', y_2', \cdots, y_n')$ である. 以上より,$\prod_{i=1}^{n} A_i \leq \prod_{i=1}^{n} B_i$ となる. $\square$

問題 6.2

1. $A, B, C \subset \mathbb{R}^n$ および $\lambda \in \mathbb{R}$ に対して,次が成り立つことを示せ.

(i) $\langle A, B \rangle = \langle B, A \rangle$

(ii) $\langle A + B, C \rangle \subset \langle A, C \rangle + \langle B, C \rangle$

(iii) $\langle \lambda A, B \rangle = \lambda \langle A, B \rangle$

(iv) $A \neq \emptyset \Rightarrow \langle A, \{\mathbf{0}\} \rangle = \{0\}$

2. $A, C \subset \mathbb{R}^n$ および $B, D \subset \mathbb{R}^m$ に対して，次が成り立つことを示せ.

(i) $A \neq \emptyset, B \neq \emptyset, C \neq \emptyset, D \neq \emptyset, A \times B < C \times D \Rightarrow A < C, B < D$

(ii) $A \times B < C \times D \Leftarrow A < C, B < D$

3. $A_i, B_i \subset \mathbb{R}, i = 1, 2, \cdots, n$ および $\lambda \in \mathbb{R}$ に対して，次が成り立つことを示せ.

(i) $A_i \neq \emptyset, i = 1, 2, \cdots, n, \displaystyle\prod_{i=1}^{n} A_i \in \mathcal{K}(\mathbb{R}^n) \Rightarrow A_i \in \mathcal{K}(\mathbb{R}), i = 1, 2, \cdots, n$

(ii) $\displaystyle\prod_{i=1}^{n} A_i \in \mathcal{K}(\mathbb{R}^n) \Leftarrow A_i \in \mathcal{K}(\mathbb{R}), i = 1, 2, \cdots, n$

(iii) $A_i \neq \emptyset, i = 1, 2, \cdots, n, \displaystyle\prod_{i=1}^{n} A_i \in \mathcal{C}(\mathbb{R}^n) \Rightarrow A_i \in \mathcal{C}(\mathbb{R}), i = 1, 2, \cdots, n$

(iv) $\displaystyle\prod_{i=1}^{n} A_i \in \mathcal{C}(\mathbb{R}^n) \Leftarrow A_i \in \mathcal{C}(\mathbb{R}), i = 1, 2, \cdots, n$

(v) $A_i \neq \emptyset, i = 1, 2, \cdots, n, \displaystyle\prod_{i=1}^{n} A_i \in \mathcal{BC}(\mathbb{R}^n) \Rightarrow A_i \in \mathcal{BC}(\mathbb{R}), i = 1, 2, \cdots, n$

(vi) $\displaystyle\prod_{i=1}^{n} A_i \in \mathcal{BC}(\mathbb{R}^n) \Leftarrow A_i \in \mathcal{BC}(\mathbb{R}), i = 1, 2, \cdots, n$

(vii) $\displaystyle\prod_{i=1}^{n} A_i + \prod_{i=1}^{n} B_i = \prod_{i=1}^{n} (A_i + B_i)$

(viii) $\lambda \displaystyle\prod_{i=1}^{n} A_i = \prod_{i=1}^{n} \lambda A_i$

(ix) $\left\langle \displaystyle\prod_{i=1}^{n} A_i, \prod_{i=1}^{n} B_i \right\rangle = \sum_{i=1}^{n} \langle A_i, B_i \rangle$

(x) $A_i \neq \emptyset, B_i \neq \emptyset, i = 1, 2, \cdots, n, \displaystyle\prod_{i=1}^{n} A_i < \prod_{i=1}^{n} B_i \Rightarrow A_i < B_i, i = 1, 2, \cdots, n$

(xi) $\displaystyle\prod_{i=1}^{n} A_i < \prod_{i=1}^{n} B_i \Leftarrow A_i < B_i, i = 1, 2, \cdots, n$

6.3 集合のノルムと距離

集合のノルムと距離の定義を与える.

定義 6.4

(i) $A \subset \mathbb{R}^n$ に対して

$$\|A\| = \{\|\boldsymbol{x}\| \in \mathbb{R} : \boldsymbol{x} \in A\} \tag{6.3}$$

と定義し, $\|A\|$ を A の**ノルム**という.

(ii) $A, B \subset \mathbb{R}^n$ に対して

$$d(A, B) = \{d(\boldsymbol{x}, \boldsymbol{y}) \in \mathbb{R} : \boldsymbol{x} \in A, \boldsymbol{y} \in B\} \tag{6.4}$$

と定義し, $d(A, B)$ を A と B の間の**距離**という.

定義 6.4 において, $\|A\|$ は (2.9) で定義されたユークリッド・ノルム $\|\cdot\| : \mathbb{R}^n \to \mathbb{R}$ の下での A の像であり, $d(A, B)$ は (2.11) で定義されたユークリッド距離 $d : \mathbb{R}^n \times \mathbb{R}^n \to \mathbb{R}$ の下での $A \times B$ の像である.

次の定理は, 集合のノルムの性質を与える.

定理 6.12 $A, B \subset \mathbb{R}^n$ および $\lambda \in \mathbb{R}$ に対して, 次が成り立つ.

(i) $A \neq \emptyset \Rightarrow \|A\| \geq \{0\}$

(ii) $A = \{\boldsymbol{0}\} \Leftrightarrow \|A\| = \{0\}$

(iii) $\|\lambda A\| = |\lambda| \|A\|$

(iv) $\|A + B\| \leq \|A\| + \|B\|$

証明

(i) $A \neq \emptyset$ であるので, $\|A\| \neq \emptyset$ となる. 任意の $x \in \|A\|$ に対して $x \geq 0$ であるので, $\|A\| \subset \{0\} + \mathbb{R}_+$, $\{0\} \subset \|A\| + \mathbb{R}_-$ となる. よって, $\|A\| \geq \{0\}$ となる.

(ii) 必要性は明らかである. 十分性を示すために, $A \neq \{\boldsymbol{0}\}$ と仮定する. $A = \emptyset$ ならば, $\|A\| = \emptyset \neq \{0\}$ となる. $A \neq \emptyset$ とする. このとき, ある $\boldsymbol{y}_0 \in A$ が存在して $\boldsymbol{y}_0 \neq \boldsymbol{0}$ となる. $0 < \|\boldsymbol{y}_0\| \in \|A\|$ であるので, $\|A\| \neq \{0\}$ となる.

(iii) まず, $x_1 \in \|\lambda A\|$ とする. このとき, ある $\boldsymbol{y}_1 \in A$ が存在して $x_1 = \|\lambda \boldsymbol{y}_1\|$ となる. よって, $x_1 = |\lambda| \|\boldsymbol{y}_1\| \in |\lambda| \|A\|$ となる. 次に, $x_2 \in |\lambda| \|A\|$ とする. このとき, ある $\boldsymbol{y}_2 \in A$ が存在して $x_2 = |\lambda| \|\boldsymbol{y}_2\|$ となる. よって, $x_2 = \|\lambda \boldsymbol{y}_2\| \in \|\lambda A\|$ となる.

162

(iv) まず，$x_1 \in \|A + B\|$ とする．このとき，ある $\boldsymbol{y}_1 \in A$ およびある $\boldsymbol{z}_1 \in B$ が存在して $x_1 = \|\boldsymbol{y}_1 + \boldsymbol{z}_1\|$ となる．よって，$x_1 \leq \|\boldsymbol{y}_1\| + \|\boldsymbol{z}_1\| \in \|A\| + \|B\|$ となる．次に，$x_2 \in \|A\| + \|B\|$ とする．このとき，ある $\boldsymbol{y}_2 \in A$ およびある $\boldsymbol{z}_2 \in B$ が存在して $x_2 = \|\boldsymbol{y}_2\| + \|\boldsymbol{z}_2\|$ となる．よって，$x_2 \geq \|\boldsymbol{y}_2 + \boldsymbol{z}_2\| \in \|A + B\|$ となる．以上より，$\|A + B\| \leq \|A\| + \|B\|$ となる． $\square$

　次の 2 つの定理は，集合の距離の性質を与える．

定理 6.13 $A, B, C \subset \mathbb{R}^n$ に対して，次が成り立つ．

(i) $A \neq \emptyset,\ B \neq \emptyset \Rightarrow d(A, B) \geq \{0\}$

(ii) $d(A, B) = \{0\}$ であるための必要十分条件は，ある $\boldsymbol{y}_0 \in \mathbb{R}^n$ に対して $A = B = \{\boldsymbol{y}_0\}$ となることである．

(iii) $d(A, B) = d(B, A)$

(iv) $A = \emptyset$ であるか，$C = \emptyset$ であるか，またはある $\boldsymbol{z}_0 \in \mathbb{R}^n$ に対して $B = \{\boldsymbol{z}_0\}$ であるならば，次が成り立つ．
$$d(A, C) \leq d(A, B) + d(B, C)$$

証明 (ii) および (iv) を示す．(i) および (iii) は問題として残しておく（問題 6.3.1）．

(ii) 十分性は明らかである．必要性を示すために，任意の $\boldsymbol{y} \in \mathbb{R}^n$ に対して $A = B = \{\boldsymbol{y}\}$ ではないと仮定する．$A = \emptyset$ または $B = \emptyset$ ならば，$d(A, B) = \emptyset \neq \{0\}$ となる．$A \neq \emptyset,\ B \neq \emptyset$ とする．このとき，任意の $\boldsymbol{y} \in \mathbb{R}^n$ に対して，$A \neq \{\boldsymbol{y}\}$ または $B \neq \{\boldsymbol{y}\}$ となる．$\boldsymbol{y}_1 \in A$ とする．$A \neq \{\boldsymbol{y}_1\}$ または $B \neq \{\boldsymbol{y}_1\}$ となる．$A \neq \{\boldsymbol{y}_1\}$ かつ $\boldsymbol{y}_1 \in B$ ならば，$\boldsymbol{y}_2 \in A,\ \boldsymbol{y}_2 \neq \boldsymbol{y}_1$ に対して $0 < d(\boldsymbol{y}_2, \boldsymbol{y}_1) \in d(A, B)$ となるので，$d(A, B) \neq \{0\}$ となる．$A \neq \{\boldsymbol{y}_1\}$ かつ $\boldsymbol{y}_1 \notin B$ ならば，$\boldsymbol{y}_3 \in B$ に対して $0 < d(\boldsymbol{y}_1, \boldsymbol{y}_3) \in d(A, B)$ となるので，$d(A, B) \neq \{0\}$ となる．$B \neq \{\boldsymbol{y}_1\}$ かつ $\boldsymbol{y}_1 \in B$ ならば，$\boldsymbol{y}_4 \in B,\ \boldsymbol{y}_4 \neq \boldsymbol{y}_1$ に対して $0 < d(\boldsymbol{y}_1, \boldsymbol{y}_4) \in d(A, B)$ となるので，$d(A, B) \neq \{0\}$ となる．$B \neq \{\boldsymbol{y}_1\}$ かつ $\boldsymbol{y}_1 \notin B$ ならば，$\boldsymbol{y}_5 \in B$ に対して $0 < d(\boldsymbol{y}_1, \boldsymbol{y}_5) \in d(A, B)$ となるので，$d(A, B) \neq \{0\}$ となる．

(iv) $A = \emptyset$ または $C = \emptyset$ ならば，$d(A, C) = \emptyset \leq \emptyset = d(A, B) + d(B, C)$ となる．$A \neq \emptyset,\ C \neq \emptyset$ とし，ある $\boldsymbol{z}_0 \in \mathbb{R}^n$ に対して $B = \{\boldsymbol{z}_0\}$ であるとする．まず，$x_1 \in d(A, C)$ とする．このとき，ある $\boldsymbol{y}_1 \in A$ およびある $\boldsymbol{w}_1 \in C$ が存在して $x_1 = d(\boldsymbol{y}_1, \boldsymbol{w}_1)$ となる．よって，$x_1 \leq d(\boldsymbol{y}_1, \boldsymbol{z}_0) + d(\boldsymbol{z}_0, \boldsymbol{w}_1) \in d(A, B) + d(B, C)$ となる．次に，$x_2 \in d(A, B) + d(B, C)$ とする．このとき，ある $\boldsymbol{y}_2 \in A$ およびある $\boldsymbol{w}_2 \in C$ が存在して $x_2 = d(\boldsymbol{y}_2, \boldsymbol{z}_0)$

163

$+ d(\boldsymbol{z}_0, \boldsymbol{w}_2)$ となる．よって，$x_2 \geq d(\boldsymbol{y}_2, \boldsymbol{w}_2) \in d(A, C)$ となる．以上より，$d(A, C) \leq d(A, B) + d(B, C)$ となる． $\square$

定理 6.14 $A, B \subset \mathbb{R}^n$ および $\lambda \in \mathbb{R}$ に対して，次が成り立つ．

(i) 任意の $\boldsymbol{w} \in \mathbb{R}^n$ に対して，$d(A, B) = d(A + \boldsymbol{w}, B + \boldsymbol{w})$ となる．

(ii) $d(\lambda A, \lambda B) = |\lambda| d(A, B)$

証明

(i) $\boldsymbol{w} \in \mathbb{R}^n$ とする．まず，$x_1 \in d(A, B)$ とする．このとき，ある $\boldsymbol{y}_1 \in A$ およびある $\boldsymbol{z}_1 \in B$ が存在して $x_1 = d(\boldsymbol{y}_1, \boldsymbol{z}_1)$ となる．d は平行移動不変であるので，$x_1 = d(\boldsymbol{y}_1 + \boldsymbol{w}, \boldsymbol{z}_1 + \boldsymbol{w}) \in d(A + \boldsymbol{w}, B + \boldsymbol{w})$ となる．次に，$x_2 \in d(A + \boldsymbol{w}, B + \boldsymbol{w})$ とする．このとき，ある $\boldsymbol{y}_2 \in A$ およびある $\boldsymbol{z}_2 \in B$ が存在して $x_2 = d(\boldsymbol{y}_2 + \boldsymbol{w}, \boldsymbol{z}_2 + \boldsymbol{w})$ となる．d は平行移動不変であるので，$x_2 = d(\boldsymbol{y}_2, \boldsymbol{z}_2) \in d(A, B)$ となる．

(ii) まず，$x_1 \in d(\lambda A, \lambda B)$ とする．このとき，ある $\boldsymbol{y}_1 \in A$ およびある $\boldsymbol{z}_1 \in B$ が存在して $x_1 = d(\lambda \boldsymbol{y}_1, \lambda \boldsymbol{z}_1)$ となる．d は斉次であるので，$x_1 = |\lambda| d(\boldsymbol{y}_1, \boldsymbol{z}_1) \in |\lambda| d(A, B)$ となる．次に，$x_2 \in |\lambda| d(A, B)$ とする．このとき，ある $\boldsymbol{y}_2 \in A$ およびある $\boldsymbol{z}_2 \in B$ が存在して $x_2 = |\lambda| d(\boldsymbol{y}_2, \boldsymbol{z}_2)$ となる．d は斉次であるので，$x_2 = d(\lambda \boldsymbol{y}_2, \lambda \boldsymbol{z}_2) \in d(\lambda A, \lambda B)$ となる． $\square$

例 6.5 $A, B, C \subset \mathbb{R}$ とする．このとき，$d(A, B) \neq d(A + C, B + C)$ となる例を与える．$A = \{1\}$，$B = \{-1\}$ とし，$C = \{-1, 1\}$ とする．まず，$d(A, B) = \{2\}$ となる．次に，$A + C = \{0, 2\}$，$B + C = \{-2, 0\}$ であるので，$d(A + C, B + C) = \{0, 2, 4\}$ となる．よって，$d(A, B) \neq d(A + C, B + C)$ となる． $\square$

次の定理は，集合の距離とノルムの関係を与える．

定理 6.15 $A, B \subset \mathbb{R}^n$ に対して，次が成り立つ．

$$d(A, B) = \|A - B\|$$

証明 まず，$x_1 \in d(A, B)$ とする．このとき，ある $\boldsymbol{y}_1 \in A$ およびある $\boldsymbol{z}_1 \in B$ が存在して $x_1 = d(\boldsymbol{y}_1, \boldsymbol{z}_1)$ となる．よって，$x_1 = \|\boldsymbol{y}_1 - \boldsymbol{z}_1\| \in \|A - B\|$ となる．次に，$x_2 \in \|A - B\|$ とする．このとき，ある $\boldsymbol{y}_2 \in A$ およびある $\boldsymbol{z}_2 \in B$ が存在して $x_2 = \|\boldsymbol{y}_2 - \boldsymbol{z}_2\|$ となる．

164

よって, $x_2 = d(\boldsymbol{y}_2, \boldsymbol{z}_2) \in d(A, B)$ となる. $\qquad\qquad\qquad\qquad\qquad\qquad\qquad$ □

問題 **6.3**

1. $A, B \subset \mathbb{R}^n$ に対して, 次が成り立つことを示せ.

(i) $A \neq \emptyset$, $B \neq \emptyset \Rightarrow d(A, B) \geq \{0\}$

(ii) $d(A, B) = d(B, A)$

2.

(i) $A = \{(x, y) \in \mathbb{R}^2 : x + y = 1, x \geq 0, y \geq 0\}$ とする. このとき, $\|A\|$ を求めよ.

(ii) $a \leq b$, $c \leq d$ である $a, b, c, d \in \mathbb{R}$ に対して, $A = [a, b]$, $B = [c, d]$ とする. このとき, $d(A, B)$ を求めよ.

6.4 集合列の極限

(3.16) において定義されたように，$\mathcal{N}_\infty$ はある番号 k_0 以降すべてを含む $\mathbb{N}$ の部分列すべての集合であり，$\mathcal{N}_\infty^\sharp$ は $\mathbb{N}$ の部分列すべての集合であったことを思い出そう．

集合列の極限の定義を与える．

定義 6.5 $\{A_k\}_{k\in\mathbb{N}}$ を $\mathbb{R}^n$ の部分集合の列とする．

(i) $\{A_k\}$ の上極限を

$$\limsup_{k\to\infty} A_k = \Big\{ \boldsymbol{x} \in \mathbb{R}^n : \text{ある } N \in \mathcal{N}_\infty^\sharp \text{ およびある } \boldsymbol{x}_k \in A_k, k \in N \\ \text{が存在して } \boldsymbol{x}_k \underset{N}{\to} \boldsymbol{x} \Big\} \tag{6.5}$$

と定義する．

(ii) $\{A_k\}$ の下極限を

$$\liminf_{k\to\infty} A_k = \Big\{ \boldsymbol{x} \in \mathbb{R}^n : \text{ある } N \in \mathcal{N}_\infty \text{ およびある } \boldsymbol{x}_k \in A_k, k \in N \\ \text{が存在して } \boldsymbol{x}_k \underset{N}{\to} \boldsymbol{x} \Big\} \tag{6.6}$$

と定義する．

(iii) $\limsup_{k\to\infty} A_k = \liminf_{k\to\infty} A_k$ のとき，$\{A_k\}$ の**極限が存在する**といい，その極限を

$$\lim_{k\to\infty} A_k = \limsup_{k\to\infty} A_k = \liminf_{k\to\infty} A_k \tag{6.7}$$

と定義する．$A \subset \mathbb{R}^n$ に対して $\lim_{k\to\infty} A_k = A$ のとき，$\{A_k\}$ は A に**収束する**といい，$A_k \to A$ とも表す[*2]．

$\{A_k\}_{k\in\mathbb{N}}$ を $\mathbb{R}^n$ の部分集合の列とする．$\{A_k\}$ の上極限および下極限は常に存在し，それらは $\emptyset$ になることもあり得る．しかし，$\{A_k\}$ の極限は存在するとは限らない．また，$\mathcal{N}_\infty \subset \mathcal{N}_\infty^\sharp$ であるので

$$\liminf_{k\to\infty} A_k \subset \limsup_{k\to\infty} A_k \tag{6.8}$$

となる．任意の $k \in \mathbb{N}$ に対して $A_k \neq \emptyset$ であるとき，上極限 $\limsup_{k\to\infty} A_k$ は $\boldsymbol{x}_k \in A_k$, $k \in \mathbb{N}$ となる $\{\boldsymbol{x}_k\}_{k\in\mathbb{N}}$ の部分列の極限すべての集合になり，下極限 $\liminf_{k\to\infty} A_k$ はそのような $\{\boldsymbol{x}_k\}$ の極限すべての集合になる．

[*2] 定義 6.5 の集合列の収束は，**Painlevé-Kuratowski** の意味での収束とよばれ，集合最適化の分野でよく用いられる．分野によって，その分野でよく用いられる集合列の収束の概念が他にもあり，定義も異なる．

$\{A_k\}_{k\in\mathbb{N}}$ を $\mathbb{R}^n$ の部分集合の列とし,$\{A_k\}_{k\in N}$ を $\{A_k\}_{k\in\mathbb{N}}$ の部分列とする.ここで,$N = \{k_i : i \in \mathbb{N}\} \in \mathcal{N}_\infty^\sharp$ である.このとき,$\{A_k\}_{k\in N}$ の上極限,下極限および極限は,それぞれ $\limsup_{k\in N} A_k = \limsup_i A_{k_i}$, $\liminf_{k\in N} A_k = \liminf_i A_{k_i}$ および $\lim_{k\in N} A_k = \lim_i A_{k_i}$ と定義される.

例 6.6 $a, b, c, d \in \mathbb{R}$ とし,$a < b < c < d$ であるとする.また,各 $k \in \mathbb{N}$ に対して,k が奇数ならば $A_k = [a, c]$ とし,k が偶数ならば $A_k = [b, d]$ とする.このとき,$\limsup_k A_k = [a, d]$,$\liminf_k A_k = [b, c]$ となる(図 6.3).

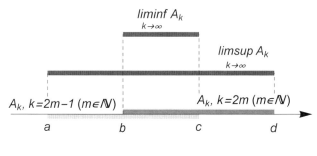

図 **6.3** $\limsup_{k\to\infty} A_k$ と $\liminf_{k\to\infty} A_k$

□

$\{A_k\}_{k\in\mathbb{N}}, \{B_k\}_{k\in\mathbb{N}}$ を $\mathbb{R}^n$ の部分集合の列とする.定義 6.5 (i), (ii) より,次が成り立つ.

$$A_k \subset B_k, k \in \mathbb{N} \Rightarrow \limsup_{k\to\infty} A_k \subset \limsup_{k\to\infty} B_k, \liminf_{k\to\infty} A_k \subset \liminf_{k\to\infty} B_k \tag{6.9}$$

さらに,$\{A_k\}, \{B_k\}$ の極限が存在するならば,定義 6.5 (iii) より次が成り立つ.

$$A_k \subset B_k, k \in \mathbb{N} \Rightarrow \lim_{k\to\infty} A_k \subset \lim_{k\to\infty} B_k \tag{6.10}$$

次の 4 つの定理は,集合列の極限の性質を与える.

定理 6.16 $\{A_k\}_{k\in\mathbb{N}}$ を $\mathbb{R}^n$ の部分集合の列とする.

(i) $\boldsymbol{x} \in \limsup_k A_k$ となるための必要十分条件は,任意の $\varepsilon > 0$ に対して,ある $N \in \mathcal{N}_\infty^\sharp$ が存在し,任意の $k \in N$ に対して $A_k \cap \mathbb{B}(\boldsymbol{x}; \varepsilon) \neq \emptyset$ となることである.

(ii) $\boldsymbol{x} \in \liminf_k A_k$ となるための必要十分条件は,任意の $\varepsilon > 0$ に対して,ある $N \in \mathcal{N}_\infty$ が存在し,任意の $k \in N$ に対して $A_k \cap \mathbb{B}(\boldsymbol{x}; \varepsilon) \neq \emptyset$ となることである.

証明 (i) を示す.(ii) は問題として残しておく(問題 6.4.1).

まず，$\boldsymbol{x} \in \limsup_k A_k$ とし，$\varepsilon > 0$ を任意に固定する．このとき，ある $N \in \mathcal{N}_\infty^\sharp$ およびある $\boldsymbol{x}_k \in A_k$, $k \in N$ が存在して $\boldsymbol{x}_k \underset{N}{\to} \boldsymbol{x}$ となる．$\boldsymbol{x}_k \underset{N}{\to} \boldsymbol{x}$ であるので，ある $k_0 \in N$ が存在し，$k \geq k_0$ であるすべての $k \in N$ に対して $\boldsymbol{x}_k \in \mathbb{B}(\boldsymbol{x}; \varepsilon)$ となる．よって，$N_0 = \{k \in N : k \geq k_0\} \in \mathcal{N}_\infty^\sharp$ とすると，任意の $k \in N_0$ に対して $\boldsymbol{x}_k \in A_k \cap \mathbb{B}(\boldsymbol{x}; \varepsilon)$ となる．

次に，$\boldsymbol{x} \in \mathbb{R}^n$ とし，任意の $\varepsilon > 0$ に対して，ある $N \in \mathcal{N}_\infty^\sharp$ が存在し，任意の $k \in N$ に対して $A_k \cap \mathbb{B}(\boldsymbol{x}; \varepsilon) \neq \emptyset$ となることを仮定する．このとき，任意の $i \in \mathbb{N}$ に対して，ある $N_i \in \mathcal{N}_\infty^\sharp$ が存在し，任意の $k \in N_i$ に対して $A_k \cap \mathbb{B}\left(\boldsymbol{x}; \frac{1}{i}\right) \neq \emptyset$ となる．ここで，$N_0 = \{k_1, k_2, \cdots\} \in \mathcal{N}_\infty^\sharp$ および $\{\boldsymbol{x}_k\}_{k \in N_0} \subset \mathbb{R}^n$ を次のように選ぶ．まず

$$k_1 \in N_1, \quad \boldsymbol{x}_{k_1} \in A_{k_1} \cap \mathbb{B}(\boldsymbol{x}; 1)$$

とする．そして，$i \geq 1$ に対して $k_i \in N_i$ および $\boldsymbol{x}_{k_i} \in A_{k_i} \cap \mathbb{B}\left(\boldsymbol{x}; \frac{1}{i}\right)$ まで選ばれているとき

$$k_{i+1} \in \{k \in N_{i+1} : k > k_i\}, \quad \boldsymbol{x}_{k_{i+1}} \in A_{k_{i+1}} \cap \mathbb{B}\left(\boldsymbol{x}; \frac{1}{i+1}\right)$$

とする．このとき，$N_0 = \{k_1, k_2, \cdots\} \in \mathcal{N}_\infty^\sharp$ に対して，$\boldsymbol{x}_k \in A_k$, $k \in N_0$ となり，$\boldsymbol{x}_k \underset{N_0}{\to} \boldsymbol{x}$ となる．よって，$\boldsymbol{x} \in \limsup_k A_k$ となる． $\square$

定理 6.17 $\mathbb{R}^n$ の部分集合の列 $\{A_k\}_{k \in \mathbb{N}}$ に対して，次が成り立つ．

(i) $\displaystyle \limsup_{k \to \infty} A_k = \bigcap_{N \in \mathcal{N}_\infty} \mathrm{cl}\left(\bigcup_{k \in N} A_k\right)$

(ii) $\displaystyle \liminf_{k \to \infty} A_k = \bigcap_{N \in \mathcal{N}_\infty^\sharp} \mathrm{cl}\left(\bigcup_{k \in N} A_k\right)$

証明 (i) を示す．(ii) は問題として残しておく（問題 6.4.2）．

まず，$\limsup_k A_k \subset \bigcap_{N \in \mathcal{N}_\infty} \mathrm{cl}\left(\bigcup_{k \in N} A_k\right)$ となることを示す．そのために，$\boldsymbol{x} \in \mathbb{R}^n \setminus \left(\bigcap_{N \in \mathcal{N}_\infty} \mathrm{cl}\left(\bigcup_{k \in N} A_k\right)\right)$ とする．ある $N_0 \in \mathcal{N}_\infty$ が存在して $\boldsymbol{x} \notin \mathrm{cl}\left(\bigcup_{k \in N_0} A_k\right)$ となり，ある $\varepsilon > 0$ が存在して $\bigcup_{k \in N_0}\left(A_k \cap \mathbb{B}(\boldsymbol{x}; \varepsilon)\right) = \left(\bigcup_{k \in N_0} A_k\right) \cap \mathbb{B}(\boldsymbol{x}; \varepsilon) = \emptyset$ となる．よって，$A_k \cap \mathbb{B}(\boldsymbol{x}; \varepsilon) = \emptyset$, $k \in N_0$ となる．このとき，任意の $N \in \mathcal{N}_\infty^\sharp$ に対して，ある $k_0 \in N \cap N_0$ が存在して $A_{k_0} \cap \mathbb{B}(\boldsymbol{x}; \varepsilon) = \emptyset$ となる．したがって，定理 6.16 (i) より $\boldsymbol{x} \notin \limsup_k A_k$ となる．

次に，$\limsup_k A_k \supset \bigcap_{N \in \mathcal{N}_\infty} \mathrm{cl}\left(\bigcup_{k \in N} A_k\right)$ となることを示す．そのために，$\boldsymbol{x} \in \bigcap_{N \in \mathcal{N}_\infty} \mathrm{cl}\left(\bigcup_{k \in N} A_k\right)$ とし，$N \in \mathcal{N}_\infty$ を任意に固定する．$\boldsymbol{x} \in \mathrm{cl}\left(\bigcup_{k \in N} A_k\right)$ であるので，任意の $\varepsilon > 0$ に対して $\bigcup_{k \in N}\left(A_k \cap \mathbb{B}(\boldsymbol{x}; \varepsilon)\right) = \left(\bigcup_{k \in N} A_k\right) \cap \mathbb{B}(\boldsymbol{x}; \varepsilon) \neq \emptyset$ となる．よって，ある $k_0 \in N$ が存在して $A_{k_0} \cap \mathbb{B}(\boldsymbol{x}; \varepsilon) \neq \emptyset$ となる．以上より，任意の $N \in \mathcal{N}_\infty$ および任意の $\varepsilon > 0$ に対して，ある $k_0 \in N$ が存在して $A_{k_0} \cap \mathbb{B}(\boldsymbol{x}; \varepsilon) \neq \emptyset$ となることが示された．

次に，$\varepsilon > 0$ を任意に固定し，$N_0 = \{k_1, k_2, \cdots\} \in \mathcal{N}_\infty^\sharp$ を次のように選ぶ．まず，$N_1 = \mathbb{N} \in \mathcal{N}_\infty$ とすると，ある $k_1 \in N_1$ が存在して $A_{k_1} \cap \mathbb{B}(\boldsymbol{x}; \varepsilon) \neq \emptyset$ となる．そして，$i \geq 1$ に対して $k_i \in \mathbb{N}$ まで選ばれているとき，$N_{i+1} = \{k \in \mathbb{N} : k > k_i\} \in \mathcal{N}_\infty$ とすると，ある $k_{i+1} \in N_{i+1}$ が存在して $A_{k_{i+1}} \cap \mathbb{B}(\boldsymbol{x}; \varepsilon) \neq \emptyset$ となる．このとき，$N_0 = \{k_1, k_2, \cdots\} \in \mathcal{N}_\infty^\sharp$ に対して，$A_k \cap \mathbb{B}(\boldsymbol{x}; \varepsilon) \neq \emptyset$, $k \in N_0$ となる．よって，$\varepsilon > 0$ の任意性および定理 6.16 (i) より，$\boldsymbol{x} \in \limsup_k A_k$ となる． $\qquad\square$

定理 6.18 $\mathbb{R}^n$ の部分集合の列 $\{A_k\}_{k\in\mathbb{N}}, \{A_k^1\}_{k\in\mathbb{N}}, \{A_k^2\}_{k\in\mathbb{N}}$ に対して，次が成り立つ．

(i) $A_k \nearrow$（$A_1 \subset \cdots \subset A_k \subset A_{k+1} \subset \cdots$ の意味）$\Rightarrow \lim_{k\to\infty} A_k = \mathrm{cl}\left(\bigcup_{k\in\mathbb{N}} A_k\right)$

(ii) $A_k \searrow$（$A_1 \supset \cdots \supset A_k \supset A_{k+1} \supset \cdots$ の意味）$\Rightarrow \lim_{k\to\infty} A_k = \bigcap_{k\in\mathbb{N}} \mathrm{cl}(A_k)$

(iii) $A_k^1 \subset A_k \subset A_k^2$, $k \in \mathbb{N}$, $\limsup\limits_{k\to\infty} A_k^1 = \limsup\limits_{k\to\infty} A_k^2$
$\Rightarrow \limsup\limits_{k\to\infty} A_k = \limsup\limits_{k\to\infty} A_k^1 = \limsup\limits_{k\to\infty} A_k^2$

(iv) $A_k^1 \subset A_k \subset A_k^2$, $k \in \mathbb{N}$, $\liminf\limits_{k\to\infty} A_k^1 = \liminf\limits_{k\to\infty} A_k^2$
$\Rightarrow \liminf\limits_{k\to\infty} A_k = \liminf\limits_{k\to\infty} A_k^1 = \liminf\limits_{k\to\infty} A_k^2$

(v) $A_k^1 \subset A_k \subset A_k^2$, $k \in \mathbb{N}$, $\lim\limits_{k\to\infty} A_k^1 = \lim\limits_{k\to\infty} A_k^2 \Rightarrow \lim\limits_{k\to\infty} A_k = \lim\limits_{k\to\infty} A_k^1 = \lim\limits_{k\to\infty} A_k^2$

証明 (i), (ii) および (iii) を示す．(iv) は (iii) と同様に示せて，(v) は (iii) および (iv) より導かれるが，問題として残しておく（問題 6.4.3）．

(i) まず，$A_k \nearrow$ であるので，任意の $N \in \mathcal{N}_\infty^\sharp$ に対して $\mathrm{cl}\left(\bigcup_{k\in N} A_k\right) = \mathrm{cl}\left(\bigcup_{k\in\mathbb{N}} A_k\right)$ となる．よって，定理 6.17 より

$$\limsup_{k\to\infty} A_k = \bigcap_{N\in\mathcal{N}_\infty} \mathrm{cl}\left(\bigcup_{k\in N} A_k\right) = \mathrm{cl}\left(\bigcup_{k\in\mathbb{N}} A_k\right) = \bigcap_{N\in\mathcal{N}_\infty^\sharp} \mathrm{cl}\left(\bigcup_{k\in N} A_k\right) = \liminf_{k\to\infty} A_k$$

となり，$\lim_k A_k = \mathrm{cl}\left(\bigcup_{k\in\mathbb{N}} A_k\right)$ となる．

(ii) まず，$A_k \searrow$ であるので，任意の $N \in \mathcal{N}_\infty^\sharp$ に対して $\bigcap_{k\in\mathbb{N}} \mathrm{cl}(A_k) \subset \mathrm{cl}(A_{\min N}) = \mathrm{cl}\left(\bigcup_{k\in N} A_k\right)$ となる．よって，定理 6.17 より

$$\limsup_{k\to\infty} A_k = \bigcap_{N\in\mathcal{N}_\infty} \mathrm{cl}\left(\bigcup_{k\in N} A_k\right) \subset \bigcap_{k\in\mathbb{N}} \mathrm{cl}\left(\bigcup_{\ell\geq k} A_\ell\right) = \bigcap_{k\in\mathbb{N}} \mathrm{cl}(A_k)$$
$$\subset \bigcap_{N\in\mathcal{N}_\infty^\sharp} \mathrm{cl}\left(\bigcup_{k\in N} A_k\right) = \liminf_{k\to\infty} A_k \subset \limsup_{k\to\infty} A_k$$

となる．したがって，$\lim_k A_k = \limsup_k A_k = \liminf_k A_k = \bigcap_{k\in\mathbb{N}} \mathrm{cl}(A_k)$ となる．

(iii) $A_k^1 \subset A_k \subset A_k^2$, $k \in \mathbb{N}$ であるので，(6.9) より，$\limsup_k A_k^1 \subset \limsup_k A_k \subset \limsup_k A_k^2$ となる．したがって，$\limsup_k A_k^1 = \limsup_k A_k^2$ であるので，$\limsup_k A_k = \limsup_k A_k^1 = \limsup_k A_k^2$ となる． $\square$

定理 6.19 $\mathbb{R}^n$ の部分集合の列 $\{A_k\}_{k\in\mathbb{N}}$, $\{B_k\}_{k\in\mathbb{N}}$ および $A \subset \mathbb{R}^n$ に対して，次が成り立つ．

(i) $\displaystyle\limsup_{k\to\infty} A_k,\ \liminf_{k\to\infty} A_k \in \mathcal{C}(\mathbb{R}^n)$

(ii) $\{A_k\}$ の極限が存在するならば，$\displaystyle\lim_{k\to\infty} A_k \in \mathcal{C}(\mathbb{R}^n)$ となる．

(iii) $\mathrm{cl}(A_k) = \mathrm{cl}(B_k)$, $k \in \mathbb{N} \Rightarrow \displaystyle\limsup_{k\to\infty} A_k = \limsup_{k\to\infty} B_k,\ \liminf_{k\to\infty} A_k = \liminf_{k\to\infty} B_k$

(iv) $A_k = A$, $k \in \mathbb{N} \Rightarrow \displaystyle\lim_{k\to\infty} A_k = \mathrm{cl}(A)$

証明 (i) および (iv) は，定理 6.17 より導かれる．(ii) は，(i) より導かれる．(iii) を示す．もし $\mathbb{R}^n$ の部分集合の列 $\{C_k\}_{k\in\mathbb{N}}$ に対して

$$\limsup_{k\to\infty} C_k = \limsup_{k\to\infty} \mathrm{cl}(C_k), \quad \liminf_{k\to\infty} C_k = \liminf_{k\to\infty} \mathrm{cl}(C_k) \tag{6.11}$$

となることが示されれば

$$\limsup_{k\to\infty} A_k = \limsup_{k\to\infty} \mathrm{cl}(A_k) = \limsup_{k\to\infty} \mathrm{cl}(B_k) = \limsup_{k\to\infty} B_k$$

$$\liminf_{k\to\infty} A_k = \liminf_{k\to\infty} \mathrm{cl}(A_k) = \liminf_{k\to\infty} \mathrm{cl}(B_k) = \liminf_{k\to\infty} B_k$$

となる．よって，(6.11) を示す．そのためには，$\limsup_k C_k \subset \limsup_k \mathrm{cl}(C_k)$, $\liminf_k C_k \subset \liminf_k \mathrm{cl}(C_k)$ であるので，$\limsup_k C_k \supset \limsup_k \mathrm{cl}(C_k)$, $\liminf_k C_k \supset \liminf_k \mathrm{cl}(C_k)$ となることを示せばよい．$\boldsymbol{x} \in \limsup_k \mathrm{cl}(C_k)$ とする．このとき，ある $N \in \mathcal{N}_\infty^\sharp$ およびある $\boldsymbol{x}_k \in \mathrm{cl}(C_k)$, $k \in N$ が存在して $\boldsymbol{x}_k \underset{N}{\to} \boldsymbol{x}$ となる．各 $k \in N$ に対して，$\boldsymbol{x}_k \in \mathrm{cl}(C_k)$ であるので，ある $\boldsymbol{y}_k \in C_k \cap \mathbb{B}\left(\boldsymbol{x}_k; \frac{1}{k}\right)$ が存在して

$$\|\boldsymbol{y}_k - \boldsymbol{x}\| = \|(\boldsymbol{y}_k - \boldsymbol{x}_k) + (\boldsymbol{x}_k - \boldsymbol{x})\| \leq \|\boldsymbol{y}_k - \boldsymbol{x}_k\| + \|\boldsymbol{x}_k - \boldsymbol{x}\| < \frac{1}{k} + \|\boldsymbol{x}_k - \boldsymbol{x}\|$$

となる．よって，$\frac{1}{k} + \|\boldsymbol{x}_k - \boldsymbol{x}\| \underset{N}{\to} 0$ となるので，$\|\boldsymbol{y}_k - \boldsymbol{x}\| \underset{N}{\to} 0$ となり，$\boldsymbol{y}_k \underset{N}{\to} \boldsymbol{x}$ となる．したがって，$\boldsymbol{x} \in \limsup_k C_k$ となる．また同様な議論により，$\boldsymbol{x} \in \liminf_k \mathrm{cl}(C_k)$ ならば $\boldsymbol{x} \in \liminf_k C_k$ となることが示される． $\square$

次の定理は，錐の列の極限に関する性質を与える．

定理 6.20 $\{C_k\}_{k\in\mathbb{N}}$ を $\mathbb{R}^n$ の錐の列とする. このとき, 次が成り立つ.

(i) $\displaystyle\limsup_{k\to\infty} C_k$, $\displaystyle\liminf_{k\to\infty} C_k$ は錐になる.

(ii) $\{C_k\}$ の極限が存在するならば, $\displaystyle\lim_{k\to\infty} C_k$ も錐になる.

(iii) ある $N\in\mathcal{N}_\infty^\sharp$ が存在し, 任意の $k\in N$ に対して $C_k\neq\{\mathbf{0}\}$ ならば, $\displaystyle\limsup_{k\to\infty} C_k\neq\{\mathbf{0}\}$ となる.

証明 (i) および (iii) を示す. (ii) は, (i) より導かれる.

(i) $\mathbf{0}\in C_k$, $k\in\mathbb{N}$ であるので, $\mathbf{0}\in\limsup_k C_k$, $\mathbf{0}\in\liminf_k C_k$ となる. まず, $\limsup_k C_k$ が錐になることを示す. $\boldsymbol{x}\in\limsup_k C_k$ とし, $\lambda\geq 0$ とする. このとき, ある $N\in\mathcal{N}_\infty^\sharp$ およびある $\boldsymbol{x}_k\in C_k$, $k\in N$ が存在して $\boldsymbol{x}_k\underset{N}{\to}\boldsymbol{x}$ となる. $\lambda\boldsymbol{x}_k\in C_k$, $k\in N$ となり, $\lambda\boldsymbol{x}_k\underset{N}{\to}\lambda\boldsymbol{x}$ となるので, $\lambda\boldsymbol{x}\in\limsup_k C_k$ となる. したがって, $\limsup_k C_k$ は錐になる. また同様な議論により, $\boldsymbol{x}\in\liminf_k C_k$ および $\lambda\geq 0$ に対して $\lambda\boldsymbol{x}\in\liminf_k C_k$ となることが示され, $\liminf_k C_k$ は錐になる.

(iii) 各 $k\in N$ に対して, $\boldsymbol{x}_k\in C_k\setminus\{\mathbf{0}\}$ とし, $\overline{\boldsymbol{x}}_k=\dfrac{\boldsymbol{x}_k}{\|\boldsymbol{x}_k\|}\in C_k$ とする. このとき, 任意の $k\in N$ に対して $\overline{\boldsymbol{x}}_k\in\mathrm{bd}(\mathbb{B}(\mathbf{0};1))\in\mathcal{BC}(\mathbb{R}^n)$ となるので, $N_0\subset N$ となるある $N_0\in\mathcal{N}_\infty^\sharp$ およびある $\overline{\boldsymbol{x}}\in\mathrm{bd}(\mathbb{B}(\mathbf{0};1))$ が存在して $\overline{\boldsymbol{x}}_k\underset{N_0}{\to}\overline{\boldsymbol{x}}$ となる. よって, $\overline{\boldsymbol{x}}\in\limsup_k C_k$, $\overline{\boldsymbol{x}}\neq\mathbf{0}$ となるので, $\limsup_k C_k\neq\{\mathbf{0}\}$ となる. $\qquad\square$

次の定理は, 凸集合の列の極限に関する性質を与える.

定理 6.21 $\{A_k\}_{k\in\mathbb{N}}\subset\mathcal{K}(\mathbb{R}^n)$ とする. このとき, 次が成り立つ.

(i) $\displaystyle\liminf_{k\to\infty} A_k\in\mathcal{K}(\mathbb{R}^n)$

(ii) $\{A_k\}$ の極限が存在するならば, $\displaystyle\lim_{k\to\infty} A_k\in\mathcal{K}(\mathbb{R}^n)$ となる.

証明 (i) を示す. (ii) は, (i) より導かれる. $\boldsymbol{x},\boldsymbol{y}\in\liminf_k A_k$ とし, $\lambda\in\,]0,1[$ とする. このとき, ある $N\in\mathcal{N}_\infty$ およびある $\boldsymbol{x}_k,\boldsymbol{y}_k\in A_k$, $k\in N$ が存在して $\boldsymbol{x}_k\underset{N}{\to}\boldsymbol{x}$, $\boldsymbol{y}_k\underset{N}{\to}\boldsymbol{y}$ となる. 各 $k\in N$ に対して, $A_k\in\mathcal{K}(\mathbb{R}^n)$ であるので, $\lambda\boldsymbol{x}_k+(1-\lambda)\boldsymbol{y}_k\in A_k$ となる. $\boldsymbol{x}_k\underset{N}{\to}\boldsymbol{x}$, $\boldsymbol{y}_k\underset{N}{\to}\boldsymbol{y}$ であるので, $\lambda\boldsymbol{x}_k+(1-\lambda)\boldsymbol{y}_k\underset{N}{\to}\lambda\boldsymbol{x}+(1-\lambda)\boldsymbol{y}$ となる. よって, $\lambda\boldsymbol{x}+(1-\lambda)\boldsymbol{y}\in\liminf_k A_k$ となる. したがって, $\liminf_k A_k\in\mathcal{K}(\mathbb{R}^n)$ となる. $\qquad\square$

例 6.7 $\{A_k\}_{k\in\mathbb{N}}\subset\mathcal{K}(\mathbb{R})$ であるが, $\limsup_k A_k\notin\mathcal{K}(\mathbb{R})$ となる例を与える. $a,b,c,d\in\mathbb{R}$ とし, $a<b<c<d$ とする. また, 各 $k\in\mathbb{N}$ に対して, k が奇数ならば $A_k=[a,b]\in\mathcal{K}(\mathbb{R})$ とし, k が偶数ならば $A_k=[c,d]\in\mathcal{K}(\mathbb{R})$ とする. このとき, $\limsup_k A_k=[a,b]\cup[c,d]\notin\mathcal{K}(\mathbb{R})$ となる. $\qquad\square$

次の定理は，収束する集合列の部分列の極限に関する性質を与える．

定理 6.22 $\mathbb{R}^n$ の部分集合の列 $\{A_k\}_{k \in \mathbb{N}}$ に対して，$A = \lim_k A_k$ とする．このとき，任意の $N \in \mathcal{N}_\infty^\sharp$ に対して，$A = \lim_{k \in N} A_k$ となる．

証明 $A = \liminf_k A_k \subset \liminf_{k \in N} A_k \subset \limsup_{k \in N} A_k \subset \limsup_k A_k = A$ となるので，$A = \limsup_{k \in N} A_k = \liminf_{k \in N} A_k = \lim_{k \in N} A_k$ となる． $\square$

次の定理は，集合列の和およびスカラー倍の極限に関する性質を与える．

定理 6.23 $\{A_k\}_{k \in \mathbb{N}}, \{B_k\}_{k \in \mathbb{N}}$ を $\mathbb{R}^n$ の部分集合の列とし，$\lambda \in \mathbb{R}$ とする．このとき，次が成り立つ．

(i) $\bigcup_{k \in \mathbb{N}} A_k$ が有界ならば，$\limsup_{k \to \infty} (A_k + B_k) \subset \limsup_{k \to \infty} A_k + \limsup_{k \to \infty} B_k$ となる．

(ii) $\liminf_{k \to \infty} (A_k + B_k) \supset \liminf_{k \to \infty} A_k + \liminf_{k \to \infty} B_k$

(iii) $\bigcup_{k \in \mathbb{N}} A_k$ が有界であり，$\{A_k\}, \{B_k\}$ の極限が存在するならば，$\lim_{k \to \infty} (A_k + B_k) = \lim_{k \to \infty} A_k + \lim_{k \to \infty} B_k$ となる．

(iv) $\lambda = 0, \limsup_{k \to \infty} A_k \neq \emptyset$ であるか，または $\lambda \neq 0$ ならば，$\limsup_{k \to \infty} \lambda A_k = \lambda \limsup_{k \to \infty} A_k$ となる．

(v) $\lambda = 0, \liminf_{k \to \infty} A_k \neq \emptyset$ であるか，または $\lambda \neq 0$ ならば，$\liminf_{k \to \infty} \lambda A_k = \lambda \liminf_{k \to \infty} A_k$ となる．

(vi) $\{A_k\}$ の極限が存在するとき，$\lambda = 0, \lim_{k \to \infty} A_k \neq \emptyset$ であるか，または $\lambda \neq 0$ ならば，$\lim_{k \to \infty} \lambda A_k = \lambda \lim_{k \to \infty} A_k$ となる．

証明 (i)–(iv) および (vi) を示す．(v) は (iv) と同様に示せるが，問題として残しておく（問題 6.4.4）．

(i) $\boldsymbol{x} \in \limsup_k (A_k + B_k)$ とする．このとき，ある $N \in \mathcal{N}_\infty^\sharp$ およびある $\boldsymbol{x}_k \in A_k + B_k, k \in N$ が存在して $\boldsymbol{x}_k \underset{N}{\to} \boldsymbol{x}$ となる．各 $k \in N$ に対して，$\boldsymbol{x}_k \in A_k + B_k$ であるので，ある $\boldsymbol{y}_k \in A_k$ およびある $\boldsymbol{z}_k \in B_k$ が存在して $\boldsymbol{x}_k = \boldsymbol{y}_k + \boldsymbol{z}_k$ となる．$\bigcup_{k \in \mathbb{N}} A_k$ が有界であるので，$N_0 \subset N$ となるある $N_0 \in \mathcal{N}_\infty^\sharp$ およびある $\boldsymbol{y} \in \mathbb{R}^n$ が存在して $\boldsymbol{y}_k \underset{N_0}{\to} \boldsymbol{y}$ となる．よって，$\boldsymbol{z}_k = \boldsymbol{x}_k - \boldsymbol{y}_k \underset{N_0}{\to} \boldsymbol{x} - \boldsymbol{y}$ となる．したがって，$\boldsymbol{y} \in \limsup_k A_k, \boldsymbol{x} - \boldsymbol{y} \in \limsup_k B_k$ となるので，$\boldsymbol{x} = \boldsymbol{y} + (\boldsymbol{x} - \boldsymbol{y}) \in \limsup_k A_k + \limsup_k B_k$ となる．

(ii) $\boldsymbol{x} \in \liminf_k A_k + \liminf_k B_k$ とする．このとき，ある $\boldsymbol{y} \in \liminf_k A_k$ およびある $\boldsymbol{z} \in \liminf_k B_k$ が存在して $\boldsymbol{x} = \boldsymbol{y} + \boldsymbol{z}$ となる．$\boldsymbol{y} \in \liminf_k A_k, \boldsymbol{z} \in \liminf_k B_k$ である

ので，ある $N \in \mathcal{N}_\infty$ およびある $\boldsymbol{y}_k \in A_k$, $\boldsymbol{z}_k \in B_k$, $k \in N$ が存在して $\boldsymbol{y}_k \underset{N}{\to} \boldsymbol{y}$, $\boldsymbol{z}_k \underset{N}{\to} \boldsymbol{z}$ となる．よって，$\boldsymbol{y}_k + \boldsymbol{z}_k \in A_k + B_k$, $k \in N$ であり $\boldsymbol{y}_k + \boldsymbol{z}_k \underset{N}{\to} \boldsymbol{y} + \boldsymbol{z}$ であるので，$\boldsymbol{x} = \boldsymbol{y} + \boldsymbol{z} \in \liminf_k (A_k + B_k)$ となる．

(iii) このとき，(i) および (ii) より，$\lim_k A_k + \lim_k B_k \subset \liminf_k (A_k + B_k) \subset \limsup_k (A_k + B_k) \subset \lim_k A_k + \lim_k B_k$ となるので，$\lim_k (A_k + B_k) = \limsup_k (A_k + B_k)$ $= \liminf_k (A_k + B_k) = \lim_k A_k + \lim_k B_k$ となる．

(iv) $\lambda = 0$, $\limsup_k A_k \neq \emptyset$ ならば，$\limsup_k \lambda A_k = \{\boldsymbol{0}\} = \lambda \limsup_k A_k$ となる．

$\lambda \neq 0$ とする．まず，$\boldsymbol{x} \in \limsup_k \lambda A_k$ とする．このとき，ある $N \in \mathcal{N}_\infty^\sharp$ およびある $\boldsymbol{x}_k \in \lambda A_k$, $k \in N$ が存在して $\boldsymbol{x}_k \underset{N}{\to} \boldsymbol{x}$ となる．各 $k \in N$ に対して，$\boldsymbol{x}_k \in \lambda A_k$ であるので，ある $\boldsymbol{y}_k \in A_k$ が存在して $\boldsymbol{x}_k = \lambda \boldsymbol{y}_k$ となる．$\boldsymbol{y}_k = \frac{1}{\lambda} \boldsymbol{x}_k \underset{N}{\to} \frac{1}{\lambda} \boldsymbol{x}$ となるので，$\frac{1}{\lambda} \boldsymbol{x} \in \limsup_k A_k$ となる．よって，$\boldsymbol{x} = \lambda \left(\frac{1}{\lambda} \boldsymbol{x} \right) \in \lambda \limsup_k A_k$ となる．したがって，$\limsup_k \lambda A_k \subset \lambda \limsup_k A_k$ となる．

次に，$\boldsymbol{x} \in \lambda \limsup_k A_k$ とする．このとき，ある $\boldsymbol{y} \in \limsup_k A_k$ が存在して $\boldsymbol{x} = \lambda \boldsymbol{y}$ となる．$\boldsymbol{y} \in \limsup_k A_k$ であるので，ある $N \in \mathcal{N}_\infty^\sharp$ およびある $\boldsymbol{y}_k \in A_k$, $k \in N$ が存在して $\boldsymbol{y}_k \underset{N}{\to} \boldsymbol{y}$ となる．$\lambda \boldsymbol{y}_k \in \lambda A_k$, $k \in N$ であり $\lambda \boldsymbol{y}_k \underset{N}{\to} \lambda \boldsymbol{y}$ となるので，$\boldsymbol{x} = \lambda \boldsymbol{y} \in \limsup_k \lambda A_k$ となる．よって，$\limsup_k \lambda A_k \supset \lambda \limsup_k A_k$ となる．

(vi) (iv) および (v) より，$\lim_k \lambda A_k = \limsup_k \lambda A_k = \liminf_k \lambda A_k = \lambda \lim_k A_k$ となる．

$\qquad\qquad\qquad\qquad\qquad\qquad\qquad\qquad\qquad\qquad\qquad\qquad\qquad\qquad\qquad$ $\square$

次の定理は，集合列の順序および極限に関する性質を与える．

定理 6.24 $\{A_k\}_{k \in \mathbb{N}}$, $\{B_k\}_{k \in \mathbb{N}}$ を $\mathbb{R}^n$ の部分集合の列とし，$\bigcup_{k \in \mathbb{N}} A_k$, $\bigcup_{k \in \mathbb{N}} B_k$ は有界であるとする．このとき，次が成り立つ．

$$A_k \leq B_k, k \in \mathbb{N} \Rightarrow \limsup_{k \to \infty} A_k \leq \limsup_{k \to \infty} B_k$$

よって，$\{A_k\}, \{B_k\}$ の極限が存在するならば，次が成り立つ．

$$A_k \leq B_k, k \in \mathbb{N} \Rightarrow \lim_{k \to \infty} A_k \leq \lim_{k \to \infty} B_k$$

証明 各 $k \in \mathbb{N}$ に対して，$A_k \leq B_k$ であるので，$B_k \subset A_k + \mathbb{R}_+^n$, $A_k \subset B_k + \mathbb{R}_-^n$ となる．このとき，定理 6.23 (i) より

$$\limsup_{k \to \infty} B_k \subset \limsup_{k \to \infty} (A_k + \mathbb{R}_+^n) \subset \limsup_{k \to \infty} A_k + \limsup_{k \to \infty} \mathbb{R}_+^n = \limsup_{k \to \infty} A_k + \mathbb{R}_+^n$$

$$\limsup_{k \to \infty} A_k \subset \limsup_{k \to \infty} (B_k + \mathbb{R}_-^n) \subset \limsup_{k \to \infty} B_k + \limsup_{k \to \infty} \mathbb{R}_-^n = \limsup_{k \to \infty} B_k + \mathbb{R}_-^n$$

となる. よって, $\limsup_k A_k \leq \limsup_k B_k$ となる. したがって, さらに $\{A_k\}, \{B_k\}$ の極限が存在するならば, $\lim_k A_k \leq \lim_k B_k$ となる. $\qquad\square$

問題 6.4

1. $\{A_k\}_{k\in\mathbb{N}}$ を $\mathbb{R}^n$ の部分集合の列とする. このとき, $\boldsymbol{x} \in \liminf_k A_k$ となるための必要十分条件は, 任意の $\varepsilon > 0$ に対して, ある $N \in \mathcal{N}_\infty$ が存在し, 任意の $k \in N$ に対して $A_k \cap \mathbb{B}(\boldsymbol{x};\varepsilon) \neq \emptyset$ となることであることを示せ.

2. $\mathbb{R}^n$ の部分集合の列 $\{A_k\}_{k\in\mathbb{N}}$ に対して, 次が成り立つことを示せ.

$$\liminf_{k\to\infty} A_k = \bigcap_{N\in\mathcal{N}_\infty^\sharp} \mathrm{cl}\left(\bigcup_{k\in N} A_k\right)$$

3. $\mathbb{R}^n$ の部分集合の列 $\{A_k\}_{k\in\mathbb{N}}, \{A_k^1\}_{k\in\mathbb{N}}, \{A_k^2\}_{k\in\mathbb{N}}$ に対して, 次が成り立つことを示せ.

(i) $A_k^1 \subset A_k \subset A_k^2, k \in \mathbb{N},\ \liminf_{k\to\infty} A_k^1 = \liminf_{k\to\infty} A_k^2$
$\Rightarrow \liminf_{k\to\infty} A_k = \liminf_{k\to\infty} A_k^1 = \liminf_{k\to\infty} A_k^2$

(ii) $A_k^1 \subset A_k \subset A_k^2, k \in \mathbb{N},\ \lim_{k\to\infty} A_k^1 = \lim_{k\to\infty} A_k^2 \Rightarrow \lim_{k\to\infty} A_k = \lim_{k\to\infty} A_k^1 = \lim_{k\to\infty} A_k^2$

4. $\{A_k\}_{k\in\mathbb{N}}$ を $\mathbb{R}^n$ の部分集合の列とし, $\lambda \in \mathbb{R}$ とする. このとき, $\lambda = 0, \liminf_{k\to\infty} A_k \neq \emptyset$ であるか, または $\lambda \neq 0$ ならば, 次が成り立つことを示せ.

$$\liminf_{k\to\infty} \lambda A_k = \lambda \liminf_{k\to\infty} A_k$$

6.5 集合値写像の連続性

$X \subset \mathbb{R}^n$ とする.各 $\boldsymbol{x} \in X$ に集合 $F(\boldsymbol{x}) \subset \mathbb{R}^m$ を対応させる写像 F を X から $\mathbb{R}^m$ への**集合値写像** (set-valued mapping) といい,$F : X \rightsquigarrow \mathbb{R}^m$ と表す.F が**閉値** (closed-valued), **凸値** (convex-valued), **閉凸値** (closed convex-valued) および**コンパクト値** (compact-valued) であるとは,任意の $\boldsymbol{x} \in X$ に対してそれぞれ $F(\boldsymbol{x}) \in \mathcal{C}(\mathbb{R}^m)$, $F(\boldsymbol{x}) \in \mathcal{K}(\mathbb{R}^m)$, $F(\boldsymbol{x}) \in \mathcal{CK}(\mathbb{R}^m)$ および $F(\boldsymbol{x}) \in \mathcal{BC}(\mathbb{R}^m)$ であるときをいう.また

$$\mathrm{Graph}(F) = \{(\boldsymbol{x}, \boldsymbol{y}) \in X \times \mathbb{R}^m : \boldsymbol{y} \in F(\boldsymbol{x})\} \tag{6.12}$$

を F のグラフという.

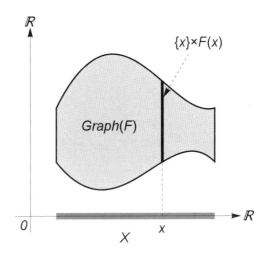

図 **6.4** $F : X \rightsquigarrow \mathbb{R}$ のグラフ ($X \subset \mathbb{R}$)

集合値写像の極限の定義を与える.

定義 6.6 $X \subset \mathbb{R}^n$ とし,$F : X \rightsquigarrow \mathbb{R}^m$ とする.また,$\overline{\boldsymbol{x}} \in \mathrm{cl}(X)$ とする.

(i) $\boldsymbol{x} \to \overline{\boldsymbol{x}}$ のときの F の上極限を

$$\limsup_{\boldsymbol{x} \to \overline{\boldsymbol{x}}} F(\boldsymbol{x}) = \bigcup_{\boldsymbol{x}_k \to \overline{\boldsymbol{x}}} \limsup_{k \to \infty} F(\boldsymbol{x}_k) \tag{6.13}$$

と定義する.ここで,$\bigcup_{\boldsymbol{x}_k \to \overline{\boldsymbol{x}}}$ は $\boldsymbol{x}_k \to \overline{\boldsymbol{x}}$ である任意の点列 $\{\boldsymbol{x}_k\}_{k \in \mathbb{N}} \subset X$ に関する和集合を意味し,$\limsup_{k \to \infty} F(\boldsymbol{x}_k)$ は定義 6.5 (i) において定義された集合列 $\{F(\boldsymbol{x}_k)\}_{k \in \mathbb{N}}$ の上極限を意味する.

(ii) $x \to \overline{x}$ のときの F の下極限を

$$\liminf_{x \to \overline{x}} F(x) = \bigcap_{x_k \to \overline{x}} \liminf_{k \to \infty} F(x_k) \tag{6.14}$$

と定義する．ここで，$\bigcap_{x_k \to \overline{x}}$ は $x_k \to \overline{x}$ である任意の点列 $\{x_k\}_{k \in \mathbb{N}} \subset X$ に関する共通集合を意味し，$\liminf_{k \to \infty} F(x_k)$ は定義 6.5 (ii) において定義された集合列 $\{F(x_k)\}_{k \in \mathbb{N}}$ の下極限を意味する．

(iii) $\limsup_{x \to \overline{x}} F(x) = \liminf_{x \to \overline{x}} F(x)$ のとき，$x \to \overline{x}$ のときの F の極限が存在するといい，その極限を

$$\lim_{x \to \overline{x}} F(x) = \limsup_{x \to \overline{x}} F(x) = \liminf_{x \to \overline{x}} F(x) \tag{6.15}$$

と定義する．$A \subset \mathbb{R}^m$ に対して $\lim_{x \to \overline{x}} F(x) = A$ のとき，$x \to \overline{x}$ のとき F は A に収束するといい，$x \to \overline{x}$ のとき $F(x) \to A$ とも表す．

$X \subset \mathbb{R}^n$ とし，$F : X \rightsquigarrow \mathbb{R}^m$ とする．また，$\overline{x} \in \mathrm{cl}(X)$ とする．このとき，定義 6.6 (i), (ii) より次が成り立つ．

$$\liminf_{x \to \overline{x}} F(x) \subset \limsup_{x \to \overline{x}} F(x) \tag{6.16}$$

さらに，$\overline{x} \in X$ ならば，定理 6.19 (iv) および定義 6.6 (i), (ii) より次が成り立つ．

$$\liminf_{x \to \overline{x}} F(x) \subset \mathrm{cl}(F(\overline{x})) \subset \limsup_{x \to \overline{x}} F(x) \tag{6.17}$$

例 6.8 $a, b, c, d \in \mathbb{R}$ とし，$a < b < c < d$ とする．$F, G : \mathbb{R} \rightsquigarrow \mathbb{R}$ を各 $x \in \mathbb{R}$ に対して

$$F(x) = \begin{cases} [b, c] & x \leq 0 \\ [a, d] & x > 0 \end{cases}, \quad G(x) = \begin{cases} [b, c] & x < 0 \\ [a, d] & x \geq 0 \end{cases}$$

と定義する（図 6.5）．

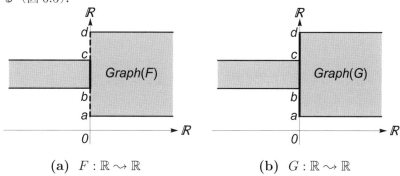

図 6.5 $F, G : \mathbb{R} \rightsquigarrow \mathbb{R}$

このとき，$\limsup_{x\to 0} F(x) = \limsup_{x\to 0} G(x) = [a, d]$, $\liminf_{x\to 0} F(x) = \liminf_{x\to 0} G(x) = [b, c]$ となる． □

$X \subset \mathbb{R}^n$ とし，$F, G : X \rightsquigarrow \mathbb{R}^m$ とする．また，$\overline{x} \in \mathrm{cl}(X)$ とする．定義 6.6 (i), (ii) より，次が成り立つ．

$$F(\boldsymbol{x}) \subset G(\boldsymbol{x}), \boldsymbol{x} \in X$$
$$\Rightarrow \limsup_{\boldsymbol{x}\to\overline{\boldsymbol{x}}} F(\boldsymbol{x}) \subset \limsup_{\boldsymbol{x}\to\overline{\boldsymbol{x}}} G(\boldsymbol{x}), \liminf_{\boldsymbol{x}\to\overline{\boldsymbol{x}}} F(\boldsymbol{x}) \subset \liminf_{\boldsymbol{x}\to\overline{\boldsymbol{x}}} G(\boldsymbol{x}) \tag{6.18}$$

さらに，$\boldsymbol{x} \to \overline{\boldsymbol{x}}$ のときの F, G の極限が存在するならば，定義 6.6 (iii) より次が成り立つ．

$$F(\boldsymbol{x}) \subset G(\boldsymbol{x}), \boldsymbol{x} \in X \Rightarrow \lim_{\boldsymbol{x}\to\overline{\boldsymbol{x}}} F(\boldsymbol{x}) \subset \lim_{\boldsymbol{x}\to\overline{\boldsymbol{x}}} G(\boldsymbol{x}) \tag{6.19}$$

集合列の場合と同様に次の 3 つの定理が成り立つ．

定理 6.25 $X \subset \mathbb{R}^n$ とし，$F, G, H : X \rightsquigarrow \mathbb{R}^m$ とする．また，$\overline{x} \in \mathrm{cl}(X)$ とする．このとき，次が成り立つ．

(i) $G(\boldsymbol{x}) \subset F(\boldsymbol{x}) \subset H(\boldsymbol{x})$, $\boldsymbol{x} \in X$, $\limsup_{\boldsymbol{x}\to\overline{\boldsymbol{x}}} G(\boldsymbol{x}) = \limsup_{\boldsymbol{x}\to\overline{\boldsymbol{x}}} H(\boldsymbol{x})$
　　$\Rightarrow \limsup_{\boldsymbol{x}\to\overline{\boldsymbol{x}}} F(\boldsymbol{x}) = \limsup_{\boldsymbol{x}\to\overline{\boldsymbol{x}}} G(\boldsymbol{x}) = \limsup_{\boldsymbol{x}\to\overline{\boldsymbol{x}}} H(\boldsymbol{x})$

(ii) $G(\boldsymbol{x}) \subset F(\boldsymbol{x}) \subset H(\boldsymbol{x})$, $\boldsymbol{x} \in X$, $\liminf_{\boldsymbol{x}\to\overline{\boldsymbol{x}}} G(\boldsymbol{x}) = \liminf_{\boldsymbol{x}\to\overline{\boldsymbol{x}}} H(\boldsymbol{x})$
　　$\Rightarrow \liminf_{\boldsymbol{x}\to\overline{\boldsymbol{x}}} F(\boldsymbol{x}) = \liminf_{\boldsymbol{x}\to\overline{\boldsymbol{x}}} G(\boldsymbol{x}) = \liminf_{\boldsymbol{x}\to\overline{\boldsymbol{x}}} H(\boldsymbol{x})$

(iii) $G(\boldsymbol{x}) \subset F(\boldsymbol{x}) \subset H(\boldsymbol{x})$, $\boldsymbol{x} \in X$, $\lim_{\boldsymbol{x}\to\overline{\boldsymbol{x}}} G(\boldsymbol{x}) = \lim_{\boldsymbol{x}\to\overline{\boldsymbol{x}}} H(\boldsymbol{x})$
　　$\Rightarrow \lim_{\boldsymbol{x}\to\overline{\boldsymbol{x}}} F(\boldsymbol{x}) = \lim_{\boldsymbol{x}\to\overline{\boldsymbol{x}}} G(\boldsymbol{x}) = \lim_{\boldsymbol{x}\to\overline{\boldsymbol{x}}} H(\boldsymbol{x})$

証明 証明は問題として残しておく（問題 6.5.1）． □

定理 6.26 $X \subset \mathbb{R}^n$ とし，$F, G : X \rightsquigarrow \mathbb{R}^m$ とする．また，$\overline{x} \in \mathrm{cl}(X)$ とし，$A \subset \mathbb{R}^m$ とする．このとき，次が成り立つ．

(i) $\liminf_{\boldsymbol{x}\to\overline{\boldsymbol{x}}} F(\boldsymbol{x}) \in \mathcal{C}(\mathbb{R}^m)$

(ii) $\boldsymbol{x} \to \overline{\boldsymbol{x}}$ のときの F の極限が存在するならば，$\lim_{\boldsymbol{x}\to\overline{\boldsymbol{x}}} F(\boldsymbol{x}) \in \mathcal{C}(\mathbb{R}^m)$ となる．

(iii) $\mathrm{cl}(F(\boldsymbol{x})) = \mathrm{cl}(G(\boldsymbol{x}))$, $\boldsymbol{x} \in X$
　　$\Rightarrow \limsup_{\boldsymbol{x}\to\overline{\boldsymbol{x}}} F(\boldsymbol{x}) = \limsup_{\boldsymbol{x}\to\overline{\boldsymbol{x}}} G(\boldsymbol{x}), \liminf_{\boldsymbol{x}\to\overline{\boldsymbol{x}}} F(\boldsymbol{x}) = \liminf_{\boldsymbol{x}\to\overline{\boldsymbol{x}}} G(\boldsymbol{x})$

(iv) $F(\boldsymbol{x}) = A$, $\boldsymbol{x} \in X \Rightarrow \lim_{\boldsymbol{x}\to\overline{\boldsymbol{x}}} F(\boldsymbol{x}) = \mathrm{cl}(A)$

証明 証明は問題として残しておく（問題 6.5.2）． □

177

定理 6.27 $X \subset \mathbb{R}^n$ とし，$F : X \rightsquigarrow \mathbb{R}^m$ は凸値であるとする．また，$\overline{x} \in \mathrm{cl}(X)$ とする．このとき，次が成り立つ．

(i) $\displaystyle\liminf_{x \to \overline{x}} F(x) \in \mathcal{CK}(\mathbb{R}^m)$

(ii) $x \to \overline{x}$ のときの F の極限が存在するならば，$\displaystyle\lim_{x \to \overline{x}} F(x) \in \mathcal{CK}(\mathbb{R}^m)$ となる．

証明 証明は問題として残しておく（問題 6.5.3）． $\square$

集合値写像の連続性の定義を与える．

定義 6.7 $X \subset \mathbb{R}^n$ とし，$F : X \rightsquigarrow \mathbb{R}^m$ とする．また，$\overline{x} \in X$ とする．

(i) F が $\overline{x}$ において**上半連続**であるとは

$$\limsup_{x \to \overline{x}} F(x) \subset F(\overline{x}) \tag{6.20}$$

となるときをいう．F が任意の $x \in X$ において上半連続であるとき，F は X 上で上半連続であるという．

(ii) F が $\overline{x}$ において**下半連続**であるとは

$$\liminf_{x \to \overline{x}} F(x) \supset F(\overline{x}) \tag{6.21}$$

となるときをいう．F が任意の $x \in X$ において下半連続であるとき，F は X 上で下半連続であるという．

(iii) F が $\overline{x}$ において**連続**であるとは，F が $\overline{x}$ において上半連続かつ下半連続，すなわち

$$\lim_{x \to \overline{x}} F(x) = F(\overline{x}) \tag{6.22}$$

となるときをいう．F が任意の $x \in X$ において連続であるとき，F は X 上で連続であるという．

$X \subset \mathbb{R}^n$ とし，$F : X \rightsquigarrow \mathbb{R}^m$ とする．また，$\overline{x} \in X$ とする．(6.17) より，次が成り立つ．

$$\limsup_{x \to \overline{x}} F(x) \subset F(\overline{x}) \Leftrightarrow \limsup_{x \to \overline{x}} F(x) = F(\overline{x}) \tag{6.23}$$

F が閉値ならば，(6.17) より次が成り立つ．

$$\liminf_{x \to \overline{x}} F(x) \supset F(\overline{x}) \Leftrightarrow \liminf_{x \to \overline{x}} F(x) = F(\overline{x}) \tag{6.24}$$

例 6.9 例 6.8 において定義された集合値写像 F および G を考える．$\liminf_{x \to 0} F(x) = [b, c] \supset [b, c] = F(0), \limsup_{x \to 0} F(x) = [a, d] \not\subset [b, c] = F(0)$ であるので，F は 0 にお

いて下半連続になるが上半連続にならない．$\limsup_{x\to 0} G(x) = [a,d] \subset [a,d] = G(0)$，$\liminf_{x\to 0} G(x) = [b,c] \not\supset [a,d] = G(0)$ であるので，G は 0 において上半連続になるが下半連続にならない． $\square$

次の定理は，集合値写像が上半連続になるための必要十分条件を与える．

定理 6.28 $F : \mathbb{R}^n \rightsquigarrow \mathbb{R}^m$ とする．このとき，F が $\mathbb{R}^n$ 上で上半連続になるための必要十分条件は，$\mathrm{Graph}(F) \in \mathcal{C}(\mathbb{R}^n \times \mathbb{R}^m)$ となることである．

証明 必要性：$\{(\boldsymbol{x}_k, \boldsymbol{y}_k)\}_{k\in\mathbb{N}} \subset \mathrm{Graph}(F)$ および $(\overline{\boldsymbol{x}}, \overline{\boldsymbol{y}}) \in \mathbb{R}^n \times \mathbb{R}^m$ に対して $(\boldsymbol{x}_k, \boldsymbol{y}_k) \to (\overline{\boldsymbol{x}}, \overline{\boldsymbol{y}})$ であるとする．このとき，$\boldsymbol{x}_k \to \overline{\boldsymbol{x}}$, $\boldsymbol{y}_k \to \overline{\boldsymbol{y}}$ となり，$\boldsymbol{y}_k \in F(\boldsymbol{x}_k), k \in \mathbb{N}$ となる．F は $\overline{\boldsymbol{x}}$ において上半連続であるので，$\overline{\boldsymbol{y}} \in \limsup_{k\to\infty} F(\boldsymbol{x}_k) \subset \limsup_{\boldsymbol{x}\to\overline{\boldsymbol{x}}} F(\boldsymbol{x}) \subset F(\overline{\boldsymbol{x}})$ となり，$(\overline{\boldsymbol{x}}, \overline{\boldsymbol{y}}) \in \mathrm{Graph}(F)$ となる．よって，$\mathrm{Graph}(F) \in \mathcal{C}(\mathbb{R}^n \times \mathbb{R}^m)$ となる．

十分性：$\overline{\boldsymbol{x}} \in \mathbb{R}^n$ を任意に固定し，$\overline{\boldsymbol{y}} \in \limsup_{\boldsymbol{x}\to\overline{\boldsymbol{x}}} F(\boldsymbol{x}) = \bigcup_{\boldsymbol{x}_k\to\overline{\boldsymbol{x}}} \limsup_{k\to\infty} F(\boldsymbol{x}_k)$ とする．このとき，$\boldsymbol{x}_k^0 \to \overline{\boldsymbol{x}}$ となるある $\{\boldsymbol{x}_k^0\}_{k\in\mathbb{N}} \subset \mathbb{R}^n$ が存在して $\overline{\boldsymbol{y}} \in \limsup_{k\to\infty} F(\boldsymbol{x}_k^0)$ となるので，ある $N \in \mathcal{N}_\infty^\sharp$ およびある $\boldsymbol{y}_k^0 \in F(\boldsymbol{x}_k^0), k \in N$ が存在して $\boldsymbol{y}_k^0 \underset{N}{\to} \overline{\boldsymbol{y}}$ となる．$(\boldsymbol{x}_k^0, \boldsymbol{y}_k^0) \in \mathrm{Graph}(F) \in \mathcal{C}(\mathbb{R}^n \times \mathbb{R}^m), k \in N$ であるので，$(\boldsymbol{x}_k^0, \boldsymbol{y}_k^0) \underset{N}{\to} (\overline{\boldsymbol{x}}, \overline{\boldsymbol{y}}) \in \mathrm{Graph}(F)$ となり，$\overline{\boldsymbol{y}} \in F(\overline{\boldsymbol{x}})$ となる．よって，$\limsup_{\boldsymbol{x}\to\overline{\boldsymbol{x}}} F(\boldsymbol{x}) \subset F(\overline{\boldsymbol{x}})$ となるので，F は $\overline{\boldsymbol{x}}$ において上半連続になる．$\overline{\boldsymbol{x}} \in \mathbb{R}^n$ の任意性より，F は $\mathbb{R}^n$ 上で上半連続になる． $\square$

次の定理は，集合値写像の上極限写像の上半連続性に関する性質を与える．

定理 6.29 $F : \mathbb{R}^n \rightsquigarrow \mathbb{R}^m$ とし，F の上極限写像 $G : \mathbb{R}^n \rightsquigarrow \mathbb{R}^m$ を各 $\boldsymbol{x} \in \mathbb{R}^n$ に対して

$$G(\boldsymbol{x}) = \limsup_{\boldsymbol{x}'\to\boldsymbol{x}} F(\boldsymbol{x}') \tag{6.25}$$

と定義する．このとき，G は $\mathbb{R}^n$ 上で上半連続になり，次が成り立つ．

$$\mathrm{Graph}(G) = \mathrm{cl}(\mathrm{Graph}(F)) \tag{6.26}$$

証明 (6.26) を示せば十分である．(6.26) が示されれば，定理 6.28 より G は $\mathbb{R}^n$ 上で上半連続になる．まず，$(\overline{\boldsymbol{x}}, \overline{\boldsymbol{y}}) \in \mathrm{Graph}(G)$ とする．$\overline{\boldsymbol{y}} \in G(\overline{\boldsymbol{x}}) = \limsup_{\boldsymbol{x}'\to\overline{\boldsymbol{x}}} F(\boldsymbol{x}') = \bigcup_{\boldsymbol{x}_k\to\overline{\boldsymbol{x}}} \limsup_{k\to\infty} F(\boldsymbol{x}_k)$ であるので，$\boldsymbol{x}_k^0 \to \overline{\boldsymbol{x}}$ となるある $\{\boldsymbol{x}_k^0\}_{k\in\mathbb{N}} \subset \mathbb{R}^n$ が存在して $\overline{\boldsymbol{y}} \in \limsup_k F(\boldsymbol{x}_k^0)$ となる．$\overline{\boldsymbol{y}} \in \limsup_k F(\boldsymbol{x}_k^0)$ であるので，ある $N \in \mathcal{N}_\infty^\sharp$ およびある $\boldsymbol{y}_k^0 \in F(\boldsymbol{x}_k^0), k \in N$ が存在して $\boldsymbol{y}_k^0 \underset{N}{\to} \overline{\boldsymbol{y}}$ となる．このとき，$(\boldsymbol{x}_k^0, \boldsymbol{y}_k^0) \underset{N}{\to} (\overline{\boldsymbol{x}}, \overline{\boldsymbol{y}})$ であり，$(\boldsymbol{x}_k^0, \boldsymbol{y}_k^0) \in \mathrm{Graph}(F), k \in N$ であるので，$(\overline{\boldsymbol{x}}, \overline{\boldsymbol{y}}) \in \mathrm{cl}(\mathrm{Graph}(F))$ となる．よって，$\mathrm{Graph}(G) \subset \mathrm{cl}(\mathrm{Graph}(F))$ となる．

次に，$(\overline{\boldsymbol{x}}, \overline{\boldsymbol{y}}) \in \mathrm{cl}(\mathrm{Graph}(F))$ とする．このとき，ある $\{(\boldsymbol{x}_k^0, \boldsymbol{y}_k^0)\}_{k \in \mathbb{N}} \subset \mathrm{Graph}(F)$ が存在して $(\boldsymbol{x}_k^0, \boldsymbol{y}_k^0) \to (\overline{\boldsymbol{x}}, \overline{\boldsymbol{y}})$ となるので，$\boldsymbol{x}_k^0 \to \overline{\boldsymbol{x}}$, $\boldsymbol{y}_k^0 \to \overline{\boldsymbol{y}}$ となり，$\boldsymbol{y}_k^0 \in F(\boldsymbol{x}_k^0)$, $k \in \mathbb{N}$ となる．$\overline{\boldsymbol{y}} \in \limsup_k F(\boldsymbol{x}_k^0) \subset \bigcup_{\boldsymbol{x}_k \to \overline{\boldsymbol{x}}} \limsup_k F(\boldsymbol{x}_k) = \limsup_{\boldsymbol{x}' \to \overline{\boldsymbol{x}}} F(\boldsymbol{x}') = G(\overline{\boldsymbol{x}})$ となるので，$(\overline{\boldsymbol{x}}, \overline{\boldsymbol{y}}) \in \mathrm{Graph}(G)$ となる．よって，$\mathrm{Graph}(G) \supset \mathrm{cl}(\mathrm{Graph}(F))$ となる． $\square$

次の定理は，集合値写像の凸包写像の下半連続性に関する性質を与える．

定理 6.30 $X \subset \mathbb{R}^n$ とし，$F : X \rightsquigarrow \mathbb{R}^m$ とする．また，$\overline{\boldsymbol{x}} \in X$ とする．F の凸包写像 $G : X \rightsquigarrow \mathbb{R}^m$ を各 $\boldsymbol{x} \in X$ に対して

$$G(\boldsymbol{x}) = \mathrm{co}(F(\boldsymbol{x})) \tag{6.27}$$

と定義する．このとき，F が $\overline{\boldsymbol{x}}$ において下半連続ならば，G も $\overline{\boldsymbol{x}}$ において下半連続になる．

証明 $\overline{\boldsymbol{y}} \in G(\overline{\boldsymbol{x}}) = \mathrm{co}(F(\overline{\boldsymbol{x}}))$ とし，$\boldsymbol{x}_k^0 \to \overline{\boldsymbol{x}}$ となる $\{\boldsymbol{x}_k^0\}_{k \in \mathbb{N}} \subset X$ を任意に固定する．$\overline{\boldsymbol{y}} \in \mathrm{co}(F(\overline{\boldsymbol{x}}))$ であるので，定理 5.5 より，ある $p \in \mathbb{N}$, ある $\boldsymbol{y}_j \in F(\overline{\boldsymbol{x}})$, $j = 1, 2, \cdots, p$ および $\sum_{j=1}^p \lambda_j = 1$ となるある $\lambda_j \geq 0$, $j = 1, 2, \cdots, p$ が存在して $\overline{\boldsymbol{y}} = \sum_{j=1}^p \lambda_j \boldsymbol{y}_j$ となる．F は $\overline{\boldsymbol{x}}$ において下半連続であるので，各 $j \in \{1, 2, \cdots, p\}$ に対して $\boldsymbol{y}_j \in F(\overline{\boldsymbol{x}}) \subset \liminf_{\boldsymbol{x} \to \overline{\boldsymbol{x}}} F(\boldsymbol{x}) = \bigcap_{\boldsymbol{x}_k \to \overline{\boldsymbol{x}}} \liminf_k F(\boldsymbol{x}_k) \subset \liminf_k F(\boldsymbol{x}_k^0)$ となり，ある $N_j \in \mathcal{N}_\infty$ およびある $\boldsymbol{y}_{jk} \in F(\boldsymbol{x}_k^0)$, $k \in N_j$ が存在して $\boldsymbol{y}_{jk} \underset{N_j}{\to} \boldsymbol{y}_j$ となる．ここで，$N = \bigcap_{j=1}^p N_j \in \mathcal{N}_\infty$ とする．定理 5.5 より，各 $k \in N$ に対して $\sum_{j=1}^p \lambda_j \boldsymbol{y}_{jk} \in \mathrm{co}(F(\boldsymbol{x}_k^0)) = G(\boldsymbol{x}_k^0)$ となり，$\sum_{j=1}^p \lambda_j \boldsymbol{y}_{jk} \underset{N}{\to} \sum_{j=1}^p \lambda_j \boldsymbol{y}_j = \overline{\boldsymbol{y}}$ となる．よって，$\overline{\boldsymbol{y}} \in \liminf_k G(\boldsymbol{x}_k^0)$ となる．したがって，$\boldsymbol{x}_k^0 \to \overline{\boldsymbol{x}}$ となる $\{\boldsymbol{x}_k^0\}_{k \in \mathbb{N}} \subset X$ の任意性より，$\overline{\boldsymbol{y}} \in \bigcap_{\boldsymbol{x}_k \to \overline{\boldsymbol{x}}} \liminf_k G(\boldsymbol{x}_k) = \liminf_{\boldsymbol{x} \to \overline{\boldsymbol{x}}} G(\boldsymbol{x})$ となる．以上より，$G(\overline{\boldsymbol{x}}) \subset \liminf_{\boldsymbol{x} \to \overline{\boldsymbol{x}}} G(\boldsymbol{x})$ となるので，G は $\overline{\boldsymbol{x}}$ において下半連続になる． $\square$

次の定理は，集合値写像が連続になるための必要十分条件を与える．

定理 6.31 $X \subset \mathbb{R}^n$ とし，$F : X \rightsquigarrow \mathbb{R}^m$ とする．また，$\overline{\boldsymbol{x}} \in X$ とする．$\lim_{\boldsymbol{x} \to \overline{\boldsymbol{x}}} F(\boldsymbol{x}) = F(\overline{\boldsymbol{x}})$ となるための必要十分条件は，$\boldsymbol{x}_k \to \overline{\boldsymbol{x}}$ である任意の点列 $\{\boldsymbol{x}_k\}_{k \in \mathbb{N}} \subset X$ に対して $\lim_k F(\boldsymbol{x}_k) = F(\overline{\boldsymbol{x}})$ となることである．

証明 必要性：$\boldsymbol{x}_k^0 \to \overline{\boldsymbol{x}}$ となる点列 $\{\boldsymbol{x}_k^0\}_{k \in \mathbb{N}} \subset X$ を任意に固定する．このとき

$$F(\overline{\boldsymbol{x}}) = \liminf_{\boldsymbol{x} \to \overline{\boldsymbol{x}}} F(\boldsymbol{x}) = \bigcap_{\boldsymbol{x}_k \to \overline{\boldsymbol{x}}} \liminf_{k \to \infty} F(\boldsymbol{x}_k) \subset \liminf_{k \to \infty} F(\boldsymbol{x}_k^0)$$

$$\subset \limsup_{k \to \infty} F(\boldsymbol{x}_k^0) \subset \bigcup_{\boldsymbol{x}_k \to \overline{\boldsymbol{x}}} \limsup_{k \to \infty} F(\boldsymbol{x}_k) = \limsup_{\boldsymbol{x} \to \overline{\boldsymbol{x}}} F(\boldsymbol{x}) = F(\overline{\boldsymbol{x}})$$

となるので, $F(\overline{\boldsymbol{x}}) = \limsup_k F(\boldsymbol{x}_k^0) = \liminf_k F(\boldsymbol{x}_k^0) = \lim_k F(\boldsymbol{x}_k^0)$ となる.

十分性: このとき

$$\liminf_{\boldsymbol{x}\to\overline{\boldsymbol{x}}} F(\boldsymbol{x}) = \bigcap_{\boldsymbol{x}_k\to\overline{\boldsymbol{x}}} \liminf_{k\to\infty} F(\boldsymbol{x}_k) = \bigcap_{\boldsymbol{x}_k\to\overline{\boldsymbol{x}}} F(\overline{\boldsymbol{x}}) = F(\overline{\boldsymbol{x}})$$
$$= \bigcup_{\boldsymbol{x}_k\to\overline{\boldsymbol{x}}} F(\overline{\boldsymbol{x}}) = \bigcup_{\boldsymbol{x}_k\to\overline{\boldsymbol{x}}} \limsup_{k\to\infty} F(\boldsymbol{x}_k) = \limsup_{\boldsymbol{x}\to\overline{\boldsymbol{x}}} F(\boldsymbol{x})$$

となるので, $F(\overline{\boldsymbol{x}}) = \limsup_{\boldsymbol{x}\to\overline{\boldsymbol{x}}} F(\boldsymbol{x}) = \liminf_{\boldsymbol{x}\to\overline{\boldsymbol{x}}} F(\boldsymbol{x}) = \lim_{\boldsymbol{x}\to\overline{\boldsymbol{x}}} F(\boldsymbol{x})$ となる.

$\square$

次の定理は, 集合値写像の和およびスカラー倍の極限に関する性質を与える.

定理 6.32 $X \subset \mathbb{R}^n$ とし, $F, G : X \rightsquigarrow \mathbb{R}^m$ とする. また, $\overline{\boldsymbol{x}} \in \mathrm{cl}(X)$ とし, $\lambda \in \mathbb{R}$ とする.

(i) $\displaystyle\bigcup_{\boldsymbol{x}\in X} F(\boldsymbol{x})$ が有界ならば, 次が成り立つ.

$$\limsup_{\boldsymbol{x}\to\overline{\boldsymbol{x}}} (F(\boldsymbol{x}) + G(\boldsymbol{x})) \subset \limsup_{\boldsymbol{x}\to\overline{\boldsymbol{x}}} F(\boldsymbol{x}) + \limsup_{\boldsymbol{x}\to\overline{\boldsymbol{x}}} G(\boldsymbol{x})$$

(ii) $\displaystyle\liminf_{\boldsymbol{x}\to\overline{\boldsymbol{x}}} (F(\boldsymbol{x}) + G(\boldsymbol{x})) \supset \liminf_{\boldsymbol{x}\to\overline{\boldsymbol{x}}} F(\boldsymbol{x}) + \liminf_{\boldsymbol{x}\to\overline{\boldsymbol{x}}} G(\boldsymbol{x})$

(iii) $\displaystyle\bigcup_{\boldsymbol{x}\in X} F(\boldsymbol{x})$ が有界であり, $\boldsymbol{x}\to\overline{\boldsymbol{x}}$ のときの F, G の極限が存在するならば, 次が成り立つ.

$$\lim_{\boldsymbol{x}\to\overline{\boldsymbol{x}}} (F(\boldsymbol{x}) + G(\boldsymbol{x})) = \lim_{\boldsymbol{x}\to\overline{\boldsymbol{x}}} F(\boldsymbol{x}) + \lim_{\boldsymbol{x}\to\overline{\boldsymbol{x}}} G(\boldsymbol{x})$$

(iv) $\lambda = 0$, $\displaystyle\limsup_{\boldsymbol{x}\to\overline{\boldsymbol{x}}} F(\boldsymbol{x}) \neq \emptyset$ であるか, または $\lambda \neq 0$ ならば, 次が成り立つ.

$$\limsup_{\boldsymbol{x}\to\overline{\boldsymbol{x}}} \lambda F(\boldsymbol{x}) = \lambda \limsup_{\boldsymbol{x}\to\overline{\boldsymbol{x}}} F(\boldsymbol{x})$$

(v) $\lambda = 0$, $\displaystyle\liminf_{\boldsymbol{x}\to\overline{\boldsymbol{x}}} F(\boldsymbol{x}) \neq \emptyset$ であるか, または $\lambda \neq 0$ ならば, 次が成り立つ.

$$\liminf_{\boldsymbol{x}\to\overline{\boldsymbol{x}}} \lambda F(\boldsymbol{x}) = \lambda \liminf_{\boldsymbol{x}\to\overline{\boldsymbol{x}}} F(\boldsymbol{x})$$

(vi) $\boldsymbol{x}\to\overline{\boldsymbol{x}}$ のときの F の極限が存在するとき, $\lambda = 0$, $\displaystyle\lim_{\boldsymbol{x}\to\overline{\boldsymbol{x}}} F(\boldsymbol{x}) \neq \emptyset$ であるか, または $\lambda \neq 0$ ならば, 次が成り立つ.

$$\lim_{\boldsymbol{x}\to\overline{\boldsymbol{x}}} \lambda F(\boldsymbol{x}) = \lambda \lim_{\boldsymbol{x}\to\overline{\boldsymbol{x}}} F(\boldsymbol{x})$$

証明

(i) 定理 6.23 (i) より

$$
\begin{aligned}
\limsup_{\boldsymbol{x}\to\overline{\boldsymbol{x}}}\left(F(\boldsymbol{x})+G(\boldsymbol{x})\right) &= \bigcup_{\boldsymbol{x}_k\to\overline{\boldsymbol{x}}}\limsup_{k\to\infty}\left(F(\boldsymbol{x}_k)+G(\boldsymbol{x}_k)\right)\\
&\subset \bigcup_{\boldsymbol{x}_k\to\overline{\boldsymbol{x}}}\left(\limsup_{k\to\infty}F(\boldsymbol{x}_k)+\limsup_{k\to\infty}G(\boldsymbol{x}_k)\right)\\
&\subset \bigcup_{\boldsymbol{x}_k\to\overline{\boldsymbol{x}}}\limsup_{k\to\infty}F(\boldsymbol{x}_k)+\bigcup_{\boldsymbol{x}_k\to\overline{\boldsymbol{x}}}\limsup_{k\to\infty}G(\boldsymbol{x}_k)\\
&= \limsup_{\boldsymbol{x}\to\overline{\boldsymbol{x}}}F(\boldsymbol{x})+\limsup_{\boldsymbol{x}\to\overline{\boldsymbol{x}}}G(\boldsymbol{x})
\end{aligned}
$$

となる.

(ii) 定理 6.23 (ii) より

$$
\begin{aligned}
\liminf_{\boldsymbol{x}\to\overline{\boldsymbol{x}}}\left(F(\boldsymbol{x})+G(\boldsymbol{x})\right) &= \bigcap_{\boldsymbol{x}_k\to\overline{\boldsymbol{x}}}\liminf_{k\to\infty}\left(F(\boldsymbol{x}_k)+G(\boldsymbol{x}_k)\right)\\
&\supset \bigcap_{\boldsymbol{x}_k\to\overline{\boldsymbol{x}}}\left(\liminf_{k\to\infty}F(\boldsymbol{x}_k)+\liminf_{k\to\infty}G(\boldsymbol{x}_k)\right)\\
&\supset \bigcap_{\boldsymbol{x}_k\to\overline{\boldsymbol{x}}}\liminf_{k\to\infty}F(\boldsymbol{x}_k)+\bigcap_{\boldsymbol{x}_k\to\overline{\boldsymbol{x}}}\liminf_{k\to\infty}G(\boldsymbol{x}_k)\\
&= \liminf_{\boldsymbol{x}\to\overline{\boldsymbol{x}}}F(\boldsymbol{x})+\liminf_{\boldsymbol{x}\to\overline{\boldsymbol{x}}}G(\boldsymbol{x})
\end{aligned}
$$

となる.

(iii) (i), (ii) および (6.16) より

$$
\begin{aligned}
\lim_{\boldsymbol{x}\to\overline{\boldsymbol{x}}}F(\boldsymbol{x})+\lim_{\boldsymbol{x}\to\overline{\boldsymbol{x}}}G(\boldsymbol{x}) &\subset \liminf_{\boldsymbol{x}\to\overline{\boldsymbol{x}}}\left(F(\boldsymbol{x})+G(\boldsymbol{x})\right)\\
&\subset \limsup_{\boldsymbol{x}\to\overline{\boldsymbol{x}}}\left(F(\boldsymbol{x})+G(\boldsymbol{x})\right) \subset \lim_{\boldsymbol{x}\to\overline{\boldsymbol{x}}}F(\boldsymbol{x})+\lim_{\boldsymbol{x}\to\overline{\boldsymbol{x}}}G(\boldsymbol{x})
\end{aligned}
$$

となる. よって

$$
\begin{aligned}
\lim_{\boldsymbol{x}\to\overline{\boldsymbol{x}}}\left(F(\boldsymbol{x})+G(\boldsymbol{x})\right) &= \limsup_{\boldsymbol{x}\to\overline{\boldsymbol{x}}}\left(F(\boldsymbol{x})+G(\boldsymbol{x})\right)\\
&= \liminf_{\boldsymbol{x}\to\overline{\boldsymbol{x}}}\left(F(\boldsymbol{x})+G(\boldsymbol{x})\right) = \lim_{\boldsymbol{x}\to\overline{\boldsymbol{x}}}F(\boldsymbol{x})+\lim_{\boldsymbol{x}\to\overline{\boldsymbol{x}}}G(\boldsymbol{x})
\end{aligned}
$$

となる.

(iv) $\lambda=0$, $\limsup_{\boldsymbol{x}\to\overline{\boldsymbol{x}}}F(\boldsymbol{x})\neq\emptyset$ であるとする. $\limsup_{\boldsymbol{x}\to\overline{\boldsymbol{x}}}F(\boldsymbol{x})=\bigcup_{\boldsymbol{x}_k\to\overline{\boldsymbol{x}}}\limsup_k F(\boldsymbol{x}_k)$ $\neq\emptyset$ であるので, $\boldsymbol{x}_k^0\to\overline{\boldsymbol{x}}$ となるある $\{\boldsymbol{x}_k^0\}_{k\in\mathbb{N}}\subset X$ が存在して $\limsup_k F(\boldsymbol{x}_k^0)\neq\emptyset$ と

なり，$\limsup_k \lambda F(\boldsymbol{x}_k^0) = \{\mathbf{0}\}$ となる．$\boldsymbol{x}_k \to \overline{\boldsymbol{x}}$ となる任意の $\{\boldsymbol{x}_k\}_{k\in\mathbb{N}} \subset X$ に対して，$\limsup_k \lambda F(\boldsymbol{x}_k) = \{\mathbf{0}\}$ または $\limsup_k \lambda F(\boldsymbol{x}_k) = \emptyset$ となるので

$$\limsup_{\boldsymbol{x}\to\overline{\boldsymbol{x}}} \lambda F(\boldsymbol{x}) = \bigcup_{\boldsymbol{x}_k\to\overline{\boldsymbol{x}}} \limsup_{k\to\infty} \lambda F(\boldsymbol{x}_k) = \{\mathbf{0}\} = \lambda \limsup_{\boldsymbol{x}\to\overline{\boldsymbol{x}}} F(\boldsymbol{x})$$

となる．

$\lambda \neq 0$ とする．このとき，$\boldsymbol{x}_k \to \overline{\boldsymbol{x}}$ となる任意の $\{\boldsymbol{x}_k\}_{k\in\mathbb{N}} \subset X$ に対して，定理 6.23 (iv) より

$$\limsup_{k\to\infty} \lambda F(\boldsymbol{x}_k) = \lambda \limsup_{k\to\infty} F(\boldsymbol{x}_k)$$

となる．したがって

$$\limsup_{\boldsymbol{x}\to\overline{\boldsymbol{x}}} \lambda F(\boldsymbol{x}) = \bigcup_{\boldsymbol{x}_k\to\overline{\boldsymbol{x}}} \limsup_{k\to\infty} \lambda F(\boldsymbol{x}_k) = \bigcup_{\boldsymbol{x}_k\to\overline{\boldsymbol{x}}} \lambda \limsup_{k\to\infty} F(\boldsymbol{x}_k)$$

$$= \lambda \left(\bigcup_{\boldsymbol{x}_k\to\overline{\boldsymbol{x}}} \limsup_{k\to\infty} F(\boldsymbol{x}_k) \right) = \lambda \limsup_{\boldsymbol{x}\to\overline{\boldsymbol{x}}} F(\boldsymbol{x})$$

となる．

(v) $\liminf_{\boldsymbol{x}\to\overline{\boldsymbol{x}}} F(\boldsymbol{x}) = \bigcap_{\boldsymbol{x}_k\to\overline{\boldsymbol{x}}} \liminf_k F(\boldsymbol{x}_k) \neq \emptyset$ ならば，$\boldsymbol{x}_k \to \overline{\boldsymbol{x}}$ である任意の $\{\boldsymbol{x}_k\}_{k\in\mathbb{N}} \subset X$ に対して，$\liminf_k F(\boldsymbol{x}_k) \neq \emptyset$ となる．よって，$\boldsymbol{x}_k \to \overline{\boldsymbol{x}}$ である任意の $\{\boldsymbol{x}_k\}_{k\in\mathbb{N}} \subset X$ に対して，定理 6.23 (v) より

$$\liminf_{k\to\infty} \lambda F(\boldsymbol{x}_k) = \lambda \liminf_{k\to\infty} F(\boldsymbol{x}_k)$$

となる．したがって

$$\liminf_{\boldsymbol{x}\to\overline{\boldsymbol{x}}} \lambda F(\boldsymbol{x}) = \bigcap_{\boldsymbol{x}_k\to\overline{\boldsymbol{x}}} \liminf_{k\to\infty} \lambda F(\boldsymbol{x}_k) = \bigcap_{\boldsymbol{x}_k\to\overline{\boldsymbol{x}}} \lambda \liminf_{k\to\infty} F(\boldsymbol{x}_k)$$

$$= \lambda \left(\bigcap_{\boldsymbol{x}_k\to\overline{\boldsymbol{x}}} \liminf_{k\to\infty} F(\boldsymbol{x}_k) \right) = \lambda \liminf_{\boldsymbol{x}\to\overline{\boldsymbol{x}}} F(\boldsymbol{x})$$

となる．

(vi) (iv) および (v) より，$\lim_{\boldsymbol{x}\to\overline{\boldsymbol{x}}} \lambda F(\boldsymbol{x}) = \limsup_{\boldsymbol{x}\to\overline{\boldsymbol{x}}} \lambda F(\boldsymbol{x}) = \liminf_{\boldsymbol{x}\to\overline{\boldsymbol{x}}} \lambda F(\boldsymbol{x}) = \lambda \lim_{\boldsymbol{x}\to\overline{\boldsymbol{x}}} F(\boldsymbol{x})$ となる． $\square$

次の定理は，集合値写像の順序および極限に関する性質を与える．

定理 6.33 $X \subset \mathbb{R}^n$ とし，$F, G : X \rightsquigarrow \mathbb{R}^m$ とする．また，$\overline{\boldsymbol{x}} \in \mathrm{cl}(X)$ とし，$\bigcup_{\boldsymbol{x}\in X} F(\boldsymbol{x})$，$\bigcup_{\boldsymbol{x}\in X} G(\boldsymbol{x})$ は有界であるとする．このとき，次が成り立つ．

$$F(\boldsymbol{x}) \leq G(\boldsymbol{x}), \boldsymbol{x} \in X \Rightarrow \limsup_{\boldsymbol{x}\to\overline{\boldsymbol{x}}} F(\boldsymbol{x}) \leq \limsup_{\boldsymbol{x}\to\overline{\boldsymbol{x}}} G(\boldsymbol{x})$$

よって，$x \to \overline{x}$ のときの F, G の極限が存在するならば，次が成り立つ.

$$F(x) \le G(x), x \in X \Rightarrow \lim_{x \to \overline{x}} F(x) \le \lim_{x \to \overline{x}} G(x)$$

証明 各 $x \in X$ に対して，$F(x) \le G(x)$ であるので，$G(x) \subset F(x) + \mathbb{R}^m_+$, $F(x) \subset G(x) + \mathbb{R}^m_-$ となる. 定理 6.32 (i) より

$$\limsup_{x \to \overline{x}} G(x) \subset \limsup_{x \to \overline{x}} (F(x) + \mathbb{R}^m_+)$$
$$\subset \limsup_{x \to \overline{x}} F(x) + \limsup_{x \to \overline{x}} \mathbb{R}^m_+ = \limsup_{x \to \overline{x}} F(x) + \mathbb{R}^m_+$$

$$\limsup_{x \to \overline{x}} F(x) \subset \limsup_{x \to \overline{x}} (G(x) + \mathbb{R}^m_-)$$
$$\subset \limsup_{x \to \overline{x}} G(x) + \limsup_{x \to \overline{x}} \mathbb{R}^m_- = \limsup_{x \to \overline{x}} G(x) + \mathbb{R}^m_-$$

となる. よって，$\limsup_{x \to \overline{x}} F(x) \le \limsup_{x \to \overline{x}} G(x)$ となる. したがって，さらに $x \to \overline{x}$ のときの F, G の極限が存在するならば，$\lim_{x \to \overline{x}} F(x) \le \lim_{x \to \overline{x}} G(x)$ となる.

□

問題 6.5

1. 定理 6.25 を証明せよ.

2. 定理 6.26 を証明せよ.

3. 定理 6.27 を証明せよ.

6.6 集合値写像の右連続性と左連続性

本節では，前節で定義した集合値写像の特殊な場合として $]0,1]$ から $\mathbb{R}^n$ への単調減少集合値写像を考え，その性質を調べる．これは，後で閉ファジィ集合を特徴づけるために用いられる．

$F :]0,1] \rightsquigarrow \mathbb{R}^n$ とする．F は，$\alpha \le \beta$ である任意の $\alpha, \beta \in]0,1]$ に対して $F(\alpha) \supset F(\beta)$ となるとき，$]0,1]$ 上で単調減少であるという．

定義 6.8 $F :]0,1] \rightsquigarrow \mathbb{R}^n$ とし，$\overline{\alpha} \in]0,1]$ とする．

(i) $\alpha \to \overline{\alpha}+$ のときの F の**右上極限**を

$$\limsup_{\alpha \to \overline{\alpha}+} F(\alpha) = \bigcup_{\alpha_k \to \overline{\alpha}+} \limsup_{k \to \infty} F(\alpha_k) \tag{6.28}$$

と定義する．ここで，$\bigcup_{\alpha_k \to \overline{\alpha}+}$ は $\alpha_k \to \overline{\alpha}+$ である任意の $\{\alpha_k\}_{k \in \mathbb{N}} \subset [\overline{\alpha}, 1]$ に関する和集合を意味する．

$\alpha \to \overline{\alpha}-$ のときの F の**左上極限**を

$$\limsup_{\alpha \to \overline{\alpha}-} F(\alpha) = \bigcup_{\alpha_k \to \overline{\alpha}-} \limsup_{k \to \infty} F(\alpha_k) \tag{6.29}$$

と定義する．ここで，$\bigcup_{\alpha_k \to \overline{\alpha}-}$ は $\alpha_k \to \overline{\alpha}-$ である任意の $\{\alpha_k\}_{k \in \mathbb{N}} \subset]0, \overline{\alpha}]$ に関する和集合を意味する．

(ii) $\alpha \to \overline{\alpha}+$ のときの F の**右下極限**を

$$\liminf_{\alpha \to \overline{\alpha}+} F(\alpha) = \bigcap_{\alpha_k \to \overline{\alpha}+} \liminf_{k \to \infty} F(\alpha_k) \tag{6.30}$$

と定義する．ここで，$\bigcap_{\alpha_k \to \overline{\alpha}+}$ は $\alpha_k \to \overline{\alpha}+$ である任意の $\{\alpha_k\}_{k \in \mathbb{N}} \subset [\overline{\alpha}, 1]$ に関する共通集合を意味する．

$\alpha \to \overline{\alpha}-$ のときの F の**左下極限**を

$$\liminf_{\alpha \to \overline{\alpha}-} F(\alpha) = \bigcap_{\alpha_k \to \overline{\alpha}-} \liminf_{k \to \infty} F(\alpha_k) \tag{6.31}$$

と定義する．ここで，$\bigcap_{\alpha_k \to \overline{\alpha}-}$ は $\alpha_k \to \overline{\alpha}-$ である任意の $\{\alpha_k\}_{k \in \mathbb{N}} \subset]0, \overline{\alpha}]$ に関する共通集合を意味する．

(iii) $\limsup_{\alpha \to \overline{\alpha}+} F(\alpha) = \liminf_{\alpha \to \overline{\alpha}+} F(\alpha)$ のとき，$\alpha \to \overline{\alpha}+$ のときの F の**右極限**が存在するといい，その右極限を

$$\lim_{\alpha \to \overline{\alpha}+} F(\alpha) = \limsup_{\alpha \to \overline{\alpha}+} F(\alpha) = \liminf_{\alpha \to \overline{\alpha}+} F(\alpha) \tag{6.32}$$

と定義する. $A \subset \mathbb{R}^n$ に対して $\lim_{\alpha \to \overline{\alpha}+} F(\alpha) = A$ のとき, $\alpha \to \overline{\alpha}+$ のとき F は A に収束するといい, $\alpha \to \overline{\alpha}+$ のとき $F(\alpha) \to A$ とも表す.

$\limsup_{\alpha \to \overline{\alpha}-} F(\alpha) = \liminf_{\alpha \to \overline{\alpha}-} F(\alpha)$ のとき, $\alpha \to \overline{\alpha}-$ のときの F の**左極限**が存在するといい, その左極限を

$$\lim_{\alpha \to \overline{\alpha}-} F(\alpha) = \limsup_{\alpha \to \overline{\alpha}-} F(\alpha) = \liminf_{\alpha \to \overline{\alpha}-} F(\alpha) \tag{6.33}$$

と定義する. $A \subset \mathbb{R}^n$ に対して $\lim_{\alpha \to \overline{\alpha}-} F(\alpha) = A$ のとき, $\alpha \to \overline{\alpha}-$ のとき F は A に収束するといい, $\alpha \to \overline{\alpha}-$ のとき $F(\alpha) \to A$ とも表す.

例 6.10 $a, b, c, d \in \mathbb{R}$ とし, $a < b < c < d$ とする. また, $F, G :]0, 1] \rightsquigarrow \mathbb{R}$ を各 $\alpha \in]0, 1]$ に対して

$$F(x) = \begin{cases} [b, c] & \alpha \in \left]0, \frac{1}{2}\right] \\ [a, d] & \alpha \in \left]\frac{1}{2}, 1\right] \end{cases} , \quad G(x) = \begin{cases} [b, c] & \alpha \in \left]0, \frac{1}{2}\right[\\ [a, d] & \alpha \in \left[\frac{1}{2}, 1\right] \end{cases}$$

と定義する. このとき, $\limsup_{\alpha \to \frac{1}{2}+} F(\alpha) = \lim_{\alpha \to \frac{1}{2}+} G(\alpha) = \limsup_{\alpha \to \frac{1}{2}-} G(\alpha) = [a, d]$, $\lim_{\alpha \to \frac{1}{2}-} F(\alpha) = \liminf_{\alpha \to \frac{1}{2}+} F(\alpha) = \liminf_{\alpha \to \frac{1}{2}-} G(\alpha) = [b, c]$ となる. □

定義 6.9 $F :]0, 1] \rightsquigarrow \mathbb{R}^n$ とし, $\overline{\alpha} \in]0, 1]$ とする.

(i) F が $\overline{\alpha}$ において**右上半連続**であるとは

$$\limsup_{\alpha \to \overline{\alpha}+} F(\alpha) \subset F(\overline{\alpha}) \tag{6.34}$$

となるときをいう.

F が $\overline{\alpha}$ において**左上半連続**であるとは

$$\limsup_{\alpha \to \overline{\alpha}-} F(\alpha) \subset F(\overline{\alpha}) \tag{6.35}$$

となるときをいう.

F が任意の $\alpha \in]0, 1]$ において右 (左) 上半連続であるとき, F は $]0, 1]$ 上で右 (左) 上半連続であるという.

(ii) F が $\overline{\alpha}$ において**右下半連続**であるとは

$$\liminf_{\alpha \to \overline{\alpha}+} F(\alpha) \supset F(\overline{\alpha}) \tag{6.36}$$

となるときをいう.

F が $\overline{\alpha}$ において**左下半連続**であるとは

$$\liminf_{\alpha \to \overline{\alpha}-} F(\alpha) \supset F(\overline{\alpha}) \tag{6.37}$$

となるときをいう.

 F が任意の $\alpha \in {]}0,1]$ において右（左）下半連続であるとき，F は ${]}0,1]$ 上で右（左）下半連続であるという.

(iii) F が $\overline{\alpha}$ において**右連続**であるとは，F が $\overline{\alpha}$ において右上半連続かつ右下半連続，すなわち

$$\lim_{\alpha \to \overline{\alpha}+} F(\alpha) = F(\overline{\alpha}) \tag{6.38}$$

となるときをいう.

 F が $\overline{\alpha}$ において**左連続**であるとは，F が $\overline{\alpha}$ において左上半連続かつ左下半連続，すなわち

$$\lim_{\alpha \to \overline{\alpha}-} F(\alpha) = F(\overline{\alpha}) \tag{6.39}$$

となるときをいう.

 F が任意の $\alpha \in {]}0,1]$ において右（左）連続であるとき，F は ${]}0,1]$ 上で右（左）連続であるという.

例 6.11 例 6.10 において定義された集合値写像 F および G を考える.

$$\lim_{\alpha \to \frac{1}{2}-} F(\alpha) = [b,c] = F\left(\frac{1}{2}\right)$$

であるので，F は $\frac{1}{2}$ において左連続になる.

$$\liminf_{\alpha \to \frac{1}{2}+} F(\alpha) = [b,c] \supset [b,c] = F\left(\frac{1}{2}\right), \quad \limsup_{\alpha \to \frac{1}{2}+} F(\alpha) = [a,d] \not\subset [b,c] = F\left(\frac{1}{2}\right)$$

であるので，F は $\frac{1}{2}$ において右下半連続になるが右上半連続にならない.

$$\lim_{\alpha \to \frac{1}{2}+} G(\alpha) = [a,d] = G\left(\frac{1}{2}\right)$$

であるので，G は $\frac{1}{2}$ において右連続になる.

$$\limsup_{\alpha \to \frac{1}{2}-} G(\alpha) = [a,d] \subset [a,d] = G\left(\frac{1}{2}\right), \quad \liminf_{\alpha \to \frac{1}{2}-} G(\alpha) = [b,c] \not\supset [a,d] = G\left(\frac{1}{2}\right)$$

であるので，G は $\frac{1}{2}$ において左上半連続になるが左下半連続にならない. □

 次の定理は，集合値写像が連続, 右連続および左連続になるための必要十分条件を与える.

定理 6.34 $F : {]}0,1] \rightsquigarrow \mathbb{R}^n$ および $\overline{\alpha} \in {]}0,1]$ に対して，次が成り立つ.

(i) $\lim_{\alpha \to \overline{\alpha}} F(\alpha) = F(\overline{\alpha})$ となるための必要十分条件は, $\alpha_k \to \overline{\alpha}$ である任意の $\{\alpha_k\}_{k \in \mathbb{N}}$ $\subset\ ]0,1]$ に対して $\lim_k F(\alpha_k) = F(\overline{\alpha})$ となることである.

(ii) $\lim_{\alpha \to \overline{\alpha}+} F(\alpha) = F(\overline{\alpha})$ となるための必要十分条件は, $\alpha_k \to \overline{\alpha}+$ である任意の $\{\alpha_k\}_{k \in \mathbb{N}} \subset [\overline{\alpha},1]$ に対して $\lim_k F(\alpha_k) = F(\overline{\alpha})$ となることである.

(iii) $\lim_{\alpha \to \overline{\alpha}-} F(\alpha) = F(\overline{\alpha})$ となるための必要十分条件は, $\alpha_k \to \overline{\alpha}-$ である任意の $\{\alpha_k\}_{k \in \mathbb{N}} \subset\ ]0,\overline{\alpha}]$ に対して $\lim_k F(\alpha_k) = F(\overline{\alpha})$ となることである.

証明 定理 6.31 と同様に示せるが, 証明は問題として残しておく (問題 6.6.1). □

次の定理は, 集合値写像が連続になるための必要十分条件を与える.

定理 6.35 $F :\ ]0,1] \rightsquigarrow \mathbb{R}^n$ とし, $\overline{\alpha} \in\ ]0,1]$ とする. このとき, $\lim_{\alpha \to \overline{\alpha}} F(\alpha) = F(\overline{\alpha})$ となるための必要十分条件は, $\lim_{\alpha \to \overline{\alpha}+} F(\alpha) = \lim_{\alpha \to \overline{\alpha}-} F(\alpha) = F(\overline{\alpha})$ となることである.

証明 必要性：定理 6.34 (i) より, $\alpha_k \to \overline{\alpha}$ である任意の $\{\alpha_k\}_{k \in \mathbb{N}} \subset\ ]0,1]$ に対して, $\lim_k F(\alpha_k) = F(\overline{\alpha})$ となる. $\alpha_k \to \overline{\alpha}+$ である任意の $\{\alpha_k\}_{k \in \mathbb{N}} \subset [\overline{\alpha},1]$ に対して $\lim_k F(\alpha_k) = F(\overline{\alpha})$ となるので, 定理 6.34 (ii) より, $\lim_{\alpha \to \overline{\alpha}+} F(\alpha) = F(\overline{\alpha})$ となる. $\alpha_k \to \overline{\alpha}-$ である任意の $\{\alpha_k\}_{k \in \mathbb{N}} \subset\ ]0,\overline{\alpha}]$ に対して $\lim_k F(\alpha_k) = F(\overline{\alpha})$ となるので, 定理 6.34 (iii) より, $\lim_{\alpha \to \overline{\alpha}-} F(\alpha) = F(\overline{\alpha})$ となる.

十分性：$\alpha_k \to \overline{\alpha}$ となる $\{\alpha_k\}_{k \in \mathbb{N}} \subset\ ]0,1]$ を任意に固定し, $N_1 = \{k \in \mathbb{N} : \alpha_k \geq \overline{\alpha}\}$, $N_2 = \{k \in \mathbb{N} : \alpha_k < \overline{\alpha}\}$ とする. このとき, $N_1 \in \mathcal{N}_\infty^\sharp$ または $N_2 \in \mathcal{N}_\infty^\sharp$ となる.

まず, $\boldsymbol{x} \in \limsup_k F(\alpha_k)$ とする. このとき, ある $N \in \mathcal{N}_\infty^\sharp$ およびある $\boldsymbol{x}_k \in F(\alpha_k)$, $k \in N$ が存在して $\boldsymbol{x}_k \underset{N}{\to} \boldsymbol{x}$ となる. $N_1 \cup N_2 = \mathbb{N}$ であるので, $N \cap N_1 \in \mathcal{N}_\infty^\sharp$ または $N \cap N_2 \in \mathcal{N}_\infty^\sharp$ となる. $N \cap N_1 \in \mathcal{N}_\infty^\sharp$ ならば, $\boldsymbol{x}_k \in F(\alpha_k)$, $k \in N \cap N_1$ であり, $\boldsymbol{x}_k \underset{N \cap N_1}{\to} \boldsymbol{x}$, $\alpha_k \underset{N \cap N_1}{\to} \overline{\alpha}+$ であるので, 定理 6.34 (ii) より, $\boldsymbol{x} \in \lim_{k \in N \cap N_1} F(\alpha_k) = F(\overline{\alpha})$ となる. $N \cap N_2 \in \mathcal{N}_\infty^\sharp$ ならば, $\boldsymbol{x}_k \in F(\alpha_k)$, $k \in N \cap N_2$ であり, $\boldsymbol{x}_k \underset{N \cap N_2}{\to} \boldsymbol{x}$, $\alpha_k \underset{N \cap N_2}{\to} \overline{\alpha}-$ であるので, 定理 6.34 (iii) より, $\boldsymbol{x} \in \lim_{k \in N \cap N_2} F(\alpha_k) = F(\overline{\alpha})$ となる. よって, $\boldsymbol{x} \in F(\overline{\alpha})$ となるので, $\limsup_k F(\alpha_k) \subset F(\overline{\alpha})$ となる.

次に, $\boldsymbol{x}' \in F(\overline{\alpha})$ とする. $N_1 \in \mathcal{N}_\infty^\sharp$ ならば, $\alpha_k \underset{N_1}{\to} \overline{\alpha}+$ であるので, 定理 6.34 (ii) より, $\boldsymbol{x}' \in F(\overline{\alpha}) = \lim_{k \in N_1} F(\alpha_k) = \liminf_{k \in N_1} F(\alpha_k)$ となり, $N_1 \setminus N_1'$ が有限になるある $N_1' \subset N_1$ およびある $\boldsymbol{x}_k' \in F(\alpha_k)$, $k \in N_1'$ が存在して $\boldsymbol{x}_k' \underset{N_1'}{\to} \boldsymbol{x}'$ となる. $N_1 \notin \mathcal{N}_\infty^\sharp$ のときは, $N_1' = \emptyset$ とする. $N_2 \in \mathcal{N}_\infty^\sharp$ ならば, $\alpha_k \underset{N_2}{\to} \overline{\alpha}-$ であるので, 定理 6.34 (iii) より, $\boldsymbol{x}' \in F(\overline{\alpha}) = \lim_{k \in N_2} F(\alpha_k) = \liminf_{k \in N_2} F(\alpha_k)$ となり, $N_2 \setminus N_2'$ が有限になるある $N_2' \subset N_2$ およびある $\boldsymbol{x}_k' \in F(\alpha_k)$, $k \in N_2'$ が存在して $\boldsymbol{x}_k' \underset{N_2'}{\to} \boldsymbol{x}'$ となる. $N_2 \notin \mathcal{N}_\infty^\sharp$ のと

きは，$N_2' = \emptyset$ とする．このとき

$$N_1' \cup N_2' \in \mathcal{N}_\infty, \quad \boldsymbol{x}_k' \in F(\alpha_k), k \in N_1' \cup N_2', \quad \boldsymbol{x}_k' \underset{N_1' \cup N_2'}{\to} \boldsymbol{x}'$$

となるので，$\boldsymbol{x}' \in \liminf_k F(\alpha_k)$ となる．よって，$F(\overline{\alpha}) \subset \liminf_k F(\alpha_k)$ となる．以上より，$\limsup_k F(\alpha_k) \subset F(\overline{\alpha}) \subset \liminf_k F(\alpha_k) \subset \limsup_k F(\alpha_k)$ となるので，$\lim_k F(\alpha_k) = \limsup_k F(\alpha_k) = \liminf_k F(\alpha_k) = F(\overline{\alpha})$ となる．$\alpha_k \to \overline{\alpha}$ となる $\{\alpha_k\}$ の任意性および定理 6.34 (i) より，$\lim_{\alpha \to \overline{\alpha}} F(\alpha) = F(\overline{\alpha})$ となる． $\square$

次の定理は，単調減少集合値写像が右連続になるための必要十分条件を与える．

定理 6.36 $F :]0,1] \rightsquigarrow \mathbb{R}^n$ は単調減少であるとし，$\overline{\alpha} \in]0,1[$ とする．このとき，次は同値になる．

(i) $\displaystyle\lim_{\alpha \to \overline{\alpha}+} F(\alpha) = F(\overline{\alpha})$

(ii) $\mathrm{cl}\left(\displaystyle\bigcup_{\alpha \in]\overline{\alpha},1]} F(\alpha)\right) = F(\overline{\alpha})$

(iii) $\alpha_k \to \overline{\alpha}+$ である任意の $\{\alpha_k\}_{k \in \mathbb{N}} \subset [\overline{\alpha},1]$ に対して，$\displaystyle\lim_{k \to \infty} F(\alpha_k) = F(\overline{\alpha})$ となる．

(iv) $\alpha_k \to \overline{\alpha}+$ である任意の $\{\alpha_k\}_{k \in \mathbb{N}} \subset [\overline{\alpha},1]$ に対して，$\mathrm{cl}\left(\displaystyle\bigcup_{k \in \mathbb{N}} F(\alpha_k)\right) = F(\overline{\alpha})$ となる．

(v) $\alpha_k \searrow \overline{\alpha}$ である任意の $\{\alpha_k\}_{k \in \mathbb{N}} \subset [\overline{\alpha},1]$ に対して，$\displaystyle\lim_{k \to \infty} F(\alpha_k) = F(\overline{\alpha})$ となる．

(vi) $\alpha_k \searrow \overline{\alpha}$ である任意の $\{\alpha_k\}_{k \in \mathbb{N}} \subset [\overline{\alpha},1]$ に対して，$\mathrm{cl}\left(\displaystyle\bigcup_{k \in \mathbb{N}} F(\alpha_k)\right) = F(\overline{\alpha})$ となる．

証明 (i) $\Leftrightarrow$ (iii) $\Leftrightarrow$ (v) $\Leftrightarrow$ (vi) $\Leftrightarrow$ (iv) $\Leftrightarrow$ (ii) であることを示す．

(i) $\Leftrightarrow$ (iii)：定理 6.34 (ii) より導かれる．

(iii) $\Rightarrow$ (v)：明らかである．

(v) $\Rightarrow$ (iii)：$\{\alpha_k\}_{k \in \mathbb{N}} \subset [\overline{\alpha},1]$ とし，$\alpha_k \to \overline{\alpha}+$ であるとする．仮定より

$$\limsup_{k \to \infty} F(\alpha_k) \subset F(\overline{\alpha}) = \liminf_{k \to \infty} F\left(\sup_{\ell \geq k} \alpha_\ell\right) \subset \liminf_{k \to \infty} F(\alpha_k) \subset \limsup_{k \to \infty} F(\alpha_k)$$

となるので，$\lim_k F(\alpha_k) = \limsup_k F(\alpha_k) = \liminf_k F(\alpha_k) = F(\overline{\alpha})$ となる．

(v) $\Leftrightarrow$ (vi)：定理 6.18 (i) より導かれる．

(iv) $\Rightarrow$ (vi)：明らかである．

(vi) $\Rightarrow$ (iv)：$\{\alpha_k\}_{k\in\mathbb{N}} \subset [\overline{\alpha}, 1]$ とし，$\alpha_k \to \overline{\alpha}+$ であるとする．仮定より

$$F(\overline{\alpha}) = \mathrm{cl}(F(\overline{\alpha})) \supset \mathrm{cl}\left(\bigcup_{k\in\mathbb{N}} F(\alpha_k)\right) \supset \mathrm{cl}\left(\bigcup_{k\in\mathbb{N}} F\left(\sup_{\ell \geq k} \alpha_\ell\right)\right) = F(\overline{\alpha})$$

となる．よって，$\mathrm{cl}\left(\bigcup_{k\in\mathbb{N}} F(\alpha_k)\right) = F(\overline{\alpha})$ となる．

(ii) $\Rightarrow$ (iv)：$\{\alpha_k\}_{k\in\mathbb{N}} \subset [\overline{\alpha}, 1]$ とし，$\alpha_k \to \overline{\alpha}+$ であるとする．もし，ある $k_0 \in \mathbb{N}$ が存在して $\alpha_{k_0} = \overline{\alpha}$ ならば，$\mathrm{cl}\left(\bigcup_{k\in\mathbb{N}} F(\alpha_k)\right) = \mathrm{cl}(F(\overline{\alpha})) = F(\overline{\alpha})$ となる．よって，任意の $k \in \mathbb{N}$ に対して $\alpha_k \neq \overline{\alpha}$ であると仮定する．$\{\alpha_k\} \subset]\overline{\alpha}, 1]$ であるので，$F(\overline{\alpha}) = \mathrm{cl}\left(\bigcup_{\alpha\in]\overline{\alpha},1]} F(\alpha)\right) \supset \mathrm{cl}\left(\bigcup_{k\in\mathbb{N}} F(\alpha_k)\right)$ となる．あとは，$\bigcup_{\alpha\in]\overline{\alpha},1]} F(\alpha) \subset \bigcup_{k\in\mathbb{N}} F(\alpha_k)$ となることを示せば十分である．そのために，$\boldsymbol{x} \in \bigcup_{\alpha\in]\overline{\alpha},1]} F(\alpha)$ とする．このとき，ある $\beta \in]\overline{\alpha}, 1]$ が存在して $\boldsymbol{x} \in F(\beta)$ となる．また，$\{\alpha_k\} \subset]\overline{\alpha}, 1]$ であり $\alpha_k \to \overline{\alpha}+$ であるので，ある $k_1 \in \mathbb{N}$ が存在して $\alpha_{k_1} \in]\overline{\alpha}, \beta[$ となる．したがって，$\boldsymbol{x} \in F(\beta) \subset F(\alpha_{k_1}) \subset \bigcup_{k\in\mathbb{N}} F(\alpha_k)$ となる．

(iv) $\Rightarrow$ (ii)：$\alpha_k \to \overline{\alpha}+$ となる $\{\alpha_k\}_{k\in\mathbb{N}} \subset]\overline{\alpha}, 1]$ を任意に選ぶ．仮定より

$$F(\overline{\alpha}) = \mathrm{cl}(F(\overline{\alpha})) \supset \mathrm{cl}\left(\bigcup_{\alpha\in]\overline{\alpha},1]} F(\alpha)\right) \supset \mathrm{cl}\left(\bigcup_{k\in\mathbb{N}} F(\alpha_k)\right) = F(\overline{\alpha})$$

となる．よって，$\mathrm{cl}\left(\bigcup_{\alpha\in]\overline{\alpha},1]} F(\alpha)\right) = F(\overline{\alpha})$ となる． $\square$

次の定理は，単調減少集合値写像が左連続になるための必要十分条件を与える．

定理 6.37 $F :]0, 1] \rightsquigarrow \mathbb{R}^n$ は単調減少であるとし，$\overline{\alpha} \in]0, 1]$ とする．このとき，次は同値になる．

(i) $\displaystyle\lim_{\alpha\to\overline{\alpha}-} F(\alpha) = F(\overline{\alpha})$

(ii) $\displaystyle\bigcap_{\alpha\in]0,\overline{\alpha}[} \mathrm{cl}(F(\alpha)) = F(\overline{\alpha})$

(iii) $\alpha_k \to \overline{\alpha}-$ である任意の $\{\alpha_k\}_{k\in\mathbb{N}} \subset]0, \overline{\alpha}]$ に対して，$\displaystyle\lim_{k\to\infty} F(\alpha_k) = F(\overline{\alpha})$ となる．

(iv) $\alpha_k \to \overline{\alpha}-$ である任意の $\{\alpha_k\}_{k\in\mathbb{N}} \subset]0, \overline{\alpha}]$ に対して，$\displaystyle\bigcap_{k\in\mathbb{N}} \mathrm{cl}(F(\alpha_k)) = F(\overline{\alpha})$ となる．

(v) $\alpha_k \nearrow \overline{\alpha}$ である任意の $\{\alpha_k\}_{k\in\mathbb{N}} \subset]0, \overline{\alpha}]$ に対して，$\displaystyle\lim_{k\to\infty} F(\alpha_k) = F(\overline{\alpha})$ となる．

(vi) $\alpha_k \nearrow \overline{\alpha}$ である任意の $\{\alpha_k\}_{k\in\mathbb{N}} \subset]0, \overline{\alpha}]$ に対して，$\displaystyle\bigcap_{k\in\mathbb{N}} \mathrm{cl}(F(\alpha_k)) = F(\overline{\alpha})$ となる．

証明 (i) ⇔ (iii) ⇔ (v) ⇔ (vi) ⇔ (iv) ⇔ (ii) であることを示す.

(i) ⇔ (iii)：定理 6.34 (iii) より導かれる.

(iii) ⇒ (v)：明らかである.

(v) ⇒ (iii)：$\{\alpha_k\}_{k\in\mathbb{N}} \subset \,]0,\overline{\alpha}]$ とし，$\alpha_k \to \overline{\alpha}-$ であるとする．仮定より

$$\limsup_{k\to\infty} F(\alpha_k) \subset \limsup_{k\to\infty} F\left(\inf_{\ell\geq k}\alpha_\ell\right) = F(\overline{\alpha}) \subset \liminf_{k\to\infty} F(\alpha_k) \subset \limsup_{k\to\infty} F(\alpha_k)$$

となるので，$\lim_k F(\alpha_k) = \limsup_k F(\alpha_k) = \liminf_k F(\alpha_k) = F(\overline{\alpha})$ となる.

(v) ⇔ (vi)：定理 6.18 (ii) より導かれる.

(iv) ⇒ (vi)：明らかである.

(vi) ⇒ (iv)：$\{\alpha_k\}_{k\in\mathbb{N}} \subset \,]0,\overline{\alpha}]$ とし，$\alpha_k \to \overline{\alpha}-$ であるとする．仮定より

$$F(\overline{\alpha}) = \mathrm{cl}(F(\overline{\alpha})) \subset \bigcap_{k\in\mathbb{N}} \mathrm{cl}(F(\alpha_k)) \subset \bigcap_{k\in\mathbb{N}} \mathrm{cl}\left(F\left(\inf_{\ell\geq k}\alpha_\ell\right)\right) = F(\overline{\alpha})$$

となるので，$\bigcap_{k\in\mathbb{N}} \mathrm{cl}(F(\alpha_k)) = F(\overline{\alpha})$ となる.

(ii) ⇒ (iv)：$\{\alpha_k\}_{k\in\mathbb{N}} \subset \,]0,\overline{\alpha}]$ とし，$\alpha_k \to \overline{\alpha}-$ であるとする．もし，ある $k_0 \in \mathbb{N}$ が存在して $\alpha_{k_0} = \overline{\alpha}$ ならば，$F(\overline{\alpha}) = \mathrm{cl}(F(\overline{\alpha})) = \bigcap_{k\in\mathbb{N}} \mathrm{cl}(F(\alpha_k))$ となる．よって，任意の $k \in \mathbb{N}$ に対して $\alpha_k \neq \overline{\alpha}$ であると仮定する．$\{\alpha_k\} \subset \,]0,\overline{\alpha}[$ であるので，$F(\overline{\alpha}) = \bigcap_{\alpha\in]0,\overline{\alpha}[} \mathrm{cl}(F(\alpha)) \subset \bigcap_{k\in\mathbb{N}} \mathrm{cl}(F(\alpha_k))$ となる．あとは，$\bigcap_{\alpha\in]0,\overline{\alpha}[} \mathrm{cl}(F(\alpha)) \supset \bigcap_{k\in\mathbb{N}} \mathrm{cl}(F(\alpha_k))$ となることを示せば十分である．そのために，$\boldsymbol{x} \in \bigcap_{k\in\mathbb{N}} \mathrm{cl}(F(\alpha_k))$ とし，$\alpha \in \,]0,\overline{\alpha}[$ を任意に固定する．このとき，$\{\alpha_k\} \subset \,]0,\overline{\alpha}[$ であり $\alpha_k \to \overline{\alpha}-$ であるので，ある $k_1 \in \mathbb{N}$ が存在して $\alpha_{k_1} \in \,]\alpha,\overline{\alpha}[$ となる．よって，$\boldsymbol{x} \in \bigcap_{k\in\mathbb{N}} \mathrm{cl}(F(\alpha_k)) \subset \mathrm{cl}(F(\alpha_{k_1})) \subset \mathrm{cl}(F(\alpha))$ となる．したがって，$\alpha \in \,]0,\overline{\alpha}[$ の任意性より，$\boldsymbol{x} \in \bigcap_{\alpha\in]0,\overline{\alpha}[} \mathrm{cl}(F(\alpha))$ となる.

(iv) ⇒ (ii)：$\alpha_k \to \overline{\alpha}-$ となる $\{\alpha_k\}_{k\in\mathbb{N}} \subset \,]0,\overline{\alpha}[$ を任意に選ぶ．仮定より

$$F(\overline{\alpha}) = \mathrm{cl}(F(\overline{\alpha})) \subset \bigcap_{\alpha\in]0,\overline{\alpha}[} \mathrm{cl}(F(\alpha)) \subset \bigcap_{k\in\mathbb{N}} \mathrm{cl}(F(\alpha_k)) = F(\overline{\alpha})$$

となるので，$\bigcap_{\alpha\in]0,\overline{\alpha}[} \mathrm{cl}(F(\alpha)) = F(\overline{\alpha})$ となる. □

問題 6.6

1. 定理 6.34 を証明せよ．

2. $f : \mathbb{R} \to \mathbb{R}$ とする．$F : \,]0,1] \rightsquigarrow \mathbb{R}$ を各 $\alpha \in \,]0,1]$ に対して $F(\alpha) = \mathbb{U}(f; \alpha) \neq \emptyset$ とする．ここで，$\mathbb{U}(f; \alpha) = \{x \in \mathbb{R} : f(x) \geq \alpha\}$ は (4.6) において定義された f の上方 α-レベル集合である．また，$\bar{\alpha} = \frac{1}{2}$ とする．

(i) F が $\bar{\alpha}$ において左連続であるが右連続ではないような f の例を挙げよ．

(ii) F が $\bar{\alpha}$ において左連続ではなく右連続でもないような f の例を挙げよ．

6.7 集合値写像の導写像と集合値凸写像

集合値写像の導写像の定義を与える.

定義 6.10 $X \subset \mathbb{R}^n$ とし, $F : X \rightsquigarrow \mathbb{R}^m$ とする. また, $(\boldsymbol{x}_0, \boldsymbol{y}_0) \in \mathrm{Graph}(F)$ とする. このとき, 各 $\boldsymbol{u} \in \mathbb{R}^n$ に対して

$$\mathbb{D}F(\boldsymbol{x}_0, \boldsymbol{y}_0)(\boldsymbol{u}) = \{\boldsymbol{v} \in \mathbb{R}^m : (\boldsymbol{u}, \boldsymbol{v}) \in \mathbb{T}(\mathrm{Graph}(F); (\boldsymbol{x}_0, \boldsymbol{y}_0))\} \tag{6.40}$$

と定義される集合値写像 $\mathbb{D}F(\boldsymbol{x}_0, \boldsymbol{y}_0) : \mathbb{R}^n \rightsquigarrow \mathbb{R}^m$ を F の $(\boldsymbol{x}_0, \boldsymbol{y}_0)$ におけるコンティンジェント導写像 (contingent derivative) という.

定義 6.10 より, 次が成り立つ.

$$\mathrm{Graph}(\mathbb{D}F(\boldsymbol{x}_0, \boldsymbol{y}_0)) = \mathbb{T}(\mathrm{Graph}(F); (\boldsymbol{x}_0, \boldsymbol{y}_0)) \tag{6.41}$$

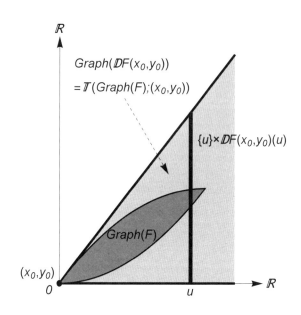

図 6.6 コンティンジェント導写像 ($F : \mathbb{R} \rightsquigarrow \mathbb{R}$)

例 6.12 $\alpha \in]0, 1]$ とする. $F : \mathbb{R} \rightsquigarrow \mathbb{R}$ を各 $x \in \mathbb{R}$ に対して

$$F(x) = \left[\min\{\alpha(x^3 - x), (2 - \alpha)(x^3 - x)\}, \max\{\alpha(x^3 - x), (2 - \alpha)(x^3 - x)\}\right]$$

と定義する（図 6.7 (a)）．このとき，$(0,0) \in \mathrm{Graph}(F)$ となり，$\mathrm{Graph}(F)$ は例 5.5 における A と一致する．よって，例 5.5 より，各 $u \in \mathbb{R}$ に対して

$$\mathbb{D}F(0,0)(u) = [\min\{-\alpha u, (\alpha-2)u\}, \max\{-\alpha u, (\alpha-2)u\}]$$

となる（図 6.7 (b)）．

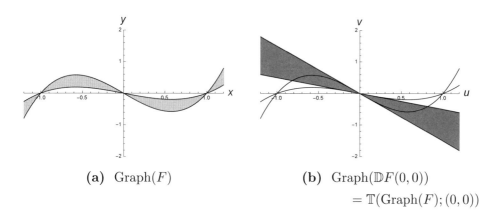

(a) $\mathrm{Graph}(F)$ 　　**(b)** $\mathrm{Graph}(\mathbb{D}F(0,0))$
$= \mathbb{T}(\mathrm{Graph}(F);(0,0))$

図 **6.7** コンティンジェント導写像（$\alpha = 0.5$）

□

次の定理は，集合値写像の導写像の性質を与える．

定理 6.38 $X \subset \mathbb{R}^n$ とし，$F: X \rightsquigarrow \mathbb{R}^m$ とする．また，$(\boldsymbol{x}_0, \boldsymbol{y}_0) \in \mathrm{Graph}(F)$ とする．このとき，次が成り立つ．

(i) $\mathbb{D}F(\boldsymbol{x}_0, \boldsymbol{y}_0) : \mathbb{R}^n \rightsquigarrow \mathbb{R}^m$ は閉値になる．

(ii) $\mathrm{Graph}(F) \in \mathcal{K}(\mathbb{R}^n \times \mathbb{R}^m)$ ならば，$\mathbb{D}F(\boldsymbol{x}_0, \boldsymbol{y}_0) : \mathbb{R}^n \rightsquigarrow \mathbb{R}^m$ は閉凸値になる．

証明 定理 5.23 および定義 6.10 より直ちにわかる． □

ここで，集合値凸写像の定義を与える．

定義 6.11 $X \in \mathcal{K}(\mathbb{R}^n)$ とし，$F: X \rightsquigarrow \mathbb{R}^m$ とする．

(i) 任意の $\boldsymbol{x}, \boldsymbol{y} \in X$ および任意の $\lambda \in\ ]0,1[$ に対して

$$F(\lambda \boldsymbol{x} + (1-\lambda)\boldsymbol{y}) \leq \lambda F(\boldsymbol{x}) + (1-\lambda)F(\boldsymbol{y}) \tag{6.42}$$

となるとき，F を X 上の**集合値凸写像** (set-valued convex mapping) とよぶ．

(ii) 任意の $\boldsymbol{x}, \boldsymbol{y} \in X$, $\boldsymbol{x} \neq \boldsymbol{y}$ および任意の $\lambda \in\,]0, 1[$ に対して

$$F(\lambda \boldsymbol{x} + (1-\lambda)\boldsymbol{y}) < \lambda F(\boldsymbol{x}) + (1-\lambda)F(\boldsymbol{y}) \tag{6.43}$$

となるとき，F を X 上の**集合値狭義凸写像** (set-valued strictly convex mapping) とよぶ．

$X \subset \mathbb{R}^n$ とする．このとき，X から $\mathbb{R}^m$ へのすべての集合値写像の集合を $\mathcal{M}(X \rightsquigarrow \mathbb{R}^m)$ とする．また，$X \in \mathcal{K}(\mathbb{R}^n)$ であるとき，X から $\mathbb{R}^m$ へのすべての集合値凸写像および集合値狭義凸写像の集合をそれぞれ $\mathcal{KM}(X \rightsquigarrow \mathbb{R}^m)$ および $\mathcal{SKM}(X \rightsquigarrow \mathbb{R}^m)$ とする．また，定義 6.11 において集合値（狭義）凸写像の定義を与えたが，(6.42) および (6.43) における不等号の向きを逆向きに置き換えることによって，同様に集合値（狭義）凹写像も定義できる．

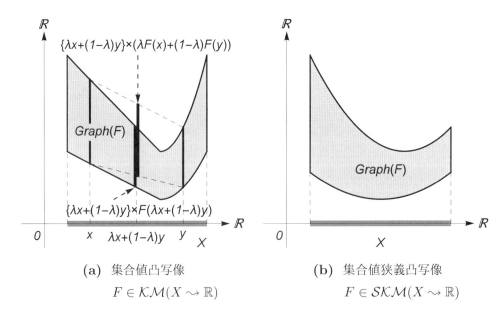

(a) 集合値凸写像　　　　(b) 集合値狭義凸写像
$F \in \mathcal{KM}(X \rightsquigarrow \mathbb{R})$ 　　　　$F \in \mathcal{SKM}(X \rightsquigarrow \mathbb{R})$

図 **6.8** 集合値凸写像と集合値狭義凸写像

例 6.13 $X \in \mathcal{K}(\mathbb{R}^n)$ とし，$f, g : X \to \mathbb{R}$ とする．また，任意の $\boldsymbol{x} \in X$ に対して $f(\boldsymbol{x}) \leq g(\boldsymbol{x})$ であるとし，$F \in \mathcal{M}(X \rightsquigarrow \mathbb{R})$ を各 $\boldsymbol{x} \in X$ に対して

$$F(\boldsymbol{x}) = [f(\boldsymbol{x}), g(\boldsymbol{x})]$$

とする．ここで，$\boldsymbol{x}, \boldsymbol{y} \in X$ および $\lambda \in\,]0, 1[$ を任意に固定する．このとき

$$F(\lambda \boldsymbol{x} + (1-\lambda)\boldsymbol{y}) = [f(\lambda \boldsymbol{x} + (1-\lambda)\boldsymbol{y}), g(\lambda \boldsymbol{x} + (1-\lambda)\boldsymbol{y})]$$

$$\lambda F(\boldsymbol{x}) + (1-\lambda)F(\boldsymbol{y}) = \lambda\,[f(\boldsymbol{x}), g(\boldsymbol{x})] + (1-\lambda)\,[f(\boldsymbol{y}), g(\boldsymbol{y})]$$
$$= [\lambda f(\boldsymbol{x}) + (1-\lambda)f(\boldsymbol{y}), \lambda g(\boldsymbol{x}) + (1-\lambda)g(\boldsymbol{y})]$$

となる. f, g が X 上の凸関数ならば, $f(\lambda\boldsymbol{x}+(1-\lambda)\boldsymbol{y}) \le \lambda f(\boldsymbol{x})+(1-\lambda)f(\boldsymbol{y})$, $g(\lambda\boldsymbol{x}+(1-\lambda)\boldsymbol{y}) \le \lambda g(\boldsymbol{x})+(1-\lambda)g(\boldsymbol{y})$ となるので, $F(\lambda\boldsymbol{x}+(1-\lambda)\boldsymbol{y}) \le \lambda F(\boldsymbol{x})+(1-\lambda)F(\boldsymbol{y})$ となり, $\boldsymbol{x}, \boldsymbol{y} \in X$ および $\lambda \in {]0,1[}$ の任意性より $F \in \mathcal{KM}(X \rightsquigarrow \mathbb{R})$ となる. f, g が X 上の狭義凸関数であり, $\boldsymbol{x} \ne \boldsymbol{y}$ ならば, $f(\lambda\boldsymbol{x}+(1-\lambda)\boldsymbol{y}) < \lambda f(\boldsymbol{x})+(1-\lambda)f(\boldsymbol{y})$, $g(\lambda\boldsymbol{x}+(1-\lambda)\boldsymbol{y}) < \lambda g(\boldsymbol{x})+(1-\lambda)g(\boldsymbol{y})$ となるので, $F(\lambda\boldsymbol{x}+(1-\lambda)\boldsymbol{y}) < \lambda F(\boldsymbol{x})+(1-\lambda)F(\boldsymbol{y})$ となり, $\boldsymbol{x}, \boldsymbol{y} \in X$, $\boldsymbol{x} \ne \boldsymbol{y}$ および $\lambda \in {]0,1[}$ の任意性より $F \in \mathcal{SKM}(X \rightsquigarrow \mathbb{R})$ となる. $\square$

$X \subset \mathbb{R}^n$ とし, $F, G \in \mathcal{M}(X \rightsquigarrow \mathbb{R}^m)$ とする. また, $\lambda \in \mathbb{R}$ とする. このとき, $F+G$, $\lambda F \in \mathcal{M}(X \rightsquigarrow \mathbb{R}^m)$ を各 $\boldsymbol{x} \in X$ に対して

$$(F+G)(\boldsymbol{x}) = F(\boldsymbol{x}) + G(\boldsymbol{x}) \tag{6.44}$$

$$(\lambda F)(\boldsymbol{x}) = \lambda F(\boldsymbol{x}) \tag{6.45}$$

とする.

次の 3 つの定理は, 集合値凸写像に関する基本的な性質を与える.

定理 6.39 $X \in \mathcal{K}(\mathbb{R}^n)$ とし, $F \in \mathcal{M}(X \rightsquigarrow \mathbb{R}^m)$ は凸値であるとする. このとき, 次が成り立つ.
$$F \in \mathcal{SKM}(X \rightsquigarrow \mathbb{R}^m) \Rightarrow F \in \mathcal{KM}(X \rightsquigarrow \mathbb{R}^m)$$

証明 $\boldsymbol{x}, \boldsymbol{y} \in X$ とし, $\lambda \in {]0,1[}$ とする. $\boldsymbol{x} \ne \boldsymbol{y}$ のとき, $F(\lambda\boldsymbol{x}+(1-\lambda)\boldsymbol{y}) < \lambda F(\boldsymbol{x})+(1-\lambda)F(\boldsymbol{y})$ であるので, 定理 6.2 (iii) より, $F(\lambda\boldsymbol{x}+(1-\lambda)\boldsymbol{y}) \le \lambda F(\boldsymbol{x})+(1-\lambda)F(\boldsymbol{y})$ となる. $\boldsymbol{x} = \boldsymbol{y}$ のとき, 定理 6.1 (iv), (vii) および 6.2 (i) より, $F(\lambda\boldsymbol{x}+(1-\lambda)\boldsymbol{y}) = F(\boldsymbol{x}) \le F(\boldsymbol{x}) = \lambda F(\boldsymbol{x}) + (1-\lambda)F(\boldsymbol{x}) = \lambda F(\boldsymbol{x}) + (1-\lambda)F(\boldsymbol{y})$ となる. $\square$

定理 6.40 $X \in \mathcal{K}(\mathbb{R}^n)$ とする. このとき, $F, G \in \mathcal{M}(X \rightsquigarrow \mathbb{R}^m)$ および $\lambda \in \mathbb{R}$ に対して, 次が成り立つ.

(i) $F, G \in \mathcal{KM}(X \rightsquigarrow \mathbb{R}^m) \Rightarrow F + G \in \mathcal{KM}(X \rightsquigarrow \mathbb{R}^m)$

(ii) $F \in \mathcal{KM}(X \rightsquigarrow \mathbb{R}^m)$, $\lambda \ge 0 \Rightarrow \lambda F \in \mathcal{KM}(X \rightsquigarrow \mathbb{R}^m)$

196

証明

(i) $\boldsymbol{x}, \boldsymbol{y} \in X$ とし，$\mu \in {]0,1[}$ とする．このとき，定理 6.1 (v) および 6.7 (iii) より

$$
\begin{aligned}
(F+G)(\mu\boldsymbol{x}+(1-\mu)\boldsymbol{y}) &= F(\mu\boldsymbol{x}+(1-\mu)\boldsymbol{y}) + G(\mu\boldsymbol{x}+(1-\mu)\boldsymbol{y}) \\
&\leq (\mu F(\boldsymbol{x})+(1-\mu)F(\boldsymbol{y})) + (\mu G(\boldsymbol{x})+(1-\mu)G(\boldsymbol{y})) \\
&= \mu(F(\boldsymbol{x})+G(\boldsymbol{x})) + (1-\mu)(F(\boldsymbol{y})+G(\boldsymbol{y})) \\
&= \mu(F+G)(\boldsymbol{x}) + (1-\mu)(F+G)(\boldsymbol{y})
\end{aligned}
$$

となる．

(ii) $\boldsymbol{x}, \boldsymbol{y} \in X$ とし，$\mu \in {]0,1[}$ とする．このとき，定理 6.1 (v), (vi) および 6.7 (v) より

$$
\begin{aligned}
(\lambda F)(\mu\boldsymbol{x}+(1-\mu)\boldsymbol{y}) &= \lambda F(\mu\boldsymbol{x}+(1-\mu)\boldsymbol{y}) \\
&\leq \lambda(\mu F(\boldsymbol{x})+(1-\mu)F(\boldsymbol{y})) \\
&= \mu(\lambda F(\boldsymbol{x})) + (1-\mu)(\lambda F(\boldsymbol{y})) \\
&= \mu(\lambda F)(\boldsymbol{x}) + (1-\mu)(\lambda F)(\boldsymbol{y})
\end{aligned}
$$

となる． $\qquad\square$

定理 6.41 $X \in \mathcal{K}(\mathbb{R}^n)$ とする．このとき，$F, G \in \mathcal{M}(X \rightsquigarrow \mathbb{R}^m)$ および $\lambda \in \mathbb{R}$ に対して，次が成り立つ．

(i) $F \in \mathcal{SKM}(X \rightsquigarrow \mathbb{R}^m),\ G \in \mathcal{KM}(X \rightsquigarrow \mathbb{R}^m) \Rightarrow F + G \in \mathcal{SKM}(X \rightsquigarrow \mathbb{R}^m)$

(ii) $F \in \mathcal{SKM}(X \rightsquigarrow \mathbb{R}^m),\ \lambda > 0 \Rightarrow \lambda F \in \mathcal{SKM}(X \rightsquigarrow \mathbb{R}^m)$

証明 定理 6.40 と同様に示せるが，証明は問題として残しておく（問題 6.7.1）． $\qquad\square$

問題 6.7

1. 定理 6.41 を証明せよ．

2. $X \in \mathcal{K}(\mathbb{R}^n)$ とし，$f, g : X \to \mathbb{R}$ とする．また，任意の $\boldsymbol{x} \in X$ に対して $f(\boldsymbol{x}) \leq g(\boldsymbol{x})$ であるとし，$F \in \mathcal{M}(X \rightsquigarrow \mathbb{R})$ を各 $\boldsymbol{x} \in X$ に対して

$$
F(\boldsymbol{x}) = [f(\boldsymbol{x}), g(\boldsymbol{x})]
$$

とする．

(i) $F \in \mathcal{KM}(X \leadsto \mathbb{R})$ ならば，f, g は X 上の凸関数になることを示せ．

(ii) $F \in \mathcal{SKM}(X \leadsto \mathbb{R})$ ならば，f, g は X 上の狭義凸関数になることを示せ．

第 7 章

ファジィ理論

　不確実または曖昧な「美人の集まり」や「背の高い人の集まり」などの**集合のようなも**のを表すファジィ集合の概念が Zadeh [39] によって最初に提案され，ファジィ理論として発展してきた．以後，ファジィ理論は経営学, 工学, 経済学, 最適化理論およびオペレーションズ・リサーチなど様々な分野で応用されている．本章では，ファジィ集合の性質を調べる．

7.1　ファジィ集合

　本節では，集合 X を全体集合として固定する．集合 $A \in 2^X$ は (1.21) において定義された A の特性関数 $c_A \in \{0,1\}^X$ と同一視できる．このことより，A を c_A によって**特徴づけられる集合**ということにする．2^X の要素と $\{0,1\}^X$ の要素の間には 1 対 1 の対応があるので，2^X の要素（集合）に対する議論と $\{0,1\}^X$ の要素（X から $\{0,1\}$ への写像）に対する議論は同じことを意味する．各 $c \in \{0,1\}^X$ および各 $x \in X$ に対して，$c(x)$ の値は次のような意味をもつ．

$$c(x) = 1 \Leftrightarrow x \text{ は } c \text{ によって特徴づけられる集合に属する．}$$
$$c(x) = 0 \Leftrightarrow x \text{ は } c \text{ によって特徴づけられる集合に属さない．}$$

例 7.1　$X = \mathbb{R}$ であり，$c \in \{0,1\}^X$ が各 $x \in X$ に対して

$$c(x) = \begin{cases} 1 & x \geq 10 \\ 0 & x < 10 \end{cases}$$

と定義されているとする（図 7.1）．このとき，c によって特徴づけられる集合は

$$\{x \in X : c(x) = 1\} = \{x \in \mathbb{R} : x \geq 10\} = 10 \text{ 以上の実数の集合}$$

を表す．

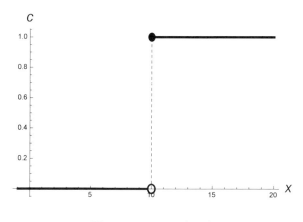

図 7.1 $c : \mathbb{R} \to \{0, 1\}$

□

集合を拡張して「美人の集まり」や「背の高い人の集まり」などの**集合のようなもの**を数学的に定義するとき，2^X を考える代わりに拡張しやすい $\{0,1\}^X$ を考えて，$[0,1]^X \supset \{0,1\}^X$ を用いる．$c \in \{0,1\}^X$ とし，$\mu \in [0,1]^X$ とする．また，$x \in X$ とする．c は c によって特徴づけられる集合と同一視されるので，μ によって特徴づけられ同一視される**集合のようなもの**を考える．$c(x)$ の値は 1 または 0 であり，x が c によって特徴づけられる集合に属するか属さないかを意味する．$\mu(x)$ の値は 0.1 や 0.7 などの 0 以上 1 以下の実数であり，μ によって特徴づけられ同一視される**集合のようなもの**に属する度合を表していると解釈する．このような解釈によって，μ によって特徴づけられ同一視される**集合のようなもの**として「美人の集まり」や「背の高い人の集まり」などを考えることができ，それを μ によって**特徴づけられる** X **上のファジィ集合**とよぶ．このようなファジィ集合を扱って議論するとき，大きく分けて次の 2 つの立場がとられる．

- $\mu \in [0,1]^X$ が与えられていて，μ によって特徴づけられる X 上のファジィ集合は具体的に明示されないが「美人の集まり」や「背の高い人の集まり」など何かが想定されているとする．本書では，特に断らない限りこの立場をとる．
- 「美人の集まり」や「背の高い人の集まり」など具体的な X 上のファジィ集合が明示されていて，それを特徴づける $\mu \in [0,1]^X$ を与えるまたは与えられているとする．μ を与える場合は，主観的に与えたり何らかの手法を用いて与えられるが，本書では議論しない．ファジィ集合を応用する場合，この立場をとることが多い．

例 7.2 $X = \mathbb{R}$ とする．

(i) 図 7.2 (a) は，「10 より十分大きい実数の集まり」を表すファジィ集合を特徴づける

$\mu \in [0,1]^X$ の例である．$x \in X$ とする．$x \leq 10$ ならば，x の「10 より十分大きい実数の集まり」を表すファジィ集合に属する度合は $\mu(x) = 0$ である．$x > 10$ において，その度合は $\mu(x) > 0$ であり，x が大きくなればなるほどその度合は大きくなる．

(ii) 図 7.2 (b) は，「10 ぐらいの実数の集まり」を表すファジィ集合を特徴づける $\mu \in [0,1]^X$ の例である．$x \in X$ とする．$x = 10$ ならば，「10 ぐらいの実数の集まり」を表すファジィ集合に属する度合は $\mu(x) = \mu(10) = 1$ である．$x \in \,]0,20[$ ならば，その度合は $\mu(x) > 0$ であり，$|x - 10|$ が大きくなればなるほどその度合は小さくなる．また，$x \notin \,]0,20[$ ならば，その度合は $\mu(x) = 0$ である．

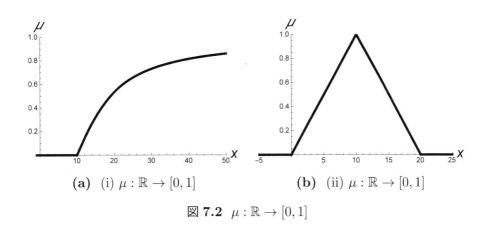

(a) (i) $\mu : \mathbb{R} \to [0,1]$　　　**(b)** (ii) $\mu : \mathbb{R} \to [0,1]$

図 7.2　$\mu : \mathbb{R} \to [0,1]$

□

以上をまとめてファジィ集合の定義を与える．

定義 7.1 $\mu_{\widetilde{a}} \in [0,1]^X$ を X 上の**メンバーシップ関数** (membership function) という．X 上のメンバーシップ関数 $\mu_{\widetilde{a}}$ によって特徴づけられ同一視されるものを X 上の**ファジィ集合** (fuzzy set) といい，$\widetilde{a}$ で表す．$\mu_{\widetilde{a}}$ を $\widetilde{a}$ のメンバーシップ関数という．点 $x \in X$ における値 $\mu_{\widetilde{a}}(x)$ を $\widetilde{a}$ における x の**帰属度** (grade of membership) とよび，$\mu_{\widetilde{a}}(x)$ の値が 1 に近ければ x の $\widetilde{a}$ に属する度合が大きく，反対に 0 に近ければ x の $\widetilde{a}$ に属する度合が小さいことを示していると解釈する．

通常の集合をファジィ集合と区別したい場合は，通常の集合を**クリスプ集合** (crisp set) とよぶことにする．クリスプ集合は，その特性関数によって特徴づけられるので，ファジィ集合の特殊な場合である．

X 上のファジィ集合 $\widetilde{a}$ はそのメンバーシップ関数 $\mu_{\widetilde{a}}$ と同一視されるので，その同一視されたメンバーシップ関数 $\mu_{\widetilde{a}}$ も $\widetilde{a}$ で表し，$\widetilde{a} \in [0,1]^X$ とみなす．$\mathcal{F}(X)$ を X 上のす

べてのファジィ集合の集合とする．X 上のファジィ集合はそのメンバーシップ関数と同一視されるので，$\mathcal{F}(X) = [0,1]^X$ とみなされる．このように以下では，$[0,1]^X$ の各要素を X 上のファジィ集合と考えることにする．そのため，$\widetilde{a}, \widetilde{b} \in \mathcal{F}(X)$ が等しいとは，任意の $x \in X$ に対して $\widetilde{a}(x) = \widetilde{b}(x)$ であるときをいい，$\widetilde{a} = \widetilde{b}$ と表す．

$\widetilde{a} \in \mathcal{F}(X)$ とする．$\alpha \in \,]0,1]$ に対して，集合
$$[\widetilde{a}]_\alpha = \{x \in X : \widetilde{a}(x) \geq \alpha\} \tag{7.1}$$
を $\widetilde{a}$ の **α-レベル集合** (α-level set) という．また
$$I(\widetilde{a}) = \{\alpha \in \,]0,1] : [\widetilde{a}]_\alpha \neq \emptyset\} \tag{7.2}$$
とする．集合
$$\operatorname{supp}(\widetilde{a}) = \{x \in X : \widetilde{a}(x) > 0\} \tag{7.3}$$
を $\widetilde{a}$ の台 (support) といい
$$\operatorname{hgt}(\widetilde{a}) = \sup_{x \in X} \widetilde{a}(x) \tag{7.4}$$
を $\widetilde{a}$ の高さ (height) という．$\operatorname{hgt}(\widetilde{a}) = 1$ のとき，$\widetilde{a}$ は正規 (normal) であるという．

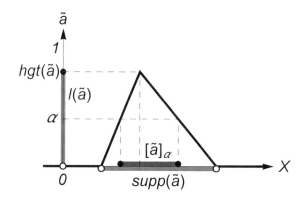

図 **7.3** $\widetilde{a} \in \mathcal{F}(X)$ の α-レベル集合, 台, 高さおよび $I(\widetilde{a})$

例 7.3 $X = \mathbb{R}$ とする．$\widetilde{a} \in \mathcal{F}(\mathbb{R})$ を各 $x \in \mathbb{R}$ に対して
$$\widetilde{a}(x) = \max\left\{-|x| + \frac{1}{2}, 0\right\}$$
とする（図 7.4）．このとき
$$[\widetilde{a}]_{\frac{1}{4}} = \left[-\frac{1}{4}, \frac{1}{4}\right], \quad I(\widetilde{a}) = \,\left]0, \frac{1}{2}\right], \quad \operatorname{supp}(\widetilde{a}) = \,\left]-\frac{1}{2}, \frac{1}{2}\right[, \quad \operatorname{hgt}(\widetilde{a}) = \frac{1}{2}$$
となる．

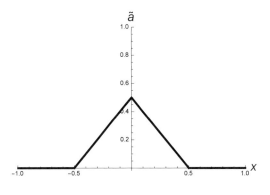

図 7.4　$\widetilde{a}(x) = \max\left\{-|x| + \frac{1}{2}, 0\right\}$

□

次の定理は，ファジィ集合とクリスプ集合であるそのレベル集合の関係を与えている．

定理 7.1（**分解定理** (decomposition theorem)）任意の $\widetilde{a} \in \mathcal{F}(X)$ に対して，次が成り立つ．
$$\widetilde{a} = \sup_{\alpha \in \,]0,1]} \alpha c_{[\widetilde{a}]_\alpha}$$

証明　$x \in X$ を任意に固定する．このとき，各 $\alpha \in \,]0,1]$ に対して

$$\alpha c_{[\widetilde{a}]_\alpha}(x) = \begin{cases} \alpha & x \in [\widetilde{a}]_\alpha \Leftrightarrow \widetilde{a}(x) \geq \alpha \Leftrightarrow \alpha \in \,]0, \widetilde{a}(x)] \\ 0 & x \notin [\widetilde{a}]_\alpha \Leftrightarrow \widetilde{a}(x) < \alpha \Leftrightarrow \alpha \in \,]\widetilde{a}(x), 1] \end{cases}$$

となる．よって
$$\sup_{\alpha \in \,]0,1]} \alpha c_{[\widetilde{a}]_\alpha}(x) = \sup_{\alpha \in \,]0,\widetilde{a}(x)]} \alpha = \widetilde{a}(x)$$

となる．したがって，$x \in X$ の任意性より，$\widetilde{a} = \sup_{\alpha \in \,]0,1]} \alpha c_{[\widetilde{a}]_\alpha}$ となる．　□

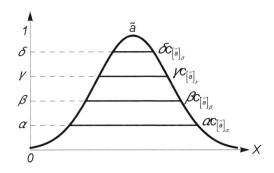

図 7.5　$\widetilde{a} = \sup_{\alpha \in \,]0,1]} \alpha c_{[\widetilde{a}]_\alpha}$

定理 7.1 は，X 上のファジィ集合 $\widetilde{a} \in \mathcal{F}(X)$ が与えられたとき，$\widetilde{a}$ が X のクリスプ集合の族 $\{[\widetilde{a}]_\alpha\}_{\alpha \in]0,1]}$ に分解され，$\{[\widetilde{a}]_\alpha\}_{\alpha \in]0,1]}$ によって再構成されることを示している．ファジィ集合とクリスプ集合の関係をより詳しく調べるために，逆に与えられた $]0,1]$ を添字集合とする X の部分集合族から X 上のファジィ集合を構成することを考える．まず

$$\mathcal{P}(X) = \{\{S_\alpha\}_{\alpha \in]0,1]} : S_\alpha \subset X, \alpha \in]0,1]\} \tag{7.5}$$

$$\mathcal{S}(X) = \{\{S_\alpha\}_{\alpha \in]0,1]} \in \mathcal{P}(X) : \beta, \gamma \in]0,1], \beta \le \gamma \text{ ならば } S_\beta \supset S_\gamma\} \tag{7.6}$$

とする．そして，$M_X : \mathcal{P}(X) \to \mathcal{F}(X)$ を各 $\{S_\alpha\}_{\alpha \in]0,1]} \in \mathcal{P}(X)$ に対して

$$M_X\left(\{S_\alpha\}_{\alpha \in]0,1]}\right) = \sup_{\alpha \in]0,1]} \alpha c_{S_\alpha} \tag{7.7}$$

と定義する．ただし，$X = \mathbb{R}^n$ のときは，$M_{\mathbb{R}^n}$ を単に M とも表す．$\{S_\alpha\}_{\alpha \in]0,1]} \in \mathcal{P}(X)$ および $x \in X$ に対して，次が成り立つ．

$$M_X\left(\{S_\alpha\}_{\alpha \in]0,1]}\right)(x) = \sup_{\alpha \in]0,1]} \alpha c_{S_\alpha}(x) = \sup\{\alpha \in]0,1] : x \in S_\alpha\} \tag{7.8}$$

また，定理 7.1 は，$\widetilde{a} \in \mathcal{F}(X)$ に対して，次のように表せる．

$$\widetilde{a} = M_X\left(\{[\widetilde{a}]_\alpha\}_{\alpha \in]0,1]}\right) \tag{7.9}$$

$\widetilde{a} \in \mathcal{F}(X)$ および $\{S_\alpha\}_{\alpha \in]0,1]} \in \mathcal{P}(X)$ に対して，$\widetilde{a} = M_X\left(\{S_\alpha\}_{\alpha \in]0,1]}\right)$ であるとき，$\widetilde{a}$ は $\{S_\alpha\}_{\alpha \in]0,1]}$ によって生成されたファジィ集合といい，$\{S_\alpha\}_{\alpha \in]0,1]}$ を $\widetilde{a}$ の**生成元** (generator) という．

例 7.4 $X = \mathbb{R}$ とする．各 $\alpha \in]0,1]$ に対して

$$S_\alpha = \begin{cases} [2\alpha, -2\alpha+6] & \alpha \in \left]0, \frac{1}{2}\right] \\ [2\alpha+1, -2\alpha+5] & \alpha \in \left]\frac{1}{2}, 1\right] \end{cases}$$

とする．このとき，$\{S_\alpha\}_{\alpha \in]0,1]} \in \mathcal{S}(\mathbb{R})$ となり，$M_{\mathbb{R}}(\{S_\alpha\}_{\alpha \in]0,1]}) \in \mathcal{F}(\mathbb{R})$ は各 $x \in \mathbb{R}$ に対して

$$M_{\mathbb{R}}(\{S_\alpha\}_{\alpha \in]0,1]})(x) = \begin{cases} \frac{1}{2}x & x \in]0,1[\\ \frac{1}{2} & x \in [1,2] \cup [4,5] \\ \frac{1}{2}(x-1) & x \in]2,3[\\ -\frac{1}{2}(x-5) & x \in]3,4[\\ -\frac{1}{2}(x-6) & x \in]5,6[\\ 0 & x \in]-\infty,0] \cup [6,\infty[\end{cases}$$

となる（図 7.6）．また，各 $\alpha \in]0,1]$ に対して

$$\left[M_{\mathbb{R}}(\{S_\alpha\}_{\alpha \in]0,1]})\right]_\alpha = S_\alpha$$

となる．

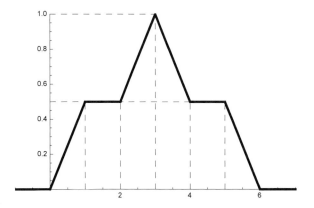

図 7.6 $M_{\mathbb{R}}(\{S_\alpha\}_{\alpha \in]0,1]}) \in \mathcal{F}(\mathbb{R})$

次に，各 $\alpha \in]0,1]$ に対して

$$T_\alpha = \begin{cases} [2\alpha, -2\alpha + 6] & \alpha \in]0, \frac{1}{2}[\\ [2\alpha + 1, -2\alpha + 5] & \alpha \in [\frac{1}{2}, 1] \end{cases}$$

とする．このとき，$\{T_\alpha\}_{\alpha \in]0,1]} \in \mathcal{S}(\mathbb{R})$ となり，$\alpha \in]0,1] \setminus \{\frac{1}{2}\}$ に対しては $T_\alpha = S_\alpha$ となるが，$T_{\frac{1}{2}} = [2,4] \neq [1,5] = S_{\frac{1}{2}}$ である．また，$M_{\mathbb{R}}(\{T_\alpha\}_{\alpha \in]0,1]}) = M_{\mathbb{R}}(\{S_\alpha\}_{\alpha \in]0,1]})$ となり，$[M_{\mathbb{R}}(\{T_\alpha\}_{\alpha \in]0,1]})]_{\frac{1}{2}} = [1,5] \neq [2,4] = T_{\frac{1}{2}}$ となる． □

本節の以下では，$X = \mathbb{R}^n$ とする．$\mathbb{R}^n$ 上の特殊なファジィ集合として

$$\widetilde{\emptyset} = c_\emptyset, \quad \widetilde{\mathbb{R}^n} = c_{\mathbb{R}^n}, \quad \widetilde{\mathbf{0}} = c_{\{\mathbf{0}\}} \tag{7.10}$$

と定義する．

$\widetilde{a} \in \mathcal{F}(\mathbb{R}^n)$ とする．$\widetilde{a}$ が**閉ファジィ集合** (closed fuzzy set) であるとは，$\widetilde{a}$ が上半連続関数であるときをいう（図 7.7）．$\widetilde{a}$ が閉ファジィ集合であるための必要十分条件は，任意の $\alpha \in]0,1]$ に対して $[\widetilde{a}]_\alpha \in \mathcal{C}(\mathbb{R}^n)$ となることである．$\mathcal{FC}(\mathbb{R}^n)$ を $\mathbb{R}^n$ 上のすべての閉ファジィ集合の集合とする．$\widetilde{a}$ が**凸ファジィ集合** (convex fuzzy set) であるとは，任意の $\boldsymbol{x}, \boldsymbol{y} \in \mathbb{R}^n$ および任意の $\lambda \in]0,1[$ に対して

$$\widetilde{a}(\lambda \boldsymbol{x} + (1-\lambda)\boldsymbol{y}) \geq \widetilde{a}(\boldsymbol{x}) \wedge \widetilde{a}(\boldsymbol{y}) \tag{7.11}$$

となるときをいう（図 7.8）．すなわち，$\widetilde{a}$ が凸ファジィ集合であるとは $\widetilde{a}$ が $\mathbb{R}^n$ 上の準凹関数であるときをいい，$\widetilde{a}$ が凸ファジィ集合であるための必要十分条件は，任意の $\alpha \in]0,1]$ に対して $[\widetilde{a}]_\alpha \in \mathcal{K}(\mathbb{R}^n)$ となることである．$\mathcal{FK}(\mathbb{R}^n)$ を $\mathbb{R}^n$ 上のすべての凸ファジィ集合の集合とする．また，$\mathcal{FCK}(\mathbb{R}^n)$ を $\mathbb{R}^n$ 上のすべての閉凸ファジィ集合の集合とする．$\widetilde{a}$ が**コンパクトファジィ集合** (compact fuzzy set) であるとは，任意の $\alpha \in]0,1]$ に対して $[\widetilde{a}]_\alpha \in \mathcal{BC}(\mathbb{R}^n)$ となるときをいう（図 7.9）．$\mathcal{FBC}(\mathbb{R}^n)$ を $\mathbb{R}^n$ 上のすべてのコン

パクトファジィ集合の集合とする．また，$\mathcal{FBCK}(\mathbb{R}^n)$ を $\mathbb{R}^n$ 上のすべてのコンパクト凸ファジィ集合の集合とする．$\tilde{a}$ が台有界閉ファジィ集合ならば $\tilde{a}$ はコンパクトファジィ集合になるが，$\tilde{a}$ がコンパクトファジィ集合であっても $\tilde{a}$ は台有界閉ファジィ集合になるとは限らないことに注意．$\tilde{a}$ が**頑健的ファジィ集合** (robust fuzzy set) であるとは，任意の $\alpha \in \,]0, 1[$ に対して

$$\mathrm{cl}(\{\boldsymbol{x} \in \mathbb{R}^n : \tilde{a}(\boldsymbol{x}) > \alpha\}) = [\tilde{a}]_\alpha \tag{7.12}$$

となるときをいう（図 7.10）．$\mathcal{FR}(\mathbb{R}^n)$ を $\mathbb{R}^n$ 上のすべての頑健的ファジィ集合の集合とする．$\tilde{a}$ が**ファジィ錐** (fuzzy cone) であるとは，任意の $\alpha \in \,]0, 1]$ に対して $[\tilde{a}]_\alpha \subset \mathbb{R}^n$ が錐になるときをいう（図 7.11）．また

$$\mathrm{hypo}(\tilde{a}) = \{(\boldsymbol{x}, \alpha) \in \mathbb{R}^n \times [0, 1] : \alpha \leq \tilde{a}(\boldsymbol{x})\} \tag{7.13}$$

を $\tilde{a}$ の**ファジィハイポグラフ** (fuzzy hypograph) という（図 7.12）．

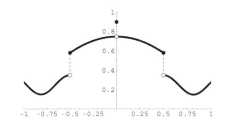

図 **7.7** 閉ファジィ集合（上半連続関数）

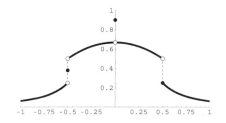

図 **7.8** 凸ファジィ集合（準凹関数）

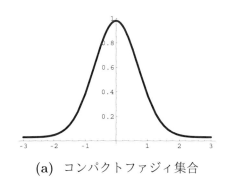
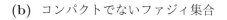

(a) コンパクトファジィ集合　　(b) コンパクトでないファジィ集合

図 **7.9** コンパクトファジィ集合

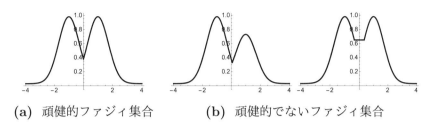

(a) 頑健的ファジィ集合   **(b)** 頑健的でないファジィ集合

図 **7.10** 頑健的ファジィ集合

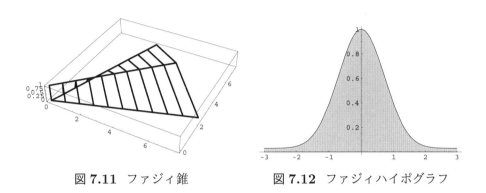

図 **7.11** ファジィ錐   図 **7.12** ファジィハイポグラフ

問題 **7.1**

1. 各 $\alpha \in]0,1]$ に対して

$$S_\alpha =]\alpha - 1, -\alpha + 1[, \quad T_\alpha = \left[-\sqrt{\log\frac{1}{\alpha}}, \sqrt{\log\frac{1}{\alpha}}\right]$$

とする.

(i) $\{S_\alpha\}_{\alpha \in]0,1]} \in \mathcal{S}(\mathbb{R})$ に対する $M_\mathbb{R}(\{S_\alpha\}_{\alpha \in]0,1]}) \in \mathcal{F}(\mathbb{R})$ を求めよ.

(ii) $\{T_\alpha\}_{\alpha \in]0,1]} \in \mathcal{S}(\mathbb{R})$ に対する $M_\mathbb{R}(\{T_\alpha\}_{\alpha \in]0,1]}) \in \mathcal{F}(\mathbb{R})$ を求めよ.

2. $\widetilde{a} \in \mathcal{F}(\mathbb{R}^2)$ を各 $(x,y) \in \mathbb{R}^2$ に対して

$$\widetilde{a}(x,y) = \begin{cases} 1 & (x,y) = (0,0) \\ \frac{\theta}{2\pi} & (x,y) \neq (0,0) \end{cases}$$

とする．ここで，$(x, y) \neq (0, 0)$ に対して

$$(x, y) = \left(\sqrt{x^2 + y^2} \cos \theta, \sqrt{x^2 + y^2} \sin \theta \right), \quad \theta \in \left]0, 2\pi\right]$$

である．このとき，$\widetilde{a}$ はファジィ錐になることを示せ．

7.2 ファジィ集合の生成元

本節では，前節と同様に，集合 X を全体集合として固定する．

$\widetilde{a}, \widetilde{b} \in \mathcal{F}(X)$ とする．任意の $x \in X$ に対して $\widetilde{a}(x) \leq \widetilde{b}(x)$ のとき，$\widetilde{a} \leq \widetilde{b}$ または $\widetilde{b} \geq \widetilde{a}$ と表す．$\mathcal{F}(X)$ 上の関係 $\leq$ は順序関係であるが，第 9 章において議論するファジィ集合最適化問題を考えるとき，この関係 $\leq$ の下での最適化は適さない．よって，$\leq$ を順序関係とはよばず包含関係とよぶことにする．第 8 章において，$\mathcal{F}(\mathbb{R}^n)$ 上の順序を詳しく扱う．

次の定理は，ファジィ集合の生成元の包含関係とファジィ集合の包含関係の関係を与える．

定理 7.2 $\{S_\alpha\}_{\alpha \in]0,1]}, \{T_\alpha\}_{\alpha \in]0,1]} \in \mathcal{P}(X)$ とする．このとき，次が成り立つ．

$$S_\alpha \subset T_\alpha, \alpha \in]0,1] \Rightarrow M_X\left(\{S_\alpha\}_{\alpha \in]0,1]}\right) \leq M_X\left(\{T_\alpha\}_{\alpha \in]0,1]}\right)$$

証明 任意の $\alpha \in]0,1]$ に対して，$S_\alpha \subset T_\alpha$ であるので，$\{\alpha \in]0,1] : x \in S_\alpha\} \subset \{\alpha \in]0,1] : x \in T_\alpha\}$ となる．よって，任意の $x \in X$ に対して

$$
\begin{aligned}
M_X\left(\{S_\alpha\}_{\alpha \in]0,1]}\right)(x) &= \sup\{\alpha \in]0,1] : x \in S_\alpha\} \\
&\leq \sup\{\alpha \in]0,1] : x \in T_\alpha\} = M_X\left(\{T_\alpha\}_{\alpha \in]0,1]}\right)(x)
\end{aligned}
$$

となる．したがって，$M_X\left(\{S_\alpha\}_{\alpha \in]0,1]}\right) \leq M_X\left(\{T_\alpha\}_{\alpha \in]0,1]}\right)$ となる． $\square$

$\widetilde{a}, \widetilde{b} \in \mathcal{F}(X)$ とする．定理 7.1 および 7.2 より，任意の $\alpha \in]0,1]$ に対して $[\widetilde{a}]_\alpha \subset [\widetilde{b}]_\alpha$ ならば，$\widetilde{a} \leq \widetilde{b}$ となる．また逆に，$\widetilde{a} \leq \widetilde{b}$ ならば，任意の $\alpha \in]0,1]$ に対して $[\widetilde{a}]_\alpha \subset [\widetilde{b}]_\alpha$ となる．よって，次が成り立つ．

$$\widetilde{a} \leq \widetilde{b} \Leftrightarrow [\widetilde{a}]_\alpha \subset [\widetilde{b}]_\alpha, \alpha \in]0,1]$$

次の 2 つの定理は，ファジィ集合の生成元とレベル集合の関係を与える．

定理 7.3 $\{S_\alpha\}_{\alpha \in]0,1]} \in \mathcal{P}(X)$ とし，$\widetilde{a} = M_X\left(\{S_\alpha\}_{\alpha \in]0,1]}\right) \in \mathcal{F}(X)$ とする．このとき，任意の $\alpha \in]0,1]$ に対して，次が成り立つ．

$$S_\alpha \subset [\widetilde{a}]_\alpha$$

証明 $\alpha \in]0,1]$ とし，$x \in S_\alpha$ とする．このとき

$$\widetilde{a}(x) = M_X\left(\{S_\beta\}_{\beta \in]0,1]}\right)(x) = \sup\{\beta \in]0,1] : x \in S_\beta\} \geq \alpha$$

となるので, $x \in [\tilde{a}]_\alpha$ となる. □

例 7.4 は, 定理 7.3 において, 一般に $S_\alpha = [\tilde{a}]_\alpha$ が成り立つとは限らないことを示している.

定理 7.4 $\{S_\alpha\}_{\alpha \in]0,1]} \in \mathcal{S}(X)$ とし, $\tilde{a} = M_X\left(\{S_\alpha\}_{\alpha \in]0,1]}\right)$ とする. このとき, 任意の $\alpha \in]0,1]$ に対して, 次が成り立つ.

$$[\tilde{a}]_\alpha = \bigcap_{\beta \in]0,\alpha[} S_\beta$$

証明 $\alpha \in]0,1]$ とする. このとき

$$\begin{aligned}
x \in [\tilde{a}]_\alpha &\Leftrightarrow \tilde{a}(x) = \sup\{\beta \in]0,1] : x \in S_\beta\} \geq \alpha \\
&\Leftrightarrow \text{任意の } \beta \in]0,\alpha[\text{ に対して } x \in S_\beta \\
&\Leftrightarrow x \in \bigcap_{\beta \in]0,\alpha[} S_\beta
\end{aligned}$$

となる. □

次の定理は, いくつかのファジィ集合とそれらの生成元が与えられたとき, 生成元の共通集合および和集合それぞれによって生成されたファジィ集合と最初に与えられたファジィ集合の関係を与える.

定理 7.5 Λ を任意の添字集合とする. 各 $\lambda \in \Lambda$ に対して, $\{S_\alpha^{(\lambda)}\}_{\alpha \in]0,1]} \in \mathcal{S}(X)$ とし, $\tilde{a}_\lambda = M_X\left(\{S_\alpha^{(\lambda)}\}_{\alpha \in]0,1]}\right)$ とする. 各 $\alpha \in]0,1]$ に対して

$$L_\alpha = \bigcap_{\lambda \in \Lambda} S_\alpha^{(\lambda)}, \quad U_\alpha = \bigcup_{\lambda \in \Lambda} S_\alpha^{(\lambda)}$$

とする. このとき, 次が成り立つ.

$$M_X\left(\{L_\alpha\}_{\alpha \in]0,1]}\right) = \bigwedge_{\lambda \in \Lambda} \tilde{a}_\lambda, \quad M_X\left(\{U_\alpha\}_{\alpha \in]0,1]}\right) = \bigvee_{\lambda \in \Lambda} \tilde{a}_\lambda$$

証明 $x \in X$ を任意に固定する. まず, $\Lambda = \emptyset$ とする. このとき, 任意の $\alpha \in]0,1]$ に対して $L_\alpha = X, U_\alpha = \emptyset$ であるので

$$M_X\left(\{L_\alpha\}_{\alpha \in]0,1]}\right)(x) = 1 = \bigwedge_{\lambda \in \Lambda} \tilde{a}_\lambda(x), \quad M_X\left(\{U_\alpha\}_{\alpha \in]0,1]}\right)(x) = 0 = \bigvee_{\lambda \in \Lambda} \tilde{a}_\lambda(x)$$

となる. 次に, $\Lambda \neq \emptyset$ とし

$$\beta = M_X\left(\{L_\alpha\}_{\alpha \in]0,1]}\right)(x) = \sup\{\alpha \in]0,1] : x \in L_\alpha\}$$

$$\gamma = M_X\left(\{U_\alpha\}_{\alpha\in]0,1]}\right)(x) = \sup\{\alpha \in]0,1] : x \in U_\alpha\}$$

とおく．このとき

$$\beta = \sup\{\alpha \in]0,1] : x \in L_\alpha\}$$

$$\Leftrightarrow \begin{cases} 任意の \alpha \in]0,\beta[\text{ に対して } x \in L_\alpha \\ 任意の \alpha \in]\beta,1] \text{ に対して } x \notin L_\alpha \end{cases}$$

$$\Leftrightarrow \begin{cases} 任意の \lambda \in \Lambda \text{ および任意の } \alpha \in]0,\beta[\text{ に対して } x \in S_\alpha^{(\lambda)} \\ 任意の \alpha \in]\beta,1] \text{ に対して，ある } \lambda_\alpha \in \Lambda \text{ が存在して } x \notin S_\alpha^{(\lambda_\alpha)} \end{cases}$$

$$\Rightarrow \begin{cases} 任意の \lambda \in \Lambda \text{ および任意の } \alpha \in]0,\beta[\text{ に対して } \widetilde{a}_\lambda(x) \geq \alpha \\ 任意の \alpha \in]\beta,1] \text{ に対して，ある } \lambda_\alpha \in \Lambda \text{ が存在して } \widetilde{a}_{\lambda_\alpha}(x) \leq \alpha \end{cases}$$

$$\Rightarrow \begin{cases} 任意の \lambda \in \Lambda \text{ に対して } \widetilde{a}_\lambda(x) \geq \beta \\ 任意の \varepsilon > 0 \text{ に対して，ある } \lambda_0 \in \Lambda \text{ が存在して } \widetilde{a}_{\lambda_0}(x) < \beta + \varepsilon \end{cases}$$

$$\Leftrightarrow \beta = \bigwedge_{\lambda\in\Lambda} \widetilde{a}_\lambda(x)$$

$$\gamma = \sup\{\alpha \in]0,1] : x \in U_\alpha\}$$

$$\Leftrightarrow \begin{cases} 任意の \alpha \in]0,\gamma[\text{ に対して } x \in U_\alpha \\ 任意の \alpha \in]\gamma,1] \text{ に対して } x \notin U_\alpha \end{cases}$$

$$\Leftrightarrow \begin{cases} 任意の \alpha \in]0,\gamma[\text{ に対して，ある } \lambda_\alpha \in \Lambda \text{ が存在して } x \in S_\alpha^{(\lambda_\alpha)} \\ 任意の \lambda \in \Lambda \text{ および任意の } \alpha \in]\gamma,1] \text{ に対して } x \notin S_\alpha^{(\lambda)} \end{cases}$$

$$\Rightarrow \begin{cases} 任意の \alpha \in]0,\gamma[\text{ に対して，ある } \lambda_\alpha \in \Lambda \text{ が存在して } \widetilde{a}_{\lambda_\alpha}(x) \geq \alpha \\ 任意の \lambda \in \Lambda \text{ および任意の } \alpha \in]\gamma,1] \text{ に対して } \widetilde{a}_\lambda(x) \leq \alpha \end{cases}$$

$$\Rightarrow \begin{cases} 任意の \varepsilon > 0 \text{ に対して，ある } \lambda_0 \in \Lambda \text{ が存在して } \widetilde{a}_{\lambda_0}(x) > \gamma - \varepsilon \\ 任意の \lambda \in \Lambda \text{ に対して } \widetilde{a}_\lambda(x) \leq \gamma \end{cases}$$

$$\Leftrightarrow \gamma = \bigvee_{\lambda\in\Lambda} \widetilde{a}_\lambda(x)$$

となる．以上より，$M_X\left(\{L_\alpha\}_{\alpha\in]0,1]}\right) = \bigwedge_{\lambda\in\Lambda} \widetilde{a}_\lambda$, $M_X\left(\{U_\alpha\}_{\alpha\in]0,1]}\right) = \bigvee_{\lambda\in\Lambda} \widetilde{a}_\lambda$ となることが示された． $\square$

次の定理は，2つのファジィ集合の生成元が同一のファジィ集合を生成するための十分条件を与える．

定理 7.6 $\{S_\alpha\}_{\alpha\in]0,1]}, \{T_\alpha\}_{\alpha\in]0,1]} \in \mathcal{S}(X)$ とする．このとき，高々可算個を除く任意の $\alpha \in]0,1]$ に対して $S_\alpha = T_\alpha$ ならば，$M_X\left(\{S_\alpha\}_{\alpha\in]0,1]}\right) = M_X\left(\{T_\alpha\}_{\alpha\in]0,1]}\right)$ となる．

証明 ある $x_0 \in X$ が存在して $M_X\left(\{S_\alpha\}_{\alpha\in]0,1]}\right)(x_0) \neq M_X\left(\{T_\alpha\}_{\alpha\in]0,1]}\right)(x_0)$ であると仮定する．

$$\beta = M_X\left(\{S_\alpha\}_{\alpha\in]0,1]}\right)(x_0) = \sup\{\alpha \in]0,1] : x_0 \in S_\alpha\}$$

$$\gamma = M_X\left(\{T_\alpha\}_{\alpha\in]0,1]}\right)(x_0) = \sup\{\alpha \in \,]0,1] : x_0 \in T_\alpha\}$$

とおき，一般性を失うことなく，$\beta < \gamma$ と仮定する．このとき

$$\beta = \sup\{\alpha \in \,]0,1] : x_0 \in S_\alpha\} \Leftrightarrow \left\{ \begin{array}{l} \text{任意の } \alpha \in \,]0,\beta[\text{ に対して } x_0 \in S_\alpha \\ \text{任意の } \alpha \in \,]\beta,1] \text{ に対して } x_0 \notin S_\alpha \end{array} \right.$$

$$\gamma = \sup\{\alpha \in \,]0,1] : x_0 \in T_\alpha\} \Leftrightarrow \left\{ \begin{array}{l} \text{任意の } \alpha \in \,]0,\gamma[\text{ に対して } x_0 \in T_\alpha \\ \text{任意の } \alpha \in \,]\gamma,1] \text{ に対して } x_0 \notin T_\alpha \end{array} \right.$$

であるので，任意の $\alpha \in \,]\beta,\gamma[$ に対して，$x_0 \notin S_\alpha$, $x_0 \in T_\alpha$ となり，$S_\alpha \neq T_\alpha$ となる．よって，「高々可算個を除く任意の $\alpha \in \,]0,1]$ に対して $S_\alpha = T_\alpha$」とならない． $\square$

問題 7.2

1. $f,g : \,]0,1] \to \mathbb{R}$ とし，f は $]0,1]$ 上で左連続単調増加であるとし，g は $]0,1]$ 上で左連続単調減少であるとする．また，任意の $\alpha \in \,]0,1]$ に対して $f(\alpha) \leq g(\alpha)$ であるとする．さらに，$S_\alpha = [f(\alpha), g(\alpha)], \alpha \in \,]0,1]$ とし，$\widetilde{a} = M(\{S_\alpha\}_{\alpha\in]0,1]}) \in \mathcal{F}(\mathbb{R})$ とする．このとき，任意の $\alpha \in \,]0,1]$ に対して $[\widetilde{a}]_\alpha = S_\alpha$ となることを示せ．

2. $\{S_\alpha\}_{\alpha\in]0,1]}, \{T_\alpha\}_{\alpha\in]0,1]} \in \mathcal{P}(\mathbb{R})$ とする．高々可算個を除く任意の $\alpha \in \,]0,1]$ に対して $S_\alpha = T_\alpha$ であり，$M(\{S_\alpha\}_{\alpha\in]0,1]}) \neq M(\{T_\alpha\}_{\alpha\in]0,1]})$ となるような $\{S_\alpha\}_{\alpha\in]0,1]}$, $\{T_\alpha\}_{\alpha\in]0,1]}$ の例を挙げよ．

7.3 Zadeh の拡張原理

本節では，集合 X, Y, Z を固定する．

$f : X \to Y$ および $A \subset X$ に対して，A の f による像は $f(A) = \{f(x) \in Y : x \in A\}$ である．この A をファジィ集合 $\widetilde{a} \in \mathcal{F}(X)$ に置き換えて，$\widetilde{a}$ の f による像 $f(\widetilde{a})$ に拡張する仕方を，一般に **Zadeh の拡張原理** (Zadeh's extension principle) とよぶ．

定義 7.2（拡張原理）$f : X \to Y$ とし，$\widetilde{a} \in \mathcal{F}(X)$ とする．$\widetilde{a}$ の f による像 $f(\widetilde{a}) \in \mathcal{F}(Y)$ を各 $y \in Y$ に対して

$$f(\widetilde{a})(y) = \sup_{x \in f^{-1}(y)} \widetilde{a}(x) \tag{7.14}$$

と定義する．ここで，$f^{-1}(y)$ は y の f による逆像である．

次に，拡張原理を直積空間へ一般化する．

定義 7.3 $X_i, i = 1, 2, \cdots, n$ を集合とし，$\widetilde{a}_i \in \mathcal{F}(X_i), i = 1, 2, \cdots, n$ とする．このとき，$\widetilde{a}_i, i = 1, 2, \cdots, n$ の**ファジィ直積集合** (fuzzy product set) $\prod_{i=1}^{n} \widetilde{a}_i = \widetilde{a}_1 \times \widetilde{a}_2 \times \cdots \times \widetilde{a}_n \in \mathcal{F}(\prod_{i=1}^{n} X_i)$ を各 $(x_1, x_2, \cdots, x_n) \in \prod_{i=1}^{n} X_i$ に対して

$$\begin{aligned}\left(\prod_{i=1}^{n} \widetilde{a}_i\right)(x_1, x_2, \cdots, x_n) &= (\widetilde{a}_1 \times \widetilde{a}_2 \times \cdots \times \widetilde{a}_n)(x_1, x_2, \cdots, x_n) \\ &= \min_{i=1,2,\cdots,n} \widetilde{a}_i(x_i)\end{aligned} \tag{7.15}$$

と定義する．$X_i = \mathbb{R}, i = 1, 2, \cdots, n$ のときは，$\prod_{i=1}^{n} \widetilde{a}_i = \widetilde{a}_1 \times \widetilde{a}_2 \times \cdots \times \widetilde{a}_n$ を $(\widetilde{a}_1, \widetilde{a}_2, \cdots, \widetilde{a}_n)$ とも表す．

例 7.5 $\widetilde{a}_1, \widetilde{a}_2 \in \mathcal{F}(\mathbb{R})$ を各 $x, y \in \mathbb{R}$ に対して

$$\widetilde{a}_1(x) = \max\{1 - |x - 2|, 0\}, \quad \widetilde{a}_2(y) = \max\{1 - |y - 1|, 0\}$$

とし（図 7.13 (a), (b)），$\widetilde{b}_1, \widetilde{b}_2 \in \mathcal{F}(\mathbb{R} \times \mathbb{R})$ を各 $(x, y) \in \mathbb{R} \times \mathbb{R}$ に対して

$$\widetilde{b}_1(x, y) = \widetilde{a}_1(x) = \max\{1 - |x - 2|, 0\}, \quad \widetilde{b}_2(x, y) = \widetilde{a}_2(y) = \max\{1 - |y - 1|, 0\}$$

とする（図 7.13 (c), (d), (e)）．このとき，$\widetilde{a}_1 \times \widetilde{a}_2 \in \mathcal{F}(\mathbb{R} \times \mathbb{R})$ は各 $(x, y) \in \mathbb{R}^2$ に対して

$$\begin{aligned}(\widetilde{a}_1 \times \widetilde{a}_2)(x, y) &= \min\{\widetilde{a}_1(x), \widetilde{a}_2(y)\} \\ &= \min\{\max\{1 - |x - 2|, 0\}, \max\{1 - |y - 1|, 0\}\}\end{aligned}$$

となる（図 7.13 (f)）．

214

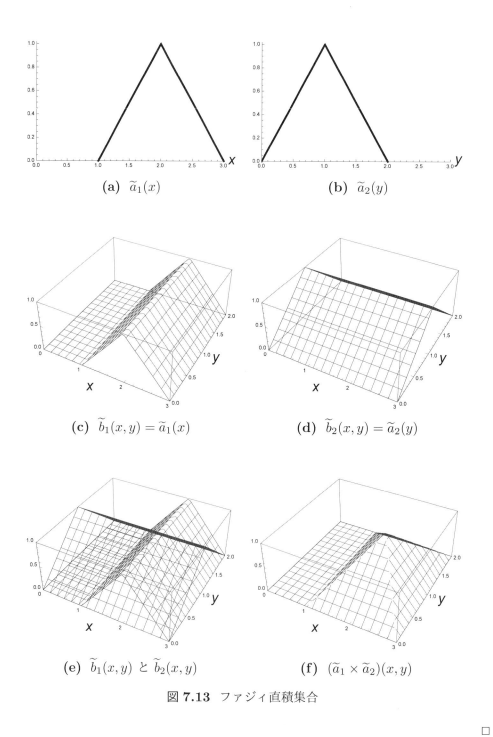

図 **7.13** ファジィ直積集合

集合 X_i, $i = 1, 2, \cdots, n$ に対して，$\mathcal{F}(X_i)$, $i = 1, 2, \cdots, n$ の**ファジィ直積空間** (fuzzy product space) $\prod_{i=1}^{n} \mathcal{F}(X_i) = \mathcal{F}(X_1) \times \mathcal{F}(X_2) \times \cdots \times \mathcal{F}(X_n)$ を

$$
\begin{aligned}
\prod_{i=1}^{n} \mathcal{F}(X_i) &= \mathcal{F}(X_1) \times \mathcal{F}(X_2) \times \cdots \times \mathcal{F}(X_n) \\
&= \left\{ \prod_{i=1}^{n} \widetilde{a}_i \in \mathcal{F}\left(\prod_{i=1}^{n} X_i\right) : \widetilde{a}_i \in \mathcal{F}(X_i), i = 1, 2, \cdots, n \right\}
\end{aligned}
\tag{7.16}
$$

と定義する．特に，$X_i = \mathbb{R}$, $i = 1, 2, \cdots, n$ のときは，$\prod_{i=1}^{n} \mathcal{F}(\mathbb{R})$ を $\mathcal{F}^n(\mathbb{R})$ とも表す．

定義 7.4（拡張原理（直積空間））X_i, $i = 1, 2, \cdots, n$ を集合とし，$f : \prod_{i=1}^{n} X_i \to Y$ とする．また，$\prod_{i=1}^{n} \widetilde{a}_i \in \prod_{i=1}^{n} \mathcal{F}(X_i)$ とする．$\prod_{i=1}^{n} \widetilde{a}_i$ の f による像 $f(\widetilde{a}_1, \widetilde{a}_2, \cdots, \widetilde{a}_n) \in \mathcal{F}(Y)$ を各 $y \in Y$ に対して

$$
f(\widetilde{a}_1, \widetilde{a}_2, \cdots, \widetilde{a}_n)(y) = \sup_{(x_1, x_2, \cdots, x_n) \in f^{-1}(y)} \left(\prod_{i=1}^{n} \widetilde{a}_i \right)(x_1, x_2, \cdots, x_n)
\tag{7.17}
$$

と定義する．ここで，$f^{-1}(y)$ は y の f による逆像である．

次の 2 つの定理は，ファジィ集合およびその生成元に対して，そのファジィ集合の像がその生成元の像によって生成されることを示している．

定理 7.7 $f : X \to Y$ とし，$\{S_\alpha\}_{\alpha \in]0,1]} \in \mathcal{P}(X)$ とする．また，$\widetilde{a} = M_X\left(\{S_\alpha\}_{\alpha \in]0,1]}\right) \in \mathcal{F}(X)$ とする．このとき，次が成り立つ．

$$
f(\widetilde{a}) = M_Y\left(\{f(S_\alpha)\}_{\alpha \in]0,1]}\right) = \sup_{\alpha \in]0,1]} \alpha c_{f(S_\alpha)}
$$

証明 $y \in Y$ とする．このとき

$$
\begin{aligned}
f(\widetilde{a})(y) &= \sup_{x \in f^{-1}(y)} \widetilde{a}(x) = \sup_{x \in f^{-1}(y)} \sup_{\alpha \in]0,1]} \alpha c_{S_\alpha}(x) = \sup_{\alpha \in]0,1]} \sup_{x \in f^{-1}(y)} \alpha c_{S_\alpha}(x) \\
&= \sup_{\alpha \in]0,1]} \alpha \sup_{x \in f^{-1}(y)} c_{S_\alpha}(x) = \sup_{\alpha \in]0,1]} \alpha c_{f(S_\alpha)}(y)
\end{aligned}
$$

となる． $\qquad\qquad\qquad\qquad\qquad\qquad\qquad\qquad\qquad\qquad\qquad\qquad\square$

定理 7.8 $f : X \times Y \to Z$ とし，$\{S_\alpha\}_{\alpha \in]0,1]} \in \mathcal{S}(X)$, $\{T_\alpha\}_{\alpha \in]0,1]} \in \mathcal{S}(Y)$ とする．また，$\widetilde{a} = M_X\left(\{S_\alpha\}_{\alpha \in]0,1]}\right) \in \mathcal{F}(X)$, $\widetilde{b} = M_Y\left(\{T_\alpha\}_{\alpha \in]0,1]}\right) \in \mathcal{F}(Y)$ とする．このとき，次が成り立つ．

$$
f(\widetilde{a}, \widetilde{b}) = M_Z\left(\{f(S_\alpha, T_\alpha)\}_{\alpha \in]0,1]}\right) = \sup_{\alpha \in]0,1]} \alpha c_{f(S_\alpha, T_\alpha)}
$$

証明 $z \in Z$ とする．このとき

$$f(\widetilde{a}, \widetilde{b})(z) = \sup_{(x,y) \in f^{-1}(z)} \widetilde{a}(x) \wedge \widetilde{b}(y)$$

$$= \sup_{(x,y) \in f^{-1}(z)} \left[\left\{ \sup_{\alpha \in]0,1]} \alpha c_{S_\alpha}(x) \right\} \wedge \left\{ \sup_{\alpha \in]0,1]} \alpha c_{T_\alpha}(y) \right\} \right]$$

$$\sup_{\alpha \in]0,1]} \alpha c_{f(S_\alpha, T_\alpha)}(z) = \sup_{\alpha \in]0,1]} \left[\sup_{(x,y) \in f^{-1}(z)} \alpha c_{S_\alpha}(x) \wedge \alpha c_{T_\alpha}(y) \right]$$

$$= \sup_{(x,y) \in f^{-1}(z)} \left[\sup_{\alpha \in]0,1]} \alpha c_{S_\alpha}(x) \wedge \alpha c_{T_\alpha}(y) \right]$$

となる．よって，$x \in X$ および $y \in Y$ を任意に固定し

$$\left\{ \sup_{\alpha \in]0,1]} \alpha c_{S_\alpha}(x) \right\} \wedge \left\{ \sup_{\alpha \in]0,1]} \alpha c_{T_\alpha}(y) \right\} = \sup_{\alpha \in]0,1]} \alpha c_{S_\alpha}(x) \wedge \alpha c_{T_\alpha}(y) \tag{7.18}$$

となることを示せば十分である．$\alpha_0 = \sup_{\alpha \in]0,1]} \alpha c_{S_\alpha}(x)$，$\beta_0 = \sup_{\alpha \in]0,1]} \alpha c_{T_\alpha}(y)$ とする．$\alpha_0 = 0$ ならば，任意の $\alpha \in]0,1]$ に対して $\alpha c_{S_\alpha}(x) = 0$ となる．$\beta_0 = 0$ ならば，任意の $\alpha \in]0,1]$ に対して $\alpha c_{T_\alpha}(y) = 0$ となる．したがって，$\alpha_0 \wedge \beta_0 = 0$ ならば，(7.18) は成り立つ．$\alpha_0 \wedge \beta_0 > 0$ と仮定する．α_0 の定義より，任意の $\alpha \in]0, \alpha_0[$ に対して $x \in S_\alpha$ となり，任意の $\alpha \in]\alpha_0, 1]$ に対して $x \notin S_\alpha$ となる．β_0 の定義より，任意の $\alpha \in]0, \beta_0[$ に対して $y \in T_\alpha$ となり，任意の $\alpha \in]\beta_0, 1]$ に対して $y \notin T_\alpha$ となる．したがって

$$\alpha c_{S_\alpha}(x) \wedge \alpha c_{T_\alpha}(y) = \begin{cases} \alpha & \alpha \in]0, \alpha_0 \wedge \beta_0[\\ \alpha_0 \wedge \beta_0 \text{ または } 0 & \alpha = \alpha_0 \wedge \beta_0 \\ 0 & \alpha \in]\alpha_0 \wedge \beta_0, 1] \end{cases}$$

となるので，$\sup_{\alpha \in]0,1]} \alpha c_{S_\alpha}(x) \wedge \alpha c_{T_\alpha}(y) = \alpha_0 \wedge \beta_0$ となり，(7.18) が成り立つ． $\square$

次の定理は，定理 7.8 の拡張であり，その証明も同様である．

定理 7.9 X_k，$k = 1, 2, \cdots, m$ を集合とし，$f : \prod_{k=1}^m X_k \to Y$ とする．また，各 $k \in \{1, 2, \cdots, m\}$ に対して，$\{S_{k\alpha}\}_{\alpha \in]0,1]} \in \mathcal{S}(X_k)$，$\widetilde{a}_k = M_{X_k}\left(\{S_{k\alpha}\}_{\alpha \in]0,1]}\right) \in \mathcal{F}(X_k)$ とする．このとき，次が成り立つ．

$$f(\widetilde{a}_1, \widetilde{a}_2, \cdots, \widetilde{a}_m) = M_Y\left(\{f(S_{1\alpha}, S_{2\alpha}, \cdots, S_{m\alpha})\}_{\alpha \in]0,1]}\right)$$
$$= \sup_{\alpha \in]0,1]} \alpha c_{f(S_{1\alpha}, S_{2\alpha}, \cdots, S_{m\alpha})}$$

証明 証明は問題として残しておく（問題 7.3.1）． $\square$

定理 7.8 より，次の定理が得られる．

定理 7.10 $m \geq 2$ とする．また，X_k, $k = 1, 2, \cdots, 2m-1$ を集合とし，$f_k : X_{2k-1} \times X_{2k} \to X_{2k+1}$, $k = 1, 2, \cdots, m-1$ とする．さらに，$\{S_{1\alpha}\}_{\alpha \in]0,1]} \in \mathcal{S}(X_1)$, $\widetilde{a}_1 = M_{X_1}\left(\{S_{1\alpha}\}_{\alpha \in]0,1]}\right) \in \mathcal{F}(X_1)$ とし，各 $k \in \{2, 3, \cdots, m\}$ に対して $\{S_{2k-2,\alpha}\}_{\alpha \in]0,1]} \in \mathcal{S}(X_{2k-2})$, $\widetilde{a}_k = M_{X_{2k-2}}\left(\{S_{2k-2,\alpha}\}_{\alpha \in]0,1]}\right) \in \mathcal{F}(X_{2k-2})$ とする．このとき，次が成り立つ．

$$
\begin{aligned}
&f_{m-1}(\cdots f_3(f_2(f_1(\widetilde{a}_1, \widetilde{a}_2), \widetilde{a}_3), \widetilde{a}_4) \cdots, \widetilde{a}_m) \\
&= M_{X_{2m-1}}\left(\{f_{m-1}(\cdots f_3(f_2(f_1(S_{1\alpha}, S_{2\alpha}), S_{4\alpha}), S_{6\alpha}) \cdots, S_{2m-2,\alpha})\}_{\alpha \in]0,1]}\right) \\
&= \sup_{\alpha \in]0,1]} \alpha c_{f_{m-1}(\cdots f_3(f_2(f_1(S_{1\alpha}, S_{2\alpha}), S_{4\alpha}), S_{6\alpha}) \cdots, S_{2m-2,\alpha})}
\end{aligned}
$$

証明 証明は問題として残しておく（問題 7.3.2）． □

定理 7.10 において，$\{S_{1\alpha}\}_{\alpha \in]0,1]} = \{[\widetilde{a}_1]_\alpha\}_{\alpha \in]0,1]}$ であるとし，$\{S_{2k-2,\alpha}\}_{\alpha \in]0,1]} = \{[\widetilde{a}_k]_\alpha\}_{\alpha \in]0,1]}$, $k = 2, 3, \cdots, m$ であるとする．このとき，次を得る．

$$
\begin{aligned}
&f_{m-1}(\cdots f_3(f_2(f_1(\widetilde{a}_1, \widetilde{a}_2), \widetilde{a}_3), \widetilde{a}_4) \cdots, \widetilde{a}_m) \\
&= M_{X_{2m-1}}\left(\{f_{m-1}(\cdots f_3(f_2(f_1([\widetilde{a}_1]_\alpha, [\widetilde{a}_2]_\alpha), [\widetilde{a}_3]_\alpha), [\widetilde{a}_4]_\alpha) \cdots, [\widetilde{a}_m]_\alpha)\}_{\alpha \in]0,1]}\right) \\
&= \sup_{\alpha \in]0,1]} \alpha c_{f_{m-1}(\cdots f_3(f_2(f_1([\widetilde{a}_1]_\alpha, [\widetilde{a}_2]_\alpha), [\widetilde{a}_3]_\alpha), [\widetilde{a}_4]_\alpha) \cdots, [\widetilde{a}_m]_\alpha)}
\end{aligned}
$$

Zadeh の拡張原理によるファジィ集合の二項演算の定義を与える．

定義 7.5 任意の $x, y \in X$ に対して，二項演算 $x * y \in X$ が定義されているとする．また，$\widetilde{a}, \widetilde{b} \in \mathcal{F}(X)$ とする．このとき，$\widetilde{a} * \widetilde{b} \in \mathcal{F}(X)$ を各 $x \in X$ に対して

$$(\widetilde{a} * \widetilde{b})(x) = \sup_{x = y * z} \widetilde{a}(y) \wedge \widetilde{b}(z) \tag{7.19}$$

と定義する．

定理 7.10 をファジィ集合の二項演算に適用することによって，次の定理が得られる．

定理 7.11 任意の $x, y \in X$ に対して，二項演算 $x * y \in X$ が定義されているとする．また，各 $k \in \{1, 2, \cdots, m\}$ に対して $\{S_{k\alpha}\}_{\alpha \in]0,1]} \in \mathcal{S}(X)$, $\widetilde{a}_k = M_X\left(\{S_{k\alpha}\}_{\alpha \in]0,1]}\right) \in \mathcal{F}(X)$ とする．このとき，次が成り立つ．

$$
\begin{aligned}
&(\cdots((\widetilde{a}_1 * \widetilde{a}_2) * \widetilde{a}_3) \cdots * \widetilde{a}_m) \\
&= M_X\left(\{(\cdots(((S_{1\alpha} * S_{2\alpha}) * S_{3\alpha}) * S_{4\alpha}) \cdots * S_{m-1,\alpha}) * S_{m\alpha}\}_{\alpha \in]0,1]}\right) \\
&= \sup_{\alpha \in]0,1]} \alpha c_{(\cdots(((S_{1\alpha} * S_{2\alpha}) * S_{3\alpha}) * S_{4\alpha}) \cdots * S_{m-1,\alpha}) * S_{m\alpha}}
\end{aligned}
$$

ここで，$A, B \subset X$ に対して $A * B = \{x * y \in X : x, y \in X\}$ である．

次に，ファジィ直積集合について考えよう．$X_i,\ i = 1, 2, \cdots, m$ を集合とし，$f:$ $\prod_{i=1}^{m} X_i \to Y$ とする．また，$\prod_{i=1}^{m} \widetilde{a}_i \in \prod_{i=1}^{m} \mathcal{F}(X_i)$ とし，$\alpha \in\ ]0, 1]$ とする．定理 7.3 および 7.9 より

$$[f(\widetilde{a}_1, \widetilde{a}_2, \cdots, \widetilde{a}_m)]_\alpha \supset f([\widetilde{a}_1]_\alpha, [\widetilde{a}_2]_\alpha, \cdots, [\widetilde{a}_m]_\alpha)$$

となる．一般に

$$[f(\widetilde{a}_1, \widetilde{a}_2, \cdots, \widetilde{a}_m)]_\alpha \subset f([\widetilde{a}_1]_\alpha, [\widetilde{a}_2]_\alpha, \cdots, [\widetilde{a}_m]_\alpha)$$

が成り立つとは限らないが，次の定理はそれが成り立つための条件を与える．

定理 7.12 $X_i,\ i = 1, 2, \cdots, m$ を集合とし，$f : \prod_{i=1}^{m} X_i \to Y$ とする．また，$\prod_{i=1}^{m} \widetilde{a}_i \in$ $\prod_{i=1}^{m} \mathcal{F}(X_i)$ とする．このとき，任意の $\alpha \in\ ]0, 1]$ に対して

$$[f(\widetilde{a}_1, \widetilde{a}_2, \cdots, \widetilde{a}_m)]_\alpha = f([\widetilde{a}_1]_\alpha, [\widetilde{a}_2]_\alpha, \cdots, [\widetilde{a}_m]_\alpha)$$

となるための必要十分条件は，$y \in Y,\ f^{-1}(y) \neq \emptyset$ ならばある $(x_1^*, x_2^*, \cdots, x_m^*) \in f^{-1}(y)$ が存在して次が成り立つことである．

$$\min_{i=1,2,\cdots,m} \widetilde{a}_i(x_i^*) = \sup_{(x_1, x_2, \cdots, x_m) \in f^{-1}(y)} \min_{i=1,2,\cdots,m} \widetilde{a}_i(x_i)$$

証明 必要性：$y \in Y,\ f^{-1}(y) \neq \emptyset$ であるとし

$$\beta = \sup_{(x_1, x_2, \cdots, x_m) \in f^{-1}(y)} \min_{i=1,2,\cdots,m} \widetilde{a}_i(x_i)$$

とする．$\beta = 0$ ならば，任意の $(x_1', x_2', \cdots, x_m') \in f^{-1}(y)$ に対して

$$\min_{i=1,2,\cdots,m} \widetilde{a}_i(x_i') = 0 = \sup_{(x_1, x_2, \cdots, x_m) \in f^{-1}(y)} \min_{i=1,2,\cdots,m} \widetilde{a}_i(x_i)$$

となる．よって，$\beta > 0$ とする．仮定より $y \in [f(\widetilde{a}_1, \widetilde{a}_2, \cdots, \widetilde{a}_m)]_\beta = f([\widetilde{a}_1]_\beta, [\widetilde{a}_2]_\beta, \cdots,$ $[\widetilde{a}_m]_\beta)$ となるので，ある $(x_1^*, x_2^*, \cdots, x_m^*) \in \prod_{i=1}^{m} [\widetilde{a}_i]_\beta$ が存在して $f(x_1^*, x_2^*, \cdots, x_m^*) =$ y となる．$(x_1^*, x_2^*, \cdots, x_m^*) \in f^{-1}(y)$ であり，任意の $i \in \{1, 2, \cdots, m\}$ に対して $\widetilde{a}_i(x_i^*)$ $\geq \beta$ であるので

$$\min_{i=1,2,\cdots,m} \widetilde{a}_i(x_i^*) \leq \sup_{(x_1, x_2, \cdots, x_m) \in f^{-1}(y)} \min_{i=1,2,\cdots,m} \widetilde{a}_i(x_i) = \beta \leq \min_{i=1,2,\cdots,m} \widetilde{a}_i(x_i^*)$$

となる．したがって

$$\min_{i=1,2,\cdots,m} \widetilde{a}_i(x_i^*) = \sup_{(x_1, x_2, \cdots, x_m) \in f^{-1}(y)} \min_{i=1,2,\cdots,m} \widetilde{a}_i(x_i)$$

となる.

十分性：$\alpha \in \,]0,1]$ を任意に固定する．定理 7.3 および 7.9 より，$[f(\widetilde{a}_1, \widetilde{a}_2, \cdots, \widetilde{a}_m)]_\alpha$ $\supset f([\widetilde{a}_1]_\alpha, [\widetilde{a}_2]_\alpha, \cdots, [\widetilde{a}_m]_\alpha)$ となる．よって，$[f(\widetilde{a}_1, \widetilde{a}_2, \cdots, \widetilde{a}_m)]_\alpha \subset f([\widetilde{a}_1]_\alpha, [\widetilde{a}_2]_\alpha, \cdots,$ $[\widetilde{a}_m]_\alpha)$ となることを示す．$y \in [f(\widetilde{a}_1, \widetilde{a}_2, \cdots, \widetilde{a}_m)]_\alpha$ とする．このとき

$$f(\widetilde{a}_1, \widetilde{a}_2, \cdots, \widetilde{a}_m)(y) = \sup_{(x_1, x_2, \cdots, x_m) \in f^{-1}(y)} \min_{i=1,2,\cdots,m} \widetilde{a}_i(x_i) \geq \alpha > 0$$

であるので，$f^{-1}(y) \neq \emptyset$ となる．仮定より，ある $(x_1^*, x_2^*, \cdots, x_m^*) \in f^{-1}(y)$ が存在して

$$\min_{i=1,2,\cdots,m} \widetilde{a}_i(x_i^*) = \sup_{(x_1, x_2, \cdots, x_m) \in f^{-1}(y)} \min_{i=1,2,\cdots,m} \widetilde{a}_i(x_i) \geq \alpha$$

となる．したがって，任意の $i \in \{1, 2, \cdots, m\}$ に対して $x_i^* \in [\widetilde{a}_i]_\alpha$ となるので，$y = f(x_1^*, x_2^*, \cdots, x_m^*) \in f([\widetilde{a}_1]_\alpha, [\widetilde{a}_2]_\alpha, \cdots, [\widetilde{a}_m]_\alpha)$ となる． $\square$

補題 7.1 $X_i, i = 1, 2, \cdots, m$ を集合とし，$\prod_{i=1}^m \widetilde{a}_i \in \prod_{i=1}^m \mathcal{F}(X_i)$ とする．このとき，各 $\alpha \in \,]0,1]$ に対して，次が成り立つ．

$$\left[\prod_{i=1}^m \widetilde{a}_i\right]_\alpha = \prod_{i=1}^m [\widetilde{a}_i]_\alpha$$

証明 任意の $\alpha \in \,]0,1]$ に対して

$$\begin{aligned}
\left[\prod_{i=1}^m \widetilde{a}_i\right]_\alpha &= \left\{(x_1, x_2, \cdots, x_m) \in \prod_{i=1}^m X_i : \min_{i=1,2,\cdots,m} \widetilde{a}_i(x_i) \geq \alpha\right\} \\
&= \left\{(x_1, x_2, \cdots, x_m) \in \prod_{i=1}^m X_i : \widetilde{a}_i(x_i) \geq \alpha, i = 1, 2, \cdots, m\right\} \\
&= \left\{(x_1, x_2, \cdots, x_m) \in \prod_{i=1}^m X_i : x_i \in [\widetilde{a}_i]_\alpha, i = 1, 2, \cdots, m\right\} \\
&= \prod_{i=1}^m [\widetilde{a}_i]_\alpha
\end{aligned}$$

となる． $\square$

$f : \prod_{i=1}^m \mathbb{R}^{n_i} \to \mathbb{R}^\ell$ とし，$(\boldsymbol{x}_1^0, \boldsymbol{x}_2^0, \cdots, \boldsymbol{x}_m^0) \in \prod_{i=1}^m \mathbb{R}^{n_i}$ とする．f が $(\boldsymbol{x}_1^0, \boldsymbol{x}_2^0, \cdots, \boldsymbol{x}_m^0)$ において**連続**であるとは，任意の $\varepsilon > 0$ に対して，ある $\delta > 0$ が存在し，$\|(\boldsymbol{x}_1, \boldsymbol{x}_2, \cdots, \boldsymbol{x}_m) - (\boldsymbol{x}_1^0, \boldsymbol{x}_2^0, \cdots, \boldsymbol{x}_m^0)\| < \delta$ であるすべての $(\boldsymbol{x}_1, \boldsymbol{x}_2, \cdots, \boldsymbol{x}_m) \in \prod_{i=1}^m \mathbb{R}^{n_i}$ に対して $\|f(\boldsymbol{x}_1, \boldsymbol{x}_2, \cdots, \boldsymbol{x}_m) - f(\boldsymbol{x}_1^0, \boldsymbol{x}_2^0, \cdots, \boldsymbol{x}_m^0)\| < \varepsilon$ となるときをいう．f が任意の $(\boldsymbol{x}_1, \boldsymbol{x}_2, \cdots, \boldsymbol{x}_m) \in \prod_{i=1}^m \mathbb{R}^{n_i}$ において連続であるとき，f は $\prod_{i=1}^m \mathbb{R}^{n_i}$ 上で連続であるという．

220

定理 **7.13** $f : \prod_{i=1}^{m} \mathbb{R}^{n_i} \to \mathbb{R}^{\ell}$ とし, $\widetilde{a}_i \in \mathcal{FBC}(\mathbb{R}^{n_i})$, $i = 1, 2, \cdots, m$ とする. このとき, f が $\prod_{i=1}^{m} \mathbb{R}^{n_i}$ 上で連続ならば, 任意の $\alpha \in \,]0, 1]$ に対して次が成り立つ.

$$[f(\widetilde{a}_1, \widetilde{a}_2, \cdots, \widetilde{a}_m)]_\alpha = f([\widetilde{a}_1]_\alpha, [\widetilde{a}_2]_\alpha, \cdots, [\widetilde{a}_m]_\alpha)$$

証明 定理 7.12 より, $\boldsymbol{y} \in \mathbb{R}^{\ell}$, $f^{-1}(\boldsymbol{y}) \neq \emptyset$ ならばある $(\boldsymbol{x}_1^*, \boldsymbol{x}_2^*, \cdots, \boldsymbol{x}_m^*) \in f^{-1}(\boldsymbol{y})$ が存在して

$$\min_{i=1,2,\cdots,m} \widetilde{a}_i(\boldsymbol{x}_i^*) = \sup_{(\boldsymbol{x}_1, \boldsymbol{x}_2, \cdots, \boldsymbol{x}_m) \in f^{-1}(\boldsymbol{y})} \min_{i=1,2,\cdots,m} \widetilde{a}_i(\boldsymbol{x}_i)$$

となることを示せばよい. 任意の $\alpha \in \,]0, 1]$ に対して, 補題 7.1 および $[\widetilde{a}_i]_\alpha \in \mathcal{BC}(\mathbb{R}^{n_i})$, $i = 1, 2, \cdots, m$ であることより $[\prod_{i=1}^{m} \widetilde{a}_i]_\alpha = \prod_{i=1}^{m} [\widetilde{a}_i]_\alpha \in \mathcal{BC}\left(\prod_{i=1}^{m} \mathbb{R}^{n_i}\right)$ となる. よって, $\prod_{i=1}^{m} \widetilde{a}_i \in \mathcal{FBC}\left(\prod_{i=1}^{m} \mathbb{R}^{n_i}\right)$ となり, $\min_{i=1,2,\cdots,m} \widetilde{a}_i : \prod_{i=1}^{m} \mathbb{R}^{n_i} \to [0, 1]$ は $\prod_{i=1}^{m} \mathbb{R}^{n_i}$ 上で上半連続になる. ここで, $\min_{i=1,2,\cdots,m} \widetilde{a}_i$ は各 $(\boldsymbol{x}_1, \boldsymbol{x}_2, \cdots, \boldsymbol{x}_m) \in \prod_{i=1}^{m} \mathbb{R}^{n_i}$ に対して $(\min_{i=1,2,\cdots,m} \widetilde{a}_i)(\boldsymbol{x}_1, \boldsymbol{x}_2, \cdots, \boldsymbol{x}_m) = \min_{i=1,2,\cdots,m} \widetilde{a}_i(\boldsymbol{x}_i)$ である.

$$\sup_{(\boldsymbol{x}_1, \boldsymbol{x}_2, \cdots, \boldsymbol{x}_m) \in f^{-1}(\boldsymbol{y})} \min_{i=1,2,\cdots,m} \widetilde{a}_i(\boldsymbol{x}_i) = 0$$

ならば, 任意の $(\boldsymbol{x}_1', \boldsymbol{x}_2', \cdots, \boldsymbol{x}_m') \in f^{-1}(\boldsymbol{y})$ に対して

$$\min_{i=1,2,\cdots,m} \widetilde{a}_i(\boldsymbol{x}_i') = 0 = \sup_{(\boldsymbol{x}_1, \boldsymbol{x}_2, \cdots, \boldsymbol{x}_m) \in f^{-1}(\boldsymbol{y})} \min_{i=1,2,\cdots,m} \widetilde{a}_i(\boldsymbol{x}_i)$$

となる. よって

$$\sup_{(\boldsymbol{x}_1, \boldsymbol{x}_2, \cdots, \boldsymbol{x}_m) \in f^{-1}(\boldsymbol{y})} \min_{i=1,2,\cdots,m} \widetilde{a}_i(\boldsymbol{x}_i) > 0$$

とする. ある $(\boldsymbol{x}_1'', \boldsymbol{x}_2'', \cdots, \boldsymbol{x}_m'') \in f^{-1}(\boldsymbol{y})$ が存在して $\min_{i=1,2,\cdots,m} \widetilde{a}_i(\boldsymbol{x}_i'') > 0$ となり

$$\beta = \min_{i=1,2,\cdots,m} \widetilde{a}_i(\boldsymbol{x}_i'') > 0$$

とする. このとき, $\boldsymbol{x}_i'' \in [\widetilde{a}_i]_\beta$, $i = 1, 2, \cdots, m$ であるので, $(\boldsymbol{x}_1'', \boldsymbol{x}_2'', \cdots, \boldsymbol{x}_m'') \in f^{-1}(\boldsymbol{y})$ $\cap (\prod_{i=1}^{m} [\widetilde{a}_i]_\beta)$ となる. $\prod_{i=1}^{m} [\widetilde{a}_i]_\beta \in \mathcal{BC}\left(\prod_{i=1}^{m} \mathbb{R}^{n_i}\right)$ であり, f の連続性より $f^{-1}(\boldsymbol{y}) \in \mathcal{C}\left(\prod_{i=1}^{m} \mathbb{R}^{n_i}\right)$ となるので, $f^{-1}(\boldsymbol{y}) \cap (\prod_{i=1}^{m} [\widetilde{a}_i]_\beta) \in \mathcal{BC}\left(\prod_{i=1}^{m} \mathbb{R}^{n_i}\right)$ となる. 任意の $(\boldsymbol{x}_1, \boldsymbol{x}_2, \cdots, \boldsymbol{x}_m) \in f^{-1}(\boldsymbol{y}) \cap (\prod_{i=1}^{m} [\widetilde{a}_i]_\beta)$ に対して $\min_{i=1,2,\cdots,m} \widetilde{a}_i(\boldsymbol{x}_i) \geq \beta$ となり, 任意の $(\boldsymbol{x}_1, \boldsymbol{x}_2, \cdots, \boldsymbol{x}_m) \in f^{-1}(\boldsymbol{y}) \setminus (\prod_{i=1}^{m} [\widetilde{a}_i]_\beta)$ に対して $\min_{i=1,2,\cdots,m} \widetilde{a}_i(\boldsymbol{x}_i) < \beta$ となるので

$$\sup_{(\boldsymbol{x}_1, \boldsymbol{x}_2, \cdots, \boldsymbol{x}_m) \in f^{-1}(\boldsymbol{y})} \min_{i=1,2,\cdots,m} \widetilde{a}_i(\boldsymbol{x}_i)$$
$$= \sup_{(\boldsymbol{x}_1, \boldsymbol{x}_2, \cdots, \boldsymbol{x}_m) \in f^{-1}(\boldsymbol{y}) \cap (\prod_{i=1}^{m} [\widetilde{a}_i]_\beta)} \min_{i=1,2,\cdots,m} \widetilde{a}_i(\boldsymbol{x}_i)$$

となる. $f^{-1}(\boldsymbol{y}) \cap (\prod_{i=1}^{m} [\widetilde{a}_i]_\beta) \neq \emptyset$ のコンパクト性および $\min_{i=1,2,\cdots,m} \widetilde{a}_i$ の上半連続性より, ある $(\boldsymbol{x}_1^*, \boldsymbol{x}_2^*, \cdots, \boldsymbol{x}_m^*) \in f^{-1}(\boldsymbol{y}) \cap (\prod_{i=1}^{m} [\widetilde{a}_i]_\beta)$ が存在して

$$\min_{i=1,2,\cdots,m} \widetilde{a}_i(\boldsymbol{x}_i^*) = \sup_{(\boldsymbol{x}_1, \boldsymbol{x}_2, \cdots, \boldsymbol{x}_m) \in f^{-1}(\boldsymbol{y}) \cap (\prod_{i=1}^{m} [\widetilde{a}_i]_\beta)} \min_{i=1,2,\cdots,m} \widetilde{a}_i(\boldsymbol{x}_i)$$

となる. □

問題 7.3

1. 定理 7.9 を証明せよ.

2. 定理 7.10 を証明せよ.

7.4 閉ファジィ集合と頑健的ファジィ集合

$\mathbb{R}^n$ 上のファジィ集合を考え，集合値写像の連続性を用いて閉ファジィ集合と頑健的ファジィ集合の特徴づけを与える．そのために

$$\mathcal{DS}(\mathbb{R}^n) = \{F \in \mathcal{M}(]0,1] \rightsquigarrow \mathbb{R}^n) : F \text{ は }]0,1] \text{ 上で単調減少 }\}$$
$$\mathcal{CDS}(\mathbb{R}^n) = \{F \in \mathcal{M}(]0,1] \rightsquigarrow \mathbb{R}^n) : F \text{ は }]0,1] \text{ 上で閉値単調減少 }\}$$

とする．また

$$\mathcal{SS}(\mathbb{R}^n) = \left\{ F \in \mathcal{DS}(\mathbb{R}^n) : \text{任意の } \alpha \in]0,1] \text{ に対して } \bigcap_{\beta \in]0,\alpha[} F(\beta) = F(\alpha) \right\}$$

$$\mathcal{CS}(\mathbb{R}^n) = \left\{ F \in \mathcal{CDS}(\mathbb{R}^n) : \text{任意の } \alpha \in]0,1] \text{ に対して } \bigcap_{\beta \in]0,\alpha[} F(\beta) = F(\alpha) \right\}$$

$$\mathcal{RS}(\mathbb{R}^n) = \{F \in \mathcal{DS}(\mathbb{R}^n) : F \text{ は }]0,1] \text{ 上で右連続 }\}$$
$$\mathcal{LS}(\mathbb{R}^n) = \{F \in \mathcal{DS}(\mathbb{R}^n) : F \text{ は }]0,1] \text{ 上で左連続 }\}$$
$$\mathcal{LRS}(\mathbb{R}^n) = \{F \in \mathcal{DS}(\mathbb{R}^n) : F \text{ は }]0,1] \text{ 上で連続 }\}$$

とする．ここで，$\mathbb{G} : \mathcal{F}(\mathbb{R}^n) \to \mathcal{DS}(\mathbb{R}^n)$ を各 $\widetilde{a} \in \mathcal{F}(\mathbb{R}^n)$ および各 $\alpha \in]0,1]$ に対して

$$\mathbb{G}(\widetilde{a})(\alpha) = [\widetilde{a}]_\alpha \tag{7.20}$$

と定義し，$\mathbb{H} : \mathcal{DS}(\mathbb{R}^n) \to \mathcal{F}(\mathbb{R}^n)$ を各 $F \in \mathcal{DS}(\mathbb{R}^n)$ に対して

$$\mathbb{H}(F) = M(\{F(\alpha)\}_{\alpha \in]0,1]}) = \sup_{\alpha \in]0,1]} \alpha c_{F(\alpha)} \in \mathcal{F}(\mathbb{R}^n) \tag{7.21}$$

と定義する．

定理 7.14 $\mathbb{G}_1 : \mathcal{F}(\mathbb{R}^n) \to \mathcal{SS}(\mathbb{R}^n)$ を各 $\widetilde{a} \in \mathcal{F}(\mathbb{R}^n)$ に対して $\mathbb{G}_1(\widetilde{a}) = \mathbb{G}(\widetilde{a})$ と定義し，$\mathbb{H}_1 : \mathcal{SS}(\mathbb{R}^n) \to \mathcal{F}(\mathbb{R}^n)$ を各 $F \in \mathcal{SS}(\mathbb{R}^n)$ に対して $\mathbb{H}_1(F) = \mathbb{H}(F)$ と定義する．このとき，次が成り立つ．

$$\mathbb{H}_1 \circ \mathbb{G}_1 = \text{id}_{\mathcal{F}(\mathbb{R}^n)}, \quad \mathbb{G}_1 \circ \mathbb{H}_1 = \text{id}_{\mathcal{SS}(\mathbb{R}^n)}$$

証明 定理 7.1 および 7.4 より，$\mathbb{G}(\mathcal{F}(\mathbb{R}^n)) \subset \mathcal{SS}(\mathbb{R}^n)$ となるので，$\mathbb{G}_1$ は定義可能である．まず，任意の $\widetilde{a} \in \mathcal{F}(\mathbb{R}^n)$ に対して，定理 7.1 より

$$\mathbb{H}_1 \circ \mathbb{G}_1(\widetilde{a}) = \mathbb{H}_1(\mathbb{G}_1(\widetilde{a})) = M\left(\{\mathbb{G}_1(\widetilde{a})(\alpha)\}_{\alpha \in]0,1]}\right) = M\left(\{[\widetilde{a}]_\alpha\}_{\alpha \in]0,1]}\right) = \widetilde{a}$$

となる．よって，$\mathbb{H}_1 \circ \mathbb{G}_1 = \mathrm{id}_{\mathcal{F}(\mathbb{R}^n)}$ となる．次に，任意の $F \in \mathcal{SS}(\mathbb{R}^n)$ および任意の $\alpha \in \,]0,1]$ に対して，定理 7.4 より

$$\mathbb{G}_1 \circ \mathbb{H}_1(F)(\alpha) = \mathbb{G}_1(\mathbb{H}_1(F))(\alpha) = [\mathbb{H}_1(F)]_\alpha = \big[M(\{F(\alpha)\}_{\alpha \in \,]0,1]})\big]_\alpha = F(\alpha)$$

となる．よって，任意の $F \in \mathcal{SS}(\mathbb{R}^n)$ に対して $\mathbb{G}_1 \circ \mathbb{H}_1(F) = F$ となるので，$\mathbb{G}_1 \circ \mathbb{H}_1$ $= \mathrm{id}_{\mathcal{SS}(\mathbb{R}^n)}$ となる． $\qquad\square$

定理 1.6 (iii) より，定理 7.14 における $\mathbb{G}_1$ および $\mathbb{H}_1$ は全単射になり，$\mathcal{F}(\mathbb{R}^n)$ の要素 と $\mathcal{SS}(\mathbb{R}^n)$ の要素の間には 1 対 1 の対応があることがわかる．

次の定理は，頑健的ファジィ集合と閉ファジィ集合の関係を与える．

定理 7.15 $\mathcal{FR}(\mathbb{R}^n) \subset \mathcal{FC}(\mathbb{R}^n) \subset \mathcal{F}(\mathbb{R}^n)$

証明 $\mathcal{FC}(\mathbb{R}^n) \subset \mathcal{F}(\mathbb{R}^n)$ は明らかである．$\mathcal{FR}(\mathbb{R}^n) \subset \mathcal{FC}(\mathbb{R}^n)$ となることを示す．$\widetilde{a} \in \mathcal{FR}(\mathbb{R}^n)$ とする．このとき，任意の $\alpha \in \,]0,1[$ に対して $[\widetilde{a}]_\alpha = \mathrm{cl}(\{\boldsymbol{x} \in \mathbb{R}^n : \widetilde{a}(\boldsymbol{x}) > \alpha\})$ $\in \mathcal{C}(\mathbb{R}^n)$ となる．また，定理 7.1 および 7.4 より，$[\widetilde{a}]_1 = \bigcap_{\alpha \in \,]0,1[}[\widetilde{a}]_\alpha \in \mathcal{C}(\mathbb{R}^n)$ となる． よって，$\widetilde{a} \in \mathcal{FC}(\mathbb{R}^n)$ となる． $\qquad\square$

次の定理は，$\mathcal{LRS}(\mathbb{R}^n)$ と $\mathcal{RS}(\mathbb{R}^n)$，$\mathcal{LS}(\mathbb{R}^n)$ の関係および $\mathcal{LS}(\mathbb{R}^n)$ と $\mathcal{CS}(\mathbb{R}^n)$ の関 係を与える．

定理 7.16

(i) $\mathcal{LRS}(\mathbb{R}^n) = \mathcal{LS}(\mathbb{R}^n) \cap \mathcal{RS}(\mathbb{R}^n)$

(ii) $\mathcal{LRS}(\mathbb{R}^n) \subset \mathcal{LS}(\mathbb{R}^n) = \mathcal{CS}(\mathbb{R}^n) \subset \mathcal{SS}(\mathbb{R}^n)$

証明 (i) は，定理 6.35 より導かれる．(ii) を示す．(i) より，$\mathcal{LRS}(\mathbb{R}^n) \subset \mathcal{LS}(\mathbb{R}^n)$ とな る．定理 6.37 より，$\mathcal{LS}(\mathbb{R}^n) = \mathcal{CS}(\mathbb{R}^n)$ となる．$\mathcal{CS}(\mathbb{R}^n) \subset \mathcal{SS}(\mathbb{R}^n)$ は明らかである．

$\qquad\square$

次の定理は，閉ファジィ集合と左連続集合値写像の関係を与える．

定理 7.17 $\mathbb{G}_2 : \mathcal{FC}(\mathbb{R}^n) \to \mathcal{LS}(\mathbb{R}^n)$ を各 $\widetilde{a} \in \mathcal{FC}(\mathbb{R}^n)$ に対して $\mathbb{G}_2(\widetilde{a}) = \mathbb{G}(\widetilde{a})$ と定義 し，$\mathbb{H}_2 : \mathcal{LS}(\mathbb{R}^n) \to \mathcal{FC}(\mathbb{R}^n)$ を各 $F \in \mathcal{LS}(\mathbb{R}^n)$ に対して $\mathbb{H}_2(F) = \mathbb{H}(F)$ と定義する． このとき，次が成り立つ．

$$\mathbb{H}_2 \circ \mathbb{G}_2 = \mathrm{id}_{\mathcal{FC}(\mathbb{R}^n)}, \quad \mathbb{G}_2 \circ \mathbb{H}_2 = \mathrm{id}_{\mathcal{LS}(\mathbb{R}^n)}$$

証明 定理 7.1, 7.4 および 7.16 (ii) より $\mathbb{G}(\mathcal{FC}(\mathbb{R}^n)) \subset \mathcal{CS}(\mathbb{R}^n) = \mathcal{LS}(\mathbb{R}^n)$, $\mathbb{H}(\mathcal{LS}(\mathbb{R}^n)) = \mathbb{H}(\mathcal{CS}(\mathbb{R}^n)) \subset \mathcal{FC}(\mathbb{R}^n)$ となるので，$\mathbb{G}_2$ および $\mathbb{H}_2$ は定義可能である．定理 7.14 より，$\mathbb{H}_2 \circ \mathbb{G}_2 = \mathrm{id}_{\mathcal{FC}(\mathbb{R}^n)}$, $\mathbb{G}_2 \circ \mathbb{H}_2 = \mathrm{id}_{\mathcal{LS}(\mathbb{R}^n)}$ となる． □

定理 1.6 (iii) より，定理 7.17 における $\mathbb{G}_2$ および $\mathbb{H}_2$ は全単射になり，$\mathcal{FC}(\mathbb{R}^n)$ の要素と $\mathcal{LS}(\mathbb{R}^n) = \mathcal{CS}(\mathbb{R}^n)$ の要素の間には 1 対 1 の対応があることがわかる．

次の定理は，頑健的ファジィ集合と連続集合値写像の関係を与える．

定理 7.18 $\mathbb{G}_3 : \mathcal{FR}(\mathbb{R}^n) \to \mathcal{LRS}(\mathbb{R}^n)$ を各 $\widetilde{a} \in \mathcal{FR}(\mathbb{R}^n)$ に対して $\mathbb{G}_3(\widetilde{a}) = \mathbb{G}(\widetilde{a})$ と定義し，$\mathbb{H}_3 : \mathcal{LRS}(\mathbb{R}^n) \to \mathcal{FR}(\mathbb{R}^n)$ を各 $F \in \mathcal{LRS}(\mathbb{R}^n)$ に対して $\mathbb{H}_3(F) = \mathbb{H}(F)$ と定義する．このとき，次が成り立つ．

$$\mathbb{H}_3 \circ \mathbb{G}_3 = \mathrm{id}_{\mathcal{FR}(\mathbb{R}^n)}, \quad \mathbb{G}_3 \circ \mathbb{H}_3 = \mathrm{id}_{\mathcal{LRS}(\mathbb{R}^n)}$$

証明 定理 6.36, 7.15 および 7.16 より $\mathbb{G}(\mathcal{FR}(\mathbb{R}^n)) \subset \mathcal{CS}(\mathbb{R}^n) \cap \mathcal{RS}(\mathbb{R}^n) = \mathcal{LS}(\mathbb{R}^n) \cap \mathcal{RS}(\mathbb{R}^n) = \mathcal{LRS}(\mathbb{R}^n)$ となり，定理 6.36, 6.37 および 7.4 より $\mathbb{H}(\mathcal{LRS}(\mathbb{R}^n)) \subset \mathcal{FR}(\mathbb{R}^n)$ となるので，$\mathbb{G}_3$ および $\mathbb{H}_3$ は定義可能である．定理 7.14 より，$\mathbb{H}_3 \circ \mathbb{G}_3 = \mathrm{id}_{\mathcal{FR}(\mathbb{R}^n)}$, $\mathbb{G}_3 \circ \mathbb{H}_3 = \mathrm{id}_{\mathcal{LRS}(\mathbb{R}^n)}$ となる． □

定理 1.6 (iii) より，定理 7.18 における $\mathbb{G}_3$ および $\mathbb{H}_3$ は全単射になり，$\mathcal{FR}(\mathbb{R}^n)$ の要素と $\mathcal{LRS}(\mathbb{R}^n)$ の要素の間には 1 対 1 の対応があることがわかる．

得られたファジィ集合と集合値写像の関係をまとめたものを図 7.14 に示す．

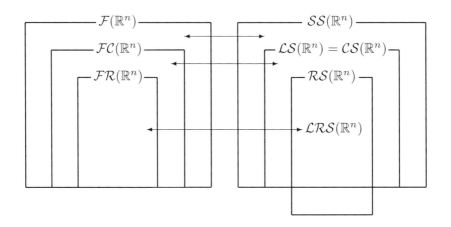

図 7.14 ファジィ集合と集合値写像の関係

第 8 章

ファジィ集合値解析

　本章では，レベル集合を用いてファジィ集合の順序，ファジィ内積，ファジィ直積空間，ファジィノルムおよびファジィ距離の性質を調べる．さらに，ファジィ集合列の極限，ファジィ集合値写像の連続性と導写像およびファジィ集合値凸写像の性質を調べる．

8.1　ファジィ集合の演算

　Zadeh の拡張原理による $\mathcal{F}(\mathbb{R}^n)$ 上の加法, 減法およびスカラー倍の定義を与える.

定義 8.1 $\widetilde{a}, \widetilde{b} \in \mathcal{F}(\mathbb{R}^n)$ とし, $\lambda \in \mathbb{R}$ とする. $\widetilde{a} + \widetilde{b}, \widetilde{a} - \widetilde{b}, \lambda\widetilde{a} \in \mathcal{F}(\mathbb{R}^n)$ をそれぞれ各 $\boldsymbol{x} \in \mathbb{R}^n$ に対して, 次のように定義する.

$$(\widetilde{a} + \widetilde{b})(\boldsymbol{x}) = \sup_{\boldsymbol{x} = \boldsymbol{y} + \boldsymbol{z}} \widetilde{a}(\boldsymbol{y}) \wedge \widetilde{b}(\boldsymbol{z}) \tag{8.1}$$

$$(\widetilde{a} - \widetilde{b})(\boldsymbol{x}) = \sup_{\boldsymbol{x} = \boldsymbol{y} - \boldsymbol{z}} \widetilde{a}(\boldsymbol{y}) \wedge \widetilde{b}(\boldsymbol{z}) \tag{8.2}$$

$$(\lambda\widetilde{a})(\boldsymbol{x}) = \sup_{\boldsymbol{x} = \lambda\boldsymbol{y}} \widetilde{a}(\boldsymbol{y}) \tag{8.3}$$

　次の定理は，ファジィ集合の演算とファジィ集合のレベル集合の演算の関係を与える.

定理 8.1 $\widetilde{a}, \widetilde{b} \in \mathcal{F}(\mathbb{R}^n)$ とし, $\lambda \in \mathbb{R}$ とする. また, $\alpha \in]0, 1]$ とする. このとき, 次が成り立つ.

(i) $[\widetilde{a} + \widetilde{b}]_\alpha \supset [\widetilde{a}]_\alpha + [\widetilde{b}]_\alpha$

(ii) $\widetilde{a} \in \mathcal{FBC}(\mathbb{R}^n), \widetilde{b} \in \mathcal{FC}(\mathbb{R}^n) \Rightarrow [\widetilde{a} + \widetilde{b}]_\alpha \subset [\widetilde{a}]_\alpha + [\widetilde{b}]_\alpha$

(iii) $[\lambda\widetilde{a}]_\alpha \supset \lambda[\widetilde{a}]_\alpha$

(iv) $\widetilde{a} \in \mathcal{FBC}(\mathbb{R}^n) \Rightarrow [\lambda \widetilde{a}]_\alpha \subset \lambda [\widetilde{a}]_\alpha$

証明 (i) および (iii) は，定理 7.1, 7.3 および 7.9 より導かれる．(i) は，定理 7.9 において，$f : \mathbb{R}^n \times \mathbb{R}^n \to \mathbb{R}^n$ を各 $(\boldsymbol{x}, \boldsymbol{y}) \in \mathbb{R}^n \times \mathbb{R}^n$ に対して $f(\boldsymbol{x}, \boldsymbol{y}) = \boldsymbol{x} + \boldsymbol{y}$ とすればよい．(iii) は，定理 7.9 において，$f : \mathbb{R}^n \to \mathbb{R}^n$ を各 $\boldsymbol{x} \in \mathbb{R}^n$ に対して

$$f(\boldsymbol{x}) = \lambda \boldsymbol{x} \tag{8.4}$$

とすればよい．(8.4) において定義された f は $\mathbb{R}^n$ 上で連続になるので，定理 7.13 より (iv) が導かれる．

(ii) を示す．$\boldsymbol{x} \in [\widetilde{a} + \widetilde{b}]_\alpha$ とする．このとき，$(\widetilde{a} + \widetilde{b})(\boldsymbol{x}) = \sup_{\boldsymbol{x}=\boldsymbol{y}+\boldsymbol{z}} \widetilde{a}(\boldsymbol{y}) \wedge \widetilde{b}(\boldsymbol{z}) \geq \alpha$ であるので，各 $k \in \mathbb{N}$ に対して，ある $\boldsymbol{y}_k, \boldsymbol{z}_k \in \mathbb{R}^n$ が存在し $\boldsymbol{x} = \boldsymbol{y}_k + \boldsymbol{z}_k$, $\widetilde{a}(\boldsymbol{y}_k) > \alpha - \frac{\alpha}{k}$, $\widetilde{b}(\boldsymbol{z}_k) > \alpha - \frac{\alpha}{k}$ となる．$\widetilde{a} \in \mathcal{FBC}(\mathbb{R}^n)$ であるので，一般性を失うことなく，ある $\boldsymbol{y}_0 \in \mathbb{R}^n$ に対して $\boldsymbol{y}_k \to \boldsymbol{y}_0$ となることを仮定する．このとき，$\boldsymbol{z}_k \to \boldsymbol{x} - \boldsymbol{y}_0$ となる．$\widetilde{a}, \widetilde{b} \in \mathcal{FC}(\mathbb{R}^n)$ であるので，$\widetilde{a}(\boldsymbol{y}_0) \geq \limsup_k \widetilde{a}(\boldsymbol{y}_k) \geq \alpha$, $\widetilde{b}(\boldsymbol{x} - \boldsymbol{y}_0) \geq \limsup_k \widetilde{b}(\boldsymbol{z}_k) \geq \alpha$ となり，$\boldsymbol{y}_0 \in [\widetilde{a}]_\alpha$, $\boldsymbol{x} - \boldsymbol{y}_0 \in [\widetilde{b}]_\alpha$ となる．よって，$\boldsymbol{x} = \boldsymbol{y}_0 + (\boldsymbol{x} - \boldsymbol{y}_0) \in [\widetilde{a}]_\alpha + [\widetilde{b}]_\alpha$ となる． $\square$

次の定理は，ファジィ集合の演算とファジィ集合の生成元の演算の関係を与える．

定理 8.2 $\{S_\alpha\}_{\alpha \in]0,1]}, \{T_\alpha\}_{\alpha \in]0,1]} \in \mathcal{S}(\mathbb{R}^n)$ として，$\widetilde{a} = M\left(\{S_\alpha\}_{\alpha \in]0,1]}\right)$, $\widetilde{b} = M\left(\{T_\alpha\}_{\alpha \in]0,1]}\right) \in \mathcal{F}(\mathbb{R}^n)$ とする．また，$\lambda \in \mathbb{R}$ とする．このとき，次が成り立つ．

(i) $\widetilde{a} + \widetilde{b} = M\left(\{S_\alpha + T_\alpha\}_{\alpha \in]0,1]}\right) = \displaystyle\sup_{\alpha \in]0,1]} \alpha c_{S_\alpha + T_\alpha}$

(ii) $\widetilde{a} - \widetilde{b} = M\left(\{S_\alpha - T_\alpha\}_{\alpha \in]0,1]}\right) = \displaystyle\sup_{\alpha \in]0,1]} \alpha c_{S_\alpha - T_\alpha}$

(iii) $\lambda \widetilde{a} = M\left(\{\lambda S_\alpha\}_{\alpha \in]0,1]}\right) = \displaystyle\sup_{\alpha \in]0,1]} \alpha c_{\lambda S_\alpha}$

証明 定理 7.9 より直ちに導かれる．定理 7.9 において，(i) は $f : \mathbb{R}^n \times \mathbb{R}^n \to \mathbb{R}^n$ を各 $(\boldsymbol{x}, \boldsymbol{y}) \in \mathbb{R}^n \times \mathbb{R}^n$ に対して $f(\boldsymbol{x}, \boldsymbol{y}) = \boldsymbol{x} + \boldsymbol{y}$ とし，(ii) は $f : \mathbb{R}^n \times \mathbb{R}^n \to \mathbb{R}^n$ を各 $(\boldsymbol{x}, \boldsymbol{y}) \in \mathbb{R}^n \times \mathbb{R}^n$ に対して $f(\boldsymbol{x}, \boldsymbol{y}) = \boldsymbol{x} - \boldsymbol{y}$ とし，(iii) は $f : \mathbb{R}^n \to \mathbb{R}^n$ を各 $\boldsymbol{x} \in \mathbb{R}^n$ に対して $f(\boldsymbol{x}) = \lambda \boldsymbol{x}$ とすればよい． $\square$

次の定理は，ファジィ集合の加法と減法の関係を与える．

定理 8.3 $\widetilde{a}, \widetilde{b} \in \mathcal{F}(\mathbb{R}^n)$ に対して，次が成り立つ．

$$\widetilde{a} + (-1)\widetilde{b} = \widetilde{a} - \widetilde{b}$$

証明 任意の $\alpha \in]0,1]$ に対して $[\widetilde{a}]_\alpha + (-1)[\widetilde{b}]_\alpha = [\widetilde{a}]_\alpha - [\widetilde{b}]_\alpha$ となるので，定理 7.1 および 8.2 より

$$\widetilde{a} + (-1)\widetilde{b} = M\left(\{[\widetilde{a}]_\alpha + (-1)[\widetilde{b}]_\alpha\}_{\alpha \in]0,1]}\right) = M\left(\{[\widetilde{a}]_\alpha - [\widetilde{b}]_\alpha\}_{\alpha \in]0,1]}\right) = \widetilde{a} - \widetilde{b}$$

となる． □

例 8.1

(i) $\widetilde{a}, \widetilde{b} \in \mathcal{F}(\mathbb{R}^2)$ を各 $(x,y) \in \mathbb{R}^2$ に対して

$$\widetilde{a}(x,y) = \min\{\max\{1 - |x-1|, 0\}, \max\{1 - |y-3|, 0\}\}$$
$$\widetilde{b}(x,y) = \min\{\max\{1 - |x-3|, 0\}, \max\{1 - |y-1|, 0\}\}$$

とする（図 8.1）．このとき，$\widetilde{a} + \widetilde{b}, \widetilde{a} - \widetilde{b} \in \mathcal{F}(\mathbb{R}^2)$ を考える．

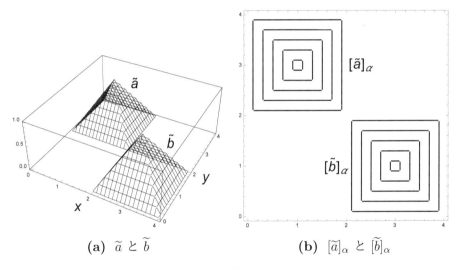

(a) $\widetilde{a}$ と $\widetilde{b}$ (b) $[\widetilde{a}]_\alpha$ と $[\widetilde{b}]_\alpha$

図 8.1 $\widetilde{a}, \widetilde{b} \in \mathcal{F}(\mathbb{R}^2)$

各 $\alpha \in]0,1]$ に対して，$[\widetilde{a}]_\alpha = [\alpha, -\alpha+2] \times [\alpha+2, -\alpha+4]$, $[\widetilde{b}]_\alpha = [\alpha+2, -\alpha+4] \times [\alpha, -\alpha+2]$ となる．よって，各 $\alpha \in]0,1]$ に対して $[\widetilde{a}]_\alpha + [\widetilde{b}]_\alpha = [2\alpha+2, -2\alpha+6] \times [2\alpha+2, -2\alpha+6]$ となるので，定理 7.1 および 8.2 (i) より，$\widetilde{a} + \widetilde{b} \in \mathcal{F}(\mathbb{R}^2)$ は各 $(x,y) \in \mathbb{R}^2$ に対して

$$(\widetilde{a} + \widetilde{b})(x,y) = \min\left\{\max\left\{1 - \frac{|x-4|}{2}, 0\right\}, \max\left\{1 - \frac{|y-4|}{2}, 0\right\}\right\}$$

となる（図 8.2）．

228

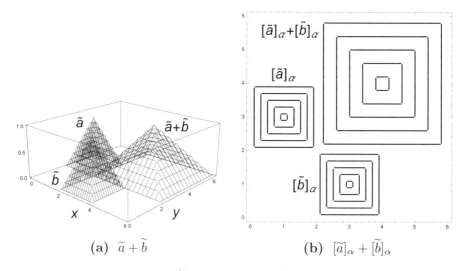

(a) $\widetilde{a}+\widetilde{b}$ (b) $[\widetilde{a}]_\alpha + [\widetilde{b}]_\alpha$

図 **8.2** $\widetilde{a},\widetilde{b}\in\mathcal{F}(\mathbb{R}^2)$ と $\widetilde{a}+\widetilde{b}\in\mathcal{F}(\mathbb{R}^2)$

また，各 $\alpha\in\,]0,1]$ に対して $[\widetilde{a}]_\alpha - [\widetilde{b}]_\alpha = [2\alpha-4,-2\alpha]\times[2\alpha,-2\alpha+4]$ となるので，定理 7.1 および 8.2 (ii) より，$\widetilde{a}-\widetilde{b}\in\mathcal{F}(\mathbb{R}^2)$ は各 $(x,y)\in\mathbb{R}^2$ に対して

$$(\widetilde{a}-\widetilde{b})(x,y) = \min\left\{\max\left\{1-\frac{|x+2|}{2},0\right\},\max\left\{1-\frac{|y-2|}{2},0\right\}\right\}$$

となる（図 8.3）．

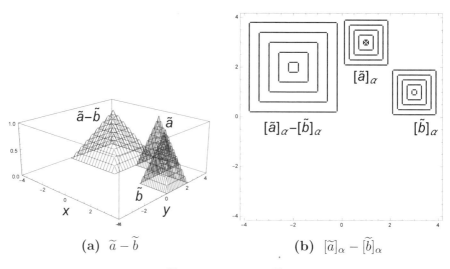

(a) $\widetilde{a}-\widetilde{b}$ (b) $[\widetilde{a}]_\alpha - [\widetilde{b}]_\alpha$

図 **8.3** $\widetilde{a},\widetilde{b}\in\mathcal{F}(\mathbb{R}^2)$ と $\widetilde{a}-\widetilde{b}\in\mathcal{F}(\mathbb{R}^2)$

(ii) $\widetilde{a} \in \mathcal{F}(\mathbb{R}^2)$ を各 $(x,y) \in \mathbb{R}^2$ に対して

$$\widetilde{a}(x,y) = \min\left\{\max\left\{1-|x-2|,0\right\}, \max\left\{1-|y-2|,0\right\}\right\}$$

とする（図8.4）．このとき，$2\widetilde{a} \in \mathcal{F}(\mathbb{R}^2)$ を考える．各 $\alpha \in]0,1]$ に対して $[\widetilde{a}]_\alpha = [\alpha+1, -\alpha+3] \times [\alpha+1, -\alpha+3]$ となる．よって，各 $\alpha \in]0,1]$ に対して $2[\widetilde{a}]_\alpha = [2\alpha+2, -2\alpha+6] \times [2\alpha+2, -2\alpha+6]$ となるので，定理7.1 および 8.2 (iii) より，$2\widetilde{a} \in \mathcal{F}(\mathbb{R}^2)$ は各 $(x,y) \in \mathbb{R}^2$ に対して

$$(2\widetilde{a})(x,y) = \min\left\{\max\left\{1-\frac{|x-4|}{2},0\right\}, \max\left\{1-\frac{|y-4|}{2},0\right\}\right\}$$

となる（図8.4）．

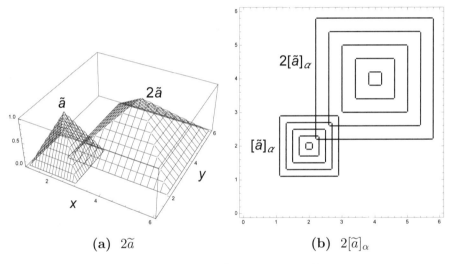

(a) $2\widetilde{a}$ (b) $2[\widetilde{a}]_\alpha$

図 8.4 $\widetilde{a} \in \mathcal{F}(\mathbb{R}^2)$ と $2\widetilde{a} \in \mathcal{F}(\mathbb{R}^2)$

□

次の定理は，定義8.1における加法（二項演算）を用いた m 個のファジィ集合の和と Zadeh の拡張原理による m 個のファジィ集合の和（m 項演算）が一致することを示している．

定理 8.4 各 $k \in \{1, 2, \cdots, m\}$ に対して，$\{S_{k\alpha}\}_{\alpha \in]0,1]} \in \mathcal{S}(\mathbb{R}^n)$，$\widetilde{a}_k = M\left(\{S_{k\alpha}\}_{\alpha \in]0,1]}\right) \in \mathcal{F}(\mathbb{R}^n)$ とする．このとき，各 $\boldsymbol{x} \in \mathbb{R}^n$ に対して，次が成り立つ．

$$\begin{aligned}
&(\cdots((\widetilde{a}_1 + \widetilde{a}_2) + \widetilde{a}_3) \cdots + \widetilde{a}_m)(\boldsymbol{x}) \\
&= M\left(\{S_{1\alpha} + S_{2\alpha} + \cdots + S_{m\alpha}\}_{\alpha \in]0,1]}\right)(\boldsymbol{x}) \\
&= \sup_{\boldsymbol{x} = \boldsymbol{x}_1 + \boldsymbol{x}_2 + \cdots + \boldsymbol{x}_m} \min_{k=1,2,\cdots,m} \widetilde{a}_k(\boldsymbol{x}_k)
\end{aligned} \quad (8.5)$$

証明 第一の等号は，定理 8.2 (i) を繰り返し用いることによって導かれる．第二の等号は，定理 7.9 において，$f : \prod_{k=1}^{m} \mathbb{R}^n \to \mathbb{R}^n$ を各 $(\boldsymbol{x}_1, \boldsymbol{x}_2, \cdots, \boldsymbol{x}_m) \in \prod_{k=1}^{m} \mathbb{R}^n$ に対して $f(\boldsymbol{x}_1, \boldsymbol{x}_2, \cdots, \boldsymbol{x}_m) = \boldsymbol{x}_1 + \boldsymbol{x}_2 + \cdots + \boldsymbol{x}_m$ とすると導かれる． $\qquad\square$

次の定理は，定義 8.1 における加法とスカラー倍に関して，$\mathcal{F}(\mathbb{R}^n)$ はベクトル空間にはならないが，ベクトル空間に近い性質をもつことを示している．

定理 8.5 $\widetilde{a}, \widetilde{b}, \widetilde{c} \in \mathcal{F}(\mathbb{R}^n)$ および $\lambda, \mu \in \mathbb{R}$ に対して，次が成り立つ．

(i) $\widetilde{a} + \widetilde{b} = \widetilde{b} + \widetilde{a}$

(ii) $(\widetilde{a} + \widetilde{b}) + \widetilde{c} = \widetilde{a} + (\widetilde{b} + \widetilde{c})$

(iii) $\widetilde{\mathbf{0}} + \widetilde{a} = \widetilde{a}$

(iv) $\lambda, \mu \geq 0, \widetilde{a} \in \mathcal{FK}(\mathbb{R}^n) \Rightarrow (\lambda + \mu)\widetilde{a} = \lambda\widetilde{a} + \mu\widetilde{a}$

(v) $\lambda(\widetilde{a} + \widetilde{b}) = \lambda\widetilde{a} + \lambda\widetilde{b}$

(vi) $(\lambda\mu)\widetilde{a} = \lambda(\mu\widetilde{a})$

(vii) $1\widetilde{a} = \widetilde{a}$

証明

(i) 定理 6.1 (i), 7.1 および 8.2 (i) より

$$\widetilde{a} + \widetilde{b} = M\left(\{[\widetilde{a}]_\alpha + [\widetilde{b}]_\alpha\}_{\alpha \in]0,1]}\right) = M\left(\{[\widetilde{b}]_\alpha + [\widetilde{a}]_\alpha\}_{\alpha \in]0,1]}\right) = \widetilde{b} + \widetilde{a}$$

となる．

(ii) 定理 6.1 (ii), 7.1 および 8.2 (i) より

$$
\begin{aligned}
(\widetilde{a} + \widetilde{b}) + \widetilde{c} &= \left(M\left(\{[\widetilde{a}]_\alpha\}_{\alpha \in]0,1]}\right) + M\left(\{[\widetilde{b}]_\alpha\}_{\alpha \in]0,1]}\right)\right) + M\left(\{[\widetilde{c}]_\alpha\}_{\alpha \in]0,1]}\right) \\
&= M\left(\{[\widetilde{a}]_\alpha + [\widetilde{b}]_\alpha\}_{\alpha \in]0,1]}\right) + M\left(\{[\widetilde{c}]_\alpha\}_{\alpha \in]0,1]}\right) \\
&= M\left(\{([\widetilde{a}]_\alpha + [\widetilde{b}]_\alpha) + [\widetilde{c}]_\alpha\}_{\alpha \in]0,1]}\right) \\
&= M\left(\{[\widetilde{a}]_\alpha + ([\widetilde{b}]_\alpha + [\widetilde{c}]_\alpha)\}_{\alpha \in]0,1]}\right) \\
&= M\left(\{[\widetilde{a}]_\alpha\}_{\alpha \in]0,1]}\right) + M\left(\{[\widetilde{b}]_\alpha + [\widetilde{c}]_\alpha\}_{\alpha \in]0,1]}\right) \\
&= M\left(\{[\widetilde{a}]_\alpha\}_{\alpha \in]0,1]}\right) + \left(M\left(\{[\widetilde{b}]_\alpha\}_{\alpha \in]0,1]}\right) + M\left(\{[\widetilde{c}]_\alpha\}_{\alpha \in]0,1]}\right)\right) \\
&= \widetilde{a} + (\widetilde{b} + \widetilde{c})
\end{aligned}
$$

となる．

(iii) 定理 6.1 (iii), 7.1 および 8.2 (i) より

$$\widetilde{0} + \widetilde{a} = M(\{\{\mathbf{0}\}\}_{\alpha \in]0,1]}) + M\left(\{[\widetilde{a}]_{\alpha}\}_{\alpha \in]0,1]}\right) = M\left(\{\{\mathbf{0}\} + [\widetilde{a}]_{\alpha}\}_{\alpha \in]0,1]}\right)$$
$$= M\left(\{[\widetilde{a}]_{\alpha}\}_{\alpha \in]0,1]}\right) = \widetilde{a}$$

となる.

(iv) 定理 6.1 (iv), 7.1 および 8.2 (i), (iii) より

$$(\lambda + \mu)\widetilde{a} = M\left(\{(\lambda + \mu)[\widetilde{a}]_{\alpha}\}_{\alpha \in]0,1]}\right) = M\left(\{\lambda[\widetilde{a}]_{\alpha} + \mu[\widetilde{a}]_{\alpha}\}_{\alpha \in]0,1]}\right)$$
$$= M\left(\{\lambda[\widetilde{a}]_{\alpha}\}_{\alpha \in]0,1]}\right) + M\left(\{\mu[\widetilde{a}]_{\alpha}\}_{\alpha \in]0,1]}\right)$$
$$= \lambda M\left(\{[\widetilde{a}]_{\alpha}\}_{\alpha \in]0,1]}\right) + \mu M\left(\{[\widetilde{a}]_{\alpha}\}_{\alpha \in]0,1]}\right) = \lambda\widetilde{a} + \mu\widetilde{a}$$

となる.

(v) 定理 6.1 (v), 7.1 および 8.2 (i), (iii) より

$$\lambda(\widetilde{a} + \widetilde{b}) = \lambda\left(M\left(\{[\widetilde{a}]_{\alpha}\}_{\alpha \in]0,1]}\right) + M\left(\{[\widetilde{b}]_{\alpha}\}_{\alpha \in]0,1]}\right)\right) = \lambda M\left(\{[\widetilde{a}]_{\alpha} + [\widetilde{b}]_{\alpha}\}_{\alpha \in]0,1]}\right)$$
$$= M\left(\{\lambda([\widetilde{a}]_{\alpha} + [\widetilde{b}]_{\alpha})\}_{\alpha \in]0,1]}\right) = M\left(\{\lambda[\widetilde{a}]_{\alpha} + \lambda[\widetilde{b}]_{\alpha}\}_{\alpha \in]0,1]}\right)$$
$$= M\left(\{\lambda[\widetilde{a}]_{\alpha}\}_{\alpha \in]0,1]}\right) + M\left(\{\lambda[\widetilde{b}]_{\alpha}\}_{\alpha \in]0,1]}\right)$$
$$= \lambda M\left(\{[\widetilde{a}]_{\alpha}\}_{\alpha \in]0,1]}\right) + \lambda M\left(\{[\widetilde{b}]_{\alpha}\}_{\alpha \in]0,1]}\right) = \lambda\widetilde{a} + \lambda\widetilde{b}$$

となる.

(vi) 定理 6.1 (vi), 7.1 および 8.2 (iii) より

$$(\lambda\mu)\widetilde{a} = (\lambda\mu)M\left(\{[\widetilde{a}]_{\alpha}\}_{\alpha \in]0,1]}\right) = M\left(\{(\lambda\mu)[\widetilde{a}]_{\alpha}\}_{\alpha \in]0,1]}\right) = M\left(\{\lambda(\mu[\widetilde{a}]_{\alpha})\}_{\alpha \in]0,1]}\right)$$
$$= \lambda M\left(\{\mu[\widetilde{a}]_{\alpha}\}_{\alpha \in]0,1]}\right) = \lambda\left(\mu M\left(\{[\widetilde{a}]_{\alpha}\}_{\alpha \in]0,1]}\right)\right) = \lambda(\mu\widetilde{a})$$

となる.

(vii) 定理 6.1 (vii), 7.1 および 8.2 (iii) より

$$1\widetilde{a} = 1M\left(\{[\widetilde{a}]_{\alpha}\}_{\alpha \in]0,1]}\right) = M\left(\{1[\widetilde{a}]_{\alpha}\}_{\alpha \in]0,1]}\right) = M\left(\{[\widetilde{a}]_{\alpha}\}_{\alpha \in]0,1]}\right) = \widetilde{a}$$

となる. □

例 8.2 $\widetilde{a} \in \mathcal{F}(\mathbb{R}^n)$ とし, $\lambda, \mu \in \mathbb{R}$ とする.

(i) $\widetilde{a} + \widetilde{b} = \widetilde{0}$ となる $\widetilde{b} \in \mathcal{F}(\mathbb{R}^n)$ が存在しない例を与える. $\alpha_0 = \mathrm{hgt}(\widetilde{a}) < 1$ とし, $\widetilde{b} \in \mathcal{F}(\mathbb{R}^n)$ とする. このとき, 任意の $\alpha \in]\alpha_0, 1]$ に対して, $[\widetilde{a}]_{\alpha} = \emptyset$ であるので, $[\widetilde{a}]_{\alpha} +$

$[\widetilde{b}]_\alpha = \emptyset$ となる．定理 7.1 と 8.2 (i) より

$$(\widetilde{a} + \widetilde{b})(\mathbf{0}) = M\left(\{[\widetilde{a}]_\alpha + [\widetilde{b}]_\alpha\}_{\alpha \in]0,1]}\right)(\mathbf{0}) = \sup\{\alpha \in]0,1] : \mathbf{0} \in [\widetilde{a}]_\alpha + [\widetilde{b}]_\alpha\}$$
$$\leq \alpha_0 < 1 = \widetilde{\mathbf{0}}(\mathbf{0})$$

となる．よって，$\mathrm{hgt}(\widetilde{a}) < 1$ となる $\widetilde{a} \in \mathcal{F}(\mathbb{R}^n)$ に対して，$\widetilde{a} + \widetilde{b} = \widetilde{\mathbf{0}}$ となる $\widetilde{b} \in \mathcal{F}(\mathbb{R}^n)$ は存在しない．

(ii) $\lambda, \mu \geq 0$ でないとき，または $\widetilde{a} \notin \mathcal{FK}(\mathbb{R}^n)$ であるとき，$(\lambda + \mu)\widetilde{a} = \lambda\widetilde{a} + \mu\widetilde{a}$ が成り立たない例を与える．そのとき，例 6.1 (ii) より，ある $A \subset \mathbb{R}^n$ およびある $\lambda, \mu \in \mathbb{R}$ が存在して $(\lambda + \mu)A \neq \lambda A + \mu A$ となる．$\widetilde{a} = c_A$ とする．定理 7.1, 7.4 および 8.2 (i), (iii) より，任意の $\alpha \in]0,1]$ に対して

$$[(\lambda + \mu)\widetilde{a}]_\alpha = \bigcap_{\beta \in]0,\alpha[} (\lambda + \mu)[\widetilde{a}]_\beta = (\lambda + \mu)A$$

$$[\lambda\widetilde{a} + \mu\widetilde{a}]_\alpha = \bigcap_{\beta \in]0,\alpha[} (\lambda[\widetilde{a}]_\beta + \mu[\widetilde{a}]_\beta) = \lambda A + \mu A$$

となる．よって，定理 7.1 より，$(\lambda + \mu)\widetilde{a} = c_{(\lambda+\mu)A} \neq c_{\lambda A + \mu A} = \lambda\widetilde{a} + \mu\widetilde{a}$ となる． $\square$

次の定理は，$\mathcal{F}(\mathbb{R}^n)$ 上の加法とスカラー倍のある特殊な場合の性質を与える．

定理 8.6 $\widetilde{a}, \widetilde{b} \in \mathcal{F}(\mathbb{R}^n)$ とする．このとき，次が成り立つ．

$$\mathrm{hgt}(\widetilde{a}) \leq \mathrm{hgt}(\widetilde{b}) \Rightarrow 1\widetilde{a} + 0\widetilde{b} = \widetilde{a}$$

証明 $\alpha_0 = \mathrm{hgt}(\widetilde{a})$ とおく．まず，$\alpha_0 = 0$ とする．このとき，任意の $\boldsymbol{x} \in \mathbb{R}^n$ に対して $\widetilde{a}(\boldsymbol{x}) = 0$ であるので，任意の $\alpha \in]0,1]$ に対して，$[\widetilde{a}]_\alpha = \emptyset$ となり，$1[\widetilde{a}]_\alpha + 0[\widetilde{b}]_\alpha = \emptyset$ となる．定理 7.1 と 8.2 (i), (iii) より，任意の $\boldsymbol{x} \in \mathbb{R}^n$ に対して $(1\widetilde{a} + 0\widetilde{b})(\boldsymbol{x}) = 0$ となるので，$1\widetilde{a} + 0\widetilde{b} = \widetilde{a}$ となる．次に，$\alpha_0 > 0$ とする．任意の $\alpha \in]0, \alpha_0[$ に対して，$[\widetilde{a}]_\alpha \neq \emptyset$，$[\widetilde{b}]_\alpha \neq \emptyset$ となり，$1[\widetilde{a}]_\alpha + 0[\widetilde{b}]_\alpha = [\widetilde{a}]_\alpha$ となる．任意の $\alpha \in]\alpha_0, 1]$ に対して，$[\widetilde{a}]_\alpha = \emptyset$ となり，$1[\widetilde{a}]_\alpha + 0[\widetilde{b}]_\alpha = \emptyset$ となる．定理 7.1, 7.4 および 8.2 (i), (iii) より，任意の $\alpha \in]0, \alpha_0]$ に対して $[1\widetilde{a} + 0\widetilde{b}]_\alpha = \bigcap_{\beta \in]0,\alpha[}[\widetilde{a}]_\beta = [\widetilde{a}]_\alpha$ となり，任意の $\alpha \in]\alpha_0, 1]$ に対して $[1\widetilde{a} + 0\widetilde{b}]_\alpha = \emptyset = [\widetilde{a}]_\alpha$ となる．よって，定理 7.1 より，$1\widetilde{a} + 0\widetilde{b} = \widetilde{a}$ となる． $\square$

次の定理は，ファジィ集合の和とスカラー倍の凸性, 閉性およびコンパクト性に関する性質を与える．

定理 8.7 $\widetilde{a}, \widetilde{b} \in \mathcal{F}(\mathbb{R}^n)$ および $\lambda \in \mathbb{R}$ に対して，次が成り立つ．

(i) $\widetilde{a}, \widetilde{b} \in \mathcal{FK}(\mathbb{R}^n) \Rightarrow \widetilde{a} + \widetilde{b} \in \mathcal{FK}(\mathbb{R}^n)$

(ii) $\widetilde{a}, \widetilde{b} \in \mathcal{FBC}(\mathbb{R}^n) \Rightarrow \widetilde{a} + \widetilde{b} \in \mathcal{FBC}(\mathbb{R}^n)$

(iii) $\widetilde{a} \in \mathcal{FBC}(\mathbb{R}^n), \widetilde{b} \in \mathcal{FC}(\mathbb{R}^n) \Rightarrow \widetilde{a} + \widetilde{b} \in \mathcal{FC}(\mathbb{R}^n)$

(iv) $\widetilde{a} \in \mathcal{FK}(\mathbb{R}^n) \Rightarrow \lambda\widetilde{a} \in \mathcal{FK}(\mathbb{R}^n)$

(v) $\widetilde{a} \in \mathcal{FC}(\mathbb{R}^n) \Rightarrow \lambda\widetilde{a} \in \mathcal{FC}(\mathbb{R}^n)$

(vi) $\widetilde{a} \in \mathcal{FBC}(\mathbb{R}^n) \Rightarrow \lambda\widetilde{a} \in \mathcal{FBC}(\mathbb{R}^n)$

証明

(i) $\widetilde{a}, \widetilde{b} \in \mathcal{FK}(\mathbb{R}^n)$ であるので, 任意の $\alpha \in {]0,1]}$ に対して, $[\widetilde{a}]_\alpha, [\widetilde{b}]_\alpha \in \mathcal{K}(\mathbb{R}^n)$ となり, 定理 5.1 (i) より $[\widetilde{a}]_\alpha + [\widetilde{b}]_\alpha \in \mathcal{K}(\mathbb{R}^n)$ となり, 定理 7.1, 7.4 および 8.2 (i) より $[\widetilde{a} + \widetilde{b}]_\alpha = \bigcap_{\beta \in]0,\alpha[}([\widetilde{a}]_\beta + [\widetilde{b}]_\beta) \in \mathcal{K}(\mathbb{R}^n)$ となる. よって, $\widetilde{a} + \widetilde{b} \in \mathcal{FK}(\mathbb{R}^n)$ となる.

(ii) $\widetilde{a}, \widetilde{b} \in \mathcal{FBC}(\mathbb{R}^n)$ であるので, 任意の $\alpha \in {]0,1]}$ に対して, $[\widetilde{a}]_\alpha, [\widetilde{b}]_\alpha \in \mathcal{BC}(\mathbb{R}^n)$ となり, 定理 3.18 (i) より $[\widetilde{a}]_\alpha + [\widetilde{b}]_\alpha \in \mathcal{BC}(\mathbb{R}^n)$ となり, 定理 7.1, 7.4 および 8.2 (i) より $[\widetilde{a} + \widetilde{b}]_\alpha = \bigcap_{\beta \in]0,\alpha[}([\widetilde{a}]_\beta + [\widetilde{b}]_\beta) \in \mathcal{BC}(\mathbb{R}^n)$ となる. よって, $\widetilde{a} + \widetilde{b} \in \mathcal{FBC}(\mathbb{R}^n)$ となる.

(iii) $\widetilde{a} \in \mathcal{FBC}(\mathbb{R}^n), \widetilde{b} \in \mathcal{FC}(\mathbb{R}^n)$ であるので, 任意の $\alpha \in {]0,1]}$ に対して, $[\widetilde{a}]_\alpha \in \mathcal{BC}(\mathbb{R}^n)$, $[\widetilde{b}]_\alpha \in \mathcal{C}(\mathbb{R}^n)$ となり, 定理 3.18 (ii) より $[\widetilde{a}]_\alpha + [\widetilde{b}]_\alpha \in \mathcal{C}(\mathbb{R}^n)$ となり, 定理 7.1, 7.4 および 8.2 (i) より $[\widetilde{a} + \widetilde{b}]_\alpha = \bigcap_{\beta \in]0,\alpha[}([\widetilde{a}]_\beta + [\widetilde{b}]_\beta) \in \mathcal{C}(\mathbb{R}^n)$ となる. よって, $\widetilde{a} + \widetilde{b} \in \mathcal{FC}(\mathbb{R}^n)$ となる.

(iv) $\widetilde{a} \in \mathcal{FK}(\mathbb{R}^n)$ であるので, 任意の $\alpha \in {]0,1]}$ に対して, $[\widetilde{a}]_\alpha \in \mathcal{K}(\mathbb{R}^n)$ となり, 定理 5.1 (ii) より $\lambda[\widetilde{a}]_\alpha \in \mathcal{K}(\mathbb{R}^n)$ となり, 定理 7.1, 7.4 および 8.2 (iii) より $[\lambda\widetilde{a}]_\alpha = \bigcap_{\beta \in]0,\alpha[} \lambda[\widetilde{a}]_\beta \in \mathcal{K}(\mathbb{R}^n)$ となる. よって, $\lambda\widetilde{a} \in \mathcal{FK}(\mathbb{R}^n)$ となる.

(v) $\widetilde{a} \in \mathcal{FC}(\mathbb{R}^n)$ であるので, 任意の $\alpha \in {]0,1]}$ に対して, $[\widetilde{a}]_\alpha \in \mathcal{C}(\mathbb{R}^n)$ となり, 定理 3.18 (iii) より $\lambda[\widetilde{a}]_\alpha \in \mathcal{C}(\mathbb{R}^n)$ となり, 定理 7.1, 7.4 および 8.2 (iii) より $[\lambda\widetilde{a}]_\alpha = \bigcap_{\beta \in]0,\alpha[} \lambda[\widetilde{a}]_\beta \in \mathcal{C}(\mathbb{R}^n)$ となる. よって, $\lambda\widetilde{a} \in \mathcal{FC}(\mathbb{R}^n)$ となる.

(vi) $\widetilde{a} \in \mathcal{FBC}(\mathbb{R}^n)$ であるので, 任意の $\alpha \in {]0,1]}$ に対して, $[\widetilde{a}]_\alpha \in \mathcal{BC}(\mathbb{R}^n)$ となり, 定理 3.18 (iv) より, $\lambda[\widetilde{a}]_\alpha \in \mathcal{BC}(\mathbb{R}^n)$ となり, 定理 7.1, 7.4 および 8.2 (iii) より $[\lambda\widetilde{a}]_\alpha = \bigcap_{\beta \in]0,\alpha[} \lambda[\widetilde{a}]_\beta \in \mathcal{BC}(\mathbb{R}^n)$ となる. よって, $\lambda\widetilde{a} \in \mathcal{FBC}(\mathbb{R}^n)$ となる. $\qquad\square$

例 8.3 $\widetilde{a}, \widetilde{b} \in \mathcal{F}(\mathbb{R}^2)$ とする. このとき, $\widetilde{a}, \widetilde{b} \in \mathcal{FC}(\mathbb{R}^2)$ であるが, $\widetilde{a} + \widetilde{b} \notin \mathcal{FC}(\mathbb{R}^2)$ となる例を与える. 例 3.5 と同じ集合 $A, B \in \mathcal{C}(\mathbb{R}^2)$ を考える. 例 3.5 より, $A + B \notin \mathcal{C}(\mathbb{R}^n)$ となる. $\widetilde{a} = c_A, \widetilde{b} = c_B$ とする. このとき, 任意の $\alpha \in {]0,1]}$ に対して $[\widetilde{a}]_\alpha = A, [\widetilde{b}]_\alpha = B$ となるので, $\widetilde{a}, \widetilde{b} \in \mathcal{FC}(\mathbb{R}^2)$ となる. 定理 7.1, 7.4 および 8.2 (i) より, 任意の $\alpha \in {]0,1]}$

234

に対して, $[\widetilde{a} + \widetilde{b}]_\alpha = \bigcap_{\beta \in]0,\alpha[}([\widetilde{a}]_\beta + [\widetilde{b}]_\beta) = A + B \notin \mathcal{C}(\mathbb{R}^2)$ となる. よって, $\widetilde{a} + \widetilde{b} \notin \mathcal{FC}(\mathbb{R}^2)$ となる. $\qquad\qquad\qquad\qquad\qquad\qquad\qquad\qquad\qquad\qquad\square$

問題 **8.1**

1. $u, v \in \mathbb{R}$ とし, $\widetilde{a}, \widetilde{b} \in \mathcal{F}(\mathbb{R})$ を各 $x \in \mathbb{R}$ に対して

$$\widetilde{a}(x) = \max\{1 - |x - u|, 0\}, \quad \widetilde{b}(x) = \max\{1 - |x - v|, 0\}$$

とする. また, $\lambda > 0$ とする.

(i) $\widetilde{a} + \widetilde{b}$ を求めよ.

(ii) $\lambda \widetilde{a}$ を求めよ.

2. $\widetilde{a}_i, \widetilde{b}_j \in \mathcal{F}(\mathbb{R}^n)$, $i = 1, 2, \cdots, m_a$, $j = 1, 2, \cdots, m_b$ とする. このとき, 次の等式が成り立つことを示せ.

$$\frac{1}{m_a + m_b}\left(\sum_{i=1}^{m_a} \widetilde{a}_i + \sum_{j=1}^{m_b} \widetilde{b}_j\right) = \frac{m_a}{m_a + m_b}\left(\frac{1}{m_a}\sum_{i=1}^{m_a} \widetilde{a}_i\right) + \frac{m_b}{m_a + m_b}\left(\frac{1}{m_b}\sum_{j=1}^{m_b} \widetilde{b}_j\right)$$

8.2 ファジィ集合の順序づけ

ファジィ集合のレベル集合の順序を用いた $\mathcal{F}(\mathbb{R}^n)$ 上の順序の定義を与える.

定義 8.2 $\widetilde{a}, \widetilde{b} \in \mathcal{F}(\mathbb{R}^n)$ とする.

(i) 任意の $\alpha \in {]}0,1]$ に対して $[\widetilde{a}]_\alpha \leq [\widetilde{b}]_\alpha$ であるとき, $\widetilde{a} \preceq \widetilde{b}$ または $\widetilde{b} \succeq \widetilde{a}$ と表す.

(ii) 任意の $\alpha \in {]}0,1]$ に対して $[\widetilde{a}]_\alpha < [\widetilde{b}]_\alpha$ であるとき, $\widetilde{a} \prec \widetilde{b}$ または $\widetilde{b} \succ \widetilde{a}$ と表す.

定義 8.2 における $\preceq$ および $\prec$ をそれぞれ $\mathcal{F}(\mathbb{R}^n)$ 上の**ファジィマックス順序** (fuzzy max order) および**狭義ファジィマックス順序** (strict fuzzy max order) とよぶ.

例 8.4 $\widetilde{a}, \widetilde{b}, \widetilde{c} \in \mathcal{F}(\mathbb{R}^2)$ を各 $(x, y) \in \mathbb{R}^2$ に対して

$$\widetilde{a}(x, y) = \min\{\max\{1 - |x - 1|, 0\}, \max\{1 - |y - 1|, 0\}\}$$
$$\widetilde{b}(x, y) = \min\{\max\{1 - |x - 4|, 0\}, \max\{1 - |y - 4|, 0\}\}$$
$$\widetilde{c}(x, y) = \min\{\max\{1 - |x - 4|, 0\}, \max\{1 - |y - 1|, 0\}\}$$

とする (図 8.5 (a)). このとき, 各 $\alpha \in {]}0,1]$ に対して, $[\widetilde{a}]_\alpha = [\alpha, -\alpha + 2] \times [\alpha, -\alpha + 2]$, $[\widetilde{b}]_\alpha = [\alpha + 3, -\alpha + 5] \times [\alpha + 3, -\alpha + 5]$, $[\widetilde{c}]_\alpha = [\alpha + 3, -\alpha + 5] \times [\alpha, -\alpha + 2]$ となり (図 8.5 (b)), $[\widetilde{a}]_\alpha \leq [\widetilde{b}]_\alpha$, $[\widetilde{a}]_\alpha < [\widetilde{b}]_\alpha$, $[\widetilde{a}]_\alpha \leq [\widetilde{c}]_\alpha$, $[\widetilde{a}]_\alpha \not< [\widetilde{c}]_\alpha$ となる. よって, $\widetilde{a} \preceq \widetilde{b}$, $\widetilde{a} \prec \widetilde{b}$, $\widetilde{a} \preceq \widetilde{c}$, $\widetilde{a} \not\prec \widetilde{c}$ となる.

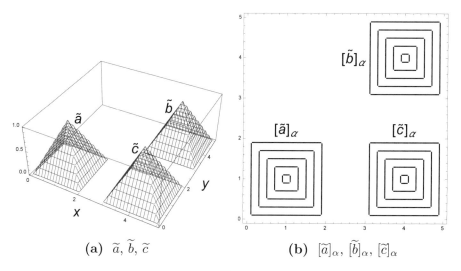

(a) $\widetilde{a}, \widetilde{b}, \widetilde{c}$ (b) $[\widetilde{a}]_\alpha, [\widetilde{b}]_\alpha, [\widetilde{c}]_\alpha$

図 8.5 $\widetilde{a}, \widetilde{b}, \widetilde{c} \in \mathcal{F}(\mathbb{R}^2)$

次の定理は，（狭義）ファジィマックス順序に関する基本的な性質を与える．

定理 8.8 $\widetilde{a}, \widetilde{b}, \widetilde{c} \in \mathcal{F}(\mathbb{R}^n)$ に対して，次が成り立つ．

(i) $\widetilde{a} \preceq \widetilde{a}$

(ii) $\widetilde{a} \preceq \widetilde{b}, \widetilde{b} \preceq \widetilde{c} \Rightarrow \widetilde{a} \preceq \widetilde{c}$

(iii) $\widetilde{a} \prec \widetilde{b} \Rightarrow \widetilde{a} \preceq \widetilde{b}$

(iv) $\widetilde{a} = \widetilde{\emptyset}, \widetilde{b} \neq \widetilde{\emptyset} \Rightarrow \widetilde{a} \not\preceq \widetilde{b}, \widetilde{b} \not\preceq \widetilde{a}, \widetilde{a} \not\prec \widetilde{b}, \widetilde{b} \not\prec \widetilde{a}$

(v) $\widetilde{\emptyset} \preceq \widetilde{\emptyset}, \widetilde{\emptyset} \prec \widetilde{\emptyset}, \widetilde{\mathbb{R}^n} \preceq \widetilde{\mathbb{R}^n}, \widetilde{\mathbb{R}^n} \prec \widetilde{\mathbb{R}^n}$

(vi) $\widetilde{a} \prec \widetilde{b}, \widetilde{b} \preceq \widetilde{c} \Rightarrow \widetilde{a} \prec \widetilde{c}$

(vii) $\widetilde{a} \preceq \widetilde{b}, \widetilde{b} \prec \widetilde{c} \Rightarrow \widetilde{a} \prec \widetilde{c}$

証明 (i)–(vii) はそれぞれ定理 6.2 (i)–(vii) より導かれるが，証明は問題として残しておく（問題 8.2.1）． □

例 8.5

(i) 例 8.4 は，$\widetilde{a}, \widetilde{b} \in \mathcal{F}(\mathbb{R}^n)$ に対して，$\widetilde{a} \preceq \widetilde{b}$ であっても $\widetilde{a} \prec \widetilde{b}$ であるとは限らないことを示している．

(ii) 例 6.2 における $A, B \subset \mathbb{R}$ を考える．$A < A$, $B \not< B$ である．$\widetilde{a}, \widetilde{b} \in \mathcal{F}(\mathbb{R})$ を $\widetilde{a} = c_A, \widetilde{b} = c_B$ とする．このとき，任意の $\alpha \in \,]0, 1]$ に対して $[\widetilde{a}]_\alpha = A < A = [\widetilde{a}]_\alpha, [\widetilde{b}]_\alpha = B \not< B = [\widetilde{b}]_\alpha$ となるので，$\widetilde{a} \prec \widetilde{a}, \widetilde{b} \not\prec \widetilde{b}$ となる． □

定理 8.8 (i), (ii) は，ファジィマックス順序が擬順序になることを示している．

次の定理は，$\mathcal{F}(\mathbb{R}^n)$ 上の関係 $\prec$ から $\not\succeq$ が導かれるための十分条件を与える．

定理 8.9 $\widetilde{a}, \widetilde{b} \in \mathcal{F}(\mathbb{R}^n)$ とする．ある $\alpha \in \,]0, 1]$ が存在し，$[\widetilde{a}]_\alpha$ が空でない $\mathbb{R}^n_+$-コンパクト集合であるか，$[\widetilde{a}]_\alpha$ が空でない $\mathbb{R}^n_-$-コンパクト集合であるか，$[\widetilde{b}]_\alpha$ が空でない $\mathbb{R}^n_+$-コンパクト集合であるか，または $[\widetilde{b}]_\alpha$ が空でない $\mathbb{R}^n_-$-コンパクト集合であるとする．このとき，次が成り立つ．
$$\widetilde{a} \prec \widetilde{b} \Rightarrow \widetilde{a} \not\succeq \widetilde{b}$$

証明 $[\widetilde{a}]_\alpha < [\widetilde{b}]_\alpha$ であるので，定理 6.6 より，$[\widetilde{a}]_\alpha \not\succeq [\widetilde{b}]_\alpha$ となる．よって，$\widetilde{a} \not\succeq \widetilde{b}$ となる． □

次の 2 つの定理は，ファジィ集合の加法と（狭義）ファジィマックス順序の関係を与える.

定理 8.10 $\widetilde{a}, \widetilde{b} \in \mathcal{FBC}(\mathbb{R}^n), \widetilde{c} \in \mathcal{FC}(\mathbb{R}^n)$ または $\widetilde{a}, \widetilde{b} \in \mathcal{FC}(\mathbb{R}^n), \widetilde{c} \in \mathcal{FBC}(\mathbb{R}^n)$ とする. このとき，次が成り立つ.

(i) $\widetilde{a} \preceq \widetilde{b} \Rightarrow \widetilde{a} + \widetilde{c} \preceq \widetilde{b} + \widetilde{c}$

(ii) $\widetilde{a} \prec \widetilde{b} \Rightarrow \widetilde{a} + \widetilde{c} \prec \widetilde{b} + \widetilde{c}$

証明 (i) を示す. (ii) は (i) と同様に示せるが，問題として残しておく（問題 8.2.2）. 任意の $\alpha \in \,]0,1]$ に対して，$[\widetilde{a}]_\alpha \leq [\widetilde{b}]_\alpha$ であるので，定理 6.7 (i) と 8.1 (i), (ii) より $[\widetilde{a}+\widetilde{c}]_\alpha = [\widetilde{a}]_\alpha + [\widetilde{c}]_\alpha \leq [\widetilde{b}]_\alpha + [\widetilde{c}]_\alpha = [\widetilde{b}+\widetilde{c}]_\alpha$ となる. よって，$\widetilde{a} + \widetilde{c} \preceq \widetilde{b} + \widetilde{c}$ となる. □

定理 8.11 $\widetilde{a}, \widetilde{b}, \widetilde{c}, \widetilde{d} \in \mathcal{FC}(\mathbb{R}^n)$ とする. また，$\widetilde{a}, \widetilde{b} \in \mathcal{FBC}(\mathbb{R}^n)$ であるか，$\widetilde{b}, \widetilde{c} \in \mathcal{FBC}(\mathbb{R}^n)$ であるか，$\widetilde{c}, \widetilde{d} \in \mathcal{FBC}(\mathbb{R}^n)$ であるか，または $\widetilde{d}, \widetilde{a} \in \mathcal{FBC}(\mathbb{R}^n)$ であるとする. このとき，次が成り立つ.

(i) $\widetilde{a} \preceq \widetilde{b}, \widetilde{c} \preceq \widetilde{d} \Rightarrow \widetilde{a} + \widetilde{c} \preceq \widetilde{b} + \widetilde{d}$

(ii) $\widetilde{a} \preceq \widetilde{b}, \widetilde{c} \prec \widetilde{d} \Rightarrow \widetilde{a} + \widetilde{c} \prec \widetilde{b} + \widetilde{d}$

証明 (i) を示す. (ii) は (i) と同様に示せるが，問題として残しておく（問題 8.2.3）. 任意の $\alpha \in \,]0,1]$ に対して，$[\widetilde{a}]_\alpha \leq [\widetilde{b}]_\alpha, [\widetilde{c}]_\alpha \leq [\widetilde{d}]_\alpha$ であるので，定理 6.7 (iii) および 8.1 (i), (ii) より $[\widetilde{a}+\widetilde{c}]_\alpha = [\widetilde{a}]_\alpha + [\widetilde{c}]_\alpha \leq [\widetilde{b}]_\alpha + [\widetilde{d}]_\alpha = [\widetilde{b}+\widetilde{d}]_\alpha$ となる. よって，$\widetilde{a} + \widetilde{c} \preceq \widetilde{b} + \widetilde{d}$ となる. □

次の定理は，ファジィ集合のスカラー倍と（狭義）ファジィマックス順序の関係を与える.

定理 8.12 $\widetilde{a}, \widetilde{b} \in \mathcal{FBC}(\mathbb{R}^n)$ に対して，次が成り立つ.

(i) $\lambda \geq 0, \widetilde{a} \preceq \widetilde{b} \Rightarrow \lambda\widetilde{a} \preceq \lambda\widetilde{b}$

(ii) $\lambda > 0, \widetilde{a} \prec \widetilde{b} \Rightarrow \lambda\widetilde{a} \prec \lambda\widetilde{b}$

(iii) $\lambda \leq 0, \widetilde{a} \preceq \widetilde{b} \Rightarrow \lambda\widetilde{a} \succeq \lambda\widetilde{b}$

(iv) $\lambda < 0, \widetilde{a} \prec \widetilde{b} \Rightarrow \lambda\widetilde{a} \succ \lambda\widetilde{b}$

証明 (i) を示す. (ii), (iii) および (iv) は (i) と同様に示せるが，問題として残しておく（問題 8.2.4）. 任意の $\alpha \in \,]0,1]$ に対して，$[\widetilde{a}]_\alpha \leq [\widetilde{b}]_\alpha$ であるので，定理 6.7 (v) および 8.1 (iii), (iv) より $[\lambda\widetilde{a}]_\alpha = \lambda[\widetilde{a}]_\alpha \leq \lambda[\widetilde{b}]_\alpha = [\lambda\widetilde{b}]_\alpha$ となる. よって，$\lambda\widetilde{a} \preceq \lambda\widetilde{b}$ となる. □

次の定理は，ファジィ集合の演算と（狭義）ファジィマックス順序の関係を与える．

定理 8.13 $\widetilde{a}, \widetilde{b} \in \mathcal{FBC}(\mathbb{R}^n)$ および $\widetilde{c} \in \mathcal{FBCK}(\mathbb{R}^n)$ に対して，次が成り立つ．

(i) $\widetilde{a} \preceq \widetilde{c},\ \widetilde{b} \preceq \widetilde{c},\ \lambda \in [0,1] \Rightarrow \lambda\widetilde{a} + (1-\lambda)\widetilde{b} \preceq \widetilde{c}$

(ii) $\widetilde{a} \preceq \widetilde{c},\ \widetilde{b} \prec \widetilde{c},\ \lambda \in [0,1[\Rightarrow \lambda\widetilde{a} + (1-\lambda)\widetilde{b} \prec \widetilde{c}$

(iii) $\widetilde{a} \prec \widetilde{c},\ \widetilde{b} \prec \widetilde{c},\ \lambda \in [0,1] \Rightarrow \lambda\widetilde{a} + (1-\lambda)\widetilde{b} \prec \widetilde{c}$

(iv) $\widetilde{c} \preceq \widetilde{a},\ \widetilde{c} \preceq \widetilde{b},\ \lambda \in [0,1] \Rightarrow \widetilde{c} \preceq \lambda\widetilde{a} + (1-\lambda)\widetilde{b}$

(v) $\widetilde{c} \preceq \widetilde{a},\ \widetilde{c} \prec \widetilde{b},\ \lambda \in [0,1[\Rightarrow \widetilde{c} \prec \lambda\widetilde{a} + (1-\lambda)\widetilde{b}$

(vi) $\widetilde{c} \prec \widetilde{a},\ \widetilde{c} \prec \widetilde{b},\ \lambda \in [0,1] \Rightarrow \widetilde{c} \prec \lambda\widetilde{a} + (1-\lambda)\widetilde{b}$

証明 (i) を示す．(ii)–(vi) は (i) と同様に示せるが，問題として残しておく（問題 8.2.5）．定理 8.12 (i) より，$\lambda\widetilde{a} \preceq \lambda\widetilde{c},\ (1-\lambda)\widetilde{b} \preceq (1-\lambda)\widetilde{c}$ となる．定理 8.5 (iv), (vii), 8.7 (vi) および 8.11 (i) より，$\lambda\widetilde{a} + (1-\lambda)\widetilde{b} \preceq \lambda\widetilde{c} + (1-\lambda)\widetilde{c} = \widetilde{c}$ となる． $\square$

問題 8.2

1. 定理 8.8 を証明せよ．

2. $\widetilde{a}, \widetilde{b} \in \mathcal{FBC}(\mathbb{R}^n),\ \widetilde{c} \in \mathcal{FC}(\mathbb{R}^n)$ または $\widetilde{a}, \widetilde{b} \in \mathcal{FC}(\mathbb{R}^n),\ \widetilde{c} \in \mathcal{FBC}(\mathbb{R}^n)$ とする．このとき，次が成り立つことを示せ．

$$\widetilde{a} \prec \widetilde{b} \Rightarrow \widetilde{a} + \widetilde{c} \prec \widetilde{b} + \widetilde{c}$$

3. $\widetilde{a}, \widetilde{b}, \widetilde{c}, \widetilde{d} \in \mathcal{FC}(\mathbb{R}^n)$ とする．また，$\widetilde{a}, \widetilde{b} \in \mathcal{FBC}(\mathbb{R}^n)$ であるか，$\widetilde{b}, \widetilde{c} \in \mathcal{FBC}(\mathbb{R}^n)$ であるか，$\widetilde{c}, \widetilde{d} \in \mathcal{FBC}(\mathbb{R}^n)$ であるか，または $\widetilde{d}, \widetilde{a} \in \mathcal{FBC}(\mathbb{R}^n)$ であるとする．このとき，次が成り立つことを示せ．

$$\widetilde{a} \preceq \widetilde{b},\ \widetilde{c} \prec \widetilde{d} \Rightarrow \widetilde{a} + \widetilde{c} \prec \widetilde{b} + \widetilde{d}$$

4. $\widetilde{a}, \widetilde{b} \in \mathcal{FBC}(\mathbb{R}^n)$ に対して，次が成り立つことを示せ．

(i) $\lambda > 0,\ \widetilde{a} \prec \widetilde{b} \Rightarrow \lambda\widetilde{a} \prec \lambda\widetilde{b}$

(ii) $\lambda \leq 0, \widetilde{a} \preceq \widetilde{b} \Rightarrow \lambda \widetilde{a} \succeq \lambda \widetilde{b}$

(iii) $\lambda < 0, \widetilde{a} \prec \widetilde{b} \Rightarrow \lambda \widetilde{a} \succ \lambda \widetilde{b}$

5. $\widetilde{a}, \widetilde{b} \in \mathcal{FBC}(\mathbb{R}^n)$ および $\widetilde{c} \in \mathcal{FBCK}(\mathbb{R}^n)$ に対して，次が成り立つことを示せ．

(i) $\widetilde{a} \preceq \widetilde{c}, \widetilde{b} \prec \widetilde{c}, \lambda \in [0,1[\Rightarrow \lambda \widetilde{a} + (1-\lambda)\widetilde{b} \prec \widetilde{c}$

(ii) $\widetilde{a} \prec \widetilde{c}, \widetilde{b} \prec \widetilde{c}, \lambda \in [0,1] \Rightarrow \lambda \widetilde{a} + (1-\lambda)\widetilde{b} \prec \widetilde{c}$

(iii) $\widetilde{c} \preceq \widetilde{a}, \widetilde{c} \preceq \widetilde{b}, \lambda \in [0,1] \Rightarrow \widetilde{c} \preceq \lambda \widetilde{a} + (1-\lambda)\widetilde{b}$

(iv) $\widetilde{c} \preceq \widetilde{a}, \widetilde{c} \prec \widetilde{b}, \lambda \in [0,1[\Rightarrow \widetilde{c} \prec \lambda \widetilde{a} + (1-\lambda)\widetilde{b}$

(v) $\widetilde{c} \prec \widetilde{a}, \widetilde{c} \prec \widetilde{b}, \lambda \in [0,1] \Rightarrow \widetilde{c} \prec \lambda \widetilde{a} + (1-\lambda)\widetilde{b}$

8.3 ファジィ内積

Zadeh の拡張原理による $\mathcal{F}(\mathbb{R}^n)$ 上のファジィ内積の定義を与える.

定義 8.3

(i) $\widetilde{a}, \widetilde{b} \in \mathcal{F}(\mathbb{R}^n)$ とする. $\langle \widetilde{a}, \widetilde{b} \rangle \in \mathcal{F}(\mathbb{R})$ を各 $x \in \mathbb{R}$ に対して

$$\langle \widetilde{a}, \widetilde{b} \rangle(x) = \sup_{x = \langle \boldsymbol{y}, \boldsymbol{z} \rangle} \widetilde{a}(\boldsymbol{y}) \wedge \widetilde{b}(\boldsymbol{z}) \tag{8.6}$$

と定義し, $\widetilde{a}$ と $\widetilde{b}$ の**ファジィ内積** (fuzzy inner product) とよぶ.

(ii) $\widetilde{a} \in \mathcal{F}(\mathbb{R}^n)$ とし, $\boldsymbol{b} \in \mathbb{R}^n$ とする. $\langle \widetilde{a}, \boldsymbol{b} \rangle \in \mathcal{F}(\mathbb{R})$ を各 $x \in \mathbb{R}$ に対して

$$\langle \widetilde{a}, \boldsymbol{b} \rangle(x) = \sup_{x = \langle \boldsymbol{y}, \boldsymbol{b} \rangle} \widetilde{a}(\boldsymbol{y}) \tag{8.7}$$

と定義し, $\widetilde{a}$ と $\boldsymbol{b}$ のファジィ内積とよぶ. また, $\langle \boldsymbol{b}, \widetilde{a} \rangle = \langle \widetilde{a}, \boldsymbol{b} \rangle$ と定義し, $\langle \boldsymbol{b}, \widetilde{a} \rangle$ を $\boldsymbol{b}$ と $\widetilde{a}$ のファジィ内積とよぶ.

$\widetilde{a} \in \mathcal{F}(\mathbb{R}^n)$ および $\boldsymbol{b} \in \mathbb{R}^n$ に対して, 次が成り立つ.

$$\langle \widetilde{a}, \boldsymbol{b} \rangle = \langle \widetilde{a}, c_{\{\boldsymbol{b}\}} \rangle \tag{8.8}$$

次の 2 つの定理は, ファジィ集合の生成元とファジィ内積の関係を与える.

定理 8.14 $\{S_\alpha\}_{\alpha \in]0,1]}, \{T_\alpha\}_{\alpha \in]0,1]} \in \mathcal{S}(\mathbb{R}^n)$ として, $\widetilde{a} = M\left(\{S_\alpha\}_{\alpha \in]0,1]}\right)$, $\widetilde{b} = M\left(\{T_\alpha\}_{\alpha \in]0,1]}\right)$ とする. このとき, 次が成り立つ.

$$\langle \widetilde{a}, \widetilde{b} \rangle = M\left(\{\langle S_\alpha, T_\alpha \rangle\}_{\alpha \in]0,1]}\right) = \sup_{\alpha \in]0,1]} \alpha c_{\langle S_\alpha, T_\alpha \rangle} \tag{8.9}$$

証明 定理 7.9 より導かれる. 定理 7.9 において, $f : \mathbb{R}^n \times \mathbb{R}^n \to \mathbb{R}$ を各 $(\boldsymbol{x}, \boldsymbol{y}) \in \mathbb{R}^n \times \mathbb{R}^n$ に対して $f(\boldsymbol{x}, \boldsymbol{y}) = \langle \boldsymbol{x}, \boldsymbol{y} \rangle$ とすればよい. $\qquad \square$

定理 8.15 $\{S_\alpha\}_{\alpha \in]0,1]} \in \mathcal{S}(\mathbb{R}^n)$ とし, $\widetilde{a} = M\left(\{S_\alpha\}_{\alpha \in]0,1]}\right)$ とする. また, $\boldsymbol{b} \in \mathbb{R}^n$ とする. このとき, 次が成り立つ.

$$\langle \widetilde{a}, \boldsymbol{b} \rangle = M\left(\{\langle S_\alpha, \boldsymbol{b} \rangle\}_{\alpha \in]0,1]}\right) = \sup_{\alpha \in]0,1]} \alpha c_{\langle S_\alpha, \boldsymbol{b} \rangle} \tag{8.10}$$

証明 $\widetilde{b} = c_{\{\boldsymbol{b}\}}$ とし, 定理 8.14 を適用すると結論が導かれる. $\qquad \square$

例 8.6 $\widetilde{a}, \widetilde{b} \in \mathcal{F}(\mathbb{R}^2)$ を各 $(y, z) \in \mathbb{R}^2$ に対して

$$\widetilde{a}(y, z) = \min\{\max\{1 - |y - 1|, 0\}, \max\{1 - |z - 2|, 0\}\}$$
$$\widetilde{b}(y, z) = \min\{\max\{1 - |y - 4|, 0\}, \max\{1 - |z - 1|, 0\}\}$$

とする（図 8.6 (a)）．このとき，各 $\alpha \in]0, 1]$ に対して，$[\widetilde{a}]_\alpha = [\alpha, -\alpha+2] \times [\alpha+1, -\alpha+3]$, $[\widetilde{b}]_\alpha = [\alpha+3, -\alpha+5] \times [\alpha, -\alpha+2]$ となり（図 8.6 (b)），$\langle[\widetilde{a}]_\alpha, [\widetilde{b}]_\alpha\rangle = [2\alpha^2 + 4\alpha, 2\alpha^2 - 12\alpha + 16]$ となる．よって，$\langle\widetilde{a}, \widetilde{b}\rangle \in \mathcal{F}(\mathbb{R})$ は各 $x \in \mathbb{R}$ に対して

$$\langle\widetilde{a}, \widetilde{b}\rangle(x) = \begin{cases} \frac{1}{2}\sqrt{2x+4} - 1 & x \in [0, 6] \\ -\frac{1}{2}\sqrt{2x+4} + 3 & x \in]6, 16] \\ 0 & x \in]-\infty, 0[\cup]16, \infty[\end{cases}$$

となる（図 8.6 (c)）．

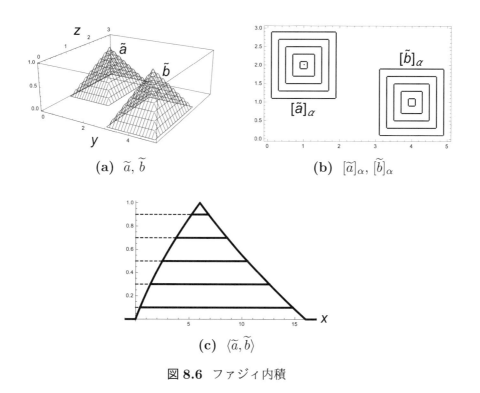

図 8.6 ファジィ内積

□

次の 2 つの定理は，ファジィ集合のレベル集合とファジィ内積のレベル集合の関係を与える．

定理 8.16 $\widetilde{a}, \widetilde{b} \in \mathcal{F}(\mathbb{R}^n)$ および $\alpha \in]0, 1]$ に対して，次が成り立つ．

(i) $[\langle \widetilde{a}, \widetilde{b} \rangle]_\alpha \supset \langle [\widetilde{a}]_\alpha, [\widetilde{b}]_\alpha \rangle$

(ii) $\widetilde{a}, \widetilde{b} \in \mathcal{FBC}(\mathbb{R}^n) \Rightarrow [\langle \widetilde{a}, \widetilde{b} \rangle]_\alpha \subset \langle [\widetilde{a}]_\alpha, [\widetilde{b}]_\alpha \rangle$

証明 (i) は, 定理 7.3 および 8.14 より導かれる. $f : \mathbb{R}^n \times \mathbb{R}^n \to \mathbb{R}$ を各 $(\boldsymbol{x}, \boldsymbol{y}) \in \mathbb{R}^n \times \mathbb{R}^n$ に対して $f(\boldsymbol{x}, \boldsymbol{y}) = \langle \boldsymbol{x}, \boldsymbol{y} \rangle$ とすると f は $\mathbb{R}^n \times \mathbb{R}^n$ 上で連続になるので, 定理 7.13 より (ii) が導かれる. $\qquad\square$

定理 8.17 $\widetilde{a} \in \mathcal{F}(\mathbb{R}^n)$ とし, $\boldsymbol{b} \in \mathbb{R}^n$ とする. また, $\alpha \in\ ]0,1]$ とする. このとき, 次が成り立つ.

(i) $[\langle \widetilde{a}, \boldsymbol{b} \rangle]_\alpha \supset \langle [\widetilde{a}]_\alpha, \boldsymbol{b} \rangle$

(ii) $\widetilde{a} \in \mathcal{FBC}(\mathbb{R}^n) \Rightarrow [\langle \widetilde{a}, \boldsymbol{b} \rangle]_\alpha \subset \langle [\widetilde{a}]_\alpha, \boldsymbol{b} \rangle$

証明 $\widetilde{b} = c_{\{\boldsymbol{b}\}}$ とし, 定理 8.16 を適用すると結論が導かれる. $\qquad\square$

次の定理は, 定義 8.3 におけるファジィ内積は内積ではないが, 内積に近い性質をもつことを示している.

定理 8.18 $\widetilde{a}, \widetilde{b}, \widetilde{c} \in \mathcal{F}(\mathbb{R}^n)$ および $\lambda \in \mathbb{R}$ に対して, 次が成り立つ.

(i) $\langle \widetilde{a}, \widetilde{b} \rangle = \langle \widetilde{b}, \widetilde{a} \rangle$

(ii) $\langle \widetilde{a} + \widetilde{b}, \widetilde{c} \rangle \leq \langle \widetilde{a}, \widetilde{c} \rangle + \langle \widetilde{b}, \widetilde{c} \rangle$

(iii) $\langle \lambda \widetilde{a}, \widetilde{b} \rangle = \lambda \langle \widetilde{a}, \widetilde{b} \rangle$

(iv) $\widetilde{a} = \widetilde{\boldsymbol{0}} \Leftrightarrow \langle \widetilde{a}, \widetilde{a} \rangle = \widetilde{0}$

(v) $\mathrm{hgt}(\widetilde{a}) = 1 \Rightarrow \langle \widetilde{a}, \widetilde{\boldsymbol{0}} \rangle = \widetilde{0}$

証明

(i) 任意の $x \in \mathbb{R}$ に対して

$$\langle \widetilde{a}, \widetilde{b} \rangle(x) = \sup_{x = \langle \boldsymbol{y}, \boldsymbol{z} \rangle} \widetilde{a}(\boldsymbol{y}) \wedge \widetilde{b}(\boldsymbol{z}) = \sup_{x = \langle \boldsymbol{z}, \boldsymbol{y} \rangle} \widetilde{b}(\boldsymbol{z}) \wedge \widetilde{a}(\boldsymbol{y}) = \langle \widetilde{b}, \widetilde{a} \rangle(x)$$

となるので, $\langle \widetilde{a}, \widetilde{b} \rangle = \langle \widetilde{b}, \widetilde{a} \rangle$ となる.

(ii) 定理 7.1, 8.2 (i) および 8.14 より

$$\langle \widetilde{a} + \widetilde{b}, \widetilde{c} \rangle = M\Big(\{ \langle [\widetilde{a}]_\alpha + [\widetilde{b}]_\alpha, [\widetilde{c}]_\alpha \rangle \}_{\alpha \in]0,1]} \Big)$$

$$\langle \widetilde{a}, \widetilde{c} \rangle + \langle \widetilde{b}, \widetilde{c} \rangle = M\Big(\{ \langle [\widetilde{a}]_\alpha, [\widetilde{c}]_\alpha \rangle + \langle [\widetilde{b}]_\alpha, [\widetilde{c}]_\alpha \rangle \}_{\alpha \in]0,1]} \Big)$$

となる. 定理 6.8 (ii) より, 任意の $\alpha \in {]}0,1]$ に対して $\langle [\widetilde{a}]_\alpha + [\widetilde{b}]_\alpha, [\widetilde{c}]_\alpha \rangle \subset \langle [\widetilde{a}]_\alpha, [\widetilde{c}]_\alpha \rangle +$ $\langle [\widetilde{b}]_\alpha, [\widetilde{c}]_\alpha \rangle$ となる. よって, 定理 7.2 より, $\langle \widetilde{a} + \widetilde{b}, \widetilde{c} \rangle \leq \langle \widetilde{a}, \widetilde{c} \rangle + \langle \widetilde{b}, \widetilde{c} \rangle$ となる.

(iii) 定理 6.8 (iii), 7.1, 8.2 (iii) および 8.14 より

$$\langle \lambda \widetilde{a}, \widetilde{b} \rangle = M \Big(\{ \langle \lambda [\widetilde{a}]_\alpha, [\widetilde{b}]_\alpha \rangle \}_{\alpha \in {]}0,1]} \Big) = M \Big(\{ \lambda \langle [\widetilde{a}]_\alpha, [\widetilde{b}]_\alpha \rangle \}_{\alpha \in {]}0,1]} \Big)$$
$$= \lambda M \Big(\{ \langle [\widetilde{a}]_\alpha, [\widetilde{b}]_\alpha \rangle \}_{\alpha \in {]}0,1]} \Big) = \lambda \langle \widetilde{a}, \widetilde{b} \rangle$$

となる.

(iv) 必要性 : 定理 7.1 および 8.14 より

$$\langle \widetilde{a}, \widetilde{a} \rangle = \langle \widetilde{\mathbf{0}}, \widetilde{\mathbf{0}} \rangle = M \Big(\{ \langle [\widetilde{\mathbf{0}}]_\alpha, [\widetilde{\mathbf{0}}]_\alpha \rangle \}_{\alpha \in {]}0,1]} \Big) = M \Big(\{ \{0\} \}_{\alpha \in {]}0,1]} \Big) = \widetilde{0}$$

となる.

十分性 : $\widetilde{a} \neq \widetilde{\mathbf{0}}$ とする. このとき, 次の 2 つの場合がある.

(iv-1) ある $\boldsymbol{x}_0 \in \mathbb{R}^n$ が存在して $\boldsymbol{x}_0 \neq \mathbf{0}$, $\widetilde{a}(\boldsymbol{x}_0) > 0$ となる.

(iv-2) $\boldsymbol{x}_0 \neq \mathbf{0}$, $\widetilde{a}(\boldsymbol{x}_0) > 0$ となる $\boldsymbol{x}_0 \in \mathbb{R}^n$ が存在せず, $\widetilde{a}(\mathbf{0}) < 1$ となる.

(iv-1) のとき, $y_0 = \langle \boldsymbol{x}_0, \boldsymbol{x}_0 \rangle > 0$ とすると

$$\langle \widetilde{a}, \widetilde{a} \rangle (y_0) = \sup_{y_0 = \langle \boldsymbol{y}, \boldsymbol{z} \rangle} \widetilde{a}(\boldsymbol{y}) \wedge \widetilde{a}(\boldsymbol{z}) \geq \widetilde{a}(\boldsymbol{x}_0) \wedge \widetilde{a}(\boldsymbol{x}_0) = \widetilde{a}(\boldsymbol{x}_0) > 0 = \widetilde{0}(y_0)$$

となる. (iv-2) のとき, 定理 7.1 および 8.14 より

$$\langle \widetilde{a}, \widetilde{a} \rangle (0) = \sup \{ \alpha \in {]}0,1] : 0 \in \langle [\widetilde{a}]_\alpha, [\widetilde{a}]_\alpha \rangle \} = \widetilde{a}(\mathbf{0}) < 1 = \widetilde{0}(0)$$

となる.

(v) 任意の $\alpha \in {]}0,1[$ に対して, $[\widetilde{a}]_\alpha \neq \emptyset$, $[\widetilde{\mathbf{0}}]_\alpha = \{\mathbf{0}\}$ となるので, 定理 6.8 (v) より, $\langle [\widetilde{a}]_\alpha, [\widetilde{\mathbf{0}}]_\alpha \rangle = \{0\}$ となる. 定理 7.4 および 8.14 より, 任意の $\alpha \in {]}0,1]$ に対して $[\langle \widetilde{a}, \widetilde{\mathbf{0}} \rangle]_\alpha = \{0\}$ となる. よって, 定理 7.1 より, $\langle \widetilde{a}, \widetilde{\mathbf{0}} \rangle = \widetilde{0}$ となる. $\square$

例 8.7 $\widetilde{a}, \widetilde{b}, \widetilde{c} \in \mathcal{F}(\mathbb{R})$ とする.

(i) $\langle \widetilde{a} + \widetilde{b}, \widetilde{c} \rangle \geq \langle \widetilde{a}, \widetilde{c} \rangle + \langle \widetilde{b}, \widetilde{c} \rangle$ が成り立たない例を与える. 例 6.4 (i) における $A, B, C \subset \mathbb{R}$ を考える. $\langle A + B, C \rangle \not\supset \langle A, C \rangle + \langle B, C \rangle$ である. $\widetilde{a} = c_A$, $\widetilde{b} = c_B$ および $\widetilde{c} = c_C$ とする. 定理 7.1, 8.2 (i) および 8.14 より

$$\langle \widetilde{a} + \widetilde{b}, \widetilde{c} \rangle = M \Big(\{ \langle [\widetilde{a}]_\alpha + [\widetilde{b}]_\alpha, [\widetilde{c}]_\alpha \rangle \}_{\alpha \in {]}0,1]} \Big)$$
$$= M \Big(\{ \langle A + B, C \rangle \}_{\alpha \in {]}0,1]} \Big) = c_{\langle A+B, C \rangle}$$

$$\langle \widetilde{a}, \widetilde{c} \rangle + \langle \widetilde{b}, \widetilde{c} \rangle = M\left(\{\langle [\widetilde{a}]_\alpha, [\widetilde{c}]_\alpha \rangle + \langle [\widetilde{b}]_\alpha, [\widetilde{c}]_\alpha \rangle\}_{\alpha \in]0,1]}\right)$$
$$= M\left(\{\langle A, C \rangle + \langle B, C \rangle\}_{\alpha \in]0,1]}\right) = c_{\langle A,C \rangle + \langle B,C \rangle}$$

となる．$\langle A+B, C \rangle \not\supset \langle A, C \rangle + \langle B, C \rangle$ であるので，ある $x_0 \in \langle A, C \rangle + \langle B, C \rangle$ が存在して $x_0 \notin \langle A+B, C \rangle$ となる．このとき，$(\widetilde{a}+\widetilde{b}, \widetilde{c})(x_0) = c_{\langle A+B,C \rangle}(x_0) = 0 \not\geq 1 = c_{\langle A,C \rangle + \langle B,C \rangle}(x_0) = ((\widetilde{a}, \widetilde{c}) + (\widetilde{b}, \widetilde{c}))(x_0)$ となる．

(ii) $\langle \widetilde{a}, \widetilde{a} \rangle \succeq \widetilde{0}$ が成り立たない例を与える．例 6.4 (ii) における $A \subset \mathbb{R}$ を考える．$\langle A, A \rangle \not\geq \{0\}$ である．$\widetilde{a} = c_A$ とする．定理 7.1 および 8.14 より

$$\langle \widetilde{a}, \widetilde{a} \rangle = M\left(\{\langle [\widetilde{a}]_\alpha, [\widetilde{a}]_\alpha \rangle\}_{\alpha \in]0,1]}\right) = M\left(\{\langle A, A \rangle\}_{\alpha \in]0,1]}\right) = c_{\langle A,A \rangle}$$

となる．任意の $\alpha \in]0,1]$ に対して $[\langle \widetilde{a}, \widetilde{a} \rangle]_\alpha = \langle A, A \rangle \not\geq \{0\} = [\widetilde{0}]_\alpha$ であるので，$\langle \widetilde{a}, \widetilde{a} \rangle \not\succeq \widetilde{0}$ となる． $\qquad\square$

　次の定理は，ファジィ内積を用いた（狭義）ファジィマックス順序の特徴づけを与える．

定理 8.19 $\widetilde{a}, \widetilde{b} \in \mathcal{F}(\mathbb{R}^n)$ に対して，次が成り立つ．

(i) $\widetilde{a}, \widetilde{b} \in \mathcal{FBC}(\mathbb{R}^n)$ であり，$\widetilde{a} \preceq \widetilde{b}$ ならば，任意の $\boldsymbol{d} \in \mathbb{R}_+^n$ に対して $\langle \widetilde{a}, \boldsymbol{d} \rangle \preceq \langle \widetilde{b}, \boldsymbol{d} \rangle$ となる．

(ii) $\widetilde{a}, \widetilde{b} \in \mathcal{FBCK}(\mathbb{R}^n)$ であり，任意の $\boldsymbol{d} \in \mathbb{R}_+^n$ に対して $\langle \widetilde{a}, \boldsymbol{d} \rangle \preceq \langle \widetilde{b}, \boldsymbol{d} \rangle$ ならば，$\widetilde{a} \preceq \widetilde{b}$ となる．

(iii) $\widetilde{a}, \widetilde{b} \in \mathcal{FBC}(\mathbb{R}^n)$ であり，$\widetilde{a} \prec \widetilde{b}$ ならば，任意の $\boldsymbol{d} \in \mathbb{R}_+^n \setminus \{\boldsymbol{0}\}$ に対して $\langle \widetilde{a}, \boldsymbol{d} \rangle \prec \langle \widetilde{b}, \boldsymbol{d} \rangle$ となる．

(iv) $\widetilde{a}, \widetilde{b} \in \mathcal{FBCK}(\mathbb{R}^n)$ であり，任意の $\boldsymbol{d} \in \mathbb{R}_+^n \setminus \{\boldsymbol{0}\}$ に対して $\langle \widetilde{a}, \boldsymbol{d} \rangle \prec \langle \widetilde{b}, \boldsymbol{d} \rangle$ ならば，$\widetilde{a} \prec \widetilde{b}$ となる．

証明 (i) および (ii) を示す．(iii) および (iv) はそれぞれ (i) および (ii) と同様に示せるが，証明は問題として残しておく（問題 8.3.1）．

(i) 任意の $\alpha \in]0,1]$ および任意の $\boldsymbol{d} \in \mathbb{R}_+^n$ に対して，$[\widetilde{a}]_\alpha \leq [\widetilde{b}]_\alpha$ であるので，定理 6.9 (i) および 8.17 より $[\langle \widetilde{a}, \boldsymbol{d} \rangle]_\alpha = \langle [\widetilde{a}]_\alpha, \boldsymbol{d} \rangle \leq \langle [\widetilde{b}]_\alpha, \boldsymbol{d} \rangle = [\langle \widetilde{b}, \boldsymbol{d} \rangle]_\alpha$ となる．よって，任意の $\boldsymbol{d} \in \mathbb{R}_+^n$ に対して，$\langle \widetilde{a}, \boldsymbol{d} \rangle \preceq \langle \widetilde{b}, \boldsymbol{d} \rangle$ となる．

(ii) $\alpha \in]0,1]$ を任意に固定する．このとき，任意の $\boldsymbol{d} \in \mathbb{R}_+^n$ に対して，定理 8.17 より $\langle [\widetilde{a}]_\alpha, \boldsymbol{d} \rangle = [\langle \widetilde{a}, \boldsymbol{d} \rangle]_\alpha \leq [\langle \widetilde{b}, \boldsymbol{d} \rangle]_\alpha = \langle [\widetilde{b}]_\alpha, \boldsymbol{d} \rangle$ となる．よって，定理 6.9 (ii) より，$[\widetilde{a}]_\alpha \leq$

$[\widetilde{b}]_\alpha$ となる. したがって, $\alpha \in \,]0,1]$ の任意性より, $\widetilde{a} \preceq \widetilde{b}$ となる. □

問題 8.3

1. $\widetilde{a}, \widetilde{b} \in \mathcal{F}(\mathbb{R}^n)$ に対して, 次が成り立つことを示せ.

(i) $\widetilde{a}, \widetilde{b} \in \mathcal{FBC}(\mathbb{R}^n)$ であり, $\widetilde{a} \prec \widetilde{b}$ ならば, 任意の $\boldsymbol{d} \in \mathbb{R}_+^n \setminus \{\boldsymbol{0}\}$ に対して $\langle \widetilde{a}, \boldsymbol{d} \rangle \prec \langle \widetilde{b}, \boldsymbol{d} \rangle$ となる.

(ii) $\widetilde{a}, \widetilde{b} \in \mathcal{FBCK}(\mathbb{R}^n)$ であり, 任意の $\boldsymbol{d} \in \mathbb{R}_+^n \setminus \{\boldsymbol{0}\}$ に対して $\langle \widetilde{a}, \boldsymbol{d} \rangle \prec \langle \widetilde{b}, \boldsymbol{d} \rangle$ ならば, $\widetilde{a} \prec \widetilde{b}$ となる.

2.

(i) $A, B \subset \mathbb{R}^n$ および $\boldsymbol{c} \in \mathbb{R}^n$ に対して, 次が成り立つことを示せ.

$$\langle A + B, \boldsymbol{c} \rangle = \langle A, \boldsymbol{c} \rangle + \langle B, \boldsymbol{c} \rangle$$

(ii) $\widetilde{a}, \widetilde{b} \in \mathcal{F}(\mathbb{R}^n)$ および $\boldsymbol{c} \in \mathbb{R}^n$ に対して, 次が成り立つことを示せ.

$$\langle \widetilde{a} + \widetilde{b}, \boldsymbol{c} \rangle = \langle \widetilde{a}, \boldsymbol{c} \rangle + \langle \widetilde{b}, \boldsymbol{c} \rangle$$

8.4 ファジィ直積空間

本節では，(7.16) において定義されたファジィ直積空間

$$\mathcal{F}^n(\mathbb{R}) = \{(\widetilde{a}_1, \widetilde{a}_2, \cdots, \widetilde{a}_n) : \widetilde{a}_i \in \mathcal{F}(\mathbb{R}), i = 1, 2, \cdots, n\}$$

を考える．ファジィ直積集合 $\widetilde{\boldsymbol{a}} = (\widetilde{a}_1, \widetilde{a}_2, \cdots, \widetilde{a}_n) \in \mathcal{F}^n(\mathbb{R})$ は，定義 7.3 によって，各 $\boldsymbol{x} = (x_1, x_2, \cdots, x_n) \in \mathbb{R}^n$ に対して

$$\widetilde{\boldsymbol{a}}(\boldsymbol{x}) = \min_{i=1,2,\cdots,n} \widetilde{a}_i(x_i)$$

と定義されている．

次の定理は，ファジィ直積集合とファジィ直積集合を構成するファジィ集合の生成元の関係を与える．

定理 8.20 各 $i \in \{1, 2, \cdots, n\}$ に対して，$\{S_{i\alpha}\}_{\alpha \in]0,1]} \in \mathcal{S}(\mathbb{R})$, $\widetilde{a}_i = M\left(\{S_{i\alpha}\}_{\alpha \in]0,1]}\right)$ とする．また，$\widetilde{\boldsymbol{a}} = (\widetilde{a}_1, \widetilde{a}_2, \cdots, \widetilde{a}_n) \in \mathcal{F}^n(\mathbb{R})$ とする．このとき，次が成り立つ．

$$\widetilde{\boldsymbol{a}} = M\left(\left\{\prod_{i=1}^n S_{i\alpha}\right\}_{\alpha \in]0,1]}\right) = \sup_{\alpha \in]0,1]} \alpha c_{\prod_{i=1}^n S_{i\alpha}}$$

証明 任意の $\alpha \in]0,1]$ に対して，補題 7.1 および 定理 7.4 より，$[\widetilde{\boldsymbol{a}}]_\alpha = \prod_{i=1}^n [\widetilde{a}_i]_\alpha$ $= \prod_{i=1}^n \left(\bigcap_{\beta \in]0,\alpha[} S_{i\beta}\right) \supset \prod_{i=1}^n S_{i\alpha}$ となる．よって，定理 7.1 および 7.2 より，$\widetilde{\boldsymbol{a}} \geq M\left(\{\prod_{i=1}^n S_{i\alpha}\}_{\alpha \in]0,1]}\right)$ となる．このとき，ある $\boldsymbol{x} = (x_1, x_2, \cdots, x_n) \in \mathbb{R}^n$ が存在して $\widetilde{\boldsymbol{a}}(\boldsymbol{x}) > M\left(\{\prod_{i=1}^n S_{i\alpha}\}_{\alpha \in]0,1]}\right)(\boldsymbol{x})$ となることを仮定して矛盾を導く．

$$\beta_0 = M\left(\left\{\prod_{i=1}^n S_{i\alpha}\right\}_{\alpha \in]0,1]}\right)(\boldsymbol{x}) = \sup\left\{\alpha \in]0,1] : \boldsymbol{x} \in \prod_{i=1}^n S_{i\alpha}\right\}$$

とする．$\widetilde{\boldsymbol{a}}(\boldsymbol{x}) = \min_{i=1,2,\cdots,n} \widetilde{a}_i(x_i) > \beta_0$ であることより，十分小さい $\varepsilon > 0$ に対して $\min_{i=1,2,\cdots,n} \widetilde{a}_i(x_i) > \beta_0 + 2\varepsilon$ となる．各 $i \in \{1, 2, \cdots, n\}$ に対して，$\widetilde{a}_i(x_i) > \beta_0 + 2\varepsilon$ であるので，定理 7.4 より $x_i \in [\widetilde{a}_i]_{\beta_0+2\varepsilon} = \bigcap_{\gamma \in]0,\beta_0+2\varepsilon[} S_{i\gamma} \subset S_{i,\beta_0+\varepsilon}$ となる．したがって，$\boldsymbol{x} = (x_1, x_2, \cdots, x_n) \in \prod_{i=1}^n S_{i,\beta_0+\varepsilon}$ となるが，これは β_0 の定義に矛盾する． $\square$

次の定理は，ファジィ直積集合の凸性，閉性およびコンパクト性に関する性質を与える．

定理 8.21 $\widetilde{\boldsymbol{a}} = (\widetilde{a}_1, \widetilde{a}_2, \cdots, \widetilde{a}_n) \in \mathcal{F}^n(\mathbb{R})$ に対して，次が成り立つ．

(i) $\mathrm{hgt}(\widetilde{a}_1) = \cdots = \mathrm{hgt}(\widetilde{a}_n),\ \widetilde{\boldsymbol{a}} \in \mathcal{FK}(\mathbb{R}^n) \Rightarrow \widetilde{a}_i \in \mathcal{FK}(\mathbb{R}),\ i = 1, 2, \cdots, n$

(ii) $\widetilde{\boldsymbol{a}} \in \mathcal{FK}(\mathbb{R}^n) \Leftarrow \widetilde{a}_i \in \mathcal{FK}(\mathbb{R}),\ i = 1, 2, \cdots, n$

(iii) $\mathrm{hgt}(\widetilde{a}_1) = \cdots = \mathrm{hgt}(\widetilde{a}_n),\ \widetilde{\boldsymbol{a}} \in \mathcal{FC}(\mathbb{R}^n) \Rightarrow \widetilde{a}_i \in \mathcal{FC}(\mathbb{R}),\ i = 1, 2, \cdots, n$

(iv) $\widetilde{\boldsymbol{a}} \in \mathcal{FC}(\mathbb{R}^n) \Leftarrow \widetilde{a}_i \in \mathcal{FC}(\mathbb{R}),\ i = 1, 2, \cdots, n$

(v) $\mathrm{hgt}(\widetilde{a}_1) = \cdots = \mathrm{hgt}(\widetilde{a}_n),\ \widetilde{\boldsymbol{a}} \in \mathcal{FBC}(\mathbb{R}^n) \Rightarrow \widetilde{a}_i \in \mathcal{FBC}(\mathbb{R}),\ i = 1, 2, \cdots, n$

(vi) $\widetilde{\boldsymbol{a}} \in \mathcal{FBC}(\mathbb{R}^n) \Leftarrow \widetilde{a}_i \in \mathcal{FBC}(\mathbb{R}),\ i = 1, 2, \cdots, n$

証明 補題 7.1 および 定理 6.11(i)–(vi) と 7.4 より導かれるが,証明は問題として残しておく (問題 8.4.1).　　　　　　　　　　　　　　　　　　　　　　　　　　$\square$

次の定理は $\mathcal{F}^n(\mathbb{R})$ 上の(狭義)ファジィマックス順序に関する性質を与える.ただし,$I(\cdot)$ は (7.2) において定義された集合である.

定理 8.22 $\widetilde{\boldsymbol{a}} = (\widetilde{a}_1, \widetilde{a}_2, \cdots, \widetilde{a}_n), \widetilde{\boldsymbol{b}} = (\widetilde{b}_1, \widetilde{b}_2, \cdots, \widetilde{b}_n) \in \mathcal{F}^n(\mathbb{R})$ に対して,次が成り立つ.

(i) $I(\widetilde{a}_1) = \cdots = I(\widetilde{a}_n) = I(\widetilde{b}_1) = \cdots = I(\widetilde{b}_n),\ \widetilde{\boldsymbol{a}} \preceq \widetilde{\boldsymbol{b}} \Rightarrow \widetilde{a}_i \preceq \widetilde{b}_i,\ i = 1, 2, \cdots, n$

(ii) $\widetilde{\boldsymbol{a}} \preceq \widetilde{\boldsymbol{b}} \Leftarrow \widetilde{a}_i \preceq \widetilde{b}_i,\ i = 1, 2, \cdots, n$

(iii) $I(\widetilde{a}_1) = \cdots = I(\widetilde{a}_n) = I(\widetilde{b}_1) = \cdots = I(\widetilde{b}_n),\ \widetilde{\boldsymbol{a}} \prec \widetilde{\boldsymbol{b}} \Rightarrow \widetilde{a}_i \prec \widetilde{b}_i,\ i = 1, 2, \cdots, n$

(iv) $\widetilde{\boldsymbol{a}} \prec \widetilde{\boldsymbol{b}} \Leftarrow \widetilde{a}_i \prec \widetilde{b}_i,\ i = 1, 2, \cdots, n$

証明 (i) および (ii) を示す.(iii) および (iv) はそれぞれ (i) および (ii) と同様に示せるが,証明は問題として残しておく (問題 8.4.2).

(i) $I = I(\widetilde{a}_1) = \cdots = I(\widetilde{a}_n) = I(\widetilde{b}_1) = \cdots = I(\widetilde{b}_n)$ とし,$\alpha \in\,]0, 1]$ を任意に固定する.$\alpha \notin I$ ならば,定理 6.2 (v) より,$[\widetilde{a}_i]_\alpha = \emptyset \le \emptyset = [\widetilde{b}_i]_\alpha,\ i = 1, 2, \cdots, n$ となる.$\alpha \in I$ ならば,補題 7.1 より $\prod_{i=1}^{n}[\widetilde{a}_i]_\alpha = [\widetilde{\boldsymbol{a}}]_\alpha \le [\widetilde{\boldsymbol{b}}]_\alpha = \prod_{i=1}^{n}[\widetilde{b}_i]_\alpha$ であるので,定理 6.11 (x) より $[\widetilde{a}_i]_\alpha \le [\widetilde{b}_i]_\alpha,\ i = 1, 2, \cdots, n$ となる.よって,$\alpha \in\,]0, 1]$ の任意性より,$\widetilde{a}_i \preceq \widetilde{b}_i,\ i = 1, 2, \cdots, n$ となる.

(ii) $\alpha \in\,]0, 1]$ を任意に固定する.$[\widetilde{a}_i]_\alpha \le [\widetilde{b}_i]_\alpha,\ i = 1, 2, \cdots, n$ であるので,補題 7.1 および定理 6.11 (xi) より $[\widetilde{\boldsymbol{a}}]_\alpha = \prod_{i=1}^{n}[\widetilde{a}_i]_\alpha \le \prod_{i=1}^{n}[\widetilde{b}_i]_\alpha = [\widetilde{\boldsymbol{b}}]_\alpha$ となる.よって,$\alpha \in\,]0, 1]$ の任意性より,$\widetilde{\boldsymbol{a}} \preceq \widetilde{\boldsymbol{b}}$ となる.　　　　　　$\square$

次の例は,定理 8.22 (i), (iii) において,仮定 $I(\widetilde{a}_1) = \cdots = I(\widetilde{a}_n) = I(\widetilde{b}_1) = \cdots = I(\widetilde{b}_n)$ が必要であることを示している.

例 8.8 $\widetilde{a}_1, \widetilde{a}_2, \widetilde{b}_1, \widetilde{b}_2 \in \mathcal{F}(\mathbb{R})$ を各 $x \in \mathbb{R}$ に対して

$$\widetilde{a}_1(x) = \max\{1 - |x|, 0\}, \quad \widetilde{a}_2(x) = \left\{ \begin{array}{ll} \widetilde{a}_1(x) & x \neq 0 \\ 0 & x = 0 \end{array} \right.$$

$$\widetilde{b}_1(x) = \widetilde{b}_2(x) = \left\{ \begin{array}{ll} \max\{1 - |x - 1|, 0\} & x \neq 1 \\ 0 & x = 1 \end{array} \right.$$

とし，$\widetilde{\boldsymbol{a}} = (\widetilde{a}_1, \widetilde{a}_2)$, $\widetilde{\boldsymbol{b}} = (\widetilde{b}_1, \widetilde{b}_2) \in \mathcal{F}^2(\mathbb{R})$ とする．このとき，$\mathrm{hgt}(\widetilde{a}_1) = \mathrm{hgt}(\widetilde{a}_2) = \mathrm{hgt}(\widetilde{b}_1) = \mathrm{hgt}(\widetilde{b}_2) = 1$ であるが，$I(\widetilde{a}_1) =]0, 1] \neq]0, 1[= I(\widetilde{a}_2) = I(\widetilde{b}_1) = I(\widetilde{b}_2)$ となる．各 $\alpha \in]0, 1]$ に対して

$$[\widetilde{a}_1]_\alpha = [\alpha - 1, -\alpha + 1], \quad [\widetilde{a}_2]_\alpha = \left\{ \begin{array}{ll} [\alpha - 1, 0[\,\cup\,]0, -\alpha + 1] & \alpha \in]0, 1[\\ \emptyset & \alpha = 1 \end{array} \right.$$

$$[\widetilde{b}_1]_\alpha = [\widetilde{b}_2]_\alpha = \left\{ \begin{array}{ll} [\alpha, 1[\,\cup\,]1, -\alpha + 2] & \alpha \in]0, 1[\\ \emptyset & \alpha = 1 \end{array} \right.$$

となる．定理 6.2 (iv) より $[\widetilde{a}_1]_1 = \{0\} \not\preceq \emptyset = [\widetilde{b}_1]_1$, $[\widetilde{a}_1]_1 = \{0\} \not\prec \emptyset = [\widetilde{b}_1]_1$ となるので，$\widetilde{a}_1 \not\preceq \widetilde{b}_1$, $\widetilde{a}_1 \not\prec \widetilde{b}_1$ となる．各 $\alpha \in]0, 1[$ に対して，補題 7.1 より

$$[\widetilde{\boldsymbol{a}}]_\alpha = [\widetilde{a}_1]_\alpha \times [\widetilde{a}_2]_\alpha = [\alpha - 1, -\alpha + 1] \times ([\alpha - 1, 0[\,\cup\,]0, -\alpha + 1])$$
$$< ([\alpha, 1[\,\cup\,]1, -\alpha + 2]) \times ([\alpha, 1[\,\cup\,]1, -\alpha + 2]) = [\widetilde{b}_1]_\alpha \times [\widetilde{b}_2]_\alpha = [\widetilde{\boldsymbol{b}}]_\alpha$$

となる．補題 7.1 および定理 6.2 (v) より，$[\widetilde{\boldsymbol{a}}]_1 = [\widetilde{a}_1]_1 \times [\widetilde{a}_2]_1 = \emptyset < \emptyset = [\widetilde{b}_1]_1 \times [\widetilde{b}_2]_1 = [\widetilde{\boldsymbol{b}}]_1$ となる．また，定理 6.2 (iii) より，任意の $\alpha \in]0, 1]$ に対して，$[\widetilde{\boldsymbol{a}}]_\alpha \leq [\widetilde{\boldsymbol{b}}]_\alpha$ でもある．よって，$\widetilde{\boldsymbol{a}} \preceq \widetilde{\boldsymbol{b}}$, $\widetilde{\boldsymbol{a}} \prec \widetilde{\boldsymbol{b}}$ であるが，$\widetilde{a}_1 \not\preceq \widetilde{b}_1$, $\widetilde{a}_1 \not\prec \widetilde{b}_1$ となる． $\square$

次の 3 つの定理は，$\mathcal{F}^n(\mathbb{R})$ 上のファジィ内積に関する性質を与える．

定理 8.23 $\widetilde{\boldsymbol{a}} = (\widetilde{a}_1, \widetilde{a}_2, \cdots, \widetilde{a}_n)$, $\widetilde{\boldsymbol{b}} = (\widetilde{b}_1, \widetilde{b}_2, \cdots, \widetilde{b}_n) \in \mathcal{F}^n(\mathbb{R})$ に対して，次が成り立つ．

$$\langle \widetilde{\boldsymbol{a}}, \widetilde{\boldsymbol{b}} \rangle = \sum_{i=1}^n \langle \widetilde{a}_i, \widetilde{b}_i \rangle$$

証明

$$\langle \widetilde{\boldsymbol{a}}, \widetilde{\boldsymbol{b}} \rangle = M \left(\{ \langle [\widetilde{\boldsymbol{a}}]_\alpha, [\widetilde{\boldsymbol{b}}]_\alpha \rangle \}_{\alpha \in]0,1]} \right) \quad (\text{定理 7.1 と 8.14 より})$$

$$= M \left(\left\{ \left\langle \prod_{i=1}^n [\widetilde{a}_i]_\alpha, \prod_{i=1}^n [\widetilde{b}_i]_\alpha \right\rangle \right\}_{\alpha \in]0,1]} \right) \quad (\text{補題 7.1 より})$$

$$= M \left(\left\{ \sum_{i=1}^n \langle [\widetilde{a}_i]_\alpha, [\widetilde{b}_i]_\alpha \rangle \right\}_{\alpha \in]0,1]} \right) \quad (\text{定理 6.11 (ix) より})$$

$$= \sum_{i=1}^{n} M\left(\{\langle [\widetilde{a}_i]_\alpha, [\widetilde{b}_i]_\alpha \rangle\}_{\alpha \in]0,1]}\right) \quad (\text{定理 } 8.4 \text{ より})$$

$$= \sum_{i=1}^{n} \langle \widetilde{a}_i, \widetilde{b}_i \rangle \quad (\text{定理 } 7.1 \text{ と } 8.14 \text{ より})$$

$\square$

定理 8.24 $\widetilde{\boldsymbol{a}} = (\widetilde{a}_1, \widetilde{a}_2, \cdots, \widetilde{a}_n) \in \mathcal{F}^n(\mathbb{R})$ および $\boldsymbol{b} = (b_1, b_2, \cdots, b_n) \in \mathbb{R}^n$ に対して，次が成り立つ．

$$\langle \widetilde{\boldsymbol{a}}, \boldsymbol{b} \rangle = \sum_{i=1}^{n} b_i \widetilde{a}_i$$

証明

$$\langle \widetilde{\boldsymbol{a}}, \boldsymbol{b} \rangle = M\left(\{\langle [\widetilde{\boldsymbol{a}}]_\alpha, \boldsymbol{b} \rangle\}_{\alpha \in]0,1]}\right) \quad (\text{定理 } 7.1 \text{ と } 8.15 \text{ より})$$

$$= M\left(\left\{\left\langle \prod_{i=1}^{n} [\widetilde{a}_i]_\alpha, \boldsymbol{b} \right\rangle\right\}_{\alpha \in]0,1]}\right) \quad (\text{補題 } 7.1 \text{ より})$$

$$= M\left(\left\{\sum_{i=1}^{n} \langle [\widetilde{a}_i]_\alpha, b_i \rangle\right\}_{\alpha \in]0,1]}\right) \quad (\text{定理 } 6.11 \text{ (ix) より})$$

$$= \sum_{i=1}^{n} M\left(\{\langle [\widetilde{a}_i]_\alpha, b_i \rangle\}_{\alpha \in]0,1]}\right) \quad (\text{定理 } 8.4 \text{ より})$$

$$= \sum_{i=1}^{n} M\left(\{b_i [\widetilde{a}_i]_\alpha\}_{\alpha \in]0,1]}\right)$$

$$= \sum_{i=1}^{n} b_i \widetilde{a}_i \quad (\text{定理 } 7.1 \text{ と } 8.2 \text{ (iii) より})$$

$\square$

定理 8.25 $\widetilde{\boldsymbol{a}} = (\widetilde{a}_1, \widetilde{a}_2, \cdots, \widetilde{a}_n) \in \mathcal{F}^n(\mathbb{R})$ とし，$\mathrm{hgt}(\widetilde{a}_1) = \cdots = \mathrm{hgt}(\widetilde{a}_n)$ であるとする．このとき，次が成り立つ．

$$\langle \widetilde{\boldsymbol{a}}, \boldsymbol{e}_i \rangle = \widetilde{a}_i, \quad i = 1, 2, \cdots, n$$

証明 定理 8.6 および 8.24 より導かれる． $\square$

次の定理は，$\mathcal{F}^n(\mathbb{R})$ 上の演算と等号に関する性質を与える．

定理 8.26 $\widetilde{\boldsymbol{a}} = (\widetilde{a}_1, \widetilde{a}_2, \cdots, \widetilde{a}_n), \widetilde{\boldsymbol{b}} = (\widetilde{b}_1, \widetilde{b}_2, \cdots, \widetilde{b}_n) \in \mathcal{F}^n(\mathbb{R})$ および $\lambda \in \mathbb{R}$ に対して，次が成り立つ．

250

(i) $\widetilde{\boldsymbol{a}} + \widetilde{\boldsymbol{b}} = (\widetilde{a}_1 + \widetilde{b}_1, \widetilde{a}_2 + \widetilde{b}_2, \cdots, \widetilde{a}_n + \widetilde{b}_n)$

(ii) $\lambda\widetilde{\boldsymbol{a}} = (\lambda\widetilde{a}_1, \lambda\widetilde{a}_2, \cdots, \lambda\widetilde{a}_n)$

(iii) $\mathrm{hgt}(\widetilde{a}_1) = \cdots = \mathrm{hgt}(\widetilde{a}_n),\ \mathrm{hgt}(\widetilde{b}_1) = \cdots = \mathrm{hgt}(\widetilde{b}_n),\ \widetilde{\boldsymbol{a}} = \widetilde{\boldsymbol{b}}$
$\Rightarrow \widetilde{a}_i = \widetilde{b}_i,\ i = 1, 2, \cdots, n$

(iv) $\widetilde{\boldsymbol{a}} = \widetilde{\boldsymbol{b}} \Leftarrow \widetilde{a}_i = \widetilde{b}_i,\ i = 1, 2, \cdots, n$

証明

(i)

$$\widetilde{\boldsymbol{a}} + \widetilde{\boldsymbol{b}} = M\left(\left\{\prod_{i=1}^{n}[\widetilde{a}_i]_\alpha\right\}_{\alpha \in]0,1]}\right) + M\left(\left\{\prod_{i=1}^{n}[\widetilde{b}_i]_\alpha\right\}_{\alpha \in]0,1]}\right)$$
（定理 7.1 および補題 7.1 より）

$$= M\left(\left\{\prod_{i=1}^{n}[\widetilde{a}_i]_\alpha + \prod_{i=1}^{n}[\widetilde{b}_i]_\alpha\right\}_{\alpha \in]0,1]}\right) \quad （定理 8.2 (i) より）$$

$$= M\left(\left\{\prod_{i=1}^{n}([\widetilde{a}_i]_\alpha + [\widetilde{b}_i]_\alpha)\right\}_{\alpha \in]0,1]}\right) \quad （定理 6.11 (vii) より）$$

$$= \left(M\left(\{[\widetilde{a}_1]_\alpha + [\widetilde{b}_1]_\alpha\}_{\alpha \in]0,1]}\right), \cdots, M\left(\{[\widetilde{a}_n]_\alpha + [\widetilde{b}_n]_\alpha\}_{\alpha \in]0,1]}\right)\right)$$
（定理 8.20 より）

$$= (\widetilde{a}_1 + \widetilde{b}_1, \cdots, \widetilde{a}_n + \widetilde{b}_n) \quad （定理 7.1 と 8.2 (i) より）$$

(ii)

$$\lambda\widetilde{\boldsymbol{a}} = \lambda M\left(\left\{\prod_{i=1}^{n}[\widetilde{a}_i]_\alpha\right\}_{\alpha \in]0,1]}\right) \quad （定理 7.1 および補題 7.1 より）$$

$$= M\left(\left\{\lambda\prod_{i=1}^{n}[\widetilde{a}_i]_\alpha\right\}_{\alpha \in]0,1]}\right) \quad （定理 8.2 (iii) より）$$

$$= M\left(\left\{\prod_{i=1}^{n}\lambda[\widetilde{a}_i]_\alpha\right\}_{\alpha \in]0,1]}\right) \quad （定理 6.11 (viii) より）$$

$$= \left(M\left(\{\lambda[\widetilde{a}_1]_\alpha\}_{\alpha \in]0,1]}\right), \cdots, M\left(\{\lambda[\widetilde{a}_n]_\alpha\}_{\alpha \in]0,1]}\right)\right) \quad （定理 8.20 より）$$
$$= (\lambda\widetilde{a}_1, \cdots, \lambda\widetilde{a}_n) \quad （定理 7.1 と 8.2 (iii) より）$$

(iii) 定理 8.25 より，各 $i \in \{1, 2, \cdots, n\}$ に対して，$\widetilde{a}_i = \langle\widetilde{\boldsymbol{a}}, \boldsymbol{e}_i\rangle = \langle\widetilde{\boldsymbol{b}}, \boldsymbol{e}_i\rangle = \widetilde{b}_i$ となる.

(iv) このとき, 任意の $\boldsymbol{x} = (x_1, x_2, \cdots, x_n) \in \mathbb{R}^n$ に対して, $\widetilde{\boldsymbol{a}}(\boldsymbol{x}) = \min_{i=1,2,\cdots,n} \widetilde{a}_i(x_i)$ $= \min_{i=1,2,\cdots,n} \widetilde{b}_i(x_i) = \widetilde{\boldsymbol{b}}(\boldsymbol{x})$ となる. □

次の例は, 定理 8.26 (iii) において, 仮定 $\mathrm{hgt}(\widetilde{a}_1) = \cdots = \mathrm{hgt}(\widetilde{a}_n)$, $\mathrm{hgt}(\widetilde{b}_1) = \cdots = \mathrm{hgt}(\widetilde{b}_n)$ が必要であることを示している.

例 8.9 $n \geq 2$ に対して, $\widetilde{a}_1 = \widetilde{\emptyset} \in \mathcal{F}(\mathbb{R})$ とし, $\widetilde{a}_i \in \mathcal{F}(\mathbb{R})$, $i = 2, \cdots, n$ とする. また, $\widetilde{\boldsymbol{a}} = (\widetilde{a}_1, \widetilde{a}_2, \cdots, \widetilde{a}_n) \in \mathcal{F}^n(\mathbb{R})$ とする. このとき, 任意の $\boldsymbol{x} = (x_1, x_2, \cdots, x_n) \in \mathbb{R}^n$ に対して, $\widetilde{\boldsymbol{a}}(\boldsymbol{x}) = \min_{i=1,2,\cdots,n} \widetilde{a}_i(x_i) = \min\{\widetilde{\emptyset}(x_1), \widetilde{a}_2(x_2), \cdots, \widetilde{a}_n(x_n)\} = \min\{0, \widetilde{a}_2(x_2), \cdots, \widetilde{a}_n(x_n)\} = 0$ となる. よって, 任意の $\widetilde{a}_i \in \mathcal{F}(\mathbb{R})$, $i = 2, \cdots, n$ に対して, $\widetilde{\boldsymbol{a}} = (\widetilde{a}_1, \widetilde{a}_2, \cdots, \widetilde{a}_n) = (\widetilde{\emptyset}, \widetilde{\emptyset}, \cdots, \widetilde{\emptyset}) \in \mathcal{F}^n(\mathbb{R})$ となる. □

定理 8.27 $\widetilde{\boldsymbol{0}} \in \mathcal{F}(\mathbb{R}^n)$ および $(\widetilde{0}, \widetilde{0}, \cdots, \widetilde{0}) \in \mathcal{F}^n(\mathbb{R})$ に対して, 次が成り立つ.

$$\widetilde{\boldsymbol{0}} = (\widetilde{0}, \widetilde{0}, \cdots, \widetilde{0})$$

証明 $\boldsymbol{0} = (0, 0, \cdots, 0) \in \mathbb{R}^n$ に対して, $(\widetilde{0}, \widetilde{0}, \cdots, \widetilde{0})(\boldsymbol{0}) = \min\{\widetilde{0}(0), \widetilde{0}(0), \cdots, \widetilde{0}(0)\} = \min\{1, 1, \cdots, 1\} = 1 = \widetilde{\boldsymbol{0}}(\boldsymbol{0})$ となる. $\boldsymbol{x} = (x_1, x_2, \cdots, x_n) \in \mathbb{R}^n$, $\boldsymbol{x} \neq \boldsymbol{0}$ とする. このとき, ある $i \in \{1, 2, \cdots, n\}$ が存在して $x_i \neq 0$ となる. よって, $\widetilde{0}(x_i) = 0$ であるので, $(\widetilde{0}, \widetilde{0}, \cdots, \widetilde{0})(\boldsymbol{x}) = \min\{\widetilde{0}(x_1), \cdots, \widetilde{0}(x_{i-1}), \widetilde{0}(x_i), \widetilde{0}(x_{i+1}), \cdots, \widetilde{0}(x_n)\} = \min\{\widetilde{0}(x_1), \cdots, \widetilde{0}(x_{i-1}), 0, \widetilde{0}(x_{i+1}), \cdots, \widetilde{0}(x_n)\} = 0 = \widetilde{\boldsymbol{0}}(\boldsymbol{x})$ となる. □

次の定理は, 定理 8.5 の言い換えであり, $\mathcal{F}^n(\mathbb{R})$ はベクトル空間にはならないが, ベクトル空間に近い性質をもつことを示している.

定理 8.28 $\widetilde{\boldsymbol{a}}, \widetilde{\boldsymbol{b}}, \widetilde{\boldsymbol{c}} \in \mathcal{F}^n(\mathbb{R})$ および $\lambda, \mu \in \mathbb{R}$ に対して, 次が成り立つ.

(i) $\widetilde{\boldsymbol{a}} + \widetilde{\boldsymbol{b}} = \widetilde{\boldsymbol{b}} + \widetilde{\boldsymbol{a}}$

(ii) $(\widetilde{\boldsymbol{a}} + \widetilde{\boldsymbol{b}}) + \widetilde{\boldsymbol{c}} = \widetilde{\boldsymbol{a}} + (\widetilde{\boldsymbol{b}} + \widetilde{\boldsymbol{c}})$

(iii) $\widetilde{\boldsymbol{0}} + \widetilde{\boldsymbol{a}} = \widetilde{\boldsymbol{a}}$

(iv) $\lambda, \mu \geq 0$, $\widetilde{\boldsymbol{a}} \in \mathcal{FK}(\mathbb{R}^n) \Rightarrow (\lambda + \mu)\widetilde{\boldsymbol{a}} = \lambda\widetilde{\boldsymbol{a}} + \mu\widetilde{\boldsymbol{a}}$

(v) $\lambda(\widetilde{\boldsymbol{a}} + \widetilde{\boldsymbol{b}}) = \lambda\widetilde{\boldsymbol{a}} + \lambda\widetilde{\boldsymbol{b}}$

(vi) $(\lambda\mu)\widetilde{\boldsymbol{a}} = \lambda(\mu\widetilde{\boldsymbol{a}})$

252

(vii) $1\widetilde{\boldsymbol{a}} = \widetilde{\boldsymbol{a}}$

問題 **8.4**

1. 定理 8.21 を証明せよ.

2. $\widetilde{\boldsymbol{a}} = (\widetilde{a}_1, \widetilde{a}_2, \cdots, \widetilde{a}_n)$, $\widetilde{\boldsymbol{b}} = (\widetilde{b}_1, \widetilde{b}_2, \cdots, \widetilde{b}_n) \in \mathcal{F}^n(\mathbb{R})$ に対して，次が成り立つことを示せ.

(i) $I(\widetilde{a}_1) = \cdots = I(\widetilde{a}_n) = I(\widetilde{b}_1) = \cdots = I(\widetilde{b}_n)$, $\widetilde{\boldsymbol{a}} \prec \widetilde{\boldsymbol{b}} \Rightarrow \widetilde{a}_i \prec \widetilde{b}_i$, $i = 1, 2, \cdots, n$

(ii) $\widetilde{\boldsymbol{a}} \prec \widetilde{\boldsymbol{b}} \Leftarrow \widetilde{a}_i \prec \widetilde{b}_i$, $i = 1, 2, \cdots, n$

8.5 ファジィノルムとファジィ距離

Zadeh の拡張原理によるファジィノルムとファジィ距離の定義を与える.

定義 8.4

(i) $\widetilde{a} \in \mathcal{F}(\mathbb{R}^n)$ とする. $\|\widetilde{a}\| \in \mathcal{F}(\mathbb{R})$ を各 $x \in \mathbb{R}$ に対して

$$\|\widetilde{a}\|(x) = \sup_{x=\|\boldsymbol{y}\|} \widetilde{a}(\boldsymbol{y}) \tag{8.11}$$

と定義し, $\widetilde{a}$ の**ファジィノルム** (fuzzy norm) という.

(ii) $\widetilde{a}, \widetilde{b} \in \mathcal{F}(\mathbb{R}^n)$ とする. $d(\widetilde{a}, \widetilde{b}) \in \mathcal{F}(\mathbb{R})$ を各 $x \in \mathbb{R}$ に対して

$$d(\widetilde{a}, \widetilde{b})(x) = \sup_{x=d(\boldsymbol{y}, \boldsymbol{z})} \widetilde{a}(\boldsymbol{y}) \wedge \widetilde{b}(\boldsymbol{z}) \tag{8.12}$$

と定義し, $\widetilde{a}$ と $\widetilde{b}$ の間の**ファジィ距離** (fuzzy distance) という.

(iii) $\widetilde{a} \in \mathcal{F}(\mathbb{R}^n)$ とし, $\boldsymbol{b} \in \mathbb{R}^n$ とする. $d(\widetilde{a}, \boldsymbol{b}) \in \mathcal{F}(\mathbb{R})$ を各 $x \in \mathbb{R}$ に対して

$$d(\widetilde{a}, \boldsymbol{b})(x) = \sup_{x=d(\boldsymbol{y}, \boldsymbol{b})} \widetilde{a}(\boldsymbol{y}) \tag{8.13}$$

と定義し, $\widetilde{a}$ と $\boldsymbol{b}$ の間の**ファジィ距離**という. また, $d(\boldsymbol{b}, \widetilde{a}) = d(\widetilde{a}, \boldsymbol{b})$ と定義し, $d(\boldsymbol{b}, \widetilde{a})$ を $\boldsymbol{b}$ と $\widetilde{a}$ の間のファジィ距離という.

$\widetilde{a} \in \mathcal{F}(\mathbb{R}^n)$ および $\boldsymbol{b} \in \mathbb{R}^n$ に対して, 次が成り立つ.

$$d(\widetilde{a}, \boldsymbol{b}) = d(\widetilde{a}, c_{\{\boldsymbol{b}\}}) \tag{8.14}$$

次の定理は, ファジィ集合の生成元とファジィノルムの生成元の関係を与える.

定理 8.29 $\{S_\alpha\}_{\alpha \in]0,1]} \in \mathcal{S}(\mathbb{R}^n)$ とし, $\widetilde{a} = M\left(\{S_\alpha\}_{\alpha \in]0,1]}\right) \in \mathcal{F}(\mathbb{R}^n)$ とする. このとき, 次が成り立つ.

$$\|\widetilde{a}\| = M\left(\{\|S_\alpha\|\}_{\alpha \in]0,1]}\right) = \sup_{\alpha \in]0,1]} \alpha c_{\|S_\alpha\|}$$

証明 定理 7.9 より導かれる. 定理 7.9 において, $f : \mathbb{R}^n \to \mathbb{R}$ を各 $\boldsymbol{x} \in \mathbb{R}^n$ に対して $f(\boldsymbol{x}) = \|\boldsymbol{x}\|$ とすればよい. □

例 8.10 $\widetilde{a} \in \mathcal{F}(\mathbb{R}^2)$ を各 $(y, z) \in \mathbb{R}^2$ に対して

$$\widetilde{a}(y, z) = \min\{\max\{1 - |y - 1|, 0\}, \max\{1 - |z - 1|, 0\}\}$$

とする (図 8.7 (a)). このとき,各 $\alpha \in]0,1]$ に対して,$[\widetilde{a}]_\alpha = [\alpha, -\alpha+2] \times [\alpha, -\alpha+2]$ となり (図 8.7 (b)),$\|[\widetilde{a}]_\alpha\| = [\sqrt{2}\alpha, \sqrt{2}(-\alpha+2)]$ となる. よって,$\|\widetilde{a}\| \in \mathcal{F}(\mathbb{R})$ は各 $x \in \mathbb{R}$ に対して

$$\|\widetilde{a}\|(x) = \max\left\{1 - \frac{|x - \sqrt{2}|}{\sqrt{2}}, 0\right\}$$

となる (図 8.7 (c)).

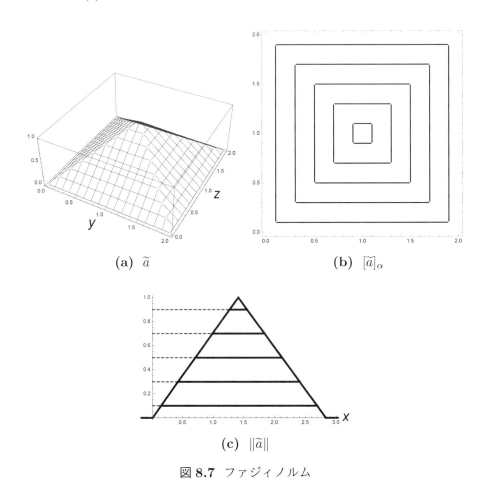

(a) $\widetilde{a}$ (b) $[\widetilde{a}]_\alpha$

(c) $\|\widetilde{a}\|$

図 8.7 ファジィノルム

□

次の定理は,ファジィ集合のレベル集合とファジィノルムのレベル集合の関係を与える.

定理 8.30 $\widetilde{a} \in \mathcal{FC}(\mathbb{R}^n)$ とする. このとき,任意の $\alpha \in]0,1]$ に対して,次が成り立つ.

$$[\|\widetilde{a}\|]_\alpha = \|[\widetilde{a}]_\alpha\|$$

証明 $f : \mathbb{R}^n \to \mathbb{R}$ を各 $\boldsymbol{y} \in \mathbb{R}^n$ に対して $f(\boldsymbol{y}) = \|\boldsymbol{y}\|$ とする．定理 7.12 より，$x \in \mathbb{R}$, $f^{-1}(x) \neq \emptyset$ ならば

$$\widetilde{a}(\boldsymbol{y}^*) = \sup_{\boldsymbol{y} \in f^{-1}(x)} \widetilde{a}(\boldsymbol{y}) \tag{8.15}$$

となる $\boldsymbol{y}^* \in f^{-1}(x)$ が存在することを示せば十分である．$f^{-1}(x) \neq \emptyset$ であるので $x \geq 0$ である．$f^{-1}(x) \in \mathcal{BC}(\mathbb{R}^n)$ であり，$\widetilde{a}$ は $\mathbb{R}^n$ 上で上半連続である．よって，定理 4.7 (i) より，(8.15) をみたす $\boldsymbol{y}^* \in f^{-1}(x)$ が存在する． $\square$

　次の定理は，ファジィノルムがノルムの公理に近い性質をもつことを示している．

定理 8.31 $\widetilde{a}, \widetilde{b} \in \mathcal{F}(\mathbb{R}^n)$ および $\lambda \in \mathbb{R}$ に対して，次が成り立つ．

(i) $[\widetilde{a}]_1 \neq \emptyset \Rightarrow [\|\widetilde{a}\|]_1 \neq \emptyset \Rightarrow \|\widetilde{a}\| \succeq \widetilde{0}$

(ii) $\widetilde{a} = \widetilde{\boldsymbol{0}} \Leftrightarrow \|\widetilde{a}\| = \widetilde{0}$

(iii) $\|\lambda \widetilde{a}\| = |\lambda| \|\widetilde{a}\|$

(iv) $\widetilde{a}, \widetilde{b} \in \mathcal{FBC}(\mathbb{R}^n) \Rightarrow \|\widetilde{a} + \widetilde{b}\| \preceq \|\widetilde{a}\| + \|\widetilde{b}\|$

証明

(i) まず，$[\widetilde{a}]_1 \neq \emptyset$ と仮定する．定理 7.1 と 8.29 より，$\|\widetilde{a}\| = M\left(\{\|[\widetilde{a}]_\alpha\|\}_{\alpha \in]0,1]}\right)$ となる．$[\widetilde{a}]_1 \neq \emptyset$ であるので，定理 7.3 より $\emptyset \neq \|[\widetilde{a}]_1\| \subset [\|\widetilde{a}\|]_1$ となる．

　次に，$[\|\widetilde{a}\|]_1 \neq \emptyset$ と仮定する．このとき，任意の $\alpha \in]0,1]$ に対して，$[\|\widetilde{a}\|]_\alpha \neq \emptyset$ となる．$\alpha \in]0,1]$ を任意に固定する．任意の $x \in [\|\widetilde{a}\|]_\alpha$ に対して $x \geq 0$ であるので，$[\|\widetilde{a}\|]_\alpha \subset \{0\} + \mathbb{R}_+ = [\widetilde{0}]_\alpha + \mathbb{R}_+, [\widetilde{0}]_\alpha = \{0\} \subset [\|\widetilde{a}\|]_\alpha + \mathbb{R}_-$ となる．よって，$[\|\widetilde{a}\|]_\alpha \geq [\widetilde{0}]_\alpha$ となる．したがって，$\alpha \in]0,1]$ の任意性より，$\|\widetilde{a}\| \succeq \widetilde{0}$ となる．

(ii) 必要性：定理 6.12 (ii), 7.1 および 8.29 より

$$\|\widetilde{a}\| = M\left(\{\|[\widetilde{a}]_\alpha\|\}_{\alpha \in]0,1]}\right) = M\left(\{\|\{\boldsymbol{0}\}\|\}_{\alpha \in]0,1]}\right) = M\left(\{\{0\}\}_{\alpha \in]0,1]}\right) = \widetilde{0}$$

となる．

十分性：$\widetilde{a} \neq \widetilde{\boldsymbol{0}}$ と仮定する．このとき，次の 2 つの場合がある．

　(ii-1) $\widetilde{a}(\boldsymbol{0}) < 1$

　(ii-2) $\widetilde{a}(\boldsymbol{0}) = 1$ であり，ある $\boldsymbol{y}_0 \in \mathbb{R}^n$, $\boldsymbol{y}_0 \neq \boldsymbol{0}$ が存在して $\widetilde{a}(\boldsymbol{y}_0) > 0$ となる．

まず，(ii-1) の場合を考える．$\alpha_0 = \widetilde{a}(\boldsymbol{0}) < 1$ とする．このとき，任意の $\alpha \in]\alpha_0, 1]$ に対して，$\boldsymbol{0} \notin [\widetilde{a}]_\alpha$ であるので，$0 \notin \|[\widetilde{a}]_\alpha\|$ となる．定理 7.1 および 8.29 より

$$\|\widetilde{a}\|(0) = M\left(\{\|[\widetilde{a}]_\alpha\|\}_{\alpha \in]0,1]}\right)(0) = \sup\{\alpha \in]0,1] : 0 \in \|[\widetilde{a}]_\alpha\|\} \leq \alpha_0 < 1 = \widetilde{0}(0)$$

となるので，$\|\widetilde{a}\| \neq \widetilde{0}$ となる．次に，(ii-2) の場合を考える．$\beta_0 = \widetilde{a}(\boldsymbol{y}_0) > 0$ とし，$x_0 = \|\boldsymbol{y}_0\| > 0$ とする．このとき，任意の $\alpha \in \,]0, \beta_0]$ に対して，$\boldsymbol{y}_0 \in [\widetilde{a}]_\alpha$ であるので，$x_0 = \|\boldsymbol{y}_0\| \in \|[\widetilde{a}]_\alpha\|$ となる．定理 7.1 および 8.29 より

$$\|\widetilde{a}\|(x_0) = M\left(\{\|[\widetilde{a}]_\alpha\|\}_{\alpha \in]0,1]}\right)(x_0) = \sup\{\alpha \in \,]0,1] : x_0 \in \|[\widetilde{a}]_\alpha\|\} \geq \beta_0 > 0 = \widetilde{0}(x_0)$$

となるので，$\|\widetilde{a}\| \neq \widetilde{0}$ となる．

(iii) 定理 6.12 (iii), 7.1, 8.2 (iii) および 8.29 より，

$$\|\lambda\widetilde{a}\| = M\left(\{\|\lambda[\widetilde{a}]_\alpha\|\}_{\alpha \in]0,1]}\right) = M\left(\{|\lambda|\|[\widetilde{a}]_\alpha\|\}_{\alpha \in]0,1]}\right) = |\lambda|\|\widetilde{a}\|$$

となる．

(iv) 定理 8.7 (ii) より，$\widetilde{a} \widetilde{+} \widetilde{b} \in \mathcal{FBC}(\mathbb{R}^n)$ となる．定理 8.30 より，任意の $\alpha \in \,]0,1]$ に対して $[\|\widetilde{a}\|]_\alpha = \|[\widetilde{a}]_\alpha\| \in \mathcal{BC}(\mathbb{R})$, $[\|\widetilde{b}\|]_\alpha = \|[\widetilde{b}]_\alpha\| \in \mathcal{BC}(\mathbb{R})$ となるので，$\|\widetilde{a}\|, \|\widetilde{b}\| \in \mathcal{FBC}(\mathbb{R})$ となる．よって，定理 6.12 (iv), 8.1 (i), (ii) および 8.30 より，任意の $\alpha \in \,]0,1]$ に対して $[\|\widetilde{a} \widetilde{+} \widetilde{b}\|]_\alpha = \|[\widetilde{a} \widetilde{+} \widetilde{b}]_\alpha\| = \|[\widetilde{a}]_\alpha + [\widetilde{b}]_\alpha\| \leq \|[\widetilde{a}]_\alpha\| + \|[\widetilde{b}]_\alpha\| = [\|\widetilde{a}\|]_\alpha + [\|\widetilde{b}\|]_\alpha = [\|\widetilde{a}\| \widetilde{+} \|\widetilde{b}\|]_\alpha$ となる．したがって，$\|\widetilde{a} \widetilde{+} \widetilde{b}\| \preceq \|\widetilde{a}\| \widetilde{+} \|\widetilde{b}\|$ となる． $\square$

　次の定理は，ファジィ集合の生成元とファジィ距離の生成元の関係を与える．

定理 8.32 $\{S_\alpha\}_{\alpha \in]0,1]}, \{T_\alpha\}_{\alpha \in]0,1]} \in \mathcal{S}(\mathbb{R}^n)$ として，$\widetilde{a} = M\left(\{S_\alpha\}_{\alpha \in]0,1]}\right)$, $\widetilde{b} = M\left(\{T_\alpha\}_{\alpha \in]0,1]}\right) \in \mathcal{F}(\mathbb{R}^n)$ とする．このとき，次が成り立つ．

$$d(\widetilde{a}, \widetilde{b}) = M\left(\{d(S_\alpha, T_\alpha)\}_{\alpha \in]0,1]}\right) = \sup_{\alpha \in]0,1]} \alpha c_{d(S_\alpha, T_\alpha)}$$

証明 定理 7.9 より導かれる．定理 7.9 において，$f : \mathbb{R}^n \times \mathbb{R}^n \to \mathbb{R}$ を各 $(\boldsymbol{x}, \boldsymbol{y}) \in \mathbb{R}^n \times \mathbb{R}^n$ に対して $f(\boldsymbol{x}, \boldsymbol{y}) = d(\boldsymbol{x}, \boldsymbol{y})$ とすればよい． $\square$

例 8.11 例 8.6 における $\widetilde{a}, \widetilde{b} \in \mathcal{F}(\mathbb{R}^2)$ を考える（図 8.6 (a)）．このとき，各 $\alpha \in \,]0,1]$ に対して，$[\widetilde{a}]_\alpha$ および $[\widetilde{b}]_\alpha$ は例 8.6 と同様（図 8.6 (b)）であり

$$d([\widetilde{a}]_\alpha, [\widetilde{b}]_\alpha) = \begin{cases} \left[2\alpha + 1, \sqrt{8\alpha^2 - 32\alpha + 34}\,\right] & \alpha \in \left]0, \frac{1}{2}\right] \\ \left[\sqrt{8\alpha^2 + 2}, \sqrt{8\alpha^2 - 32\alpha + 34}\,\right] & \alpha \in \left]\frac{1}{2}, 1\right] \end{cases}$$

となる．よって，$d(\widetilde{a}, \widetilde{b}) \in \mathcal{F}(\mathbb{R})$ は各 $x \in \mathbb{R}$ に対して

$$d(\widetilde{a}, \widetilde{b})(x) = \begin{cases} \frac{1}{2}x - \frac{1}{2} & x \in [1, 2] \\ \frac{1}{4}\sqrt{2x^2 - 4} & x \in \,]2, \sqrt{10}\,] \\ -\frac{1}{4}\sqrt{2x^2 - 4} + 2 & x \in \,]\sqrt{10}, \sqrt{34}\,] \\ 0 & x \in \,]-\infty, 1[\,\cup\,]\sqrt{34}, \infty[\end{cases}$$

となる（図 8.8）．

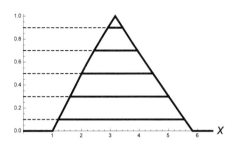

図 8.8 ファジィ距離 $d(\widetilde{a}, \widetilde{b})$

次の定理は,ファジィ距離とファジィノルムの関係を与える.

定理 8.33 $\widetilde{a}, \widetilde{b} \in \mathcal{F}(\mathbb{R}^n)$ に対して,次が成り立つ.

(i) $d(\widetilde{a}, \widetilde{b}) = \|\widetilde{a} - \widetilde{b}\|$

(ii) $d(\widetilde{a}, \widetilde{\mathbf{0}}) = \|\widetilde{a} - \widetilde{\mathbf{0}}\| = d(\widetilde{a}, \mathbf{0})$

証明 (i) を示す.(ii) は,(i) より導かれる.定理 6.15 より,任意の $\alpha \in]0,1]$ に対して,$d([\widetilde{a}]_\alpha, [\widetilde{b}]_\alpha) = \|[\widetilde{a}]_\alpha - [\widetilde{b}]_\alpha\|$ となる.よって,定理 8.2 (ii), 8.29 および 8.32 より

$$d(\widetilde{a}, \widetilde{b}) = M\left(\{d([\widetilde{a}]_\alpha, [\widetilde{b}]_\alpha)\}_{\alpha \in]0,1]}\right) = M\left(\{\|[\widetilde{a}]_\alpha - [\widetilde{b}]_\alpha\|\}_{\alpha \in]0,1]}\right) = \|\widetilde{a} - \widetilde{b}\|$$

となる. □

次の定理は,ファジィ集合のレベル集合とファジィ距離のレベル集合の関係を与える.

定理 8.34 $\widetilde{a}, \widetilde{b} \in \mathcal{FBC}(\mathbb{R}^n)$ とする.このとき,任意の $\alpha \in]0,1]$ に対して,次が成り立つ.
$$[d(\widetilde{a}, \widetilde{b})]_\alpha = d([\widetilde{a}]_\alpha, [\widetilde{b}]_\alpha)$$

証明 $f : \mathbb{R}^n \times \mathbb{R}^n \to \mathbb{R}$ を各 $(\boldsymbol{x}, \boldsymbol{y}) \in \mathbb{R}^n \times \mathbb{R}^n$ に対して $f(\boldsymbol{x}, \boldsymbol{y}) = d(\boldsymbol{x}, \boldsymbol{y})$ とすると,f は $\mathbb{R}^n \times \mathbb{R}^n$ 上で連続になるので,定理 7.13 より結論が導かれる. □

次の定理は,ファジィ距離が距離の公理に近い性質をもつことを示している.

定理 8.35 $\widetilde{a}, \widetilde{b}, \widetilde{c} \in \mathcal{F}(\mathbb{R}^n)$ に対して,次が成り立つ.

(i) $[\widetilde{a}]_1 \neq \emptyset, [\widetilde{b}]_1 \neq \emptyset \Rightarrow [d(\widetilde{a}, \widetilde{b})]_1 \neq \emptyset \Rightarrow d(\widetilde{a}, \widetilde{b}) \succeq \widetilde{0}$

(ii) $d(\widetilde{a}, \widetilde{b}) = \widetilde{0}$ であるための必要十分条件は，ある $\boldsymbol{y}_0 \in \mathbb{R}^n$ に対して $\widetilde{a} = \widetilde{b} = c_{\{\boldsymbol{y}_0\}}$ となることである．

(iii) $d(\widetilde{a}, \widetilde{b}) = d(\widetilde{b}, \widetilde{a})$

(iv) $\widetilde{a}, \widetilde{c} \in \mathcal{FBC}(\mathbb{R}^n)$ とし，ある $\boldsymbol{z}_0 \in \mathbb{R}^n$ に対して $\widetilde{b} = c_{\{\boldsymbol{z}_0\}}$ であるとする．このとき，次が成り立つ．
$$d(\widetilde{a}, \widetilde{c}) \preceq d(\widetilde{a}, \widetilde{b}) + d(\widetilde{b}, \widetilde{c})$$

証明

(i) まず，$[\widetilde{a}]_1 \neq \emptyset$, $[\widetilde{b}]_1 \neq \emptyset$ と仮定する．定理 7.1 および 8.32 より，$d(\widetilde{a}, \widetilde{b}) = M\left(\{d([\widetilde{a}]_\alpha, [\widetilde{b}]_\alpha)\}_{\alpha \in]0,1]}\right)$ となる．$[\widetilde{a}]_1 \neq \emptyset$, $[\widetilde{b}]_1 \neq \emptyset$ であるので，定理 7.3 より $\emptyset \neq d([\widetilde{a}]_1, [\widetilde{b}]_1) \subset [d(\widetilde{a}, \widetilde{b})]_1$ となる．

次に，$[d(\widetilde{a}, \widetilde{b})]_1 \neq \emptyset$ と仮定する．このとき，任意の $\alpha \in]0,1]$ に対して $[d(\widetilde{a}, \widetilde{b})]_\alpha \neq \emptyset$ となる．$\alpha \in]0,1]$ を任意に固定する．任意の $x \in [d(\widetilde{a}, \widetilde{b})]_\alpha$ に対して $x \geq 0$ であるので，$[d(\widetilde{a}, \widetilde{b})]_\alpha \subset \{0\} + \mathbb{R}_+ = [\widetilde{0}]_\alpha + \mathbb{R}_+$, $[\widetilde{0}]_\alpha = \{0\} \subset [d(\widetilde{a}, \widetilde{b})]_\alpha + \mathbb{R}_-$ となる．よって，$[d(\widetilde{a}, \widetilde{b})]_\alpha \geq [\widetilde{0}]_\alpha$ となる．したがって，$\alpha \in]0,1]$ の任意性より，$d(\widetilde{a}, \widetilde{b}) \succeq \widetilde{0}$ となる．

(ii) 十分性：定理 6.13 (ii), 7.1 および 8.32 より
$$d(\widetilde{a}, \widetilde{b}) = M\left(\{d([\widetilde{a}]_\alpha, [\widetilde{b}]_\alpha)\}_{\alpha \in]0,1]}\right) = M\left(\{d(\{\boldsymbol{y}_0\}, \{\boldsymbol{y}_0\})\}_{\alpha \in]0,1]}\right)$$
$$= M\left(\{\{0\}\}_{\alpha \in]0,1]}\right) = \widetilde{0}$$

となる．

必要性：定理 7.1 および 8.32 より
$$d(\widetilde{a}, \widetilde{b}) = M\left(\{d([\widetilde{a}]_\alpha, [\widetilde{b}]_\alpha)\}_{\alpha \in]0,1]}\right) = \widetilde{0} \tag{8.16}$$

となる．

まず，任意の $\alpha \in]0,1[$ に対して $[\widetilde{a}]_\alpha \cap [\widetilde{b}]_\alpha \neq \emptyset$ となることを示す．そのために，ある $\alpha_0 \in]0,1[$ が存在して $[\widetilde{a}]_{\alpha_0} \cap [\widetilde{b}]_{\alpha_0} = \emptyset$ であると仮定して矛盾を導く．このとき，任意の $\alpha \in]\alpha_0, 1]$ に対して，$[\widetilde{a}]_\alpha \cap [\widetilde{b}]_\alpha = \emptyset$ となるので，$0 \notin d([\widetilde{a}]_\alpha, [\widetilde{b}]_\alpha)$ となる．よって
$$d(\widetilde{a}, \widetilde{b})(0) = \sup\{\alpha \in]0,1] : 0 \in d([\widetilde{a}]_\alpha, [\widetilde{b}]_\alpha)\} \leq \alpha_0 < 1 = \widetilde{0}(0)$$

となるが，これは (8.16) に矛盾する．

次に，$\alpha_1 \in]0,1[$ を任意に固定し，$\boldsymbol{y}_0 \in [\widetilde{a}]_{\alpha_1} \cap [\widetilde{b}]_{\alpha_1}$ とする．このとき
$$[\widetilde{a}]_{\alpha_1} = [\widetilde{b}]_{\alpha_1} = \{\boldsymbol{y}_0\} \tag{8.17}$$

となることを示す. そのために, $[\widetilde{a}]_{\alpha_1} \neq \{\boldsymbol{y}_0\}$ または $[\widetilde{b}]_{\alpha_1} \neq \{\boldsymbol{y}_0\}$ であると仮定して矛盾を導く. $[\widetilde{a}]_{\alpha_1} \neq \{\boldsymbol{y}_0\}$ である場合のみ示す. $[\widetilde{b}]_{\alpha_1} \neq \{\boldsymbol{y}_0\}$ である場合も同様に示せる. このとき, ある $\boldsymbol{y}_1 \in [\widetilde{a}]_{\alpha_1}$ が存在して $\boldsymbol{y}_1 \neq \boldsymbol{y}_0$ となる. $\boldsymbol{y}_0 \in [\widetilde{b}]_{\alpha_1}$ であるので, $0 < d(\boldsymbol{y}_1, \boldsymbol{y}_0) \in d([\widetilde{a}]_{\alpha_1}, [\widetilde{b}]_{\alpha_1})$ となる. よって

$$d(\widetilde{a}, \widetilde{b})(d(\boldsymbol{y}_1, \boldsymbol{y}_0)) = \sup\{\alpha \in \,]0,1] : d(\boldsymbol{y}_1, \boldsymbol{y}_0) \in d([\widetilde{a}]_\alpha, [\widetilde{b}]_\alpha)\} \geq \alpha_1 > 0 = \widetilde{0}(d(\boldsymbol{y}_1, \boldsymbol{y}_0))$$

となるが, これは (8.16) に矛盾する.

次に, 任意の $\alpha \in \,]0,1[$ に対して

$$[\widetilde{a}]_\alpha = [\widetilde{b}]_\alpha = \{\boldsymbol{y}_0\} \tag{8.18}$$

となることを示す. (8.17) より, 任意の $\alpha \in \,]0,1[$ に対して, $[\widetilde{a}]_\alpha = [\widetilde{b}]_\alpha$ は単集合になる. このとき, ある $\alpha_2 \in \,]0,1[$ およびある $\boldsymbol{y}_2 \in \mathbb{R}^n, \boldsymbol{y}_2 \neq \boldsymbol{y}_0$ が存在して $[\widetilde{a}]_{\alpha_2} = [\widetilde{b}]_{\alpha_2} = \{\boldsymbol{y}_2\}$ であると仮定して矛盾を導く. $\alpha_1 < \alpha_2$ または $\alpha_1 > \alpha_2$ であるが, $\alpha_1 < \alpha_2$ の場合のみ示す. $\alpha_1 > \alpha_2$ の場合も同様に示せる. このとき, $\boldsymbol{y}_2 \in [\widetilde{a}]_{\alpha_2} \cap [\widetilde{b}]_{\alpha_2} \subset [\widetilde{a}]_{\alpha_1} \cap [\widetilde{b}]_{\alpha_1}$, $\boldsymbol{y}_2 \neq \boldsymbol{y}_0$ となるが, これは (8.17) に矛盾する.

最後に, (8.18) および定理 7.1 と 7.4 より

$$[\widetilde{a}]_1 = \bigcap_{\alpha \in]0,1[} [\widetilde{a}]_\alpha = \{\boldsymbol{y}_0\}, \quad [\widetilde{b}]_1 = \bigcap_{\alpha \in]0,1[} [\widetilde{b}]_\alpha = \{\boldsymbol{y}_0\} \tag{8.19}$$

となる. よって, (8.18) および (8.19) より, $\widetilde{a} = \widetilde{b} = c_{\{\boldsymbol{y}_0\}}$ となる.

(iii) 定理 6.13 (iii), 7.1 および 8.32 より

$$d(\widetilde{a}, \widetilde{b}) = M\left(\{d([\widetilde{a}]_\alpha, [\widetilde{b}]_\alpha)\}_{\alpha \in]0,1]}\right) = M\left(\{d([\widetilde{b}]_\alpha, [\widetilde{a}]_\alpha)\}_{\alpha \in]0,1]}\right) = d(\widetilde{b}, \widetilde{a})$$

となる.

(iv) 定理 7.1, 8.2 (i), (ii), 8.7 (ii), (vi), 8.29, 8.31 (iv) および 8.33 (i) より, $d(\widetilde{a}, \widetilde{c}) = \|\widetilde{a} - \widetilde{c}\| = \|(\widetilde{a} - \widetilde{b}) + (\widetilde{b} - \widetilde{c})\| \preceq \|\widetilde{a} - \widetilde{b}\| + \|\widetilde{b} - \widetilde{c}\| = d(\widetilde{a}, \widetilde{b}) + d(\widetilde{b}, \widetilde{c})$ となる. $\qquad\square$

次の定理は, ファジィ距離に関する性質を与える.

定理 8.36 $\widetilde{a}, \widetilde{b} \in \mathcal{F}(\mathbb{R}^n)$ とし, $\lambda \in \mathbb{R}$ とする.

(i) 任意の $\boldsymbol{w} \in \mathbb{R}^n$ に対して, 次が成り立つ.

$$d(\widetilde{a}, \widetilde{b}) = d(\widetilde{a} + c_{\{\boldsymbol{w}\}}, \widetilde{b} + c_{\{\boldsymbol{w}\}})$$

(ii) $d(\lambda\widetilde{a}, \lambda\widetilde{b}) = |\lambda| d(\widetilde{a}, \widetilde{b})$

証明

(i) $\boldsymbol{w} \in \mathbb{R}^n$ とする. 定理 6.14 (i), 7.1, 8.2 (i) および 8.32 より

$$d(\widetilde{a}, \widetilde{b}) = M\left(\{d([\widetilde{a}]_\alpha, [\widetilde{b}]_\alpha)\}_{\alpha \in]0,1]}\right) = M\left(\{d([\widetilde{a}]_\alpha + \boldsymbol{w}, [\widetilde{b}]_\alpha + \boldsymbol{w})\}_{\alpha \in]0,1]}\right)$$
$$= M\left(\{d([\widetilde{a}]_\alpha + [c_{\{\boldsymbol{w}\}}]_\alpha, [\widetilde{b}]_\alpha + [c_{\{\boldsymbol{w}\}}]_\alpha)\}_{\alpha \in]0,1]}\right) = d(\widetilde{a} + c_{\{\boldsymbol{w}\}}, \widetilde{b} + c_{\{\boldsymbol{w}\}})$$

となる.

(ii) 定理 6.14 (ii), 7.1, 8.2 (iii) および 8.32 より

$$d(\lambda\widetilde{a}, \lambda\widetilde{b}) = M\left(\{d(\lambda[\widetilde{a}]_\alpha, \lambda[\widetilde{b}]_\alpha)\}_{\alpha \in]0,1]}\right) = M\left(\{|\lambda|d([\widetilde{a}]_\alpha, [\widetilde{b}]_\alpha)\}_{\alpha \in]0,1]}\right) = |\lambda|d(\widetilde{a}, \widetilde{b})$$

となる. $\qquad\qquad\Box$

例 8.12 $\widetilde{a}, \widetilde{b}, \widetilde{c} \in \mathcal{F}(\mathbb{R})$ に対して $d(\widetilde{a}, \widetilde{b}) \neq d(\widetilde{a} + \widetilde{c}, \widetilde{b} + \widetilde{c})$ となる例を与える. 例 6.5 における $A, B, C \subset \mathbb{R}$ を考える. $d(A, B) \neq d(A + C, B + C)$ である. $\widetilde{a} = c_A$, $\widetilde{b} = c_B$, $\widetilde{c} = c_C$ とする. 定理 7.1, 8.2 (i) および 8.32 より

$$d(\widetilde{a}, \widetilde{b}) = M\left(\{d([\widetilde{a}]_\alpha, [\widetilde{b}]_\alpha)\}_{\alpha \in]0,1]}\right) = M\left(\{d(A, B)\}_{\alpha \in]0,1]}\right) = c_{d(A,B)}$$
$$\neq c_{d(A+C,B+C)} = M\left(\{d(A + C, B + C)\}_{\alpha \in]0,1]}\right)$$
$$= M\left(\{d([\widetilde{a}]_\alpha + [\widetilde{c}]_\alpha, [\widetilde{b}]_\alpha + [\widetilde{c}]_\alpha)\}_{\alpha \in]0,1]}\right) = d(\widetilde{a} + \widetilde{c}, \widetilde{b} + \widetilde{c})$$

となる. $\qquad\qquad\Box$

問題 8.5

1. $\widetilde{a} \in \mathcal{F}(\mathbb{R})$ を各 $x \in \mathbb{R}$ に対して

$$\widetilde{a}(x) = \max\left\{1 - \frac{|x+1|}{2}, 0\right\}$$

とする. このとき, $|\widetilde{a}|$ を求めよ.

2. $\widetilde{a}, \widetilde{b} \in \mathcal{F}(\mathbb{R})$ を各 $x \in \mathbb{R}$ に対して

$$\widetilde{a}(x) = \max\{1 - |x - 1|, 0\}, \quad \widetilde{b} = \max\{1 - |x - 3|, 0\}$$

とする. このとき, $d(\widetilde{a}, \widetilde{b})$ を求めよ.

8.6 ファジィ集合の閉包・凸包・閉凸包

ファジィ集合の閉包, 凸包および閉凸包の定義を与える.

定義 8.5 $\widetilde{a} \in \mathcal{F}(\mathbb{R}^n)$ に対して, $\widetilde{a}$ の**閉包** $\mathrm{cl}(\widetilde{a})$, **凸包** $\mathrm{co}(\widetilde{a})$ および**閉凸包** $\overline{\mathrm{co}}(\widetilde{a})$ をそれぞれ, 次のように定義する.

$$\mathrm{cl}(\widetilde{a}) = M\left(\{\mathrm{cl}([\widetilde{a}]_\alpha)\}_{\alpha \in]0,1]}\right) = \sup_{\alpha \in]0,1]} \alpha c_{\mathrm{cl}([\widetilde{a}]_\alpha)} \tag{8.20}$$

$$\mathrm{co}(\widetilde{a}) = M\left(\{\mathrm{co}([\widetilde{a}]_\alpha)\}_{\alpha \in]0,1]}\right) = \sup_{\alpha \in]0,1]} \alpha c_{\mathrm{co}([\widetilde{a}]_\alpha)} \tag{8.21}$$

$$\overline{\mathrm{co}}(\widetilde{a}) = M\left(\{\overline{\mathrm{co}}([\widetilde{a}]_\alpha)\}_{\alpha \in]0,1]}\right) = \sup_{\alpha \in]0,1]} \alpha c_{\overline{\mathrm{co}}([\widetilde{a}]_\alpha)} \tag{8.22}$$

クリスプ集合 $A \subset \mathbb{R}^n$ に対して

$$\mathrm{cl}(c_A) = c_{\mathrm{cl}(A)}, \quad \mathrm{co}(c_A) = c_{\mathrm{co}(A)}, \quad \overline{\mathrm{co}}(c_A) = c_{\overline{\mathrm{co}}(A)}$$

となるので, ファジィ集合の閉包, 凸包および閉凸包はそれぞれクリスプ集合の閉包, 凸包および閉凸包の拡張になっている.

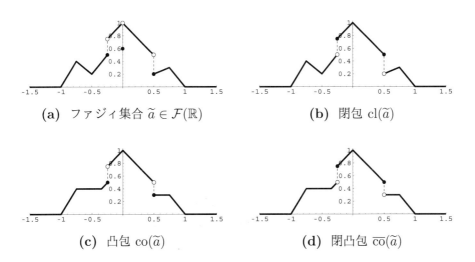

図 8.9 ファジィ集合の閉包, 凸包および閉凸包

次の定理は, ファジィハイポグラフに関する性質を与える.

定理 8.37 $\widetilde{a} \in \mathcal{F}(\mathbb{R}^n)$ とし, $\widetilde{c} \in \mathcal{FC}(\mathbb{R}^n)$ を $\widetilde{a} \leq \widetilde{b}$ である $\widetilde{b} \in \mathcal{FC}(\mathbb{R}^n)$ のうちで最小の閉ファジィ集合とする. このとき, 次が成り立つ.

$$\mathrm{hypo}(\widetilde{c}) = \mathrm{cl}(\mathrm{hypo}(\widetilde{a}))$$

証明 定理 4.18 より

$$\mathrm{hypo}(\widetilde{c}) \cup \{(\boldsymbol{x}', y') \in \mathbb{R}^n \times \mathbb{R} : y' < 0\} = \mathrm{cl}(\mathrm{hypo}(\widetilde{a}) \cup \{(\boldsymbol{x}', y') \in \mathbb{R}^n \times \mathbb{R} : y' < 0\})$$

となる.

まず, $(\boldsymbol{x}, y) \in \mathrm{hypo}(\widetilde{c}) \subset \mathrm{cl}(\mathrm{hypo}(\widetilde{a}) \cup \{(\boldsymbol{x}', y') \in \mathbb{R}^n \times \mathbb{R} : y' < 0\})$ とする. このとき, ある $\{(\boldsymbol{x}_k, y_k)\}_{k \in \mathbb{N}} \subset \mathrm{hypo}(\widetilde{a}) \cup \{(\boldsymbol{x}', y') \in \mathbb{R}^n \times \mathbb{R} : y' < 0\}$ が存在して $(\boldsymbol{x}_k, y_k) \to (\boldsymbol{x}, y)$ となる. $y \geq 0$ であるので, $\{(\boldsymbol{x}_k, \max\{y_k, 0\})\}_{k \in \mathbb{N}} \subset \mathrm{hypo}(\widetilde{a})$ に対して $(\boldsymbol{x}_k, \max\{y_k, 0\}) \to (\boldsymbol{x}, y)$ となる. よって, $(\boldsymbol{x}, y) \in \mathrm{cl}(\mathrm{hypo}(\widetilde{a}))$ となる.

次に, $(\boldsymbol{x}, y) \in \mathrm{cl}(\mathrm{hypo}(\widetilde{a})) \subset \mathrm{cl}(\mathrm{hypo}(\widetilde{a}) \cup \{(\boldsymbol{x}', y') \in \mathbb{R}^n \times \mathbb{R} : y' < 0\}) = \mathrm{hypo}(\widetilde{c}) \cup \{(\boldsymbol{x}', y') \in \mathbb{R}^n \times \mathbb{R} : y' < 0\}$ とする. $y \geq 0$ であるので, $(\boldsymbol{x}, y) \in \mathrm{hypo}(\widetilde{c})$ となる. □

次の定理は, ファジィ集合の閉包に関する性質を与える.

定理 8.38 $\widetilde{a} \in \mathcal{F}(\mathbb{R}^n)$ に対して, 次が成り立つ.

(i) $\mathrm{cl}(\widetilde{a}) \in \mathcal{FC}(\mathbb{R}^n)$

(ii) $\mathrm{cl}(\widetilde{a})$ は $\widetilde{a} \leq \widetilde{b}$ である $\widetilde{b} \in \mathcal{FC}(\mathbb{R}^n)$ のうちで最小の閉ファジィ集合になる.

証明

(i) 定理 7.4 より, 任意の $\alpha \in {]0, 1]}$ に対して, $[\mathrm{cl}(\widetilde{a})]_\alpha = \bigcap_{\beta \in]0, \alpha[} \mathrm{cl}([\widetilde{a}]_\beta) \in \mathcal{C}(\mathbb{R}^n)$ となる. よって, $\mathrm{cl}(\widetilde{a}) \in \mathcal{FC}(\mathbb{R}^n)$ となる.

(ii) $\widetilde{c} \in \mathcal{FC}(\mathbb{R}^n)$ を $\widetilde{a} \leq \widetilde{b}$ である $\widetilde{b} \in \mathcal{FC}(\mathbb{R}^n)$ のうちで最小の閉ファジィ集合とし, $\widetilde{c} = \mathrm{cl}(\widetilde{a})$ となることを示す. (i) より $\mathrm{cl}(\widetilde{a}) \in \mathcal{FC}(\mathbb{R}^n)$ となり, 定理 7.1 および 7.2 より $\widetilde{a} \leq \mathrm{cl}(\widetilde{a})$ となる. よって, $\widetilde{c} \leq \mathrm{cl}(\widetilde{a})$ となる. ここで, ある $\boldsymbol{x}_0 \in \mathbb{R}^n$ が存在して $\widetilde{c}(\boldsymbol{x}_0) < \mathrm{cl}(\widetilde{a})(\boldsymbol{x}_0)$ であると仮定して矛盾を導く. $\alpha = \mathrm{cl}(\widetilde{a})(\boldsymbol{x}_0)$, $\beta = \widetilde{c}(\boldsymbol{x}_0)$ とおき, $\gamma \in {]\beta, \alpha[}$ を任意に固定する. $\alpha = \mathrm{cl}(\widetilde{a})(\boldsymbol{x}_0) = \sup\{\eta \in {]0, 1]} : \boldsymbol{x}_0 \in \mathrm{cl}([\widetilde{a}]_\eta)\} > \gamma$ であるので $\boldsymbol{x}_0 \in \mathrm{cl}([\widetilde{a}]_\gamma)$ となる. よって, ある $\{\boldsymbol{x}_k\}_{k \in \mathbb{N}} \subset [\widetilde{a}]_\gamma$ が存在して $\boldsymbol{x}_k \to \boldsymbol{x}_0$ となる. このとき, 各 $k \in \mathbb{N}$ に対して, $\widetilde{a}(\boldsymbol{x}_k) \geq \gamma$ であるので, $(\boldsymbol{x}_k, \gamma) \in \mathrm{hypo}(\widetilde{a})$ となる. したがって, $(\boldsymbol{x}_k, \gamma) \to (\boldsymbol{x}_0, \gamma) \in \mathrm{cl}(\mathrm{hypo}(\widetilde{a}))$ となるが, これは $\widetilde{c}(\boldsymbol{x}_0) = \beta < \gamma$ であることと定理 8.37 より $(\boldsymbol{x}_0, \gamma) \notin \mathrm{hypo}(\widetilde{c}) = \mathrm{cl}(\mathrm{hypo}(\widetilde{a}))$ となることに矛盾する. □

次の例は, (8.20) において, $[\mathrm{cl}(\widetilde{a})]_\alpha = \mathrm{cl}([\widetilde{a}]_\alpha)$ であるとは限らないことを示している.

例 8.13 $\widetilde{a} \in \mathcal{F}(\mathbb{R})$ を各 $x \in \mathbb{R}$ に対して

$$\widetilde{a}(x) = \begin{cases} \max\{-|x|+1, 0\} & x \neq 0 \\ 0 & x = 0 \end{cases}$$

とする（図 8.10 (a)）．このとき，各 $\alpha \in\,]0, 1]$ に対して

$$[\widetilde{a}]_\alpha = \begin{cases} [\alpha - 1, 0[\, \cup\,]0, -\alpha + 1] & \alpha \in\,]0, 1[\\ \emptyset & \alpha = 1 \end{cases}$$

$$\mathrm{cl}([\widetilde{a}]_\alpha) = \begin{cases} [\alpha - 1, -\alpha + 1] & \alpha \in\,]0, 1[\\ \emptyset & \alpha = 1 \end{cases}$$

となる．よって，各 $x \in \mathbb{R}$ に対して $\mathrm{cl}(\widetilde{a})(x) = \max\{-|x|+1, 0\}$ となり（図 8.10 (b)），$\mathrm{cl}([\widetilde{a}]_1) = \emptyset \neq \{0\} = [\mathrm{cl}(\widetilde{a})]_1$ となる．

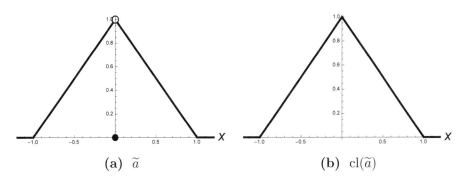

(a) $\widetilde{a}$ (b) $\mathrm{cl}(\widetilde{a})$

図 8.10 $\widetilde{a} \in \mathcal{F}(\mathbb{R})$ と $\mathrm{cl}(\widetilde{a}) \in \mathcal{F}(\mathbb{R})$

□

次の定理は，ファジィ集合の凸包に関する性質を与える．

定理 8.39 $\widetilde{a} \in \mathcal{F}(\mathbb{R}^n)$ に対して，次が成り立つ．

(i) $\mathrm{co}(\widetilde{a}) \in \mathcal{FK}(\mathbb{R}^n)$

(ii) $\mathrm{co}(\widetilde{a})$ は $\widetilde{a} \leq \widetilde{b}$ である $\widetilde{b} \in \mathcal{FK}(\mathbb{R}^n)$ のうちで最小の凸ファジィ集合になる．

証明

(i) 定理 7.4 より，任意の $\alpha \in\,]0, 1]$ に対して，$[\mathrm{co}(\widetilde{a})]_\alpha = \bigcap_{\beta \in\,]0, \alpha[} \mathrm{co}([\widetilde{a}]_\beta) \in \mathcal{K}(\mathbb{R}^n)$ となる．よって，$\mathrm{co}(\widetilde{a}) \in \mathcal{FK}(\mathbb{R}^n)$ となる．

(ii) $\widetilde{c} \in \mathcal{FK}(\mathbb{R}^n)$ を $\widetilde{a} \leq \widetilde{b}$ である $\widetilde{b} \in \mathcal{FK}(\mathbb{R}^n)$ のうちで最小の凸ファジィ集合とし，$\widetilde{c} = \mathrm{co}(\widetilde{a})$ となることを示す．(i) より $\mathrm{co}(\widetilde{a}) \in \mathcal{FK}(\mathbb{R}^n)$ となり，定理 7.1 および 7.2 よ

り $\widetilde{a} \leq \mathrm{co}(\widetilde{a})$ となる．よって，$\widetilde{c} \leq \mathrm{co}(\widetilde{a})$ となる．ここで，ある $\boldsymbol{x}_0 \in \mathbb{R}^n$ が存在して $\widetilde{c}(\boldsymbol{x}_0) < \mathrm{co}(\widetilde{a})(\boldsymbol{x}_0)$ であると仮定して矛盾を導く．$\alpha = \mathrm{co}(\widetilde{a})(\boldsymbol{x}_0)$, $\beta = \widetilde{c}(\boldsymbol{x}_0)$ とおき，$\gamma \in \,]\beta, \alpha[$ を任意に固定する．$\alpha = \mathrm{co}(\widetilde{a})(\boldsymbol{x}_0) = \sup\{\eta \in \,]0,1] : \boldsymbol{x}_0 \in \mathrm{co}([\widetilde{a}]_\eta)\} > \gamma$ であるので，$\boldsymbol{x}_0 \in \mathrm{co}([\widetilde{a}]_\gamma)$ となる．よって，ある $m \in \mathbb{N}$, ある $\boldsymbol{x}_k \in [\widetilde{a}]_\gamma$, $k = 1, 2, \cdots, m$ および $\sum_{k=1}^{m} \lambda_k = 1$ となるある $\lambda_k \geq 0$, $k = 1, 2, \cdots, m$ に対して，$\boldsymbol{x}_0 = \sum_{k=1}^{m} \lambda_k \boldsymbol{x}_k$ となる．このとき，$\boldsymbol{x}_k \in [\widetilde{a}]_\gamma \subset [\widetilde{c}]_\gamma \in \mathcal{K}(\mathbb{R}^n)$, $k = 1, 2, \cdots, m$ となる．よって，$\boldsymbol{x}_0 \in [\widetilde{c}]_\gamma$ となるが，これは $\widetilde{c}(\boldsymbol{x}_0) = \beta < \gamma$ であることより $\boldsymbol{x}_0 \notin [\widetilde{c}]_\gamma$ となることに矛盾する． □

次の例は，(8.21) において，$[\mathrm{co}(\widetilde{a})]_\alpha = \mathrm{co}([\widetilde{a}]_\alpha)$ であるとは限らないことを示している．

例 8.14 $\widetilde{a} \in \mathcal{F}(\mathbb{R})$ を各 $x \in \mathbb{R}$ に対して

$$\widetilde{a}(x) = \begin{cases} \frac{1}{2x} + \frac{1}{2} & x \in \,]-\infty, -1[\\ -|x| + 1 & x \in [-1, 1] \\ -\frac{1}{2x} + \frac{1}{2} & x \in \,]1, \infty[\end{cases}$$

とする（図 8.11 (a)）．このとき，各 $\alpha \in \,]0, 1]$ に対して

$$[\widetilde{a}]_\alpha = \begin{cases} \left]-\infty, \frac{1}{2\alpha - 1}\right] \cup [\alpha - 1, 1 - \alpha] \cup \left[\frac{1}{1 - 2\alpha}, \infty\right[& \alpha \in \,]0, \frac{1}{2}[\\ [\alpha - 1, 1 - \alpha] & \alpha \in \left[\frac{1}{2}, 1\right] \end{cases}$$

$$\mathrm{co}([\widetilde{a}]_\alpha) = \begin{cases} \mathbb{R} & \alpha \in \,]0, \frac{1}{2}[\\ [\alpha - 1, 1 - \alpha] & \alpha \in \left[\frac{1}{2}, 1\right] \end{cases}$$

となる．よって，各 $x \in \mathbb{R}$ に対して $\mathrm{co}(\widetilde{a})(x) = \max\left\{-|x| + 1, \frac{1}{2}\right\}$ となり（図 8.11 (b)），$\mathrm{co}([\widetilde{a}]_{\frac{1}{2}}) = \left[-\frac{1}{2}, \frac{1}{2}\right] \neq \mathbb{R} = [\mathrm{co}(\widetilde{a})]_{\frac{1}{2}}$ となる．

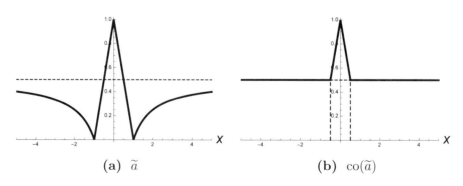

図 8.11 $\widetilde{a} \in \mathcal{F}(\mathbb{R})$ と $\mathrm{co}(\widetilde{a}) \in \mathcal{F}(\mathbb{R})$

□

次の定理は，ファジィ集合の閉凸包に関する性質を与える．

定理 8.40 $\widetilde{a} \in \mathcal{F}(\mathbb{R}^n)$ に対して，次が成り立つ.

(i) $\overline{\mathrm{co}}(\widetilde{a}) \in \mathcal{FCK}(\mathbb{R}^n)$

(ii) $\overline{\mathrm{co}}(\widetilde{a})$ は $\widetilde{a} \leq \widetilde{b}$ である $\widetilde{b} \in \mathcal{FCK}(\mathbb{R}^n)$ のうちで最小の閉凸ファジィ集合になる.

証明

(i) 定理 7.4 より，任意の $\alpha \in\,]0,1]$ に対して，$[\overline{\mathrm{co}}(\widetilde{a})]_\alpha = \bigcap_{\beta \in]0,\alpha[} \overline{\mathrm{co}}([\widetilde{a}]_\beta) \in \mathcal{CK}(\mathbb{R}^n)$ となる．よって，$\overline{\mathrm{co}}(\widetilde{a}) \in \mathcal{FCK}(\mathbb{R}^n)$ となる.

(ii) $\widetilde{c} \in \mathcal{FCK}(\mathbb{R}^n)$ を $\widetilde{a} \leq \widetilde{b}$ である $\widetilde{b} \in \mathcal{FCK}(\mathbb{R}^n)$ のうちで最小の閉凸ファジィ集合とし，$\widetilde{c} = \overline{\mathrm{co}}(\widetilde{a})$ となることを示す．(i) より $\overline{\mathrm{co}}(\widetilde{a}) \in \mathcal{FCK}(\mathbb{R}^n)$ となり，定理 7.1 および 7.2 より $\widetilde{a} \leq \overline{\mathrm{co}}(\widetilde{a})$ となる．よって，$\widetilde{c} \leq \overline{\mathrm{co}}(\widetilde{a})$ となる．ここで，ある $\boldsymbol{x}_0 \in \mathbb{R}^n$ が存在して $\widetilde{c}(\boldsymbol{x}_0) < \overline{\mathrm{co}}(\widetilde{a})(\boldsymbol{x}_0)$ であると仮定して矛盾を導く．$\alpha = \overline{\mathrm{co}}(\widetilde{a})(\boldsymbol{x}_0)$, $\beta = \widetilde{c}(\boldsymbol{x}_0)$ とおき，$\gamma \in\,]\beta,\alpha[$ を任意に固定する．$\alpha = \overline{\mathrm{co}}(\widetilde{a})(\boldsymbol{x}_0) = \sup\{\eta \in\,]0,1] : \boldsymbol{x}_0 \in \overline{\mathrm{co}}([\widetilde{a}]_\eta)\} > \gamma$ であること，および定理 5.6 より，$\boldsymbol{x}_0 \in \overline{\mathrm{co}}([\widetilde{a}]_\gamma) = \mathrm{cl}(\mathrm{co}([\widetilde{a}]_\gamma))$ となる．よって，ある $\{\boldsymbol{x}_k\}_{k\in\mathbb{N}} \subset \mathrm{co}([\widetilde{a}]_\gamma)$ が存在して $\boldsymbol{x}_k \to \boldsymbol{x}_0$ となる．各 $k \in \mathbb{N}$ に対して，$\boldsymbol{x}_k \in \mathrm{co}([\widetilde{a}]_\gamma)$ であるので，ある $m_k \in \mathbb{N}$, ある $\boldsymbol{x}_{k\ell} \in [\widetilde{a}]_\gamma$, $\ell = 1,2,\cdots,m_k$ および $\sum_{\ell=1}^{m_k} \lambda_{k\ell} = 1$ となるある $\lambda_{k\ell} \geq 0$, $\ell = 1,2,\cdots,m_k$ に対して，$\boldsymbol{x}_k = \sum_{\ell=1}^{m_k} \lambda_{k\ell}\boldsymbol{x}_{k\ell}$ となる．このとき，各 $k \in \mathbb{N}$ および各 $\ell \in \{1,2,\cdots,m_k\}$ に対して $\boldsymbol{x}_{k\ell} \in [\widetilde{a}]_\gamma \subset [\widetilde{c}]_\gamma \in \mathcal{CK}(\mathbb{R}^n)$ となるので，任意の $k \in \mathbb{N}$ に対して $\boldsymbol{x}_k \in [\widetilde{c}]_\gamma$ となる．よって，$\boldsymbol{x}_k \to \boldsymbol{x}_0 \in [\widetilde{c}]_\gamma$ となるが，これは $\widetilde{c}(\boldsymbol{x}_0) = \beta < \gamma$ であることより $\boldsymbol{x}_0 \notin [\widetilde{c}]_\gamma$ となることに矛盾する．　　　　　□

前述の例 8.13 および 8.14 は，(8.22) において，$[\overline{\mathrm{co}}(\widetilde{a})]_\alpha = \overline{\mathrm{co}}([\widetilde{a}]_\alpha)$ であるとは限らないことを示している.

次の定理は，ファジィ集合の生成元とファジィ集合の閉包，凸包および閉凸包の生成元の関係を与える.

定理 8.41 $\{S_\alpha\}_{\alpha \in]0,1]} \in \mathcal{S}(\mathbb{R}^n)$ とし，$\widetilde{a} = M\left(\{S_\alpha\}_{\alpha \in]0,1]}\right)$ とする．このとき，次が成り立つ.

(i) $\mathrm{cl}(\widetilde{a}) = M\left(\{\mathrm{cl}(S_\alpha)\}_{\alpha \in]0,1]}\right) = \displaystyle\sup_{\alpha \in]0,1]} \alpha c_{\mathrm{cl}(S_\alpha)}$

(ii) $\mathrm{co}(\widetilde{a}) = M\left(\{\mathrm{co}(S_\alpha)\}_{\alpha \in]0,1]}\right) = \displaystyle\sup_{\alpha \in]0,1]} \alpha c_{\mathrm{co}(S_\alpha)}$

(iii) $\overline{\mathrm{co}}(\widetilde{a}) = M\left(\{\overline{\mathrm{co}}(S_\alpha)\}_{\alpha \in]0,1]}\right) = \displaystyle\sup_{\alpha \in]0,1]} \alpha c_{\overline{\mathrm{co}}(S_\alpha)}$

証明 定理 7.3 より，任意の $\alpha \in\,]0,1]$ に対して，$[\widetilde{a}]_\alpha \supset S_\alpha$ であるので，$\mathrm{cl}([\widetilde{a}]_\alpha) \supset \mathrm{cl}(S_\alpha) \supset S_\alpha$, $\mathrm{co}([\widetilde{a}]_\alpha) \supset \mathrm{co}(S_\alpha) \supset S_\alpha$, $\overline{\mathrm{co}}([\widetilde{a}]_\alpha) \supset \overline{\mathrm{co}}(S_\alpha) \supset S_\alpha$ となる．よって，定理

7.2 より

$$\mathrm{cl}(\widetilde{a}) = M\left(\{\mathrm{cl}([\widetilde{a}]_\alpha)\}_{\alpha\in]0,1]}\right) \geq M\left(\{\mathrm{cl}(S_\alpha)\}_{\alpha\in]0,1]}\right) \geq \widetilde{a}$$

$$\mathrm{co}(\widetilde{a}) = M\left(\{\mathrm{co}([\widetilde{a}]_\alpha)\}_{\alpha\in]0,1]}\right) \geq M\left(\{\mathrm{co}(S_\alpha)\}_{\alpha\in]0,1]}\right) \geq \widetilde{a}$$

$$\overline{\mathrm{co}}(\widetilde{a}) = M\left(\{\overline{\mathrm{co}}([\widetilde{a}]_\alpha)\}_{\alpha\in]0,1]}\right) \geq M\left(\{\overline{\mathrm{co}}(S_\alpha)\}_{\alpha\in]0,1]}\right) \geq \widetilde{a}$$

となる. 一方, 定理 7.4 より $M\left(\{\mathrm{cl}(S_\alpha)\}_{\alpha\in]0,1]}\right) \in \mathcal{FC}(\mathbb{R}^n)$, $M\left(\{\mathrm{co}(S_\alpha)\}_{\alpha\in]0,1]}\right) \in \mathcal{FK}(\mathbb{R}^n)$, $M\left(\{\overline{\mathrm{co}}(S_\alpha)\}_{\alpha\in]0,1]}\right) \in \mathcal{FCK}(\mathbb{R}^n)$ となり, 定理 8.38 (ii), 8.39 (ii) および 8.40 (ii) より $\mathrm{cl}(\widetilde{a}) \leq M\left(\{\mathrm{cl}(S_\alpha)\}_{\alpha\in]0,1]}\right)$, $\mathrm{co}(\widetilde{a}) \leq M\left(\{\mathrm{co}(S_\alpha)\}_{\alpha\in]0,1]}\right)$, $\overline{\mathrm{co}}(\widetilde{a}) \leq M\left(\{\overline{\mathrm{co}}(S_\alpha)\}_{\alpha\in]0,1]}\right)$ となる. したがって, $\mathrm{cl}(\widetilde{a}) = M\left(\{\mathrm{cl}(S_\alpha)\}_{\alpha\in]0,1]}\right)$, $\mathrm{co}(\widetilde{a}) = M\left(\{\mathrm{co}(S_\alpha)\}_{\alpha\in]0,1]}\right)$, $\overline{\mathrm{co}}(\widetilde{a}) = M\left(\{\overline{\mathrm{co}}(S_\alpha)\}_{\alpha\in]0,1]}\right)$ となる. $\square$

問題 8.6

1. $\widetilde{a} \in \mathcal{F}(\mathbb{R}^n)$ とする.

(i) $\widetilde{a} \in \mathcal{FC}(\mathbb{R}^n)$ となるための必要十分条件が, $\mathrm{cl}(\widetilde{a}) = \widetilde{a}$ となることを示せ.

(ii) $\widetilde{a} \in \mathcal{FK}(\mathbb{R}^n)$ となるための必要十分条件が, $\mathrm{co}(\widetilde{a}) = \widetilde{a}$ となることを示せ.

(iii) $\widetilde{a} \in \mathcal{FCK}(\mathbb{R}^n)$ となるための必要十分条件が, $\overline{\mathrm{co}}(\widetilde{a}) = \widetilde{a}$ となることを示せ.

2. $\widetilde{a} \in \mathcal{F}(\mathbb{R}^n)$ に対して, 次が成り立つことを示せ.

$$\overline{\mathrm{co}}(\widetilde{a}) = \mathrm{cl}(\mathrm{co}(\widetilde{a}))$$

8.7 ファジィ集合列の極限

ファジィ集合列の極限の定義を与える．それは，クリスプ集合列の極限（定義 6.5）の
ファジィ版である．

定義 8.6 $\{\widetilde{a}_k\}_{k \in \mathbb{N}} \subset \mathcal{F}(\mathbb{R}^n)$ とし，各 $\alpha \in \,]0,1]$ に対して

$$U_\alpha = \limsup_{k \to \infty} [\widetilde{a}_k]_\alpha, \quad L_\alpha = \liminf_{k \to \infty} [\widetilde{a}_k]_\alpha$$

とする．

(i) $\{\widetilde{a}_k\}_{k \in \mathbb{N}}$ の上極限をファジィ集合

$$\limsup_{k \to \infty} \widetilde{a}_k = M\left(\{U_\alpha\}_{\alpha \in]0,1]}\right) = \sup_{\alpha \in]0,1]} \alpha c_{U_\alpha} \tag{8.23}$$

と定義する．

(ii) $\{\widetilde{a}_k\}_{k \in \mathbb{N}}$ の下極限をファジィ集合

$$\liminf_{k \to \infty} \widetilde{a}_k = M\left(\{L_\alpha\}_{\alpha \in]0,1]}\right) = \sup_{\alpha \in]0,1]} \alpha c_{L_\alpha} \tag{8.24}$$

と定義する．

(iii) $\limsup_{k \to \infty} \widetilde{a}_k = \liminf_{k \to \infty} \widetilde{a}_k$ のとき，$\{\widetilde{a}_k\}_{k \in \mathbb{N}}$ の**極限**が存在するといい，その
極限を

$$\lim_{k \to \infty} \widetilde{a}_k = \limsup_{k \to \infty} \widetilde{a}_k = \liminf_{k \to \infty} \widetilde{a}_k \tag{8.25}$$

と定義する．

クリスプ集合 $A_k \subset \mathbb{R}^n$, $k \in \mathbb{N}$ に対して，$U = \limsup_k A_k$, $L = \liminf_k A_k$ とし，
$\{A_k\}$ の極限が存在するならば $T = \lim_k A_k$ とする．このとき

$$\limsup_{k \to \infty} c_{A_k} = c_U, \quad \liminf_{k \to \infty} c_{A_k} = c_L$$

となり，$\{A_k\}$ の極限が存在するならば

$$\lim_{k \to \infty} c_{A_k} = c_T$$

となる．よって，ファジィ集合列の上極限，下極限および極限は，それぞれクリスプ集合
列の上極限，下極限および極限の拡張になっている．

例 8.15 $\widetilde{a}, \widetilde{b} \in \mathcal{F}(\mathbb{R})$ を各 $x \in \mathbb{R}$ に対して

$$\widetilde{a}(x) = \begin{cases} \max\{-|x|+1, 0\} & x \neq 0 \\ 0 & x = 0 \end{cases}, \quad \widetilde{b}(x) = \max\{-|x|+1, 0\}$$

とし (図8.12), $\{\widetilde{a}_k\}_{k\in\mathbb{N}}, \{\widetilde{b}_k\}_{k\in\mathbb{N}}, \{\widetilde{c}_k\}_{k\in\mathbb{N}} \subset \mathcal{F}(\mathbb{R})$ を各 $k \in \mathbb{N}$ に対して

$$\widetilde{a}_k = \widetilde{a}, \quad \widetilde{b}_k = \widetilde{b}, \quad \widetilde{c}_k = \begin{cases} \widetilde{a} & k \text{ が奇数} \\ \widetilde{b} & k \text{ が偶数} \end{cases}$$

とする. このとき, 各 $\alpha \in]0,1[$ に対して $\lim_k [\widetilde{a}_k]_\alpha = \lim_k [\widetilde{b}_k]_\alpha = \lim_k [\widetilde{c}_k]_\alpha = [\alpha-1, -\alpha+1]$ となり, $\lim_k [\widetilde{a}_k]_1 = \liminf_k [\widetilde{c}_k]_1 = \emptyset$, $\lim_k [\widetilde{b}_k]_1 = \limsup_k [\widetilde{c}_k]_1 = \{0\}$ となる. よって, $\lim_k \widetilde{a}_k = \lim_k \widetilde{b}_k = \lim_k \widetilde{c}_k = \widetilde{b}$ となる. 以上より, 次のことがわかる.

(i) $\limsup_{k\to\infty} \widetilde{a}_k = \limsup_{k\to\infty} \widetilde{b}_k$ であるが, $\limsup_{k\to\infty} [\widetilde{a}_k]_1 \neq \limsup_{k\to\infty} [\widetilde{b}_k]_1$ となる.

(ii) $\liminf_{k\to\infty} \widetilde{a}_k = \liminf_{k\to\infty} \widetilde{b}_k$ であるが, $\liminf_{k\to\infty} [\widetilde{a}_k]_1 \neq \liminf_{k\to\infty} [\widetilde{b}_k]_1$ となる.

(iii) $\limsup_{k\to\infty} \widetilde{c}_k = \liminf_{k\to\infty} \widetilde{c}_k$ であるが, $\limsup_{k\to\infty} [\widetilde{c}_k]_1 \neq \liminf_{k\to\infty} [\widetilde{c}_k]_1$ となる.

(iv) $\lim_{k\to\infty} \widetilde{a}_k = \lim_{k\to\infty} \widetilde{b}_k = \lim_{k\to\infty} \widetilde{c}_k$ であるが, $\lim_{k\to\infty} [\widetilde{a}_k]_1 \neq \lim_{k\to\infty} [\widetilde{b}_k]_1$ となり $\lim_{k\to\infty} [\widetilde{c}_k]_1$ は存在しない.

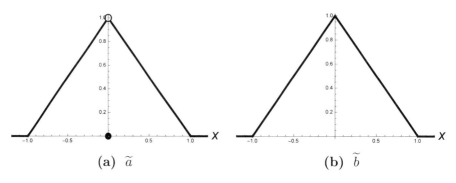

図 8.12 $\widetilde{a}, \widetilde{b} \in \mathcal{F}(\mathbb{R})$

□

$\{\widetilde{a}_k\}_{k\in\mathbb{N}}, \{\widetilde{b}_k\}_{k\in\mathbb{N}} \subset \mathcal{F}(\mathbb{R}^n)$ とする. (6.9), 定理 7.2 および定義 8.6 (i), (ii) より, 次が成り立つ.

$$\widetilde{a}_k \leq \widetilde{b}_k, k \in \mathbb{N} \Rightarrow \limsup_{k\to\infty} \widetilde{a}_k \leq \limsup_{k\to\infty} \widetilde{b}_k, \liminf_{k\to\infty} \widetilde{a}_k \leq \liminf_{k\to\infty} \widetilde{b}_k \tag{8.26}$$

さらに, $\{\widetilde{a}_k\}, \{\widetilde{b}_k\}$ の極限が存在するならば, 定義 8.6 (iii) より次が成り立つ.

$$\widetilde{a}_k \leq \widetilde{b}_k, k \in \mathbb{N} \Rightarrow \lim_{k\to\infty} \widetilde{a}_k \leq \lim_{k\to\infty} \widetilde{b}_k \tag{8.27}$$

次の定理は，ファジィ集合列の上極限と下極限およびそれらの生成元に関する性質を与える．

定理 8.42 $\{\widetilde{a}_k\}_{k\in\mathbb{N}} \subset \mathcal{F}(\mathbb{R}^n)$ とし，各 $\alpha \in \,]0,1]$ に対して $U_\alpha = \limsup_k [\widetilde{a}_k]_\alpha$, $L_\alpha = \liminf_k [\widetilde{a}_k]_\alpha$ とする．このとき，次が成り立つ．

(i) $\{U_\alpha\}_{\alpha\in]0,1]}, \{L_\alpha\}_{\alpha\in]0,1]} \in \mathcal{S}(\mathbb{R}^n)$

(ii) 任意の $\alpha \in \,]0,1]$ に対して，$L_\alpha \subset U_\alpha$ となる．

(iii) $\displaystyle\liminf_{k\to\infty} \widetilde{a}_k \leq \limsup_{k\to\infty} \widetilde{a}_k$

(iv) 任意の $\alpha \in \,]0,1]$ に対して，$U_\alpha, L_\alpha \in \mathcal{C}(\mathbb{R}^n)$ となる．

(v) $\alpha \in \,]0,1]$ とする．このとき，任意の $k \in \mathbb{N}$ に対して $[\widetilde{a}_k]_\alpha \in \mathcal{K}(\mathbb{R}^n)$ であるならば，$L_\alpha \in \mathcal{K}(\mathbb{R}^n)$ となる．

証明 (i) は，(6.9) よりわかる．(ii) は，(6.8) よりわかる．(iii) は，(ii) および定理 7.2 より導かれる．(iv) は，定理 6.19 (i) よりわかる．(v) は，定理 6.21 (i) よりわかる．□

例 6.7 は，定理 8.42 (v) において，$[\widetilde{a}_k]_\alpha \in \mathcal{K}(\mathbb{R}^n), k \in \mathbb{N}$ であっても $U_\alpha \in \mathcal{K}(\mathbb{R}^n)$ であるとは限らないことを示している．

次の定理は，定理 6.19 (i), (ii), (iv) および 6.21 のファジィ版であり，ファジィ集合列の上極限，下極限および極限に関する性質を与える．

定理 8.43 $\{\widetilde{a}_k\}_{k\in\mathbb{N}} \subset \mathcal{F}(\mathbb{R}^n)$ および $\widetilde{c} \in \mathcal{F}(\mathbb{R}^n)$ に対して，次が成り立つ．

(i) $\displaystyle\limsup_{k\to\infty} \widetilde{a}_k, \liminf_{k\to\infty} \widetilde{a}_k \in \mathcal{FC}(\mathbb{R}^n)$

(ii) $\{\widetilde{a}_k\}$ の極限が存在するならば，$\displaystyle\lim_{k\to\infty} \widetilde{a}_k \in \mathcal{FC}(\mathbb{R}^n)$ となる．

(iii) $\widetilde{a}_k = \widetilde{c}, k \in \mathbb{N} \Rightarrow \displaystyle\lim_{k\to\infty} \widetilde{a}_k = \mathrm{cl}(\widetilde{c})$

(iv) $\{\widetilde{a}_k\} \subset \mathcal{FK}(\mathbb{R}^n) \Rightarrow \displaystyle\liminf_{k\to\infty} \widetilde{a}_k \in \mathcal{FCK}(\mathbb{R}^n)$

(v) $\{\widetilde{a}_k\}$ の極限が存在するならば，次が成り立つ．

$$\{\widetilde{a}_k\} \subset \mathcal{FK}(\mathbb{R}^n) \Rightarrow \lim_{k\to\infty} \widetilde{a}_k \in \mathcal{FCK}(\mathbb{R}^n)$$

証明 $\widetilde{a} = \limsup_k \widetilde{a}_k, \widetilde{b} = \liminf_k \widetilde{a}_k$ とする．(i), (iii) および (iv) を示す．(ii) は，(i) より導かれる．(v) は，(iv) より導かれる．

(i) 定理 7.4 および 8.42 (iv) より，任意の $\alpha \in \,]0,1]$ に対して $[\widetilde{a}]_\alpha, [\widetilde{b}]_\alpha \in \mathcal{C}(\mathbb{R}^n)$ となるので，$\widetilde{a}, \widetilde{b} \in \mathcal{FC}(\mathbb{R}^n)$ となる．

(iii) 定理 6.19 (iv) より，任意の $\alpha \in {]0,1]}$ に対して $\lim_k [\widetilde{a}_k]_\alpha = \lim_k [\widetilde{c}]_\alpha = \mathrm{cl}([\widetilde{c}]_\alpha)$ となるので，$\lim_k \widetilde{a}_k = \mathrm{cl}(\widetilde{c})$ となる.

(iv) 定理 7.4 および 8.42 (v) より，任意の $\alpha \in {]0,1]}$ に対して $[\widetilde{b}]_\alpha \in \mathcal{K}(\mathbb{R}^n)$ となるので，$\widetilde{b} \in \mathcal{FK}(\mathbb{R}^n)$ となる. (i) より，$\widetilde{b} \in \mathcal{FC}(\mathbb{R}^n)$ となる. よって，$\widetilde{b} \in \mathcal{FCK}(\mathbb{R}^n)$ となる. □

次の定理は，定理 6.17 のファジィ版であり，ファジィ集合列の上極限および下極限に関する性質を与える.

定理 8.44 $\{\widetilde{a}_k\}_{k \in \mathbb{N}} \subset \mathcal{F}(\mathbb{R}^n)$ に対して，次が成り立つ.

(i) $\displaystyle \limsup_{k \to \infty} \widetilde{a}_k = \bigwedge_{N \in \mathcal{N}_\infty} \mathrm{cl}\left(\bigvee_{k \in N} \widetilde{a}_k \right)$

(ii) $\displaystyle \liminf_{k \to \infty} \widetilde{a}_k = \bigwedge_{N \in \mathcal{N}_\infty^\sharp} \mathrm{cl}\left(\bigvee_{k \in N} \widetilde{a}_k \right)$

証明 定理 6.17 より，各 $\alpha \in {]0,1]}$ に対して $\limsup_k [\widetilde{a}_k]_\alpha = \bigcap_{N \in \mathcal{N}_\infty} \mathrm{cl}\left(\bigcup_{k \in N} [\widetilde{a}_k]_\alpha \right)$, $\liminf_k [\widetilde{a}_k]_\alpha = \bigcap_{N \in \mathcal{N}_\infty^\sharp} \mathrm{cl}\left(\bigcup_{k \in N} [\widetilde{a}_k]_\alpha \right)$ となる. よって，定理 7.1, 7.5 および 8.41 (i) より，$\limsup_k \widetilde{a}_k = \bigwedge_{N \in \mathcal{N}_\infty} \mathrm{cl}\left(\bigvee_{k \in N} \widetilde{a}_k \right)$, $\liminf_k \widetilde{a}_k = \bigwedge_{N \in \mathcal{N}_\infty^\sharp} \mathrm{cl}\left(\bigvee_{k \in N} \widetilde{a}_k \right)$ となる. □

次の定理は，ファジィ集合列と生成元の列の上極限および下極限の関係を与える.

定理 8.45 各 $k \in \mathbb{N}$ に対して $\{S_\alpha^{(k)}\}_{\alpha \in {]0,1]}} \in \mathcal{S}(\mathbb{R}^n)$, $\widetilde{a}_k = M\left(\{S_\alpha^{(k)}\}_{\alpha \in {]0,1]}} \right)$ とし，各 $\alpha \in {]0,1]}$ に対して $U_\alpha = \limsup_k S_\alpha^{(k)}$, $L_\alpha = \liminf_k S_\alpha^{(k)}$ とする. このとき，次が成り立つ.

(i) $\displaystyle \limsup_{k \to \infty} \widetilde{a}_k = M\left(\{U_\alpha\}_{\alpha \in {]0,1]}} \right) = \sup_{\alpha \in {]0,1]}} \alpha c_{U_\alpha}$

(ii) $\displaystyle \liminf_{k \to \infty} \widetilde{a}_k = M\left(\{L_\alpha\}_{\alpha \in {]0,1]}} \right) = \sup_{\alpha \in {]0,1]}} \alpha c_{L_\alpha}$

証明 定理 6.17 より，各 $\alpha \in {]0,1]}$ に対して $U_\alpha = \limsup_k S_\alpha^{(k)} = \bigcap_{N \in \mathcal{N}_\infty} \mathrm{cl}\left(\bigcup_{k \in N} S_\alpha^{(k)} \right)$, $L_\alpha = \liminf_k S_\alpha^{(k)} = \bigcap_{N \in \mathcal{N}_\infty^\sharp} \mathrm{cl}\left(\bigcup_{k \in N} S_\alpha^{(k)} \right)$ となる. よって，定理 7.5, 8.41 (i) および 8.44 より，$\limsup_k \widetilde{a}_k = \bigwedge_{N \in \mathcal{N}_\infty} \mathrm{cl}\left(\bigvee_{k \in N} \widetilde{a}_k \right) = M\left(\{U_\alpha\}_{\alpha \in {]0,1]}} \right)$, $\liminf_k \widetilde{a}_k = \bigwedge_{N \in \mathcal{N}_\infty^\sharp} \mathrm{cl}\left(\bigvee_{k \in N} \widetilde{a}_k \right) = M\left(\{L_\alpha\}_{\alpha \in {]0,1]}} \right)$ となる. □

次の定理は，定理 6.19 (iii) のファジィ版であり，閉包が一致する 2 つのファジィ集合列の上極限および下極限の関係を与える.

定理 8.46 $\{\widetilde{a}_k\}_{k\in\mathbb{N}}, \{\widetilde{b}_k\}_{k\in\mathbb{N}} \in \mathcal{F}(\mathbb{R}^n)$ とする．このとき，次が成り立つ．

$$\mathrm{cl}(\widetilde{a}_k) = \mathrm{cl}(\widetilde{b}_k), k \in \mathbb{N} \Rightarrow \limsup_{k\to\infty} \widetilde{a}_k = \limsup_{k\to\infty} \widetilde{b}_k, \liminf_{k\to\infty} \widetilde{a}_k = \liminf_{k\to\infty} \widetilde{b}_k$$

証明 各 $\alpha \in {]0,1]}$ に対して，$U_\alpha = \limsup_k [\widetilde{a}_k]_\alpha$, $L_\alpha = \liminf_k [\widetilde{a}_k]_\alpha$, $U'_\alpha = \limsup_k [\widetilde{b}_k]_\alpha$, $L'_\alpha = \liminf_k [\widetilde{b}_k]_\alpha$ とすると，定理 6.19 (iii) より，$U_\alpha = \limsup_k \mathrm{cl}([\widetilde{a}_k]_\alpha)$, $L_\alpha = \liminf_k \mathrm{cl}([\widetilde{a}_k]_\alpha)$, $U'_\alpha = \limsup_k \mathrm{cl}([\widetilde{b}_k]_\alpha)$, $L'_\alpha = \liminf_k \mathrm{cl}([\widetilde{b}_k]_\alpha)$ となる．各 $k \in \mathbb{N}$ に対して $M\left(\{\mathrm{cl}([\widetilde{a}_k]_\alpha)\}_{\alpha\in]0,1]}\right) = \mathrm{cl}(\widetilde{a}_k) = \mathrm{cl}(\widetilde{b}_k) = M\left(\{\mathrm{cl}([\widetilde{b}_k]_\alpha)\}_{\alpha\in]0,1]}\right)$ であるので，定理 8.45 より

$$\limsup_{k\to\infty} \widetilde{a}_k = M\left(\{U_\alpha\}_{\alpha\in]0,1]}\right) = \limsup_{k\to\infty} \mathrm{cl}(\widetilde{a}_k)$$
$$= \limsup_{k\to\infty} \mathrm{cl}(\widetilde{b}_k) = M\left(\{U'_\alpha\}_{\alpha\in]0,1]}\right) = \limsup_{k\to\infty} \widetilde{b}_k$$

$$\liminf_{k\to\infty} \widetilde{a}_k = M\left(\{L_\alpha\}_{\alpha\in]0,1]}\right) = \liminf_{k\to\infty} \mathrm{cl}(\widetilde{a}_k)$$
$$= \liminf_{k\to\infty} \mathrm{cl}(\widetilde{b}_k) = M\left(\{L'_\alpha\}_{\alpha\in]0,1]}\right) = \liminf_{k\to\infty} \widetilde{b}_k$$

となる． $\square$

次の定理は，定理 6.18 のファジィ版であり，単調なファジィ集合列の極限に関する性質と包含関係のあるファジィ集合列の上極限，下極限および極限に関する性質を与える．

定理 8.47 $\{\widetilde{a}_k\}_{k\in\mathbb{N}}, \{\widetilde{a}_k^1\}_{k\in\mathbb{N}}, \{\widetilde{a}_k^2\}_{k\in\mathbb{N}} \subset \mathcal{F}(\mathbb{R}^n)$ に対して，次が成り立つ．

(i) $\widetilde{a}_k \nearrow$ ($\widetilde{a}_1 \leq \cdots \leq \widetilde{a}_k \leq \widetilde{a}_{k+1} \leq \cdots$ の意味) $\Rightarrow \displaystyle\lim_{k\to\infty} \widetilde{a}_k = \mathrm{cl}\left(\bigvee_{k\in\mathbb{N}} \widetilde{a}_k\right)$

(ii) $\widetilde{a}_k \searrow$ ($\widetilde{a}_1 \geq \cdots \geq \widetilde{a}_k \geq \widetilde{a}_{k+1} \geq \cdots$ の意味) $\Rightarrow \displaystyle\lim_{k\to\infty} \widetilde{a}_k = \bigwedge_{k\in\mathbb{N}} \mathrm{cl}(\widetilde{a}_k)$

(iii) $\widetilde{a}_k^1 \leq \widetilde{a}_k \leq \widetilde{a}_k^2, k \in \mathbb{N},\ \displaystyle\limsup_{k\to\infty} \widetilde{a}_k^1 = \limsup_{k\to\infty} \widetilde{a}_k^2$
$\Rightarrow \displaystyle\limsup_{k\to\infty} \widetilde{a}_k = \limsup_{k\to\infty} \widetilde{a}_k^1 = \limsup_{k\to\infty} \widetilde{a}_k^2$

(iv) $\widetilde{a}_k^1 \leq \widetilde{a}_k \leq \widetilde{a}_k^2, k \in \mathbb{N},\ \displaystyle\liminf_{k\to\infty} \widetilde{a}_k^1 = \liminf_{k\to\infty} \widetilde{a}_k^2$
$\Rightarrow \displaystyle\liminf_{k\to\infty} \widetilde{a}_k = \liminf_{k\to\infty} \widetilde{a}_k^1 = \liminf_{k\to\infty} \widetilde{a}_k^2$

(v) $\widetilde{a}_k^1 \leq \widetilde{a}_k \leq \widetilde{a}_k^2, k \in \mathbb{N},\ \displaystyle\lim_{k\to\infty} \widetilde{a}_k^1 = \lim_{k\to\infty} \widetilde{a}_k^2 \Rightarrow \lim_{k\to\infty} \widetilde{a}_k = \lim_{k\to\infty} \widetilde{a}_k^1 = \lim_{k\to\infty} \widetilde{a}_k^2$

証明

(i) $\widetilde{a}_k \nearrow$ であるので，各 $\alpha \in {]0,1]}$ に対して，$[\widetilde{a}_k]_\alpha \nearrow$ となる．よって，定理 6.18 (i) より，$\lim_k [\widetilde{a}_k]_\alpha = \mathrm{cl}\left(\bigcup_{k\in\mathbb{N}} [\widetilde{a}_k]_\alpha\right)$ となる．したがって，定理 7.1, 7.5 および 8.41 (i) より，$\lim_k \widetilde{a}_k = \mathrm{cl}\left(\bigvee_{k\in\mathbb{N}} \widetilde{a}_k\right)$ となる．

(ii) $\widetilde{a}_k \searrow$ であるので，各 $\alpha \in {]}0,1]$ に対して，$[\widetilde{a}_k]_\alpha \searrow$ となる．よって，定理 6.18 (ii) より，$\lim_k [\widetilde{a}_k]_\alpha = \bigcap_{k \in \mathbb{N}} \mathrm{cl}([\widetilde{a}_k]_\alpha)$ となる．したがって，定理 7.5 より，$\lim_k \widetilde{a}_k = \bigwedge_{k \in \mathbb{N}} \mathrm{cl}(\widetilde{a}_k)$ となる．

(iii) 各 $\alpha \in {]}0,1]$ に対して，$[\widetilde{a}_k^1]_\alpha \subset [\widetilde{a}_k]_\alpha \subset [\widetilde{a}_k^2]_\alpha,\ k \in \mathbb{N}$ であるので，$\limsup_k [\widetilde{a}_k^1]_\alpha \subset \limsup_k [\widetilde{a}_k]_\alpha \subset \limsup_k [\widetilde{a}_k^2]_\alpha$ となる．よって，定理 7.2 より，$\limsup_k \widetilde{a}_k^1 \le \limsup_k \widetilde{a}_k \le \limsup_k \widetilde{a}_k^2$ となる．したがって，$\limsup_k \widetilde{a}_k^1 = \limsup_k \widetilde{a}_k^2$ であるので，$\limsup_k \widetilde{a}_k = \limsup_k \widetilde{a}_k^1 = \limsup_k \widetilde{a}_k^2$ となる．

(iv) 各 $\alpha \in {]}0,1]$ に対して，$[\widetilde{a}_k^1]_\alpha \subset [\widetilde{a}_k]_\alpha \subset [\widetilde{a}_k^2]_\alpha,\ k \in \mathbb{N}$ であるので，$\liminf_k [\widetilde{a}_k^1]_\alpha \subset \liminf_k [\widetilde{a}_k]_\alpha \subset \liminf_k [\widetilde{a}_k^2]_\alpha$ となる．よって，定理 7.2 より，$\liminf_k \widetilde{a}_k^1 \le \liminf_k \widetilde{a}_k \le \liminf_k \widetilde{a}_k^2$ となる．したがって，$\liminf_k \widetilde{a}_k^1 = \liminf_k \widetilde{a}_k^2$ であるので，$\liminf_k \widetilde{a}_k = \liminf_k \widetilde{a}_k^1 = \liminf_k \widetilde{a}_k^2$ となる．

(v) 仮定より $\lim_k \widetilde{a}_k^1 = \limsup_k \widetilde{a}_k^1 = \liminf_k \widetilde{a}_k^1 = \liminf_k \widetilde{a}_k^2 = \limsup_k \widetilde{a}_k^2 = \lim_k \widetilde{a}_k^2$ であるので，(iii) および (iv) より $\limsup_k \widetilde{a}_k = \limsup_k \widetilde{a}_k^1 = \limsup_k \widetilde{a}_k^2$, $\liminf_k \widetilde{a}_k = \liminf_k \widetilde{a}_k^1 = \liminf_k \widetilde{a}_k^2$ となる．よって，$\lim_k \widetilde{a}_k = \limsup_k \widetilde{a}_k = \liminf_k \widetilde{a}_k = \lim_k \widetilde{a}_k^1 = \lim_k \widetilde{a}_k^2$ となる． $\square$

　次の定理は，定理 6.20 のファジィ版であり，ファジィ錐の列の上極限および下極限に関する性質を与える．

定理 8.48 $\{\widetilde{c}_k\}_{k \in \mathbb{N}} \subset \mathcal{F}(\mathbb{R}^n)$ をファジィ錐の列とする．このとき，次が成り立つ．

(i) $\displaystyle\limsup_{k \to \infty} \widetilde{c}_k,\ \liminf_{k \to \infty} \widetilde{c}_k$ はファジィ錐になる．

(ii) $\{\widetilde{c}_k\}$ の極限が存在するならば，$\displaystyle\lim_{k \to \infty} \widetilde{c}_k$ もファジィ錐になる．

(iii) ある $N \in \mathcal{N}_\infty^\sharp$ が存在して $\displaystyle\bigwedge_{k \in N} \widetilde{c}_k \ne \widetilde{\mathbf{0}}$ となるならば，$\displaystyle\limsup_{k \to \infty} \widetilde{c}_k \ne \widetilde{\mathbf{0}}$ となる．

証明 (i) および (iii) を示す．(ii) は，(i) より導かれる．

(i) まず，$\widetilde{a} = \limsup_k \widetilde{c}_k,\ \widetilde{b} = \liminf_k \widetilde{c}_k$ とし，$\alpha \in {]}0,1]$ を任意に固定する．次に，$[\widetilde{c}_k]_\alpha,\ k \in \mathbb{N}$ は錐であるので，$U_\alpha = \limsup_k [\widetilde{c}_k]_\alpha,\ L_\alpha = \liminf_k [\widetilde{c}_k]_\alpha$ とおくと，定理 6.20 (i) より，U_α および L_α は錐になる．定理 7.4 より $[\widetilde{a}]_\alpha = \bigcap_{\beta \in {]}0,\alpha[} U_\beta,\ [\widetilde{b}]_\alpha = \bigcap_{\beta \in {]}0,\alpha[} L_\beta$ となるので，$[\widetilde{a}]_\alpha$ および $[\widetilde{b}]_\alpha$ は錐になる．よって，$\alpha \in {]}0,1]$ の任意性より，$\widetilde{a}$ および $\widetilde{b}$ はファジィ錐になる．

(ii) ある $N \in \mathcal{N}_\infty^\sharp$ が存在して $\bigwedge_{k \in N} \widetilde{c}_k \ne \widetilde{\mathbf{0}}$ であると仮定する．このとき，ある $\boldsymbol{x}_0 \in \mathbb{R}^n,\ \boldsymbol{x}_0 \ne \boldsymbol{0}$ が存在して $\bigwedge_{k \in N} \widetilde{c}_k(\boldsymbol{x}_0) > 0$ となる．$\gamma = \bigwedge_{k \in N} \widetilde{c}_k(\boldsymbol{x}_0) > 0$ とおく．各 k

$\in N$ に対して, $\widetilde{c}_k(\boldsymbol{x}_0) \geq \gamma$ であるので, $\boldsymbol{x}_0 \in [\widetilde{c}_k]_\gamma$ となる. よって, $\boldsymbol{x}_0 \in \limsup_k [\widetilde{c}_k]_\gamma$ となるので

$$\left(\limsup_{k \to \infty} \widetilde{c}_k \right)(\boldsymbol{x}_0) = \sup \left\{ \alpha \in \,]0,1] : \boldsymbol{x}_0 \in \limsup_{k \to \infty} [\widetilde{c}_k]_\alpha \right\} \geq \gamma > 0 = \widetilde{\boldsymbol{0}}(\boldsymbol{x}_0)$$

となる. したがって, $\limsup_k \widetilde{c}_k \neq \widetilde{\boldsymbol{0}}$ となることが示された. $\qquad\square$

次の例は, 定理 8.48 (iii) において, 条件「ある $N \in \mathcal{N}_\infty^\sharp$ が存在して $\bigwedge_{k \in N} \widetilde{c}_k \neq \widetilde{\boldsymbol{0}}$ となる」が必要であることを示している.

例 8.16 各 $k \in \mathbb{N}$ に対して, $\widetilde{c}_k \in \mathcal{F}(\mathbb{R})$ を各 $x \in \mathbb{R}$ に対して

$$\widetilde{c}_k(x) = \left\{ \begin{array}{ll} 1 & x = 0 \\ \frac{1}{k} & x > 0 \\ 0 & x < 0 \end{array} \right.$$

とすると

$$[\widetilde{c}_k]_\alpha = \left\{ \begin{array}{ll} [0, \infty[& \alpha \in \,]0, \frac{1}{k}] \\ \{0\} & \alpha \in \,]\frac{1}{k}, 1] \end{array} \right.$$

となるので, $\widetilde{c}_k$ はファジィ錐になる. このとき, 任意の $N \in \mathcal{N}_\infty^\sharp$ に対して $\bigwedge_{k \in N} \widetilde{c}_k = \widetilde{0}$ となる. 各 $\alpha \in \,]0,1]$ に対して, 十分大きいすべての $k \in \mathbb{N}$ に対して $[\widetilde{c}_k]_\alpha = \{0\}$ となるので, $\limsup_k [\widetilde{c}_k]_\alpha = \{0\}$ となる. よって, $\limsup_k \widetilde{c}_k = \widetilde{0}$ となる. $\qquad\square$

次の定理は, 定理 6.22 のファジィ版であり, ファジィ集合列の部分列の極限に関する性質を与える.

定理 8.49 $\{\widetilde{a}_k\}_{k \in \mathbb{N}} \subset \mathcal{F}(\mathbb{R}^n)$ および $\widetilde{a} \in \mathcal{F}(\mathbb{R}^n)$ に対して, $\widetilde{a} = \lim_k \widetilde{a}_k$ であるとする. このとき, 任意の $N \in \mathcal{N}_\infty^\sharp$ に対して, $\widetilde{a} = \lim_{k \in N} \widetilde{a}_k$ となる.

証明 各 $\alpha \in \,]0,1]$ に対して $\liminf_k [\widetilde{a}_k]_\alpha \subset \liminf_{k \in N} [\widetilde{a}_k]_\alpha \subset \limsup_{k \in N} [\widetilde{a}_k]_\alpha \subset \limsup_k [\widetilde{a}_k]_\alpha$ となるので, 定理 7.2 より, $\widetilde{a} = \liminf_k \widetilde{a}_k \leq \liminf_{k \in N} \widetilde{a}_k \leq \limsup_{k \in N} \widetilde{a}_k \leq \limsup_k \widetilde{a}_k = \widetilde{a}$ となる. よって, $\widetilde{a} = \lim_{k \in N} \widetilde{a}_k = \limsup_{k \in N} \widetilde{a}_k = \liminf_{k \in N} \widetilde{a}_k$ となる. $\qquad\square$

次の定理は, 定理 6.23 のファジィ版であり, ファジィ集合列の和およびスカラー倍の極限に関する性質を与える.

定理 8.50 $\{\widetilde{a}_k\}_{k \in \mathbb{N}}, \{\widetilde{b}_k\}_{k \in \mathbb{N}} \subset \mathcal{F}(\mathbb{R}^n)$ とし, $\lambda \in \mathbb{R}$ とする.

(i) 任意の $\alpha \in \,]0,1]$ に対して $\bigcup_{k \in \mathbb{N}} [\widetilde{a}_k]_\alpha$ が有界であるかまたは $\bigcup_{k \in \mathbb{N}} [\widetilde{b}_k]_\alpha$ が有界であるならば，次が成り立つ.

$$\limsup_{k \to \infty} (\widetilde{a}_k + \widetilde{b}_k) \le \limsup_{k \to \infty} \widetilde{a}_k + \limsup_{k \to \infty} \widetilde{b}_k$$

(ii) $\displaystyle\liminf_{k \to \infty} (\widetilde{a}_k + \widetilde{b}_k) \ge \liminf_{k \to \infty} \widetilde{a}_k + \liminf_{k \to \infty} \widetilde{b}_k$

(iii) 任意の $\alpha \in \,]0,1]$ に対して $\bigcup_{k \in \mathbb{N}} [\widetilde{a}_k]_\alpha$ が有界であるかまたは $\bigcup_{k \in \mathbb{N}} [\widetilde{b}_k]_\alpha$ が有界であり，$\{\widetilde{a}_k\}, \{\widetilde{b}_k\}$ の極限が存在するならば，次が成り立つ.

$$\lim_{k \to \infty} (\widetilde{a}_k + \widetilde{b}_k) = \lim_{k \to \infty} \widetilde{a}_k + \lim_{k \to \infty} \widetilde{b}_k$$

(iv) $\lambda = 0,\ \mathrm{hgt}\left(\displaystyle\limsup_{k \to \infty} \widetilde{a}_k\right) = 1$ であるか，または $\lambda \neq 0$ ならば，次が成り立つ.

$$\limsup_{k \to \infty} \lambda \widetilde{a}_k = \lambda \limsup_{k \to \infty} \widetilde{a}_k$$

(v) $\lambda = 0,\ \mathrm{hgt}\left(\displaystyle\liminf_{k \to \infty} \widetilde{a}_k\right) = 1$ であるか，または $\lambda \neq 0$ ならば，次が成り立つ.

$$\liminf_{k \to \infty} \lambda \widetilde{a}_k = \lambda \liminf_{k \to \infty} \widetilde{a}_k$$

(vi) $\{\widetilde{a}_k\}$ の極限が存在するとき，$\lambda = 0,\ \mathrm{hgt}\left(\displaystyle\lim_{k \to \infty} \widetilde{a}_k\right) = 1$ であるか，または $\lambda \neq 0$ ならば，次が成り立つ.

$$\lim_{k \to \infty} \lambda \widetilde{a}_k = \lambda \lim_{k \to \infty} \widetilde{a}_k$$

証明 (i)–(iv) および (vi) を示す. (v) は (iv) と同様に示せるが，問題として残しておく（問題 8.7.1）.

(i) まず，定理 6.23 (i) より，任意の $\alpha \in \,]0,1]$ に対して，$\limsup_k ([\widetilde{a}_k]_\alpha + [\widetilde{b}_k]_\alpha) \subset \limsup_k [\widetilde{a}_k]_\alpha + \limsup_k [\widetilde{b}_k]_\alpha$ となる. このとき

$$\limsup_{k \to \infty} (\widetilde{a}_k + \widetilde{b}_k) = M\left(\left\{\limsup_{k \to \infty} ([\widetilde{a}_k]_\alpha + [\widetilde{b}_k]_\alpha)\right\}_{\alpha \in]0,1]}\right)$$

（定理 7.1, 8.2 (i) および 8.45 (i) より）

$$\le M\left(\left\{\limsup_{k \to \infty} [\widetilde{a}_k]_\alpha + \limsup_{k \to \infty} [\widetilde{b}_k]_\alpha\right\}_{\alpha \in]0,1]}\right) \quad \text{（定理 7.2 より）}$$

$$= M\left(\left\{\limsup_{k\to\infty}[\widetilde{a}_k]_\alpha\right\}_{\alpha\in]0,1]}\right) + M\left(\left\{\limsup_{k\to\infty}[\widetilde{b}_k]_\alpha\right\}_{\alpha\in]0,1]}\right)$$
$$\text{(定理 8.2 (i) より)}$$
$$= \limsup_{k\to\infty}\widetilde{a}_k + \limsup_{k\to\infty}\widetilde{b}_k$$

となる.

(ii) まず, 定理 6.23 (ii) より, 任意の $\alpha\in]0,1]$ に対して, $\liminf_k([\widetilde{a}_k]_\alpha + [\widetilde{b}_k]_\alpha) \supset \liminf_k[\widetilde{a}_k]_\alpha + \liminf_k[\widetilde{b}_k]_\alpha$ となる. このとき

$$\liminf_{k\to\infty}(\widetilde{a}_k + \widetilde{b}_k) = M\left(\left\{\liminf_{k\to\infty}([\widetilde{a}_k]_\alpha + [\widetilde{b}_k]_\alpha)\right\}_{\alpha\in]0,1]}\right)$$
$$\text{(定理 7.1, 8.2 (i) および 8.45 (ii) より)}$$
$$\geq M\left(\left\{\liminf_{k\to\infty}[\widetilde{a}_k]_\alpha + \liminf_{k\to\infty}[\widetilde{b}_k]_\alpha\right\}_{\alpha\in]0,1]}\right) \quad \text{(定理 7.2 より)}$$
$$= M\left(\left\{\liminf_{k\to\infty}[\widetilde{a}_k]_\alpha\right\}_{\alpha\in]0,1]}\right) + M\left(\left\{\liminf_{k\to\infty}[\widetilde{b}_k]_\alpha\right\}_{\alpha\in]0,1]}\right)$$
$$\text{(定理 8.2 (i) より)}$$
$$= \liminf_{k\to\infty}\widetilde{a}_k + \liminf_{k\to\infty}\widetilde{b}_k$$

となる.

(iii) (i), (ii) および定理 8.42 (iii) より $\lim_k\widetilde{a}_k + \lim_k\widetilde{b}_k \leq \liminf_k(\widetilde{a}_k + \widetilde{b}_k) \leq \limsup_k(\widetilde{a}_k + \widetilde{b}_k) \leq \lim_k\widetilde{a}_k + \lim_k\widetilde{b}_k$ となるので, $\lim_k(\widetilde{a}_k + \widetilde{b}_k) = \limsup_k(\widetilde{a}_k + \widetilde{b}_k) = \liminf_k(\widetilde{a}_k + \widetilde{b}_k) = \lim_k\widetilde{a}_k + \lim_k\widetilde{b}_k$ となる.

(iv) もし, $\mathrm{hgt}(\limsup_k\widetilde{a}_k) = 1$ ならば, 任意の $\alpha\in]0,1[$ に対して $\limsup_k[\widetilde{a}_k]_\alpha \neq \emptyset$ となることが示されれば

$$\limsup_{k\to\infty}\lambda\widetilde{a}_k = M\left(\left\{\limsup_{k\to\infty}\lambda[\widetilde{a}_k]_\alpha\right\}_{\alpha\in]0,1]}\right)$$
$$\text{(定理 7.1, 8.2 (iii) および 8.45 (i) より)}$$
$$= M\left(\left\{\lambda\limsup_{k\to\infty}[\widetilde{a}_k]_\alpha\right\}_{\alpha\in]0,1]}\right) \quad \text{(定理 6.23 (iv) と 7.6 より)}$$
$$= \lambda M\left(\left\{\limsup_{k\to\infty}[\widetilde{a}_k]_\alpha\right\}_{\alpha\in]0,1]}\right) \quad \text{(定理 8.2 (iii) より)}$$
$$= \lambda\limsup_{k\to\infty}\widetilde{a}_k$$

となる.

$\mathrm{hgt}\,(\limsup_k \widetilde{a}_k) = 1$ とし，$\alpha \in\,]0,1[$ を任意に固定する．このとき，ある $\boldsymbol{x}_0 \in \mathbb{R}^n$ が存在して $(\limsup_k \widetilde{a}_k)\,(\boldsymbol{x}_0) > \alpha$ となる．よって

$$\left(\limsup_{k\to\infty} \widetilde{a}_k\right)(\boldsymbol{x}_0) = M\left(\left\{\limsup_{k\to\infty} [\widetilde{a}_k]_\beta\right\}_{\beta\in]0,1]}\right)(\boldsymbol{x}_0)$$
$$= \sup\left\{\beta \in\,]0,1] : \boldsymbol{x}_0 \in \limsup_{k\to\infty} [\widetilde{a}_k]_\beta\right\} > \alpha$$

であるので，$\boldsymbol{x}_0 \in \limsup_k [\widetilde{a}_k]_\alpha$ となり，$\limsup_k [\widetilde{a}_k]_\alpha \neq \emptyset$ となる．

(vi) (iv) および (v) より，$\lim_k \lambda\widetilde{a}_k = \limsup_k \lambda\widetilde{a}_k = \liminf_k \lambda\widetilde{a}_k = \lambda \lim_k \widetilde{a}_k$ となる．

$\square$

次の定理は，定理 6.24 のファジィ版であり，ファジィ集合列の順序および極限に関する性質を与える．

定理 8.51 $\{\widetilde{a}_k\}_{k\in\mathbb{N}}, \{\widetilde{b}_k\}_{k\in\mathbb{N}} \subset \mathcal{F}(\mathbb{R}^n)$ とし，任意の $\alpha \in\,]0,1]$ に対して $\bigcup_{k\in\mathbb{N}}[\widetilde{a}_k]_\alpha$, $\bigcup_{k\in\mathbb{N}}[\widetilde{b}_k]_\alpha$ は有界であるとする．このとき，次が成り立つ．

$$\widetilde{a}_k \preceq \widetilde{b}_k, k \in \mathbb{N} \Rightarrow \limsup_{k\to\infty} \widetilde{a}_k \preceq \limsup_{k\to\infty} \widetilde{b}_k$$

よって，$\{\widetilde{a}_k\}, \{\widetilde{b}_k\}$ の極限が存在するならば，次が成り立つ．

$$\widetilde{a}_k \preceq \widetilde{b}_k, k \in \mathbb{N} \Rightarrow \lim_{k\to\infty} \widetilde{a}_k \preceq \lim_{k\to\infty} \widetilde{b}_k$$

証明 各 $k \in \mathbb{N}$ に対して，$\widetilde{a}_k \preceq \widetilde{b}_k$ であるので，任意の $\alpha \in\,]0,1]$ に対して $[\widetilde{a}_k]_\alpha \leq [\widetilde{b}_k]_\alpha$ となる．任意の $\alpha \in\,]0,1]$ に対して，定理 6.24 より $\limsup_k [\widetilde{a}_k]_\alpha \leq \limsup_k [\widetilde{b}_k]_\alpha$ となるので，$\limsup_k [\widetilde{b}_k]_\alpha \subset \limsup_k [\widetilde{a}_k]_\alpha + \mathbb{R}^n_+$, $\limsup_k [\widetilde{a}_k]_\alpha \subset \limsup_k [\widetilde{b}_k]_\alpha + \mathbb{R}^n_-$ となる．もし，任意の $\alpha \in\,]0,1]$ に対して

$$\bigcap_{\beta\in]0,\alpha[}\left(\limsup_{k\to\infty} [\widetilde{a}_k]_\beta + \mathbb{R}^n_+\right) \subset \bigcap_{\beta\in]0,\alpha[} \limsup_{k\to\infty} [\widetilde{a}_k]_\beta + \mathbb{R}^n_+ \tag{8.28}$$

$$\bigcap_{\beta\in]0,\alpha[}\left(\limsup_{k\to\infty} [\widetilde{b}_k]_\beta + \mathbb{R}^n_-\right) \subset \bigcap_{\beta\in]0,\alpha[} \limsup_{k\to\infty} [\widetilde{b}_k]_\beta + \mathbb{R}^n_- \tag{8.29}$$

となることが示されれば，定理 7.4 より，任意の $\alpha \in\,]0,1]$ に対して

$$\left[\limsup_{k\to\infty} \widetilde{b}_k\right]_\alpha = \bigcap_{\beta\in]0,\alpha[} \limsup_{k\to\infty} [\widetilde{b}_k]_\beta \subset \bigcap_{\beta\in]0,\alpha[}\left(\limsup_{k\to\infty} [\widetilde{a}_k]_\beta + \mathbb{R}^n_+\right)$$
$$\subset \bigcap_{\beta\in]0,\alpha[} \limsup_{k\to\infty} [\widetilde{a}_k]_\beta + \mathbb{R}^n_+ = \left[\limsup_{k\to\infty} \widetilde{a}_k\right]_\alpha + \mathbb{R}^n_+$$

$$\left[\limsup_{k\to\infty}\widetilde{a}_k\right]_\alpha = \bigcap_{\beta\in]0,\alpha[}\limsup_{k\to\infty}[\widetilde{a}_k]_\beta \subset \bigcap_{\beta\in]0,\alpha[}\left(\limsup_{k\to\infty}[\widetilde{b}_k]_\beta + \mathbb{R}^n_-\right)$$

$$\subset \bigcap_{\beta\in]0,\alpha[}\limsup_{k\to\infty}[\widetilde{b}_k]_\beta + \mathbb{R}^n_- = \left[\limsup_{k\to\infty}\widetilde{b}_k\right]_\alpha + \mathbb{R}^n_-$$

となることより，$[\limsup_k \widetilde{a}_k]_\alpha \le [\limsup_k \widetilde{b}_k]_\alpha$ となるので，$\limsup_k \widetilde{a}_k \preceq \limsup_k \widetilde{b}_k$ となる．さらに，$\{\widetilde{a}_k\}$, $\{\widetilde{b}_k\}$ の極限が存在すれば，$\lim_k \widetilde{a}_k \preceq \lim_k \widetilde{b}_k$ となる．よって，(8.28) および (8.29) を示せばよい．(8.28) を示す．(8.29) は，(8.28) と同様に示せる．

まず，$\alpha \in]0,1]$ を任意に固定する．$\bigcup_{k\in\mathbb{N}}[\widetilde{a}_k]_\alpha$ は有界であるので，$\mathrm{cl}\left(\bigcup_{k\in\mathbb{N}}[\widetilde{a}_k]_\alpha\right)$ も有界になる．よって，定理 6.17 (i) より $\limsup_k [\widetilde{a}_k]_\alpha = \bigcap_{N\in\mathcal{N}_\infty}\mathrm{cl}\left(\bigcup_{k\in N}[\widetilde{a}_k]_\alpha\right) \subset \mathrm{cl}\left(\bigcup_{k\in\mathbb{N}}[\widetilde{a}_k]_\alpha\right)$ となるので，$\limsup_k [\widetilde{a}_k]_\alpha$ は有界になる．$\limsup_k [\widetilde{a}_k]_\alpha \in \mathcal{C}(\mathbb{R}^n)$ でもあるので，$\limsup_k [\widetilde{a}_k]_\alpha \in \mathcal{BC}(\mathbb{R}^n)$ となる．したがって，$\alpha \in]0,1]$ の任意性より，任意の $\alpha \in]0,1]$ に対して $\limsup_k [\widetilde{a}_k]_\alpha \in \mathcal{BC}(\mathbb{R}^n)$ となることが示された．

次に，$\alpha \in]0,1]$ を再度任意に固定し，$\boldsymbol{x} \in \bigcap_{\beta\in]0,\alpha[}\left(\limsup_k [\widetilde{a}_k]_\beta + \mathbb{R}^n_+\right)$ とする．このとき，各 $\beta \in]0,\alpha[$ に対して，ある $\boldsymbol{y}_\beta \in \limsup_k [\widetilde{a}_k]_\beta$ およびある $\boldsymbol{d}_\beta \in \mathbb{R}^n_+$ が存在して $\boldsymbol{x} = \boldsymbol{y}_\beta + \boldsymbol{d}_\beta$ となる．ここで，$\{\boldsymbol{y}_{\alpha-\frac{\alpha}{k+1}}\}_{k\in\mathbb{N}} \subset \limsup_k [\widetilde{a}_k]_{\frac{\alpha}{2}} \in \mathcal{BC}(\mathbb{R}^n)$ を考える．このとき，ある $N \in \mathcal{N}_\infty^\sharp$ およびある $\boldsymbol{y} \in \mathbb{R}^n$ が存在して $\boldsymbol{y}_{\alpha-\frac{\alpha}{k+1}}\underset{N}{\to}\boldsymbol{y}$ となる．以下では，$\beta \in]0,\alpha[$ を任意に固定する．$\alpha - \frac{\alpha}{k+1} \to \alpha$ であるので，ある $k_0 \in \mathbb{N}$ が存在し，$k \ge k_0$ であるすべての $k \in \mathbb{N}$ に対して $\alpha - \frac{\alpha}{k+1} \in]\beta,\alpha[$ となる．$\{\boldsymbol{y}_{\alpha-\frac{\alpha}{k+1}}\}_{k\ge k_0} \subset \limsup_k [\widetilde{a}_k]_\beta \in \mathcal{BC}(\mathbb{R}^n)$, $\boldsymbol{y}_{\alpha-\frac{\alpha}{k+1}}\underset{N}{\to}\boldsymbol{y}$ であるので，$\boldsymbol{y} \in \limsup_k [\widetilde{a}_k]_\beta$ となる．よって，$\beta \in]0,\alpha[$ の任意性より，$\boldsymbol{y} \in \bigcap_{\beta\in]0,\alpha[}\limsup_k [\widetilde{a}_k]_\beta$ となる．また，$\boldsymbol{d}_{\alpha-\frac{\alpha}{k+1}} = \boldsymbol{x} - \boldsymbol{y}_{\alpha-\frac{\alpha}{k+1}}\underset{N}{\to}\boldsymbol{x} - \boldsymbol{y} \in \mathbb{R}^n_+$ となるので，$\boldsymbol{x} = \boldsymbol{y} + (\boldsymbol{x} - \boldsymbol{y}) \in \bigcap_{\beta\in]0,\alpha[}\limsup_k [\widetilde{a}_k]_\beta + \mathbb{R}^n_+$ となる．以上より，(8.28) が示された． $\square$

問題 8.7

1. $\{\widetilde{a}_k\}_{k\in\mathbb{N}} \subset \mathcal{F}(\mathbb{R}^n)$ とし，$\lambda \in \mathbb{R}$ とする．また，$\lambda = 0$, $\mathrm{hgt}\left(\liminf_{k\to\infty}\widetilde{a}_k\right) = 1$ であるか，または $\lambda \neq 0$ であるとする．このとき，次が成り立つことを示せ．

$$\liminf_{k\to\infty}\lambda\widetilde{a}_k = \lambda\liminf_{k\to\infty}\widetilde{a}_k$$

2. $\{\widetilde{a}_k\}_{k \in \mathbb{N}} \subset \mathcal{F}(\mathbb{R})$ を次のように定義する. 各 $k \in \mathbb{N}$ および各 $x \in \mathbb{R}$ に対して

$$\widetilde{a}_k(x) = \min\{\max\{k(1 - |x|), 0\}, 1\}$$

とする. このとき, $\lim_{k \to \infty} \widetilde{a}_k$ を求めよ.

8.8 ファジィ集合値写像の連続性

$X \subset \mathbb{R}^n$ とし, $\widetilde{F} : X \to \mathcal{F}(\mathbb{R}^m)$ とする. $\widetilde{F}$ を X から $\mathcal{F}(\mathbb{R}^m)$ へのファジィ集合値写像 (fuzzy set-valued mapping) という. $\widetilde{F}$ が閉値, 凸値, 閉凸値およびコンパクト値であるとは, 任意の $\boldsymbol{x} \in X$ に対してそれぞれ $\widetilde{F}(\boldsymbol{x}) \in \mathcal{FC}(\mathbb{R}^m)$, $\widetilde{F}(\boldsymbol{x}) \in \mathcal{FK}(\mathbb{R}^m)$, $\widetilde{F}(\boldsymbol{x}) \in \mathcal{FCK}(\mathbb{R}^m)$ および $\widetilde{F}(\boldsymbol{x}) \in \mathcal{FBC}(\mathbb{R}^m)$ であるときをいう. また, 各 $\alpha \in\,]0, 1]$ に対して, クリスプ集合値写像 $F_\alpha : X \rightsquigarrow \mathbb{R}^m$ を各 $\boldsymbol{x} \in X$ に対して

$$F_\alpha(\boldsymbol{x}) = [\widetilde{F}(\boldsymbol{x})]_\alpha \tag{8.30}$$

と定義する.

ファジィ集合値写像の極限の定義を与える. それは, クリスプ集合値写像の極限 (定義 6.6) のファジィ版である (後述の定理 8.56 も参照).

定義 8.7 $X \subset \mathbb{R}^n$ とし, $\widetilde{F} : X \to \mathcal{F}(\mathbb{R}^m)$ とする. また, $\overline{\boldsymbol{x}} \in \mathrm{cl}(X)$ とする. さらに, 各 $\alpha \in\,]0, 1]$ に対して

$$U_\alpha(\overline{\boldsymbol{x}}) = \limsup_{\boldsymbol{x} \to \overline{\boldsymbol{x}}} F_\alpha(\boldsymbol{x}), \quad L_\alpha(\overline{\boldsymbol{x}}) = \liminf_{\boldsymbol{x} \to \overline{\boldsymbol{x}}} F_\alpha(\boldsymbol{x})$$

とする. ここで, $F_\alpha : X \rightsquigarrow \mathbb{R}^m$ は (8.30) において定義されたクリスプ集合値写像である.

(i) $\boldsymbol{x} \to \overline{\boldsymbol{x}}$ のときの $\widetilde{F}$ の上極限をファジィ集合

$$\limsup_{\boldsymbol{x} \to \overline{\boldsymbol{x}}} \widetilde{F}(\boldsymbol{x}) = M\left(\{U_\alpha(\overline{\boldsymbol{x}})\}_{\alpha \in]0, 1]}\right) = \sup_{\alpha \in]0, 1]} \alpha c_{U_\alpha(\overline{\boldsymbol{x}})} \tag{8.31}$$

と定義する.

(ii) $\boldsymbol{x} \to \overline{\boldsymbol{x}}$ のときの $\widetilde{F}$ の下極限をファジィ集合

$$\liminf_{\boldsymbol{x} \to \overline{\boldsymbol{x}}} \widetilde{F}(\boldsymbol{x}) = M\left(\{L_\alpha(\overline{\boldsymbol{x}})\}_{\alpha \in]0, 1]}\right) = \sup_{\alpha \in]0, 1]} \alpha c_{L_\alpha(\overline{\boldsymbol{x}})} \tag{8.32}$$

と定義する.

(iii) $\limsup_{\boldsymbol{x} \to \overline{\boldsymbol{x}}} \widetilde{F}(\boldsymbol{x}) = \liminf_{\boldsymbol{x} \to \overline{\boldsymbol{x}}} \widetilde{F}(\boldsymbol{x})$ のとき, $\boldsymbol{x} \to \overline{\boldsymbol{x}}$ のときの $\widetilde{F}$ の極限が存在するといい, その極限を

$$\lim_{\boldsymbol{x} \to \overline{\boldsymbol{x}}} \widetilde{F}(\boldsymbol{x}) = \limsup_{\boldsymbol{x} \to \overline{\boldsymbol{x}}} \widetilde{F}(\boldsymbol{x}) = \liminf_{\boldsymbol{x} \to \overline{\boldsymbol{x}}} \widetilde{F}(\boldsymbol{x}) \tag{8.33}$$

と定義する.

$X \subset \mathbb{R}^n$ とする．クリスプ集合値写像 $F : X \rightsquigarrow \mathbb{R}^m$ および $\overline{\boldsymbol{x}} \in \mathrm{cl}(X)$ に対して，$U(\overline{\boldsymbol{x}}) = \limsup_{\boldsymbol{x} \to \overline{\boldsymbol{x}}} F(\boldsymbol{x})$, $L(\overline{\boldsymbol{x}}) = \liminf_{\boldsymbol{x} \to \overline{\boldsymbol{x}}} F(\boldsymbol{x})$ とし，$\boldsymbol{x} \to \overline{\boldsymbol{x}}$ のときの F の極限が存在するならば $T(\overline{\boldsymbol{x}}) = \lim_{\boldsymbol{x} \to \overline{\boldsymbol{x}}} F(\boldsymbol{x})$ とする．このとき

$$\limsup_{\boldsymbol{x} \to \overline{\boldsymbol{x}}} c_{F(\boldsymbol{x})} = c_{U(\overline{\boldsymbol{x}})}, \quad \liminf_{\boldsymbol{x} \to \overline{\boldsymbol{x}}} c_{F(\boldsymbol{x})} = c_{L(\overline{\boldsymbol{x}})}$$

となり，$\boldsymbol{x} \to \overline{\boldsymbol{x}}$ のときの F の極限が存在するならば

$$\lim_{\boldsymbol{x} \to \overline{\boldsymbol{x}}} c_{F(\boldsymbol{x})} = c_{T(\overline{\boldsymbol{x}})}$$

となる．よって，ファジィ集合値写像の上極限，下極限および極限は，それぞれクリスプ集合値写像の上極限，下極限および極限の拡張になっている．

$X \subset \mathbb{R}^n$ とし，$\widetilde{F} : X \to \mathcal{F}(\mathbb{R}^m)$ とする．また，$\overline{\boldsymbol{x}} \in \mathrm{cl}(X)$ とする．さらに，各 $\alpha \in {]0,1]}$ に対して $U_\alpha(\overline{\boldsymbol{x}}) = \limsup_{\boldsymbol{x} \to \overline{\boldsymbol{x}}} F_\alpha(\boldsymbol{x})$, $L_\alpha(\overline{\boldsymbol{x}}) = \liminf_{\boldsymbol{x} \to \overline{\boldsymbol{x}}} F_\alpha(\boldsymbol{x})$ とすると，(6.16) より $L_\alpha(\overline{\boldsymbol{x}}) \subset U_\alpha(\overline{\boldsymbol{x}})$ となり，$\overline{\boldsymbol{x}} \in X$ ならば，(6.17) より $L_\alpha(\overline{\boldsymbol{x}}) \subset \mathrm{cl}(F_\alpha(\overline{\boldsymbol{x}})) \subset U_\alpha(\overline{\boldsymbol{x}})$ となる．よって，定義 8.7 (i), (ii) および定理 7.2 より，次が成り立つ．

$$\liminf_{\boldsymbol{x} \to \overline{\boldsymbol{x}}} \widetilde{F}(\boldsymbol{x}) \le \limsup_{\boldsymbol{x} \to \overline{\boldsymbol{x}}} \widetilde{F}(\boldsymbol{x}) \tag{8.34}$$

さらに，$\overline{\boldsymbol{x}} \in X$ ならば，次が成り立つ．

$$\liminf_{\boldsymbol{x} \to \overline{\boldsymbol{x}}} \widetilde{F}(\boldsymbol{x}) \le \mathrm{cl}(\widetilde{F}(\overline{\boldsymbol{x}})) \le \limsup_{\boldsymbol{x} \to \overline{\boldsymbol{x}}} \widetilde{F}(\boldsymbol{x}) \tag{8.35}$$

例 8.17 $\widetilde{a}, \widetilde{b} \in \mathcal{F}(\mathbb{R})$ を各 $x \in \mathbb{R}$ に対して

$$\widetilde{a}(x) = \begin{cases} \max\{-|x|+1, 0\} & x \ne 0 \\ 0 & x = 0 \end{cases}, \quad \widetilde{b}(x) = \max\{-|x|+1, 0\}$$

とし（例 8.15 における図 8.12），$\widetilde{F} : \mathbb{R} \to \mathcal{F}(\mathbb{R})$ を各 $x \in \mathbb{R}$ に対して

$$\widetilde{F}(x) = \begin{cases} \widetilde{a} & x \in \mathbb{B}(1; \varepsilon) \cup (\mathbb{B}(3; \varepsilon) \cap \mathbb{Q}) \\ \widetilde{b} & x \in \mathbb{B}(2; \varepsilon) \cup (\mathbb{B}(3; \varepsilon) \setminus \mathbb{Q}) \\ \widetilde{\emptyset} & \text{その他} \end{cases}$$

とする．ここで，$\varepsilon \in {]0, \frac{1}{2}[}$ であるとする．このとき，各 $\alpha \in {]0, 1[}$ および各 $x \in \mathbb{R}$ に対して

$$F_\alpha(x) = \begin{cases} [\alpha-1, 0[\cup]0, -\alpha+1] & x \in \mathbb{B}(1; \varepsilon) \cup (\mathbb{B}(3; \varepsilon) \cap \mathbb{Q}) \\ [\alpha-1, -\alpha+1] & x \in \mathbb{B}(2; \varepsilon) \cup (\mathbb{B}(3; \varepsilon) \setminus \mathbb{Q}) \\ \emptyset & \text{その他} \end{cases}$$

となり，各 $x \in \mathbb{R}$ に対して

$$F_1(x) = \begin{cases} \{0\} & x \in \mathbb{B}(2; \varepsilon) \cup (\mathbb{B}(3; \varepsilon) \setminus \mathbb{Q}) \\ \emptyset & \text{その他} \end{cases}$$

となる. よって, 各 $\alpha \in\ ]0,1[$ に対して $\lim_{x\to 1} F_\alpha(x) = \lim_{x\to 2} F_\alpha(x) = \lim_{x\to 3} F_\alpha(x)$ $= [\alpha - 1, -\alpha + 1]$ となり, $\lim_{x\to 1} F_1(x) = \liminf_{x\to 3} F_1(x) = \emptyset$, $\lim_{x\to 2} F_1(x) = \limsup_{x\to 3} F_1(x) = \{0\}$ となる. したがって, $\lim_{x\to 1} \widetilde{F}(x) = \lim_{x\to 2} \widetilde{F}(x) = \lim_{x\to 3}$ $\widetilde{F}(x) = \widetilde{b}$ となる. 以上より, 次のことがわかる.

(i) $\limsup\limits_{x\to 1} \widetilde{F}(x) = \limsup\limits_{x\to 2} \widetilde{F}(x)$ であるが, $\limsup\limits_{x\to 1} F_1(x) \neq \limsup\limits_{x\to 2} F_1(x)$ となる.

(ii) $\liminf\limits_{x\to 1} \widetilde{F}(x) = \liminf\limits_{x\to 2} \widetilde{F}(x)$ であるが, $\liminf\limits_{x\to 1} F_1(x) \neq \liminf\limits_{x\to 2} F_1(x)$ となる.

(iii) $\limsup\limits_{x\to 3} \widetilde{F}(x) = \liminf\limits_{x\to 3} \widetilde{F}(x)$ であるが, $\limsup\limits_{x\to 3} F_1(x) \neq \liminf\limits_{x\to 3} F_1(x)$ となる.

(iv) $\lim\limits_{x\to 1} \widetilde{F}(x) = \lim\limits_{x\to 2} \widetilde{F}(x) = \lim\limits_{x\to 3} \widetilde{F}(x)$ であるが, $\lim\limits_{x\to 1} F_1(x) \neq \lim\limits_{x\to 2} F_1(x)$ となり $\lim\limits_{x\to 3} F_1(x)$ は存在しない. $\square$

次の定理は, ファジィ集合値写像の上極限および下極限の生成元に関する性質を与える.

定理 8.52 $X \subset \mathbb{R}^n$ とし, $\widetilde{F} : X \to \mathcal{F}(\mathbb{R}^m)$ とする. また, $\overline{x} \in \mathrm{cl}(X)$ とする. また, 各 $\alpha \in\ ]0,1]$ に対して, $U_\alpha(\overline{x}) = \limsup_{x\to\overline{x}} F_\alpha(x)$, $L_\alpha(\overline{x}) = \liminf_{x\to\overline{x}} F_\alpha(x)$ とする. このとき, 次が成り立つ.

(i) $\{L_\alpha(\overline{x})\}_{\alpha\in]0,1]}, \{U_\alpha(\overline{x})\}_{\alpha\in]0,1]} \in \mathcal{S}(\mathbb{R}^m)$

(ii) 任意の $\alpha \in\ ]0,1]$ に対して, $L_\alpha(\overline{x}) \in \mathcal{C}(\mathbb{R}^m)$ となる.

(iii) $\alpha \in\ ]0,1]$ とする. F_α が凸値であるならば, $L_\alpha(\overline{x}) \in \mathcal{CK}(\mathbb{R}^m)$ となる.

証明 (i) は, (6.18) より導かれる. (ii) は, 定理 6.26 (i) より導かれる. (iii) は, 定理 6.27 (i) より導かれる. $\square$

$X \subset \mathbb{R}^n$ とし, $\widetilde{F}, \widetilde{G} : X \to \mathcal{F}(\mathbb{R}^m)$ とする. また, $\overline{x} \in \mathrm{cl}(X)$ とする. このとき, 任意の $x \in X$ に対して $\widetilde{F}(x) \leq \widetilde{G}(x)$ であるならば, 任意の $\alpha \in\ ]0,1]$ および任意の $x \in X$ に対して $F_\alpha(x) = [\widetilde{F}(x)]_\alpha \subset [\widetilde{G}(x)]_\alpha = G_\alpha(x)$ となり, (6.18) より, 任意の $\alpha \in\ ]0,1]$ に対して $\limsup_{x\to\overline{x}} F_\alpha(x) \subset \limsup_{x\to\overline{x}} G_\alpha(x)$, $\liminf_{x\to\overline{x}} F_\alpha(x) \subset \liminf_{x\to\overline{x}}$ $G_\alpha(x)$ となる. よって, 定理 7.2 および定義 8.7 (i), (ii) より, 次が成り立つ.

$$
\begin{aligned}
&\widetilde{F}(x) \leq \widetilde{G}(x), x \in X \\
&\Rightarrow \limsup_{x\to\overline{x}} \widetilde{F}(x) \leq \limsup_{x\to\overline{x}} \widetilde{G}(x), \liminf_{x\to\overline{x}} \widetilde{F}(x) \leq \liminf_{x\to\overline{x}} \widetilde{G}(x)
\end{aligned}
\tag{8.36}
$$

さらに, $x \to \overline{x}$ のときの $\widetilde{F}, \widetilde{G}$ の極限が存在するならば, 定義 8.7 (iii) より次が成り立つ.

$$
\widetilde{F}(x) \leq \widetilde{G}(x), x \in X \Rightarrow \lim_{x\to\overline{x}} \widetilde{F}(x) \leq \lim_{x\to\overline{x}} \widetilde{G}(x)
\tag{8.37}
$$

クリスプ集合値写像の場合と同様に次の 3 つの定理が成り立つ.

定理 8.53 $X \subset \mathbb{R}^n$ とし, $\widetilde{F}, \widetilde{G}, \widetilde{H} : X \to \mathcal{F}(\mathbb{R}^m)$ とする. また, $\overline{\boldsymbol{x}} \in \mathrm{cl}(X)$ とする. このとき, 次が成り立つ.

(i) $\widetilde{G}(\boldsymbol{x}) \leq \widetilde{F}(\boldsymbol{x}) \leq \widetilde{H}(\boldsymbol{x}), \boldsymbol{x} \in X, \quad \limsup\limits_{\boldsymbol{x} \to \overline{\boldsymbol{x}}} \widetilde{G}(\boldsymbol{x}) = \limsup\limits_{\boldsymbol{x} \to \overline{\boldsymbol{x}}} \widetilde{H}(\boldsymbol{x})$
$\Rightarrow \limsup\limits_{\boldsymbol{x} \to \overline{\boldsymbol{x}}} \widetilde{F}(\boldsymbol{x}) = \limsup\limits_{\boldsymbol{x} \to \overline{\boldsymbol{x}}} \widetilde{G}(\boldsymbol{x}) = \limsup\limits_{\boldsymbol{x} \to \overline{\boldsymbol{x}}} \widetilde{H}(\boldsymbol{x})$

(ii) $\widetilde{G}(\boldsymbol{x}) \leq \widetilde{F}(\boldsymbol{x}) \leq \widetilde{H}(\boldsymbol{x}), \boldsymbol{x} \in X, \quad \liminf\limits_{\boldsymbol{x} \to \overline{\boldsymbol{x}}} \widetilde{G}(\boldsymbol{x}) = \liminf\limits_{\boldsymbol{x} \to \overline{\boldsymbol{x}}} \widetilde{H}(\boldsymbol{x})$
$\Rightarrow \liminf\limits_{\boldsymbol{x} \to \overline{\boldsymbol{x}}} \widetilde{F}(\boldsymbol{x}) = \liminf\limits_{\boldsymbol{x} \to \overline{\boldsymbol{x}}} \widetilde{G}(\boldsymbol{x}) = \liminf\limits_{\boldsymbol{x} \to \overline{\boldsymbol{x}}} \widetilde{H}(\boldsymbol{x})$

(iii) $\widetilde{G}(\boldsymbol{x}) \leq \widetilde{F}(\boldsymbol{x}) \leq \widetilde{H}(\boldsymbol{x}), \boldsymbol{x} \in X, \quad \lim\limits_{\boldsymbol{x} \to \overline{\boldsymbol{x}}} \widetilde{G}(\boldsymbol{x}) = \lim\limits_{\boldsymbol{x} \to \overline{\boldsymbol{x}}} \widetilde{H}(\boldsymbol{x})$
$\Rightarrow \lim\limits_{\boldsymbol{x} \to \overline{\boldsymbol{x}}} \widetilde{F}(\boldsymbol{x}) = \lim\limits_{\boldsymbol{x} \to \overline{\boldsymbol{x}}} \widetilde{G}(\boldsymbol{x}) = \lim\limits_{\boldsymbol{x} \to \overline{\boldsymbol{x}}} \widetilde{H}(\boldsymbol{x})$

証明 証明は問題として残しておく (問題 8.8.1). □

定理 8.54 $X \subset \mathbb{R}^n$ とし, $\widetilde{F} : X \to \mathcal{F}(\mathbb{R}^m)$ とする. また, $\overline{\boldsymbol{x}} \in \mathrm{cl}(X)$ とし, $\widetilde{a} \in \mathcal{F}(\mathbb{R}^m)$ とする. このとき, 次が成り立つ.

(i) $\liminf\limits_{\boldsymbol{x} \to \overline{\boldsymbol{x}}} \widetilde{F}(\boldsymbol{x}) \in \mathcal{FC}(\mathbb{R}^m)$

(ii) $\boldsymbol{x} \to \overline{\boldsymbol{x}}$ のときの $\widetilde{F}$ の極限が存在するならば, $\lim\limits_{\boldsymbol{x} \to \overline{\boldsymbol{x}}} \widetilde{F}(\boldsymbol{x}) \in \mathcal{FC}(\mathbb{R}^m)$ となる.

(iii) $\widetilde{F}(\boldsymbol{x}) = \widetilde{a}, \boldsymbol{x} \in X \Rightarrow \lim\limits_{\boldsymbol{x} \to \overline{\boldsymbol{x}}} \widetilde{F}(\boldsymbol{x}) = \mathrm{cl}(\widetilde{a})$

証明 証明は問題として残しておく (問題 8.8.2). □

定理 8.55 $X \subset \mathbb{R}^n$ とし, $\widetilde{F} : X \to \mathcal{F}(\mathbb{R}^m)$ は凸値であるとする. また, $\overline{\boldsymbol{x}} \in \mathrm{cl}(X)$ とする. このとき, 次が成り立つ.

(i) $\liminf\limits_{\boldsymbol{x} \to \overline{\boldsymbol{x}}} \widetilde{F}(\boldsymbol{x}) \in \mathcal{FCK}(\mathbb{R}^m)$

(ii) $\boldsymbol{x} \to \overline{\boldsymbol{x}}$ のときの $\widetilde{F}$ の極限が存在するならば, $\lim\limits_{\boldsymbol{x} \to \overline{\boldsymbol{x}}} \widetilde{F}(\boldsymbol{x}) \in \mathcal{FCK}(\mathbb{R}^m)$ となる.

証明 証明は問題として残しておく (問題 8.8.3). □

ファジィ集合値写像の連続性の定義を与える. それは, クリスプ集合値写像の連続性 (定義 6.7) のファジィ版である.

定義 8.8 $X \subset \mathbb{R}^n$ とし, $\widetilde{F} : X \to \mathcal{F}(\mathbb{R}^m)$ とする. また, $\overline{\boldsymbol{x}} \in X$ とする.

(i) $\widetilde{F}$ が $\overline{x}$ において**上半連続**であるとは

$$\limsup_{x \to \overline{x}} \widetilde{F}(x) \leq \widetilde{F}(\overline{x}) \tag{8.38}$$

となるときをいう．$\widetilde{F}$ が任意の $x \in X$ において上半連続であるとき，$\widetilde{F}$ は X 上で上半連続であるという．

(ii) $\widetilde{F}$ が $\overline{x}$ において**下半連続**であるとは

$$\liminf_{x \to \overline{x}} \widetilde{F}(x) \geq \widetilde{F}(\overline{x}) \tag{8.39}$$

となるときをいう．$\widetilde{F}$ が任意の $x \in X$ において下半連続であるとき，$\widetilde{F}$ は X 上で下半連続であるという．

(iii) $\widetilde{F}$ が $\overline{x}$ において**連続**であるとは，$\widetilde{F}$ が $\overline{x}$ において上半連続かつ下半連続，すなわち

$$\lim_{x \to \overline{x}} \widetilde{F}(x) = \widetilde{F}(\overline{x}) \tag{8.40}$$

となるときをいう．$\widetilde{F}$ が任意の $x \in X$ において連続であるとき，$\widetilde{F}$ は X 上で連続であるという．

 $X \subset \mathbb{R}^n$ とし，$\widetilde{F} : X \to \mathcal{F}(\mathbb{R}^m)$ とする．また，$\overline{x} \in X$ とする．(8.35) より，次が成り立つ．

$$\limsup_{x \to \overline{x}} \widetilde{F}(x) \leq \widetilde{F}(\overline{x}) \Leftrightarrow \limsup_{x \to \overline{x}} \widetilde{F}(x) = \widetilde{F}(\overline{x}) \tag{8.41}$$

$\widetilde{F}$ が閉値ならば，(8.35) より次が成り立つ．

$$\liminf_{x \to \overline{x}} \widetilde{F}(x) \geq \widetilde{F}(\overline{x}) \Leftrightarrow \liminf_{x \to \overline{x}} \widetilde{F}(x) = \widetilde{F}(\overline{x}) \tag{8.42}$$

例 8.18 $\widetilde{a}, \widetilde{b} \in \mathcal{F}(\mathbb{R})$ を各 $x \in \mathbb{R}$ に対して

$$\widetilde{a}(x) = \max\left\{-|x| + \frac{1}{2}, 0\right\}, \quad \widetilde{b}(x) = \max\{-|x| + 1, 0\}$$

とし（例 7.3 における図 7.4 および例 8.15 における図 8.12 (b)），$\widetilde{F}, \widetilde{G} : \mathbb{R} \to \mathcal{F}(\mathbb{R})$ を各 $x \in \mathbb{R}$ に対して

$$\widetilde{F}(x) = \begin{cases} \widetilde{a} & x \leq 0 \\ \widetilde{b} & x > 0 \end{cases}, \quad \widetilde{G}(x) = \begin{cases} \widetilde{a} & x < 0 \\ \widetilde{b} & x \geq 0 \end{cases}$$

とする．このとき，各 $\alpha \in]0, 1]$ および各 $x \in \mathbb{R}$ に対して

$$F_\alpha(x) = \begin{cases} \left[\alpha - \frac{1}{2}, -\alpha + \frac{1}{2}\right] & \alpha \in \left]0, \frac{1}{2}\right], x \leq 0 \\ \emptyset & \alpha \in \left]\frac{1}{2}, 1\right], x \leq 0 \\ [\alpha - 1, -\alpha + 1] & x > 0 \end{cases}$$

$$
G_\alpha(x) = \begin{cases}
\left[\alpha - \frac{1}{2}, -\alpha + \frac{1}{2}\right] & \alpha \in \left]0, \frac{1}{2}\right], x < 0 \\
\emptyset & \alpha \in \left]\frac{1}{2}, 1\right], x < 0 \\
\left[\alpha - 1, -\alpha + 1\right] & x \geq 0
\end{cases}
$$

となり，各 $\alpha \in]0, 1]$ に対して

$$
\limsup_{x \to 0} F_\alpha(x) = \limsup_{x \to 0} G_\alpha(x) = [\alpha - 1, -\alpha + 1]
$$

$$
\liminf_{x \to 0} F_\alpha(x) = \liminf_{x \to 0} G_\alpha(x) = \begin{cases}
\left[\alpha - \frac{1}{2}, -\alpha + \frac{1}{2}\right] & \alpha \in \left]0, \frac{1}{2}\right] \\
\emptyset & \alpha \in \left]\frac{1}{2}, 1\right]
\end{cases}
$$

となる．よって，$\liminf_{x \to 0} \widetilde{F}(x) = \widetilde{a} \geq \widetilde{a} = \widetilde{F}(0)$, $\limsup_{x \to 0} \widetilde{F}(x) = \widetilde{b} \nleq \widetilde{a} = \widetilde{F}(0)$ であるので，$\widetilde{F}$ は 0 において下半連続になるが上半連続にならない．また，$\limsup_{x \to 0} \widetilde{G}(x) = \widetilde{b} \leq \widetilde{b} = \widetilde{G}(0)$, $\liminf_{x \to 0} \widetilde{G}(x) = \widetilde{a} \ngeq \widetilde{b} = \widetilde{G}(0)$ であるので，$\widetilde{G}$ は 0 において上半連続になるが下半連続にならない． □

次の定理は，定義 8.7 が定義 6.6 のファジィ版であることを示している．

定理 8.56 $X \subset \mathbb{R}^n$ とし，$\widetilde{F} : X \to \mathcal{F}(\mathbb{R}^m)$ とする．また，$\overline{\boldsymbol{x}} \in \mathrm{cl}(X)$ とする．このとき，次が成り立つ．

(i) $\displaystyle \limsup_{\boldsymbol{x} \to \overline{\boldsymbol{x}}} \widetilde{F}(\boldsymbol{x}) = \bigvee_{\boldsymbol{x}_k \to \overline{\boldsymbol{x}}} \limsup_{k \to \infty} \widetilde{F}(\boldsymbol{x}_k)$

(ii) $\displaystyle \liminf_{\boldsymbol{x} \to \overline{\boldsymbol{x}}} \widetilde{F}(\boldsymbol{x}) = \bigwedge_{\boldsymbol{x}_k \to \overline{\boldsymbol{x}}} \liminf_{k \to \infty} \widetilde{F}(\boldsymbol{x}_k)$

証明 まず，各 $\alpha \in]0, 1]$ に対して，$\limsup_{\boldsymbol{x} \to \overline{\boldsymbol{x}}} F_\alpha(\boldsymbol{x}) = \bigcup_{\boldsymbol{x}_k \to \overline{\boldsymbol{x}}} \limsup_k F_\alpha(\boldsymbol{x}_k)$, $\liminf_{\boldsymbol{x} \to \overline{\boldsymbol{x}}} F_\alpha(\boldsymbol{x}) = \bigcap_{\boldsymbol{x}_k \to \overline{\boldsymbol{x}}} \liminf_k F_\alpha(\boldsymbol{x}_k)$ となる．したがって，定理 7.5 より $\limsup_{\boldsymbol{x} \to \overline{\boldsymbol{x}}} \widetilde{F}(\boldsymbol{x}) = \bigvee_{\boldsymbol{x}_k \to \overline{\boldsymbol{x}}} \limsup_k \widetilde{F}(\boldsymbol{x}_k)$, $\liminf_{\boldsymbol{x} \to \overline{\boldsymbol{x}}} \widetilde{F}(\boldsymbol{x}) = \bigwedge_{\boldsymbol{x}_k \to \overline{\boldsymbol{x}}} \liminf_k \widetilde{F}(\boldsymbol{x}_k)$ となる． □

次の定理は，ファジィ集合値写像の上極限および下極限とそのファジィ集合値写像に現れるファジィ集合の生成元の上極限および下極限の関係を与える．

定理 8.57 $X \subset \mathbb{R}^n$ とし，各 $\boldsymbol{x} \in X$ に対して $\{S_\alpha(\boldsymbol{x})\}_{\alpha \in]0,1]} \in \mathcal{S}(\mathbb{R}^m)$ とする．また，$\widetilde{F} : X \to \mathcal{F}(\mathbb{R}^m)$ を各 $\boldsymbol{x} \in X$ に対して $\widetilde{F}(\boldsymbol{x}) = M(\{S_\alpha(\boldsymbol{x})\}_{\alpha \in]0,1]})$ とする．さらに，$\overline{\boldsymbol{x}} \in \mathrm{cl}(X)$ とし，各 $\alpha \in]0, 1]$ に対して $U_\alpha(\overline{\boldsymbol{x}}) = \limsup_{\boldsymbol{x} \to \overline{\boldsymbol{x}}} S_\alpha(\boldsymbol{x})$, $L_\alpha(\overline{\boldsymbol{x}}) = \liminf_{\boldsymbol{x} \to \overline{\boldsymbol{x}}} S_\alpha(\boldsymbol{x})$ とする．このとき，次が成り立つ．

(i) $\displaystyle \limsup_{\boldsymbol{x} \to \overline{\boldsymbol{x}}} \widetilde{F}(\boldsymbol{x}) = M\left(\{U_\alpha(\overline{\boldsymbol{x}})\}_{\alpha \in]0,1]}\right)$

(ii) $\displaystyle\liminf_{\boldsymbol{x}\to\overline{\boldsymbol{x}}} \widetilde{F}(\boldsymbol{x}) = M\left(\{L_\alpha(\overline{\boldsymbol{x}})\}_{\alpha\in]0,1]}\right)$

証明 各 $\alpha \in]0,1]$ に対して $U_\alpha(\overline{\boldsymbol{x}}) = \limsup_{\boldsymbol{x}\to\overline{\boldsymbol{x}}} S_\alpha(\boldsymbol{x}) = \bigcup_{\boldsymbol{x}_k\to\overline{\boldsymbol{x}}} \limsup_k S_\alpha(\boldsymbol{x}_k)$, $L_\alpha(\overline{\boldsymbol{x}}) = \liminf_{\boldsymbol{x}\to\overline{\boldsymbol{x}}} S_\alpha(\boldsymbol{x}) = \bigcap_{\boldsymbol{x}_k\to\overline{\boldsymbol{x}}} \liminf_k S_\alpha(\boldsymbol{x}_k)$ であるので, 定理 7.5, 8.45 および 8.56 より

$$M\left(\{U_\alpha(\overline{\boldsymbol{x}})\}_{\alpha\in]0,1]}\right) = \bigvee_{\boldsymbol{x}_k\to\overline{\boldsymbol{x}}} \limsup_{k\to\infty} \widetilde{F}(\boldsymbol{x}_k) = \limsup_{\boldsymbol{x}\to\overline{\boldsymbol{x}}} \widetilde{F}(\boldsymbol{x})$$

$$M\left(\{L_\alpha(\overline{\boldsymbol{x}})\}_{\alpha\in]0,1]}\right) = \bigwedge_{\boldsymbol{x}_k\to\overline{\boldsymbol{x}}} \liminf_{k\to\infty} \widetilde{F}(\boldsymbol{x}_k) = \liminf_{\boldsymbol{x}\to\overline{\boldsymbol{x}}} \widetilde{F}(\boldsymbol{x})$$

となる. □

次の定理は, 2 つのファジィ集合値写像の上極限および下極限それぞれが一致するための十分条件を与える.

定理 8.58 $X \subset \mathbb{R}^n$ とし, $\widetilde{F}, \widetilde{G} : X \to \mathcal{F}(\mathbb{R}^m)$ とする. また, $\overline{\boldsymbol{x}} \in \mathrm{cl}(X)$ とし, 任意の $\boldsymbol{x} \in X$ に対して $\mathrm{cl}(\widetilde{F}(\boldsymbol{x})) = \mathrm{cl}(\widetilde{G}(\boldsymbol{x}))$ であるとする. このとき, 次が成り立つ.

$$\limsup_{\boldsymbol{x}\to\overline{\boldsymbol{x}}} \widetilde{F}(\boldsymbol{x}) = \limsup_{\boldsymbol{x}\to\overline{\boldsymbol{x}}} \widetilde{G}(\boldsymbol{x}), \quad \liminf_{\boldsymbol{x}\to\overline{\boldsymbol{x}}} \widetilde{F}(\boldsymbol{x}) = \liminf_{\boldsymbol{x}\to\overline{\boldsymbol{x}}} \widetilde{G}(\boldsymbol{x})$$

証明 $\boldsymbol{x}_k \to \overline{\boldsymbol{x}}$ となる $\{\boldsymbol{x}_k\}_{k\in\mathbb{N}} \subset X$ を任意に固定する. $\mathrm{cl}(\widetilde{F}(\boldsymbol{x}_k)) = \mathrm{cl}(\widetilde{G}(\boldsymbol{x}_k))$, $k \in \mathbb{N}$ であるので, 定理 8.46 より, $\limsup_k \widetilde{F}(\boldsymbol{x}_k) = \limsup_k \widetilde{G}(\boldsymbol{x}_k)$, $\liminf_k \widetilde{F}(\boldsymbol{x}_k) = \liminf_k \widetilde{G}(\boldsymbol{x}_k)$ となる. よって, $\{\boldsymbol{x}_k\}$ の任意性および定理 8.56 より

$$\limsup_{\boldsymbol{x}\to\overline{\boldsymbol{x}}} \widetilde{F}(\boldsymbol{x}) = \bigvee_{\boldsymbol{x}_k\to\overline{\boldsymbol{x}}} \limsup_{k\to\infty} \widetilde{F}(\boldsymbol{x}_k) = \bigvee_{\boldsymbol{x}_k\to\overline{\boldsymbol{x}}} \limsup_{k\to\infty} \widetilde{G}(\boldsymbol{x}_k) = \limsup_{\boldsymbol{x}\to\overline{\boldsymbol{x}}} \widetilde{G}(\boldsymbol{x})$$

$$\liminf_{\boldsymbol{x}\to\overline{\boldsymbol{x}}} \widetilde{F}(\boldsymbol{x}) = \bigwedge_{\boldsymbol{x}_k\to\overline{\boldsymbol{x}}} \liminf_{k\to\infty} \widetilde{F}(\boldsymbol{x}_k) = \bigwedge_{\boldsymbol{x}_k\to\overline{\boldsymbol{x}}} \liminf_{k\to\infty} \widetilde{G}(\boldsymbol{x}_k) = \liminf_{\boldsymbol{x}\to\overline{\boldsymbol{x}}} \widetilde{G}(\boldsymbol{x})$$

となる. □

次の定理は, 定理 6.29 のファジィ版であり, ファジィ集合値写像の上極限写像の上半連続性に関する性質を与える.

定理 8.59 $\widetilde{F} : \mathbb{R}^n \to \mathcal{F}(\mathbb{R}^m)$ とする. $\widetilde{F}$ の上極限写像 $\widetilde{G} : \mathbb{R}^n \to \mathcal{F}(\mathbb{R}^m)$ を各 $\boldsymbol{x} \in \mathbb{R}^n$ に対して

$$\widetilde{G}(\boldsymbol{x}) = \limsup_{\boldsymbol{x}'\to\boldsymbol{x}} \widetilde{F}(\boldsymbol{x}') \tag{8.43}$$

と定義すると, $\widetilde{G}$ は $\mathbb{R}^n$ 上で上半連続になる.

証明 $\overline{\boldsymbol{x}} \in \mathbb{R}^n$ および $\alpha \in]0,1]$ を任意に固定する．このとき，各 $\boldsymbol{x} \in \mathbb{R}^n$ に対して $U_\alpha(\boldsymbol{x})$ $= \limsup_{\boldsymbol{x}' \to \boldsymbol{x}} F_\alpha(\boldsymbol{x}')$ とおくと，定理 6.29 より $U_\alpha : \mathbb{R}^n \rightsquigarrow \mathbb{R}^m$ は $\mathbb{R}^n$ 上で上半連続になる．よって，(6.23) より，$U_\alpha(\overline{\boldsymbol{x}}) = \limsup_{\boldsymbol{x} \to \overline{\boldsymbol{x}}} U_\alpha(\boldsymbol{x})$ となる．したがって，$\alpha \in$ $]0,1]$ の任意性および定理 8.57 (i) より

$$\widetilde{G}(\overline{\boldsymbol{x}}) = \limsup_{\boldsymbol{x}' \to \overline{\boldsymbol{x}}} \widetilde{F}(\boldsymbol{x}') = M\left(\{U_\alpha(\overline{\boldsymbol{x}})\}_{\alpha \in]0,1]}\right)$$
$$= M\left(\left\{\limsup_{\boldsymbol{x} \to \overline{\boldsymbol{x}}} U_\alpha(\boldsymbol{x})\right\}_{\alpha \in]0,1]}\right) = \limsup_{\boldsymbol{x} \to \overline{\boldsymbol{x}}} \widetilde{G}(\boldsymbol{x})$$

となるので，$\widetilde{G}$ は $\overline{\boldsymbol{x}}$ において上半連続になる．$\overline{\boldsymbol{x}} \in \mathbb{R}^n$ の任意性より，$\widetilde{G}$ は $\mathbb{R}^n$ 上で上半連続になる． $\square$

　次の定理は，定理 6.30 のファジィ版であり，ファジィ集合値写像の凸包写像の下半連続性に関する性質を与える．

定理 8.60 $X \subset \mathbb{R}^n$ とし，$\widetilde{F} : X \to \mathcal{F}(\mathbb{R}^m)$ とする．また，$\overline{\boldsymbol{x}} \in X$ とする．$\widetilde{F}$ の凸包写像 $\widetilde{G} : X \to \mathcal{F}(\mathbb{R}^m)$ を各 $\boldsymbol{x} \in X$ に対して

$$\widetilde{G}(\boldsymbol{x}) = \mathrm{co}(\widetilde{F}(\boldsymbol{x})) \tag{8.44}$$

と定義する．このとき，$\widetilde{F}$ が $\overline{\boldsymbol{x}}$ において下半連続ならば，$\widetilde{G}$ も $\overline{\boldsymbol{x}}$ において下半連続になる．

証明 (6.18) より，各 $\alpha \in]0,1]$ に対して，$\liminf_{\boldsymbol{x} \to \overline{\boldsymbol{x}}} F_\alpha(\boldsymbol{x}) \subset \liminf_{\boldsymbol{x} \to \overline{\boldsymbol{x}}} \mathrm{co}(F_\alpha(\boldsymbol{x}))$ となる．よって

$$\widetilde{F}(\overline{\boldsymbol{x}}) \le \liminf_{\boldsymbol{x} \to \overline{\boldsymbol{x}}} \widetilde{F}(\boldsymbol{x}) \quad (\widetilde{F} \text{ の } \overline{\boldsymbol{x}} \text{ における下半連続性より})$$
$$\le \liminf_{\boldsymbol{x} \to \overline{\boldsymbol{x}}} \mathrm{co}(\widetilde{F}(\boldsymbol{x})) \quad (定理 7.2 \text{ と } 8.57 \text{ (ii) より})$$
$$\in \mathcal{FCK}(\mathbb{R}^m) \quad (定理 8.55 \text{ (i) より})$$

となる．したがって，定理 8.39 (ii) より $\widetilde{G}(\overline{\boldsymbol{x}}) = \mathrm{co}(\widetilde{F}(\overline{\boldsymbol{x}})) \le \liminf_{\boldsymbol{x} \to \overline{\boldsymbol{x}}} \mathrm{co}(\widetilde{F}(\boldsymbol{x})) =$ $\liminf_{\boldsymbol{x} \to \overline{\boldsymbol{x}}} \widetilde{G}(\boldsymbol{x})$ となるので，$\widetilde{G}$ は $\overline{\boldsymbol{x}}$ において下半連続になる． $\square$

　次の定理は，定理 6.31 のファジィ版であり，ファジィ集合値写像が連続になるための必要十分条件を与える．

定理 8.61 $X \subset \mathbb{R}^n$ とし，$\widetilde{F} : X \to \mathcal{F}(\mathbb{R}^m)$ とする．また，$\overline{\boldsymbol{x}} \in X$ とする．$\lim_{\boldsymbol{x} \to \overline{\boldsymbol{x}}} \widetilde{F}(\boldsymbol{x})$ $= \widetilde{F}(\overline{\boldsymbol{x}})$ となるための必要十分条件は，$\boldsymbol{x}_k \to \overline{\boldsymbol{x}}$ である任意の点列 $\{\boldsymbol{x}_k\}_{k \in \mathbb{N}} \subset X$ に対して $\lim_k \widetilde{F}(\boldsymbol{x}_k) = \widetilde{F}(\overline{\boldsymbol{x}})$ となることである．

証明 必要性：$\boldsymbol{x}_k^0 \to \overline{\boldsymbol{x}}$ となる点列 $\{\boldsymbol{x}_k^0\}_{k\in\mathbb{N}} \subset X$ を任意に固定する．このとき，定理 8.42 (iii) および 8.56 より

$$\widetilde{F}(\overline{\boldsymbol{x}}) = \liminf_{\boldsymbol{x}\to\overline{\boldsymbol{x}}} \widetilde{F}(\boldsymbol{x}) = \bigwedge_{\boldsymbol{x}_k\to\overline{\boldsymbol{x}}} \liminf_{k\to\infty} \widetilde{F}(\boldsymbol{x}_k) \le \liminf_{k\to\infty} \widetilde{F}(\boldsymbol{x}_k^0)$$

$$\le \limsup_{k\to\infty} \widetilde{F}(\boldsymbol{x}_k^0) \le \bigvee_{\boldsymbol{x}_k\to\overline{\boldsymbol{x}}} \limsup_{k\to\infty} \widetilde{F}(\boldsymbol{x}_k) = \limsup_{\boldsymbol{x}\to\overline{\boldsymbol{x}}} \widetilde{F}(\boldsymbol{x}) = \widetilde{F}(\overline{\boldsymbol{x}})$$

となるので，$\widetilde{F}(\overline{\boldsymbol{x}}) = \lim_k \widetilde{F}(\boldsymbol{x}_k^0) = \limsup_k \widetilde{F}(\boldsymbol{x}_k^0) = \liminf_k \widetilde{F}(\boldsymbol{x}_k^0)$ となる．

十分性：定理 8.56 より

$$\limsup_{\boldsymbol{x}\to\overline{\boldsymbol{x}}} \widetilde{F}(\boldsymbol{x}) = \bigvee_{\boldsymbol{x}_k\to\overline{\boldsymbol{x}}} \limsup_{k\to\infty} \widetilde{F}(\boldsymbol{x}_k) = \bigvee_{\boldsymbol{x}_k\to\overline{\boldsymbol{x}}} \widetilde{F}(\overline{\boldsymbol{x}}) = \widetilde{F}(\overline{\boldsymbol{x}})$$

$$= \bigwedge_{\boldsymbol{x}_k\to\overline{\boldsymbol{x}}} \widetilde{F}(\overline{\boldsymbol{x}}) = \bigwedge_{\boldsymbol{x}_k\to\overline{\boldsymbol{x}}} \liminf_{k\to\infty} \widetilde{F}(\boldsymbol{x}_k) = \liminf_{\boldsymbol{x}\to\overline{\boldsymbol{x}}} \widetilde{F}(\boldsymbol{x})$$

となるので，$\widetilde{F}(\overline{\boldsymbol{x}}) = \lim_{\boldsymbol{x}\to\overline{\boldsymbol{x}}} \widetilde{F}(\boldsymbol{x}) = \limsup_{\boldsymbol{x}\to\overline{\boldsymbol{x}}} \widetilde{F}(\boldsymbol{x}) = \liminf_{\boldsymbol{x}\to\overline{\boldsymbol{x}}} \widetilde{F}(\boldsymbol{x})$ となる． $\square$

次の定理は，ファジィ集合値写像の和およびスカラー倍の極限に関する性質を与える．

定理 8.62 $X \subset \mathbb{R}^n$ とし，$\widetilde{F}, \widetilde{G} : X \to \mathcal{F}(\mathbb{R}^m)$ とする．また，$\overline{\boldsymbol{x}} \in \mathrm{cl}(X)$ とし，$\lambda \in \mathbb{R}$ とする．

(i) 任意の $\alpha \in]0,1]$ に対して $\bigcup_{\boldsymbol{x}\in X} F_\alpha(\boldsymbol{x})$ が有界であるかまたは $\bigcup_{\boldsymbol{x}\in X} G_\alpha(\boldsymbol{x})$ が有界であるならば，次が成り立つ．

$$\limsup_{\boldsymbol{x}\to\overline{\boldsymbol{x}}} (\widetilde{F}(\boldsymbol{x}) + \widetilde{G}(\boldsymbol{x})) \le \limsup_{\boldsymbol{x}\to\overline{\boldsymbol{x}}} \widetilde{F}(\boldsymbol{x}) + \limsup_{\boldsymbol{x}\to\overline{\boldsymbol{x}}} \widetilde{G}(\boldsymbol{x})$$

(ii) $\displaystyle \liminf_{\boldsymbol{x}\to\overline{\boldsymbol{x}}} (\widetilde{F}(\boldsymbol{x}) + \widetilde{G}(\boldsymbol{x})) \ge \liminf_{\boldsymbol{x}\to\overline{\boldsymbol{x}}} \widetilde{F}(\boldsymbol{x}) + \liminf_{\boldsymbol{x}\to\overline{\boldsymbol{x}}} \widetilde{G}(\boldsymbol{x})$

(iii) 任意の $\alpha \in]0,1]$ に対して $\bigcup_{\boldsymbol{x}\in X} F_\alpha(\boldsymbol{x})$ が有界であるかまたは $\bigcup_{\boldsymbol{x}\in X} G_\alpha(\boldsymbol{x})$ が有界であり，$\boldsymbol{x} \to \overline{\boldsymbol{x}}$ のときの $\widetilde{F}, \widetilde{G}$ の極限が存在するならば，次が成り立つ．

$$\lim_{\boldsymbol{x}\to\overline{\boldsymbol{x}}} (\widetilde{F}(\boldsymbol{x}) + \widetilde{G}(\boldsymbol{x})) = \lim_{\boldsymbol{x}\to\overline{\boldsymbol{x}}} \widetilde{F}(\boldsymbol{x}) + \lim_{\boldsymbol{x}\to\overline{\boldsymbol{x}}} \widetilde{G}(\boldsymbol{x})$$

(iv) $\lambda = 0$, $\mathrm{hgt}\left(\limsup_{\boldsymbol{x}\to\overline{\boldsymbol{x}}} \widetilde{F}(\boldsymbol{x})\right) = 1$ であるか，または $\lambda \ne 0$ ならば，次が成り立つ．

$$\limsup_{\boldsymbol{x}\to\overline{\boldsymbol{x}}} \lambda\widetilde{F}(\boldsymbol{x}) = \lambda \limsup_{\boldsymbol{x}\to\overline{\boldsymbol{x}}} \widetilde{F}(\boldsymbol{x})$$

(v) $\lambda = 0$, hgt $\left(\displaystyle\liminf_{\boldsymbol{x} \to \overline{\boldsymbol{x}}} \widetilde{F}(\boldsymbol{x}) \right) = 1$ であるか，または $\lambda \neq 0$ ならば，次が成り立つ．

$$\liminf_{\boldsymbol{x} \to \overline{\boldsymbol{x}}} \lambda \widetilde{F}(\boldsymbol{x}) = \lambda \liminf_{\boldsymbol{x} \to \overline{\boldsymbol{x}}} \widetilde{F}(\boldsymbol{x})$$

(vi) $\boldsymbol{x} \to \overline{\boldsymbol{x}}$ のときの $\widetilde{F}$ の極限が存在するとき，$\lambda = 0$, hgt $\left(\displaystyle\lim_{\boldsymbol{x} \to \overline{\boldsymbol{x}}} \widetilde{F}(\boldsymbol{x}) \right) = 1$ であるか，または $\lambda \neq 0$ ならば，次が成り立つ．

$$\lim_{\boldsymbol{x} \to \overline{\boldsymbol{x}}} \lambda \widetilde{F}(\boldsymbol{x}) = \lambda \lim_{\boldsymbol{x} \to \overline{\boldsymbol{x}}} \widetilde{F}(\boldsymbol{x})$$

証明

(i)

$$\limsup_{\boldsymbol{x} \to \overline{\boldsymbol{x}}} (\widetilde{F}(\boldsymbol{x}) + \widetilde{G}(\boldsymbol{x})) = M \left(\left\{ \limsup_{\boldsymbol{x} \to \overline{\boldsymbol{x}}} (F_\alpha(\boldsymbol{x}) + G_\alpha(\boldsymbol{x})) \right\}_{\alpha \in]0,1]} \right)$$
$$\text{（定理 7.1, 8.2 (i) および 8.57 (i) より）}$$
$$\leq M \left(\left\{ \limsup_{\boldsymbol{x} \to \overline{\boldsymbol{x}}} F_\alpha(\boldsymbol{x}) + \limsup_{\boldsymbol{x} \to \overline{\boldsymbol{x}}} G_\alpha(\boldsymbol{x}) \right\}_{\alpha \in]0,1]} \right)$$
$$\text{（定理 6.32 (i) と 7.2 より）}$$
$$= M \left(\left\{ \limsup_{\boldsymbol{x} \to \overline{\boldsymbol{x}}} F_\alpha(\boldsymbol{x}) \right\}_{\alpha \in]0,1]} \right)$$
$$\qquad + M \left(\left\{ \limsup_{\boldsymbol{x} \to \overline{\boldsymbol{x}}} G_\alpha(\boldsymbol{x}) \right\}_{\alpha \in]0,1]} \right) \quad \text{（定理 8.2 (i) より）}$$
$$= \limsup_{\boldsymbol{x} \to \overline{\boldsymbol{x}}} \widetilde{F}(\boldsymbol{x}) + \limsup_{\boldsymbol{x} \to \overline{\boldsymbol{x}}} \widetilde{G}(\boldsymbol{x})$$

(ii)

$$\liminf_{\boldsymbol{x} \to \overline{\boldsymbol{x}}} (\widetilde{F}(\boldsymbol{x}) + \widetilde{G}(\boldsymbol{x})) = M \left(\left\{ \liminf_{\boldsymbol{x} \to \overline{\boldsymbol{x}}} (F_\alpha(\boldsymbol{x}) + G_\alpha(\boldsymbol{x})) \right\}_{\alpha \in]0,1]} \right)$$
$$\text{（定理 7.1, 8.2 (i) および 8.57 (ii) より）}$$
$$\geq M \left(\left\{ \liminf_{\boldsymbol{x} \to \overline{\boldsymbol{x}}} F_\alpha(\boldsymbol{x}) + \liminf_{\boldsymbol{x} \to \overline{\boldsymbol{x}}} G_\alpha(\boldsymbol{x}) \right\}_{\alpha \in]0,1]} \right)$$
$$\text{（定理 6.32 (ii) と 7.2 より）}$$
$$= M \left(\left\{ \liminf_{\boldsymbol{x} \to \overline{\boldsymbol{x}}} F_\alpha(\boldsymbol{x}) \right\}_{\alpha \in]0,1]} \right)$$

$$+ M\left(\left\{\liminf_{\boldsymbol{x}\to\overline{\boldsymbol{x}}} G_\alpha(\boldsymbol{x})\right\}_{\alpha\in]0,1]}\right) \quad (\text{定理 8.2 (i) より})$$

$$= \liminf_{\boldsymbol{x}\to\overline{\boldsymbol{x}}} \widetilde{F}(\boldsymbol{x}) + \liminf_{\boldsymbol{x}\to\overline{\boldsymbol{x}}} \widetilde{G}(\boldsymbol{x})$$

(iii) (i), (ii) および (8.34) より

$$\varliminf_{\boldsymbol{x}\to\overline{\boldsymbol{x}}} \widetilde{F}(\boldsymbol{x}) + \varliminf_{\boldsymbol{x}\to\overline{\boldsymbol{x}}} \widetilde{G}(\boldsymbol{x}) \le \liminf_{\boldsymbol{x}\to\overline{\boldsymbol{x}}} (\widetilde{F}(\boldsymbol{x}) + \widetilde{G}(\boldsymbol{x}))$$

$$\le \limsup_{\boldsymbol{x}\to\overline{\boldsymbol{x}}} (\widetilde{F}(\boldsymbol{x}) + \widetilde{G}(\boldsymbol{x})) \le \varlimsup_{\boldsymbol{x}\to\overline{\boldsymbol{x}}} \widetilde{F}(\boldsymbol{x}) + \varlimsup_{\boldsymbol{x}\to\overline{\boldsymbol{x}}} \widetilde{G}(\boldsymbol{x})$$

となる. よって

$$\varliminf_{\boldsymbol{x}\to\overline{\boldsymbol{x}}} (\widetilde{F}(\boldsymbol{x}) + \widetilde{G}(\boldsymbol{x})) = \limsup_{\boldsymbol{x}\to\overline{\boldsymbol{x}}} (\widetilde{F}(\boldsymbol{x}) + \widetilde{G}(\boldsymbol{x}))$$

$$= \liminf_{\boldsymbol{x}\to\overline{\boldsymbol{x}}} (\widetilde{F}(\boldsymbol{x}) + \widetilde{G}(\boldsymbol{x})) = \varliminf_{\boldsymbol{x}\to\overline{\boldsymbol{x}}} \widetilde{F}(\boldsymbol{x}) + \varliminf_{\boldsymbol{x}\to\overline{\boldsymbol{x}}} \widetilde{G}(\boldsymbol{x})$$

となる.

(iv) もし, $\mathrm{hgt}\left(\limsup_{\boldsymbol{x}\to\overline{\boldsymbol{x}}} \widetilde{F}(\boldsymbol{x})\right) = 1$ ならば, 任意の $\alpha\in]0,1[$ に対して $\limsup_{\boldsymbol{x}\to\overline{\boldsymbol{x}}} F_\alpha(\boldsymbol{x}) \ne \emptyset$ となることが示されれば

$$\limsup_{\boldsymbol{x}\to\overline{\boldsymbol{x}}} \lambda\widetilde{F}(\boldsymbol{x}) = M\left(\left\{\limsup_{\boldsymbol{x}\to\overline{\boldsymbol{x}}} \lambda F_\alpha(\boldsymbol{x})\right\}_{\alpha\in]0,1]}\right)$$

$$(\text{定理 7.1, 8.2 (iii) および 8.57 (i) より})$$

$$= M\left(\left\{\lambda\limsup_{\boldsymbol{x}\to\overline{\boldsymbol{x}}} F_\alpha(\boldsymbol{x})\right\}_{\alpha\in]0,1]}\right)$$

$$(\text{定理 6.32 (iv) と 7.6 より})$$

$$= \lambda M\left(\left\{\limsup_{\boldsymbol{x}\to\overline{\boldsymbol{x}}} F_\alpha(\boldsymbol{x})\right\}_{\alpha\in]0,1]}\right) \quad (\text{定理 8.2 (iii) より})$$

$$= \lambda\limsup_{\boldsymbol{x}\to\overline{\boldsymbol{x}}} \widetilde{F}(\boldsymbol{x})$$

となる.

$\mathrm{hgt}\left(\limsup_{\boldsymbol{x}\to\overline{\boldsymbol{x}}} \widetilde{F}(\boldsymbol{x})\right) = 1$ とし, $\alpha\in]0,1[$ を任意に固定する. 定理 8.56 (i) より

$$\mathrm{hgt}\left(\limsup_{\boldsymbol{x}\to\overline{\boldsymbol{x}}} \widetilde{F}(\boldsymbol{x})\right) = \sup_{\boldsymbol{y}\in\mathbb{R}^m}\left(\limsup_{\boldsymbol{x}\to\overline{\boldsymbol{x}}} \widetilde{F}(\boldsymbol{x})\right)(\boldsymbol{y})$$

$$= \sup_{\boldsymbol{y}\in\mathbb{R}^m}\left(\bigvee_{\boldsymbol{x}_k\to\overline{\boldsymbol{x}}} \limsup_{k\to\infty} \widetilde{F}(\boldsymbol{x}_k)\right)(\boldsymbol{y})$$

$$= \sup_{\boldsymbol{y}\in\mathbb{R}^m}\bigvee_{\boldsymbol{x}_k\to\overline{\boldsymbol{x}}}\left(\limsup_{k\to\infty} \widetilde{F}(\boldsymbol{x}_k)\right)(\boldsymbol{y}) = 1$$

であるので, ある $\boldsymbol{y}_0 \in \mathbb{R}^m$ および $\boldsymbol{x}_k^0 \to \overline{\boldsymbol{x}}$ となるある $\{\boldsymbol{x}_k^0\}_{k\in\mathbb{N}} \subset X$ が存在して $\left(\limsup_k \widetilde{F}(\boldsymbol{x}_k^0)\right)(\boldsymbol{y}_0) > \alpha$ となる. よって

$$\left(\limsup_{k\to\infty} \widetilde{F}(\boldsymbol{x}_k^0)\right)(\boldsymbol{y}_0) = M\left(\left\{\limsup_{k\to\infty} F_\beta(\boldsymbol{x}_k^0)\right\}_{\beta\in]0,1]}\right)(\boldsymbol{y}_0)$$

$$= \sup\left\{\beta \in]0,1] : \boldsymbol{y}_0 \in \limsup_{k\to\infty} F_\beta(\boldsymbol{x}_k^0)\right\} > \alpha$$

であるので, $\boldsymbol{y}_0 \in \limsup_k F_\alpha(\boldsymbol{x}_k^0) \subset \bigcup_{\boldsymbol{x}_k \to \overline{\boldsymbol{x}}} \limsup_k F_\alpha(\boldsymbol{x}_k) = \limsup_{\boldsymbol{x}\to\overline{\boldsymbol{x}}} F_\alpha(\boldsymbol{x})$ となり, $\limsup_{\boldsymbol{x}\to\overline{\boldsymbol{x}}} F_\alpha(\boldsymbol{x}) \neq \emptyset$ となる.

(v) もし, $\mathrm{hgt}\left(\liminf_{\boldsymbol{x}\to\overline{\boldsymbol{x}}} \widetilde{F}(\boldsymbol{x})\right) = 1$ ならば, 任意の $\alpha \in]0,1[$ に対して $\liminf_{\boldsymbol{x}\to\overline{\boldsymbol{x}}} F_\alpha(\boldsymbol{x}) \neq \emptyset$ となることが示されれば

$$\liminf_{\boldsymbol{x}\to\overline{\boldsymbol{x}}} \lambda\widetilde{F}(\boldsymbol{x}) = M\left(\left\{\liminf_{\boldsymbol{x}\to\overline{\boldsymbol{x}}} \lambda F_\alpha(\boldsymbol{x})\right\}_{\alpha\in]0,1]}\right)$$
（定理 7.1, 8.2 (iii) および 8.57 (ii) より）

$$= M\left(\left\{\lambda\liminf_{\boldsymbol{x}\to\overline{\boldsymbol{x}}} F_\alpha(\boldsymbol{x})\right\}_{\alpha\in]0,1]}\right)$$
（定理 6.32 (v) と 7.6 より）

$$= \lambda M\left(\left\{\liminf_{\boldsymbol{x}\to\overline{\boldsymbol{x}}} F_\alpha(\boldsymbol{x})\right\}_{\alpha\in]0,1]}\right) \quad \text{（定理 8.2 (iii) より）}$$

$$= \lambda\liminf_{\boldsymbol{x}\to\overline{\boldsymbol{x}}} \widetilde{F}(\boldsymbol{x})$$

となる.

$\mathrm{hgt}\left(\liminf_{\boldsymbol{x}\to\overline{\boldsymbol{x}}} \widetilde{F}(\boldsymbol{x})\right) = 1$ とし, $\alpha \in]0,1[$ を任意に固定する. 定理 8.56 (ii) より

$$\mathrm{hgt}\left(\liminf_{\boldsymbol{x}\to\overline{\boldsymbol{x}}} \widetilde{F}(\boldsymbol{x})\right) = \sup_{\boldsymbol{y}\in\mathbb{R}^m}\left(\liminf_{\boldsymbol{x}\to\overline{\boldsymbol{x}}} \widetilde{F}(\boldsymbol{x})\right)(\boldsymbol{y})$$

$$= \sup_{\boldsymbol{y}\in\mathbb{R}^m}\left(\bigwedge_{\boldsymbol{x}_k\to\overline{\boldsymbol{x}}} \liminf_{k\to\infty} \widetilde{F}(\boldsymbol{x}_k)\right)(\boldsymbol{y})$$

$$= \sup_{\boldsymbol{y}\in\mathbb{R}^m}\bigwedge_{\boldsymbol{x}_k\to\overline{\boldsymbol{x}}}\left(\liminf_{k\to\infty} \widetilde{F}(\boldsymbol{x}_k)\right)(\boldsymbol{y}) = 1$$

であるので, ある $\boldsymbol{y}_0 \in \mathbb{R}^m$ が存在して $\bigwedge_{\boldsymbol{x}_k\to\overline{\boldsymbol{x}}}\left(\liminf_k \widetilde{F}(\boldsymbol{x}_k)\right)(\boldsymbol{y}_0) > \alpha$ となる. よって, $\boldsymbol{x}_k \to \overline{\boldsymbol{x}}$ である任意の $\{\boldsymbol{x}_k\}_{k\in\mathbb{N}} \subset X$ に対して

$$\left(\liminf_{k\to\infty} \widetilde{F}(\boldsymbol{x}_k)\right)(\boldsymbol{y}_0) = M\left(\left\{\liminf_{k\to\infty} F_\beta(\boldsymbol{x}_k)\right\}_{\beta\in]0,1]}\right)(\boldsymbol{y}_0)$$

$$= \sup \left\{ \beta \in \,]0,1] : \boldsymbol{y}_0 \in \liminf_{k \to \infty} F_\beta(\boldsymbol{x}_k) \right\} > \alpha$$

であるので, $\boldsymbol{y}_0 \in \liminf_k F_\alpha(\boldsymbol{x}_k)$ となる. したがって, $\boldsymbol{y}_0 \in \bigcap_{\boldsymbol{x}_k \to \overline{\boldsymbol{x}}} \liminf_k F_\alpha(\boldsymbol{x}_k)$
$= \liminf_{\boldsymbol{x} \to \overline{\boldsymbol{x}}} F_\alpha(\boldsymbol{x})$ となり, $\liminf_{\boldsymbol{x} \to \overline{\boldsymbol{x}}} F_\alpha(\boldsymbol{x}) \neq \emptyset$ となる.

(vi) (iv) および (v) より, $\lim_{\boldsymbol{x} \to \overline{\boldsymbol{x}}} \lambda \widetilde{F}(\boldsymbol{x}) = \limsup_{\boldsymbol{x} \to \overline{\boldsymbol{x}}} \lambda \widetilde{F}(\boldsymbol{x}) = \liminf_{\boldsymbol{x} \to \overline{\boldsymbol{x}}} \lambda \widetilde{F}(\boldsymbol{x})$
$= \lambda \lim_{\boldsymbol{x} \to \overline{\boldsymbol{x}}} \widetilde{F}(\boldsymbol{x})$ となる. $\square$

次の定理は, ファジィ集合値写像の順序および極限に関する性質を与える.

定理 8.63 $X \subset \mathbb{R}^n$ とし, $\widetilde{F}, \widetilde{G} : X \to \mathcal{F}(\mathbb{R}^m)$ とする. また, $\overline{\boldsymbol{x}} \in \mathrm{cl}(X)$ とし, 任意の $\alpha \in \,]0,1]$ に対して $\bigcup_{\boldsymbol{x} \in X} F_\alpha(\boldsymbol{x}), \bigcup_{\boldsymbol{x} \in X} G_\alpha(\boldsymbol{x})$ は有界であるとする. このとき, 次が成り立つ.

$$\widetilde{F}(\boldsymbol{x}) \preceq \widetilde{G}(\boldsymbol{x}), \boldsymbol{x} \in X \Rightarrow \limsup_{\boldsymbol{x} \to \overline{\boldsymbol{x}}} \widetilde{F}(\boldsymbol{x}) \preceq \limsup_{\boldsymbol{x} \to \overline{\boldsymbol{x}}} \widetilde{G}(\boldsymbol{x})$$

よって, $\boldsymbol{x} \to \overline{\boldsymbol{x}}$ のときの $\widetilde{F}, \widetilde{G}$ の極限が存在するならば, 次が成り立つ.

$$\widetilde{F}(\boldsymbol{x}) \preceq \widetilde{G}(\boldsymbol{x}), \boldsymbol{x} \in X \Rightarrow \lim_{\boldsymbol{x} \to \overline{\boldsymbol{x}}} \widetilde{F}(\boldsymbol{x}) \preceq \lim_{\boldsymbol{x} \to \overline{\boldsymbol{x}}} \widetilde{G}(\boldsymbol{x})$$

証明 任意の $\alpha \in \,]0,1]$ に対して, $\bigcup_{\boldsymbol{x} \in X} F_\alpha(\boldsymbol{x}), \bigcup_{\boldsymbol{x} \in X} G_\alpha(\boldsymbol{x})$ は有界であり $F_\alpha(\boldsymbol{x}) \leq G_\alpha(\boldsymbol{x}), \boldsymbol{x} \in X$ であるので, 定理 6.33 より $\limsup_{\boldsymbol{x} \to \overline{\boldsymbol{x}}} F_\alpha(\boldsymbol{x}) \leq \limsup_{\boldsymbol{x} \to \overline{\boldsymbol{x}}} G_\alpha(\boldsymbol{x})$ となり, $\limsup_{\boldsymbol{x} \to \overline{\boldsymbol{x}}} G_\alpha(\boldsymbol{x}) \subset \limsup_{\boldsymbol{x} \to \overline{\boldsymbol{x}}} F_\alpha(\boldsymbol{x}) + \mathbb{R}^m_+, \limsup_{\boldsymbol{x} \to \overline{\boldsymbol{x}}} F_\alpha(\boldsymbol{x}) \subset \limsup_{\boldsymbol{x} \to \overline{\boldsymbol{x}}} G_\alpha(\boldsymbol{x}) + \mathbb{R}^m_-$ となる. もし, 任意の $\alpha \in \,]0,1]$ に対して

$$\bigcap_{\beta \in \,]0,\alpha[} \left(\limsup_{\boldsymbol{x} \to \overline{\boldsymbol{x}}} F_\beta(\boldsymbol{x}) + \mathbb{R}^m_+ \right) \subset \bigcap_{\beta \in \,]0,\alpha[} \limsup_{\boldsymbol{x} \to \overline{\boldsymbol{x}}} F_\beta(\boldsymbol{x}) + \mathbb{R}^m_+ \tag{8.45}$$

$$\bigcap_{\beta \in \,]0,\alpha[} \left(\limsup_{\boldsymbol{x} \to \overline{\boldsymbol{x}}} G_\beta(\boldsymbol{x}) + \mathbb{R}^m_- \right) \subset \bigcap_{\beta \in \,]0,\alpha[} \limsup_{\boldsymbol{x} \to \overline{\boldsymbol{x}}} G_\beta(\boldsymbol{x}) + \mathbb{R}^m_- \tag{8.46}$$

となることが示されれば, 定理 7.4 より, 任意の $\alpha \in \,]0,1]$ に対して

$$\left[\limsup_{\boldsymbol{x} \to \overline{\boldsymbol{x}}} \widetilde{G}(\boldsymbol{x}) \right]_\alpha = \bigcap_{\beta \in \,]0,\alpha[} \limsup_{\boldsymbol{x} \to \overline{\boldsymbol{x}}} G_\beta(\boldsymbol{x}) \subset \bigcap_{\beta \in \,]0,\alpha[} \left(\limsup_{\boldsymbol{x} \to \overline{\boldsymbol{x}}} F_\beta(\boldsymbol{x}) + \mathbb{R}^m_+ \right)$$

$$\subset \bigcap_{\beta \in \,]0,\alpha[} \limsup_{\boldsymbol{x} \to \overline{\boldsymbol{x}}} F_\beta(\boldsymbol{x}) + \mathbb{R}^m_+ = \left[\limsup_{\boldsymbol{x} \to \overline{\boldsymbol{x}}} \widetilde{F}(\boldsymbol{x}) \right]_\alpha + \mathbb{R}^m_+$$

$$\left[\limsup_{\boldsymbol{x} \to \overline{\boldsymbol{x}}} \widetilde{F}(\boldsymbol{x}) \right]_\alpha = \bigcap_{\beta \in \,]0,\alpha[} \limsup_{\boldsymbol{x} \to \overline{\boldsymbol{x}}} F_\beta(\boldsymbol{x}) \subset \bigcap_{\beta \in \,]0,\alpha[} \left(\limsup_{\boldsymbol{x} \to \overline{\boldsymbol{x}}} G_\beta(\boldsymbol{x}) + \mathbb{R}^m_- \right)$$

$$\subset \bigcap_{\beta \in \,]0,\alpha[} \limsup_{\boldsymbol{x} \to \overline{\boldsymbol{x}}} G_\beta(\boldsymbol{x}) + \mathbb{R}^m_- = \left[\limsup_{\boldsymbol{x} \to \overline{\boldsymbol{x}}} \widetilde{G}(\boldsymbol{x}) \right]_\alpha + \mathbb{R}^m_-$$

となり，$[\limsup_{\boldsymbol{x}\to\overline{\boldsymbol{x}}}\widetilde{F}(\boldsymbol{x})]_\alpha \leq [\limsup_{\boldsymbol{x}\to\overline{\boldsymbol{x}}}\widetilde{G}(\boldsymbol{x})]_\alpha$ となるので，$\limsup_{\boldsymbol{x}\to\overline{\boldsymbol{x}}}\widetilde{F}(\boldsymbol{x}) \preceq \limsup_{\boldsymbol{x}\to\overline{\boldsymbol{x}}}\widetilde{G}(\boldsymbol{x})$ となる．さらに，$\boldsymbol{x}\to\overline{\boldsymbol{x}}$ のときの $\widetilde{F},\widetilde{G}$ の極限が存在するならば，$\lim_{\boldsymbol{x}\to\overline{\boldsymbol{x}}}\widetilde{F}(\boldsymbol{x}) \preceq \lim_{\boldsymbol{x}\to\overline{\boldsymbol{x}}}\widetilde{G}(\boldsymbol{x})$ となる．よって，(8.45) および (8.46) を示せばよい．(8.45) を示す．(8.46) は (8.45) と同様に示せる．

まず，$\alpha \in\ ]0,1]$ を任意に固定する．$\bigcup_{\boldsymbol{x}\in X}F_\alpha(\boldsymbol{x})$ は有界であるので，$\mathrm{cl}\left(\bigcup_{\boldsymbol{x}\in X}F_\alpha(\boldsymbol{x})\right)$ も有界になる．定理 6.17 (i) より，$\boldsymbol{x}_k \to \overline{\boldsymbol{x}}$ である任意の $\{\boldsymbol{x}_k\}_{k\in\mathbb{N}} \subset X$ に対して $\limsup_k F_\alpha(\boldsymbol{x}_k) = \bigcap_{N\in\mathcal{N}_\infty}\mathrm{cl}\left(\bigcup_{k\in N}F_\alpha(\boldsymbol{x}_k)\right) \subset \mathrm{cl}\left(\bigcup_{k\in\mathbb{N}}F_\alpha(\boldsymbol{x}_k)\right) \subset \mathrm{cl}\left(\bigcup_{\boldsymbol{x}\in X}F_\alpha(\boldsymbol{x})\right)$ となり，$\limsup_{\boldsymbol{x}\to\overline{\boldsymbol{x}}}F_\alpha(\boldsymbol{x}) = \bigcup_{\boldsymbol{x}_k\to\overline{\boldsymbol{x}}}\limsup_k F_\alpha(\boldsymbol{x}_k) \subset \mathrm{cl}\left(\bigcup_{\boldsymbol{x}\in X}F_\alpha(\boldsymbol{x})\right)$ となる．よって，$\limsup_{\boldsymbol{x}\to\overline{\boldsymbol{x}}}F_\alpha(\boldsymbol{x})$ は有界になる．したがって，任意の $\alpha \in\ ]0,1]$ に対して $\limsup_{\boldsymbol{x}\to\overline{\boldsymbol{x}}}F_\alpha(\boldsymbol{x})$ は有界になることが示された．

次に，$\alpha \in\ ]0,1]$ を再度任意に固定し，$\boldsymbol{y} \in \bigcap_{\beta\in]0,\alpha[}\left(\limsup_{\boldsymbol{x}\to\overline{\boldsymbol{x}}}F_\beta(\boldsymbol{x}) + \mathbb{R}^m_+\right)$ とする．このとき，任意の $\beta \in\ ]0,\alpha[$ に対して，ある $\boldsymbol{z}_\beta \in \limsup_{\boldsymbol{x}\to\overline{\boldsymbol{x}}}F_\beta(\boldsymbol{x})$ およびある $\boldsymbol{d}_\beta \in \mathbb{R}^m_+$ が存在して $\boldsymbol{y} = \boldsymbol{z}_\beta + \boldsymbol{d}_\beta$ となる．ここで，$\{\boldsymbol{z}_{\alpha-\frac{\alpha}{k+1}}\}_{k\in\mathbb{N}} \subset \limsup_{\boldsymbol{x}\to\overline{\boldsymbol{x}}}F_{\frac{\alpha}{2}}(\boldsymbol{x})$ を考える．このとき，ある $N \in \mathcal{N}^\sharp_\infty$ およびある $\boldsymbol{z} \in \mathbb{R}^m$ が存在して $\boldsymbol{z}_{\alpha-\frac{\alpha}{k+1}}\underset{N}{\to}\boldsymbol{z}$ となる．以下では，$\beta \in\ ]0,\alpha[$ を任意に固定する．$\alpha - \frac{\alpha}{k+1} \to \alpha$ であるので，ある $k_0 \in \mathbb{N}$ が存在し，$k \geq k_0$ であるすべての $k \in \mathbb{N}$ に対して $\alpha - \frac{\alpha}{k+1} \in\ ]\beta,\alpha[$ となる．したがって，$\{\boldsymbol{z}_{\alpha-\frac{\alpha}{k+1}}\}_{k\geq k_0} \subset \limsup_{\boldsymbol{x}\to\overline{\boldsymbol{x}}}F_\beta(\boldsymbol{x})$ となる．ここで，$N_0 = \{k \in \mathbb{N} : k \geq k_0\}$ とする．各 $k \in N_0$ に対して，$\boldsymbol{z}_{\alpha-\frac{\alpha}{k+1}} \in \limsup_{\boldsymbol{x}\to\overline{\boldsymbol{x}}}F_\beta(\boldsymbol{x}) = \bigcup_{\boldsymbol{x}_\ell\to\overline{\boldsymbol{x}}}\limsup_\ell F_\beta(\boldsymbol{x}_\ell)$ となるので，$\boldsymbol{x}^k_\ell \to \overline{\boldsymbol{x}}$ となるある $\{\boldsymbol{x}^k_\ell\}_{\ell\in\mathbb{N}} \subset X$ が存在して $\boldsymbol{z}_{\alpha-\frac{\alpha}{k+1}} \in \limsup_\ell F_\beta(\boldsymbol{x}^k_\ell) = \bigcap_{N'\in\mathcal{N}_\infty}\mathrm{cl}\left(\bigcup_{\ell\in N'}F_\beta(\boldsymbol{x}^k_\ell)\right)$ となる．その等号は，定理 6.17 (i) より導かれる．よって，各 $k \in N_0$ に対して，ある $\ell_k \in \mathbb{N}$ が存在して $\ell_k \geq k$，$\boldsymbol{x}^k_{\ell_k} \in \mathbb{B}\left(\overline{\boldsymbol{x}};\frac{1}{k}\right)$，$F_\beta(\boldsymbol{x}^k_{\ell_k})\cap \mathbb{B}\left(\boldsymbol{z}_{\alpha-\frac{\alpha}{k+1}};\frac{1}{k}\right) \neq \emptyset$ となり，$\boldsymbol{w}^k_{\ell_k} \in F_\beta(\boldsymbol{x}^k_{\ell_k})\cap\mathbb{B}\left(\boldsymbol{z}_{\alpha-\frac{\alpha}{k+1}};\frac{1}{k}\right)$ を任意に選ぶ．このとき

$$\{\boldsymbol{x}^k_{\ell_k}\}_{k\in N_0} \subset X,\quad \boldsymbol{x}^k_{\ell_k}\underset{N_0}{\to}\overline{\boldsymbol{x}},\quad \boldsymbol{w}^k_{\ell_k} \in F_\beta(\boldsymbol{x}^k_{\ell_k}), k \in N_0 \tag{8.47}$$

である．また，各 $k \in N_0$ に対して $\|\boldsymbol{w}^k_{\ell_k} - \boldsymbol{z}\| \leq \|\boldsymbol{w}^k_{\ell_k} - \boldsymbol{z}_{\alpha-\frac{\alpha}{k+1}}\| + \|\boldsymbol{z}_{\alpha-\frac{\alpha}{k+1}} - \boldsymbol{z}\| < \frac{1}{k} + \|\boldsymbol{z}_{\alpha-\frac{\alpha}{k+1}} - \boldsymbol{z}\|$ であり，$\frac{1}{k} + \|\boldsymbol{z}_{\alpha-\frac{\alpha}{k+1}} - \boldsymbol{z}\|\underset{N}{\to}0$ であるので

$$\boldsymbol{w}^k_{\ell_k}\underset{N\cap N_0}{\to}\boldsymbol{z} \tag{8.48}$$

となる．(8.47) および (8.48) より，$\boldsymbol{z} \in \bigcup_{\boldsymbol{x}_p\to\overline{\boldsymbol{x}}}\limsup_p F_\beta(\boldsymbol{x}_p) = \limsup_{\boldsymbol{x}\to\overline{\boldsymbol{x}}}F_\beta(\boldsymbol{x})$ となる．$\beta \in\ ]0,\alpha[$ の任意性より，$\boldsymbol{z} \in \bigcap_{\beta\in]0,\alpha[}\limsup_{\boldsymbol{x}\to\overline{\boldsymbol{x}}}F_\beta(\boldsymbol{x})$ となる．また，$\boldsymbol{d}_{\alpha-\frac{\alpha}{k+1}} = \boldsymbol{y} - \boldsymbol{z}_{\alpha-\frac{\alpha}{k+1}}\underset{N}{\to}\boldsymbol{y} - \boldsymbol{z} \in \mathbb{R}^m_+$ となるので，$\boldsymbol{y} = \boldsymbol{z} + (\boldsymbol{y} - \boldsymbol{z}) \in \bigcap_{\beta\in]0,\alpha[}\limsup_{\boldsymbol{x}\to\overline{\boldsymbol{x}}}F_\beta(\boldsymbol{x})$

$+ \mathbb{R}_+^m$ となる. 以上より, (8.45) が示された. □

問題 8.8

1. 定理 8.53 を証明せよ.

2. 定理 8.54 を証明せよ.

3. 定理 8.55 を証明せよ.

8.9 ファジィ集合値写像の導写像

クリスプ接錐のファジィ版であるファジィ接錐の定義を与える.

定義 8.9 $\widetilde{a} \in \mathcal{F}(\mathbb{R}^n)$ および $\boldsymbol{x}_0 \in \mathrm{cl}([\widetilde{a}]_1)$ に対して

$$\widetilde{\mathbb{T}}(\widetilde{a}; \boldsymbol{x}_0) = M\left(\{\mathbb{T}([\widetilde{a}]_\alpha; \boldsymbol{x}_0)\}_{\alpha \in]0,1]}\right) = \sup_{\alpha \in]0,1]} \alpha c_{\mathbb{T}([\widetilde{a}]_\alpha; \boldsymbol{x}_0)} \tag{8.49}$$

を $\widetilde{a}$ の $\boldsymbol{x}_0$ における**ファジィ接錐** (fuzzy tangent cone) または**ファジィコンティンジェント錐** (fuzzy contingent cone) という.

$A \subset \mathbb{R}^n$ および $\boldsymbol{x}_0 \in \mathrm{cl}(A)$ に対して

$$\widetilde{\mathbb{T}}(c_A; \boldsymbol{x}_0) = c_{\mathbb{T}(A; \boldsymbol{x}_0)}$$

となる. よって, ファジィ接錐はクリスプ接錐の拡張になっている.

例 8.19 $f: \mathbb{R} \to \mathbb{R}$ を各 $x \in \mathbb{R}$ に対して $f(x) = (x+1)x(x-1) = x^3 - x$ とする. また, $\widetilde{a} \in \mathcal{F}(\mathbb{R}^2)$ を各 $\boldsymbol{x} = (x, y) \in \mathbb{R}^2$ に対して, $f(x) \neq 0$ のときは

$$\widetilde{a}(\boldsymbol{x}) = \max\left\{-\frac{1}{|f(x)|}|y - f(x)| + 1, 0\right\}$$

とし, $f(x) = 0$ のときは

$$\widetilde{a}(\boldsymbol{x}) = \begin{cases} 1 & y = 0 \\ 0 & y \neq 0 \end{cases}$$

とする (図 8.13). さらに, $\boldsymbol{x}_0 = (0,0) \in [\widetilde{a}]_1$ とする. 各 $\alpha \in]0,1]$ に対して, $[\widetilde{a}]_\alpha = \{(x, y) \in \mathbb{R}^2 \colon \min\{\alpha(x^3 - x), (2-\alpha)(x^3 - x)\} \leq y \leq \max\{\alpha(x^3 - x), (2-\alpha)(x^3 - x)\}\}$ であるので, 例 5.5 より $\mathbb{T}([\widetilde{a}]_\alpha; \boldsymbol{x}_0) = \{(x, y) \in \mathbb{R}^2 \colon \min\{-\alpha x, (\alpha - 2)x\} \leq y \leq \max\{-\alpha x, (\alpha - 2)x\}\}$ となる (図 8.14). よって, 各 $\boldsymbol{x} = (x, y) \in \mathbb{R}^2$ に対して, $x \neq 0$ のときは

$$\widetilde{\mathbb{T}}(\widetilde{a}; \boldsymbol{x}_0)(\boldsymbol{x}) = \max\left\{-\frac{1}{|x|}|y + x| + 1, 0\right\}$$

となり, $x = 0$ のときは

$$\widetilde{\mathbb{T}}(\widetilde{a}; \boldsymbol{x}_0)(\boldsymbol{x}) = \begin{cases} 1 & y = 0 \\ 0 & y \neq 0 \end{cases}$$

となる (図 8.15).

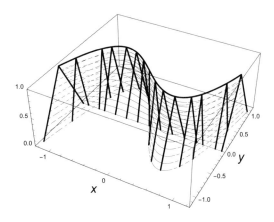

図 8.13 $\widetilde{a} \in \mathcal{F}(\mathbb{R}^2)$

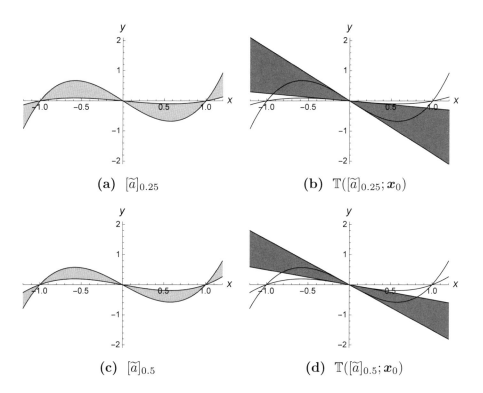

(a) $[\widetilde{a}]_{0.25}$

(b) $\mathbb{T}([\widetilde{a}]_{0.25}; \boldsymbol{x}_0)$

(c) $[\widetilde{a}]_{0.5}$

(d) $\mathbb{T}([\widetilde{a}]_{0.5}; \boldsymbol{x}_0)$

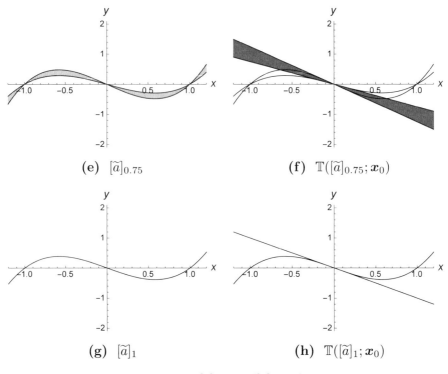

(e) $[\widetilde{a}]_{0.75}$ (f) $\mathbb{T}([\widetilde{a}]_{0.75}; \boldsymbol{x}_0)$

(g) $[\widetilde{a}]_1$ (h) $\mathbb{T}([\widetilde{a}]_1; \boldsymbol{x}_0)$

図 8.14 $[\widetilde{a}]_\alpha$ と $\mathbb{T}([\widetilde{a}]_\alpha; \boldsymbol{x}_0)$

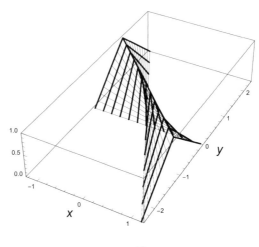

図 8.15 $\widetilde{T}(\widetilde{a}; \boldsymbol{x}_0)$

□

次の定理は，定理 5.21 のファジィ版であり，ファジィ接錐の性質を与える．

定理 8.64 $\widetilde{a}, \widetilde{b} \in \mathcal{F}(\mathbb{R}^n)$ とし，$\boldsymbol{x}_0 \in \mathrm{cl}([\widetilde{a}]_1)$ とする．このとき，次が成り立つ．

$$\widetilde{a} \le \widetilde{b} \Rightarrow \widetilde{\mathbb{T}}(\widetilde{a}; \boldsymbol{x}_0) \le \widetilde{\mathbb{T}}(\widetilde{b}; \boldsymbol{x}_0)$$

証明 各 $\alpha \in {]0,1]}$ に対して，$[\widetilde{a}]_\alpha \subset [\widetilde{b}]_\alpha$ となるので，定理 5.21 より，$\mathbb{T}([\widetilde{a}]_\alpha; \boldsymbol{x}_0) \subset \mathbb{T}([\widetilde{b}]_\alpha; \boldsymbol{x}_0)$ となる．よって，定理 7.2 より，$\widetilde{\mathbb{T}}(\widetilde{a}; \boldsymbol{x}_0) \le \widetilde{\mathbb{T}}(\widetilde{b}; \boldsymbol{x}_0)$ となる． □

次の定理は，定理 5.23 のファジィ版であり，ファジィ接錐の性質を与える．

定理 8.65 $\widetilde{a} \in \mathcal{F}(\mathbb{R}^n)$ および $\boldsymbol{x}_0 \in \mathrm{cl}([\widetilde{a}]_1)$ に対して，次が成り立つ．

(i) $\widetilde{\mathbb{T}}(\widetilde{a}; \boldsymbol{x}_0)$ は閉ファジィ錐になる．

(ii) $\widetilde{a} \in \mathcal{FK}(\mathbb{R}^n)$ ならば，$\widetilde{\mathbb{T}}(\widetilde{a}; \boldsymbol{x}_0)$ は閉凸ファジィ錐になる．

証明

(i) 定理 5.23 (i) より，任意の $\alpha \in {]0,1]}$ に対して，$\mathbb{T}([\widetilde{a}]_\alpha; \boldsymbol{x}_0)$ は閉錐になる．定理 7.4 より，任意の $\alpha \in {]0,1]}$ に対して，$[\widetilde{\mathbb{T}}(\widetilde{a}; \boldsymbol{x}_0)]_\alpha$ は閉錐になる．よって，$\widetilde{\mathbb{T}}(\widetilde{a}; \boldsymbol{x}_0)$ は閉ファジィ錐になる．

(ii) (i) より $\widetilde{\mathbb{T}}(\widetilde{a}; \boldsymbol{x}_0)$ は閉ファジィ錐である．任意の $\alpha \in {]0,1]}$ に対して，$[\widetilde{a}]_\alpha \in \mathcal{K}(\mathbb{R}^n)$ であるので，定理 5.23 (ii) より，$\mathbb{T}([\widetilde{a}]_\alpha; \boldsymbol{x}_0) \in \mathcal{K}(\mathbb{R}^n)$ となる．定理 7.4 より，任意の $\alpha \in {]0,1]}$ に対して，$[\widetilde{\mathbb{T}}(\widetilde{a}; \boldsymbol{x}_0)]_\alpha \in \mathcal{K}(\mathbb{R}^n)$ となる．よって，$\widetilde{\mathbb{T}}(\widetilde{a}; \boldsymbol{x}_0) \in \mathcal{FK}(\mathbb{R}^n)$ となる．以上より，$\widetilde{\mathbb{T}}(\widetilde{a}; \boldsymbol{x}_0)$ は閉凸ファジィ錐になる． □

クリスプ集合値写像のグラフ (6.12) のファジィ版であるファジィグラフの定義を与える．

定義 8.10 $X \subset \mathbb{R}^n$ とし，$\widetilde{F} : X \to \mathcal{F}(\mathbb{R}^m)$ とする．$\widetilde{F}$ のファジィグラフ (fuzzy graph) $\mathrm{Graph}(\widetilde{F}) \in \mathcal{F}(\mathbb{R}^n \times \mathbb{R}^m)$ を各 $(\boldsymbol{x}, \boldsymbol{y}) \in \mathbb{R}^n \times \mathbb{R}^m$ に対して，次のように定義する．

$$\mathrm{Graph}(\widetilde{F})(\boldsymbol{x}, \boldsymbol{y}) = \begin{cases} \widetilde{F}(\boldsymbol{x})(\boldsymbol{y}) & \boldsymbol{x} \in X \\ 0 & \boldsymbol{x} \notin X \end{cases} \tag{8.50}$$

$X \subset \mathbb{R}^n$ とし，$\widetilde{F} : X \to \mathcal{F}(\mathbb{R}^m)$ とする．また，$\alpha \in {]0,1]}$ とする．定義 8.10 より，$(\boldsymbol{x}, \boldsymbol{y}) \in \mathbb{R}^n \times \mathbb{R}^m$ に対して

$$(\boldsymbol{x}, \boldsymbol{y}) \in [\mathrm{Graph}(\widetilde{F})]_\alpha \Leftrightarrow \mathrm{Graph}(\widetilde{F})(\boldsymbol{x}, \boldsymbol{y}) \ge \alpha \Leftrightarrow \widetilde{F}(\boldsymbol{x})(\boldsymbol{y}) \ge \alpha, \boldsymbol{x} \in X$$
$$\Leftrightarrow \boldsymbol{y} \in [\widetilde{F}(\boldsymbol{x})]_\alpha = F_\alpha(\boldsymbol{x}), \boldsymbol{x} \in X \Leftrightarrow (\boldsymbol{x}, \boldsymbol{y}) \in \mathrm{Graph}(F_\alpha)$$

であるので，次が成り立つ．

$$[\mathrm{Graph}(\widetilde{F})]_\alpha = \mathrm{Graph}(F_\alpha) \tag{8.51}$$

$X \subset \mathbb{R}^n$ とし，クリスプ集合値写像を $F : X \rightsquigarrow \mathbb{R}^m$ とする．また，ファジィ集合値写像 $\widetilde{F} : X \to \mathcal{F}(\mathbb{R}^m)$ を各 $\boldsymbol{x} \in X$ に対して $\widetilde{F}(\boldsymbol{x}) = c_{F(\boldsymbol{x})}$ とする．このとき，各 $(\boldsymbol{x}, \boldsymbol{y}) \in \mathbb{R}^n \times \mathbb{R}^m$ に対して，$\boldsymbol{x} \in X$ ならば

$$\mathrm{Graph}(\widetilde{F})(\boldsymbol{x}, \boldsymbol{y}) = \widetilde{F}(\boldsymbol{x})(\boldsymbol{y}) = c_{F(\boldsymbol{x})}(\boldsymbol{y}) = c_{\mathrm{Graph}(F)}(\boldsymbol{x}, \boldsymbol{y})$$

となり，$\boldsymbol{x} \notin X$ ならば

$$\mathrm{Graph}(\widetilde{F})(\boldsymbol{x}, \boldsymbol{y}) = 0 = c_{\mathrm{Graph}(F)}(\boldsymbol{x}, \boldsymbol{y})$$

となる．よって，ファジィ集合値写像のファジィグラフはクリスプ集合値写像のグラフの拡張になっている．

例 8.20 $f : \mathbb{R} \to \mathbb{R}$ を各 $x \in \mathbb{R}$ に対して $f(x) = (x+1)x(x-1) = x^3 - x$ とする．また，$\widetilde{F} : \mathbb{R} \to \mathcal{F}(\mathbb{R})$ を各 $x \in \mathbb{R}$ および各 $y \in \mathbb{R}$ に対して

$$\widetilde{F}(x)(y) = \begin{cases} \max\left\{ -\dfrac{1}{|f(x)|}|y - f(x)| + 1, 0 \right\} & f(x) \neq 0 \\ \widetilde{0}(y) & f(x) = 0 \end{cases}$$

とする．このとき，例 8.19 における $\widetilde{a} \in \mathcal{F}(\mathbb{R}^2)$ に対して，$\mathrm{Graph}(\widetilde{F}) = \widetilde{a}$ となる（例 8.19 における図 8.13）． $\square$

次の定理は，ファジィグラフの性質を与える．

定理 8.66 $X \subset \mathbb{R}^n$ とし，$\widetilde{F}, \widetilde{G} : X \to \mathcal{F}(\mathbb{R}^m)$ とする．このとき，次が成り立つ．

$$\widetilde{F}(\boldsymbol{x}) \leq \widetilde{G}(\boldsymbol{x}), \boldsymbol{x} \in X \Leftrightarrow \mathrm{Graph}(\widetilde{F}) \leq \mathrm{Graph}(\widetilde{G})$$

証明 定義 8.10 より

$$\begin{aligned} \widetilde{F}(\boldsymbol{x}) \leq \widetilde{G}(\boldsymbol{x}), \boldsymbol{x} \in X &\Leftrightarrow \widetilde{F}(\boldsymbol{x})(\boldsymbol{y}) \leq \widetilde{G}(\boldsymbol{x})(\boldsymbol{y}), \boldsymbol{x} \in X, \boldsymbol{y} \in \mathbb{R}^m \\ &\Leftrightarrow \mathrm{Graph}(\widetilde{F})(\boldsymbol{x}, \boldsymbol{y}) \leq \mathrm{Graph}(\widetilde{G})(\boldsymbol{x}, \boldsymbol{y}), (\boldsymbol{x}, \boldsymbol{y}) \in \mathbb{R}^n \times \mathbb{R}^m \\ &\Leftrightarrow \mathrm{Graph}(\widetilde{F}) \leq \mathrm{Graph}(\widetilde{G}) \end{aligned}$$

となる． $\square$

定義 6.10 のファジィ版であるファジィ集合値写像の導写像の定義を与える．

定義 8.11 $X \subset \mathbb{R}^n$ とし, $\widetilde{F} : X \to \mathcal{F}(\mathbb{R}^m)$ とする. $(\boldsymbol{x}_0, \boldsymbol{y}_0) \in [\mathrm{Graph}(\widetilde{F})]_1$ に対して

$$\mathrm{Graph}(\mathbb{D}\widetilde{F}(\boldsymbol{x}_0, \boldsymbol{y}_0)) = \widetilde{\mathbb{T}}(\mathrm{Graph}(\widetilde{F}); (\boldsymbol{x}_0, \boldsymbol{y}_0)) \tag{8.52}$$

となるファジィ集合値写像 $\mathbb{D}\widetilde{F}(\boldsymbol{x}_0, \boldsymbol{y}_0) : \mathbb{R}^n \to \mathcal{F}(\mathbb{R}^m)$ を $\widetilde{F}$ の $(\boldsymbol{x}_0, \boldsymbol{y}_0)$ におけるファジィコンティンジェント導写像 (fuzzy contingent derivative) という.

定義 8.11 より, 各 $\boldsymbol{u} \in \mathbb{R}^n$ および各 $\boldsymbol{v} \in \mathbb{R}^m$ に対して, 次が成り立つ.

$$\begin{aligned}
\mathbb{D}\widetilde{F}(\boldsymbol{x}_0, \boldsymbol{y}_0)(\boldsymbol{u})(\boldsymbol{v}) &= \mathrm{Graph}(\mathbb{D}\widetilde{F}(\boldsymbol{x}_0, \boldsymbol{y}_0))(\boldsymbol{u}, \boldsymbol{v}) \\
&= \widetilde{\mathbb{T}}(\mathrm{Graph}(\widetilde{F}); (\boldsymbol{x}_0, \boldsymbol{y}_0))(\boldsymbol{u}, \boldsymbol{v})
\end{aligned} \tag{8.53}$$

$X \subset \mathbb{R}^n$ とし, クリスプ集合値写像を $F : X \rightsquigarrow \mathbb{R}^m$ とする. また, $(\boldsymbol{x}_0, \boldsymbol{y}_0) \in \mathrm{Graph}(F)$ とし, ファジィ集合値写像 $\widetilde{F} : X \to \mathcal{F}(\mathbb{R}^m)$ を各 $\boldsymbol{x} \in X$ に対して $\widetilde{F}(\boldsymbol{x}) = c_{F(\boldsymbol{x})}$ とする. このとき

$$\mathrm{Graph}(\widetilde{F})(\boldsymbol{x}_0, \boldsymbol{y}_0) = \widetilde{F}(\boldsymbol{x}_0)(\boldsymbol{y}_0) = c_{F(\boldsymbol{x}_0)}(\boldsymbol{y}_0) = c_{\mathrm{Graph}(F)}(\boldsymbol{x}_0, \boldsymbol{y}_0) = 1$$

となるので, $(\boldsymbol{x}_0, \boldsymbol{y}_0) \in [\mathrm{Graph}(\widetilde{F})]_1$ となる. また

$$\begin{aligned}
\mathrm{Graph}(\mathbb{D}\widetilde{F}(\boldsymbol{x}_0, \boldsymbol{y}_0)) &= \widetilde{\mathbb{T}}(\mathrm{Graph}(\widetilde{F}); (\boldsymbol{x}_0, \boldsymbol{y}_0)) = \widetilde{\mathbb{T}}(c_{\mathrm{Graph}(F)}; (\boldsymbol{x}_0, \boldsymbol{y}_0)) \\
&= c_{\mathbb{T}(\mathrm{Graph}(F); (\boldsymbol{x}_0, \boldsymbol{y}_0))} = c_{\mathrm{Graph}(\mathbb{D}F(\boldsymbol{x}_0, \boldsymbol{y}_0))}
\end{aligned}$$

となるので

$$\mathrm{Graph}(\mathbb{D}\widetilde{F}(\boldsymbol{x}_0, \boldsymbol{y}_0)) = c_{\mathrm{Graph}(\mathbb{D}F(\boldsymbol{x}_0, \boldsymbol{y}_0))}$$

となる. よって, ファジィ集合値写像のファジィコンティンジェント導写像はクリスプ集合値写像のコンティンジェント導写像の拡張になっている.

次の定理は, ファジィ集合値写像の導写像の生成元に関する性質を与える.

定理 8.67 $X \subset \mathbb{R}^n$ とし, $\widetilde{F} : X \to \mathcal{F}(\mathbb{R}^m)$ とする. また, $(\boldsymbol{x}_0, \boldsymbol{y}_0) \in [\mathrm{Graph}(\widetilde{F})]_1$ とする. このとき, 任意の $\boldsymbol{u} \in \mathbb{R}^n$ に対して, 次が成り立つ.

$$\mathbb{D}\widetilde{F}(\boldsymbol{x}_0, \boldsymbol{y}_0)(\boldsymbol{u}) = M\left(\{\mathbb{D}F_\alpha(\boldsymbol{x}_0, \boldsymbol{y}_0)(\boldsymbol{u})\}_{\alpha \in]0,1]}\right)$$

証明 $\boldsymbol{u} \in \mathbb{R}^n$ とし, $\boldsymbol{v} \in \mathbb{R}^m$ とする. このとき

$$\begin{aligned}
\mathbb{D}\widetilde{F}(\boldsymbol{x}_0, \boldsymbol{y}_0)(\boldsymbol{u})(\boldsymbol{v}) &= \mathrm{Graph}(\mathbb{D}\widetilde{F}(\boldsymbol{x}_0, \boldsymbol{y}_0))(\boldsymbol{u}, \boldsymbol{v}) \\
&= \widetilde{\mathbb{T}}(\mathrm{Graph}(\widetilde{F}); (\boldsymbol{x}_0, \boldsymbol{y}_0))(\boldsymbol{u}, \boldsymbol{v}) \\
&= \sup\{\alpha \in]0,1] : (\boldsymbol{u}, \boldsymbol{v}) \in \mathbb{T}([\mathrm{Graph}(\widetilde{F})]_\alpha; (\boldsymbol{x}_0, \boldsymbol{y}_0))\} \\
&= \sup\{\alpha \in]0,1] : (\boldsymbol{u}, \boldsymbol{v}) \in \mathbb{T}(\mathrm{Graph}(F_\alpha); (\boldsymbol{x}_0, \boldsymbol{y}_0))\} \\
&= \sup\{\alpha \in]0,1] : (\boldsymbol{u}, \boldsymbol{v}) \in \mathrm{Graph}(\mathbb{D}F_\alpha(\boldsymbol{x}_0, \boldsymbol{y}_0))\} \\
&= \sup\{\alpha \in]0,1] : \boldsymbol{v} \in \mathbb{D}F_\alpha(\boldsymbol{x}_0, \boldsymbol{y}_0)(\boldsymbol{u})\} \\
&= M(\{\mathbb{D}F_\alpha(\boldsymbol{x}_0, \boldsymbol{y}_0)(\boldsymbol{u})\}_{\alpha \in]0,1]})(\boldsymbol{v})
\end{aligned}$$

となる. □

次の定理は，定理 6.38 のファジィ版であり，ファジィ集合値写像の導写像の性質を与える.

定理 8.68 $X \subset \mathbb{R}^n$ とし，$\widetilde{F} : X \to \mathcal{F}(\mathbb{R}^m)$ とする．また，$(\boldsymbol{x}_0, \boldsymbol{y}_0) \in [\mathrm{Graph}(\widetilde{F})]_1$ とする．このとき，次が成り立つ.

(i) $\mathbb{D}\widetilde{F}(\boldsymbol{x}_0, \boldsymbol{y}_0) : \mathbb{R}^n \to \mathcal{F}(\mathbb{R}^m)$ は閉値になる.

(ii) $\mathrm{Graph}(\widetilde{F}) \in \mathcal{FK}(\mathbb{R}^n \times \mathbb{R}^m)$ ならば，$\mathbb{D}\widetilde{F}(\boldsymbol{x}_0, \boldsymbol{y}_0) : \mathbb{R}^n \to \mathcal{F}(\mathbb{R}^m)$ は閉凸値になる.

証明

(i) 定理 8.65 (i) より，$\mathrm{Graph}(\mathbb{D}\widetilde{F}(\boldsymbol{x}_0, \boldsymbol{y}_0)) = \widetilde{\mathbb{T}}(\mathrm{Graph}(\widetilde{F}); (\boldsymbol{x}_0, \boldsymbol{y}_0)) \in \mathcal{FC}(\mathbb{R}^n \times \mathbb{R}^m)$ となる．よって，任意の $\boldsymbol{u} \in \mathbb{R}^n$ に対して，$\mathbb{D}\widetilde{F}(\boldsymbol{x}_0, \boldsymbol{y}_0)(\boldsymbol{u}) = \widetilde{\mathbb{T}}(\mathrm{Graph}(\widetilde{F}); (\boldsymbol{x}_0, \boldsymbol{y}_0))(\boldsymbol{u}, \cdot)$ $\in \mathcal{FC}(\mathbb{R}^m)$ となる.

(ii) $\mathrm{Graph}(\widetilde{F}) \in \mathcal{FK}(\mathbb{R}^n \times \mathbb{R}^m)$ であるので，定理 8.65 (ii) より，$\mathrm{Graph}(\mathbb{D}\widetilde{F}(\boldsymbol{x}_0, \boldsymbol{y}_0))$ $= \widetilde{\mathbb{T}}(\mathrm{Graph}(\widetilde{F}); (\boldsymbol{x}_0, \boldsymbol{y}_0)) \in \mathcal{FCK}(\mathbb{R}^n \times \mathbb{R}^m)$ となる．よって，任意の $\boldsymbol{u} \in \mathbb{R}^n$ に対して，$\mathbb{D}\widetilde{F}(\boldsymbol{x}_0, \boldsymbol{y}_0)(\boldsymbol{u}) = \widetilde{\mathbb{T}}(\mathrm{Graph}(\widetilde{F}); (\boldsymbol{x}_0, \boldsymbol{y}_0))(\boldsymbol{u}, \cdot) \in \mathcal{FCK}(\mathbb{R}^m)$ となる． □

次の定理は，包含関係のあるファジィ集合値写像の導写像に関する性質を与える.

定理 8.69 $X \subset \mathbb{R}^n$ とし，$\widetilde{F}, \widetilde{G} : X \to \mathcal{F}(\mathbb{R}^m)$ とする．また，$(\boldsymbol{x}_0, \boldsymbol{y}_0) \in [\mathrm{Graph}(\widetilde{F})]_1$ とする．このとき，次が成り立つ.

$$\widetilde{F}(\boldsymbol{x}) \leq \widetilde{G}(\boldsymbol{x}), \boldsymbol{x} \in X \Rightarrow \mathbb{D}\widetilde{F}(\boldsymbol{x}_0, \boldsymbol{y}_0)(\boldsymbol{u}) \leq \mathbb{D}\widetilde{G}(\boldsymbol{x}_0, \boldsymbol{y}_0)(\boldsymbol{u}), \boldsymbol{u} \in \mathbb{R}^n$$

証明 定理 8.66 より，$\mathrm{Graph}(\widetilde{F}) \leq \mathrm{Graph}(\widetilde{G})$ となる．このとき，任意の $\alpha \in {]0, 1]}$ に対して，$[\mathrm{Graph}(\widetilde{F})]_\alpha \subset [\mathrm{Graph}(\widetilde{G})]_\alpha$ となるので，定理 5.21 より $\mathbb{T}([\mathrm{Graph}(\widetilde{F})]_\alpha; (\boldsymbol{x}_0, \boldsymbol{y}_0)) \subset$ $\mathbb{T}([\mathrm{Graph}(\widetilde{G})]_\alpha; (\boldsymbol{x}_0, \boldsymbol{y}_0))$ となる．定理 7.2 より，$\mathrm{Graph}(\mathbb{D}\widetilde{F}(\boldsymbol{x}_0, \boldsymbol{y}_0)) = \widetilde{\mathbb{T}}(\mathrm{Graph}(\widetilde{F});$ $(\boldsymbol{x}_0, \boldsymbol{y}_0)) \leq \widetilde{\mathbb{T}}(\mathrm{Graph}(\widetilde{G}); (\boldsymbol{x}_0, \boldsymbol{y}_0)) = \mathrm{Graph}(\mathbb{D}\widetilde{G}(\boldsymbol{x}_0, \boldsymbol{y}_0))$ となる．よって，定理 8.66 より，任意の $\boldsymbol{u} \in \mathbb{R}^n$ に対して $\mathbb{D}\widetilde{F}(\boldsymbol{x}_0, \boldsymbol{y}_0)(\boldsymbol{u}) \leq \mathbb{D}\widetilde{G}(\boldsymbol{x}_0, \boldsymbol{y}_0)(\boldsymbol{u})$ となる． □

本節の残りを通して，$f : \mathbb{R} \to \mathbb{R}$ とし，$\widetilde{F} : \mathbb{R} \to \mathcal{F}(\mathbb{R})$ を各 $x \in \mathbb{R}$ および各 $y \in \mathbb{R}$ に対して

$$\widetilde{F}(x)(y) = \begin{cases} \max\left\{ -\dfrac{1}{|f(x)|}|y - f(x)| + 1, 0 \right\} & f(x) \neq 0 \\ \widetilde{0}(y) & f(x) = 0 \end{cases}$$

とする．このとき，各 $\alpha \in]0,1]$ に対して，$F_\alpha : \mathbb{R} \rightsquigarrow \mathbb{R}$ は各 $x \in \mathbb{R}$ に対して

$$F_\alpha(x) = [\min\{\alpha f(x), (2-\alpha)f(x)\}, \max\{\alpha f(x), (2-\alpha)f(x)\}]$$
$$= \begin{cases} [\alpha f(x), (2-\alpha)f(x)] & f(x) \geq 0 \\ [(2-\alpha)f(x), \alpha f(x)] & f(x) < 0 \end{cases}$$

となる．

例 8.21 各 $x \in \mathbb{R}$ に対して $f(x) = x$ とし，$(x_0, y_0) = (0, 0) \in [\mathrm{Graph}(\widetilde{F})]_1 = \mathrm{Graph}(F_1)$ とする．$\alpha \in]0,1]$ を任意に固定する．このとき，各 $x \in \mathbb{R}$ に対して

$$F_\alpha(x) = [\min\{\alpha x, (2-\alpha)x\}, \max\{\alpha x, (2-\alpha)x\}]$$
$$= \begin{cases} [\alpha x, (2-\alpha)x] & x \geq 0 \\ [(2-\alpha)x, \alpha x] & x < 0 \end{cases}$$

となる．よって，$[\mathrm{Graph}(\widetilde{F})]_\alpha = \mathrm{Graph}(F_\alpha) = \{(x,y) \in \mathbb{R} \times \mathbb{R} : \min\{\alpha x, (2-\alpha)x\} \leq y \leq \max\{\alpha x, (2-\alpha)x\}\}$ となり，$\mathbb{T}([\mathrm{Graph}(\widetilde{F})]_\alpha; (x_0, y_0)) = \mathbb{T}(\mathrm{Graph}(F_\alpha); (x_0, y_0))$ $= \{(x,y) \in \mathbb{R} \times \mathbb{R} : \min\{\alpha x, (2-\alpha)x\} \leq y \leq \max\{\alpha x, (2-\alpha)x\}\}$ となる（図 8.16）．$\mathbb{D}F_\alpha(x_0, y_0) : \mathbb{R} \rightsquigarrow \mathbb{R}$ は，各 $u \in \mathbb{R}$ に対して

$$\mathbb{D}F_\alpha(x_0, y_0)(u) = F_\alpha(u)$$
$$= [\min\{\alpha u, (2-\alpha)u\}, \max\{\alpha u, (2-\alpha)u\}]$$
$$= \begin{cases} [\alpha u, (2-\alpha)u] & u \geq 0 \\ [(2-\alpha)u, \alpha u] & u < 0 \end{cases}$$

となる．したがって，$\alpha \in]0,1]$ の任意性より，$\mathbb{D}\widetilde{F}(x_0, y_0) : \mathbb{R} \to \mathcal{F}(\mathbb{R})$ は，各 $u \in \mathbb{R}$ および各 $v \in \mathbb{R}$ に対して

$$\mathbb{D}\widetilde{F}(x_0, y_0)(u)(v) = \begin{cases} \max\left\{-\dfrac{1}{|u|}|v-u| + 1, 0\right\} & u \neq 0 \\ \widetilde{0}(v) & u = 0 \end{cases}$$

となる．すなわち，$\mathbb{D}\widetilde{F}(x_0, y_0) = \widetilde{F}$ となる．

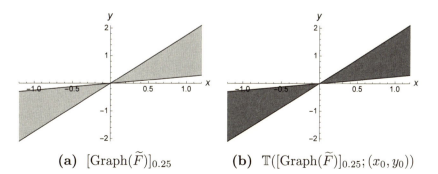

(a) $[\mathrm{Graph}(\widetilde{F})]_{0.25}$ (b) $\mathbb{T}([\mathrm{Graph}(\widetilde{F})]_{0.25}; (x_0, y_0))$

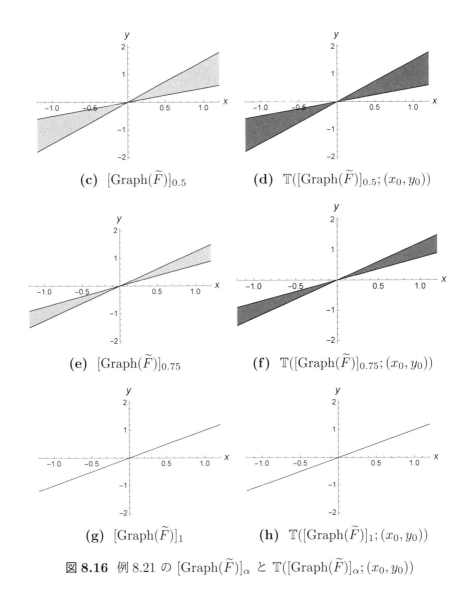

(c) $[\mathrm{Graph}(\widetilde{F})]_{0.5}$ **(d)** $\mathbb{T}([\mathrm{Graph}(\widetilde{F})]_{0.5};(x_0,y_0))$

(e) $[\mathrm{Graph}(\widetilde{F})]_{0.75}$ **(f)** $\mathbb{T}([\mathrm{Graph}(\widetilde{F})]_{0.75};(x_0,y_0))$

(g) $[\mathrm{Graph}(\widetilde{F})]_1$ **(h)** $\mathbb{T}([\mathrm{Graph}(\widetilde{F})]_1;(x_0,y_0))$

図 **8.16** 例 8.21 の $[\mathrm{Graph}(\widetilde{F})]_\alpha$ と $\mathbb{T}([\mathrm{Graph}(\widetilde{F})]_\alpha;(x_0,y_0))$

□

例 8.22 各 $x \in \mathbb{R}$ に対して $f(x) = x^2$ とし, $(x_0, y_0) = (0,0) \in [\mathrm{Graph}(\widetilde{F})]_1 = \mathrm{Graph}(F_1)$ とする. $\alpha \in {]}0,1]$ を任意に固定する. このとき, 各 $x \in \mathbb{R}$ に対して, $F_\alpha(x) = [\alpha x^2, (2-\alpha)x^2]$ となる. よって, $[\mathrm{Graph}(\widetilde{F})]_\alpha = \mathrm{Graph}(F_\alpha) = \{(x,y) \in \mathbb{R} \times \mathbb{R} : \alpha x^2 \leq y \leq (2-\alpha)x^2\}$ となり, $\mathbb{T}([\mathrm{Graph}(\widetilde{F})]_\alpha;(x_0,y_0)) = \mathbb{T}(\mathrm{Graph}(F_\alpha);(x_0,y_0)) = \{(x,y) \in \mathbb{R} \times \mathbb{R} : y = 0\}$ となる (図 8.17). $\mathbb{D}F_\alpha(x_0,y_0) : \mathbb{R} \rightsquigarrow \mathbb{R}$ は, 各 $u \in \mathbb{R}$ に対して $\mathbb{D}F_\alpha(x_0,y_0)(u) = \{0\}$ となる. したがって, $\alpha \in {]}0,1]$ の任意性より, $\mathbb{D}\widetilde{F}(x_0,y_0) : \mathbb{R} \to \mathcal{F}(\mathbb{R})$ は, 各 $u \in \mathbb{R}$ および各 $v \in \mathbb{R}$ に対して $\mathbb{D}\widetilde{F}(x_0,y_0)(u)(v) = \widetilde{0}(v)$ となる. すなわち, 任意の $u \in \mathbb{R}$ に対して, $\mathbb{D}\widetilde{F}(x_0,y_0)(u) = \widetilde{0}$ となる.

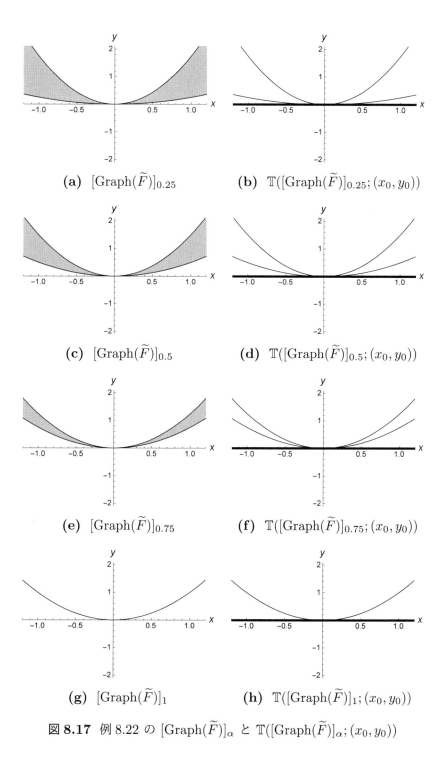

(a) $[\mathrm{Graph}(\widetilde{F})]_{0.25}$　　**(b)** $\mathbb{T}([\mathrm{Graph}(\widetilde{F})]_{0.25};(x_0,y_0))$

(c) $[\mathrm{Graph}(\widetilde{F})]_{0.5}$　　**(d)** $\mathbb{T}([\mathrm{Graph}(\widetilde{F})]_{0.5};(x_0,y_0))$

(e) $[\mathrm{Graph}(\widetilde{F})]_{0.75}$　　**(f)** $\mathbb{T}([\mathrm{Graph}(\widetilde{F})]_{0.75};(x_0,y_0))$

(g) $[\mathrm{Graph}(\widetilde{F})]_{1}$　　**(h)** $\mathbb{T}([\mathrm{Graph}(\widetilde{F})]_{1};(x_0,y_0))$

図 **8.17** 例 8.22 の $[\mathrm{Graph}(\widetilde{F})]_\alpha$ と $\mathbb{T}([\mathrm{Graph}(\widetilde{F})]_\alpha;(x_0,y_0))$

□

例 8.23 各 $x \in \mathbb{R}$ に対して $f(x) = (x+1)x(x-1) = x^3 - x$ とし, $(x_0, y_0) = (0, 0) \in [\text{Graph}(\widetilde{F})]_1 = \text{Graph}(F_1)$ とする. $\alpha \in \,]0, 1]$ を任意に固定する. このとき, 各 $x \in \mathbb{R}$ に対して

$$F_\alpha(x) = [\min\{\alpha(x^3-x), (2-\alpha)(x^3-x)\}, \max\{\alpha(x^3-x), (2-\alpha)(x^3-x)\}]$$
$$= \begin{cases} [\alpha(x^3-x), (2-\alpha)(x^3-x)] & x^3 - x \geq 0 \\ [(2-\alpha)(x^3-x), \alpha(x^3-x)] & x^3 - x < 0 \end{cases}$$

となる. よって, $[\text{Graph}(\widetilde{F})]_\alpha = \text{Graph}(F_\alpha) = \{(x,y) \in \mathbb{R} \times \mathbb{R} : \min\{\alpha(x^3-x), (2-\alpha)(x^3-x)\} \leq y \leq \max\{\alpha(x^3-x), (2-\alpha)(x^3-x)\}\}$ となり, $\mathbb{T}([\text{Graph}(\widetilde{F})]_\alpha; (x_0, y_0)) = \mathbb{T}(\text{Graph}(F_\alpha); (x_0, y_0)) = \{(x, y) \in \mathbb{R} \times \mathbb{R} : \min\{-\alpha x, (\alpha-2)x\} \leq y \leq \max\{-\alpha x, (\alpha-2)x\}\}$ となる (図 8.18). $\mathbb{D}F_\alpha(x_0, y_0) : \mathbb{R} \rightsquigarrow \mathbb{R}$ は, 各 $u \in \mathbb{R}$ に対して

$$\mathbb{D}F_\alpha(x_0, y_0)(u) = [\min\{-\alpha u, (\alpha-2)u\}, \max\{-\alpha u, (\alpha-2)u\}]$$
$$= \begin{cases} [-\alpha u, (\alpha-2)u] & u \leq 0 \\ [(\alpha-2)u, -\alpha u] & u > 0 \end{cases}$$

となる. したがって, $\alpha \in \,]0, 1]$ の任意性より, $\mathbb{D}\widetilde{F}(x_0, y_0) : \mathbb{R} \to \mathcal{F}(\mathbb{R})$ は, 各 $u \in \mathbb{R}$ および各 $v \in \mathbb{R}$ に対して

$$\mathbb{D}\widetilde{F}(x_0, y_0)(u)(v) = \begin{cases} \max\left\{-\dfrac{1}{|u|}|v+u|+1, 0\right\} & u \neq 0 \\ \widetilde{0}(v) & u = 0 \end{cases}$$

となる.

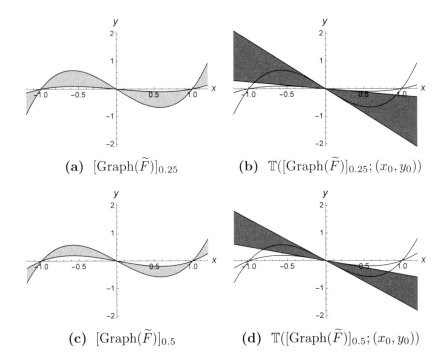

(a) $[\text{Graph}(\widetilde{F})]_{0.25}$ (b) $\mathbb{T}([\text{Graph}(\widetilde{F})]_{0.25}; (x_0, y_0))$

(c) $[\text{Graph}(\widetilde{F})]_{0.5}$ (d) $\mathbb{T}([\text{Graph}(\widetilde{F})]_{0.5}; (x_0, y_0))$

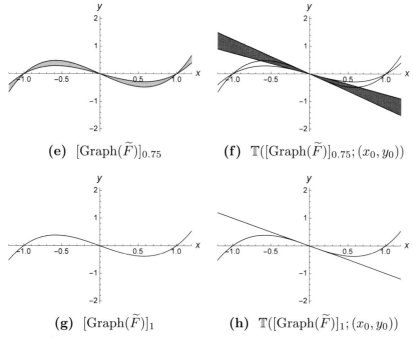

(e) $[\mathrm{Graph}(\widetilde{F})]_{0.75}$ **(f)** $\mathbb{T}([\mathrm{Graph}(\widetilde{F})]_{0.75}; (x_0, y_0))$

(g) $[\mathrm{Graph}(\widetilde{F})]_1$ **(h)** $\mathbb{T}([\mathrm{Graph}(\widetilde{F})]_1; (x_0, y_0))$

図 8.18 例 8.23 の $[\mathrm{Graph}(\widetilde{F})]_\alpha$ と $\mathbb{T}([\mathrm{Graph}(\widetilde{F})]_\alpha; (x_0, y_0))$

□

問題 8.9

1. $\widetilde{a} \in \mathcal{F}(\mathbb{R}^2)$ を各 $(x, y) \in \mathbb{R}^2$ に対して

$$\widetilde{a}(x, y) = \begin{cases} \frac{y}{\sqrt{|x|}} & 0 < y < \sqrt{|x|} \\ 1 & y \geq \sqrt{|x|} \\ 0 & y \leq 0, (x, y) \neq (0, 0) \end{cases}$$

とする.

(i) 各 $\alpha \in \,]0, 1]$ に対して

$$[\widetilde{a}]_\alpha = \left\{ (x, y) \in \mathbb{R}^2 : y \geq \alpha \sqrt{|x|} \right\}$$

となることを示せ.

(ii) $\widetilde{\mathbb{T}}(\widetilde{a}; (0,0))$ を求めよ.

2. $\widetilde{F} : \mathbb{R} \to \mathcal{F}(\mathbb{R})$ を次のように定義する. 各 $x \in \mathbb{R}$ および各 $y \in \mathbb{R}$ に対して

$$
\widetilde{F}(x)(y) = \begin{cases} \min\left\{\max\left\{\frac{1}{\sqrt{|x|}}y, 0\right\}, 1\right\} & x \neq 0 \\ c_{[0,\infty[}(y) & x = 0 \end{cases}
$$

とする. このとき, $\mathrm{Graph}(\widetilde{F}) = \widetilde{a}$ となることを利用して, $\mathbb{D}\widetilde{F}(0,0)$ を求めよ. ここで, $\widetilde{a} \in \mathcal{F}(\mathbb{R}^2)$ は問題 8.9.1 において定義されたファジィ集合である.

8.10 ファジィ集合値凸写像

ファジィ集合値凸写像の定義を与える.

定義 8.12 $X \in \mathcal{K}(\mathbb{R}^n)$ とし, $\widetilde{F} : X \to \mathcal{F}(\mathbb{R}^m)$ とする.

(i) 任意の $\boldsymbol{x}, \boldsymbol{y} \in X$ および任意の $\lambda \in \,]0, 1[$ に対して

$$\widetilde{F}(\lambda \boldsymbol{x} + (1-\lambda)\boldsymbol{y}) \preceq \lambda \widetilde{F}(\boldsymbol{x}) + (1-\lambda)\widetilde{F}(\boldsymbol{y}) \tag{8.54}$$

となるとき, $\widetilde{F}$ を X 上の**ファジィ集合値凸写像** (fuzzy set-valued convex mapping) とよぶ.

(ii) 任意の $\boldsymbol{x}, \boldsymbol{y} \in X$, $\boldsymbol{x} \neq \boldsymbol{y}$ および任意の $\lambda \in \,]0, 1[$ に対して

$$\widetilde{F}(\lambda \boldsymbol{x} + (1-\lambda)\boldsymbol{y}) \prec \lambda \widetilde{F}(\boldsymbol{x}) + (1-\lambda)\widetilde{F}(\boldsymbol{y}) \tag{8.55}$$

となるとき, $\widetilde{F}$ を X 上の**ファジィ集合値狭義凸写像** (fuzzy set-valued strictly convex mapping) とよぶ.

$X \subset \mathbb{R}^n$ とし, X から $\mathcal{F}(\mathbb{R}^m)$ へのすべてのファジィ集合値写像の集合を $\mathcal{FM}(X \to \mathcal{F}(\mathbb{R}^m))$ とする. また, $X \in \mathcal{K}(\mathbb{R}^n)$ とし, X から $\mathcal{F}(\mathbb{R}^m)$ へのすべてのファジィ集合値凸写像およびファジィ集合値狭義凸写像の集合をそれぞれ $\mathcal{FKM}(X \to \mathcal{F}(\mathbb{R}^m))$ および $\mathcal{FSKM}(X \to \mathcal{F}(\mathbb{R}^m))$ とする. 定義 8.12 においてファジィ集合値(狭義)凸写像の定義を与えたが, (8.54) および (8.55) における不等号の向きを逆向きに置き換えることによって, 同様にファジィ集合値(狭義)凹写像も定義できる.

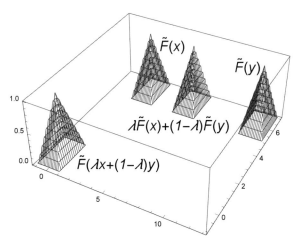

図 **8.19** (8.54) と (8.55) ($\widetilde{F} : X \to \mathcal{F}(\mathbb{R}^2)$)

次の定理は，ファジィ集合値写像の狭義凸性と凸性の関係を与える．

定理 8.70 $X \in \mathcal{K}(\mathbb{R}^n)$ とし，$\widetilde{F} \in \mathcal{FM}(X \to \mathcal{F}(\mathbb{R}^m))$ は凸値であるとする．このとき，次が成り立つ．

$$\widetilde{F} \in \mathcal{FSKM}(X \to \mathcal{F}(\mathbb{R}^m)) \Rightarrow \widetilde{F} \in \mathcal{FKM}(X \to \mathcal{F}(\mathbb{R}^m))$$

証明 $\boldsymbol{x}, \boldsymbol{y} \in X$ とし，$\lambda \in]0,1[$ とする．$\boldsymbol{x} \neq \boldsymbol{y}$ のときは，$\widetilde{F}(\lambda\boldsymbol{x} + (1-\lambda)\boldsymbol{y}) \prec \lambda\widetilde{F}(\boldsymbol{x}) + (1-\lambda)\widetilde{F}(\boldsymbol{y})$ であるので，定理 8.8 (iii) より $\widetilde{F}(\lambda\boldsymbol{x} + (1-\lambda)\boldsymbol{y}) \preceq \lambda\widetilde{F}(\boldsymbol{x}) + (1-\lambda)\widetilde{F}(\boldsymbol{y})$ となる．$\boldsymbol{x} = \boldsymbol{y}$ のときは，定理 8.5 (iv), (vii) および 8.8 (i) より $\widetilde{F}(\lambda\boldsymbol{x} + (1-\lambda)\boldsymbol{y}) = \widetilde{F}(\boldsymbol{x}) \preceq \widetilde{F}(\boldsymbol{x}) = \lambda\widetilde{F}(\boldsymbol{x}) + (1-\lambda)\widetilde{F}(\boldsymbol{x}) = \lambda\widetilde{F}(\boldsymbol{x}) + (1-\lambda)\widetilde{F}(\boldsymbol{y})$ となる． □

次の定理は，ファジィ集合値写像の（狭義）凸性とファジィ集合のレベル集合に関するクリスプ集合値写像の（狭義）凸性の関係を与える．

定理 8.71 $X \in \mathcal{K}(\mathbb{R}^n)$ とし，$\widetilde{F} \in \mathcal{FM}(X \to \mathcal{F}(\mathbb{R}^m))$ はコンパクト値であるとする．このとき，次が成り立つ．

(i) $\widetilde{F} \in \mathcal{FKM}(X \to \mathcal{F}(\mathbb{R}^m)) \Leftrightarrow F_\alpha \in \mathcal{KM}(X \rightsquigarrow \mathbb{R}^m),\, \alpha \in]0,1]$

(ii) $\widetilde{F} \in \mathcal{FSKM}(X \to \mathcal{F}(\mathbb{R}^m)) \Leftrightarrow F_\alpha \in \mathcal{SKM}(X \rightsquigarrow \mathbb{R}^m),\, \alpha \in]0,1]$

証明

(i) $\boldsymbol{x}, \boldsymbol{y} \in X$ とし，$\lambda \in]0,1[$ とする．このとき，定理 8.1 および 8.7 (vi) より，次を得る．

$$\widetilde{F}(\lambda\boldsymbol{x} + (1-\lambda)\boldsymbol{y}) \preceq \lambda\widetilde{F}(\boldsymbol{x}) + (1-\lambda)\widetilde{F}(\boldsymbol{y})$$
$$\Leftrightarrow \begin{cases} 任意の \ \alpha \in]0,1] \ に対して \\ [\widetilde{F}(\lambda\boldsymbol{x} + (1-\lambda)\boldsymbol{y})]_\alpha \leq [\lambda\widetilde{F}(\boldsymbol{x}) + (1-\lambda)\widetilde{F}(\boldsymbol{y})]_\alpha = \lambda[\widetilde{F}(\boldsymbol{x})]_\alpha + (1-\lambda)[\widetilde{F}(\boldsymbol{y})]_\alpha \end{cases}$$
$$\Leftrightarrow \begin{cases} 任意の \ \alpha \in]0,1] \ に対して \\ F_\alpha(\lambda\boldsymbol{x} + (1-\lambda)\boldsymbol{y}) \leq \lambda F_\alpha(\boldsymbol{x}) + (1-\lambda)F_\alpha(\boldsymbol{y}) \end{cases}$$

(ii) $\boldsymbol{x}, \boldsymbol{y} \in X,\, \boldsymbol{x} \neq \boldsymbol{y}$ とし，$\lambda \in]0,1[$ とする．このとき，定理 8.1 および 8.7 (vi) より，次を得る．

$$\widetilde{F}(\lambda\boldsymbol{x} + (1-\lambda)\boldsymbol{y}) \prec \lambda\widetilde{F}(\boldsymbol{x}) + (1-\lambda)\widetilde{F}(\boldsymbol{y})$$
$$\Leftrightarrow \begin{cases} 任意の \ \alpha \in]0,1] \ に対して \\ [\widetilde{F}(\lambda\boldsymbol{x} + (1-\lambda)\boldsymbol{y})]_\alpha < [\lambda\widetilde{F}(\boldsymbol{x}) + (1-\lambda)\widetilde{F}(\boldsymbol{y})]_\alpha = \lambda[\widetilde{F}(\boldsymbol{x})]_\alpha + (1-\lambda)[\widetilde{F}(\boldsymbol{y})]_\alpha \end{cases}$$
$$\Leftrightarrow \begin{cases} 任意の \ \alpha \in]0,1] \ に対して \\ F_\alpha(\lambda\boldsymbol{x} + (1-\lambda)\boldsymbol{y}) < \lambda F_\alpha(\boldsymbol{x}) + (1-\lambda)F_\alpha(\boldsymbol{y}) \end{cases}$$

例 8.24 $\widetilde{F}, \widetilde{G} : \mathbb{R} \to \mathcal{F}(\mathbb{R})$ を各 $x \in \mathbb{R}$ および各 $y \in \mathbb{R}$ に対して

$$\widetilde{F}(x)(y) = \begin{cases} \max\left\{-\dfrac{1}{|x|}|y - |x|| + 1, 0\right\} & x \neq 0 \\ \widetilde{0}(y) & x = 0 \end{cases}$$

$$\widetilde{G}(x)(y) = \begin{cases} \max\left\{-\dfrac{1}{x^2}|y - x^2| + 1, 0\right\} & x \neq 0 \\ \widetilde{0}(y) & x = 0 \end{cases}$$

とする (図 8.20 (a) と 8.21 (a)). このとき, 各 $\alpha \in \,]0,1]$ に対して, $F_\alpha, G_\alpha : \mathbb{R} \rightsquigarrow \mathbb{R}$ は各 $x \in \mathbb{R}$ に対して $F_\alpha(x) = [\alpha|x|, (2-\alpha)|x|]$, $G_\alpha(x) = [\alpha x^2, (2-\alpha)x^2]$ となる (図 8.20 (b) と 8.21 (b)). よって, 例 6.13 より, 任意の $\alpha \in \,]0,1]$ に対して, $F_\alpha, G_\alpha \in \mathcal{KM}(\mathbb{R} \rightsquigarrow \mathbb{R})$ および $G_\alpha \in \mathcal{SKM}(\mathbb{R} \rightsquigarrow \mathbb{R})$ となる. したがって, 定理 8.71 より, $\widetilde{F}, \widetilde{G} \in \mathcal{FKM}(\mathbb{R} \to \mathcal{F}(\mathbb{R}))$ および $\widetilde{G} \in \mathcal{FSKM}(\mathbb{R} \to \mathcal{F}(\mathbb{R}))$ となる.

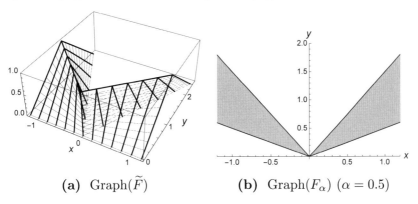

(a) Graph($\widetilde{F}$)   **(b)** Graph(F_α) ($\alpha = 0.5$)

図 **8.20** Graph($\widetilde{F}$) と Graph(F_α)

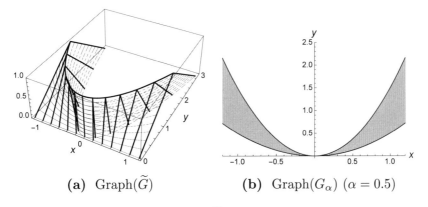

(a) Graph($\widetilde{G}$)   **(b)** Graph(G_α) ($\alpha = 0.5$)

図 **8.21** Graph($\widetilde{G}$) と Graph(G_α)

$\Box$

$X \subset \mathbb{R}^n$ とし,$\widetilde{F}, \widetilde{G} \in \mathcal{FM}(X \to \mathcal{F}(\mathbb{R}^m))$ とする.また,$\lambda \in \mathbb{R}$ とする.このとき,$\widetilde{F} + \widetilde{G}, \lambda\widetilde{F} \in \mathcal{FM}(X \to \mathcal{F}(\mathbb{R}^m))$ を各 $\boldsymbol{x} \in X$ に対して,次のように定義する.

$$(\widetilde{F} + \widetilde{G})(\boldsymbol{x}) = \widetilde{F}(\boldsymbol{x}) + \widetilde{G}(\boldsymbol{x}) \tag{8.56}$$

$$(\lambda\widetilde{F})(\boldsymbol{x}) = \lambda\widetilde{F}(\boldsymbol{x}) \tag{8.57}$$

次の定理は,ファジィ集合値写像の演算と凸性に関する性質を与える.

定理 8.72 $X \in \mathcal{K}(\mathbb{R}^n)$ とし,$\widetilde{F}, \widetilde{G} \in \mathcal{FM}(X \to \mathcal{F}(\mathbb{R}^m))$ はコンパクト値であるとする.また,$\lambda \in \mathbb{R}$ とする.このとき,次が成り立つ.

(i) $\widetilde{F}, \widetilde{G} \in \mathcal{FKM}(X \to \mathcal{F}(\mathbb{R}^m)) \Rightarrow \widetilde{F} + \widetilde{G} \in \mathcal{FKM}(X \to \mathcal{F}(\mathbb{R}^m))$

(ii) $\widetilde{F} \in \mathcal{FKM}(X \to \mathcal{F}(\mathbb{R}^m)), \lambda \geq 0 \Rightarrow \lambda\widetilde{F} \in \mathcal{FKM}(X \to \mathcal{F}(\mathbb{R}^m))$

証明

(i) $\boldsymbol{x}, \boldsymbol{y} \in X$ とし,$\mu \in\ ]0,1[$ とする.$\widetilde{F}(\mu\boldsymbol{x} + (1-\mu)\boldsymbol{y}) \preceq \mu\widetilde{F}(\boldsymbol{x}) + (1-\mu)\widetilde{F}(\boldsymbol{y})$,$\widetilde{G}(\mu\boldsymbol{x} + (1-\mu)\boldsymbol{y}) \preceq \mu\widetilde{G}(\boldsymbol{x}) + (1-\mu)\widetilde{G}(\boldsymbol{y})$ であるので,定理 8.5 (v) および 8.11 (i) より

$$\begin{aligned}
(\widetilde{F} + \widetilde{G})(\mu\boldsymbol{x} + (1-\mu)\boldsymbol{y}) &= \widetilde{F}(\mu\boldsymbol{x} + (1-\mu)\boldsymbol{y}) + \widetilde{G}(\mu\boldsymbol{x} + (1-\mu)\boldsymbol{y}) \\
&\preceq \mu(\widetilde{F}(\boldsymbol{x}) + \widetilde{G}(\boldsymbol{x})) + (1-\mu)(\widetilde{F}(\boldsymbol{y}) + \widetilde{G}(\boldsymbol{y})) \\
&= \mu(\widetilde{F} + \widetilde{G})(\boldsymbol{x}) + (1-\mu)(\widetilde{F} + \widetilde{G})(\boldsymbol{y})
\end{aligned}$$

となる.

(ii) $\boldsymbol{x}, \boldsymbol{y} \in X$ とし,$\mu \in\ ]0,1[$ とする.$\widetilde{F}(\mu\boldsymbol{x} + (1-\mu)\boldsymbol{y}) \preceq \mu\widetilde{F}(\boldsymbol{x}) + (1-\mu)\widetilde{F}(\boldsymbol{y})$ であるので,定理 8.5 (v), (vi) および 8.12 (i) より

$$\begin{aligned}
(\lambda\widetilde{F})(\mu\boldsymbol{x} + (1-\mu)\boldsymbol{y}) &= \lambda\widetilde{F}(\mu\boldsymbol{x} + (1-\mu)\boldsymbol{y}) \\
&\preceq \mu(\lambda\widetilde{F}(\boldsymbol{x})) + (1-\mu)(\lambda\widetilde{F}(\boldsymbol{y})) \\
&= \mu(\lambda\widetilde{F})(\boldsymbol{x}) + (1-\mu)(\lambda\widetilde{F})(\boldsymbol{y})
\end{aligned}$$

となる. $\Box$

次の定理は,ファジィ集合値写像の演算と狭義凸性に関する性質を与える.

定理 8.73 $X \in \mathcal{K}(\mathbb{R}^n)$ とし,$\widetilde{F}, \widetilde{G} \in \mathcal{FM}(X \to \mathcal{F}(\mathbb{R}^m))$ はコンパクト値であるとする.また,$\lambda \in \mathbb{R}$ とする.このとき,次が成り立つ.

(i) $\widetilde{F} \in \mathcal{FSKM}(X \to \mathcal{F}(\mathbb{R}^m)), \widetilde{G} \in \mathcal{FKM}(X \to \mathcal{F}(\mathbb{R}^m))$
$\Rightarrow \widetilde{F} + \widetilde{G} \in \mathcal{FSKM}(X \to \mathcal{F}(\mathbb{R}^m))$

(ii) $\widetilde{F} \in \mathcal{FSKM}(X \to \mathcal{F}(\mathbb{R}^m)), \lambda > 0 \Rightarrow \lambda\widetilde{F} \in \mathcal{FSKM}(X \to \mathcal{F}(\mathbb{R}^m))$

証明 定理 8.72 と同様に証明できるが，証明は問題として残しておく（問題 8.10.1）． □

次の定理は，ファジィ直積空間に値をとるファジィ集合値写像に関する性質を与える．

定理 8.74 $X \subset \mathbb{R}^n$ とし，$\widetilde{F}_i \in \mathcal{FM}(X \to \mathcal{F}(\mathbb{R})), i = 1, 2, \cdots, m$ とする．また，$\widetilde{\boldsymbol{F}} = (\widetilde{F}_1, \widetilde{F}_2, \cdots, \widetilde{F}_m) \in \mathcal{FM}(X \to \mathcal{F}^m(\mathbb{R}))$ を各 $\boldsymbol{x} \in X$ に対して $\widetilde{\boldsymbol{F}}(\boldsymbol{x}) = (\widetilde{F}_1(\boldsymbol{x}), \widetilde{F}_2(\boldsymbol{x}), \cdots, \widetilde{F}_m(\boldsymbol{x}))$ と定義する．このとき，次が成り立つ．ただし，$I(\cdot)$ は (7.2) において定義された集合である．

(i) 任意の $\boldsymbol{x} \in X$ に対して，$\mathrm{hgt}(\widetilde{F}_1(\boldsymbol{x})) = \cdots = \mathrm{hgt}(\widetilde{F}_m(\boldsymbol{x}))$ であるとする．このとき，$\widetilde{\boldsymbol{F}}$ が凸値ならば，$\widetilde{F}_i, i = 1, 2, \cdots, m$ も凸値になる．

(ii) $\widetilde{F}_i, i = 1, 2, \cdots, m$ が凸値ならば，$\widetilde{\boldsymbol{F}}$ も凸値になる．

(iii) 任意の $\boldsymbol{x} \in X$ に対して，$\mathrm{hgt}(\widetilde{F}_1(\boldsymbol{x})) = \cdots = \mathrm{hgt}(\widetilde{F}_m(\boldsymbol{x}))$ であるとする．このとき，$\widetilde{\boldsymbol{F}}$ が閉値ならば，$\widetilde{F}_i, i = 1, 2, \cdots, m$ も閉値になる．

(iv) $\widetilde{F}_i, i = 1, 2, \cdots, m$ が閉値ならば，$\widetilde{\boldsymbol{F}}$ も閉値になる．

(v) 任意の $\boldsymbol{x} \in X$ に対して，$\mathrm{hgt}(\widetilde{F}_1(\boldsymbol{x})) = \cdots = \mathrm{hgt}(\widetilde{F}_m(\boldsymbol{x}))$ であるとする．このとき，$\widetilde{\boldsymbol{F}}$ がコンパクト値ならば，$\widetilde{F}_i, i = 1, 2, \cdots, m$ もコンパクト値になる．

(vi) $\widetilde{F}_i, i = 1, 2, \cdots, m$ がコンパクト値ならば，$\widetilde{\boldsymbol{F}}$ もコンパクト値になる．

(vii) $X \in \mathcal{K}(\mathbb{R}^n)$ であるとし，$\widetilde{F}_i, i = 1, 2, \cdots, m$ はコンパクト値であるとする．また，任意の $\boldsymbol{x}, \boldsymbol{y} \in X$ に対して $I(\widetilde{F}_1(\boldsymbol{x})) = \cdots = I(\widetilde{F}_m(\boldsymbol{x})) = I(\widetilde{F}_1(\boldsymbol{y})) = \cdots = I(\widetilde{F}_m(\boldsymbol{y}))$ であるとする．このとき，次が成り立つ．

$$\widetilde{\boldsymbol{F}} \in \mathcal{FKM}(X \to \mathcal{F}^m(\mathbb{R})) \Rightarrow \widetilde{F}_i \in \mathcal{FKM}(X \to \mathcal{F}(\mathbb{R})), i = 1, 2, \cdots, m$$

(viii) $X \in \mathcal{K}(\mathbb{R}^n)$ であるとする．このとき，次が成り立つ．

$$\widetilde{F}_i \in \mathcal{FKM}(X \to \mathcal{F}(\mathbb{R})), i = 1, 2, \cdots, m \Rightarrow \widetilde{\boldsymbol{F}} \in \mathcal{FKM}(X \to \mathcal{F}^m(\mathbb{R}))$$

(ix) $X \in \mathcal{K}(\mathbb{R}^n)$ であるとし，$\widetilde{F}_i, i = 1, 2, \cdots, m$ はコンパクト値であるとする．また，任意の $\boldsymbol{x}, \boldsymbol{y} \in X$ に対して $I(\widetilde{F}_1(\boldsymbol{x})) = \cdots = I(\widetilde{F}_m(\boldsymbol{x})) = I(\widetilde{F}_1(\boldsymbol{y})) = \cdots = I(\widetilde{F}_m(\boldsymbol{y}))$ であるとする．このとき，次が成り立つ．

$$\widetilde{\boldsymbol{F}} \in \mathcal{FSKM}(X \to \mathcal{F}^m(\mathbb{R})) \Rightarrow \widetilde{F}_i \in \mathcal{FSKM}(X \to \mathcal{F}(\mathbb{R})), i = 1, 2, \cdots, m$$

312

(x) $X \in \mathcal{K}(\mathbb{R}^n)$ であるとする．このとき，次が成り立つ．

$$\widetilde{F}_i \in \mathcal{FSKM}(X \to \mathcal{F}(\mathbb{R})), i = 1, 2, \cdots, m \Rightarrow \widetilde{\boldsymbol{F}} \in \mathcal{FSKM}(X \to \mathcal{F}^m(\mathbb{R}))$$

証明 (i)–(vi) は，それぞれ定理 8.21 (i)–(vi) より導かれる．(vii) および (viii) を示す．(ix) および (x) はそれぞれ (vii) および (viii) と同様に示せるが，問題として残しておく（問題 8.10.2）．

(vii) $\boldsymbol{x}, \boldsymbol{y} \in X$ とし，$\lambda \in {]}0, 1[$ とする．また，$I = I(\widetilde{F}_1(\boldsymbol{x})) = \cdots = I(\widetilde{F}_m(\boldsymbol{x})) = I(\widetilde{F}_1(\boldsymbol{y})) = \cdots = I(\widetilde{F}_m(\boldsymbol{y}))$ とする．$\widetilde{\boldsymbol{F}}(\lambda \boldsymbol{x} + (1 - \lambda)\boldsymbol{y}) \preceq \lambda \widetilde{\boldsymbol{F}}(\boldsymbol{x}) + (1 - \lambda)\widetilde{\boldsymbol{F}}(\boldsymbol{y})$ であるので，定理 8.26 (i), (ii) より

$$(\widetilde{F}_1(\lambda \boldsymbol{x} + (1 - \lambda)\boldsymbol{y}), \cdots, \widetilde{F}_m(\lambda \boldsymbol{x} + (1 - \lambda)\boldsymbol{y}))$$
$$\preceq (\lambda \widetilde{F}_1(\boldsymbol{x}) + (1 - \lambda)\widetilde{F}_1(\boldsymbol{y}), \cdots, \lambda \widetilde{F}_m(\boldsymbol{x}) + (1 - \lambda)\widetilde{F}_m(\boldsymbol{y}))$$

となる．任意の $i \in \{1, 2, \cdots, m\}$ に対して，仮定より $I(\widetilde{F}_i(\lambda \boldsymbol{x} + (1 - \lambda)\boldsymbol{y})) = I$ となり，定理 8.1 および 8.7 (vi) より $I(\lambda \widetilde{F}_i(\boldsymbol{x}) + (1 - \lambda)\widetilde{F}_i(\boldsymbol{y})) = \{\alpha \in {]}0, 1] : \lambda[\widetilde{F}_i(\boldsymbol{x})]_\alpha + (1 - \lambda)[\widetilde{F}_i(\boldsymbol{y})]_\alpha \neq \emptyset\} = I$ となるので，定理 8.22 (i) より $\widetilde{F}_i(\lambda \boldsymbol{x} + (1 - \lambda)\boldsymbol{y}) \preceq \lambda \widetilde{F}_i(\boldsymbol{x}) + (1 - \lambda)\widetilde{F}_i(\boldsymbol{y})$ となる．

(viii) $\boldsymbol{x}, \boldsymbol{y} \in X$ とし，$\lambda \in {]}0, 1[$ とする．このとき，$\widetilde{F}_i(\lambda \boldsymbol{x} + (1 - \lambda)\boldsymbol{y}) \preceq \lambda \widetilde{F}_i(\boldsymbol{x}) + (1 - \lambda)\widetilde{F}_i(\boldsymbol{y}), i = 1, 2, \cdots, m$ であるので，定理 8.22 (ii) および 8.26 (i), (ii) より

$$\widetilde{\boldsymbol{F}}(\lambda \boldsymbol{x} + (1 - \lambda)\boldsymbol{y}) = (\widetilde{F}_1(\lambda \boldsymbol{x} + (1 - \lambda)\boldsymbol{y}), \cdots, \widetilde{F}_m(\lambda \boldsymbol{x} + (1 - \lambda)\boldsymbol{y}))$$
$$\preceq (\lambda \widetilde{F}_1(\boldsymbol{x}) + (1 - \lambda)\widetilde{F}_1(\boldsymbol{y}), \cdots, \lambda \widetilde{F}_m(\boldsymbol{x}) + (1 - \lambda)\widetilde{F}_m(\boldsymbol{y}))$$
$$= \lambda \widetilde{\boldsymbol{F}}(\boldsymbol{x}) + (1 - \lambda)\widetilde{\boldsymbol{F}}(\boldsymbol{y})$$

となる． $\square$

問題 8.10

1. 定理 8.73 を証明せよ．

2. $X \subset \mathbb{R}^n$ とし，$\widetilde{F}_i \in \mathcal{FM}(X \to \mathcal{F}(\mathbb{R})), i = 1, 2, \cdots, m$ とする．また，$\widetilde{\boldsymbol{F}} = (\widetilde{F}_1, \widetilde{F}_2, \cdots, \widetilde{F}_m) \in \mathcal{FM}(X \to \mathcal{F}^m(\mathbb{R}))$ を各 $\boldsymbol{x} \in X$ に対して $\widetilde{\boldsymbol{F}}(\boldsymbol{x}) = (\widetilde{F}_1(\boldsymbol{x}), \widetilde{F}_2(\boldsymbol{x}), \cdots, \widetilde{F}_m(\boldsymbol{x}))$ と定義する．

(i) $X \in \mathcal{K}(\mathbb{R}^n)$ であるとし，$\widetilde{F}_i$, $i = 1, 2, \cdots, m$ はコンパクト値であるとする．また，任意の $\boldsymbol{x}, \boldsymbol{y} \in X$ に対して $I(\widetilde{F}_1(\boldsymbol{x})) = \cdots = I(\widetilde{F}_m(\boldsymbol{x})) = I(\widetilde{F}_1(\boldsymbol{y})) = \cdots = I(\widetilde{F}_m(\boldsymbol{y}))$ であるとする．ただし，$I(\cdot)$ は (7.2) において定義された集合である．このとき，次が成り立つことを示せ.

$$\widetilde{\boldsymbol{F}} \in \mathcal{FSKM}(X \to \mathcal{F}^m(\mathbb{R})) \Rightarrow \widetilde{F}_i \in \mathcal{FSKM}(X \to \mathcal{F}(\mathbb{R})), i = 1, 2, \cdots, m$$

(ii) $X \in \mathcal{K}(\mathbb{R}^n)$ であるとする．このとき，次が成り立つことを示せ.

$$\widetilde{F}_i \in \mathcal{FSKM}(X \to \mathcal{F}(\mathbb{R})), i = 1, 2, \cdots, m \Rightarrow \widetilde{\boldsymbol{F}} \in \mathcal{FSKM}(X \to \mathcal{F}^m(\mathbb{R}))$$

第 9 章

ファジィ集合最適化

本章では，ファジィ集合値写像を目的写像（目的関数）にもつファジィマックス順序に関する最小化問題，すなわちファジィ集合最適化問題を考察する．また，ファジィ集合最適化問題を扱いやすくするため，ファジィマックス順序に関する概念として順序保存性を導入し，その性質を調べる．

9.1 ファジィ集合最適化問題

$X \subset \mathbb{R}^n,\, X \neq \emptyset$ および $\widetilde{F} : X \to \mathcal{F}(\mathbb{R}^m)$ に対して，問題

(FOP)
$$
\begin{aligned}
&\min \quad \widetilde{F}(\boldsymbol{x}) \\
&\text{s.t.} \quad \boldsymbol{x} \in X
\end{aligned}
$$

をファジィ集合最適化問題 (fuzzy set optimization problem) とよぶ．ここで，s.t. は subject to の略である．

定義 9.1

(i) $\boldsymbol{x}^* \in X$ が問題 (FOP) の**最適解** (optimal solution) または**大域的最適解** (global optimal solution) であるとは，任意の $\boldsymbol{x} \in X$ に対して $\widetilde{F}(\boldsymbol{x}^*) \preceq \widetilde{F}(\boldsymbol{x})$ となるときをいう．

(ii) $\boldsymbol{x}^* \in X$ が問題 (FOP) の**非劣解** (non-dominated solution) または**大域的非劣解** (global non-dominated solution) であるとは，任意の $\boldsymbol{x} \in X$ に対して，$\widetilde{F}(\boldsymbol{x}) \preceq \widetilde{F}(\boldsymbol{x}^*)$ ならば $\widetilde{F}(\boldsymbol{x}) \succeq \widetilde{F}(\boldsymbol{x}^*)$ となるときをいう．

(iii) $\boldsymbol{x}^* \in X$ が問題 (FOP) の**弱非劣解** (weak non-dominated solution) または**大域的弱非劣解** (global weak non-dominated solution) であるとは，$\widetilde{F}(\boldsymbol{x}) \prec \widetilde{F}(\boldsymbol{x}^*)$ となる $\boldsymbol{x} \in X$ が存在しないときをいう．

316

(iv) $\boldsymbol{x}^* \in X$ が問題 (FOP) の**局所的最適解** (local optimal solution) であるとは，ある $\varepsilon > 0$ が存在し，任意の $\boldsymbol{x} \in X \cap \mathbb{B}(\boldsymbol{x}^*; \varepsilon)$ に対して $\widetilde{F}(\boldsymbol{x}^*) \preceq \widetilde{F}(\boldsymbol{x})$ となるときをいう．

(v) $\boldsymbol{x}^* \in X$ が問題 (FOP) の**局所的非劣解** (local non-dominated solution) であるとは，ある $\varepsilon > 0$ が存在し，任意の $\boldsymbol{x} \in X \cap \mathbb{B}(\boldsymbol{x}^*; \varepsilon)$ に対して，$\widetilde{F}(\boldsymbol{x}) \preceq \widetilde{F}(\boldsymbol{x}^*)$ ならば $\widetilde{F}(\boldsymbol{x}) \succeq \widetilde{F}(\boldsymbol{x}^*)$ となるときをいう．

(vi) $\boldsymbol{x}^* \in X$ が問題 (FOP) の**局所的弱非劣解** (local weak non-dominated solution) であるとは，ある $\varepsilon > 0$ が存在し，$\widetilde{F}(\boldsymbol{x}) \prec \widetilde{F}(\boldsymbol{x}^*)$ となる $\boldsymbol{x} \in X \cap \mathbb{B}(\boldsymbol{x}^*; \varepsilon)$ が存在しないときをいう．

　問題 (FOP) において，定義 9.1 より，$\boldsymbol{x}^* \in X$ が問題 (FOP) の（局所的）最適解ならば $\boldsymbol{x}^*$ は問題 (FOP) の（局所的）非劣解になる．

　問題 (FOP) において，任意の $\boldsymbol{x} \in X$ に対して，ある $\alpha \in \,]0,1]$ が存在し，$[\widetilde{F}(\boldsymbol{x})]_\alpha$ は空でない $\mathbb{R}^m_+$-コンパクト集合であるかまたは空でない $\mathbb{R}^m_-$-コンパクト集合であるとする．このとき，定理 8.8 (iii) および 8.9 より，$\boldsymbol{x}^* \in X$ が問題 (FOP) の（局所的）非劣解ならば $\boldsymbol{x}^*$ は問題 (FOP) の（局所的）弱非劣解になる．

例 9.1 $X = [-2,2]$ とする．$f : X \to \mathbb{R}$ を各 $x \in X$ に対して

$$f(x) = \min\left\{\frac{1}{2}x + 1, \frac{1}{2}|x-1| + \frac{1}{2}\right\}$$

とし（図 9.1），$\widetilde{F} : X \to \mathcal{F}(\mathbb{R})$ を各 $x \in X$ および各 $y \in \mathbb{R}$ に対して

$$\widetilde{F}(x)(y) = \begin{cases} \max\left\{-\dfrac{|y - f(x)|}{f(x)} + 1, 0\right\} & x \neq -2 \\ \widetilde{0}(y) & x = -2 \end{cases}$$

$$= \begin{cases} \max\left\{-\dfrac{|y - \min\left\{\frac{1}{2}x + 1, \frac{1}{2}|x-1| + \frac{1}{2}\right\}|}{\min\left\{\frac{1}{2}x + 1, \frac{1}{2}|x-1| + \frac{1}{2}\right\}} + 1, 0\right\} & x \neq -2 \\ \widetilde{0}(y) & x = -2 \end{cases}$$

とする（図 9.2 (a)）．このとき，ファジィ集合最適化問題

(P) $\qquad\qquad \left|\begin{array}{ll} \min & \widetilde{F}(x) \\ \text{s.t.} & x \in X \end{array}\right.$

を考える．各 $\alpha \in \,]0,1]$ に対して，$F_\alpha : X \rightsquigarrow \mathbb{R}$ は各 $x \in X$ に対して

$$\begin{aligned} F_\alpha(x) &= [\alpha f(x), (2-\alpha)f(x)] \\ &= \left[\alpha \min\left\{\frac{1}{2}x + 1, \frac{1}{2}|x-1| + \frac{1}{2}\right\}, (2-\alpha)\min\left\{\frac{1}{2}x + 1, \frac{1}{2}|x-1| + \frac{1}{2}\right\}\right] \\ &= \begin{cases} \left[\alpha\left(\frac{1}{2}x + 1\right), (2-\alpha)\left(\frac{1}{2}x + 1\right)\right] & x \in [-2, 0[\\ \left[\alpha\left(-\frac{1}{2}x + 1\right), (2-\alpha)\left(-\frac{1}{2}x + 1\right)\right] & x \in [0, 1[\\ \left[\alpha\left(\frac{1}{2}x\right), (2-\alpha)\left(\frac{1}{2}x\right)\right] & x \in [1, 2] \end{cases} \end{aligned}$$

となる（図 9.2 (b)–(f)）．

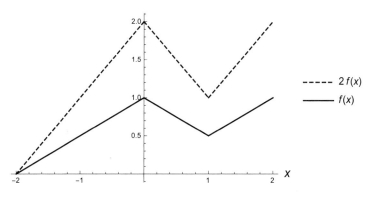

図 **9.1** $f : X \to \mathbb{R}$

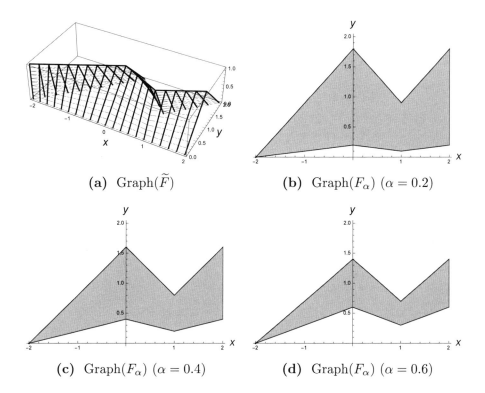

(a) $\mathrm{Graph}(\widetilde{F})$ (b) $\mathrm{Graph}(F_\alpha)$ ($\alpha = 0.2$)

(c) $\mathrm{Graph}(F_\alpha)$ ($\alpha = 0.4$) (d) $\mathrm{Graph}(F_\alpha)$ ($\alpha = 0.6$)

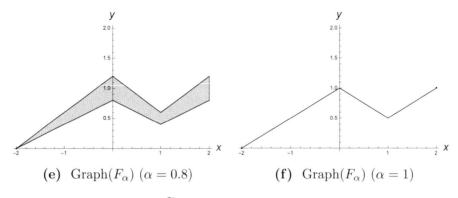

(e) Graph(F_α) ($\alpha = 0.8$)　　**(f)** Graph(F_α) ($\alpha = 1$)

図 9.2　$\widetilde{F} : X \to \mathcal{F}(\mathbb{R})$ と $F_\alpha : X \rightsquigarrow \mathbb{R}$

(i) 任意の $x \in X$ および任意の $\alpha \in \,]0,1]$ に対して $F_\alpha(-2) \leq F_\alpha(x)$ となるので，任意の $x \in X$ に対して $\widetilde{F}(-2) \preceq \widetilde{F}(x)$ となる．よって，-2 は問題 (P) の最適解になる．また，-2 は問題 (P) の非劣解および弱非劣解にもなる．

(ii) まず，$F_1(1) \not\leq F_1(-2)$ であるので，$\widetilde{F}(1) \not\preceq \widetilde{F}(-2)$ となる．よって，1 は問題 (P) の最適解ではない．次に，$\widetilde{F}(-2) \preceq \widetilde{F}(1)$，$\widetilde{F}(-2) \not\succeq \widetilde{F}(1)$ となる．よって，1 は問題 (P) の非劣解ではない．次に，任意の $\alpha \in \,]0,1]$ に対して $F_\alpha(-2) < F_\alpha(1)$ であるので，$\widetilde{F}(-2) \prec \widetilde{F}(1)$ となる．よって，1 は問題 (P) の弱非劣解ではない．

$\varepsilon \in \,]0,2]$ とする．任意の $x \in X \cap \mathbb{B}(1;\varepsilon)$ および任意の $\alpha \in \,]0,1]$ に対して $F_\alpha(1) \leq F_\alpha(x)$ となるので，任意の $x \in X \cap \mathbb{B}(1;\varepsilon)$ に対して $\widetilde{F}(1) \preceq \widetilde{F}(x)$ となる．よって，1 は問題 (P) の局所的最適解になる．また，1 は問題 (P) の局所的非劣解および局所的弱非劣解にもなる．　□

例 9.2　$X = [-2, 2]$ とする．$f, g, h : X \to \mathbb{R}$ を各 $x \in X$ に対して

$$f(x) = \max\left\{-\frac{1}{2}|x| + 1, |x| - \frac{1}{2}\right\}, \quad g(x) = \frac{1}{2}|x|$$

$$h(x) = f(x) + (f(x) - g(x)) = 2\max\left\{-\frac{1}{2}|x| + 1, |x| - \frac{1}{2}\right\} - \frac{1}{2}|x|$$

とする（図 9.3）．各 $x \in X$ に対して $g(x) \leq f(x) \leq h(x)$，$f(x) - g(x) = h(x) - f(x)$ となり，$x = \pm 1$ のとき $f(x) = g(x) = h(x)$ となることが容易に確かめられる．このとき，$\widetilde{F} : X \to \mathcal{F}(\mathbb{R})$ を各 $x \in X$ および各 $y \in \mathbb{R}$ に対して

$$\widetilde{F}(x)(y) = \begin{cases} \max\left\{-\dfrac{|y - f(x)|}{f(x) - g(x)} + 1, 0\right\} & x \neq \pm 1 \\ \widetilde{0}(y) & x = \pm 1 \end{cases}$$

$$= \begin{cases} \max\left\{-\dfrac{|y-\max\{-\frac{1}{2}|x|+1,|x|-\frac{1}{2}\}|}{\max\{-\frac{1}{2}|x|+1,|x|-\frac{1}{2}\}-\frac{1}{2}|x|}+1,0\right\} & x \neq \pm 1 \\ \widetilde{0}(y) & x = \pm 1 \end{cases}$$

とする（図 9.4 (a)）．このとき，ファジィ集合最適化問題

(P) $\quad\left|\begin{array}{ll}\min & \widetilde{F}(x) \\ \text{s.t.} & x \in X\end{array}\right.$

を考える．各 $\alpha \in\ ]0,1]$ に対して，$F_\alpha : X \rightsquigarrow \mathbb{R}$ は各 $x \in X$ に対して

$$\begin{aligned}F_\alpha(x) &= [g(x)+\alpha(f(x)-g(x)), h(x)-\alpha(f(x)-g(x))] \\ &= \left[\dfrac{1-\alpha}{2}|x|+\alpha\max\left\{-\dfrac{1}{2}|x|+1,|x|-\dfrac{1}{2}\right\},\right. \\ &\qquad \left.(2-\alpha)\max\left\{-\dfrac{1}{2}|x|+1,|x|-\dfrac{1}{2}\right\}+\dfrac{\alpha-1}{2}|x|\right] \\ &= \begin{cases}\left[-\frac{\alpha+1}{2}x-\frac{\alpha}{2},\left(\frac{\alpha}{2}-\frac{3}{2}\right)x+\frac{\alpha}{2}-1\right] & x \in [-2,-1[\\ \left[\left(\alpha-\frac{1}{2}\right)x+\alpha,\left(-\alpha+\frac{3}{2}\right)x-\alpha+2\right] & x \in [-1,0[\\ \left[\left(-\alpha+\frac{1}{2}\right)x+\alpha,\left(\alpha-\frac{3}{2}\right)x-\alpha+2\right] & x \in [0,1[\\ \left[\frac{\alpha+1}{2}x-\frac{\alpha}{2},\left(-\frac{\alpha}{2}+\frac{3}{2}\right)x+\frac{\alpha}{2}-1\right] & x \in [1,2]\end{cases}\end{aligned}$$

となる（図 9.4 (b)–(f)）．特に，$\alpha = 0.2, 1$ のときは，各 $x \in X$ に対して

$$F_{0.2}(x) = \begin{cases}[-0.6x-0.1, -1.4x-0.9] & x \in [-2,-1[\\ [-0.3x+0.2, 1.3x+1.8] & x \in [-1,0[\\ [0.3x+0.2, -1.3x+1.8] & x \in [0,1[\\ [0.6x-0.1, 1.4x-0.9] & x \in [1,2]\end{cases}$$

$$F_1(x) = \begin{cases}\{-x-\frac{1}{2}\} & x \in [-2,-1[\\ \{\frac{1}{2}x+1\} & x \in [-1,0[\\ \{-\frac{1}{2}x+1\} & x \in [0,1[\\ \{x-\frac{1}{2}\} & x \in [1,2]\end{cases}$$

となる（図 9.4 (b), (f)）．

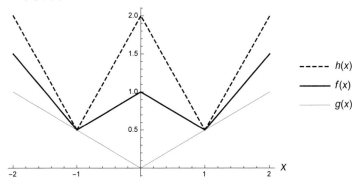

図 **9.3** $f, g, h : X \to \mathbb{R}$

320

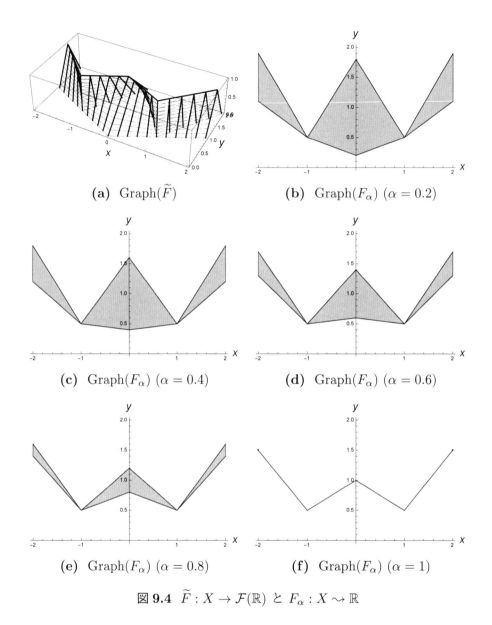

(a) Graph($\widetilde{F}$)　　(b) Graph(F_α) ($\alpha = 0.2$)

(c) Graph(F_α) ($\alpha = 0.4$)　　(d) Graph(F_α) ($\alpha = 0.6$)

(e) Graph(F_α) ($\alpha = 0.8$)　　(f) Graph(F_α) ($\alpha = 1$)

図 **9.4** $\widetilde{F} : X \to \mathcal{F}(\mathbb{R})$ と $F_\alpha : X \leadsto \mathbb{R}$

(i) まず，問題 (P) の最適解が存在しないことを確かめる．任意の $x \in X$, $x \neq \pm 1$ に対して，$F_1(x) \not\preceq F_1(-1)$, $F_1(x) \not\preceq F_1(1)$ であるので，$\widetilde{F}(x) \not\preceq \widetilde{F}(-1)$, $\widetilde{F}(x) \not\preceq \widetilde{F}(1)$ となる．よって，任意の $x \in X$, $x \neq \pm 1$ は問題 (P) の最適解ではない．任意の $x \in]-1, 1[$ に対して，$F_{0.2}(-1) \not\preceq F_{0.2}(x)$, $F_{0.2}(1) \not\preceq F_{0.2}(x)$ であるので

$$\widetilde{F}(-1) \not\preceq \widetilde{F}(x), \quad \widetilde{F}(1) \not\preceq \widetilde{F}(x) \tag{9.1}$$

となる．よって，± 1 は問題 (P) の最適解ではない．以上より，問題 (P) の最適解は存在しない．

(ii) 次に，問題 (P) の局所的最適解が存在しないことを確かめる．(9.1) より，任意の $\varepsilon > 0$ に対して，ある $y \in X \cap \mathbb{B}(-1; \varepsilon)$ およびある $z \in X \cap \mathbb{B}(1; \varepsilon)$ が存在し $\widetilde{F}(-1) \not\preceq \widetilde{F}(y)$, $\widetilde{F}(1) \not\preceq \widetilde{F}(z)$ となる．よって，± 1 は問題 (P) の局所的最適解ではない．任意の $x \in X$, $x \neq \pm 1$ および任意の $\varepsilon > 0$ に対して，ある $y \in X \cap \mathbb{B}(x; \varepsilon)$ が存在し，$F_1(x) \not\preceq F_1(y)$ となり，$\widetilde{F}(x) \not\preceq \widetilde{F}(y)$ となる．よって，任意の $x \in X$, $x \neq \pm 1$ は問題 (P) の局所的最適解ではない．以上より，問題 (P) の局所的最適解は存在しない．

(iii) $x \in [-1, 1]$ を任意に固定する．このとき，任意の $y \in X \setminus \{x\}$ に対して，$F_{0.2}(y) \not\preceq F_{0.2}(x)$ となるので，$\widetilde{F}(y) \not\preceq \widetilde{F}(x)$ となる．また，$\widetilde{F}(x) \preceq \widetilde{F}(x)$, $\widetilde{F}(x) \succeq \widetilde{F}(x)$ である．よって，任意の $x \in [-1, 1]$ は問題 (P) の非劣解になる．さらに，任意の $x \in [-1, 1]$ は問題 (P) の弱非劣解にもなる． $\square$

例 9.3 $X = [-2, 2]$ とする．$f, g : X \to \mathbb{R}$ を各 $x \in X$ に対して

$$f(x) = \begin{cases} 3 & x \in [-2, -1[\\ 3\cos\frac{(x+5)\pi}{4} + 6 & x \in [-1, 1] \\ 3x + 3 & x \in]1, 2] \end{cases}$$

$$g(x) = \begin{cases} -3x + 3 & x \in [-2, -1[\\ 3\sin\frac{(x+5)\pi}{4} + 6 & x \in [-1, 1] \\ 3 & x \in]1, 2] \end{cases}$$

とする（図 9.5 (a)）．このとき，$\widetilde{F} : X \to \mathcal{F}(\mathbb{R}^2)$ を各 $x \in X$ および各 $(y, z) \in \mathbb{R}^2$ に対して

$$\widetilde{F}(x)(y, z) = \min\left\{\max\left\{-|y - f(x)| + 1, 0\right\}, \max\left\{-|z - g(x)| + 1, 0\right\}\right\}$$

とし（図 9.5 (b)），ファジィ集合最適化問題

(P) $\qquad \left| \begin{array}{ll} \min & \widetilde{F}(x) \\ \text{s.t.} & x \in X \end{array} \right.$

を考える．各 $\alpha \in]0, 1]$ に対して，$F_\alpha : X \rightsquigarrow \mathbb{R}^2$ は各 $x \in X$ に対して

$$F_\alpha(x) = [f(x) + \alpha - 1, f(x) - \alpha + 1] \times [g(x) + \alpha - 1, g(x) - \alpha + 1]$$

となる（図 9.5 (c)）．特に，$\alpha = 1$ のときは，各 $x \in X$ に対して

$$F_1(x) = \{(f(x), g(x))\}$$

となる（図 9.5 (a)）．

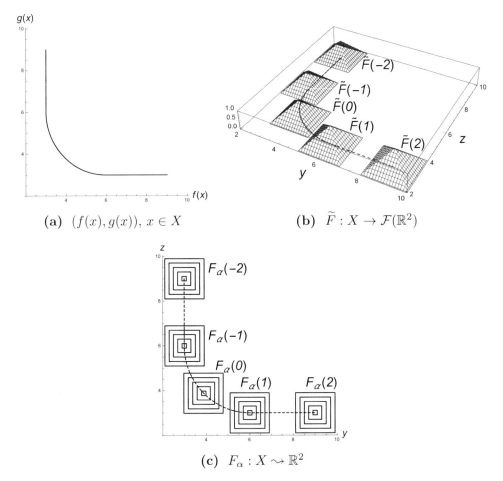

図 9.5 $(f(x), g(x)), x \in X$ および $\widetilde{F} : X \to \mathcal{F}(\mathbb{R}^2)$ と $F_\alpha : X \rightsquigarrow \mathbb{R}^2$

(i) 任意の $x \in [-1, 1]$ および任意の $x' \in X \setminus \{x\}$ に対して，$F_1(x') \not\preceq F_1(x)$, $F_1(x') \not\prec F_1(x)$ となるので，$\widetilde{F}(x') \not\preceq \widetilde{F}(x)$, $\widetilde{F}(x') \not\prec \widetilde{F}(x)$ となる．また，$\widetilde{F}(x) \preceq \widetilde{F}(x)$, $\widetilde{F}(x) \succeq \widetilde{F}(x)$, $\widetilde{F}(x) \not\prec \widetilde{F}(x)$ である．よって，任意の $x \in [-1, 1]$ は，問題 (P) の非劣解および弱非劣解になる．

(ii) 任意の $x \in [-2, -1[\, \cup \,]1, 2]$ および任意の $x' \in X$ に対して，$F_1(x') \not\prec F_1(x)$ となるので，$\widetilde{F}(x') \not\prec \widetilde{F}(x)$ となる．よって，任意の $x \in [-2, -1[\, \cup \,]1, 2]$ は問題 (P) の弱非劣解になる．

$x \in [-2, -1[$ を任意に固定する．各 $\alpha \in \,]0, 1]$ に対して

$$F_\alpha(x) = [\alpha + 2, -\alpha + 4] \times [3x + \alpha + 2, -3x - \alpha + 4]$$

$$F_\alpha(-1) = [\alpha + 2, -\alpha + 4] \times [\alpha + 5, -\alpha + 7]$$

である．このとき，任意の $\alpha \in \,]0,1]$ に対して $F_\alpha(-1) \le F_\alpha(x)$ となるので，$\widetilde{F}(-1) \preceq \widetilde{F}(x)$ となる．また，$F_1(-1) \nsucceq F_1(x)$ となるので，$\widetilde{F}(-1) \nsucceq \widetilde{F}(x)$ となる．よって，任意の $x \in [-2, -1[$ は，問題 (P) の非劣解ではない．

$x \in \,]1, 2]$ を任意に固定する．各 $\alpha \in \,]0,1]$ に対して

$$F_\alpha(x) = [3x + \alpha + 2, 3x - \alpha + 4] \times [\alpha + 2, -\alpha + 4]$$

$$F_\alpha(1) = [\alpha + 5, -\alpha + 7] \times [\alpha + 2, -\alpha + 4]$$

である．このとき，任意の $\alpha \in \,]0,1]$ に対して $F_\alpha(1) \le F_\alpha(x)$ となるので，$\widetilde{F}(1) \preceq \widetilde{F}(x)$ となる．また，$F_1(1) \nsucceq F_1(x)$ となるので，$\widetilde{F}(1) \nsucceq \widetilde{F}(x)$ となる．よって，任意の $x \in \,]1, 2]$ は，問題 (P) の非劣解ではない． $\square$

次の定理は，問題 (FOP) の最適解が一意になるための十分条件を与える．

定理 9.1 問題 (FOP) において，$X \in \mathcal{K}(\mathbb{R}^n)$ とし，$\widetilde{F} \in \mathcal{FSKM}(X \to \mathcal{F}(\mathbb{R}^m))$ はコンパクト凸値であるとする．さらに，任意の $\bm{x} \in X$ に対して $\widetilde{F}(\bm{x}) \ne \widetilde{\emptyset}$ であるとする．このとき，問題 (FOP) の最適解が存在するならば，それは一意である．

証明 $\bm{x}^*, \bm{y}^* \in X, \bm{x}^* \ne \bm{y}^*$ を問題 (FOP) の最適解と仮定して矛盾を導く．$\lambda \in \,]0,1[$ とする．$\bm{y}^*$ は問題 (FOP) の最適解であるので，$\widetilde{F}(\bm{y}^*) \preceq \widetilde{F}(\bm{x}^*)$ となる．$\widetilde{F} \in \mathcal{FSKM}(X \to \mathcal{F}(\mathbb{R}^m))$ はコンパクト凸値であるので，定理 8.5 (iv), (vii), 8.10 (i) および 8.12 (i) より $\widetilde{F}(\lambda \bm{x}^* + (1-\lambda)\bm{y}^*) \prec \lambda\widetilde{F}(\bm{x}^*) + (1-\lambda)\widetilde{F}(\bm{y}^*) \preceq \lambda\widetilde{F}(\bm{x}^*) + (1-\lambda)\widetilde{F}(\bm{x}^*) = \widetilde{F}(\bm{x}^*)$ となる．よって，定理 8.8 (vi) より，$\widetilde{F}(\lambda \bm{x}^* + (1-\lambda)\bm{y}^*) \prec \widetilde{F}(\bm{x}^*)$ となる．したがって，定理 8.9 より $\widetilde{F}(\bm{x}^*) \npreceq \widetilde{F}(\lambda \bm{x}^* + (1-\lambda)\bm{y}^*)$ となるが，これは $\bm{x}^*$ が問題 (FOP) の最適解であることに矛盾する． $\square$

次の定理は，問題 (FOP) のすべての最適解の集合が凸集合になるための十分条件を与える．

定理 9.2 問題 (FOP) において，$X \in \mathcal{K}(\mathbb{R}^n)$ とし，$\widetilde{F} \in \mathcal{FKM}(X \to \mathcal{F}(\mathbb{R}^m))$ はコンパクト凸値であるとする．このとき，問題 (FOP) のすべての最適解の集合は凸集合になる．

証明 $\bm{x}^*, \bm{y}^* \in X$ を問題 (FOP) の最適解とし，$\lambda \in \,]0,1[$ とする．$\bm{x} \in X$ を任意に固定する．$\bm{x}^*, \bm{y}^*$ は問題 (FOP) の最適解であるので，$\widetilde{F}(\bm{x}^*) \preceq \widetilde{F}(\bm{x}), \widetilde{F}(\bm{y}^*) \preceq \widetilde{F}(\bm{x})$ となる．$\widetilde{F} \in \mathcal{FKM}(X \to \mathcal{F}(\mathbb{R}^m))$ はコンパクト凸値であるので，定理 8.5 (iv), (vii), 8.11 (i) および 8.12 (i) より $\widetilde{F}(\lambda \bm{x}^* + (1-\lambda)\bm{y}^*) \preceq \lambda\widetilde{F}(\bm{x}^*) + (1-\lambda)\widetilde{F}(\bm{y}^*) \preceq \lambda\widetilde{F}(\bm{x}) + (1-\lambda)\widetilde{F}(\bm{x}) = \widetilde{F}(\bm{x})$ となる．定理 8.8 (ii) および $\bm{x} \in X$ の任意性より，$\lambda \bm{x}^* + (1-\lambda)\bm{y}^*$ は問題 (FOP) の最適解になる． $\square$

次の定理は，問題 (FOP) において，局所的弱非劣解が大域的弱非劣解になるための十分条件を与える．

定理 9.3 問題 (FOP) において，$X \in \mathcal{K}(\mathbb{R}^n)$ とし，$\widetilde{F} \in \mathcal{FKM}(X \to \mathcal{F}(\mathbb{R}^m))$ はコンパクト凸値であるとする．このとき，$\boldsymbol{x}^* \in X$ が問題 (FOP) の局所的弱非劣解ならば，$\boldsymbol{x}^*$ は問題 (FOP) の大域的弱非劣解になる．

証明 $\boldsymbol{x}^*$ は問題 (FOP) の局所的弱非劣解であるので，ある $\varepsilon > 0$ が存在し，$\widetilde{F}(\boldsymbol{x}) \prec \widetilde{F}(\boldsymbol{x}^*)$ となる $\boldsymbol{x} \in X \cap \mathbb{B}(\boldsymbol{x}^*; \varepsilon)$ は存在しない．このとき，ある $\overline{\boldsymbol{x}} \in X$ が存在して $\widetilde{F}(\overline{\boldsymbol{x}}) \prec \widetilde{F}(\boldsymbol{x}^*)$ であると仮定して矛盾を導く．十分小さい $\lambda \in \,]0, 1[$ を固定する．$\lambda \overline{\boldsymbol{x}} + (1-\lambda)\boldsymbol{x}^* \in X \cap \mathbb{B}(\boldsymbol{x}^*; \varepsilon)$ となるので

$$\widetilde{F}(\lambda \overline{\boldsymbol{x}} + (1-\lambda)\boldsymbol{x}^*) \nprec \widetilde{F}(\boldsymbol{x}^*) \tag{9.2}$$

となる．$\widetilde{F} \in \mathcal{FKM}(X \to \mathcal{F}(\mathbb{R}^m))$ はコンパクト凸値であるので，定理 8.5 (iv), (vii)，8.10 (ii) および 8.12 (ii) より $\widetilde{F}(\lambda \overline{\boldsymbol{x}} + (1-\lambda)\boldsymbol{x}^*) \preceq \lambda \widetilde{F}(\overline{\boldsymbol{x}}) + (1-\lambda)\widetilde{F}(\boldsymbol{x}^*) \prec \lambda \widetilde{F}(\boldsymbol{x}^*) + (1-\lambda)\widetilde{F}(\boldsymbol{x}^*) = \widetilde{F}(\boldsymbol{x}^*)$ となる．よって，定理 8.8 (vii) より $\widetilde{F}(\lambda \overline{\boldsymbol{x}} + (1-\lambda)\boldsymbol{x}^*) \prec \widetilde{F}(\boldsymbol{x}^*)$ となるが，これは (9.2) に矛盾する．　　　　□

ファジィ集合最適化問題 (FOP) に対して，次の**集合最適化問題** (set optimization problem) を考える．

$$(\text{SOP})_\alpha \qquad \left| \begin{array}{ll} \min & F_\alpha(\boldsymbol{x}) \\ \text{s.t.} & \boldsymbol{x} \in X \end{array} \right.$$

ここで，$\alpha \in \,]0, 1]$ であり，$F_\alpha \in \mathcal{M}(X \rightsquigarrow \mathbb{R}^m)$ は (8.30) において定義されたクリスプ集合値写像である．

定義 9.2

(i) $\boldsymbol{x}^* \in X$ が問題 $(\text{SOP})_\alpha$ の**最適解**または**大域的最適解**であるとは，任意の $\boldsymbol{x} \in X$ に対して $F_\alpha(\boldsymbol{x}^*) \leq F_\alpha(\boldsymbol{x})$ となるときをいう．

(ii) $\boldsymbol{x}^* \in X$ が問題 $(\text{SOP})_\alpha$ の**非劣解**または**大域的非劣解**であるとは，任意の $\boldsymbol{x} \in X$ に対して，$F_\alpha(\boldsymbol{x}) \leq F_\alpha(\boldsymbol{x}^*)$ ならば $F_\alpha(\boldsymbol{x}) \geq F_\alpha(\boldsymbol{x}^*)$ となるときをいう．

(iii) $\boldsymbol{x}^* \in X$ が問題 $(\text{SOP})_\alpha$ の**弱非劣解**または**大域的弱非劣解**であるとは，$F_\alpha(\boldsymbol{x}) < F_\alpha(\boldsymbol{x}^*)$ となる $\boldsymbol{x} \in X$ が存在しないときをいう．

(iv) $\boldsymbol{x}^* \in X$ が問題 $(\text{SOP})_\alpha$ の**局所的最適解**であるとは，ある $\varepsilon > 0$ が存在し，任意の $\boldsymbol{x} \in X \cap \mathbb{B}(\boldsymbol{x}^*; \varepsilon)$ に対して $F_\alpha(\boldsymbol{x}^*) \leq F_\alpha(\boldsymbol{x})$ となるときをいう．

(v) $\boldsymbol{x}^* \in X$ が問題 $(\mathrm{SOP})_\alpha$ の**局所的非劣解**であるとは，ある $\varepsilon > 0$ が存在し，任意の $\boldsymbol{x} \in X \cap \mathbb{B}(\boldsymbol{x}^*; \varepsilon)$ に対して，$F_\alpha(\boldsymbol{x}) \leq F_\alpha(\boldsymbol{x}^*)$ ならば $F_\alpha(\boldsymbol{x}) \geq F_\alpha(\boldsymbol{x}^*)$ となるときをいう．

(vi) $\boldsymbol{x}^* \in X$ が問題 $(\mathrm{SOP})_\alpha$ の**局所的弱非劣解**であるとは，ある $\varepsilon > 0$ が存在し，$F_\alpha(\boldsymbol{x}) < F_\alpha(\boldsymbol{x}^*)$ となる $\boldsymbol{x} \in X \cap \mathbb{B}(\boldsymbol{x}^*; \varepsilon)$ が存在しないときをいう．

問題 $(\mathrm{SOP})_\alpha$ において，定義 9.2 より，$\boldsymbol{x}^* \in X$ が問題 $(\mathrm{SOP})_\alpha$ の（局所的）最適解ならば $\boldsymbol{x}^*$ は問題 $(\mathrm{SOP})_\alpha$ の（局所的）非劣解になる．

問題 $(\mathrm{SOP})_\alpha$ において，任意の $\boldsymbol{x} \in X$ に対して，$F_\alpha(\boldsymbol{x})$ は空でない $\mathbb{R}^m_+$-コンパクト集合であるかまたは空でない $\mathbb{R}^m_-$-コンパクト集合であるとする．このとき，定理 6.2 (iii) および 6.6 より，$\boldsymbol{x}^* \in X$ が問題 $(\mathrm{SOP})_\alpha$ の（局所的）非劣解ならば $\boldsymbol{x}^*$ は問題 $(\mathrm{SOP})_\alpha$ の（局所的）弱非劣解になる．

例 9.4 例 9.1 におけるファジィ集合最適化問題 (P) に対する集合最適化問題

$(\mathrm{P})_{0.2}$
$$\left| \begin{array}{ll} \min & F_{0.2}(x) \\ \text{s.t.} & x \in X \end{array} \right.$$

を考える（例 9.1 における図 9.2 (b)）．

(i) 任意の $x \in X$ に対して $F_{0.2}(-2) \leq F_{0.2}(x)$ となるので，-2 は問題 $(\mathrm{P})_{0.2}$ の最適解になる．また，-2 は問題 $(\mathrm{P})_{0.2}$ の非劣解および弱非劣解にもなる．

(ii) まず，$F_{0.2}(1) \not\leq F_{0.2}(-2)$ であるので，1 は問題 $(\mathrm{P})_{0.2}$ の最適解ではない．次に，$F_{0.2}(-2) \leq F_{0.2}(1)$, $F_{0.2}(-2) \not\geq F_{0.2}(1)$ となるので，1 は問題 $(\mathrm{P})_{0.2}$ の非劣解ではない．次に，$F_{0.2}(-2) < F_{0.2}(1)$ となるので，1 は問題 $(\mathrm{P})_{0.2}$ の弱非劣解ではない．

$\varepsilon \in]0, 2]$ とする．任意の $x \in X \cap \mathbb{B}(1; \varepsilon)$ に対して $F_{0.2}(1) \leq F_{0.2}(x)$ となるので，1 は問題 $(\mathrm{P})_{0.2}$ の局所的最適解になる．また，1 は問題 $(\mathrm{P})_{0.2}$ の局所的非劣解および局所的弱非劣解にもなる． □

例 9.5 例 9.2 におけるファジィ集合最適化問題 (P) に対する集合最適化問題

$(\mathrm{P})_{0.2}$
$$\left| \begin{array}{ll} \min & F_{0.2}(x) \\ \text{s.t.} & x \in X \end{array} \right.$$

を考える（例 9.2 における図 9.4 (b)）．

(i) まず，問題 $(\mathrm{P})_{0.2}$ に最適解が存在しないことを確かめる．任意の $x \in X$, $x \neq \pm 1$ に対して，$F_{0.2}(x) \not\leq F_{0.2}(-1)$, $F_{0.2}(x) \not\leq F_{0.2}(1)$ となる．よって，任意の $x \in X$, $x \neq \pm 1$ は問題 $(\mathrm{P})_{0.2}$ の最適解ではない．任意の $x \in]-1, 1[$ に対して

$$F_{0.2}(-1) \not\leq F_{0.2}(x), \quad F_{0.2}(1) \not\leq F_{0.2}(x) \tag{9.3}$$

となる．よって，± 1 は問題 $(\mathrm{P})_{0.2}$ の最適解ではない．以上より，問題 $(\mathrm{P})_{0.2}$ の最適解は存在しない．

(ii) 次に，問題 $(\mathrm{P})_{0.2}$ に局所的最適解が存在しないことを確かめる．(9.3) より，任意の $\varepsilon > 0$ に対して，ある $y \in X \cap \mathbb{B}(-1; \varepsilon)$ およびある $z \in X \cap \mathbb{B}(1; \varepsilon)$ が存在して $F_{0.2}(-1) \not\leq F_{0.2}(y)$, $F_{0.2}(1) \not\leq F_{0.2}(z)$ となる．よって，± 1 は問題 $(\mathrm{P})_{0.2}$ の局所的最適解ではない．任意の $x \in X$, $x \neq \pm 1$ および任意の $\varepsilon > 0$ に対して，ある $y \in X \cap \mathbb{B}(x; \varepsilon)$ が存在して $F_{0.2}(x) \not\leq F_{0.2}(y)$ となる．よって，任意の $x \in X$, $x \neq \pm 1$ は問題 $(\mathrm{P})_{0.2}$ の局所的最適解ではない．以上より，問題 $(\mathrm{P})_{0.2}$ の局所的最適解は存在しない．

(iii) $x \in [-1, 1]$ を任意に固定する．このとき，任意の $y \in X \setminus \{x\}$ に対して，$F_{0.2}(y) \not\leq F_{0.2}(x)$ となる．また，$F_{0.2}(x) \leq F_{0.2}(x)$, $F_{0.2}(x) \geq F_{0.2}(x)$ である．よって，任意の $x \in [-1, 1]$ は問題 $(\mathrm{P})_{0.2}$ の非劣解になる．さらに，任意の $x \in [-1, 1]$ は問題 $(\mathrm{P})_{0.2}$ の弱非劣解にもなる． □

例 9.6 例 9.3 におけるファジィ集合最適化問題 (P) に対する集合最適化問題

$$(\mathrm{P})_{0.2} \qquad \left| \begin{array}{ll} \min & F_{0.2}(x) \\ \mathrm{s.t.} & x \in X \end{array} \right.$$

を考える（例 9.3 における図 9.5 (c)）．

(i) 任意の $x \in [-1, 1]$ および任意の $x' \in X \setminus \{x\}$ に対して，$F_{0.2}(x') \not\leq F_{0.2}(x)$, $F_{0.2}(x') \not< F_{0.2}(x)$ となる．また，$F_{0.2}(x) \leq F_{0.2}(x)$, $F_{0.2}(x) \geq F_{0.2}(x)$, $F_{0.2}(x) \not< F_{0.2}(x)$ である．よって，任意の $x \in [-1, 1]$ は，問題 $(\mathrm{P})_{0.2}$ の非劣解および弱非劣解になる．

(ii) 任意の $x \in [-2, -1[\, \cup \,]1, 2]$ および任意の $x' \in X$ に対して，$F_{0.2}(x') \not< F_{0.2}(x)$ となる．よって，任意の $x \in [-2, -1[\, \cup \,]1, 2]$ は問題 $(\mathrm{P})_{0.2}$ の弱非劣解になる．任意の $x \in [-2, -1[$ に対して，$F_{0.2}(-1) \leq F_{0.2}(x)$, $F_{0.2}(-1) \not\geq F_{0.2}(x)$ となる．よって，任意の $x \in [-2, -1[$ は問題 $(\mathrm{P})_{0.2}$ の非劣解ではない．任意の $x \in \,]1, 2]$ に対して，$F_{0.2}(1) \leq F_{0.2}(x)$, $F_{0.2}(1) \not\geq F_{0.2}(x)$ となる．よって，任意の $x \in \,]1, 2]$ は問題 $(\mathrm{P})_{0.2}$ の非劣解ではない． □

次の定理は，問題 $(\mathrm{SOP})_\alpha$ の最適解が一意になるための十分条件を与える．

定理 9.4 問題 $(\mathrm{SOP})_\alpha$ において，$X \in \mathcal{K}(\mathbb{R}^n)$ とし，$F_\alpha \in \mathcal{SKM}(X \rightsquigarrow \mathbb{R}^m)$ は凸値であるとする．さらに，任意の $\boldsymbol{x} \in X$ に対して，$F_\alpha(\boldsymbol{x})$ は空でない $\mathbb{R}^m_+$-コンパクト集合であるかまたは空でない $\mathbb{R}^m_-$-コンパクト集合であるとする．このとき，問題 $(\mathrm{SOP})_\alpha$ の最適解が存在するならば，それは一意である．

証明 $x^*, y^* \in X$, $x^* \neq y^*$ を問題 $(\mathrm{SOP})_\alpha$ の最適解と仮定して矛盾を導く. $\lambda \in]0,1[$ とする. y^* は問題 $(\mathrm{SOP})_\alpha$ の最適解であるので, $F_\alpha(y^*) \leq F_\alpha(x^*)$ となる. $F_\alpha \in \mathcal{SKM}(X \rightsquigarrow \mathbb{R}^m)$ は凸値であるので, 定理 6.1 (iv), (vii) および 6.7 (i), (v) より $F_\alpha(\lambda x^* + (1 - \lambda)y^*) < \lambda F_\alpha(x^*) + (1 - \lambda)F_\alpha(y^*) \leq \lambda F_\alpha(x^*) + (1 - \lambda)F_\alpha(x^*) = F_\alpha(x^*)$ となる. よって, 定理 6.2 (vi) より, $F_\alpha(\lambda x^* + (1 - \lambda)y^*) < F_\alpha(x^*)$ となる. したがって, 定理 6.6 より $F_\alpha(x^*) \nleq F_\alpha(\lambda x^* + (1 - \lambda)y^*)$ となるが, これは x^* が問題 $(\mathrm{SOP})_\alpha$ の最適解であることに矛盾する. $\qquad\square$

次の定理は, 問題 $(\mathrm{SOP})_\alpha$ のすべての最適解の集合が凸集合になるための十分条件を与える.

定理 9.5 問題 $(\mathrm{SOP})_\alpha$ において, $X \in \mathcal{K}(\mathbb{R}^n)$ とし, $F_\alpha \in \mathcal{KM}(X \rightsquigarrow \mathbb{R}^m)$ は凸値であるとする. このとき, 問題 $(\mathrm{SOP})_\alpha$ のすべての最適解の集合は凸集合になる.

証明 $x^*, y^* \in X$ を問題 $(\mathrm{SOP})_\alpha$ の最適解とし, $\lambda \in]0,1[$ とする. $x \in X$ を任意に固定する. x^*, y^* は問題 $(\mathrm{SOP})_\alpha$ の最適解であるので, $F_\alpha(x^*) \leq F_\alpha(x)$, $F_\alpha(y^*) \leq F_\alpha(x)$ となる. $F_\alpha \in \mathcal{KM}(X \rightsquigarrow \mathbb{R}^m)$ は凸値であるので, 定理 6.1 (iv), (vii) と 6.7 (iii), (v) より $F_\alpha(\lambda x^* + (1 - \lambda)y^*) \leq \lambda F_\alpha(x^*) + (1 - \lambda)F_\alpha(y^*) \leq \lambda F_\alpha(x) + (1 - \lambda)F_\alpha(x) = F_\alpha(x)$ となる. よって, 定理 6.2 (ii) および $x \in X$ の任意性より, $\lambda x^* + (1 - \lambda)y^*$ は問題 $(\mathrm{SOP})_\alpha$ の最適解になる. $\qquad\square$

次の定理は, 問題 $(\mathrm{SOP})_\alpha$ において, 局所的弱非劣解が大域的弱非劣解になるための十分条件を与える.

定理 9.6 問題 $(\mathrm{SOP})_\alpha$ において, $X \in \mathcal{K}(\mathbb{R}^n)$ とし, $F_\alpha \in \mathcal{KM}(X \rightsquigarrow \mathbb{R}^m)$ は凸値であるとする. このとき, $x^* \in X$ が問題 $(\mathrm{SOP})_\alpha$ の局所的弱非劣解ならば, x^* は問題 $(\mathrm{SOP})_\alpha$ の大域的弱非劣解になる.

証明 x^* は問題 $(\mathrm{SOP})_\alpha$ の局所的弱非劣解であるので, ある $\varepsilon > 0$ が存在し, $F_\alpha(x) < F_\alpha(x^*)$ となる $x \in X \cap \mathbb{B}(x^*; \varepsilon)$ は存在しない. このとき, ある $\overline{x} \in X$ が存在して $F_\alpha(\overline{x}) < F_\alpha(x^*)$ であると仮定して矛盾を導く. 十分小さい $\lambda \in]0,1[$ を固定する. $\lambda\overline{x} + (1 - \lambda)x^* \in X \cap \mathbb{B}(x^*; \varepsilon)$ となるので

$$F_\alpha(\lambda\overline{x} + (1 - \lambda)x^*) \not< F_\alpha(x^*) \tag{9.4}$$

となる. $F_\alpha \in \mathcal{KM}(X \rightsquigarrow \mathbb{R}^m)$ は凸値であるので, 定理 6.1 (iv), (vii) および 6.7 (ii), (vi) より $F_\alpha(\lambda\overline{x} + (1 - \lambda)x^*) \leq \lambda F_\alpha(\overline{x}) + (1 - \lambda)F_\alpha(x^*) < \lambda F_\alpha(x^*) + (1 - \lambda)F_\alpha(x^*) = F_\alpha(x^*)$ となる. よって, 定理 6.2 (vii) より $F_\alpha(\lambda\overline{x} + (1 - \lambda)x^*) < F_\alpha(x^*)$ となるが, これは (9.4) に矛盾する. $\qquad\square$

次の定理は，問題 (FOP) の最適解と $(SOP)_\alpha$ の最適解の関係を与える．

定理 9.7 $x^* \in X$ が問題 (FOP) の最適解であるための必要十分条件は，任意の $\alpha \in {]}0,1]$ に対して x^* が問題 $(SOP)_\alpha$ の最適解になることである．

証明 必要性：$x^* \in X$ を問題 (FOP) の最適解とし，$\alpha \in {]}0,1]$ および $x \in X$ を任意に固定する．x^* が問題 (FOP) の最適解であるので，$\widetilde{F}(x^*) \preceq \widetilde{F}(x)$ となる．よって，$F_\alpha(x^*) = [\widetilde{F}(x^*)]_\alpha \le [\widetilde{F}(x)]_\alpha = F_\alpha(x)$ となる．$x \in X$ の任意性より，x^* は問題 $(SOP)_\alpha$ の最適解になる．

十分性：x^* は任意の $\alpha \in {]}0,1]$ に対して問題 $(SOP)_\alpha$ の最適解であるとし，$x \in X$ を任意に固定する．このとき，任意の $\alpha \in {]}0,1]$ に対して $[\widetilde{F}(x^*)]_\alpha = F_\alpha(x^*) \le F_\alpha(x) = [\widetilde{F}(x)]_\alpha$ となるので，$\widetilde{F}(x^*) \preceq \widetilde{F}(x)$ となる．$x \in X$ の任意性より，x^* は問題 (FOP) の最適解になる． $\square$

問題 9.1

1. $X = [0, 2\pi[$ とし，$\widetilde{F} : X \to \mathcal{F}(\mathbb{R}^2)$ を各 $x \in X$ および各 $(y, z) \in \mathbb{R}^2$ に対して

$$\widetilde{F}(x)(y, z) = \min\{\max\{1 - |y - \cos x|, 0\}, \max\{1 - |z - \sin x|, 0\}\}$$

とする．このとき，ファジィ集合最適化問題

$$\text{(P)} \qquad \left| \begin{array}{ll} \min & \widetilde{F}(x) \\ \text{s.t.} & x \in X \end{array} \right.$$

のすべての非劣解の集合が $\left[\pi, \frac{3\pi}{2}\right]$ となることを確かめよ．

2. 問題 (FOP) において，$\widetilde{F}$ はコンパクト値であるとする．また，$d \in \mathbb{R}_+^m \setminus \{0\}$ とし，ファジィ集合最適化問題

$$\text{(P)} \qquad \left| \begin{array}{ll} \min & \langle \widetilde{F}(x), d \rangle \\ \text{s.t.} & x \in X \end{array} \right.$$

を考える．このとき，$x^* \in X$ が問題 (P) の弱非劣解ならば，x^* は問題 (FOP) の弱非劣解になることを示せ．

9.2 順序保存性

問題 (FOP) は，ファジィマックス順序に関する最小化問題である．2 つのファジィ集合のファジィマックス順序関係が成り立っているかどうかは，無限個のクリスプ集合の順序関係が成り立っているかどうかを調べる必要がある．ファジィマックス順序が有限個のクリスプ集合の順序から導かれるならば，問題 (FOP) は扱いやすくなる．そのような概念として，ファジィ集合の順序保存性を導入する．また，問題 (FOP) を扱いやすくするために，問題 (FOP) が有限個のクリスプ集合値写像を目的写像にもつ最適化問題と同値になるためのいくつかの条件を与える．

順序保存性の概念を導入する．

定義 9.3

(i) ファジィ集合のクラス $\mathcal{E} \subset \mathcal{F}(\mathbb{R}^n)$ が**順序保存的** (order preserving) であるとは，任意の $\widetilde{a}, \widetilde{b} \in \mathcal{E}$ に対して，次が成り立つときをいう．

$$\mathrm{cl}(\mathrm{supp}(\widetilde{a})) \le \mathrm{cl}(\mathrm{supp}(\widetilde{b})), [\widetilde{a}]_1 \le [\widetilde{b}]_1 \Rightarrow \widetilde{a} \preceq \widetilde{b}$$

(ii) $X \subset \mathbb{R}^n$ とし，$\widetilde{F} : X \to \mathcal{F}(\mathbb{R}^m)$ とする．$\widetilde{F}$ が X 上で順序保存的であるとは，$\widetilde{F}(X)$ が順序保存的であるときをいう．

狭義順序保存性の概念を導入する．

定義 9.4

(i) ファジィ集合のクラス $\mathcal{E} \subset \mathcal{F}(\mathbb{R}^n)$ が**狭義順序保存的** (strictly order preserving) であるとは，任意の $\widetilde{a}, \widetilde{b} \in \mathcal{E}$ に対して，次が成り立つときをいう．

$$\mathrm{cl}(\mathrm{supp}(\widetilde{a})) < \mathrm{cl}(\mathrm{supp}(\widetilde{b})), [\widetilde{a}]_1 < [\widetilde{b}]_1 \Rightarrow \widetilde{a} \prec \widetilde{b}$$

(ii) $X \subset \mathbb{R}^n$ とし，$\widetilde{F} : X \to \mathcal{F}(\mathbb{R}^m)$ とする．$\widetilde{F}$ が X 上で狭義順序保存的であるとは，$\widetilde{F}(X)$ が狭義順序保存的であるときをいう．

例 9.7

(i) $\widetilde{a}, \widetilde{b}, \widetilde{c}, \widetilde{d} \in \mathcal{F}(\mathbb{R})$ を各 $x \in \mathbb{R}$ に対して，$\widetilde{a}(x) = \max\{-|x+1|+1, 0\}$, $\widetilde{b}(x) = \max\{-\frac{|x|}{3}+1, 0\}$, $\widetilde{c}(x) = \max\{-\frac{|x-1|}{2}+1, 0\}$, $\widetilde{d}(x) = -\frac{1}{4}(x+1)(x-3)$ とする（図 9.6）．このとき，各 $\alpha \in\ ]0, 1]$ に対して，$[\widetilde{a}]_\alpha = [\alpha-2, -\alpha]$, $[\widetilde{b}]_\alpha = [3\alpha-3, -3\alpha+3]$,

$[\widetilde{c}]_\alpha = [2\alpha - 1, -2\alpha + 3]$, $[\widetilde{d}]_\alpha = \left[1 - 2\sqrt{1-\alpha}, 1 + 2\sqrt{1-\alpha}\,\right]$ となる．特に，$\alpha = 1$ のときは，$[\widetilde{a}]_1 = \{-1\}$, $[\widetilde{b}]_1 = \{0\}$, $[\widetilde{c}]_1 = [\widetilde{d}]_1 = \{1\}$ となる．また，$\mathrm{cl}(\mathrm{supp}(\widetilde{a})) = [-2, 0]$, $\mathrm{cl}(\mathrm{supp}(\widetilde{b})) = [-3, 3]$, $\mathrm{cl}(\mathrm{supp}(\widetilde{c})) = \mathrm{cl}(\mathrm{supp}(\widetilde{d})) = [-1, 3]$ となる．

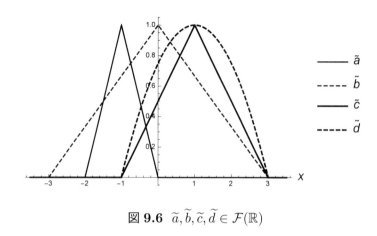

図 9.6　$\widetilde{a}, \widetilde{b}, \widetilde{c}, \widetilde{d} \in \mathcal{F}(\mathbb{R})$

まず，$\{\widetilde{a}, \widetilde{b}, \widetilde{c}\}$ が順序保存的であることを確かめる．

$$\mathrm{cl}(\mathrm{supp}(\widetilde{a})) \not\leq \mathrm{cl}(\mathrm{supp}(\widetilde{b})), \quad [\widetilde{a}]_1 \leq [\widetilde{b}]_1$$
$$\mathrm{cl}(\mathrm{supp}(\widetilde{a})) \not\geq \mathrm{cl}(\mathrm{supp}(\widetilde{b})), \quad [\widetilde{a}]_1 \not\geq [\widetilde{b}]_1$$
$$\mathrm{cl}(\mathrm{supp}(\widetilde{a})) \leq \mathrm{cl}(\mathrm{supp}(\widetilde{c})), \quad [\widetilde{a}]_1 \leq [\widetilde{c}]_1$$
$$\mathrm{cl}(\mathrm{supp}(\widetilde{a})) \not\geq \mathrm{cl}(\mathrm{supp}(\widetilde{c})), \quad [\widetilde{a}]_1 \not\geq [\widetilde{c}]_1$$
$$\mathrm{cl}(\mathrm{supp}(\widetilde{b})) \leq \mathrm{cl}(\mathrm{supp}(\widetilde{c})), \quad [\widetilde{b}]_1 \leq [\widetilde{c}]_1$$
$$\mathrm{cl}(\mathrm{supp}(\widetilde{b})) \not\geq \mathrm{cl}(\mathrm{supp}(\widetilde{c})), \quad [\widetilde{b}]_1 \not\geq [\widetilde{c}]_1$$

となり，$\widetilde{a} \preceq \widetilde{c}, \widetilde{b} \preceq \widetilde{c}$ となる．また

$$\mathrm{cl}(\mathrm{supp}(\widetilde{a})) \leq \mathrm{cl}(\mathrm{supp}(\widetilde{a})), \quad [\widetilde{a}]_1 \leq [\widetilde{a}]_1$$
$$\mathrm{cl}(\mathrm{supp}(\widetilde{b})) \leq \mathrm{cl}(\mathrm{supp}(\widetilde{b})), \quad [\widetilde{b}]_1 \leq [\widetilde{b}]_1$$
$$\mathrm{cl}(\mathrm{supp}(\widetilde{c})) \leq \mathrm{cl}(\mathrm{supp}(\widetilde{c})), \quad [\widetilde{c}]_1 \leq [\widetilde{c}]_1$$

となり，$\widetilde{a} \preceq \widetilde{a}, \widetilde{b} \preceq \widetilde{b}, \widetilde{c} \preceq \widetilde{c}$ となる．よって，$\{\widetilde{a}, \widetilde{b}, \widetilde{c}\}$ は順序保存的になる．

次に，$\{\widetilde{a}, \widetilde{b}, \widetilde{c}\}$ が狭義順序保存的であることを確かめる．

$$\mathrm{cl}(\mathrm{supp}(\widetilde{a})) \not< \mathrm{cl}(\mathrm{supp}(\widetilde{b})), \quad [\widetilde{a}]_1 < [\widetilde{b}]_1$$

$$\mathrm{cl}(\mathrm{supp}(\widetilde{a})) \not> \mathrm{cl}(\mathrm{supp}(\widetilde{b})), \quad [\widetilde{a}]_1 \not> [\widetilde{b}]_1$$

$$\mathrm{cl}(\mathrm{supp}(\widetilde{a})) < \mathrm{cl}(\mathrm{supp}(\widetilde{c})), \quad [\widetilde{a}]_1 < [\widetilde{c}]_1$$

$$\mathrm{cl}(\mathrm{supp}(\widetilde{a})) \not> \mathrm{cl}(\mathrm{supp}(\widetilde{c})), \quad [\widetilde{a}]_1 \not> [\widetilde{c}]_1$$

$$\mathrm{cl}(\mathrm{supp}(\widetilde{b})) \not< \mathrm{cl}(\mathrm{supp}(\widetilde{c})), \quad [\widetilde{b}]_1 < [\widetilde{c}]_1$$

$$\mathrm{cl}(\mathrm{supp}(\widetilde{b})) \not> \mathrm{cl}(\mathrm{supp}(\widetilde{c})), \quad [\widetilde{b}]_1 \not> [\widetilde{c}]_1$$

となり，$\widetilde{a} \prec \widetilde{c}$ となる．また

$$\mathrm{cl}(\mathrm{supp}(\widetilde{a})) \not< \mathrm{cl}(\mathrm{supp}(\widetilde{a})), \quad [\widetilde{a}]_1 \not< [\widetilde{a}]_1$$

$$\mathrm{cl}(\mathrm{supp}(\widetilde{b})) \not< \mathrm{cl}(\mathrm{supp}(\widetilde{b})), \quad [\widetilde{b}]_1 \not< [\widetilde{b}]_1$$

$$\mathrm{cl}(\mathrm{supp}(\widetilde{c})) \not< \mathrm{cl}(\mathrm{supp}(\widetilde{c})), \quad [\widetilde{c}]_1 \not< [\widetilde{c}]_1$$

となる．よって，$\{\widetilde{a}, \widetilde{b}, \widetilde{c}\}$ は狭義順序保存的になる．

次に，$\{\widetilde{a}, \widetilde{b}, \widetilde{c}, \widetilde{d}\}$ が順序保存的ではないことを確かめる．$\mathrm{cl}(\mathrm{supp}(\widetilde{c})) \leq \mathrm{cl}(\mathrm{supp}(\widetilde{d}))$, $[\widetilde{c}]_1 \leq [\widetilde{d}]_1$ となるが，$\widetilde{c} \not\preceq \widetilde{d}$ となる．よって，$\{\widetilde{a}, \widetilde{b}, \widetilde{c}, \widetilde{d}\}$ は順序保存的にならない．

(ii) $\widetilde{a}, \widetilde{b} \in \mathcal{F}(\mathbb{R})$ を各 $x \in \mathbb{R}$ に対して，

$$\widetilde{a}(x) = e^{-x^2}, \quad \widetilde{b}(x) = e^{-\frac{(x-1)^2}{4}}$$

とする（図 9.7）．各 $\alpha \in \,]0, 1]$ に対して，$[\widetilde{a}]_\alpha = \left[-\sqrt{-\log \alpha}, \sqrt{-\log \alpha} \,\right]$, $[\widetilde{b}]_\alpha = [1 - \sqrt{-4\log \alpha}, 1 + \sqrt{-4\log \alpha}\,]$ となる．特に，$\alpha = 1$ のときは，$[\widetilde{a}]_1 = \{0\}$, $[\widetilde{b}]_1 = \{1\}$ となる．また，$\mathrm{cl}(\mathrm{supp}(\widetilde{a})) = \mathrm{cl}(\mathrm{supp}(\widetilde{b})) = \mathbb{R}$ となる．

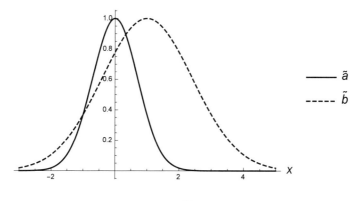

図 **9.7** $\widetilde{a}, \widetilde{b} \in \mathcal{F}(\mathbb{R})$

$\{\widetilde{a}, \widetilde{b}\}$ が狭義順序保存的ではないことを確かめる. $\mathrm{cl}(\mathrm{supp}(\widetilde{a})) < \mathrm{cl}(\mathrm{supp}(\widetilde{b}))$, $[\widetilde{a}]_1 < [\widetilde{b}]_1$ となるが, $\widetilde{a} \nprec \widetilde{b}$ となる. よって, $\{\widetilde{a}, \widetilde{b}\}$ は狭義順序保存的にならない. □

ファジィ集合最適化問題 (FOP) に対して, 集合最適化問題

$$(\mathrm{SOP})_{00} \qquad\qquad \left|\begin{array}{ll} \min & F_{00}(\boldsymbol{x}) \\ \mathrm{s.t.} & \boldsymbol{x} \in X \end{array}\right.$$

および

$$(\mathrm{SOP}) \qquad\qquad \left|\begin{array}{ll} \min & F_{00}(\boldsymbol{x}) \times F_1(\boldsymbol{x}) \\ \mathrm{s.t.} & \boldsymbol{x} \in X \end{array}\right.$$

を考える. ここで

$$F_{00}(\boldsymbol{x}) = \mathrm{cl}(\mathrm{supp}(\widetilde{F}(\boldsymbol{x}))) \tag{9.5}$$

であり, 問題 $(\mathrm{SOP})_{00}$ および (SOP) の解は, 定義 9.2 と同様に定義する.

次の定理は, 問題 (FOP) の最適解と問題 $(\mathrm{SOP})_{00}$ の最適解の関係を与える.

定理 9.8 問題 (FOP) において, 任意の $\boldsymbol{x} \in X$ に対して, $\mathrm{supp}(\widetilde{F}(\boldsymbol{x}))$ は有界であるとする. このとき, $\boldsymbol{x}^* \in X$ が問題 (FOP) の最適解ならば, $\boldsymbol{x}^*$ は問題 $(\mathrm{SOP})_{00}$ の最適解になる.

証明 $\boldsymbol{x} \in X$ を任意に固定する. $\boldsymbol{x}^*$ は問題 (FOP) の最適解であるので, 任意の $\alpha \in {]0,1]}$ に対して, $[\widetilde{F}(\boldsymbol{x}^*)]_\alpha \leq [\widetilde{F}(\boldsymbol{x})]_\alpha$ となる. よって, 定理 6.3 (i) より $\mathrm{supp}(\widetilde{F}(\boldsymbol{x}^*)) = \bigcup_{\alpha \in]0,1]}[\widetilde{F}(\boldsymbol{x}^*)]_\alpha \leq \bigcup_{\alpha \in]0,1]}[\widetilde{F}(\boldsymbol{x})]_\alpha = \mathrm{supp}(\widetilde{F}(\boldsymbol{x}))$ となり, 定理 6.4 より $F_{00}(\boldsymbol{x}^*) = \mathrm{cl}(\mathrm{supp}(\widetilde{F}(\boldsymbol{x}^*))) \leq \mathrm{cl}(\mathrm{supp}(\widetilde{F}(\boldsymbol{x}))) = F_{00}(\boldsymbol{x})$ となる. したがって, $\boldsymbol{x} \in X$ の任意性より, $\boldsymbol{x}^*$ は問題 $(\mathrm{SOP})_{00}$ の最適解になる. □

次の定理は, 問題 (FOP) の最適解と問題 (SOP) の最適解の関係を与える.

定理 9.9 問題 (FOP) および (SOP) に対して, 次が成り立つ.

(i) 任意の $\boldsymbol{x} \in X$ に対して, $\mathrm{supp}(\widetilde{F}(\boldsymbol{x}))$ は有界であるとする. このとき, $\boldsymbol{x}^* \in X$ が問題 (FOP) の最適解ならば, $\boldsymbol{x}^*$ は問題 (SOP) の最適解になる.

(ii) $\widetilde{F}$ は X 上で順序保存的であり, 任意の $\boldsymbol{x} \in X$ に対して $[\widetilde{F}(\boldsymbol{x})]_1 \neq \emptyset$ であるとする. このとき, $\boldsymbol{x}^* \in X$ が問題 (SOP) の最適解ならば, $\boldsymbol{x}^*$ は問題 (FOP) の最適解になる.

証明

(i) $\boldsymbol{x}^* \in X$ を問題 (FOP) の最適解とし, $\boldsymbol{x} \in X$ を任意に固定する. $\boldsymbol{x}^*$ は, 定理 9.7 より問題 $(\mathrm{SOP})_1$ の最適解になり, 定理 9.8 より問題 $(\mathrm{SOP})_{00}$ の最適解になる. よっ

て，$F_{00}(\boldsymbol{x}^*) \leq F_{00}(\boldsymbol{x})$，$F_1(\boldsymbol{x}^*) \leq F_1(\boldsymbol{x})$ となり，定理 6.10 (ii) より $F_{00}(\boldsymbol{x}^*) \times F_1(\boldsymbol{x}^*)$ $\leq F_{00}(\boldsymbol{x}) \times F_1(\boldsymbol{x})$ となる．したがって，$\boldsymbol{x} \in X$ の任意性より，$\boldsymbol{x}^*$ は問題 (SOP) の最適解になる．

(ii) $\boldsymbol{x}^* \in X$ を問題 (SOP) の最適解とし，$\boldsymbol{x} \in X$ を任意に固定する．このとき，定理 6.10 (i) より，$F_{00}(\boldsymbol{x}^*) \leq F_{00}(\boldsymbol{x})$，$F_1(\boldsymbol{x}^*) \leq F_1(\boldsymbol{x})$ となる．$\widetilde{F}$ は X 上で順序保存的であるので，$\widetilde{F}(\boldsymbol{x}^*) \preceq \widetilde{F}(\boldsymbol{x})$ となる．よって，$\boldsymbol{x} \in X$ の任意性より，$\boldsymbol{x}^*$ は問題 (FOP) の最適解になる．　　　　　　　　　　　　　　　　　　　　　　　　　　　$\square$

次の定理は，問題 (FOP) の非劣解と問題 (SOP) の非劣解の関係を与える．

定理 9.10 問題 (FOP) において，$\widetilde{F}$ は X 上で順序保存的であるとする．また，任意の $\boldsymbol{x} \in X$ に対して，$\mathrm{supp}(\widetilde{F}(\boldsymbol{x}))$ は有界であり，$[\widetilde{F}(\boldsymbol{x})]_1 \neq \emptyset$ であるとする．このとき，$\boldsymbol{x}^* \in X$ が問題 (FOP) の非劣解であるための必要十分条件は，$\boldsymbol{x}^*$ が問題 (SOP) の非劣解になることである．

証明 必要性：$\boldsymbol{x}^* \in X$ を問題 (FOP) の非劣解とする．このとき，ある $\overline{\boldsymbol{x}} \in X$ が存在して $F_{00}(\overline{\boldsymbol{x}}) \times F_1(\overline{\boldsymbol{x}}) \leq F_{00}(\boldsymbol{x}^*) \times F_1(\boldsymbol{x}^*)$，$F_{00}(\overline{\boldsymbol{x}}) \times F_1(\overline{\boldsymbol{x}}) \ngeq F_{00}(\boldsymbol{x}^*) \times F_1(\boldsymbol{x}^*)$ であると仮定して矛盾を導く．定理 6.10 (i) より $F_{00}(\overline{\boldsymbol{x}}) \leq F_{00}(\boldsymbol{x}^*)$，$F_1(\overline{\boldsymbol{x}}) \leq F_1(\boldsymbol{x}^*)$ となり，定理 6.10 (ii) より $F_{00}(\overline{\boldsymbol{x}}) \ngeq F_{00}(\boldsymbol{x}^*)$ または $F_1(\overline{\boldsymbol{x}}) \ngeq F_1(\boldsymbol{x}^*)$ となる．$\widetilde{F}$ は X 上で順序保存的であるので，$\widetilde{F}(\overline{\boldsymbol{x}}) \preceq \widetilde{F}(\boldsymbol{x}^*)$ となる．$\widetilde{F}(\overline{\boldsymbol{x}}) \succeq \widetilde{F}(\boldsymbol{x}^*)$ と仮定すると，任意の $\alpha \in {]0,1]}$ に対して $F_\alpha(\overline{\boldsymbol{x}}) \geq F_\alpha(\boldsymbol{x}^*)$ となり，定理 6.3 (i) および 6.4 より $F_{00}(\overline{\boldsymbol{x}}) \geq F_{00}(\boldsymbol{x}^*)$ となるが，これは $F_{00}(\overline{\boldsymbol{x}}) \ngeq F_{00}(\boldsymbol{x}^*)$ であることに矛盾する．よって，$\widetilde{F}(\overline{\boldsymbol{x}}) \nsucceq \widetilde{F}(\boldsymbol{x}^*)$ となるが，これは $\boldsymbol{x}^*$ が問題 (FOP) の非劣解であることに矛盾する．

十分性：$\boldsymbol{x}^* \in X$ を問題 (SOP) の非劣解とする．このとき，ある $\overline{\boldsymbol{x}} \in X$ が存在して $\widetilde{F}(\overline{\boldsymbol{x}}) \preceq \widetilde{F}(\boldsymbol{x}^*)$，$\widetilde{F}(\overline{\boldsymbol{x}}) \nsucceq \widetilde{F}(\boldsymbol{x}^*)$ であると仮定して矛盾を導く．$\widetilde{F}(\overline{\boldsymbol{x}}) \preceq \widetilde{F}(\boldsymbol{x}^*)$ であるので任意の $\alpha \in {]0,1]}$ に対して $F_\alpha(\overline{\boldsymbol{x}}) \leq F_\alpha(\boldsymbol{x}^*)$ となり，定理 6.3 (i) および 6.4 より $F_{00}(\overline{\boldsymbol{x}}) \leq F_{00}(\boldsymbol{x}^*)$ となる．よって，定理 6.10 (ii) より，$F_{00}(\overline{\boldsymbol{x}}) \times F_1(\overline{\boldsymbol{x}}) \leq F_{00}(\boldsymbol{x}^*) \times F_1(\boldsymbol{x}^*)$ となる．$\boldsymbol{x}^*$ は問題 (SOP) の非劣解であるので $F_{00}(\overline{\boldsymbol{x}}) \times F_1(\overline{\boldsymbol{x}}) \geq F_{00}(\boldsymbol{x}^*) \times F_1(\boldsymbol{x}^*)$ となり，定理 6.10 (i) より $F_{00}(\overline{\boldsymbol{x}}) \geq F_{00}(\boldsymbol{x}^*)$，$F_1(\overline{\boldsymbol{x}}) \geq F_1(\boldsymbol{x}^*)$ となる．$\widetilde{F}$ は X 上で順序保存的であるので $\widetilde{F}(\overline{\boldsymbol{x}}) \succeq \widetilde{F}(\boldsymbol{x}^*)$ となるが，これは $\widetilde{F}(\overline{\boldsymbol{x}}) \nsucceq \widetilde{F}(\boldsymbol{x}^*)$ であることに矛盾する．　　　　　　　　　　　　　　　　　　　　　　　　　　　$\square$

次の定理は，問題 (FOP) の弱非劣解と問題 (SOP) の弱非劣解の関係を与える．

定理 9.11 問題 (FOP) において，$\widetilde{F}$ は X 上で狭義順序保存的であり，任意の $\boldsymbol{x} \in X$ に対して $[\widetilde{F}(\boldsymbol{x})]_1 \neq \emptyset$ であるとする．このとき，$\boldsymbol{x}^* \in X$ が問題 (FOP) の弱非劣解ならば，$\boldsymbol{x}^*$ は問題 (SOP) の弱非劣解になる．

証明 $\boldsymbol{x}^* \in X$ を問題 (FOP) の弱非劣解とする. このとき, ある $\overline{\boldsymbol{x}} \in X$ が存在して $F_{00}(\overline{\boldsymbol{x}}) \times F_1(\overline{\boldsymbol{x}}) < F_{00}(\boldsymbol{x}^*) \times F_1(\boldsymbol{x}^*)$ であると仮定して矛盾を導く. このとき, 定理 6.10 (iii) より, $F_{00}(\overline{\boldsymbol{x}}) < F_{00}(\boldsymbol{x}^*)$, $F_1(\overline{\boldsymbol{x}}) < F_1(\boldsymbol{x}^*)$ となる. $\widetilde{F}$ は X 上で狭義順序保存的であるので $\widetilde{F}(\overline{\boldsymbol{x}}) \prec \widetilde{F}(\boldsymbol{x}^*)$ となるが, これは $\boldsymbol{x}^*$ が問題 (FOP) の弱非劣解であることに矛盾する. $\square$

問題 9.2

1. $\widetilde{a}, \widetilde{b} \in \mathcal{F}(\mathbb{R})$ とし, 各 $x \in \mathbb{R}$ に対して

$$\widetilde{a}(x) = \max\left\{1 - \frac{|x|}{3}, 0\right\}$$

とする.

(i) $\{\widetilde{a}, \widetilde{b}\}$ が順序保存的であるが狭義順序保存的にならなような $\widetilde{b}$ の例を挙げよ.

(ii) $\{\widetilde{a}, \widetilde{b}\}$ が狭義順序保存的であるが順序保存的にならなような $\widetilde{b}$ の例を挙げよ.

2. 各 $\mu \in \mathbb{R}$ および各 $\beta > 0$ に対して, $\widetilde{a}_{(\mu,\beta)} \in \mathcal{F}(\mathbb{R})$ を各 $x \in \mathbb{R}$ に対して

$$\widetilde{a}_{(\mu,\beta)}(x) = \max\left\{1 - \frac{|x - \mu|}{\beta}, 0\right\}$$

とする. このとき
$$\mathcal{E} = \{\widetilde{a}_{(\mu,\beta)} \in \mathcal{F}(\mathbb{R}) : \mu \in \mathbb{R}, \beta > 0\}$$

が順序保存的かつ狭義順序保存的になることを示せ.

9.3 順序保存性をもつクラス

順序保存性をもつファジィ集合のクラスを構成するために，いくつかの補題を準備する．

補題 9.1 $A_i, B_i \subset \mathbb{R}^n$, $i = 1, 2$ とし，$A_2, B_2 \in \mathcal{K}(\mathbb{R}^n)$ とする．また，$r : [0, 1] \to [0, 1]$ とし，$r(0) = 1$, $r(1) = 0$ とする．さらに，各 $\alpha \in [0, 1]$ に対して，$F(\alpha) = r(\alpha)A_1 + A_2$, $G(\alpha) = r(\alpha)B_1 + B_2$ とする．このとき，次が成り立つ．

(i) $F(0) \leq G(0)$, $F(1) \leq G(1)$ $\Rightarrow$ $F(\alpha) \leq G(\alpha)$, $\alpha \in [0, 1]$

(ii) $F(0) < G(0)$, $F(1) < G(1)$ $\Rightarrow$ $F(\alpha) < G(\alpha)$, $\alpha \in [0, 1]$

証明 (i) を示す．(ii) は (i) と同様に示せるが，問題として残しておく（問題 9.3.1）．定理 6.2 (iv), (v) より，$A_1 = \emptyset$, $A_2 = \emptyset$, $B_1 = \emptyset$ または $B_2 = \emptyset$ のいずれかならば，任意の $\alpha \in [0, 1]$ に対して $F(\alpha) = \emptyset \leq \emptyset = G(\alpha)$ となる．よって，$A_i \neq \emptyset$, $B_i \neq \emptyset$, $i = 1, 2$ とし，$\alpha \in [0, 1]$ を任意に固定する．$F(0) \leq G(0)$, $F(1) \leq G(1)$ であるので

$$B_1 + B_2 \subset A_1 + A_2 + \mathbb{R}^n_+, \quad A_1 + A_2 \subset B_1 + B_2 + \mathbb{R}^n_- \tag{9.6}$$

$$B_2 \subset A_2 + \mathbb{R}^n_+, \quad A_2 \subset B_2 + \mathbb{R}^n_- \tag{9.7}$$

となる．

まず，$r(\alpha)B_1 + B_2 \subset r(\alpha)A_1 + A_2 + \mathbb{R}^n_+$ となることを示す．$\boldsymbol{x} \in r(\alpha)B_1 + B_2$ とする．このとき，ある $\boldsymbol{b}_i \in B_i$, $i = 1, 2$ が存在して $\boldsymbol{x} = r(\alpha)\boldsymbol{b}_1 + \boldsymbol{b}_2$ となる．(9.6) より，ある $\boldsymbol{a}_i \in A_i$, $i = 1, 2$ およびある $\boldsymbol{d}_1 \in \mathbb{R}^n_+$ が存在して $\boldsymbol{b}_1 + \boldsymbol{b}_2 = \boldsymbol{a}_1 + \boldsymbol{a}_2 + \boldsymbol{d}_1$ となる．(9.7) より，ある $\boldsymbol{a}_2' \in A_2$ およびある $\boldsymbol{d}_2 \in \mathbb{R}^n_+$ が存在して $\boldsymbol{b}_2 = \boldsymbol{a}_2' + \boldsymbol{d}_2$ となる．よって

$$
\begin{aligned}
\boldsymbol{x} &= r(\alpha)\boldsymbol{b}_1 + \boldsymbol{b}_2 \\
&= r(\alpha)(\boldsymbol{b}_1 + \boldsymbol{b}_2) + (1 - r(\alpha))\boldsymbol{b}_2 \\
&= r(\alpha)(\boldsymbol{a}_1 + \boldsymbol{a}_2 + \boldsymbol{d}_1) + (1 - r(\alpha))(\boldsymbol{a}_2' + \boldsymbol{d}_2) \\
&= r(\alpha)\boldsymbol{a}_1 + (r(\alpha)\boldsymbol{a}_2 + (1 - r(\alpha))\boldsymbol{a}_2') + (r(\alpha)\boldsymbol{d}_1 + (1 - r(\alpha))\boldsymbol{d}_2) \\
&\in r(\alpha)A_1 + A_2 + \mathbb{R}^n_+
\end{aligned}
$$

となる．

次に，$r(\alpha)A_1 + A_2 \subset r(\alpha)B_1 + B_2 + \mathbb{R}^n_-$ となることを示す．$\boldsymbol{x} \in r(\alpha)A_1 + A_2$ とする．このとき，ある $\boldsymbol{a}_i \in A_i$, $i = 1, 2$ が存在して $\boldsymbol{x} = r(\alpha)\boldsymbol{a}_1 + \boldsymbol{a}_2$ となる．(9.6) より，ある $\boldsymbol{b}_i \in B_i$, $i = 1, 2$ およびある $\boldsymbol{d}_1 \in \mathbb{R}^n_-$ が存在して $\boldsymbol{a}_1 + \boldsymbol{a}_2 = \boldsymbol{b}_1 + \boldsymbol{b}_2 + \boldsymbol{d}_1$ となる．(9.7) より，ある $\boldsymbol{b}_2' \in B_2$ およびある $\boldsymbol{d}_2 \in \mathbb{R}^n_-$ が存在して $\boldsymbol{a}_2 = \boldsymbol{b}_2' + \boldsymbol{d}_2$ となる．よって

$$\boldsymbol{x} = r(\alpha)\boldsymbol{a}_1 + \boldsymbol{a}_2$$

$$= r(\alpha)(\boldsymbol{a}_1 + \boldsymbol{a}_2) + (1 - r(\alpha))\boldsymbol{a}_2$$
$$= r(\alpha)(\boldsymbol{b}_1 + \boldsymbol{b}_2 + \boldsymbol{d}_1) + (1 - r(\alpha))(\boldsymbol{b}_2' + \boldsymbol{d}_2)$$
$$= r(\alpha)\boldsymbol{b}_1 + (r(\alpha)\boldsymbol{b}_2 + (1 - r(\alpha))\boldsymbol{b}_2') + (r(\alpha)\boldsymbol{d}_1 + (1 - r(\alpha))\boldsymbol{d}_2)$$
$$\in r(\alpha)B_1 + B_2 + \mathbb{R}_-^n$$

となる. $\qquad\qquad\square$

補題 9.2 $A_1 \in \mathcal{K}(\mathbb{R}^n)$, $\boldsymbol{0} \in A_1$ とし, $A_2 \subset \mathbb{R}^n$ とする. また, $r : [0,1] \to [0,1]$ を単調減少関数とし, 各 $\alpha \in [0,1]$ に対して $F(\alpha) = r(\alpha)A_1 + A_2$ とする. さらに, $\widetilde{a} = M\left(\{F(\alpha)\}_{\alpha \in]0,1]}\right)$ とする. このとき, 次が成り立つ.

(i) $A_2 \in \mathcal{K}(\mathbb{R}^n) \Rightarrow \widetilde{a} \in \mathcal{FK}(\mathbb{R}^n)$

(ii) $A_1 \in \mathcal{BC}(\mathbb{R}^n)$, $A_2 \in \mathcal{C}(\mathbb{R}^n)$ または $A_1 \in \mathcal{C}(\mathbb{R}^n)$, $A_2 \in \mathcal{BC}(\mathbb{R}^n) \Rightarrow \widetilde{a} \in \mathcal{FC}(\mathbb{R}^n)$

(iii) $A_i \in \mathcal{BC}(\mathbb{R}^n)$, $i = 1, 2 \Rightarrow \widetilde{a} \in \mathcal{FBC}(\mathbb{R}^n)$

証明 $A_1 \in \mathcal{K}(\mathbb{R}^n)$, $\boldsymbol{0} \in A_1$ であり, r が単調減少関数であることから, $\{F(\alpha)\}_{\alpha \in]0,1]} \in \mathcal{S}(\mathbb{R}^n)$ となることが導ける.

(i) $A_i \in \mathcal{K}(\mathbb{R}^n)$, $i = 1, 2$ であるので, 定理 5.1 より, 任意の $\alpha \in [0,1]$ に対して $F(\alpha) \in \mathcal{K}(\mathbb{R}^n)$ となる. 定理 7.4 より, 任意の $\alpha \in]0,1]$ に対して $[\widetilde{a}]_\alpha \in \mathcal{K}(\mathbb{R}^n)$ となる. よって, $\widetilde{a} \in \mathcal{FK}(\mathbb{R}^n)$ となる.

(ii) $A_1 \in \mathcal{BC}(\mathbb{R}^n)$, $A_2 \in \mathcal{C}(\mathbb{R}^n)$ または $A_1 \in \mathcal{C}(\mathbb{R}^n)$, $A_2 \in \mathcal{BC}(\mathbb{R}^n)$ であるので, 定理 3.18 (ii), (iii), (iv) より, 任意の $\alpha \in [0,1]$ に対して $F(\alpha) \in \mathcal{C}(\mathbb{R}^n)$ となる. 定理 7.4 より, 任意の $\alpha \in]0,1]$ に対して $[\widetilde{a}]_\alpha \in \mathcal{C}(\mathbb{R}^n)$ となる. よって, $\widetilde{a} \in \mathcal{FC}(\mathbb{R}^n)$ となる.

(iii) $A_i \in \mathcal{BC}(\mathbb{R}^n)$, $i = 1, 2$ であるので, 定理 3.18 (i), (iv) より, 任意の $\alpha \in [0,1]$ に対して $F(\alpha) \in \mathcal{BC}(\mathbb{R}^n)$ となる. 定理 7.4 より, 任意の $\alpha \in]0,1]$ に対して $[\widetilde{a}]_\alpha \in \mathcal{BC}(\mathbb{R}^n)$ となる. よって, $\widetilde{a} \in \mathcal{FBC}(\mathbb{R}^n)$ となる. $\qquad\square$

補題 9.3 $\{F(\beta)\}_{\beta \in]0,1]}, \{G(\beta)\}_{\beta \in]0,1]} \in \mathcal{S}(\mathbb{R}^n)$ とし, 任意の $\beta \in]0,1]$ に対して $F(\beta)$, $G(\beta) \in \mathcal{C}(\mathbb{R}^n)$ であるとする. また, $\bigcup_{\beta \in]0,1]} F(\beta)$, $\bigcup_{\beta \in]0,1]} G(\beta)$ は有界であるとし, $\alpha \in]0,1]$ とする. さらに, $\bigcap_{\beta \in]0,\alpha[} F(\beta) \neq \emptyset$, $\bigcap_{\beta \in]0,\alpha[} G(\beta) \neq \emptyset$ であるとする. このとき, 次が成り立つ.

$$F(\beta) \leq G(\beta), \beta \in]0,\alpha[\Rightarrow \bigcap_{\beta \in]0,\alpha[} F(\beta) \leq \bigcap_{\beta \in]0,\alpha[} G(\beta)$$

証明 任意の $\beta \in]0,\alpha[$ に対して, $F(\beta) \leq G(\beta)$ であるので, $G(\beta) \subset F(\beta) + \mathbb{R}_+^n$, $F(\beta)$

$\subset G(\beta) + \mathbb{R}^n_-$ となる. このとき

$$\bigcap_{\beta \in]0,\alpha[} G(\beta) \subset \bigcap_{\beta \in]0,\alpha[} F(\beta) + \mathbb{R}^n_+, \quad \bigcap_{\beta \in]0,\alpha[} F(\beta) \subset \bigcap_{\beta \in]0,\alpha[} G(\beta) + \mathbb{R}^n_-$$

となることを示せばよいが, 第一式のみ示す. 第二式は, 第一式と同様に示せる. $\bigcap_{\beta \in]0,\alpha[} G(\beta) \subset \bigcap_{\beta \in]0,\alpha[} (F(\beta) + \mathbb{R}^n_+)$ であるので, $\bigcap_{\beta \in]0,\alpha[} (F(\beta) + \mathbb{R}^n_+) = \bigcap_{\beta \in]0,\alpha[} F(\beta) + \mathbb{R}^n_+$ となることを示す.

まず, $\boldsymbol{x} \in \bigcap_{\beta \in]0,\alpha[} F(\beta) + \mathbb{R}^n_+$ とする. このとき, ある $\boldsymbol{y} \in \bigcap_{\beta \in]0,\alpha[} F(\beta)$ およびある $\boldsymbol{d} \in \mathbb{R}^n_+$ が存在して $\boldsymbol{x} = \boldsymbol{y} + \boldsymbol{d}$ となる. よって, 任意の $\beta \in]0,\alpha[$ に対して $\boldsymbol{x} = \boldsymbol{y} + \boldsymbol{d} \in F(\beta) + \mathbb{R}^n_+$ となり, $\boldsymbol{x} = \boldsymbol{y} + \boldsymbol{d} \in \bigcap_{\beta \in]0,\alpha[} (F(\beta) + \mathbb{R}^n_+)$ となる.

次に, $\boldsymbol{x} \in \bigcap_{\beta \in]0,\alpha[} (F(\beta) + \mathbb{R}^n_+)$ とする. このとき, 各 $\beta \in]0,\alpha[$ に対して, ある $\boldsymbol{y}_\beta \in F(\beta)$ およびある $\boldsymbol{d}_\beta \in \mathbb{R}^n_+$ が存在して $\boldsymbol{x} = \boldsymbol{y}_\beta + \boldsymbol{d}_\beta$ となる. $\beta_k \to \alpha$ となる $\{\beta_k\}_{k \in \mathbb{N}} \subset]0,\alpha[$ を任意に固定する. $\{\boldsymbol{y}_{\beta_k}\}_{k \in \mathbb{N}} \subset \bigcup_{\beta \in]0,1]} F(\beta)$ であるので, $\{\boldsymbol{y}_{\beta_k}\}_{k \in \mathbb{N}}$ は有界になる. 一般性を失うことなく, ある $\boldsymbol{y}_0 \in \mathbb{R}^n$ に対して $\boldsymbol{y}_{\beta_k} \to \boldsymbol{y}_0$ であると仮定する. このとき, $\boldsymbol{d}_{\beta_k} = \boldsymbol{x} - \boldsymbol{y}_{\beta_k} \to \boldsymbol{x} - \boldsymbol{y}_0 \in \mathbb{R}^n_+$ となる. $\beta \in]0,\alpha[$ を任意に固定する. $\beta_k \to \alpha$ であるので, ある $k_\beta \in \mathbb{N}$ が存在し, $k \geq k_\beta$ であるすべての $k \in \mathbb{N}$ に対して $\beta_k \in]\beta,\alpha[$ となる. $\{\boldsymbol{y}_{\beta_k}\}_{k \geq k_\beta} \subset F(\beta) \in \mathcal{C}(\mathbb{R}^n)$ となるので, $\boldsymbol{y}_0 \in F(\beta)$ となる. したがって, $\beta \in]0,\alpha[$ の任意性より, $\boldsymbol{x} = \boldsymbol{y}_0 + (\boldsymbol{x} - \boldsymbol{y}_0) \in \bigcap_{\beta \in]0,\alpha[} F(\beta) + \mathbb{R}^n_+$ となる. $\square$

補題 9.4 $A_1 \in \mathcal{CK}(\mathbb{R}^n)$, $\boldsymbol{0} \in A_1$, $A_2 \in \mathcal{C}(\mathbb{R}^n)$ とし, $A_1 \in \mathcal{BC}(\mathbb{R}^n)$ または $A_2 \in \mathcal{BC}(\mathbb{R}^n)$ であるとする. また, $r : [0,1] \to [0,1]$ とし, $r(0) = 1$ とし, r は 0 において右連続であるとする. さらに, 各 $\alpha \in [0,1]$ に対して $F(\alpha) = r(\alpha)A_1 + A_2$ とし, $\widetilde{a} = M(\{F(\alpha)\}_{\alpha \in]0,1]})$ とする. このとき, 次が成り立つ.

$$A_1 + A_2 = \mathrm{cl}(\mathrm{supp}(\widetilde{a}))$$

証明 各 $\alpha \in [0,1]$ に対して, $F(\alpha) = r(\alpha)A_1 + A_2 \subset A_1 + A_2$ である. 各 $\boldsymbol{x} \in \mathbb{R}^n$ に対して, $\boldsymbol{x} \notin A_1 + A_2$ ならば, 任意の $\alpha \in]0,1]$ に対して $\boldsymbol{x} \notin F(\alpha)$ となり, $\widetilde{a}(\boldsymbol{x}) = 0$ となる. よって, $(A_1 + A_2)^c \subset \{\boldsymbol{x} \in \mathbb{R}^n : \widetilde{a}(\boldsymbol{x}) = 0\} = (\mathrm{supp}(\widetilde{a}))^c$ となるので, $A_1 + A_2 \supset \mathrm{supp}(\widetilde{a})$ となる. したがって, 定理 3.18 (ii) より $A_1 + A_2 \in \mathcal{C}(\mathbb{R}^n)$ となるので, $A_1 + A_2 \supset \mathrm{cl}(\mathrm{supp}(\widetilde{a}))$ となる.

次に, $\boldsymbol{x}_0 \in A_1 + A_2$ とする. このとき, ある $\boldsymbol{a}_i \in A_i$, $i = 1,2$ に対して $\boldsymbol{x}_0 = \boldsymbol{a}_1 + \boldsymbol{a}_2$ となる. $\boldsymbol{a}_1 = \boldsymbol{0}$ ならば, $\widetilde{a}(\boldsymbol{x}_0) = \widetilde{a}(\boldsymbol{a}_2) = 1$ であるので, $\boldsymbol{x}_0 \in \mathrm{supp}(\widetilde{a}) \subset \mathrm{cl}(\mathrm{supp}(\widetilde{a}))$ となる. よって, $\boldsymbol{a}_1 \neq \boldsymbol{0}$ と仮定し, $\mu_0 = \sup\{\lambda \geq 0 : \lambda\boldsymbol{a}_1 \in A_1\}$ とする. $\mu_0 = 1$ ならば $\lambda_0 = 1$ とし, $\mu_0 > 1$ ならば $\lambda_0 \in]1,\mu_0[$ を任意に固定する.

$\lambda_0 > 1$ と仮定する. r は 0 において右連続であるので, 十分小さい $\delta > 0$ に対して, $\alpha \in [0,\delta[$ ならば $1 - r(\alpha) < 1 - \frac{1}{\lambda_0}$ となる. $\alpha \in [0,\delta[$ を任意に固定する. このとき, $0 <$

$\frac{1}{r(\alpha)\lambda_0} < 1$, $r(\alpha)\lambda_0 \boldsymbol{a}_1 \in r(\alpha)A_1$ となるので，定理 5.1 (ii) より $\boldsymbol{a}_1 = \frac{1}{r(\alpha)\lambda_0} \cdot r(\alpha)\lambda_0 \boldsymbol{a}_1$ $\in r(\alpha)A_1$ となる．$\boldsymbol{x}_0 = \boldsymbol{a}_1 + \boldsymbol{a}_2 \in r(\alpha)A_1 + A_2 = F(\alpha)$ となるので，$c_{F(\alpha)}(\boldsymbol{x}_0) = 1$ となる．よって，$\alpha \in [0,\delta[$ の任意性より $\widetilde{a}(\boldsymbol{x}_0) = \sup_{\alpha \in]0,1]} \alpha c_{F(\alpha)}(\boldsymbol{x}_0) \geq \delta > 0$ となるので，$\boldsymbol{x}_0 \in \mathrm{supp}(\widetilde{a}) \subset \mathrm{cl}(\mathrm{supp}(\widetilde{a}))$ となる．

$\lambda_0 = 1$ と仮定する．$\lambda_0 > 1$ の場合と同様な議論により，任意の $\lambda \in]0,1[$ に対して $\widetilde{a}(\lambda\boldsymbol{a}_1 + \boldsymbol{a}_2) > 0$ となる．したがって，$\lambda_k \to 1$ となる $\{\lambda_k\}_{k \in \mathbb{N}} \subset]0,1[$ を任意に選ぶと，$\{\lambda_k \boldsymbol{a}_1 + \boldsymbol{a}_2\}_{k \in \mathbb{N}} \subset \mathrm{supp}(\widetilde{a})$ となり，$\lambda_k \boldsymbol{a}_1 + \boldsymbol{a}_2 \to \boldsymbol{a}_1 + \boldsymbol{a}_2 = \boldsymbol{x}_0 \in \mathrm{cl}(\mathrm{supp}(\widetilde{a}))$ となる． $\square$

補題 9.5 $A_1 \in \mathcal{BCK}(\mathbb{R}^n)$, $\boldsymbol{0} \in A_1$ とし，$A_2 \in \mathcal{C}(\mathbb{R}^n)$ とする．また，$r : [0,1] \to [0,1]$ を単調減少関数とし，各 $\beta \in [0,1]$ に対して $F(\beta) = r(\beta)A_1 + A_2$ とする．さらに，$\alpha \in]0,1]$ とし，r は α において左連続であるとする．このとき，次が成り立つ．

$$F(\alpha) = \bigcap_{\beta \in]0,\alpha[} F(\beta)$$

証明 まず，$F(\alpha) = r(\alpha)A_1 + A_2 \subset \bigcap_{\beta \in]0,\alpha[}(r(\beta)A_1 + A_2) = \bigcap_{\beta \in]0,\alpha[} F(\beta)$ となる．次に，$r(\alpha)A_1 + A_2 \supset \bigcap_{\beta \in]0,\alpha[}(r(\beta)A_1 + A_2)$ となることを示す．$\boldsymbol{x}_0 \in \bigcap_{\beta \in]0,\alpha[}(r(\beta)A_1 + A_2)$ とし，$\beta_k \to \alpha$ となる $\{\beta_k\}_{k \in \mathbb{N}} \subset]0,\alpha[$ を任意に固定する．このとき，各 $k \in \mathbb{N}$ に対して，$\boldsymbol{x}_0 \in r(\beta_k)A_1 + A_2$ であるので，ある $\boldsymbol{a}_{ik} \in A_i$, $i = 1,2$ が存在して $\boldsymbol{x}_0 = r(\beta_k)\boldsymbol{a}_{1k} + \boldsymbol{a}_{2k}$ となる．$A_1 \in \mathcal{BC}(\mathbb{R}^n)$ であるので，一般性を失うことなく，ある $\boldsymbol{a}_{10} \in A_1$ に対して $\boldsymbol{a}_{1k} \to \boldsymbol{a}_{10}$ と仮定する．r は α において左連続で $A_2 \in \mathcal{C}(\mathbb{R}^n)$ であるので，$\boldsymbol{a}_{2k} = \boldsymbol{x}_0 - r(\beta_k)\boldsymbol{a}_{1k} \to \boldsymbol{x}_0 - r(\alpha)\boldsymbol{a}_{10} \in A_2$ となる．よって，$\boldsymbol{x}_0 = r(\alpha)\boldsymbol{a}_{10} + (\boldsymbol{x}_0 - r(\alpha)\boldsymbol{a}_{10}) \in r(\alpha)A_1 + A_2$ となる． $\square$

定理 9.12 $A_i, B_i \in \mathcal{BCK}(\mathbb{R}^n)$, $i = 1,2$ とし，$\boldsymbol{0} \in A_1$, $\boldsymbol{0} \in B_1$, $A_2 \neq \emptyset$, $B_2 \neq \emptyset$ とする．また，単調減少関数 $r : [0,1] \to [0,1]$ に対して，$r(0) = 1$, $r(1) = 0$ とし，r は 0 において右連続であり 1 において左連続であるとする．さらに，各 $\alpha \in [0,1]$ に対して $F(\alpha) = r(\alpha)A_1 + A_2$, $G(\alpha) = r(\alpha)B_1 + B_2$ とし，$\widetilde{a} = M\left(\{F(\alpha)\}_{\alpha \in]0,1]}\right)$, $\widetilde{b} = M\left(\{G(\alpha)\}_{\alpha \in]0,1]}\right)$ とする．このとき，次が成り立つ．

(i) $\{\widetilde{a}, \widetilde{b}\}$ は順序保存的になる．

(ii) r は $[0,1]$ 上で左連続であるとする．このとき，$\{\widetilde{a}, \widetilde{b}\}$ は狭義順序保存的になる．

証明

(i) $\mathrm{cl}(\mathrm{supp}(\widetilde{a})) \leq \mathrm{cl}(\mathrm{supp}(\widetilde{b}))$, $[\widetilde{a}]_1 \leq [\widetilde{b}]_1$ であるとき，$\widetilde{a} \preceq \widetilde{b}$ となることを示せば十分である．補題 9.4 より $F(0) = A_1 + A_2 = \mathrm{cl}(\mathrm{supp}(\widetilde{a})) \leq \mathrm{cl}(\mathrm{supp}(\widetilde{b})) = B_1 + B_2 = G(0)$

となり，定理 7.4 と補題 9.5 より $F(1) = \bigcap_{\beta \in]0,1[} F(\beta) = [\widetilde{a}]_1 \leq [\widetilde{b}]_1 = \bigcap_{\beta \in]0,1[} G(\beta)$ $= G(1)$ となる．よって，補題 9.1 (i) より，任意の $\alpha \in [0,1]$ に対して $F(\alpha) \leq G(\alpha)$ となる．したがって，定理 7.4 および補題 9.3 より，任意の $\alpha \in]0,1]$ に対して $[\widetilde{a}]_\alpha = \bigcap_{\beta \in]0,\alpha[} F(\beta) \leq \bigcap_{\beta \in]0,\alpha[} G(\beta) = [\widetilde{b}]_\alpha$ となるので，$\widetilde{a} \preceq \widetilde{b}$ となる．

(ii) $\mathrm{cl}(\mathrm{supp}(\widetilde{a})) < \mathrm{cl}(\mathrm{supp}(\widetilde{b}))$, $[\widetilde{a}]_1 < [\widetilde{b}]_1$ であるとき，$\widetilde{a} \prec \widetilde{b}$ となることを示せば十分である．補題 9.4 より $F(0) = A_1 + A_2 = \mathrm{cl}(\mathrm{supp}(\widetilde{a})) < \mathrm{cl}(\mathrm{supp}(\widetilde{b})) = B_1 + B_2 = G(0)$ となり，定理 7.4 および補題 9.5 より $F(1) = \bigcap_{\beta \in]0,1[} F(\beta) = [\widetilde{a}]_1 < [\widetilde{b}]_1 = \bigcap_{\beta \in]0,1[} G(\beta)$ $= G(1)$ となる．よって，定理 7.4 および補題 9.1 (ii) と 9.5 より，任意の $\alpha \in]0,1]$ に対して $[\widetilde{a}]_\alpha = \bigcap_{\beta \in]0,\alpha[} F(\beta) = F(\alpha) < G(\alpha) = \bigcap_{\beta \in]0,\alpha[} G(\beta) = [\widetilde{b}]_\alpha$ となるので，$\widetilde{a} \prec \widetilde{b}$ となる． $\qquad\square$

以下では，順序保存性をもつファジィ集合のクラスを構成する．まず

$$\mathcal{BCK}_1(\mathbb{R}^n) = \{A \in \mathcal{BCK}(\mathbb{R}^n) : \mathbf{0} \in A\} \tag{9.8}$$

$$\mathcal{BCK}_2(\mathbb{R}^n) = \{A \in \mathcal{BCK}(\mathbb{R}^n) : A \neq \emptyset\} \tag{9.9}$$

とする．また，$\mathcal{R}$ を $[0,1]$ から $[0,1]$ への単調減少関数すべての集合とし

$$\mathcal{R}_1 = \{r \in \mathcal{R} : r(0) = 1, r(1) = 0,\ r \text{ は } 0 \text{ において右連続であり} \atop 1 \text{ において左連続}\} \tag{9.10}$$

$$\mathcal{R}_2 = \{r \in \mathcal{R}_1 : r \text{ は } [0,1] \text{ 上で左連続}\} \tag{9.11}$$

とする．さらに，各 $r \in \mathcal{R}_1$ に対して

$$\mathcal{S}_r(\mathbb{R}^n) = \big\{\{r(\alpha)A_1 + A_2\}_{\alpha \in]0,1]} : A_i \in \mathcal{BCK}_i(\mathbb{R}^n), i = 1,2\big\} \tag{9.12}$$

$$\mathcal{F}_r(\mathbb{R}^n) = M\left(\mathcal{S}_r(\mathbb{R}^n)\right) = \big\{M\left(\{S_\alpha\}_{\alpha \in]0,1]}\right) : \{S_\alpha\}_{\alpha \in]0,1]} \in \mathcal{S}_r(\mathbb{R}^n)\big\} \tag{9.13}$$

とする．

$r \in \mathcal{R}_1$ とし，$\widetilde{a} \in \mathcal{F}_r(\mathbb{R}^n)$ とする．このとき，ある $A_i \in \mathcal{BCK}_i(\mathbb{R}^n)$, $i = 1,2$ が存在して $\widetilde{a} = M\left(\{r(\alpha)A_1 + A_2\}_{\alpha \in]0,1]}\right)$ となる．よって，補題 9.2 (i), (iii) より $\widetilde{a} \in \mathcal{FBCK}(\mathbb{R}^n)$ となり，補題 9.4 より $\mathrm{cl}(\mathrm{supp}(\widetilde{a})) = A_1 + A_2$ となる．

系 9.1

(i) $\mathcal{F}_r(\mathbb{R}^n)$, $r \in \mathcal{R}_1$ は順序保存的である．

(ii) $\mathcal{F}_r(\mathbb{R}^n)$, $r \in \mathcal{R}_2$ は狭義順序保存的である．

証明 定理 9.12 より導かれる． $\qquad\square$

例 9.8

(i) $A_1 \in \mathcal{BCK}_1(\mathbb{R})$ および $A_2 \in \mathcal{BCK}_2(\mathbb{R})$ を $A_1 = [-1,1]$, $A_2 = [1,2]$ とする．また，$r \in \mathcal{R}_1$ を各 $\alpha \in [0,1]$ に対して

$$r(\alpha) = \begin{cases} -\alpha + 1 & \alpha \in \left[0, \frac{1}{4}\right[\cup \left[\frac{3}{4}, 1\right] \\ \frac{1}{2} & \alpha \in \left[\frac{1}{4}, \frac{3}{4}\right[\end{cases}$$

とする（図 9.8 (a)）．このとき，各 $\alpha \in [0,1]$ に対して

$$r(\alpha)A_1 + A_2 = \begin{cases} [\alpha, -\alpha + 3] & \alpha \in \left[0, \frac{1}{4}\right[\cup \left[\frac{3}{4}, 1\right] \\ \left[\frac{1}{2}, \frac{5}{2}\right] & \alpha \in \left[\frac{1}{4}, \frac{3}{4}\right[\end{cases}$$

となる．よって，$\widetilde{a} = M(\{r(\alpha)A_1 + A_2\}_{\alpha \in]0,1]})$ とすると，各 $x \in \mathbb{R}$ に対して

$$\widetilde{a}(x) = \begin{cases} x & x \in \left[0, \frac{1}{4}\right[\cup \left[\frac{3}{4}, 1\right[\\ \frac{1}{4} & x \in \left[\frac{1}{4}, \frac{1}{2}\right[\cup \left]\frac{5}{2}, \frac{11}{4}\right] \\ \frac{3}{4} & x \in \left[\frac{1}{2}, \frac{3}{4}\right[\cup \left]\frac{9}{4}, \frac{5}{2}\right] \\ 1 & x \in [1,2] \\ -x+3 & x \in \left]2, \frac{9}{4}\right] \cup \left]\frac{11}{4}, 3\right] \\ 0 & x \in \left]-\infty, 0\right[\cup \left]3, \infty\right[\end{cases}$$

となる（図 9.8 (b)）．

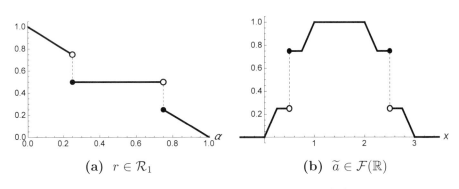

図 9.8 (i) における $r \in \mathcal{R}_1$ と $\widetilde{a} \in \mathcal{F}(\mathbb{R})$

(ii) $\boldsymbol{a} = (1,1) \in \mathbb{R}^2$ とし，$A_1 \in \mathcal{BCK}_1(\mathbb{R}^2)$ および $A_2 \in \mathcal{BCK}_2(\mathbb{R}^2)$ を $A_1 = \{\boldsymbol{x} \in \mathbb{R}^2 : \|\boldsymbol{x}\| \leq 1\}$, $A_2 = \{\boldsymbol{a}\}$ とする．また，$r \in \mathcal{R}_2$ を各 $\alpha \in [0,1]$ に対して，$r(\alpha) = -\alpha^2 + 1$ とする（図 9.9 (a)）．このとき，各 $\alpha \in [0,1]$ に対して，$r(\alpha)A_1 + A_2 = \{\boldsymbol{x} \in \mathbb{R}^2 : \|\boldsymbol{x} - \boldsymbol{a}\| \leq -\alpha^2 + 1\}$ となる．よって，$\widetilde{a} = M(\{r(\alpha)A_1 + A_2\}_{\alpha \in]0,1]})$ とすると，各 $\boldsymbol{x} \in \mathbb{R}^2$ に対して $\widetilde{a}(\boldsymbol{x}) = \sqrt{\max\{1 - \|\boldsymbol{x} - \boldsymbol{a}\|, 0\}}$ となる（図 9.9 (b)）．

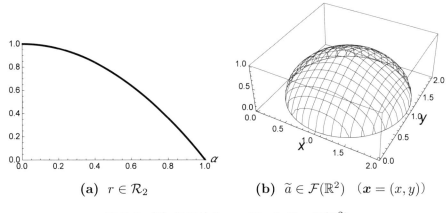

(a) $r \in \mathcal{R}_2$　　　　**(b)** $\widetilde{a} \in \mathcal{F}(\mathbb{R}^2)$　（$\boldsymbol{x} = (x,y)$）

図 **9.9** (ii) における $r \in \mathcal{R}_2$ と $\widetilde{a} \in \mathcal{F}(\mathbb{R}^2)$

□

　系 9.1 (i) より，$\mathcal{F}_r(\mathbb{R}^n)$, $r \in \mathcal{R}_1$ は順序保存的になるが，$\mathcal{F}_r(\mathbb{R}^n)$, $r \in \mathcal{R}_1$ は狭義順序保存的にもなることを以下で示そう．表記の簡単のため，$r \in \mathcal{R}$ および $\alpha_0 \in \,]0,1]$ に対して
$$r(\alpha_0-) = \lim_{\alpha \to \alpha_0-} r(\alpha)$$
とする.

補題 9.6 $r \in \mathcal{R}_1$ とする．また，$\alpha_0, \alpha_1, \cdots, \alpha_m \in [0,1]$ とし，$0 = \alpha_0 < \alpha_1 < \alpha_2 < \cdots < \alpha_m = 1$ であるとする．このとき，次が成り立つ．
$$\sum_{k=1}^{m-1}(r(\alpha_k-) - r(\alpha_k)) \leq 1$$

証明 $\beta_k \in \,]\alpha_{k-1}, \alpha_k[$, $k = 1, 2, \cdots, m$ とする．各 $k \in \{1, 2, \cdots, m-1\}$ に対して，$r(\alpha_k-) \leq r(\beta_k)$, $r(\beta_{k+1}) \leq r(\alpha_k)$ となり，$r(\alpha_k-) - r(\alpha_k) \leq r(\beta_k) - r(\beta_{k+1})$ となる．よって
$$\sum_{k=1}^{m-1}(r(\alpha_k-) - r(\alpha_k)) \leq \sum_{k=1}^{m-1}(r(\beta_k) - r(\beta_{k+1})) \leq r(\beta_1) - r(\beta_m) \leq 1$$
となる．

□

補題 9.7 $r \in \mathcal{R}_1$ の左連続でない点は高々可算個である．

証明 各 $k \in \mathbb{N}$ に対して
$$S_k = \left\{\alpha \in \,]0,1[\, : r(\alpha-) - r(\alpha) > \frac{1}{k}\right\}$$

とする. 各 $k \in \mathbb{N}$ に対して, もし $\alpha_1, \alpha_2, \cdots, \alpha_{m-1} \in S_k$ であり, $\alpha_1 < \alpha_2 < \cdots < \alpha_{m-1}$ であるならば, 補題 9.6 より

$$\frac{m-1}{k} < 1$$

となり, これは S_k が有限集合でなければならないことを意味する. よって, 各 $S_k, k \in \mathbb{N}$ は有限集合であるので, 定理 1.14 より, r が左連続ではない点の集合

$$\{\alpha \in \,]0,1[\, : r(\alpha-) - r(\alpha) > 0\} = \bigcup_{k \in \mathbb{N}} S_k$$

は高々可算集合になる. $\qquad\square$

補題 9.8 $r \in \mathcal{R}_1$ とする. また, $\bar{r} : [0,1] \to [0,1]$ を各 $\alpha \in [0,1]$ に対して

$$\bar{r}(\alpha) = \begin{cases} r(\alpha-) & r \text{ が } \alpha \text{ において左連続でない} \\ r(\alpha) & r \text{ が } \alpha \text{ において左連続} \end{cases}$$

とする. このとき, $\bar{r} \in \mathcal{R}_2$ となる.

証明 まず, $\bar{r}$ は $[0,1]$ 上で単調減少であることを示す. $\alpha, \beta \in [0,1]$, $\alpha < \beta$ とし, $\gamma \in\,]\alpha, \beta[$ を任意に固定する. このとき

$$\begin{aligned} \bar{r}(\alpha) &= \begin{cases} r(\alpha-) & r \text{ が } \alpha \text{ において左連続でない} \\ r(\alpha) & r \text{ が } \alpha \text{ において左連続} \end{cases} \\ &\geq r(\gamma) \\ &= \begin{cases} r(\beta-) & r \text{ が } \beta \text{ において左連続でない} \\ r(\beta) & r \text{ が } \beta \text{ において左連続} \end{cases} \\ &= \bar{r}(\beta) \end{aligned}$$

となる.

次に, r は 0 および 1 において左連続であるので, $\bar{r}(0) = r(0) = 1$, $\bar{r}(1) = r(1) = 0$ となる.

次に, $\bar{r}$ は 0 において右連続であることを示す. $\varepsilon > 0$ とする. r は 0 において右連続であるので, ある $\delta \in\,]0,1]$ が存在し, 任意の $\alpha \in [0,\delta[$ に対して $|r(\alpha) - r(0)| = 1 - r(\alpha) < \varepsilon$ となる. よって, 任意の $\alpha \in [0,\delta[$ に対して, $|\bar{r}(\alpha) - \bar{r}(0)| = |\bar{r}(\alpha) - 1| = 1 - \bar{r}(\alpha) \leq 1 - r(\alpha) < \varepsilon$ となる.

次に, $\bar{r}$ は 1 において左連続であることを示す. $\varepsilon > 0$ とする. r は 1 において左連続であるので, ある $\delta \in\,]0,\frac{1}{2}]$ が存在し, 任意の $\alpha \in\,]1-2\delta,1]$ に対して $|r(\alpha) - r(1)| = r(\alpha) < \varepsilon$ となる. $\beta \in\,]1-2\delta, 1-\delta]$ とする. このとき, 任意の $\alpha \in\,]1-\delta,1]$ に対して

$$\begin{aligned} \bar{r}(\alpha) &= \begin{cases} r(\alpha-) & r \text{ が } \alpha \text{ において左連続でない} \\ r(\alpha) & r \text{ が } \alpha \text{ において左連続} \end{cases} \\ &\leq r(\beta) \end{aligned}$$

となるので，$|\bar{r}(\alpha) - \bar{r}(1)| = \bar{r}(\alpha) \le r(\beta) < \varepsilon$ となる．

最後に，$\alpha \in {]}0,1{[}$ を任意に固定し，$\bar{r}$ は α において左連続であることを示す．$\varepsilon > 0$ とする．ある $\delta \in {]}0, \frac{\alpha}{2}{]}$ が存在し，任意の $\beta \in {]}\alpha - 2\delta, \alpha{[}$ に対して $|r(\beta) - r(\alpha-)| = r(\beta) - r(\alpha-) < \varepsilon$ となる．$\gamma \in {]}\alpha - 2\delta, \alpha - \delta{]}$ とする．任意の $\beta \in {]}\alpha - \delta, \alpha{]}$ に対して

$$\bar{r}(\beta) = \begin{cases} r(\beta-) & r \text{ が } \beta \text{ において左連続でない} \\ r(\beta) & r \text{ が } \beta \text{ において左連続} \end{cases}$$
$$\le r(\gamma)$$

となるので，$|\bar{r}(\beta) - \bar{r}(\alpha)| = \bar{r}(\beta) - \bar{r}(\alpha) \le r(\gamma) - r(\alpha-) < \varepsilon$ となる．以上より，$\bar{r} \in \mathcal{R}_2$ となる． $\square$

定理 9.13 $\mathcal{F}_r(\mathbb{R}^n)$, $r \in \mathcal{R}_1$ は順序保存的および狭義順序保存的になる．

証明 $r \in \mathcal{R}_1$ とする．このとき，$\bar{r} : [0,1] \to [0,1]$ を各 $\alpha \in [0,1]$ に対して

$$\bar{r}(\alpha) = \begin{cases} r(\alpha-) & r \text{ が } \alpha \text{ において左連続でない} \\ r(\alpha) & r \text{ が } \alpha \text{ において左連続} \end{cases}$$

とする．補題 9.8 より，$\bar{r} \in \mathcal{R}_2$ となる．補題 9.7 より r の左連続でない点は高々可算個であるので，$\{\alpha \in [0,1] : r(\alpha) \ne \bar{r}(\alpha)\} = \{\alpha \in [0,1] : r(\alpha) \ne \bar{r}(\alpha)\}$ は高々可算集合である．ここで，$A_i \in \mathcal{BCK}_i(\mathbb{R}^n)$, $i = 1,2$ を任意に固定する．$\{\alpha \in {]}0,1{]} : r(\alpha)A_1 + A_2 \ne \bar{r}(\alpha)A_1 + A_2\}$ は高々可算集合であるので，定理 7.6 より $M\left(\{r(\alpha)A_1 + A_2\}_{\alpha \in {]}0,1{]}}\right) = M\left(\{\bar{r}(\alpha)A_1 + A_2\}_{\alpha \in {]}0,1{]}}\right)$ となる．よって，$A_i \in \mathcal{BCK}_i(\mathbb{R}^n)$, $i = 1,2$ の任意性より，$\mathcal{F}_r(\mathbb{R}^n) = \mathcal{F}_{\bar{r}}(\mathbb{R}^n)$ となる．したがって，系 9.1 より，$\mathcal{F}_r(\mathbb{R}^n)$ は順序保存的および狭義順序保存的になる． $\square$

問題 9.3

1. $A_i, B_i \subset \mathbb{R}^n$, $i = 1,2$ とし，$A_2, B_2 \in \mathcal{K}(\mathbb{R}^n)$ とする．また，$r : [0,1] \to [0,1]$ とし，$r(0) = 1, r(1) = 0$ とする．さらに，各 $\alpha \in [0,1]$ に対して，$F(\alpha) = r(\alpha)A_1 + A_2$, $G(\alpha) = r(\alpha)B_1 + B_2$ とする．このとき，次が成り立つことを示せ．

$$F(0) < G(0), F(1) < G(1) \Rightarrow F(\alpha) < G(\alpha), \alpha \in [0,1]$$

2. $\mu \in \mathbb{R}$ とし，$\beta > 0$ とする．$\widetilde{a} \in \mathcal{F}(\mathbb{R})$ を各 $x \in \mathbb{R}$ に対して

$$\widetilde{a}(x) = \max\left\{1 - \frac{|x - \mu|}{\beta}, 0\right\}$$

とする．このとき

$$\widetilde{a} = M\left(\{r(\alpha)A + B\}_{\alpha \in]0,1]}\right)$$

となるような $0 \in A$，$B \neq \emptyset$ である $A, B \in \mathcal{BCK}(\mathbb{R})$ および $r(0) = 1$，$r(1) = 0$ である単調減少連続関数 $r : [0,1] \to [0,1]$ を求めよ．

解答

問題 1.1

1. $x \in (A \cap B) \cup C \Leftrightarrow x \in A \cap B$ または $x \in C \Leftrightarrow (x \in A$ かつ $x \in B)$ または $x \in C \Leftrightarrow (x \in A$ または $x \in C)$ かつ $(x \in B$ または $x \in C) \Leftrightarrow x \in A \cup C$ かつ $x \in B \cup C \Leftrightarrow x \in (A \cup C) \cap (B \cup C)$

　X を全体集合とする. $x \in (A \cap B)^c \Leftrightarrow x \in X$ かつ $x \notin A \cap B \Leftrightarrow x \in X$ かつ $(x \notin A$ または $x \notin B) \Leftrightarrow (x \in X$ かつ $x \notin A)$ または $(x \in X$ かつ $x \notin B) \Leftrightarrow x \in A^c$ または $x \in B^c \Leftrightarrow x \in A^c \cup B^c$

2. $A \subset B \Leftrightarrow (x \in A \Rightarrow x \in B) \Leftrightarrow (x \in A \Leftrightarrow x \in A$ かつ $x \in B) \Leftrightarrow (x \in A \Leftrightarrow x \in A \cap B) \Leftrightarrow A = A \cap B$

　$A \subset B \Leftrightarrow (x \in A \Rightarrow x \in B) \Leftrightarrow (x \in B \Leftrightarrow x \in A$ または $x \in B) \Leftrightarrow (x \in B \Leftrightarrow x \in A \cup B) \Leftrightarrow B = A \cup B$

3.

(i) $x \in A \setminus (B \setminus C) \Leftrightarrow x \in A$ かつ $(x \notin B \setminus C) \Leftrightarrow x \in A$ かつ $(x \notin B$ または $x \in C) \Leftrightarrow (x \in A$ かつ $x \notin B)$ または $(x \in A$ かつ $x \in C) \Leftrightarrow x \in A \setminus B$ または $x \in A \cap C \Leftrightarrow x \in (A \setminus B) \cup (A \cap C)$

(ii) $x \in (A \cup B) \setminus C \Leftrightarrow x \in A \cup B$ かつ $x \notin C \Leftrightarrow (x \in A$ または $x \in B)$ かつ $x \notin C \Leftrightarrow (x \in A$ かつ $x \notin C)$ または $(x \in B$ かつ $x \notin C) \Leftrightarrow x \in A \setminus C$ または $x \in B \setminus C \Leftrightarrow x \in (A \setminus C) \cup (B \setminus C)$

(iii) $x \in A \setminus (B \cap C) \Leftrightarrow x \in A$ かつ $x \notin B \cap C \Leftrightarrow x \in A$ かつ $(x \notin B$ または $x \notin C) \Leftrightarrow (x \in A$ かつ $x \notin B)$ または $(x \in A$ かつ $x \notin C) \Leftrightarrow x \in A \setminus B$ または $x \in A \setminus C \Leftrightarrow x \in (A \setminus B) \cup (A \setminus C)$

4.

(i) $x \in \left(\bigcap_{\lambda \in \Lambda} A_\lambda \right) \cap B \Leftrightarrow x \in \left(\bigcap_{\lambda \in \Lambda} A_\lambda \right)$ かつ $x \in B \Leftrightarrow ($任意の $\lambda \in \Lambda$ に対して $x \in A_\lambda)$ かつ $x \in B \Leftrightarrow$ 任意の $\lambda \in \Lambda$ に対して, $x \in A_\lambda$ かつ $x \in B \Leftrightarrow$ 任意の $\lambda \in \Lambda$ に対して $x \in A_\lambda \cap B \Leftrightarrow x \in \bigcap_{\lambda \in \Lambda} (A_\lambda \cap B)$

(ii) $x \in \left(\bigcap_{\lambda \in \Lambda} A_\lambda \right) \cup B \Leftrightarrow x \in \left(\bigcap_{\lambda \in \Lambda} A_\lambda \right)$ または $x \in B \Leftrightarrow ($任意の $\lambda \in \Lambda$ に対して $x \in A_\lambda)$ または $x \in B \Leftrightarrow$ 任意の $\lambda \in \Lambda$ に対して, $x \in A_\lambda$ または $x \in B \Leftrightarrow$ 任意の $\lambda \in \Lambda$ に対して $x \in A_\lambda \cup B \Leftrightarrow x \in \bigcap_{\lambda \in \Lambda} (A_\lambda \cup B)$

(iii) $x \in \left(\bigcap_{\lambda \in \Lambda} A_\lambda \right)^c \Leftrightarrow x \notin \bigcap_{\lambda \in \Lambda} A_\lambda \Leftrightarrow$ ある $\lambda \in \Lambda$ が存在して $x \notin A_\lambda \Leftrightarrow$ ある $\lambda \in \Lambda$ が存在して $x \in A_\lambda^c \Leftrightarrow x \in \bigcup_{\lambda \in \Lambda} A_\lambda^c$

5.

(i) $(x, y) \in (A \times B) \cap (C \times D) \Leftrightarrow (x, y) \in A \times B$ かつ $(x, y) \in C \times D \Leftrightarrow (x \in A$ かつ $y \in B)$ かつ $(x \in C$ かつ $y \in D) \Leftrightarrow (x \in A$ かつ $x \in C)$ かつ $(y \in B$ かつ $y \in D) \Leftrightarrow x \in A \cap C$ かつ $y \in B \cap D \Leftrightarrow (x, y) \in (A \cap C) \times (B \cap D)$

(ii) $(x, y) \in (A \times B) \setminus (C \times D) \Leftrightarrow (x, y) \in A \times B$ かつ $(x, y) \notin C \times D \Leftrightarrow (x \in A$ かつ $y \in B)$ かつ $(x \notin C$ または $y \notin D) \Leftrightarrow ((x \in A$ かつ $y \in B)$ かつ $x \notin C)$ または $((x \in A$ かつ $y \in B)$ かつ $y \notin D) \Leftrightarrow ((x \in A$ かつ $x \notin C)$ かつ $y \in B)$ または $(x \in A$ かつ $(y \in B$ かつ $y \notin D)) \Leftrightarrow (x \in A \setminus C$ かつ $y \in B)$ または $(x \in A$ かつ $y \in B \setminus D) \Leftrightarrow (x \in A \setminus C$ かつ $(y \in B \setminus D$ または $y \in B \cap D))$ または $((x \in A \setminus C$ または $x \in A \cap C)$ かつ $y \in B \setminus D) \Leftrightarrow ((x \in A \setminus C$ かつ $y \in B \setminus D)$ または $(x \in A \setminus C$ かつ $y \in B \cap D))$ または $((x \in A \setminus C$ かつ $y \in B \setminus D)$ または $(x \in A \cap C$ かつ $y \in B \setminus D)) \Leftrightarrow (x \in A \setminus C$ かつ $y \in B \setminus D)$ または $(x \in A \setminus C$ かつ $y \in B \cap D)$ または $(x \in A \cap C$ かつ $y \in B \setminus D) \Leftrightarrow (x, y) \in (A \setminus C) \times (B \setminus D)$ または $(x, y) \in (A \setminus C) \times (B \cap D)$ または $(x, y) \in (A \cap C) \times (B \setminus D) \Leftrightarrow (x, y) \in ((A \setminus C) \times (B \setminus D)) \cup ((A \setminus C) \times (B \cap D)) \cup ((A \cap C) \times (B \setminus D))$

問題 1.2

1. $x \in f^{-1}\left(\bigcup_{\lambda \in \Lambda} C_\lambda\right) \Leftrightarrow f(x) \in \bigcup_{\lambda \in \Lambda} C_\lambda \Leftrightarrow$ ある $\lambda \in \Lambda$ が存在して $f(x) \in C_\lambda \Leftrightarrow$ ある $\lambda \in \Lambda$ が存在して $x \in f^{-1}(C_\lambda) \Leftrightarrow x \in \bigcup_{\lambda \in \Lambda} f^{-1}(C_\lambda)$

2. $X = \{1, 2\}, Y = \{0\}$ とし, $f : X \to Y$ を $f(1) = f(2) = 0$ とする. また, $\Lambda = \{1, 2\}$ とし, $A_1 = \{1\}, A_2 = \{2\}$ とする. このとき, $f(A_1 \cap A_2) = f(\emptyset) = \emptyset$, $f(A_1) \cap f(A_2) = \{0\} \cap \{0\} = \{0\}$ となり, $f(A_1 \cap A_2) \neq f(A_1) \cap f(A_2)$ となる.

3. 定理 1.6 (iii) より導かれる.

4.

(i) f は全単射であるので, 定理 1.6 (iii) より, $f^{-1} \circ f = \mathrm{id}_X$, $f \circ f^{-1} = \mathrm{id}_Y$ となる. よって, 定理 1.6 (iii) より, f^{-1} は全単射になる.

(ii) (i) より, f^{-1} および g^{-1} も全単射になる. このとき, 定理 1.6 (iii) より, $(f^{-1} \circ g^{-1}) \circ (g \circ f) = ((f^{-1} \circ g^{-1}) \circ g) \circ f = (f^{-1} \circ (g^{-1} \circ g)) \circ f = (f^{-1} \circ \mathrm{id}_Y) \circ f = f^{-1} \circ f = \mathrm{id}_X$, $(g \circ f) \circ (f^{-1} \circ g^{-1}) = g \circ (f \circ (f^{-1} \circ g^{-1})) = g \circ ((f \circ f^{-1}) \circ g^{-1}) = g \circ (\mathrm{id}_Y \circ g^{-1}) = g \circ g^{-1} = \mathrm{id}_Z$ となる. よって, 定理 1.6 (iii) より, $g \circ f$ は全単射になる.

(iii) $g \circ f$ が全射であるので, 定理 1.6 (ii) より, ある $h : Z \to X$ が存在して $(g \circ f) \circ h = \mathrm{id}_Z$ となる. このとき, $g \circ (f \circ h) = \mathrm{id}_Z$ となるので, 定理 1.6 (ii) より, g は全射になる.

(iv) $g \circ f$ が単射であるので, 定理 1.6 (i) より, ある $h : Z \to X$ が存在して $h \circ (g \circ f) = \mathrm{id}_X$ となる. このとき, $(h \circ g) \circ f = \mathrm{id}_X$ となるので, 定理 1.6 (ii) より, f は単射になる.

5. まず, 任意の $x \in X$ に対して $c_A(x) \leq c_B(x)$ であると仮定する. $x \in A$ とする. このとき, $c_A(x) = 1 \leq c_B(x)$ となり, $c_B(x) = 1$ となる. よって, $x \in B$ となる. したがって, $A \subset B$ となる.

　次に, $A \subset B$ であると仮定する. $x \in X$ とする. $x \notin A$ ならば, $c_A(x) = 0 \leq c_B(x)$ となる. $x \in A$ ならば, $x \in B$ となるので, $c_A(x) = 1 = c_B(x)$ となる.

(i) まず, $x \in A \cap B$ とする. このとき, $x \in A, x \in B$ となり, $c_{A \cap B}(x) = 1$, $c_A(x)c_B(x) = 1 \cdot 1 = 1$, $\min\{c_A(x), c_B(x)\} = \min\{1, 1\} = 1$ となる. 次に, $x \notin A \cap B$ とする. このとき, $x \notin A$ または $x \notin B$ となる. $x \notin A$ ならば $c_{A \cap B}(x) = 0$, $c_A(x)c_B(x) = 0 \cdot c_B(x) = 0$, $\min\{c_A(x), c_B(x)\} = \min\{0, c_B(x)\} = 0$ となり, $x \notin B$ ならば $c_{A \cap B}(x) = 0$, $c_A(x)c_B(x) = c_A(x) \cdot 0 = 0$, $\min\{c_A(x), c_B(x)\} = \min\{c_A(x), 0\} = 0$ となる.

(ii) まず, $x \in A \cup B$ とする. このとき, $x \in A$ または $x \in B$ となる. $x \in A, x \in B$ ならば, $c_{A \cup B}(x) = 1, c_A(x) + c_B(x) - c_{A \cap B}(x) = 1 + 1 - 1 = 1, \max\{c_A(x), c_B(x)\} = \max\{1, 1\} = 1$ となる. $x \in A, x \notin B$ ならば, $c_{A \cup B}(x) = 1, c_A(x) + c_B(x) - c_{A \cap B}(x) = 1 + 0 - 0 = 1,$ $\max\{c_A(x), c_B(x)\} = \max\{1, 0\} = 1$ となる. $x \notin A, x \in B$ ならば, $c_{A \cup B}(x) = 1, c_A(x) + c_B(x) - c_{A \cap B}(x) = 0 + 1 - 0 = 1, \max\{c_A(x), c_B(x)\} = \max\{0, 1\} = 1$ となる. 次に, $x \notin A \cup B$ とする. このとき, $x \notin A, x \notin B$ となり, $c_{A \cup B}(x) = 0, c_A(x) + c_B(x) - c_{A \cap B}(x) = 0 + 0 - 0 = 0,$ $\max\{c_A(x), c_B(x)\} = \max\{0, 0\} = 0$ となる.

(iii) $x \in A^c$ ならば, $x \notin A$ となり, $c_{A^c}(x) = 1, 1 - c_A(x) = 1 - 0 = 1$ となる. $x \notin A^c$ ならば, $x \in A$ となり, $c_{A^c}(x) = 0, 1 - c_A(x) = 1 - 1 = 0$ となる.

(iv) $x \in A \setminus B$ ならば, $x \in A, x \notin B$ となり, $c_{A \setminus B}(x) = 1, c_A(x)(1 - c_B(x)) = 1 \cdot (1 - 0) = 1$ となる. $x \notin A \setminus B$ とする. このとき, $x \notin A$ または $x \in B$ となる. $x \notin A, x \in B$ ならば, $c_{A \setminus B}(x) = 0, c_A(x)(1 - c_B(x)) = 0 \cdot (1 - 1) = 0$ となる. $x \notin A, x \notin B$ ならば, $c_{A \setminus B}(x) = 0, c_A(x)(1 - c_B(x)) = 0 \cdot (1 - 0) = 0$ となる. $x \in A, x \in B$ ならば, $c_{A \setminus B}(x) = 0, c_A(x)(1 - c_B(x)) = 1 \cdot (1 - 1) = 0$ となる.

問題 1.3

1.

(i) まず, $x \in \mathbb{R}$ とする. このとき, $x - x = 0 \in \mathbb{Z}$ となるので, xRx となる. 次に, $x, y \in \mathbb{R}$ とし, xRy であるとする. このとき, $x - y \in \mathbb{Z}$ となるので, $y - x = -(x - y) \in \mathbb{Z}$ となるので, yRx となる. 次に, $x, y, z \in \mathbb{R}$ とし, xRy, yRz とする. このとき, $x - y \in \mathbb{Z}, y - z \in \mathbb{Z}$ となるので, $x - z = (x - y) + (y - z) \in \mathbb{Z}$ となり, xRz となる. 以上より, R は $\mathbb{R}$ 上の同値関係になる.

(ii) $x \in \mathbb{R}$ に対して, x の小数部分を x_0 と表すと, $[x] = [x_0]$ となる. よって, $\mathbb{R}/R = \{[x] : x \in \mathbb{R}\} = \{[x] : 0 \le x < 1\}$ となる. $0 \le x < 1, 0 \le y < 1, x \ne y$ である $x, y \in \mathbb{R}$ に対して, $[x] \ne [y]$ となる. よって, $0 \le x < 1$ である $x \in \mathbb{R}$ に対して, $[x]$ は x と同一視できる. したがって, $\mathbb{R}/R$ は $\{x \in \mathbb{R} : 0 \le x < 1\}$ を表す.

2. まず, $f \in X$ とする. このとき, 任意の $x \in \mathbb{R}$ に対して $f(x) \le f(x)$ となるので, $f \le f$ となる. 次に, $f, g \in X$ とし, $f \le g, g \le f$ とする. このとき, 任意の $x \in \mathbb{R}$ に対して, $f(x) \le g(x),$ $g(x) \le f(x)$ となるので, $f(x) = g(x)$ となる. よって, $f = g$ となる. 次に, $f, g, h \in X$ とし, $f \le g, g \le h$ となる. このとき, 任意の $x \in \mathbb{R}$ に対して, $f(x) \le g(x), g(x) \le h(x)$ となるので, $f(x) \le h(x)$ となる. よって, $f \le h$ となる. 以上より, $\le$ は X 上の順序関係になる.

　$f, g \in X$ を各 $x \in \mathbb{R}$ に対して, $f(x) = x, g(x) = -x$ とする. このとき, $f(1) = 1 \not\le -1 = g(1),$ $g(-1) = 1 \not\le -1 = f(-1)$ となるので, $f \not\le g, g \not\le f$ となる. したがって, $\le$ は X 上の全順序関係ではない.

3.

(i) まず, $x \in X$ とする. このとき, $f(x) = f(x)$ であるので, xRx となる. 次に, $x, y \in X$ とし, xRy とする. このとき, $f(x) = f(y)$ となるので, $f(y) = f(x)$ となり, yRx となる. 次に, $x, y, z \in X$ とし, xRy, yRz とする. このとき, $f(x) = f(y), f(y) = f(z)$ となるので, $f(x) = f(z)$ となり, xRz となる. 以上より, R は X 上の同値関係になる.

348

(ii) $\varphi : Y \to X/R$ を次のように定義する．各 $y \in Y$ に対して，f は全射であるので，$x \in f^{-1}(y)$ を任意に選び，$\varphi(y) = [x]$ とする φ が全単射であることを示す．

まず，$\overline{x} \in X/R$ とする．このとき，ある $x \in X$ が存在して $\overline{x} = [x]$ となる．$y = f(x)$ とし，$\varphi(y) = [x']$ とする．xRx' となるので，$[x] = [x']$ となり，$\varphi(y) = [x'] = [x] = \overline{x}$ となる．よって，φ は全射になる．

次に，$y, y' \in Y$，$y \neq y'$ とし，$\varphi(y) = [x]$，$\varphi(y') = [x']$ とする．このとき，$f(x) = y \neq y' = f(x')$ であるので，$x\not Rx'$ となり，$\varphi(y) = [x] \neq [x'] = \varphi(y')$ となる．よって，φ は単射になる．

問題 1.4

1. $\mathbb{N}$ から $\mathbb{Z}$ への全単射を次のように定義できる．

$$
\begin{array}{ccccccccc}
\mathbb{N} & : & 1 & 2 & 3 & 4 & 5 & 6 & 7 & \cdots \\
& & \downarrow & \downarrow & \downarrow & \downarrow & \downarrow & \downarrow & \downarrow \\
\mathbb{Z} & : & 0 & 1 & -1 & 2 & -2 & 3 & -3 & \cdots
\end{array}
$$

2. まず，$X \cup Y$ が高々可算集合であることを示す．$X \cup Y$ が無限集合ならば，$A \cup B$ が可算集合になることを示せば十分である．X, Y は高々可算集合であるので，単射 $f : X \to \mathbb{N}$ および単射 $g : Y \to \mathbb{N}$ が存在する．このとき，単射 $\varphi_1 : X \cup Y \to \mathbb{N} \times \mathbb{N}$ を各 $x \in X \cup Y$ に対して

$$
\varphi_1(x) = \begin{cases} (f(x), 0) & x \in X \\ (0, g(x)) & x \in Y \setminus X \end{cases}
$$

とする．$\varphi : X \cup Y \to \varphi_1(X \cup Y)$ を各 $x \in X \cup Y$ に対して，$\varphi(x) = \varphi_1(x)$ とする．φ は全単射になるので，$X \cup Y \simeq \varphi_1(X \cup Y)$，$\varphi_1(X \cup Y) \subset \mathbb{N} \times \mathbb{N}$ となる．また，$X \cup Y$ は無限集合であるので，定理 1.13 より，可算集合 $Z \subset X \cup Y$ が存在する．よって，全単射 $\psi_1 : \mathbb{N} \to Z$ が存在する．定理 1.12 より $\mathbb{N} \times \mathbb{N}$ は可算集合であるので，全単射 $\psi_2 : \mathbb{N} \times \mathbb{N} \to \mathbb{N}$ が存在する．このとき，$\psi_1 \circ \psi_2 : \mathbb{N} \times \mathbb{N} \to Z$ は全単射になるので，$\mathbb{N} \times \mathbb{N} \simeq Z$，$Z \subset X \cup Y$ となる．したがって，定理 1.10 および 1.12 より，$X \cup Y \simeq \mathbb{N}$ となり，$X \cup Y$ は可算集合になる．

次に，$X \times Y$ が高々可算集合になることを示す．各 $x \in X$ に対して，$\{x\} \times Y \simeq Y$ は高々可算集合である．よって，定理 1.14 より，$X \times Y = \bigcup_{x \in X}(\{x\} \times Y)$ は可算集合になる．

3. $f(X)$ が無限集合ならば，$f(X)$ が可算集合になることを示せば十分である．$g : f(X) \to X$ を各 $y \in f(X)$ に対して，$x \in f^{-1}(y)$ を任意に選び，$g(y) = x$ とする．このとき，g は単射になる．X は高々可算集合であるので，単射 $h : X \to \mathbb{N}$ が存在する．このとき，$h \circ g : f(X) \to \mathbb{N}$ は単射になる．$\varphi : f(X) \to h \circ g(f(X))$ を各 $y \in f(X)$ に対して $\varphi(y) = h \circ g(y)$ とする．φ は全単射になるので，$f(X) \simeq h \circ g(f(X))$，$h \circ g(f(X)) \subset \mathbb{N}$ となる．$f(X)$ は無限集合であるので，定理 1.13 より，可算集合 $Z \subset f(X)$ が存在する．このとき，$\mathbb{N} \simeq Z$，$Z \subset f(X)$ となる．よって，定理 1.10 より，$f(X) \simeq \mathbb{N}$ となり，$f(X)$ は可算集合になる．

4. $X = \{x \in \mathbb{R} : 0 \leq x \leq 1\}$ とし，$Y = \{x \in \mathbb{R} : 0 < x < 1\}$ とする．id_X は全単射になるので，$X \simeq X$，$X \subset \mathbb{R}$ となる．$f : \mathbb{R} \to Y$ を各 $x \in \mathbb{R}$ に対して，$f(x) = \frac{1}{\pi}\tan^{-1}x + \frac{1}{2}$ とする．f は全単射になるので，$\mathbb{R} \simeq Y$，$Y \subset X$ となる．よって，定理 1.10 より，$X \simeq \mathbb{R}$ となる．

349

問題 2.1

1. 略.

2. 略.

問題 2.2

1. 略.

2. $\boldsymbol{x} = (x_1, x_2, \cdots, x_n), \boldsymbol{y} = (y_1, y_2, \cdots, y_n) \in \mathbb{R}^n$ とし, $\lambda \in \mathbb{R}$ とする. $\|\boldsymbol{x}\|_1 \geq 0$, $\|\boldsymbol{x}\|_\infty \geq 0$ となり $\|\boldsymbol{x}\|_1 = 0$ と $\boldsymbol{x} = \boldsymbol{0}$ が同値になり, $\|\boldsymbol{x}\|_\infty = 0$ と $\boldsymbol{x} = \boldsymbol{0}$ が同値になることは明らかである. 次に, $\|\boldsymbol{x} + \boldsymbol{y}\|_1 = \sum_{i=1}^n |x_i + y_i| \leq \sum_{i=1}^n (|x_i| + |y_i|) = \sum_{i=1}^n |x_i| + \sum_{i=1}^n |y_i| = \|\boldsymbol{x}\|_1 + \|\boldsymbol{y}\|_1$ となり, $\|\boldsymbol{x} + \boldsymbol{y}\|_\infty = \max_{i=1,2,\cdots,n} |x_i + y_i| \leq \max_{i=1,2,\cdots,n} (|x_i| + |y_i|) \leq \max_{i=1,2,\cdots,n} |x_i| + \max_{i=1,2,\cdots,n} |y_i| = \|\boldsymbol{x}\|_\infty + \|\boldsymbol{y}\|_\infty$ となる. 次に, $\|\lambda\boldsymbol{x}\|_1 = \sum_{i=1}^n |\lambda x_i| = |\lambda| \sum_{i=1}^n |x_i| = |\lambda| \|\boldsymbol{x}\|_1$ となり, $\|\lambda\boldsymbol{x}\|_\infty = \max_{i=1,2,\cdots,n} |\lambda x_i| = |\lambda| \max_{i=1,2,\cdots,n} |x_i| = |\lambda| \|\boldsymbol{x}\|_\infty$ となる. よって, $\|\cdot\|_1$ および $\|\cdot\|_\infty$ はノルムの公理をみたす. 図示は略.

3. $\boldsymbol{x}, \boldsymbol{y} \in \mathbb{R}^n$ とする. $\|\boldsymbol{x}\| = \|\boldsymbol{y} + (\boldsymbol{x} - \boldsymbol{y})\| \leq \|\boldsymbol{y}\| + \|\boldsymbol{x} - \boldsymbol{y}\|$, $\|\boldsymbol{y}\| = \|\boldsymbol{x} + (\boldsymbol{y} - \boldsymbol{x})\| \leq \|\boldsymbol{x}\| + \|\boldsymbol{x} - \boldsymbol{y}\|$ であるので, $-\|\boldsymbol{x} - \boldsymbol{y}\| \leq \|\boldsymbol{x}\| - \|\boldsymbol{y}\| \leq \|\boldsymbol{x} - \boldsymbol{y}\|$ となり, $|\|\boldsymbol{x}\| - \|\boldsymbol{y}\|| \leq \|\boldsymbol{x} - \boldsymbol{y}\|$ となる.

4. $d_0 : \mathbb{R}^n \times \mathbb{R}^n \to \mathbb{R}$ を各 $\boldsymbol{x}, \boldsymbol{y} \in \mathbb{R}^n$ に対して

$$d_0(\boldsymbol{x}, \boldsymbol{y}) = \begin{cases} 0 & \boldsymbol{x} = \boldsymbol{y} \\ 1 & \boldsymbol{x} \neq \boldsymbol{y} \end{cases}$$

とすると, d_0 は距離の公理をみたす. このとき, $\boldsymbol{x} \neq \boldsymbol{0}$ に対して, $\|2\boldsymbol{x}\|_0 = d_0(2\boldsymbol{x}, \boldsymbol{0}) = 1 \neq 2 = 2d_0(\boldsymbol{x}, \boldsymbol{0}) = 2\|\boldsymbol{x}\|_0$ となる. よって, $\|\cdot\|_0$ はノルムの公理をみたさない.

5. $\boldsymbol{x}, \boldsymbol{y} \in \mathbb{R}^n$ とし, $\lambda \in \mathbb{R}$ とする. まず, $\|\boldsymbol{x}\|_0 = d_0(\boldsymbol{x}, \boldsymbol{0}) \geq 0$ となる. また, $d_0(\boldsymbol{x}, \boldsymbol{0}) = 0$ と $\boldsymbol{x} = \boldsymbol{0}$ は同値になるので, $\|\boldsymbol{x}\|_0 = 0$ と $\boldsymbol{x} = \boldsymbol{0}$ は同値になる. 次に, d_0 は平行移動不変かつ斉次であるので, $\|\boldsymbol{x} + \boldsymbol{y}\|_0 = d_0(\boldsymbol{x} + \boldsymbol{y}, \boldsymbol{0}) = d_0(\boldsymbol{x}, -\boldsymbol{y}) \leq d_0(\boldsymbol{x}, \boldsymbol{0}) + d_0(\boldsymbol{0}, -\boldsymbol{y}) = d_0(\boldsymbol{x}, \boldsymbol{0}) + d_0(\boldsymbol{y}, \boldsymbol{0}) = \|\boldsymbol{x}\|_0 + \|\boldsymbol{y}\|_0$ となる. 次に, d_0 は斉次であるので, $\|\lambda\boldsymbol{x}\|_0 = d_0(\lambda\boldsymbol{x}, \boldsymbol{0}) = |\lambda| d_0(\boldsymbol{x}, \boldsymbol{0}) = |\lambda| \|\boldsymbol{x}\|_0$ となる. よって, $\|\cdot\|_0$ はノルムの公理をみたす.

6. $\boldsymbol{x}, \boldsymbol{y}, \boldsymbol{z} \in \mathbb{R}^n$ とする. $\overline{d}(\boldsymbol{x}, \boldsymbol{y}) \leq \overline{d}(\boldsymbol{x}, \boldsymbol{z}) + \overline{d}(\boldsymbol{y}, \boldsymbol{z})$, $\overline{d}(\boldsymbol{x}, \boldsymbol{z}) \leq \overline{d}(\boldsymbol{x}, \boldsymbol{y}) + \overline{d}(\boldsymbol{y}, \boldsymbol{z})$ であるので, $-\overline{d}(\boldsymbol{y}, \boldsymbol{z}) \leq \overline{d}(\boldsymbol{x}, \boldsymbol{y}) - \overline{d}(\boldsymbol{x}, \boldsymbol{z}) \leq \overline{d}(\boldsymbol{y}, \boldsymbol{z})$ となり, $|\overline{d}(\boldsymbol{x}, \boldsymbol{y}) - \overline{d}(\boldsymbol{x}, \boldsymbol{z})| \leq \overline{d}(\boldsymbol{y}, \boldsymbol{z})$ となる.

問題 2.3

1.
(i) まず, $\boldsymbol{y} \in \mathbb{B}(\boldsymbol{x}; \varepsilon)$ とする. このとき, $\|\boldsymbol{y} - \boldsymbol{x}\| < \varepsilon$ となるので, $\boldsymbol{y} - \boldsymbol{x} \in \mathbb{B}(\boldsymbol{0}; \varepsilon)$ となる. よって, $\boldsymbol{y} = \boldsymbol{x} + (\boldsymbol{y} - \boldsymbol{x}) \in \boldsymbol{x} + \mathbb{B}(\boldsymbol{0}; \varepsilon)$ となる. 次に, $\boldsymbol{y}' \in \boldsymbol{x} + \mathbb{B}(\boldsymbol{0}; \varepsilon)$ とする. このとき, ある $\boldsymbol{z}' \in \mathbb{B}(\boldsymbol{0}; \varepsilon)$ が存在して $\boldsymbol{y}' = \boldsymbol{x} + \boldsymbol{z}'$ となる. $\|\boldsymbol{y}' - \boldsymbol{x}\| = \|\boldsymbol{z}'\| < \varepsilon$ となるので, $\boldsymbol{y}' \in \mathbb{B}(\boldsymbol{x}; \varepsilon)$ となる.

(ii) まず, $\boldsymbol{y} \in \mathbb{B}(\boldsymbol{0}; \varepsilon)$ とする. このとき, $\left\|\frac{1}{\varepsilon}\boldsymbol{y}\right\| = \frac{1}{\varepsilon}\|\boldsymbol{y}\| < \frac{1}{\varepsilon}\cdot\varepsilon = 1$ となるので, $\frac{1}{\varepsilon}\boldsymbol{y} \in \mathbb{B}(\boldsymbol{0}; 1)$ となる. よって, $\boldsymbol{y} = \varepsilon\cdot\frac{1}{\varepsilon}\boldsymbol{y} \in \varepsilon\mathbb{B}(\boldsymbol{0}; 1)$ となる. 次に, $\boldsymbol{y}' \in \varepsilon\mathbb{B}(\boldsymbol{0}; 1)$ とする. このとき, ある $\boldsymbol{z}' \in \mathbb{B}(\boldsymbol{0}; 1)$ が存在して $\boldsymbol{y}' = \varepsilon\boldsymbol{z}'$ となる. $\|\boldsymbol{y}'\| = \|\varepsilon\boldsymbol{z}'\| = \varepsilon\|\boldsymbol{z}'\| < \varepsilon\cdot 1 = \varepsilon$ となるので, $\boldsymbol{y}' \in \mathbb{B}(\boldsymbol{0}; \varepsilon)$ となる.

(iii) $B = \{\boldsymbol{y} \in \mathbb{R}^n : \|\boldsymbol{y}-\boldsymbol{x}\| \leq \varepsilon\}$ とし, $\mathrm{cl}(\mathbb{B}(\boldsymbol{x};\varepsilon)) = B$ となることを示す. まず, $\mathrm{cl}(\mathbb{B}(\boldsymbol{x};\varepsilon)) \subset B$ となることを示すために, $\boldsymbol{z} \in \mathbb{R}^n$, $\boldsymbol{z} \notin B$ とする. このとき, $\|\boldsymbol{z}-\boldsymbol{x}\| > \varepsilon$ となり, $\eta = \|\boldsymbol{z}-\boldsymbol{x}\|-\varepsilon > 0$ とし, $\boldsymbol{w} \in \mathbb{B}(\boldsymbol{z};\eta)$ とする. $\|\boldsymbol{w}-\boldsymbol{x}\| \geq \|\boldsymbol{z}-\boldsymbol{x}\|-\|\boldsymbol{z}-\boldsymbol{w}\| > \|\boldsymbol{z}-\boldsymbol{x}\|-\eta = \|\boldsymbol{z}-\boldsymbol{x}\|-(\|\boldsymbol{z}-\boldsymbol{x}\|-\varepsilon) = \varepsilon$ となるので, $\boldsymbol{w} \notin \mathbb{B}(\boldsymbol{x};\varepsilon)$ となる. よって, $\mathbb{B}(\boldsymbol{x};\varepsilon)\cap\mathbb{B}(\boldsymbol{z};\eta) = \emptyset$ となるので, $\boldsymbol{z} \notin \mathrm{cl}(\mathbb{B}(\boldsymbol{x};\varepsilon))$ となる. 次に, $\mathrm{cl}(\mathbb{B}(\boldsymbol{x};\varepsilon)) \supset B$ となることを示すために, $\boldsymbol{z}' \in B$ とする. $\|\boldsymbol{z}'-\boldsymbol{x}\| < \varepsilon$ ならば, 任意の $\eta > 0$ に対して $\boldsymbol{z}' \in \mathbb{B}(\boldsymbol{x};\varepsilon)\cap\mathbb{B}(\boldsymbol{z}';\eta)$ となり, $\boldsymbol{z}' \in \mathrm{cl}(\mathbb{B}(\boldsymbol{x};\varepsilon))$ となる. $\|\boldsymbol{z}'-\boldsymbol{x}\| = \varepsilon$ とし, $\eta' > 0$ を任意に固定する. $\eta'' = \min\left\{\frac{\eta'}{2\varepsilon}, 1\right\}$ とし, $\boldsymbol{z}'' = \boldsymbol{z}' + \eta''(\boldsymbol{x}-\boldsymbol{z}')$ とする. このとき, $\|\boldsymbol{z}''-\boldsymbol{x}\| = \|\boldsymbol{z}'+\eta''(\boldsymbol{x}-\boldsymbol{z}')-\boldsymbol{x}\| = (1-\eta'')\|\boldsymbol{z}'-\boldsymbol{x}\| = (1-\eta'')\varepsilon < \varepsilon$, $\|\boldsymbol{z}''-\boldsymbol{z}'\| = \|\boldsymbol{z}'+\eta''(\boldsymbol{x}-\boldsymbol{z}')-\boldsymbol{z}'\| = \eta''\|\boldsymbol{x}-\boldsymbol{z}'\| \leq \frac{\eta'}{2\varepsilon}\cdot\varepsilon = \frac{\eta'}{2} < \eta'$ となり, $\boldsymbol{z}'' \in \mathbb{B}(\boldsymbol{x};\varepsilon)\cap\mathbb{B}(\boldsymbol{z}';\eta')$ となる. よって, $\eta' > 0$ の任意性より, $\boldsymbol{z}' \in \mathrm{cl}(\mathbb{B}(\boldsymbol{x};\varepsilon))$ となる.

(iv) $B = \{\boldsymbol{y} \in \mathbb{R}^n : \|\boldsymbol{y}-\boldsymbol{x}\| = \varepsilon\}$ とし, $\mathrm{bd}(\mathbb{B}(\boldsymbol{x};\varepsilon)) = B$ となることを示す. まず, $\mathrm{bd}(\mathbb{B}(\boldsymbol{x};\varepsilon)) \subset B$ となることを示すために, $\boldsymbol{z} \in \mathbb{R}^n$, $\boldsymbol{z} \notin B$ とする. $\|\boldsymbol{z}-\boldsymbol{x}\| > \varepsilon$ ならば, (iii) の前半と同様な議論により, $\boldsymbol{z} \notin \mathrm{bd}(\mathbb{B}(\boldsymbol{x};\varepsilon))$ となる. $\|\boldsymbol{z}-\boldsymbol{x}\| < \varepsilon$ ならば, 定理 2.4 より $\boldsymbol{z} \in \mathbb{B}(\boldsymbol{x};\varepsilon) = \mathrm{int}(\mathbb{B}(\boldsymbol{x};\varepsilon))$ となるので, $\boldsymbol{z} \notin \mathrm{bd}(\mathbb{B}(\boldsymbol{x};\varepsilon))$ となる. 次に, $\mathrm{bd}(\mathbb{B}(\boldsymbol{x};\varepsilon)) \supset B$ となることを示すために, $\boldsymbol{z}' \in B$ とし, $\eta' > 0$ を任意に固定する. $\eta'' = \min\left\{\frac{\eta'}{2\varepsilon}, 1\right\}$ とし, $\boldsymbol{z}'' = \boldsymbol{z}'+\eta''(\boldsymbol{x}-\boldsymbol{z}')$, $\boldsymbol{z}''' = \boldsymbol{z}'+\eta''(\boldsymbol{z}'-\boldsymbol{x})$ とする. このとき, $\|\boldsymbol{z}'-\boldsymbol{x}\| = \varepsilon$ であり, $\|\boldsymbol{z}''-\boldsymbol{x}\| = \|\boldsymbol{z}'+\eta''(\boldsymbol{x}-\boldsymbol{z}')-\boldsymbol{x}\| = (1-\eta'')\|\boldsymbol{z}'-\boldsymbol{x}\| = (1-\eta'')\varepsilon < \varepsilon$, $\|\boldsymbol{z}''-\boldsymbol{z}'\| = \|\boldsymbol{z}'+\eta''(\boldsymbol{x}-\boldsymbol{z}')-\boldsymbol{z}'\| = \eta''\|\boldsymbol{x}-\boldsymbol{z}'\| \leq \frac{\eta'}{2\varepsilon}\cdot\varepsilon = \frac{\eta'}{2} < \eta'$, $\|\boldsymbol{z}'''-\boldsymbol{x}\| = \|\boldsymbol{z}'+\eta''(\boldsymbol{z}'-\boldsymbol{x})-\boldsymbol{x}\| = (1+\eta'')\|\boldsymbol{z}'-\boldsymbol{x}\| = (1+\eta'')\varepsilon > \varepsilon$, $\|\boldsymbol{z}'''-\boldsymbol{z}'\| = \|\boldsymbol{z}'+\eta''(\boldsymbol{z}'-\boldsymbol{x})-\boldsymbol{z}'\| = \eta''\|\boldsymbol{z}'-\boldsymbol{x}\| \leq \frac{\eta'}{2\varepsilon}\cdot\varepsilon = \frac{\eta'}{2} < \eta'$ となり, $\boldsymbol{z}'' \in \mathbb{B}(\boldsymbol{x};\varepsilon)\cap\mathbb{B}(\boldsymbol{z}';\eta')$, $\boldsymbol{z}''' \in \mathbb{B}(\boldsymbol{x};\varepsilon)^c\cap\mathbb{B}(\boldsymbol{z}';\eta')$ となる. よって, $\eta' > 0$ の任意性より, $\boldsymbol{z}' \in \mathrm{bd}(\mathbb{B}(\boldsymbol{x};\varepsilon))$ となる.

2.

(i) $\boldsymbol{x} \in B = \mathrm{int}(B)$ とする. このとき, ある $\varepsilon > 0$ が存在して $\mathbb{B}(\boldsymbol{x};\varepsilon) \subset B \subset A$ となる. よって, $\boldsymbol{x} \in \mathrm{int}(A)$ となる.

(ii) $\mathbb{P}$ を A に含まれるすべての開集合の集合とし, $\mathrm{int}(A) = \bigcup_{B\in\mathbb{P}} B$ となることを示す. (i) より, $\mathrm{int}(A) \supset \bigcup_{B\in\mathbb{P}} B$ となる. $\boldsymbol{x} \in \mathrm{int}(A)$ とする. このとき, ある $\varepsilon > 0$ が存在して $\mathbb{B}(\boldsymbol{x};\varepsilon) \subset A$ となり, 定理 2.4 より $\boldsymbol{x} \in \mathbb{B}(\boldsymbol{x};\varepsilon) \in \mathbb{P}$ となる. よって, $\boldsymbol{x} \in \mathbb{B}(\boldsymbol{x};\varepsilon) \subset \bigcup_{B\in\mathbb{P}} B$ となる.

3.

(i) $\boldsymbol{x} \in \mathrm{cl}(A)$ とする. このとき, 任意の $\varepsilon > 0$ に対して, $\emptyset \neq A\cap\mathbb{B}(\boldsymbol{x};\varepsilon) \subset B\cap\mathbb{B}(\boldsymbol{x};\varepsilon)$ となる. よって, $\boldsymbol{x} \in \mathrm{cl}(B) = B$ となる.

(ii) $\mathbb{P}$ を A を含むすべての閉集合の集合とし, $\mathrm{cl}(A) = \bigcap_{B\in\mathbb{P}} B$ となることを示す. (i) より, $\mathrm{cl}(A) \subset \bigcap_{B\in\mathbb{P}} B$ となる. また, $\mathrm{cl}(A) \in \mathbb{P}$ であるので, $\bigcap_{B\in\mathbb{P}} B \subset \mathrm{cl}(A)$ となる.

4. $A = (A^c)^c$ が開集合ならば, 定理 2.7 (i) より, A^c は閉集合になる. A^c が閉集合ならば, 定理 2.7 (i) より, $(A^c)^c = A$ は開集合になる.

5. まず, Λ を有限集合とし, $A_\lambda \subset \mathbb{R}^n$, $\lambda \in \Lambda$ は閉集合であるとする. このとき, $\left(\bigcup_{\lambda\in\Lambda} A_\lambda\right)^c = \bigcap_{\lambda\in\Lambda} A_\lambda^c$ は有限個の開集合の共通集合になるので, 定理 2.8 (i) より, 開集合になる. よって, $\bigcup_{\lambda\in\Lambda} A_\lambda$ は閉集合になる.

次に, Λ を任意の集合とし, $A_\lambda \subset \mathbb{R}^n$, $\lambda \in \Lambda$ は閉集合であるとする. このとき, $\left(\bigcap_{\lambda\in\Lambda} A_\lambda\right)^c =$

$\bigcup_{\lambda\in\Lambda}A_\lambda^c$ は任意個の開集合の和集合になるので，定理 2.8 (i) より，開集合になる．よって，$\bigcap_{\lambda\in\Lambda}A_\lambda$ は閉集合になる．

6.

(i) まず，$\mathrm{int}(A)\subset B$ となることを示すために，$\boldsymbol{x}\in\mathbb{R}^n$, $\boldsymbol{x}\notin B$ とする．$\langle\boldsymbol{a},\boldsymbol{x}\rangle>b$ ならば，$\boldsymbol{x}\notin A$ となり，$\boldsymbol{x}\notin\mathrm{int}(A)$ となる．$\langle\boldsymbol{a},\boldsymbol{x}\rangle=b$ とし，$\varepsilon>0$ を任意に固定する．このとき，$\boldsymbol{y}=\boldsymbol{x}+\frac{\varepsilon}{2\|\boldsymbol{a}\|}\boldsymbol{a}$ とする．$\|\boldsymbol{y}-\boldsymbol{x}\|=\left\|\boldsymbol{x}+\frac{\varepsilon}{2\|\boldsymbol{a}\|}\boldsymbol{a}-\boldsymbol{x}\right\|=\left\|\frac{\varepsilon}{2\|\boldsymbol{a}\|}\boldsymbol{a}\right\|=\frac{\varepsilon}{2}<\varepsilon$, $\langle\boldsymbol{a},\boldsymbol{y}\rangle=\left\langle\boldsymbol{a},\boldsymbol{x}+\frac{\varepsilon}{2\|\boldsymbol{a}\|}\boldsymbol{a}\right\rangle=\langle\boldsymbol{a},\boldsymbol{x}\rangle+\left\langle\boldsymbol{a},\frac{\varepsilon}{2\|\boldsymbol{a}\|}\boldsymbol{a}\right\rangle=b+\frac{\varepsilon\|\boldsymbol{a}\|}{2}>b$ となるので，$\boldsymbol{y}\in A^c\cap\mathbb{B}(\boldsymbol{x};\varepsilon)$ となり，$\mathbb{B}(\boldsymbol{x};\varepsilon)\not\subset A$ となる．よって，$\varepsilon>0$ の任意性より，$\boldsymbol{x}\notin\mathrm{int}(A)$ となる．次に，$\mathrm{int}(A)\supset B$ となることを示すために，$\boldsymbol{x}'\in B$ とする．このとき，$\langle\boldsymbol{a},\boldsymbol{x}'\rangle<b$ となり，$\varepsilon'=\frac{b-\langle\boldsymbol{a},\boldsymbol{x}'\rangle}{\|\boldsymbol{a}\|}>0$ とする．$\boldsymbol{y}'\in\mathbb{B}(\boldsymbol{x}';\varepsilon')=\boldsymbol{x}'+\mathbb{B}(\boldsymbol{0};\varepsilon')$ とする．ある $\boldsymbol{z}'\in\mathbb{B}(\boldsymbol{0};\varepsilon')$ が存在して $\boldsymbol{y}'=\boldsymbol{x}'+\boldsymbol{z}'$ となり，$\langle\boldsymbol{a},\boldsymbol{y}'\rangle=\langle\boldsymbol{a},\boldsymbol{x}'+\boldsymbol{z}'\rangle=\langle\boldsymbol{a},\boldsymbol{x}'\rangle+\langle\boldsymbol{a},\boldsymbol{z}'\rangle\le\langle\boldsymbol{a},\boldsymbol{x}'\rangle+|\langle\boldsymbol{a},\boldsymbol{z}'\rangle|\le\langle\boldsymbol{a},\boldsymbol{x}'\rangle+\|\boldsymbol{a}\|\|\boldsymbol{z}'\|<\langle\boldsymbol{a},\boldsymbol{x}'\rangle+\|\boldsymbol{a}\|\varepsilon'=\langle\boldsymbol{a},\boldsymbol{x}'\rangle+\|\boldsymbol{a}\|\cdot\frac{b-\langle\boldsymbol{a},\boldsymbol{x}'\rangle}{\|\boldsymbol{a}\|}=b$ となる．よって，$\boldsymbol{y}'\in A$ となる．したがって，$\mathbb{B}(\boldsymbol{x}';\varepsilon')\subset A$ となるので，$\boldsymbol{x}'\in\mathrm{int}(A)$ となる．

(ii) まず，$\mathrm{cl}(B)\subset A$ となることを示すために，$\boldsymbol{x}\in\mathbb{R}^n$, $\boldsymbol{x}\notin A$ とする．このとき，$\langle\boldsymbol{a},\boldsymbol{x}\rangle>b$ となり，$\varepsilon=\frac{\langle\boldsymbol{a},\boldsymbol{x}\rangle-b}{\|\boldsymbol{a}\|}$ とする．$\boldsymbol{y}\in\mathbb{B}(\boldsymbol{x};\varepsilon)=\boldsymbol{x}+\mathbb{B}(\boldsymbol{0};\varepsilon)$ とする．ある $\boldsymbol{z}\in\mathbb{B}(\boldsymbol{0};\varepsilon)$ が存在して $\boldsymbol{y}=\boldsymbol{x}+\boldsymbol{z}$ となり，$\langle\boldsymbol{a},\boldsymbol{y}\rangle=\langle\boldsymbol{a},\boldsymbol{x}+\boldsymbol{z}\rangle=\langle\boldsymbol{a},\boldsymbol{x}\rangle+\langle\boldsymbol{a},\boldsymbol{z}\rangle\ge\langle\boldsymbol{a},\boldsymbol{x}\rangle-|\langle\boldsymbol{a},\boldsymbol{z}\rangle|\ge\langle\boldsymbol{a},\boldsymbol{x}\rangle-\|\boldsymbol{a}\|\|\boldsymbol{z}\|>\langle\boldsymbol{a},\boldsymbol{x}\rangle-\|\boldsymbol{a}\|\varepsilon=\langle\boldsymbol{a},\boldsymbol{x}\rangle-\|\boldsymbol{a}\|\cdot\frac{\langle\boldsymbol{a},\boldsymbol{x}\rangle-b}{\|\boldsymbol{a}\|}=b$ となる．よって，$\boldsymbol{y}\in B^c$ となる．したがって，$\mathbb{B}(\boldsymbol{x};\varepsilon)\subset B^c$ となり，$B\cap\mathbb{B}(\boldsymbol{x};\varepsilon)=\emptyset$ となるので，$\boldsymbol{x}\notin\mathrm{cl}(B)$ となる．次に，$\mathrm{cl}(B)\supset A$ となることを示すために，$\boldsymbol{x}'\in A$ とする．$\langle\boldsymbol{a},\boldsymbol{x}'\rangle<b$ ならば，$\boldsymbol{x}'\in B\subset\mathrm{cl}(B)$ となる．$\langle\boldsymbol{a},\boldsymbol{x}'\rangle=b$ とし，$\varepsilon'>0$ を任意に固定する．このとき，$\boldsymbol{y}'=\boldsymbol{x}'-\frac{\varepsilon'}{2\|\boldsymbol{a}\|}\boldsymbol{a}$ とする．$\|\boldsymbol{y}'-\boldsymbol{x}'\|=\left\|\boldsymbol{x}'-\frac{\varepsilon'}{2\|\boldsymbol{a}\|}\boldsymbol{a}-\boldsymbol{x}'\right\|=\left\|-\frac{\varepsilon'}{2\|\boldsymbol{a}\|}\boldsymbol{a}\right\|=\frac{\varepsilon'}{2}<\varepsilon'$, $\langle\boldsymbol{a},\boldsymbol{y}'\rangle=\left\langle\boldsymbol{a},\boldsymbol{x}'-\frac{\varepsilon'}{2\|\boldsymbol{a}\|}\boldsymbol{a}\right\rangle=\langle\boldsymbol{a},\boldsymbol{x}'\rangle-\left\langle\boldsymbol{a},\frac{\varepsilon'}{2\|\boldsymbol{a}\|}\boldsymbol{a}\right\rangle=b-\frac{\varepsilon'\|\boldsymbol{a}\|}{2}<b$ となるので，$\boldsymbol{y}'\in B\cap\mathbb{B}(\boldsymbol{x}';\varepsilon')$ となる．よって，$\varepsilon'>0$ の任意性より，$\boldsymbol{x}'\in\mathrm{cl}(B)$ となる．

(iii) (i) より $\mathrm{int}(A)=B=\mathrm{int}(B)$ となり，(ii) より $\mathrm{cl}(B)=A=\mathrm{cl}(A)$ となる．よって，$\mathrm{bd}(A)=\mathrm{bd}(B)=A\setminus B=\{\boldsymbol{x}\in\mathbb{R}^n:\langle\boldsymbol{a},\boldsymbol{x}\rangle=b\}$ となる．

問題 3.1

1. 必要性：β は A の下界であるので，任意の $x\in A$ に対して $\beta\le x$ となる．ここで，ある $\varepsilon_0>0$ が存在し，任意の $x\in A$ に対して $x\ge\beta+\varepsilon_0$ となると仮定して矛盾を導く．このとき，$\beta+\varepsilon_0$ は A の下界になる．β は A の下界の最大数であるので，$\beta+\varepsilon_0\le\beta$ となり，$\varepsilon_0\le0$ となるが，これは $\varepsilon_0>0$ であることに矛盾する．

十分性：任意の $x\in A$ に対して $\beta\le x$ であるので，β は A の下界になる．このとき，A のある下界 $\ell_0\in\mathbb{R}$ が存在して $\beta<\ell_0$ であると仮定して矛盾を導く．$\varepsilon_0=\ell_0-\beta>0$ とすると，ある $x_0\in A$ が存在し，$x_0<\beta+\varepsilon_0$ となる．よって，$\ell_0=\beta+(\ell_0-\beta)=\beta+\varepsilon_0>x_0$ となる．一方，ℓ_0 は A の下界であり，$x_0\in A$ であるので，$\ell_0\le x_0$ となり，矛盾が導かれる．

2. A が下に有界でなければ，B も下に有界ではなく，$\inf A=\inf B=-\infty$ となる．B が下に有界でなければ，$\inf A\ge-\infty=\inf B$ となる．A も B も下に有界であるとし，$\alpha=\inf A$, $\beta=\inf B$ とする．このとき，$\alpha<\beta$ と仮定して矛盾を導く．$\varepsilon=\beta-\alpha>0$ とする．$\alpha=\inf A$ であるので，ある $x\in A$ が存在して $x<\alpha+\varepsilon$ となる．よって，$\beta=\alpha+(\beta-\alpha)=\alpha+\varepsilon>x$ となる．一方，$x\in A\subset B$ であり $\beta=\inf B$ であるので，$\beta\le x$ となり，矛盾が導かれる．

352

3.

(i) $\mu = 0$ のときは明らかに成り立つ．$\mu > 0$ とする．$\{f(x) : x \in X\}$ が下に有界でないならば，$\{\mu f(x) : x \in X\}$ も下に有界ではなく，$\inf_{x \in X} \mu f(x) = -\infty = \mu \cdot (-\infty) = \mu \inf_{x \in X} f(x)$ となる．$\{f(x) : x \in X\}$ は下に有界であるとし，$\alpha = \inf_{x \in X} f(x)$ とする．まず，任意の $x \in X$ に対して，$\alpha \leq f(x)$ であるので，$\mu \alpha \leq \mu f(x)$ となる．次に，任意の $\varepsilon > 0$ に対して，$f(x) < \alpha + \frac{\varepsilon}{\mu}$ となる $x \in X$ が存在し，$\mu f(x) < \mu \alpha + \varepsilon$ となる．よって，$\inf_{x \in X} \mu f(x) = \mu \alpha = \mu \inf_{x \in X} f(x)$ となる．

(ii) $\{f(x) : x \in X\}$ が上に有界でないならば，$\{\mu f(x) : x \in X\}$ は下に有界ではなく，$\inf_{x \in X} \mu f(x) = -\infty = \mu \cdot \infty = \mu \sup_{x \in X} f(x)$ となる．$\{f(x) : x \in X\}$ が上に有界であるとし，$\beta = \sup_{x \in X} f(x)$ とする．まず，任意の $x \in X$ に対して，$\beta \geq f(x)$ であるので，$\mu \beta \leq \mu f(x)$ となる．次に，任意の $\varepsilon > 0$ に対して，$f(x) > \beta + \frac{\varepsilon}{\mu}$ となる $x \in X$ が存在し，$\mu f(x) < \mu \beta + \varepsilon$ となる．よって，$\inf_{x \in X} \mu f(x) = \mu \beta = \mu \sup_{x \in X} f(x)$ となる．

4. $\{f(x) : x \in X\}$ が下に有界でないならば，$\inf_{x \in X} f(x) = -\infty \leq \inf_{x \in X} g(x)$ となる．$\{f(x) : x \in X\}$ は下に有界であるとし，$\alpha = \inf_{x \in X} f(x)$ とする．任意の $x \in X$ に対して $\alpha \leq f(x) \leq g(x)$ となるので，α は $\{g(x) : x \in X\}$ の下界になる．よって，$\inf_{x \in X} f(x) = \alpha \leq \inf_{x \in X} g(x)$ となる．

5. $\{f(x) : x \in X\}$ が下に有界でないか，または $\{g(x) : x \in X\}$ が下に有界でないならば，$\inf_{x \in X} (f(x) + g(x)) \geq -\infty = \inf_{x \in X} f(x) + \inf_{x \in X} g(x)$ となる．$\{f(x) : x \in X\}$ および $\{g(x) : x \in X\}$ は下に有界であるとする．そして，$\alpha = \inf_{x \in X} f(x)$, $\beta = \inf_{x \in X} g(x)$ とする．このとき，任意の $x \in X$ に対して $\alpha + \beta \leq f(x) + g(x)$ となるので，$\alpha + \beta$ は $\{f(x) + g(x) : x \in X\}$ の下界になる．よって，$\inf_{x \in X} (f(x) + g(x)) \geq \alpha + \beta = \inf_{x \in X} f(x) + \inf_{x \in X} g(x)$ となる．

6. $\alpha = \inf_{(x,y) \in X \times Y} f(x, y)$ とする．このとき，任意の $(x, y) \in X \times Y$ に対して $\alpha \leq f(x, y)$ となる．よって，各 $x \in X$ に対して $\alpha \leq \inf_{y \in Y} f(x, y)$ となり，各 $y \in Y$ に対して $\alpha \leq \inf_{x \in X} f(x, y)$ となるので，$\alpha \leq \inf_{x \in X} \inf_{y \in Y} f(x, y)$, $\alpha \leq \inf_{y \in Y} \inf_{x \in X} f(x, y)$ となる．$\alpha < \inf_{x \in X} \inf_{y \in Y} f(x, y)$ と仮定すると，ある $(x_0, y_0) \in X \times Y$ が存在して $\inf_{x \in X} \inf_{y \in Y} f(x, y) \leq \inf_{y \in Y} f(x_0, y) \leq f(x_0, y_0) < \inf_{x \in X} \inf_{y \in Y} f(x, y)$ となり，矛盾が導かれる．同様に，$\alpha < \inf_{y \in Y} \inf_{x \in X} f(x, y)$ と仮定すると，ある $(x_0', y_0') \in X \times Y$ が存在して $\inf_{y \in Y} \inf_{x \in X} f(x, y) \leq \inf_{x \in X} f(x, y_0') \leq f(x_0', y_0') < \inf_{y \in Y} \inf_{x \in X} f(x, y)$ となり，矛盾が導かれる．

問題 3.2

1. $\alpha, \beta \in \mathbb{R}$ に対して，$x_k \to \alpha$, $x_k \to \beta$ とする．$\varepsilon > 0$ を任意に固定する．このとき，ある $k_0 \in \mathbb{N}$ が存在して $|x_{k_0} - \alpha| < \frac{\varepsilon}{2}, |x_{k_0} - \beta| < \frac{\varepsilon}{2}$ となる．よって，$|\alpha - \beta| = |(\alpha - x_{k_0}) + (x_{k_0} - \beta)| \leq |\alpha - x_{k_0}| + |x_{k_0} - \beta| < \frac{\varepsilon}{2} + \frac{\varepsilon}{2} = \varepsilon$ となる．したがって，$\varepsilon > 0$ の任意性より，$|\alpha - \beta| = 0$ となり，$\alpha = \beta$ となる．

2. まず，$\{x_k\}$ が下に有界でないとし，$\lambda \in \mathbb{R}$ を任意に固定する．このとき，ある $k_0 \in \mathbb{N}$ が存在して $x_{k_0} < \lambda$ となる．$\{x_k\}$ は単調減少であるので，$k \geq k_0$ であるすべての $k \in \mathbb{N}$ に対して $x_k \leq x_{k_0} < \lambda$ となる．よって，λ の任意性より，$\lim_{k \to \infty} x_k = -\infty = \inf_{k \in \mathbb{N}} x_k$ となる．

次に，$\{x_k\}$ は下に有界であるとし，$\alpha = \inf_{k \in \mathbb{N}} x_k$ とする．また，$\varepsilon > 0$ を任意に固定する．このとき，任意の $k \in \mathbb{N}$ に対して $\alpha \leq x_k$ となり，ある $k_0 \in \mathbb{N}$ が存在して $x_{k_0} < \alpha + \varepsilon$ となる．$\{x_k\}$ は単調減少であるので，$k \geq k_0$ であるすべての $k \in \mathbb{N}$ に対して，$\alpha - \varepsilon < \alpha \leq x_k \leq x_{k_0} < \alpha + \varepsilon$，すなわち $|x_k - \alpha| < \varepsilon$ となる．よって，$\varepsilon > 0$ の任意性より，$\lim_{k \to \infty} x_k = \alpha = \inf_{k \in \mathbb{N}} x_k$ となる．

3. $\{x_{k_i}\} \subset \{x_k\}$ および $\varepsilon > 0$ を任意に固定する．$\lim_{k \to \infty} x_k = \alpha$ であるので，ある $k_0 \in \mathbb{N}$ が存在し，$k \geq k_0$ であるすべての $k \in \mathbb{N}$ に対して $|x_k - \alpha| < \varepsilon$ となる．このとき，$i_0 \in \{i \in \mathbb{N} : k_i \geq k_0\}$ を任意に選ぶと，$i \geq i_0$ であるすべての $i \in \mathbb{N}$ に対して，$k_i \geq k_{i_0} \geq k_0$ となり，$|x_{k_i} - \alpha| < \varepsilon$ となる．よって，$\varepsilon > 0$ の任意性より，$\lim_{i \to \infty} x_{k_i} = \alpha$ となる．

問題 3.3

1. 各 $k \in \mathbb{N}$ に対して，$\underline{x}_k = \inf_{\ell \geq k} x_\ell, \underline{y}_k = \inf_{\ell \geq k} y_\ell, \underline{z}_k = \inf_{\ell \geq k} z_\ell$ とする．
(i) $\{x_k\}$ が下に有界でないならば，$\liminf_{k \to \infty} x_k = -\infty \leq \liminf_{k \to \infty} y_k$ となる．$\{x_k\}$ は下に有界であるとする．このとき，$\{y_k\}$ も下に有界になる．よって，$\{\underline{x}_k\}, \{\underline{y}_k\} \subset \mathbb{R}$ は単調増加になり，定理 3.8 (i) より，それらの極限が広義に存在する．また，定理 3.5 (ii) より，任意の $k \in \mathbb{N}$ に対して，$\underline{x}_k = \inf_{\ell \geq k} x_\ell \leq \inf_{\ell \geq k} y_\ell = \underline{y}_k$ となる．よって，定理 3.9 (i) より，$\liminf_{k \to \infty} x_k = \lim_{k \to \infty} \overline{x}_k \leq \lim_{k \to \infty} \overline{y}_k = \liminf_{k \to \infty} y_k$ となる．
(ii) (i) より $\liminf_{k \to \infty} x_k \leq \liminf_{k \to \infty} z_k \leq \liminf_{k \to \infty} y_k$ となる．したがって，$\liminf_{k \to \infty} z_k = \liminf_{k \to \infty} x_k = \liminf_{k \to \infty} y_k$ となる．

2.
(i) $\{x_k\}$ または $\{y_k\}$ が上に有界でないならば，$\limsup_{k \to \infty}(x_k + y_k) \leq \infty = \limsup_{k \to \infty} x_k + \limsup_{k \to \infty} y_k$ となる．$\{x_k\}$ および $\{y_k\}$ は上に有界であるとする．定理 3.6 (i) より，任意の $k \in \mathbb{N}$ に対して，$\sup_{\ell \geq k}(x_\ell + y_\ell) \leq \sup_{\ell \geq k} x_\ell + \sup_{\ell \geq k} y_\ell$ となる．よって，定理 3.9 (i) および 3.10 (i) より，$\limsup_{k \to \infty}(x_k + y_k) = \lim_{k \to \infty} \sup_{\ell \geq k}(x_\ell + y_\ell) \leq \lim_{k \to \infty}(\sup_{\ell \geq k} x_\ell + \sup_{\ell \geq k} y_\ell) = \lim_{k \to \infty} \sup_{\ell \geq k} x_\ell + \lim_{k \to \infty} \sup_{\ell \geq k} y_\ell = \limsup_{k \to \infty} x_k + \limsup_{k \to \infty} y_k$ となる．
(ii) $\{x_k\}$ または $\{y_k\}$ が下に有界でないならば，$\liminf_{k \to \infty}(x_k + y_k) \geq -\infty = \liminf_{k \to \infty} x_k + \liminf_{k \to \infty} y_k$ となる．$\{x_k\}$ および $\{y_k\}$ は下に有界であるとする．定理 3.6 (ii) より，任意の $k \in \mathbb{N}$ に対して，$\inf_{\ell \geq k}(x_\ell + y_\ell) \geq \inf_{\ell \geq k} x_\ell + \inf_{\ell \geq k} y_\ell$ となる．よって，定理 3.9 (i) および 3.10 (i) より，$\liminf_{k \to \infty}(x_k + y_k) = \lim_{k \to \infty} \inf_{\ell \geq k}(x_\ell + y_\ell) \geq \lim_{k \to \infty}(\inf_{\ell \geq k} x_\ell + \inf_{\ell \geq k} y_\ell) = \lim_{k \to \infty} \inf_{\ell \geq k} x_\ell + \lim_{k \to \infty} \inf_{\ell \geq k} y_\ell = \liminf_{k \to \infty} x_k + \liminf_{k \to \infty} y_k$ となる．

問題 3.4

1. $\boldsymbol{x}_0, \boldsymbol{y}_0 \in \mathbb{R}^n$ に対して，$\boldsymbol{x}_k \to \boldsymbol{x}_0, \boldsymbol{x}_k \to \boldsymbol{y}_0$ とする．$\varepsilon > 0$ を任意に固定する．このとき，ある $k_0 \in \mathbb{N}$ が存在して $\|\boldsymbol{x}_{k_0} - \boldsymbol{x}_0\| < \frac{\varepsilon}{2}, \|\boldsymbol{x}_{k_0} - \boldsymbol{y}_0\| < \frac{\varepsilon}{2}$ となる．よって，$\|\boldsymbol{x}_0 - \boldsymbol{y}_0\| = \|(\boldsymbol{x}_0 - \boldsymbol{x}_{k_0}) + (\boldsymbol{x}_{k_0} - \boldsymbol{y}_0)\| \leq \|\boldsymbol{x}_0 - \boldsymbol{x}_{k_0}\| + \|\boldsymbol{x}_{k_0} - \boldsymbol{y}_0\| < \frac{\varepsilon}{2} + \frac{\varepsilon}{2} = \varepsilon$ となる．したがって，$\varepsilon > 0$ の任意性より，$\|\boldsymbol{x}_0 - \boldsymbol{y}_0\| = 0$ となり，$\boldsymbol{x}_0 = \boldsymbol{y}_0$ となる．

2. 各 $k \in \mathbb{N}$ に対して，$\boldsymbol{x}_k = (x_{k1}, x_{k2}, \cdots, x_{kn})$, $\boldsymbol{y}_k = (y_{k1}, y_{k2}, \cdots, y_{kn})$ とする．また，$\boldsymbol{x}_0 = (x_{01}, x_{02}, \cdots, x_{0n})$, $\boldsymbol{y}_0 = (y_{01}, y_{02}, \cdots, y_{0n}) \in \mathbb{R}^n$ に対して，$\boldsymbol{x}_0 = \lim_{k \to \infty} \boldsymbol{x}_k$, $\boldsymbol{y}_0 = \lim_{k \to \infty} \boldsymbol{y}_k$ とする．このとき，各 $i \in \{1, 2, \cdots, n\}$ に対して，定理 3.14 より $x_{0i} = \lim_{k \to \infty} x_{ki}$, $y_{0i} = \lim_{k \to \infty} y_{ki}$ となり，定理 3.10 (i) より $x_{0i} + y_{0i} = \lim_{k \to \infty} (x_{ki} + y_{ki})$ となり，(3.8) より $\lambda x_{0i} = \lim_{k \to \infty} \lambda x_{ki}$ となる．よって，定理 3.14 より，$\lim_{k \to \infty} (\boldsymbol{x}_k + \boldsymbol{y}_k) = \boldsymbol{x}_0 + \boldsymbol{y}_0 = \lim_{k \to \infty} \boldsymbol{x}_k + \lim_{k \to \infty} \boldsymbol{y}_k$, $\lim_{k \to \infty} \lambda \boldsymbol{x}_k = \lambda \boldsymbol{x}_0 = \lambda \lim_{k \to \infty} \boldsymbol{x}_k$ となる．

3. $\{\boldsymbol{x}_{k_i}\} \subset \{\boldsymbol{x}_k\}$ および $\varepsilon > 0$ を任意に固定する．$\lim_{k \to \infty} \boldsymbol{x}_k = \boldsymbol{x}_0$ であるので，ある $k_0 \in \mathbb{N}$ が存在し，$k \geq k_0$ であるすべての $k \in \mathbb{N}$ に対して $\|\boldsymbol{x}_k - \boldsymbol{x}_0\| < \varepsilon$ となる．このとき，$i_0 \in \{i \in \mathbb{N} : k_i \geq k_0\}$ を任意に選ぶと，$i \geq i_0$ であるすべての $i \in \mathbb{N}$ に対して，$k_i \geq k_{i_0} \geq k_0$ となり，$\|\boldsymbol{x}_{k_i} - \boldsymbol{x}_0\| < \varepsilon$ となる．よって，$\varepsilon > 0$ の任意性より，$\lim_{i \to \infty} \boldsymbol{x}_{k_i} = \boldsymbol{x}_0$ となる．

4. $\alpha = \inf_{\boldsymbol{x} \in A, \boldsymbol{y} \in B} \|\boldsymbol{x} - \boldsymbol{y}\|$ とする．$\alpha \geq 0$ であるので，$\alpha = 0$ であると仮定して矛盾を導く．このとき，各 $k \in \mathbb{N}$ に対して，ある $\boldsymbol{x}_k \in A$ およびある $\boldsymbol{y}_k \in B$ が存在して $0 \leq \|\boldsymbol{y}_k - \boldsymbol{x}_k\| < \frac{1}{k}$ となる．よって，$\|\boldsymbol{y}_k - \boldsymbol{x}_k\| \to 0$ となるので，$\boldsymbol{y}_k - \boldsymbol{x}_k \to \boldsymbol{0}$ となる．定理 3.17 より，ある $\boldsymbol{x}_0 \in A$ およびある $N \in \mathcal{N}_\infty^\sharp$ が存在して $\boldsymbol{x}_k \underset{N}{\to} \boldsymbol{x}_0$ となる．$B \in \mathcal{C}(\mathbb{R}^n)$ であるので，$\boldsymbol{y}_k = \boldsymbol{x}_k + (\boldsymbol{y}_k - \boldsymbol{x}_k) \underset{N}{\to} \boldsymbol{x}_0 \in B$ となる．したがって，$\boldsymbol{x}_0 \in A \cap B$ となるが，これは $A \cap B = \emptyset$ であることに矛盾する．

問題 3.5

1. $\alpha = 0$ のときは，明らかに成り立つ．$\alpha \in]0, 1[$ とする．$K = \|\boldsymbol{x}_2 - \boldsymbol{x}_1\| \geq 0$ とする．各 $k \in \mathbb{N}$ に対して，$\|\boldsymbol{x}_{k+1} - \boldsymbol{x}_k\| \leq \alpha \|\boldsymbol{x}_k - \boldsymbol{x}_{k-1}\| \leq \cdots \leq \alpha^{k-1} \|\boldsymbol{x}_2 - \boldsymbol{x}_1\| = \alpha^{k-1} K$ となる．$\ell > k$ である任意の $k, \ell \in \mathbb{N}$ に対して，$\|\boldsymbol{x}_\ell - \boldsymbol{x}_k\| \leq \|\boldsymbol{x}_\ell - \boldsymbol{x}_{\ell-1}\| + \|\boldsymbol{x}_{\ell-1} - \boldsymbol{x}_{\ell-2}\| + \cdots + \|\boldsymbol{x}_{k+1} - \boldsymbol{x}_k\| = \alpha^{\ell-2} K + \alpha^{\ell-3} K + \cdots + \alpha^{k-1} K \leq K\alpha^{k-1} \sum_{i=1}^\infty \alpha^{i-1} = \frac{K\alpha^{k-1}}{1-\alpha}$ となる．$\alpha \in]0, 1[$ であるので，$\frac{K\alpha^{k-1}}{1-\alpha} \to 0$ となる．よって，任意の $\varepsilon > 0$ に対して，ある $k_0 \in \mathbb{N}$ が存在し，$\ell > k \geq k_0$ であるすべての $k, \ell \in \mathbb{N}$ に対して $\|\boldsymbol{x}_\ell - \boldsymbol{x}_k\| \leq \frac{K\alpha^{k-1}}{1-\alpha} < \varepsilon$ となる．したがって，$\{\boldsymbol{x}_k\}$ はコーシー列になる．

2. 必要性：コーシー列 $\{\boldsymbol{x}_k\}_{k \in \mathbb{N}} \subset A$ を任意に固定する．$\mathbb{R}^n$ の完備性より，ある $\boldsymbol{x}_0 \in \mathbb{R}^n$ が存在し，$\boldsymbol{x}_k \to \boldsymbol{x}_0$ となる．$A \in \mathcal{C}(\mathbb{R}^n)$ であるので，定理 3.16 より $\boldsymbol{x} \in A$ となる．

十分性：$\{\boldsymbol{x}_k\}_{k \in \mathbb{N}} \subset A$ を収束する任意の点列とし，$\boldsymbol{x}_0 = \lim_{k \to \infty} \boldsymbol{x}_k$ とする．定理 3.16 より $\boldsymbol{x}_0 \in A$ となることが示されれば，$A \in \mathcal{C}(\mathbb{R}^n)$ となることが示されたことになるので，$\boldsymbol{x}_0 \in A$ となることを示す．$\{\boldsymbol{x}_k\}$ は収束する点列であるので，コーシー列になる．仮定より，ある $N \in \mathcal{N}_\infty^\sharp$ およびある $\boldsymbol{x}_0' \in A$ が存在し，$\boldsymbol{x}_k \underset{N}{\to} \boldsymbol{x}_0'$ となる．$\boldsymbol{x}_k \to \boldsymbol{x}_0$ であるので，問題 3.4.3 より $\boldsymbol{x}_0 = \boldsymbol{x}_0' \in A$ となる．

問題 4.1

1. $\alpha, \beta \in \mathbb{R}$ に対して，$\alpha = \lim_{\boldsymbol{x} \to \boldsymbol{x}_0} f(\boldsymbol{x})$, $\beta = \lim_{\boldsymbol{x} \to \boldsymbol{x}_0} f(\boldsymbol{x})$ とする．$\varepsilon > 0$ を任意に固定する．このとき，ある $\overline{\boldsymbol{x}} \in X$ が存在して $|f(\overline{\boldsymbol{x}}) - \alpha| < \frac{\varepsilon}{2}$, $|f(\overline{\boldsymbol{x}}) - \beta| < \frac{\varepsilon}{2}$ となる．よって，$|\alpha - \beta|$

$= |(\alpha - f(\overline{\boldsymbol{x}})) + (f(\overline{\boldsymbol{x}}) - \beta)| \leq |\alpha - f(\overline{\boldsymbol{x}})| + |f(\overline{\boldsymbol{x}}) - \beta| < \frac{\varepsilon}{2} + \frac{\varepsilon}{2} = \varepsilon$ となる. したがって, $\varepsilon > 0$ の任意性より, $|\alpha - \beta| = 0$ となり, $\alpha = \beta$ となる.

2.

(i) $\alpha = \lim_{\boldsymbol{x} \to \boldsymbol{x}_0} f(\boldsymbol{x})$, $\beta = \lim_{\boldsymbol{x} \to \boldsymbol{x}_0} g(\boldsymbol{x})$ とする. $\alpha = \infty$ ならば, $\alpha = \infty = \beta$ となる. $\alpha = -\infty$ ならば, $\alpha = -\infty \leq \beta$ となる. $\beta = \infty$ ならば, $\alpha \leq \infty = \beta$ となる. $\beta = -\infty$ ならば, $\alpha = -\infty = \beta$ となる. $\alpha, \beta \in \mathbb{R}$ とする. このとき, $\alpha > \beta$ と仮定して矛盾を導く. $\varepsilon = \frac{1}{3}(\alpha - \beta) > 0$ とおくと, $\beta + \varepsilon < \alpha - \varepsilon$ となる. $\beta = \lim_{\boldsymbol{x} \to \boldsymbol{x}_0} g(\boldsymbol{x})$ であるので, ある $\delta_1 > 0$ が存在し, $0 < \|\boldsymbol{x} - \boldsymbol{x}_0\| < \delta_1$ であるすべての $\boldsymbol{x} \in X$ に対して, $|g(\boldsymbol{x}) - \beta| < \varepsilon$ となり, $g(\boldsymbol{x}) < \beta + \varepsilon$ となる. $\alpha = \lim_{\boldsymbol{x} \to \boldsymbol{x}_0} f(\boldsymbol{x})$ であるので, ある $\delta_2 > 0$ が存在し, $0 < \|\boldsymbol{x} - \boldsymbol{x}_0\| < \delta_2$ であるすべての $\boldsymbol{x} \in X$ に対して, $|f(\boldsymbol{x}) - \alpha| < \varepsilon$ となり, $\alpha - \varepsilon < f(\boldsymbol{x})$ となる. よって, $0 < \|\boldsymbol{x} - \boldsymbol{x}_0\| < \min\{\delta_1, \delta_2\}$ となる $\boldsymbol{x} \in X$ を任意に選ぶと, $g(\boldsymbol{x}) < \beta + \varepsilon < \alpha - \varepsilon < f(\boldsymbol{x})$ となるが, これは $f(\boldsymbol{x}) \leq g(\boldsymbol{x})$ であることに矛盾する.

(ii) $\alpha = \lim_{\boldsymbol{x} \to \boldsymbol{x}_0} f(\boldsymbol{x}) = \lim_{\boldsymbol{x} \to \boldsymbol{x}_0} g(\boldsymbol{x})$ とする. $\alpha = \infty$ または $\alpha = -\infty$ ならば, $\lim_{\boldsymbol{x} \to \boldsymbol{x}_0} h(\boldsymbol{x}) = \alpha = \lim_{\boldsymbol{x} \to \boldsymbol{x}_0} f(\boldsymbol{x}) = \lim_{\boldsymbol{x} \to \boldsymbol{x}_0} g(\boldsymbol{x})$ となる. $\alpha \in \mathbb{R}$ とし, $\varepsilon > 0$ を任意に固定する. $\alpha = \lim_{\boldsymbol{x} \to \boldsymbol{x}_0} f(\boldsymbol{x})$ であるので, ある $\delta_1 > 0$ が存在し, $0 < \|\boldsymbol{x} - \boldsymbol{x}_0\| < \delta_1$ であるすべての $\boldsymbol{x} \in X$ に対して, $|f(\boldsymbol{x}) - \alpha| < \varepsilon$ となり, $\alpha - \varepsilon < f(\boldsymbol{x})$ となる. $\alpha = \lim_{\boldsymbol{x} \to \boldsymbol{x}_0} g(\boldsymbol{x})$ であるので, ある $\delta_2 > 0$ が存在し, $0 < \|\boldsymbol{x} - \boldsymbol{x}_0\| < \delta_2$ であるすべての $\boldsymbol{x} \in X$ に対して, $|g(\boldsymbol{x}) - \alpha| < \varepsilon$ となり, $g(\boldsymbol{x}) < \alpha + \varepsilon$ となる. $\delta = \min\{\delta_1, \delta_2\} > 0$ とすると, $0 < \|\boldsymbol{x} - \boldsymbol{x}_0\| < \delta$ であるすべての $\boldsymbol{x} \in X$ に対して, $\alpha - \varepsilon < f(\boldsymbol{x}) \leq h(\boldsymbol{x}) \leq g(\boldsymbol{x}) < \alpha + \varepsilon$, すなわち $|h(\boldsymbol{x}) - \alpha| < \varepsilon$ となる. よって, $\varepsilon > 0$ の任意性より, $\lim_{\boldsymbol{x} \to \boldsymbol{x}_0} h(\boldsymbol{x}) = \alpha = \lim_{\boldsymbol{x} \to \boldsymbol{x}_0} f(\boldsymbol{x}) = \lim_{\boldsymbol{x} \to \boldsymbol{x}_0} g(\boldsymbol{x})$ となる.

3. $\alpha = \lim_{\boldsymbol{x} \to \boldsymbol{x}_0} f(\boldsymbol{x})$, $\beta = \lim_{\boldsymbol{x} \to \boldsymbol{x}_0} g(\boldsymbol{x})$ とする.

(i) $\varepsilon > 0$ を任意に固定する. $\alpha = \lim_{\boldsymbol{x} \to \boldsymbol{x}_0} f(\boldsymbol{x})$ であるので, ある $\delta_1 > 0$ が存在し, $0 < \|\boldsymbol{x} - \boldsymbol{x}_0\| < \delta_1$ であるすべての $\boldsymbol{x} \in X$ に対して, $|f(\boldsymbol{x}) - \alpha| < \frac{\varepsilon}{2}$ となる. $\beta = \lim_{\boldsymbol{x} \to \boldsymbol{x}_0} g(\boldsymbol{x})$ であるので, ある $\delta_2 > 0$ が存在し, $0 < \|\boldsymbol{x} - \boldsymbol{x}_0\| < \delta_2$ であるすべての $\boldsymbol{x} \in X$ に対して, $|g(\boldsymbol{x}) - \beta| < \frac{\varepsilon}{2}$ となる. $\delta = \min\{\delta_1, \delta_2\} > 0$ とすると, $0 < \|\boldsymbol{x} - \boldsymbol{x}_0\| < \delta$ であるすべての $\boldsymbol{x} \in X$ に対して, $|(f(\boldsymbol{x}) + g(\boldsymbol{x})) - (\alpha + \beta)| \leq |f(\boldsymbol{x}) - \alpha| + |g(\boldsymbol{x}) - \beta| < \frac{\varepsilon}{2} + \frac{\varepsilon}{2} = \varepsilon$ となる. よって, $\varepsilon > 0$ の任意性より, $\lim_{\boldsymbol{x} \to \boldsymbol{x}_0}(f(\boldsymbol{x}) + g(\boldsymbol{x})) = \alpha + \beta = \lim_{\boldsymbol{x} \to \boldsymbol{x}_0} f(\boldsymbol{x}) + \lim_{\boldsymbol{x} \to \boldsymbol{x}_0} g(\boldsymbol{x})$ となる.

(ii) $\beta = \lim_{\boldsymbol{x} \to \boldsymbol{x}_0} g(\boldsymbol{x})$ であるので, ある $\delta_1 > 0$ およびある $K > 0$ が存在し, $0 < \|\boldsymbol{x} - \boldsymbol{x}_0\| < \delta_1$ であるすべての $\boldsymbol{x} \in X$ に対して $|g(\boldsymbol{x})| < K$ となる. $\varepsilon > 0$ を任意に固定する. $\alpha = \lim_{\boldsymbol{x} \to \boldsymbol{x}_0} f(\boldsymbol{x})$ であるので, ある $\delta_2 > 0$ が存在し, $0 < \|\boldsymbol{x} - \boldsymbol{x}_0\| < \delta_2$ であるすべての $\boldsymbol{x} \in X$ に対して $|f(\boldsymbol{x}) - \alpha| < \frac{\varepsilon}{K + |\alpha|}$ となる. $\beta = \lim_{\boldsymbol{x} \to \boldsymbol{x}_0} g(\boldsymbol{x})$ であるので, ある $\delta_3 > 0$ が存在し, $0 < \|\boldsymbol{x} - \boldsymbol{x}_0\| < \delta_3$ であるすべての $\boldsymbol{x} \in X$ に対して $|g(\boldsymbol{x}) - \beta| < \frac{\varepsilon}{K + |\alpha|}$ となる. $\delta = \min\{\delta_1, \delta_2, \delta_3\} > 0$ とすると, $0 < \|\boldsymbol{x} - \boldsymbol{x}_0\| < \delta$ であるすべての $\boldsymbol{x} \in X$ に対して, $|f(\boldsymbol{x})g(\boldsymbol{x}) - \alpha\beta| = |f(\boldsymbol{x})g(\boldsymbol{x}) - \alpha g(\boldsymbol{x}) + \alpha g(\boldsymbol{x}) - \alpha\beta| \leq |(f(\boldsymbol{x}) - \alpha)g(\boldsymbol{x})| + |\alpha(g(\boldsymbol{x}) - \beta)| \leq |f(\boldsymbol{x}) - \alpha|K + |\alpha||g(\boldsymbol{x}) - \beta| < \frac{\varepsilon}{K + |\alpha|} \cdot K + |\alpha| \cdot \frac{\varepsilon}{K + |\alpha|} = \varepsilon$ となる. よって, $\varepsilon > 0$ の任意性より, $\lim_{\boldsymbol{x} \to \boldsymbol{x}_0} f(\boldsymbol{x})g(\boldsymbol{x}) = \alpha\beta = (\lim_{\boldsymbol{x} \to \boldsymbol{x}_0} f(\boldsymbol{x}))(\lim_{\boldsymbol{x} \to \boldsymbol{x}_0} g(\boldsymbol{x}))$ となる.

(iii) もし, $\lim_{\boldsymbol{x} \to \boldsymbol{x}_0} \frac{1}{g(\boldsymbol{x})} = \frac{1}{\beta}$ となることが示されれば, (ii) より $\lim_{\boldsymbol{x} \to \boldsymbol{x}_0} \frac{f(\boldsymbol{x})}{g(\boldsymbol{x})} = \lim_{\boldsymbol{x} \to \boldsymbol{x}_0} f(\boldsymbol{x}) \cdot \frac{1}{g(\boldsymbol{x})} = \alpha \cdot \frac{1}{\beta} = \frac{\lim_{\boldsymbol{x} \to \boldsymbol{x}_0} f(\boldsymbol{x})}{\lim_{\boldsymbol{x} \to \boldsymbol{x}_0} g(\boldsymbol{x})}$ となる. よって, $\lim_{\boldsymbol{x} \to \boldsymbol{x}_0} \frac{1}{g(\boldsymbol{x})} = \frac{1}{\beta}$ となることを示す. $\varepsilon > 0$ を任意に固定する. $0 \neq \beta = \lim_{\boldsymbol{x} \to \boldsymbol{x}_0} g(\boldsymbol{x})$ であるので, ある $\delta > 0$ が存在し, $0 < \|\boldsymbol{x} - \boldsymbol{x}_0\| < \delta$ であるすべての $\boldsymbol{x} \in X$ に対して, $|g(\boldsymbol{x}) - \beta| < \min\left\{\frac{|\beta|}{2}, \frac{\varepsilon|\beta|^2}{2}\right\}$ となる. このとき, $0 < \|\boldsymbol{x} - \boldsymbol{x}_0\| < \delta$ であるすべての $\boldsymbol{x} \in X$ に対して, $|\beta| \leq |g(\boldsymbol{x})| + |g(\boldsymbol{x}) - \beta| < |g(\boldsymbol{x})| + \frac{|\beta|}{2}$

となり，$|g(\boldsymbol{x})| > \frac{|\beta|}{2}$ となるので，$\left|\frac{1}{g(\boldsymbol{x})} - \frac{1}{\beta}\right| = \frac{|\beta - g(\boldsymbol{x})|}{|g(\boldsymbol{x})||\beta|} < \frac{\frac{\varepsilon|\beta|^2}{2}}{\frac{|\beta|^2}{2}} = \varepsilon$ となる．よって，$\varepsilon > 0$ の任意性より，$\lim_{\boldsymbol{x} \to \boldsymbol{x}_0} \frac{1}{g(\boldsymbol{x})} = \frac{1}{\beta}$ となる．

4. $\alpha = \lim_{\boldsymbol{x} \to \boldsymbol{x}_0} f(\boldsymbol{x})$ とする．$\alpha = \infty$ または $\alpha = -\infty$ ならば，$\lim_{\boldsymbol{x} \to \boldsymbol{x}_0} |f(\boldsymbol{x})| = \infty = |\alpha|$ となる．$\alpha \in \mathbb{R}$ とし，$\varepsilon > 0$ を任意に固定する．$\alpha = \lim_{\boldsymbol{x} \to \boldsymbol{x}_0} f(\boldsymbol{x})$ であるので，ある $\delta > 0$ が存在し，$0 < \|\boldsymbol{x} - \boldsymbol{x}_0\| < \delta$ であるすべての $\boldsymbol{x} \in X$ に対して $\||f(\boldsymbol{x})| - |\alpha|\| \leq |f(\boldsymbol{x}) - \alpha| < \varepsilon$ となる．よって，$\varepsilon > 0$ の任意性より，$\lim_{\boldsymbol{x} \to \boldsymbol{x}_0} |f(\boldsymbol{x})| = |\alpha|$ となる．

問題 4.2

1.
(i) $\Rightarrow$ (ii)：$\varepsilon > 0$ を任意に固定する．f は $\boldsymbol{x}_0$ において連続であるので，ある $\delta > 0$ が存在し，$\|\boldsymbol{x} - \boldsymbol{x}_0\| < \delta$ であるすべての $\boldsymbol{x} \in X$ に対して $|f(\boldsymbol{x}) - f(\boldsymbol{x}_0)| < \varepsilon$ となる．よって，$\|\boldsymbol{x} - \boldsymbol{x}_0\| < \delta$ であるすべての $\boldsymbol{x} \in X$ に対して $-\varepsilon < f(\boldsymbol{x}) - f(\boldsymbol{x}_0) < \varepsilon$ となる．したがって，$\varepsilon > 0$ の任意性より，f は $\boldsymbol{x}_0$ において上半連続かつ下半連続になる．

(ii) $\Rightarrow$ (i)：$\varepsilon > 0$ を任意に固定する．f は $\boldsymbol{x}_0$ において上半連続かつ下半連続であるので，ある $\delta > 0$ が存在し，$\|\boldsymbol{x} - \boldsymbol{x}_0\| < \delta$ であるすべての $\boldsymbol{x} \in X$ に対して $-\varepsilon < f(\boldsymbol{x}) - f(\boldsymbol{x}_0) < \varepsilon$ となる．よって，$\|\boldsymbol{x} - \boldsymbol{x}_0\| < \delta$ であるすべての $\boldsymbol{x} \in X$ に対して $|f(\boldsymbol{x}) - f(\boldsymbol{x}_0)| < \varepsilon$ となる．したがって，$\varepsilon > 0$ の任意性より，f は $\boldsymbol{x}_0$ において連続になる．

(i) $\Rightarrow$ (iii)：$\varepsilon > 0$ を任意に固定する．f は $\boldsymbol{x}_0$ において連続であるので，ある $\delta > 0$ が存在し，$\|\boldsymbol{x} - \boldsymbol{x}_0\| < \delta$ であるすべての $\boldsymbol{x} \in X$ に対して $|f(\boldsymbol{x}) - f(\boldsymbol{x}_0)| < \varepsilon$ となる．よって，$0 < \|\boldsymbol{x} - \boldsymbol{x}_0\| < \delta$ であるすべての $\boldsymbol{x} \in X$ に対して $|f(\boldsymbol{x}) - f(\boldsymbol{x}_0)| < \varepsilon$ となる．したがって，$\varepsilon > 0$ の任意性より，$\boldsymbol{x} \to \boldsymbol{x}_0$ のとき $f(\boldsymbol{x}) \to f(\boldsymbol{x}_0)$ となる．

(iii) $\Rightarrow$ (i)：$\varepsilon > 0$ を任意に固定する．$\boldsymbol{x} \to \boldsymbol{x}_0$ のとき $f(\boldsymbol{x}) \to f(\boldsymbol{x}_0)$ であるので，$0 < \|\boldsymbol{x} - \boldsymbol{x}_0\| < \delta$ であるすべての $\boldsymbol{x} \in X$ に対して $|f(\boldsymbol{x}) - f(\boldsymbol{x}_0)| < \varepsilon$ となる．よって，$\|\boldsymbol{x} - \boldsymbol{x}_0\| < \delta$ であるすべての $\boldsymbol{x} \in X$ に対して $|f(\boldsymbol{x}) - f(\boldsymbol{x}_0)| < \varepsilon$ となる．したがって，$\varepsilon > 0$ の任意性より，f は $\boldsymbol{x}_0$ において連続になる．

2. 必要性：$\{\boldsymbol{x}_k\}_{k \in \mathbb{N}} \subset X$ とし，$\boldsymbol{x}_k \to \boldsymbol{x}_0$ であるとする．$\varepsilon > 0$ を任意に固定する．f は $\boldsymbol{x}_0$ において下半連続であるので，ある $\delta > 0$ が存在し，$\|\boldsymbol{x} - \boldsymbol{x}_0\| < \delta$ であるすべての $\boldsymbol{x} \in X$ に対して $-\varepsilon < f(\boldsymbol{x}) - f(\boldsymbol{x}_0)$ となる．$\boldsymbol{x}_k \to \boldsymbol{x}_0$ であるので，ある $k_0 \in \mathbb{N}$ が存在し，$k \geq k_0$ であるすべての $k \in \mathbb{N}$ に対して，$\|\boldsymbol{x}_k - \boldsymbol{x}_0\| < \delta$ となり，$f(\boldsymbol{x}_k) > f(\boldsymbol{x}_0) - \varepsilon$ となる．よって，$\liminf_{k \to \infty} f(\boldsymbol{x}_k) \geq f(\boldsymbol{x}_0) - \varepsilon$ となる．したがって，$\varepsilon > 0$ の任意性より，$\liminf_{k \to \infty} f(\boldsymbol{x}_k) \geq f(\boldsymbol{x}_0)$ となる．

十分性：f が $\boldsymbol{x}_0$ において下半連続ではないと仮定して矛盾を導く．このとき，ある $\varepsilon_0 > 0$ が存在し，任意の $\delta > 0$ に対して $\|\boldsymbol{x}(\delta) - \boldsymbol{x}_0\| < \delta$ かつ $-\varepsilon_0 \geq f(\boldsymbol{x}(\delta)) - f(\boldsymbol{x}_0)$ をみたす $\boldsymbol{x}(\delta) \in X$ が存在する．そこで，各 $k \in \mathbb{N}$ に対して，$\boldsymbol{y}_k = \boldsymbol{x}\left(\frac{1}{k}\right)$ とする．このとき，$\{\boldsymbol{y}_k\}_{k \in \mathbb{N}} \subset X$，$\boldsymbol{y}_k \to \boldsymbol{x}_0$ かつ $\liminf_{k \to \infty} f(\boldsymbol{y}_k) \leq f(\boldsymbol{x}_0) - \varepsilon_0 < f(\boldsymbol{x}_0)$ となるが，これは仮定より $\liminf_{k \to \infty} f(\boldsymbol{y}_k) \geq f(\boldsymbol{x}_0)$ とならなければいけないことに矛盾する．

3. 必要性：$\alpha \in \mathbb{R}$ を任意に固定する．定理 3.16 より，$\{\boldsymbol{x}_k\}_{k \in \mathbb{N}} \subset \mathbb{L}(f; \alpha)$ を収束する点列とし，その極限を $\boldsymbol{x}_0 \in X$ としたとき，$\boldsymbol{x}_0 \in \mathbb{L}(f; \alpha)$ となることを示せばよい．このとき，各 $k \in \mathbb{N}$ に対して，$\boldsymbol{x}_k \in \mathbb{L}(f; \alpha)$ であるので，$f(\boldsymbol{x}_k) \le \alpha$ となる．f は $\boldsymbol{x}_0$ において下半連続であるので，定理 4.5 (ii) より，$\alpha \ge \liminf_{k \to \infty} f(\boldsymbol{x}_k) \ge f(\boldsymbol{x}_0)$ となる．よって，$\boldsymbol{x}_0 \in \mathbb{L}(f; \alpha)$ となる．

十分性：$\boldsymbol{x}_0 \in X$ とし，f が $\boldsymbol{x}_0$ において下半連続ではないと仮定して矛盾を導く．このとき，ある $\varepsilon_0 > 0$ が存在し，任意の $\delta > 0$ に対して，$\|\boldsymbol{x}(\delta) - \boldsymbol{x}_0\| < \delta$ かつ $f(\boldsymbol{x}(\delta)) \le f(\boldsymbol{x}_0) - \varepsilon_0$ をみたす $\boldsymbol{x}(\delta) \in X$ が存在する．そこで，$\alpha = f(\boldsymbol{x}_0) - \varepsilon_0$ とし，各 $k \in \mathbb{N}$ に対して，$\boldsymbol{y}_k = \boldsymbol{x}\left(\frac{1}{k}\right)$ とする．このとき，$\{\boldsymbol{y}_k\}_{k \in \mathbb{N}} \subset \mathbb{L}(f; \alpha)$ となり，$\boldsymbol{y}_k \to \boldsymbol{x}_0$ となる．仮定より $\mathbb{L}(f; \alpha) \in \mathcal{C}(\mathbb{R}^n)$ となるので，定理 3.16 より $\boldsymbol{x}_0 \in \mathbb{L}(f; \alpha)$ となる．よって，$f(\boldsymbol{x}_0) \le \alpha = f(\boldsymbol{x}_0) - \varepsilon_0 < f(\boldsymbol{x}_0)$ となり，矛盾が導かれる．

4. f は X 上で下半連続であるので，$-f$ は X 上で上半連続になる．定理 4.7 (i) より，$-f$ は最大値をもつ，すなわち，ある $\boldsymbol{x}_0 \in X$ が存在して $-f(\boldsymbol{x}_0) = \max_{\boldsymbol{x} \in X}(-f(\boldsymbol{x}))$ となる．よって，$f(\boldsymbol{x}_0) = -\max_{\boldsymbol{x} \in X}(-f(\boldsymbol{x})) = \min_{\boldsymbol{x} \in X} f(\boldsymbol{x})$ となる．

問題 4.3

1.

(i) f が X 上で単調増加であるとする．まず，$\{f(x) : x \in X \cap]x_0, \infty[\}$ が下に有界でないとし，$\lambda \in \mathbb{R}$ を任意に固定する．このとき，f は X 上で単調増加であるので，ある $\delta > 0$ が存在し，$0 < x - x_0 < \delta$ であるすべての $x \in X$ に対して $f(x) < \lambda$ となる．したがって，λ の任意性より，$\lim_{x \to x_0+} f(x) = -\infty = \inf_{x \in X \cap]x_0, \infty[} f(x)$ となる．

次に，$\{f(x) : x \in X \cap]x_0, \infty[\}$ は下に有界であるとし，$\alpha = \inf_{x \in X \cap]x_0, \infty[} f(x)$ とする．また，$\varepsilon > 0$ を任意に固定する．このとき，任意の $x \in X \cap]x_0, \infty[$ に対して $\alpha \le f(x)$ となり，f は X 上で単調増加であるので，ある $\delta > 0$ が存在し，$0 < x - x_0 < \delta$ であるすべての $x \in X$ に対して $f(x) < \alpha + \varepsilon$ となる．よって，$0 < x - x_0 < \delta$ であるすべての $x \in X$ に対して $|f(x) - \alpha| < \varepsilon$ となる．したがって，$\varepsilon > 0$ の任意性より，$\lim_{x \to x_0+} f(x) = \alpha = \inf_{x \in X \cap]x_0, \infty[} f(x)$ となる．

f が X 上で単調減少であるとする．まず，$\{f(x) : x \in X \cap]x_0, \infty[\}$ が上に有界でないとし，$\lambda \in \mathbb{R}$ を任意に固定する．このとき，f は X 上で単調減少であるので，ある $\delta > 0$ が存在し，$0 < x - x_0 < \delta$ であるすべての $x \in X$ に対して $f(x) > \lambda$ となる．したがって，λ の任意性より，$\lim_{x \to x_0+} f(x) = \infty = \sup_{x \in X \cap]x_0, \infty[} f(x)$ となる．

次に，$\{f(x) : x \in X \cap]x_0, \infty[\}$ は上に有界であるとし，$\alpha = \sup_{x \in X \cap]x_0, \infty[} f(x)$ とする．また，$\varepsilon > 0$ を任意に固定する．このとき，任意の $x \in X \cap]x_0, \infty[$ に対して $f(x) \le \alpha$ となり，f は X 上で単調減少であるので，ある $\delta > 0$ が存在し，$0 < x - x_0 < \delta$ であるすべての $x \in X$ に対して $\alpha - \varepsilon < f(x)$ となる．よって，$0 < x - x_0 < \delta$ であるすべての $x \in X$ に対して $|f(x) - \alpha| < \varepsilon$ となる．したがって，$\varepsilon > 0$ の任意性より，$\lim_{x \to x_0+} f(x) = \alpha = \sup_{x \in X \cap]x_0, \infty[} f(x)$ となる．

(ii) f が X 上で単調増加であるとする．まず，$\{f(x) : x \in X \cap]-\infty, x_0[\}$ が上に有界でないとし，$\lambda \in \mathbb{R}$ を任意に固定する．このとき，f は X 上で単調増加であるので，ある $\delta > 0$ が存在し，$-\delta < x - x_0 < 0$ であるすべての $x \in X$ に対して $f(x) > \lambda$ となる．したがって，λ の任意性より，$\lim_{x \to x_0-} f(x) = \infty = \sup_{x \in X \cap]-\infty, x_0[} f(x)$ となる．

次に，$\{f(x) : x \in X \cap]-\infty, x_0[\}$ は上に有界であるとし，$\alpha = \sup_{x \in X \cap]-\infty, x_0[} f(x)$ とする．また，$\varepsilon > 0$ を任意に固定する．このとき，任意の $x \in X \cap]-\infty, x_0[$ に対して $f(x) \le \alpha$ となり，

f は X 上で単調増加であるので，ある $\delta > 0$ が存在し，$-\delta < x - x_0 < 0$ であるすべての $x \in X$ に対して $\alpha - \varepsilon < f(x)$ となる．よって，$-\delta < x - x_0 < 0$ であるすべての $x \in X$ に対して $|f(x) - \alpha| < \varepsilon$ となる．したがって，$\varepsilon > 0$ の任意性より，$\lim_{x \to x_0 -} f(x) = \alpha = \sup_{x \in X \cap]-\infty, x_0[} f(x)$ となる．

f が X 上で単調減少であるとする．まず，$\{f(x) : x \in X \cap]-\infty, x_0[\}$ が下に有界でないとし，$\lambda \in \mathbb{R}$ を任意に固定する．このとき，f は X 上で単調減少であるので，ある $\delta > 0$ が存在し，$-\delta < x - x_0 < 0$ であるすべての $x \in X$ に対して $f(x) < \lambda$ となる．したがって，λ の任意性より，$\lim_{x \to x_0 -} f(x) = -\infty = \inf_{x \in X \cap]-\infty, x_0[} f(x)$ となる．

次に，$\{f(x) : x \in X \cap]-\infty, x_0[\}$ は下に有界であるとし，$\alpha = \inf_{x \in X \cap]-\infty, x_0[} f(x)$ とする．また，$\varepsilon > 0$ を任意に固定する．このとき，任意の $x \in X \cap]-\infty, x_0[$ に対して $\alpha \leq f(x)$ となり，f は X 上で単調減少であるので，ある $\delta > 0$ が存在し，$-\delta < x - x_0 < 0$ であるすべての $x \in X$ に対して $f(x) < \alpha + \varepsilon$ となる．よって，$-\delta < x - x_0 < 0$ であるすべての $x \in X$ に対して $|f(x) - \alpha| < \varepsilon$ となる．したがって，$\varepsilon > 0$ の任意性より，$\lim_{x \to x_0 -} f(x) = \alpha = \inf_{x \in X \cap]-\infty, x_0[} f(x)$ となる．

2. 必要性：まず，$\lim_{x \to x_0 +} f(x) = \lim_{x \to x_0 -} f(x) = \infty$ であるとし，$\lambda \in \mathbb{R}$ を任意に固定する．$\lim_{x \to x_0 +} f(x) = \infty$ であるので，ある $\delta_1 > 0$ が存在し，$0 < x - x_0 < \delta_1$ であるすべての $x \in \mathbb{R}$ に対して $f(x) > \lambda$ となる．$\lim_{x \to x_0 -} f(x) = \infty$ であるので，ある $\delta_2 > 0$ が存在し，$-\delta_2 < x - x_0 < 0$ であるすべての $x \in \mathbb{R}$ に対して $f(x) > \lambda$ となる．$\delta = \min\{\delta_1, \delta_2\} > 0$ とすると，$0 < |x - x_0| < \delta$ であるすべての $x \in \mathbb{R}$ に対して $f(x) > \lambda$ となる．よって，$\lim_{x \to x_0} f(x) = \infty = \lim_{x \to x_0 +} f(x) = \lim_{x \to x_0 -} f(x)$ となる．

次に，$\lim_{x \to x_0 +} f(x) = \lim_{x \to x_0 -} f(x) = -\infty$ であるとし，$\lambda \in \mathbb{R}$ を任意に固定する．$\lim_{x \to x_0 +} f(x) = -\infty$ であるので，ある $\delta_1 > 0$ が存在し，$0 < x - x_0 < \delta_1$ であるすべての $x \in \mathbb{R}$ に対して $f(x) < \lambda$ となる．$\lim_{x \to x_0 -} f(x) = -\infty$ であるので，ある $\delta_2 > 0$ が存在し，$-\delta_2 < x - x_0 < 0$ であるすべての $x \in \mathbb{R}$ に対して $f(x) < \lambda$ となる．$\delta = \min\{\delta_1, \delta_2\} > 0$ とすると，$0 < |x - x_0| < \delta$ であるすべての $x \in \mathbb{R}$ に対して $f(x) < \lambda$ となる．よって，$\lim_{x \to x_0} f(x) = -\infty = \lim_{x \to x_0 +} f(x) = \lim_{x \to x_0 -} f(x)$ となる．

次に，$\alpha \in \mathbb{R}$ とし，$\lim_{x \to x_0 +} f(x) = \lim_{x \to x_0 -} f(x) = \alpha$ であるとし，$\varepsilon > 0$ を任意に固定する．$\lim_{x \to x_0 +} f(x) = \alpha$ であるので，ある $\delta_1 > 0$ が存在し，$0 < x - x_0 < \delta_1$ であるすべての $x \in \mathbb{R}$ に対して $|f(x) - \alpha| < \varepsilon$ となる．$\lim_{x \to x_0 -} f(x) = \alpha$ であるので，ある $\delta_2 > 0$ が存在し，$-\delta_2 < x - x_0 < 0$ であるすべての $x \in \mathbb{R}$ に対して $|f(x) - \alpha| < \varepsilon$ となる．$\delta = \min\{\delta_1, \delta_2\} > 0$ とすると，$0 < |x - x_0| < \delta$ であるすべての $x \in \mathbb{R}$ に対して $|f(x) - \alpha| < \varepsilon$ となる．よって，$\lim_{x \to x_0} f(x) = \alpha = \lim_{x \to x_0 +} f(x) = \lim_{x \to x_0 -} f(x)$ となる．

十分性：まず，$\lim_{x \to x_0} f(x) = \infty$ であるとし，$\lambda \in \mathbb{R}$ を任意に固定する．$\lim_{x \to x_0} f(x) = \infty$ であるので，ある $\delta > 0$ が存在し，$0 < |x - x_0| < \delta$ であるすべての $x \in \mathbb{R}$ に対して $f(x) > \lambda$ となる．このとき，$0 < x - x_0 < \delta$ であるすべての $x \in \mathbb{R}$ に対して $f(x) > \lambda$ となり，$-\delta < x - x_0 < 0$ であるすべての $x \in \mathbb{R}$ に対して $f(x) > \lambda$ となる．よって，$\lim_{x \to x_0 +} f(x) = \lim_{x \to x_0 -} f(x) = \infty = \lim_{x \to x_0} f(x)$ となる．

次に，$\lim_{x \to x_0} f(x) = -\infty$ であるとし，$\lambda \in \mathbb{R}$ を任意に固定する．$\lim_{x \to x_0} f(x) = -\infty$ であるので，ある $\delta > 0$ が存在し，$0 < |x - x_0| < \delta$ であるすべての $x \in \mathbb{R}$ に対して $f(x) < \lambda$ となる．このとき，$0 < x - x_0 < \delta$ であるすべての $x \in \mathbb{R}$ に対して $f(x) < \lambda$ となり，$-\delta < x - x_0 < 0$ であるすべての $x \in \mathbb{R}$ に対して $f(x) < \lambda$ となる．よって，$\lim_{x \to x_0 +} f(x) = \lim_{x \to x_0 -} f(x) = -\infty = \lim_{x \to x_0} f(x)$ となる．

次に，$\alpha \in \mathbb{R}$ とし，$\lim_{x \to x_0} f(x) = \alpha$ であるとし，$\varepsilon > 0$ を任意に固定する．$\lim_{x \to x_0} f(x) = \alpha$ であるので，ある $\delta > 0$ が存在し，$0 < |x - x_0| < \delta$ であるすべての $x \in \mathbb{R}$ に対して $|f(x) - \alpha| < \varepsilon$ となる．このとき，$0 < x - x_0 < \delta$ であるすべての $x \in \mathbb{R}$ に対して $|f(x) - \alpha| < \varepsilon$ となり，$-\delta < x - x_0 < 0$ であるすべての $x \in \mathbb{R}$ に対して $|f(x) - \alpha| < \varepsilon$ となる．よって，$\lim_{x \to x_0+} f(x) = \lim_{x \to x_0-} f(x) = \alpha = \lim_{x \to x_0} f(x)$ となる．

問題 4.4

1.

(i) $\Rightarrow$ (ii)：$\varepsilon > 0$ を任意に固定する．f は x_0 において右（左）連続であるので，ある $\delta > 0$ が存在し，$0 \le x - x_0 < \delta$（$-\delta < x - x_0 \le 0$）であるすべての $x \in X$ に対して $|f(x) - f(x_0)| < \varepsilon$ となる．よって，$0 \le x - x_0 < \delta$（$-\delta < x - x_0 \le 0$）であるすべての $x \in X$ に対して $-\varepsilon < f(x) - f(x_0) < \varepsilon$ となる．したがって，$\varepsilon > 0$ の任意性より，f は $\boldsymbol{x_0}$ において右（左）上半連続かつ右（左）下半連続になる．

(ii) $\Rightarrow$ (iv)：$x_k \to x_0+$（$x_k \to x_0-$）となる実数列 $\{x_k\}_{k \in \mathbb{N}} \subset X \cap [x_0, \infty[$（$\{x_k\}_{k \in \mathbb{N}} \subset X \cap]\infty, x_0]$）および $\varepsilon > 0$ を任意に固定する．f は x_0 において右（左）上半連続かつ右（左）下半連続であるので，ある $\delta > 0$ が存在し，$0 \le x - x_0 < \delta$（$-\delta < x - x_0 \le 0$）であるすべての $x \in X$ に対して $-\varepsilon < f(x) - f(x_0) < \varepsilon$ となる．よって，$0 \le x - x_0 < \delta$（$-\delta < x - x_0 \le 0$）であるすべての $x \in X$ に対して $|f(x) - f(x_0)| < \varepsilon$ となる．$x_k \to x_0+$（$x_k \to x_0-$）であるので，ある $k_0 \in \mathbb{N}$ が存在し，$k \ge k_0$ であるすべての $k \in \mathbb{N}$ に対して $0 \le x_k - x_0 < \delta$（$-\delta < x_k - x_0 \le 0$）となる．よって，$k \ge k_0$ であるすべての $k \in \mathbb{N}$ に対して $|f(x_k) - f(x_0)| < \varepsilon$ となる．したがって，$\varepsilon > 0$ の任意性より，$f(x_k) \to f(x_0)$ となる．

(iv) $\Rightarrow$ (i)：f が x_0 において右（左）連続ではないと仮定して矛盾を導く．このとき，ある $\varepsilon_0 > 0$ が存在し，任意の $\delta > 0$ に対して $0 \le x(\delta) - x_0 < \delta$（$-\delta < x(\delta) - x_0 \le 0$）かつ $|f(x(\delta)) - f(x_0)| \ge \varepsilon_0$ をみたす $x(\delta) \in X$ が存在する．そこで，各 $k \in \mathbb{N}$ に対して，$y_k = x\left(\frac{1}{k}\right)$ とする．このとき，$\{y_k\}_{k \in \mathbb{N}} \subset X \cap [x_0, \infty[$（$\{y_k\}_{k \in \mathbb{N}} \subset X \cap]-\infty, x_0]$），$y_k \to x_0+$（$y_k \to x_0-$）かつ $f(y_k) \not\to f(x_0)$ となるが，これは仮定より $f(y_k) \to f(x_0)$ とならなければいけないことに矛盾する．

(ii) $\Rightarrow$ (iii)：$\varepsilon > 0$ を任意に固定する．f は x_0 において右（左）上半連続かつ右（左）下半連続であるので，ある $\delta > 0$ が存在し，$0 \le x - x_0 < \delta$（$-\delta < x - x_0 \le 0$）であるすべての $x \in X$ に対して $-\varepsilon < f(x) - f(x_0) < \varepsilon$ となる．よって，$0 < x - x_0 < \delta$（$-\delta < x - x_0 < 0$）であるすべての $x \in X$ に対して $|f(x) - f(x_0)| < \varepsilon$ となる．したがって，$\varepsilon > 0$ の任意性より，$x \to x_0+$（$x \to x_0-$）のとき $f(x) \to f(x_0)$ となる．

(iii) $\Rightarrow$ (ii)：$\varepsilon > 0$ を任意に固定する．$x \to x_0+$（$x \to x_0-$）のとき $f(x) \to f(x_0)$ となるので，ある $\delta > 0$ が存在し，$0 < x - x_0 < \delta$（$-\delta < x - x_0 < 0$）であるすべての $x \in X$ に対して $|f(x) - f(x_0)| < \varepsilon$ となる．よって，$0 \le x - x_0 < \delta$（$-\delta < x - x_0 \le 0$）であるすべての $x \in X$ に対して $-\varepsilon < f(x) - f(x_0) < \varepsilon$ となる．したがって，$\varepsilon > 0$ の任意性より，f は x_0 において右（左）上半連続かつ右（左）下半連続になる．

2. 必要性：$\varepsilon > 0$ を任意に固定する．f は x_0 において連続であるので，ある $\delta > 0$ が存在し，$|x - x_0| < \delta$ であるすべての $x \in X$ に対して $|f(x) - f(x_0)| < \varepsilon$ となる．よって，$0 \le x - x_0 < \delta$ であるすべての $x \in X$ に対しても，$-\delta < x - x_0 \le 0$ であるすべての $x \in X$ に対しても

360

$|f(x) - f(x_0)| < \varepsilon$ となる．したがって，$\varepsilon > 0$ の任意性より，f は x_0 において右連続かつ左連続になる．

十分性：$\varepsilon > 0$ を任意に固定する．f は x_0 において右連続であるので，ある $\delta_1 > 0$ が存在し，$0 \leq x - x_0 < \delta_1$ であるすべての $x \in X$ に対して $|f(x) - f(x_0)| < \varepsilon$ となる．f は x_0 において左連続であるので，ある $\delta_2 > 0$ が存在し，$-\delta_2 < x - x_0 \leq 0$ であるすべての $x \in X$ に対して $|f(x) - f(x_0)| < \varepsilon$ となる．よって，$\delta = \min\{\delta_1, \delta_2\} > 0$ とすると，$|x - x_0| < \delta$ であるすべての $x \in X$ に対して $|f(x) - f(x_0)| < \varepsilon$ となる．したがって，$\varepsilon > 0$ の任意性より，f は x_0 において連続になる．

3.

(i) 必要性：$\{x_k\}_{k \in \mathbb{N}} \subset X \cap [x_0, \infty[$ $(\{x_k\}_{k \in \mathbb{N}} \subset X \cap]-\infty, x_0])$ とし，$x_k \to x_0+$ $(x_k \to x_0-)$ であるとする．$\varepsilon > 0$ を任意に固定する．f は x_0 において右（左）上半連続であるので，ある $\delta > 0$ が存在し，$0 \leq x - x_0 < \delta$ $(-\delta < x - x_0 \leq 0)$ であるすべての $x \in X$ に対して $f(x) - f(x_0) < \varepsilon$ となる．$x_k \to x_0+$ $(x_k \to x_0-)$ であるので，ある $k_0 \in \mathbb{N}$ が存在し，$k \geq k_0$ であるすべての $k \in \mathbb{N}$ に対して，$0 \leq x_k - x_0 < \delta$ $(-\delta < x_k - x_0 \leq 0)$ となり，$f(x_k) < f(x_0) + \varepsilon$ となる．よって，$\limsup_{k \to \infty} f(x_k) \leq f(x_0) + \varepsilon$ となる．したがって，$\varepsilon > 0$ の任意性より，$\limsup_{k \to \infty} f(x_k) \leq f(\boldsymbol{x}_0)$ となる．

十分性：f が x_0 において右（左）上半連続ではないと仮定して矛盾を導く．このとき，ある $\varepsilon_0 > 0$ が存在し，任意の $\delta > 0$ に対して $0 \leq x(\delta) - x_0 < \delta$ $(-\delta < x(\delta) - x_0 \leq 0)$ かつ $f(x(\delta)) - f(x_0) \geq \varepsilon_0$ をみたす $x(\delta) \in X$ が存在する．そこで，各 $k \in \mathbb{N}$ に対して，$y_k = x\left(\frac{1}{k}\right)$ とする．このとき，$\{y_k\}_{k \in \mathbb{N}} \subset X \cap [x_0, \infty[$ $(\{y_k\}_{k \in \mathbb{N}} \subset X \cap]-\infty, x_0])$，$y_k \to x_0+$ $(y_k \to x_0-)$ かつ $\limsup_{k \to \infty} f(y_k) \geq f(x_0) + \varepsilon_0 > f(x_0)$ となるが，これは仮定より $\limsup_{k \to \infty} f(y_k) \leq f(x_0)$ とならなければいけないことに矛盾する．

(ii) 必要性：$\{x_k\}_{k \in \mathbb{N}} \subset X \cap [x_0, \infty[$ $(\{x_k\}_{k \in \mathbb{N}} \subset X \cap]-\infty, x_0])$ とし，$x_k \to x_0+$ $(x_k \to x_0-)$ であるとする．$\varepsilon > 0$ を任意に固定する．f は x_0 において右（左）下半連続であるので，ある $\delta > 0$ が存在し，$0 \leq x - x_0 < \delta$ $(-\delta < x - x_0 \leq 0)$ であるすべての $x \in X$ に対して $-\varepsilon < f(x) - f(x_0)$ となる．$x_k \to x_0+$ $(x_k \to x_0-)$ であるので，ある $k_0 \in \mathbb{N}$ が存在し，$k \geq k_0$ であるすべての $k \in \mathbb{N}$ に対して，$0 \leq x_k - x_0 < \delta$ $(-\delta < x_k - x_0 \leq 0)$ となり，$f(x_k) > f(x_0) - \varepsilon$ となる．よって，$\liminf_{k \to \infty} f(x_k) \geq f(x_0) - \varepsilon$ となる．したがって，$\varepsilon > 0$ の任意性より，$\liminf_{k \to \infty} f(x_k) \geq f(x_0)$ となる．

十分性：f が x_0 において右（左）下半連続ではないと仮定して矛盾を導く．このとき，ある $\varepsilon_0 > 0$ が存在し，任意の $\delta > 0$ に対して $0 \leq x(\delta) - x_0 < \delta$ $(-\delta < x(\delta) - x_0 \leq 0)$ かつ $-\varepsilon_0 \geq f(x(\delta)) - f(x_0)$ をみたす $x(\delta) \in X$ が存在する．そこで，各 $k \in \mathbb{N}$ に対して，$y_k = x\left(\frac{1}{k}\right)$ とする．このとき，$\{y_k\}_{k \in \mathbb{N}} \subset X \cap [x_0, \infty[$ $(\{y_k\}_{k \in \mathbb{N}} \subset X \cap]-\infty, x_0])$，$y_k \to x_0+$ $(y_k \to x_0-)$ かつ $\liminf_{k \to \infty} f(y_k) \leq f(x_0) - \varepsilon_0 < f(x_0)$ となるが，これは仮定より $\liminf_{k \to \infty} f(y_k) \geq f(x_0)$ とならなければいけないことに矛盾する． $\qquad \square$

問題 4.5

1. $\overline{f}_{\boldsymbol{x}_0}, \underline{f}_{\boldsymbol{x}_0} :]0, \infty[\to \overline{\mathbb{R}}$ を各 $\varepsilon \in]0, \infty[$ に対して $\overline{f}_{\boldsymbol{x}_0}(\varepsilon) = \sup_{\boldsymbol{y} \in X \cap \mathbb{B}(\boldsymbol{x}_0; \varepsilon)} f(\boldsymbol{y})$, $\underline{f}_{\boldsymbol{x}_0}(\varepsilon) = \inf_{\boldsymbol{y} \in X \cap \mathbb{B}(\boldsymbol{x}_0; \varepsilon)} f(\boldsymbol{y})$ とする．

(i) 任意の $\varepsilon \in\,]0,\infty[$ に対して $\{f(\boldsymbol{y}) : \boldsymbol{y} \in X \cap \mathbb{B}(\boldsymbol{x}_0;\varepsilon)\}$ が上に有界でないならば, $\liminf_{\boldsymbol{x}\to\boldsymbol{x}_0} f(\boldsymbol{x}) \leq \infty = \limsup_{\boldsymbol{x}\to\boldsymbol{x}_0} f(\boldsymbol{x})$ となる. 任意の $\varepsilon \in\,]0,\infty[$ に対して $\{f(\boldsymbol{y}) : \boldsymbol{y} \in X \cap \mathbb{B}(\boldsymbol{x}_0;\varepsilon)\}$ が下に有界でないならば, $\liminf_{\boldsymbol{x}\to\boldsymbol{x}_0} f(\boldsymbol{x}) = -\infty \leq \limsup_{\boldsymbol{x}\to\boldsymbol{x}_0} f(\boldsymbol{x})$ となる. よって, ある $\varepsilon_1 \in\,]0,\infty[$ に対して $\{f(\boldsymbol{y}) : \boldsymbol{y} \in X \cap \mathbb{B}(\boldsymbol{x}_0;\varepsilon_1)\}$ は上に有界であり, ある $\varepsilon_2 \in\,]0,\infty[$ に対して $\{f(\boldsymbol{y}) : \boldsymbol{y} \in X \cap \mathbb{B}(\boldsymbol{x}_0;\varepsilon_2)\}$ は下に有界であるとする. このとき, $\varepsilon_0 = \min\{\varepsilon_1,\varepsilon_2\} \in\,]0,\infty[$ とすると, 任意の $\varepsilon \in\,]0,\varepsilon_0[$ に対して $\{f(\boldsymbol{y}) : \boldsymbol{y} \in X \cap \mathbb{B}(\boldsymbol{x}_0;\varepsilon)\}$ は有界になる. 任意の $\varepsilon \in\,]0,\varepsilon_0[$ に対して $\inf_{\boldsymbol{y}\in X\cap\mathbb{B}(\boldsymbol{x}_0;\varepsilon)} f(\boldsymbol{y}) \leq \sup_{\boldsymbol{y}\in X\cap\mathbb{B}(\boldsymbol{x}_0;\varepsilon)} f(\boldsymbol{y})$ となるので, 定理 4.1 (i) より $\liminf_{\boldsymbol{x}\to\boldsymbol{x}_0} f(\boldsymbol{x}) = \lim_{\varepsilon\to 0+} \left(\inf_{\boldsymbol{y}\in X\cap\mathbb{B}(\boldsymbol{x}_0;\varepsilon)} f(\boldsymbol{y})\right) \leq \lim_{\varepsilon\to 0+} \left(\sup_{\boldsymbol{y}\in X\cap\mathbb{B}(\boldsymbol{x}_0;\varepsilon)} f(\boldsymbol{y})\right) = \limsup_{\boldsymbol{x}\to\boldsymbol{x}_0} f(\boldsymbol{x})$ となる.

(ii) まず, $\limsup_{\boldsymbol{x}\to\boldsymbol{x}_0} f(\boldsymbol{x}) = \liminf_{\boldsymbol{x}\to\boldsymbol{x}_0} f(\boldsymbol{x}) = \infty$ とし, $\lambda \in \mathbb{R}$ を任意に固定する. このとき, $\lim_{\varepsilon\to 0+} \underline{f}_{\boldsymbol{x}_0}(\varepsilon) = \infty$ であるので, ある $\delta > 0$ が存在して $\underline{f}_{\boldsymbol{x}_0}(\delta) = \inf_{\boldsymbol{y}\in X\cap\mathbb{B}(\boldsymbol{x}_0;\delta)} f(\boldsymbol{y}) > \lambda$ となる. よって, $0 < \|\boldsymbol{x} - \boldsymbol{x}_0\| < \delta$ であるすべての $\boldsymbol{x} \in X$ に対して, $f(\boldsymbol{x}) \geq \inf_{\boldsymbol{y}\in X\cap\mathbb{B}(\boldsymbol{x}_0;\delta)} f(\boldsymbol{y}) > \lambda$ となる. したがって, $\lambda \in \mathbb{R}$ の任意性より, $\lim_{\boldsymbol{x}\to\boldsymbol{x}_0} f(\boldsymbol{x}) = \infty = \limsup_{\boldsymbol{x}\to\boldsymbol{x}_0} f(\boldsymbol{x}) = \liminf_{\boldsymbol{x}\to\boldsymbol{x}_0} f(\boldsymbol{x})$ となる.

次に, $\limsup_{\boldsymbol{x}\to\boldsymbol{x}_0} f(\boldsymbol{x}) = \liminf_{\boldsymbol{x}\to\boldsymbol{x}_0} f(\boldsymbol{x}) = -\infty$ とし, $\mu \in \mathbb{R}$ を任意に固定する. このとき, $\lim_{\varepsilon\to 0+} \overline{f}_{\boldsymbol{x}_0}(\varepsilon) = -\infty$ であるので, ある $\delta > 0$ が存在して $\overline{f}_{\boldsymbol{x}_0}(\delta) = \sup_{\boldsymbol{y}\in X\cap\mathbb{B}(\boldsymbol{x}_0;\delta)} f(\boldsymbol{y}) < \mu$ となる. よって, $0 < \|\boldsymbol{x}-\boldsymbol{x}_0\| < \delta$ であるすべての $\boldsymbol{x} \in X$ に対して, $f(\boldsymbol{x}) \leq \sup_{\boldsymbol{y}\in X\cap\mathbb{B}(\boldsymbol{x}_0;\delta)} f(\boldsymbol{y}) < \mu$ となる. したがって, $\mu \in \mathbb{R}$ の任意性より, $\lim_{\boldsymbol{x}\to\boldsymbol{x}_0} f(\boldsymbol{x}) = -\infty = \limsup_{\boldsymbol{x}\to\boldsymbol{x}_0} f(\boldsymbol{x}) = \liminf_{\boldsymbol{x}\to\boldsymbol{x}_0} f(\boldsymbol{x})$ となる.

次に, $\alpha \in \mathbb{R}$ とし, $\limsup_{\boldsymbol{x}\to\boldsymbol{x}_0} f(\boldsymbol{x}) = \liminf_{\boldsymbol{x}\to\boldsymbol{x}_0} f(\boldsymbol{x}) = \alpha$ とする. また, $\varepsilon > 0$ を任意に固定する. $\limsup_{\boldsymbol{x}\to\boldsymbol{x}_0} f(\boldsymbol{x}) = \lim_{\varepsilon\to 0+} \overline{f}_{\boldsymbol{x}_0}(\varepsilon) = \alpha$, $\liminf_{\boldsymbol{x}\to\boldsymbol{x}_0} f(\boldsymbol{x}) = \lim_{\varepsilon\to 0+} \underline{f}_{\boldsymbol{x}_0}(\varepsilon) = \alpha$ であるので, ある $\delta > 0$ が存在して $\alpha - \varepsilon < \underline{f}_{\boldsymbol{x}_0}(\delta) \leq \overline{f}_{\boldsymbol{x}_0}(\delta) < \alpha + \varepsilon$ となる. よって, $0 < \|\boldsymbol{x} - \boldsymbol{x}_0\| < \delta$ であるすべての $\boldsymbol{x} \in X$ に対して, $\alpha - \varepsilon < \underline{f}_{\boldsymbol{x}_0}(\delta) \leq f(\boldsymbol{x}) \leq \overline{f}_{\boldsymbol{x}_0}(\delta) < \alpha + \varepsilon$ となり, $|f(\boldsymbol{x}) - \alpha| < \varepsilon$ となる. したがって, $\varepsilon > 0$ の任意性より, $\lim_{\boldsymbol{x}\to\boldsymbol{x}_0} f(\boldsymbol{x}) = \alpha = \limsup_{\boldsymbol{x}\to\boldsymbol{x}_0} f(\boldsymbol{x}) = \liminf_{\boldsymbol{x}\to\boldsymbol{x}_0} f(\boldsymbol{x})$ となる.

2. 最初に, $\overline{f}_{\boldsymbol{x}_0}, \underline{f}_{\boldsymbol{x}_0}, \overline{g}_{\boldsymbol{x}_0}, \underline{g}_{\boldsymbol{x}_0}, \overline{h}_{\boldsymbol{x}_0}, \underline{h}_{\boldsymbol{x}_0} :]0,\infty[\to \overline{\mathbb{R}}$ を各 $\varepsilon \in\,]0,\infty[$ に対して $\overline{f}_{\boldsymbol{x}_0}(\varepsilon) = \sup_{\boldsymbol{y}\in X\cap\mathbb{B}(\boldsymbol{x}_0;\varepsilon)} f(\boldsymbol{y})$, $\underline{f}_{\boldsymbol{x}_0}(\varepsilon) = \inf_{\boldsymbol{y}\in X\cap\mathbb{B}(\boldsymbol{x}_0;\varepsilon)} f(\boldsymbol{y})$, $\overline{g}_{\boldsymbol{x}_0}(\varepsilon) = \sup_{\boldsymbol{y}\in X\cap\mathbb{B}(\boldsymbol{x}_0;\varepsilon)} g(\boldsymbol{y})$, $\underline{g}_{\boldsymbol{x}_0}(\varepsilon) = \inf_{\boldsymbol{y}\in X\cap\mathbb{B}(\boldsymbol{x}_0;\varepsilon)} g(\boldsymbol{y})$, $\overline{h}_{\boldsymbol{x}_0}(\varepsilon) = \sup_{\boldsymbol{y}\in X\cap\mathbb{B}(\boldsymbol{x}_0;\varepsilon)} h(\boldsymbol{y})$, $\underline{h}_{\boldsymbol{x}_0}(\varepsilon) = \inf_{\boldsymbol{y}\in X\cap\mathbb{B}(\boldsymbol{x}_0;\varepsilon)} h(\boldsymbol{y})$ とする.

(i) 任意の $\varepsilon \in\,]0,\infty[$ に対して $\{g(\boldsymbol{y}) : \boldsymbol{y} \in X \cap \mathbb{B}(\boldsymbol{x}_0;\varepsilon)\}$ が上に有界でないならば, $\limsup_{\boldsymbol{x}\to\boldsymbol{x}_0} f(\boldsymbol{x}) \leq \infty = \limsup_{\boldsymbol{x}\to\boldsymbol{x}_0} g(\boldsymbol{x})$ となる. ある $\varepsilon_0 \in\,]0,\infty[$ に対して $\{g(\boldsymbol{y}) : \boldsymbol{y} \in X \cap \mathbb{B}(\boldsymbol{x}_0;\varepsilon_0)\}$ は上に有界であるとする. このとき, $\{f(\boldsymbol{y}) : \boldsymbol{y} \in X \cap \mathbb{B}(\boldsymbol{x}_0;\varepsilon_0)\}$ も上に有界になる. よって, 定理 3.5 (i) より, 任意の $\varepsilon \in\,]0,\varepsilon_0]$ に対して, $\overline{f}_{\boldsymbol{x}_0}(\varepsilon) = \sup_{\boldsymbol{y}\in X\cap\mathbb{B}(\boldsymbol{x}_0;\varepsilon)} f(\boldsymbol{y}) \leq \sup_{\boldsymbol{y}\in X\cap\mathbb{B}(\boldsymbol{x}_0;\varepsilon)} g(\boldsymbol{y}) = \overline{g}_{\boldsymbol{x}_0}(\varepsilon)$ となる. したがって, 定理 4.1 (i) より, $\limsup_{\boldsymbol{x}\to\boldsymbol{x}_0} f(\boldsymbol{x}) = \lim_{\varepsilon\to 0+} \overline{f}_{\boldsymbol{x}_0}(\varepsilon) \leq \lim_{\varepsilon\to 0+} \overline{g}_{\boldsymbol{x}_0}(\varepsilon) = \limsup_{\boldsymbol{x}\to\boldsymbol{x}_0} g(\boldsymbol{x})$ となる.

任意の $\varepsilon \in\,]0,\infty[$ に対して $\{f(\boldsymbol{y}) : \boldsymbol{y} \in X \cap \mathbb{B}(\boldsymbol{x}_0;\varepsilon)\}$ が下に有界でないならば, $\liminf_{\boldsymbol{x}\to\boldsymbol{x}_0} f(\boldsymbol{x}) = -\infty \leq \liminf_{\boldsymbol{x}\to\boldsymbol{x}_0} g(\boldsymbol{x})$ となる. ある $\varepsilon_0 \in\,]0,\infty[$ に対して $\{f(\boldsymbol{y}) : \boldsymbol{y} \in X\cap\mathbb{B}(\boldsymbol{x}_0;\varepsilon_0)\}$ は下に有界であるとする. このとき, $\{g(\boldsymbol{y}) : \boldsymbol{y} \in X \cap \mathbb{B}(\boldsymbol{x}_0;\varepsilon_0)\}$ も下に有界になる. よって, 定理 3.5 (ii) より, 任意の $\varepsilon \in\,]0,\varepsilon_0]$ に対して, $\underline{f}_{\boldsymbol{x}_0}(\varepsilon) = \inf_{\boldsymbol{y}\in X\cap\mathbb{B}(\boldsymbol{x}_0;\varepsilon)} f(\boldsymbol{y}) \leq \inf_{\boldsymbol{y}\in X\cap\mathbb{B}(\boldsymbol{x}_0;\varepsilon)} g(\boldsymbol{y}) = \underline{g}_{\boldsymbol{x}_0}(\varepsilon)$ となる. したがって, 定理 4.1 (i) より, $\liminf_{\boldsymbol{x}\to\boldsymbol{x}_0} f(\boldsymbol{x}) = \lim_{\varepsilon\to 0+} \underline{f}_{\boldsymbol{x}_0}(\varepsilon) \leq \lim_{\varepsilon\to 0+} \underline{g}_{\boldsymbol{x}_0}(\varepsilon) = \liminf_{\boldsymbol{x}\to\boldsymbol{x}_0} g(\boldsymbol{x})$ となる.

(ii) (i) より $\limsup_{\boldsymbol{x}\to\boldsymbol{x}_0} f(\boldsymbol{x}) \leq \limsup_{\boldsymbol{x}\to\boldsymbol{x}_0} h(\boldsymbol{x}) \leq \limsup_{\boldsymbol{x}\to\boldsymbol{x}_0} g(\boldsymbol{x})$ となる. したがって,

$\limsup_{\boldsymbol{x}\to\boldsymbol{x}_0} h(\boldsymbol{x}) = \limsup_{\boldsymbol{x}\to\boldsymbol{x}_0} f(\boldsymbol{x}) = \limsup_{\boldsymbol{x}\to\boldsymbol{x}_0} g(\boldsymbol{x})$ となる.

(iii) (i) より $\liminf_{\boldsymbol{x}\to\boldsymbol{x}_0} f(\boldsymbol{x}) \leq \liminf_{\boldsymbol{x}\to\boldsymbol{x}_0} h(\boldsymbol{x}) \leq \liminf_{\boldsymbol{x}\to\boldsymbol{x}_0} g(\boldsymbol{x})$ となる. したがって, $\liminf_{\boldsymbol{x}\to\boldsymbol{x}_0} h(\boldsymbol{x}) = \liminf_{\boldsymbol{x}\to\boldsymbol{x}_0} f(\boldsymbol{x}) = \liminf_{\boldsymbol{x}\to\boldsymbol{x}_0} g(\boldsymbol{x})$ となる.

3. まず, 任意の $\varepsilon \in \,]0,\infty[$ に対して $\{f(\boldsymbol{y}) : \boldsymbol{y} \in X \cap \mathbb{B}(\boldsymbol{x}_0;\varepsilon)\}$ が下に有界でないとする. このとき, $\boldsymbol{x}_k \to \boldsymbol{x}_0$ である任意の点列 $\{\boldsymbol{x}_k\}_{k\in\mathbb{N}} \subset X$ に対して, $\liminf_{k\to\infty} f(\boldsymbol{x}_k) \geq -\infty = \liminf_{\boldsymbol{x}\to\boldsymbol{x}_0} f(\boldsymbol{x})$ となる. また, 各 $k \in \mathbb{N}$ に対して $f(\boldsymbol{y}_k) < -k$ となる $\boldsymbol{y}_k \in X \cap \mathbb{B}\left(\boldsymbol{x}_0;\frac{1}{k}\right)$ が存在する. この $\{\boldsymbol{y}_k\}_{k\in\mathbb{N}}$ に対して, $\boldsymbol{y}_k \to \boldsymbol{x}_0$, $f(\boldsymbol{y}_k) \to -\infty$ となり, $\lim_{k\to\infty} f(\boldsymbol{y}_k) = -\infty = \liminf_{\boldsymbol{x}\to\boldsymbol{x}_0} f(\boldsymbol{x})$ となる.

次に, ある $\varepsilon_0 \in \,]0,\infty[$ に対して $\{f(\boldsymbol{y}) : \boldsymbol{y} \in X \cap \mathbb{B}(\boldsymbol{x}_0;\varepsilon_0)\}$ が下に有界であるとする. $\boldsymbol{x}_k \to \boldsymbol{x}_0$ となる $\{\boldsymbol{x}_k\}_{k\in\mathbb{N}} \subset X$ および $\varepsilon \in \,]0,\varepsilon_0]$ を任意に固定する. このとき, ある $k_0 \in \mathbb{N}$ が存在し, $k \geq k_0$ であるすべての $k \in \mathbb{N}$ に対して $\boldsymbol{x}_k \in \mathbb{B}(\boldsymbol{x}_0;\varepsilon)$ となる. $k \geq k_0$ であるすべての $k \in \mathbb{N}$ に対して $\inf_{\ell\geq k} f(\boldsymbol{x}_\ell) \geq \inf_{\boldsymbol{y}\in X\cap\mathbb{B}(\boldsymbol{x}_0;\varepsilon)} f(\boldsymbol{y})$ となるので, $\liminf_{k\to\infty} f(\boldsymbol{x}_k) = \lim_{k\to\infty}(\inf_{\ell\geq k} f(\boldsymbol{x}_\ell)) \geq \inf_{\boldsymbol{y}\in X\cap\mathbb{B}(\boldsymbol{x}_0;\varepsilon)} f(\boldsymbol{y})$ となる. よって, $\varepsilon \in \,]0,\varepsilon_0]$ の任意性より, $\liminf_{k\to\infty} f(\boldsymbol{x}_k) \geq \sup_{\varepsilon\in\,]0,\varepsilon_0]}\left(\inf_{\boldsymbol{y}\in X\cap\mathbb{B}(\boldsymbol{x}_0;\varepsilon)} f(\boldsymbol{y})\right) = \lim_{\varepsilon\to 0+}\left(\inf_{\boldsymbol{y}\in X\cap\mathbb{B}(\boldsymbol{x}_0;\varepsilon)} f(\boldsymbol{y})\right) = \liminf_{\boldsymbol{x}\to\boldsymbol{x}_0} f(\boldsymbol{x})$ となる.

$\liminf_{\boldsymbol{x}\to\boldsymbol{x}_0} f(\boldsymbol{x}) = \infty$ とする. このとき, 各 $k \in \mathbb{N}$ に対して, ある $\varepsilon_k \in \,]0,\varepsilon_0]$ が存在して $\inf_{\boldsymbol{y}\in X\cap\mathbb{B}(\boldsymbol{x}_0;\varepsilon_k)} f(\boldsymbol{y}) > k$ となる. したがって, 各 $k \in \mathbb{N}$ に対して, $\eta_k = \min\left\{\varepsilon_k, \frac{1}{k}\right\}$ とすると, $\inf_{\boldsymbol{y}\in X\cap\mathbb{B}(\boldsymbol{x}_0;\eta_k)} f(\boldsymbol{y}) > k$ となる. 各 $k \in \mathbb{N}$ に対して, $\boldsymbol{y}_k \in X \cap \mathbb{B}(\boldsymbol{x}_0;\eta_k)$ を選ぶと, $f(\boldsymbol{y}_k) > k$ となる. $\boldsymbol{y}_k \to \boldsymbol{x}_0$ となり, $f(\boldsymbol{y}_k) \to \infty$ となるので, $\lim_{k\to\infty} f(\boldsymbol{y}_k) = \infty = \liminf_{\boldsymbol{x}\to\boldsymbol{x}_0} f(\boldsymbol{x})$ となる.

$\alpha = \liminf_{\boldsymbol{x}\to\boldsymbol{x}_0} f(\boldsymbol{x}) < \infty$ とする. 各 $k \in \mathbb{N}$ に対して, ある $\varepsilon_k' \in \,]0,\varepsilon_0]$ が存在し, $\alpha - \frac{1}{k} < \inf_{\boldsymbol{y}\in X\cap\mathbb{B}(\boldsymbol{x}_0;\varepsilon_k')} f(\boldsymbol{y}) \leq \alpha$ となる. よって, 各 $k \in \mathbb{N}$ に対して, $\eta_k' = \min\left\{\varepsilon_k', \frac{1}{k}\right\}$ とすると, $\alpha - \frac{1}{k} < \inf_{\boldsymbol{y}\in X\cap\mathbb{B}(\boldsymbol{x}_0;\eta_k')} f(\boldsymbol{y}) \leq \alpha$ となる. したがって, 各 $k \in \mathbb{N}$ に対して, $\boldsymbol{y}_k' \in X \cap \mathbb{B}(\boldsymbol{x}_0;\eta_k')$ が存在し $f(\boldsymbol{y}_k') < \inf_{\boldsymbol{y}\in X\cap\mathbb{B}(\boldsymbol{x}_0;\eta_k')} f(\boldsymbol{y}) + \frac{1}{k}$ となり, $\alpha - \frac{1}{k} < \inf_{\boldsymbol{y}\in X\cap\mathbb{B}(\boldsymbol{x}_0;\eta_k')} f(\boldsymbol{y}) \leq f(\boldsymbol{y}_k') < \inf_{\boldsymbol{y}\in X\cap\mathbb{B}(\boldsymbol{x}_0;\eta_k')} f(\boldsymbol{y}) + \frac{1}{k} \leq \alpha + \frac{1}{k}$ となる. このとき, $\boldsymbol{y}_k' \to \boldsymbol{x}_0$ となり, $f(\boldsymbol{y}_k') \to \alpha$ となるので, $\lim_{k\to\infty} f(\boldsymbol{y}_k') = \alpha = \liminf_{\boldsymbol{x}\to\boldsymbol{x}_0} f(\boldsymbol{x})$ となる.

4. 必要性: $\{(\boldsymbol{y}_k, w_k)\}_{k\in\mathbb{N}} \subset \mathrm{epi}(f)$ がある $(\boldsymbol{x}, z) \in \mathbb{R}^{n+1}$ に収束するとする. $\{\boldsymbol{y}_k\}_{k\in\mathbb{N}} \subset X \in \mathcal{C}(\mathbb{R}^n)$, $\boldsymbol{y}_k \to \boldsymbol{x}$ であるので, $\boldsymbol{x} \in X$ となる. f は $\boldsymbol{x}$ において下半連続であるので, 定理 4.5 (ii) より, $z = \lim_{k\to\infty} w_k = \liminf_{k\to\infty} w_k \geq \liminf_{k\to\infty} f(\boldsymbol{y}_k) \geq f(\boldsymbol{x})$ となり, $(\boldsymbol{x}, z) \in \mathrm{epi}(f)$ となる. よって, $\mathrm{epi}(f) \in \mathcal{C}(\mathbb{R}^{n+1})$ となる.

十分性: $\alpha \in \mathbb{R}$ を任意に固定する. 定理 4.6 (ii) より, $\mathbb{L}(f;\alpha) \in \mathcal{C}(\mathbb{R}^n)$ となることを示せばよい. $\{\boldsymbol{y}_k\}_{k\in\mathbb{N}} \subset \mathbb{L}(f;\alpha)$ がある $\boldsymbol{x} \in \mathbb{R}^n$ に収束するとする. このとき, 各 $k \in \mathbb{N}$ に対して, $f(\boldsymbol{y}_k) \leq \alpha$ であるので, $(\boldsymbol{y}_k, \alpha) \in \mathrm{epi}(f) \in \mathcal{C}(\mathbb{R}^{n+1})$ となる. よって, $(\boldsymbol{y}_k, \alpha) \to (\boldsymbol{x}, \alpha) \in \mathrm{epi}(f)$ となるので, $\alpha \geq f(\boldsymbol{x})$ となり, $\boldsymbol{x} \in \mathbb{L}(f;\alpha)$ となる. したがって, $\mathbb{L}(f;\alpha) \in \mathcal{C}(\mathbb{R}^n)$ となる.

5. まず, $(\boldsymbol{x}, z) \in \mathrm{epi}(h^*)$ とする. 定理 4.14 (ii) より, $\boldsymbol{y}_k \to \boldsymbol{x}$ となるある点列 $\{\boldsymbol{y}_k\}_{k\in\mathbb{N}} \subset \mathbb{R}^n$ が存在して $z \geq h^*(\boldsymbol{x}) = \liminf_{\boldsymbol{y}\to\boldsymbol{x}} f(\boldsymbol{y}) = \lim_{k\to\infty} f(\boldsymbol{y}_k)$ となる. このとき, $\{(\boldsymbol{y}_k, \max\{z, f(\boldsymbol{y}_k)\})\}_{k\in\mathbb{N}} \subset \mathrm{epi}(f)$ となり, $(\boldsymbol{y}_k, \max\{z, f(\boldsymbol{y}_k)\}) \to (\boldsymbol{x}, z) \in \mathrm{cl}(\mathrm{epi}(f))$ となる. したがって, $\mathrm{epi}(h^*) \subset \mathrm{cl}(\mathrm{epi}(f))$ となる.

次に, $(\boldsymbol{x}, z) \in \mathrm{cl}(\mathrm{epi}(f))$ とする. このとき, ある $\{(\boldsymbol{y}_k, w_k)\}_{k\in\mathbb{N}} \subset \mathrm{epi}(f)$ が存在して $(\boldsymbol{y}_k, w_k) \to (\boldsymbol{x}, z)$ となる. 任意の $k \in \mathbb{N}$ に対して $w_k \geq f(\boldsymbol{y}_k)$ であるので, 定理 4.14 (ii) より $z = \lim_{k\to\infty} w_k = \liminf_{k\to\infty} w_k \geq \liminf_{k\to\infty} f(\boldsymbol{y}_k) \geq \liminf_{\boldsymbol{y}\to\boldsymbol{x}} f(\boldsymbol{y}) = h^*(\boldsymbol{x})$ となり, $(\boldsymbol{x}, z)$

363

$\in \mathrm{epi}(h^*)$ となる. よって, $\mathrm{epi}(h^*) \supset \mathrm{cl}(\mathrm{epi}(f))$ となる.

最後に, 後半部分を示す. $f \geq h^*$ であり, 定理 4.17 (ii) より, h^* は $\mathbb{R}^n$ 上で下半連続になる. $h : \mathbb{R}^n \to \mathbb{R}$ は $\mathbb{R}^n$ 上で下半連続であり, $f \geq h$ であるとする. このとき, 定理 4.17 (ii) より $\mathrm{epi}(f) \subset \mathrm{epi}(h) \in \mathcal{C}(\mathbb{R}^{n+1})$ となるので, $\mathrm{epi}(h^*) = \mathrm{cl}(\mathrm{epi}(f)) \subset \mathrm{epi}(h)$ となる. よって, 任意の $\boldsymbol{x} \in \mathbb{R}^n$ に対して, $(\boldsymbol{x}, h^*(\boldsymbol{x})) \in \mathrm{epi}(h^*) \subset \mathrm{epi}(h)$ であるので, $h^*(\boldsymbol{x}) \geq h(\boldsymbol{x})$ となる. したがって, $h^* \geq h$ となる.

問題 5.1

1. (i) $(x_1, y_1), (x_2, y_2) \in A$ とし, $\lambda \in \,]0, 1[$ とする. このとき, $|x_1| < 1, |y_1| \leq 1, |x_2| < 1, |y_2| \leq 1$ であるので, $|\lambda x_1 + (1-\lambda)x_2| \leq \lambda|x_1| + (1-\lambda)|x_2| < 1$, $|\lambda y_1 + (1-\lambda)y_2| \leq \lambda|y_1| + (1-\lambda)|y_2| \leq 1$ となる. よって, $\lambda(x_1, y_1) + (1-\lambda)(x_2, y_2) = (\lambda x_1 + (1-\lambda)x_2, \lambda y_1 + (1-\lambda)y_2) \in A$ となる.

(ii) $(x_1, y_1, z_1), (x_2, y_2, z_2) \in B$ とし, $\lambda \in \,]0, 1[$ とする. このとき, $|x_1|+|y_1| \leq z_1, |x_2|+|y_2| \leq z_2$ であるので, $|\lambda x_1 + (1-\lambda)x_2| + |\lambda y_1 + (1-\lambda)y_2| \leq \lambda(|x_1|+|y_1|) + (1-\lambda)(|x_2|+|y_2|) \leq \lambda z_1 + (1-\lambda)z_2$ となる. よって, $\lambda(x_1, y_1, z_1) + (1-\lambda)(x_2, y_2, z_2) = (\lambda x_1 + (1-\lambda)x_2, \lambda y_1 + (1-\lambda)y_2, \lambda z_1 + (1-\lambda)z_2) \in B$ となる.

(iii) $\boldsymbol{x}, \boldsymbol{y} \in C$ とし, $\lambda \in \,]0, 1[$ とする. このとき, $\langle \boldsymbol{a}, \boldsymbol{x} \rangle \leq b, \langle \boldsymbol{a}, \boldsymbol{y} \rangle \leq b$ であるので, $\langle \boldsymbol{a}, \lambda\boldsymbol{x} + (1-\lambda)\boldsymbol{y} \rangle = \lambda\langle \boldsymbol{a}, \boldsymbol{x} \rangle + (1-\lambda)\langle \boldsymbol{a}, \boldsymbol{y} \rangle \leq b$ となる. よって, $\lambda\boldsymbol{x} + (1-\lambda)\boldsymbol{y} \in C$ となる.

(iv) $\boldsymbol{x}, \boldsymbol{y} \in D$ とし, $\lambda \in \,]0, 1[$ とする. このとき, $\langle \boldsymbol{a}, \boldsymbol{x} \rangle = b, \langle \boldsymbol{a}, \boldsymbol{y} \rangle = b$ であるので, $\langle \boldsymbol{a}, \lambda\boldsymbol{x} + (1-\lambda)\boldsymbol{y} \rangle = \lambda\langle \boldsymbol{a}, \boldsymbol{x} \rangle + (1-\lambda)\langle \boldsymbol{a}, \boldsymbol{y} \rangle = b$ となる. よって, $\lambda\boldsymbol{x} + (1-\lambda)\boldsymbol{y} \in D$ となる.

2.

(i) $\boldsymbol{x}_1, \boldsymbol{x}_2 \in A+B$ とし, $\mu \in \,]0, 1[$ とする. このとき, ある $\boldsymbol{y}_1, \boldsymbol{y}_2 \in A$ およびある $\boldsymbol{z}_1, \boldsymbol{z}_2 \in B$ が存在して $\boldsymbol{x}_1 = \boldsymbol{y}_1 + \boldsymbol{z}_1, \boldsymbol{x}_2 = \boldsymbol{y}_2 + \boldsymbol{z}_2$ となる. また, $A, B \in \mathcal{K}(\mathbb{R}^n)$ であるので, $\mu\boldsymbol{y}_1 + (1-\mu)\boldsymbol{y}_2 \in A, \mu\boldsymbol{z}_1 + (1-\mu)\boldsymbol{z}_2 \in B$ となる. よって, $\mu\boldsymbol{x}_1 + (1-\mu)\boldsymbol{x}_2 = \mu(\boldsymbol{y}_1 + \boldsymbol{z}_1) + (1-\mu)(\boldsymbol{y}_2 + \boldsymbol{z}_2) = (\mu\boldsymbol{y}_1 + (1-\mu)\boldsymbol{y}_2) + (\mu\boldsymbol{z}_1 + (1-\mu)\boldsymbol{z}_2) \in A+B$ となる.

(ii) $\boldsymbol{x}_1, \boldsymbol{x}_2 \in \lambda A$ とし, $\mu \in \,]0, 1[$ とする. このとき, ある $\boldsymbol{y}_1, \boldsymbol{y}_2 \in A$ が存在して $\boldsymbol{x}_1 = \lambda\boldsymbol{y}_1, \boldsymbol{x}_2 = \lambda\boldsymbol{y}_2$ となる. また, $A \in \mathcal{K}(\mathbb{R}^n)$ であるので, $\mu\boldsymbol{y}_1 + (1-\mu)\boldsymbol{y}_2 \in A$ となる. よって, $\mu\boldsymbol{x}_1 + (1-\mu)\boldsymbol{x}_2 = \mu(\lambda\boldsymbol{y}_1) + (1-\mu)(\lambda\boldsymbol{y}_2) = \lambda(\mu\boldsymbol{y}_1 + (1-\mu)\boldsymbol{y}_2) \in \lambda A$ となる.

3.

(i) $A \subset \mathrm{co}(A)$ であるので, $\mathrm{cl}(A) \subset \mathrm{cl}(\mathrm{co}(A))$ となる. 定理 5.4 (ii) より $\mathrm{cl}(\mathrm{co}(A)) \in \mathcal{K}(\mathbb{R}^n)$ となるので, $\mathrm{co}(\mathrm{cl}(A)) \subset \mathrm{cl}(\mathrm{co}(A))$ となる.

(ii) 例えば, $A = \left\{ (x, y) \in \mathbb{R}^2 : y \geq \frac{1}{|x|} \right\}$ とする. このとき, $\mathrm{cl}(A) = A, \mathrm{co}(A) = \{(x, y) \in \mathbb{R}^2 : y > 0\}$ となり, $\mathrm{co}(\mathrm{cl}(A)) = \{(x, y) \in \mathbb{R}^2 : y > 0\} \not\supset \{(x, y) \in \mathbb{R}^2 : y \geq 0\} = \mathrm{cl}(\mathrm{co}(A))$ となる.

364

問題 5.2

1.

(i) $H = \{(x,y) \in \mathbb{R}^2 : 4x - y = 4\} = \{(x,y) \in \mathbb{R}^2 : \langle (4,-1), (x,y) \rangle = 4\}$

(ii) $H = \{(x,y,z) \in \mathbb{R}^3 : z = 1\} = \{(x,y,z) \in \mathbb{R}^3 : \langle (0,0,1), (x,y,z) \rangle = 1\}$

2.

(i) $H = \{(x,y) \in \mathbb{R}^2 : y = 1\} = \{(x,y) \in \mathbb{R}^2 : \langle (0,1), (x,y) \rangle = 1\}$

(ii) $H = \{(x,y,z) \in \mathbb{R}^3 : z = 1\} = \{(x,y,z) \in \mathbb{R}^3 : \langle (0,0,1), (x,y,z) \rangle = 1\}$

問題 5.3

1. 必要性：$\lambda = \frac{z-y}{z-x} \in {]0,1[}$ とする．このとき，$1 - \lambda = \frac{y-x}{z-x}$ となり，$y = \lambda x + (1-\lambda)z$ となる．f は $\mathbb{R}$ 上の凸関数であるので，$f(y) = f(\lambda x + (1-\lambda)z) \leq \lambda f(x) + (1-\lambda)f(z) = \frac{z-y}{z-x}f(x)$ $+ \frac{y-x}{z-x}f(z)$ となり，$\frac{f(y)-f(x)}{y-x} \leq \frac{f(z)-f(y)}{z-y}$ となる．

十分性：$x, z \in \mathbb{R}$ とし，$\lambda \in {]0,1[}$ とする．$x = z$ ならば，$f(\lambda x + (1-\lambda)z) = \lambda f(x) + (1-\lambda)f(z)$ となる．よって，$x \neq z$ とし，一般性を失うことなく，$x < z$ と仮定する．このとき，$y = \lambda x + (1-\lambda)z$ とすると，$x < y < z$ となり，$\lambda = \frac{z-y}{z-x}$，$1 - \lambda = \frac{y-x}{z-x}$ となる．仮定より $\frac{f(y)-f(x)}{y-x} \leq \frac{f(z)-f(y)}{z-y}$ となるので，$f(\lambda x + (1-\lambda)z) = f(y) \leq \frac{z-y}{z-x}f(x) + \frac{y-x}{z-x}f(z) = \lambda f(x) + (1-\lambda)f(z)$ となる．

2. $\boldsymbol{x}, \boldsymbol{y} \in \mathbb{R}^n$ とし，$\lambda \in {]0,1[}$ とする．このとき，$g \circ f(\lambda \boldsymbol{x} + (1-\lambda)\boldsymbol{y}) = g(f(\lambda \boldsymbol{x} + (1-\lambda)\boldsymbol{y}))$ $\leq g(\lambda f(\boldsymbol{x}) + (1-\lambda)f(\boldsymbol{y})) \leq \lambda g(f(\boldsymbol{x})) + (1-\lambda)g(f(\boldsymbol{y})) = \lambda g \circ f(\boldsymbol{x}) + (1-\lambda)g \circ f(\boldsymbol{y})$ となる．

3.

(i) $\boldsymbol{x}, \boldsymbol{y} \in X$ とし，$\mu \in {]0,1[}$ とする．f, g は X 上の凸（凹）関数であるので，$f(\mu \boldsymbol{x} + (1-\mu)\boldsymbol{y})$ $\leq (\geq) \mu f(\boldsymbol{x}) + (1-\mu)f(\boldsymbol{y})$，$g(\mu \boldsymbol{x} + (1-\mu)\boldsymbol{y}) \leq (\geq) \mu g(\boldsymbol{x}) + (1-\mu)g(\boldsymbol{y})$ となる．よって，$(f+g)(\mu \boldsymbol{x} + (1-\mu)\boldsymbol{y}) = f(\mu \boldsymbol{x} + (1-\mu)\boldsymbol{y}) + g(\mu \boldsymbol{x} + (1-\mu)\boldsymbol{y}) \leq (\geq) \mu f(\boldsymbol{x}) + (1-\mu)f(\boldsymbol{y}) + \mu g(\boldsymbol{x})$ $+ (1-\mu)g(\boldsymbol{y}) = \mu(f(\boldsymbol{x}) + g(\boldsymbol{x})) + (1-\mu)(f(\boldsymbol{y}) + g(\boldsymbol{y})) = \mu(f+g)(\boldsymbol{x}) + (1-\mu)(f+g)(\boldsymbol{y})$ となる．したがって，$f + g$ は X 上の凸（凹）関数になる．

(ii) $\boldsymbol{x}, \boldsymbol{y} \in X$ とし，$\mu \in {]0,1[}$ とする．f は X 上の凸（凹）関数であるので，$f(\mu \boldsymbol{x} + (1-\mu)\boldsymbol{y}) \leq (\geq) \mu f(\boldsymbol{x}) + (1-\mu)f(\boldsymbol{y})$ となる．よって，$(\lambda f)(\mu \boldsymbol{x} + (1-\mu)\boldsymbol{y}) = \lambda f(\mu \boldsymbol{x} + (1-\mu)\boldsymbol{y}) \leq (\geq)$ $\lambda(\mu f(\boldsymbol{x}) + (1-\mu)f(\boldsymbol{y})) = \mu(\lambda f(\boldsymbol{x})) + (1-\mu)(\lambda f(\boldsymbol{y})) = \mu(\lambda f)(\boldsymbol{x}) + (1-\mu)(\lambda f)(\boldsymbol{y})$ となる．したがって，λf は X 上の凸（凹）関数になる．

(iii) $\boldsymbol{x}, \boldsymbol{y} \in X$，$\boldsymbol{x} \neq \boldsymbol{y}$ とし，$\mu \in {]0,1[}$ とする．f は X 上の凸（凹）関数であり g は X 上の狭義凸（凹）関数であるので，$f(\mu \boldsymbol{x} + (1-\mu)\boldsymbol{y}) \leq (\geq) \mu f(\boldsymbol{x}) + (1-\mu)f(\boldsymbol{y})$，$g(\mu \boldsymbol{x} + (1-\mu)\boldsymbol{y}) < (>)$ $\mu g(\boldsymbol{x}) + (1-\mu)g(\boldsymbol{y})$ となる．よって，$(f+g)(\mu \boldsymbol{x} + (1-\mu)\boldsymbol{y}) = f(\mu \boldsymbol{x} + (1-\mu)\boldsymbol{y}) + g(\mu \boldsymbol{x} + (1-\mu)\boldsymbol{y})$ $< (>) \mu f(\boldsymbol{x}) + (1-\mu)f(\boldsymbol{y}) + \mu g(\boldsymbol{x}) + (1-\mu)g(\boldsymbol{y}) = \mu(f(\boldsymbol{x}) + g(\boldsymbol{x})) + (1-\mu)(f(\boldsymbol{y}) + g(\boldsymbol{y})) =$ $\mu(f+g)(\boldsymbol{x}) + (1-\mu)(f+g)(\boldsymbol{y})$ となる．したがって，$f + g$ は X 上の狭義凸（凹）関数になる．

(iv) $\boldsymbol{x}, \boldsymbol{y} \in X$，$\boldsymbol{x} \neq \boldsymbol{y}$ とし，$\mu \in {]0,1[}$ とする．f は X 上の狭義凸（凹）関数であるので，$f(\mu \boldsymbol{x} + (1-\mu)\boldsymbol{y}) < (>) \mu f(\boldsymbol{x}) + (1-\mu)f(\boldsymbol{y})$ となる．よって，$(\lambda f)(\mu \boldsymbol{x} + (1-\mu)\boldsymbol{y}) = \lambda f(\mu \boldsymbol{x} + (1-\mu)\boldsymbol{y})$ $< (>) \lambda(\mu f(\boldsymbol{x}) + (1-\mu)f(\boldsymbol{y})) = \mu(\lambda f(\boldsymbol{x})) + (1-\mu)(\lambda f(\boldsymbol{y})) = \mu(\lambda f)(\boldsymbol{x}) + (1-\mu)(\lambda f)(\boldsymbol{y})$ となる．したがって，λf は X 上の狭義凸（凹）関数になる．

4. まず，f を X 上の凹関数であると仮定する．$(\boldsymbol{x}, z), (\boldsymbol{y}, w) \in \mathrm{hypo}(f)$ とし，$\lambda \in {]0,1[}$ とする．このとき，$z \leq f(\boldsymbol{x})$，$w \leq f(\boldsymbol{y})$，$\lambda \boldsymbol{x} + (1-\lambda)\boldsymbol{y} \in X$ であるので，$\lambda z + (1-\lambda)w \leq \lambda f(\boldsymbol{x}) + (1-$

$\lambda)f(\boldsymbol{y}) \leq f(\lambda\boldsymbol{x} + (1-\lambda)\boldsymbol{y})$ となり，$\lambda(\boldsymbol{x}, z) + (1-\lambda)(\boldsymbol{y}, w) = (\lambda\boldsymbol{x} + (1-\lambda)\boldsymbol{y}, \lambda z + (1-\lambda)w)$ $\in \mathrm{hypo}(f)$ となる．よって，$\mathrm{hypo}(f) \in \mathcal{K}(\mathbb{R}^{n+1})$ となる．

次に，$\mathrm{hypo}(f) \in \mathcal{K}(\mathbb{R}^{n+1})$ と仮定する．$\boldsymbol{x}, \boldsymbol{y} \in X$ とし，$\lambda \in]0, 1[$ とする．$(\boldsymbol{x}, f(\boldsymbol{x})), (\boldsymbol{y}, f(\boldsymbol{y}))$ $\in \mathrm{hypo}(f) \in \mathcal{K}(\mathbb{R}^{n+1})$ であるので，$(\lambda\boldsymbol{x} + (1-\lambda)\boldsymbol{y}, \lambda f(\boldsymbol{x}) + (1-\lambda)f(\boldsymbol{y})) = \lambda(\boldsymbol{x}, f(\boldsymbol{x})) + (1-\lambda)(\boldsymbol{y}, f(\boldsymbol{y})) \in \mathrm{hypo}(f)$ となり，$\lambda f(\boldsymbol{x}) + (1-\lambda)f(\boldsymbol{y}) \leq f(\lambda\boldsymbol{x} + (1-\lambda)\boldsymbol{y})$ となる．よって，f は X 上の凹関数になる．

5. 定理 5.14 (i) より $\mathrm{epi}(f_i) \in \mathcal{K}(\mathbb{R}^{n+1})$, $i = 1, 2, \cdots, m$ となるので，$\mathrm{epi}(f) = \bigcap_{i=1}^{m} \mathrm{epi}(f_i) \in \mathcal{K}(\mathbb{R}^{n+1})$ となる．よって，再び定理 5.14 (i) より，f は X 上の凸関数になる．

6. $\alpha \in \mathbb{R}$ とする．また，$\boldsymbol{x}, \boldsymbol{y} \in \mathbb{U}(f; \alpha)$ とし，$\lambda \in]0, 1[$ とする．このとき，$f(\boldsymbol{x}) \geq \alpha, f(\boldsymbol{y}) \geq \alpha$ であるので，$f(\lambda\boldsymbol{x} + (1-\lambda)\boldsymbol{y}) \geq \lambda f(\boldsymbol{x}) + (1-\lambda)f(\boldsymbol{y}) \geq \lambda\alpha + (1-\lambda)\alpha = \alpha$ となり，$\lambda\boldsymbol{x} + (1-\lambda)\boldsymbol{y} \in \mathbb{U}(f; \alpha)$ となる．よって，$\mathbb{U}(f; \alpha) \in \mathcal{K}(\mathbb{R}^n)$ となる．

7. 必要性：$\alpha \in \mathbb{R}$ とする．また，$\boldsymbol{x}, \boldsymbol{y} \in \mathbb{U}(f; \alpha)$ とし，$\lambda \in]0, 1[$ とする．$f(\boldsymbol{x}) \geq \alpha, f(\boldsymbol{y}) \geq \alpha$ であり，f は X 上の準凹関数であるので，$f(\lambda\boldsymbol{x} + (1-\lambda)\boldsymbol{y}) \geq \min\{f(\boldsymbol{x}), f(\boldsymbol{y})\} \geq \alpha$ となる．よって，$\lambda\boldsymbol{x} + (1-\lambda)\boldsymbol{y} \in \mathbb{U}(f; \alpha)$ となる．したがって，$\mathbb{U}(f; \alpha) \in \mathcal{K}(\mathbb{R}^n)$ となる．

十分性：$\boldsymbol{x}, \boldsymbol{y} \in X$ とし，$\lambda \in]0, 1[$ とする．また，$\alpha = \min\{f(\boldsymbol{x}), f(\boldsymbol{y})\}$ とする．このとき，$\boldsymbol{x}, \boldsymbol{y}$ $\in \mathbb{U}(f; \alpha) \in \mathcal{K}(\mathbb{R}^n)$ であるので，$\lambda\boldsymbol{x} + (1-\lambda)\boldsymbol{y} \in \mathbb{U}(f; \alpha)$ となる．よって，$f(\lambda\boldsymbol{x} + (1-\lambda)\boldsymbol{y})$ $\geq \alpha = \min\{f(\boldsymbol{x}), f(\boldsymbol{y})\}$ となる．したがって，f は X 上の準凹関数になる．

問題 5.4

1. まず，A^* が錐になることを示す．任意の $\boldsymbol{x} \in A$ に対して $\langle \boldsymbol{0}, \boldsymbol{x} \rangle = 0$ となるので，$\boldsymbol{0} \in A^*$ となり，$A^* \neq \emptyset$ となる．$\boldsymbol{y} \in A^*$ とし，$\lambda \geq 0$ とする．このとき，任意の $\boldsymbol{x} \in A$ に対して，$\langle \boldsymbol{y}, \boldsymbol{x} \rangle \leq 0$ であるので，$\langle \lambda\boldsymbol{y}, \boldsymbol{x} \rangle = \lambda\langle \boldsymbol{y}, \boldsymbol{x} \rangle \leq 0$ となる．よって，$\lambda\boldsymbol{y} \in A^*$ となる．したがって，A^* は錐になる．

次に，$A^* \in \mathcal{K}(\mathbb{R}^n)$ となることを示す．$\boldsymbol{y}, \boldsymbol{z} \in A^*$ とし，$\mu \in]0, 1[$ とする．このとき，任意の $\boldsymbol{x}$ $\in A$ に対して，$\langle \boldsymbol{y}, \boldsymbol{x} \rangle \leq 0, \langle \boldsymbol{z}, \boldsymbol{x} \rangle \leq 0$ であるので，$\langle \mu\boldsymbol{y} + (1-\mu)\boldsymbol{z}, \boldsymbol{x} \rangle = \mu\langle \boldsymbol{y}, \boldsymbol{x} \rangle + (1-\mu)\langle \boldsymbol{z}, \boldsymbol{x} \rangle$ ≤ 0 となる．よって，$\mu\boldsymbol{y} + (1-\mu)\boldsymbol{z} \in A^*$ となる．したがって，$A^* \in \mathcal{K}(\mathbb{R}^n)$ となる．

最後に，$A^* \in \mathcal{C}(\mathbb{R}^n)$ となることを示す．そのために，$\{\boldsymbol{y}_k\}_{k\in\mathbb{N}} \subset A^*$ および $\boldsymbol{y}_0 \in \mathbb{R}^n$ に対して $\boldsymbol{y}_k \to \boldsymbol{y}_0$ とし，$\boldsymbol{y}_0 \in A^*$ となることを示す．$\boldsymbol{x} \in A$ を任意に固定する．各 $k \in \mathbb{N}$ に対して $\langle \boldsymbol{y}_k,$ $\boldsymbol{x} \rangle \leq 0$ であるので，定理 4.4 (ii) より $\langle \boldsymbol{y}_k, \boldsymbol{x} \rangle \to \langle \boldsymbol{y}_0, \boldsymbol{x} \rangle \leq 0$ となる．$\boldsymbol{x} \in A$ の任意性より，$\boldsymbol{y}_0$ $\in A^*$ となる．したがって，$A^* \in \mathcal{C}(\mathbb{R}^n)$ となる．

2. まず，C が錐になることを示す．$\langle \boldsymbol{a}_j, \boldsymbol{0} \rangle = 0$, $j = 1, 2, \cdots, m$ となるので，$\boldsymbol{0} \in C$ となり，C $\neq \emptyset$ となる．$\boldsymbol{x} \in C$ とし，$\lambda \geq 0$ とする．このとき，各 $j \in \{1, 2\cdots, m\}$ に対して，$\langle \boldsymbol{a}_j, \boldsymbol{x} \rangle \leq 0$ であるので，$\langle \boldsymbol{a}_j, \lambda\boldsymbol{x} \rangle = \lambda\langle \boldsymbol{a}_j, \boldsymbol{x} \rangle \leq 0$ となる．よって，$\lambda\boldsymbol{x} \in C$ となる．したがって，C は錐になる．

次に，$C \in \mathcal{K}(\mathbb{R}^n)$ となることを示す．$\boldsymbol{x}, \boldsymbol{y} \in C$ とし，$\mu \in]0, 1[$ とする．このとき，各 $j \in \{1, 2, \cdots, m\}$ に対して，$\langle \boldsymbol{a}_j, \boldsymbol{x} \rangle \leq 0, \langle \boldsymbol{a}_j, \boldsymbol{y} \rangle \leq 0$ であるので，$\langle \boldsymbol{a}_j, \mu\boldsymbol{x} + (1-\mu)\boldsymbol{y} \rangle = \mu\langle \boldsymbol{a}_j, \boldsymbol{x} \rangle + (1-\mu)\langle \boldsymbol{a}_j, \boldsymbol{y} \rangle \leq 0$ となる．よって，$\mu\boldsymbol{x} + (1-\mu)\boldsymbol{y} \in C$ となる．したがって，$C \in \mathcal{K}(\mathbb{R}^n)$ となる．

最後に，$C \in \mathcal{C}(\mathbb{R}^n)$ となることを示す．そのために，$\{\boldsymbol{x}_k\}_{k\in\mathbb{N}} \subset C$ および $\boldsymbol{x}_0 \in \mathbb{R}^n$ に対して $\boldsymbol{x}_k \to \boldsymbol{x}_0$ とし，$\boldsymbol{x}_0 \in C$ となることを示す．$j \in \{1, 2, \cdots, m\}$ を任意に固定する．各 $k \in \mathbb{N}$ に

366

対して $\langle \boldsymbol{a}_j, \boldsymbol{x}_k \rangle \leq 0$ であるので，定理 4.4 (ii) より $\langle \boldsymbol{a}_j, \boldsymbol{x}_k \rangle \to \langle \boldsymbol{a}_j, \boldsymbol{x}_0 \rangle \leq 0$ となる．$j \in \{1, 2, \cdots, m\}$ の任意性より，$\boldsymbol{x}_0 \in C$ となる．したがって，$C \in \mathcal{C}(\mathbb{R}^n)$ となる．

3. $A = \{(x, y) \in \mathbb{R}^2 : y \geq x^3\}$, $B = \{(x, y) \in \mathbb{R}^2 : x, y \in \mathbb{Z}\}$, $C = \{(x, y) \in \mathbb{R}^2 : -1 \leq x \leq 1, -1 \leq y \leq 1\}$ とする．
(i) $\mathbb{T}(A; \boldsymbol{0}) = \{(x, y) \in \mathbb{R}^2 : y \geq 0\}$
(ii) $\mathbb{T}(B; \boldsymbol{0}) = \{\boldsymbol{0}\}$
(iii) $\mathbb{T}(C; \boldsymbol{0}) = \mathbb{R}^2$

問題 5.5

1. まず，$\mathbb{T}(\mathrm{hypo}(f); (\boldsymbol{x}_0, f(\boldsymbol{x}_0))) \subset \mathrm{hypo}(f'(\boldsymbol{x}_0; \cdot))$ となることを示す．$(\boldsymbol{d}, r) \in \mathbb{T}(\mathrm{hypo}(f); (\boldsymbol{x}_0, f(\boldsymbol{x}_0)))$ とする．定理 5.20 より，$(\boldsymbol{d}_k, r_k) \to (\boldsymbol{d}, r)$ となるある点列 $\{(\boldsymbol{d}_k, r_k)\}_{k \in \mathbb{N}} \subset \mathbb{R}^{n+1}$ および $\lambda_k \to 0$ となるある正の実数列 $\{\lambda_k\}_{k \in \mathbb{N}} \subset \mathbb{R}$ が存在し，任意の $k \in \mathbb{N}$ に対して，$(\boldsymbol{x}_0 + \lambda_k \boldsymbol{d}_k, f(\boldsymbol{x}_0) + \lambda_k r_k) = (\boldsymbol{x}_0, f(\boldsymbol{x}_0)) + \lambda_k (\boldsymbol{d}_k, r_k) \in \mathrm{hypo}(f)$ となり，$f(\boldsymbol{x}_0 + \lambda_k \boldsymbol{d}_k) \geq f(\boldsymbol{x}_0) + \lambda_k r_k$ となる．よって，補題 5.3 より $f'(\boldsymbol{x}_0; \boldsymbol{d}) = \lim_{k \to \infty} \frac{f(\boldsymbol{x}_0 + \lambda_k \boldsymbol{d}_k) - f(\boldsymbol{x}_0)}{\lambda_k} \geq \lim_{k \to \infty} r_k = r$ となるので，$(\boldsymbol{d}, r) \in \mathrm{hypo}(f'(\boldsymbol{x}_0; \cdot))$ となる．したがって，$\mathbb{T}(\mathrm{hypo}(f); (\boldsymbol{x}_0, f(\boldsymbol{x}_0))) \subset \mathrm{hypo}(f'(\boldsymbol{x}_0; \cdot))$ となる．

次に，$\mathrm{hypo}(f'(\boldsymbol{x}_0; \cdot)) \subset \mathbb{T}(\mathrm{hypo}(f); (\boldsymbol{x}_0, f(\boldsymbol{x}_0)))$ となることを示す．$(\boldsymbol{d}, r) \in \mathrm{hypo}(f'(\boldsymbol{x}_0; \cdot))$ とする．$f'(\boldsymbol{x}_0; \boldsymbol{d}) = \lim_{t \to 0+} \frac{f(\boldsymbol{x}_0 + t\boldsymbol{d}) - f(\boldsymbol{x}_0)}{t} \geq r$ であるので，各 $k \in \mathbb{N}$ に対して，ある $\lambda_k \in \left]0, \frac{1}{k}\right[$ が存在し $\frac{f(\boldsymbol{x}_0 + \lambda_k \boldsymbol{d}) - f(\boldsymbol{x}_0)}{\lambda_k} > r - \frac{1}{k}$ となる．このとき，$\{\lambda_k\}_{k \in \mathbb{N}} \subset \mathbb{R}$ は $\lambda_k \to 0$ となる正の実数列であり，任意の $k \in \mathbb{N}$ に対して，$f(\boldsymbol{x}_0 + \lambda_k \boldsymbol{d}) > f(\boldsymbol{x}_0) + \lambda_k \left(r - \frac{1}{k}\right)$ となり，$(\boldsymbol{x}_0, f(\boldsymbol{x}_0)) + \lambda_k \left(\boldsymbol{d}, r - \frac{1}{k}\right) = \left(\boldsymbol{x}_0 + \lambda_k \boldsymbol{d}, f(\boldsymbol{x}_0) + \lambda_k \left(r - \frac{1}{k}\right)\right) \in \mathrm{hypo}(f)$ となる．$\left(\boldsymbol{d}, r - \frac{1}{k}\right) \to (\boldsymbol{d}, r)$ となるので，定理 5.20 より，$(\boldsymbol{d}, r) \in \mathbb{T}(\mathrm{hypo}(f); (\boldsymbol{x}_0, f(\boldsymbol{x}_0)))$ となる．したがって，$\mathrm{hypo}(f'(\boldsymbol{x}_0; \cdot)) \subset \mathbb{T}(\mathrm{hypo}(f); (\boldsymbol{x}_0, f(\boldsymbol{x}_0)))$ となる．

2. 十分性：仮定より，任意の $\boldsymbol{x}, \boldsymbol{y} \in X$ および 任意の $\lambda \in]0, 1[$ に対して，$\lambda \geq 0, 1 - \lambda \geq 0, \lambda + (1 - \lambda) = 1$ となるので，$f(\lambda \boldsymbol{x} + (1 - \lambda)\boldsymbol{y}) \leq \lambda f(\boldsymbol{x}) + (1 - \lambda)f(\boldsymbol{y})$ となる．よって，f は X 上の凸関数になる．

必要性：m に関する帰納法で示す．$m = 1$ のときは，明らかに成り立つ．$m \in \mathbb{N}$ に対して成り立つ，すなわち，任意の $\boldsymbol{x}_j \in X, j = 1, 2, \cdots, m$ および $\sum_{j=1}^{m} \lambda_j = 1$ である任意の $\lambda_j \geq 0, j = 1, 2, \cdots, m$ に対して $f\left(\sum_{j=1}^{m} \lambda_j \boldsymbol{x}_j\right) \leq \sum_{j=1}^{m} \lambda_j f(\boldsymbol{x}_j)$ が成り立つことを仮定する．このとき，任意の $\boldsymbol{y}_j \in X, j = 1, 2, \cdots, m+1$ および $\sum_{j=1}^{m+1} \mu_j = 1$ である任意の $\mu_j \geq 0, j = 1, 2, \cdots, m+1$ に対して，$f\left(\sum_{j=1}^{m+1} \mu_j \boldsymbol{y}_j\right) \leq \sum_{j=1}^{m+1} \mu_j f(\boldsymbol{y}_j)$ が成り立つことを示す．$\mu_{m+1} = 0$ ならば帰納法の仮定より成り立ち，$\mu_{m+1} = 1$ ならば $m = 1$ の場合に帰着されるので成り立つ．よって，$0 < \mu_{m+1} < 1$ とし，$\mu = \sum_{j=1}^{m} \mu_j = 1 - \mu_{m+1}$ とする．このとき，$\frac{\mu_j}{\mu} \geq 0, j = 1, 2, \cdots, m$ となり $\sum_{j=1}^{m} \frac{\mu_j}{\mu} = 1$ となるので，定理 5.2 より $\sum_{j=1}^{m} \frac{\mu_j}{\mu} \boldsymbol{y}_j \in X$ となる．したがって，f が X 上の凸関数であることおよび帰納法の仮定より，$f\left(\sum_{j=1}^{m+1} \mu_j \boldsymbol{y}_j\right) = f\left(\mu \sum_{j=1}^{m} \frac{\mu_j}{\mu} \boldsymbol{y}_j + \mu_{m+1} \boldsymbol{y}_{m+1}\right) \leq \mu f\left(\sum_{j=1}^{m} \frac{\mu_j}{\mu} \boldsymbol{y}_j\right) + \mu_{m+1} f(\boldsymbol{y}_{m+1}) \leq \mu \left(\sum_{j=1}^{m} \frac{\mu_j}{\mu} f(\boldsymbol{y}_j)\right) + \mu_{m+1} f(\boldsymbol{y}_{m+1}) = \sum_{j=1}^{m+1} \mu_j f(\boldsymbol{y}_j)$ となる．

問題 6.1

1.

(i) まず，$\boldsymbol{x} \in A + B$ とする．このとき，ある $\boldsymbol{y} \in A$ およびある $\boldsymbol{z} \in B$ が存在して $\boldsymbol{x} = \boldsymbol{y} + \boldsymbol{z}$ となる．よって，$\boldsymbol{x} = \boldsymbol{z} + \boldsymbol{y} \in B + A$ となる．次に，$\boldsymbol{x}' \in B + A$ とする．このとき，ある $\boldsymbol{z}' \in B$ およびある $\boldsymbol{y}' \in A$ が存在して $\boldsymbol{x}' = \boldsymbol{z}' + \boldsymbol{y}'$ となる．よって，$\boldsymbol{x}' = \boldsymbol{y}' + \boldsymbol{z}' \in A + B$ となる．

(ii) まず，$\boldsymbol{x} \in (A + B) + C$ とする．このとき，ある $\boldsymbol{y} \in A, \boldsymbol{z} \in B$ および $\boldsymbol{w} \in C$ が存在して $\boldsymbol{x} = (\boldsymbol{y} + \boldsymbol{z}) + \boldsymbol{w}$ となる．よって，$\boldsymbol{x} = \boldsymbol{y} + (\boldsymbol{z} + \boldsymbol{w}) \in A + (B + C)$ となる．次に，$\boldsymbol{x}' \in A + (B + C)$ とする．このとき，ある $\boldsymbol{y}' \in A, \boldsymbol{z}' \in B$ および $\boldsymbol{w}' \in C$ が存在して $\boldsymbol{x}' = \boldsymbol{y}' + (\boldsymbol{z}' + \boldsymbol{w}')$ となる．よって，$\boldsymbol{x}' = (\boldsymbol{y}' + \boldsymbol{z}') + \boldsymbol{w}' \in (A + B) + C$ となる．

(iii) まず，$\boldsymbol{x} \in \{\boldsymbol{0}\} + A$ とする．このとき，ある $\boldsymbol{y} \in A$ が存在して $\boldsymbol{x} = \boldsymbol{0} + \boldsymbol{y} = \boldsymbol{y}$ となる．よって，$\boldsymbol{x} = \boldsymbol{y} \in A$ となる．次に，$\boldsymbol{x}' \in A$ とする．このとき，$\boldsymbol{x}' = \boldsymbol{0} + \boldsymbol{x}' \in \{\boldsymbol{0}\} + A$ となる．

(iv) まず，$\boldsymbol{x} \in \lambda(A + B)$ とする．このとき，ある $\boldsymbol{y} \in A$ およびある $\boldsymbol{z} \in B$ が存在して $\boldsymbol{x} = \lambda(\boldsymbol{y} + \boldsymbol{z})$ となる．よって，$\boldsymbol{x} = \lambda\boldsymbol{y} + \lambda\boldsymbol{z} \in \lambda A + \lambda B$ となる．次に，$\boldsymbol{x}' \in \lambda A + \lambda B$ とする．このとき，ある $\boldsymbol{y}' \in A$ およびある $\boldsymbol{z}' \in B$ が存在して $\boldsymbol{x}' = \lambda\boldsymbol{y}' + \lambda\boldsymbol{z}'$ となる．よって，$\boldsymbol{x}' = \lambda(\boldsymbol{y}' + \boldsymbol{z}') \in \lambda(A + B)$ となる．

(v) まず，$\boldsymbol{x} \in (\lambda\mu)A$ とする．このとき，ある $\boldsymbol{y} \in A$ が存在して $\boldsymbol{x} = (\lambda\mu)\boldsymbol{y}$ となる．よって，$\boldsymbol{x} = \lambda(\mu\boldsymbol{y}) \in \lambda(\mu A)$ となる．次に，$\boldsymbol{x}' \in \lambda(\mu A)$ とする．このとき，ある $\boldsymbol{y}' \in A$ が存在して $\boldsymbol{x}' = \lambda(\mu\boldsymbol{y}')$ となる．よって，$\boldsymbol{x}' = (\lambda\mu)\boldsymbol{y}' \in (\lambda\mu)A$ となる．

(vi) まず，$\boldsymbol{x} \in 1A$ とする．このとき，ある $\boldsymbol{y} \in A$ が存在して $\boldsymbol{x} = 1\boldsymbol{y}$ となる．よって，$\boldsymbol{x} = \boldsymbol{y} \in A$ となる．次に，$\boldsymbol{x}' \in A$ とする．このとき，$\boldsymbol{x}' = 1\boldsymbol{x}' \in 1A$ となる．

2.

(i) $A \subset A + \mathbb{R}^n_+$, $A \subset A + \mathbb{R}^n_-$ であるので，$A \leq A$ となる．

(ii) $B \subset A + \mathrm{int}(\mathbb{R}^n_+)$, $A \subset B + \mathrm{int}(\mathbb{R}^n_-)$ であるので，$B \subset A + \mathrm{int}(\mathbb{R}^n_+) \subset A + \mathbb{R}^n_+$, $A \subset B + \mathrm{int}(\mathbb{R}^n_-) \subset B + \mathbb{R}^n_-$ となる．よって，$A \leq B$ となる．

(iii) $B \not\subset A + \mathbb{R}^n_+$, $B \not\subset A + \mathbb{R}^n_-$, $B \not\subset A + \mathrm{int}(\mathbb{R}^n_+)$, $B \not\subset A + \mathrm{int}(\mathbb{R}^n_-)$ となるので，$A \not\leq B$, $B \not\leq A$, $A \not< B$, $B \not< A$ となる．

(iv) $\emptyset \subset \emptyset + \mathbb{R}^n_+$, $\emptyset \subset \emptyset + \mathbb{R}^n_-$, $\emptyset \subset \emptyset + \mathrm{int}(\mathbb{R}^n_+)$, $\emptyset \subset \emptyset + \mathrm{int}(\mathbb{R}^n_-)$, $\mathbb{R}^n \subset \mathbb{R}^n + \mathbb{R}^n_+$, $\mathbb{R}^n \subset \mathbb{R}^n + \mathbb{R}^n_-$, $\mathbb{R}^n \subset \mathbb{R}^n + \mathrm{int}(\mathbb{R}^n_+)$, $\mathbb{R}^n \subset \mathbb{R}^n + \mathrm{int}(\mathbb{R}^n_-)$ であるので，$\emptyset \leq \emptyset$, $\emptyset < \emptyset$, $\mathbb{R}^n \leq \mathbb{R}^n$, $\mathbb{R}^n < \mathbb{R}^n$ となる．

(v) $B \subset A + \mathbb{R}^n_+$, $A \subset B + \mathbb{R}^n_-$, $C \subset B + \mathrm{int}(\mathbb{R}^n_+)$, $B \subset C + \mathrm{int}(\mathbb{R}^n_-)$ であるので，$C \subset B + \mathrm{int}(\mathbb{R}^n_+) \subset A + \mathbb{R}^n_+ + \mathrm{int}(\mathbb{R}^n_+) = A + \mathrm{int}(\mathbb{R}^n_+)$, $A \subset B + \mathbb{R}^n_- \subset C + \mathrm{int}(\mathbb{R}^n_-) + \mathbb{R}^n_- = C + \mathrm{int}(\mathbb{R}^n_-)$ となる．よって，$A < C$ となる．

3. まず，$\boldsymbol{y} \in \bigcup_{\lambda \in \Lambda} B_\lambda$ とする．このとき，ある $\lambda_0 \in \Lambda$ が存在して $\boldsymbol{y} \in B_{\lambda_0}$ となる．$A_{\lambda_0} < B_{\lambda_0}$ であるので，ある $\boldsymbol{x} \in A_{\lambda_0} \subset \bigcup_{\lambda \in \Lambda} A_\lambda$ が存在して $\boldsymbol{x} < \boldsymbol{y}$ となる．

次に，$\boldsymbol{x} \in \bigcup_{\lambda \in \Lambda} A_\lambda$ とする．このとき，ある $\lambda_0 \in \Lambda$ が存在して $\boldsymbol{x} \in A_{\lambda_0}$ となる．$A_{\lambda_0} < B_{\lambda_0}$ であるので，ある $\boldsymbol{y} \in B_{\lambda_0} \subset \bigcup_{\lambda \in \Lambda} B_\lambda$ が存在して $\boldsymbol{x} < \boldsymbol{y}$ となる．

4. $\boldsymbol{y} \in A$ を任意に固定し，$Y = A \cap (\boldsymbol{y} + \mathbb{R}^n_-)$ とする．A は $\mathbb{R}^n_-$-コンパクト集合であるので，$Y \in \mathcal{BC}(\mathbb{R}^n)$ となる．このとき，次の方針で証明する．Y のコンパクト性を用いて，Y の任意の全順序部分集合は下界をもつことを示す．すると，定理 1.8 より，Y の極小要素 $\boldsymbol{x}_0$ が存在する．その $\boldsymbol{x}_0 \in Y$ に対して $A \cap (\boldsymbol{x}_0 + \mathbb{R}^n_-) = \{\boldsymbol{x}_0\}$ となることを示す．$Y^\Lambda = \{\boldsymbol{y}_\lambda \in Y : \lambda \in \Lambda\}$ を Y の任意の全順

序部分集合として固定する．ここで，Λ は添字集合である．このとき，$\boldsymbol{y}_\lambda = (y_{\lambda 1}, y_{\lambda 2}, \cdots, y_{\lambda n})$，$\lambda \in \Lambda$ とし，$\underline{y}_i = \inf_{\lambda \in \Lambda} y_{\lambda i} \in \mathbb{R}$，$i = 1, 2, \cdots, n$ とする．また，$\underline{\boldsymbol{y}} = (\underline{y}_1, \underline{y}_2, \cdots, \underline{y}_n) \in \mathbb{R}^n$ とする．このとき，$\underline{\boldsymbol{y}} \in Y$ となることが示されれば，$\underline{\boldsymbol{y}}$ の定義より $\underline{\boldsymbol{y}}$ は Y^Λ の下界になる．よって，$\underline{\boldsymbol{y}} \in Y$ となることを示す．各 $k \in \mathbb{N}$ および各 $i \in \{1, 2, \cdots, n\}$ に対して，$\underline{y}_i$ の定義より，ある $\lambda_{ki} \in \Lambda$ が存在して $\underline{y}_i \leq y_{\lambda_{ki} i} < \underline{y}_i + \frac{1}{\sqrt{n}k}$ となる．各 $k \in \mathbb{N}$ に対して，$\{\boldsymbol{y}_{\lambda_{k1}}, \boldsymbol{y}_{\lambda_{k2}}, \cdots, \boldsymbol{y}_{\lambda_{kn}}\} \subset Y^\Lambda$ は全順序集合であり，$\boldsymbol{z}_k = (z_{k1}, z_{k2}, \cdots, z_{kn}) = \min\{\boldsymbol{y}_{\lambda_{k1}}, \boldsymbol{y}_{\lambda_{k2}}, \cdots, \boldsymbol{y}_{\lambda_{kn}}\} \in Y^\Lambda \subset Y$ とすると，$\underline{y}_i \leq z_{ki} \leq y_{\lambda_{ki} i} < \underline{y}_i + \frac{1}{\sqrt{n}k}$，$i = 1, 2, \cdots, n$ となり，$\|\boldsymbol{z}_k - \underline{\boldsymbol{y}}\| = \sqrt{\sum_{i=1}^n (z_{ki} - \underline{y}_i)^2} < \sqrt{\sum_{i=1}^n \left\{\left(\underline{y}_i + \frac{1}{\sqrt{n}k}\right) - \underline{y}_i\right\}^2} = \frac{1}{k}$ となるので，$\boldsymbol{z}_k \in \mathbb{B}\left(\underline{\boldsymbol{y}}, \frac{1}{k}\right)$ となる．このとき，$\boldsymbol{z}_k \to \underline{\boldsymbol{y}}$ であり，$\{\boldsymbol{z}_k\}_{k \in \mathbb{N}} \subset Y \in \mathcal{C}(\mathbb{R}^n)$ であるので，$\underline{\boldsymbol{y}} \in Y$ となる．よって，$\underline{\boldsymbol{y}}$ は Y^Λ の下界になる．Y の全順序部分集合 Y^Λ の任意性および定理 1.8 より，Y の極小要素 $\boldsymbol{x}_0$ が存在する．

次に，上の $\boldsymbol{x}_0 \in Y$ に対して $A \cap (\boldsymbol{x}_0 + \mathbb{R}_-^n) = \{\boldsymbol{x}_0\}$ となることを示す．そのために，$A \cap (\boldsymbol{x}_0 + \mathbb{R}_-^n) \neq \{\boldsymbol{x}_0\}$ と仮定して矛盾を導く．$A \cap (\boldsymbol{x}_0 + \mathbb{R}_-^n) \supset \{\boldsymbol{x}_0\}$ であるので，$A \cap (\boldsymbol{x}_0 + \mathbb{R}_-^n) \not\subset \{\boldsymbol{x}_0\}$ であり，ある $\underline{\boldsymbol{x}} \in A \cap (\boldsymbol{x}_0 + \mathbb{R}_-^n)$ が存在して $\underline{\boldsymbol{x}} \neq \boldsymbol{x}_0$ となる．$\boldsymbol{x}_0 \in Y = A \cap (\boldsymbol{y} + \mathbb{R}_-^n)$ であるので，$\boldsymbol{x}_0 + \mathbb{R}_-^n \subset \boldsymbol{y} + \mathbb{R}_-^n$ となり，$\underline{\boldsymbol{x}} \in A \cap (\boldsymbol{x}_0 + \mathbb{R}_-^n) \subset A \cap (\boldsymbol{y} + \mathbb{R}_-^n) = Y$ となる．よって，$\underline{\boldsymbol{x}} \in Y$，$\underline{\boldsymbol{x}} \leq \boldsymbol{x}_0$，$\underline{\boldsymbol{x}} \neq \boldsymbol{x}_0$ となるが，これは $\boldsymbol{x}_0$ が Y の極小要素であることに矛盾する．

5. $A < B$，$A \geq B$ と仮定して矛盾を導く．

まず，A が空でない $\mathbb{R}_-^n$-コンパクト集合であるとする．このとき，$B \subset A + \text{int}(\mathbb{R}_+^n)$，$A \subset B + \mathbb{R}_+^n$ であるので，$A \subset B + \mathbb{R}_+^n \subset A + \text{int}(\mathbb{R}_+^n) + \mathbb{R}_+^n = A + \text{int}(\mathbb{R}_+^n)$ となる．A は空でない $\mathbb{R}_-^n$-コンパクト集合であるので，定理 6.5 (ii) より，ある $\boldsymbol{x}_0 \in A$ が存在して $A \cap (\boldsymbol{x}_0 + \mathbb{R}_-^n) = \{\boldsymbol{x}_0\}$ となる．$\boldsymbol{x}_0 \in A \subset A + \text{int}(\mathbb{R}_+^n)$ であるので，ある $\boldsymbol{y}_0 \in A$ が存在して $\boldsymbol{x}_0 \in \boldsymbol{y}_0 + \text{int}(\mathbb{R}_+^n)$ となる．以上より，$\boldsymbol{x}_0 \neq \boldsymbol{y}_0$，$\boldsymbol{y}_0 \in A$，$\boldsymbol{y}_0 \in \boldsymbol{x}_0 - \text{int}(\mathbb{R}_+^n) = \boldsymbol{x}_0 + \text{int}(\mathbb{R}_-^n) \subset \boldsymbol{x}_0 + \mathbb{R}_-^n$ となるが，これは $A \cap (\boldsymbol{x}_0 + \mathbb{R}_-^n) = \{\boldsymbol{x}_0\}$ であることに矛盾する．

次に，B が空でない $\mathbb{R}_+^n$-コンパクト集合であるとする．このとき，$A \subset B + \text{int}(\mathbb{R}_-^n)$，$B \subset A + \mathbb{R}_-^n$ であるので，$B \subset A + \mathbb{R}_-^n \subset B + \text{int}(\mathbb{R}_-^n) + \mathbb{R}_-^n = B + \text{int}(\mathbb{R}_-^n)$ となる．B は空でない $\mathbb{R}_+^n$-コンパクト集合であるので，定理 6.5 (i) より，ある $\boldsymbol{x}_0 \in B$ が存在して $B \cap (\boldsymbol{x}_0 + \mathbb{R}_+^n) = \{\boldsymbol{x}_0\}$ となる．$\boldsymbol{x}_0 \in B \subset B + \text{int}(\mathbb{R}_-^n)$ であるので，ある $\boldsymbol{y}_0 \in B$ が存在して $\boldsymbol{x}_0 \in \boldsymbol{y}_0 + \text{int}(\mathbb{R}_-^n)$ となる．以上より，$\boldsymbol{x}_0 \neq \boldsymbol{y}_0$，$\boldsymbol{y}_0 \in B$，$\boldsymbol{y}_0 \in \boldsymbol{x}_0 - \text{int}(\mathbb{R}_-^n) = \boldsymbol{x}_0 + \text{int}(\mathbb{R}_+^n) \subset \boldsymbol{x}_0 + \mathbb{R}_+^n$ となるが，これは $B \cap (\boldsymbol{x}_0 + \mathbb{R}_+^n) = \{\boldsymbol{x}_0\}$ であることに矛盾する．

最後に，B が空でない $\mathbb{R}_-^n$-コンパクト集合であるとする．このとき，$B \subset A + \text{int}(\mathbb{R}_+^n)$，$A \subset B + \mathbb{R}_-^n$ であるので，$B \subset A + \text{int}(\mathbb{R}_+^n) \subset B + \mathbb{R}_-^n + \text{int}(\mathbb{R}_+^n) = B + \text{int}(\mathbb{R}_+^n)$ となる．B は空でない $\mathbb{R}_-^n$-コンパクト集合であるので，定理 6.5 (ii) より，ある $\boldsymbol{x}_0 \in B$ が存在して $B \cap (\boldsymbol{x}_0 + \mathbb{R}_-^n) = \{\boldsymbol{x}_0\}$ となる．$\boldsymbol{x}_0 \in B \subset B + \text{int}(\mathbb{R}_+^n)$ であるので，ある $\boldsymbol{y}_0 \in B$ が存在して $\boldsymbol{x}_0 \in \boldsymbol{y}_0 + \text{int}(\mathbb{R}_+^n)$ となる．以上より，$\boldsymbol{x}_0 \neq \boldsymbol{y}_0$，$\boldsymbol{y}_0 \in B$，$\boldsymbol{y}_0 \in \boldsymbol{x}_0 - \text{int}(\mathbb{R}_+^n) = \boldsymbol{x}_0 + \text{int}(\mathbb{R}_-^n) \subset \boldsymbol{x}_0 + \mathbb{R}_-^n$ となるが，これは $B \cap (\boldsymbol{x}_0 + \mathbb{R}_-^n) = \{\boldsymbol{x}_0\}$ であることに矛盾する．

6.

(i) 定理 6.2 (i) より $C \leq C$ であるので，定理 6.7 (iii) より $A + C \leq B + C$ となる．

(iii) (ii) の前に (iii) を示す．$B \subset A + \mathbb{R}_+^n$，$D \subset C + \text{int}(\mathbb{R}_+^n)$ であるので，$B + D \subset A + C + \mathbb{R}_+^n + \text{int}(\mathbb{R}_+^n) = A + C + \text{int}(\mathbb{R}_+^n)$ となる．また，$A \subset B + \mathbb{R}_-^n$，$C \subset D + \text{int}(\mathbb{R}_-^n)$ であるので，$A + C \subset B + D + \mathbb{R}_-^n + \text{int}(\mathbb{R}_-^n) = B + D + \text{int}(\mathbb{R}_-^n)$ となる．よって，$A + C < B + D$ となる．

(ii) 定理 6.2 (i) より $C \leq C$ であるので，(iii) より $A + C < B + C$ となる．

(iv) $B \subset A + \text{int}(\mathbb{R}_+^n)$，$A \subset B + \text{int}(\mathbb{R}_-^n)$ であるので，定理 6.1 (v) より，$\lambda B \subset \lambda(A + \text{int}(\mathbb{R}_+^n))$

$= \lambda A + \lambda \operatorname{int}(\mathbb{R}^n_+) = \lambda A + \operatorname{int}(\mathbb{R}^n_-)$, $\lambda A \subset \lambda(B + \operatorname{int}(\mathbb{R}^n_-)) = \lambda B + \lambda \operatorname{int}(\mathbb{R}^n_-) = \lambda B + \operatorname{int}(\mathbb{R}^n_-)$ となる. よって, $\lambda A < \lambda B$ となる.

(v) $A = \emptyset$ または $B = \emptyset$ ならば, $A \le B$ であるので, 定理 6.2 (iv) より $A = B = \emptyset$ となり, 定理 6.2 (v) より $\lambda A = \emptyset \ge \emptyset = \lambda B$ となる. よって, $A \ne \emptyset$, $B \ne \emptyset$ とする. まず, $\lambda = 0$ とする. このとき, 定理 6.2 (i) より, $\lambda A = \{\mathbf{0}\} \ge \{\mathbf{0}\} = \lambda B$ となる. 次に, $\lambda < 0$ とする. このとき, $B \subset A + \mathbb{R}^n_+$, $A \subset B + \mathbb{R}^n_-$ であるので, 定理 6.1 (v) より, $\lambda B \subset \lambda(A + \mathbb{R}^n_+) = \lambda A + \lambda \mathbb{R}^n_+$ $= \lambda A + \mathbb{R}^n_-$, $\lambda A \subset \lambda(B + \mathbb{R}^n_-) = \lambda B + \lambda \mathbb{R}^n_- = \lambda B + \mathbb{R}^n_+$ となる. よって, $\lambda A \ge \lambda B$ となる.

(vi) $B \subset A + \operatorname{int}(\mathbb{R}^n_+)$, $A \subset B + \operatorname{int}(\mathbb{R}^n_-)$ であるので, 定理 6.1 (v) より, $\lambda B \subset \lambda(A + \operatorname{int}(\mathbb{R}^n_+))$ $= \lambda A + \lambda \operatorname{int}(\mathbb{R}^n_+) = \lambda A + \operatorname{int}(\mathbb{R}^n_-)$, $\lambda A \subset \lambda(B + \operatorname{int}(\mathbb{R}^n_-)) = \lambda B + \lambda \operatorname{int}(\mathbb{R}^n_-) = \lambda B + \operatorname{int}(\mathbb{R}^n_+)$ となる. よって, $\lambda A > \lambda B$ となる.

(vii) 定理 6.7 (v) より $\lambda A \le \lambda C$ となり, (iv) より $(1-\lambda)B < (1-\lambda)C$ となる. よって, (iii) および定理 6.1 (iv), (vii) より, $\lambda A + (1-\lambda)B < \lambda C + (1-\lambda)C = C$ となる.

(viii) $\lambda \in [0,1]$ なので, $\lambda > 0$ または $1-\lambda > 0$ となる. よって, (iv) より, $\lambda A < \lambda C$ または $(1-\lambda)B < (1-\lambda)C$ となる. また, $A \le C$, $B \le C$ であるので, 定理 6.7 (v) より $\lambda A \le \lambda C$, $(1-\lambda)B \le (1-\lambda)C$ となる. したがって, (iii) および定理 6.1 (iv), (vii) より, $\lambda A + (1-\lambda)B$ $< \lambda C + (1-\lambda)C = C$ となる.

(ix) 定理 6.7 (v) より $\lambda C \le \lambda A$, $(1-\lambda)C \le (1-\lambda)B$ となる. よって, 定理 6.7 (iii) および定理 6.1 (iv), (vii) より, $C = \lambda C + (1-\lambda)C \le \lambda A + (1-\lambda)B$ となる.

(x) 定理 6.7 (v) より $\lambda C \le \lambda A$ となり, (iv) より $(1-\lambda)C < (1-\lambda)B$ となる. よって, (iii) および定理 6.1 (iv), (vii) より, $C = \lambda C + (1-\lambda)C < \lambda A + (1-\lambda)B$ となる.

(xi) $\lambda \in [0,1]$ なので, $\lambda > 0$ または $1-\lambda > 0$ となる. よって, (iv) より, $\lambda C < \lambda A$ または $(1-\lambda)C < (1-\lambda)B$ となる. また, $C \le A$, $C \le B$ であるので, 定理 6.7 (v) より $\lambda C \le \lambda A$, $(1-\lambda)C \le (1-\lambda)B$ となる. したがって, (iii) および定理 6.1 (iv), (vii) より, $C = \lambda C + (1-\lambda)C$ $< \lambda A + (1-\lambda)B$ となる.

問題 6.2

1.

(i) まず, $x \in \langle A, B \rangle$ とする. このとき, ある $\boldsymbol{y} \in A$ およびある $\boldsymbol{z} \in B$ が存在して $x = \langle \boldsymbol{y}, \boldsymbol{z} \rangle$ となる. よって, $x = \langle \boldsymbol{z}, \boldsymbol{y} \rangle \in \langle B, A \rangle$ となる. 次に, $x' \in \langle B, A \rangle$ とする. このとき, ある $\boldsymbol{z}' \in B$ およびある $\boldsymbol{y}' \in A$ が存在して $x' = \langle \boldsymbol{z}', \boldsymbol{y}' \rangle$ となる. よって, $x' = \langle \boldsymbol{y}', \boldsymbol{z}' \rangle \in \langle A, B \rangle$ となる.

(ii) $x \in \langle A + B, C \rangle$ とする. このとき, ある $\boldsymbol{y} \in A$, $\boldsymbol{z} \in B$ および $\boldsymbol{w} \in C$ が存在して $x = \langle \boldsymbol{y} + \boldsymbol{z}, \boldsymbol{w} \rangle$ となる. よって, $x = \langle \boldsymbol{y}, \boldsymbol{w} \rangle + \langle \boldsymbol{z}, \boldsymbol{w} \rangle \in \langle A, C \rangle + \langle B, C \rangle$ となる.

(iii) まず, $x \in \langle \lambda A, B \rangle$ とする. このとき, ある $\boldsymbol{y} \in A$ およびある $\boldsymbol{z} \in B$ が存在して $x = \langle \lambda \boldsymbol{y}, \boldsymbol{z} \rangle$ となる. よって, $x = \lambda \langle \boldsymbol{y}, \boldsymbol{z} \rangle \in \lambda \langle A, B \rangle$ となる. 次に, $x' \in \lambda \langle A, B \rangle$ とする. このとき, ある $\boldsymbol{y}' \in A$ およびある $\boldsymbol{z}' \in B$ が存在して $x' = \lambda \langle \boldsymbol{y}', \boldsymbol{z}' \rangle$ となる. よって, $x' = \langle \lambda \boldsymbol{y}', \boldsymbol{z}' \rangle \in \langle \lambda A, B \rangle$ となる.

(iv) $\langle A, \{\mathbf{0}\} \rangle = \{ \langle \boldsymbol{x}, \mathbf{0} \rangle \in \mathbb{R} : \boldsymbol{x} \in A \} = \{0\}$

2. $A < C, B < D \Leftrightarrow C \subset A + \operatorname{int}(\mathbb{R}^n_+)$, $A \subset C + \operatorname{int}(\mathbb{R}^n_-)$, $D \subset B + \operatorname{int}(\mathbb{R}^m_+)$, $B \subset D + \operatorname{int}(\mathbb{R}^m_-)$ $\Rightarrow C \times D \subset A \times B + \operatorname{int}(\mathbb{R}^n_+) \times \operatorname{int}(\mathbb{R}^m_+)$, $A \times B \subset C \times D + \operatorname{int}(\mathbb{R}^n_-) \times \operatorname{int}(\mathbb{R}^m_-) \Leftrightarrow A \times B < C \times D$

$A \ne \emptyset$, $B \ne \emptyset$, $C \ne \emptyset$, $D \ne \emptyset$ ならば, 上の $\Rightarrow$ の逆も成り立つ.

3.

(i) $i \in \{1, 2, \cdots, n\}$ を任意に固定する. $x_i, y_i \in A_i$ とし, $\lambda \in]0, 1[$ とする. このとき, 各 $j \in \{1, 2, \cdots, n\} \setminus \{i\}$ に対して, $x_j, y_j \in A_j$ を任意に選ぶ. $(x_1, x_2, \cdots, x_n), (y_1, y_2, \cdots, y_n) \in \prod_{j=1}^n A_j \in \mathcal{K}(\mathbb{R}^n)$ であるので, $(\lambda x_1 + (1 - \lambda)y_1, \lambda x_2 + (1 - \lambda)y_2, \cdots, \lambda x_n + (1 - \lambda)y_n) = \lambda(x_1, x_2, \cdots, x_n) + (1 - \lambda)(y_1, y_2, \cdots, y_n) \in \prod_{j=1}^n A_j$ となる. よって, $\lambda x_i + (1 - \lambda)y_i \in A_i$ となる. したがって, $A_i \in \mathcal{K}(\mathbb{R})$ となる.

(ii) $(x_1, x_2, \cdots, x_n), (y_1, y_2, \cdots, y_n) \in \prod_{i=1}^n A_i$ とし, $\lambda \in]0, 1[$ とする. このとき, 各 $i \in \{1, 2, \cdots, n\}$ に対して, $x_i, y_i \in A_i \in \mathcal{K}(\mathbb{R})$ であるので, $\lambda x_i + (1 - \lambda)y_i \in A_i$ となる. よって, $\lambda(x_1, x_2, \cdots, x_n) + (1 - \lambda)(y_1, y_2, \cdots, y_n) = (\lambda x_1 + (1 - \lambda)y_1, \lambda x_2 + (1 - \lambda)y_2, \cdots, \lambda x_n + (1 - \lambda)y_n) \in \prod_{i=1}^n A_i$ となる. したがって, $\prod_{i=1}^n A_i \in \mathcal{K}(\mathbb{R}^n)$ となる.

(iii) $i \in \{1, 2, \cdots, n\}$ を任意に固定する. $\{x_{ik}\}_{k \in \mathbb{N}} \subset A_i$ および $x_{i0} \in \mathbb{R}$ に対して $x_{ik} \to x_{i0}$ であると仮定し, $x_{i0} \in A_i$ となることを示す. このとき, 各 $j \in \{1, 2, \cdots, n\} \setminus \{i\}$ に対して, $x_{j0} \in A_j$ を任意に選ぶ. $\{(x_{10}, \cdots, x_{ik}, \cdots, x_{n0})\}_{k \in \mathbb{N}} \subset \prod_{j=1}^n A_j \in \mathcal{C}(\mathbb{R}^n)$ であるので, $(x_{10}, \cdots, x_{ik}, \cdots, x_{n0}) \to (x_{10}, \cdots, x_{i0}, \cdots, x_{n0}) \in \prod_{j=1}^n A_j$ となる. よって, $x_{i0} \in A_i$ となる. したがって, $A_i \in \mathcal{C}(\mathbb{R})$ となる.

(iv) $\{(x_{1k}, x_{2k}, \cdots, x_{nk})\}_{k \in \mathbb{N}} \subset \prod_{i=1}^n A_i$ および $(x_{10}, x_{20}, \cdots, x_{n0}) \in \mathbb{R}^n$ に対して $(x_{1k}, x_{2k}, \cdots, x_{nk}) \to (x_{10}, x_{20}, \cdots, x_{n0})$ であると仮定し, $(x_{10}, x_{20}, \cdots, x_{n0}) \in \prod_{i=1}^n A_i$ となることを示す. 各 $i \in \{1, 2, \cdots, n\}$ に対して, $\{x_{ik}\}_{k \in \mathbb{N}} \subset A_i \in \mathcal{C}(\mathbb{R})$ であるので, $x_{ik} \to x_{i0} \in A_i$ となる. よって, $(x_{10}, x_{20}, \cdots, x_{n0}) \in \prod_{i=1}^n A_i$ となる. したがって, $\prod_{i=1}^n A_i \in \mathcal{C}(\mathbb{R}^n)$ となる.

(v) $i \in \{1, 2, \cdots, n\}$ を任意に固定する. (iii) より, $A_i \in \mathcal{C}(\mathbb{R})$ となる. A_i が有界になることを示す. まず, $\prod_{j=1}^n A_j$ は有界であるので, ある $K > 0$ が存在し, 任意の $(y_1, y_2, \cdots, y_n) \in \prod_{j=1}^n A_j$ に対して $\|(y_1, y_2, \cdots, y_n)\| \le K$ となる. $x_i \in A_i$ を任意に固定する. 各 $j \in \{1, 2, \cdots, n\} \setminus \{i\}$ に対して, $x_j \in A_j$ を任意に選ぶ. このとき, $|x_i| \le \|(x_1, x_2, \cdots, x_n)\| \le K$ となる. よって, $x_i \in A_i$ の任意性より, A_i は有界になる. したがって, $A_i \in \mathcal{BC}(\mathbb{R})$ となる.

(vi) (iv) より, $\prod_{i=1}^n A_i \in \mathcal{C}(\mathbb{R}^n)$ となる. $\prod_{i=1}^n A_i$ が有界になることを示す. $A_i, i = 1, 2, \cdots, n$ は有界であるので, ある $K > 0$ が存在し, 任意の $i \in \{1, 2, \cdots, n\}$ および任意の $x_i \in A_i$ に対して $|x_i| \le \frac{K}{\sqrt{n}}$ となる. よって, 任意の $(x_1, x_2, \cdots, x_n) \in \prod_{i=1}^n A_i$ に対して $\|(x_1, x_2, \cdots, x_n)\| = \sqrt{\sum_{i=1}^n x_i^2} \le \sqrt{\sum_{i=1}^n \frac{K^2}{n}} = K$ となる. よって, $\prod_{i=1}^n A_i$ は有界になる. したがって, $\prod_{i=1}^n A_i \in \mathcal{BC}(\mathbb{R}^n)$ となる.

(vii) まず, $(x_1, x_2, \cdots, x_n) \in \prod_{i=1}^n A_i + \prod_{i=1}^n B_i$ とする. このとき, ある $(y_1, y_2, \cdots, y_n) \in \prod_{i=1}^n A_i$ およびある $(z_1, z_2, \cdots, z_n) \in \prod_{i=1}^n B_i$ が存在して $(x_1, x_2, \cdots, x_n) = (y_1, y_2, \cdots, y_n) + (z_1, z_2, \cdots, z_n)$ となる. したがって, $y_i + z_i \in A_i + B_i, i = 1, 2, \cdots, n$ であるので, $(x_1, x_2, \cdots, x_n) = (y_1 + z_1, y_2 + z_2, \cdots, y_n + z_n) \in \prod_{i=1}^n (A_i + B_i)$ となる. 次に, $(x'_1, x'_2, \cdots, x'_n) \in \prod_{i=1}^n (A_i + B_i)$ とする. このとき, 各 $i \in \{1, 2, \cdots, n\}$ に対して, $x'_i \in A_i + B_i$ であるので, ある $y'_i \in A_i$ およびある $z'_i \in B_i$ が存在して $x'_i = y'_i + z'_i$ となる. よって, $(x'_1, x'_2, \cdots, x'_n) = (y'_1 + z'_1, y'_2 + z'_2, \cdots, y'_n + z'_n) = (y'_1, y'_2, \cdots, y'_n) + (z'_1, z'_2, \cdots, z'_n) \in \prod_{i=1}^n A_i + \prod_{i=1}^n B_i$ となる.

(viii) まず, $(x_1, x_2, \cdots, x_n) \in \lambda \prod_{i=1}^n A_i$ とする. このとき, ある $(y_1, y_2, \cdots, y_n) \in \prod_{i=1}^n A_i$ が存在して $(x_1, x_2, \cdots, x_n) = \lambda(y_1, y_2, \cdots, y_n)$ となる. 各 $i \in \{1, 2, \cdots, n\}$ に対して $\lambda y_i \in \lambda A_i$ であるので, $(x_1, x_2, \cdots, x_n) = (\lambda y_1, \lambda y_2, \cdots, \lambda y_n) \in \prod_{i=1}^n \lambda A_i$ となる. 次に, $(x'_1, x'_2, \cdots, x'_n) \in \prod_{i=1}^n \lambda A_i$ とする. 各 $i \in \{1, 2, \cdots, n\}$ に対して, $x'_i \in \lambda A_i$ であるので, ある $y'_i \in A_i$ が存在して $x'_i = \lambda y'_i$ となる. よって, $(x'_1, x'_2, \cdots, x'_n) = (\lambda y'_1, \lambda y'_2, \cdots, \lambda y'_n) = \lambda(y'_1, y'_2, \cdots, y'_n) \in \lambda \prod_{i=1}^n A_i$ となる.

(ix) まず, $x \in \langle \prod_{i=1}^{n} A_i, \prod_{i=1}^{n} B_i \rangle$ とする. このとき, ある $(y_1, y_2, \cdots, y_n) \in \prod_{i=1}^{n} A_i$ およびある $(z_1, z_2, \cdots, z_n) \in \prod_{i=1}^{n} B_i$ が存在して $x = \langle (y_1, y_2, \cdots, y_n), (z_1, z_2, \cdots, z_n) \rangle$ となる. よって, $x = \sum_{i=1}^{n} y_i z_i = \sum_{i=1}^{n} \langle y_i, z_i \rangle \in \sum_{i=1}^{n} \langle A_i, B_i \rangle$ となる. 次に, $x' \in \sum_{i=1}^{n} \langle A_i, B_i \rangle$ とする. このとき, ある $x_i' \in \langle A_i, B_i \rangle$, $i = 1, 2, \cdots, n$ が存在して $x' = \sum_{i=1}^{n} x_i'$ となる. 各 $i \in \{1, 2, \cdots, n\}$ に対して, $x_i' \in \langle A_i, B_i \rangle$ であるので, ある $y_i' \in A_i$ および $z_i' \in B_i$ が存在して $x_i' = \langle y_i', z_i' \rangle$ となる. よって, $x' = \sum_{i=1}^{n} x_i' = \sum_{i=1}^{n} \langle y_i', z_i' \rangle = \sum_{i=1}^{n} y_i' z_i' = \langle (y_1', y_2', \cdots, y_n'), (z_1', z_2', \cdots, z_n') \rangle \in \langle \prod_{i=1}^{n} A_i, \prod_{i=1}^{n} B_i \rangle$ となる.

(x) $i \in \{1, 2, \cdots, n\}$ を任意に固定する. まず, $x_i \in A_i$ とする. 各 $j \in \{1, 2, \cdots, n\} \setminus \{i\}$ に対して, $x_j \in A_j$ を任意に選ぶ. $(x_1, x_2, \cdots, x_n) \in \prod_{j=1}^{n} A_j$, $\prod_{j=1}^{n} A_j < \prod_{j=1}^{n} B_j$ であるので, ある $(y_1, y_2, \cdots, y_n) \in \prod_{j=1}^{n} B_j$ が存在して $(x_1, x_2, \cdots, x_n) < (y_1, y_2, \cdots, y_n)$ となる. このとき, $y_i \in B_i$, $x_i < y_i$ となる. 次に, $y_i' \in B_i$ とする. 各 $j \in \{1, 2, \cdots, n\} \setminus \{i\}$ に対して, $y_j' \in B_j$ を任意に選ぶ. $(y_1', y_2', \cdots, y_n') \in \prod_{j=1}^{n} B_j$, $\prod_{j=1}^{n} A_j < \prod_{j=1}^{n} B_j$ であるので, ある $(x_1', x_2', \cdots, x_n') \in \prod_{j=1}^{n} A_j$ が存在して $(x_1', x_2', \cdots, x_n') < (y_1', y_2', \cdots, y_n')$ となる. このとき, $x_i' \in A_i$, $x_i' < y_i'$ となる. 以上より, $A_i < B_i$ となる.

(xi) まず, $(x_1, x_2, \cdots, x_n) \in \prod_{i=1}^{n} A_i$ とする. 各 $i \in \{1, 2, \cdots, n\}$ に対して, $x_i \in A_i$, $A_i < B_i$ であるので, ある $y_i \in B_i$ が存在して $x_i < y_i$ となる. このとき, $(y_1, y_2, \cdots, y_n) \in \prod_{i=1}^{n} B_i$, $(x_1, x_2, \cdots, x_n) < (y_1, y_2, \cdots, y_n)$ である. 次に, $(y_1', y_2', \cdots, y_n') \in \prod_{i=1}^{n} B_i$ とする. 各 $i \in \{1, 2, \cdots, n\}$ に対して, $y_i' \in B_i$, $A_i < B_i$ であるので, ある $x_i' \in A_i$ が存在して $x_i' < y_i'$ となる. このとき, $(x_1', x_2', \cdots, x_n') \in \prod_{i=1}^{n} A_i$, $(x_1', x_2', \cdots, x_n') < (y_1', y_2', \cdots, y_n')$ である. 以上より, $\prod_{i=1}^{n} A_i < \prod_{i=1}^{n} B_i$ となる.

問題 6.3

1.

(i) $A \neq \emptyset$, $B \neq \emptyset$ であるので, $d(A, B) \neq \emptyset$ となる. 任意の $x \in d(A, B)$ に対して, $x \geq 0$ であるので, $d(A, B) \subset \{0\} + \mathbb{R}_+$, $\{0\} \subset d(A, B) + \mathbb{R}_-$ となる. よって, $d(A, B) \geq \{0\}$ となる.

(ii) まず, $x \in d(A, B)$ とする. このとき, ある $\boldsymbol{y} \in A$ およびある $\boldsymbol{z} \in B$ が存在して $x = d(\boldsymbol{y}, \boldsymbol{z})$ となる. よって, $x = d(\boldsymbol{z}, \boldsymbol{y}) \in d(B, A)$ となる. 次に, $x' \in d(B, A)$ とする. このとき, ある $\boldsymbol{z}' \in B$ およびある $\boldsymbol{y}' \in A$ が存在して $x' = d(\boldsymbol{z}', \boldsymbol{y}')$ となる. よって, $x' = d(\boldsymbol{y}', \boldsymbol{z}') \in d(A, B)$ となる.

2.

(i) $\|A\| = \left[\frac{\sqrt{2}}{2}, 1 \right]$

(ii) 定理 6.15 より, $d(A, B) = |A - B| = |[a, b] - [c, d]| = |[a, b] + [-d, -c]| = |[a - d, b - c]|$ となる. よって, $0 \leq a - d$ ならば $d(A, B) = [a - d, b - c]$ となり, $a - d < 0 < b - c$ ならば $d(A, B) = [0, \max\{d - a, b - c\}]$ となり, $b - c \leq 0$ ならば $d(A, B) = [c - b, d - a]$ となる.

問題 6.4

1. まず, $\boldsymbol{x} \in \liminf_k A_k$ とし, $\varepsilon > 0$ を任意に固定する. このとき, ある $N \in \mathcal{N}_\infty$ およびある

$\boldsymbol{x}_k \in A_k$, $k \in N$ が存在して $\boldsymbol{x}_k \underset{N}{\to} \boldsymbol{x}$ となる. $\boldsymbol{x}_k \underset{N}{\to} \boldsymbol{x}$ であるので, ある $k_0 \in N$ が存在し, $k \geq k_0$ であるすべての $k \in N$ に対して $\boldsymbol{x}_k \in \mathbb{B}(\boldsymbol{x}; \varepsilon)$ となる. よって, $N_0 = \{k \in N : k \geq k_0\} \in \mathcal{N}_\infty$ とすると, 任意の $k \in N_0$ に対して $\boldsymbol{x}_k \in A_k \cap \mathbb{B}(\boldsymbol{x}; \varepsilon)$ となる.

次に, $\boldsymbol{x} \in \mathbb{R}^n$ とし, 任意の $\varepsilon > 0$ に対して, ある $N \in \mathcal{N}_\infty$ が存在し, 任意の $k \in N$ に対して $A_k \cap \mathbb{B}(\boldsymbol{x}; \varepsilon) \neq \emptyset$ となることを仮定する. このとき, 各 $i \in \mathbb{N}$ に対して, ある $k_i \in \mathbb{N}$ が存在し, $k \geq k_i$ であるすべての $k \in \mathbb{N}$ に対して $A_k \cap \mathbb{B}\left(\boldsymbol{x}; \frac{1}{i}\right) \neq \emptyset$ となる. 一般性を失うことなく, $k_1 < k_2 < \cdots$ とする. ここで, $N_0 = \{k \in \mathbb{N} : k \geq k_1\} \in \mathcal{N}_\infty$ とし, $\{\boldsymbol{x}_k\}_{k \in N_0}$ を次のように選ぶ. まず, $\boldsymbol{x}_{k_1} \in A_{k_1} \cap \mathbb{B}(\boldsymbol{x}; 1)$ を選ぶ. $i \in \mathbb{N}$ に対して $\boldsymbol{x}_{k_i}$ まで選ばれているとき, $\boldsymbol{x}_{k_{i+1}} \in A_{k_{i+1}} \cap \mathbb{B}\left(\boldsymbol{x}; \frac{1}{i+1}\right)$ を選び, もし $k_i + 1 < k_{i+1}$ ならば各 $k \in \{k_i + 1, k_i + 2, \cdots, k_{i+1} - 1\}$ に対して $\boldsymbol{x}_k \in A_k \cap \mathbb{B}\left(\boldsymbol{x}; \frac{1}{i}\right)$ を選ぶ. このとき, $\boldsymbol{x}_k \in A_k$, $k \in N_0$ となり, $\boldsymbol{x}_k \underset{N_0}{\to} \boldsymbol{x}$ となる. よって, $\boldsymbol{x} \in \liminf_k A_k$ となる.

2. まず, $\liminf_k A_k \subset \bigcap_{N \in \mathcal{N}_\infty^\sharp} \mathrm{cl}\left(\bigcup_{k \in N} A_k\right)$ となることを示す. $\boldsymbol{x} \in \mathbb{R}^n \setminus \left(\bigcap_{N \in \mathcal{N}_\infty^\sharp} \mathrm{cl}\left(\bigcup_{k \in N} A_k\right)\right)$ とする. ある $N_0 \in \mathcal{N}_\infty^\sharp$ が存在して $\boldsymbol{x} \notin \mathrm{cl}\left(\bigcup_{k \in N_0} A_k\right)$ となり, ある $\varepsilon > 0$ が存在して $\bigcup_{k \in N_0}(A_k \cap \mathbb{B}(\boldsymbol{x}; \varepsilon)) = \left(\bigcup_{k \in N_0} A_k\right) \cap \mathbb{B}(\boldsymbol{x}; \varepsilon) = \emptyset$ となる. よって, $A_k \cap \mathbb{B}(\boldsymbol{x}; \varepsilon) = \emptyset$, $k \in N_0$ となる. このとき, 任意の $N \in \mathcal{N}_\infty$ に対して, ある $k_0 \in N \cap N_0$ が存在して $A_{k_0} \cap \mathbb{B}(\boldsymbol{x}; \varepsilon) = \emptyset$ となる. したがって, 定理 6.16 (ii) より $\boldsymbol{x} \notin \liminf_k A_k$ となる.

次に, $\liminf_k A_k \supset \bigcap_{N \in \mathcal{N}_\infty^\sharp} \mathrm{cl}\left(\bigcup_{k \in N} A_k\right)$ となることを示す. $\boldsymbol{x}' \in \mathbb{R}^n \setminus (\liminf_k A_k)$ とする. このとき, 定理 6.16 (ii) より, ある $\varepsilon' > 0$ が存在し, 任意の $N \in \mathcal{N}_\infty$ に対して, ある $k_0 \in N$ が存在して $A_{k_0} \cap \mathbb{B}(\boldsymbol{x}'; \varepsilon') = \emptyset$ となる. よって, $N_0 = \{k \in \mathbb{N} : A_k \cap \mathbb{B}(\boldsymbol{x}'; \varepsilon') = \emptyset\} \in \mathcal{N}_\infty^\sharp$ とすると, $\left(\bigcup_{k \in N_0} A_k\right) \cap \mathbb{B}(\boldsymbol{x}'; \varepsilon') = \bigcup_{k \in N_0}(A_k \cap \mathbb{B}(\boldsymbol{x}'; \varepsilon')) = \emptyset$ となる. したがって, $\boldsymbol{x}' \notin \mathrm{cl}\left(\bigcup_{k \in N_0} A_k\right)$ となるので, $\boldsymbol{x}' \notin \bigcap_{N \in \mathcal{N}_\infty^\sharp} \mathrm{cl}\left(\bigcup_{k \in N} A_k\right)$ となる.

3.

(i) $A_k^1 \subset A_k \subset A_k^2$, $k \in \mathbb{N}$ であるので, (6.9) より, $\liminf_k A_k^1 \subset \liminf_k A_k \subset \liminf_k A_k^2$ となる. したがって, $\liminf_k A_k^1 = \liminf_k A_k^2$ であるので, $\liminf_k A_k = \liminf_k A_k^1 = \liminf_k A_k^2$ となる.

(ii) (i) および定理 6.18 (iii) より, $\lim_k A_k = \limsup_k A_k = \liminf_k A_k = \lim_k A_k^1 = \lim_k A_k^2$ となる.

4. $\lambda = 0$, $\liminf_k A_k \neq \emptyset$ ならば, $\liminf_k \lambda A_k = \{\boldsymbol{0}\} = \lambda \liminf_k A_k$ となる.

$\lambda \neq 0$ とする. まず, $\boldsymbol{x} \in \liminf_k \lambda A_k$ とする. このとき, ある $N \in \mathcal{N}_\infty$ およびある $\boldsymbol{x}_k \in \lambda A_k$, $k \in N$ が存在して $\boldsymbol{x}_k \underset{N}{\to} \boldsymbol{x}$ となる. 各 $k \in N$ に対して, $\boldsymbol{x}_k \in \lambda A_k$ であるので, ある $\boldsymbol{y}_k \in A_k$ が存在して $\boldsymbol{x}_k = \lambda \boldsymbol{y}_k$ となる. $\boldsymbol{y}_k = \frac{1}{\lambda}\boldsymbol{x}_k \underset{N}{\to} \frac{1}{\lambda}\boldsymbol{x}$ となるので, $\frac{1}{\lambda}\boldsymbol{x} \in \liminf_k A_k$ となる. よって, $\boldsymbol{x} = \lambda\left(\frac{1}{\lambda}\boldsymbol{x}\right) \in \lambda \liminf_k A_k$ となる. したがって, $\liminf_k \lambda A_k \subset \lambda \liminf_k A_k$ となる.

次に, $\boldsymbol{x}' \in \lambda \liminf_k A_k$ とする. このとき, ある $\boldsymbol{y}' \in \liminf_k A_k$ が存在して $\boldsymbol{x}' = \lambda\boldsymbol{y}'$ となる. $\boldsymbol{y}' \in \liminf_k A_k$ であるので, ある $N' \in \mathcal{N}_\infty$ およびある $\boldsymbol{y}'_k \in A_k$, $k \in N'$ が存在して $\boldsymbol{y}'_k \underset{N'}{\to} \boldsymbol{y}'$ となる. $\lambda\boldsymbol{y}'_k \in \lambda A_k$, $k \in N'$ であり $\lambda\boldsymbol{y}'_k \underset{N'}{\to} \lambda\boldsymbol{y}'$ となるので, $\boldsymbol{x}' = \lambda\boldsymbol{y}' \in \liminf_k \lambda A_k$ となる. よって, $\liminf_k \lambda A_k \supset \lambda \liminf_k A_k$ となる.

問題 6.5

1.

(i) (6.18) より，$\limsup_{\boldsymbol{x}\to\overline{\boldsymbol{x}}} G(\boldsymbol{x}) \subset \limsup_{\boldsymbol{x}\to\overline{\boldsymbol{x}}} F(\boldsymbol{x}) \subset \limsup_{\boldsymbol{x}\to\overline{\boldsymbol{x}}} H(\boldsymbol{x})$ となる．よって，$\limsup_{\boldsymbol{x}\to\overline{\boldsymbol{x}}} G(\boldsymbol{x}) = \limsup_{\boldsymbol{x}\to\overline{\boldsymbol{x}}} H(\boldsymbol{x})$ であるので，$\limsup_{\boldsymbol{x}\to\overline{\boldsymbol{x}}} F(\boldsymbol{x}) = \limsup_{\boldsymbol{x}\to\overline{\boldsymbol{x}}} G(\boldsymbol{x}) = \limsup_{\boldsymbol{x}\to\overline{\boldsymbol{x}}} H(\boldsymbol{x})$ となる．

(ii) (6.18) より，$\liminf_{\boldsymbol{x}\to\overline{\boldsymbol{x}}} G(\boldsymbol{x}) \subset \liminf_{\boldsymbol{x}\to\overline{\boldsymbol{x}}} F(\boldsymbol{x}) \subset \liminf_{\boldsymbol{x}\to\overline{\boldsymbol{x}}} H(\boldsymbol{x})$ となる．よって，$\liminf_{\boldsymbol{x}\to\overline{\boldsymbol{x}}} G(\boldsymbol{x}) = \liminf_{\boldsymbol{x}\to\overline{\boldsymbol{x}}} H(\boldsymbol{x})$ であるので，$\liminf_{\boldsymbol{x}\to\overline{\boldsymbol{x}}} F(\boldsymbol{x}) = \liminf_{\boldsymbol{x}\to\overline{\boldsymbol{x}}} G(\boldsymbol{x}) = \liminf_{\boldsymbol{x}\to\overline{\boldsymbol{x}}} H(\boldsymbol{x})$ となる．

(iii) (i) および (ii) より，$\lim_{\boldsymbol{x}\to\overline{\boldsymbol{x}}} F(\boldsymbol{x}) = \limsup_{\boldsymbol{x}\to\overline{\boldsymbol{x}}} F(\boldsymbol{x}) = \liminf_{\boldsymbol{x}\to\overline{\boldsymbol{x}}} F(\boldsymbol{x}) = \lim_{\boldsymbol{x}\to\overline{\boldsymbol{x}}} G(\boldsymbol{x}) = \lim_{\boldsymbol{x}\to\overline{\boldsymbol{x}}} H(\boldsymbol{x})$ となる．

2.

(i) 定理 6.19 (i) より，$\boldsymbol{x}_k \to \overline{\boldsymbol{x}}$ である任意の $\{\boldsymbol{x}_k\}_{k\in\mathbb{N}} \subset X$ に対して，$\liminf_k F(\boldsymbol{x}_k) \in \mathcal{C}(\mathbb{R}^m)$ となる．よって，定義 (6.14) より，$\liminf_{\boldsymbol{x}\to\overline{\boldsymbol{x}}} F(\boldsymbol{x}) \in \mathcal{C}(\mathbb{R}^m)$ となる．

(ii) (i) より，$\lim_{\boldsymbol{x}\to\overline{\boldsymbol{x}}} F(\boldsymbol{x}) = \liminf_{\boldsymbol{x}\to\overline{\boldsymbol{x}}} F(\boldsymbol{x}) \in \mathcal{C}(\mathbb{R}^m)$ となる．

(iii) 定理 6.19 (iii) より，$\boldsymbol{x}_k \to \overline{\boldsymbol{x}}$ である任意の $\{\boldsymbol{x}_k\}_{k\in\mathbb{N}} \subset X$ に対して，$\limsup_k F(\boldsymbol{x}_k) = \limsup_k \mathrm{cl}(F(\boldsymbol{x}_k)) = \limsup_k \mathrm{cl}(G(\boldsymbol{x}_k)) = \limsup_k G(\boldsymbol{x}_k)$, $\liminf_k F(\boldsymbol{x}_k) = \liminf_k \mathrm{cl}(F(\boldsymbol{x}_k)) = \liminf_k \mathrm{cl}(G(\boldsymbol{x}_k)) = \liminf_k G(\boldsymbol{x}_k)$ となる．よって，$\limsup_{\boldsymbol{x}\to\overline{\boldsymbol{x}}} F(\boldsymbol{x}) = \bigcup_{\boldsymbol{x}_k\to\overline{\boldsymbol{x}}} \limsup_k F(\boldsymbol{x}_k) = \bigcup_{\boldsymbol{x}_k\to\overline{\boldsymbol{x}}} \limsup_k G(\boldsymbol{x}_k) = \limsup_{\boldsymbol{x}\to\overline{\boldsymbol{x}}} G(\boldsymbol{x})$, $\liminf_{\boldsymbol{x}\to\overline{\boldsymbol{x}}} F(\boldsymbol{x}) = \bigcap_{\boldsymbol{x}_k\to\overline{\boldsymbol{x}}} \liminf_k F(\boldsymbol{x}_k) = \bigcap_{\boldsymbol{x}_k\to\overline{\boldsymbol{x}}} \liminf_k G(\boldsymbol{x}_k) = \liminf_{\boldsymbol{x}\to\overline{\boldsymbol{x}}} G(\boldsymbol{x})$ となる．

(iv) 定理 6.19 (iv) より，$\limsup_{\boldsymbol{x}\to\overline{\boldsymbol{x}}} F(\boldsymbol{x}) = \bigcup_{\boldsymbol{x}_k\to\overline{\boldsymbol{x}}} \limsup_k F(\boldsymbol{x}_k) = \mathrm{cl}(A) = \bigcap_{\boldsymbol{x}_k\to\overline{\boldsymbol{x}}} \liminf_k F(\boldsymbol{x}_k) = \liminf_{\boldsymbol{x}\to\overline{\boldsymbol{x}}} F(\boldsymbol{x})$ となる．よって，$\lim_{\boldsymbol{x}\to\overline{\boldsymbol{x}}} F(\boldsymbol{x}) = \mathrm{cl}(A)$ となる．

3.

(i) 定理 6.21 (i) より，$\boldsymbol{x}_k \to \overline{\boldsymbol{x}}$ である任意の $\{\boldsymbol{x}_k\}_{k\in\mathbb{N}} \subset X$ に対して，$\liminf_k F(\boldsymbol{x}_k) \in \mathcal{K}(\mathbb{R}^m)$ となる．よって，定理 6.26 (i) および定義 (6.14) より，$\liminf_{\boldsymbol{x}\to\overline{\boldsymbol{x}}} F(\boldsymbol{x}) \in \mathcal{CK}(\mathbb{R}^m)$ となる．

(ii) (i) より，$\lim_{\boldsymbol{x}\to\overline{\boldsymbol{x}}} F(\boldsymbol{x}) = \liminf_{\boldsymbol{x}\to\overline{\boldsymbol{x}}} F(\boldsymbol{x}) \in \mathcal{CK}(\mathbb{R}^m)$ となる．

問題 6.6

1.

(i) 必要性：$\alpha_k^0 \to \overline{\alpha}$ となる数列 $\{\alpha_k^0\}_{k\in\mathbb{N}} \subset \,]0,1]$ を任意に固定する．このとき，$F(\overline{\alpha}) = \liminf_{\alpha\to\overline{\alpha}} F(\alpha) = \bigcap_{\alpha_k\to\overline{\alpha}} \liminf_k F(\alpha_k) \subset \liminf_k F(\alpha_k^0) \subset \limsup_k F(\alpha_k^0) \subset \bigcup_{\alpha_k\to\overline{\alpha}} \limsup_k F(\alpha_k) = \limsup_{\alpha\to\overline{\alpha}} F(\alpha) = F(\overline{\alpha})$ となるので，$F(\overline{\alpha}) = \limsup_k F(\alpha_k^0) = \liminf_k F(\alpha_k^0) = \lim_k F(\alpha_k^0)$ となる．

十分性：$\liminf_{\alpha\to\overline{\alpha}} F(\alpha) = \bigcap_{\alpha_k\to\overline{\alpha}} \liminf_k F(\alpha_k) = \bigcap_{\alpha_k\to\overline{\alpha}} F(\overline{\alpha}) = F(\overline{\alpha}) = \bigcup_{\alpha_k\to\overline{\alpha}} F(\overline{\alpha}) = \bigcup_{\alpha_k\to\overline{\alpha}} \limsup_k F(\alpha_k) = \limsup_{\alpha\to\overline{\alpha}} F(\alpha)$ となるので，$F(\overline{\alpha}) = \limsup_{\alpha\to\overline{\alpha}} F(\alpha) = \liminf_{\alpha\to\overline{\alpha}} F(\alpha) = \lim_{\alpha\to\overline{\alpha}} F(\alpha)$ となる．

(ii) 必要性：$\alpha_k^0 \to \overline{\alpha}+$ となる数列 $\{\alpha_k^0\}_{k\in\mathbb{N}} \subset [\overline{\alpha},1]$ を任意に固定する．このとき，$F(\overline{\alpha}) = \liminf_{\alpha\to\overline{\alpha}+} F(\alpha) = \bigcap_{\alpha_k\to\overline{\alpha}+} \liminf_k F(\alpha_k) \subset \liminf_k F(\alpha_k^0) \subset \limsup_k F(\alpha_k^0) \subset \bigcup_{\alpha_k\to\overline{\alpha}+} \limsup_k F(\alpha_k) = \limsup_{\alpha\to\overline{\alpha}+} F(\alpha) = F(\overline{\alpha})$ となるので，$F(\overline{\alpha}) = \limsup_k F(\alpha_k^0) = \liminf_k F(\alpha_k^0) = \lim_k F(\alpha_k^0)$ となる．

十分性：$\liminf_{\alpha\to\overline{\alpha}+} F(\alpha) = \bigcap_{\alpha_k\to\overline{\alpha}+} \liminf_{k\to\infty} F(\alpha_k) = \bigcap_{\alpha_k\to\overline{\alpha}+} F(\overline{\alpha}) = F(\overline{\alpha}) = \bigcup_{\alpha_k\to\overline{\alpha}+}$
$F(\overline{\alpha}) = \bigcup_{\alpha_k\to\overline{\alpha}+} \limsup_{k\to\infty} F(\alpha_k) = \limsup_{\alpha\to\overline{\alpha}+} F(\alpha)$ となるので，$F(\overline{\alpha}) = \limsup_{\alpha\to\overline{\alpha}+}$
$F(\alpha) = \liminf_{\alpha\to\overline{\alpha}+} F(\alpha) = \lim_{\alpha\to\overline{\alpha}+} F(\alpha)$ となる．

(iii) 必要性：$\alpha_k^0 \to \overline{\alpha}-$ となる数列 $\{\alpha_k^0\}_{k\in\mathbb{N}} \subset\;]0,\overline{\alpha}]$ を任意に固定する．このとき，$F(\overline{\alpha}) =$
$\liminf_{\alpha\to\overline{\alpha}-} F(\alpha) = \bigcap_{\alpha_k\to\overline{\alpha}-} \liminf_k F(\alpha_k) \subset \liminf_k F(\alpha_k^0) \subset \limsup_k F(\alpha_k^0) \subset \bigcup_{\alpha_k\to\overline{\alpha}-}$
$\limsup_k F(\alpha_k) = \limsup_{\alpha\to\overline{\alpha}-} F(\alpha) = F(\overline{\alpha})$ となるので，$F(\overline{\alpha}) = \limsup_k F(\alpha_k^0) = \liminf_k$
$F(\alpha_k^0) = \lim_k F(\alpha_k^0)$ となる．

十分性：$\liminf_{\alpha\to\overline{\alpha}-} F(\alpha) = \bigcap_{\alpha_k\to\overline{\alpha}-} \liminf_k F(\alpha_k) = \bigcap_{\alpha_k\to\overline{\alpha}-} F(\overline{\alpha}) = F(\overline{\alpha}) = \bigcup_{\alpha_k\to\overline{\alpha}-}$
$F(\overline{\alpha}) = \bigcup_{\alpha_k\to\overline{\alpha}-} \limsup_k F(\alpha_k) = \limsup_{\alpha\to\overline{\alpha}-} F(\alpha)$ となるので，$F(\overline{\alpha}) = \limsup_{\alpha\to\overline{\alpha}-} F(\alpha)$
$= \liminf_{\alpha\to\overline{\alpha}-} F(\alpha) = \lim_{\alpha\to\overline{\alpha}-} F(\alpha)$ となる．

2.

(i) 例えば，$x = 0$ ならば $f(x) = 1$ とし，$x \in [-1,0[\,\cup\,]0,1]$ ならば $f(x) = \frac{1}{2}$ とし，$x \in$
$]-\infty,-1[\,\cup\,]1,\infty[$ ならば $f(x) = 0$ とする．このとき，$\alpha \in\;]0,\frac{1}{2}]$ に対して $F(\alpha) = [-1,1]$ とな
り，$\alpha \in\;]\frac{1}{2},1]$ に対して $F(\alpha) = \{0\}$ となる．$\lim_{\alpha\to\overline{\alpha}-} F(\alpha) = [-1,1] = F(\overline{\alpha})$ となるので，F
は $\overline{\alpha}$ において左連続になる．一方，$\liminf_{\alpha\to\overline{\alpha}+} F(\overline{\alpha}) = \{0\} \not\supset [-1,1] = F(\overline{\alpha})$ となり，F は $\overline{\alpha}$
において右下半連続にならないので，F は $\overline{\alpha}$ において右連続にならない．

(ii) 例えば，$x \in\;]0,1[$ ならば $f(x) = 1$ とし，$x \in\;]-\infty,0] \cup [1,\infty[$ ならば $f(x) = 0$ とする．こ
のとき，$F(\alpha) =\;]0,1[\,, \alpha \in\;]0,1]$ となる．$\limsup_{\alpha\to\overline{\alpha}-} F(\alpha) = \limsup_{\alpha\to\overline{\alpha}+} F(\alpha) = [0,1] \not\subset$
$]0,1[\,= F(\overline{\alpha})$ となり，F は $\overline{\alpha}$ において左上半連続ではなく右上半連続でもないので，F は $\overline{\alpha}$ に
おいて左連続ではなく右連続でもない．

<h3 style="text-align:center">問題 6.7</h3>

1.

(i) $\boldsymbol{x},\boldsymbol{y} \in X, \boldsymbol{x} \neq \boldsymbol{y}$ とし，$\mu \in\;]0,1[$ とする．このとき，定理 6.1 (v) および 6.7 (iv) より，$(F$
$+ G)(\mu\boldsymbol{x} + (1-\mu)\boldsymbol{y}) = F(\mu\boldsymbol{x} + (1-\mu)\boldsymbol{y}) + G(\mu\boldsymbol{x} + (1-\mu)\boldsymbol{y}) < (\mu F(\boldsymbol{x}) + (1-\mu)F(\boldsymbol{y})) +$
$(\mu G(\boldsymbol{x}) + (1-\mu)G(\boldsymbol{y})) = \mu(F(\boldsymbol{x}) + G(\boldsymbol{x})) + (1-\mu)(F(\boldsymbol{y}) + G(\boldsymbol{y})) = \mu(F + G)(\boldsymbol{x}) + (1-$
$\mu)(F + G)(\boldsymbol{y})$ となる．

(ii) $\boldsymbol{x},\boldsymbol{y} \in X, \boldsymbol{x} \neq \boldsymbol{y}$ とし，$\mu \in\;]0,1[$ とする．このとき，定理 6.1 (v), (vi) および 6.7 (vi) より，
$(\lambda F)(\mu\boldsymbol{x} + (1-\mu)\boldsymbol{y}) = \lambda F(\mu\boldsymbol{x} + (1-\mu)\boldsymbol{y}) < \lambda(\mu F(\boldsymbol{x}) + (1-\mu)F(\boldsymbol{y})) = \mu(\lambda F(\boldsymbol{x})) + (1-$
$\mu)(\lambda F(\boldsymbol{y})) = \mu(\lambda F)(\boldsymbol{x}) + (1-\mu)(\lambda F)(\boldsymbol{y})$ となる．

2. 各 $\boldsymbol{x},\boldsymbol{y} \in X$ および各 $\lambda \in\;]0,1[$ に対して，$F(\lambda\boldsymbol{x} + (1-\lambda)\boldsymbol{y}) = [f(\lambda\boldsymbol{x} + (1-\lambda)\boldsymbol{y}), g(\lambda\boldsymbol{x} +$
$(1-\lambda)\boldsymbol{y})], \lambda F(\boldsymbol{x}) + (1-\lambda)F(\boldsymbol{y}) = [\lambda f(\boldsymbol{x}) + (1-\lambda)f(\boldsymbol{y}), \lambda g(\boldsymbol{x}) + (1-\lambda)g(\boldsymbol{y})]$ となる．

(i) $\boldsymbol{x},\boldsymbol{y} \in X$ とし，$\lambda \in\;]0,1[$ とする．$F \in \mathcal{KM}(X \rightsquigarrow \mathbb{R})$ であるので，$[f(\lambda\boldsymbol{x} + (1-\lambda)\boldsymbol{y}), g(\lambda\boldsymbol{x}$
$+(1-\lambda)\boldsymbol{y})] \leq [\lambda f(\boldsymbol{x}) + (1-\lambda)f(\boldsymbol{y}), \lambda g(\boldsymbol{x}) + (1-\lambda)g(\boldsymbol{y})]$ となり，$f(\lambda\boldsymbol{x} + (1-\lambda)\boldsymbol{y}) \leq$
$\lambda f(\boldsymbol{x}) + (1-\lambda)f(\boldsymbol{y}), g(\lambda\boldsymbol{x} + (1-\lambda)\boldsymbol{y}) \leq \lambda g(\boldsymbol{x}) + (1-\lambda)g(\boldsymbol{y})$ となる．よって，f,g は X 上
の凸関数になる．

(ii) $\boldsymbol{x},\boldsymbol{y} \in X, \boldsymbol{x} \neq \boldsymbol{y}$ とし，$\lambda \in\;]0,1[$ とする．$F \in \mathcal{SKM}(X \rightsquigarrow \mathbb{R})$ であるので，$[f(\lambda\boldsymbol{x} + (1-$
$\lambda)\boldsymbol{y}), g(\lambda\boldsymbol{x} + (1-\lambda)\boldsymbol{y})] < [\lambda f(\boldsymbol{x}) + (1-\lambda)f(\boldsymbol{y}), \lambda g(\boldsymbol{x}) + (1-\lambda)g(\boldsymbol{y})]$ となり，$f(\lambda\boldsymbol{x} + (1-\lambda)\boldsymbol{y})$

$< \lambda f(\boldsymbol{x}) + (1-\lambda)f(\boldsymbol{y}),\ g(\lambda \boldsymbol{x} + (1-\lambda)\boldsymbol{y}) < \lambda g(\boldsymbol{x}) + (1-\lambda)g(\boldsymbol{y})$ となる. よって, f, g は X 上の狭義凸関数になる.

問題 7.1

1.
(i) $M_{\mathbb{R}}(\{S_\alpha\}_{\alpha \in]0,1]})(x) = \max\{1 - |x|, 0\}$
(ii) $M_{\mathbb{R}}(\{T_\alpha\}_{\alpha \in]0,1]})(x) = e^{-x^2}$

2. $\alpha \in]0,1]$ を任意に固定し, $[\widetilde{a}]_\alpha = \left\{ (x,y) \in \mathbb{R}^2 : (x,y) = \left(\sqrt{x^2+y^2}\cos\theta, \sqrt{x^2+y^2}\sin\theta \right), \right.$ $\left. \theta \in [2\pi\alpha, 2\pi] \right\}$ が錐になることを示す. $(0,0) \in [\widetilde{a}]_\alpha$ であるので, $[\widetilde{a}]_\alpha \neq \emptyset$ である. $(x,y) \in [\widetilde{a}]_\alpha$ とし, $\lambda \geq 0$ とする. このとき, ある $\theta \in [2\pi\alpha, 2\pi]$ が存在して $(x,y) = \left(\sqrt{x^2+y^2}\cos\theta, \sqrt{x^2+y^2}\sin\theta \right)$ となる. $(\lambda x, \lambda y) = \left(\lambda\sqrt{x^2+y^2}\cos\theta, \lambda\sqrt{x^2+y^2}\sin\theta \right) = \left(\sqrt{(\lambda x)^2 + (\lambda y)^2}\cos\theta, \sqrt{(\lambda x)^2 + (\lambda y)^2}\sin\theta \right)$ となるので, $\lambda(x,y) = (\lambda x, \lambda y) \in [\widetilde{a}]_\alpha$ となる. よって, $[\widetilde{a}]_\alpha$ は錐になる.

問題 7.2

1. $\alpha \in]0,1]$ を任意に固定する. 定理 7.4 より, $[\widetilde{a}]_\alpha = \bigcap_{\beta \in]0,\alpha[}[f(\beta), g(\beta)] = [f(\alpha), g(\alpha)] = S_\alpha$ となる.

2. 例えば, 各 $\alpha \in]0,1[$ に対して $S_\alpha = T_\alpha = [0,1]$ とし, $S_1 = [0,1]$, $T_1 = [1,2]$ とする. このとき, $M(\{S_\alpha\}_{\alpha \in]0,1]})(2) = 0 \neq 1 = M(\{T_\alpha\}_{\alpha \in]0,1]})(2)$ となる.

問題 7.3

1. $y \in Y$ とする. このとき

$$
\begin{aligned}
f(\widetilde{a}_1, \widetilde{a}_2, \cdots, \widetilde{a}_m)(y) &= \sup_{(x_1, x_2, \cdots, x_m) \in f^{-1}(y)} \min_{k=1,2,\cdots,m} \widetilde{a}_k(x_k) \\
&= \sup_{(x_1, x_2, \cdots, x_m) \in f^{-1}(y)} \min_{k=1,2,\cdots,m} \sup_{\alpha \in]0,1]} \alpha c_{S_{k\alpha}}(x_k)
\end{aligned}
$$

$$
\begin{aligned}
\sup_{\alpha \in]0,1]} \alpha c_{f(S_{1\alpha}, S_{2\alpha}, \cdots, S_{m\alpha})}(y) &= \sup_{\alpha \in]0,1]} \sup_{(x_1, x_2, \cdots, x_m) \in f^{-1}(y)} \min_{k=1,2,\cdots,m} \alpha c_{S_{k\alpha}}(x_k) \\
&= \sup_{(x_1, x_2, \cdots, x_m) \in f^{-1}(y)} \sup_{\alpha \in]0,1]} \min_{k=1,2,\cdots,m} \alpha c_{S_{k\alpha}}(x_k)
\end{aligned}
$$

となる. よって, $(x_1, x_2, \cdots, x_m) \in \prod_{k=1}^m X_k$ を任意に固定し

$$
\min_{k=1,2,\cdots,m} \sup_{\alpha \in]0,1]} \alpha c_{S_{k\alpha}}(x_k) = \sup_{\alpha \in]0,1]} \min_{k=1,2,\cdots,m} \alpha c_{S_{k\alpha}}(x_k) \tag{1}
$$

となることを示せば十分である. $\beta_k = \sup_{\alpha \in]0,1]} \alpha c_{S_{k\alpha}}(x_k)$, $k = 1, 2, \cdots, m$ とする. ある $k_0 \in \{1, 2, \cdots, m\}$ に対して $\beta_{k_0} = 0$ ならば, 任意の $\alpha \in]0,1]$ に対して $\alpha c_{S_{k_0\alpha}}(x_k) = 0$ となり

$$\min_{k=1,2,\cdots,m} \sup_{\alpha \in]0,1]} \alpha c_{S_{k\alpha}}(x_k) = 0 = \sup_{\alpha \in]0,1]} \min_{k=1,2,\cdots,m} \alpha c_{S_{k\alpha}}(x_k)$$

となる. したがって, $\min_{k=1,2,\cdots,m} \beta_k = 0$ ならば, (1) は成り立つ. $\min_{k=1,2,\cdots,m} \beta_k > 0$ と仮定する. 各 $k \in \{1, 2, \cdots, m\}$ に対して, β_k の定義より, 任意の $\alpha \in]0, \beta_k[$ に対して $x_k \in S_{k\alpha}$ となり, 任意の $\alpha \in]\beta_k, 1]$ に対して $x_k \notin S_{k\alpha}$ となる. したがって

$$\min_{k=1,2,\cdots,m} \alpha c_{S_{k\alpha}}(x_k) = \begin{cases} \alpha & \alpha \in]0, \min_{k=1,2,\cdots,m} \beta_k[\\ \min_{k=1,2,\cdots,m} \beta_k \text{ または } 0 & \alpha = \min_{k=1,2,\cdots,m} \beta_k \\ 0 & \alpha \in]\min_{k=1,2,\cdots,m} \beta_k, 1] \end{cases}$$

となるので, $\sup_{\alpha \in]0,1]} \min_{k=1,2,\cdots,m} \alpha c_{S_{k\alpha}}(x_k) = \min_{k=1,2,\cdots,m} \beta_k$ となり, (1) が成り立つ.

2. m に関する帰納法で示す. まず, $m = 2$ のとき, 定理 7.8 より

$$f_1(\widetilde{a}_1, \widetilde{a}_2) = M_{X_3}\left(\{f_1(S_{1\alpha}, S_{2\alpha})\}_{\alpha \in]0,1]}\right) = \sup_{\alpha \in]0,1]} \alpha c_{f_1(S_{1\alpha}, S_{2\alpha})}$$

が成り立つ. 次に, $m = \ell \geq 2$ のとき

$$\begin{aligned} & f_{\ell-1}(\cdots f_3(f_2(f_1(\widetilde{a}_1, \widetilde{a}_2), \widetilde{a}_3), \widetilde{a}_4)\cdots, \widetilde{a}_\ell) \\ & = M_{X_{2\ell-1}}\left(\{f_{\ell-1}(\cdots f_3(f_2(f_1(S_{1\alpha}, S_{2\alpha}), S_{4\alpha}), S_{6\alpha})\cdots, S_{2\ell-2,\alpha})\}_{\alpha \in]0,1]}\right) \\ & = \sup_{\alpha \in]0,1]} \alpha c_{f_{\ell-1}(\cdots f_3(f_2(f_1(S_{1\alpha}, S_{2\alpha}), S_{4\alpha}), S_{6\alpha})\cdots, S_{2\ell-2,\alpha})} \end{aligned}$$

が成り立つと仮定し, $m = \ell + 1$ のとき

$$\begin{aligned} & f_\ell(f_{\ell-1}(\cdots f_3(f_2(f_1(\widetilde{a}_1, \widetilde{a}_2), \widetilde{a}_3), \widetilde{a}_4)\cdots, \widetilde{a}_\ell), \widetilde{a}_{\ell+1}) \\ & = M_{X_{2\ell+1}}\left(\{f_\ell(f_{\ell-1}(\cdots f_3(f_2(f_1(S_{1\alpha}, S_{2\alpha}), S_{4\alpha}), S_{6\alpha})\cdots, S_{2\ell-2,\alpha}), S_{2\ell,\alpha})\}_{\alpha \in]0,1]}\right) \\ & = \sup_{\alpha \in]0,1]} \alpha c_{f_\ell(f_{\ell-1}(\cdots f_3(f_2(f_1(S_{1\alpha}, S_{2\alpha}), S_{4\alpha}), S_{6\alpha})\cdots, S_{2\ell-2,\alpha}), S_{2\ell,\alpha})} \end{aligned}$$

が成り立つことを示す. 帰納法の仮定より, 各 $\alpha \in]0,1]$ に対して

$$T_\alpha = f_{\ell-1}(\cdots f_3(f_2(f_1(S_{1\alpha}, S_{2\alpha}), S_{4\alpha}), S_{6\alpha})\cdots, S_{2\ell-2,\alpha}) \in \mathcal{S}(X_{2\ell-1})$$

とし

$$\widetilde{a} = f_{\ell-1}(\cdots f_3(f_2(f_1(\widetilde{a}_1, \widetilde{a}_2), \widetilde{a}_3), \widetilde{a}_4)\cdots, \widetilde{a}_\ell) \in \mathcal{F}(X_{2\ell-1})$$

とすると

$$\widetilde{a} = M_{X_{2\ell-1}}(\{T_\alpha\}_{\alpha \in]0,1]}) \in \mathcal{F}(X_{2\ell-1})$$

となる. よって

$$f_\ell(\widetilde{a}, \widetilde{a}_{\ell+1}) = M_{X_{2\ell+1}}\left(\{f_\ell(T_\alpha, S_{2\ell,\alpha})\}_{\alpha \in]0,1]}\right) = \sup_{\alpha \in]0,1]} \alpha c_{f_\ell(T_\alpha, S_{2\ell,\alpha})}$$

となるので, $m = \ell + 1$ のときも成り立つ.

問題 8.1

1.

(i) 各 $\alpha \in \,]0,1]$ に対して，$[\widetilde{a}]_\alpha = [\alpha + u - 1, -\alpha + u + 1]$, $[\widetilde{b}]_\alpha = [\alpha + v - 1, -\alpha + v + 1]$ となり，$[\widetilde{a}]_\alpha + [\widetilde{b}]_\alpha = [2\alpha + u + v - 2, -2\alpha + u + v + 2]$ となる．よって，定理 7.1 および 8.2 (i) より，各 $x \in \mathbb{R}$ に対して，$(\widetilde{a} + \widetilde{b})(x) = M(\{[2\alpha + u + v - 2, -2\alpha + u + v + 2]\}_{\alpha \in]0,1]})(x) = \max\left\{1 - \frac{|x - (u+v)|}{2}, 0\right\}$ となる．

(ii) 各 $\alpha \in \,]0,1]$ に対して，$[\widetilde{a}]_\alpha = [\alpha + u - 1, -\alpha + u + 1]$ となり，$\lambda[\widetilde{a}]_\alpha = [\lambda\alpha + \lambda u - \lambda, -\lambda\alpha + \lambda u + \lambda]$ となる．よって，定理 7.1 および 8.2 (iii) より，各 $x \in \mathbb{R}$ に対して，$(\lambda\widetilde{a})(x) = M(\{[\lambda\alpha + \lambda u - \lambda, -\lambda\alpha + \lambda u + \lambda]\}_{\alpha \in]0,1]})(x) = \max\left\{1 - \frac{|x - \lambda u|}{\lambda}, 0\right\}$ となる．

2. $\frac{1}{m_a + m_b}\left(\sum_{i=1}^{m_a} \widetilde{a}_i + \sum_{j=1}^{m_b} \widetilde{b}_j\right) = \frac{1}{m_a + m_b}\sum_{i=1}^{m_a} \widetilde{a}_i + \frac{1}{m_a + m_b}\sum_{j=1}^{m_b} \widetilde{b}_j = \left(\frac{m_a}{m_a + m_b}\frac{1}{m_a}\right)\sum_{i=1}^{m_a} \widetilde{a}_i + \left(\frac{m_b}{m_a + m_b}\frac{1}{m_b}\right)\sum_{j=1}^{m_b} \widetilde{b}_j = \frac{m_a}{m_a + m_b}\left(\frac{1}{m_a}\sum_{i=1}^{m_a} \widetilde{a}_i\right) + \frac{m_b}{m_a + m_b}\left(\frac{1}{m_b}\sum_{j=1}^{m_b} \widetilde{b}_j\right)$

問題 8.2

1.

(i) 任意の $\alpha \in \,]0,1]$ に対して，定理 6.2 (i) より $[\widetilde{a}]_\alpha \leq [\widetilde{a}]_\alpha$ となる．よって，$\widetilde{a} \preceq \widetilde{a}$ となる．

(ii) 任意の $\alpha \in \,]0,1]$ に対して，$[\widetilde{a}]_\alpha \leq [\widetilde{b}]_\alpha$, $[\widetilde{b}]_\alpha \leq [\widetilde{c}]_\alpha$ であるので，定理 6.2 (ii) より $[\widetilde{a}]_\alpha \leq [\widetilde{c}]_\alpha$ となる．よって，$\widetilde{a} \preceq \widetilde{c}$ となる．

(iii) 任意の $\alpha \in \,]0,1]$ に対して，$[\widetilde{a}]_\alpha < [\widetilde{b}]_\alpha$ であるので，定理 6.2 (iii) より $[\widetilde{a}]_\alpha \leq [\widetilde{b}]_\alpha$ となる．よって，$\widetilde{a} \preceq \widetilde{b}$ となる．

(iv) $\widetilde{a} = \widetilde{\emptyset}$, $\widetilde{b} \neq \widetilde{\emptyset}$ であるので，ある $\alpha_0 \in \,]0,1]$ が存在して $[\widetilde{a}]_{\alpha_0} = \emptyset$, $[\widetilde{b}]_{\alpha_0} \neq \emptyset$ となる．よって，定理 6.2 (iv) より，$[\widetilde{a}]_{\alpha_0} \not\leq [\widetilde{b}]_{\alpha_0}$, $[\widetilde{b}]_{\alpha_0} \not\leq [\widetilde{a}]_{\alpha_0}$, $[\widetilde{a}]_{\alpha_0} \not< [\widetilde{b}]_{\alpha_0}$, $[\widetilde{b}]_{\alpha_0} \not< [\widetilde{a}]_{\alpha_0}$ となる．したがって，$\widetilde{a} \not\preceq \widetilde{b}$, $\widetilde{b} \not\preceq \widetilde{a}$, $\widetilde{a} \not\prec \widetilde{b}$, $\widetilde{b} \not\prec \widetilde{a}$ となる．

(v) 任意の $\alpha \in \,]0,1]$ に対して，$[\widetilde{\emptyset}]_\alpha = \emptyset$, $[\widetilde{\mathbb{R}^n}]_\alpha = \mathbb{R}^n$ であるので，定理 6.2 (v) より $[\widetilde{\emptyset}]_\alpha \leq [\widetilde{\emptyset}]_\alpha$, $[\widetilde{\emptyset}]_\alpha < [\widetilde{\emptyset}]_\alpha$, $[\widetilde{\mathbb{R}^n}]_\alpha \leq [\widetilde{\mathbb{R}^n}]_\alpha$, $[\widetilde{\mathbb{R}^n}]_\alpha < [\widetilde{\mathbb{R}^n}]_\alpha$ となる．よって，$\widetilde{\emptyset} \preceq \widetilde{\emptyset}$, $\widetilde{\emptyset} \prec \widetilde{\emptyset}$, $\widetilde{\mathbb{R}^n} \preceq \widetilde{\mathbb{R}^n}$, $\widetilde{\mathbb{R}^n} \prec \widetilde{\mathbb{R}^n}$ となる．

(vi) 任意の $\alpha \in \,]0,1]$ に対して，$[\widetilde{a}]_\alpha < [\widetilde{b}]_\alpha$, $[\widetilde{b}]_\alpha \leq [\widetilde{c}]_\alpha$ であるので，定理 6.2 (vi) より $[\widetilde{a}]_\alpha < [\widetilde{c}]_\alpha$ となる．よって，$\widetilde{a} \prec \widetilde{c}$ となる．

(vii) 任意の $\alpha \in \,]0,1]$ に対して，$[\widetilde{a}]_\alpha \leq [\widetilde{b}]_\alpha$, $[\widetilde{b}]_\alpha < [\widetilde{c}]_\alpha$ であるので，定理 6.2 (vii) より $[\widetilde{a}]_\alpha < [\widetilde{c}]_\alpha$ となる．よって，$\widetilde{a} \prec \widetilde{c}$ となる．

2. 任意の $\alpha \in \,]0,1]$ に対して，$[\widetilde{a}]_\alpha < [\widetilde{b}]_\alpha$ であるので，定理 6.7 (ii) および 8.1 (i), (ii) より $[\widetilde{a} + \widetilde{c}]_\alpha = [\widetilde{a}]_\alpha + [\widetilde{c}]_\alpha < [\widetilde{b}]_\alpha + [\widetilde{c}]_\alpha = [\widetilde{b} + \widetilde{c}]_\alpha$ となる．よって，$\widetilde{a} + \widetilde{c} \prec \widetilde{b} + \widetilde{c}$ となる．

3. 任意の $\alpha \in \,]0,1]$ に対して，$[\widetilde{a}]_\alpha \leq [\widetilde{b}]_\alpha$, $[\widetilde{c}]_\alpha < [\widetilde{d}]_\alpha$ であるので，定理 6.7 (iv) および 8.1 (i), (ii) より $[\widetilde{a} + \widetilde{c}]_\alpha = [\widetilde{a}]_\alpha + [\widetilde{c}]_\alpha < [\widetilde{b}]_\alpha + [\widetilde{d}]_\alpha = [\widetilde{b} + \widetilde{d}]_\alpha$ となる．よって，$\widetilde{a} + \widetilde{c} \prec \widetilde{b} + \widetilde{d}$ となる．

4.

(i) 任意の $\alpha \in \,]0,1]$ に対して，$[\widetilde{a}]_\alpha < [\widetilde{b}]_\alpha$ であるので，定理 6.7 (vi) および 8.1 (iii), (iv) より $[\lambda\widetilde{a}]_\alpha = \lambda[\widetilde{a}]_\alpha < \lambda[\widetilde{b}]_\alpha = [\lambda\widetilde{b}]_\alpha$ となる．よって，$\lambda\widetilde{a} \prec \lambda\widetilde{b}$ となる．

(ii) 任意の $\alpha \in \,]0,1]$ に対して，$[\widetilde{a}]_\alpha \leq [\widetilde{b}]_\alpha$ であるので，定理 6.7 (vii) および 8.1 (iii), (iv) より $[\lambda\widetilde{a}]_\alpha = \lambda[\widetilde{a}]_\alpha \geq \lambda[\widetilde{b}]_\alpha = [\lambda\widetilde{b}]_\alpha$ となる．よって，$\lambda\widetilde{a} \succeq \lambda\widetilde{b}$ となる．

(iii) 任意の $\alpha \in \,]0,1]$ に対して，$[\widetilde{a}]_\alpha < [\widetilde{b}]_\alpha$ であるので，定理 6.7 (viii) および 8.1 (iii), (iv) より $[\lambda\widetilde{a}]_\alpha = \lambda[\widetilde{a}]_\alpha > \lambda[\widetilde{b}]_\alpha = [\lambda\widetilde{b}]_\alpha$ となる．よって，$\lambda\widetilde{a} \succ \lambda\widetilde{b}$ となる．

5.
(i) 定理 8.12 (i), (ii) より，$\lambda\widetilde{a} \preceq \lambda\widetilde{c}$, $(1-\lambda)\widetilde{b} \prec (1-\lambda)\widetilde{c}$ となる．定理 8.5 (iv), (vii), 8.7 (vi) および 8.11 (ii) より，$\lambda\widetilde{a} + (1-\lambda)\widetilde{b} \prec \lambda\widetilde{c} + (1-\lambda)\widetilde{c} = \widetilde{c}$ となる．

(ii) 定理 8.8 (iii) および 8.12 (i) より $\lambda\widetilde{a} \preceq \lambda\widetilde{c}$, $(1-\lambda)\widetilde{b} \preceq (1-\lambda)\widetilde{c}$ となり，定理 8.12 (ii) より $\lambda\widetilde{a} \prec \lambda\widetilde{c}$ または $(1-\lambda)\widetilde{b} \prec (1-\lambda)\widetilde{c}$ となる．定理 8.5 (iv), (vii), 8.7 (vi) および 8.11 (ii) より，$\lambda\widetilde{a} + (1-\lambda)\widetilde{b} \prec \lambda\widetilde{c} + (1-\lambda)\widetilde{c} = \widetilde{c}$ となる．

(iii) 定理 8.12 (i) より，$\lambda\widetilde{c} \preceq \lambda\widetilde{a}$, $(1-\lambda)\widetilde{c} \preceq (1-\lambda)\widetilde{b}$ となる．定理 8.5 (iv), (vii), 8.7 (vi) および 8.11 (i) より，$\widetilde{c} = \lambda\widetilde{c} + (1-\lambda)\widetilde{c} \preceq \lambda\widetilde{a} + (1-\lambda)\widetilde{b}$ となる．

(iv) 定理 8.12 (i), (ii) より，$\lambda\widetilde{c} \preceq \lambda\widetilde{a}$, $(1-\lambda)\widetilde{c} \prec (1-\lambda)\widetilde{b}$ となる．定理 8.5 (iv), (vii), 8.7 (vi) および 8.11 (ii) より，$\widetilde{c} = \lambda\widetilde{c} + (1-\lambda)\widetilde{c} \prec \lambda\widetilde{a} + (1-\lambda)\widetilde{b}$ となる．

(v) 定理 8.8 (iii) および 8.12 (i) より $\lambda\widetilde{c} \preceq \lambda\widetilde{a}$, $(1-\lambda)\widetilde{c} \preceq (1-\lambda)\widetilde{b}$ となり，定理 8.12 (ii) より $\lambda\widetilde{c} \prec \lambda\widetilde{a}$ または $(1-\lambda)\widetilde{c} \prec (1-\lambda)\widetilde{b}$ となる．定理 8.5 (iv), (vii), 8.7 (vi) および 8.11 (ii) より，$\widetilde{c} = \lambda\widetilde{c} + (1-\lambda)\widetilde{c} \prec \lambda\widetilde{a} + (1-\lambda)\widetilde{b}$ となる．

問題 8.3

1.
(i) 任意の $\alpha \in \,]0,1]$ および任意の $\boldsymbol{d} \in \mathbb{R}^n_+ \setminus \{\boldsymbol{0}\}$ に対して，$[\widetilde{a}]_\alpha < [\widetilde{b}]_\alpha$ であるので，定理 6.9 (iii) および 8.17 より $[\langle\widetilde{a},\boldsymbol{d}\rangle]_\alpha = \langle[\widetilde{a}]_\alpha,\boldsymbol{d}\rangle < \langle[\widetilde{b}]_\alpha,\boldsymbol{d}\rangle = [\langle\widetilde{b},\boldsymbol{d}\rangle]_\alpha$ となる．よって，任意の $\boldsymbol{d} \in \mathbb{R}^n_+ \setminus \{\boldsymbol{0}\}$ に対して，$\langle\widetilde{a},\boldsymbol{d}\rangle \prec \langle\widetilde{b},\boldsymbol{d}\rangle$ となる．

(ii) $\alpha \in \,]0,1]$ を任意に固定する．このとき，任意の $\boldsymbol{d} \in \mathbb{R}^n_+ \setminus \{\boldsymbol{0}\}$ に対して，定理 8.17 より $\langle[\widetilde{a}]_\alpha,\boldsymbol{d}\rangle = [\langle\widetilde{a},\boldsymbol{d}\rangle]_\alpha < [\langle\widetilde{b},\boldsymbol{d}\rangle]_\alpha = \langle[\widetilde{b}]_\alpha,\boldsymbol{d}\rangle$ となる．よって，定理 6.9 (iv) より，$[\widetilde{a}]_\alpha < [\widetilde{b}]_\alpha$ となる．したがって，$\alpha \in \,]0,1]$ の任意性より，$\widetilde{a} \prec \widetilde{b}$ となる．

2.
(i) まず，$x \in \langle A+B,\boldsymbol{c}\rangle$ とする．このとき，ある $\boldsymbol{y} \in A$ およびある $\boldsymbol{z} \in B$ が存在して $x = \langle\boldsymbol{y}+\boldsymbol{z},\boldsymbol{c}\rangle$ となる．よって，$x = \langle\boldsymbol{y},\boldsymbol{c}\rangle + \langle\boldsymbol{z},\boldsymbol{c}\rangle \in \langle A,\boldsymbol{c}\rangle + \langle B,\boldsymbol{c}\rangle$ となる．次に，$x' \in \langle A,\boldsymbol{c}\rangle + \langle B,\boldsymbol{c}\rangle$ とする．このとき，ある $\boldsymbol{y}' \in A$ およびある $\boldsymbol{z}' \in B$ が存在して $x' = \langle\boldsymbol{y}',\boldsymbol{c}\rangle + \langle\boldsymbol{z}',\boldsymbol{c}\rangle$ となる．よって，$x' = \langle\boldsymbol{y}' + \boldsymbol{z}',\boldsymbol{c}\rangle \in \langle A+B,\boldsymbol{c}\rangle$ となる．

(ii) (i) および定理 7.1, 8.2 (i), 8.15 より，$\langle\widetilde{a} + \widetilde{b},\boldsymbol{c}\rangle = M\left(\{\langle[\widetilde{a}]_\alpha + [\widetilde{b}]_\alpha,\boldsymbol{c}\rangle\}_{\alpha\in]0,1]}\right) = M\left(\{\langle[\widetilde{a}]_\alpha,\boldsymbol{c}\rangle + \langle[\widetilde{b}]_\alpha,\boldsymbol{c}\rangle\}_{\alpha\in]0,1]}\right) = M\left(\{\langle[\widetilde{a}]_\alpha,\boldsymbol{c}\rangle\}_{\alpha\in]0,1]}\right) + M\left(\{\langle[\widetilde{b}]_\alpha,\boldsymbol{c}\rangle\}_{\alpha\in]0,1]}\right) = \langle\widetilde{a},\boldsymbol{c}\rangle + \langle\widetilde{b},\boldsymbol{c}\rangle$ となる．

問題 8.4

1. 補題 7.1 より，各 $\alpha \in \,]0,1]$ に対して，$[\widetilde{\boldsymbol{a}}]_\alpha = \prod_{i=1}^n [\widetilde{a}_i]_\alpha$ となる．
(i) $\alpha_0 = \mathrm{hgt}(\widetilde{a}_1) = \cdots = \mathrm{hgt}(\widetilde{a}_n)$ とする．まず，$\alpha \in \,]0,\alpha_0[$ ならば，$[\widetilde{a}_i]_\alpha \neq \emptyset$, $i = 1,2,\cdots,n$ であり $\prod_{i=1}^n [\widetilde{a}_i]_\alpha \in \mathcal{K}(\mathbb{R}^n)$ であるので，定理 6.11 (i) より $[\widetilde{a}_i]_\alpha \in \mathcal{K}(\mathbb{R})$, $i = 1,2,\cdots,n$ とな

る. 次に, $\alpha \in]\alpha_0, 1]$ ならば, $[\widetilde{a}_i]_\alpha = \emptyset \in \mathcal{K}(\mathbb{R})$, $i = 1, 2, \cdots, n$ となる. また, 定理 7.4 より, $\alpha_0 \in]0, 1]$ ならば, $[\widetilde{a}_i]_{\alpha_0} = \bigcap_{\beta \in]0, \alpha_0[} [\widetilde{a}_i]_\beta \in \mathcal{K}(\mathbb{R})$, $i = 1, 2, \cdots, n$ となる. よって, $\widetilde{a}_i \in \mathcal{FK}(\mathbb{R})$, $i = 1, 2, \cdots, n$ となる.

(ii) $\alpha \in]0, 1]$ を任意に固定する. $[\widetilde{a}_i]_\alpha \in \mathcal{K}(\mathbb{R})$, $i = 1, 2, \cdots, n$ であるので, 定理 6.11 (ii) より $\prod_{i=1}^n [\widetilde{a}_i]_\alpha \in \mathcal{K}(\mathbb{R}^n)$ となる. よって, $\alpha \in]0, 1]$ の任意性より, $\widetilde{\boldsymbol{a}} \in \mathcal{FK}(\mathbb{R}^n)$ となる.

(iii) $\alpha_0 = \mathrm{hgt}(\widetilde{a}_1) = \cdots = \mathrm{hgt}(\widetilde{a}_n)$ とする. まず, $\alpha \in]0, \alpha_0[$ ならば, $[\widetilde{a}_i]_\alpha \neq \emptyset$, $i = 1, 2, \cdots, n$ であり $\prod_{i=1}^n [\widetilde{a}_i]_\alpha \in \mathcal{C}(\mathbb{R}^n)$ であるので, 定理 6.11 (iii) より $[\widetilde{a}_i]_\alpha \in \mathcal{C}(\mathbb{R})$, $i = 1, 2, \cdots, n$ となる. 次に, $\alpha \in]\alpha_0, 1]$ ならば, $[\widetilde{a}_i]_\alpha = \emptyset \in \mathcal{C}(\mathbb{R})$, $i = 1, 2, \cdots, n$ となる. また, 定理 7.4 より, $\alpha_0 \in]0, 1]$ ならば, $[\widetilde{a}_i]_{\alpha_0} = \bigcap_{\beta \in]0, \alpha_0[} [\widetilde{a}_i]_\beta \in \mathcal{C}(\mathbb{R})$, $i = 1, 2, \cdots, n$ となる. よって, $\widetilde{a}_i \in \mathcal{FC}(\mathbb{R})$, $i = 1, 2, \cdots, n$ となる.

(iv) $\alpha \in]0, 1]$ を任意に固定する. $[\widetilde{a}_i]_\alpha \in \mathcal{C}(\mathbb{R})$, $i = 1, 2, \cdots, n$ であるので, 定理 6.11 (iv) より $\prod_{i=1}^n [\widetilde{a}_i]_\alpha \in \mathcal{C}(\mathbb{R}^n)$ となる. よって, $\alpha \in]0, 1]$ の任意性より, $\widetilde{\boldsymbol{a}} \in \mathcal{FC}(\mathbb{R}^n)$ となる.

(v) $\alpha_0 = \mathrm{hgt}(\widetilde{a}_1) = \cdots = \mathrm{hgt}(\widetilde{a}_n)$ とする. まず, $\alpha \in]0, \alpha_0[$ ならば, $[\widetilde{a}_i]_\alpha \neq \emptyset$, $i = 1, 2, \cdots, n$ であり $\prod_{i=1}^n [\widetilde{a}_i]_\alpha \in \mathcal{BC}(\mathbb{R}^n)$ であるので, 定理 6.11 (v) より $[\widetilde{a}_i]_\alpha \in \mathcal{BC}(\mathbb{R})$, $i = 1, 2, \cdots, n$ となる. 次に, $\alpha \in]\alpha_0, 1]$ ならば, $[\widetilde{a}_i]_\alpha = \emptyset \in \mathcal{BC}(\mathbb{R})$, $i = 1, 2, \cdots, n$ となる. また, 定理 7.4 より, $\alpha_0 \in]0, 1]$ ならば, $[\widetilde{a}_i]_{\alpha_0} = \bigcap_{\beta \in]0, \alpha_0[} [\widetilde{a}_i]_\beta \in \mathcal{BC}(\mathbb{R})$, $i = 1, 2, \cdots, n$ となる. よって, $\widetilde{a}_i \in \mathcal{FBC}(\mathbb{R})$, $i = 1, 2, \cdots, n$ となる.

(vi) $\alpha \in]0, 1]$ を任意に固定する. $[\widetilde{a}_i]_\alpha \in \mathcal{BC}(\mathbb{R})$, $i = 1, 2, \cdots, n$ であるので, 定理 6.11 (vi) より $\prod_{i=1}^n [\widetilde{a}_i]_\alpha \in \mathcal{BC}(\mathbb{R}^n)$ となる. よって, $\alpha \in]0, 1]$ の任意性より, $\widetilde{\boldsymbol{a}} \in \mathcal{FBC}(\mathbb{R}^n)$ となる.

2.

(i) $I = I(\widetilde{a}_1) = \cdots = I(\widetilde{a}_n) = I(\widetilde{b}_1) = \cdots = I(\widetilde{b}_n)$ とし, $\alpha \in]0, 1]$ を任意に固定する. $\alpha \notin I$ ならば, 定理 6.2 (v) より, $[\widetilde{a}_i]_\alpha = \emptyset < \emptyset = [\widetilde{b}_i]_\alpha$, $i = 1, 2, \cdots, n$ となる. $\alpha \in I$ ならば, 補題 7.1 より $\prod_{i=1}^n [\widetilde{a}_i]_\alpha = [\widetilde{\boldsymbol{a}}]_\alpha < [\widetilde{\boldsymbol{b}}]_\alpha = \prod_{i=1}^n [\widetilde{b}_i]_\alpha$ であるので, 定理 6.11 (xii) より $[\widetilde{a}_i]_\alpha < [\widetilde{b}_i]_\alpha$, $i = 1, 2, \cdots, n$ となる. よって, $\alpha \in]0, 1]$ の任意性より, $\widetilde{a}_i \prec \widetilde{b}_i$, $i = 1, 2, \cdots, n$ となる.

(ii) $\alpha \in]0, 1]$ を任意に固定する. $[\widetilde{a}_i]_\alpha < [\widetilde{b}_i]_\alpha$, $i = 1, 2, \cdots, n$ であるので, 補題 7.1 および定理 6.11 (xiii) より $[\widetilde{\boldsymbol{a}}]_\alpha = \prod_{i=1}^n [\widetilde{a}_i]_\alpha < \prod_{i=1}^n [\widetilde{b}_i]_\alpha = [\widetilde{\boldsymbol{b}}]_\alpha$ となる. よって, $\alpha \in]0, 1]$ の任意性より, $\widetilde{\boldsymbol{a}} \prec \widetilde{\boldsymbol{b}}$ となる.

問題 8.5

1. 各 $\alpha \in]0, 1]$ に対して, $[\widetilde{a}]_\alpha = [2\alpha - 3, -2\alpha + 1]$ となる. このとき, $\alpha \in]0, \frac{1}{2}[$ に対して $|[\widetilde{a}]_\alpha| = [0, -2\alpha + 3]$ となり, $\alpha \in [\frac{1}{2}, 1]$ に対して $|[\widetilde{a}]_\alpha| = [2\alpha - 1, -2\alpha + 3]$ となる. よって, 定理 7.1 および 8.29 より, 各 $x \in]-\infty, 0[$ に対して $|\widetilde{a}|(x) = 0$ となり, 各 $x \in [0, \infty[$ に対して $|\widetilde{a}|(x) = \max \left\{ 1 - \frac{|x-1|}{2}, 0 \right\}$ となる.

2. 各 $\alpha \in]0, 1]$ に対して, $[\widetilde{a}]_\alpha = [\alpha, -\alpha + 2]$, $[\widetilde{b}]_\alpha = [\alpha + 2, -\alpha + 4]$ となり, $d([\widetilde{a}]_\alpha, [\widetilde{b}]_\alpha) = [2\alpha, -2\alpha + 4]$ となる. よって, 定理 7.1 および 8.32 より, 各 $x \in \mathbb{R}$ に対して $d(\widetilde{a}, \widetilde{b})(x) = \max \left\{ 1 - \frac{|x-2|}{2}, 0 \right\}$ となる.

問題 8.6

1.

(i) 必要性：各 $\alpha \in\,]0,1]$ に対して，$[\widetilde{a}]_\alpha \in \mathcal{C}(\mathbb{R}^n)$ であるので，$\mathrm{cl}([\widetilde{a}]_\alpha) = [\widetilde{a}]_\alpha$ となる．よって，定理 7.1 より，$\mathrm{cl}(\widetilde{a}) = \widetilde{a}$ となる．

十分性：定理 8.38 より，$\widetilde{a} = \mathrm{cl}(\widetilde{a}) \in \mathcal{FC}(\mathbb{R}^n)$ となる．

(ii) 必要性：各 $\alpha \in\,]0,1]$ に対して，$[\widetilde{a}]_\alpha \in \mathcal{K}(\mathbb{R}^n)$ であるので，$\mathrm{co}([\widetilde{a}]_\alpha) = [\widetilde{a}]_\alpha$ となる．よって，定理 7.1 より，$\mathrm{co}(\widetilde{a}) = \widetilde{a}$ となる．

十分性：定理 8.39 より，$\widetilde{a} = \mathrm{co}(\widetilde{a}) \in \mathcal{FK}(\mathbb{R}^n)$ となる．

(iii) 必要性：各 $\alpha \in\,]0,1]$ に対して，$[\widetilde{a}]_\alpha \in \mathcal{CK}(\mathbb{R}^n)$ であるので，$\overline{\mathrm{co}}([\widetilde{a}]_\alpha) = [\widetilde{a}]_\alpha$ となる．よって，定理 7.1 より，$\overline{\mathrm{co}}(\widetilde{a}) = \widetilde{a}$ となる．

十分性：定理 8.40 より，$\widetilde{a} = \overline{\mathrm{co}}(\widetilde{a}) \in \mathcal{FCK}(\mathbb{R}^n)$ となる．

2. 各 $\alpha \in\,]0,1]$ に対して，定理 5.6 より，$\overline{\mathrm{co}}([\widetilde{a}]_\alpha) = \mathrm{cl}(\mathrm{co}([\widetilde{a}]_\alpha))$ となる．よって，定理 7.1 および 8.41 より，$\overline{\mathrm{co}}(\widetilde{a}) = M\left(\{\overline{\mathrm{co}}([\widetilde{a}]_\alpha)\}_{\alpha \in]0,1]}\right) = M\left(\{\mathrm{cl}(\mathrm{co}([\widetilde{a}]_\alpha))\}_{\alpha \in]0,1]}\right) = \mathrm{cl}\left(M\left(\{\mathrm{co}([\widetilde{a}]_\alpha)\}_{\alpha \in]0,1]}\right)\right) = \mathrm{cl}(\mathrm{co}(\widetilde{a}))$ となる．

問題 8.7

1. もし，$\mathrm{hgt}\,(\liminf_k \widetilde{a}_k) = 1$ ならば，任意の $\alpha \in\,]0,1[$ に対して $\liminf_k [\widetilde{a}_k]_\alpha \neq \emptyset$ となることが示されれば

$$
\begin{aligned}
\liminf_{k \to \infty} \lambda \widetilde{a}_k &= M\left(\left\{\liminf_{k \to \infty} \lambda [\widetilde{a}_k]_\alpha\right\}_{\alpha \in]0,1]}\right) \quad (\text{定理 7.1, 8.2 (iii) および 8.45 (ii) より}) \\
&= M\left(\left\{\lambda \liminf_{k \to \infty} [\widetilde{a}_k]_\alpha\right\}_{\alpha \in]0,1]}\right) \quad (\text{定理 6.23 (v) と 7.6 より}) \\
&= \lambda M\left(\left\{\liminf_{k \to \infty} [\widetilde{a}_k]_\alpha\right\}_{\alpha \in]0,1]}\right) \quad (\text{定理 8.2 (iii) より}) \\
&= \lambda \liminf_{k \to \infty} \widetilde{a}_k
\end{aligned}
$$

となる．

$\mathrm{hgt}\,(\liminf_k \widetilde{a}_k) = 1$ とし，$\alpha \in\,]0,1[$ を任意に固定する．このとき，ある $\boldsymbol{x}_0 \in \mathbb{R}^n$ が存在して $(\liminf_k \widetilde{a}_k)(\boldsymbol{x}_0) > \alpha$ となる．よって

$$
\begin{aligned}
\left(\liminf_{k \to \infty} \widetilde{a}_k\right)(\boldsymbol{x}_0) &= M\left(\left\{\liminf_{k \to \infty} [\widetilde{a}_k]_\beta\right\}_{\beta \in]0,1]}\right)(\boldsymbol{x}_0) \\
&= \sup\left\{\beta \in\,]0,1] : \boldsymbol{x}_0 \in \liminf_{k \to \infty} [\widetilde{a}_k]_\beta\right\} > \alpha
\end{aligned}
$$

であるので，$\boldsymbol{x}_0 \in \liminf_k [\widetilde{a}_k]_\alpha$ となり，$\liminf_k [\widetilde{a}_k]_\alpha \neq \emptyset$ となる．

2. 定理 8.47 (i) より，$\lim_{k \to \infty} \widetilde{a}_k = \mathrm{cl}\left(\bigvee_{k \in \mathbb{N}} \widetilde{a}_k\right) = \mathrm{cl}(c_{]-1,1[}) = c_{[-1,1]}$ となる．

381

問題 8.8

1.

(i) (8.36) より, $\limsup_{\boldsymbol{x}\to\overline{\boldsymbol{x}}} \widetilde{G}(\boldsymbol{x}) \leq \limsup_{\boldsymbol{x}\to\overline{\boldsymbol{x}}} \widetilde{F}(\boldsymbol{x}) \leq \limsup_{\boldsymbol{x}\to\overline{\boldsymbol{x}}} \widetilde{H}(\boldsymbol{x})$ となる. よって, $\limsup_{\boldsymbol{x}\to\overline{\boldsymbol{x}}} \widetilde{G}(\boldsymbol{x}) = \limsup_{\boldsymbol{x}\to\overline{\boldsymbol{x}}} \widetilde{H}(\boldsymbol{x})$ であるので, $\limsup_{\boldsymbol{x}\to\overline{\boldsymbol{x}}} \widetilde{F}(\boldsymbol{x}) = \limsup_{\boldsymbol{x}\to\overline{\boldsymbol{x}}} \widetilde{G}(\boldsymbol{x}) = \limsup_{\boldsymbol{x}\to\overline{\boldsymbol{x}}} \widetilde{H}(\boldsymbol{x})$ となる.

(ii) (8.36) より, $\liminf_{\boldsymbol{x}\to\overline{\boldsymbol{x}}} \widetilde{G}(\boldsymbol{x}) \leq \liminf_{\boldsymbol{x}\to\overline{\boldsymbol{x}}} \widetilde{F}(\boldsymbol{x}) \leq \liminf_{\boldsymbol{x}\to\overline{\boldsymbol{x}}} \widetilde{H}(\boldsymbol{x})$ となる. よって, $\liminf_{\boldsymbol{x}\to\overline{\boldsymbol{x}}} \widetilde{G}(\boldsymbol{x}) = \liminf_{\boldsymbol{x}\to\overline{\boldsymbol{x}}} \widetilde{H}(\boldsymbol{x})$ であるので, $\liminf_{\boldsymbol{x}\to\overline{\boldsymbol{x}}} \widetilde{F}(\boldsymbol{x}) = \liminf_{\boldsymbol{x}\to\overline{\boldsymbol{x}}} \widetilde{G}(\boldsymbol{x}) = \liminf_{\boldsymbol{x}\to\overline{\boldsymbol{x}}} \widetilde{H}(\boldsymbol{x})$ となる.

(iii) (i) および (ii) より, $\lim_{\boldsymbol{x}\to\overline{\boldsymbol{x}}} \widetilde{F}(\boldsymbol{x}) = \limsup_{\boldsymbol{x}\to\overline{\boldsymbol{x}}} \widetilde{F}(\boldsymbol{x}) = \liminf_{\boldsymbol{x}\to\overline{\boldsymbol{x}}} \widetilde{F}(\boldsymbol{x}) = \lim_{\boldsymbol{x}\to\overline{\boldsymbol{x}}} \widetilde{G}(\boldsymbol{x}) = \lim_{\boldsymbol{x}\to\overline{\boldsymbol{x}}} \widetilde{H}(\boldsymbol{x})$ となる.

2.

(i) 任意の $\alpha \in {]0,1]}$ に対して, 定理 6.26 (i) より, $\liminf_{\boldsymbol{x}\to\overline{\boldsymbol{x}}} F_\alpha(\boldsymbol{x}) \in \mathcal{C}(\mathbb{R}^m)$ となる. よって, 定理 7.4 より, 任意の $\alpha \in {]0,1]}$ に対して $[\liminf_{\boldsymbol{x}\to\overline{\boldsymbol{x}}} \widetilde{F}(\boldsymbol{x})]_\alpha \in \mathcal{C}(\mathbb{R}^m)$ となる. したがって, $\liminf_{\boldsymbol{x}\to\overline{\boldsymbol{x}}} \widetilde{F}(\boldsymbol{x}) \in \mathcal{FC}(\mathbb{R}^m)$ となる.

(ii) (i) より, $\lim_{\boldsymbol{x}\to\overline{\boldsymbol{x}}} \widetilde{F}(\boldsymbol{x}) = \liminf_{\boldsymbol{x}\to\overline{\boldsymbol{x}}} \widetilde{F}(\boldsymbol{x}) \in \mathcal{FC}(\mathbb{R}^m)$ となる.

(iii) 任意の $\alpha \in {]0,1]}$ に対して, 定理 6.26 (iv) より, $\lim_{\boldsymbol{x}\to\overline{\boldsymbol{x}}} F_\alpha(\boldsymbol{x}) = \mathrm{cl}([\widetilde{a}]_\alpha)$ となる. よって, $\lim_{\boldsymbol{x}\to\overline{\boldsymbol{x}}} \widetilde{F}(\boldsymbol{x}) = \mathrm{cl}(\widetilde{a})$ となる.

3.

(i) 任意の $\alpha \in {]0,1]}$ に対して, 定理 6.27 (i) より, $\liminf_{\boldsymbol{x}\to\overline{\boldsymbol{x}}} F_\alpha(\boldsymbol{x}) \in \mathcal{CK}(\mathbb{R}^m)$ となる. よって, 定理 7.4 より, 任意の $\alpha \in {]0,1]}$ に対して $[\liminf_{\boldsymbol{x}\to\overline{\boldsymbol{x}}} \widetilde{F}(\boldsymbol{x})]_\alpha \in \mathcal{CK}(\mathbb{R}^m)$ となる. したがって, $\liminf_{\boldsymbol{x}\to\overline{\boldsymbol{x}}} \widetilde{F}(\boldsymbol{x}) \in \mathcal{FCK}(\mathbb{R}^m)$ となる.

(ii) (i) より, $\lim_{\boldsymbol{x}\to\overline{\boldsymbol{x}}} \widetilde{F}(\boldsymbol{x}) = \liminf_{\boldsymbol{x}\to\overline{\boldsymbol{x}}} \widetilde{F}(\boldsymbol{x}) \in \mathcal{FCK}(\mathbb{R}^m)$ となる.

問題 8.9

1.

(i) 各 $\alpha \in {]0,1[}$ に対して $A_\alpha = \{(x,y) \in \mathbb{R}^2 : y = \alpha\sqrt{|x|}, (x,y) \neq (0,0)\}$ とする. また, $A_1 = \{(x,y) \in \mathbb{R}^2 : y \geq \sqrt{|x|}\}$ とする. このとき, 各 $\alpha \in {]0,1]}$ に対して, $\widetilde{a}$ の定義より $A_\alpha = \{(x,y) \in \mathbb{R}^2 : \widetilde{a}(x,y) = \alpha\}$ となるので, $[\widetilde{a}]_\alpha = \bigcup_{\beta\in[\alpha,1]} A_\beta = \{(x,y) \in \mathbb{R}^2 : y \geq \alpha\sqrt{|x|}\}$ となる.

(ii) $B = \{(x,y) \in \mathbb{R}^2 : x = 0, y \geq 0\}$ とする. 任意の $\alpha \in {]0,1]}$ に対して $\mathbb{T}([\widetilde{a}]_\alpha; (0,0)) = B$ となるので, $\widetilde{T}(\widetilde{a}; (0,0)) = c_B$ となる.

2. $B = \{(x,y) \in \mathbb{R}^2 : x = 0, y \geq 0\}$ とする. 各 $\alpha \in {]0,1]}$ に対して, $[\mathrm{Graph}(\widetilde{F})]_\alpha = \{(x,y) \in \mathbb{R}^2 : y \geq \alpha\sqrt{|x|}\}$ となるので, $\mathbb{T}([\mathrm{Graph}(\widetilde{F})]_\alpha; (0,0)) = B$ となる. よって, $\mathrm{Graph}(\mathbb{D}\widetilde{F}(0,0)) = \widetilde{T}(\mathrm{Graph}(\widetilde{F}); (0,0)) = c_B$ となる. したがって, 各 $u \in \mathbb{R}$ に対して, $u \neq 0$ ならば $\mathbb{D}\widetilde{F}(0,0)(u) = \widetilde{\emptyset} \in \mathcal{F}(\mathbb{R})$ となり, $u = 0$ ならば $\mathbb{D}\widetilde{F}(0,0)(u) = c_{[0,\infty[} \in \mathcal{F}(\mathbb{R})$ となる.

問題 8.10

1.

(i) $\boldsymbol{x},\boldsymbol{y} \in X$, $\boldsymbol{x} \neq \boldsymbol{y}$ とし, $\mu \in {]}0,1{[}$ とする. $\widetilde{F}(\mu\boldsymbol{x} + (1-\mu)\boldsymbol{y}) \prec \mu\widetilde{F}(\boldsymbol{x}) + (1-\mu)\widetilde{F}(\boldsymbol{y})$, $\widetilde{G}(\mu\boldsymbol{x} +(1-\mu)\boldsymbol{y}) \preceq \mu\widetilde{G}(\boldsymbol{x}) + (1-\mu)\widetilde{G}(\boldsymbol{y})$ であるので, 定理 8.5 (v) および 8.11 (ii) より, $(\widetilde{F} + \widetilde{G})(\mu\boldsymbol{x} + (1-\mu)\boldsymbol{y}) = \widetilde{F}(\mu\boldsymbol{x} + (1-\mu)\boldsymbol{y}) + \widetilde{G}(\mu\boldsymbol{x} + (1-\mu)\boldsymbol{y}) \prec \mu(\widetilde{F}(\boldsymbol{x}) + \widetilde{G}(\boldsymbol{x})) + (1 - \mu)(\widetilde{F}(\boldsymbol{y}) + \widetilde{G}(\boldsymbol{y})) = \mu(\widetilde{F} + \widetilde{G})(\boldsymbol{x}) + (1-\mu)(\widetilde{F} + \widetilde{G})(\boldsymbol{y})$ となる.

(ii) $\boldsymbol{x},\boldsymbol{y} \in X$, $\boldsymbol{x} \neq \boldsymbol{y}$ とし, $\mu \in {]}0,1{[}$ とする. $\widetilde{F}(\mu\boldsymbol{x} + (1-\mu)\boldsymbol{y}) \prec \mu\widetilde{F}(\boldsymbol{x}) + (1-\mu)\widetilde{F}(\boldsymbol{y})$ であるので, 定理 8.5 (v), (vi) および 8.12 (ii) より, $(\lambda\widetilde{F})(\mu\boldsymbol{x} + (1-\mu)\boldsymbol{y}) = \lambda\widetilde{F}(\mu\boldsymbol{x} + (1-\mu)\boldsymbol{y}) \prec \mu(\lambda\widetilde{F}(\boldsymbol{x})) + (1-\mu)(\lambda\widetilde{F}(\boldsymbol{y})) = \mu(\lambda\widetilde{F})(\boldsymbol{x}) + (1-\mu)(\lambda\widetilde{F})(\boldsymbol{y})$ となる.

2.

(i) $\boldsymbol{x},\boldsymbol{y} \in X$, $\boldsymbol{x} \neq \boldsymbol{y}$ とし, $\lambda \in {]}0,1{[}$ とする. また, $I = I(\widetilde{F}_1(\boldsymbol{x})) = \cdots = I(\widetilde{F}_m(\boldsymbol{x})) = I(\widetilde{F}_1(\boldsymbol{y})) = \cdots = I(\widetilde{F}_m(\boldsymbol{y}))$ とする. このとき, $\widetilde{\boldsymbol{F}}(\lambda\boldsymbol{x} + (1-\lambda)\boldsymbol{y}) \prec \lambda\widetilde{\boldsymbol{F}}(\boldsymbol{x}) + (1-\lambda)\widetilde{\boldsymbol{F}}(\boldsymbol{y})$ であるので, 定理 8.26 (i), (ii) より, $(\widetilde{F}_1(\lambda\boldsymbol{x} + (1-\lambda)\boldsymbol{y}),\cdots,\widetilde{F}_m(\lambda\boldsymbol{x} + (1-\lambda)\boldsymbol{y})) \prec (\lambda\widetilde{F}_1(\boldsymbol{x}) + (1-\lambda)\widetilde{F}_1(\boldsymbol{y}),\cdots,\lambda\widetilde{F}_m(\boldsymbol{x}) + (1-\lambda)\widetilde{F}_m(\boldsymbol{y}))$ となる. 任意の $i \in \{1,2,\cdots,m\}$ に対して, 仮定より $I(\widetilde{F}_i(\lambda\boldsymbol{x}+(1-\lambda)\boldsymbol{y})) = I$ となり, 定理 8.1 および 8.7 (vi) より $I(\lambda\widetilde{F}_i(\boldsymbol{x}) + (1-\lambda)\widetilde{F}_i(\boldsymbol{y})) = \{\alpha \in {]}0,1{]} : \lambda[\widetilde{F}_i(\boldsymbol{x})]_\alpha +(1-\lambda)[\widetilde{F}_i(\boldsymbol{y})]_\alpha \neq \emptyset\} = I$ となるので, 定理 8.22 (iii) より $\widetilde{F}_i(\lambda\boldsymbol{x} + (1-\lambda)\boldsymbol{y}) \prec \lambda\widetilde{F}_i(\boldsymbol{x}) +(1-\lambda)\widetilde{F}_i(\boldsymbol{y})$ となる.

(ii) $\boldsymbol{x},\boldsymbol{y} \in X$, $\boldsymbol{x} \neq \boldsymbol{y}$ とし, $\lambda \in {]}0,1{[}$ とする. このとき, $\widetilde{F}_i(\lambda\boldsymbol{x} + (1-\lambda)\boldsymbol{y}) \prec \lambda\widetilde{F}_i(\boldsymbol{x}) + (1-\lambda)\widetilde{F}_i(\boldsymbol{y})$, $i = 1,2,\cdots,m$ であるので, 定理 8.22 (iv) および 8.26 (i), (ii) より, $\widetilde{\boldsymbol{F}}(\lambda\boldsymbol{x} + (1-\lambda)\boldsymbol{y}) = (\widetilde{F}_1(\lambda\boldsymbol{x} + (1-\lambda)\boldsymbol{y}),\cdots,\widetilde{F}_m(\lambda\boldsymbol{x} + (1-\lambda)\boldsymbol{y})) \prec (\lambda\widetilde{F}_1(\boldsymbol{x}) + (1-\lambda)\widetilde{F}_1(\boldsymbol{y}),\cdots,\lambda\widetilde{F}_m(\boldsymbol{x}) + (1-\lambda)\widetilde{F}_m(\boldsymbol{y})) = \lambda\widetilde{\boldsymbol{F}}(\boldsymbol{x}) + (1-\lambda)\widetilde{\boldsymbol{F}}(\boldsymbol{y})$ となる.

問題 9.1

1. 各 $x \in X$ および各 $\alpha \in {]}0,1{]}$ に対して, $[\widetilde{F}(x)]_\alpha = [\alpha+\cos x - 1, -\alpha+\cos x + 1] \times [\alpha+\sin x -1, -\alpha+\sin x + 1]$ となる. $\alpha \in {]}0,1{]}$ および $x_0 \in [\pi, \frac{3\pi}{2}]$, $x_1 \in [0,\frac{\pi}{2}]$, $x_2 \in [\frac{\pi}{2},\pi[$, $x_3 \in {]}\frac{3\pi}{2},2\pi[$ を任意に固定する. 任意の $x \in [0,2\pi] \setminus \{x_0\}$ に対して, $(\alpha+\cos x - 1, \alpha+\sin x - 1) = (\alpha-1,\alpha-1)+(\cos x,\sin x) \not\preceq (\alpha-1,\alpha-1)+(\cos x_0,\sin x_0) = (\alpha+\cos x_0 - 1, \alpha+\sin_0 x - 1)$ となる. よって, $[\widetilde{F}(x)]_\alpha \leq [\widetilde{F}(x_0)]_\alpha$ となる $x \in [0,2\pi] \setminus \{x_0\}$ は存在しない. したがって, $\widetilde{F}(x) \preceq \widetilde{F}(x_0)$ となる $x \in [0,2\pi] \setminus \{x_0\}$ は存在しないので, x_0 は問題 (P) の非劣解になる. $[\widetilde{F}(x_1 + \pi)]_\alpha \leq [\widetilde{F}(x_1)]_\alpha$, $[\widetilde{F}(x_1 + \pi)]_\alpha \not\geq [\widetilde{F}(x_1)]_\alpha$ となり, $\widetilde{F}(x_1 + \pi) \preceq \widetilde{F}(x_1)$, $\widetilde{F}(x_1 + \pi) \not\succeq \widetilde{F}(x_1)$ となるので, x_1 は問題 (P) の非劣解ではない. $[\widetilde{F}(2\pi - x_2)]_\alpha \leq [\widetilde{F}(x_2)]_\alpha$, $[\widetilde{F}(2\pi - x_2)]_\alpha \not\geq [\widetilde{F}(x_2)]_\alpha$ となり, $\widetilde{F}(2\pi - x_2) \preceq \widetilde{F}(x_2)$, $\widetilde{F}(2\pi - x_2) \not\succeq \widetilde{F}(x_2)$ となるので, x_2 は問題 (P) の非劣解ではない. $[\widetilde{F}(3\pi - x_3)]_\alpha \leq [\widetilde{F}(x_3)]_\alpha$, $[\widetilde{F}(3\pi - x_3)]_\alpha \not\geq [\widetilde{F}(x_3)]_\alpha$ となり, $\widetilde{F}(3\pi - x_3) \preceq \widetilde{F}(x_3)$, $\widetilde{F}(3\pi - x_3) \not\succeq \widetilde{F}(x_3)$ となるので, x_3 は問題 (P) の非劣解ではない.

2. $\boldsymbol{x}^* \in X$ が問題 (FOP) の弱非劣解ではないと仮定する. このとき, ある $\boldsymbol{x}_0 \in X$ が存在して $\widetilde{F}(\boldsymbol{x}_0) \prec \widetilde{F}(\boldsymbol{x}^*)$ となる. 定理 8.19 (iii) より $\langle \widetilde{F}(\boldsymbol{x}_0),\boldsymbol{d}\rangle \prec \langle \widetilde{F}(\boldsymbol{x}^*),\boldsymbol{d}\rangle$ となるので, $\boldsymbol{x}^*$ は問題 (P) の弱非劣解ではない.

383

問題 9.2

1.
(i) 例えば，$x \in [0,1]$ ならば $\widetilde{b}(x) = x$ とし，$x \in {]1,2]}$ ならば $\widetilde{b}(x) = -\frac{2}{3}x + \frac{5}{3}$ とし，$x \in {]2,4]}$ ならば $\widetilde{b}(x) = -\frac{1}{6}x + \frac{2}{3}$ とし，$x \in {]-\infty,0[} \cup {]4,\infty[}$ ならば $\widetilde{b}(x) = 0$ とする．このとき，$\{\widetilde{a}, \widetilde{b}\}$ は順序保存的になる．$\mathrm{cl}(\mathrm{supp}(\widetilde{a})) = [-3,3] < [0,4] = \mathrm{cl}(\mathrm{supp}(\widetilde{b}))$，$[\widetilde{a}]_1 = \{0\} < \{1\} = [\widetilde{b}]_1$ となるが $\widetilde{a} \nprec \widetilde{b}$ となるので，$\{\widetilde{a}, \widetilde{b}\}$ は狭義順序保存的にならない．

(ii) 例えば，$x \in [0,1]$ ならば $\widetilde{b}(x) = -\frac{1}{2}x + 1$ とし，$x \in {]1,3]}$ ならば $\widetilde{b}(x) = -\frac{1}{4}x + \frac{3}{4}$ とし，$x \in {]-\infty,0[} \cup {]3,\infty[}$ ならば $\widetilde{b}(x) = 0$ とする．このとき，$\{\widetilde{a}, \widetilde{b}\}$ は狭義順序保存的になる．$\mathrm{cl}(\mathrm{supp}(\widetilde{a})) = [-3,3] \leq [0,3] = \mathrm{cl}(\mathrm{supp}(\widetilde{b}))$，$[\widetilde{a}]_1 = \{0\} \leq \{0\} = [\widetilde{b}]_1$ となるが $\widetilde{a} \npreceq \widetilde{b}$ となるので，$\{\widetilde{a}, \widetilde{b}\}$ は順序保存的にならない．

2. 各 $\widetilde{a}_{(\mu,\beta)} \in \mathcal{E}$ および各 $\alpha \in {]0,1]}$ に対して，$[\widetilde{a}_{(\mu,\beta)}]_\alpha = [\beta\alpha + \mu - \beta, -\beta\alpha + \mu + \beta]$ となる．$\widetilde{a}_{(\mu,\beta)}, \widetilde{a}_{(\nu,\gamma)} \in \mathcal{E}$ を任意に固定する．まず，$\mathrm{cl}(\mathrm{supp}(\widetilde{a}_{(\mu,\beta)})) = [\mu - \beta, \mu + \beta] \leq [\nu - \gamma, \nu + \gamma] = \mathrm{cl}(\mathrm{supp}(\widetilde{a}_{(\nu,\gamma)}))$，$[\widetilde{a}_{(\mu,\beta)}]_1 = \{\mu\} \leq \{\nu\} = [\widetilde{a}_{(\nu,\gamma)}]_1$ と仮定し，$\widetilde{a}_{(\mu,\beta)} \preceq \widetilde{a}_{(\nu,\gamma)}$ となることを示す．このとき，$\mu - \beta \leq \nu - \gamma$，$\mu + \beta \leq \nu + \gamma$，$\mu \leq \nu$ であるので，任意の $\alpha \in {]0,1]}$ に対して，$\beta\alpha + \mu - \beta \leq \gamma\alpha + \nu - \gamma$，$-\beta\alpha + \mu + \beta \leq -\gamma\alpha + \nu + \gamma$ となり，$[\widetilde{a}_{(\mu,\beta)}]_\alpha = [\beta\alpha + \mu - \beta, -\beta\alpha + \mu + \beta] \leq [\gamma\alpha + \nu - \gamma, -\gamma\alpha + \nu + \gamma] = [\widetilde{a}_{(\nu,\gamma)}]_\alpha$ となる．よって，$\widetilde{a}_{(\mu,\beta)} \preceq \widetilde{a}_{(\nu,\gamma)}$ となる．次に，$\mathrm{cl}(\mathrm{supp}(\widetilde{a}_{(\mu,\beta)})) = [\mu - \beta, \mu + \beta] < [\nu - \gamma, \nu + \gamma] = \mathrm{cl}(\mathrm{supp}(\widetilde{a}_{(\nu,\gamma)}))$，$[\widetilde{a}_{(\mu,\beta)}]_1 = \{\mu\} < \{\nu\} = [\widetilde{a}_{(\nu,\gamma)}]_1$ と仮定し，$\widetilde{a}_{(\mu,\beta)} \prec \widetilde{a}_{(\nu,\gamma)}$ となることを示す．このとき，$\mu - \beta < \nu - \gamma$，$\mu + \beta < \nu + \gamma$，$\mu < \nu$ であるので，任意の $\alpha \in {]0,1]}$ に対して，$\beta\alpha + \mu - \beta < \gamma\alpha + \nu - \gamma$，$-\beta\alpha + \mu + \beta < -\gamma\alpha + \nu + \gamma$ となり，$[\widetilde{a}_{(\mu,\beta)}]_\alpha = [\beta\alpha + \mu - \beta, -\beta\alpha + \mu + \beta] < [\gamma\alpha + \nu - \gamma, -\gamma\alpha + \nu + \gamma] = [\widetilde{a}_{(\nu,\gamma)}]_\alpha$ となる．よって，$\widetilde{a}_{(\mu,\beta)} \prec \widetilde{a}_{(\nu,\gamma)}$ となる．

問題 9.3

1. 定理 6.2 (iv), (v) より，$A_1 = \emptyset$, $A_2 = \emptyset$, $B_1 = \emptyset$ または $B_2 = \emptyset$ のいずれかならば，任意の $\alpha \in [0,1]$ に対して $F(\alpha) = \emptyset < \emptyset = G(\alpha)$ となる．よって，$A_i \neq \emptyset$, $B_i \neq \emptyset$, $i = 1,2$ とし，$\alpha \in [0,1]$ を任意に固定する．$F(0) < G(0)$, $F(1) < G(1)$ であるので

$$B_1 + B_2 \subset A_1 + A_2 + \mathrm{int}(\mathbb{R}_+^n), \quad A_1 + A_2 \subset B_1 + B_2 + \mathrm{int}(\mathbb{R}_-^n) \tag{2}$$

$$B_2 \subset A_2 + \mathrm{int}(\mathbb{R}_+^n), \quad A_2 \subset B_2 + \mathrm{int}(\mathbb{R}_-^n) \tag{3}$$

となる．

まず，$r(\alpha)B_1 + B_2 \subset r(\alpha)A_1 + A_2 + \mathrm{int}(\mathbb{R}_+^n)$ となることを示す．$\boldsymbol{x} \in r(\alpha)B_1 + B_2$ とする．このとき，ある $\boldsymbol{b}_i \in B_i$, $i = 1,2$ が存在して $\boldsymbol{x} = r(\alpha)\boldsymbol{b}_1 + \boldsymbol{b}_2$ となる．(2) より，ある $\boldsymbol{a}_i \in A_i$, $i = 1,2$ およびある $\boldsymbol{d}_1 \in \mathrm{int}(\mathbb{R}_+^n)$ が存在して $\boldsymbol{b}_1 + \boldsymbol{b}_2 = \boldsymbol{a}_1 + \boldsymbol{a}_2 + \boldsymbol{d}_1$ となる．(3) より，ある $\boldsymbol{a}_2' \in A_2$ およびある $\boldsymbol{d}_2 \in \mathrm{int}(\mathbb{R}_+^n)$ が存在して $\boldsymbol{b}_2 = \boldsymbol{a}_2' + \boldsymbol{d}_2$ となる．よって，$\boldsymbol{x} = r(\alpha)\boldsymbol{b}_1 + \boldsymbol{b}_2 = r(\alpha)(\boldsymbol{b}_1 + \boldsymbol{b}_2) + (1 - r(\alpha))\boldsymbol{b}_2 = r(\alpha)(\boldsymbol{a}_1 + \boldsymbol{a}_2 + \boldsymbol{d}_1) + (1 - r(\alpha))(\boldsymbol{a}_2' + \boldsymbol{d}_2) = r(\alpha)\boldsymbol{a}_1 + (r(\alpha)\boldsymbol{a}_2 + (1 - r(\alpha))\boldsymbol{a}_2') + (r(\alpha)\boldsymbol{d}_1 + (1 - r(\alpha))\boldsymbol{d}_2) \in r(\alpha)A_1 + A_2 + \mathrm{int}(\mathbb{R}_+^n)$ となる．

次に，$r(\alpha)A_1 + A_2 \subset r(\alpha)B_1 + B_2 + \mathrm{int}(\mathbb{R}^n_-)$ となることを示す．$\boldsymbol{x} \in r(\alpha)A_1 + A_2$ とする．このとき，ある $\boldsymbol{a}_i \in A_i$, $i = 1,2$ が存在して $\boldsymbol{x} = r(\alpha)\boldsymbol{a}_1 + \boldsymbol{a}_2$ となる．(2) より，ある $\boldsymbol{b}_i \in B_i$, $i = 1,2$ およびある $\boldsymbol{d}_1 \in \mathrm{int}(\mathbb{R}^n_-)$ が存在して $\boldsymbol{a}_1 + \boldsymbol{a}_2 = \boldsymbol{b}_1 + \boldsymbol{b}_2 + \boldsymbol{d}_1$ となる．(3) より，ある $\boldsymbol{b}'_2 \in B_2$ およびある $\boldsymbol{d}_2 \in \mathrm{int}(\mathbb{R}^n_-)$ が存在して $\boldsymbol{a}_2 = \boldsymbol{b}'_2 + \boldsymbol{d}_2$ となる．よって，$\boldsymbol{x} = r(\alpha)\boldsymbol{a}_1 + \boldsymbol{a}_2 = r(\alpha)(\boldsymbol{a}_1 + \boldsymbol{a}_2) + (1 - r(\alpha))\boldsymbol{a}_2 = r(\alpha)(\boldsymbol{b}_1 + \boldsymbol{b}_2 + \boldsymbol{d}_1) + (1 - r(\alpha))(\boldsymbol{b}'_2 + \boldsymbol{d}_2) = r(\alpha)\boldsymbol{b}_1 + (r(\alpha)\boldsymbol{b}_2 + (1 - r(\alpha))\boldsymbol{b}'_2) + (r(\alpha)\boldsymbol{d}_1 + (1 - r(\alpha))\boldsymbol{d}_2) \in r(\alpha)B_1 + B_2 + \mathrm{int}(\mathbb{R}^n_-)$ となる．

2. $A = [-\beta, \beta]$, $B = \{\mu\}$ とし，各 $\alpha \in [0,1]$ に対して $r(\alpha) = -\alpha + 1$ とする．このとき，各 $\alpha \in \,]0,1]$ に対して $r(\alpha)A + B = [\beta\alpha + \mu - \beta, -\beta\alpha + \mu + \beta] = [\widetilde{a}]_\alpha$ となる．よって，定理 7.1 より，$\widetilde{a} = M\left(\{r(\alpha)A + B\}_{\alpha \in \,]0,1]}\right)$ となる．

参考文献

[1] M. S. Bazaraa, J. J. Goode and M. Z. Nashed, On the cones of tangents with applications to mathematical programming, Journal of Optimization Theory and Applications, Vol.13, 1974, pp.11–19.

[2] R. E. Bellman and L. A. Zadeh, Decision-making in a fuzzy environment, Management Science, Vol.17, 1970, pp.141–164.

[3] G. Bortolan and R. A. Degani, A review of some methods for ranking fuzzy subsets, Fuzzy Sets and Systems, Vol.15, 1985, pp.1–19.

[4] D. Dubois, W. Ostasiewicz and H. Prade, Fuzzy sets: history and basic notions, in *Fundamentals of Fuzzy Sets* (D. Dubois and H. Prade, Eds.) (Kluwer Academic Publishers, Boston, MA, 2000), pp.21–124.

[5] D. Dubois and H. Prade, Ranking fuzzy numbers in the setting of possibility theory, Information Sciences, Vol.30, 1983, pp.183–224.

[6] M. Ehrgott, *Multicriteria optimization*, (Springer, 2005).

[7] M. Florenzano and C. L. Van, *Finite Dimensional Convexity and Optimization*, (Springer-Verlag, Berlin, 2001).

[8] N. Furukawa, Convexity and local Lipschitz continuity of fuzzy-valued mappings, Fuzzy Sets and Systems, Vol.93, 1998, pp.113–119.

[9] 古川長太, ファジィ最適化の数理, （森北出版, 1999）.

[10] J. R. Giles, *Introduction to the Analysis of Normed Linear Spaces*, (Cambridge, 2000).

[11] R. Horst and N. V. Thoai, DC programming : overview, Journal of Optimization Theory and Applications, Vol.103, 1999, pp.1–43.

[12] H. Juel and R. Love, The facility location problem for hyper-rectilinear distances, IIE Transactions, Vol.17, 1985, pp.94–98.

[13] M. Kon, Operation and ordering of fuzzy sets, and fuzzy set-valued convex mappings, Journal of Fuzzy Set Valued Analysis, Vol.2014, Article ID

jfsva-00202 (URL: http://ispacs.com/journals/jfsva/2014/jfsva-00202/) (DOI: 10.5899/2014/jfsva-00202), 2014.

[14] M. Kon, A note on Zadeh's extension principle, Applied and Computational Mathematics, Vol.4, No.1-2, 2015, pp.10–14.

[15] M. Kon, Fuzzy inner product and fuzzy product space, Annals of Fuzzy Mathematics and Informatics, Vol.9, No.5, 2015, pp.753–769.

[16] M. Kon, Characterization of closed and robust fuzzy sets based on continuity of set-valued mappings, Journal of Fuzzy Set Valued Analysis, Vol.2015, Article ID jfsva-00253 (URL: http://ispacs.com/journals/jfsva/2015/jfsva-00253/) (DOI: 10.5899/2015/jfsva-00253), 2015.

[17] M. Kon, Order preserving property for fuzzy vectors, Scientiae Mathematicae Japonicae, Vol.80, 2017, pp.85–92.

[18] M. Kon, Fuzzy distance and fuzzy norm, Journal of the Operations Research Society of Japan, Vol.60, 2017, pp.66–77.

[19] M. Kon and H. Kuwano, On sequences of fuzzy sets and fuzzy set-valued mappings, Fixed Point Theory and Applications 2013:327 (URL: http://www.fixedpointtheoryandapplications.com/content/2013/1/327) (DOI: 10.1186/10.1186/1687-1812-2013-327), 2013.

[20] M. Kurano , M. Yasuda, J. Nakagami and Y. Yoshida, Markov-type fuzzy decision processes with a discounted reward on a closed interval, European Journal of Operational Research, Vol.92, 1996, pp.649–662.

[21] M. Kurano , M. Yasuda, J. Nakagami and Y. Yoshida, Ordering of convex fuzzy sets—a brief survey and new results, Journal of the Operations Research Society of Japan, Vol.43, 2000, pp.138–148.

[22] D. Kuroiwa, T. Tanaka and T. X. D. Ha, On cone convexity of set-valued maps, Nonlinear Analysis, Theory, Methods & Applications, Vol.30, 1997, pp.1487–1496.

[23] 久志本茂, 最適化問題の基礎 , （森北出版, 1979）.

[24] 前田隆, 多目的意思決定と経済分析 , （牧野書店, 1996）.

[25] T. Maeda, On characterization of fuzzy vectors and its applications to fuzzy mathematical programming problems, Fuzzy Sets and Systems, Vol.159, 2008, pp.3333–3346.

[26] 松坂和夫, 集合・位相入門 , （岩波書店, 1968）.

[27] C. V. Negoita and D. A. Ralescu, Representation theorems for fuzzy concepts, Kybernetes, Vol.4, 1975, pp.169–174.

[28] H. T. Nguyen, A note on the extension principle for fuzzy sets, Journal of Mathematical Analysis and Applications, Vol.64, 1978, pp.369–380.

[29] J. Ramík and J. Římánek, Inequality relation between fuzzy numbers and its use in fuzzy optimization, Fuzzy Sets and Systems, Vol.16, 1985, pp.123–138.

[30] R. T. Rockafellar, *Convex analysis*, (Princeton University Press, Princeton, N. J., 1970).

[31] R. T. Rockafellar and R. J.-B. Wets, *Variational analysis*, (Springer-Verlag, New York, 1998).

[32] 坂和正敏, ファジィ理論の基礎と応用, （森北出版, 1989）.

[33] 田中謙輔, 凸解析と最適化理論, （牧野書店, 1994）.

[34] 谷野哲三, 集合値写像の理論と応用–第 1 回 集合値写像の基本的性質–, 日本ファジィ学会誌, Vol.13, 2001, pp.11–19.

[35] 谷野哲三, 集合値写像の理論と応用–第 2 回 集合値写像の微分と最適化への応用–, 日本ファジィ学会誌, Vol.13, 2001, pp.146–154.

[36] 谷野哲三, 集合値写像の理論と応用–第 3 回 集合値写像の動的システムやゲーム理論などへの応用–, 日本ファジィ学会誌, Vol.13, 2001, pp.234–242.

[37] Y. Yoshida, A time-average fuzzy reward criterion in fuzzy decision processes, Information Sciences, Vol.110, 1998, pp.103–112.

[38] Y. Yoshida, M. Yasuda, J. Nakagami and M. Kurano, A limit theorem in dynamic fuzzy systems with a monotone property, Fuzzy Sets and Systems, Vol.94, 1998, pp.109–119.

[39] L. A. Zadeh, Fuzzy sets, Information and Control, Vol.8, 1965, pp.338–353.

定理の索引

定理 1.1 3
定理 1.2 4
定理 1.3 8
定理 1.4 10
定理 1.5 11
定理 1.6 11
定理 1.7 17
定理 1.8（Zorn の補題）. 21
定理 1.9 23
定理 1.10（Bernstein の定理）. 24
定理 1.11 26
定理 1.12 27
定理 1.13 27
定理 1.14 27

定理 2.1（Schwarz の不等式）. 33
定理 2.2 34
定理 2.3 35
定理 2.4 39
定理 2.5 39
定理 2.6 39
定理 2.7 39
定理 2.8 40

定理 3.1 43
定理 3.2 43
定理 3.3 45
定理 3.4 45
定理 3.5 46
定理 3.6 46
定理 3.7 47
定理 3.8 52
定理 3.9 52
定理 3.10 53
定理 3.11（Bolzano-Weierstrass の定理）. 55
定理 3.12 59
定理 3.13 61
定理 3.14 63
定理 3.15 64
定理 3.16 64
定理 3.17 65
定理 3.18 66
定理 3.19 69
定理 3.20 69
定理 3.21 70

定理 4.1 73

定理 4.2 73
定理 4.3 77
定理 4.4 77
定理 4.5 78
定理 4.6 80
定理 4.7 80
定理 4.8 85
定理 4.9 87
定理 4.10 87
定理 4.11 88
定理 4.12 91
定理 4.13 91
定理 4.14 91
定理 4.15 93
定理 4.16 94
定理 4.17 95
定理 4.18 95

定理 5.1 100
定理 5.2 100
定理 5.3 101
定理 5.4 102
定理 5.5 104
定理 5.6 105
定理 5.7 110
定理 5.8 116
定理 5.9 118
定理 5.10 119
定理 5.11（分離定理）. 119
定理 5.12（強い分離定理）. 120
定理 5.13 124
定理 5.14 124
定理 5.15 125
定理 5.16 127
定理 5.17 129
定理 5.18 130
定理 5.19 131
定理 5.20 132
定理 5.21 134
定理 5.22 134
定理 5.23 135
定理 5.24 137
定理 5.25 138
定理 5.26（Jensen の不等式）. 140
定理 5.27 141
定理 5.28 142
定理 5.29 143

定理 5.30 143

定理 6.1 145
定理 6.2 147
定理 6.3 147
定理 6.4 148
定理 6.5 149
定理 6.6 151
定理 6.7 152
定理 6.8 155
定理 6.9 156
定理 6.10 157
定理 6.11 158
定理 6.12 161
定理 6.13 162
定理 6.14 163
定理 6.15 163
定理 6.16 166
定理 6.17 167
定理 6.18 168
定理 6.19 169
定理 6.20 170
定理 6.21 170
定理 6.22 171
定理 6.23 171
定理 6.24 172
定理 6.25 176
定理 6.26 176
定理 6.27 177
定理 6.28 178
定理 6.29 178
定理 6.30 179
定理 6.31 179
定理 6.32 180
定理 6.33 182
定理 6.34 186
定理 6.35 187
定理 6.36 188
定理 6.37 189
定理 6.38 193
定理 6.39 195
定理 6.40 195
定理 6.41 196

定理 7.1（分解定理）.........................203
定理 7.2 209
定理 7.3 209
定理 7.4 210
定理 7.5 210
定理 7.6 211
定理 7.7 215
定理 7.8 215
定理 7.9 216
定理 7.10 217
定理 7.11 217
定理 7.12 218
定理 7.13 220
定理 7.14 222

定理 7.15 223
定理 7.16 223
定理 7.17 223
定理 7.18 224

定理 8.1 225
定理 8.2 226
定理 8.3 226
定理 8.4 229
定理 8.5 230
定理 8.6 232
定理 8.7 232
定理 8.8 236
定理 8.9 236
定理 8.10 237
定理 8.11 237
定理 8.12 237
定理 8.13 238
定理 8.14 240
定理 8.15 240
定理 8.16 241
定理 8.17 242
定理 8.18 242
定理 8.19 244
定理 8.20 246
定理 8.21 246
定理 8.22 247
定理 8.23 248
定理 8.24 249
定理 8.25 249
定理 8.26 249
定理 8.27 251
定理 8.28 251
定理 8.29 253
定理 8.30 254
定理 8.31 255
定理 8.32 256
定理 8.33 257
定理 8.34 257
定理 8.35 257
定理 8.36 259
定理 8.37 262
定理 8.38 262
定理 8.39 263
定理 8.40 265
定理 8.41 265
定理 8.42 269
定理 8.43 269
定理 8.44 270
定理 8.45 270
定理 8.46 271
定理 8.47 271
定理 8.48 272
定理 8.49 273
定理 8.50 273
定理 8.51 276
定理 8.52 281
定理 8.53 282

定理 8.54...................................282
定理 8.55...................................282
定理 8.56...................................284
定理 8.57...................................284
定理 8.58...................................285
定理 8.59...................................285
定理 8.60...................................286
定理 8.61...................................286
定理 8.62...................................287
定理 8.63...................................291
定理 8.64...................................297
定理 8.65...................................297
定理 8.66...................................298
定理 8.67...................................299
定理 8.68...................................300
定理 8.69...................................300
定理 8.70...................................308
定理 8.71...................................308
定理 8.72...................................310
定理 8.73...................................310
定理 8.74...................................311

定理 9.1....................................323
定理 9.2....................................323
定理 9.3....................................324
定理 9.4....................................326
定理 9.5....................................327
定理 9.6....................................327
定理 9.7....................................328
定理 9.8....................................332
定理 9.9....................................332
定理 9.10...................................333
定理 9.11...................................333
定理 9.12...................................338
定理 9.13...................................343

系の索引

系 5.1. 112

系 9.1. 339

補題の索引

補題 5.1. 105
補題 5.2. 108
補題 5.3. 138

補題 7.1. 219

補題 9.1. 335
補題 9.2. 336
補題 9.3. 336
補題 9.4. 337
補題 9.5. 338
補題 9.6. 341
補題 9.7. 341
補題 9.8. 342

定義の索引

定義 1.1（同値関係）........................15
定義 1.2（分割）............................16
定義 1.3（順序関係）........................19

定義 6.1（集合の順序）......................146
定義 6.2（$\mathbb{R}^n_+$-コンパクト集合と $\mathbb{R}^n_-$-コンパクト集合）.......................149
定義 6.3（集合の内積）......................155
定義 6.4（集合のノルムと距離）.............161
定義 6.5（集合列の極限）....................165
定義 6.6（集合値写像の極限）................174
定義 6.7（集合値写像の連続性）.............177
定義 6.8（集合値写像の右極限と左極限）......184
定義 6.9（集合値写像の右連続性と左連続性）..185
定義 6.10（コンティンジェント導写像）......192
定義 6.11（集合値凸写像）...................193

定義 7.1（ファジィ集合）....................201
定義 7.2（拡張原理）........................213
定義 7.3（ファジィ直積集合）................213
定義 7.4（拡張原理（直積空間））............215
定義 7.5（ファジィ集合の二項演算）.........217

定義 8.1（ファジィ集合の加法・減法・スカラー倍）...225
定義 8.2（ファジィ集合の順序）.............235
定義 8.3（ファジィ内積）....................240
定義 8.4（ファジィノルムとファジィ距離）....253
定義 8.5（ファジィ集合の閉包・凸包・閉凸包）261
定義 8.6（ファジィ集合列の極限）............267
定義 8.7（ファジィ集合値写像の極限）........279
定義 8.8（ファジィ集合値写像の連続性）......282
定義 8.9（ファジィ接錐・ファジィコンティンジェント錐）.................................294
定義 8.10（ファジィグラフ）.................297
定義 8.11（ファジィコンティンジェント導写像）299
定義 8.12（ファジィ集合値凸写像）...........307

定義 9.1（ファジィ集合最適化問題の解）......315
定義 9.2（集合最適化問題の解）.............324
定義 9.3（順序保存性）.....................329
定義 9.4（狭義順序保存性）.................329

例の索引

例 1.1（集合）. 1
例 1.2（像と逆像）. 8
例 1.3（同値関係）. 15
例 1.4（分割）. 17
例 1.5（商集合）. 19
例 1.6（順序関係）. 20
例 1.7（定理 1.8（Zorn の補題））. 21
例 1.8（対等）. 23
例 1.9（定理 1.10（Bernstein の定理））. 26

例 3.1（上限と下限）. 44
例 3.2（数列の極限）. 51
例 3.3（数列の上極限と下極限）. 58
例 3.4（点列の極限）. 63
例 3.5（定理 3.18）. 67

例 4.1（関数の極限）. 72
例 4.2（関数の連続性）. 76
例 4.3（関数の右極限と左極限）. 84
例 4.4（関数の右連続性と左連続性）. 86
例 4.5（関数の右（左）上極限と右（左）下極限）90

例 5.1（凸集合）. 99
例 5.2（凸包と閉凸包）. 102
例 5.3（凸関数と凹関数）. 123
例 5.4（準凸関数と準凹関数）. 126
例 5.5（接錐）. 135
例 5.6（局所リプシッツ条件）. 137

例 6.1（定理 6.1）. 146
例 6.2（定理 6.2）. 147
例 6.3（定理 6.4）. 148
例 6.4（定理 6.8）. 155
例 6.5（定理 6.14）. 163
例 6.6（集合列の上極限と下極限）. 166
例 6.7（定理 6.21）. 170
例 6.8（集合値写像の上極限と下極限）. 175
例 6.9（集合値写像の上半連続性と下半連続性）177
例 6.10（集合値写像の右極限と左極限）. 185
例 6.11（集合値写像の右（左）上半連続性と右（左）
下半連続性）. 186
例 6.12（コンティンジェント導写像）. 192
例 6.13（集合値凸写像）. 194

例 7.1（c によって特徴づけられる集合）. 199
例 7.2（ファジィ集合）. 200

例 7.3（$\widetilde{a} \in \mathcal{F}(X)$ の α-レベル集合, 台, 高さおよび
$I(\widetilde{a})$）. 202
例 7.4（ファジィ集合の生成元）. 204
例 7.5（ファジィ直積集合）. 213

例 8.1（ファジィ集合の加法・減法・スカラー倍）227
例 8.2（定理 8.5）. 231
例 8.3（定理 8.7）. 233
例 8.4（ファジィ集合の順序）. 235
例 8.5（定理 8.8）. 236
例 8.6（ファジィ内積）. 241
例 8.7（定理 8.18）. 243
例 8.8（定理 8.22）. 248
例 8.9（定理 8.26）. 251
例 8.10（ファジィノルム）. 253
例 8.11（ファジィ距離）. 256
例 8.12（定理 8.36）. 260
例 8.13（ファジィ集合の閉包）. 263
例 8.14（ファジィ集合の凸包）. 264
例 8.15（ファジィ集合列の極限）. 268
例 8.16（定理）. 273
例 8.17（ファジィ集合値写像の極限）. 280
例 8.18（ファジィ集合値写像の上半連続性と下半連
続性）. 283
例 8.19（ファジィ接錐・ファジィコンティンジェン
ト錐）. 294
例 8.20（ファジィグラフ）. 298
例 8.21（ファジィコンティンジェント導写像）. 301
例 8.22（ファジィコンティンジェント導写像）. 302
例 8.23（ファジィコンティンジェント導写像）. 304
例 8.24（ファジィ集合値凸写像）. 309

例 9.1（ファジィ集合最適化問題）. 316
例 9.2（ファジィ集合最適化問題）. 318
例 9.3（ファジィ集合最適化問題）. 321
例 9.4（集合最適化問題）. 325
例 9.5（集合最適化問題）. 325
例 9.6（集合最適化問題）. 326
例 9.7（順序保存性）. 329
例 9.8（順序保存性）. 340

図の索引

図 1.1（和集合・共通集合・差集合・補集合）....3
図 1.2（直積 $A \times B$）..................6
図 1.3（像と逆像）（例 1.2）............8
図 1.4（グラフ $\mathrm{Graph}(f)$）..........10
図 1.5（合成写像 $g \circ f$）..............11
図 1.6（関係 R）..................15
図 1.7（X の分割 $\mathbb{P} = \{A_1, A_2, A_3, A_4, A_5\}$）.16
図 1.8（順序関係の例）................21
図 1.9（$f : X \to Y'$（全単射）と $g : Y \to X'$（全
      単射））（定理 1.10（Bernstein の定理））24

図 2.1（ベクトルの和 $\boldsymbol{x} + \boldsymbol{y}$ と差 $\boldsymbol{x} - \boldsymbol{y}$）....30
図 2.2（2 つのベクトルの凸結合）............31
図 2.3（集合の和 $A + B$ と差 $A - B$）........31
図 2.4（内点・触点・境界点・集積点および内部・閉
      包・境界・導集合）................38

図 3.1（$\alpha = \sup A$（U : A の上界全体），
      $\beta = \inf A$（L : A の下界全体））.....43
図 3.2（$\sup A = 1$, $\inf A = 0$）（例 3.1）......44
図 3.3（$\sup B = \infty$, $\inf B = 1$）（例 3.1）.....44
図 3.4（$\lim_{k \to \infty} x_k = \alpha$）..................50
図 3.5（$\lim_{k \to \infty} x_k = \infty$ と $\lim_{k \to \infty} x_k = -\infty$）
     51
図 3.6（$J \to J_1 \to J_2 \to J_3 \to J_4 \to \cdots$）（定理
      3.11（Bolzano-Weierstrass の定理））.56
図 3.7（$\lim_{k \to \infty} \boldsymbol{x}_k = \boldsymbol{x}_0$）..................63

図 4.1（$\lim_{x \to x_0} f(x) = \alpha$）..............71
図 4.2（$\lim_{x \to x_0} f(x) = \infty$ と
      $\lim_{x \to x_0} f(x) = -\infty$）..........72
図 4.3（f が x_0 において連続）..........75
図 4.4（f が x_0 において上半連続と下半連続）.76
図 4.5（$\mathbb{U}(f; \alpha)$ と $\mathbb{L}(f; \alpha)$）..............80
図 4.6（$\lim_{x \to x_0+} f(x) = \alpha$,
      $\lim_{x \to x_0-} f(x) = \beta$）............84
図 4.7（f が x_0 において右連続と左連続）....86
図 4.8（エピグラフとハイポグラフ）..........95

図 5.1（凸集合と非凸集合）..................99
図 5.2（凸包と閉凸包）..................102
図 5.3（$\overline{\mathbb{B}}_r^{(2)}(\boldsymbol{x}; \alpha)$（$\alpha > 0$, $\boldsymbol{x} \in \mathbb{R}^2$））......105
図 5.4（$\mathrm{co}(\{\boldsymbol{x}_{(1,1)}^{(2)}, \boldsymbol{x}_{(1,2)}^{(2)}, \boldsymbol{x}_{(2,1)}^{(2)}, \boldsymbol{x}_{(2,2)}^{(2)}\}) =$
      $\overline{\mathbb{B}}_r^{(2)}(\boldsymbol{0}; \alpha)$）（補題 5.1）......106
図 5.5（$\overline{\mathbb{B}}_r^{(2)}(\boldsymbol{0}; \alpha) \subset \mathrm{co}(\{\boldsymbol{y}_{(1,1)}^{(2)}, \boldsymbol{y}_{(1,2)}^{(2)}, \boldsymbol{y}_{(2,1)}^{(2)},$
      $\boldsymbol{y}_{(2,2)}^{(2)}\})$）（補題 5.2）................108

図 5.6（定理 5.7 の証明の図解）（定理 5.7）...112
図 5.7（超平面 $H = \{\boldsymbol{x} \in \mathbb{R}^n : \langle \boldsymbol{a}, \boldsymbol{x} \rangle = b\}$）.114
図 5.8（閉半空間と開半空間）............115
図 5.9（A と B の分離超平面 H）......115
図 5.10（$\boldsymbol{x}_0$ での A の支持超平面 H）......116
図 5.11（凸関数と狭義凸関数）............122
図 5.12（凹関数と狭義凹関数）............123
図 5.13（準凸関数と準凹関数）............126
図 5.14（錐）......................129
図 5.15（接錐）....................132
図 5.16（接錐（$\alpha = 0.5$））（例 5.5）......135
図 5.17（エピグラフと方向微分）（定理 5.25）.139
図 5.18（ハイポグラフと方向微分）（定理 5.25）139

図 6.1（集合の順序）..................146
図 6.2（定理 6.5 の証明の図解）（定理 6.5）...150
図 6.3（$\limsup_{k \to \infty} A_k$ と $\liminf_{k \to \infty} A_k$）（例
      6.6）............................166
図 6.4（$F : X \rightsquigarrow \mathbb{R}$ のグラフ（$X \subset \mathbb{R}$））...174
図 6.5（$F, G : \mathbb{R} \rightsquigarrow \mathbb{R}$）（例 6.8）..........175
図 6.6（コンティンジェント導写像（$F : \mathbb{R} \rightsquigarrow \mathbb{R}$））
     192
図 6.7（コンティンジェント導写像（$\alpha = 0.5$））（例
      6.12）............................193
図 6.8（集合値凸写像と集合値狭義凸写像）....194

図 7.1（$c : \mathbb{R} \to \{0, 1\}$）（例 7.1）............200
図 7.2（$\mu : \mathbb{R} \to [0, 1]$）（例 7.2）............201
図 7.3（$\widetilde{a} \in \mathcal{F}(X)$ の α-レベル集合, 台, 高さおよび
      $I(\widetilde{a})$）........................202
図 7.4（$\widetilde{a}(x) = \max\{-|x| + \frac{1}{2}, 0\}$）（例 7.3）.203
図 7.5（$\widetilde{a} = \sup_{\alpha \in]0,1]} \alpha c_{[\widetilde{a}]_\alpha}$）............203
図 7.6（$M_{\mathbb{R}}(\{S_\alpha\}_{\alpha \in]0,1]})$）（例 7.4）......205
図 7.7（閉ファジィ集合（上半連続関数））......206
図 7.8（凸ファジィ集合（準凹関数））......206
図 7.9（コンパクトファジィ集合）......206
図 7.10（頑健的ファジィ集合）............207
図 7.11（ファジィ錐）..................207
図 7.12（ファジィハイポグラフ）............207
図 7.13（ファジィ直積集合）（例 7.5）......214
図 7.14（ファジィ集合と集合値写像の関係）...224

図 8.1（$\widetilde{a}, \widetilde{b} \in \mathcal{F}(\mathbb{R}^2)$）（例 8.1）............227
図 8.2（$\widetilde{a}, \widetilde{b} \in \mathcal{F}(\mathbb{R}^2)$ と $\widetilde{a} + \widetilde{b} \in \mathcal{F}(\mathbb{R}^2)$）（例 8.1）
     228
図 8.3（$\widetilde{a}, \widetilde{b} \in \mathcal{F}(\mathbb{R}^2)$ と $\widetilde{a} - \widetilde{b} \in \mathcal{F}(\mathbb{R}^2)$）（例 8.1）
     228

図 8.4 ($\widetilde{a} \in \mathcal{F}(\mathbb{R}^2)$ と $2\widetilde{a} \in \mathcal{F}(\mathbb{R}^2)$)(例 8.1). 229
図 8.5 ($\widetilde{a}, \widetilde{b}, \widetilde{c} \in \mathcal{F}(\mathbb{R}^2)$)(例 8.4)........... 235
図 8.6 (ファジィ内積)(例 8.6)............ 241
図 8.7 (ファジィノルム)(例 8.10).......... 254
図 8.8 (ファジィ距離 $d(\widetilde{a}, \widetilde{b})$)(例 8.11)..... 257
図 8.9 (ファジィ集合の閉包, 凸包および閉凸包) 261
図 8.10 ($\widetilde{a} \in \mathcal{F}(\mathbb{R})$ と $\mathrm{cl}(\widetilde{a}) \in \mathcal{F}(\mathbb{R})$)(例 8.13)
....263
図 8.11 ($\widetilde{a} \in \mathcal{F}(\mathbb{R})$ と $\mathrm{co}(\widetilde{a}) \in \mathcal{F}(\mathbb{R})$)(例 8.14)
....264
図 8.12 ($\widetilde{a}, \widetilde{b} \in \mathcal{F}(\mathbb{R})$)(例 8.15)........... 268
図 8.13 ($\widetilde{a} \in \mathcal{F}(\mathbb{R}^2)$)(例 8.19)........... 295
図 8.14 ($[\widetilde{a}]_\alpha$ と $\mathbb{T}([\widetilde{a}]_\alpha ; \boldsymbol{x}_0)$)(例 8.19)..... 296
図 8.15 ($\widetilde{T}(\widetilde{a}; \boldsymbol{x}_0)$)(例 8.19).............. 296
図 8.16 (例 8.21 の $[\mathrm{Graph}(\widetilde{F})]_\alpha$ と
$\mathbb{T}([\mathrm{Graph}(\widetilde{F})]_\alpha ; (x_0, y_0))$)(例 8.21) 302
図 8.17 (例 8.22 の $[\mathrm{Graph}(\widetilde{F})]_\alpha$ と
$\mathbb{T}([\mathrm{Graph}(\widetilde{F})]_\alpha ; (x_0, y_0))$)(例 8.22) 303
図 8.18 (例 8.23 の $[\mathrm{Graph}(\widetilde{F})]_\alpha$ と
$\mathbb{T}([\mathrm{Graph}(\widetilde{F})]_\alpha ; (x_0, y_0))$)(例 8.23) 305
図 8.19 ((8.54) と (8.55)($\widetilde{F} : X \to \mathcal{F}(\mathbb{R}^2)$)) 307
図 8.20 ($\mathrm{Graph}(\widetilde{F})$ と $\mathrm{Graph}(F_\alpha)$)(例 8.24) 309
図 8.21 ($\mathrm{Graph}(\widetilde{G})$ と $\mathrm{Graph}(G_\alpha)$)(例 8.24) 309

図 9.1 ($f : X \to \mathbb{R}$)(例 9.1)............... 317
図 9.2 ($\widetilde{F} : X \to \mathcal{F}(\mathbb{R})$ と $F_\alpha : X \leadsto \mathbb{R}$)(例 9.1)
....318
図 9.3 ($f, g, h : X \to \mathbb{R}$)(例 9.2)........... 319
図 9.4 ($\widetilde{F} : X \to \mathcal{F}(\mathbb{R})$ と $F_\alpha : X \leadsto \mathbb{R}$)(例 9.2)
....320
図 9.5 (($f(x), g(x)$), $x \in X$ および
$\widetilde{F} : X \to \mathcal{F}(\mathbb{R}^2)$ と $F_\alpha : X \leadsto \mathbb{R}^2$)(例
9.3)............................322
図 9.6 ($\widetilde{a}, \widetilde{b}, \widetilde{c}, \widetilde{d} \in \mathcal{F}(\mathbb{R})$)(例 9.7)......... 330
図 9.7 ($\widetilde{a}, \widetilde{b} \in \mathcal{F}(\mathbb{R})$)(例 9.7)............. 331
図 9.8 ((i) における $r \in \mathcal{R}_1$ と $\widetilde{a} \in \mathcal{F}(\mathbb{R})$)(例
9.8)............................340
図 9.9 ((ii) における $r \in \mathcal{R}_2$ と $\widetilde{a} \in \mathcal{F}(\mathbb{R}^2)$)(例
9.8)............................341

式の索引

(1.1) 1
(1.2) 1
(1.3) 2
(1.4) 2
(1.5) 2
(1.6) 2
(1.7) 3
(1.8) 3
(1.9) 4
(1.10) 4
(1.11) 4
(1.12) 5
(1.13) 6
(1.14) 8
(1.15) 8
(1.16) 9
(1.17) 10
(1.18) 10
(1.19) 10
(1.20) 11
(1.21) 13
(1.22) 17
(1.23) 20
(1.24) 20
(1.25) 25
(1.26) 28
(1.27) 28

(2.1) 29
(2.2) 29
(2.3) 29
(2.4) 31
(2.5) 31
(2.6) 31
(2.7) 31
(2.8) 33
(2.9) 33
(2.10) 35
(2.11) 35
(2.12) 36
(2.13) 36
(2.14) 38

(3.1) 47
(3.2) 48
(3.3) 48
(3.4) 48

(3.5) 50
(3.6) 50
(3.7) 50
(3.8) 55
(3.9) 55
(3.10) 58
(3.11) 58
(3.12) 58
(3.13) 58
(3.14) 63
(3.15) 64
(3.16) 65

(4.1) 71
(4.2) 72
(4.3) 72
(4.4) 73
(4.5) 73
(4.6) 79
(4.7) 79
(4.8) 83
(4.9) 83
(4.10) 83
(4.11) 83
(4.12) 83
(4.13) 83
(4.14) 89
(4.15) 89
(4.16) 89
(4.17) 89
(4.18) 94
(4.19) 94
(4.20) 96
(4.21) 96
(4.22) 96
(4.23) 96

(5.1) 99
(5.2) 100
(5.3) 100
(5.4) 105
(5.5) 106
(5.6) 108
(5.7) 114
(5.8) 114
(5.9) 114
(5.10) 115

(5.11) 115	(6.33) 185
(5.12) 115	(6.34) 185
(5.13) 116	(6.35) 185
(5.14) 116	(6.36) 185
(5.15) 116	(6.37) 185
(5.16) 116	(6.38) 186
(5.17) 116	(6.39) 186
(5.18) 118	(6.40) 192
(5.19) 119	(6.41) 192
(5.20) 119	(6.42) 193
(5.21) 119	(6.43) 194
(5.22) 120	(6.44) 195
(5.23) 122	(6.45) 195
(5.24) 122	
(5.25) 122	(7.1) 202
(5.26) 122	(7.2) 202
(5.27) 122	(7.3) 202
(5.28) 123	(7.4) 202
(5.29) 125	(7.5) 204
(5.30) 125	(7.6) 204
(5.31) 129	(7.7) 204
(5.32) 131	(7.8) 204
(5.33) 137	(7.9) 204
(5.34) 137	(7.10) 205
(5.35) 141	(7.11) 205
	(7.12) 206
(6.1) 155	(7.13) 206
(6.2) 155	(7.14) 213
(6.3) 161	(7.15) 213
(6.4) 161	(7.16) 215
(6.5) 165	(7.17) 215
(6.6) 165	(7.18) 216
(6.7) 165	(7.19) 217
(6.8) 165	(7.20) 222
(6.9) 166	(7.21) 222
(6.10) 166	
(6.11) 169	(8.1) 225
(6.12) 174	(8.2) 225
(6.13) 174	(8.3) 225
(6.14) 175	(8.4) 226
(6.15) 175	(8.5) 229
(6.16) 175	(8.6) 240
(6.17) 175	(8.7) 240
(6.18) 176	(8.8) 240
(6.19) 176	(8.9) 240
(6.20) 177	(8.10) 240
(6.21) 177	(8.11) 253
(6.22) 177	(8.12) 253
(6.23) 177	(8.13) 253
(6.24) 177	(8.14) 253
(6.25) 178	(8.15) 255
(6.26) 178	(8.16) 258
(6.27) 179	(8.17) 258
(6.28) 184	(8.18) 259
(6.29) 184	(8.19) 259
(6.30) 184	(8.20) 261
(6.31) 184	(8.21) 261
(6.32) 184	(8.22) 261

(8.23)	267
(8.24)	267
(8.25)	267
(8.26)	268
(8.27)	268
(8.28)	276
(8.29)	276
(8.30)	279
(8.31)	279
(8.32)	279
(8.33)	279
(8.34)	280
(8.35)	280
(8.36)	281
(8.37)	281
(8.38)	283
(8.39)	283
(8.40)	283
(8.41)	283
(8.42)	283
(8.43)	285
(8.44)	286
(8.45)	291
(8.46)	291
(8.47)	292
(8.48)	292
(8.49)	294
(8.50)	297
(8.51)	298
(8.52)	299
(8.53)	299
(8.54)	307
(8.55)	307
(8.56)	310
(8.57)	310
(9.1)	320
(9.2)	324
(9.3)	325
(9.4)	327
(9.5)	332
(9.6)	335
(9.7)	335
(9.8)	339
(9.9)	339
(9.10)	339
(9.11)	339
(9.12)	339
(9.13)	339

記号の索引

$a \in A$ 1
$A \ni a$ 1
$a \notin A$ 1
$A \not\ni a$ 1
$\emptyset$ 1
$\mathbb{N}$ 2
$\mathbb{Z}$ 2
$\mathbb{Q}$ 2
$\mathbb{R}$ 2
$\overline{\mathbb{R}}$ 2
$A \subset B$ 2
$B \supset A$ 2
$A = B$ 2
$A \cup B$ 2
$A \cap B$ 2
$A \setminus B$ 3
A^c 3
$\bigcup_{\lambda \in \Lambda} A_\lambda$ 4
$\bigcap_{\lambda \in \Lambda} A_\lambda$ 4
$(a, b) = (c, d)$ 5
$A \times B$ 5
$A_1 \times A_2 \times \cdots \times A_n$ 6
$\prod_{i=1}^{n} A_i$ 6
$(a_1, a_2, \cdots, a_n) = (b_1, b_2, \cdots, b_n)$ 6
A^n 6
$f : X \to Y$ 8
$f(x)$ 8
$f(A)$ 8
$f^{-1}(B)$ 8
$f^{-1}(b)$ 8
id_X 8
$\mathrm{Graph}(f)$ 9
f^{-1} 11
$f = g$ 11
$g \circ f$ 11
c_A 13
2^X 13
Y^X 13
xRy 15
$x\not\!R y$ 15
$[x]_R$ 17
$[x]$ 17
X/R 18

$(X, \leq)$ 20
$\max A$ 20
$\min A$ 20
$X \simeq Y$ 23
$\aleph_0$ 23
$\aleph$ 23

$\mathbf{0}$ 29
$\{e_1, e_2, \cdots, e_n\}$ 29
$\boldsymbol{x} + \boldsymbol{y}$ 29
$\lambda\boldsymbol{x}$ 29
$\boldsymbol{x} - \boldsymbol{y}$ 29
$-\boldsymbol{x}$ 29
$A + B$ 31
λA 31
$A - B$ 31
$-A$ 31
$\boldsymbol{x}_0 + A$ 31
$A - \boldsymbol{x}_0$ 31
$\sum_{j=1}^{m} A_j$ 32
$\langle \boldsymbol{x}, \boldsymbol{y} \rangle$ 33
$\|\boldsymbol{x}\|$ 33
$d(\boldsymbol{x}, \boldsymbol{y})$ 35
$\boldsymbol{x} \leq \boldsymbol{y}$ 36
$\boldsymbol{y} \geq \boldsymbol{x}$ 36
$\boldsymbol{x} < \boldsymbol{y}$ 36
$\boldsymbol{y} > \boldsymbol{x}$ 36
$\mathbb{R}^n_+$ 36
$\mathbb{R}^n_-$ 36
$\mathbb{B}(\boldsymbol{x}; \varepsilon)$ 38
$\mathrm{int}(A)$ 38
$\mathrm{cl}(A)$ 38
$\mathrm{bd}(A)$ 38
A^d 38
$\mathcal{C}(\mathbb{R}^n)$ 40
$\mathcal{BC}(\mathbb{R}^n)$ 40

$\sup A$ 43
$\inf A$ 43
$[a, b]$ 47
$[a, b[$ 47
$]a, b]$ 47
$]a, b[$ 47
$\sup \emptyset$ 48
$\inf \emptyset$ 48

401

$$\bigvee_{\lambda \in \Lambda} a_\lambda \dotsfill 48$$
$$\bigwedge_{\lambda \in \Lambda} a_\lambda \dotsfill 48$$
$a \vee b$ 48
$a \wedge b$ 48
$$\bigvee_{i=1}^{n} a_i \dotsfill 48$$
$$\bigwedge_{i=1}^{n} a_i \dotsfill 48$$
$\{x_k\}_{k\in\mathbb{N}}$ 50
$\{x_k\}$ 50
$\{x_k\} \subset \overline{\mathbb{R}}$ 50
$\{x_k\} \subset \mathbb{R}$ 50
$\lim_{k\to\infty} x_k = \alpha$ 50
$x_k \to \alpha$ 50
$x_k \to \alpha+$ 50
$x_k \to \alpha-$ 50
$\lim_{k\to\infty} x_k = \infty$ 50
$x_k \to \infty$ 50
$\lim_{k\to\infty} x_k = -\infty$ 50
$x_k \to -\infty$ 50
$x_k \nearrow \alpha$ 51
$x_k \searrow \alpha$ 51
$\{x_{k_i}\}_{i\in\mathbb{N}}$ 55
$\{x_{k_i}\}$ 55
$\{x_{k_i}\} \subset \{x_k\}$ 55
$\limsup_{k\to\infty} x_k$ 58
$\liminf_{k\to\infty} x_k$ 58
$\lim_{k\to\infty} \boldsymbol{x}_k = \boldsymbol{x}_0$ 63
$\boldsymbol{x}_k \to \boldsymbol{x}_0$ 63
$\mathcal{N}_\infty$ 65
$\mathcal{N}_\infty^\sharp$ 65
$\{x_k\}_{k\in N}$ 65
$\lim_{k}$ 65
$\lim_{k\to\infty}$ 65
$\lim_{k\in\mathbb{N}}$ 65
$\lim_{\substack{k\to\infty \\ N}}$ 65
$\lim_{k\in N}$ 65

$\lim_{\boldsymbol{x}\to\boldsymbol{x}_0} f(\boldsymbol{x}) = \alpha$ 71
$\boldsymbol{x}\to\boldsymbol{x}_0$ のとき $f(\boldsymbol{x})\to\alpha$ 71
$\lim_{\boldsymbol{x}\to\boldsymbol{x}_0} f(\boldsymbol{x}) = \infty$ 72
$\boldsymbol{x}\to\boldsymbol{x}_0$ のとき $f(\boldsymbol{x})\to\infty$ 72
$\lim_{\boldsymbol{x}\to\boldsymbol{x}_0} f(\boldsymbol{x}) = -\infty$ 72
$\boldsymbol{x}\to\boldsymbol{x}_0$ のとき $f(\boldsymbol{x})\to-\infty$ 72
$\mathbb{U}(f;\alpha)$ 79
$\mathbb{L}(f;\alpha)$ 79
$\lim_{x\to x_0+} f(x) = \alpha$ 83
$x\to x_0+$ のとき $f(x)\to\alpha$ 83

$\lim_{x\to x_0+} f(x) = \infty$ 83
$x\to x_0+$ のとき $f(x)\to\infty$ 83
$\lim_{x\to x_0+} f(x) = -\infty$ 83
$x\to x_0+$ のとき $f(x)\to-\infty$ 83
$\lim_{x\to x_0-} f(x) = \alpha$ 83
$x\to x_0-$ のとき $f(x)\to\alpha$ 83
$\lim_{x\to x_0-} f(x) = \infty$ 83
$x\to x_0-$ のとき $f(x)\to\infty$ 83
$\lim_{x\to x_0-} f(x) = -\infty$ 83
$x\to x_0-$ のとき $f(x)\to-\infty$ 83
$\limsup_{\boldsymbol{x}\to\boldsymbol{x}_0} f(\boldsymbol{x})$ 89
$\liminf_{\boldsymbol{x}\to\boldsymbol{x}_0} f(\boldsymbol{x})$ 89
$\limsup_{x\to x_0+} f(x)$ 90
$\liminf_{x\to x_0+} f(x)$ 90
$\limsup_{x\to x_0-} f(x)$ 90
$\liminf_{x\to x_0-} f(x)$ 90
$\mathrm{epi}(f)$ 94
$\mathrm{hypo}(f)$ 94
$f \leq g$ 95

$\mathcal{K}(\mathbb{R}^n)$ 99
$\mathcal{CK}(\mathbb{R}^n)$ 99
$\mathcal{BCK}(\mathbb{R}^n)$ 99
$\mathrm{co}(A)$ 102
$\overline{\mathrm{co}}(A)$ 102
$\overline{\mathbb{B}}_r^{(n)}(\boldsymbol{x};\alpha)$ 105
$\overline{\mathbb{B}}_r(\boldsymbol{x};\alpha)$ 105
H_+ 114
H_- 114
$\mathrm{int}(H_+)$ 114
$\mathrm{int}(H_-)$ 114
$f + g$ 122
λf 122
$-f$ 122
$\mathrm{cone}(A)$ 129
$\mathbb{T}(A;\boldsymbol{x}_0)$ 131
$f'(\boldsymbol{x}_0;\boldsymbol{d})$ 137

$A \leq B$ 146
$B \geq A$ 146
$A < B$ 146
$B > A$ 146
$\langle A, B\rangle$ 155
$\langle A, \boldsymbol{b}\rangle$ 155
$\langle \boldsymbol{b}, A\rangle$ 155
$\|A\|$ 161
$d(A, B)$ 161
$\limsup_{k\to\infty} A_k$ 165
$\liminf_{k\to\infty} A_k$ 165
$\lim_{k\to\infty} A_k$ 165

$A_k \nearrow$ 168
$A_k \searrow$ 168
$F : X \rightsquigarrow \mathbb{R}^m$ 174
$\mathrm{Graph}(F)$ 174
$\limsup_{\boldsymbol{x} \to \overline{\boldsymbol{x}}} F(\boldsymbol{x})$ 174
$\liminf_{\boldsymbol{x} \to \overline{\boldsymbol{x}}} F(\boldsymbol{x})$ 175
$\lim_{\boldsymbol{x} \to \overline{\boldsymbol{x}}} F(\boldsymbol{x})$ 175
$\limsup_{\alpha \to \overline{\alpha}+} F(\alpha)$ 184
$\limsup_{\alpha \to \overline{\alpha}-} F(\alpha)$ 184
$\liminf_{\alpha \to \overline{\alpha}+} F(\alpha)$ 184
$\liminf_{\alpha \to \overline{\alpha}-} F(\alpha)$ 184
$\lim_{\alpha \to \overline{\alpha}+} F(\alpha)$ 184
$\lim_{\alpha \to \overline{\alpha}-} F(\alpha)$ 185
$\mathbb{D}F(\boldsymbol{x}_0, \boldsymbol{y}_0)$ 192
$\mathcal{M}(X \rightsquigarrow \mathbb{R}^m)$ 194
$\mathcal{KM}(X \rightsquigarrow \mathbb{R}^m)$ 194
$\mathcal{SKM}(X \rightsquigarrow \mathbb{R}^m)$ 194
$F + G$ 195
λF 195

$\mathcal{F}(X)$ 201
$\widetilde{a} = \widetilde{b}$ 202
$[\widetilde{a}]_\alpha$ 202
$I(\widetilde{a})$ 202
$\mathrm{supp}(\widetilde{a})$ 202
$\mathrm{hgt}(\widetilde{a})$ 202
$\mathcal{P}(X)$ 204
$\mathcal{S}(X)$ 204
M_X 204
M 204
$\widetilde{\emptyset}$ 205
$\widetilde{\mathbb{R}}^n$ 205
$\widetilde{\boldsymbol{0}}$ 205
$\mathcal{FC}(\mathbb{R}^n)$ 205
$\mathcal{FK}(\mathbb{R}^n)$ 205
$\mathcal{FCK}(\mathbb{R}^n)$ 205
$\mathcal{FBC}(\mathbb{R}^n)$ 205
$\mathcal{FBCK}(\mathbb{R}^n)$ 206
$\mathcal{FR}(\mathbb{R}^n)$ 206
$\mathrm{hypo}(\widetilde{a})$ 206
$\widetilde{a} \leq \widetilde{b}$ 209
$\widetilde{b} \geq \widetilde{a}$ 209
$f(\widetilde{a})$ 213
$\prod_{i=1}^n \widetilde{a}_i$ 213
$\widetilde{a}_1 \times \widetilde{a}_2 \times \cdots \times \widetilde{a}_n$ 213
$(\widetilde{a}_1, \widetilde{a}_2, \cdots, \widetilde{a}_n)$ 213
$\prod_{i=1}^n \mathcal{F}(X_i)$ 215
$\mathcal{F}(X_1) \times \mathcal{F}(X_2) \times \cdots \times \mathcal{F}(X_n)$ 215
$\mathcal{F}^n(\mathbb{R})$ 215

$f(\widetilde{a}_1, \widetilde{a}_2, \cdots, \widetilde{a}_n)$ 215
$\widetilde{a} * \widetilde{b}$ 217
$\mathcal{DS}(\mathbb{R}^n)$ 222
$\mathcal{CDS}(\mathbb{R}^n)$ 222
$\mathcal{SS}(\mathbb{R}^n)$ 222
$\mathcal{CS}(\mathbb{R}^n)$ 222
$\mathcal{RS}(\mathbb{R}^n)$ 222
$\mathcal{LS}(\mathbb{R}^n)$ 222
$\mathcal{LRS}(\mathbb{R}^n)$ 222
$\mathbb{G}$ 222
$\mathbb{H}$ 222
$\mathbb{G}_1$ 222
$\mathbb{H}_1$ 222
$\mathbb{G}_2$ 223
$\mathbb{H}_2$ 223
$\mathbb{G}_3$ 224
$\mathbb{H}_3$ 224

$\widetilde{a} + \widetilde{b}$ 225
$\widetilde{a} - \widetilde{b}$ 225
$\lambda \widetilde{a}$ 225
$\widetilde{a} \preceq \widetilde{b}$ 235
$\widetilde{b} \succeq \widetilde{a}$ 235
$\widetilde{a} \prec \widetilde{b}$ 235
$\widetilde{b} \succ \widetilde{a}$ 235
$\langle \widetilde{a}, \widetilde{b} \rangle$ 240
$\langle \widetilde{a}, \boldsymbol{b} \rangle$ 240
$\langle \boldsymbol{b}, \widetilde{a} \rangle$ 240
$\|\widetilde{a}\|$ 253
$d(\widetilde{a}, \widetilde{b})$ 253
$d(\widetilde{a}, \boldsymbol{b})$ 253
$d(\boldsymbol{b}, \widetilde{a})$ 253
$\mathrm{cl}(\widetilde{a})$ 261
$\mathrm{co}(\widetilde{a})$ 261
$\overline{\mathrm{co}}(\widetilde{a})$ 261
$\limsup_{k \to \infty} \widetilde{a}_k$ 267
$\liminf_{k \to \infty} \widetilde{a}_k$ 267
$\lim_{k \to \infty} \widetilde{a}_k$ 267
$\widetilde{a}_k \nearrow$ 271
$\widetilde{a}_k \searrow$ 271
F_α 279
$\limsup_{\boldsymbol{x} \to \overline{\boldsymbol{x}}} \widetilde{F}(\boldsymbol{x})$ 279
$\liminf_{\boldsymbol{x} \to \overline{\boldsymbol{x}}} \widetilde{F}(\boldsymbol{x})$ 279
$\lim_{\boldsymbol{x} \to \overline{\boldsymbol{x}}} \widetilde{F}(\boldsymbol{x})$ 279
$\widetilde{\mathbb{T}}(\widetilde{a}; \boldsymbol{x}_0)$ 294
$\mathrm{Graph}(\widetilde{F})$ 297
$\mathbb{D}\widetilde{F}(\boldsymbol{x}_0, \boldsymbol{y}_0)$ 299
$\mathcal{FM}(X \to \mathcal{F}(\mathbb{R}^m))$ 307
$\mathcal{FKM}(X \to \mathcal{F}(\mathbb{R}^m))$ 307
$\mathcal{FSKM}(X \to \mathcal{F}(\mathbb{R}^m))$ 307
$\widetilde{F} + \widetilde{G}$ 310
$\lambda \widetilde{F}$ 310

(FOP) 315

$(\text{SOP})_\alpha$ 324
$(\text{SOP})_{00}$ 332
(SOP) 332
F_{00} 332
$\mathcal{BCK}_1(\mathbb{R}^n)$ 339
$\mathcal{BCK}_2(\mathbb{R}^n)$ 339
$\mathcal{R}_1$ 339
$\mathcal{R}_2$ 339
$\mathcal{S}_r(\mathbb{R}^n)$ 339
$\mathcal{F}_r(\mathbb{R}^n)$ 339
$r(\alpha_0-)$ 341

用語の索引

あ

$\mathbb{R}^n_+$-コンパクト集合 $\mathbb{R}^n_+$-compact set........149
$\mathbb{R}^n_+$-コンパクト集合 $\mathbb{R}^n_+$-compact set........149
値 value 8
α-レベル集合 α-level set 202
Jensen の不等式 Jensen's inequality 140
1 次結合 linear combination 31
1 対 1 の写像 one-to-one mapping 10
ε-近傍 ε-neighborhood 38
上に有界 bounded from above...........20, 51
    実数列の—— 51
    集合の—— 20
上への写像 onto mapping................10
Zorn の補題 Zorn's lemma................21
エピグラフ epigraph.......................94
凹関数 concave function..................123

か

外延的記法 extensional definition.............1
開集合 open set 38
開半空間 open half space 114
下界 lower bound 20
下極限 lower limit 58, 89, 165, 175, 267, 279
    関数の—— 89
    実数列の—— 58
    集合値写像の—— 175
    集合列の—— 165
    数列の—— 58
    ファジィ集合値写像の—— 279
    ファジィ集合列の—— 267
拡張原理 extension principle..........213, 215
下限 infimum 43
可算集合 countably infinite set............24
合併集合 union...........................2, 4
下半連続 lower semicontinuous.....75, 177, 283
    関数の—— 75
    集合値写像の—— 177
    ファジィ集合値写像の—— 283
可付番集合 countably infinite set............24
下方 α-レベル集合 lower α-level set..........79
関係 relation...............................15
頑健的ファジィ集合 robust fuzzy set........206
完備 complete............................69
擬順序関係 pseudo-order relation 19
擬順序集合 pseudo-ordered set............20
帰属度 grade of membership...............201
逆元 inverse element 30

逆写像 inverse mapping 11
逆像 inverse image 8
境界 boundary 38
境界点 boundary point 38
狭義凹関数 strictly concave function 123
狭義順序保存的 strictly order preserving.....329
狭義単調 strictly monotone 51, 85
    関数の—— 85
    実数列の—— 51
狭義単調減少 strictly monotone decreasing51, 85
    関数の—— 85
    実数列の—— 51
狭義単調増加 strictly monotone increasing51, 84
    関数の—— 84
    実数列の—— 51
狭義凸関数 strictly convex function 122
狭義ファジィマックス順序 strict fuzzy max order
   235
共通集合 intersection 3, 4
共通部分 intersection 3, 4
極限 limit 50, 63, 71, 165, 175, 267, 279
    関数の—— 71
    実数列の—— 50
    集合値写像の—— 175
    集合列の—— 165
    数列の—— 50
    点列の—— 63
    ファジィ集合値写像の—— 279
    ファジィ集合列の—— 267
    ベクトル列の—— 63
極小要素 minimal element 20
局所的最適解 local optimal solution 316, 324
局所的弱非劣解 local weak non-dominated
    solution.....................316, 325
局所的非劣解 local non-dominated solution
    ....316, 325
局所有界 locally bounded..................141
局所リプシッツ条件 locally Lipschitz condition
   137
極大要素 maximal element..................20
距離 metric, distance..................35, 161
    集合の—— 161
空集合 empty set 1
区間 interval 48
グラフ graph 9, 174
    集合値写像の—— 174
クリスプ集合 crisp set 201

405

結合法則 associative law 3, 5, 29, 30
元 element 1
原像 inverse image 8
交換法則 commutative law 3, 30
合成 composite mapping 11
合成写像 composite mapping 11
恒等写像 identity mapping.................... 8
コーシー列 Cauchy sequence 69
コンティンジェント錐 contingent cone 131
コンティンジェント導写像 contingent derivative
.... 192
コンパクト集合 compact set 40
コンパクト値 compact-valued 174, 279
　　集合値写像の―― 174
　　ファジィ集合値写像の―― 279
コンパクトファジィ集合 compact fuzzy set ... 205

さ

差 difference 29, 31
　　集合の―― 31
　　ベクトルの―― 29
最小要素 minimum element 20
最大要素 maximum element 20
最適解 optimal solution 315, 324
差集合 difference 3
Zadeh の拡張原理 Zadeh's extension principle
.... 213
三角不等式 triangle inequality 33, 36
支持超平面 supporting hyperplane 116
下に有界 bounded from below 20, 51
　　実数列の―― 51
　　集合の―― 20
弱非劣解 weak non-dominated solution 315, 324
写像 mapping 8
集合 set 1
集合最適化問題 set optimization problem
.... 324, 332
集合値狭義凸写像 set-valued strictly convex
　　mapping 194
集合値写像 set-valued mapping 174
集合値凸写像 set-valued convex mapping 193
集積点 accumulating point 38
収束する converge 50, 63, 71, 83
　　関数の―― 71, 83
　　実数列の―― 50
　　数列の―― 50
　　点列の―― 63
　　ベクトル列の―― 63
Schwarz の不等式 Schwarz inequality 33
準凹数 quasiconcave function 125
順序関係 order relation 19
順序集合 ordered set 20
順序保存的 order preserving 329
準凸関数 quasiconvex function 125
上界 upper bound 20
上極限 upper limit ... 58, 89, 165, 174, 267, 279
　　関数の―― 89
　　実数列の―― 58

　　集合値写像の―― 174
　　集合列の―― 165
　　数列の―― 58
　　ファジィ集合値写像の―― 279
　　ファジィ集合列の―― 267
上限 supremum 43
商集合 quotient set 18
上半連続 upper semicontinuous 75, 177, 283
　　関数の―― 75
　　集合値写像の―― 177
　　ファジィ集合値写像の―― 283
上方 α-レベル集合 upper α-level set 79
触点 adherent point 38
錐 cone 129
推移律 transitive law 15, 20, 36
スカラー倍 scalar multiplication 29, 31
　　集合の―― 31
　　ベクトルの―― 29
正規 normal 202
斉次 homogeneous 36
生成元 generator 204
接錐 tangent cone 131
接ベクトル tangent vector 131
前順序関係 preorder relation 19
全順序関係 total order relation 20
全順序集合 totally ordered set 20
全体集合 universal set 3
全単射 bijection 10
像 image 8, 213, 215
　　ファジィ集合の―― 213, 215
添字集合 index set 4
属する belong 1

た

台 support 202
大域的最適解 global optimal solution ... 315, 324
大域的非劣解 global non-dominated solution
.... 315, 324
大域的弱非劣解 global weak non-dominated
　　solution 315, 324
対角線論法 diagonal argument 27
対称律 symmetric law 15
対等 equipotent 23
高さ height 202
高々可算集合 countable set 24
単射 injection 10
単調 monotone 51, 85
　　関数の―― 85
　　実数列の―― 51
単調減少 monotone decreasing ... 51, 85, 184
　　関数の―― 85
　　実数列の―― 51
　　集合値写像の―― 184
単調増加 monotone increasing 51, 84
　　関数の―― 84
　　実数列の―― 51
値域 range 8
超平面 hyperplane 114

直積 product 5, 6
直積集合 product set 5
強い分離定理 strong separation theorem 120
定義域 domain 8
点 point 29
ド・モルガンの法則 de Morgan's law 3, 5
導集合 derived set 38
同値関係 equivalence relation 15
同値類 equivalence class 17
特性関数 characteristic function 13
凸関数 convex function 122
凸結合 convex combination 31
凸集合 convex set 99
凸錐 convex cone 129
凸値 convex-valued 174, 279
　　集合値写像の── 174
　　ファジィ集合値写像の── 279
凸ファジィ集合 convex fuzzy set 205
凸包 convex hull 102, 261
　　集合の── 102
　　ファジィ集合の── 261

な

内積 inner product 33, 155
　　集合の── 155
内点 interior point 38
内部 interior 38
内包的記法 intensional definition 1
二項関係 binary relation 15
濃度 power, potency, cardinality 23
ノルム norm 33
　　集合の── 161

は

ハイポグラフ hypograph 94
反射律 reflexive law 15, 19, 36
半順序関係 partial order relation 19
反対称律 antisymmetric law 19, 36
非正象限 non-positive orthant 36
左下極限 left-lower limit 90, 184
　　関数の── 90
　　集合値写像の── 184
左下半連続 left-lower semicontinuous 86, 185
　　関数の── 86
　　集合値写像の── 185
左極限 left-limit 83, 185
　　関数の── 83
　　集合値写像の── 185
左上極限 left-upper limit 90, 184
　　関数の── 90
　　集合値写像の── 184
左上半連続 left-upper semicontinuous ... 86, 185
　　関数の── 86
　　集合値写像の── 185
左連続 left-continuous 86, 186
　　集合値写像の── 186
等しい equal 2

非負 1 次結合 non-negative linear combination
　　.................................. 31
非負象限 non-negative orthant 36
標準基底 canonical basis 29
標準内積 canonical inner product 33
非劣解 non-dominated solution 315, 324
ファジィ距離 fuzzy distance 253
ファジィグラフ fuzzy graph 297
ファジィコンティンジェント錐 fuzzy contingent
　　cone 294
ファジィコンティンジェント導写像 fuzzy
　　contingent derivative 299
ファジィ集合 fuzzy set 200, 201
ファジィ集合最適化問題 fuzzy set optimization
　　problem 315
ファジィ集合値狭義凸写像 fuzzy set-valued
　　strictly convex mapping 307
ファジィ集合値写像 fuzzy set-valued mapping 279
ファジィ集合値凸写像 fuzzy set-valued convex
　　mapping 307
ファジィ錐 fuzzy cone 206
ファジィ接錐 fuzzy tangent cone 294
ファジィ直積空間 fuzzy product space .. 214, 246
ファジィ直積集合 fuzzy product set 213, 246
ファジィ内積 fuzzy inner product 240
ファジィノルム fuzzy norm 253
ファジィハイポグラフ fuzzy hypograph 206
ファジィマックス順序 fuzzy max order 235
含まれる 1
部分集合 subset 2
分解定理 decomposition theorem 203
分割 partition 16
分配法則 distributive law 3, 5, 30
分離する separate 115
分離超平面 separating hyperplane 115
分離定理 separation theorem 116, 119
平行移動不変 translation invariant 36
閉集合 closed set 38
閉錐 closed cone 129
閉値 closed-valued 174, 279
　　集合値写像の── 174
　　ファジィ集合値写像の── 279
閉凸錐 closed convex cone 129
閉凸値 closed convex-valued 174, 279
　　集合値写像の── 174
　　ファジィ集合値写像の── 279
閉凸包 closed convex hull 102, 261
　　集合の── 102
　　ファジィ集合の── 261
閉半空間 closed half space 114
閉ファジィ集合 closed fuzzy set 205
閉包 closure 38, 261
　　集合の── 38
　　ファジィ集合の── 261
巾集合 power set 13
ベクトル vector 29
ベクトル空間 vector space 29
Bernstein の定理 Bernstein's theorem 24

包合関係 inclusion relation.....................2
方向微分 directional derivative 137
補集合 complement..........................3
Bolzano-Weierstrass の定理
        Bolzano-Weierstrass theorem 55

ま

交わり intersection.........................3, 4
右下極限 right-lower limit...............90, 184
    関数の── 90
    集合値写像の── 184
右下半連続 right-lower semicontinuous .. 86, 185
    関数の── 86
    集合値写像の── 185
右極限 right-limit....................83, 184
    関数の── 83
    集合値写像の── 184
右上極限 right-upper limit 90, 184
    関数の── 90
    集合値写像の── 184
右上半連続 right-upper semicontinuous.. 86, 185
    関数の── 86
    集合値写像の── 185
右連続 right-continuous................86, 186
    集合値写像の── 186
無限集合 finite set..........................24
結び union..............................2, 4
メンバーシップ関数 membership function....201

や

有界 bounded.......................40, 51, 65
    実数列の── 51
    集合の── 40
    点列の── 65
    ベクトル列の── 65
ユークリッド距離 Euclidean distance.........35
ユークリッド空間 Euclidean space............36
ユークリッド・ノルム Euclidean norm........33
有限集合 finite set 24
要素 element 1

ら

零元 zero element 30
連続 continuous 75, 177, 219, 283
    関数の── 75, 219
    集合値写像の── 177
    ファジィ集合値写像の── 283

わ

和 addition, sum 29, 31
    集合の── 31
    ベクトルの── 29
和集合 union.............................2, 4

著者略歴

金　正道（こん　まさみち）
1997 年 4 月～1999 年 3 月　金沢学院大学経営情報学部（経営情報学科）助手
1998 年 3 月　金沢大学大学院自然科学研究科博士課程（システム科学専攻）修了，博士（工学）
1999 年 4 月～現在　弘前大学理工学部・大学院理工学研究科・助手および講師を経て准教授

研究分野：計画数学，最適化理論，ファジィ理論

ファジィ集合最適化
Fuzzy Set Optimization

2019年5月24日　初版第1刷発行

著　者　金 正道
装丁者　弘前大学教育学部　佐藤光輝研究室
　　　　土屋　牧子
発行所　弘前大学出版会　**HUP**
〒036-8560　青森県弘前市文京町1
Tel. 0172-39-3168　Fax. 0172-39-3171

印刷・製本　青森コロニー印刷

ISBN 978-4-907192-74-7